鉱物・宝石の科学事典

日本鉱物科学会
［編集］

宝石学会(日本)
［編集協力］

朝倉書店

鉱物

自然金（兵庫県中瀬鉱山）

自然銅（栃木県小来川鉱山）

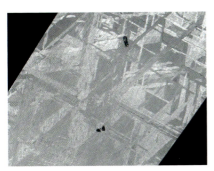
自然鉄，隕鉄（ギベオン）

ダイヤモンド（南アフリカ）

砒四面銅鉱（秋田県花岡鉱山）

黄銅鉱（三重県紀州鉱山）

方鉛鉱（秋田県佐山鉱山）

輝安鉱（市ノ川鉱山）

鶏冠石(三重県丹生鉱山)

硫砒鉄鉱(埼玉県秩父鉱山)

黄鉄鉱(岩手県和賀仙人鉱山)

辰砂(北海道イトムカ鉱山)

銅藍(山梨県増富鉱山)

赤鉄鉱(岩手県和賀仙人鉱山)

ペロブスキー石(岡山県高梁市)

錫石(京都府大谷鉱山)

磁鉄鉱（長崎県西彼町）

蛍石（栃木県大成鉱山）

方解石（埼玉県秩父鉱山）

菱マンガン鉱（南アフリカ）

白鉛鉱（宮城県細倉鉱山）

藍銅鉱（静岡県河津鉱山）

重晶石（北海道勝山鉱山）

石膏（山形県山形市）

藍鉄鉱（愛知県犬山市）

燐灰石（カナダ）

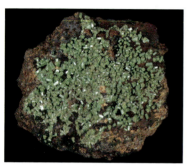
緑鉛鉱（岐阜県神岡鉱山）

灰重石（兵庫県明延鉱山）

苦土かんらん石（アフガニスタン）

満礬ざくろ石（中国）

十字石（富山県宇奈月町）

トパズ（アフガニスタン）

鉄斧石（宮崎県日之影町）

緑簾石（長野県上田市）

緑柱石（パキスタン）

鉄電気石（パキスタン）

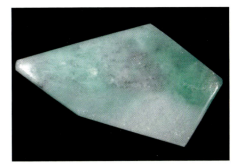
ひすい輝石（新潟県糸魚川市）

イネス石（静岡県河津鉱山）

金雲母（マダガスカル）

石英（水晶の日本式双晶）（長崎県五島市）

オパル（福島県西会津町）

（口絵1～5頁掲載 全鉱物の写真提供：松原聰）

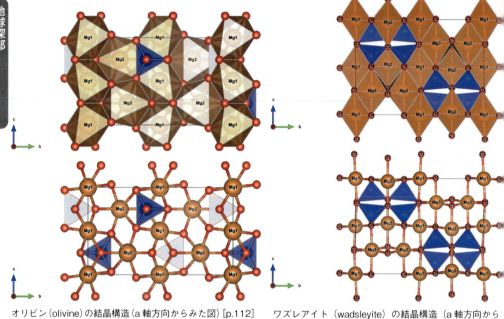

オリビン (olivine) の結晶構造 (a軸方向からみた図) [p.112]
青がSi, 橙がMg, 赤がO原子を表す. Siは4配位であり, Mgは2つのサイトをもつ.

ワズレアイト (wadsleyite) の結晶構造 (a軸方向からみた図) [p.112]
青がSi, 橙がMg, 赤がO原子を表す. Siは4配位であり, Mgは3つのサイト, Oは4つのサイトをもつ.

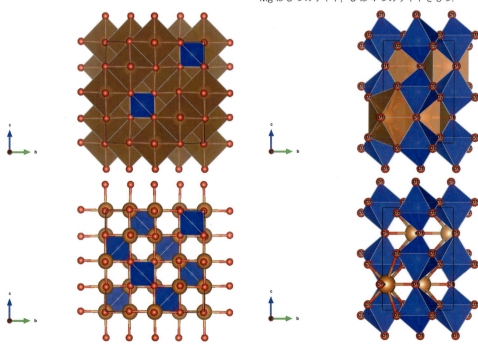

リングウッダイト (ringwoodite) の結晶構造 (a軸方向からみた図) [p.112]
青がSi, 橙がMg, 赤がO原子を表す. Siは4配位である.

ブリッジマナイト (bridgemanite) の結晶構造 (a軸方向からみた図) [p.113]
青がSi, 橙がMg, 赤がO原子を表す. Siは6配位であり, Oは2つのサイトをもつ.

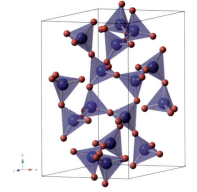

Coesite の結晶構造（実線は単位格子）[p.116]

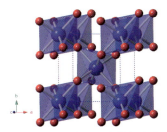

Stishovite の結晶構造（実線は単位格子）[p.116]

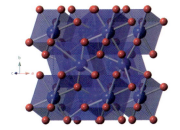

Pyrite 型 SiO$_2$ の結晶構造 [p.117]

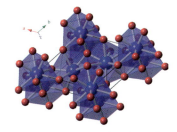

Fe$_2$P 型 SiO$_2$ の結晶構造 [p.117]

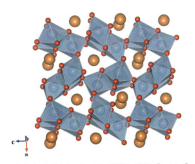

カルシウムフェライト型結晶構造 [p.118]

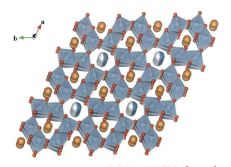

六方晶系アルミニウム含有相の結晶構造 [p.119]

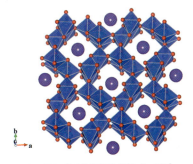

ホーランダイトの結晶構造 [p.120]

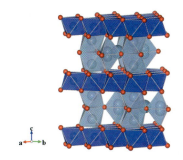

CAS 相の結晶構造 [p.121]

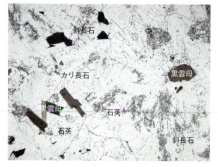

花崗岩（東南極・セールロンダーネ山地産）
開放ニコル長辺4mm

花崗岩（東南極・セールロンダーネ山地産）
直行ニコル長辺4mm

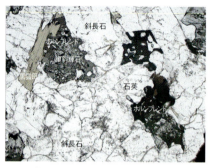
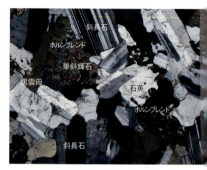

花崗閃緑岩（福岡県・糸島半島産）
開放ニコル長辺4mm

花崗閃緑岩（福岡県・糸島半島産）
直行ニコル長辺4mm

ハンレイ岩（ベトナム・コンツム地塊産）
開放ニコル長辺4mm

ハンレイ岩（ベトナム・コンツム地塊産）
直行ニコル長辺4mm

フィリン-大隅石-ざくろ石-直方(斜方)輝石グラニュライト（南極・エンダービーランド・ナピア岩体産）．

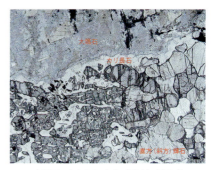

サフィリン-大隅石-ざくろ石-直方(斜方)輝石グラニュライト（東南極・エンダービーランド・ナピア岩体産）．長辺4mm．

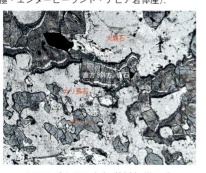

フィリン-大隅石-ざくろ石-直方(斜方)輝石グラニュライト（南極・エンダービーランド・ナピア岩体産）．長辺4mm

サフィリン-大隅石-ざくろ石-直方(斜方)輝石グラニュライト（東南極・エンダービーランド・ナピア岩体産）．長辺4mm．

サフィリン-ざくろ石-珪線石グラニュライト（東南極・エンダービーランド・ナピア岩体産）．長辺4mm．

サフィリン-直方(斜方)輝石-珪線石グラニュライト（東南極・エンダービーランド・ナピア岩体産）．長辺4mm．

コランダム-ざくろ石-スピネルグラニュライト（スリランカ・ハイランド岩体産）．長辺15mm．

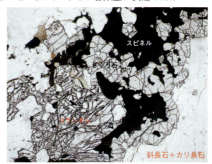

コランダム-ざくろ石-スピネルグラニュライト（スリランカ・ハイランド岩体産）．長辺4mm．

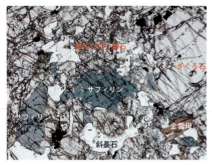

サフィリン-ざくろ石-直方(斜方)輝石-金雲母グラニュライト
(スリランカ・ハイランド岩体産).長辺4mm.

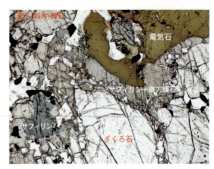

サフィリン-ざくろ石-直方(斜方)輝石-電気石グラニュライト
(スリランカ・ハイランド岩体産).長辺4mm.

サフィリン-直方(斜方)輝石-コーネルピングラニュライト
(スリランカ・ハイランド岩体産).長辺4mm.

サフィリン-ざくろ石-直方(斜方)輝石グラニュライト
(スリランカ・ハイランド岩体産).長辺4mm.

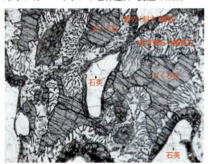

ざくろ石-直方(斜方)輝石-菫青石グラニュライト
(ベトナム・コンツム地塊産).長辺4mm.

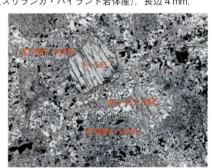

ざくろ石-直方(斜方)輝石グラニュライト
(ベトナム・コンツム地塊産).長辺4mm.

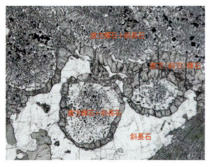

ざくろ石-直方(斜方)輝石グラニュライト
(ベトナム・コンツム地塊産).長辺4mm.

サフィリン-コランダム-スピネル-菫青石グラニュライト
(ベトナム・コンツム地塊産).長辺4mm.

質コンドライト隕石（CV3：Allende（アエンデ））．切断面．丸い粒はコンドリュール，白い塊Al．横幅約10 cm．

普通コンドライト隕石（L3.3：Dhofar（ドファール）008 隕石）．切断面．丸い粒はコンドリュール．横幅約2 cm．

石質隕石（ユークライト：Millbillillie（ミルビリリ）隕石）切断面．横幅約2 cm．

隕石（アノーソサイト，Yamato 86032 隕石）．幅約35 mm（国立極地研究所蔵）．

火星隕石（シャーゴッタイト；Allan Hills 77005 隕石）．横幅約37 mm（国立極地研究所蔵）．

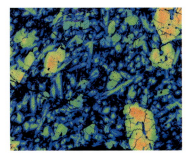

星隕石（シャーゴッタイト；Larkman Nunatak 06319 隕石）．の Mg 濃度分布．緑〜赤の分布はかんらん石や輝石で，晶内で化学的ゾーニングを示す．横幅6 mm．[p.261]

鉄隕石（IVA, Gibeon（ギベオン）隕石）．ヒュージョンクラストをもつ表面．横幅約17 cm（公益財団法人益富地学会館蔵）．

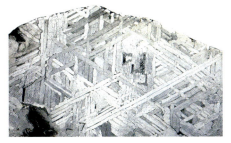

鉄隕石（IAB, Toluka（トルカ）隕石）．ウィッドマンシュテッテン構造を示す研磨断面．写真の左右8 cm（公益財団法人益富地学会館蔵）．

石鉄隕石（パラサイト：Imilac（イミラック）隕石）研磨断面．かんらん石（黄色）とニッケル鉄（金属）．写真の左右5 cm（公益財団法人益富地学会館蔵）．

資源・バイオ・環境

松尾鉱山跡地およびその鉱山排水処理場

広島県倉橋島納(おさめ)の石材採石場

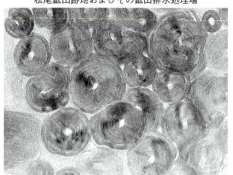

クリソタイルアスベストの高分解能電子顕微鏡写真

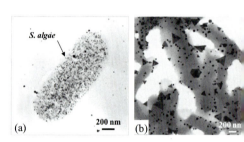

(a) 溶液中の金をあつめるバクテリア (S. algae) と
(b) 金ナノ粒子の電顕写真

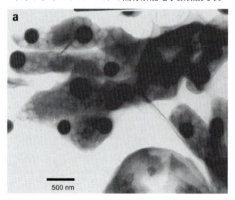

飯舘村のホットスポットにいたバクテリアが非放射性 Cs 1%溶液中から顆粒に 38%に Cs を濃集:透過電顕像

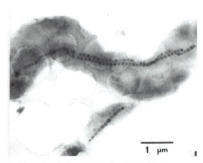

走磁性バクテリアとその内部にある磁鉄鉱粒子のチェインの電子顕微鏡写真:BCM のバイオミネラリゼーション

温泉性ストロマトライトの例. 宮城県鬼首温泉の間欠泉のまわりにできた,シリカ質のストロマトライト

硫酸塩還元バクテリアの存在下で生成したフランボイダルパイライトとの走査電顕写真

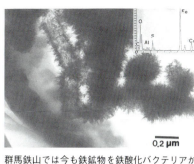

群馬鉄山では今も鉄鉱物を鉄酸化バクテリアが生成しているところがみられる．電顕像．

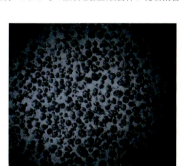

万年以上前からバイオミネラリゼーションによってできた群馬鉄山（鉄鉱の鉱泉水の湧出地点（穴地獄），およびその鉱石と鉄鉱石自体が化石集合を示す顕微鏡写真

オーストラリア，BIF に挟れる 25 億年前の Mn ストロトライト

深海底のマンガンノジュール［東海大学 CoRMC 調査団編『図鑑 海底の鉱物資源』東海大学出版会（1990）］

西オーストラリア 25 億年前の縞状鉄鉱層（BIF）の露頭

平洋深海底のマンガンノジュール外観．仏頭状の組織をもつ．フラクタル的な特徴を示す．

太平洋深海底のマンガンノジュールの内部組織（OM）．ストロマトライト構造を示す．

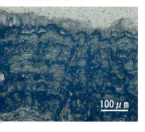

北海道，オンネトー湯の滝，マンガン沈殿物の内部組織（OM）に見いだされたストロマトライト構造

北海道，オンネトー湯の滝．マンガン酸化バクテリアにより，小マンガン鉱床もできた．

宝石

英国インペリアルステイトクラウン
2868個のダイヤモンド，273個の真珠，17個のサファイア，11個のエメラルド，5個のルビーが飾られている．中央の赤い石は「黒太子のルビー」と呼ばれているがスピネル．

ローマ法王の三重冠
金めっきの銀製．重量約0.9 kg．48個のルビー，72個のサファイア66個の真珠などで飾られている．

サファイアリング
カシミール産（無処理）．2.54 ct（個人蔵）．（撮影：中村淳）

スター・ルビーリング
ミャンマー産（無処理）．15.00 ct（個人蔵）．（撮影：中村淳）

スターサファイアリング
スリランカ産（無処理）．重量不明．

アレキサンドライトリング
ブラジル産．1.33 ct（個人蔵）．左：光下，右：白熱灯下．（撮影：中村淳）

クリソベリル・キャッツアイリング
産地不詳．30.06 ct（個人蔵）．（撮影：中村淳）

エメラルド（コロンビア産）とバゲットダイヤモンドリング
重量不詳（個人蔵）．（撮影：中村淳）

アクアマリン
モザンビーク産．4.64 ct（SUWA）．（撮影：中村淳）

インペリアルトパーズリング
ブラジル産．1.88 ct（個人蔵）．
（撮影：中村淳）

ムーンストーンリング
産地不詳．10.83 ct（個人蔵）．
（撮影：中村淳）

ブラックオパールリング
オーストラリア産．重量不詳（個人蔵）．
（撮影：中村淳）

ジェイダイトのペンダントトップ
「青唐辛子」と通称．最高品質の
翡翠（いわゆる琅玕）．国立科学
博物館蔵（1969 年，諏訪喜久男
氏寄贈）．清代にミャンマー産を用
い制作されたと考えられる．

トルコ石を使ったペラック
チベットの伝統的ジュエリー．（写真
提供：向後紀美代）

高知産アカサンゴ（血赤生木）とそのルース
個人蔵．（撮影：岩崎望）[岩崎望（2011）
珊瑚の歴史と種類．宝石の四季, 213]

クロチョウ真珠のネックレス
チョウ真珠，ダイヤモンド（イエ
ロー＆ブラウンダイヤを含む）．（写真
提供：マユヤマジュエラー）

真珠とダイヤモンドのブローチ
真珠 12.5 mm，ダイヤモンド計 4.26
ct．（写真提供：マユヤマジュエラー）

象牙の断面
直径 158 mm．（写真提供：宮田雄史）

誕生石（提供：中央宝石研究所）

1月　ガーネット

2月　アメシスト

3月　アクアマリン

4月　ダイヤモンド

5月　エメラルド

6月　パール

7月　ルビー

8月　ペリドット

9月　サファイア

10月　オパール

11月　トパーズ

12月　ターコイズ

まえがき

「それは『鉱物』ですか？」．戦後の 1947 年から 12 年半にわたって NHK のラジオで放送された「二十の扉」というクイズ番組がありました．解答者と司会者の質疑応答形式で進められ，最初の質問として『動物』『植物』『鉱物』のいずれであるかを問うところから始まり，20 の質問により正解を導き出すというものでした．かつて博物学では，動物界（動くもの）・植物界（動かないが成長するもの）・鉱物界（成長しないもの）という三界が認識されていましたが，無機物の（あるいは有機物を原料とした）人工物が満ち溢れている現代では，このような『鉱物』という使い方はしなくなっています．しかし，基本的な意味合いは今も変わりません．

それでは「鉱物」とはどういうものでしょうか？「石」とは，また「岩石」や「鉱石」，「宝石」とはどのように違うのでしょうか？ 本書は『新しい鉱物・宝石の博物学』の本ともいうべきもので，鉱物学・岩石学・資源地質学をはじめとする地球惑星物質科学や宝石学の基礎からわかりやすく理解していただくために，厳選された項目について解説しています．これにより，大学生・大学院生から広く一般社会人の方に利用していただくとともに，最新の情報も網羅し，研究者にとっても役に立つものとなっています．

本事典の第 1 部では，「基礎編」として，無機物を主体とした自然界の基本構成単位である「鉱物」に関する基礎的な事柄を解説しました．「鉱物」は天然に産出するので，その地球科学，地球物理学や地球化学における重要性を中心に，「地球編：深部」と「地球編：表層」は構成されています．「岩石」については「地球編：表層」をご覧ください．一方，「鉱物」は地球にだけに存在するのでしょうか？「鉱物」は地球型惑星だけでなく，広く太陽系外の宇宙にも存在します（「宇宙鉱物学」）．これについては「宇宙編」をご覧ください．また，地球の深部は地震波でしか物質を「見る」ことができないので，鉱物学者は高圧実験により地球深部物質を推

定しています（「地球編：深部」）．

「応用編：資源・バイオ・環境」では，「鉱石」も含めた資源に加えて，鉱物と生命との相互作用や環境との関わり合い（「環境鉱物学」）についても述べています．「応用編：材料」は，「二十の扉」の『鉱物』にもっとも近いものかもしれません．古くから最新のものまで，「鉱物」と人類との関わりが解説されています．

第2部は「宝石」です．前半は宝石学の基礎的な項目について，後半では個々の宝石ごとの科学的な説明が，鉱物との関係も含めて述べられています．ダイヤモンド，ルビー，サファイア，エメラルドといった代表的な「宝石」だけでなく，様々な「宝石」についての項目もあります．

第3部「鉱物・宝石」では，現在約5400の鉱物種が知られている中で，「宝石鉱物」も含めて，代表的な約170種類の「鉱物」について，解説しています．第1章，第2章で登場する「鉱物」についての辞書にもなっています．

この『鉱物・宝石の科学事典』は一般社団法人日本鉱物科学会および宝石学会（日本）によって編集されました．本書が研究者，技術者，大学院学生・大学生，宝石関係者など多くの方々にとっての座右の書となれば，本書の編集委員や執筆者にとって，大変ありがたいことです．また，鉱物や宝石に興味をもち，あるいは関係した職業に携わっている方々にとっても，その基礎を学ぶだけでなく，事典として活用いただければと思います．日本鉱物科学会は2016年9月に日本を代表する国の石「国石」として「ひすい」を選定しました．本書を通じて，「ひすい」も含めた「ミネラル・ワールド」「ジェム・ワールド」をお楽しみください．

最後になりましたが，朝倉書店の編集部の皆様，本書の編集委員の皆様，執筆者の皆様に，厚くお礼申し上げます．

2019年7月

『鉱物・宝石の科学事典』編集委員長　　土山　明

編集委員

日本鉱物科学会

（委員長）土山　明	立命館大学総合科学技術研究機構客員教授〔第1部 宇宙編〕 中国科学院广州地球化学研究所	
松原　聰	国立科学博物館名誉館員／名誉研究員〔第1部 基礎編・第3部〕	
宮脇　律郎	国立科学博物館地学研究部長〔第1部 基礎編〕	
井上　徹	広島大学大学院理学研究科教授〔第1部 地球編：深部〕	
小山内康人	九州大学大学院比較社会文化研究院教授〔第1部 地球編：表層〕	
赤井　純治	新潟大学名誉教授〔第1部 応用編：資源・バイオ・環境〕	
山田　裕久	物質・材料研究機構特命研究員〔第1部 応用編：材料〕	

宝石学会（日本）

宮田　雄史	前 山梨県立宝石美術専門学校教授〔第2部〕	
林　政彦	早稲田大学教育・総合科学学術院〔第2部〕	

（括弧内は編集担当箇所）

執筆者 (五十音順)

赤井　純治	新潟大学名誉教授	
赤荻　正樹	学習院大学	
赤坂　正秀	島根大学名誉教授	
甘利　幸子	Laboratory for Space Sciences	
荒井　章司	金沢大学名誉教授	
荒井　朋子	千葉工業大学	
有馬　眞	横浜国立大学名誉教授	
安東　淳一	広島大学	
葉　金花	物質・材料研究機構	
池田　剛	九州大学	
石原　舜三	産業技術総合研究所	
石渡　明	原子力規制委員会	
井上　悟	前 物質・材料研究機構	
井上　徹	広島大学	
今井　亮	九州大学	
今榮　直也	国立極地研究所	
入舩　徹男	愛媛大学	
岩崎　望	立正大学	
上椙　真之	高輝度光科学研究センター	
上田　恭太	三菱ケミカル（株）	
上原誠一郎	九州大学	
S. R. Wallis	東京大学	
臼井　朗	高知大学	
浦川　啓	岡山大学	
榎並　正樹	名古屋大学	
海老原　充	早稲田大学	
大谷　栄治	東北大学名誉教授	
大谷　茂樹	物質・材料研究機構	
大和田正明	山口大学	
小川　誠	Vidyasirimedhi Institute of Science and Technology (VISTEC)	
奥平　敬元	大阪市立大学	
奥地　拓生	岡山大学	
奥山　康子	産業技術総合研究所	
小山内康人	九州大学	
小澤　一仁	東京大学	
小野　重明	海洋研究開発機構	
小畑　正明	京都大学名誉教授	
鍵　裕之	東京大学	
桂　智男	University of Bayreuth	
加藤　丈典	名古屋大学	
狩野　彰宏	東京大学	
亀井　淳志	島根大学	
川嵜　智佑	愛媛大学名誉教授	
川崎　雅之	日本電波工業（株）	
川嶋　哲也	物質・材料研究機構	
河村　雄行	東京工業大学	
菊池　正紀	物質・材料研究機構	
木多　紀子	University of Wisconsin System	
北村　健二	元 物質・材料研究機構	
木村　純一	海洋研究開発機構	

木村　眞	茨城大学		橘　省吾	東京大学
久保　友明	九州大学		巽　好幸	神戸大学
黒澤　正紀	筑波大学		田中　英彦	前 物質・材料研究機構
桑山　靖弘	愛媛大学		谷口　尚	物質・材料研究機構
香内　晃	北海道大学		田村　堅志	物質・材料研究機構
糀谷　浩	学習院大学		辻森　樹	東北大学
河野　義生	Argonne National Laboratory		土屋　卓久	愛媛大学
神山　宣彦	前 東洋大学		土山　明	立命館大学 / 広州地球化学研究所
小暮　敏博	東京大学		堤　之恭	国立科学博物館
小島　秀康	国立極地研究所		角替　敏昭	筑波大学
小西　康裕	大阪府立大学		寺田健太郎	大阪大学
小松　博	真珠科学研究所		富岡　尚敬	海洋研究開発機構
佐伯　和人	大阪大学		渡村　信治	前 産業技術総合研究所
寒河江登志朗	日本大学		豊島　剛志	新潟大学
榊原　正幸	愛媛大学		永井　隆哉	北海道大学
笹川　一郎	日本歯科大学		長尾　敬介	KOREA Polar Research Institute
佐々木　晶	大阪大学		中川　光弘	北海道大学
佐藤　努	北海道大学		中沢　弘基	前 物質・材料研究機構
鹿園　直建	元 慶應義塾大学名誉教授		中嶋　悟	大阪大学
清水　正明	富山大学		長瀬　敏郎	東北大学
薛　献宇	岡山大学		中野　聰志	琵琶湖博物館
杉山　和正	東北大学		中野　伸彦	九州大学
鈴木　昭夫	東北大学		永原　裕子	東京工業大学
鈴木　和博	元 名古屋大学名誉教授		中牟田義博	九州大学
田結庄良昭	神戸大学名誉教授		中村　圭子	NASA
高田　雅介	鉱物と結晶の博物館（高田クリスタルミュージアム）		中村　智樹	東北大学
高橋　泰	山梨県立宝石美術専門学校		中村真佐樹	物質・材料研究機構
高谷　真樹	京都大学		西浜　脩二	（株）資生堂
竹内　誠	名古屋大学		西村　聡之	物質・材料研究機構

西山　忠男	熊本大学	
西山　宣正	東京工業大学	
沼子　千弥	千葉大学	
野口　高明	九州大学	
林　　政彦	早稲田大学	
坂野　靖行	産業技術総合研究所	
肥後　祐司	高輝度光科学研究センター	
久田健一郎	筑波大学	
平島　崇男	京都大学	
廣井　孝弘	Brown University	
廣井　美邦	千葉大学名誉教授	
廣瀬　　敬	東京大学	
福岡　正人	広島大学名誉教授	
福田功一郎	名古屋工業大学	
藤田　直也	(株)中央宝石研究所	
伏見　裕利	富山大学	
保柳　康一	信州大学	
前田仁一郎	北海道大学	
松田　准一	大阪大学名誉教授	
松田　博貴	熊本大学	
松原　　聰	国立科学博物館名誉館員	
間中　裕二	(株)中央宝石研究所	
丸茂　克美	富山大学	
三河内　岳	東京大学	
宮崎　一博	産業技術総合研究所	
宮澤　薫一	東京理科大学	
宮下　純夫	新潟大学名誉教授	
宮島　　宏	糸魚川信用組合	
宮田　雄史	前 山梨県立宝石美術専門学校	
宮脇　律郎	国立科学博物館	
村上　　隆	東京大学名誉教授	
村上　元彦	東北大学	
森本　和也	産業技術総合研究所	
八木　健彦	東京大学名誉教授	
矢崎　純子	真珠科学研究所	
矢野　晴也	前 オリエンタルダイヤモンド(株)	
薮田ひかる	広島大学	
山口　　亮	国立極地研究所	
山崎　大輔	岡山大学	
山田　裕久	物質・材料研究機構	
山本　　亮	真珠科学研究所	
遊佐　　斉	物質・材料研究機構	
圦本　尚義	北海道大学	
横山　照之	(株)中央宝石研究所	
吉朝　　朗	熊本大学	
吉田　武義	東北大学名誉教授	
芳野　　極	岡山大学	
米田　　明	岡山大学	
渡邊公一郎	九州大学	
渡辺　　寧	秋田大学	

目　次

1.　鉱　　　物

[基礎編]

001	鉱物とはなにか？……………………………………………〔宮脇律郎〕	2
002	宇宙・地球の化学組成（宇宙の成分，地球の成分）と鉱物…………〔井上　徹〕	4
003	鉱物の同定………………………………………………〔松原　聰・宮脇律郎〕	7
004	何がどれぐらい含まれているか？―化学組成………………………〔宮脇律郎〕	9
005	原子の規則的な配列―結晶構造………………………………………〔杉山和正〕	11
006	化学組成の分析方法……………………〔木村純一・加藤丈典・黒澤正紀・坂本尚義〕	26
007	どのように含まれているのか―局所構造と状態分析	
	…………………………………〔鍵　裕之・赤坂正秀・沼子千弥・薛　献宇〕	32
008	長周期構造解析の手法……………………………〔杉山和正・小暮敏博・永井隆哉〕	36
009	計算科学の適用………………………………………………………〔河村雄行〕	40
010	放射光と中性子線……………………………………………………〔永井隆哉〕	45
011	鉱物の生成と産状…………………………………………〔松原　聰・宮脇律郎〕	46
012	結晶の形がもたらす情報……………………………………………〔高田雅介〕	48
013	鉱物の色と輝き………………………………………………………〔宮脇律郎〕	52
014	結晶の中を通る光―光学特性……………………………〔松原　聰・宮脇律郎〕	56
015	鉱物の「かたさ」と「つよさ」……………………………〔宮脇律郎・井上　徹〕	59
016	鉱物の密度（鉱物の分別と判別の指標―密度）……………〔井上　徹・宮脇律郎〕	61
017	鉱物のさまざまな物理特性…………………………………………〔吉朝　朗〕	63
018	鉱物の化学的特性……………………………………………………〔宮脇律郎〕	65
019	鉱物中の貴ガス………………………………………〔長尾敬介・松田准一〕	67
	コラム　希ガス……………………………………………………〔宮脇律郎〕	68
020	鉱物の熱力学…………………………………………………………〔川嵜智佑〕	69
021	鉱物を用いた岩石形成の温度・圧力推定……………………………〔川嵜智佑〕	71
022	鉱物の結晶成長………………………………………………………〔長瀬敏郎〕	76
023	鉱物を用いた地質速度計……………………………………………〔小澤一仁〕	77
024	鉱物の放射能…………………………………………………………〔宮脇律郎〕	80
025	鉱物の年代測定…………………………………………〔堤　之恭・鈴木和博〕	82

026	鉱物の分類	〔松原　聰・宮脇律郎〕	84
027	主要造岩鉱物	〔小山内康人・中野伸彦〕	86
028	粘土鉱物とは	〔山田裕久〕	89
029	天然非晶質物質	〔山田裕久〕	91

[地球編：深部]

030	高圧実験・装置の歴史	〔八木健彦〕	93
031	固体地球の構造	〔井上　徹〕	98
032	マントル	〔西山宣正〕	100
033	最下部マントル	〔廣瀬　敬〕	105
034	核	〔土屋卓久〕	107
035	かんらん石の高圧相転移	〔井上　徹〕	111
036	輝石-ざくろ石の高圧相転移	〔井上　徹〕	114
037	石英の高圧相転移	〔遊佐　斉・小野重明〕	116
038	他のマントル鉱物の高圧相転移	〔赤荻正樹・糀谷　浩〕	118
039	含水鉱物の高圧相転移	〔大谷栄治〕	122
040	鉄系物質の高圧相転移	〔桑山靖弘・土屋卓久〕	125
041	マグマの生成	〔井上　徹〕	128
042	地球深部鉱物の弾性波速度	〔米田　明・肥後祐司・河野義生・村上元彦〕	131
043	地球深部鉱物のレオロジー・カイネティクス	〔安東淳一・久保友明・山崎大輔〕	133
044	地球深部鉱物の電気伝導度	〔芳野　極・桂　智男〕	135
045	マグマの構造・物性	〔浦川　啓・鈴木昭夫〕	137
046	地球深部物質としてのダイヤモンド	〔入舩徹男・鍵　裕之〕	140

[地球編：表層]

047	岩石の分類と構成鉱物	〔小山内康人・大和田正明〕	142
048	地殻を構成する岩石	〔大和田正明〕	145
049	火成岩のでき方と特徴	〔吉田武義・大和田正明〕	147
050	変成岩のでき方と特徴	〔中野伸彦〕	150
051	堆積岩のでき方と特徴	〔保柳康一・久田健一郎〕	152
052	火成岩の分類	〔荒井章司・前田仁一郎・亀井淳志〕	157
053	マグマと火成岩	〔吉田武義〕	163
054	サブダクションファクトリー	〔巽　好幸〕	167
055	火山と火山灰	〔中川光弘・渡邊公一郎〕	171
056	変成岩の分類	〔小山内康人・平島崇男・辻森　樹〕	174
057	広域変成岩	〔池田　剛・廣井美邦〕	181
058	接触変成岩	〔奥山康子・榊原正幸〕	183

059	超高温変成岩と超高圧変成岩	〔平島崇男・中野伸彦・小山内康人〕	185
060	岩石に残された溶融組織	〔廣井美邦〕	188
061	岩石が変形する	〔S. R. Wallis・奥平敬元・豊島剛志〕	192
062	堆積物，堆積岩と鉱物	〔竹内　誠〕	195
063	炭酸塩堆積物と炭酸塩鉱物	〔松田博貴・狩野彰宏〕	197
064	風化作用と鉱物	〔福岡正人〕	200
065	鉱物の累帯構造	〔榎並正樹・西山忠男〕	204
066	鉱物の反応組織	〔小畑正明・西山忠男・宮崎一博〕	207
067	鉱物の微細包有物	〔中野伸彦・角替敏昭・小山内康人〕	211
068	オフィオライトと海洋地殻	〔石渡　明・荒井章司・宮下純夫〕	214
069	地球創生期の岩石と鉱物	〔有馬　眞・鈴木和博〕	216

[宇宙編]

070	宇宙における鉱物（宇宙鉱物学）	〔土山　明〕	217
071	太陽系における氷・有機物	〔香内　晃・藪田ひかる〕	220
072	彗星物質と彗星塵	〔中村圭子〕	224
073	観測からみた小惑星物質	〔廣井孝弘〕	226
074	地球外物質：隕石と宇宙塵	〔野口高明・中村智樹〕	229
075	はやぶさ計画	〔土山　明〕	232
076	サンプルリターン計画	〔土山　明・橘　省吾〕	234
077	極地から採集される地球外物質	〔小島秀康・今榮直也〕	235
078	コンドライト隕石	〔木村　眞〕	239
079	隕石に残された太陽系の始原物質	〔上椙真之・圦本尚義〕	241
080	隕石中の特異な包有物	〔野口高明・中村智樹〕	244
081	プレソーラー粒子	〔甘利幸子・圦本尚義〕	245
082	宇宙のダイヤモンド	〔甘利幸子・中牟田義博〕	248
083	分化隕石	〔山口　亮・木村　眞・海老原充〕	250
084	HED 隕石およびメソシデライト	〔山口　亮〕	254
085	月の岩石	〔佐伯和人・荒井朋子〕	256
086	火星の岩石	〔三河内　岳〕	261
087	火星表層環境	〔三河内　岳・橘　省吾〕	264
088	衝撃変成	〔富岡尚敬〕	266
089	宇宙風化	〔佐々木　晶〕	269
090	初期太陽系における物理化学プロセス	〔永原裕子・橘　省吾〕	271
091	鉱物から探る太陽系の年代	〔寺田健太郎・木多紀子〕	274
092	地球型惑星内部構造と化学組成	〔永原裕子〕	276

| 093 | 惑星内部の氷 | 〔奥地拓生〕 | 278 |

[応用編：資源・バイオ・環境]

094	文明と鉱物	〔清水正明〕	279
095	ひすいの文化	〔宮島　宏〕	281
096	資源問題と持続可能な開発と発展	〔渡辺　寧〕	283
097	資源とは	〔鹿園直建〕	285
098	鉱床のタイプ	〔今井　亮〕	287
099	金属資源鉱物と鉱山	〔今井　亮〕	291
100	日本の資源	〔渡辺　寧〕	295
101	非金属資源鉱物と鉱山	〔丸茂克美〕	297
102	エネルギー資源	〔中嶋　悟〕	301
103	海洋が生み出す鉱物資源	〔臼井　朗〕	305
104	生物がつくる資源鉱物・鉱床	〔赤井純治〕	309
105	石　　材	〔石原舜三〕	313
106	レアメタル	〔渡辺　寧〕	316
107	生物がつくる鉱物	〔赤井純治〕	318
108	人体内の鉱物・硬組織	〔笹川一郎・寒河江登志朗〕	322
109	金属イオン還元細菌による貴金属バイオミネラリゼーションの工業的利用	〔小西康裕〕	324
110	地球史・環境と鉱物，生物−鉱物相互作用	〔赤井純治・村上　隆〕	326
111	温泉と鉱物	〔赤井純治〕	329
112	生命の起源と鉱物	〔中沢弘基〕	332
113	環境と鉱物	〔佐藤　努〕	334
114	石綿（アスベスト）	〔神山宣彦〕	338
115	大気中の鉱物	〔田結庄良昭〕	342

[応用編：材料]

116	焼き物	〔山田裕久〕	344
117	身近に使われている粘土鉱物	〔山田裕久〕	346
118	ゼオライトの応用	〔山田裕久〕	348
119	セメント・コンクリート	〔福田功一郎〕	350
120	ファインセラミクスとは	〔渡村信治〕	352
121	高温・耐熱材料，耐火物	〔西村聡之〕	354
122	工業用非酸化物セラミクス	〔田中英彦〕	356
123	切削・研磨材料	〔谷口　尚〕	358
124	合成ダイヤモンド	〔谷口　尚〕	360

125 新しい炭素系材料―グラフェン・フラーレン・カーボンナノチューブ
　　……………………………………………………………………〔宮澤薫一〕364
126 陰イオン交換体（層状複水酸化物）……………………〔森本和也〕365
127 鉱物合成法（単結晶作製法）……………………………〔大谷茂樹〕366
128 人工水晶………………………………………………………〔川崎雅之〕368
129 新しいシリカ系材料………………………………………〔小川　誠〕370
130 光学材料………………………………………………………〔北村健二〕373
131 ガラス…………………………………………………………〔井上　悟〕375
132 蛍光材料………………………………………………………〔上田恭太〕378
133 半導体…………………………………………………………〔中村真佐樹〕380
134 光触媒…………………………………………………………〔葉　金花〕382
135 超伝導材料……………………………………………………〔川嶋哲也〕384
136 フィラー・複合材料…………………………………………〔田村堅志〕386
137 化粧品に用いられる鉱物……………………………………〔西浜脩二〕388
138 医療用材料……………………………………………………〔菊池正紀〕390
139 薬と鉱物………………………………………………………〔伏見裕利〕392
140 岩石（鉱物）薄片の製作…………………………〔林　政彦・高谷真樹〕394

2. 宝　石

141 宝石とは………………………………………………………〔宮田雄史〕396
142 宝石の種類……………………………………………………〔宮田雄史〕400
143 ダイヤモンドとダイアモンド………………………………〔宮田雄史〕402
144 宝石の取引……………………………………………………〔宮田雄史〕403
　　コラム　24金・18金…………………………………………〔宮田雄史〕405
145 宝石鑑別とは…………………………………………………〔宮田雄史〕406
146 合成宝石・人造宝石…………………………………………〔林　政彦〕409
147 模造宝石………………………………………………………〔林　政彦〕412
148 宝石の処理…………………………………………〔林　政彦・間中裕二〕414
149 宝石の採掘……………………………………………………〔宮田雄史〕416
　　コラム　貴石・半貴石………………………………………〔宮田雄史〕418
150 宝石のカット形式・形状……………………………………〔高橋　泰〕419
151 ダイヤモンドのカット工程…………………………………〔矢野晴也〕421
152 宝石のカット工程……………………………………………〔高橋　泰〕425
153 宝石の色………………………………………………………〔宮田雄史〕428
154 光学的効果……………………………………………………〔宮田雄史〕435

155	誕生石……………………………………………………〔宮田雄史〕	437
	コラム　カラット……………………………………………〔宮田雄史〕	439
156	ダイヤモンド（金剛石）………………………………〔林　政彦〕	440
157	ルビー……………………………………………………〔林　政彦〕	445
158	サファイア………………………………………………〔林　政彦〕	447
159	アレキサンドライト……………………………………〔宮田雄史〕	449
160	エメラルド・アクアマリン……………………………〔宮田雄史〕	451
	コラム　暴君？ネロのサングラス……………………〔宮田雄史〕	453
161	ひすい（翡翠）…………………………………………〔宮田雄史〕	454
162	スピネル…………………………………………………〔林　政彦〕	456
	コラム　大きな結晶……………………………………〔宮田雄史〕	457
163	トルコ石…………………………………………………〔宮田雄史〕	458
164	ガーネット………………………………………………〔林　政彦〕	460
165	ジルコン（風信子石）…………………………………〔宮田雄史〕	463
166	トパーズ…………………………………………………〔林　政彦〕	465
167	タンザナイト……………………………………………〔林　政彦〕	466
168	クンツァイト・ヒデナイト……………………………〔林　政彦〕	467
169	トルマリン（電気石）…………………………………〔林　政彦〕	468
170	水晶類……………………………………………………〔高橋　泰〕	470
171	メノウ類…………………………………………………〔高橋　泰〕	472
172	オパール…………………………………………………〔林　政彦〕	474
173	天然ガラス………………………………………………〔宮田雄史〕	476
174	長石類……………………………………………………〔林　政彦〕	478
175	青色宝石（鉱物/岩石）…………………………………〔林　政彦〕	480
176	緑色宝石（鉱物/岩石）…………………………………〔林　政彦〕	483
177	赤色宝石（鉱物）………………………………………〔林　政彦〕	486
178	その他の宝石（キャッツアイなど）…………………〔林　政彦〕	488
179	真　珠…………………………………〔荻村　亨・山本　亮・矢崎純子〕	490
180	さんご……………………………………………………〔岩崎　望〕	495
181	べっこう…………………………………………………〔横山照之〕	498
182	象　牙……………………………………………………〔間中裕二〕	499
183	コハク……………………………………………………〔藤田直也〕	500
184	ジェット…………………………………………………〔林　政彦〕	502
185	放射性宝石………………………………………………〔林　政彦〕	503
186	顔料・岩絵具……………………………………………〔林　政彦〕	504

3. 鉱物・宝石各論

[元素鉱物]
187	自然金	〔松原　聰〕	508
188	自然銀	〔松原　聰〕	508
189	自然銅	〔松原　聰〕	508
190	自然白金	〔松原　聰〕	508
191	自然砒	〔松原　聰〕	509
192	自然蒼鉛	〔松原　聰〕	509
193	自然鉄	〔松原　聰〕	509
194	自然ニッケル	〔松原　聰〕	509
195	自然水銀	〔松原　聰〕	510
196	自然テルル	〔松原　聰〕	510
197	自然硫黄	〔松原　聰〕	510
198	石　墨	〔松原　聰〕	510
199	ダイヤモンド	〔松原　聰〕	510

[硫化鉱物]
200	針銀鉱	〔清水正明〕	512
201	濃紅銀鉱	〔清水正明〕	512
202	雑銀鉱	〔清水正明〕	513
203	安四面銅鉱	〔清水正明〕	513
204	黄銅鉱	〔清水正明〕	514
205	斑銅鉱	〔清水正明〕	515
206	輝銅鉱	〔清水正明〕	515
207	方鉛鉱	〔清水正明〕	516
208	閃亜鉛鉱	〔清水正明〕	516
209	輝安鉱	〔清水正明〕	517
210	輝水鉛鉱	〔清水正明〕	518
211	鶏冠石	〔清水正明〕	518
212	石　黄	〔清水正明〕	519
213	硫カドミウム鉱	〔清水正明〕	519
214	輝コバルト鉱	〔清水正明〕	520
215	ゲルスドルフ鉱	〔清水正明〕	521
216	硫砒鉄鉱	〔清水正明〕	521
217	アラバンド鉱	〔清水正明〕	522
218	黄錫鉱	〔清水正明〕	522
219	黄鉄鉱	〔清水正明〕	523
220	辰　砂	〔清水正明〕	524
221	磁硫鉄鉱	〔清水正明〕	525
222	硫砒銅鉱	〔清水正明〕	525
223	紅砒ニッケル鉱	〔清水正明〕	526
224	銅　藍	〔清水正明〕	526
225	車骨鉱	〔清水正明〕	527

226	ブーランジェ鉱	〔清水正明〕	528

[酸化鉱物]
227	赤銅鉱	〔松原　聰〕	529
228	緑マンガン鉱	〔松原　聰〕	529
229	黒銅鉱	〔松原　聰〕	529
230	コランダム	〔松原　聰〕	529
231	赤鉄鉱	〔松原　聰〕	529
232	ペロブスキー石	〔松原　聰〕	530
233	ブリッジマン石	〔松原　聰〕	530
234	チタン鉄鉱	〔松原　聰〕	530
235	錫　石	〔松原　聰〕	531
236	ルチル	〔松原　聰〕	531
237	金緑石	〔松原　聰〕	531
238	テルル石	〔松原　聰〕	531
239	スピネル	〔松原　聰〕	531
240	磁鉄鉱	〔松原　聰〕	532
241	クロム鉄鉱	〔松原　聰〕	532
242	ハウスマン鉱	〔松原　聰〕	532
243	轟　石	〔松原　聰〕	533
244	針鉄鉱	〔松原　聰〕	533
245	軟マンガン鉱	〔松原　聰〕	533
246	フェルグソン石	〔宮脇律郎〕	534
247	コルンブ石	〔宮脇律郎〕	534
248	閃ウラン鉱	〔宮脇律郎〕	534

[ハロゲン化鉱物]
249	岩　塩	〔松原　聰〕	535
250	角銀鉱	〔松原　聰〕	535
251	アタカマ石	〔松原　聰〕	536
252	蛍　石	〔松原　聰〕	536
253	氷晶石	〔松原　聰〕	536

[炭酸塩鉱物]
254	方解石	〔松原　聰〕	537
255	菱鉄鉱	〔松原　聰〕	537
256	菱マンガン鉱	〔松原　聰〕	537
257	あられ石	〔松原　聰〕	538
258	毒重土石	〔松原　聰〕	538
259	白鉛鉱	〔松原　聰〕	538
260	苦灰石	〔松原　聰〕	538
261	藍銅鉱	〔松原　聰〕	539
262	孔雀石	〔松原　聰〕	539
263	水亜鉛銅鉱	〔松原　聰〕	539

264	バストネス石	〔宮脇律郎〕	539	302	リングウッド石	〔松原 聰〕	551
265	水苦土石	〔松原 聰〕	540	303	ワズレー石	〔松原 聰〕	551
[ホウ酸塩鉱物]				304	ざくろ石	〔松原 聰〕	551
266	小藤石	〔松原 聰〕	541	305	ジルコン	〔松原 聰〕	552
267	ルードビッヒ石	〔松原 聰〕	541	306	珪線石	〔松原 聰〕	553
268	五水灰硼石	〔松原 聰〕	541	307	十字石	〔松原 聰〕	553
269	逸見石	〔松原 聰〕	541	308	トパーズ	〔松原 聰〕	553
270	硼砂	〔松原 聰〕	541	309	コンドロ石	〔松原 聰〕	554
271	ウレックス石	〔松原 聰〕	542	310	硬緑泥石	〔松原 聰〕	554
[硫酸塩鉱物]				311	チタン石	〔松原 聰〕	554
272	硫酸鉛鉱	〔松原 聰〕	542	312	ブラウン鉱	〔松原 聰〕	555
273	重晶石	〔松原 聰〕	542	313	ダトー石	〔松原 聰〕	555
274	天青石	〔松原 聰〕	542	314	ガドリン石	〔宮脇律郎〕	555
275	硬石膏	〔松原 聰〕	543	[ソロケイ酸塩鉱物]			
276	石膏	〔松原 聰〕	543	315	オケルマン石	〔松原 聰〕	556
277	胆礬	〔松原 聰〕	543	316	異極鉱	〔松原 聰〕	556
278	コキンボ石	〔松原 聰〕	543	317	斧石	〔松原 聰〕	556
279	ブロシャン銅鉱	〔松原 聰〕	544	318	ローソン石	〔宮島 宏〕	556
280	青鉛鉱	〔松原 聰〕	544	319	ダンブリ石	〔松原 聰〕	557
281	明礬石	〔松原 聰〕	544	320	ペリエル石	〔宮脇律郎〕	557
282	サービエリ石	〔松原 聰〕	545	321	緑簾石	〔赤坂正秀〕	558
[リン酸塩・ヒ酸塩鉱物]				322	パンペリー石	〔赤坂正秀〕	559
283	モナズ石	〔松原 聰〕	545	323	ベスブ石	〔松原 聰〕	560
284	ゼノタイム	〔松原 聰〕	545	324	吉村石	〔松原 聰〕	560
285	藍鉄鉱	〔松原 聰〕	546	325	コーネルップ石	〔松原 聰〕	560
286	スコロド石	〔松原 聰〕	546	[シクロケイ酸塩鉱物]			
287	斜開銅鉱	〔松原 聰〕	546	326	ベニト石	〔松原 聰〕	561
288	擬孔雀石	〔松原 聰〕	546	327	ホアキン石	〔宮島 宏〕	561
289	コニカルコ石	〔松原 聰〕	547	328	緑柱石	〔松原 聰〕	561
290	オリーブ銅鉱	〔松原 聰〕	547	329	菫青石	〔松原 聰〕	562
291	燐灰石	〔松原 聰〕	547	330	電気石	〔松原 聰〕	562
292	緑鉛鉱	〔松原 聰〕	548	331	大隅石	〔松原 聰〕	563
293	天藍石	〔松原 聰〕	548	332	長島石	〔松原 聰〕	563
294	ベゼリ石	〔松原 聰〕	548	[イノケイ酸塩鉱物]			
295	トルコ石	〔松原 聰〕	548	333	輝石	〔宮島 宏〕	564
296	銀星石	〔松原 聰〕	549	334	ひすい輝石	〔宮島 宏〕	566
[タングステン酸塩・モリブデン酸塩鉱物]				335	リチア輝石	〔宮島 宏〕	567
297	灰重石	〔松原 聰〕	549	336	珪灰石	〔宮島 宏〕	567
298	鉄重石	〔松原 聰〕	549	337	ペクトライト	〔宮島 宏〕	568
299	水鉛鉛鉱	〔松原 聰〕	549	338	原田石	〔松原 聰〕	569
300	手稲石	〔松原 聰〕	550	339	サフィリン	〔松原 聰〕	569
[亜テルル酸塩鉱物・ネソケイ酸塩鉱物]				340	ハウィー石	〔松原 聰〕	569
301	かんらん石	〔松原 聰〕	550	341	ばら輝石	〔松原 聰〕	570

342 直閃石	〔坂野靖行〕	570	
343 透閃石	〔坂野靖行〕	570	
344 角閃石	〔坂野靖行〕	571	
345 イネス石	〔松原　聰〕	573	

[フィロケイ酸塩鉱物]

346 珪孔雀石	〔松原　聰〕	574
347 蛇紋石	〔上原誠一郎〕	574
348 滑石	〔上原誠一郎〕	575
349 葉蝋石	〔上原誠一郎〕	575
350 雲母	〔上原誠一郎〕	575
351 緑泥石	〔上原誠一郎〕	577
352 ぶどう石	〔上原誠一郎〕	578
353 魚眼石	〔上原誠一郎〕	578
354 カオリン石	〔上原誠一郎〕	578

[テクトケイ酸塩鉱物]

355 石英	〔長瀬敏郎〕	579
356 オパール（蛋白石）	〔長瀬敏郎〕	580
357 クリストバル石（方珪石）	〔長瀬敏郎〕	580
358 鱗珪石	〔長瀬敏郎〕	581
359 長石	〔中野聰志〕	581
360 ラピス・ラズリ	〔中野聰志〕	585
361 柱石	〔中野聰志〕	586
362 沸石	〔松原　聰〕	587

[有機質鉱物]

363 琥珀	〔松原　聰〕	588

付　録

鉱物と宝石に関係する研究史・・・・・・・・・・・・・・・・・・・・・・・・・・・・・・・・・・590
度量衡換算表・・・595
周期表・同位体・・・596
元素存在度・・・601
有効イオン半径・・・605
鉱物・宝石に関連する学会のウェブサイト・・・・・・・・・・・・・・・・・・・・・・・・606
フォルスネーム・・・610
鉱物名と宝石名の関係・・・・・・・・・・・・・・・・・・・・・・・・・・・・・・・・・・・・・・・619
鉱物・宝石を学ぶ・・・620
　教育機関・・620
　研究機関・・627
　博物館・科学館・・629

索　引・・635

ウェブ資料について

本文の理解をさらに深める図・写真・表などを含むウェブ資料をご用意しております.朝倉書店公式ウェブサイト『鉱物・宝石の科学事典』書籍紹介ページ(http://www.asakura.co.jp/books/isbn/978-4-254-16276-9/)にアクセスし,ご覧ください(下記 QR コードからもアクセスできます).

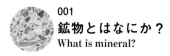

001
鉱物とはなにか？
What is mineral?

地球は何からできているか，どのようにできたのか，という地球科学の大きな命題に対し，地球の内部を直接観察することができない現状では地球の表面と近傍，すなわち地殻や上部マントルを構成する(した)物質を研究することになる．大気や海水などを除く固体の地球を概観した場合，地殻の最表面は広く土壌に覆われ，地殻や上部マントルを構成しているのは主に岩石である．一般に岩石は均質な物質ではなく，その多くは複数種の物質の集合体である．岩石を構成する物質を鉱物とよび，それぞれの物質は鉱物種として区別される．

国際鉱物学連合の新鉱物・命名・分類委員会は，鉱物を次のように定義している．地球や他の天体での地質作用を経て生成した天然の固体物質．単体や化合物があり，一般に結晶質である．鉱物種は鉱物の化学組成と結晶学的諸性質により定義され，それぞれ独自の鉱物名が与えられる．

自然水銀のように液体でも鉱物として扱われるものもある．黒曜岩を構成する火山ガラスは鉱物であるが，化学組成が一定範囲に納まらず鉱物種の定義ができないため鉱物名は与えない．人工的に合成したものや，生命活動のみで生成した物質は鉱物ではない．しかし，ダイヤモンドや燐灰石（アパタイト）など物質名と共通する鉱物名もある．生命活動で生成した後，地質作用を受けたものは鉱物として扱われる．石灰岩中の方解石やチャート中の石英は，生物起源であっても地質作用を受けているので鉱物である．しかし人工的な物質が地質作用を受けても鉱物としては扱わない．

鉱物種は化学組成と結晶学的諸性質により定義される．近年では結晶構造の解析と同時に記載される新種も多いが，結晶構造がわからなくとも，結晶学的諸性質（格子定数や空間群など）により定義できる．天然物質の鉱物では，主成分の一部が微量成分で置換されていること（同形置換による固溶体の形成）が普通にみられる．分析結果から算出される化学組成式（実験式）は，単純な整数比では表示できない．鉱物の化学組成の変動は，原子（イオン）の大きさとかかわり，結晶の単位格子の大きさにも影響する．そこで，鉱物種は微量成分を含まず主成分のみからなる理想的な条件（端成分または理想組成）とともに，化学組成と結晶学的諸性質に一定範囲の領域をもって定義される．

外形や色，屈折率などの光学特性，密度や硬度などの物理特性は鉱物種の判定に有効な場合も少なくないが，これらの物性は，化学結合の配列が反映されたものである．

かんらん石（オリビン）は，苦土かんらん石（forsterite, Mg_2SiO_4）や鉄かんらん石（fayalite, Fe_2SiO_4）など，同じ結晶構造と類似の化学式をもつ種からなる族（group）を総称するものである．かんらん石に含まれる Mg と Fe の原子数の和は Si の原子数に対し，どの試料でも一定の $(Mg+Fe):Si=2:1$ を保つが，Mg と Fe の原子数比は試料により $10:0$ から $0:10$ まで変動する．苦土かんらん石と鉄かんらん石の区別は化学組成における原子数比で，Mg と Fe のどちらが上回るかで決まる．すなわち Mg と Fe の原子数比 $5:5$ が境界となる．このような半々で区分するため 50%則とよばれている．現実のかんらん石は苦土かんらん石と鉄かんらん石の理想組成を端成分とする2成分系とは限らない．マンガンのかんらん石であるテフロ石（tephroite, Mn_2SiO_4）も端成分とする3成分系の固溶体では三角ダイヤグラム ▶

009 計算科学の適用の図参照〕で組成範囲を区分する.

　現想組成に近く鉄に乏しい苦土かんらん石の結晶は無色である.ペリドットの名称で知られる黄緑色の宝石質結晶はMgの一部がFeで置換されてた苦土かんらん石である.Feの置換量が増加するに従い,結晶は濃緑色から暗緑色を経て黒色に近くなる.特定波長の可視光の透過度など,化学組成と相関を示す指標を実測して化学組成を推測することは可能であるが,目視による色の濃淡による鉱物種判定は正確さに欠ける.鉱物種の正確な特定には定量分析が必要であり,化学組成がわからない場合には鉱物種を特定せず族の記載(ここでの例では単に「かんらん石」との記述)に留める.

　生物のような系統分類(界,門,綱,目,科,属,種といった階層)は鉱物に適用できない.しかし,class(級),subclass(亜級),family(科),supergroup(上族),group(族),subgroup(亜族)またはseries(系)といった独自の階層が提唱されている〔▶**027 鉱物の分類**〕.

　鉱物種と鉱物名の認定・再定義・抹消は,国際鉱物学連合の新鉱物・命名・分類委員会が審査・判定している.新種鉱物の認定には,化学分析値や理想式,粉末回折値と格子定数・結晶系・空間群,産状,鉱物名と命名由来,模式(タイプ)標本の収蔵博物館と登録番号,既知の鉱物との関係や分類を必須項目として,可能な限り物理的性質,光学特性,結晶構造のデータを添えた申請書を委員長に提出し,各国代表委員による投票で2/3以上の賛同を以て委員長が新種としての承認を行う.承認を受けた提案者は承認から2年以内に記載論文を発表する義務が課せられ,これを怠ると発見・記載者としての権利が保証されなくなる.

　鉱物名は英語表記が基本で,ウムラウトやアクサンなど欧州言語の特殊文字の使用も認められている.一般に,産地,特徴にちなむことが多く,また,鉱物科学に貢献した研究者に献名されることもあるが,学術的にかかわりのない個人(王,大統領など)や提案者自身の名前は認められない.

　和名は元来,漢字表記されていた(例えば頑火輝石,enstatite)が,カタカナ表記(例:ガンカキセキ)が提唱されたこともある.しかし,漢字表記が復活すると同時に英名読みのカタカナ綴り(例:エンスタタイト)も併用されるに至り,現在は統一されていない.

　和名は概ね語尾に「鉱」か「石」が付く.前者は不透明鉱物に,後者はそれ以外に使われている(例:津軽鉱,ガドリン石).石英,黄玉,岩塩,石墨,胆礬,雄黄,コバルト華,蒼鉛土,自然金など例外も多い.また,鉄礬ざくろ石,木下雲母,湯河原沸石,ひすい輝石,グュリネル閃石など族名を併記するものもある.

　鉱物には,晶出の履歴や相転移などの変遷が記録されているため,地球の誕生からその進化など過去の事象や地球深部の様子を伝える「地球の履歴書」あるいは「地底からの手紙」に書かれている「ことば」に例えられる.すなわち,鉱物が,"地球語"の「単語」,岩石は「文章」,原子は「文字」になぞらえる."地球語"の字典に記載されている「単語」は5300に迫り,毎年100種を上回る新たな語彙,すなわち新種鉱物が発見・記載され,さらに既知の「単語」についても新たな意味が解明されて字典に書き加えられている.

　鉱物には,美しい結晶として自然の造形を魅せる宝物としての価値にとどまらず,さまざまな化学結合の組み合わせが無数に繰り返されるナノの世界への案内者であると同時に,宇宙の誕生から今日までの壮大な自然史の証拠という学術的な価値がある.

〔宮脇律郎〕

002 宇宙・地球の化学組成（宇宙の成分，地球の成分と鉱物）
Chemical composition of the universe and the Earth

宇宙の年齢は約137億年と考えられている．宇宙はビッグバンにより始まり，その直後にはHやHeの軽い元素は生じたが，それより重い元素は生じなかった．重い元素は恒星の内部での核融合反応によって生じた．しかしながら，通常の恒星内部での核融合反応では，その進化のプロセスでFeまでの元素しか生じえない．よってFe以上の重元素は，ある限度以上の質量をもつ恒星の進化の最終段階である「超新星爆発」によって生じたことになる．図1に「宇宙の元素存在度」を示すが，このパターンは原子核の安定性とその元素の生成過程によって決まったものである．ちなみに，この「宇宙の元素存在度」は太陽表層部の分光学的観測によって得られており，基本的に「太陽系の元素存在度」である．

元素存在度においては原子番号が偶数の元素は両隣の奇数の元素より多く存在する（オッド-ハーキンスの法則）（H, Beは例外）．これは原子番号が偶数の原子核のほうが安定だからである．最も安定な原子核は，原子番号26，質量数56の^{56}Feである．よってFeのところに存在度の1つのピークがある．それ以上の原子番号の元素の存在度が少ないのは，前述のように元素の生成過程の反映である．太陽系に重い元素が存在しているということは，太陽系の基となる物質は少なくとも1回は超新星爆発を経験したということを意味している．

太陽は太陽系全体の質量の約99.9%をも占めており，太陽の組成が太陽系全体の組成を表している．一方，太陽系の各惑星は，約45.5億年前にガス・塵や隕石・微惑星の集積により形成された．その中で始原的な隕石であるC1コンドライト（炭素質コンドライトの中でいちばん始原的な隕石）が典型的な太陽系存在度を保持していると考えられる．なぜなら，このコンドライトは原始太陽系星雲の凝縮時の状態から，変成を受けずに元素組成がほとんど変化していないと考えられるからである．

図2にこのC1コンドライトと太陽大気

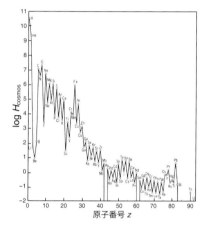

図1 元素の宇宙存在度と原子番号との関係（Si原子数を10^6で規格化）

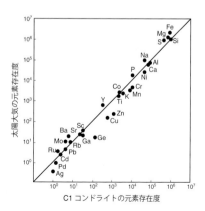

図2 太陽大気とC1コンドライトの元素存在度の関係

表1 地殻とマントルの化学組成

	花崗岩[1] (大陸上部地殻)	玄武岩[2] (海洋地殻)	パイロライト[3] (マントル)	ピクロジャイト[4]	コンドリティック[5] マントル
SiO_2	66.0	50.4	44.5	47.0	48.2
TiO_2	0.5	0.6	0.2		0.2
Al_2O_3	15.2	16.1	4.3	8.6	3.5
Cr_2O_3			0.4		0.7
FeO	4.5	7.7	8.6	10.8	8.1
MgO	2.2	10.5	38.0	24.0	34.0
CaO	4.2	13.1	3.5	8.0	3.3
Na_2O	3.9	1.9	0.4		1.6
K_2O	3.4	0.1	0.0		0.2
計	99.9	100.4	100.0	98.4	99.8

1) TaylorとMcLennan (1985), 2) Greenら (1987), 3) Sun (1982), 4) AndersonとBass (1986),
5) Ringwood (1979)

との元素存在度の関係を示す．この図には水素，炭素，窒素，貴ガス元素などの著しく揮発性の高い元素は載せていないが，それらを除くと，両者はきわめて良い相関を示す．

地球はこのようなC1コンドライトを含む隕石や微惑星から形成された．地球形成時，現在の約半分程度の半径に達すると，その自己重力により，隕石や微惑星から放出される揮発性成分ガスも大気中に捕獲しうるようになり，そのため熱の輻射放熱が妨げられ（温室効果），地球にはマグマの海が形成された．マグマオーシャンの形成である．この段階でFeは，融点が低く密度が大きい合金融体として地球中心部に沈降し，核が形成されたと考えられる．この核を取り去った部分が岩石圏としてのマントルである．

よってマントルの組成は，コンドライトの組成から推定可能であり，このようにして見積もったマントル組成を「コンドリティックマントル」とよぶ．一方，マントルの組成は，地球深部からの捕獲岩（ゼノリス）や中央海嶺玄武岩の生成から推定することが可能であり，主にこのようにして推定されたマントル組成を「パイロライトマントル」とよぶ．このように「パイロライト」とは仮想的な岩石名である．これらの始原マントル組成は，オーストラリアの著名な地球科学者リングウッドによって最初に提唱されたものである（Ringwood, 1975）．これらの改訂値を表1に示す．

パイロライトマントルはマントル捕獲岩と中央海嶺玄武岩の生成からの岩石学的制約条件と宇宙化学的情報に基づいて見積もったもので，上部マントルかんらん岩の組成を表していると考えられる．かんらん岩の分類ではスピネルレールゾライトの領域に分類される．上部マントルの60〜70 km以深ではそれより浅部で安定なスピネル（$MgAl_2O_4$）と斜長石にかわりざくろ石が安定になり，かんらん石，直方（斜方）輝石，単斜輝石，ざくろ石が主要構成鉱物となる．パイロライトは，その構成鉱物から計算される弾性波速度と実際に観測される値とがよい一致を示すことから，上部マントルの平均的モデルと考えられている．

一方，「コンドリティックマントル」では「パイトライトマントル」よりSiに富みMgに枯渇しているため，上部マントル以外ではSiに富んだ組成を想定する必要があり，下部マントルは$MgSiO_3$成分からなるペロブスカイト型ケイ酸塩鉱物（ブリッジマナイト）のみから形成されている

と考える研究者もいる．この場合，マントルは660 km不連続面を境に化学的境界を形成していることになる．さらにマントル遷移層（410～660 km）の領域は深さとともに地震波速度の漸増がみられ，この振る舞いがパイロライトマントルでの相転移現象のみでは説明できないため，かんらん石成分よりざくろ石成分に富んだピクロジャイト（Anderson and Bass, 1986）という仮想的な岩石を想定する研究者もいる．このようにマントル深部の化学組成はまだ完全には明らかになっておらず，これらの鉱物の高温高圧下での精度のよい弾性波速度測定実験がまたれる．

核組成の推定は，隕石などの宇宙化学的情報とマントルとの分化の過程を考慮して推定されうる．核の主要構成成分は鉄ニッケル合金であることは間違いない．一方，核は5100 kmを境に液体の外核と固体の内核に分けられ，特に液体の外核の密度は純粋な鉄ニッケル合金より想定される密度よりも1割程度低密度であり，軽元素が溶け込んでいると考えられている．高圧実験からその軽元素の候補が調べられてきているが，高圧下ではほとんどの軽元素が液体鉄に溶け込めるようになり，その特定は難しい．候補としてS, O, Si, H, Cなどが考えられるが，さらなる研究成果がまたれる．

〔井上　徹〕

003 鉱物の同定
Identification

■ 肉眼鑑定

　鉱物種の認定は，化学組成（元素の種類とその割合）と結晶構造（原子配列）によっているので，原則的に肉眼鑑定はきわめて困難である．しかし，鉱物のもつさまざまな性質は，化学組成と結晶構造を反映しているので，それらを注意深く観察することである程度の鑑定は可能である．広い意味での肉眼鑑定には，ルーペ，硬度計，磁石，紫外線ランプ，入手しやすい試薬の使用が含まれる．

　観察の基本は，形，色，光沢を調べることであるが，そもそも調べたい鉱物が単独で存在しているのかどうかを確認する必要がある．ルーペで結晶粒の確認ができないような塊や粉の集合体は単独鉱物なのか異種鉱物の混合物なのか判定できないので，肉眼鑑定は不可能である（例えば，粘土の構成物，二酸化マンガンの塊状，土状のもの，など）．硬度は，モースの硬度計か硬度のわかっている鉱物を準備する必要がある．互いに引っ掻き合ってどちらに傷が付くかで硬度の判定をするわけであるから，ある程度の大きさをもつ鉱物でなければ明確には調べられない．しかし，微細なものでも慣れてくると，先のとがったステンレス製ピンセットや針などで突くことで，おおよその硬度を推定できる．磁石は，小型なものを紐で吊って用意しておき，調べたい鉱物に近づける．磁性の強い鉱物なら，磁石を引きつけるのでわかりやすい．なお，フェライト系磁石では反応する鉱物は少ないので鑑定がたやすいが，希土類磁石では反応する鉱物が増加し分鑑定が難しく

なる．紫外線ランプは，短波長（254 nm）か長波長（365 nm）の紫外線を発生させ，鉱物からの蛍光や燐光を観察するため用いる．ブラックライトとよばれる安価な装置のものは，365 nm 程度の波長を出すものがほとんどで，LED を用いたさらに長波長（375 nm）の光源もある．蛍光や燐光の有無・強弱と色の違いは，鉱物による違いのみならず，同じ鉱物でも産地の違い（微量成分の違い），紫外線の波長の違い，によって変化するので，ごく一部を除いて判定の十分条件とはならない．入手しやすい試薬の代表が塩酸で，ふつう 4（水）：1（濃塩酸）に薄めた希塩酸を使用．目的鉱物の一部を掻き取ってスライドグラスの上にのせ，それに試薬を一滴たらす．ほとんどの炭酸塩鉱物は，炭酸ガスを発泡しながら溶解する．また，硫化鉱物の多くは硫化水素を発生し，異臭を放つ．

　磁性の強い（フェライト系磁石に反応する）鉱物，明瞭な蛍光をもつ鉱物，希塩酸で反応する主な鉱物は，**ウェブ資料**に掲載．

■ 精密分析

　鉱物の化学組成は，種々の分析方法により，時には複数の手法を組み合わせ，含まれる全元素を定量分析し，実験式を導くことを基本としている［▶006 化学組成の分析方法］．しかし，酸素については例外で，ケイ酸塩や炭酸塩など広い意味での酸化物であると見極められれば，定量した陽イオンの電荷を補償するように化学量論的に酸素の含有量を計算し，分析値はそれぞれの陽イオンと酸化物の形（例えば SiO_2 や Na_2O）に換算して重量 % で表記する慣習になっている．酸素以外にフッ素や塩素を含む場合は，それぞれの定量値に当量の酸素の重量 % を含有率から差し引く値も表示する決まりになっている．

　鉱物の化学分析に使われる分析法は，大きくバルク分析と局所分析に分けられる．バルク分析では試料全体を均一とみなし，

粉砕，溶融，溶解などの試料準備操作を伴う．一方，局所分析では 1 mm² に満たない狭い領域を分析対象とし，対象領域に絞り込んだ電子ビーム，イオンビーム，レーザーなどで試料の局所ごとに励起して化学組成を明らかにしていく．局所分析は，岩石中の微細な鉱物の結晶に的を絞って分析が可能である．さらに鉱物の一つの結晶粒内に化学組成の不均質があっても，例えば中心部，あるいは周辺部と狙いを定めて分析が可能なため，今日では鉱物の化学分析法の主力となっている．

その中でも最も汎用されているのが，極細の電子ビームで鏡面研磨した試料の表面にある原子を励起し，発生する特性 X 線を分光して検出する X 線（電子線）マイクロアナライザー（EPMA）である．分光と検出には，波長分散とエネルギー分散の２つの方式が使い分けられている．近年の分光器や検出器の改良により，ほぼすべての元素の測定ができるようになったが，水素，リチウム，ベリリウムなど原子番号の小さい，いわゆる軽元素の分析が不可能あるいは困難である．この弱点には，分析データの性質が異なるバルク分析と組み合わせる苦肉の策を講じてきたが，最近では，局所分析法である二次イオン質量分析（SIMS）やレーザーアブレーション誘導結合プラズマ質量分析（LA-ICP-MS）と組み合わされるようになってきた．

X 線や中性子の回折実験［▶008 長周期構造解析の手法］は，結晶構造にかかわる情報をもたらすので，化学分析と並んで鉱物の同定では重要な役割を果たす．特に粉末回折データは，ICDD（以前の JCPDS やその前身の ASTM）が構築した既知物質（鉱物）のデータベースとの照合により相（種）の判定ができる利点がある．単結晶の回折データからは未知の結晶構造のモデルを解くことが可能で，構造モデルがわかれば，単結晶のみならず粉末回折データから構造モデルの精密化が進められる．精密化した結晶構造からは席占有率などのデータを基に構造式が計算でき，おおよその化学組成も見積もることができるので，構造解析は化学分析の一方法として考えてもよいかもしれない．透過型電子顕微鏡による電子線回折では，極微小領域からの回折像により対称性や格子など結晶学的情報が得られる．近年では，走査型電子顕微鏡を使って電子線後方散乱回折（EBSD）パターンにより結晶方位や物質種（鉱物種）の判定がなされるようになってきた．

レーザーを用いたラマン分光分析法［▶007 局所構造と状態分析］は，岩石薄片中の微細な鉱物同定にも利用される．近年，膨大なデータベースが構築され，EPMA や X 線回折装置には不向きな気体や液体包有物中の微細鉱物相の同定に適した分析法として注目されている．

〔松原　聰・宮脇律郎〕

004 何がどれぐらい含まれているか？
化学組成
Chemical composition

■ 化学組成

 鉱物は化学組成と原子配列で種が決まる．それは物質一般も化学組成と原子配列で区別されるのと基本的に同じである．含まれる原子の元素種とそれらの比率，すなわち化学組成が異なれば，別種の鉱物（物質）である．同じ化学組成をもっていても，原子配列の規則性（結晶構造）が違えば，違う鉱物（物質）として異なる名称で区別される．例えば，ケイ素（Si）と酸素（O）が1:2の比率の鉱物（SiO_2）には石英（quartz）の他に結晶構造が異なるクリストバル石（cristobalite）や鱗珪石（tridymite）などが知られている．一方，規則的な原子配列をもたない非晶質の場合は一つの鉱物種として取り扱われない．黒曜岩の主体をなす火山ガラスの組成はSiO_2に近い場合もあるが，この非晶質の天然シリカガラスには独立種としての鉱物名が与えられていない．

■ 固溶体

 化学組成にみられる鉱物特有の特徴は，程度の大小はあっても，多くの場合，主要成分が微量成分で置換され固溶体を形成していることである．固溶体は複数の結晶質相が均一に溶け合うように混ざったもので，混晶ともよばれる．混ざり方で，置換型と滲入型に分けられる．鉱物のほとんどが置換型固溶体である．合金には，金属間化合物よりも固溶体が多く知られ，炭素鋼は鉄と炭素の滲入型固溶体の代表例である．固溶体の化学式は，原子数比を整数比で表すことができないため，$Mg_{1.86}Fe_{0.14}SiO_4$のように小数で原子数比を表す．$(Mg_{0.93}Fe_{0.07})SiO_4$のように，置換する原子を括弧でくくって明示する場合も少なくない．

 かんらん石（olivine）の仲間に分類される鉱物種には苦土かんらん石（forsterite, Mg_2SiO_4）や鉄かんらん石（fayalite, $Fe^{2+}_2SiO_4$）などがあり，これらに含まれる陽イオンの種類に違いがあっても，結晶構造は同様である．かんらん石の結晶中で，ケイ素は4つの酸素とSiO_4四面体を，MgやFeは6つの酸素と$(Mg, Fe)O_6$八面体を形成し，これらが稜を共有してつながり3次元の結晶構造を形成している．陽イオンの電荷が等しく，半径が似通っていれば，かんらん石と同様（同形）の結晶構造が成り立ち，例えばMn^{2+}でMg^{2+}やFe^{2+}を置き換えてもかんらん石型の結晶構造を保つことができる．

 主要成分のみからなり微量成分を含まない理想的な状態を端成分とよび，その組成を理想組成という．上述のかんらん石の例では，代表的な端成分はMg_2SiO_4，Fe_2SiO_4，Mn_2SiO_4で，それぞれ苦土かんらん石，鉄かんらん石，テフロ石（マンガンかんらん石）の理想組成に当たる．

 結晶化学的特徴により，任意の原子数比率で固溶体を形成する場合と，特定の比率

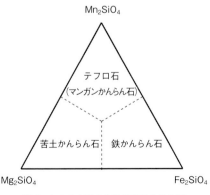

図1 かんらん石の化学組成による分類

に限定される場合があり, 前者は連続固溶体とよばれる. 固溶体を形成する鉱物は, 原子数比が拮抗する領域で区分され, 2成分系 (2つの端成分からなる固溶体系列) では原子数比が1:1で (いわゆる50%則), 3成分系では図1のかんらん石のように区分される (卓越成分則 dominant-constituent rule). 例えば, 分析結果でMgの原子数がFeやMnを上回る領域に区分されれば, 苦土かんらん石に分類される. 鉱物の一般式 $(Mg, Fe, Mn)SiO_4$ では, 元素の優劣を括弧内での記載順で表している.

■化学結合

化学組成は結晶構造とともに物質中の化学結合と密接に関連している. 化学結合は, 色, 硬さ, 電気伝導などさまざまな物性を司る基本的な要素である. 鉱物に存在する化学結合には, 共有結合, 金属結合, イオン結合, 水素結合, ファンデルワールス結合 (狭義の分子間結合) などがある. 化学結合は, 必ずしもこれらのどれか一つの特徴を示すとは限らず, 場合によって複数の特徴を併せ持つこともある.

原子には共通したより安定な電子状態があり, 電子の受容と供与を伴う化学結合により, この安定な状態を保つことができる. 安定状態から電子が不足する2つの原子がそれぞれの電子を共有して安定状態を保ち成り立つ共有結合は, 最も結合力が強い化学結合で, 結合角が電子の混成軌道に規定されて一定に保たれる特徴がある. ダイヤモンドのC-C結合や, ケイ酸塩鉱物のSi-O結合はなどは典型的な共有結合である. 無数の自由電子を無数の原子間で駆け巡らせることにより安定な電子状態を保っているのが金属結合で, 自由電子の移動に伴い顕著な電気伝導度や金属光沢を示す. 一方, 電子を放出して陽イオンとして安定化する原子と, 電子を受け取って陰イオンとして安定化する原子が, 相互に静電的に結合するのがイオン結合である. 電荷が補償された中性になるような組み合わせと, イオン半径で規定される結合距離を保った配位を示す. 岩塩のように水溶性の鉱物にみられる化学結合で, 結合力は中庸である. 一方, 水素結合は, 酸素のように電気陰性度が大きい原子に共有結合で結ばれた水素が隣接した原子の孤立電子対と双極子相互作用により形成する比較的結合力の弱い化学結合である. 鉱物では結晶中の水分子や水酸化物イオン, アンモニウムイオンにみられる. カオリナイトの層間の結合はこの水素結合により積層が保たれるので, 水酸化物イオンをすべてフッ化物イオンで置き換えることはできない. 比較的弱い結合であるが, 結晶構造の対称性に影響を与えることもあり, 水酸化物イオン置換体が異なる光学特性 (光学異常) を示す原因となる場合もある. ファンデルワールス結合の典型例は石墨の層間結合で, 層内のC=C二重結合に比べ結合力が極端に弱いので, 石墨は顕著な劈開を示す.

■分析方法

天然に産する鉱物では, 結晶の成長に伴い化学組成が変動することはしばしばみられる. 同一の結晶内でも組成が均一とは限らないため, 鉱物の分析には専ら局所分析が行われ, 従来からの試料の溶解・融解を伴うバルク分析はむしろ例外的になっている [▶006 化学組成の分析方法]. 今日, 鉱物の化学分析に最も使われる手法は, 数μm程度に絞り込んだ電子ビームを鉱物試料に照射し, 含有元素から発生される特性X線の強度から定量分析するX線 (電子線) マイクロアナライザー (EPMA) である. 一般に表面研磨と電子伝導体皮膜の蒸着が必要になるが, 電子ビームや真空に対する試料の安定性に問題がなければ汎用できる非破壊分析である.

〔宮脇律郎〕

005 原子の規則的な配列
結晶構造
Crystal structure

ほとんどの鉱物は結晶として存在しており，その性質の多くは構成元素の種類と配列によって決定される．鉱物の理解を進めるためには，鉱物を結晶として整理し，理解することが重要である．

■ ブラベー格子

結晶では，原子や分子が3次元空間に周期的に繰り返し配列している．すなわち，基本となる構造単位を1点で代表させると，結晶構造全体は空間格子（space lattice）で表せる．空間格子の単位となる平行六面体の取り方は何通りも可能であるが，そのなかで格子の対称性をもち，最小の稜（a, b, c）とそのなす角（α, β, γ）で決定できる平行六面体を単位格子（unit cell）とよぶ（図1）．単位格子の稜 a, b, c の方向は，結晶の性質を理解するための結晶軸として用いられ，対応する α, β, γ は軸角とよばれる．これらの値は格子定数（unit-cell dimensions）とよばれ，結晶の種類によって固有の値をもつ．

Bravais（1811〜1863）は，空間格子を単位格子のもつかたちと格子点の詰まり方で分類し，平面格子の場合は5種類，そして空間格子の場合は14種類あることを見出した．図2に示すように，14のブラベー（Bravais）格子のうち7種類は，格子点が単位格子の8隅にのみ存在する単純格子（primitive lattice）であり，P 格子と表される．残りの7種類は，単純格子の格子点にさらに格子点が加わった複合格子であり，配列様式によって，底心格子（A, B ま

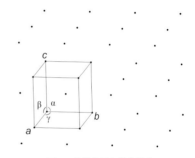

図1　空間格子と単位格子

表1　結晶，格子系，格子の対称性，ブラベー格子

晶系	格子系	格子の対称性	ブラベー格子*	慣用単位胞 （格子定数の制限）
三斜晶系	triclinic（三斜）	$\bar{1}$	aP	制限なし
単斜晶系	monoclinic（単斜）	$2/m$	mP, mS	$\alpha = \gamma = 90°$
直方（斜方）晶系	orthorhombic（直方（斜方））	mmm	oP, oS, oF, oI	$\alpha = \beta = \gamma = 90°$
正方晶系	tetragonal（正方）	$4/mmm$	tP, tI	$a = b,$ $\alpha = \beta = \gamma = 90°$
三方晶系	rhombohedral（菱形）	$\bar{3}m$	hR	$a = b,$ $\alpha = \beta = 90°,$ $\gamma = 120°$
六方晶系	hexagonal（六方）	$6/mmm$	hP	
立方晶系	cubic（立方）	$m\bar{3}m$	cP, cI, cF	$a = b = c,$ $\alpha = \beta = \gamma = 90°$

*) S は底心単位胞を示す．

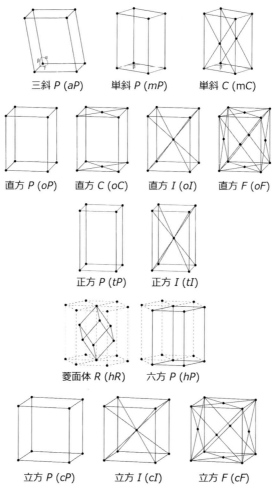

図2 空間格子

たは C 格子：base-centered lattice），体心格子（I 格子：body-centered lattice）および面心格子（F 格子：face-centered lattice）と分類できる．一般に，菱面体格子は，R 格子として記載するが，3つの格子点を単位格子内に含む hR（hexagonal R）格子によっても記載できる．14種類のブラベー格子は，5種類の平面格子の積み重ねで導くことができることを付記しておく．

■晶系

Weiss（1780～1856）は，結晶面と結晶軸の関係を基本に出現可能な形態を考慮し晶系を7種類に分類した．そして，Weiss の着眼した結晶形態は幾何学的結晶類（geometric crystal class）そして後述の点群（点群タイプ）と密接に関連する．**表1**に，三斜晶系（triclinic），単斜晶系（monoclinic），直方（斜方）晶系

表2 32晶族と，旋光性，圧電性および焦電性などの有無

結晶系	ヘルマン-モーガン	対称中心	ラウエ対称	旋光能	圧電気	焦電気
三斜晶系	1	−	$\bar{1}$	+	+	+
	$\bar{1}$	+	$\bar{1}$	−	−	−
単斜晶系	2	−	$2/m$	+	+	+
	m	−	$2/m$	+	+	+
	$2/m$	+	$2/m$	−	−	−
直方（斜方）晶系	$mm2$	−	mmm	+	+	+
	222	−	mmm	+	+	−
	mmm	+	mmm	−	−	−
正方晶系	4	−	$4/m$	+	+	+
	$\bar{4}$	−	$4/m$	+	+	−
	$4/m$	+	$4/m$	−	−	−
	$4mm$	−	$4/mmm$	−	+	+
	$\bar{4}2m$	−	$4/mmm$	−	+	−
	422	−	$4/mmm$	+	+	−
	$4/mmm$	+	$4/mmm$	−	−	−
三方晶系	3	−	$\bar{3}$	+	+	+
	$\bar{3}$	+	$\bar{3}$	−	−	−
	$3m$	−	$\bar{3}m$	−	+	+
	32	−	$\bar{3}m$	+	+	−
	$\bar{3}m$	+	$\bar{3}m$	−	−	−
六方晶系	6	−	$6/m$	+	+	+
	$\bar{6}$	−	$6/m$	+	+	−
	$6/m$	+	$6/m$	−	−	−
	$6mm$	−	$6/mmm$	−	+	+
	$\bar{6}m2$	−	$6/mmm$	−	+	−
	622	−	$6/mmm$	+	+	−
	$6/mmm$	+	$6/mmm$	−	−	−
立方晶系	23	−	$m\bar{3}$	+	+	−
	$m\bar{3}$	+	$m\bar{3}$	−	−	−
	$\bar{4}3m$	−	$m\bar{3}m$	−	+	−
	432	−	$m\bar{3}m$	+	−	−
	$m\bar{3}m$	+	$m\bar{3}m$	−	−	−

(orthorhombic)，正方晶系（tetragonal），三方晶系（trigonal），六方晶系（hexagonal）および立方晶系（cubic）の7種類の晶系と，格子系，格子の対称性，ブラベー格子および慣用単位胞を用いた場合に生ずる格子に与える制限をまとめる．格子の対称性は，ヘルマン-モーガン（Hermann-Mauguin）の記号を用いて表現する．直方（斜方）晶系に関してはa, b, cの軸に関連する対称要素を，正方晶系に関してはa, c, [110] 軸に関連する対称要素を記載する．三方および六方晶系に関してはa, c, [210] に関連する対称要素を，立方晶系に関してはa, [111], [110] の順に記載する．表1では，ブラベー格子で六方Pとして分類されていた格子が，三方晶系および六方晶系の両方に存在することに注意が必要である．

■ 対称性

一例として，ざくろ石の形態として有名な複十二面体と岩塩（NaCl）の結晶構造を示す（図3）．複十二面体は，点線で示してある軸の周りに90°回転してもあるい

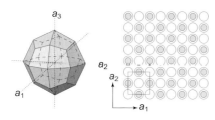

図3 ざくろ石の形態とNaClの構造（Naは小さな黒丸そしてClは大きな白丸）

は180°回転しても，元あった形と区別がつかない．3本の点線が交わる点のまわりに反転させても区別がつかない．岩塩の結晶構造（模様）は，構造単位がほぼ無限に繰り返されていることを考慮すると，紙面に垂直な軸の周りに90°回転してもあるいは180°回転しても同じ図が得られる．また，ある特定の方向に並進させても同じである．このように，対象となる物体や模様に回転や並進などの操作を与えてもその前の状態と区別できない状態にすることができるとき，"対称（symmetry）をもつ"と表現し，その操作のことを対称操作（symmetry operation）とよぶ．対称操作には回転あるいは反映などいろいろな操作があり，それぞれの対称操作に関連する軸や面などのことを対称要素（symmetry element）とよぶ．

構造単位の周期的配列で表現できる結晶の対称要素には，並進を伴わない対称要素と並進を伴う対称要素がある．並進を伴わない対称要素には，回転（rotation）と回反（rotation-inversion）に限られる（図4）．回転操作は，ある軸のまわりに360°/nだけ回転したあと，操作をする前の模様に重なる操作のことをいう．その対称要素をn回回転軸とよび，結晶には$n=1, 2, 3, 4, 6$の回転軸が存在する．回反操作は，ある軸のまわりの360°/n回転と，軸上の1点の反転操作結びついた対称操作であり，回転軸の表記に倣いn回回反軸とよぶ．図4に示す5種類の回反軸のうち，$\bar{1}$は対称中心（center of symmetry）を示し，$\bar{2}$はその軸に垂直は鏡面（mirror plane）と同じである．一方，並進を伴う対称要素には，らせん軸（screw）と映進面（glide plane）がある．らせん軸は，らせん軸のまわりの360°/Pの回転と，その軸に平行な並進単位q/Pの並進が結合したものであり，記号P_qで表す．P回繰り返すことによって，並進で結びつけられた同価な位置に戻る．映進面は，ひとつの鏡面による反射とその面内の並進周期に平行で，それらの半分または1/4に等しい並進とが結びついた対称操作である．並進を伴う対称操作には，2_1, 3_1, 3_2, 4_1, 4_2, 4_3, 6_1, 6_2, 6_3, 6_4, 6_5 らせん軸，a, b,

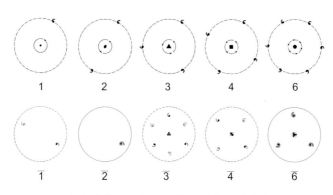

図4 並進を伴わない対称要素とモチーフの投影

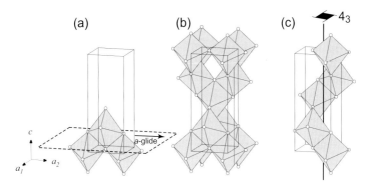

図5 鋭錐石 (anatase) 構造にある, 映進面 (a-glide) とらせん軸 (4_3)

c, n, d 映進面がある. 図5には, 映進面とらせん軸との一例を図示する.

■点群

結晶外形などマクロの世界や分子などのミクロの世界にも回転および回反操作が存在する. そして, 分子やかたちは, 並進を伴わない対称要素が組み合わさることによって, 全体としての特徴を生み出している. 例えば, ピラミッドの場合は, 四回回転軸に加えてその回転軸を含む鏡面が存在しているし, 四塩化炭素分子は, 三回回転軸, 四回回反軸および鏡面が存在する. このような, 並進を伴わない対称要素の組み合わせは全部で32種類存在する. そして, この組み合わせおのおのに含まれる対称要素が代数学における群の性質をもっているため点群 (結晶点群) とよばれる. 32の点群のうち, 11個は中心対称性をもつ点群 (ラウエ群), 残りの21個は中心対称性をもたない. そして, 中心対称性をもたない点群のうち10個は極性をもつ点群である. 極性をもつ点群は, 外部電場がないときでも, ある温度以下で自発分極をもつ焦電気結晶に関連する. さらに, 432を除いた中心対称性をもたない点群に属する結晶は誘電分極およびピエゾ効果を示す. 表2に, 点群とその諸性質に関して整理した. X線回折強度によって点群を決定する場合, 異常散乱の効果を無視すると見せかけ対称心をもつ点群 (ラウエ群) として観測できる. 5回および7回以上の回転軸は結晶には存在しないが, この事実は結晶が無限の周期性をもっていることから導くことができる.

■空間群

結晶構造を, さまざまな基本構造が無限に続く3次元模様としてとらえると, さまざまな対称操作で自分自身に重ね合わせることができる. すなわち, 点群を導入するときに, 分子やかたちをそれ自身に重ねる対称操作の集合を考えたように, 今度は結晶構造をそれ自身に重ねる対称操作の組み合わせの集合を考えることによって空間群を導入することができる. 考慮すべき対称操作は, 回転軸, 回反軸に加えて, 並進を伴うらせん軸や映進面を含み, 同時に晶系やブラベー格子に関する情報も付随する. このような空間群が合計何種類あるかに関しては, Schoenflies, Fedrov および Barlow によって明らかにされ230の空間群があることがわかっている. 空間群に関する詳細な記載は, International Tables for Crystallography Vol. A (1983) にあり, その使い方などに関する日本語の丁寧な解説がある [日本結晶学会誌, **38**, 267-279 (1996)].

例えば単位格子が，$a = 1.0198$ nm, $b = 0.598$ nm, $c = 0.4755$ nm の直方 P 格子であるかんらん石の場合，a 軸に垂直に n-映進面，b 軸に垂直および c 軸に垂直に，それぞれ鏡面および a-映進面が存在するので，その空間群はヘルマン-モーガンの記号を用いて $Pnma$ と記載する。$Pnma$ は，No. 62 の空間群に属しており，International Tables for Crystallography Vol. A の対応ページには，ヘルマン-モーガンの空間群記号（$Pnma$），シェーンフリースの空間群記号（D_{2h}^{16}），点群（mmm），晶系（orthorhombic），空間群番号（62），空間群記号の完全表記（$P2_1/n\ 2_1/m\ 2_1/a$），3 軸方向から投影した対称操作の位置そして同価点の座標などが記載されている。原子が空間群の対称性に従って配列している結晶では，結晶構造を理解するために，これらの対称性に関する情報が不可欠である。

ここでは，晶族や空間群の決定方法に関して若干の補足をしておく。X 線回折や電子線回折などの回折法は，結晶点群や空間群の決定に非常に大きな役割を果たす。例えば，X 線回折強度分布の測定によるラウエ群の決定および特定の指数の反射強度がゼロとなる消滅則などの情報から，その結晶が属する空間群の候補を絞り込むことができる。さらに，結晶の物理化学的特性の情報から対称中心の有無を決定できれば，研究対象となる結晶の晶族や空間群を決定することができる。電子線回折の場合も，X 線回折と同様に散乱強度の分布を解析することによって空間群を導くことが可能である。最近では，点群・空間群の判別方法の一つとして，収束電子回折（Convergent Beam Electron Diffraction：CBED）を利用する方法も発展している。

■結晶化学のルール
化学結合
原子が集まって分子になったり，溶液や固体となるのは，原子どうしが引き寄せられる相互作用，すなわち化学結合が働いているからである。化学結合には，イオン結合，共有結合，金属結合，ファンデルワールス（van der Waals）結合および水素結合がある。

共有結合
結合にあずかる原子からそれぞれ 1 個ずつ電子が関与し，合計 2 個の電子が両方の原子に共有されることによって生ずる化学結合のことを共有結合とよぶ。例えば，水分子の場合は，2 個の不対電子をもっている酸素と 1 個の不対電子をもっている水素が 2 つの s-p 結合を形成している。共有結合の場合は，結合に関与する軌道の方向の影響を受ける特徴がある。例えば酸素原子の場合，結合に関与する $2p$ 軌道がたがいに直角の方向性をもつ分布をもつため∠HOH の大きさは 90°に近い（**図 6**）。また，結合にあずかる軌道が混成していくつかの等価な軌道を形成するのも共有結合の特徴である。例えば，各炭素原子が 4 個の炭素原子に囲まれているダイヤモンドの場合は，$2s$ と 3 種類の $2p$ 軌道が混成（hybridization）した 4 つの sp^3 混成軌道が結合に関与している。ダイヤモンド中に観測できる炭素の配列は，この sp^3 混成軌道の特異な空間的特徴を反映している。

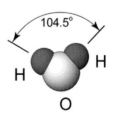

図 6 水分子の構造。2 つの水素原子は誘起効果によりプラスに帯電し，その反発力によって結合角は 90°から 104.5°へと広がっていると考える（sp^3 混成の寄与と孤立電子対の反発で説明することもある）。

金属結合

金属結晶では，金属原子の核外電子が結晶全体に広がった電子軌道をつくって，金属原子を結びつけていると考えられる．このような局在していない自由電子を特徴とする結合を金属結合とよぶ．金属が，電気や熱の良導体である特徴は，この自由電子の存在と関係している．

イオン結合

基底状態の原子から，それに属する電子を無限遠に引き離し陽イオンにするのに必要なエネルギーのことをイオン化エネルギー（ionization energy）とよぶ．特に，1族および2族のイオン化エネルギーは小さく，原子は最外殻から電子を放出しやすく貴ガスと同じ電子配置となりやすい．また，原子に1個の電子をつけ陰イオンをつくるときに発生するエネルギーのことを電子親和力（electron affinity）とよぶ．特に，17族のハロゲン元素の電子親和力は正の値をもち陰イオンになりやすい．このようにして生じた陽イオンと陰イオンの間に静電的な引力が働いてできた結合のことをイオン結合とよぶ．すなわち，イオン結合は電子を放出しやすい原子と電子親和力の高い原子の間で生ずる化学結合である．安定なイオンの電子配置は，貴ガス型とは限らず，特に遷移元素などは状態の異なる何種類かの陽イオンになる．元素鉱物および硫化鉱物などの一部を除き，ほとんどの鉱物は，イオン結合をもった物質として扱うことができる．

電気陰性度

電気陰性度は（electron negativity）原子に対する電子の親和性を示す尺度であり，イオン化エネルギーおよび電子親和力を用いたMuliken（1896〜1986）の定義や化合物の結合エネルギーを用いたポーリングの定義などがある（Pauling, 1901〜1994）（表3）．また電気陰性度を，原子核が価電子に及ぼす静電的な力として定義するAllred-Rochowの計算などもある．電気陰性度の差が大きい元素の組み合わせほど，典型的なイオン結合を形成する傾向にある．

水素結合

水素原子が電気陰性度の強い元素と結合すると，水素原子の唯一の電子は結合原子に引きよせられる．このような結合をもつ水素原子は，周囲にある別の陰イオンや電気陰性度の強い元素の孤立電子対とのあいだに静電的な引力を示すようになり（F-H...F, O-H...O および N-H...O など），このことを水素結合とよぶ．いろいろなタイプがあるが，通常共有結合の数十分の1程度の強さである．水素結合は，沸点の異常な上昇や大きな蒸発熱などの要因となる．鉱物においては，水酸化物イオンあるいは水分子の配列に大きな影響を与えている．

ファンデルワールス結合

化学結合の中で最も弱い結合は，電気的に中性な分子間に働くファンデルワールス力である．きわめてわずかな電気的分極によって生ずる双極子間に働く静電引力と考えることができる．鉱物においては，元素単体のS, SeおよびTeなどに現れる．SeやTeは外殻に6個の電子をもつため，2個の隣接原子をもつ鎖状構造や環状分子を形成し，それらはファンデルワールス力によって凝集する．これらの分子性結晶は，ダイヤモンドのような典型的な共有結合結晶とは性質が異なり，軟らかく融点も低い．

原子半径

原子のまわりには，電子雲が広がっているので，原子の大きさを明確に決定することは難しい．しかし，鉱物を構成している原子間の相関距離に関しては様々な実験で決定することができるので，幾何学的に原子の大きさを考察することができる．例えば，単体金属の面心立方構造から，12配位の原子半径を決定できる．具体的には，

表 3　電気

周期＼族	1	2	3	4	5	6	7	8	9
1	1 Hydrogen H 水素 P 2.20 A								
2	3 Lithium Li リチウム P 0.98 A 0.97	4 Beryllium Be ベリリウム P 1.57 A 1.47							
3	11 Sodium Na ナトリウム P 0.93 A 1.01	12 Magnesium Mg マグネシウム P 1.31 A 1.23							
4	19 Potassium K カリウム P 0.82 A 0.91	20 Calcium Ca カルシウム P 1.00 A 1.04	21 Scandium Sc スカンジウム P 1.36 A 1.20	22 Titanium Ti チタン P 1.54 A 1.32	23 Vanadium V バナジウム P 1.63 A 1.45	24 Chromium Cr クロム P 1.66 A 1.56	25 Manganese Mn マンガン P 1.55 A 1.60	26 Iron Fe 鉄 P 1.83 A 1.64	27 Cobalt Co コバルト P 1.88 A 1.70
5	37 Rubidium Rb ルビジウム P 0.82 A 0.89	38 Strontium Sr ストロンチウム P 0.95 A 0.99	39 Yttrium Y イットリウム P 1.22 A 1.11	40 Zirconium Zr ジルコニウム P 1.33 A 1.22	41 Niobium Nb ニオブ P 1.6 A 1.23	42 Molybdenum Mo モリブデン P 2.16 A 1.30	43 Technetium* Tc テクネチウム P 1.9 A 1.36	44 Ruthenium Ru ルテニウム P 2.2 A 1.42	45 Rhodium Rh ロジウム P 2.28 A 1.45
6	55 Caesium Cs セシウム P 0.79 A 0.86	56 Barium Ba バリウム P 0.89 A 0.97	*	72 Hafnium Hf ハフニウム P 1.3 A 1.23	73 Tantalum Ta タンタル P 1.5 A 1.33	74 Tungsten W タングステン P 2.36 A 1.46	75 Rhenium Re レニウム P 1.9 A 1.46	76 Osmium Os オスミウム P 2.2 A 1.52	77 Iridium Ir イリジウム P 2.20 A 1.55
7	87 Francium* Fr フランシウム P 0.7 A 0.86	88 Radium* Ra ラジウム P 0.89 A 0.97	**	104 Rutherfordium Rf ラザホージウム	105 Dubnium Db ドブニウム	106 Seaborgium Sg シーボーギウム	107 Bohrium Bh ボーリウム	108 Hassium Hs ハッシウム	109 Meitnerium Mt マイトネリウム

P:　Pauling
A:　Alled

*	57 Lanthanum La ランタン P 1.10 A 1.08	58 Cerium Ce セリウム P 1.12 A 1.06	59 Praseodymium Pr プラセオジム P 1.13 A 1.07	60 Neodymium Nd ネオジム P 1.14 A 1.07	61 Promethium* Pm プロメチウム P A 1.07	62 Samarium Sm サマリウム P 1.17 A 1.07
**	89 Actinium* Ac アクチニウム P 1.1 A 1.00	90 Thorium* Th トリウム P 1.3 A 1.11	91 Protactinium* Pa プロトアクチニウム P 1.5 A 1.14	92 Uranium* U ウラン P 1.38 A 1.22	93 Neptunium* Np ネプツニウム P 1.36 A 1.22	94 Plutonium* Pu プルトニウム P 1.28 A 1.22

J Emsley；"The elements", 2nd Ed., Clarendon Press, Oxford (1991)

最密充填面心立方構造をもつ Al–Al の原子間距離は 0.286 nm なので，12 配位の Al の原子半径はその半分の 0.143 nm と決定できる．また体心立方構造の場合も，同様な幾何学的考察から 8 配位の原子半径を求めることができる．共有結合のダイヤモンド構造の場合も，炭素間距離が 0.154 nm であることから炭素 4 配位の原子半径を 0.077 nm と求めることができるが，この場合は共有結合であることを意識して共有結合半径とよぶことが多い．

金属の場合，12 配位の原子半径を 1 とすると，8 配位，6 配位および 4 配位の原子半径は，0.98，0.96 および 0.88 となっていることが経験的に知られている．共有結合半径と原子半径は，たいていの場合ほとんど同じである．

イオン半径と有効イオン半径

イオン結合から構成される結晶構造を整理すると，イオンも一定の半径をもった球のように振舞っていると理解できる．しかし原子半径と異なり，実験で得られたイオン間の距離から陰イオンおよび陽イオンの半径を決定することは容易ではない．ゴールドシュミット（Goldschmidt, 1888～1947）は，岩塩型構造，コランダム型構造，ルチル型構造および蛍石型構造の各種化合物に関して，O^{2-} および F^{-} のイオン半径をそれぞれ 0.132 nm および 0.133 nm として，実測された原子間距離から陽イオン半径を求めている．ポーリングは，このような経験的な方法とは異なるアプローチを考案し，貴ガス型の電子配置をもつ様々のイオンの大きさを，有効殻電荷による電子雲の収縮という考え方で整理した．同時に，この方法論が適用できない遷移金属イオン，特にやランタノイドイオンについては，原子間距離から陰イオン半径を差し引く従来法でイオン半径を見積もった．

1960 年代に入って，Shannon & Prewitt は，6 配位の O^{-} および F^{-} のイオン半径をそれぞれ 0.140 nm および 0.133 nm と仮定しフッ化物および酸化物の結晶構造のデータを整理することによって，可能な配位数に対応するイオン半径を報告した．その後さらに，異常価数あるいはスピン状態を考慮したイオン半径を求め，さらにカルコゲン化物など共有結合性が認められる場合や金属電導を示す化合物にも適用できるようにデータを拡張した．これらの値は，共有結合の影響も経験的に考慮しているため，有効イオン半径（effective ionic

■ 結晶構造

パッキング構造

radii）と呼ばれている．付録に，Shannon & Prewitt による有効イオン半径を付記する．

同じ大きさの球が互いに接触し最も密につまった最密パッキング（最密充填，closest packing）を考える．同じ大きさの球を，平面上になるべく密に配列させると，図7に示すように右向きと左向きの正三角形の集合になる．平面上に配列した球の上に，隙間がないように球を配列させると，2段目の球は1段目に配列する球のつくる正三角形の中心にくる．さらに3段目を配列させるときには，1段目の球の真上に積む置き方と2段目を配列と逆向きの正三角形の中心に配列する2種類の置き方がある．真上から見て，最初の球の位置をA，2段目の球の位置をBそして残った位置をCとすると，Aの次はBかC，同様にBの次はAかCと同じ密度で球を積み重ねることができる．このような最密パッキングのなかで，ABABAB…と2層周期に積まれた配列を六方最密パッキング（hexagonal closest packing：図7(b)）とよび，ABCABCABC…と3層

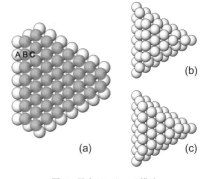

図7　最密パッキング構造

周期で配列したものを立方最密パッキング（cubic closest packing．図7(c)）とよぶ．金属元素鉱物では，金，銀および銅など多くの金属元素が立方最密パッキング構造を示す．また，IrとOs合金のイリドスミン（iridosmine）は，六方最密パッキング構造を示す鉱物として有名である．金属では，単純立方パッキング（simple cubic packing）および体心立方パッキング（body-centered cubic packing）もあり，鉱物としては自然鉄（native iron）が体心立方パッキング構造を示す．

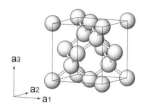

図8 ダイヤモンド（diamond：C）の結晶構造

ダイヤモンド型構造

半導体で有名な Si および Ge や炭素の高圧相ダイヤモンド（diamond：C）は，**図8**に示すダイヤモンド型構造を示す．ダイヤモンド型構造は，1個の原子に4個の原子が配位した正四面体ユニットが3次元的に連結している．この構造は，2つの面心立方副格子を[111]方向に，単位格子の1/4ずらして配置することによって得られる．ダイヤモンド型構造は隙間だらけの構造をしており，パッキング指数は34%しかない．ちなみに，最密パッキング構造のパッキング指数は74%である．

AX化合物の構造

AX化合物の結晶構造は限られており，各種パッキング構造から導入できるものが多い．例えば，**図9**に示す岩塩（NaCl）型構造は，Naの面心立方副格子とClの面心立方副格子を[100]方向に，単位格子の1/2ずらして配置することによって得られる．同様に**図10**に示す塩化セシウム（CsCl）型構造は，Csの単純立方副格子とClの単純立方副格子を[111]方向に1/2ずらして配列させることによって得られる．

ダイヤモンド型構造は2つの面心立方副格子で構成されるが，これらの副格子にそれぞれ Zn および S を配置した構造が閃亜鉛鉱（ZnS：sphalerite）型構造である（**図11**）．したがって，Zn は4つの S に囲まれ，S も4つの Zn に囲まれている．一方ウルツ鉱（wurtzite：ZnS）型構造は，

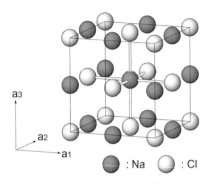

図9 岩塩（halite：NaCl）型構造

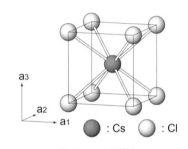

図10 CsCl型構造

ダイヤモンドの多型であるロンズデイル石（lonsdalite：C）の結晶構造と関係している．ロンズデイル石の結晶構造は，炭素が配列する2つの六方最密パッキングを[001]方向に3/8だけずらして重ねることによって導くことができ，ウルツ鉱型構造は Zn および S の六方稠密構造を同様に重ねることによって導くことができる（**図12**）．**図13**に示す紅砒ニッケル鉱（nickeline：NiAs）型構造も，AX型化合物のなかでは重要な構造である．ABABAB…六方最密パッキングする As の中間の高さの八面体スペースに Ni が配置する構造である．Ni 原子は，6つの As に囲まれているが，ほかの Ni 原子とも近接しており，本鉱物が金属的な性質を示すことと対応している．磁硫鉄鉱（pyrrhotite：Fe_7S_8）は，紅砒ニッケル鉱

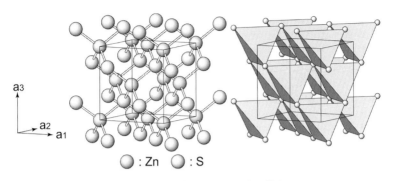

図 11 閃亜鉛鉱（sphalerite：ZnS）型構造

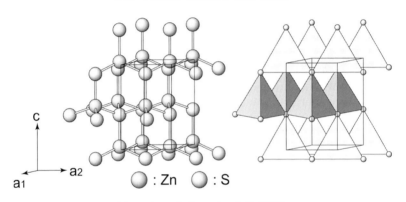

図 12 ウルツ鉱（wurtzite：ZnS）型構造

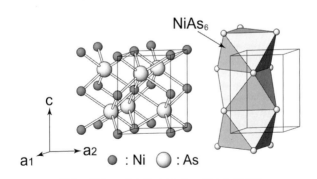

図 13 紅砒ニッケル鉱（nickeline：NiAs）型構造

型構造の一部の金属原子が欠損した構造として理解できる．

AX_2 化合物の構造

ルチル（金紅石）（rutile：TiO_2）型構造は，金属原子が6つの陰イオンに囲まれ，八

面体が稜を共有し c 軸方向に連結している（図14）。ルチル型構造の陰イオンは、立方最密パッキングと六方最密パッキングの中間的な配列をし、陰イオンの配列が理想的な六方最密パッキングとなると $CaCl_2$ 型構造となる。実際、ルチル構造をもち高圧で安定なスチショフ石（stishovite：SiO_2）は、圧力のさらに高い領域で $CaCl_2$ 型構造に相転移することが知られている。

図15に示す蛍石（fluorite：CaF_2）型構造は、閃亜鉛鉱（ZnS）型構造の亜鉛の位置に Ca を、そして硫黄の位置に F を配置し、さらに S が占有していなかった4個の Ca に囲まれる四面体隙間に F を配置した構造である。ダイヤモンド構造の説明例に倣えば、Ca が配列する面心立方副格子に、2つの F の面心立方副格子を $[111]$ 方向に単位格子の1/4および $[11\bar{1}]$ 方向に1/4ずらして配置することによって得られる。大きなサイズの陽イオン Ca は8

つの F に囲まれ、陰イオン F は4つの Ca によって囲まれている。蛍石型構造はイオン半径の大きな陽イオンを要求するので、2族および12族元素のフッ化物やセリアナイト（cerianite：CeO_2）や閃ウラン鉱（uraninite：UO_2）などの酸化物がこの構造をとる。陽イオンの配置と陰イオンの配置が逆になった逆蛍石型構造もある。Na_2O は、その一例であり、Na は4つの酸素によって囲まれている。

ダイヤモンド型構造から導かれる構造にクリストバル石（cristobalite：SiO_2）型構造がある。クリストバル石型構造は、ダイヤモンド型構造の C 位置に Si 原子を配置し、Si 原子の中間に酸素原子をおいた構造である。図16に示すように、すべての

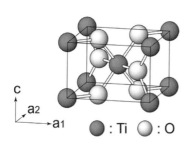

図14　ルチル（rutile：TiO_2）型構造

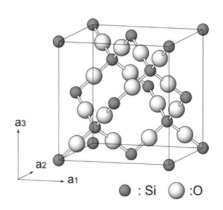

図16　クリストバル石（cristobalite：SiO_2）型構造

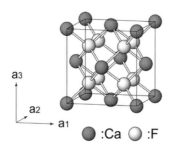

図15　蛍石（fluorite：CaF_2）型構造

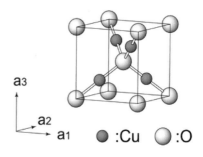

図17　赤銅鉱（cuprite：CuO）の結晶構造

Siは4つの酸素原子に囲まれ，SiO_4四面体が頂点を共有する3次元網目構造を形成している．

特殊な構造であるが，赤銅鉱（cuprite：Cu_2O）の結晶構造は体心立方配列から導入できる．O原子を体心立方配列しその中心にCuを置けばよい．図17に示すCu_2Oの構造図で明らかなように，Cuは2つの酸素にはさまれる直線型2配位である．このような配位関係は，CuやAgの酸化物の一部で観察できる．Cu_2Oの構造では，Cuが面心立方配列をしていることも付記しておく．

A_2X_3型構造（コランダム型構造）

A_2X_3型構造で代表的なコランダム（鋼玉）（corundum：Al_2O_3）や赤鉄鉱（hematite：Fe_2O_3）は，六方最密パッキングをした酸素原子の八面体隙間の2/3を陽イオンが占有している．六方最密パッキングでは，酸素の配列がABABの繰り返しになるので，その間に配列する陽イオンはC位置に配列する．C位置の1/3が空席となるため，陽イオンの配列様式が3種類，酸素イオンの入れる様式が2種類の組み合わせで，図18に示されるように，$AC_1BC_2AC_3BC_1AC_2BC_3\cdots$と$c$軸方向に6層周期の構造となる．コランダム型構造から導かれる構造に，チタン鉄鉱（ilmenite：$FeTiO_3$）および$LiNbO_3$の結晶構造がある．これらの構造は，陽イオンの配列に特徴がある．チタン鉄鉱の構造では，FeおよびTiがc軸方向に交互に配列する．一方，$LiNbO_3$の構造は，LiおよびNbが同一層に配列している．図19には，それぞれの配位多面体に注目した結晶構造図を示す．

ABX_3型構造（ペロブスカイト型構造）

ABX_3型の構造で最も重要なものはペロブスカイト型構造である．理想的な立方晶系ペロブスカイト型構造は，陰イオンXとイオン半径の大きな陽イオンAとで，立方最密パッキングを形成している．そして小さな陽イオンBは，最密パッキングがつくる八面体位置を占有する．図20にペロブスカイト型構造の代表としてタウソナイト（tausonite：$SrTiO_3$）の結晶構造を示す．単純立方格子の単位胞で見ると，四隅を陽イオンA，面心位置を陰イオンX，そして体心位置を小さな陽イオンBが専有している．それぞれの剛体球が互いに接するという条件から，A，BおよびXのイオン半径をそれぞれr_A，r_Bおよびr_Xとすると，幾何学的に$r_A + r_B = \sqrt{2}(r_B + r_X)t$

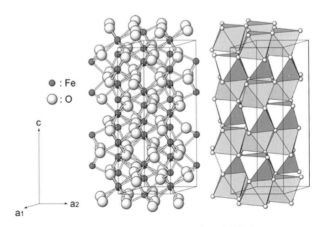

図18　赤鉄鉱（hematite：Fe_2O_3）の結晶構造

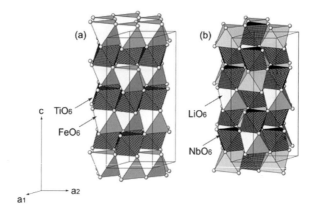

図19 (a) チタン鉄鉱（ilmenite：$FeTiO_3$）および (b) $LiNbO_3$ の結晶構造

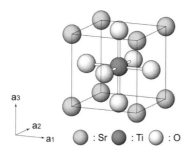

図20 ペロブスカイト型構造．タウソナイト（tausonite：$SrTiO_3$）の例

の制約条件が与えられ，この値（t）を tolerance factor とよぶ．立方晶系ペロブスカイト型構造は，$1>t>0.9$ と比較的狭い値の範囲で実現される．t が小さい場合は，構造図に観察される BX_6 八面体が回転するなど対称性が立方晶から変化する．本構造の名前の由来である天然の灰チタン石（perovskite：$CaTiO_3$）もそのような構造歪をもち，斜方晶系に属する．地球下部マントルでは，ペロブスカイト型 $MgSiO_3$ が主要構成鉱物であるとされている．天然鉱物に加えて，合成物としては非常に多くのものが報告されており各種産業に応用されている．

AB_2X_4 型構造（スピネル型構造）

ペロブスカイト型構造とならんで，実用材料として重要なスピネル型構造 AB_2X_4 は，A が 2 価，B が 3 価のものが一般的であるが，そのほかにも A が 4 価，B が 2 価のものもある．立方最密パッキングした陰イオンの隙間に存在する八面体位置の 1/2 と四面体位置の 1/8 を陽イオンが占有する構造である．AB_2X_4 スピネル型構造で，数の少ない A が四面体席を占有し，数の多い B が八面体を占有しているものを正スピネル型とよび，逆に B が四面体席を占有し，残りの A および B が八面体を占有しているものを逆スピネル型とよぶ．構造名由来のスピネル（spinel：$MgAl_2O_4$）や $MgFe_2O_4$ は正スピネル型構造，$FeFe_2O_4$ は逆スピネル型構造である．図21(a) に示すように，スピネル型構造は，単位格子の 1/8 の体積空間を考えると，2 種類の立方体が交互に配列する構造をもつ．例えばスピネル（$MgAl_2O_4$）の場合，それぞれのユニットは AlO_6 が 4 個連結した構造および MgO_4 で構成されている（図21(b) および (c)）．MgO_4 四面体はダイヤモンド型配列し AlO_6 多面体を連結している．　　　　　〔杉山和正〕

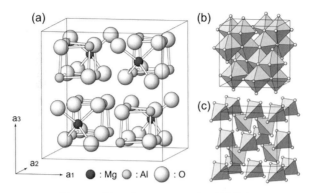

図21 スピネル（spinel: $MgAl_2O_4$）の結晶構造

006 化学組成の分析方法
Chemical analysis

　かつて鉱物や岩石の化学分析の主流は，酸やアルカリを用いて試料を溶液化して化学分離した後，化合物の重量測定や試薬との化学量論によって組成を決める絶対定量分析法であった．この分析法は湿式分析法ともよばれ，溶液化試料調整は原子吸光法や発光分光法と組み合わせ広く用いられてきたが，手順が煩雑かつ熟練を要するため，限られた用途にとどまっていた．

　一方，機器分析を用いて鉱物中の主成分元素（Si, Ti, Al, Fe, Mn, Mg, Ca, Na, K, Pなど）や数十種の微量成分元素を一斉に分析しようとする定量法が，およそこの半世紀間にめざましく発展した．まず1950年代以降，励起X線源を用いた蛍光X線分析法（X-ray Fluorescence：XRFと略）や電子線ビーム励起による特性X線分光法（Electron Microprobe：EPMAと略）が，引き続いて1980年代以降，二次イオン質量分析法（Secondary Ion Mass Spectrometry：SIMSと略）や誘導結合プラズマ質量分析法（Inductively Coupled Plasma-Mass Spectrometry：ICP-MSと略）が開発され，発展・普及した．これ以外にも，原子炉などを用いた放射化分析法や加速器から発せられる高輝度X線源を用いた化学分析法もあるが，大規模な実験施設が必要である．現在，XRF, EPMA, SIMS, ICP-MS法は，鉱物や宝石の定量化学成分分析に最も普遍的に用いられる分析法となっている．一般に，これらの機器分析法は湿式の重量分析のように化学成分の絶対定量を行うのではなく，標準試料と未知試料の間における元素濃度の比較によって定量測定を行う相対定量分析法である．

　過去半世紀強の間に機器分析が飛躍的に発展した理由は，鉱床や宝石のような鉱産資源の成因解明や探鉱，人造先端素材の合成・開発のための需要を背景に，分析原理と理論の確立，真空技術，電子回路技術，そして小型コンピューターを用いた高速情報処理技術の開発と普及とが合致したことによる．

　機器化学分析法は，大きく分けて2つの目的で使われる．一つは鉱物・宝石・あるいはそれらを含む岩石全体の化学分析に用いられる手法で，バルク（bulk：全岩）分析とよばれる．バルク分析に用いられるのはXRF法とICP-MS法である．バルク分析は試料内に偏在する元素を平均化する必要がある．したがって，岩石や鉱物をいったん微粉末にしてよく攪拌した後，粉末を突き固めたり，あるいはアルカリ融解してガラス化したり，酸分解で溶液化したりなど，試料調整の後に分析を行う．

　もうひとつは，試料の特定の微小領域の化学組成を直接測定する方法であり，局所分析とよばれる．局所分析にはEPMA法，SIMS法，そしてICP-MS法にレーザー光を用いた試料の局所昇華装置を組み合わせたレーザーアブレーション法（LA-ICP-MS）が普及している．EPMA法は絞り込んだ電子線を試料表面に照射し，そこから得られる特性X線を分光分析する．SIMS法では絞り込んだ一次イオン束を試料表面に照射し，そこから発生する二次イオンを質量分析する．LA-ICP-MS法は絞り込んだレーザー光束を試料表面に照射し，そこから得られる試料エアロゾルをプラズマ中でイオン化し，質量分析する．いずれの手法も，数から数百 μm領域の定量化学分析が可能である．

　以降に，XRF, EPMA, SIMS, ICP-MS法について詳述する．**ウェブ資料**には

装置のカラー図版などが添付されているので，それらも参照されたい．

■蛍光X線（XRF）分析装置と分析の実際

原理

高出力X線管球より発生する高エネルギーの励起X線を，分析試料表面に照射する．この一次X線により原子が励起され，元素に固有の波長（エネルギー）をもつ特性二次X線が発生する．この二次X線を波長分光器とガス比例計数管やエネルギー分散型半導体検出器で，分析元素の特性X線をとらえ強度を測る（図1）．標準試料と未知試料間のX線強度とを比較し，必要に応じて補正計算を施し元素濃度を決定する．

特性X線の発生原理は，高いエネルギー準位の電子軌道への電子の励起と空軌道の発生，空軌道への電子遷移による基底状態への回復によって説明される．電子軌道（s, p, d など）間のエネルギー差は原子にほぼ固有であり，電子殻（K, L, M など）間ではX線のエネルギー領域に相当する場合がある．電子遷移で発生する特性X線は元素と電子軌道の種類により，$SiK\alpha_1$，$SiK\beta_3$，$BaL\alpha_1$ 線などと区別してよばれる．

複数の元素が混在する鉱物や岩石では，共存する元素が分析対象元素の特性二次X線を吸収したり，近傍の原子が二次X線によって再励起したり，吸収・励起のマトリクス効果を起こす．マトリクス効果は元素濃度が高いほど著しく，定量分析精度に影響を与えるので，完全理論補正や経験的補正，それらの組み合わせによる計算によって補正処理される．また，特性X線どうしの重なりを避けるため，分析線（特性X線）を変える場合もある．回避できない場合は，重なり補正が必須となる．

分析装置

分光結晶などを用いる波長分散型XRF（図1）のほか，半導体検出器で特性X線

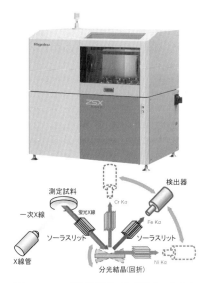

図1 XRFの外観と構造（資料提供：株式会社リガク）

をエネルギーで分離検出するエネルギー分散型XRFがある．波長分散型XRFは，より分解能の高いX線分離ができるのに対して，エネルギー分散型XRFは，重複する特性X線の分離には分解能が不十分で，主成分元素に近接した微量成分元素の特性X線の測定は困難な場合が多い．一方，後者は検出器の感度が高く小型なため，主成分迅速分析や半定量・定性分析に用いられ，野外でも使用できる可搬型の装置もある．

波長分散型XRFは，主成分から微量元素まで検出領域が幅広く，バルク分析に多用されている．全主成分を数分以内で精度よく分析できるが，数〜数十ppm以下の低濃度分析には，元素ごとに数〜数十分の分析時間が必要となる．軽元素（例えばNaやF）から発生する特性X線は大気に吸収されやすいので，多くの装置は，真空中で試料の分析が可能な仕様となっている．

試料

XRF で定量分析に用いられる試料は，均質でかつ表面が平滑である必要がある．そのため，岩石など固体試料は，通常粒径数 μm 以下の微粉末に粉砕・混合して均質化する．

微量成分の分析では，数 g 程度の粉末試料を油圧プレスで数トン程度の加圧により，励起 X 線の照射面に適合する板状（多くは円盤状）に成形し分析試料とする．樹脂を用いて固化することもある．主成分の分析にはマトリクス効果を低減するため，四ホウ酸リチウムなどの融剤と混合し，高周波炉などを使って融解してガラス（ビード）試料とする．装置に適合した円盤状のガラス試料を調整できる専用の白金るつぼを使用することが多い．近年はマトリクス補正技術の進歩により，2 倍程度の希釈率のガラス試料で主成分元素と微量成分元素を 1 回の試料調整で定量することもできる．

■EPMA 分析装置と分析の実際

原理

臨界励起電圧よりも高電圧で加速された電子が原子に衝突すると特性 X 線が発生する．発生する特性 X 線（XRF を参照）のエネルギーは元素に固有のものであり，その強度は元素の濃度におよそ比例する．このことを利用し，マイクロメートル領域の化学分析を非破壊で行うのが EPMA 法である．また，化学分析だけでなく，元素の化学的状態の分析にも用いられている．さらに，化学組成から年代を見積もることにも応用されている．

EPMA は点分析のほか，電子線やステージを走査して X 線強度や化学組成などの一次元（線）分析や二次元（面）分析も可能である．特性 X 線の強度は，完全に濃度と比例するわけではない．そこで，標準物質の化学組成と X 線強度および未知試料の X 線強度を用いて補正計算を行う．補正計算（ZAF 法）では，原子番号（Z）に大きく依存する X 線発生の要素，試料内部での X 線の吸収（A），および発生した X 線による蛍光励起（F）の影響を見積もる．補正計算で用いるモデルには，conventional ZAF, Surface-center Gaussian, PAP, XPhi などがある．鉱物の分析では経験的補正係数などに基づく Bence-Albee 法も用いられている．

分析装置

分析装置は開発当初は X-ray Micro Analyzer（XMA）とよばれ，国際・学際的にはその特徴から Electron Microprobe（EMP）Analyzer が一般的である．また，世界的に普及させた日本メーカーが提唱した EPMA（Electron Probe Micro

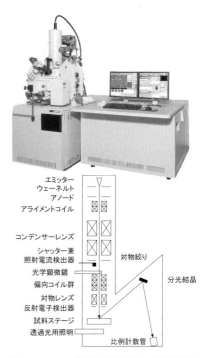

図2　EPMA の外観（画像提供：日本電子株式会社）と構造

Analyzer) も通用する.

電子線源には熱電子放出型またはショットキー放出型電子銃が用いられ,エミッターとアノードまたは加速電極との電位差で電子を加速する.鉱物の分析には,主に15〜25 keV 程度で加速した電子が用いられる.電子線は電子光学系により電流やビーム径などを制御し試料に照射する.EPMA には X 線分光器のほかに反射電子検出器や二次電子検出器が備えられている.試料の位置や高さを正確に合わせるため,光学顕微鏡も備え付けられている.また,カソードルミネッセンス検出器を装着することが可能な装置もある(**図2**).

通常 EPMA では複数の分光器を用いることにより複数元素を同時分析することができる.EPMA では,試料から発生した X 線を常に一定の角度で取り出して分光結晶に導き,比例計数管など検出器に到達させて定量精度を向上させる設計となっている.分光結晶直進型の波長分散型分光器(WDS)が用いられ,複数の分光器に異なる分光結晶を装備し,広い波長にわたる X 線が測定可能である.原理的には,岩石・鉱物試料の Be〜U の定量分析が可能であるが,光路上の窓材や試料自身による吸収が著しい長波長の X 線や臨界励起エネルギーの高い短波長の X 線による分析の場合,高精度分析には細心の注意を要する.分光系の1つをエネルギー分散型検出器(EDS)として WDS と併用することも可能である.

試料

通常の EPMA では鏡面研磨された試料を用いる.薄片試料や,厚みのある研磨片など様々な形状の試料に対応する試料ホルダーが用意されている.定量精度は,電子の入射角度(理想は研磨面に垂直)に依存するので,試料の装着角度のみならず,研磨面の平滑性には留意するべきである.絶縁体試料への電子ビーム照射は,試料に帯電を起こし,電子ビームの偏位による分析精度の低下(X 線強度と分析位置)を招くので,導電体のコーティング(〜30 nm 程度)が必要となる.一般的に,試料と反応しない高純度の炭素などから,分析への妨害など影響のない(少ない)ものを選んで用いる.

■SIMS 分析装置と分析の実際
原理

数 keV〜数十 keV のエネルギーのイオンビーム(一次イオン)を固体表面に照射すると,表面原子は一次イオンから大きなエネルギーを受け取り,元の格子位置から固体内部へと弾かれる(**図3**).弾かれた原子は,内部の他の原子と玉突き状に衝突を繰り返す.この連鎖が表面付近まで達すると,表面原子が放出される(スパッタリング現象).放出原子の一部はイオン(二次イオン)となっており,SIMS ではこのイオンを質量分析して主成分から微量成分

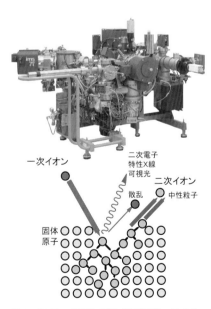

図3 SIMS の原理と外観(資料提供:アメテック株式会社 カメカ事業部)

までの元素分析や同位体分析を行う．二次イオンは表面の1～2原子層から由来するが，ビーム照射を続けると表面は次々と剥がれるため，深さ方向の分析が可能となる．他の手段で掘削速度を見積もれば，元素の深さ方向の濃度分布も得られる．

二次イオンの放出量は基本的に試料に含まれる原子の量に比例するが，放出効率は元素ごとに大きく異なる．放出効率は，一次イオンや二次イオンの種類，試料の主成分組成などに依存する．特に，一次イオンに負イオンを用い，試料からの二次正イオンを測定した場合と，一次イオンに正イオンを用いて試料からの二次負イオンを測定した場合では，放出効率が大きく変化する．そのため，多くの装置では正負両方のイオンの照射と測定を可能にしている．

試料の主成分組成や結晶構造に対する依存性はマトリクス効果とよばれる．定量分析では，濃度既知の標準物質と未知試料の二次イオンの強度比から元素濃度を決定するので，この効果の補正が重要となる．ケイ酸塩鉱物やガラスの定量分析では，ケイ酸塩ガラスを標準物質として，Si濃度で規格化した検量線法を用いると，多くの微量元素を相対誤差10～15％程度の正確さで定量できる．未知試料のSi濃度は，前項のEPMAなどで決定する．また，同じ元素でも軽い同位体の方が，重い同位体より二次イオンになりやすい傾向がある．これは，規格化した同位体比を測定し，同位体比既知の標準物質を測定することで補正できる．

分析装置

イオン源で発生した一次イオンビームを試料に照射する部分と，試料からの二次イオンを引き出し，電場と磁場で質量分離して検出する部分からなる．装置内は試料室を含め真空である．通常の分析では，目的元素の二次イオンと質量がほぼ同じ妨害イオンも同時に発生するが，両者の質量や運動エネルギーのわずかな違いを利用して両者を選別する．二次イオンの検出は，到達したイオンの個数を検出器で数えるか，到達イオンをそのままの位置関係で引き出し，それを蛍光板に投影して二次イオンの分布を観察する方法もある．

試料

光学顕微鏡観察用の薄片，樹脂に包埋後に切断して鏡面研磨したもの，試料ホルダー上に平滑微小試料を直接接着したものが用いられる．絶縁体では，帯電防止のために二次イオンになりにくい金の薄膜を蒸着する．

■LA-ICP-MS分析装置と分析の実際

原理

固体試料にレーザー光を照射すると，光エネルギーを吸収して試料が融解・蒸発したり，試料表面に発生するプラズマにより表面が粉砕されるなどして，イオン・分子・エアロゾル（微小粒子）などが表面から放出される（レーザーアブレーション）（図

図4 LA-ICP-MSの原理と外観（資料提供：筑波大学）

4）．LA-ICP-MSでは，主に放出されたエアロゾルをICP（誘導結合プラズマ）でプラズマ化し，生じたイオンを質量分離することでppm～ppbレベルの微量元素を分析する．ビーム照射を続けると表面が掘削されるので，深さ方向の組成分布が得られる．多重イオン検出器（マルチコレクター）を備えたICP-MSに接続すれば，高精度の同位体比分析も可能である．

アブレーションの過程は，基本的に試料のエネルギー吸収と熱特性（熱伝導度など）およびレーザー光の特性（波長，エネルギー，パルス幅など）に依存する．そのため，分析では吸収効率の高い波長のレーザーが選択される．ケイ酸塩・リン酸塩・炭酸塩・硫酸塩・硫化物・酸化物などが主となる鉱物・ガラスの分析には，波長266 nm以下の紫外レーザーが適する．金属や硫化物の分析には赤外光や超短パルスレーザーが利用される．精度と正確度の高い分析には，安定で効率的なアブレーションが重要なため，高強度の光を短パルスとして断続的にあてるパルス照射方式が用いられる．また，強すぎるレーザー光を照射すると試料が破壊されるため，通常の分析では1～30 J/cm^2程度の照射エネルギーが用いられる．

定量分析は標準物質を用いた検量線法で行われる．同時にアブレーション量の差異を補正するため，内部標準法が用いられる．内部標準元素には，試料と標準物質に測定可能な量で含まれ，測定対象元素と化学的挙動が類似した元素が選ばれる．通常の親石元素の分析にはCa, Si, Mgなどが使われる．標準物質は試料と組成が類似したものが強く推奨されている．しかし，適切な内部標準を選び，測定条件を限定すれば，大きな定量誤差は生じない．標準物質には，米国NIST SRM-600シリーズの多元素混合合成ホウケイ酸塩ガラスや，天然の岩石を均質化して融解した標準ガラスが利用されている．この方法では，ppmレベルの親石元素を誤差約3～15%以内で定量できる．検出限界はアブレーションのサンプリング量に比例してよくなる．また，ICP-MSの装置特性のため，重元素側で検出限界が低い．

分析装置

レーザー光源は種々あるが，YAGレーザーが多く用いられる．波長1064 nmのYAGレーザー赤外光は，非線形光学結晶を通じて266～193 nm紫外光に変換される．分析箇所は光学顕微鏡で確認される．試料はArまたはHeガスを流した小型試料室に入れられ，アブレーションで生じたエアロゾルはガス流によってICPに運ばれイオン化される．生じたイオンは，四重極マスフィルターか電場と磁場の組み合わせで質量分離され，検出器で計数される．質量分離部は真空であるが，ICPと試料室はほぼ大気圧である．

試料

SIMSと同様であるが，帯電防止のための薄膜蒸着は不要である．レーザー光の励起によって試料が融解・破砕する場合がある．

〔木村純一・加藤丈典・黒澤正紀・圦本尚義〕

● 文献
1) J.-I. Kimura and Y. Yamada (1996) *Journal of Mineralogy, Petrology, and Economic Geology*, **91**, 62-72.
2) S. J. B. Reed (1993) Electron Microprobe Analysis 2nd Ed. Cambridge University Press.
3) 日本表面科学界編：二次イオン質量分析法（表面分析技術選書），丸善，1999.
4) Jackson *et al.* (1992) *Canadian Mineralogist*, **30**, 1049-1064.

007
どのように含まれているのか
局所構造と状態分析
Local structure and state analysis

■ 赤外吸収・ラマン分光

　赤外吸収分光法とラマン分光法は，物質を構成する原子間の結合の振動を物質と光との相互作用から観測する測定法で，鉱物種や多形の同定，構造の推定，鉱物中の構成成分の定性・定量分析，応力分布の解析などを行うことができる．両分光法は回折法がカバーできない分子オーダーでの短距離秩序を観測するため，鉱物の局所構造に敏感であることが特徴である．赤外吸収分光法では，原子団の振動によって双極子モーメントが変化する振動モードに対応するエネルギー（振動数）をもつ光が赤外吸収として観察される．またラマン分光法では原子団の振動によって分極率が変化する振動モードが，入射光と散乱光のエネルギー差（ラマンシフト）として観察される．いずれも顕微鏡分光法により微小領域での測定が可能で，顕微ラマン分光法では約 1 μm，顕微赤外分光法では約 50 μm（放射光光源を用いた場合は約 10 μm）の空間分解能で測定が可能である．また，宝石試料をそのままの状態で（非破壊で）できることも特徴の一つである．

　赤外吸収分光法は，FTIR 法（フーリエ変換赤外分光法）の普及により，横軸（波数）の精度が格段に向上し，広い波長（波数）で，高感度での測定が可能となった．測定は主として透過光で行うが，反射光や試料自身からの発光でも可能である．ランベルト-ベール則によって試料に含まれる水酸化物イオンや水の定量分析に応用できる．特に無水鉱物中の微量分析に威力を発揮する．また，偏光赤外光を用いた測定で結合の結晶中での配向を決定することもできる．正確なスペクトル測定には，試料の厚みを最適化することが重要である．

　ラマン分光法では試料に可視光のレーザーを入射し，励起光と比較して 5 桁ほど低い強度のラマン散乱を分光器によって波長成分に分けてスペクトルを得る．現在は携帯型の小型簡易ラマン分光装置も市販されており，フィールドワークでの応用だけでなく，今後はさまざまな場面でラマン分光法の応用が期待され，鉱物，宝石の顕微ラマン分光法が盛んに用いられている．基本的に光学顕微鏡で見える試料であれば，1 μm 程度の領域からでもラマンスペクトルの測定が可能である．ラマン分光法は，赤外吸収分光法と対照的に水に対する感度が低いため，水そのものからの信号に妨害されることなく溶存成分からの信号を観測することができる．このような理由で，顕微ラマン分光法が流体包有物の成分分析に古くから応用されている．顕微ラマン分光法の高い空間分解能を利用して，同一試料内での多形の分布，鉱物内に蓄積した応力分布などの測定が可能である．また，ケイ酸塩ガラスの SiO_4 四面体の重合度もラマン分光法によって測定が可能である．ラマン分光法を天然試料に適用する場合，試料からの強い蛍光が測定の妨げになることがあるため，励起光の波長選択に注意を要することがある．また，顕微ラマン分光法では微小領域にレーザーの出力を集中させるため，試料の損傷に注意する必要がある．

〔鍵　裕之〕

■ メスバウアー分光法（Mössbauer spectroscopic method）

　ある種の元素の原子核は，固体中で励起状態から基底状態になるときにそのエネルギー差に相当する γ 線を放射する．この γ 線を同種の原子核（核種とよぶ）を含む固体（吸収体）に照射すると，基底状態にある原子核が γ 線を吸収して励起状態に

移る共鳴現象が起こる．この現象は，格子点に固定された核種がγ線の放射および吸収の際に反跳を受けないために生じ，無反跳核γ線共鳴，または，発見者のR. L. Mössbauer[1]にちなんでメスバウアー効果とよばれる．メスバウアー効果が認められている元素（メスバウアー元素）は，Fe, Au, Sn, Sb, Euなど約40種類である．

吸収体におけるメスバウアー元素の原子核周辺の電子状態が線源における原子核周辺の電子状態と異なると，これに応じて原子核のエネルギー準位がわずかに変化する．そこで線源または吸収体に相対速度（ドップラー速度という）を与えてγ線エネルギーを変化させると，ある速度で両者のエネルギー準位の差を補って無反跳γ線共鳴が起こる．通常は，線源を駆動してドップラー速度を与える．線源に与えたドップラー速度に対して吸収体を通過したγ線強度を表示したものをメスバウアースペクトルという．

固体内のメスバウアー元素は，化学結合状態，配位数，酸化状態，各配位席における存在量，配位多面体の歪み，内部磁場によって異なるメスバウアースペクトルを示す．このことから逆に，ピーク位置のシフトやピークの分裂から上記のメスバウアー元素に関する構造的情報が得られる．異性体（化学）シフト（アイソマーシフト），四極分裂，磁気分裂のようなメスバウアー変数から構造的情報を得る．ピークの面積比から各配位席におけるメスバウアー元素の存在度を求める．メスバウアースペクトルの測定と解析による分析方法をメスバウアー分光法という[2]．

通常のメスバウアースペクトル測定装置は，γ線源，線源駆動部，吸収体，検出器，データ処理部からなる．鉱物分野ではロジウムやパラジウムに蒸着した^{57}Coを線源として^{57}Feのメスバウアースペクトルを測定し，結晶構造や磁気構造に関する解析が行われることが多い．このようなシステムでは粉末試料を測定するが，近年，大型放射光施設の高輝度放射光を利用して短時間に微小領域のメスバウアースペクトル測定を行うことが可能となり[3]，高圧‐超高圧下での鉄イオンの酸化数やスピン転移の研究[4]などに利用されている．

〔赤坂正秀〕

■ X線吸収微細構造法 XAFS

X線吸収スペクトルに出現する振動構造から，目的元素の化学状態や局所構造を求める手法がX線吸収微細構造法（XAFS法）である．X線が物質に吸収されると，X線のエネルギーにより原子中の電子が励起され，光電子の波として放出される（光電効果）．入射するX線のエネルギーを横軸，X線の吸収量を縦軸にしたX線吸収スペクトルでは，電子が励起されるエネルギー位置で，X線吸収の極大が観察される．このエネルギー位置はX線吸収端とよばれ，物質に含まれる元素に固有である．吸収端の高エネルギー側では，エネルギーが増大するに従いX線の透過力が大きくなり，X線吸収は緩やかに減衰してゆくが，X線吸収端の前後約1000 eVの範囲で，X線吸収スペクトルに振動構造が出現する．それらのうち，吸収端近傍の数百 eVの範囲に明瞭に現れる振動構造をX線吸収端近傍構造（X-ray Absorption Near Edge Structure；XANES），XANESよりも高いエネルギー位置で広範にわたり観察される振動構造を広域X線吸収振動構造（Extended X-ray Absorption Fine Structure；EXAFS）とよぶ（**図1**）．

この振動構造が，吸収原子のまわりの局所構造に応じて出現することがSternらにより示された[5]．X線吸収により発生した光電子の波は配位原子に散乱され，一部が吸収原子に戻ってゆく（後方散乱）．局所構造の吸収原子から放出される光電子の波と散乱原子から戻ってくる電子の波が干渉

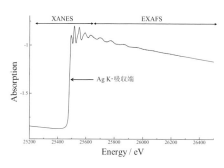

図1 金属銀のX線吸収スペクトル
（Ag K-edge，透過モード）

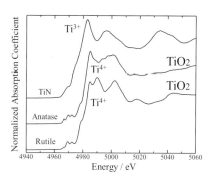

図2 チタン化合物のXANESスペクトル

し，規則性（散乱原子の種類と数，吸収原子と散乱原子間の距離など）に応じ，それに伴いポテンシャルの変動を吸収原子のまわりに形成するために，X線の吸収効率もこれに対応して変化し，X線吸収スペクトルに振動構造が出現する．EXAFSの振動を中心原子周りの散乱原子の局所構造の関数として定義づけ，局所構造解析を行う方法としてEXAFS法が提案された[6]．また，XANES領域から読み取ることのできるX線吸収端のエネルギー位置は，吸収元素の酸化数や電子状態に対応しケミカルシフトするので，酸化数や電子状態が既知である標準試料と比較することで，未知試料の酸化状態を決定することができる（図2）．XANESには結晶構造のような長距離の秩序構造も反映するので，結晶構造の相違もXANESスペクトルに現れる（図2）．よって，このXANES領域は，物質の同定にも多く用いられている．EXAFSとXANESをあわせてX線吸収微細構造法（X-ray Absorption Fine Structure：XAFS）とよぶことが多い．

X線吸収スペクトルは，結晶質/非晶質，気体/液体/固体の状態によらず測定が可能で，幅広い適用が可能である．高温・低温装置や高圧装置などを用いることで，極端な条件下にある物質の化学状態や局所構造も求めることができる．また，特定元素のX線の吸収端の選択により，酸化状態や局所構造を独立して調べることも可能である．さらに，XAFS法は非破壊状態分析が可能な特長がある． 〔沼子千弥〕

■**核磁気共鳴（nuclear magnetic resonance, NMR）**

核磁気共鳴は原子核の磁気的性質をプローブに，物質（固体，液体，気体）の元素（同位体）別の（静的および動的な）局所構造情報を定量的に提供できる優れた分光法である．原理は，NMRは磁気モーメントをもつ原子核が静磁場に置かれ，電磁波を照射したときに生じる共鳴現象に基づく．ほとんどの元素には核スピンが0ではなく，磁気モーメントをもつNMR測定可能な核種が存在する．例えば，^{1}H, ^{13}C, ^{29}Si, ^{31}Pのスピン数は1/2, ^{2}Hは1, ^{23}Na, ^{11}Bは3/2, ^{27}Al, ^{17}Oは5/2である．一方で，質量数と原子番号がともに偶数である核種（^{12}C, ^{28}Si, ^{16}Oなど）は核スピンが0のため，NMRでは見えない．NMRの共鳴周波数は静磁場強度および核種固有の定数である磁気回転比γに比例し，現在主流の超伝導磁石装置では一般的に数MHz〜1GHzの範囲にある．初期では静磁場強度または電磁波周波数を連続的に掃引する連続波（CW）法が用いられたが，現在はパ

ルスを用いたフーリエ変換（FT）法が一般的である．

　NMRが構造解析に役立つのは核スピンのエネルギーが外部磁場との相互作用に加えて，原子核のまわりの電子や物質内の他の核スピンとの内部相互作用からも影響を受けるためである．スピン1/2の場合の，内部相互作用には電子の磁気遮蔽による化学シフト相互作用，スピン間の磁気双極子相互作用とスピン結合相互作用がある．スピン数が1/2より大きい四極子核種の場合はさらに核電気四極子とまわりの電場勾配との相互作用も加わる．高分解能NMR測定は主に反磁性物質に用いられる．不対電子をもつ常磁性物質の場合は，電子スピンとの強い相互作用も加わり，ピークが大きく広がる場合が多い．

　一般的にNMR共鳴周波数は試料の共鳴周波数νの基準物質（例えば，^{1}H，^{13}C，^{29}Siの場合はテトラメチルシラン（tetramethylsilane：TMS））の共鳴周波数ν_0に対する相対的ずれである化学シフトδ(ppm)（$=10^6\times(\nu-\nu_0)/\nu_0$）で表す．化学シフトは外部静磁場強度に依存せず，局所構造の重要な指標である．観測対象の原子と直接結合する原子の種類と数に最も影響を受け，より遠い原子からの影響が相対的に弱くなる．多くの核種の化学シフトをはじめとするNMRパラメータと局所構造の相関の経験的知識がかなり蓄積されている．また，第一原理計算による予測も可能である．例えば，ケイ酸塩の^{29}Si化学シフトはSiの配位数に最も影響され，次は酸素を介して結合する陽イオンの種類（Si，Al，Mgなど）や数に依存する．^{1}Hの化学シフトは水素結合（O-H…O）の距離に強く依存する．

　核スピンの内部相互作用はすべて方向依存性がある．溶液の場合，分子の速い回転運動により，相互作用の異方成分が平均化されて消滅し，高分解能が容易に実現される．固体粉末試料の場合は，相互作用の方向依存性によりピークが広がるため，高分解能NMRを実現するには，人為的に異方成分を消去する方法が用いられる．試料を静磁場方向から54.74°傾けた軸のまわりで高速回転させるマジック角回転（MAS）法がその代表的な手法である．四極子核種の場合は，多量子（MQ）MAS法など，より複雑な測定法が必要である．また，原子間のつながり・距離情報を直接引き出すさまざまな二重共鳴法や二次元測定法もある．幅広いタイムスケール（10^{-12}～10秒）の原子運動も検出可能である．〔薛献宇〕

●文献
1) R. L. Mössbaver (1958) *Zeitschrift für Physik A*, **151**(2), 124-143.
2) 赤坂正秀，進野　勇（1992）鉱物学雑誌，**21**, 3-20.
3) M. Seto, R. Masuda, S. Higashitaniguchi, S. Kitao, Y. Kobayashi, C. Inaba, T. Mitsui and Y. Yoda (2009) *Phys. Rev. Lett.*, **102**, 217602.
4) M. Hamada, S. Kamada, E. Ohtani, T. Mitsui, R. Masuda, T. Sakamaki, N. Suzuki, F. Maeda and M. Akasaka (2016) *Phys. Rev.*, **B93**, 155165.
5) D. Sayers, F. Lytle and E. Stern (1970) *Adv. X-ray Anal.*, **13**, 248-271.
6) D. Sayers, E. Stern and F. Lytle (1971) *Phys. Rev. Lett.*, **27**, 1204.
7) 太田俊明（2002）X線吸収分光法－XAFSとその応用－，アイピーシー，東京．

008
長周期構造解析の手法
Methods for analyses on long-period structure

■ X線回折

現在，IMA 新鉱物，鉱物命名委員会 (Commission on New Minerals, Nomenclature and Classification of the International Mineralogical Association：CNMNC) が承認している鉱物種は 5500 に迫る．鉱物の種類は，化学組成に加えて結晶構造（原子配列の情報）からも定義されるため，その判定には，結晶構造の情報が重要である．結晶構造の決定には，電子によって散乱される X 線の利用が一般的である．X 線を利用した結晶構造の解析法は，結晶が X 線に対して回折格子の役割を果たすことを発見したドイツの物理学者ラウエ (Laue：1879〜1960) に始まり，イギリスのブラッグ父子 (W. H. Bragg：1862〜1942, W. L. Bragg：1890〜1971) によって大きく発展した．

結晶では，比較的少数の原子が集まった基本構造単位が 3 次元空間に周期的に配列している．したがって，この基本構造単位をひとつの格子点で代表させると，格子点が周期的に配列する空間格子として結晶を記述することができる．波長 0.001 から 10 nm の電磁波である X 線が空間格子によって回折するためには，一つ一つの格子点からの散乱波が隣接する格子点からの散乱波と同じ位相になる必要がある．このような幾何光学的条件からラウエの回折条件 (Laue equations for diffraction) が導かれ，同時に隣接する格子点間の光路差から反射指数 hkl および対応する格子網面が求められる．また，よく知られているブラッグの反射条件 (Bragg's equation for reflection：$2d \sin \theta = n\lambda$, n は整数) は，X 線の波長 (λ) および回折角 (θ) と対応する格子網面間隔 (d) を巧みに定式化した関係式である．

X 線回折法による結晶の同定や結晶構造の決定の一歩は，回折パターンの特徴や対称性を検討することに始まる．実験で観測された回折角をブラッグの反射条件に代入し導出される格子網面間隔から，結晶の単位格子を算出することができる．また，反射強度の規則的な消滅から結晶が属する空間群に関する情報も得られる．単位格子および空間群の情報は物質固有であるため，これらの情報に基づき結晶の同定（既知物質と同じであるか否かの判断）が可能である．Debye (1884〜1966) と Scherrer (1890〜1969) によって発展した粉末 X 線回折法は結晶の同定の簡便な方法論であり，鉱物学をはじめ物質科学の研究分野では欠かすことのできない実験手段となっている．ICDD (International Centre for Diffraction Data) の PDF (Powder Diffraction File™) は，粉末 X 線回折データと関連情報のデータベースとして広く利用されており，最近式の粉末 X 線解析装置では実験で得られた回折ピークを自動的に解析しこの PDF データベースとの照合により結晶の同定を行うことができる．

回折ピーク位置だけではなくピーク強度を詳細に解析することによって，結晶の原子配列を決定することができる．一般には，観測される回折強度は，X 線を照射した物体からその方向に散乱される X 線の振幅の 2 乗に比例する．しかし前述の議論により X 線の回折は，基本構造単位を代表させる格子点から散乱される散乱波の位相がそろっている条件で生ずるため，結果として基本構造単位から散乱される X 線の振幅を考えれば十分である．

基本構造単位からの X 線の散乱振幅は結晶構造因子 $F(hkl)$ (structure factor)

とよばれ次式で表すことができる.

$$F(hkl) = \sum_{j=1}^{N} f_j \exp 2\pi i(hx_j + ky_j + lz_j)$$

ここで，N は，基本構造単位に含まれるすべての原子についての総和であり，また f_j は原子の散乱能を1個の電子から散乱されるX線の振幅の何倍になっているかで表現した原子散乱因子（atomic scattering factor）である．結晶構造因子は，原子の種類とその位置の情報をもっているので，その2乗に比例する hkl 反射の強度を解析することによって，原子配列すなわち結晶構造を決定することができる．

X線を用いた構造解析法としては，単結晶を用いる方法と粉末結晶を用いる方法がある．単結晶法は，粉末法に比較して実験法が複雑であるが得られる結晶学的なデータが高度なため一般に広く用いられている．最近では，シンクロトロン放射光をはじめとする強力なX線源の利用が可能であることやCCD（charge coupled device）検出器，イメージングプレートおよびhybrid型ピクセル検出器の進歩によって，通常10 μm程度の結晶があれば十分な精度で結晶構造を決定することができる．一方，粉末法は，十分なサイズの単結晶を得られない試料の解析に有効である．回折プロファイルをリートベルト（Rietveld）法によって解析し単結晶法と同様な結晶構造解析が実施できる．〔杉山和正〕

■ 透過電子顕微鏡および電子回折

透過電子顕微鏡（Transmission Electron Microscope：TEM）は，光の波長によって分解能が制限される光学顕微鏡の限界を超えるため，1936年ドイツのE. Ruskaらによって開発された顕微鏡である．その後TEMの分解能は飛躍的に向上し，現在では日常的に物質中の原子配列を直視できるまでになっている．X線・中性子線回折がいわゆる回折現象という"逆空間"で原子配列の解析をするのに対して，TEMによる実像での原子配列の観察は，"実空間"での観察・解析ということができる．

またTEMは，顕微鏡に加え電子線回折装置としての機能をもつ．電子は原子中の静電ポテンシャルによって散乱され，試料が結晶であればX線と同様に回折を起こす．このとき電子線の波長はX線に比べはるかに短いために，電子回折では，逆格子点の多くが同時にエワルド球に乗り，スクリーン上に原点を含む逆格子面が広い範囲で映し出される（図1）．この逆格子面を蛍光板上で直視することと，TEMの試料傾斜装置を使って迅速に結晶方位を合わせることができる．また電子と物質の相互作用はX線に比べはるかに大きく，このため非常に微細な領域からでも回折パターンを得ることが可能である．対物レンズの結像面に入れた絞りを用いて像観察をしながら回折領域を選ぶ制限視野回折法では100 nm程度．また入射電子線をプローブ化し，目的の場所に照射するナノビーム回折法では数nm程度の領域からパターンが得られる．一方，磁界レンズの収差やヒステリシスなどのため面間隔の測定精度はX線に比べ低く，注意深い実験でも0.1%程度が限界である．また電子回折の強度は，動力学的効果が非常に大きいために一般的な結晶構造解析には応用できない．しかしこの問題も，プローブの収束角を意図的に大きくし，形成される回折スポットを

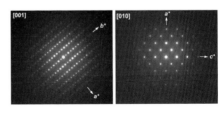

図1 かんらん石（Mg_2SiO_4）の微結晶に，c軸方向（左）とb軸方向から電子線を入射した場合の制限視野電子回折パターン（200 kV）（右）．

ディスク状にして観察する収束電子回折 (Convergent Beam Electron Diffraction：CBED) を完全な動力学的計算に基づいて解析したり，入射ビームを歳差運動させて動力学効果を抑えるなどの工夫 (プリセッション電子回折) により "局所領域での電子構造解析" の実現が試みられている．なお，この CBED パターンの回折ディスク内のコントラストを解析することにより，試料厚さの決定，点群・空間群の判別や格子定数の精密決定も可能である．

このような電子回折に対し，今日の高性能な TEM では上で述べたように実空間での原子配列の直接観察が可能となっており，これにより鉱物試料から多くの情報を得ることができる．この高分解能 TEM (High-resolution TEM：HRTEM) 像の分解能 (δ) は，$\delta = 0.65 C_s^{1/4} \lambda^{3/4}$ (C_s：対物レンズの球面収差係数，λ：電子の波長) で与えられ，加速電圧 200 kV ($\lambda = 0.0025$ nm) の一般的な TEM で，その値は 0.2 nm 程度となる．これ以上の分解能を達成する方法のひとつは，より高加速電圧で電子線の波長を短くすることで，例えば 1000 kV ($\lambda = 0.00087$ nm) のような超高圧電子顕微鏡を用いて，0.1 nm 程度の分解能が実現されている．また最近は対物レンズの球面収差を補正する装置が開発され，200 kV の加速電圧でも 0.1 nm に近い分解能が得られるようになった．試料の非常に薄い部分 (通常はおおよそ 10 nm 以下) を正確な結晶方位に合わせ，焦点ずれ量を最適化すれば，上記の分解能で，結晶中の静電ポテンシャルの電子線方向への投影に対応したコントラストが得られる (図2)．もちろんこのコントラストだけでは，各原子列内の元素などは決定できず，また原子位置の決定精度は，X 線などの回折的手法に比べてはるかに劣る．しかしながらこのような実空間での原子配列の直接観察により，回折的手法では得ることができない局所

図2 frankamenite ($K_3Na_3Ca_5(Si_{12}O_{30})[F,(OH)]_4$) の c 軸から見た結晶構造 (左)．結晶構造から予測される像コントラスト (中央)．実際にこの鉱物を観察して得られた高分解能 TEM 像 (JEOL JEM-2010 at 200 kV) (右)．

な (表面や結晶欠陥など) 構造に対する情報を得ることができる． 〔小暮敏博〕

■ 中性子線

中性子は原子核を構成する核子のひとつで，電気的に中性であり，陽子とほぼ同じ質量をもつ．そのため中性子線は粒子としての性質とともに波動としての性質も有し，結晶にあてると回折現象がおこる．鉱物研究には，主にこの波動としての性質が利用される．

中性子線回折は X 線回折と類似している点も多いが，散乱過程には大きな違いがある．X 線が主に電子によって散乱されるのに対し，中性子線は主に原子核との相互作用よって散乱される．そのため X 線回折が電子の分布情報を与えるのに対し，中性子線回折は原子核の位置情報を与える．中性子線と原子核との相互作用は複雑で，X 線の場合のように散乱能が原子番号に比例するわけではなく原子ごとに複雑に変化する．X 線回折の場合，水素や酸素など軽元素は，散乱能が小さいため，結晶中に散乱能の大きな重元素が共存すると，一般的に原子位置の精密な決定は困難である．しかし，中性子線回折の場合，水素や酸素も十分な散乱能をもつため，含水鉱物や重元素酸化物鉱物の結晶構造研究に適している．また X 線回折では，電子数が同等の周期表で隣り合う元素や同位体を区別することは困難であるが，電子数が寄与し

ない中性子線では散乱能は大きく異なる場合があり，長石中のSi/Alやスピネル中のMg/Alの秩序・無秩序配置などの研究への応用が行われている．

　散乱過程における散乱体の大きさは，散乱強度の散乱角依存性に大きく影響する．中性子線回折は原子核というほぼ点からの散乱と見なせるため，X線の場合と違って，散乱能が高散乱角でも減衰しない特徴がある．そのため原子の熱振動状態や液体・非晶質物質の構造研究など高散乱角の強度データの精密測定が必要となる場合に有用である．

　中性子線のもうひとつ重要な性質は，磁気モーメントをもつために，物質中の磁性電子の磁気モーメントとの相互作用によっても散乱されることである．磁気モーメントの規則的な配列がある結晶の場合，結晶構造に起因するブラッグ反射と同時に磁気ブラッグ反射が観測され，磁気モーメントの配列を知ることができる．

　中性子線の散乱過程で忘れてはならない性質に非弾性散乱がある．中性子線は，同程度の波長をもつX線と比べ，エネルギー的には6桁ほど小さく，数Å領域の波長をもつ中性子線のエネルギーは，結晶の格子振動のエネルギーと同程度である．そのため散乱過程で格子振動とのエネルギーの授受がおこり，入射した中性子線とは異なったエネルギーの中性子線が散乱される非弾性散乱が観測される場合がある．この性質を利用した物質中の原子の振動状態研究は，中性子線を応用した物性研究における中心的な課題のひとつである．

〔永井隆哉〕

009 計算科学の適用
Application of computation science

鉱物科学においては，個々の鉱物の起源やその地球惑星科学おける意義を考えると，しばしば計算による手法が補助的あるいは主体的な役割を果たしている．惑星間空間から惑星中心核までの物理化学的状況は非常に広範囲にわたっている．そのような条件下で，電子と核，あるいは原子・分子を要素とした手法は気体，液体，固体を区別なく取り扱うことができ，絶対零度（ゼロケルビン）を含め，広範囲の温度と圧力に対して原理的に有効である．一方ではマクロな力学（＋化学）的取扱いもしばしば必要となる

計算を主体とする手法は，①実験研究と相補的な関係にあり，あるいは実験や観測できない量の予測的なもの，②実験のナノスケールにおける解析的な手法として，③実験の予備的役割，④実験が困難あるいは不可能なものの代替，⑤物質設計，さらには⑥中等教育，大学・大学院，技術者・研究者向けの教材作成などに用いられる．計算科学手法も用いて固体無機化学を担うことが鉱物科学分野に望まれる．

■さまざまな計算科学手法

計算による手法は，図1のように，原子核と電子をあらわに扱うもの（量子力学），原子・分子の多体系，絶対零度（静止構造）から有限温度のものがある．また，図には表していないが，マクロな計算として，連続体（弾性体や流体など）を扱う有限要素をや差分方程式によるものなどがある．なおメゾスコピック領域（およそ数百nm）をあらわに取り扱う方法はほとんどない．さらに，電子状態計算と古典分子動力学法の連携や，ナノとマクロ連続体力学への接続としてマルチスケール・マルチフィジックス手法が発展してきている．

第一原理電子状態計算

シュレディンガー方程式あるいはコーン-シャム方程式を基本として，原子核の配置に対して電子構造を解くものである．分子軌道法や密度汎関数法，原子軌道基底と平面波基底などの波動関数の表現法，構造次元などで多くの手法が開発されてきた（図2）．基底状態（0 K）の最安定構造や

図1　種々のナノ計算物質科学手法

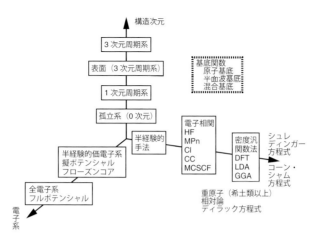

図2 電子状態計算の手法

全エネルギーとエネルギー準位,励起状態を用いた化学反応径路,電子・分子スペクトルなどが計算できる.地球科学に不可欠な,重原子についても,相対論効果を含めた取り扱いが可能となっている.

古典分子動力学法と第一原理的分子動力学法

多数の原子の運動方程式を同時に解く手法であり,さまざまな統計力学的母集団(アンサンブル)に従った諸物性が計算可能である.有限温度,すなわち室温から数千度の高温まで,次のような量が計算できる(*は動的性質).

平衡状態:内部エネルギー,エンタルピー,定積比熱,定圧比熱,密度・モル体積などの瞬間および平均量(アンサンブル平均),分子振動*,自己拡散係数*,粘性係数*

非平衡状態:弾性定数,粘性係数*,相転移

低温の比熱やトンネル拡散など,原子核の運動の量子効果をあらわに取り入れるには経路積分を用いた方法が必要である.溶液系などで着目している溶質の周辺のみ(水和圏など)の原子・分子間相互作用に量子力学手法を用い,それ以遠の溶媒をモデルポテンシャルで取り扱う QM/MM 法がある.

液体や固体として,原子・分子からなる多体系の動力学を実現するために,通常は周期境界条件が用いられる.すなわち数百個以上の原子・分子を配置させた基本セルを単位として,3次元周期的に繰り返し,バルク状態を実現するものである.

運動方程式は差分方程式にして,微小時間ステップ(およそ 1 fs 程度,元素や温度で異なる.H 原子は軽いので 0.1 fs 程度,相互作用が弱く重い貴ガスは 10 fs 程度)ごとに解く.

将来を予測する方法:Verlet アルゴリズム
予測をさらに修正する方法:Gear の方法
などがある.さらに原子がつながっていることをあらわにした多原子分子(剛体分子やユナイテッドアトムモデル)の運動を精密に解く手法が発展している.

多くの分子シミュレーション計算では,系の温度と圧力をアンサンブル平均として一定に保つ計算が必要である.高温高圧での相転移やマグマの挙動などである.そのために,温度一定では原子・分子の速度,

圧力一定では基本セルの形状をスケーリングすることが行われる．また解析力学を用いて，熱浴や基本セルの変形を含めた拡張系を考え，それらの運動方程式を求めて原子・分子と熱浴（温度一定：Nose のサーモスタット）や基本セル（圧力一定：アンデルセンの方法，パリネローラーマンの方法）の運動を同時に解く方法がある（拡張系 MD 法）．この2つを組み合せて温度圧力一定 MD が実現でき，実験との対応ができる．

メトロポリス・モンテカルロ法

分子動力学法は決定論的手法であるのでエントロピーにかかわるアンサンブル，諸性質を扱うことはできない．そのために，グランドカノニカルアンサンブル（μVT）モンテカルロ法がある．モンテカルロ法は系の原子配置と生成/消滅を確率的に出現させるもので，平衡物性のみが計算できる．平衡吸着量（吸着等温線），気液平衡状態方程式などである．

また，二液相共存にあるそれぞれの組成を同時に計算できる手法としてギブスアンサンブルを用いたメトロポリス・モンテカルロ法がある．2つの液相系を同時に考え，原子・分子の二相間での交換の確率を考慮し，平衡組成を導くものである．液相-固相系，固相-固相系の計算例はほとんど見られないようである．

マクロモデルとマルチスケール解析

マクロ連続体の取り扱いは，系をメッシュに分けて，差分方程式あるいは有限要素法により計算される．力学解析が主であるが，力学-化学連成解析などもある．拡散，熱伝導，マクロ力学（振動，変形）などの解析が行われている．多くは微小変形の範囲であるが，大変形には特別な手法が必要である．電子状態計算・分子シミュレーションとマクロ力学解析を結びつける試みが行われている．例えばナノ-ミクロ-マクロ統合解析では，ナノ・ミクロ局所物性を電子状態計算や分子シミュレーションで求め，ミクロ不均質構造について，数学的に結びつけられたミクロとマクロの方程式（拡散，伝導，流体など）を均質化解析を行い，ナノスケールの原理的計算からマクロ力学挙動を求めるものである．

■粒子間相互作用とモデル

分子動力学法やメトロポリスモンテカルロ法では，古典的手法として，比較的簡単な表現を用いたモデルポテンシャルが用いられる．貴ガスでは距離だけの関数で表される斥力と引力からなる 6-12 LJ モデルが用いられる．パウリ排他律による短距離斥力と双極子-誘起双極子による分子間引力である．これに点電荷のクーロン相互作用を加えると，最も単純なイオン結合モデルとなる．共有結合については原理的に確立したモデル形式はないが，しばしば距離による指数関数が動径部分に用いられ，角度による調和振動子が角度部分として用いられる．ケイ酸塩鉱物の骨格である Si-O 結合はイオン結合と共有結合が混ざったものであり，ここで述べたすべての項を用いたモデルとなる．

分子系では分子内電荷分布が可変である分極モデルがしばしば用いられる．H_2O 分子の場合は，孤立 H_2O 分子の電気双極子は約 1.8 D（デバイ，1 D $= 3.3356 \times 10^{-30}$ C·m）であり，その場合は H 原子上の電荷は 0.38 e となる．一方，液相の水や固相の氷 Ih では 2.4～2.5 D であり，H 原子上の電荷は 0.45 e 以上になる．すなわち最も身近な物質系の1つである H_2O 系の分子シミュレーションのためのモデルとして，イオン-共有-分子モデルに加えて分極モデルが必要である．

また，古典モデルでは配位数の変化に伴う諸量の変化を定量的に再現することは困難である．ケイ酸塩では低圧における4配位と高圧での6配位構造を単一のモデルで表すことは困難である．さらに，金属化

合物では様式が非常に異なる Embedded Atom Model (EAM) がしばしば用いられる.

このように原子・分子間相互作用をより複雑なものにならざるをえない場合に, 原子間相互作用を各ステップの原子配置に対して量子力学に時, その力 (ヘルマン-ファインマン力) を用いて分子動力学計算を行なうのが第一原理的分子動力学法である.

■計算可能な物理・化学量

状態方程式と相転移

圧力誘起相転移として, 多くの場合構造 (配位数) 変化が伴うが

ウルツ鉱型 BeO 結晶 (4配位) → 岩塩型 (6配位)

岩塩型 CaO 結晶 → 塩化セシウム型

は実現されている. 第一原理的 MD 法でも可能であろう. しかしオリビン-スピネル, $MgSiO_3$ のペロブスカイト型から $CaIrO_3$ 型への転移は MD 計算では実現されていない. 一方, 低温-高温転移として,

石英, クリストバル石：低温-高温：架橋酸素の熱振動の変化

曹長石：低温-高温：Si と Al の交換配置の無秩序化

などがある. この中で曹長石の転移は Si と Al のそれぞれの四面体サイト間での拡散・交換が必要であり, 時間の限られる MD 計算では実現困難と思われる. メトロポリス・モンテカルロ法を用いて実行可能であるかもしれない.

点欠陥・転移と結晶内拡散

結晶構造データを展開して得られる分子シミュレーション計算のための構造は完全結晶のものである. 有限温度の現実結晶についての計算を行うためには欠陥構造を導入しなければならない. さまざまな欠陥構造の導入は可能であるが, しばしば大きすぎる欠陥濃度となってしまう. 計算可能な独立原子数が数万個程度までであり, その中に1個の点欠陥の導入は融点に近い状況であり, より低い温度では現実的ではない可能性がある. 一方では, 基本セル内に1欠陥であれば, ヘンリー則領域となっているとみなすことが可能であり, 無限希薄濃度の延長にあるとも考えられる. 岩塩型である MgO や CaO 結晶のショットキー欠陥とフレンケル欠陥の導入は容易であるが, より複雑な組成・構造では妥当な初期構造を作成することが重要である.

転位についても同様に岩塩型のような単純な構造と複雑なものでは, 刃状転移やらせん転移を作成するためことは容易でない場合があろう. 亜粒界 (等傾角粒界) についてはさらに複雑な取り扱いが必要である.

一般粒界の計算は, 周期境界条件の制約下ではほとんど不可能である. しかし拡散実験からバルク拡散と粒界拡散の詳細な解析を行うためにもその実現が望まれる.

拡散イオン電導と固体電解質

固体結晶内拡散は, 完全結晶ではほとんど起こらないと思われ, 前述の欠陥の導入が不可欠である. しかし, 蛍石型やかんらん石型などのイオン伝導体では計算が可能である. 拡散係数については 10^{-10} m/s 程度までのものは, 原子の平均二乗変位の時間に対する傾きから求められるが, より小さな拡散係数の場合には, 長時間・大規模な計算が必要となる.

またメルト中の陽イオン拡散は比較的計算しやすいが, ネットワーク形成原子 (Si, Al, O など) やガラス中では拡散係数が小さいので計算が容易ではない. 相互拡散については, 周期系の一辺のサイズの限界が数十 nm であるので, その領域で明確に組成 (化学ポテンシャル) 勾配がある場合に限定される.

固体-液体共存系

融解温度・圧力の決定に用いることができる. 例えば直方体の基本セルを用い, 氷 Ih の結晶面と水とを接触させて, 計算の

進展にともなう界面の移動を観測することにより融点より高温か低温かがわかり、場合により1K程度の精度で融点を決定できる。

固液界面現象の理解のための計算は、バルク結晶-表面変形変質層-表面-吸着層-電気二重層-拡散層-バルク液体層のそれぞれの構成層の物性と全体としての挙動が直方体基本セルを用いて実現できる。結晶表面-水・水溶液についての計算も可能である。

結晶表面-メルト系は、マグマと共存する晶出結晶の混合系として、現実マグマの物性を調べるために重要であり、計算可能になりつつある。

構造解析

メルトやガラスの構造解析にMD計算を使うことができる。X線や中性子線の弾性散乱実験では、波数空間の観測領域は限定され、波数空間から実空間へのフーリエ変換の精度が十分ではない場合が多い。それを補うために、比較的単調な構造を大きく反映している高波数側の情報をMD計算から求め、それを含めて変換を行うことにより、高精度な変換が可能となる。また、MD計算により波数空間情報と実空間構造の関係を調べ、実験による波数空間の情報の意味を解析できる。

マントル最下部のポストペロブスカイト相について放射光を用いた超高圧その場X線回折により得られた粉末X線回折パターンは数本の回折線のみのものであった。これから直接に結晶構造を得ることは困難であったので、MD計算を用いて結晶構造決定をおこなった。

■今後の発展

第一原理計算の限界は今後も少しずつ伸びており、研究室レベルでは、数百原子の系が計算可能になりつつある。一方、古典分子シミュレーション計算は数万個以上の系が可能となってきている。今後もこれらの計算を協調させて使い分けることが行われるであろう。メゾスコピック相・構造(原子数、数十万個以上、一辺10 nm立方体以上)の直接計算はまだ困難である。目的とする計算の精度を保って、粗視化の試みも望まれる。

古典分子シミュレーションでさらに有効な計算を行うために、原子・分子間相互作用モデルの発展が不可欠である。分極モデル、シェルモデル、多体相互作用モデルなどすでに示されている方向はあり、また新たな発想によるモデルも望まれる。さらに、今後の必要性として、化学反応を精度よく扱うことができることは重要である。

マクロ系の計算をより有効にするために、マルチスケール解析のさらなる発展が望まれる。ナノ-ミクロ-マクロとして、ナノの核+電子あるいは原子・分子の集合、ミクロな不均質な系、およびマクロ均質体としての取り扱いをさまざまなマルチスケール手法でつなぎ合わせる発展が望まれる。

〔河村雄行〕

010 放射光と中性子線
Synchrotron and neutron radiations

加速された高エネルギーの電子が磁場によって軌道を曲げられるとき，その軌道の接線方向に電磁波が放射され，この電磁波を放射光とよぶ．電子の軌道を曲げるための磁場の強さ，あるいは，磁場の配置によって，さまざまなエネルギーと強度の光を得ることができる．放射光は，通常の実験室で使用する同種の光より強度や輝度が格段に高く，また，非常に高い指向性をもつため，μm スケール以下の物質の微細構造との相互作用の結果をさまざまな測定方法により検出することにより，原子・分子の配列の情報だけでなく，物質の電子状態，化学結合などの情報を得ることができる．また，光によって誘起される化学反応を制御することで，新物質の創成や化学反応機構の解明にも活用されている．日本の大型放射光施設としては，1982 年に稼働を開始した茨城県つくば市にある高エネルギー加速器研究機構の「Photon Factory」と，1997 年に稼働を開始した兵庫県佐用郡にある「SPring-8」があり，課題の申請，審査・採択を通じて世界中の大学や企業の研究者に公開されている．その他にも紫外光や軟 X 線領域といったエネルギーの光に絞った小型の放射光施設が，愛知県や佐賀県など数ヵ所で稼働している．

中性子線は原子核を構成する核子の一つである中性子からなる量子線である．X 線が電子との相互作用によって散乱されるのに対し，中性子線は原子核によって散乱される．また，中性子はスピンをもつため，中性子線を利用することで原子核の位置だけでなく磁性に関する情報を得ることもできる．すなわち，中性子線と X 線とは物質科学研究において相補的な役割を持つ．現在，研究に利用されている中性子源には大きく分けて二つある．一つは原子炉であり，核分裂反応に伴う時間的に定常的な強度で発生する中性子を利用する．日本にある研究用原子炉の一つに，日本原子力研究開発機構が管理運営する「JRR-3」が茨城県東海村にある（現在，東日本大震災により運転が中止されており，運転再開を目指した取り組みが進行中）．もう一つは原子核破砕反応を用いた中性子源であり，大規模な量子加速器に付随し，光速近くまで加速された高エネルギー量子線が，ターゲットとなる原子核に衝突・破壊する際に発生するパルス状の中性子を利用する．日本には，JRR-3 に隣接する大強度陽子加速器施設（J-PARC）の「物質・生命科学実験施設（MLF）」が 2011 年度から実験装置利用者への供用運転を開始しており，ここでは 3 GeV まで加速された陽子ビームを 25 Hz で水銀の原子核に衝突・破砕することで発生したパルス状の中性子を利用する．MLF は将来的には 1 MW という世界最高強度のパルス中性子源となる予定である．いずれの施設も放射光施設同様，課題を申請，審査・採択を通じて世界中の大学や企業の研究者が実験利用することが可能である．

〔永井隆哉〕

011 鉱物の生成と産状
Formation and occurence mode

鉱物の生成は，その場の化学組成や物理的条件（特に温度と圧力）にかかわり，エネルギー的な安定状態と深く関連する．つまり，その反応の場で最も安定な安定相，あるいは相対的に安定な相が一時的に生成した準安定相が鉱物として存在している．反応場の条件下で，鉱物が安定な状態であることは，すなわち，鉱物の自由エネルギーは最小の状態にある．もし，最小でなければ最小になるように変化する．安定状態では，見かけ上，変化のない静的な状態に思われるが，微視的には，原子の拡散や交換が盛んに行われている動的な平衡状態にあることも忘れてはならない．

一部の例外を除き固体物質である鉱物の生成は，液体，気体，固体からの生成に分けられる．さらに，融体からの凝固，溶液からの析出，気体からの昇華，固相反応などに分類することができる．

液体からの生成 融体からの晶出は，生成鉱物と（ほぼ）同じ組成の液体からの状態変化で，溶液からの析出は，異種の液体物質に鉱物が溶解しきれなくなった状態である．

気体からの生成 昇華（凝固）は，厳密には生成鉱物と（ほぼ）同じ組成の気体からの状態変化であるが，噴気口にみられる昇華鉱物とよばれる多くは，気体混合物から特定の成分が鉱物として固化したものである．

固体からの生成 相変化または変態は，生成鉱物と同じ組成の固体が結晶構造（結合様式）を変えたもので，化学組成に変化を伴わない．一方，固相反応は，固体内の原子の拡散などの移動を伴う反応で，新規の相の生成は，反応の出発原料の分解や離溶などを伴う．離溶の典型は，高温で均質のアルカリ長石固溶体が温度低下に伴いカリ長石と曹長石に分かれたパーサイト組織にみられる．

次に，鉱物の生成を地質作用で分類する．

火成作用と鉱物の生成 火山岩の鉱物はマグマの上昇に伴う冷却に伴い生成する．地下での徐冷過程では緩やかな結晶成長により斑晶が卓越し，一方，噴出に伴う急冷過程では微細結晶が石基鉱物を構成する．また，マグマからの鉱物が晶出するに伴い，マグマ残液の組成変化がみられる．このような，温度，圧力，化学組成の時間変動は，岩石組織の観察から推定できる．

深成岩の鉱物は地下深部で徐冷により生成するため，粗粒の鉱物結晶からなる岩石組織を見せることが多い．特に，ペグマタイトなどのように，徐冷により元来希薄な成分が残留の液相に濃縮され，かつ比較的大きな結晶が成長する条件下では，希産の鉱物が結晶として成長することも少なくない．

火山灰は，マグマが脱ガスし破砕されて噴出し，地表に降下し（堆積）した物質である．火山灰の鉱物の特徴は，変成や特に風化による変質の程度が鉱物種によって大きく差がでることであろう．

変成作用と鉱物の生成 変成作用とは，堆積岩や火成岩が，形成された後で，温度・圧力などの物理的条件の変化により，大部分が固体の状態で鉱物組成や組織が変化する現象．地下水などの水溶液による変質作用や交代作用，変形に伴う再結晶作用を含むこともある．接触変成作用，広域変成作用などに分類される．

変成作用で生ずる鉱物は，原岩の性質（特に化学組成），変成作用の温度や圧力といった物理的条件，変成作用に伴う物質移動（移動した物質の化学組成）の空間条件に，変

成作用が持続した時間条件が大きくかかわる．

風化作用と鉱物の生成　風化作用には，熱膨張，間隙水の氷結，応力などによる粉砕を主とする物理的（機械的）なものと，溶解（溶脱）と析出，水和や大気中の気体との反応（酸化，水和，炭酸塩化）などの化学的（無機化学的）なものに加え，微生物が関与する生物的（有機化学的）なものがある．二次鉱物の生成に大きく寄与している．

続成作用と鉱物の生成　続成作用は，定着した堆積物が物理的（温度，圧力・応力）・化学的（溶解，析出）・生物的などの作用により固結する過程の総称である．低温での反応では，しばしば準安定相が出現する．シリカ鉱物では，シリカガラス（非晶質），オパールA，オパールCTなど，が知られる．続成作用で火山砕屑岩に生成する沸石では，上層の低温部から下層の高温部にかけて，斜プチロル沸石-輝沸石-方沸石と変わることが知られ，地質温度計にもなる．粘土鉱物でも同様に，スメクタイト-イライト/スメクタイト混合層-イライトと変化することが知られている．

熱水作用と鉱物の生成　液体と気体の区別がなくなる臨界点よりも高温・高圧では，水は超臨界状態（熱水）となり，温水でも溶けることのない，石英や金をも溶解する能力をもつ．熱水の多くはマグマ起源ではなく，海水や天水が地中に浸透し，マグマや火成岩の熱で暖められ，接触した鉱物と反応（溶解・析出）をおこす．熱水への鉱物の溶解度は，鉱物種にもよるが，水素イオン濃度やアルカリイオン濃度が大きく影響する．

〔松原　聰・宮脇律郎〕

012 結晶の形がもたらす情報
Morphology

鉱物を肉眼で観察し，それが何であるかを判別する場合，産状，共生鉱物，色や光沢といった外観とともに，結晶の形態は重要な決め手となる．また，同じ鉱物でも産出場所の違いによって，まったく違った形態を示すことがある．このことから，その結晶が形成された地質学的，地球化学的な環境を知る手がかりを得ることができる．その一方で，結晶が形成される場の環境が結晶の形態に与える影響については未解明な点も多い．

■ 自形結晶

岩石中の空隙や空間で，溶液や溶融体から結晶が形成される際，周囲の結晶に影響されることなく成長した結晶を自形結晶 (euhedral crystal, idiomorphic crystal) という．自形結晶は平坦な結晶面 (crystal plane, crystal face) で囲まれた多面体である．自形結晶が示す多面体の形を結晶形態 (crystal form) という．

■ 結晶形態の分類

結晶形態は結晶構造の対称性に対応した対称性をもっている．

結晶形態はそれらの外形が示す対称性に基づいて32種類の晶族 (crystal class) に分類される．晶族は対称要素の組合せで示すことができ，これを点群 (point group) という．

結晶形態は立体座標軸（結晶軸）を用いて扱われるが，32の晶族は結晶軸による扱い方の違いから，立方（等軸）晶系，正方晶系，直方（斜方）晶系，六方晶系，三方晶系，単斜晶系，三斜晶系，の7つの晶系 (crystal system) に分類される．

■ 結晶形態の表し方

結晶の形態はその多面体を構成する結晶面（平面）や，結晶面が接してできた辺（直線）で示される．

面指数 結晶面は結晶軸に対する傾きだけで扱われ，他の要素は不要と見なされて無視される．結晶面の傾きは面指数 (indices) あるいはミラー指数 (Miller's indices) とよばれる記号によって示される．一般に，三次元の空間座標での平面の式は座標軸を xyz として，座標軸を切る値をそれぞれ a, b, c とすると

$$x/a + y/b + z/c = p$$

(p は原点からの距離に応じた任意の数値) で示すことができる．このとき結晶面の傾きは a, b, c によって決まるため，それらの数値（軸比 a：b：c）を使って示すことができる．ただし，座標軸に平行な面はその座標軸と交わらないため，その値が∞（無限大）と示される．そこでこの∞という記号を避けるため，結晶面の傾きは $1/a = h$, $1/b = k$, $1/c = l$ として扱う．その結果，$1/∞ = 0$ となり，座標軸に平行な面には 0 が使われる．以上のことから，結晶面の傾きを示す面指数は (hkl) という記号で示される．

有理指数の法則 結晶は原子が規則正しく配列していて，単位格子の繰り返しによって成り立っている．そこで，格子定数を基準にした結晶軸で結晶面の傾きを表すと $h：k：l$ は簡単な整数比になる．これを有理指数の法則 (law of rational indices) という．

結晶形態と結晶面 単独の結晶面は (hkl) という記号で示されるが，結晶形態を構成する等価な複数の結晶面は $\{hkl\}$ として示される．例えば等軸晶系で $\{111\}$ として示された結晶面は，正八面体を構成する8つの結晶面を示す．

晶帯 ある方向の軸（直線）に対して，その軸に平行な結晶面の一群を「同じ晶帯

の結晶面」という．そしてその軸（方向）を「晶帯軸 zone axis」という．結晶が特定の方向に伸長して，柱状や針状結晶を示す場合など，晶帯軸を用いてその伸長方向が示される．晶帯軸は結晶軸（座標軸）の原点 $(0,0,0)$ を通り，座標中の点 (u,v,w) を通る直線として示される．このとき u, v, w は面指数の場合と同じように，簡単な整数比となるため，最も簡単な数字を使って示される．晶帯軸は $[uvw]$ という記号で示される．

結晶投影法 立体的な多面体である結晶形態を表すため，これまでにその投影方法がいろいろと開発された．その代表的な投影法には「球面投影 spherical projection」「ステレオ投影 stereographic projection」「ノモン投影 gnomonic projection」などがある．これらの投影法の特徴は，結晶面の位置や相対的な関係を投影するもので，結晶形態の対称性を知るうえで重要な投影法である．また，コンピュータのない時代，これらの投影図は面角を作図で求めたり，結晶図の作図にも使われた．

結晶図 紙面上に，実際の立体的な結晶形態を見たままの形になるように投影したものを結晶図（crystal drowing）とよんでいる．また，この投影法を斜視投影法（clinographic projection）という．結晶図は結晶を投影する視点の位置が厳密に決められていて，同じ鉱物の結晶図であれば描いた人や作図方法によらず同じで，異なった産地による結晶形態の違いなどが比較ができるようになっている（図1）．

具体的な視点の位置は，立方体を例にとると，立方体を c 軸で左に回転させてその側面が正面の 1/3 の大きさに，次に c 軸を前に倒して上の面が 1/6（または 1/9）に見えるところに置かれる．結晶図は一般的に，その鉱物の結晶の対称性に基づいて理想的な結晶形態を示すものとして描かれる．

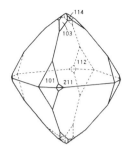

図1　灰重石の結晶図
長野県・甲武信鉱山．

■**同一鉱物にみられる結晶形態の変化**

同一の鉱物であっても，結晶面の現れ方や結晶面の大きさによって結晶の形態には様々な変化がみられる．

晶相 個々の結晶にはそれぞれ個性があり，隣りあって産する結晶でさえ結晶の形態は互いに同一ではないが，結晶形態を扱う場合にはそれぞれの産地や産状などに応じてそれらの平均的な理想形が示される．このような理想形で示された産地（あるいはその領域）特有の結晶形態を晶相（habit）という．ドイツ語では tracht が晶相，habitus は次節の晶癖を意味するので誤解しないように注意を要する．晶相は出現する結晶面の種類と，その結晶面の相対的な大きさによって示される．一般的に鉱物の結晶図はその産地の晶相を示したものである（図2）．

晶癖 個々の結晶が示す「本来の対称性を示していない結晶の形態」を晶癖という．個々の結晶は多少とも不規則に歪んだ形態を示すが，こうした結晶の歪形と晶癖は区別して扱われる．本来は六角柱状の水晶が平板状になったり，立方体や八面体の赤銅鉱が針状になるなど，その結晶の形態が本来の対称性とは大きく異なり，またそのような形態が共通して多くみられる場合に，晶癖をもった結晶であるという表現が使われる．

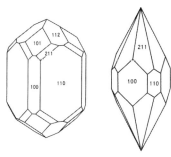

図2 ジルコンの晶相変化
岡山県・大佐山（左）,奈良県・穴虫（右）.

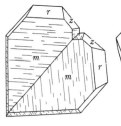

図3 水晶の接触双晶
長崎県・奈留島.

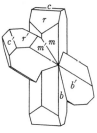

図4 十字石の貫入双晶
奈良県・二上山.

晶癖は，対称的に等価であるべき結晶成長の方向に成長速度などの違いが生じたため現れるもので，双晶などに顕著に現れることが知られている．鉱物にみられる晶癖は原因の明らかでないものも多い．

■ **結晶の集合体**

結晶の形態は，全体が1個の結晶である単結晶（single crystal, monocrystal）によって示されるが，単結晶が集まって集合体として規則的な形を示すことがある．同種の鉱物が規則的に集まった例としては，双晶（twin）や，平行連晶（parallel growth）などが，異種の鉱物が規則的に集合した例としては連晶，共軸連晶（intergrowth）などがある．

双晶 同種の鉱物で，2個あるいはそれ以上の単結晶が結晶構造の原子配列に則って接合したものを双晶という．双晶の多くは双晶面あるいは双晶軸という対称関係によって接合したもので，単に2個体が任意方位で接合したものとは区別される．双晶には大きく分けて，接触双晶（contact twin）と貫入双晶（penetration twin）があるが，両者の中間的な双晶もある．

双晶はその結晶の成長過程で，何らかの原因で原子配列が反転して起こる現象で，原子配列が反転しても元の結晶構造とそれほど大きく違わない構造が生じる場合に限って形成される．鉱物には双晶の生じやすいもの，複数の双晶が知られているものと，まったく双晶が知られていないものがある．

接触双晶は互いの単結晶が双晶面とよばれる面で結合したもので，双晶面は一般的に鏡面対称の面になっていることが多い（図3）．双晶面が鏡面対称になっていない双晶は，長石や高温石英，黒雲母などの造岩鉱物の双晶にみられるが，これらはマグマの中で結晶が互いに接触して接合した場合などにみられる双晶で，本来の接触双晶とは区別して扱われるべきものである．

貫入双晶は，単結晶がX字形のように互いに相手の結晶を貫いて反対側にも成長がみられる双晶である（図4）．貫入双晶の共有部分は互いの結晶がモザイク的に絡み合っているものが多い．ときには接触双晶がはみ出して反対側に伸びて結晶成長したため，見かけ上貫入双晶になっているものがある．

平行連晶 すべての結晶軸の方向が同じで，並ぶようにして結晶が結合・集合しているものは平行連晶（prallel growth）とよばれる．平行連晶は結晶成長の過程で，ごくわずかに結晶構造が乱れたため，2個あるいはそれ以上（時には無数）の単結晶が並んだように集合したものである．石英や，束沸石，緑簾石などのようにその集合体の形状が束状，繊維状などを示すものは

図5 ジルコン（中央）とゼノタイムの共軸連晶
福島県・新屋敷.

平行連晶であることが多い.

連晶，共軸連晶 異種の鉱物が一定の方向性をもって規則的な集合をしているものを連晶（intergrowth）という．連晶は結晶構造の類似や，接触している面の原子配列の類似によって生じる．異種鉱物が連晶している場合，互いの結晶軸の方向が1つ以上一致していることが多く，そのため共軸連晶ともよばれる（図5）．

その他の集合体 鉱物の形態には，単結晶や複数の単結晶が集合して示す結晶形態の他に，微細な結晶や針状の結晶が無数に集合して，それが示す特有の形態がある．例えば，1点から針状結晶が成長して円を描くように集合した放射状集合体，さらに3次元的に集合して球になった球顆状集合体などがある．岩石の表面に貼り付いた皮革状をなす鉱物も微細な結晶の集合体である．

コロイドのような溶液から結晶が形成される場合には，腎臓状，乳房状，ぶどう状，とよばれるような微細な結晶の集合体になることが多い．これらの結晶集合体はコロフォーム組織（colloform texture）とよばれる．

このような集合体の形状は，鉱物を肉眼で判別する際にきわめて有効な場合がある．

■**晶洞と結晶の成長**

自形結晶の多くは，岩石中に生じた空洞や間隙に形成されるが，そのような空洞や空隙を晶洞（druse）という．晶洞が脈状に繋がったものは晶腺あるいは結晶脈（crystal vein）とよばれる．

晶洞は火成作用や，火成作用に伴う熱水によって形成されることが多いが，低温の水によっても形成される．晶洞は大小さまざまで，晶洞中の結晶は同じ鉱物であっても産地ごとにその形状は多様である．また，隣り合う晶洞でも，結晶の形状が異なる場合がある．ただし，1つの晶洞中の同一鉱物は，ごく一部の例外を除いて，同じ晶相・同じ晶癖を示す．

結晶の大きさや透明度は，溶液中の濃度や溶液の温度・圧力の変化と，それに伴う結晶の成長速度などによって大きく変化する．一般的には，結晶の成長速度が遅く，長期間にわたって成長した場合に，透明で大きな結晶が形成される．

産地ごとの晶洞に見られる晶相の違いについては，その結晶が成長した晶洞に原因があることは確かであるが，詳しいことはよくわかっていない． 〔高田雅介〕

●**文献**
1) E. S. Dana (1915) The System of Mineralogy, 6th ed., pp. 1348, Jhon Wiley & Sons.
2) 伊藤貞市，櫻井欽一 (1947) 日本鉱物誌・第三版上巻．pp. 368, 中文館書店．
3) 高田雅介 (1991) 結晶図作図法の概観と結晶図の描き方．鉱物雑, 20, 43-54.
4) 高田雅介 (2010) 日本産鉱物の結晶形態．ペグマタイト誌100号記念出版．
5) 高野幸雄 (1973) 双晶の分類．pp. 127, 古今書院．

013 鉱物の色と輝き
Color and luster

鉱物は電磁波に対しさまざまな作用するが，特に可視光の透過，反射，回折などは，鉱物の色や光沢そして屈折率や偏光など光学特性として重要な情報をもたらす．鉱物の色と光沢加え蛍光・燐光のような発光現象は肉眼観察において重要である．

■ 発色とスペクトル

色の違いは，可視光の波長に偏った強度分布（スペクトル）に起因する．可視光領域にあまねく強度をもった電磁波により物体は白く輝き，どの領域にも強度がなければ黒体として闇に沈む．白色光は紫から赤にかけて連続した波長の可視光の帯で，プリズムのような分光素子で，虹のようにそれぞれの波長に分けられる（分光）．

鉱物が色をもつ，ということは，その鉱物が，特定の波長（領域）の可視光を顕著に反射，透過，または発光する（しない）ことにより，可視光の強度分布に偏りをもたらしていることを示している．例えば，黄色の光だけを反射する鉱物は黄色に見え，また，青色の光だけ反射しない鉱物もその補色にあたる黄色に見える．目視では微妙な色調の違いとしてしか感じられなくとも，分光計で測定したスペクトルには明瞭な相違として現れることも多い．金属光沢をもつ鉱物以外では，反射光の多くが内部反射による結晶中を透過するときの吸収効果が大きく関与している．

反射光と透過光の色調は同じとは限らない．例えば金箔のような金の薄膜ではその差異が顕著にみられる．金は短波長，青から紫にかけての可視光を反射しないので，その補色にあたる黄色みを帯びた黄金色の金属光沢をもつ．一方で，金箔や金蒸着膜の透過光は青に近い色調をなす．

■ 発色要因

特定の波長（領域）への偏りの原因は，電子的要因と構造的要因に分けられる．可視光は，さまざまな物質を構成する原子の電子と作用し，反射や吸収，発光などの現象を引き起こす．電子的要因では，電子状態の変化（電子遷移）とそれに伴うエネルギーの出入りが光の吸収や放出とする関係する．可視光のもつエネルギーが物質に吸収され電子を励起する場合や，励起された電子が基底状態に戻る際のエネルギーが可視光領域の電磁波として放出される発光というような現象が，物体に色をもたらす．

物質中の原子では，量子力学に基づき，電子状態は不連続な準位に従う．そのため，ある原子が特定の結合状態にあると，一定の基底状態と励起状態（複数の状態もありえる）のエネルギー準位が発生し，電子は基底状態で安定を保つが，基底状態から励起状態に移行するに十分なエネルギーが得られると（例えば電磁波という光エネルギーを吸収すると）電子は基底状態から励起状態に移ることができる．この際に吸収される電磁波は，励起に必要なエネルギーに同等（以上）の波長となるので，照射される光と，反射（透過）する光のスペクトルには，この吸収による差異が生じる．

可視光領域のエネルギーに相当する電子の遷移としては，遷移金属などがもつ d 電子の d-d 遷移，そして荷電移動吸収帯バンド理論に基づく分子軌道間での遷移，共役系，炭素二重結合の π 電子の遷移があげられる．

マンガン，鉄，コバルト，ニッケル，銅に代表される遷移金属の d-d 遷移は鉱物で一般的な発色の原因となっている．d 軌道に電子をもつ遷移金属の陽イオンが 6 個の陰イオンにより八面体配位されると結晶場の影響で，一つのエネルギー準位に縮退

（縮重）されていた5つのd軌道が，2組に配位子場分裂する．この分裂したエネルギー準位のエネルギー差は配位子の電荷，金属イオンと配位子間の距離，d軌道の軌道半径に関連し，この配位子吸収帯がちょうど可視光のエネルギーに相当すると，可視光の吸収が起こる．基本的にd-d遷移は同一原子内の禁制遷移であるため，この発色は弱い傾向にある．

一方，原子価電子が，他の原子へ遷移する許容遷移では強い発色を伴う．例えば，ルビーの赤色の因子となるクロム原子内のd-d遷移（禁制遷移）は比較的薄いのに対し，同じコランダムながら，原子間にまたがる$Fe^{2+} + Ti^{4+} \rightarrow Fe^{3+} + Ti^{3+}$の酸化還元反応を伴う電荷移動（許容遷移）により発色するブルーサファイアでは比較的濃い発色がみられる．また，磁鉄鉱（Fe_3O_4）ではFe^{2+}-O-Fe^{3+}のように価数の異なる原子間に架橋配位子を通じて電荷移動が起こり強い相互作用色がみられる（荷電移動吸収帯）．

不対電子を含まない化合物の大部分は紫外領域に吸収帯をもち，無色である．多くの典型金属の酸化物は無色であるのに対し，比較的分極しやすい硫化物は有色であることが多い．励起された電子が，硫化物イオン（S^{2-}）の軌道から金属イオンの軌道へ遷移して発色の原因となっている．遷移金属でもイオン化によりd電子をまったくもたないものにはd-d遷移は起こりえない．また，カドミウムのようにd軌道が完全に満たされている場合にもd-d遷移は起こらない．硫カドミウム鉱（グリーノッカイト）CdSや辰砂HgSの強烈な黄や赤は，硫化物イオンの軌道からカドミウムや水銀イオンの軌道への電子遷移（エネルギー帯間遷移）の禁止帯幅が可視領域での吸収に合致することが要因となっている．

π電子の遷移の例として，染料など炭素二重結合を有する有機物の色があげられる．石墨が黒いのは炭素二重結合でのπ電子遷移の吸収が可視光全領域に恒ることによる．

π電子やd電子をもたない鉱物でも発色することがある．結晶場に歪みが入ることにより，可視光領域のエネルギーギャップが生じて発色する例は少なくない．カラーセンター（色中心）など格子欠陥が発色原因になっている場合，加熱などにより格子欠陥を修復すると色が褪せたり消えたりする．水（氷）は，赤外領域に吸収をもつ分子振動の基準振動の結合音や倍音が可視光領域に吸収をもたらすため，水色に見える．

金属光沢をもつ鉱物は，自由電子をもち導電性を示す．導電体における自由電子のプラズマ振動（電子分布の疎密振動）のエネルギーは，一般に紫外領域に相当し，これよりも低エネルギーの可視光や赤外線は透過することなく反射される．金や銅などでは吸収帯が紫外領域から可視光にまで及び，その吸収帯の広がりの差異が反射色の違いとして現れる．なお，金属的な光沢は構造色でも生み出される．

■干渉と分散

構造色の主な要因は光の干渉と分散である．光の干渉や分散による発色には，それぞれ，水面上の油膜やモルフォ蝶の羽の色，虹やプリズム，といった見る角度を変えると色調も変わる特徴がある．

可視光の波長に近い規則的な周期の構造（組織）をもつ物質は，特定の波長の可視光のみを干渉により強める条件を整える．表面に薄い酸化皮膜ができた黄鉄鉱が，紫や緑といった本来の真鍮色とは違った色を呈する現象がその例である．蛋白石（オパール）の虹色も，内部でシリカの球が可視光の波長で規則的に配列しているため，干渉が起こって生ずるものである．

透明な物質の中を通過する光の速度は物質によって異なり，屈折率の違いとして

現れる［▶014 結晶の中を通る光］．また，同じ物質でも光の通過速度は波長に依存してわずかに変動する．この微妙な屈折率の波長依存性を分散とよび，この分散を適応したのがプリズムによる分光である．分散性（すなわち屈折率の波長依存性の大小）は，屈折率の大きい物質で顕著であるが，物質により異なるため，分散の状態を観察することにより物質種，すなわち鉱物種の判定に役立つこともある．ダイヤモンドは分散性の高い鉱物の代表格であり，その高い屈折率と相まって，ファイアーとよばれる虹色の輝きをみせる．一方，模造ダイヤモンドとして用いられるジルコニアは，屈折率はダイヤモンドと同等であるが，分散性が1.5倍程度大きいため，真贋の判定が可能である．分散性は光学レンズに色収差として影響を及ぼすため，低分散性の特殊光学ガラスや蛍石などが優性な光学素子として用いられる．

■ 発 光

鉱物など物質を構成する原子の電子は，外部からエネルギーを与えると基底状態から励起状態に移り，その後励起状態から基底状態へ安定化する際には，これら2つの状態のエネルギー準位差に相当するエネルギーを放出する．エネルギーが可視光として放出される場合には発光（ルミネッセンス）が起こる．ルミネッセンスには，励起源により，摩擦など物理的な応力によるトリボ（トライボ）ルミネッセンス，熱による熱ルミネッセンス（TL），電界励起によるエレクトロルミネッセンス（EL），電子線照射によるカソードルミネッセンス（CL），そして光によるフォトルミネッセンス（PL）などがある．

摩擦による発光は石英にみられることがある．TLが顕著な鉱物の代表格は蛍石で，その名前の由来ともなっている．TLの有無が鉱物種の判定の助けになることもあり，またスペクトルの解析も進められて いる．TLを応用した材料に熱ルミネッセンス線量計（TLD）がある．発光ダイオードや有機ELはEL効果を適応した発光素子であるが，ELが顕著な鉱物は今のところ知られていない．CLの観察は電子線照射ができるEPMAなどの分析装置に検出部を付加すれば可能で，近年，試料の組織観察に加え，スペクトル解析も盛んになっている．PLの典型的な例として，古くより鉱物結晶の探査，種の判定など広く利用されている紫外線励起による可視光の蛍光や燐光があげられる．特定の鉱物は，紫外線照射により特徴的な蛍光や燐光を発するので，自然光の下では区別できない鉱物も判別が可能になることが多い．

一般に，蛍光は励起を止めると発光も止まり，燐光は励起を止めた後もしばらく光りつづける，と説明される．励起された電子は，いったん速やかにややエネルギーの低い準安定な準位（蛍光準位）に落ち着く．励起準位と蛍光準位のエネルギー差はわずかなため可視光の発光には不足し，分子振動のような熱的緩和が起こる．その後の蛍光準位から基底準位へのエネルギー緩和が可視光の発光ならば，蛍光が観察できる．一方，蛍光準位よりもさらにわずかに低いエネルギー準位にやや安定度の高い準安定な燐光準位が存在すると，電子はやや長い時間（ミリ秒から数日）留まり，電子が基底状態に落ちるまでの間，燐光が続く．熱的緩和などのエネルギー消費のため，励起光は蛍光や燐光よりも高いエネルギーをもつことが発光の条件となるため，可視光を発光させるためには，よりエネルギーの高い紫外線などで励起する必要がある．紫外線よりもさらに高エネルギーのX線で励起すると，光電効果で試料中の内殻電子が電子軌道からはじき飛ばされる．この励起状態を緩和するように外殻から電子が移動する際に放出される電磁波は蛍光X線とよばれ，電子軌道間のエネルギー差に相当

する波長をもち，その波長は元素に特有である．蛍光X線分析はX線領域の蛍光を利用した化学組成の分析手法といえる．

■色の濃淡と条痕色

鉱物の色の濃淡は，透過や内部反射の要素が大きい反射の場合，鉱物の結晶の大きさ，すなわち透過の光路長に依存する．これは結晶中を通過する過程で吸収される光の度合い（吸光度 $[\log(I_0/I)]$）が，結晶中の吸収成分の濃度 $[c]$ と光路長 $[l]$ に比例する（ランベルト-ベールの法則 $[\log(I_0/I) = \varepsilon lc]$）からである．粒径に依存した色の濃淡が明瞭に観察できる例として縞模様の孔雀石があげられる．淡緑色から暗緑色まで，それぞれの部位に化学組成の変動はほとんどなく，粒径の違いが色の濃淡の原因となっている．日本画などに用いられる岩絵の具に応用され，水簸により粒径で分級して濃淡の異なる顔料が用意される．

粒径により色の濃淡が異なることは，鉱物の特徴を表すには不利で，そのため，粒径に左右されない色の表現として条痕色が用いられる．条痕とは，素焼板に試料を擦り，粉末となって線状に残されたもので，粉末という細かい粒径での比較により，粒径の影響を排除してそれぞれの鉱物の色を特徴付けることができる．素焼版に擦ることで，最小限の試料量で粉末の色を観察することが簡単にでき，白色の素焼版や黒色で緻密な珪質粘板岩などが多用される．条痕色の有用性は，粒径の影響を排除するだけでなく，同じような金属光沢をもつ鉱物の判定にも利用できることにある．例えば自然金，黄鉄鉱，黄銅鉱（黄金色金属光沢）や，磁鉄鉱，チタン鉄鉱，鏡鉄鉱（赤鉄鉱）(黒から暗灰色金属光沢）は，色と光沢による区別が困難なことが多いが，条痕色では簡単に判別がつく．自然金，黄鉄鉱，黄銅鉱の条痕色はそれぞれ，黄金色，暗灰色，緑灰色，一方，磁鉄鉱，チタン鉄鉱，鏡鉄鉱は，黒色，褐色，赤色，と識別できる．

■光　沢

鉱物の表面が光を浴びたときの輝き方を光沢とよび，一般に鉱物種により特有の（時には複数種の）光沢をもつため，肉眼観察の助けとなることも多い．鉱物の光沢は，光の反射率，屈折率，透明度など表面の状態による特性に関連するが，数値化することができず，顕著な物質や鉱物になぞらえて表現される．

金属光沢：光を透過しない不透明鉱物の平滑な表面で強烈な反射を伴う．表面に変質のない金属鉱物や硫化物に顕著で，ほとんどは導電体の自由電子による光の反射でもたらされる．タマムシなど甲虫類にみられる金属光沢のように，キチン質の多層膜による干渉が要因となる構造色もある．

ダイヤモンド（金剛）光沢：透明鉱物の光沢の中で，最も強い輝きを示し，高い屈折率による著しい内部反射に起因する．

ガラス光沢：透明の鉱物に一般的で，大部分の造岩鉱物や宝石がこの光沢を示す．

樹脂光沢：やや透明感に乏しく，また屈折率のやや低い鉱物にみられる．プラスチックに似た光沢．琥珀，自然硫黄など．

脂肪光沢：グリースやラードのような光沢．樹脂光沢よりも透明度が低く輝きが鈍い．オパールなど．

真珠光沢：光の干渉に伴う虹色に変化する光沢．一般に半透明．真珠のような全体にこの光沢を示すもののほかに，ガラス光沢の鉱物の劈開面にみられることもある．

絹糸光沢：絹糸の束のような艶やかな光沢．繊維状の結晶の集合組織でみられる．

土状光沢：光沢にほとんど乏しく，光沢がない場合との区別は付きにくい．

それぞれの光沢の区別は定性的であり，それぞれに「亜」を付けてそれに近い光沢，の意味で使われることもある．例えば亜金属光沢．ほかにもいくつかの表現がある．

〔宮脇律郎〕

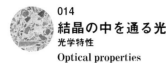

014 結晶の中を通る光
光学特性
Optical properties

■偏光顕微鏡と薄片

可視光は物体の表面で反射されるとともに,物体内部を直進する.このとき,可視光の一部が物体により吸収され,光の強さが減衰することもあるが,透過した光の一部が内部反射される以外は再び物体外部に出る.物体中での可視光の速度や吸光度は,物質の種類と可視光の波長により異なっており,これらの特徴の観察が,鉱物の判別の助けとなる.多くの鉱物は薄片にすることで可視光が透過する.薄片とはスライドガラス上に鉱物や岩石の試料片を貼り付け,厚さを標準 30 μm にまで研磨したものである.これを偏光装置を備えた顕微鏡で観察する.偏光装置は,薄片をはさむ上下位置に配置された1対の偏光板からなる.偏光板は1つの直線方向に振動する直線偏光のみを透過する光学素子である.かつては2枚の方解石の透明な結晶を特定方位で貼り合わせたものを用い,発明者の W. Nicol の名前からニコルあるいはニコルプリズムとよんだ.現在では,ガラスやプラスチック板にヨウ素化合物分子を一定方向に配列して作られている.下方部につけられたものを下方ポーラー(ポーラライザー),上方部につけられたものを上方ポーラー(アナライザー)という.下方ポーラーのみで観察できるのは,形態,色,多色性,屈折率などで,上方ポーラーも組み合わせた場合(直交ポーラー)に観察できるのは,消光位,干渉色,双晶の有無などである.この2つの状態に設定できる顕微鏡をオルソスコープという.直交ポーラーのとき,さらにベルトランドレンズとコンデンサーを入れると,一軸性と二軸性の区別,光学的正負,光軸角などが観察できる.この状態になっているものをコノスコープという.

■色と多色性

色と多色性は下方ポーラーのみで観察できる.色のついた鉱物片を観察し,ステージを回転させても色が変化しない場合は偏光の振動方向によらず光の吸収は一定でその鉱物は光学的等方性(後述)の非晶質か立方晶系である.もし,ステージを回転させると色の変化や濃淡が観察される場合,その鉱物の晶系は正方,六方,三方,直方(斜方),単斜,三斜晶系のいずれかである.このように偏光の振動方向によって鉱物の光を吸収する程度が異なり,違った色を示す性質を多色性という.

■屈折率と複屈折

可視光の通過速度を実測することは簡単ではないが,光の速度は屈折率に反比例するので,鉱物の光学特性を表す数値として,屈折率が一般的に用いられる.水やガラスのような非晶質に加え,立方晶系の鉱物(もちろん鉱物以外のあらゆる物質)の結晶中では,一定の波長の可視光は,どの方向においても一定の速度,つまり同じ屈折率を示す.それに対し,正方晶系とそれよりも対称性の低い結晶構造をもつ鉱物では,結晶に対する光の進行方向により,速度(屈折率)が変動する特徴がある.この特性を利用して屈折率の観察により結晶の方位がわかる場合もある.偏光顕微鏡で鉱物の屈折率を測定する場合,多くは浸液法が用いられる.屈折率の異なる浸液を多種類用意し,それで鉱物片を浸し,鉱物と屈折率が一致する浸液を選び出す.一致は,下方ポーラーのみの観察で鉱物片の境界がほとんどみえなくなることで判断できる.もし,両者の屈折率がわずかに異なるときは,輪郭に沿って明るい線(ベッケ線)がみえる.対物鏡を鉱物片から少し離すと,ベッケ線

は屈折率の高い側に移る．測定には単色光（λ=～590 nm）（黄色）を用いることが多い．

どの方向にも一様な屈折率をもつ鉱物は光学的等方性の光学的等方体であり，方向により屈折率が変動する鉱物は光学的異方性の光学的異方体である．

光学的異方体の結晶中では，特定方位以外から進入した光は，2つの異なる屈折率により，異なる速度で異なる方向に進む．この2つの屈折率を示す現象を複屈折とよび，方解石のように，複屈折が顕著な結晶を透かした像は二重に見える．

■ 一軸性，二軸性，光学的正負

複屈折により進行方向が分かれた2つの光は，振動方向が相互に直交する（直線）偏光になっている．正方晶系，六方晶系，三方晶系に属する鉱物の結晶は，光学的異方体で，結晶を透かして二重に見える像の内，結晶を（像の印刷面に平行な面内で）回転させても，一方は一定の位置に見えるのに対し，他方は結晶の回転と同期して見える方位が円を描いて動く（像の上下左右は同じでも見える位置のみ回転）．つまり，一方は結晶の方位に対して透過する方位によらず一定の屈折率（n_o）を保つ光（通常光），他方は，結晶の方位に対して透過する方位が変わると屈折率（n_e）も漸次変動する光（異常光），それぞれの特徴が現れている．異常光の屈折率は1つの特定方向に近づくに従い，通常光の屈折率と等しくなり，複屈折が観察されなくなる．この通常光と異常光の光速が一致する方向を光軸とよび，この特定方向が唯一の結晶を光学的一軸性結晶という．

さらに対称性の低い，直方晶系，単斜晶系，三斜晶系に属する鉱物の結晶は，光学的異方性であり，かつ，分かれる光の2つともに異常光であるため，複屈折で二重に見える像は，結晶を回転させると両方とも一点に留まらずそれぞれに円を描いて動く．この2種の異常光の屈折率が等しくなる方向（光軸）は2方向あり，この光学特性は光学的二軸性と表記される．

結晶中を通過する光の光速の方位による変動を空間的に表す方法に垂線速度曲面がある．同様に屈折率を示すためには屈折率曲面が用いられる．図1は光学的一軸性の場合の屈折率曲面とその断面である．断面では，どの方位でも屈折率が一定な正常光は断面で円として表され，方位により屈折率が変動する異常光は楕円として表される．円と楕円が重なる方向（図では鉛直方向）が唯一の光軸となる．光軸から外れるに従い，異常光の屈折率が通常光より大きくなる場合，異常光の屈折率曲面の断面は通常光の円の外側に横長に広がる楕円として描かれ（図1の「正」），一方，異常光の屈折率が小さくなる場合には，円の内側に縦長に描かれる（図1の「負」）．光学的一軸性は通常光の屈折率（ω）に対する異常光の屈折率（ε）の大小で区分され，$ε>ω$では光学的に正，$ε<ω$では負と定義される．なお，一軸性結晶の平均屈折率は，$(2ω+ε)/3$と表される．

光学的二軸性の屈折率曲面の断面（図2）では，2つの異常光の1つの屈折率曲面は回転楕円体の伸長方向の楕円の断面で，もう1つは回転楕円体の回転軸に直角の面内の円形の断面が表現される．これらの楕円と円の交差点は2方向の光軸上に位置する．2本の光軸を二等分する直線2本（X軸とZ軸）とこれらのなす平面の垂線

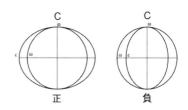

図1 一軸性屈折率曲面の断面

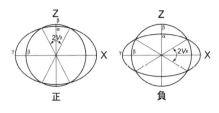

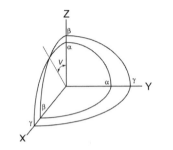

図2　二軸性屈折率曲面の断面と1/8空間図

(Y軸)を光学的弾性軸とよび，弾性軸が貫く屈折率曲面上の点での屈折率を主屈折率α, β, γとし，X軸上の主屈折率をβとγ，Z軸上をαとβ，かつ$\alpha<\beta<\gamma$となるように，X軸とZ軸を定める規則になっている．二軸性結晶の2本の光軸がなす角度を光軸角（$2V$）とよび，X軸を挟むものを$2V_X$，Z軸を挟むものを$2V_Z$，と区別する．二軸性結晶の光学的な正負（光学性）は$2V_Z<90°$が二軸性の正，$2V_Z>90°$が二軸性の負と定められている．

二軸性正での$2V_z$を限りなく小さくし，0°になると2つの光軸が合致し，一軸性正と同一に見なせる．また，二軸性負での$2V_z$を大きくし180°に近づけると一軸性負に一致する．なお，二軸性結晶の平均屈折率は，$(\alpha+\beta+\gamma)/3$と表される．

平均屈折率の算出法がいくつか提唱されている．なかでも，密度と化学組成に経験的に定めた係数を使って計算するグラッドストーン-デールの関係式

$$n = D\Sigma\left(\frac{k_i p_i}{100}\right) + 1$$

(n：計算屈折率，D：密度，k_i：各化学種の係数，p_i：各化学種の含有百分率)は最も汎用されている．新種の申請時に，実測値との整合性を示すために推奨されている．古く1864年にGladstoneとDaleにより発表されて以来，係数は種々の化学種（元素）について改訂が続いている．

■干渉色

光学的異方体の鉱物片を直交ポーラーで観察したとき，ステージを回転すると結晶方位も変わり，光の明暗，色の変化が現れる．鉱物片の厚みをd，垂直方向の二つの屈折率をn_1, n_2 ($n_1>n_2$) としたとき，$R=d(n_1-n_2)$の関係にあるRをレターデーションという．Rを単色光の波長λで割った量は鉱物片を通って出てきた二つの偏光間の位相の違いを示し，波長λの整数倍では干渉のため，光は消えて暗黒になる．Rは波長によって異なるが，その差は小さいので無視すると，白色光のときに，例えば，$R=500$ nmの場合と，500 nm付近の波長の青緑色が消えるが，黄色光や赤色光は消えないので，その鉱物片は黄赤色に見える．このような色を干渉色という．Rにかかわらずステージを360°回転すると必ず4回暗黒になり，これを消光という．この位置を消光位といい，結晶の光学的方位を決める手がかりとなる．消光位は互いに90°をなし，その中間（45°回転）では最も明るく見える．この位置を対角位という．標準30 μm厚さの鉱物片では，n_1-n_2の最大値が小さい鉱物（例えば石英，長石，あられ石など）の場合，干渉色は白～灰色で色調に鮮やかさは乏しいが，n_1-n_2の最大値が大きい鉱物（例えばかんらん石，普通輝石，普通角閃石など）は鮮やかな色調になることが多い．しかし，鉱物片の方位が光軸に垂直な場合は，$R=0$ ($n_1=n_2$となるため) なので常に暗黒となる．

〔松原　聰・宮脇律郎〕

015
鉱物の「かたさ」と「つよさ」
Hardness and toughness

物質の「かたさ」には,さまざまな物理的な「かたさ」がある.漢字での表記にも,硬い,堅い,固い,などの違いがある.

鉱物などの固体は外部からの応力が加わると変形する.応力は圧縮,引張り,剪断などさまざまで,それぞれの変形が生じる.応力と変形量との相関は物質により多様で,少ない応力で大きく変形するものは軟らかく,大きな応力を加えても変形がわずかなものは硬い.

変形には,応力を取り除くと形状が復元される場合(弾性)と,変形したままとどまる場合(塑性)がある.ゴムやばねは弾性の,油粘土や鉛板は塑性の典型である.加える応力が増えると途中で弾性から塑性に変わる(弾性限界)場合もある.硬く弾性を示すものには剛性も備わる.

物質の硬さには,化学結合の種類,方位,頻度が大きくかかわる.弾性変形は応力による化学結合の歪みの積分であり,応力が解かれれば化学結合の歪みは消滅し体積や形状も元に戻る.塑性変形では,応力により化学結合が途切れるとほぼ同時に別途新たな結合が生じ,時には結晶粒の再編が行われる.応力により化学結合の切断が面的に広がると,破断が起こる.

共有結合は結合力が大きく,電子の混成軌道が結合の方向と原子間距離を規定するので,共有結合を主体とする物質は硬い.物質の硬さへの寄与は,共有結合,金属結合,イオン結合,水素結合,ファンデルワールス結合,の順に減少する傾向がある.鉱物の結晶でも,これらの結合の存在度合いと方向性が硬度に反映され,しかも,結合の配列によっては,硬度は等方的ではなく,結晶の方位により差異を見せる.

鉱物の硬度はビッカース硬度あるいはモース硬度で表示されることが一般的である.ビッカース硬度は工業材料にも広く用いられ,対面角 $\alpha=136°$ の正四角錐に加工したダイヤモンド片を測定対象試料の平滑面に押し当て,残った凹み(圧痕)の対角線の長さから表面積を算出し,これで加えた荷重を割った数値に定数を乗ずる.残った凹みの大きさを測定するので,弾性変形ではなく塑性変形を評価している.

モース硬度はドイツの鉱物学者 Freidrich Mohs が提唱した方法を一部改良したもので,10種の指標鉱物を基準として,指標鉱物と試料鉱物を摺り合わせ,表面の擦り傷の発生具合から硬さの優劣を決める方法である.現在の指標鉱物は1滑石,2石膏,3方解石,4蛍石,5燐灰石,6正長石,7石英,8トパーズ(黄玉),9コランダム,10ダイヤモンドである.例えば蛍石を傷つけるが燐灰石に傷つけられる鉱物は4と5の間,という意味で4½と表記する.モース硬度は物理量ではないので定量的意味はもたない.そのため細分した4¼や4.3などの表記は無意味である.幸いなことにモース硬度とビッカース硬度とでは硬度の順に矛盾はない.モース硬度は物理量ではないが,野外などで簡便に測定できるため,広く使われている.また指標鉱物の代替として,相当する硬度の合金を集めた測定器具も市販されている.

その他に,ヌープ硬度,ブリネル硬度,ルックウェル硬度など塑性変形に基づく硬度が工業材料向けに提唱されているが,鉱物の硬度への適用は少ない.

一方,体積弾性率(非圧縮率)・ヤング率(縦弾性係数)や剛性率は,それぞれ圧縮・引張り応力と剪断応力に対する弾性変形を表す物理量で,工業材料に広く用いられている.石英は剛性の高い物質で,表面波伝

搬が良好なため，合成結晶が携帯電話などの電子機器の素子として組み込まれている．さらに剛性の高いダイヤモンドはより性能の優れた素子として期待されている．

ビッカース硬度やヤング率など物理量は，セラミックスや金属材料などでは，性能評価や加工法の開発で重要な要素であり，幅広くデータが得られているが，鉱物への適用は未だ進んでいない．しかし，岩石のレオロジーや地震波の伝搬などに深くかかわる重要な物理量である．

金属材料や金属の元素鉱物には，顕著な塑性変形を示すものがある．例えば金，銅やこれらの合金などは，圧縮の応力を加えると，体積を保ちながら潰れるように延びる（展性）．この性質を究極に応用したのが箔である．単結晶でも展性はみられるが，変形に伴い多結晶化する．また，多結晶では粒変形，粒滑りなど粒界組織が関与する場合もある．一方，引張り応力により，延びながら線状に変形するのは延性とよばれる．金線や銅線などの金属材料の加工は延性を応用した典型である．一般に規則的な原子配列面の間の滑り（面的なずれ）が延性を支配しているため，原子配列の規則性に乏しくなる（結晶性が低下する）と，延性は衰え，破断する．多結晶に比べ単結晶の方が延性に富むといわれている．鉱物では，自然金など金属の元素鉱物に加え，テルル化物や硫化物の一部にもみられる．

硬度と大きくかかわる物性に割り方（破断）があり，鉱物種の判定の手がかりともなる．鉱物の割れ方は，硬度と同じように化学結合と深く関連している．化学結合が相対的に貧弱な面があると，応力がその面に集中し，その面に沿って結晶が割れる．これを劈開とよび，劈開により現れる平滑面を劈開面という．劈開の程度は，顕著な場合から順に，完全，良好，明瞭，不明瞭と区分するが，区分の定量的な基準はない．化学結合の種類と配列は結晶構造と密接に関連し，劈開の方向と程度（例えば，3方向に完全）は結晶構造が反映された鉱物種の判定の指標ともなる．

ガラスや石英のように化学結合が等方的に配列していると劈開はみられない．このような破断面を断口とよぶ．断口には，貝殻状，亜貝殻状，多片状，不規則（参差状）などの表現が使われる．

地球深部は基本的に静水圧的状態であり，圧縮による弾性変形が卓越している．しかしながら地殻浅部や沈み込むスラブなどは静水圧状態からずれた剪断応力が働きやすい状態になる．この値が岩石破壊の臨界値を超えたときに破壊が起こり（断層が生じ），地震が発生する．

地球内部での地震波の伝播は，弾性定数を用いて以下の式で表すことができる．

$$V_p = \sqrt{\left(K + \frac{4}{3}\mu\right)/\rho}$$
$$V_s = \sqrt{\mu/\rho}$$

ここで V_p と V_s はP波とS波の速度を表し，K は体積弾性率（非圧縮率），μ は剛性率，ρ は密度である．P波は縦波（圧縮波）であるため，ρ 以外に K との μ の物理量で表されるが，S波は横波（ねじれ波）であるため，μ の物理量のみで表される．

地球内部の物質を知るうえで，地震波速度情報は最も精度よく得られる情報の一つである．この情報と実験室内で測定された鉱物や岩石の密度と K と μ の情報から弾性波速度を計算し比較検討すれば，地球内部の構成鉱物を明らかにすることができる．地球深部鉱物の弾性定数や弾性波速度，およびその温度圧力変化の盛んな測定により，現在，地球深部の構造モデルが構築されてきている［詳しくは▶031 固体地球の構造の項参照］．　〔宮脇律郎・井上　徹〕

016
鉱物の密度（鉱物の分別と判別の指標－密度）
Density

密度は単位体積あたりの質量であり，試料の総重量と全体の体積を正確に測定できさえすれば簡単に算出できる．しかし，付着物や内包物のない純粋な試料を得ることが意外と難しい．純粋な試料を得られたとして，その質量（重量）の測定はともかく，複雑な形状の試料の体積を正確に測定するには工夫を要する．一般的な体積の測定法は，液体に試料を沈めて，試料の体積に相当する液体の体積を測定する方法である．相当する液体の体積は，直接あふれる液体の体積を測定しても，液体から沈めた試料に対する浮力を測定しアルキメデスの法則を応用して求めてもよい．このような測定のために，ピクノメーターとよばれるガラス容器や，空気中と液中の重量を便利に量れる秤量天秤が考案されている．密度は，結晶の単位格子の体積と，そこに含まれる原子の総重量からも計算できる．一般に分子量 M，単位格子体積 V，単位格子中に含まれる分子量分の化学式の数を Z とすると，アボガドロ数 A を用いて，密度は下記のように表記できる．

$$\rho = \frac{MZ}{AV}$$

密度は鉱物種を定義する化学組成や結晶構造と密接に関連する．一つの鉱物種は一定の化学組成と結晶構造をもつので，自ずと一定の密度も示す．このため密度は，重要な鉱物の記載項目の一つである．実際，野外調査では，手にしたときのずっしり感という大雑把な密度が鉱物種の判定の大きな手がかりになることも少なくない．

鉱物の密度は，琥珀のように $1\,\mathrm{g/cm^3}$ 程度で海水に浮くようなものから，自然白金のように $20\,\mathrm{g/cm^3}$ を上回るものまで，幅広い．このような鉱物種による密度の差は，鉱物の分離にも応用される．実験室で行われる重液分離や，鉱業所で行われる比重選鉱がその例としてあげられる．

密度の高い鉱物には原子番号の大きい重元素が多く含まれていると予測できる．また同じような化学組成にもかかわらず高い密度を示す鉱物は高い圧力の下で生成したと考察できる．地球深部の高圧力下で生成した高密度の鉱物は，地球内部での地質作用の解明の大きな手がかりとなる．

高温高圧下での鉱物の密度は放射光X線その場観察実験により明らかにできる．方法は既知の鉱物に対して，高温高圧下でX線回折実験により，その条件での格子定数を正確に求める．それにより，格子体積 V が得られ高温高圧下での密度が得られる．

すべての温度圧力条件下で直接密度の値を実測することは非効率であるため，得られたいくつかのデータを用いて状態方程式が導かれる．よく用いられる状態方程式としては以下の3次のバーチ-マーナガン状態方程式がある．

$$P = \frac{3}{2}K_T\left[\left(\frac{\rho}{\rho_0}\right)^{7/3} - \left(\frac{\rho}{\rho_0}\right)^{5/3}\right] \times \left\{1 + \frac{3}{4}(K'_T - 4)\left[\left(\frac{\rho}{\rho_0}\right)^{2/3} - 1\right]\right\}$$

ρ_0 は1気圧，温度 T での密度，ρ は圧力 P，温度 T での密度である．比例定数としては，温度 T における体積弾性率 K_T，その圧力微分 $K'_T (= dK_T/dP)$ であり，最小二乗フィッティングによってこれらの物性定数を求めれば，任意の温度圧力下で密度を推定することが可能となる．なお，さらに高次数の項を含む方程式も考えられるが，実験により K_T の圧力二階微分（K''_T）以上を導出することは困難であるため，一般的には上式が使われることが多い．

なお，体積弾性率は温度依存性の物性量であり，その関係はほぼ線形であるため，下記のように書き表すことができる．

$$K_T = K_{T_0} + \frac{dK_T}{dT}(T - T_0)$$

ここで K_{T_0} は温度 T_0 における体積弾性率，dK_T/dT は体積弾性率の温度微分である．この式もさらに高次数の項を含む式が考えられるが，実験により K_T の温度二階微分 (d^2K_T/dT^2) 以上を導出することは困難であるため，一般的には上式が使われることが多い．

また温度による密度変化は熱膨張係数 $\alpha(T)$ を用いて次式で計算できる．

$$\rho_0(T) = \rho_0(T_0) \Big/ \exp\int_{T_0}^{T} \alpha(T)dT$$

なお，同一の状態方程式では結晶構造の変化しない条件で適用されるべきであり，相転移が起これば，改めてその鉱物で状態方程式を求める必要がある．また，実験によっては差応力の影響が潜在する静水圧条件でないデータが存在し，特に古い文献ではそのようなデータが多く，データの選択には注意を要する．

地球科学的にはマグマの密度はきわめて重要な物性値である．しかしながら，非晶質であるため上記の方法で密度を決めることができない．したがって密度マーカーとなる固相を試料に入れ，高温高圧下でその密度マーカーがマグマ中を浮くか沈むか調べることにより，高温高圧下でのマグマの密度が推定されてきている（浮沈法）．この方法は，選択できる密度マーカーが限られ，うまく浮沈状態を再現することが難しいことが難点である．一方，放射光X線を利用したX線吸収法による高温高圧下でのマグマの密度の推定も行われている．この方法では原理的に任意の温度圧力下での密度の測定が可能である．しかしながら，高温高圧下では試料の形状が多少なりとも変化するためその形状（X線透過試料サイズ）を精密に測定する必要があり，そのためX線トモグラフィー法が援用されている．また，試料の大きな変形を防ぐために，ダイヤモンドカプセルに試料を封入した実験も試みられてきている．

このようにして求められたマグマの密度を用いて，任意の温度圧力における状態方程式を構築したいところではあるが，マグマ（非晶質）といえども構造をもっており（例えば SiO_4 四面体ネットワークなど），その構造が温度圧力下で緩やかな変化を起こすことが明らかにされてきているためにかなり難しいテーマである．すなわち，マグマの構造変化を明らかにしなければ，そのマグマの状態方程式の構築も難しいわけである．今後の研究の発展が期待される．

最後に，普通地表付近ではマグマ（液体）の方が鉱物（固体）よりも密度が小さいため，マグマは地表付近へと上昇する．しかしながら，マグマの体積弾性率は，結晶（固体）よりも小さいため，圧力により圧縮されやすく，高圧下では固液密度の逆転が期待される．46億年前の地球形成期にはマグマオーシャンが存在し，その後の冷却に伴って地球内部の層状構造が形成されたと考えられているが，その際，マントルかんらん石とマグマとの密度逆転が地球内部で生じたという説がある．また下部マントルで存在するペロブスカイト型ケイ酸塩（ブリッジマナイト）は密度が大きいため卓越的に分化し下部マントルをつくったと考える研究者もいる．いずれにせよ，地球は重力場で支配されている惑星であり，密度差による重力分離は地球の層構造形成のいちばん重要な原因であるため，高温高圧下でのマグマの密度解明は今後のきわめて重要な課題である．　　〔井上　徹・宮脇律郎〕

017 鉱物のさまざまな物理特性
Physical properties

■鉱物の物理的性質：内因的性質と外因的性質

　石英を叩けば電気が発生する．逆に石英に電圧をかければ縮まる．石英は水晶発振器や水晶フィルターなどとして用いられる．鉱物にはいろいろな物理的特性がある．温めると光る蛍石，温めると帯電する電気石，エネルギー変換材料・センサーになど先端科学技術を支えている．

　自然界でできた鉱物にはしばしば不純物が不均質に含まれ，結晶化の際の化学的・物理的環境変化などの影響を受けている．鉱物本来の本質的な性質を内因的性質，不純物や欠陥などによる性質を外因的性質とよぶ．外因的要因を取り除いてはじめて現れる内因的性質もある．例えば，GeにPを添加することで半導体の性質が変化するが，Ge自体の性質を内因的性質，Pの添加で現れる効果が外因的性質である．鉱物の化学組成，結晶構造，組織やサイズ（ナノサイズで現れる量子効果など）自然界でできた鉱物の本質を知るには，高純度化した端成分結晶とレーザー素子のルビーのように添加物の効果（Al_2O_3にCr_2O_3をドープして現れる性質）なども併せて理解する必要がある．超伝導性は極低温域で不純物などによる阻害の影響の少ない領域で観察される性質である．超イオン伝導性は高温域で内因的・外因的構造欠陥が原因で現れる．高温域では内因的性質，低温域では外因的性質が支配的であるなど鉱物の物理的性質は温度圧力などの熱力学的条件，化学組成，欠陥の構造と量などに依存する．

　鉱物の物理的性質は力学的性質（別項目），熱的性質，電気的性質，磁気的性質，誘

表1　鉱物の物理的性質：熱的性質，電気的性質，磁気的性質，誘電的性質

○熱的性質・特性 比熱，熱伝導率（図1，自然金やダイヤモンドは優れた熱伝導性がある．），熱拡散率，熱膨張率（方位により負の膨張率をもつ鉱物がある．コーディエライト（菫青石）は特異な熱膨張を示す），熱電気効果（ペルチエ効果，ゼーベック効果（熱電対として利用，ペロブスカイト型化合物），トムソン効果），圧縮率，反射率，焦電気効果（電気石，方硼石） この中で熱電気効果やパイロ電気効果は電気的性質と大きくかかわっている．
○電気的性質・特性 電気伝導：金属の伝導（自由電子，自然銀の電気伝導度），半導体（黄鉄鉱など鉱石ラジオに利用できる，バンド構造，伝導電子，ホール係数），絶縁体（ダイヤモンドは高い絶縁性がある，誘電体でもある），イオン伝導体・超イオン伝導体（ペロブスカイト型・ホーランダイト型・α-AgI型，蛍石型，電荷輸送の担体，キャリアー濃度），超伝導（元素（Hgなど），酸化物，炭化物，窒化物，ペロブスカイト型関連化合物），マイスナー効果，光電効果，熱電子放出． 絶縁体，イオン伝導体は誘電的性質とかかわっている．超伝導特性・マイスナー効果は磁気の性質とかかわっている．
○磁気的性質・特性 強磁性（α鉄，磁硫鉄鉱，キュリー温度），常磁性，反磁性，反強磁性（赤鉄鉱），フェリ磁性（磁鉄鉱），軟磁性材料，硬磁性材料
○誘電的性質，光学的性質 誘電性（絶縁破壊），強誘電性（ペロブスカイト型，$BaTiO_3$），反強誘電性（$PbZrO_3$），圧電性（石英，ウルツ鉱，紅亜鉛鉱），電気感受率，分極（電子，イオン，双極子，界面電荷分極），圧電性物質，電歪，絶縁耐力 強誘電体は圧電現象を示すが逆は成り立たない．

電的性質と分けることができる（表1）[1~2]．これらの性質は密接に関連し合っており，温度・圧力のような熱力学的条件や化学組成変化，組織にも敏感である．すべての鉱物で発現する性質と圧電性のように限られた構造（対称性）にのみ現れる性質がある．結晶は異方性があり，物理的性質も方向に依存したものが多い．

■ 鉱物・合成鉱物のいろいろな特性

鉱物の物理的性質は，多くは内因的要因によるところが大きく，構造や化学結合性に依存している．化学組成や結晶構造を操作（高純度化や微量成分の添加など）して作製した合成鉱物または人工鉱物（synthetic mineral）や，模倣しながらも新規な化学組成や結晶構造で造られる人造鉱物（artificial mineral）が機能性材料として開発され，ニューセラミックスの主要な柱となっている．人工鉱物や人造鉱物の特性はいくつかに分けられ，好ましい性質を併せもった機能性結晶が新たにデバイスとして利用されている（表2）[3~5]．

人工鉱物の発明には，自然界でできる鉱物の知識が基本である．先端機能性材料の多くは，鉱物に由来する構造名が付けられている．ガーネット（ざくろ石）型，ペロブスカイト型，岩塩型，閃亜鉛鉱型，ウルツ鉱型，ルチル型，蛍石型，パイロクロアー型，コランダム型，イルメナイト型，スピネル型，ホーランダイト型などである．粘土鉱物やゼオライト（沸石）も重要である．ガーネット型では，磁性材料，光磁気材料，バブルメモリー用材料，レーザー素子材料などとしての優れた特性が現れる．ペロブスキー石型構造では，強誘電材料，圧電材料，焦電材料，磁性材料，超伝導材料，超イオン伝導材料，プロトン伝導材料，混合導電材料，光エレクトロニクス材料などとしての優れた特性が現れる．

〔吉朝　朗〕

表2　機能性人工鉱物の用途別分類[5]

○半導体材料
電子デバイス用材料，光デバイス用材料，センサー用材料，エネルギー用材料，高温環境用材料など．
○超伝導材料
高温超電導材料，超伝導エレクトロニクス材料
○磁性材料
磁気記録材料，光磁気記録材料，磁気光学材料，高透磁率材料，磁気弾性材料
○誘電体材料
圧電材料，焦電材料，コンデンサー材料，低損出マイクロ波誘電体材料など．
○光機能性無機材料
発光材料，光学素子，音響光学材料，光検出材料，光記録材料など．
○ガラス材料
○エンジニアリングセラミックス
○バイオセラミックス

●文献
1) 日本鉱物学会編 (1966) 実験鉱物学, 共立出版.
2) 桐山良一 (1977) 固体構造化学, 共立全書.
3) 斉藤進六, 白崎真一 (1986) ニューセラミックスの時代, 工業調査会.
4) ファインセラミックステクノロジーシリーズ (1986) オーム社.
5) 吉朝　朗 (2000) 鉱物学雑誌, **29**, 33-36.

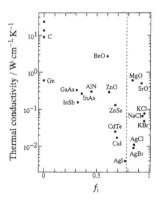

図1　ダイヤモンド型，閃亜鉛鉱型，ウルツ鉱型，岩塩型物質の熱伝導度と化学結合性（Phillipsのイオン性）の関係．ダイヤモンドとイオディライト（AgI）では4桁に及ぶ値の違いがある．

018
鉱物の化学的特性
Chemical properties

鉱物がかかわる化学反応は，太陽系星雲ガスとの反応，マグマのような融体の部分熔融などに伴う化学組成変化，熱水などにより系外よりもたらされた成分と固体との反応，大気との接触に伴う酸素や水との反応など，さまざまな地質作用の過程で起こっている．

いったん形成された初生鉱物の結晶が関係する化学反応の理解は，多くの場合，標本に残された痕跡を調べ，実験により実証された反応と照合しながら，過去に起こった高温，高圧，あるいは真空などの条件での事象（event）を推し量ることに依存している．一方，高温・高圧の条件を保持できる実験装置の開発により，固体相互，あるいは溶融体（melt）や超臨界状態の水（熱水・超臨界水）との反応を，その場（in situ）観察することも可能となってきた．また，高エネルギー粒子線の照射実験などで固体試料中での原子拡散の追跡も可能となり，鉱物の化学反応への応用も進みつつある．さらに，分子動力学に基づくシミュレーションにより，多くの知見が得られるようになってきている．

一方，初生鉱物が大気中の水や酸素と反応してできる二次鉱物の生成反応は，再現実験に頼らず，野外で反応の段階を追いながら直接観察できることもある．しかし，このような反応は比較的緩やかに進行するので，逐次反応過程の追跡に膨大な時間を要し，再現性を保証することが困難な場合も少なくない．

実験中や保管中に地質活動に関係なく人為的に引き起こされる化学反応は少なくない．これらは鉱物の研究上，避けて通れないものもあるが，このような反応が地質作用により刻まれた物質履歴を上書きして消滅してしまう危険性があることを，常々留意する必要がある．

■ 酸による分解・溶解

鉱物種の同定で最も利用される化学的特性は，酸による分解・溶解の確認である．試料の鉱物が，用いる酸よりも弱い酸の塩であれば，その酸に溶ける．強い酸を持ち歩くことは危険ではあるが，希塩酸があれば，調査中の野外でも酸との反応の観察により，かなりの化学的情報を得ることができる．特に炭酸塩鉱物は，酸との反応で二酸化炭素を発生し，発泡して溶ける様子が観察できることが多いので，識別に役立つ．

■ 水和・脱水

化学的に，水和とは溶質に溶媒の水が引きつけられる現象をいい，また，不飽和結合をもつ有機化合物に水が付与する反応を指す．鉱物のほとんどを占める無機化合物でも，元来の物質に水（液体状態に限らず）が作用し，反応して水和物が生成する場合，さらに加水分解により水酸化物が生成する場合も含めて水和とよぶ．このような反応には常温常圧下での穏やかに進行する反応の他，超臨界状態の高温高圧の熱水との激しい反応もある．固体の鉱物と水の反応により生成したのか，多量の水を溶媒として，それに溶け込んだ鉱物が，水分子や水酸化物イオンを含んだ別の相として析出したのかの区別が難しい場合もある．

水蒸気圧の比較的低い乾燥した条件下で鉱物試料を加熱すると，水分子の放出（脱水反応）を伴う分解が進むことがある．鉱物（物質）により，脱水反応はほぼ一定の温度で起こるため，鉱物種の判定にも応用できる．このような測定には，熱の出入りの情報ももたらす示差熱分析が優れている．さらに示差熱分析の排気を質量分析計に導けば，もし，他の反応（例えば脱炭酸）

が同時に起こっていても,それらを区別して定量的に測定することができる.

■酸化・還元

古典的化学では,物質が酸素と結合する,ならびに水素を失う(酸素に奪われる)ことを酸化とよぶが,現在では物質が電子を失うことを酸化と定義している.対して,還元とは,古典的には物質から酸素を除くこと,あるいは水素を付与することであるが,現在は物質が電子を受け取ることと定義されている.鉱物でも,古典的な酸化還元の反応に直接対応する場合も多いが,現在の定義に沿った議論がなされている.

酸素分圧がさまざまな条件になる初生鉱物の生成過程では,酸化のみならず還元反応も重要な反応機構である.一方で,風化・変質などによる二次鉱物の生成過程では,主に大気中の酸素との反応で,元素鉱物や硫化鉱物などが酸化されることはしばしば観られるが,例えば酸化物が金属に還元されるような地質条件(環境)は多くない.

電子の供与・受容による酸化還元で重要な事柄に,イオンの価数の揺動がある.鉄,マンガン,バナジウムなどは価数に多様性があり,それぞれの価数が特徴的に結晶化学的,地球化学的の情報をもたらしている.例えば Fe^{2+} は Mg^{2+} と,Fe^{3+} は Al^{3+} とそれぞれ結晶化学的性質の類似性があり,同形置換による固溶体の形成がしばしば観られる.一方で,鉄の価数から,結晶の曝された酸化還元の雰囲気変化の履歴を追うことも可能である.特に,一般的に3価の陽イオンとなるランタノイドの中で,4価もとりやすいセリウムと,2価もとりえるユーロピウムは,ランタノイドパターンに分布異常となって酸化還元の履歴を現すので,地球化学的な情報として重用される.

酸化還元の条件を検討する実験では,酸素や水素などの分圧を調整した気流中で焼成したり,あるいは自ら酸化して還元剤となるような有機物(特に目的生成物の化学組成に影響しない元素から構成される有機物)の添加量を調整して水熱反応を調べるなどの工夫が必要となる.メタミクト化した鉱物の原構造を加熱処理により回復させるときも,酸化還元の条件を十分に検討しないと,元々の価数とは異なる状態に陥って,原構造とは異なる相に再結晶化してしまう危険性もあるので,注意を要する.

■その他の反応

酸素や水に加えて,鉱物の化学反応で重要なものにナトリウム,炭酸イオン,塩化物イオンなど可溶性の電解質イオンがあげられる.特に二次鉱物の生成や標本の保管における注意事項として,大気中の二酸化炭素や海水や汗,消毒された水道水に含まれる塩素やナトリウムへの対応が肝要である.普遍的な元素は,保管時,試料調整時,分析の間,などさまざまな場面で不純物として混入するおそれがあり,単なる付着にとどまらず,反応が試料内部まで拡散すると,当初から鉱物に含まれていたのか,混入汚染かどうかの判定も困難になる.

硫化物などには,酸化や水和に伴い分解が進み,場合によっては梱包材や格納容器の素材と反応して相互に変質してしまうものもある.標本の保管では温度・湿度の管理を徹底し,適切な条件に保つことができない場合には,密封が推奨される.近傍に配置する他の標本との位置関係や梱包材,棚の材質にも気遣う必要がある.特に元素鉱物と硫化鉱物の配置には留意を要する.標本間,標本と棚板などでは,接触箇所で電蝕により,標本を汚損することもあるので,注意深い標本の管理に努めるべきである.

〔宮脇律郎〕

019 鉱物中の貴ガス
Noble gas in mineral

周期律表のいちばん右にある He, Ne, Ar, Kr, Xe および Rn の元素が貴ガス noble gas（希ガスとも）である．He から Xe までの貴ガスは安定同位体をもつが，Rn はすべて放射性同位体からなる．太陽系全体の元素存在度（solar abundance）と比較すると，岩石や鉱物など固体物質中の貴ガスは極端に低い存在度を示している．一方，太陽系全体の元素存在度や宇宙全体での元素存在度としてみた場合は，貴ガス元素はけっして"希（まれ）"な元素ではなく，むしろ存在度が高い元素である．特に，He の大部分はビッグバンで形成され，水素に次いで 2 番目に存在度が高い．

He 以外は最外殻に 8 個の電子が入り閉殻を形成しており，貴ガスは化学的に不活性であるが，原子番号の大きい Ar, Kr, Xe ではフッ素との化合物などが報告されている．地球惑星科学では，特に He から Xe までの元素の同位体比を扱うことが多い．各貴ガス元素の安定同位体の数を括弧内に示すと，He(2), Ne(3), Ar(3), Kr(6), Xe(9) のようになる．

地球惑星科学における貴ガスの有用性は，化学反応性に乏しくその挙動が物理的であること，天然物質中の貴ガス含有量が極端に低いこと，多くの安定同位体が存在して同位体比変動幅が大きいことなどによっている．貴ガスの同位体組成の変化は，質量の違いによる同位体分別，放射性核種の壊変により生成する同位体（放射起源核種：^{4}He, ^{40}Ar, ^{129}Xe など），^{238}U や ^{244}Pu の核分裂による同位体（核分裂起源核種：^{86}Kr, ^{131,132,134,136}Xe など）や宇宙線照射による核の破砕反応で生成する同位体（宇宙線照射起源核種：^{3}He, ^{21}Ne, ^{38}Ar など）の各成分の寄与に起因する．

Richardton 隕石中に ^{129}Xe 同位体の異常濃縮が発見され，消滅核種 ^{129}I（半減期 1.57×10^7 年）が太陽系形成時に存在し，原始太陽系において星雲ガスから固体の塵への期間が数千万年だったことが明らかになったことは，惑星科学において貴ガスが貢献した重要な例である．その後多くの隕石に対して行われた I-Xe 年代測定も，太陽系形成初期の歴史を明らかにした．

宇宙線照射起源貴ガスは同位体比が貴ガス捕獲成分と大きく異なるので，検出感度が高く，その物質（隕石）が宇宙空間に存在したという強力な証拠となるとともに，隕石が宇宙空間に滞在した期間（宇宙線照射年代）やその大気圏突入前の形状やサイズを推定するのに用いられる．

隕石中に存在するプレソーラーグレインの発見も，太陽系内の平均値とは異なる異常な貴ガス同位体組成を手がかりにして行われた．数十 Å サイズの極微小ダイヤモンドに捕獲された超新星起源の Xe や，s-プロセスによる元素合成過程による同位体組成をもつ Kr と Xe は AGB 星起源で SiC 粒子に捕獲されていることがわかっている．また，ほぼ ^{22}Ne からなる Ne を含む超新星起源の石墨なども見つかっている．

地球を対象とした貴ガスを用いた研究は，K-Ar 法や Ar-Ar 法による火成岩や変成岩の年代測定，地球内部からの脱ガス過程や大気・海水の地球内部への再循環などの研究，水への溶存貴ガスを用いた地下水の形成過程や年代の研究など多様である．大気中の Ar に比べてマントル中の低い Ar 濃度と非常に高い ^{40}Ar/^{36}Ar 比に基づいて，大気は地球形成後間もない時期に内部からのカタストロフィックな脱ガスによって形成されたとされている．また，マントル中には地球形成時に捕獲された始源

的Heが残留していて，マグマ上昇など火成活動を通じて大気中に放出されていると考えられており，He同位体を指標とした深部流体の地表への放出過程やダイヤモンドのようなマントル起源物質の生成深度の推定などの研究も盛んに行われている．また，地殻深部流体の移動やそれに伴う地震の発生をHe同位体比変動をモニターすることにより検出しようとの研究も行われている．

化学的に不活性な貴ガスが岩石や鉱物中にどのように取り込まれているかについては，種々の研究がある．一般には，貴ガスは鉱物の結晶格子中には入らず，融体中に圧倒的に分配される．また，ケイ酸塩メルト中の貴ガスの溶解度は非架橋酸素の量と相関がよいことがわかっているが，Alの含有量やSiO_2四面体の量にも関係している．隕石中では，太陽系起源の貴ガスは"Q"とよばれる微量炭素物質に捕獲されていることが知られているが，Qがどのような炭素物質かは，まだ特定されるに至っていない．Qは独立に存在する物質ではなく，単に炭素の構造変化によるものだという説もある．　　　　　　　　〔長尾敬介・松田准一〕

希ガス（rare gas）
　発見当時（19世紀末から20世紀初頭）に確認が困難であったことに由来する．1910年ごろ以降，18族元素の化学的性質を明確に表すnoble gasが使われる．IUPAC（国際純正・応用化学連合）の命名法も"noble gas"の使用を勧告している．貴ガスはnoble gasに対応する日本語表記の学術用語（日本化学会）である．　　　　　　　　〔宮脇律郎〕

020
鉱物の熱力学
Thermodynamics

グラファイト(石墨)からダイヤモンドへの転移(**図1**)のような鉱物の安定性を議論する場合,化学ポテンシャルの概念(例えば,川嵜[1],第1章,24p)を導入すると便利である.鉱物の化学ポテンシャルの大小を比較することで,どちらの鉱物が安定であるかが判定できるからである.これについて,グラファイト-ダイヤモンド転移を化学反応式(1)を使って考えてみよう.

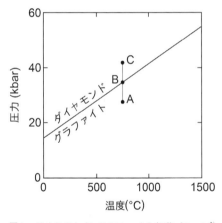

図1 ダイヤモンド-グラファイト転移 (Bundy[2] ほかを簡略化した)

慣習として,化学反応式の右辺を生成物,左辺を反応物とよぶ.

$$\underset{\text{グラファイト}}{C} \rightleftarrows \underset{\text{ダイヤモンド}}{C} \quad (1)$$

生成物(この場合,ダイヤモンド)の化学ポテンシャル μ_C^{Dia} が反応物(この場合,グラファイト)の化学ポテンシャル μ_C^{Gr} より大きければ

$$\mu_C^{Dia} > \mu_C^{Gr} \quad (2)$$

グラファイトが安定となる.この条件は,図1で,グラファイト-ダイヤモンド転移曲線の低圧側の領域(点A)である.ダイヤモンドは不安定で,いずれは,すべてのダイヤモンドがグラファイトに転移することになる.逆に,ダイヤモンドの化学ポテンシャルがグラファイトの化学ポテンシャルよりも小さければ,

$$\mu_C^{Dia} < \mu_C^{Gr} \quad (3)$$

ダイヤモンドが安定であり,グラファイト-ダイヤモンド転移曲線の高圧側の領域(点C)で実現される.

次に,グラファイト-ダイヤモンド転移曲線上の点Bでは,どうなるのだろうか? 今までの議論を進めると,

$$\mu_C^{Dia} = \mu_C^{Gr} \quad (4)$$

である.これは,**図2**に模式的に示してあるが,ダイヤモンド1モルがグラファイトに転移すると,逆にグラファイトが1モルだけダイヤモンドに転移するということである.結局,グラファイトとダイヤモンドの量比はいつまでたっても変わらないことになる.海洋底に堆積したグラファイト

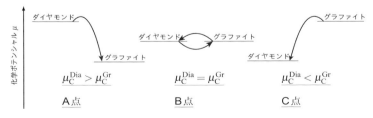

図2 ダイヤモンドとグラファイトの化学ポテンシャル

が何らかの地質現象，例えば，プレートの運動によって地球内部にもたらされた場合に，グラファイト-ダイヤモンド転移曲線上にちょうどうまい具合に乗った場合，グラファイトがダイヤモンドに転移するかというと，そうは問屋が卸さず，グラファイトのままでいるということになる．

　以上，相転移についての熱力学を述べたが，この話によると，ダイヤモンドは地上に存在できないことになる．図1によると，ダイヤモンドは，地球内部で温度が1000℃であれば，約4万気圧以上の圧力のもとで安定であるということになる．この圧力が実現されるのは，地球内部では約150 kmの深さのところである．500℃の温度条件にしても，地球内部では100 kmの深さからもたらされたことになる．室温だと，この図によれば，地球内部ではダイヤモンドは50 km以深で安定であり，50 kmより浅いところでは，ダイヤモンドは存在しえないことになる．

　われわれが，永遠の輝きをもつダイヤモンドを手にすることができるのは，どうしてだろうか？　ダイヤモンドがグラファイトに変わる反応の速度が室温の条件では，きわめて遅いためであろうと考えられている．図3に室温条件でダイヤモンドがグラファイトに転移しない理由を模式的に示した．ダイヤモンド-グラファイト転移における化学ポテンシャルの差

$$\varDelta G = \mu_C^{Dia} - \mu_C^{Gr} \sim 3 \text{ kJ} \quad (5)$$

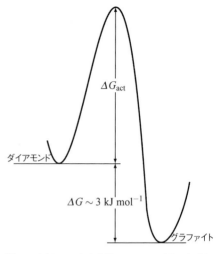

図3　ダイヤモンドが室温でグラファイトへ転移しない理由

は室温では1モルあたり，3 kJであり，グラファイトが安定であるが，ダイヤモンドからグラファイトへ転移するのに大きな活性化エネルギー $\varDelta G_{act}$ の障壁を超える必要があるためだと考えられている（例えば，Putnis[3]，第8章，248 p）．〔川嵜智佑〕

● 文献

1) 川嵜智佑（2006）岩石熱力学，共立出版，266 p.
2) Bundy *et al.* (1961) *Journal of Chemical Physics*, **35**, 383-391.
3) A. Putnis (1992) Introduction to Mineral Sciences. Cambridge University Press, 457 p.

021
鉱物を用いた岩石形成の温度・圧力推定
Geothermometry and geobarometry

鉱物の化学組成に基づいて，岩石の生成温度圧力を推定するいろいろな方法が提案されている．ここでは，元素の交換反応を使う方法，鉱物の増減反応を使う方法，微量元素の分配を使う方法について述べる．一般的には，これらの方法は，対象とする鉱物と鉱物との間に生じる反応に対応して導き出される温度と圧力の関係（**図1**）を利用するということに尽きる．ある反応：

$$A + B = C + D \quad (1)$$

に対して，共存する鉱物の化学組成を基づいて，必ず図1のような温度と圧力の関係式：

$$f_1(P, T) = c_1 \quad (2)$$

が一つ導き出される．このようなものが，他の異なった反応式に対して，もう一つの温度と圧力の関係

$$f_2(P, T) = c_2 \quad (3)$$

が導き出されるならば，原理的には，温度 T と圧力 P に関した連立方程式 (2) と (3) を解くことで岩石生成の温度圧力を推定できることになる．ここで，以下のことに注意を払わなければならない．(2) 式と (3) 式で曲線の傾き dP/dT が同じような値

$$\frac{\partial f_1}{\partial T} \Big/ \frac{\partial f_1}{\partial P} \approx \frac{\partial f_2}{\partial T} \Big/ \frac{\partial f_2}{\partial P} \quad (4)$$

であれば，得られた温度圧力の信頼性は低くなる（**図2A**）が，2つの曲線の傾きが大きく異なっておれば，得られた温度圧力の信頼性は高くなる（**図2C**）．

■元素交換反応地質温度圧力計

共存する2つの鉱物（α 相と β 相）の間で，異なる元素 A と B のやりとり（交換）を考えよう（**図3**）．この場合，2つの鉱物の間で A 元素と B 元素が行ききしても，共存する2つの鉱物の量比は変わらないとす

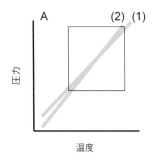

図1 鉱物間の反応で得られる温度と圧力の関係

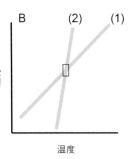
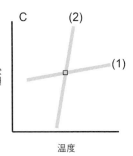

図2 2つの元素交換反応から温度 T と圧力 P を求める方法
それぞれの反応の信頼性を曲線の幅で示してある．得られた温度圧力の誤差を矩形で示してある．2つの曲線の勾配が同じような値（A）であると，求めた温度圧力の信頼性は下る．2つの曲線の勾配が大きく違う（C）と，求めた温度圧力の信頼性は上がる．

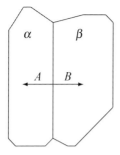

図3 鉱物間の元素交換反応

る.元素移動によって鉱物の量比が変化する鉱物増減反応は次節で扱う.

元素交換反応を次のような化学反応で一般化できるとする.

$$A\xi + B\zeta \rightleftharpoons B\xi + A\zeta \quad (5)$$
$$\alpha \quad \beta \quad \alpha \quad \beta$$

ここで,A と B は2相 α と β の間で互いに交換し合う陽イオン元素とする.ξ と ζ は α 相と β 相において不変な陰電荷をもった部分とする[1].例えば,かんらん石(Ol)と直方(斜方)輝石(Opx)の間での Fe と Mg の交換反応であれば,

$$MgSi_{0.5}O_2 + FeSiO_3 \rightleftharpoons FeSi_{0.5}O_2 + MgSiO_3$$
$$\text{Ol} \quad \text{Opx} \quad \text{Ol} \quad \text{Opx}$$
$$(6)$$

と書ける.(6)式に表されている,2相間で交換し合うのは1対の Fe と Mg である.

陽イオン元素 A と B のモル分率を X_A および X_B とすると,一般に,元素交換反応の分配係数 K_D:

$$K_D = \frac{X_B^\xi X_A^\zeta}{X_A^\xi X_B^\zeta} \quad (7)$$

は,温度 T,圧力 P,共存する2相の組成(α 相が $A\xi$-$B\xi$ の2成分系で β 相が $A\zeta$-$B\zeta$ の2成分系であれば,X_A^ξ と X_A^ζ)との関数:

$$-\Delta H^o + T\Delta S^o - P\Delta V^o$$
$$= RT \ln K_D + (1-2X_A^\xi)(W_H^\xi - TW_S^\xi + PW_V^\xi)$$
$$- (1-2X_A^\zeta)(W_H^\zeta - TW_S^\zeta + PW_V^\zeta) \quad (8)$$

で表される.ここで,ΔH^o,ΔS^o,ΔV^o は標準状態における反応(5)のエンタルピー変化,エントロピー変化および体積変化である.また,W_H,W_S,W_V は過剰エンタルピー,過剰エントロピーおよび過剰体積であり,α 相と β 相をともに正則溶液[2] としている.(8)式に現れている熱力学のパラメーターの値が既知であり,共存する α 相と β 相の2相の化学組成 X_A を得ることができれば,(8)は温度 T と圧力 P に関する1次式:

$$f_1(P, T) = a_1 P + b_1 T + c_1 = 0 \quad (9)$$

と見なせる.原理的には,他の元素交換反応について,

$$f_2(P, T) = a_2 P + b_2 T + c_2 = 0 \quad (10)$$

と定式化できれば,(9)式と(10)式を温度 T と圧力 P に関する連立方程式と見なすことができる.先に述べたように,これを解くことで岩石生成の温度圧力を推定できることになる.K_D の値が大きく変動している鉱物対と元素対は,温度や圧力の変化に対して,敏感な元素分配反応であるといえる.このようなものとして,ざくろ石-単斜輝石間の Fe と Mg の交換反応があげられる[3].

■**鉱物増減反応地質温度圧力計**

鉱物の量比が不変である元素交換反応は,先に述べた.ところが,温度圧力の変化に対して鉱物の量比が不変であるような元素交換反応は,現実には存在しない.温度や圧力が変化すると必ず共生鉱物の量比も変化する.鉱物増減反応の例として,MgO-CaO-SiO$_2$ 系における単斜輝石(Cpx)と直方輝石(Opx)の相平衡を取り上げよう(**図4**).図4に示されるように1気圧では1312℃以下で,直方輝石1相,斜方輝石と単斜輝石の2相,単斜輝石1相が存在する領域に分けられる.この場合,総化学組成が $X_{Di}=0.7$ である系で直方輝石と単斜輝石の量比はこの図で示した O:C である.この量比は温度に依存する.このように,温度圧力によって共存する鉱物の量比が変化する反応を鉱物増減反応とい

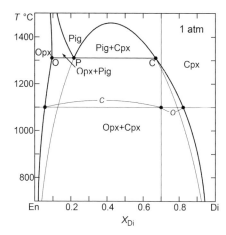

図4 Mg₂Si₂O₆-CaMgSi₂O₆系における直方輝石と単斜輝石の1気圧での相図（Lindsley[4]）を簡略化）

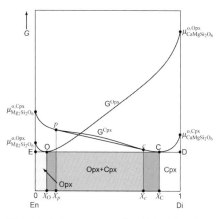

図5 Mg₂Si₂O₆-CaMgSi₂O₆系の自由エネルギー曲線と組成の関係

う．

この場合，単斜輝石と直方輝石の2相平衡は，

$$\begin{array}{ccc} \text{Mg}_2\text{Si}_2\text{O}_6 & \rightleftarrows & \text{Mg}_2\text{Si}_2\text{O}_6 \\ \text{Cpx} & & \text{Opx} \end{array} \quad (11)$$

および

$$\begin{array}{ccc} \text{CaMgSi}_2\text{O}_6 & \rightleftarrows & \text{CaMgSi}_2\text{O}_6 \\ \text{Cpx} & & \text{Opx} \end{array} \quad (12)$$

と書ける．これは，**図5**で示したように，斜方輝石の自由エネルギー曲線に引いた接線と単斜輝石の自由エネルギー曲線に引いた接線が一致する事が平衡の条件である．単斜輝石と直方輝石の自由エネルギー曲線の共通接線における接点のX座標（X_OおよびX_C）が共存する直方輝石と単斜輝石の組成である．総化学組成Xが$0 \leq X \leq X_O$であれば，直方輝石のみが安定となる．$X_O < X < X_C$であれば，直方輝石と単斜輝石が平衡に共存する．$X_C \leq X$なら単斜輝石のみが安定となる．

化学反応(11)と(12)の標準状態での反応の自由エネルギー変化ΔG°を求めてみよう．Caは直方輝石および単斜輝石の

M2席のみを占めるとし，M2席でCaとMgは正則溶液として振る舞うとする．この場合，化学反応(11)と(12)の標準状態での反応の自由エネルギー変化ΔG°は

$$\left. \begin{aligned} -\Delta G^\circ_\text{En} &= RT \ln \frac{X^{\text{Opx, M2}}_\text{Mg}}{X^{\text{Cpx, M2}}_\text{Mg}} \\ &\quad + W^{\text{Opx, M2}}_\text{MgCa}(X^{\text{Opx, M2}}_\text{Ca})^2 \\ &\quad - W^{\text{Cpx, M2}}_\text{MgCa}(X^{\text{Cpx, M2}}_\text{Ca})^2 \\ -\Delta G^\circ_\text{Di} &= RT \ln \frac{X^{\text{Opx, M2}}_\text{Ca}}{X^{\text{Cpx, M2}}_\text{Ca}} \\ &\quad + W^{\text{Opx, M2}}_\text{MgCa}(X^{\text{Opx, M2}}_\text{Mg})^2 \\ &\quad - W^{\text{Cpx, M2}}_\text{MgCa}(X^{\text{Cpx, M2}}_\text{Mg})^2 \end{aligned} \right\} \quad (13)$$

となる．これら煩雑な式は，図4で直方輝石側のソルバスと単斜輝石側のソルバスの温度圧力変化に対応している．これら，特に単斜輝石側のソルバスは温度変化に対し敏感に変化していることがわかる．鉱物増減反応では，この例のように温度や圧力の変化に応じて大きく変化する．

■ **微量元素分配地質温度圧力計**

微量元素を使って，鉱物生成の温度圧力を推定しようという試みが最近行われている．特にジルコンが注目されている．ジルコンには，地球生成の初期の状態情報や，ジルコン自体のいろいろな成長段階におけ

る温度や圧力の情報が豊富に蓄積されている[5]．ジルコンのU-Pb年代測定法と組み合わせて温度や圧力の情報を過去にさかのぼることができる[6]．ジルコンには微量の希土類元素やY, P, Sc, Nb, Hf, Ti, U, Thを数千ppmから3wt%まで含んでいる．それらを解析することで，地殻の形成や発達，熱水風化，続成作用などの種々の地質現象における鉱物-メルト-流体の間の相互作用に関する情報を提供してくれる．ジルコンを使ったU-Pb年代測定法については他の著書に譲るとして，この節ではジルコンTi温度計[7]について述べる．この場合，ジルコン中のTi含有量は

ZrSiO$_4$ + TiO$_2$ ⇌ ZrTiO$_4$ + SiO$_2$ (14)
Zrn   Rt   Zrn   Qtz

の反応で制約される．Watsonら[7]は，1〜2 GPaの圧力条件で1025〜1450℃の温度範囲において，石英Qtzおよびルチル Rtと共存するジルコンZrn中のTi量の変化を調べた．彼らは，ジルコン中のTi含有量（ppm）とルチル中のTi含有量（ppm）を

$\log X_{Ti}^{Zrn} = 6.01 - 5080/T(K)$ (15)
$\log X_{Zr}^{Rt} = 7.36 - 4470/T(K)$ (16)

のように定量化した．

ジルコン中のTi含有量やルチル中のZr含有量で得られる温度情報とは独立に石英中のTi含有量が使われている[8,9]．これは，石英とルチルの平衡：

SiO$_2$ ⇌ SiO$_2$ (17)
Qtz   Rt

および

TiO$_2$ ⇌ TiO$_2$ (18)
Qtz   Rt

から導き出されるものである．

図6にSiO$_2$-TiO$_2$系における石英とルチルの自由エネルギー曲線を描いた．石英とルチルが平衡であるには，2つの自由エネルギー曲線に共通接線が引けることである．これを，石英とルチルのSiO$_2$成分と

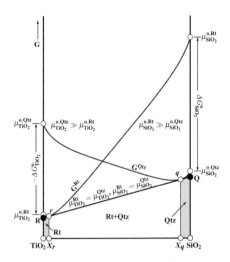

図6 SiO$_2$-TiO$_2$系における石英Qtzとルチル Rtの自由エネルギー曲線と組成の関係

TiO$_2$成分の化学ポテンシャルμで示すと，

$\mu_{SiO_2}^{Qtz} = \mu_{SiO_2}^{Rt}$ (19)

および

$\mu_{TiO_2}^{Qtz} = \mu_{TiO_2}^{Rt}$ (20)

となる．これから，石英中のTi含有量は，温度Tと圧力Pの変化に対して，

$\ln X_{TiO_2}^{Qtz} = (\Delta H_{TiO_2}^o + P\Delta V_{TiO_2}^o)/RT$
$\qquad - (\Delta S_{TiO_2}^o/R + \ln k_{TiO_2}^{Qtz})$ (21)

と与えられる．ここで，$\Delta H_{TiO_2}^o$, $\Delta S_{TiO_2}^o$や$\Delta V_{TiO_2}^o$は，標準状態におけるTi分配反応(18)のエンタルピー変化，エントロピー変化，および体積変化であり，$k_{TiO_2}^{Qtz}$は微量元素分配におけるヘンリーの定数である．

KawasakiとOsanai[9]やOstapenkoら[10]が得た結果よりも，WarkとWatson[8]，Thomasら[11]やHuangとAudétat[12]は，はるかに小さい石英のTi固容量を公表している．

Thomasら[11]による温度計を使うと，KawasakiとOsanaiが提案している温度計[9]よりも約250℃も高い平衡温度が計算

される．Thomasらによる石英のTi固溶量は非常に大きな圧力依存性を示しているが，Matthewsら[13]はThomasら[11]の温度圧力計を使うとありえない高い圧力が算出されると述べている．Wilsonら[14]はThomasらが提案したTi石英温度圧力計は基本的に不備であると結論している．Ti石英温度圧力計はまだまだ論争が尽きない興味深いテーマである[15]．〔川嵜智佑〕

● 文献

1) T. Kawasaki and Y. Matsui (1978) *Geochemical Journal*, **12**, 173-181.
2) E. A. Guggenheim (1966) Thermodynamics. North-Holland, Oxford, 390 p.
3) D. Nakamura (2009) *Journal of Metamorphic Geology*, **27**, 495-508.
4) Lindsley *et al.* (1981) *Advance in Physical Geochemistry*, **1**, 149-175.
5) I. Parsons (2007) Zircon: Tiny but Timely. Elements, Volume 1, Number 1. 80 p.
6) E. B. Watson and T. M. Harrison (2005) *Sience*, **308**, 841-844.
7) Watson *et al.* (2006) *Contributions to Mineralogy and Petrology*, **151**, 413-433.
8) D. A. Wark and E. B. Watson (2006) *Contributions to Mineralogy and Petrology*, **152**, 743-754.
9) T. Kawasaki and Y. Osanai (2008) *Geological Society, London, Special Publications*, **308**, 419-430.
10) Ostapenko *et al.* (2007) *Geochemistry International*, **45**, 506-508.
11) Thomas *et al.* (2010) *Contributions to Mineralogy and Petrology*, **160**, 743-759.
12) R. Huang and A. Audétat (2012) *Geochimica et Cosmochimica Acta*, **84**, 75-89.
13) Matthews *et al.* (2012) *Contributions to Mineralalogy and Petrology*, **163**, 87-107.
14) Wilson *et al.* (2012) *Contributions to Mineralalogy and Petrology*, **164**, 359-368.
15) 川嵜智佑 (2017) 地質学雑誌, **123**, 707-716.

022
鉱物の結晶成長
Crystal growth

鉱物の成長を考える際，それを育む環境が重要である．鉱物が成長する環境は溶液，ガス，融体に大別される．このうち，溶液では溶媒に晶出相がとけ込んでおり，晶出相と溶液が組成的に異なる場合である．これに対し水と氷のように，晶出する結晶と化学組成が同じ場合は融体とよぶ．天然において鉱物が生成する環境の多くは溶液である．高温で溶けたマグマもさまざまな元素がとけ込んでおり溶液として見なすことができる．

溶液と結晶が平衡にあるとき，結晶は成長も溶解もしない．温度や組成の変化によって平衡からずれることにより結晶の成長や溶解がおこる．平衡からのずれが大きいほど結晶を成長（溶解）させる駆動力が大きくなる．環境の変化によって鉱物の溶解度が低下し，熱水やマグマ中に溶けきれなくなった分子（原子）は離合集散を繰り返し，結晶核を形成する．結晶核はある一定の大きさを越えると成長過程へと移行するが，これ以下の大きさでは再び溶解する確率が高い．天然では先に晶出した鉱物や母岩の壁面が結晶核の役割をする場合が多く，より容易に核形成が行われる．

核形成の段階を経た後，結晶は成長の段階へと変化するが，結晶成長のプロセスには，一様成長（付着成長），二次元核成長，渦巻き成長の3つのプロセスがある（図1）．一様成長では，結晶表面に飛来した分子が大きく移動することなく，その場で結晶に取り込まれていく．二次元核成長では，平坦な結晶面に新たな一層分の分子層（二次元核）が形成され，これが核となって層成長が進む．渦巻き成長では，成長中の結晶面上にらせん転位があると，1分子あるいは数分子のずれをもつ刃状の階段ができ，ここに分子が吸着してらせん階段状に成長する．二次元核成長では二次元核の形成が成長を律速するのに対し，渦巻き成長では，このような二次元核を必要としない．渦巻き成長に比べ，付着成長や二次元核成長はより大きな成長の駆動力を必要とする．このような成長プロセスの違いは結晶の外形にも影響を及ぼし，一般に渦巻き成長では平面で囲まれたファセット結晶，二次元核成長では骸晶，一様成長では樹枝状結晶が形成される．結晶成長の駆動力の変化によって成長様式は変化し，また，同じ成長様式でも駆動力の大小によって成長速度が変化する．これによって結晶の形態は変化し，累帯構造や成長縞など成長様式の変化に起因したさまざまな組織が天然の結晶内部には残される．

〔長瀬敏郎〕

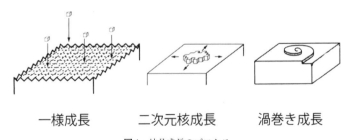

図1 結晶成長のプロセス

023 鉱物を用いた地質速度計
Geospeedometry

■地質速度計から何がわかるか

地質速度計は，鉱物や岩石が記録している情報に基づいて地球惑星物質の温度変化の速度を推定する方法である．地質速度計は，温度変化だけでなく，圧力や応力変化・歪み速度の推定も含むが，狭義では温度変化率の測定方法，特に冷却速度計の意味で使われる．その理由は，鉱物中に速度情報を記録するためには必ず冷却過程が必要だからである．地質速度計を用いて天然の岩石や鉱物から冷却（加熱・減圧）速度の推定することで，温度変化の原因となる運動を駆動している力や熱源が明らかとなり，地球惑星のダイナミクスの解明に結びつけることができる．

■地質速度計の歴史

地質速度計を1960年代初頭に，隕鉄中の鉱物の不均質性を用いて冷却速度を考案したのはJohn A. Wood[1]である．1961～1972年にかけて実施されたアポロ計画と1970年以降に南極での大量の隕石発見を契機として始まった地球外物質の研究で，地質速度計が多く考案され，その後地球のさまざまな岩石に対しても開発と適用がなされていった．地質速度計（geospeedometry）という用語を最初に使ったのは，ざくろ石のMg-Fe累帯構造を用いて変成岩の冷却速度を求める手法を開発したAntonio C. Lasaga[2]である．

■地質速度計（冷却速度計）の原理

平衡状態にある物質の温度が変化すると，反応が進んで新たな平衡に至ろうとする．高温の間は，反応が充分に速く進み平衡を維持し続ける（図1の平衡状態）．し

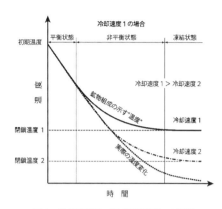

図1 地質速度計（冷却速度計）の原理

かし，冷却がすすむと反応が遅くなりやがて，物質は平衡に向けて変化するものの平衡を追従することができず非平衡状態になる（図1の非平衡状態）．さらに温度が低下しある温度に至ると，物質の状態が変化しなくなる凍結状態に達する（図1凍結状態）．凍結が進む温度～凍結された物質の状態に対応する温度を閉鎖温度（closure temperature）とよぶ．図1のような凍結過程を理論的に取り扱い，閉鎖温度の具体的な表現を得たのはDodson[3]である．冷却が遅いと低温まで平衡状態を追従できるため閉鎖温度は小さくなり（図1），閉鎖温度がわかれば冷却速度を推定することが可能となる．

■地質速度計各論

地質速度計は物質の種類と反応のタイプによって，①界面移動が無視できる鉱物間の異種原子交換反応（exchange reaction），②界面移動を伴う鉱物間の実質物質輸送反応（net-transfer reaction），③鉱物内相転移反応およびサイト間異種原子交換反応，④メルトからの動的結晶化作用（dynamic crystallization）に分けられる．

①界面移動が無視できる鉱物間の元素交換反応

非常に大きなかんらん石とその中に孤立

②界面移動を伴う鉱物間の実質物質輸送反応

高温ではエントロピー効果のために，鉱物にはより多くの成分が固溶しているが，冷却されると固溶できなくなり，別の相としてはき出される不混和（離溶）現象（exsolution）が起きる．不混和現象を利用した地質速度計は，スピノードによって不混和する場合には，スピノーダル分解構造の大きさが冷却速度に依存することを利用して，輝石や長石などで考案されている[5]．Wood[1] は1次相転移ループによる不混和現象を利用して，隕鉄や普通隕石の冷却速度の推定に広く利用された地質速度計を考案した．この方法は高温で一相のテーナイト（taenite）中に冷却に伴ってカマサイト（kamacite）が核形成成長する際，冷却速度が小さいほど拡散の遅いテーナイトの幅が小さくなり，Ni累帯構造が弱くなり，中心のNi含有量が高くなることを利用している．

③鉱物内相転移反応およびサイト間異種原子交換反応

結晶の相転移現象も，熱活性化過程であるために地質速度計として利用できる．灰長石に近い斜長石は高温では，AlとSiは無秩序配置をするが低温では規則的な配置をし（convergent ordering），この規則不規則相転移によって反位相ドメイン構造が形成される．このドメイン構造のサイズが冷却速度計として使われる．結晶内サイト間異種原子交換反応（non-convergent ordering）も地質速度計として利用することができる．結晶粒子間の反応と異なり拡散距離がnmスケールと小さいため，変成岩中の直方（斜方）輝石の場合には300℃とかなり低い温度での冷却速度が推定できる．

④ケイ酸塩融体からの動的結晶化作用

融体の動的結晶化を経験した岩石から得られる冷却速度情報は，結晶サイズ分布，

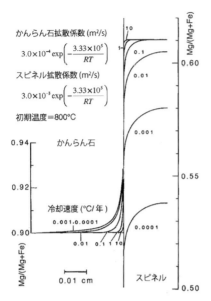

図2 冷却速度によって凍結される累帯構造が変化する様子[4]．拡散係数は Mg-Fe 相互拡散係数．

して存在する球形スピネル（(Mg, Fe)(Al, Cr)$_2$O$_4$ Cr-bearing spinel）の間の Mg-Fe 交換反応の例を図2に示す[4]．冷却によって凍結された累帯構造は，冷却速度によって大きく変化するので，鉱物中の累帯構造は地質速度計となりえる．スピネルの中心組成はスピネルの大きさにも強く依存し，スピネルのサイズを横軸に，スピネルの中心組成とスピネルから遠く離れた場所にあるかんらん石の化学組成から計算された「温度」を縦軸にプロットした図を用いて冷却速度を推定することができる．この方法では，縦軸が閉鎖温度に対応し，粒径が大きいとより高温を，粒径が小さいとより低温の冷却を記録するため冷却速度の温度・時間変化も推定できる．この他にもさまざまな元素交換反応を利用して数多くの地質速度計が考案されている．

結晶形態，結晶数密度などの岩石の微細構造と，結晶の化学組成や累帯構造などの化学組成とその不均質性である．冷却速度が大きくなるにしたがって過飽和比が増加し，核形成率と成長速度が大きくなると同時に，結晶形態は多面体，骸晶状，樹枝状と変化するため，これらの情報は冷却速度の推定に利用できる．最も信頼できるのは，天然の融体組成について動的結晶化実験を行い，観察される微細構造や化学組成が一致する冷却速度を探す方法である．結晶化に伴う元素分別で形成される累帯構造が結晶内拡散で均質化する程度を拡散・界面平衡成長モデルを適用して解析する冷却速度計も考案されている． 〔小澤一仁〕

●文献
1) J. A. Wood (1964) *Icarus*, **3**, 429-459.
2) A. C. Lasaga (1983) Geospeedometry: an extension of geothermometry. In Kinetics and Equilibrium in Mineral Reactions, Saxena, S. K. ed., Springer, 81-114.
3) M. H. Dodson (1973) *Contrib. Mineral. Petrol.*, **40**, 259-274.
4) K. Ozawa (1984) *Geochim. Cosmochim. Acta*, **48**, 2597-2611.
5) M. Kitamura, M. Yasuda, S. Watanabe and N. Morimoto (1983) *Earth Planet. Sci. Lett.*, **63**, 189-201.

024
鉱物の放射能
Radioactivity

鉱物に含まれる放射性核種としては,ウラン,トリウムが代表的で,その子孫核種も放射性であることが多く,放射性の鉱物にはさまざまな放射性核種が含まれている.

放射性核種を相当量含む鉱物は放射能をもち放射線を放つ.放射線核種を主要構成元素とする鉱物が代表的であるが,同形置換により放射性核種を含む鉱物もある.また,沸石(ゼオライト)のような結晶構造の空隙に放射性核種を取り込んだり,粘土鉱物のように表面に放射性核種を吸着することにより放射能を示す鉱物もある.カリウムのように放射性同位体がある元素を主要成分とする鉱物では,カリウムの放射性同位体(^{40}K)が放射能に寄与することもありえる.放射性核種の分布は珪長質岩に多く,苦鉄質岩に少ないといわれている.

放射性鉱物には,自形結晶にもかかわらずX線回折がみられない非晶質の特徴を示すものが少なくない.このように結晶成長の段階では結晶構造をもちながら非晶質として存在している状態を,メタミクト状態とよぶ.メタミクト化の要因として放射線の被曝が深くかかわっていると考えられている.メタミクト状態の鉱物は再加熱などにより結晶質になり,多くの場合で結晶外形と調和的な結晶構造を示す.この場合,メタミクト化により失われた結晶構造(原構造)が再加熱により回復したと考えられている.加熱の条件(昇温,降温速度,保持温度,酸化・還元雰囲気など)で結晶化する相が異なる場合もあり,メタミクト化以前の原構造の復元ができたかどうかの検証は難しいことも少なくない.

ウランを主成分とする放射性鉱物は原子力の核原料物質になりえる.閃ウラン鉱(uraninite, UO_2),ウラノフェン(uranophane, $Ca(UO_2)_2(SiO_3OH)_2 \cdot 5H_2O$)や燐灰ウラン石(autunite, $Ca(UO_2)_2(PO_4)_2 \cdot 10\text{-}12H_2O$)が代表的である.ウランの主要な鉱石であるピッチブレンド(瀝青ウラン鉱)は,一般に非晶質の酸化ウランを主体とした鉄,銅,鉛などの硫化物との混合物で,非晶質の酸化ウランは,立方晶系の閃ウラン鉱とは,厳密には同一物質ではない.

ウラン鉱物中のウランは4または6価の電荷をとり,ウラン酸イオンをなす鉱物種が多い.また単純な酸化物や,ケイ酸塩,リン酸塩,ヒ酸塩,硫酸塩,炭酸塩,ニオブ酸塩,水酸化物などと多様な化学組成の種が知られている.ウランを本質(主要)成分とする鉱物種は250種ほどである.日本国内で産出が報告されているウラン鉱物には,人形石(ningyoite, $CaU(PO_4)_2 \cdot 1\text{-}2H_2O$)や石川石(ishikawaite, (U, Fe, Y)NbO_4)のほか,ハイウィー石(haiweeite, $Ca_3(UO_2)_4Si_{10}O_{35} \cdot 25H_2O$),カソロ石(kasolite, $Pb(UO_2)SiO_4 \cdot H_2O$),リービッヒ石(liebigite, $Ca_2(UO_2)(CO_3)_3 \cdot 11H_2O$),メタ砒銅ウラン石(metazeunerite, $Cu(UO_2)_2(AsO_4)_2 \cdot 8H_2O$),燐礬ウラン石(sabugalite, $HAl(UO_2)_4(PO_4)_{16} \cdot H_2O$),燐重土ウラン石(uranocircite, $Ba(UO_2)(PO_4)_2 \cdot 10H_2O$),ウラノピル石(uranopilite, $(UO_2)_6(SO_4)O_2(OH)_6 \cdot 14H_2O$),砒銅ウラン石(zeunerite, $Cu(UO_2)_2(AsO_4)_2 \cdot 12H_2O$)など,25種ほどある.

トリウムを主成分とする鉱物は,方トリウム石(thorianite, $ThSiO_4$)やトール石(thorite, ThO_2)など,20種弱が知られるに留まる.一方で,希土類元素(イットリウムとランタノイド)やジルコニウムを主成分とする鉱物では,これら主成分を

相当量のウランやトリウムが同形置換することがしばしば観察され，これらの鉱物の多くが放射能を有する．サマルスキー石（samarskite-(Y), (Y, Ce, U, Fe)(Nb, Ta, Ti)O$_4$），ユークセン石（euxenite-(Y), (Y, Ca, Ce, U, Th)(Nb, Ta, Ti)$_2$O$_6$），モナズ石（monazite-(Ce), (Ce, La, Nd, Th)PO$_4$），河辺石（kobeite-(Y), (Y, U)(Ti, Nb)$_2$(O, OH)$_6$），ジルコン（zircon, (Zr, Hf, U, Th)SiO$_4$）などに同形置換が顕著で，メタミクト状態での産出も少なくない．

自然放射性物質には，地球起源放射性核種および宇宙線生成核種を相当量含む種々の放射性の物質が存在し，放射性の鉱物もこの範疇に入れられる．放射性核種を豊富に含む鉱物は核燃料の資源（鉱石）として利用されている．核原料物質，核燃料物質及び原子炉の規制に関する法律（原子炉等規制法）では，放射性核種の放射能の濃度，数量により規制が行われている．具体的に固体状の核原料物質については，ウランまたはトリウムの放射能の濃度が370 Bq/gで，「ウラン量の3倍＋トリウム量」の総量が900 g，という規制値を超える場合には使用の届出を要し，また，300 gを超える天然または劣化ウラン，900 gを超えるトリウムは核燃料物質として使用の許可を要する．

一方，家庭用温泉器，装飾品，岩盤浴施設用の岩盤タイルなど，一般消費財として利用されている鉱物にも自然放射性物質に該当するものがある．そのため，文部科学省は，原子炉等規制法の規制対象外のウランまたはトリウムを含む原材料，製品などの安全な取扱いについてガイドラインを策定し，事業者に自主管理を求めている．一般消費財の利用による被曝線量が年間1 mSv以下となることを担保するための目安値として，人体に密着あるいは近傍（1 m以内）で利用される一般消費財に含まれるウランまたはトリウムの放射能の数量が，自然の（未精製の）ウランまたはトリウムを含むものについては8000 Bqを基準値とし，これを超えるものを対象としている．

表1 文部科学省ガイドラインでの指定原材料の例

指定原材料	工業製品	一般消費財
モナズ石	粉体混和材	装身具，健康促進用品
バストネス石	研磨剤	紙ヤスリ，磨き粉
ジルコン	耐火煉瓦，鋳物砂	電子材料，ガラス
タンタル石	合金，高耐蝕材	電子部品
ルチル	合金，酸化物	顔料，用紙仕上剤
精製ウラン	釉薬，ガラス着色剤	陶磁器，ガラス製品
精製トリウム		光学レンズ，高輝度放電ランプ

学術標本にも取り扱いに注意すべき標本があり，標本を所蔵する大学や研究機関，博物館にもガイドラインに沿った管理が求められている．放射性鉱物を取り扱う場合，特に，標本量の抑制，取り扱い時間の削減，標本の隔離・遮蔽など，被曝低減化措置を講じることが肝要である．

放射性鉱物の標本を保管するにあたり，次のような点に注意しなければならない．第一に，放射線量を把握しておくこと．標本として登録し，台帳などに記録を残し，収蔵庫に保管して確実な管理下に置くこと．放射性鉱物の標本にはその旨を標本ラベルに明記するか，別途表記すること．標本を使用するとき以外は，収蔵庫などに納め，被曝回避のため，できるだけ研究室や実験室から隔離すること．周囲の標本への暴露も避けるように，鉛板などで適宜遮蔽を行うこと．ただし，気密性のある遮蔽容器は，保管中に放射性崩壊で生じる放射性核種の気体が充満する危険性があるので，標本の保管容器としては適さない．

〔宮脇律郎〕

025
鉱物の年代測定
Chronology

■年代測定とは

地球がいつできたか？ それを知る科学的試みは19世紀初頭よりなされてきたが，化学分析による岩石の年代測定は，20世紀初頭に始められた．これらは基本的に元素の量比（U，Pb，あるいはHeなど）を分析するものであり，いわゆる同位体年代ではなかったが，一部は改良されたうえで現在でも使用されている（U-He法やCHIME法など）．20世紀中盤になると，同位体比の変化を追跡することにより岩石・隕石の成因や元素の挙動などを論ずる地球・宇宙化学が発達した．その中で，放射壊変により同位体比が変化する現象を応用したのが同位体年代学である．しかし岩石・鉱物の年代は，下記のように測定した物質および測定法によって意味が全く異なる場合がある．よって，年代を使って議論する際は，測定した物質および測定法を年代値に添えて明記するべきである．

■年代測定の原理

岩石や鉱物の年代測定には，それらに含まれている放射性核種の放射壊変を利用する．例えば，^{40}Kは放射壊変によって^{40}Arに変わるが，この関係の中で前者を親核種（parent），後者を娘核種（daughter）とよぶ．ほとんどの場合は1回の壊変で安定な娘核種になるが，ThやUは複数回の壊変の結果，最終的にPbになる（トリウム系列・ウラン系列・アクチノウラン系列）．親核種は娘核種に変わる事で指数関数的に減少し，娘核種はその分増加する（**図1**）．よって，ある試料中のある系における親核種と娘核種との割合を測定すると，その系

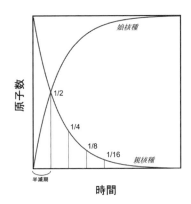

図1 親核種・娘核種の量比と半減期

表1 地質学で用いられる代表的な年代測定法と壊変系

測定法	親核種	安定娘核種	半減期（年）
^{14}C法	^{14}C	^{14}N	5.73×10^3
K-Ar法	^{40}K	^{40}Ar	1.25×10^9
Rb-Sr法	^{87}Rb	^{87}Sr	4.88×10^{10}
Sm-Nd法	^{147}Sm	^{143}Nd	1.06×10^{11}
Th-Pb法	^{232}Th	^{208}Pb	1.40×10^{10}
U-Pb法	^{235}U	^{207}Pb	7.04×10^8
	^{238}U	^{206}Pb	4.47×10^9

が閉鎖されてからの経過時間が解るのである．しかし，^{14}C法など娘核種の定量が困難な一部の測定法では，初めに含まれる親核種の量を推定し，測定値との比から年代を計算する．なお，放射性核種が壊変により半分になるまでの時間を半減期（half life）とよぶ．**表1**に，地質学で多用される壊変系を示す．

■岩石・鉱物の年代とその解釈

測定して得られた値は，その系がさまざまな履歴を経た結果を示しており，その測定値を地質学的に意味のある「年代」とするには必ず「解釈」が介在しなければならない．

年代測定に用いられる鉱物に含まれる親核種は鉱物の主成分，あるいは主成分と置換して存在しているために化学的に安定だ

が，娘核種は価数やイオン半径が異なるために不安定になり，鉱物から漏れ出やすくなる傾向がある．その傾向は結晶の大きさや冷却率にも依存するが，特に温度に依存する．娘核種が鉱物の外に漏れ出ることは「年代の若返り」を意味するが，それが起こらないとされる最高温度を，その鉱物におけるその壊変系の閉鎖温度（closure temperature）とよぶ．同じ鉱物でも，壊変系が異なると閉鎖温度は異なる．閉鎖温度の多くは実験的に求められているので，さまざまな要因を抱える天然の鉱物に対して完全に適用できるわけではないが，鉱物の年代を解釈するうえで最も重要な要素の一つである．例えば，白雲母の K-Ar 年代は閉鎖温度が 350℃ 前後であるので高圧型変成作用の年代を議論するうえで有用である．ジルコンの U-Pb 年代は閉鎖温度が非常に高いために，ジルコン粒子が形成された年代を保持しうると解釈される（表2）．

また，岩石の年代-温度履歴を検証する際は，鉱物の「形成時期」も無視してはならない．閉鎖温度の高い鉱物が高温の地質現象で形成されるとは限らず，より低温の地質現象で生じる可能性があるからである．

岩石をすべて溶かしたものを分析して得られる「全岩年代」というものもある．しかし，岩石は基本的に多様な鉱物の集合体であり，結局は閉鎖温度の異なる鉱物の混合物を測定することになるので，しばしば解釈困難な年代が得られることがある．全岩年代の数値を解釈するには注意が必要である．一方で，Rb-Sr 法や Sm-Nd 法による「全岩モデル年代」は岩石の起源を知るうえでの指標になる場合がある．しかしこれは岩石の年代（形成年代や変成年代など）は示さず，岩石の起源物質を比較するための地球化学的データであるので，通常の「岩石の年代」と混同してはならない．

■「その場分析」の発達

旧来の年代測定では岩石および鉱物を溶液にして分析していた．この方法は現在でも様々に適用されているが，同時に，EPMA，二次イオン質量分析計（SIMS）やレーザーアブレーション ICP 質量分析計（LA-ICP-MS）など固体試料の微小領域を直接微量分析する技術の発達により，薄片などの固体の状態での年代測定も実施されるようになってきた．そのような分析を「その場分析（in situ analysis）」とよぶ．現時点では，溶液による分析の方が「その場分析」より格段に精度が高い．しかし，「その場分析」には，目的とする鉱物の内部構造や周囲の鉱物の共生関係などを意識した分析ができ，また極微量の試料での測定が可能という強みがある．

〔堤　之恭・鈴木和博〕

表2　主な年代測定法の閉鎖温度

鉱物名	壊変系	閉鎖温度
ジルコン	U-Pb	900℃ 以上[1]
モナズ石	U-Pb	700℃ 前後[2]
ホルンブレンド	K-Ar	490〜578℃[3]
白雲母	K-Ar	350±50℃[4]
白雲母	Rb-Sr	500±50℃[4]
黒雲母	K-Ar	300±50℃[4]
黒雲母	Rb-Sr	350±50℃[4]

[1] Cherniak and Watson (2001); [2] e.g. Suzuki et al. (1994); [3] Harrison, (1981); [4] 兼岡 (1996)

● 文献
1) D. J. Cherniak and E. B. Watson (2001) *Chemical Geology*, **172**, 5-24.
2) K. Suzuki, M. Adachi and I. Kajizuka (1994) *Earth and Planetary Science Letters*, **128**, 391-405.
3) M. Harrison (1981) *Contributions to Mineralogy and Petrology*, **78**, 324-331.
4) 兼岡一郎 (1998) 年代測定概論．pp 315，東京大学出版会，東京．

026
鉱物の分類
Classification

鉱物は，化学組成，結晶構造，産状，特性など，さまざまな観点から分類され，改訂が続いている．普及している主な分類法は，化学組成，特に結合様式が明瞭に現れる陰イオン原子団に基く，Strunz Mineralogical Tables (Mineralogische Tabbellen 第9版に相当)[1] や Dana's New Mineralogy (The System of Mineralogy 第8版に相当)[2] の分類である．

■鉱物の階層分類

鉱物の分類には，動物や植物のような系統分類は適用できない．しかし，これまで統一性のなかった分類の階層について，国際鉱物学連合の新鉱物・命名・分類委員会が新たな指針を示した[3]．

class（級）

最も一般的な分類では，元素鉱物，硫化物，硫塩，ハロゲン化物，酸化物，水酸化物，亜ヒ酸塩（亜硫酸塩等を含む），炭酸塩，硝酸塩，ホウ酸塩，硫酸塩，クロム酸塩，モリブデン酸塩，タングステン酸塩，リン酸塩，ヒ酸塩，バナジン酸塩，ケイ酸塩，有機化合物の class（級）に分けられる．Strunz Mineralogical Tables では，1. 元素鉱物，2. 硫化物・硫塩，3. ハロゲン化物，4. 酸化物，5. 炭酸塩・硝酸塩，6. ホウ酸塩，7. 硫酸塩，8. リン酸塩・ヒ酸塩・バナジン酸塩，9. ケイ酸塩，10. 有機物，と大まかに分類している．一方，Dana's New Mineralogy では次のように細分している．1. 元素・合金鉱物，2. 硫化物（セレン化物，テルル化物），3. 硫塩，4. 単純酸化物，5. ウラン・トリウムを含む酸化物，6. 水酸化物，7. 複酸化物，8. ニオブ・タンタル・チタンを含む複酸化物，9-12. ハロゲン化物，13-17. 炭酸塩，18-20. 硝酸塩，21-23. ヨウ素酸塩，24-27. ホウ酸塩，28-32. 硫酸塩，33-34. セレン酸塩・テルル酸塩・亜セレン酸塩・亜テルル酸塩，35-36. クロム酸塩，37-43. リン酸塩・ヒ酸塩・バナジン酸塩，44-46. アンチモン酸塩・亜アンチモン酸塩・亜ヒ酸塩，47. バナジウム酸化物塩，48-49. モリブデン酸塩・タングステン酸塩，50. 有機物，51-78. ケイ酸塩鉱物．Handbook of Minerals[4] にも class（級）による分類が反映され，第1分冊から第5分冊までそれぞれ，1. 元素鉱物・硫化物・硫塩，2. ケイ酸塩，3. ハロゲン化物・水酸化物・酸化物，4. ヒ酸塩・リン酸塩・バンジン酸塩，5. ホウ酸塩・炭酸塩・硫酸塩に分けられて出版されている．

subclass（亜級）

ケイ酸塩とホウ酸塩で SiO_4 や BO_4 の四面体原子団の連結様式に基づいて neso-, soro-, cyclo-, ino-, phyllo- および tekto- という接頭語とともに適用されている．Strunz の Mineralogical Tables では，ホウ酸塩は mono-, di-, tri-, tetraborates のような重合度で分けられてきたが，結合の構造を十分に示すことはできない．

family（科）

沸石（ゼオライト）や准長石のような複数の supergroup（上族）からなる構造が類似した鉱物群に適用される．一方，化学的に類似した supergroup（上族）からなる family（科）の例として，pyrite-marcasite（黄鉄鉱・白鉄鉱）family があげられる．

supergroup（上族）

基本的に同一構造で類似の化学組成をもつ複数の group（族）から構成される．一般に同じ class（級）の鉱物からなるが，alunite（明礬石）supergroup のように，硫酸塩のみならずヒ酸塩，リン酸塩といった異なる class（級）の鉱物から構成され

る supergroup（上族）もある．

group（族）

分類の基本単位で，同一または本質的に同一の構造と類似した化学組成をもつ複数の鉱物で構成される．

subgroup（亜族）・series（系）

lillianite（リリアン鉱）や pavonite（パボン鉱）のような硫塩がなす同族の系列や，pyroxene（輝石），amphibole（角閃石）や mica（雲母）（まとめて biopyribole ともよぶ）のように，構造や組成の異なる複数の二次元的構造単位が種々に組み合った polysomatic series の鉱物群で，同一または本質的に同一の構造や類似した化学組成をもたないため group（族）としてまとめられない鉱物群の分類に用いられる．

Polytype（ポリタイプ）

層状の結晶構造をもつ鉱物には，同一の層状の構造単位が異なる積層（方向や周期）を見せることがある．このような積層の相違は，一般の多形（polymorphism）と区別され，ポリタイプ（polytype, polytypism）とよばれる．鉱物のポリタイプの表記は，根本名（root name）にハイフンでつなぎ，1周期をなす層状構造単位の枚数と，その積層方向により規定される晶系に基づく Ramsdell 記号法を基本としている．晶系の区別は斜体の頭文字を用い，三方晶系，三斜晶系，正方晶系は T で重複するので，それぞれ T, A, Q と重複を回避している．例えば，muscovite-$2M_1$, muscovite-$1M$, muscovite-$3T$, graphite-$2H$, graphite-$3R$ など．構造が違うにもかかわらず，それぞれのポリタイプは独立種として扱われておらず，同じ根本名の鉱物は同一種と扱われる．しかし，kaolinite 亜族鉱物では，kaolinite-$1A$, kaolinite-$2M$ とポリタイプに整理されてもよさそうな kaolinite と dickite が，独立種として扱われている一方で，clinochrysotile, orthochrysotile, parachrysotile が chrysotile のポリタイプとして整理されている．なお，Kaolinite 亜族鉱物は，まとめて kaoline（カオリン）とよばれることもある．

■**階層分類に入らない鉱物群**

Asbestos（石綿・アスベスト）

石綿として用いられた鉱物には，白石綿として知られる chrysotile の他に何種類かの繊維状の角閃石も含まれる．青石綿・クロシドライトとして知られる繊維状の riebeckite（リーベック閃石・曹閃石）や，茶石綿・アモサイトとよばれる繊維状の grunerite（グリュネル閃石）が代表例である．石綿の定義は，鉱物学的には行われておらず，世界保健機関（WHO）や国際労働機関（ILO）が健康障害防止の観点から大枠で指定している．このため，一般には石綿状ではない鉱物種も指定されるという問題も残っている．

粘土鉱物

水や有機物とともに粘土を構成する鉱物群の総称．主に層状結晶構造をもつ含水のフィロケイ酸塩鉱物からなる．国際粘土研究連合（AIPEA）により，層状ケイ酸塩鉱物と，粘土に可塑性を付与したり，乾燥や焼成により固結する鉱物，と定義されている［▶027 粘土鉱物とは］．

〔松原　聰・宮脇律郎〕

●文献

1) H. Strunz and E. H. Nickel (2001) Strunz Mineralogical Tables. E. Schweizerbart'sche Verlagsbuchhandlung (Nägele u. Obemiller).
2) R. V. Gaines *et al.* (1997) Dana's New Mineralogy. John Wiley & Sons.
3) S. J. Mills *et al.* (2009) *Eur. J. Mineral.*, **21**, 1073-1080.
4) J. W. Anthony *et al.* (1990-2003) Handbook of Minerals. Vols.1-5. Mineral Data Publishing.

027
主要造岩鉱物
Rock forming minerals

現在，世界では5000種類を超える鉱物が知られており，毎年100種以上の新鉱物が記載，登録されている．このうち，代表的な火成岩に一般的に含まれる8種類の鉱物を主要造岩鉱物とよぶ．主要造岩鉱物は，無色鉱物と有色鉱物に大別され，前者をFeやMg成分に乏しくAlやアルカリ元素に富む珪長質鉱物，後者をFe・Mg成分に富む苦鉄質鉱物とよぶ場合がある．無色鉱物（珪長質鉱物）は石英，カリ長石，斜長石であり，有色鉱物（苦鉄質鉱物）は，黒雲母，角閃石（ホルンブレンド），直方（斜方）輝石（以下，斜方輝石），単斜輝石，かんらん石である．

一般的な火成岩は，マグマの組成を反映した岩石に含まれる化学成分のうち，SiO_2含有量を基準にして，酸性岩（$SiO_2>63$重量%），中性岩（$SiO_2=52～63$重量%），塩基性岩（$SiO_2=45～52$重量%），超塩基性岩（$SiO_2<45$重量%）に区分される（図1）．また，主要造岩鉱物のうち苦鉄質（有色）鉱物の量比（体積%）を基準にした色指数によって，珪長質岩（色指数<20%），中間質岩（色指数20～40%），苦鉄質岩（色指数40～70%），超苦鉄質岩（色指数>70%）に区分する場合もあり，それぞれは酸性岩，中性岩，塩基性岩，超塩基性岩に相当する（図1）．一方，火成岩はマグマの固結深度を反映した構成鉱物の粒度によって大きく2種類に区分される．マグマが地表あるいは地表付近で急速に冷却固結したため細粒な鉱物からなる火成岩類を火山岩とよび，マグマが地下深所でゆっくり冷却したために粗粒な鉱物から構成される火成岩を深成岩とよぶ．

同じSiO_2含有量や色指数を有する火成岩でも，火山岩と深成岩では，図1に示すように異なる固有の岩石名がつけられてい

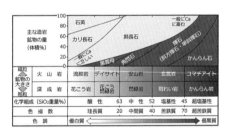

図1　主要造岩鉱物と火成岩の分類（西村ほか，2010を改変）

表1　火成岩の主要造岩鉱物

区分	鉱物	晶系	化学組成	密度 (g/cm³)	硬度
珪長質鉱物 (無色鉱物)	石英 (quartz)	六方	SiO_2	2.65	6～6½
	斜長石 (plagioclase)	三斜	$CaAl_2Si_2O_8$と$NaAlSi_3O_8$との固溶体	2.62～2.67	6～6½
	カリ長石 (K-feldspar)	単斜, 三斜	$KAlSi_3O_8$と$NaAlSi_3O_8$との固溶体	2.55～2.62	7
苦鉄質鉱物 (有色鉱物)	黒雲母 (biotite)	単斜	$KMg_3AlSi_3O_{10}(OH,F)_2$と$KFe_3AlSi_3O_{10}(OH,F)_2$との固溶体	2.7～3.3	2½～3
	角閃石 (amphibole)	単斜	$Ca_2(Fe,Mg)_5Si_8O_{22}(OH)_2$を主体とする固溶体	2.9～3.6	5～6
	直方(斜方)輝石 (orthopyroxene)	直方	$MgSiO_3$と$FeSiO_3$との固溶体	3.2～4.0	6
	単斜輝石 (clinopyroxene)	単斜	$MgSiO_3, FeSiO_3, CaSiO_3$の固溶体	3.0～3.6	6
	かんらん石 (olivine)	直方	Mg_2SiO_4とFe_2SiO_4との固溶体	3.3～4.4	6½～7

る．酸性岩では，火山岩として流紋岩，デイサイト，深成岩として花崗岩，花崗閃緑岩がある．中性岩では，前者が安山岩，後者が閃緑岩である．塩基性岩および超塩基性岩では，火山岩は玄武岩およびコマチアイト，深成岩は斑れい岩およびかんらん岩に区別される．

各岩石に含まれる主要造岩鉱物の比率（体積%）は，岩石の化学組成に対応して変化し，マグマの固結深度とは無関係である（図1）．一般的には，岩石中のSiO_2含有量が減少することに従い，無色鉱物の量が減少し，有色鉱物の量が増加する．酸性岩では無色鉱物が80%以上をしめ，中性岩の化学組成に近づくにつれ石英，カリ長石が減少し，斜長石や黒雲母・角閃石が増加する．中性岩では，無色鉱物（ほとんどが斜長石）が70～50%程度に減少するとともに，石英・カリ長石はほとんど見られなくなるとともに，斜方輝石・単斜輝石が普通に含まれるようになる．塩基性岩では，無色鉱物（斜長石）が50%以下となり，かんらん石が含まれるようになる．超塩基性岩では，多くの場合，斜方輝石・単斜輝石・かんらん石のみから構成されるようになる（図1）．

石英を除く主要造岩鉱物は固溶体である（表1）．斜長石およびアルカリ長石は，それぞれK_2O，Na_2O，CaO成分を各頂点とする長石三角図のNa_2O-CaO辺上およびK_2O-Na_2O辺上の固溶体として示される．また，直方（斜方）輝石および単斜輝石は，CaO，FeO，MgOを頂点とする三角図の下方半分に示される輝石台形のなかで，それぞれ下底部およびそれ以外の領域で示される固溶体である．各主要造岩鉱物の記載的特徴および代表的鏡下写真を以下に示す．

■**無色鉱物**

石英：ガラス光沢をもつ無色～白色の結晶で，貝殻状の割れ目を示す．鏡下では無

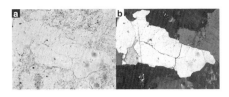

図2 石英（a オープンニコル，b クロスニコル）

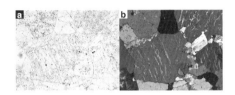

図3 カリ長石（a オープンニコル，b クロスニコル）．パーサイト構造が顕著．

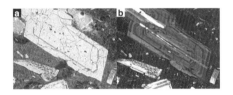

図4 斜長石（a オープンニコル，b クロスニコル）．同心円状の累帯構造が顕著．

色で斑晶として産する結晶以外は他の鉱物粒間を充填して産する場合が多い．屈折率が低く，干渉色も低次である（図2）．

斜長石：肉眼では優白色を示す．鏡下では無色で双晶や累帯構造を示すことで特徴づけられる．石英と同様に屈折率が低く，干渉色も低次である（図3）．

カリ長石：肉眼では優白色か淡桃色を示す場合もある．鏡下では無色で斜長石や石英と同様に屈折率が低く，干渉色も低次である．しかし，石英や斜長石よりも屈折率が低いので，これらの鉱物と隣接して産する場合，カリ長石はより沈んで見える．また，徐冷した場合はパーサイト構造が発達するので，他の無色鉱物との区別がつきやすい（図4）．

図5 黒雲母（a オープンニコル，b クロスニコル）

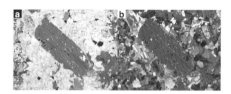

図6 角閃石（a オープンニコル，b クロスニコル）

図7 直方（斜方）輝石（a オープンニコル，b クロスニコル）

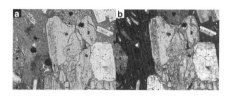

図8 単斜輝石（a オープンニコル，b クロスニコル）

図9 かんらん石（a オープンニコル，b クロスニコル）

■ **有色鉱物**

　黒雲母：黒色で角閃石よりも光を反射する．鏡下では褐色〜淡褐色の顕著な多色性を示し，劈開が一方向に発達している．単斜晶系ではあるが直消光を示す．劈開や消光位で角閃石と区別できる（図5）．

　角閃石：肉眼では黒色で光を反射しやすい．鏡下では褐色，緑色等の色合いが強く，多色性を示す．約60°（120°）で交わる劈開があり，輝石とは多色性や劈開の角度で区別できる（図6）．

　直方（斜方）輝石：肉眼では暗褐色で単斜輝石よりも褐色味が強い．鏡下では淡緑色から淡桃色の弱い多色性を示すことがある．約90°に交わる劈開が発達する（図7）．

　単斜輝石：肉眼では暗褐色でやや緑色味を帯びることがある．鏡下では無色から淡緑色で，約90°に交わる劈開が発達する．しばしば双晶を示す．斜方輝石とは，多色性，消光位および干渉色の違い等で区別する（図8）．

　かんらん石：肉眼では淡くくすんだ緑色（オリーブ色）を示す．鏡下では無色に近く，菱形に近い粒状の形を示す．火山岩の場合，結晶の周囲や割れ目に沿ってオレンジ〜褐色のイディングス石化している場合がある（図9）．　　　〔小山内康人・中野伸彦〕

028
粘土鉱物とは
What is clay mineral?

古代日本では, 身近にあった土を用いて優れた美術品である縄文式土器をつくり縄文文化を形成した. メソポタミア時代には, 幾何学テキスト, 歴史の記録を粘土板に楔形文字で記録した.

このように有史以来生活に深くかかわってきた粘土であるが, 一般的には「①細粒で②可塑性のある土状の天然物」との認識である. しかし学術的な定義は専門分野により異なる. 例えば, ①の粒子の大きさについては, 土質工学では 0.005 mm 以下, 堆積学では 0.004 mm 以下, 国際土壌学会では 0.002 mm 以下の粒子を粘土としている. ②の可塑性の定義は, 陶土などにみられる性質で, 適度な水を加えてこねると, その塊は壊れることなく連続的に変化し, ろくろ成形ができることに対応している.

このような背景を踏まえて, 粘土科学の国際的組織である国際粘土研究連合(AIPEA)の鉱物命名委員会は, 粘土と粘土鉱物を次のように定義している.

「粘土は, 微細粒子の鉱物からなる天然物質であり, 一般的には適当な水を加えると可塑性を示し, 乾燥や加熱により固結する性質をもつ」

一方で, 長い間粘土を構成している微粒子の正体は不明であった. 20世紀前半からのX線回折法・電子顕微鏡法・各種分光学的手法の出現により, 粘土の本質を担っている物質が, 層状ケイ酸塩である粘土鉱物であることが判明した. その後の研究で, 粘土鉱物には層状ケイ酸塩以外にも, 非晶質物質など多種あることが判明した. これらを受けて AIPEA の鉱物命名委員会は, 粘土鉱物を以下と定義した.

「粘土鉱物とは, 層状ケイ酸塩をさすが, 粘土に可塑性を与える鉱物や, 乾燥・加熱した時に固まる性質をもつ非晶質・低結晶質の鉱物も粘土鉱物とする」

したがって, 粘土鉱物は, 主として Al, Mg, Fe などを主成分とする鉱物であり, AIPEA の分類による 1:1 型, 2:1 型, 2:1:1 型の層状構造を中心に, その他に混合層鉱物, 2:1 リボン型鉱物, 非晶質・低結晶質鉱物, 層状複水酸化物が知られている (表1).

層状構造の粘土鉱物の多くはフィロケイ酸塩に分類される [▶029 主要造岩鉱物]. 六角形網状の四面体シート (tetrahedral sheet) と, Al や Mg などの陽イオン八面体からなる八面体シート (octahedral sheet) で構成される. 八面体シートには, 陽イオンの入る席 (サイト) が3つある. Mg や Fe^{2+} などの2価の陽イオンはこの3つのサイトすべてを占めるが, Al^{3+} などの3価の陽イオンは, 3つのサイトのうち2つだけを占めることになる. 前者を3八面体型 (trioctahedral type), 後者を2八面体型 (dioctahedral type) と区別する.

1:1 型構造:1枚の四面体シートと一枚の八面体シートが相互に積層した構造からなる. カオリン鉱物 ($Al_2Si_2O_5(OH)_4$), 蛇紋石 ($Mg_3Si_2O_5(OH)_4$), などに加え, カオリン鉱物の層間に1枚の水分子層がはさまれ, 八面体シートを内側に湾曲して管状形態を示すハロイサイト ($Al_2Si_2O_5(OH)_4 \cdot nH_2O$) もこの構造に属する.

2:1 型構造:2枚の四面体シートが1枚の八面体シートを両側からはさむ構造を持つ. パイロフィライト ($Al_2Si_4O_{10}(OH)_2$), 滑石 ($Mg_3Si_4O_{10}(OH)_2$) が代表的なものである. これらの鉱物の四面体および八面体陽イオンの同形置換により, 2:1 層に負の電荷が過剰となるが, 鉱物全体の電気的中性は, 層間に陽イオンを取り込むことによって新たな 2:1 型構造が出現する. 雲

表1　粘土鉱物の分類

1.	1:1型 2八面体型 　カオリン鉱物 　　カオリナイト，ディッカイトなど 3八面体型 　蛇紋石 　　クリソタイル，リザーダイトなど
2.	2:1型 パイロフィライト-滑石 　2八面体型 　　パイロフィライト 　3八面体型 　　タルク，ケロライトなど 雲母粘土鉱物 　2八面体型 　　イライト，絹雲母など 　3八面体型 　　3八面体型イライト バーミキュライト 　2八面体型 　　2八面体型バーミキュライト 　3八面体型 　　3八面体型バーミキュライト スメクタイト 　2八面体型 　　モンモリロナイト，バイデライトなど 　3八面体型 　　サポナイト，ヘクトライトなど
3.	2:1:1型 緑泥石 　2八面体型 　　ドンバサイト，スドーアイトなど 　3八面体型 　　クリノクロア，シャモサイトなど
4.	混合層鉱物 　2八面体型 　　レクトライト，トスダイトなど 　3八面体型 　　コレンサイト，ハイドロバイオタイトなど
5.	2:1リボン型鉱物 　3八面体型 　　セピオライト，パリゴルスカイト
6.	非晶質・低結晶質鉱物 　2八面体型 　　アロフェン，イモゴライト

母と同様な層状構造で，バーミキュライト族（$Mg_{0.7}(Mg, Fe, Al)_6(Si, Al)_8O_{20}(OH)_4 \cdot 8H_2O$），スメクタイト族，例えばモンモリロナイト（$(Na, Ca)_{0.33}(Al, Mg)_2Si_4O_{10}(OH)_2 \cdot nH_2O$）などがある．

2:1:1型構造：2:1型構造の層間に，正の電荷をもった1枚の八面体シート（水酸化物シート）が挟まった構造である．緑泥石族（$[Mg_2Al(OH)_6]^+ [Mg_3(Si_3Al)O_{10}(OH)_2]^-$）が属する．

混合層鉱物：上記の層状粘土鉱物では，層面に垂直な方向に同種層の積み重なりが特定の周期で規則正しく繰り返しているのに対して，異種層とのくり返しによる積層構造をとる．例えば雲母層とスメクタイト層が，一つの結晶粒子中で雲母-スメクタイト-雲母-スメクタイト-雲母…という交互に積み重なった構造を示すことがある．混じり合う成分層の組み合わせ，量比，積み重なる順序（例えば，規則型とか不規則型）などで大きく変化する．

2:1リボン型鉱物：2:1型構造の層を一定間隔で切断したリボンを，1つおきに底面間隔の半分の長さでずらした構造を取る．セピオライト（$Mg_4Si_6O_{15}(OH)_2 \cdot 6H_2O$）やパリゴルスカイト（$(MgAl)_2Si_4O_{10}(OH) \cdot 4H_2O$）が属する．

非晶質・低結晶質鉱物：アロフェン・イモゴライトがこの分類に属する．その原子配列は，アロフェンは，直径約5 nmの中空球状で，その組成は$Al_2O_3(SiO_2)_{1.3\sim 2.0} \cdot 2.5\sim 3H_2O$と幅広い値を示す．イモゴライトは，直径約2 nmのチューブ状で，その理想的化学組成は，$Al_2SiO_3(OH)_4 \cdot nH_2O$で表される．

層状複水酸化物（LDH：Layered Double Hydroxide）：近年注目されている陰イオン交換性層状鉱物で，その一般化学式は，$[M^{2+}_{1-x}M^{3+}_x(OH)_2]^{x+}[A^{n-}_{x/n} \cdot mH_2O]$で表される．$Mg(OH)_6$八面体が稜共有で平面的に配列したもので，層内の$M^{2+}$，$M^{3+}$の同形置換で生じる正電荷を電気的に中和するために層間に交換性陰イオンが入る．

〔山田裕久〕

029 天然非晶質物質
Natural amorphous

非晶質とは，結晶のように原子（または分子）が規則正しい空間配置（長距離秩序）はもたないが，短距離秩序はある物質の状態と定義できる．熱力学的には，自由エネルギーの極小（非平衡準安定状態）にある状態であり，粘性率の非常に大きい過冷却液体とも見なされる．ガラス［▶131 ガラス］，アモルファス（amorphous）ともほぼ同義のものととらえることができる．

天然非晶質物質は，溶融状態から急冷した場合に生じる天然ガラス，黒曜岩，テクタイトなどがある．岩石・鉱物中にガラス質として含まれる場合もある．その他に，放射性元素を含む鉱物の非晶質化もある．

火山から噴出さられたもののうち，直径2 mm以下の大きさのものを火山灰という．火山灰には，鉱物・古い岩石破片の他に，マグマの急冷物である火山ガラスが構成物として含まれる．このガラスの組成は，元のマグマの成分に依存し，火山灰層の同定・年代決定の指標の一つとなる．一方で，結晶中に包有されたガラスは，噴火前の微量の水を保持し，マグマ溜りの含有量の見積もりに重要な情報を与える．近年，火山岩・浅所貫入岩だけでなくグラニュライトなどの高温広域変成岩からもmmサイズ以下の火山岩様包有物（VRLI：volcanic rock-like inclusion）が見いだされてきた．これには，部分溶融によって生じた融体が非晶質体としても産出したと考えられている．微小・微量のVRLIの存在が，大陸衝突時のさまざまな大規模地質過程の精密決定に不可欠となっている．

黒曜岩（オブシディアン：obsidian）は，流紋岩やデイサイトとほとんど同じ化学組成をもつガラス質の火山岩である．一般的には流紋岩質マグマが急激に冷却・固化する岩脈・岩床の周辺でみられ，少量の石英・長石などの斑晶を含むこともある．典型的な色は，漆黒色であるが，灰色，赤色，褐色などのものがある．緻密でガラス光沢をもち，割ると貝殻状の断面を生ずる．熱力学的に準安定なガラスであるために，水との反応で変質し，白亜紀より古い黒曜岩は見いだされていない．オブシディアンという名称はオブシディウス（Obsidius）がエチオピアで発見したことに由来している．黒曜岩と同じガラス質の火山岩に，松脂岩（ピッチストーン：pitchstone）と真珠岩（パーライト：perlite）がある．ピッチストーンは樹脂状光沢をもち，パーライトは真珠の粒のような球状の割れ目が発達している．黒曜岩の産出地は限られ，日本では北海道十勝（十勝石），長野県和田峠，島根県隠岐島後（馬蹄石），大分県姫島（天然記念物）など，外国では，アメリカ合衆国ワイオミング州イエローストーン国立公園のオブシディアン・クリフ，オレゴン州ニューベリー火山，地中海のリパリ島，アイスランドのヘクラ山などに産するものが有名である．

黒曜岩は，先史時代よりその鋭い破断面を利用して，ナイフ・やじり・槍の穂先などの武器・石器，装飾品として利用されてきた．日本でも後期旧石器時代から使われ，広域に流通していたことが，1970年代以降の考古学研究から明らかにされている．例えば，伊豆七島神津島産の黒曜石が，南関東，中部地方の遺跡から発見されている．栃木県北部の高原山産の黒曜岩を利用した石器が，静岡県・長野県の遺跡でも発見されている．これらの産地と遺跡の結び付きは，石器時代の交易の広さ・ルートの推測に重要な資料を提供している．現在でも半貴石として加工・研磨して，カフスボタ

ン，ネックレス，ペンダントなどの装身具して使われている．

テクタイト（tektite：ギリシャ語の溶融した意のtektosに由来）は，数mm〜cm程度の大きさの黒色，緑色，褐色，灰色などの色調の天然ガラスで，形状は円形，水滴状，ダンベル状など種々がある．表面的には，黒曜岩と似ているが，①完全なガラス質で，黒曜岩のように斑晶を含んでいない，②高シリカ組成であるが，その全化学組成および同位体組成は黒曜岩と異なり，頁岩もしくは堆積岩の組成に近い，③黒曜岩と異なり，ほとんど水分を含まない（0.02重量％以下），④その分布は，ある特定の地域の比較的広い範囲（数1000〜千 km^2），特に隕石衝突クレーターの位置に関係している，⑤数少ないテクタイトは，石英，燐灰石（アパタイト），ジルコン，コース石などの部分溶融物を含む特徴がある．

テクタイトの起源については，隕石に似た地球外物質，隕石の衝突で飛散した月面の物質である地球外起源説と，地球起源説との議論があるが，上記の特徴から，隕石が高速で地表に衝突したときに，そのエネルギーで溶融・蒸発・気化した岩石（特に堆積岩）が，空気中に飛び散り急冷されてガラスになったと考えられている．その関係する衝突クレーターにより，①オーストラリア・東南アジア（地球表面の約10％にも達する広範囲に分布しているが，残念ながら対応するクレーター（0.77〜0.78 Ma）は同定されていない），②中央ヨーロッパ（ドイツのネルトリンガー・リースクレーター（14.3〜14.5 Ma）に関連）③コートジボワール（ガーナのボスムトゥイ湖クレーター（1 Ma）に関連），および④北アメリカ（米国のチェサピーク湾クレーター（34 Ma）に関連）に分類されている．特に有名なテクタイトは，チェコスロバキアのモルダウ川周辺で発見されたモルダバイト（Moldavite：名は，モルダウ川に由来）である．緑色で美しいガラスであり，宝石としても加工されてきた．その生成年代と化学組成に基づいて，数百km離れたドイツ・バイエルン州にあるネルトリンガー・リースクレイターと関係していることが判明している．

放射性元素（U, Thなど）を含む鉱物は，燐灰ウラン石，モナズ石，チタン鉱石，バストネス石，ジルコンをはじめとして300種近く知られている．含まれる放射性元素の放射壊変に伴うα粒子，β粒子やγ線によって，共存する鉱物に影響を与えるとともに，放射性元素を含む鉱物自身の結晶構造も部分的もしくは完全に破壊される．共存鉱物への影響は，煙水晶などにみられる着色と，放射性鉱物のまわりもしくは放射性鉱物を含む黒雲母・緑泥石などにみられる多色暈（または多色性ハロー）である．

一方，放射線破壊，すなわち結晶格子が損傷・破壊された鉱物は，結晶外形は残すが，内部はX線回折や光学特性では非結晶と見なされる状態になる．このような状態をメタミクト状態（metamict state）とよんでいる．メタミクト状態には，さまざまな状態がある．例えばジルコンの場合では，点欠陥に伴って発色した状態は，部分的に構造が損傷した状態であり，加熱により，無色透明に変化する．また完全に非晶質状態になったジルコンでも，適切な熱処理を与えると，比重，硬度，屈折率の減少といった物理的変化の回復とともに，結晶構造も回復しX線回折でも結晶化が認められる．ただし，放射性元素を含む鉱物がすべてメタミクト状態になるとは限らない．

〔山田裕久〕

030
高圧実験・装置の歴史
High pressure experiments and the history

先駆的な高圧研究の業績で1946年のノーベル物理学賞を受賞したハーバード大学のブリッジマン（P. W. Bridgman）が，本格的に高圧実験を開始したのは1900年代初期だったが，地震波の解析によって地球内部の層状構造が明らかにされたのが1930年代．さらに高圧実験と地震波の結果を結びつけてバーチ（A. F. Birch）が地球の内部構造を研究したのが1950年代だった．これらを受けて，1960年代に入りマントル内にみられる弾性波速度の急増の原因を明らかにすべく，マントルの主要鉱物であるかんらん石（オリビン）高圧相転移を実験で究明しようと研究を始めたのが，オーストラリアのリングウッド（A. E. Ringwood）である．

それ以前にも，ピストン-シリンダー型装置を用いて地球深部と同じような高温高圧条件を実験室内で再現し，地球内部に存在する岩石や鉱物の生成条件を解明しようとする研究が，アメリカのカーネギー研究所を中心として1920年代に開始されていた．しかし高圧装置の限界から，その研究対象はもっぱら地殻にみられる岩石や鉱物であった．その後ピストン-シリンダー型装置の圧力限界を超すためにさまざまな高圧技術の開発がなされ，先端を細く，根元を太くした形状の高圧発生部（アンビルとよばれる）を対向させたブリッジマン・アンビルやドリッカマー・アンビル，さらには4個から8個のアンビルを使って正四面体や立方体，正八面体の圧力媒体を多数のアンビルで加圧するマルチアンビル装置などが開発され，発生圧力の限界は次第に広がっていた．一方リングウッドは，超硬合金の間に粉末試料を挟んで高圧力を加え，装置全体をヒーターで加熱するシンプルスクイーザーとよばれる装置を使って，オリビン構造をもつモデル物質の Ni_2SiO_4 が，約3 GPa（1 GPa≒1万気圧）を越すとスピネル構造に転移することを見いだした．彼はさらに Fe_2SiO_4 など，地球深部に存在する鉱物により近い試料で研究を続けたが，この装置では，あまり温度を上げることができないうえ，高温下での圧力値を正確に見積もることも難しかった．秋本俊一は，1964年に東大物性研に建設した国産初の大型高圧実験装置であるテトラヘドラルプレス（図1）を用いて，かんらん石のオリビン-スピネル転移を定量的に解明する研究を始め，1965年から10年ほどかけて徐々にその圧力領域を広げて，1972年には Mg_2SiO_4-Fe_2SiO_4 固溶体系の相図をほぼ完成させた．彼はその実験結果と地下400 km付近で観測される地震波速度の急増とを対照して，地球深部における温度や化学組成に関する議論を展開した．

日本国内ではテトラヘドラルプレスとともに，阪大の川井直人らによって分割球型装置とそれを発展させた川井型二段式加圧装置，名大の熊澤峰夫により多重アンビルスライディング装置（MASS型装置）な

図1　東大物性研に設置された，国産初の大型超高圧装置「テトラヘドラルプレス」

図2 ダイヤモンドアンビル型超高圧発生装置

ども開発され，さまざまなマルチアンビル装置が大きく発展した．

一方，アメリカを中心として，宝石用ダイヤモンドを2個対向させ，間に挟んだ試料に超高圧を発生させるダイヤモンドアンビル装置（セル）（図2）が急激に発展した．1950年代末に使われはじめた当初は，試料の量が μg 以下とあまりにも微量で，かつ室温から低温での実験にしか使えなかったため，研究の対象もきわめて限られていた．しかし1970年代にバセット（W. A. Bassett）らにより，レーザーを用いて高圧下の試料を数千 K まで加熱する技術が確立され，地球深部物質の研究にとって有力な実験装置となった．

オリビン-スピネル転移の研究が一段落した1970年代には，マントル内において400 km の次に地震波速度が急増する660 km 不連続の成因を解明しようと，さまざまな高圧装置を駆使しての熾烈な競争が世界中で繰り広げられた．当時いろいろな実験結果が報告されたが，結局バセットグループからオーストラリアのリングウッドグループに移ったリウ（L. Liu）が，1974年にレーザー加熱ダイヤモンドアンビルを用いて，天然のざくろ石（ガーネット）が二十数 GPa でペロブスカイト型構造に変わることを見いだした．それに続いて彼は，下部マントルの主要構成鉱物であるかんらん石や輝石もすべて，ペロブスカイト型構造に転移するか，それと岩塩構造の二相に分解することを明らかにし，地表ではまったくみられないペロブスカイト型構造の鉱物が下部マントルの主要構成鉱物であろうという理解が確立された．日本のマルチアンビルグループは，ペロブスカイト型構造の発見こそ少し遅れたものの，試料の量がダイヤモンドアンビルよりはるかに多く，安定して均一な高温実験ができるマルチアンビル装置の特色を生かして，精密な結晶構造の解析や詳しい相図の作成などを推進した．また多量の試料が合成できるという特色を生かして，諸外国の研究者の要請に応じ，熱測定やブリルアン散乱など物性測定のための高圧鉱物試料を提供した．

それまでの高圧実験はほとんどが，ケイ酸塩鉱物を室温で加圧した後，高温に加熱して高温高圧相を生成させ，それを室温まで急冷してから1気圧に減圧して準安定状態として調べる，いわゆるクエンチ法（急冷回収法）で行われていた．しかしこの方法では特に高温下での圧力を正確に見積もることが難しいことや，減圧すると急冷回収できずに非晶質化してしまう高圧相もあることなどから，高温高圧状態に保ったままの試料を X 線で観察する「その場観察法」の開発が精力的に行われた．アンビルや圧力媒体など，X 線を透過しにくい物質で囲まれた高圧下の試料の X 線測定を行うことは技術的にさまざまな困難がある．したがって開始当初は，温度圧力条件や分解能・精度なども常圧下の X 線回折実験に比べて著しく限られたものであった．

その状況を一変させたのが，1980年頃から世界中で開発が進んだシンクロトロン

放射光の利用であった．それまでのX線源に比べて何桁も高い輝度と小さな発散をもつX線が利用可能になったことから，さまざまなタイプの高圧装置を組み合わせて，高温高圧X線その場観察実験が急速に発展した．1983年に筑波のフォトンファクトリー（PF）につくられた「MAX80」装置は，キュービックアンビル装置と放射光を組み合わせて，高温高圧下の融体の研究や，精密な状態方程式，相転移のカイネティクスの測定など，それまでまったく不可能だった研究を可能にし，その後の高温高圧X線場観察実験発展のさきがけとなった（図3）．

この装置は国際的にも高い評価を得て，日本から輸出された同型の装置がアメリカやドイツのシンクロトロン放射光実験施設にも設置されたほか，第3世代の放射光実験施設であるSPring-8やアメリカのAPSにも，さらに進化したマルチアンビル型装置が導入された．それらを使って，単にX線回折実験だけでなく，ラジオグラフィーを用いて精密な変形実験をしたり，トモグラフィー法による3次元の観察を行うなど，さまざまな新しい研究が発展しつつある．PFでは，MAX-80が建設後35年以上経った今もなお現役で10 GPa程度までの圧力領域におけるさまざまな物質の相転移の解明に活躍しているほか，その後継機であるMAX-IIIも変形実験などより複雑な実験に広く使われている．またSPring-8ではSPEED-1500やその後継機のSPEED MARK-IIが広く使われており，焼結ダイヤモンドを使ったアンビルと組み合わせて，100 GPaをこす圧力領域までの実験技術が確立されつつある．

ダイヤモンドアンビル装置は，1970年代中頃すでに100 GPa領域までの圧力発生技術が開発され，下部マントル条件下での実験も可能になった．しかしX線その場観察を行うには，ビームが十分細く絞れて輝度も高いシンクロトロン放射光の利用が不可欠で，レーザー加熱装置と組み合わせた装置の建設が始まったのは1990年代に入ってからであった．日本では最初にPFのBL13にCO_2レーザーを用いた

図3 PFに建設されたMAX-80装置

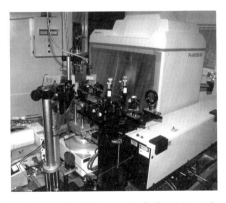

図4 PFに建設されたレーザー加熱ダイヤモンドアンビル装置

装置が建設され,その後改良を積み重ねて100 GPa領域での高温高圧その場観察実験が可能になり(図4),下部マントルの鉱物学的研究が行われた.1990年代末にはSPring-8のBL-10にも同様の装置が建設されてさらに改良が重ねられ,アメリカ・シカゴのAPS,フランス・グルノーブルのESRFの装置とともに,第3世代のシンクロトロン放射光の高い輝度と小さな発散をフルに生かして,100 GPa領域で精密なX線実験が行われるようになった.2004年にSPring-8で行われたポストペロブスカイト相の発見は,その特色を余すところなく生かした成果である.

第3世代のシンクロトロン放射光とダイヤモンドアンビル装置の組み合わせはまた,X線回折実験だけでなく,分光学的手法を用いることによって,超高圧下で多様な測定を行い,それまでの結晶構造だけでなく,電子状態や弾性的性質などの情報も得ることを可能にした.シンクロトロン放射光のパルス性をうまく利用した核共鳴散乱実験では,100 GPa領域までの弾性常数測定や,さまざまな熱力学的パラメータの実測が可能になった.また時間領域でのメスバウアー分光測定も行われ,さらにX線発光分光法により,電子状態の変化も明らかにされるようになった.これらの測定手法を用いて,地球深部における鉄のスピン状態変化に関する研究などが精力的に行われている.また,レーザー光を用いたブリルアン散乱とX線実験を同時に行い,絶対スケールに基づく状態方程式を求める試みなども行われており,今後こうした分光学的手法を利用した研究はさらなる発展が期待されている.

ダイヤモンドアンビルとシンクロトロン放射光の組み合わせはその後,アンビルのキュレット径を30 μm程度まで小さくし,照射するX線のビーム径も数μmまで細くするなど高圧発生部を微小化することによって圧力領域がさらに拡大された.2010年には地球の中心部に対応する360 GPaで5000 Kを越す高温下でも鮮明な鉄のX線回折パターンが得られ,それをもとに,内核中心部においても鉄はhcp構造をもっている,とする論文が発表された.このように今や,温度圧力条件だけからすれば,地球内部のすべての条件を満たす領域での精密な高温高圧X線実験が可能になった.

しかし地球深部の研究にとって,X線実験だけでは得られない情報も少なくない.水素をはじめとする軽元素の振るまいはその一例である.水素は太陽系で最も豊富に存在する元素であり,地球にも水という形で多量に存在する.水は微量でも融点や粘性など,地球深部物質の物性に大きな影響を及ぼすことが知られているが,その原子レベルからの解明はまだほとんどなされていない.それらの解明のために,新たな高圧中性子実験装置が茨城県東海村に建設された.2001年に建設が始まった高強度陽子ビーム実験施設J-PARCでは,従来の原子炉を用いた中性子源より100倍も強いピーク強度をもつパルス中性子が利用可能

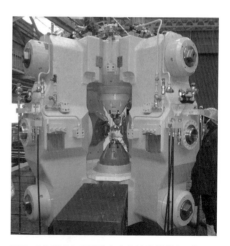

図5 J-PARCに設置された中性子実験用6軸プレス「圧姫」

になり，それを用いて高圧実験専用の新たなビームラインの建設が2009年から開始された．このビームラインはPLANETと名づけられ，高圧実験に適した細く絞れる中性子光学系や大型マルチアンビル装置を備え，まずは15 GPa領域までの高温高圧中性子実験をめざしている．マルチアンビル装置としては大きな開口角がとれるよう，6個の独立したラムでアンビルを加圧する6軸プレス（**図5**）が採用されたが，このプレスの代わりに各種の小型高圧装置を設置し，より高圧下での実験や低温高圧下での実験も可能なように設計されている．2012年秋頃から実験が行われはじめ，すでに鉄水素化物に関する新しい成果も発表されており，今後，中性子という新しいプローブを用いた地球深部物質の研究が大きく展開していくと期待されている．

〔八木健彦〕

031
固体地球の構造
Structure in the Earth

地球内部の構造は，地殻，マントル，外核，内核と大きく分けられる（図1）．

地殻はさらに大陸地殻と海洋地殻に分類され，大陸地殻は花崗岩から玄武岩質，海洋地殻は玄武岩質な化学組成で構成されている．大陸地殻はコンラッド面と称される不連続面で花崗岩的な上部地殻と斑れい岩的（玄武岩質）な下部地殻に分類されることが多いが，この不連続面は地域によっては必ずしも明瞭ではない．

地殻とマントルの境界はモホロビチッチ不連続面（モホ不連続面，またはモホ面）と称され，大陸下では平均深さ30～40 km程度，海洋下では深さ5～6 kmに位置する不連続面である．この不連続面はクロアチアの地震学者モホロビチッチ（Andrija Mohorovičić）によって1909年に発見された．この境界は上部に位置する地殻を構成する玄武岩質岩石（SiO_2＝50～70 重量％）と下部に位置するマントルを構成するかんらん岩質岩石（SiO_2≦45 重量％）の化学的不連続面といえる．

マントルはさらに上部マントル，マントル遷移層，下部マントルと分類される．上部マントルとマントル遷移層の境界は410 km不連続面，マントル遷移層と下部マントルの境界は660 km不連続面と称され，いずれも地震波速度の急増がみられる．これらの不連続面ほど明瞭ではないが，マントル遷移層内には520 km付近に地震波速度の急増がみられる場合があり，この面を520 km不連続面と称する場合もある．マントル遷移層での不連続面はかんらん石の高圧相転移現象で説明できる．すなわち，かんらん石からワズレアイト，リングウッダイト，そしてブリッジマナイト（ケイ酸塩ペロブスカイト）とフェロペリクレースへの高圧相転移に対応している［▶035 かんらん石の高圧相転移］．

マントル最下部の2700から2900 km付近にかけて，D″（D double prime）層と称される地震波速度が遅い領域が存在する．この名称は，ブレン（Keith Bullen）が地球の層構造をA～G層で称した名残である．2004年に下部マントルの主要構成鉱物であるブリッジマナイト（ケイ酸塩ペロブスカイト）がこの深さ付近の圧力で相転移することが明らかにされ（ポストペロブスカイト），D″層の原因はこの相転移に起因すると考えられるようになった．

マントルと外核との境界は深さ約2900 kmに存在し，マントル－核境界（core-mantle boundary：CMB），またはグーテンベルク不連続面とよばれる．アメリカの地震学者グーテンベルク（Bene Gutenberg）は，1926年に地球内部で地震波のP波速度が遅くなり，S波が伝わらない部分があることを発見し，外核が液体状であることを明らかにした．この不連続面はケイ酸塩からできたマントルと溶融鉄ニッケル合金からできた外核との境界であり，地球内部の化学的境界面である．

外核と内核の境界は深さ約5100 kmに

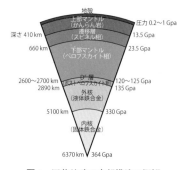

図1　固体地球の内部構造の概観

相当し,レーマン面ともよばれる.レーマン(Inge Lehmann)はデンマークの地震学者であり,従来地震波がまったく届かないと思われてきたシャドーゾーンにも弱い地震が観測されることに気付き,核の内部にも不連続面があることを明らかにした.外核は溶融鉄ニッケル合金から構成され,内核は固体鉄ニッケル合金から構成されている.なお,外核の密度は純粋な鉄ニッケル合金より想定される密度よりも低密度であり,10重量%程度の軽元素が溶け込んでいると考えられている.

なお,地球の成層構造を知るうえで各層の地震波速度構造が重要となるが,その速度と物性値との関係は以下の関係がある.

P波速度 $V_p = \sqrt{(K + \frac{4}{3}\mu)/\rho}$

S波速度 $V_s = \sqrt{\frac{\mu}{\rho}}$

ここで,K は体積弾性率(非圧縮率),μ は剛性率(剪断弾性率,ずれ弾性率),ρ は密度である.物質科学的に地球内部を明らかにする場合には,この式がきわめて重要となる.なお,実験的に剛性率は求めにくい物性値であるため,上式から剛性率を消去し体積弾性率のみによる弾性波速度を定義し,これをバルク音速(bulk sound velocity)とよぶ.

$$V_b = \sqrt{\frac{K}{\rho}} = \sqrt{V_p^2 - \frac{4}{3}V_s^2}$$

地球内部の圧力の見積もりは比較的容易であり,以下の式で計算できる.

$$dP = \rho g dh$$

ここで,P は圧力,ρ は密度,g は重力加速度,h は深さである.これにより,410 km 不連続面は 13.5 GPa,660 km 不連続面は 23.5 GPa,グーテンベルク不連続面は 135 GPa,レーマン面は 330 GPa,地球の中心では 364 GPa(深さは 6370 km)と明らかにされている.

一方,地球内部の温度を明らかにすることは難しい.最も重要な情報は,内核は固体,外核は液体で,この境界で鉄ニッケル合金の溶融曲線と地球内部での温度勾配が交差しているという事実である.このため,鉄もしくは鉄ニッケル合金の溶融温度を高圧下で明らかにする努力がなされてきており,衝撃波を用いた動的圧縮実験,ダイヤモンドアンビル装置を用いた静的圧縮実験,理論計算によるアプローチが行われている.まだ誤差は大きいが約 6000℃ 程度というのが現段階での見積りである.

一方,マントルの温度は地表での地殻熱流量と岩石の熱伝導率,放射性元素の分布などを用いて,地殻と上部マントルの温度分布が推定されている.また,マントル由来の捕獲岩から,輝石温度計という手法を用いても推定され,100 km 程度では 1200℃ 程度とされている.また,410 km や 660 km 不連続面ではかんらん石の高圧相転移が起こっていることにより,相平衡図を用いてそれぞれ 1450℃,1600℃ 程度と推定されている.これらの境界条件に加えて,断熱温度勾配 $(dT/dz)_s$ の式を用いて,地球の温度分布が推定できる.

$$\left(\frac{dT}{dz}\right)_s = \frac{\alpha g T}{C_p}$$

ここで,T は温度,z は深さ,α は熱膨張率,g は重力加速度,C_p は定圧比熱である.この式を用いると核での断熱温度勾配は 0.5℃/km,マントルでの断熱温度勾配は 0.4℃/km 程度と見積もられる.したがって,マントル最下部の温度は 3000℃ 程度,外核最上部の温度は 4500℃ 程度と見積もられており,CMB では大きな熱境界層となっていることがわかる.なお,かんらん石などの相転移においても,相転移による潜熱(発熱反応になるか吸熱反応になるかは相転移による)の影響があり,そのために不連続面では温度も少し不連続に変化する.

〔井上 徹〕

032 マントル
Mantle

■マントルの定義と特徴

地球の内部は，その表面から中心に向かって，地殻，マントル，核と3つの主要部分に分けられる．地球における地殻とマントルの境界，およびマントルと核の境界は，地球内部を伝搬する地震波速度の急激な変化（不連続）によって定義される．地殻とマントルの境界では，マントルに向かって地震波速度が急増する．マントルと核の境界では，核に向かって地震波速度が急減する．地殻とマントルの境界となる地震波速度の不連続面を，モホロビチッチ不連続面とよぶ．略して，モホ面とよばれることもある．この不連続面の深さは，海洋地域では海底下約5〜7 kmと浅く，大陸地域では地表下約25〜75 kmと深い．マントルと核の境界となる不連続面を，グーテンベルク不連続面とよぶ．これは地表から約2900 kmの深さに存在する．グーテンベルク面は，マントル-核境界またはCMBとよばれることも多い．

モホロビチッチ不連続面，グーテンベルク面ともに，化学組成境界である．地殻およびマントルは，複数の鉱物の集合体からなる岩石でできている．地殻，マントルの両者において，主要となる鉱物はマグネシウム，ケイ素を主要成分とする酸化物，つまり，かんらん石，輝石などのケイ酸塩鉱物である．マントルは地殻に比べて，マグネシウム/ケイ素の比率が高い．この化学組成差が，地殻とマントルを構成する鉱物の種類とその比率の違いを生み出す．この鉱物種の違い，鉱物存在比率の違いが，地殻とマントルの地震波速度の違いとなり，地震学的に観察される不連続面となる．

グーテンベルク面は，ケイ酸塩鉱物からなるマントルと，鉄とニッケルを主体とする溶融金属からなる外核との境界である．マントルは酸化物からなる固体，外核は金属の液体であり，物質の状態，化学組成が大きく異なる地球における最も顕著な不連続面である．固体である地殻およびマントル中では，縦波および横波ともに伝搬するが，液体である外核中においては，縦波のみが伝搬し，横波は伝搬しない．

上記のように，マントルは固体である．火山の噴火などでみられる地下から吹き出すマグマは，マントルあるいは地殻の物質が溶融したものであるが，プレートの収束境界である沈み込み帯，プレートの発散境界である海嶺，プレート中に存在するホットスポットなど，限られた地域でのみ起こる現象である．

■マントル中に存在する地震波速度の不連続面

マントル中には主に3つの地震波速度不連続面が存在する．浅いものから順に，410 km不連続面，660 km不連続面，D″層の上面である．これらの不連続面の原因は，マントルを構成する主要鉱物の構造相転移である．

マントルの最主要鉱物はかんらん石（オリビン，そのマグネシウム端成分の化学組成はMg_2SiO_4であり，鉱物名はフォルステライト）である．かんらん石は，深さ410 km（圧力は約13.5 GPa（1 GPa≒1万気圧））において，オリビン構造から，変形スピネル構造に相転移する．相転移後の鉱物名は，ワズレアイトである．ワズレアイト中を伝わる地震波速度は，かんらん石中を伝わるそれよりも速いため，この構造相転移が深さ410 kmにおける地震波速度不連続として観測される．

ワズレアイトは深さ520 km（圧力は約18 GPa）においてスピネル構造をもつ鉱

物，リングウッダイトに相転移する．ワズレアイトからリングウッダイトへの地震波伝搬速度の変化は小さいため，この相転移は，全地球的な顕著な不連続面としては観察されない．深さ 520 km における不連続面は，観察される地域と観察されない地域がある．

リングウッダイトは深さ 660 km（圧力は約 23.5 GPa）において，分解相転移を起こす．フォルステライト組成で表現すると，Mg_2SiO_4 組成のリングウッダイトが，ペロブスカイト型構造の $MgSiO_3$ と岩塩型構造の MgO に分解相転移する．この相転移をポストスピネル相転移とよぶ．

410 km 不連続面，660 km 不連続面によって，マントルは 3 つの部分に分けられる．410 km より浅い部分は上部マントル，410 から 660 km までの部分はマントル遷移層，660 km より深い部分は下部マントルである．

下部マントルの最下部，厚み 200〜300 km の部分には，D″層がある．D″層の地震波速度は，他のマントル部分よりも高速度である．また地震波速度の方位異方性が顕著であることが知られている．D″層の上面において，ペロブスカイト型構造の $MgSiO_3$ がポストペロブスカイト型構造へ相転移する（相転移圧力は約 120 GPa）．D″層の地震波速度異方性の原因は，ポストペロブスカイト型構造が結晶方位の違いによる弾性異方性が大きいことであると考えられている．

■ 地震波トモグラフィーとマントルプルーム

おおまかにみると，地球は層状構造をしている．地殻とマントルは核を覆う球殻であり，マントル中には複数の地震波不連続面が存在している．つまり，このモデルの場合，地球の性質，例えば地震波速度は深さのみで決まり，水平方向には地震波速度は変化しないという単純なモデルである．実際の地球はこの球殻状のモデルから少し

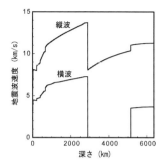

図 1 PREM（縦波，横波）

だけずれている．つまり，水平方向に地球の性質は変化する．

PREM（Preliminary Reference Earth Model）は，代表的な地球の地震波速度の球殻状モデルである（図1）．これは，深さのみの関数として地震波速度を表すので，1 次元モデルともよばれる．実際のマントルの地震波速度の 3 次元構造を 1 次元モデルからのずれとして表現したものを地震波トモグラフィーとよぶ．実際のマントルにおける 1 次元モデルからのずれは最大でも数 % 程度である．

1 次元モデルより，地震波速度が速い地域（高速度域）は平均的なマントルよりも低温であると考えられる．環太平洋地域下のマントルは高速度域である．これは海溝から地球内部に沈み込んだ低温の海洋プレートが存在しているためだと考えられている．特に日本を含む西太平洋地域下にはマントル遷移層に大規模に水平方向に数千 km にわたる高速度域が観測されている．これは沈み込んだ海洋プレート（スラブ）がマントル遷移層に滞留していると解釈され，スタグナントスラブとよばれる．スラブがマントル遷移層に滞留する現象は，地域により程度に差があるが，全地球的に広く観察されている．冷たいスラブは地表から内部へと移動する下降流である．低温による高密度がスラブの駆動力である．この

マントルの下降流は，コールドプルームとよばれる．

一方，一次元モデルより，地震波速度が遅い地域（低速度域）は，平均的なマントルよるも高温であると考えられる．地球には2カ所，大規模に低速度域が広がる地域がある．南太平洋下とアフリカの下である．南太平洋地域にはタヒチのようなホットスポットにより形成された海洋島が多数存在しており，この地域下が高温であることを示唆している．また，アフリカ東部にも，大地溝帯が存在し，この地域では火山活動，地震活動が盛んであり，この地域下も高温であると考えられる．この低速度域は，マントル-核境界から地表にまで達し，マントル最深部から地表までの大規模な上昇流が存在していると考えられている．このマントルの上昇流は，ホットプルームとよばれる．

地球のマントルは，地表からマントル深部に至るコールドプルーム，マントル最深部から地表に至るホットプルームが存在し，マントル物質がその全域で移動していると考えられている．この概念は，プルームテクトニクスとよばれている．

以上のように物質の移動という観点で地殻とマントルをみると以下のようにいえる．地殻においては，十数枚のプレートの水平方向の移動が中心となり，地球の表面におけるさまざまな現象の原因となる．マントルにおける中心的な現象は，物質の上下方向の移動である．沈み込み帯からの物質が下降し，ホットプルームにより物質は上昇する．物質移動の観点から地殻とマントルを特徴づけると，地殻では水平移動，マントルでは垂直移動が支配的である．

■ **マントルの化学組成**

マントルは，酸素，マグネシウム，ケイ素，鉄の4種類の元素だけで，その99％以上ができている．カルシウム，アルミニウムが，これらの元素に次いで多く存在し，それ以外の元素の存在量は1％未満のごくわずかである．マントル中では，これらの主要な6つの元素は，数種類の酸化物（鉱物）として存在している．マグネシウムと鉄のイオン半径は近い値をもつので，鉄はほとんどの場合，マグネシウムと似た化学的挙動を示し，鉄はマグネシウムを多く含む鉱物に固溶することが多い．よって，マントルの化学組成を最も単純化すると，マグネシウムとケイ素の比率で表現する事ができる．上部マントルには，ケイ素に対して約1.3倍のマグネシウムが存在する(Mg/Si比は～1.3)．上部マントルに存在する2つの主要な鉱物は，かんらん石（そのマグネシウム端成分は Mg_2SiO_4，フォルステライト）と輝石（そのマグネシウム端成分は，$MgSiO_3$，エンスタタイト）である．それらの化学組成からわかるように，かんらん石はケイ素に対して2倍のマグネシウムを含み，Mg/Si比は2である．輝石にはケイ素とマグネシウムが同数存在し，Mg/Si比は1である．上部マントルには，その全体組成よりマグネシウムに富む鉱物（かんらん石）と，ケイ素に富む鉱物（輝石）が存在している．鉄は，かんらん石と輝石の両方に固溶して存在する．カルシウムとアルミニウムは輝石に固溶して存在する．これら2つの主要鉱物を含む岩石を，かんらん岩とよぶ．

マントル遷移層より深い部分に存在する物質を，地表にいる私たちは，ほとんど直接手にすることができない．よって，その化学組成，マグネシウムとケイ素の比率は，間接的な方法で推定されている．最も代表的な手法は，鉱物物性テストとよばれるもので，以下のような手順で行われる．まずマントル物質の化学組成を仮定する．その全岩組成をもつ物質が目的の条件下（マントル遷移層や下部マントル）において，どのような鉱物からできているかを実験で決定する．その岩石の性質，あるいは岩石を

構成する各種鉱物の性質(弾性波速度や電気伝導度)を地球深部に相当する温度圧力条件下で実験的に測定する.それらの測定値から算出した深さの関数としての地震波速度や電気伝導度の変化(実験値)と,実際の観測値と比較することにより,はじめに立てたマントル物質の化学組成に関する仮定を評価する.

パイロライトは,マントルの始原的物質として想定された仮想的岩石である.海洋地殻を構成する2種類の岩石,玄武岩とカルシウムやアルミニウムに乏しいかんらん岩は,それぞれ,パイロライトが溶融してできたマグマが冷え固まったもの,その溶け残りであると考える.その玄武岩とかんらん岩を1:3で混ぜ合わせて得られる仮想的岩石がパイロライトである.パイロライトの化学組成は,カルシウムやアルミニウムを比較的多く含むかんらん岩(レールゾライト)のそれにきわめて近い.よって,パイロライトのMg/Si比は約1.3である.

このパイロライトを仮定した鉱物物性テストの結果は,マントル遷移層の大部分は,パイロライト的な化学組成をもつことを支持している.つまり,上部マントルから深さ660 kmまでの化学組成はパイロライト的であり,そのMg/Si比は約1.3であるとする考え方がほぼ受け入れられている.より精密な議論からは,マントル遷移層最下部には,パイロライトの溶け残り岩石であるカルシウムやアルミニウムに乏しいかんらん岩(ハルツバージャイト)が,スタグナントスラブとして比較的広く存在し,そのMg/Si比が1.3より高くなっている(マグネシウムがより多く存在する)可能性が指摘されている.

深さ660 kmより深い部分,下部マントルの化学組成も鉱物物性テストによって推定されるが,その化学組成の推定の精度はより不確実である.下部マントルの比較的上部,深さ1200 km程度まではパイロライト的な化学組成である可能性が,おもに密度に関する鉱物物性テストの結果にもとづき指摘されている.また,理論計算の手法を用いた鉱物物性テストの結果は,下部マントル全域がパイロライト組成であることを示唆している.この場合,マントル全体がパイロライト的な化学組成,つまりMg/Si比が1.3程度である可能性が高まる(図2のパイロライトモデル).一方で,主に横波速度に関する鉱物物性テストの結果にもとづき,下部マントルのMg/Si比は~1であるという指摘もある.この場合,上部マントルと下部マントルの化学組成は異なることになる(図2のコンドライトモデル).

下部マントルのMg/Si比の問題は未解決であるが,この問題は,マントルおよび地球の起源物質の解明に直結する問題である.

もし下部マントルがパイロライト的な化学組成をもち,マントル全体の平均組成もパイロライト的(Mg/Si比が~1.3)であ

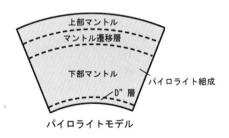

パイロライトモデル

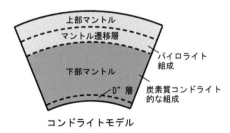

コンドライトモデル

図2 代表的なマントルの化学組成モデル

るとするならば，この化学的特徴は，マントルの起源物質にも備わっていた可能性がある．太陽系の起源物質は，炭素質コンドライトである．この Mg/Si 比は〜1 である．つまり，マグネシウムとケイ素がほぼ同じ量だけ含まれる．この場合，マントルの起源物質は，炭素質コンドライトよりケイ素に乏しい．このことは，炭素質コンドライトからマントルの起源物質ができる際，部分的にケイ素がマントルから取り去られた可能性を示唆する．そのメカニズムとして以下の2つの可能性が考えられている．①太陽系始原物質の集積過程においてケイ素は揮発し，宇宙空間に放出された．②マントルと核の分化過程において，ケイ素は核に持ち去られた．

　もし下部マントルの Mg/Si 比が炭素質コンドライトのそれに近い値，〜1 であるならば，下部マントルはマントル全体の体積の約7割を占めるため，マントルの平均的化学組成も炭素質コンドライト的になる．この場合，マントルの起源物質は炭素質コンドライト的な化学組成をもつことになる．つまり，下部マントルには太陽系始原物質に似た化学組成をもった物質が貯蔵されていることになる．　〔西山宣正〕

033
最下部マントル
Lowermost mantle

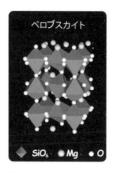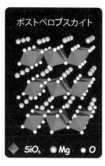

図1 $MgSiO_3$ ペロブスカイト相とポストペロブスカイト相の結晶構造

マントル-核境界（CMB）は，金属の核（コア）と岩石（ケイ酸塩）の接する地球内部の最も大きな境界である．1960年代にはすでに，地震学的観測からマントルの底の数百 km はその上位と性質が異なることがあきらかにされ，以来マントル最下部は D″ 層と，その上位の D 層とは区別されるようになった．その後，1983年に Lay らによって，深さ約 2600 km において横波速度が急速に増加することが発見され（D″ 不連続面），現在ではこの不連続面より下側を D″ 層（もしくは最下部マントル）とよぶことが多い．

下部マントル（深さ 660 km 以深のマントル）は地震学的にみておおよそ均質であるが，D″ 層だけは例外である．ここではさまざまな異常が観察されるが，その代表例が上に述べた D″ 不連続面である．その他，横波速度の偏光異方性（振動方向によって伝播速度が異なること），マントルの底の超低速度域，太平洋とアフリカの下の横波の大規模低速度域などである．これらの異常はどれも，下部マントルの主要鉱物ペロブスカイト相の地震波伝播特性では説明できなかったため，D″ 層はつい最近まで，地球内部のもっとも謎めいた領域とされていた．D″ 層の主要鉱物はその上位と同じペロブスカイト相であるが，マントルの他の領域とは化学組成が異なる層という考えが長い間主流であった．

近年，高圧発生技術と放射光利用技術が格段に進歩し，100 GPa と 2000 K を超える高圧高温下における X 線回折実験が可能になった．その結果，2004年になって，D″ 層に相当する超高圧高温下において，$MgSiO_3$ 組成のペロブスカイト相（ブリッジマナイト）が別の結晶構造をもつ相へ相転移することが報告された（Murakami et al. 2004；Oganov and Ono 2004）．この新相はポストペロブスカイト相とよばれている．ペロブスカイト相とくらべて，マグネシウムやケイ素の配位数は変わらず，また共に直方（斜方）晶系に属する結晶であるものの，その結晶構造は大きく異なっている（図1）．すなわち，ペロブスカイト型構造は3次元的に等方的な構造に近く，シリコンと酸素が成す八面体（青）が互いに頂点を共有し，そのすき間をマグネシウムのイオン（黄色）が埋めている．一方，ポストペロブスカイト型構造は，SiO_6 八面体と Mg イオンが交互に層をなす，層状の構造をしている．常圧でも安定な $UFeS_3$ や $CaIrO_3$ と同じ構造である．$MgSiO_3$ ペロブスカイトと比較して，Mg のサイトが小さいため，体積は 1.5% ほど小さい．

この Al や Fe を少量含む $MgSiO_3$ 組成のポストペロブスカイト相が D″ 層の主要鉱物と現在では広く考えられている．マントルの典型的な化学組成（パイロライト）を考えると，D″ 層の岩石は約8割がポストペロブスカイト相，2割弱が (Mg, Fe)O フェロペリクレース，5%程度の $CaSiO_3$

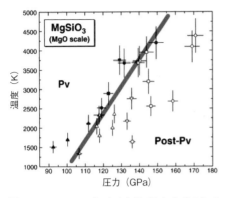

図2 MgSiO₃ ペロブスカイト相（Pv）とポストペロブスカイト相（Post-Pv）の間の相転移境界．Tateno *et al.*（2008）より引用．

ペロブスカイト相で構成されている．図2にMgSiO₃の相図を示す．相転移境界は120 GPa・2400 Kに存在する．これはD″不連続面の標準的な深さ2600 kmと一致している．ペロブスカイト相からポストペロブスカイト相への相転移によって横波速度が数％増加する一方，縦波速度にはほとんど変化がないことも地震学的観測と整合的である（Wentzcovitch *et al.* 2006）．また，マントルの底の水平方向の流れによって形成されると考えられる，ポストペロブスカイト相の選択配向（鉱物の結晶方位がある向きに選択的にそろうこと）（Miyagi *et al.* 2010）によって，D″層に観測される横波速度の異方性も説明できる．ポストペロブスカイト相はペロブスカイト相よりも電気伝導度が3桁も高いことも実験的に明らかにされている（Ohta *et al.* 2008）．これは，層状の結晶構造をもつポストペロブスカイト相中では鉄イオンがある面内に局在していることに由来すると考えられる．またポストペロブスカイト相転移境界と地震波不連続面の深さをもとに，マントル-核境界の温度や最下部マントルの温度構造が詳細に推定できるようになった．

ポストペロブスカイト相境界の傾き（クラペイロン勾配）は13 MPa/Kと大きな正の値である（図2）．これは上部マントルの主な相転移境界のざっと4倍の大きさである．相転移に伴う密度変化は比較的小さいものの，ペロブスカイト相とポストペロブスカイト相の間の相転移がマントル対流に与える影響はポストスピネル転移と同程度と考えられる．これまでに行われた数値シミュレーションの結果では，ポストペロブスカイト相転移によって，マントル最下部の熱境界層が不安定化し，熱対流が活発になる様子が示されている（Nakagawa and Tackley 2004）．また最近ではポストペロブスカイト相はペロブスカイト相よりもかなり柔らかく（Ammann *et al.* 2010），マントル最下部はかなり流動性に富んでいる可能性も指摘されている．

このように，ポストペロブスカイト相の発見により，これまで大きな謎とされていたマントル最下部域に関する理解は急速に進みつつある．しかしながら，マントルの底の超低速度域や，大規模低速度域についてはまだまだ活発な議論が続いている．超低速度域については，従来メルトの存在によるものとされてきた．このことは，マントル深部のメルトは鉄に富み，固体マントルよりも重たいという，最近の鉄分配に関する研究結果と整合的である．一方，鉄に富むポストペロブスカイト相やフェロペリクレースによって超低速度が説明できるとの指摘もある．太平洋とアフリカの下の横波の大規模低速度域については，これまで周囲と化学組成の異なる重たい物質が上昇流の下に集積したものと考えられてきた．そのような物質の候補として，沈み込んだ玄武岩質地殻があげられている．しかしながら，玄武岩質物質の地震波速度はいまだよくわかっておらず，その正体は依然として謎のままである．〔廣瀬 敬〕

034 核
Core

　核（コア）は，地球の半径約6400 kmのおおよそ半分にあたる半径約3500 km（深さ約2900 km）より内側を占める，地球中心部を構成する領域である．1926年，アメリカの地震学者ベノー・グーテンベルクは，深さ2900 km付近において，P波速度，S波速度ともに急激に低下するグーテンベルク不連続面を発見した．この不連続面は，核とマントルの境界にあたる地球内部における最大の不連続面である．特にS波は，この不連続面の内側にはまったく伝わらない．このことから核が固体ではなく液体からなることがわかる．地球の慣性能率の測定などから，地球は中心部が高密度であることがわかっている．また鉄を主成分とする隕鉄は，分化した小天体の核の部分に相当すると解釈されている．このようなことから，核は主に鉄とニッケルからなる液体金属であると考えられている．

　グーテンベルクによるマントル-核境界の発見の後，核を通過する地震波がより詳細に調べられるようになり，地球中心の研究がさらに進んだ．その結果，1936年にデンマークの女性地震学者インゲ・レーマンが，核の内部，深さ5150 km程度においてP波速度の急増を発見した．これにより，このレーマン不連続面を境に核がさらに2つの領域，外側の「外核」と内側の「内核」，に分けられることが明らかとなった．さらにレーマン不連続面（内核-外核境界）でP波の一部がS波に変換され内核を通過する現象も観測され，内核は外核と異なり固体であることが示された．なおレーマンは内核-外核境界のほか，ずっと浅い深さ200 km程度においても不連続面を発見しており，こちらもレーマン不連続面とよばれているので，注意が必要である．

　外核が液体，内核が固体であることから，内核-外核境界は鉄合金の融点に相当するとする説が有力である．一方，固体のマントルと液体の外核が接するマントル-核境界では，鉄ニッケル合金は融解するが，ケイ酸塩など岩石の主成分は固体のままでなければならない．すなわちマントル-核境界の温度は，鉄ニッケル合金の融点よりは高いが，ケイ酸塩の融点よりは低くなければならない．これは，マントル-核境界の温度を制約するための必要条件の一つである．

■ **核の物質構成**

　核が主に鉄からなることは疑う余地はないが，化学組成の詳細については今日でも議論が続いている．一般的に核にはニッケル，コバルト，レニウム，白金，パラジウムなどの親鉄元素が濃集していると考えられており，隕鉄の分析から見積もられたニッケルの量は約8重量％程度である．一方，これらの重金属元素とは別に，地球核には質量の軽い元素も多量に含まれていることが，アメリカの地球科学者フランシス・バーチによって20世紀中頃にはすでに指摘されていた．純鉄の密度と観測される実際の地球核の密度とを比較すると，約10％核の密度のほうが小さくなってしまうのである（核の密度欠損）．この矛盾を説明するには，外核に相当量の軽元素が混入していると考えればよい．核に溶解した軽元素の候補としては，岩石学や宇宙化学の見地から主に水素，炭素，酸素，シリコン，硫黄などが提案されているが，その種類と量などの詳細は現在でもまだ理解されていない．それらを解明することは，地球核の形成プロセスに対する重要な手掛かりを与えるため，今日の地球科学において最重要研究課題の一つとなっている．

■ 外核の運動と地球磁場

　方位磁石が南北を向くことからも，地球が磁気をもつことはよく知られている．この磁場を地磁気とよぶ．地磁気の約80％は双極子磁場で近似でき，北極部と南極部にそれぞれS極とN極に相当する磁極をつくっている．地磁気の大部分は外核で発生しており，そのメカニズムはダイナモ理論により説明される．外核の溶融した鉄は自転や熱対流，また後述する組成対流により運動している．地磁気中を電気伝導性の高い液体鉄が運動すると，誘導電流が生じ，その電流がさらに磁場をつくることにより，結果的に大規模な磁場が生成・維持されるのである．

　しかし地球の歴史の中で，地磁気は常に一定だったわけではない．太陽活動を反映した日変化とよばれる短い時間スケールでの変動のほか，永年変化とよばれる年単位での変化が存在する．全磁力の減少や非双極子成分の西方移動などである．全磁力はここ数百年間減少を続けており，この傾向が続けば約1000年後には地磁気は消滅する計算になる．岩石中の磁性鉱物に記録された過去の地磁気を分析する古地磁気学によれば，現在のような地磁気の状態は約78万年前に始まったとされる．それより前の258万年前から78万年前までは地磁気の向きが現在とは逆であった．この地磁気逆転は，1920年代に日本の松山基範の研究により，世界で初めて指摘された．この功績により258万年前から78万年前の逆転期は「松山期」と名づけられている．

　松山期以外にも約500万年前から約400万年前まで続いたギルバート期という逆転期があり，地磁気はこれまで増大，減少，逆転を何百回と繰り返してきたと考えられている．しかし地磁気逆転の原因については，現在でも不明な点が多い．数値ダイナモシミュレーションによれば，マントル対流に起因するマントル–核境界におけるマントル側の温度不均質が，地磁気の逆転をより容易に生じさせるように働くとのことである[1]．しかし最新のシミュレーションであっても，外核の複雑な乱流運動を正確に取り扱うには不十分である．このため計算結果が実際の地球にどれだけあてはまるのかは自明でない．

■ 鉄合金の融点・軽元素

　内核–外核境界が鉄合金の融点に相当することや，マントル–核境界でケイ酸塩マントルは固体だが，鉄合金は溶融しなければならないことは，核の温度や化学組成を制約するうえで重要な条件となる．例えば，内核–外核境界は深さ約5150 kmに位置するので，この深さに相当する330 GPaの圧力における鉄合金の融点がわかれば，内核–外核境界の温度が決定できる．しかし物質の融点はたいてい圧力増加とともに上昇するが，鉄合金の融点は圧力だけでなく不純物元素の量や種類にも大きく依存するため，内核–外核境界の圧力値だけからは，その温度を一義的に決定できない．

　しかも330 GPaという超高圧力下での物質の融点の正確な測定は，技術的に大変難しい．不純物を含まない純鉄の融点ですら，長く論争が続いてきた．例えばレーザー加熱式ダイヤモンドアンビルセルを用いた静圧縮実験による鉄の融点は，衝撃圧縮実験の結果と比べ約200 GPaにおいて1500℃以上も低温であった．21世紀に入ってから第一原理計算が行われるようになり，衝撃圧縮実験のものに近い融解曲線が理論的に提唱されるようになった．そしてごく最近フランスの研究グループが実験方法を工夫することにより，理論計算の結果とかなり調和的な融点を測定することについて成功した[2]．これらによると，330 GPaにおける，現時点で最も確からしい純鉄の融点の見積もりは，約6000℃となる．したがって，不純物による融点への影響を無視すれば，内核–外核境界の温度はこの程度であ

ると考えられる．

　外核など対流する系では断熱温度勾配が実現すると考えられている．断熱温度勾配とは，外部からの熱の出入りを伴わずに物質が上下方向に移動した際，圧縮や膨張によって生じる温度変化のことで，鉄の場合は外核条件で約0.7℃/kmと見積もられている．上記の純鉄の融点を基準として，この値を用いてマントル-核境界の温度を推定すると，約4400℃という結果が得られる．しかしこの値はマントル側から考察すると，おそらく高すぎる．例えば，地震学と鉱物物理学の結果を統合的に解析して得られた，マントル-核境界温度のマントル側からの推定値は約3500℃である[3]．また，岩石の溶融実験によると，マントル-核境界圧力（136 GPa）における下部マントル物質のソリダス温度（溶融が始まる温度）は，4000℃程度と報告されている．したがって，マントル-核境界の温度がもし約4400℃にまで達していたとすると，岩石の融点を超えてしまい，下部マントル底部は外核と同様液体層（この場合はマグマ層）となることを意味する．地震学をはじめとするさまざまな観測において，下部マントル底部の大規模な溶融を示唆する観測は今のところない．したがって，実際の外核-内核境界の温度は6000℃よりも500℃程度低いと考えられる．

　このように純鉄の融点を外核-内核境界の温度とすることは合理的でなく，軽元素により鉄の融点が降下していると考えるのが妥当である．水に食塩を溶かすことによって水の凝固点が降下することはよく知られているが，同様のことが溶融鉄でも生じているのである．ただし，核の圧力においてどの元素がどの程度鉄の融点を低下させるのかは，明らかにされてはいない．500℃程度の融点降下と前述の10%程度の密度欠損を同時に説明できるような軽元素の種類と量が制約できれば，外核の化学組成の解明が大きく進展する．

■**組成対流・熱構造・成層**

　鉄の融点を降下させるように作用する軽元素は，一般的に液体側，すなわち外核に濃集する傾向を示す．北極の氷が塩分を含まないのと同様の現象である．形成当時は火の玉であった地球も長い時間をかけてゆっくりと冷却しており，外核-内核境界における外核の固化と，それに伴う内核の成長が日々少しずつ進行している．この際，上記の性質をもつ軽元素は固体内核には溶け込めず，外核に吐き出される．このために内核の成長が進むと外核最下部は軽元素に富むようになる．そのような領域は重力的に不安定であり，浮力が生じて上昇する流れを生み出すことになる．このように，外核には，マントルなどの通常の熱対流に加えて，軽元素の上昇により液体鉄を流動させる機構が存在している．これを「組成対流」とよぶ．初期地球は高温であったため内核はまだ存在しなかったが，冷却に伴いある時点で内核が誕生した．それ以降は，この組成対流の効果が加わることにより外核の運動が活発化し，それに伴い地球磁場が活発化したと予想されている．したがって古地磁気の変遷において，地磁気の急増を見いだすことにより，内核の誕生時期を知る手掛かりが得られると思われる．

　最近，高温高圧下における鉄の熱伝導率が理論計算により決定されるようになり，これが過去の推定値に比べかなり大きいことがわかってきた．この結果，外核は従来の推定を大きく上まわる量の熱エネルギーを放出しながら，急速に冷却しているとする主張が現れた[4]．これが正しいとすると，これまで約25億年前と予想されてきた内核の年齢も，約10億年前以降と大きく若返ることになる．しかしながら，今のところ10億年前以降の古地磁気に，内核の誕生を示唆するような痕跡は見いだされていない．鉄の熱伝導率の真偽を含め，より慎

重な議論が必要である．マントル側からの考察も重要である．核が多量の熱を放出しようとしてもマントルがそれを吸収できなければ，核の冷却は進まない．熱量が余剰となる場合は，外核上部に対流しない熱だまりの層が発達すると考えられる．この熱だまりの存在は，地球磁場の維持には適さないとの指摘が有力である．

一方，内核-外核境界で放出された軽元素が外核中を上昇したり，マントル-核境界においてマントルの岩石成分が外核に溶け込んだりすることにより，外核上部は軽元素濃度が上昇していくと考えられる．軽元素濃度の高い外核上部は，密度低下の結果，外核全体の対流から切り離され，化学的な成層構造が形成される可能性が指摘されている．地震学的にもマントル-核境界から数百km程度にわたり，通常の外核に比べP波速度の遅い層が存在すると指摘されており，化学成層，あるいは熱だまりに対応する可能性がある．軽元素はP波速度を増加させる効果があると考えるのが自然であることを考えると，観測される低速度異常の起源は熱だまりに求めざるをえない可能性がある．

■**内核（不均質性・内内核）**

固体内核に関しても，今日でも未解明の特徴が数多く存在する．その代表例が，P波速度の方位異方性と，その東西半球での相違である．内核のP波は，南北軸方向に伝搬する場合の方が赤道面内を伝搬する場合よりも約3％高速で，しかもアジアの下部にあたる東半球側よりも西半球側でこの特徴が顕著となっている[5]．さらに異方性は深さにも依存して変化し，地球中心から半径約300kmまでの領域「内内核」は，その外側よりも異方性が強くなっている[6]．この変化は，内核の成長機構の変化を反映しているもので，内内核は誕生直後の内核の名残かもしれない．

しかしこれらの成因は，現在でもまだほとんどわかっていない．内核の鉄は高い圧力のため最密充填構造をとると考えられおり，特に室温下，15 GPa以上の圧力においては六方最密充填（hcp）構造が安定となる．この構造が，内核条件で安定となる鉄ニッケル合金の有力な候補である[7]．この物質では結晶内を伝搬するP波速度が伝搬方位に依存して変化するため，何らかの理由によりhcp鉄の粒子が配向することにより，内核異方性が生じている可能性がある．しかし最近の理論計算によると，hcp鉄の弾性的な異方性は内核のような高温ではほとんど消滅してしまうことが指摘されている[8]．今後，鉄の結晶構造や弾性特性に対する，ニッケルや軽元素の効果の理解を進める必要がある．一方，鉄の粒子がどのようにして選択的配向を獲得するか，そのプロセスもほとんどわかっていない．軸対称的な熱流による結晶組織の緩和や，電磁場との相互作用であるマクスウェル応力による固体流動など，これまでさまざまなメカニズムが提唱されているが，形成過程も含めて内核のさまざまな特異性をすべて矛盾なく説明できるモデルはまだ確立していない．　　　　　　　〔土屋卓久〕

●**文献**

1) G. A. Glatzmaier *et al.* (1999) *Nature* **401**, 885-890.
2) S. Anzellini *et al.* (2013) *Science* **340**, 464-466.
3) K. Kawai and T. Tsuchiya (2009) *PNAS* **106**, 22119-22123.
4) N. de Koker *et al.* (2012) *PNAS* **109**, 4070-4073 ; M. Pozzo *et al.* (2012) *Nature* **485**, 355-358.
5) S. Tanaka and H. Hamaguchi (1997) *J. Geophys. Res.* **102**, 2925-2938.
6) M. Ishii and A. M. Dziewonski (2002) *PNAS* **99**, 14026-14030.
7) S. Tateno *et al.* (2012) *Geophys. Res. Lett.* **39**, L12305.
8) X. Sha and R. E. Cohen (2010) *Geophys. Res. Lett.* **37**, L10302.

035
かんらん石の高圧相転移
High pressure transition of olivine

かんらん石（olivine：オリビン）は上部マントルの主要構成鉱物であり，その存在度は約60％を占めると考えられている．また，そのマントルかんらん石の組成は $(Mg_{0.9}Fe_{0.1})_2SiO_4$ で近似されうる．このかんらん石は13.5 GPa付近でワズレアイト（wadsleyite），18 GPa付近でリングウッダイト（ringwoodite）に相転移，さらに23.5 GPa付近でブリッジマナイト（bridgmanite）とフェロペリクレース（ferro-periclase）（マグネシオウスタイト（magnesiowüstite）とよぶこともある）に分解相転移し，これらはマントル遷移層に相当する410 km，520 kmおよび660 km地震波速度不連続面に対応すると考えられている．図1に Mg_2SiO_4-Fe_2SiO_4 系の高圧相平衡図を示す．

Mg_2SiO_4 ではオリビン型から変型スピネル型-スピネル型-ペロブスカイト型（$MgSiO_3$）＋岩塩型（MgO）へと相転移するが，Fe_2SiO_4 では，変型スピネル型およびペロブスカイト型は存在せずにスピネル型-岩塩型（FeO：wustite）＋ルチル型（SiO_2：スティショバイト）へと転移する．よって，図1のような蟹の爪のような相平衡図となる．なお，便宜上，oliviteを α 相，wadsleyiteを β 相，ringwooditeを γ 相とよぶことがあり，この相転移を α-β-γ 相転移とよぶことがある．また，結晶構造の観点からwadsleyiteを変型スピネル相（modified spinel），ringwooditeをスピネル相（spinel）とよぶことがあり，この相転移をオリビン-変型スピネル-スピネル相転移とよぶこともある．これらのよび方は

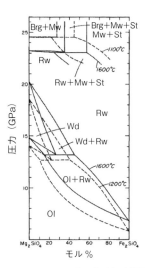

図1 Mg_2SiO_4-Fe_2SiO_4 系の高圧相平衡図
Ol：olivine, Wd：wadsleyite, Rw：ringwoodite, Brg：bridgmanite, Mw：magnesiowüstite, St：stishovite.

高圧実験で合成された当初はwadsleyite, ringwooditeとも鉱物名をもっていなかったことに由来する．それぞれ隕石中に見いだされ，晴れて鉱物名が命名されたのである．ちなみに，wadsleyiteは鉱物学者のArthur D. Wadsley（1918〜1961）に，ringwooditeは地球科学者のAlfred E. Ringwood（1930〜1993）にちなんで名付けられた．図2〜4にolivine, wadsleyite, ringwooditeの結晶構造を示す．

olivineは直方（斜方）晶系で空間群はPbnm，SiO_4 四面体と MO_6 八面体から構成されている．Mサイトには Mg^{2+} や Fe^{2+} のイオンが入り，2つの異なるMサイトが存在する．

Wadsleyiteも直方（斜方）晶系の結晶構造を持ち空間群はImma，SiO_4 四面体と MO_6 八面体から構成されている．3つの異なるMサイトが存在する．また酸素の異なるサイトは4つあり，そのうちのO1サイトはSiとの結合をもたない

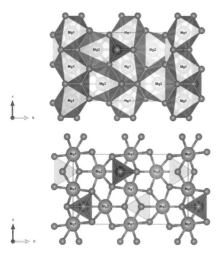

図2 オリビン (olivine) の結晶構造 (a軸方向から見た図) [口絵]

青がSi, 橙がMg, 赤がO原子を表す. Siは4配位であり, Mgは2つのサイトをもつ.

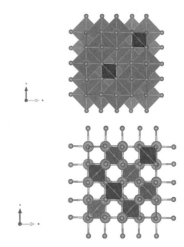

図4 リングウッダイト (ringwoodite) の結晶構造 (a軸方向から見た図) [口絵]

青がSi, 橙がMg, 赤がO原子を表す. Siは4配位である.

め, そのMサイトの陽イオンがH$^+$と置換されやすく, O1サイトが水酸基 (OH$^-$) になっている鉱物がみられる (hydrous wadsleyite). O1サイトは酸素の全サイトの1/8 より, その全部が水酸基に置換した場合, hydrous wadsleyite はMg端成分で書くと Mg$_{1.75}$SiO$_4$H$_{0.5}$ という化学式で表される. この場合, 含水量は3.3重量%となる. 実際, この化学組成に近い鉱物が合成されている.

一方, ringwoodite は立方晶系の結晶構造をもち空間群は Fd$\bar{3}$m, SiO$_4$ 四面体とMO$_6$ 八面体から構成されている. スピネル (ケイ酸塩スピネル) とよくよばれるのは, 結晶構造が MgAl$_2$O$_4$ スピネルと同じことに由来する. 一方, wadsleyite が変型スピネルとよばれるのは, このスピネル型構造の変型した構造であることに由来する.

23 GPa 付近では, SiO$_4$ 四面体ではもはや安定ではなくなり, SiO$_6$ 八面体からなるブリッジマナイトと岩塩構造のフェロペリクレースに相転移する. この相転移のこ

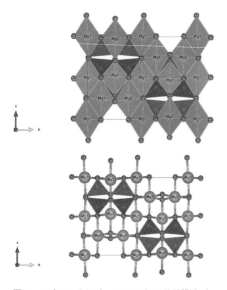

図3 ワズレアイト (wadsleyite) の結晶構造 (a軸方向から見た図) [口絵]

青がSi, 橙がMg, 赤がO原子を表す. Siは4配位であり, Mgは3つのサイト, Oは4つのサイトをもつ.

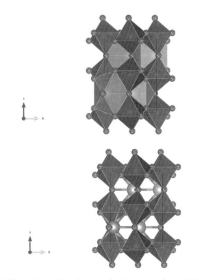

図 5 ブリッジマナイト (bridgmanite) の結晶構造 (a 軸方向から見た図) [口絵]
青が Si, 橙が Mg, 赤が O 原子を表す. Si は 6 配位であり, O は 2 つのサイトをもつ.

とをポストスピネル相転移と呼ぶ. ブリッジマナイトの構造を**図 5**に示す.

　直方(斜方)晶系, 空間群は Pbnm である. Si が 6 配位になり, SiO_6 八面体をもつことが特徴である. $CaTiO_3$ perovskite (ペロブスカイト) (立方晶系の理想ペロブスカイト構造をもつ) と結晶構造が類似しており, ケイ酸塩ペロブスカイトともよばれる. なお, このよび方は高圧実験で合成された当初は wadsleyite, ringwoodite の場合と同様に鉱物名をもっていなかったことに由来する. bridgmanite も隕石中に見いだされ, 2014 年に晴れて鉱物名が命名されたのである. この名は高圧の研究でノーベル物理学賞を受賞した Percy Williams Bridgman (1882〜1961) にちなむ.

　ブリッジマナイトは 120 GPa 付近でポストペロブスカイトに相転移することが明らかにされ, この相転移は D″ 層の原因と考えられている [▶033 最下部マントル].

　ポストペロブスカイトは合成固体化合物の $CaIrO_3$ と同じ結晶構造をもち結晶系は直方 (斜方) 晶系, 空間群は $Cmcm$ であり, 結晶構造は SiO_6 八面体の層が b 軸方向に積み重なったものである.

　なお, マントルダイナミクスを議論する上で相転移のクラペイロン勾配 (温度圧力勾配) は重要である. Olivine-wadsleyite-ringwoodite 転移は正の勾配をもつが, ポストスピネル転移は負の勾配をもつことが明らかにされてきている. 沈み込むスラブは周囲の温度より低温であるため平衡状態での相転移を考えると, olivine-wadsleyite-ringwoodite 相転移は周囲のマントルより低圧で起き, ポストスピネル相転移は高圧で起きると考えられる. そのため, これらの相転移に対応する 410 km, 520 km ではスラブに負の浮力が働き, スラブの沈み込みの際の推進力として働くが, 660 km では逆に正の浮力が働き, スラブの沈み込みの際の抵抗力として働くと考えられる. 実際, 660 km 付近で滞留している沈み込むスラブの様子が地震波トモグラフィーにより観測されており, この相転移現象からの解釈と一致している. 加えて, マントル対流のパターンを理解するうえでも, このクラペイロン勾配は重要である. 負の勾配の程度が大きければマントル対流による混合を妨げ 660 km を境に混合が起こらず, その場合は 2 層対流の可能性も考えられるからである. このような重要性からポストスピネル相転移のクラペイロン勾配が実験的に制約されてきているが, 報告により −3 MPa/K 程度の負の勾配から 0 MPa/K までのばらつきがあり, まだきちんと制約されているとはいいがたい. しかし, マントル対流が 660 km を境に 2 層対流になるような大きな負の勾配をもつことはないようであり, 適度に混合されている状況がもっともらしい. 今後の研究が期待される.

〔井上　徹〕

036
輝石-ざくろ石の高圧相転移
High pressure transition of pyroxene-garnet

　輝石（pyroxene：パイロキシン）およびざくろ石（garnet：ガーネット）は上部マントルの主要構成鉱物であり，その存在度は約40%を占めると考えられている．輝石の端成分 $MgSiO_3$ enstatite は図1のような高圧相転移を示す．

　1気圧下では温度上昇に伴って，clinoenstatite（単斜晶系，空間群：$P2_1/c$）から orthoenstatite（直方（斜方）晶系，空間群：Pbca），protoenstatite（直方（斜方）晶系，空間群：Pbcn）へと相転移する．また~8 GPa の高圧下では高圧 clinoenstatite（単斜晶系，空間群：c2/c）へと相転移する．なお，この相は急冷回収できない（unquenchable）相である．これらの相まではすべてSiは4配位である．

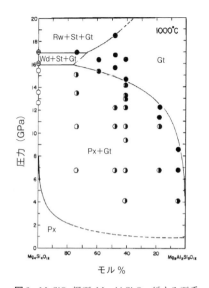

図2　$MgSiO_3$ 輝石-$Mg_3Al_2Si_3O_{12}$ ざくろ石系の $T=1000℃$ における高圧相平衡図
Px：pyroxene, Gt：garnet, Wd：wadsleyite, Rw：ringwoodite, St：stishovite.

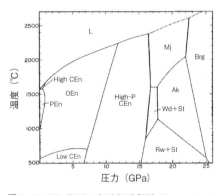

図1　$MgSiO_3$ 輝石の高圧相平衡図（Presnall and Gasparik, 1990；Ito and Katsura, 1992による）
CEn：clinoenstatite, OEn：orthoenstatite, PEn：protoenstatite, Wd：wadsleyite, Rw：ringwoodite, St：stishovite, Ak：akimotoite, Mj：majorite, Brg：bridgmanite, L：liquid.

　この高圧 clinoenstatite は 16 GPa 付近において，1600℃ 以下では wadsleyite stishovite に分解相転移，1600℃ 以上では majorite garnet に相転移する．特に $MgSiO_3$ 端成分の garnet は正方晶（tetragonal）の対称性をもち，tetragonal garnet ともよばれる．この対称性は大部分の garnet は立方晶の対称性をもつため特異である．空間群は $I4_1/a$ であり，Mg は8配位と6配位，Si は6配位と4配位をとる．さらに高圧になるに従って，低温下では，wadsleyite stishovite → ringwoodite stishovite → akimotoite → bridgmanite へと相転移するのに対し，高温下では majorite garnet → bridgmanite へと相転移する．なお，akimotoite は地球物理学者秋本俊一にちなんで付けられた名前であり，結晶構造は ilmenite（$FeTiO_3$）と同じであることからしばしば $MgSiO_3$

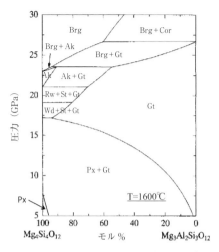

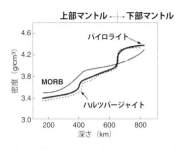

図4 深さに伴うパイロライト,ハルツバージャイト,MORBの密度変化

図3 $MgSiO_3$輝石-$Mg_3Al_2Si_3O_{12}$ざくろ石系の$T=1600℃$における高圧相平衡図(赤荻,2005による)
Px:pyroxene, Gt:garnet, Wd:wadsleyite, Rw:ringwoodite, St:stishovite, Ak:akimotoite, Brg:bridgmanite, Cor:corundum.

(silicate) ilmenite とよばれる.空間群は $R\bar{3}$,三方晶であり,Mg,Siとも6配位をとる.また bridgmanite は高圧物理学者 Bridgman にちなんで付けられた名前であり,$CaTiO_3$ perovskite と類似の結晶構造をもつことからしばしば$MgSiO_3$ (silicate) perovskite とよばれる.直方(斜方)晶で空間群は Pnma であり,Si は6配位をとる.さらに majorite はオーストラリアの Major にちなんで名づけられた鉱物名である.

ざくろ石の中でもマントル中で重要な相は pyrope ($Mg_3Al_2Si_3O_{12}$) である.輝石とざくろ石とは高圧下では固溶体を形成するようになる.その様子を図2に示す.約6GPa以下では pyrope 中に pyroxene 成分は固溶しない.一方,pyroxene 中に pyrope 成分は固溶する.しかし6GPa以上では pyrope 中に pyroxene 成分が固溶してくる.反対に pyroxene 中に pyrope 成分は固溶しなくなってくる.平均的マントルかんらん岩(パイロライト)のAl量は pyroxene 成分:pyrope 成分=6:4程度と考えられるので,マントル遷移層付近の約15GPaで pyroxene がなくなり,garnet のみが存在すると考えられる.また,この圧力軸に対して起こる緩やかな相転移が,マントル遷移層における地震波速度の漸次増加の原因の一つと考えることができる.

マントル遷移層付近でのざくろ石がさらに高圧下にさらされれば,akimotoite や bridgmanite に相転移する.その様子を図3に示す.出現相は温度によって異なるが,いずれの場合も garnet の bridgmanite 転移は大きな圧力幅をもって漸次的に起こる.これは ringwoodite の場合(ポストスピネル相転移)はシャープな相転移境界になることと大きく異なる.ざくろ石は沈み込むスラブの特にMORB(中央海嶺玄武岩)層の重要な主要構成鉱物であり,この相転移現象により,周りのマントルとMORB層の密度が660km付近を境に逆転することが想定される.それにより,660km付近まで garnet の存在により重かった海洋プレートは軽くなり,プレートを660km付近に滞留させる原因となると考えられる(図4). 〔井上 徹〕

037
石英の高圧相転移
High pressure transition of quartz

地球上の鉱物として産出する SiO_2 の高圧相は2種類であり，それは coesite（コーサイト，またはコース石）と stishovite（スティショバイト，またはステショフ石）である．双方とも，米国アリゾナ州の Barringer Crater で発見され（coesite は1954年，stishovite は1962年），隕石の衝突による高温高圧条件で生成したものであるとされている．これらの鉱物は，発見の前年までに，人工合成に成功しており，1300 K で coesite は3 GPa，stishovite は11 GPa の高圧下で合成された．それぞれの鉱物名は最初に合成した人物（L. Coes, Jr. と S. M. Stishov）にちなんで命名されている．その後，変成岩中に，ダイヤモンドなどの高圧鉱物といっしょに coesite が存在することが確認された（図1）．近年では，アルプス，中国，アフリカなどから産出する超高圧変成岩から，多くの天然の coesite が発見されている．Coesite は，大気圧下では生成されず，地球内部の高温高圧条件でのみ晶出する．このことは，地表に露出している変成岩の中には，過去に深さ100 km 以深まで沈み込んだものがあることを示唆している．Stishovite はルチル型構造であり，SiO_6 八面体構造（6配位）を有する（図2）．これは，ケイ酸塩鉱物に基本的な構造である SiO_4 四面体構造（4配位）で構成される石英（Quartz）や Coesite と異なる．このような配位数の増加により大きく高密度化（46%）することは，高圧鉱物の代表的な特徴といえる．Coesite-stishovite の相境界線は，熱力学的測定をもとにした計算から精密に決定されており，高圧実験における高温下の圧力較正に用いられている．また，鉱物に対する硬さの基準であるモース硬度については，石英が7.0であるのに対して，coesite が約8.0，stishovite が8.5〜9.0である．より高圧力下で安定な結晶構造ほど，より硬度が大きくなるという特徴を示す．

さらに高い圧力で，室内実験によって合成された SiO_2 高圧相は3種類あり，それぞれ $CaCl_2$ 型，α-PbO_2 型，pyrite 型構造を有している．これらの結晶構造は，ダイヤモンドアンビルセルを用いた高圧下X線回折実験によって確認されている．およそ50 GPa から現れる $CaCl_2$ 型構造は，正方晶の stishovite が，徐々に直方（斜方）晶へ歪むことによるものである．この種の構造相転移は二次相転移とよばれ，相転移

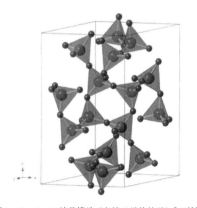

図1　Coesite の結晶構造（実線は単位格子）[口絵]

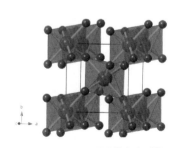

図2　Stishovite の結晶構造 [口絵]

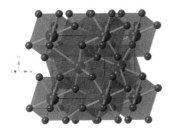

図3 Pyrite 型 SiO_2 の結晶構造 [口絵]

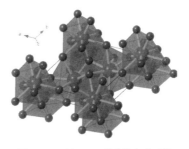

図4 Fe_2P 型 SiO_2 の結晶構造 [口絵]

に伴い連続的に体積変化が起こることが特徴である.SiO_2 の高圧相転移に関して,stishovite から $CaCl_2$ 型への相転移のみが二次相転移であり,他の相転移は一次相転移である.さらに高圧になると,100 GPa 前後に α-PbO_2 型(PbO_2 における多形の一つ)への相転移がおこる.これは6配位多面体の連結様式が変化することが原因である.この相転移は配位数変化を伴わないことから,体積減少は 1% 程度にとどまる.地球マントル中で存在しうる SiO_2 の高圧相は α-PbO_2 型構造までで,これ以降の高圧相は,地球内部には存在しないと考えられているが,α-PbO_2 型は,火星もしくは月起源の隕石中の鉱物から最近発見されている(鉱物名 seifertite).SiO_2 はその後,250 万気圧に至って,配位数が 6+2 をもつ pyrite 型構造へ相転移する(4.7% の体積変化).SiO_2 に関しては,pyrite 型構造が室内実験で合成しうる,最も高密度な結晶構造である(図3).

SiO_2 のさらなる,高圧相の相転移については,理論計算(第一原理計算)により予測されている.約 700 GPa において,500 K より低温側では Fe_2P 型構造が(図4),高温側では cotunnite 型構造が提案されている.いずれも,pyrite 型から 5% 弱の体積減少を伴い,9配位の多面体を有する構造であるが,有効配位数は,cotunnite が 7.6 であるのに比べ,Fe_2P はそれより大きい 8.4〜8.5 をとることが示さ

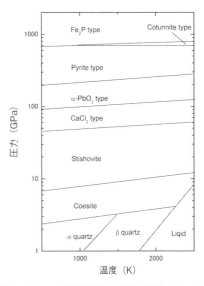

図5 SiO_2 の高圧相平衡図(縦軸は対数スケール)

れている.

図5にこれまで紹介してきた SiO_2 高圧相に関する相転移圧力・温度の相平衡図を示す.

GeO_2 や TiO_2 などの4族もしくは14族の二酸化物には,SiO_2 と共通する逐次相転移が存在し,しかも,同一構造で比較すると,相転移圧が SiO_2 より低く現れることが知られている.特に,stishovite が有するルチル型構造は,多くの二酸化物において出現することが知られている.

〔遊佐 斉・小野重明〕

038 他のマントル鉱物の高圧相転移
High pressure transition of the other mantle minerals

■ スピネル・カルシウムフェライト

スピネル相は,マントル捕獲岩の研究から上部マントルの深さ約30〜60 kmにおいて存在していることが知られている.スピネル相の主成分であり,その相の名前の由来となっているスピネル($MgAl_2O_4$)は,低温において理想的には正スピネル構造をとる.10〜15 GPa以上の圧力でペリクレース(MgO)+コランダム($\alpha\text{-}Al_2O_3$)に分解し,さらに約25 GPa以上の圧力においてカルシウムフェライト($CaFe_2O_4$)型の結晶構造へと相転移する(図1).

カルシウムフェライト構造(空間群 $Pbmn$)(図2)では,Al^{3+} はスピネル構造と同じ酸素6配位であり,そのAlO_6 八面体が稜共有によって二重鎖を形成している.その二重鎖4つに取り囲まれるようにトンネル状の空間ができており,Mg^{2+} はこの空間内の席(8配位)に収容される.ちなみに,$MgO+\alpha\text{-}Al_2O_3 \rightleftharpoons MgAl_2O_4$ カルシウムフェライトの相平衡境界線は,Mg^{2+} の配位環境が MgO 内の6配位席からカルシウムフェライト相内の8配位席へ変化する影響から,負の dP/dT 勾配をもつ.このトンネル状の空間には比較的大きなイオン半径の陽イオンを収容することが可能であるため,Ca^{2+} や Na^+ などの陽イオンも収容することができる.このため,約25 GPa以上で玄武岩の高圧構成鉱物の一つとして現れるカルシウムフェライト相は,下部マントルにおける Na^+ の重要なホスト相となっている.

海洋地殻(玄武岩)の沈み込みにより地球深部に存在していると予想されているカルシウムフェライト相の最重要端成分で

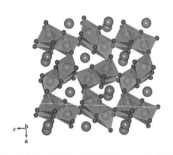

図2 カルシウムフェライト型結晶構造 [口絵]

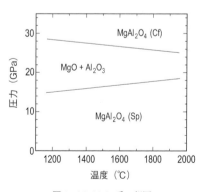

図1 $MgAl_2O_4$ 系の相図
Cf:カルシウムフェライト,Sp:スピネル

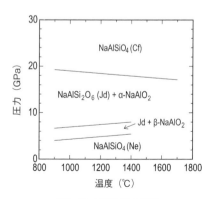

図3 $NaAlSiO_4$ 系の相図
Cf:カルシウムフェライト,Jd:ジェーダイト,Ne:ネフェリン

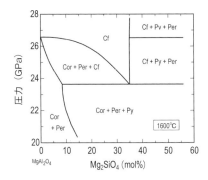

図4 $MgAl_2O_4$-Mg_2SiO_4系の相図
Cf：カルシウムフェライト，Pv：ペロブスカイト，Per：ペリクレース，Cor：コランダム，Py：パイロープ

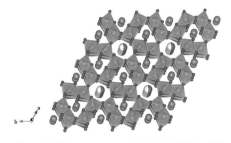

図5 六方晶系アルミニウム含有相の結晶構造［口絵］

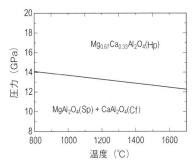

図6 $CaMg_2Al_6O_{12}$系の相図
Hp：六方晶系アルミニウム含有相，Sp：スピネル，Cf：カルシウムフェライト

ある$NaAlSiO_4$は，1気圧下でネフェリンが安定であるが，約4 GPaでジェーダイト（$NaAlSi_2O_6$）＋β-$NaAlO_2$に分解する．続いて約7 GPaでβ-$NaAlO_2$はα-$NaAlO_2$に転移し，さらに約18 GPaでジェーダイト＋α-$NaAlO_2$は，カルシウムフェライト型$NaAlSiO_4$に相転移する（図3）．また，Ca端成分である$CaAl_2O_4$については，8〜9 GPaの圧力において，1000℃より低温側ではIII相から，1000℃より高温側ではV相からカルシウムフェライト相に相転移する．$MgAl_2O_4$-Mg_2SiO_4系においては，カルシウムフェライト固溶体は23 GPa以上の圧力で形成され，カルシウムフェライト型$MgAl_2O_4$へのMg_2SiO_4成分の最大固溶量は1600℃において約35 mol%である（図4）．

■**六方晶系アルミニウム含有相**

NAL相（new aluminum-rich phase）ともよばれ，カルシウムフェライト相と同様に，玄武岩の高圧構成相の一つと考えられている．$AB_2C_6O_{12}$の化学組成をもち，A席は比較的大きいイオン半径をもつK^+，Na^+，Ca^{2+}，B席は中サイズのイオン半径をもつMg^{2+}やFe^{2+}，C席は小さなイオン半径をもつSi^{4+}やAl^{3+}が占める．図5に結晶構造を示す．空間群は$P6_3/m$である．基本構造はカルシウムフェライト構造と同じ（Al, Si）O_6八面体の二重鎖からなるが，大きさの違う2種類のトンネル状の空間が存在している点が異なる．二重鎖6個に囲まれた大きな方がA席，二重鎖3個に囲まれた小さな方がB席である．A席は半分のみが陽イオンに占有される．また，B席は他の鉱物中ではほとんどみられない三角柱型の6配位多面体である．

K^+は，イオン半径がかなり大きいため，同様の（Al, Si）O_6の骨格からなるカルシウムフェライト構造中には収容されにくいが，六方晶相のA席には収容される．このため，玄武岩中のK成分が多い場合に，高圧下では六方晶相が独立した相として安定になると考えられている．

1200℃において，$CaMg_2Al_6O_{12}$系（**図6**）と$NaMg_2Al_5SiO_{12}$系では約14 GPa以上で，$KMg_2Al_5SiO_{12}$系では約17 GPa以上で六方晶相が安定となる．また，$CaAl_2O_4$-$MgAl_2O_4$系においては，$CaAl_2O_4$：$MgAl_2O_4$＝1：2（モル比）付近の狭い組成範囲において六方晶相が安定となる（**図7**）．一方，$NaAlSiO_4$-$MgAl_2O_4$系においては，$NaAlSiO_4$：$MgAl_2O_4$＝1：1〜1：2（モル比）のより広い組成範囲で六方晶相の固溶体を形成する（**図8**）．

■ホーランダイト

大陸地殻や堆積物の地球深部への沈み込みの際，カリ長石$(K, Na)AlSi_3O_8$の高圧相としてマントル深部に存在していると考えられている．ホーランダイト相は，$K(Ru^{3+}_{0.25}Ru^{4+}_{0.75})_4O_8$型の結晶構造（空間群$I4/m$）をもつ（**図9**）．結晶構造の基本は，カルシウムフェライト相や六方晶系アルミニウム含有相と同じ$(Al, Si)O_6$八面体の稜共有による二重鎖である．4つの二重鎖に囲まれたトンネル状の空間が形成されているが，二重鎖どうしの結合様式がカルシ

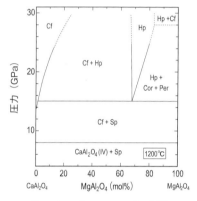

図7 $CaAl_2O_4$-$MgAl_2O_4$系の相図
Cf：カルシウムフェライト，Hp：六方晶相，Cor：コランダム，Sp：スピネル

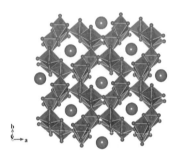

図9 ホーランダイトの結晶構造［口絵］

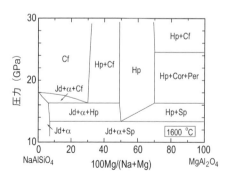

図8 $NaAlSiO_4$-$MgAl_2O_4$系の相図
Cf：カルシウムフェライト，Hp：六方晶相，Per：ペリクレース，Jd：ジェーダイト，α：α-$NaAlO_2$，Sp：スピネル．

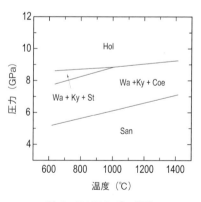

図10 $KAlSi_3O_8$系の相図
San：サニディン，Wa：ウェダイト，Ky：カヤナイト，St：スティショバイト，Coe：コーサイト，Hol：ホーランダイト

ウムフェライト構造とは異なるため，トンネル状空間のサイズはカルシウムフェライトよりも大きい．このためイオン半径の大きな K^+ や Na^+ を収容することができる．それ以外に小さなトンネル状の空間も存在するが，そこには陽イオンは収容されない．

$KAlSi_3O_8$ 系では，1000℃において5〜7 GPaでサニディン（$KAlSi_3O_8$）がウェダイト（$K_2Si_4O_9$）+ カヤナイト（Al_2SiO_5）+ コーサイト（SiO_2）に分解する．さらに9 GPa以上の圧力においてホーランダイト相が安定となる（**図10**）．衝撃変成を受けた隕石中にこの相が発見され，リーバーマナイト（liebermannite）と命名されている．さらに，そのホーランダイト相は，1000〜1500℃において23〜25 GPaの圧力でさらなる高圧相であるホーランダイトIIに相転移する．この相転移は，わずかな原子変位による対称性の低下（空間群 $P2/m$）により起こるため，ホーランダイトII構造を1気圧下へ急冷回収することはできない．また，これまでの高圧高温実験の結果から，$KAlSi_3O_8$-$NaAlSi_3O_8$ 系においてホーランダイト相は完全固溶体を形成せず，$NaAlSi_3O_8$ 成分の最大固溶量は約50 mol%であるとされている．しかしながら，衝撃変成を受けた隕石中で発見されたホーランダイト相では $NaAlSi_3O_8$ にかなり近い組成をもつものが報告されておりリングナイト（lingunite）と名づけられている．

■**CAS 相**

CAS（Calcium Alumino-Silicate）相は，ホーランダイト相と同様に堆積物や大陸地殻組成岩石の高圧相や，中央海嶺玄武岩の高圧下でのリキダス相として知られており，また衝撃圧縮を受けた隕石中でも見つかっている．Ca端成分は $CaAl_4Si_2O_{11}$ の化学組成をもち，バリウムフェライト（$BaFe_4Ti_2O_{11}$）型関連構造（空間群 $P6_3/mmc$）をとる（**図11**）．面共有した AlO_6 八面体と AlO_4 四面体のそれぞれが頂点共

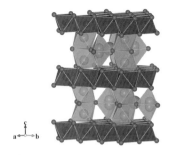

図11 CAS相の結晶構造 ［口絵］

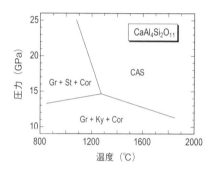

図12 $CaAl_4Si_2O_{11}$ 系の相図
Gr：グロッシュラー，Ky：カヤナイト，Cor：コランダム，St：スティショバイト

有により形成される層と SiO_6 八面体の稜共有により形成されている層が，c 軸方向に交互に積層する．面共有した2つの四面体中の陽イオン席には，Al^{3+} が1/2の確率で占有される．また，この構造では Ca^{2+} が12配位をとることが特徴的である．

$CaAl_4Si_2O_{11}$ 系での高圧相関係を**図12**に示す．1300℃以上においてグロッシュラー（$Ca_3Al_2Si_3O_{12}$）+ カヤナイト（Al_2SiO_5）+ コランダム（α-Al_2O_3）が約12〜14 GPaでCAS相へ相転移する．1300℃以下では圧力の増加に伴いグロッシュラー+スティショバイト（SiO_2）+コランダムからCAS相への相転移が起こり，それらの間の相境界線は大きな負の dP/dT 勾配をもつ．

〔赤荻正樹・糀谷　浩〕

039
含水鉱物の高圧相転移
High pressure transition of hydrous minerals

地殻およびマントルには,さまざまな含水鉱物が存在する.特に地殻においては,含水鉱物は変成岩を構成する変成鉱物として,変成条件を推定する重要な熱力学的指標になっている.また,地球をつくった材料物質の一つと考えられるコンドライトにおいても,始原的な炭素質コンドライトには,蛇紋石をはじめとする含水鉱物が含まれている.このことから,地球に認められる水は,このような地球の材料物質によって集積時に地球にもたらされたものとも考えられている.

■含水鉱物と地球の水循環

地球は水の惑星である.海洋の水は地球の全質量の0.02重量%程度にすぎない.しかしながら,マグマ活動によってマントル内部からもたらされ,大気中の水蒸気,海水,陸水として存在する水は,ケイ酸塩鉱物と反応して地殻において含水鉱物を形成する.含水鉱物を含む地殻物質は,プレートの沈み込みに伴って,地球深部に運ばれてゆく.この作用によって,地表および海洋に存在する水は,海洋地殻中の含水鉱物として,また海溝に堆積した陸源の堆積物中の含水鉱物として,再びマントルに戻ってゆく.このように水は含水鉱物によって,地球内部と地球表層の間を循環しているのである.

■地殻の含水鉱物

地殻に存在する含水鉱物には,さまざまなものがある.粘土鉱物は,地表付近での水との反応である変質作用によって形成される.このような粘土鉱物は,地殻内部の温度と圧力の影響による水を含むさまざまな反応によって,緑泥石,滑石,蛇紋石,黒雲母,白雲母,角閃石など,さまざまな含水鉱物が生成する.また,黒雲母,白雲母,角閃石などの含水鉱物は水を含むマグマの結晶化によっても生じる.これらの含水鉱物は,地殻やマントルの温度圧力のもとで,熱力学的に安定な条件が存在する.プレートの沈み込みにともなって,これらの含水鉱物が不安定になり,鉱物間のさまざまな反応が生じる.ある含水鉱物が不安定になると脱水反応とともに,安定な新たな含水鉱物が形成される.このような脱水反応が,沈み込むプレート内部での地震の引き金になり,またプレートから近傍のマントルウェッジに水が供給され,このマントル物質の融点(すなわちソリダス温度とリキダス温度)を低下させ,島弧の火山活動を引き起こすことが知られている.

■マントルおよび地球深部の含水鉱物

マントルの高温高圧下において,どのような含水鉱物が存在するのかについては,多くの研究が存在する.これらの含水鉱物は,室内実験で合成されているが,まれにマントル起源のかんらん岩などの岩石中に実際に見出されている.

上部マントルおよびマントル遷移層に存在する含水鉱物

マントルの温度圧力のもとで,安定に存

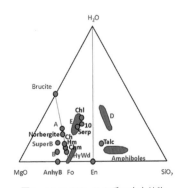

図1 MgO-SiO_2-H_2O系の含水鉱物

表 1 地球内部に存在する主要な含水鉱物

鉱物名（Name）	化学式	密度（g/cm^3）	Mg/Si	H$_2$O 重量%
緑泥石（chlorite）	$Mg_5Al_2Si_3O_{10}(OH)_8$	2.6-3.4	1.67	13
蛇紋石（serpentine）	$Mg_3Si_2O_5(OH)_4$	2.55	1.5	14
コンドロダイト（chondrodite）	$Mg_5Si_2O_8(OH)_2$	3.06-3.16	2.5	5.3
クライノヒューマイト（clinohumite）	$Mg_9Si_4O_{16}(OH)_2$	3.14-3.26	2.25	3
10 オングストローム相（10Å phase）	$Mg_3Si_4O_{14}H_6$	2.65	0.75	13
含水 A 相（phase A）	$Mg_7Si_2O_8(OH)_6$	2.96	3.5	12
含水 B 相（phase B）	$Mg_{12}Si_4O_{19}(OH)_2$	3.38	3	2.4
超含水 B 相（含水 C 相）(superhydrous phase B, phase C)	$Mg_{10}Si_3O_{14}(OH)_4$	3.327	3.3	5.8
含水 D 相（含水 F 相，含水 G 相）(phase F, phase G)	$Mg_{1.14}Si_{1.73}H_{2.81}O_6$	3.5	0.66	14.5〜18
含水 E 相（phase E）	$Mg_{2.3}Si_{1.25}H_{2.4}O_6$	2.88	1.84	11.4
ワズレアイト（wadsleyite）	Mg_2SiO_4	3.47	2	≤3
リングウッダイト（ringwoodite）	Mg_2SiO_4	3.47-3.65	2	1.0-2.2
含水黄玉（topaz-OH）	$Al_2SiO_4(OH)_2$	3.37	—	10
ダイアスポア（diaspore）	$AlOOH$	2.38	—	15
含水パイ相（phase Π）	$Al_3Si_2O_7(OH)_3$	3.23	—	9
含水 EGG 相（phase EGG）	$AlSiO_3OH$	3.84	—	7.5
含水デルタ相（phase δ）	$AlOOH$	3.533	—	15
ローソナイト（lawsonite）	$CaAl_2Si_2O_{10}H_4$	3.09	—	11.5
含水 H 相（phase H）	$MgSiO_2(OH)_2$	3.47	1	15.3

*End member formulas

在する鉱物はこれまで数多く報告されている．かんらん岩組成のマントルに存在しうる含水鉱物の主なものには，蛇紋石とともに，アルファベット相とよばれる一群の含水鉱物が存在する．この含水鉱物は MgO-SiO$_2$-H$_2$O の三成分系で表すことができる．図1に，アルファベット相の組成をこの三成分系にプロットした．また，それらの含水鉱物の化学式，密度，含水量を表1に示す．上部マントルの条件では含水 A 相が安定である．また，天然のかんらん岩中にチタンを含むコンドロダイトやクライノヒューマイトが見いだされており，これらの含水鉱物が上部マントル中で水を保持している可能性がある．

マントル遷移層は，マントル中で最も水に富んでいる領域であると考えられている．その理由は，すでに述べたようにアルファベット相の多くがマントル遷移層の条件で安定であることに加えて，マントル遷移層の主要な鉱物であるワズレアイトおよびリングウッダイトが 1〜3 重量％にもおよぶ大量の水をその構造中に含みうることが明らかになったからである．また，最近，ダイヤモンド中の包有物として，リングウッダイトが発見され，それに約 1.5 重量％ もの水が含まれることが明らかになった．マントル遷移層のこれらの鉱物に実際にどの程度水が含まれているのかについては，活発な論争が行われている．最近の地震学的研究と電気伝導度分布の研究，実験的に測定されたこれらの鉱物の電気伝導度の値から，マントル遷移層は地域によってかなり不均質であり，ヨーロッパ地域のマントル遷移層は無水に近いのに対して，日本などの沈み込み帯の地下のマントル遷移層には 0.1 重量％以上の水が含まれていると思われる．このほか，マントル遷移層の条件で安定に存在する含水鉱物としては，含水 B 相（hydrous B）や超含水 B 相（superhydrous B および，含水 C 相），含水 E 相などが知られている．これらの

高圧含水鉱物は特に温度の低い沈み込むプレート内部に存在することが予想されている．これ以外に，マントル遷移層に存在すると考えられている含水鉱物として，アルミニウムを含有する含水相である含水トパーズ（topaz-OH），含水 EGG 相，ローソナイト相が知られている．これらの含水相の化学式，密度，含水量を表1にまとめる．

下部マントル条件で存在が予想される含水鉱物

水が下部マントルにまで運び込まれるか否かについては，近年重要な論争点となっている．マントル遷移層をつくる重要な鉱物であるワズレアイトおよびリングウッダイトが 1 重量 % を超える水を含めるのに対して，下部マントルの主要な構成鉱物であるマグネシオウスタイトとブリッジマナイトは，最大含水量が数百 ppm 以下とほとんど水を含まないことが知られている．しかしながら，下部マントルに水を持ち込む相として，いくつかの可能性が指摘されている．マントル遷移層で安定であった超含水 B 相は，約 30 GPa（深さ 1000 km）程度の下部マントルまで，安定に水を保持することがわかっている．一方，含水 D 相は約 45 GPa つまり深さ 1500 km 程度まで安定に存在する．さらに，最近，60 GPa すなわち深さ 1800 km まで安定に存在する含水 H 相（$MgSiO_2(OH)_2$）が見出された．この相は，AlOOH 成分を固溶することによって，安定圧力が拡大し，この相が下部マントル深部に水を運びうることが明らかになっている．また，シリカに富む堆積物や玄武岩地殻の組成においてもいくつかの含水鉱物が安定に存在する．代表的な含水相として，含水 EGG 相が分解して生じた含水デルタ相（δ-AlOOH）も水をマントル–核境界に運びうる重要な鉱物である．この相は，下部マントル最下部の温度圧力でも安定に存在することが明らかになっている．

これらの含水鉱物とともに，下部マントルに水を運びうる鉱物として SiO_2 相（スティショバイト相およびその高圧相）の可能性も指摘されている．スティショバイトは，約 30 GPa 程度まで 1 重量 % 近い水を含むことが知られている．しかしながら，この高圧相である $CaCl_2$ 型，α-PbO_2 型，およびパイライト型 SiO_2 などのポストスティショバイト相がどの程度水を含みうるかは不明であり，これを明らかにすることは，今後の重要な課題である．

〔大谷栄治〕

040 鉄系物質の高圧相転移
High pressure transition of iron related materials

地球の核はニッケルおよび水素・炭素・酸素・ケイ素・硫黄などを候補とする軽元素を含む鉄合金でできていると考えられている．そのため鉄やこれらの合金の高圧相転移および相平衡関係について多くの研究がなされている．

■鉄の高圧相転移

図1は鉄の相図である．常温常圧で安定な体心立方（bcc）構造のα相は，高温で面心立方（fcc）構造のγ相，再びbcc構造のδ相へと相転移した後，融解する．また，約10 GPa以上の高圧で六方最密（hcp）構造のε相へと相転移する．このε相は地球の核の温度圧力条件まで安定に存在することが高圧実験により確認されている．最近の理論計算によると，約10 TPa以上の超高圧で，ε相からさらにfcc相→bcc相へと相転移することが予想されている．また，圧力の上昇と共に融点も上昇するが，数百GPa・数千kといった高圧力・超高温下では，積層欠陥を多く含む状態が安定化する可能性も予想されている．

高圧下での融解温度に関しても数多くの研究例があるが，静的圧縮実験（図中の実線），動的圧縮実験（図中のシンボル），理論予測（図中の点線）により決められた融解温度の間に1000 K以上の大きな不一致がある．

■鉄-ニッケル系

鉄とニッケルは広い組成範囲で固溶体をつくる．

鉄に富む鉄-ニッケル合金の高圧相関係は鉄とほぼ同じであり，常温常圧でbcc構造，高温でfcc構造，また高圧ではhcp構造をとるが，鉄に比べ，ニッケルの固溶量が増えるに従ってfcc相の安定領域が広がる．地球の核に含まれるニッケルの量はおよそ5%から15%ほどであると考えられているが，このような組成をもつ鉄-ニッケル合金も鉄と同様に，地球の核の温度圧力条件でhcp構造をとると考えられている．

一方，ニッケルおよびニッケルに富む鉄-ニッケル合金は常温常圧でfcc構造をとり，少なくとも地球の核の圧力に相当する300 GPa程度までは相転移しないと考えられている．

■鉄-水素系

水素は太陽系に最も多く存在する元素であり核の軽元素の候補の一つとして考えられている．常圧下では，固体鉄の中に固溶できる水素は微量であるが，高圧下では鉄-水素合金をつくる．水素は，地球核の形成時に鉄と含水マグマが反応し鉄-水素合金をつくることによって核の中にとりこまれると考えられている．

鉄-水素合金は鉄と異なり高圧でhcp構造のかわりに二重六方最密（dhcp）構造をとる（ε'相）．bcc構造からdhcp構造への相転移はおよそ5 GPaで起こり，また，鉄と同様，高温ではfcc構造をとる．dhcp相，fcc相，液相の三重点は約60 GPa，

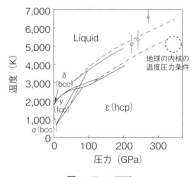

図1　Feの相図

2000 K である．また，水素が固溶すると，鉄に比べて融点が大きく下がることが知られている．

■鉄-炭素系

常圧では鉄とグラファイトが共融系を成し，共融温度以下では鉄と直方晶（斜方晶）のセメンタイト（Fe_3C）が共存する．この Fe_3C は少なくとも 300 GPa まで相転移しない．5 GPa 以上の高圧では鉄と Fe_3C が共融系をつくる．また 10 GPa 以上では，鉄-炭素化合物として，Fe_3C のほかに六方晶の Fe_7C_3 も安定になる．

常圧における bcc 構造の鉄への炭素の最大固溶量は約 0.02 重量 %，fcc 構造の鉄への炭素の最大固溶量は約 2 重量 % である．高圧下での固体鉄への炭素の固溶量はよくわかっていない．

■鉄-酸素系

常圧における鉄-酸素化合物にはウスタイト（FeO），マグネタイト（Fe_3O_4），ヘマタイト（Fe_2O_3）がある．

図 2 に FeO の相図を示す．FeO の常温常圧下での結晶構造は B1（NaCl 型）構造である．B1 構造の FeO は，高圧で rB1（わずかに歪んだ NaCl 型）構造，さらに B8（NiAs 型）構造へと相転移する．また，高温では 240 GPa・4000 K 以上で B2（CsCl 型）構造へと相転移する．また，B1 相は 70 GPa・1900 K 以上で絶縁体から金属へと転移する．

常圧下では，固体鉄に対する酸素の溶解度は極めて低く，また高圧下でも酸素は固体鉄にほとんど固溶しないと考えられている．

■鉄-ケイ素系

常圧ではいくつかの鉄-ケイ素化合物が存在することが知られている．そのうち B20 構造の ε-FeSi は約 20 GPa で B2 構造へと相転移することがわかっている．

また，鉄とケイ素は広い組成範囲で固溶体を形成し，常圧では bcc 鉄中に約 10 重量 %，高圧でも hcp 鉄中に約 10 重量 % のケイ素が固溶できることがわかっている．

■鉄-硫黄系

鉄-硫黄系の相平衡関係は圧力とともに大きく変化する．常圧での鉄-硫黄化合物にトロイライト（FeS）とパイライト（FeS_2）がある．常圧では鉄と FeS が共融系をつくり，鉄と FeS の間にそれ以外の中間化合物は存在しない．しかし約 14 GPa 以上の高圧で中間化合物 Fe_3S_2 が安定となり，さらに約 21 GPa 以上で Fe_2S と Fe_3S も安定となる．このうち Fe_3S の構造は Fe_3P の結晶構造（正方晶）と同じであることがわかっているが，Fe_2S および Fe_3S_2 に関してはまだ構造はよくわかっていない．

また，FeS は高温高圧で多くの多形を

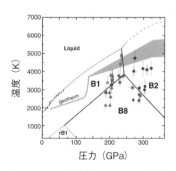

図 2　FeO の相図（Ozawa et al., 2012）

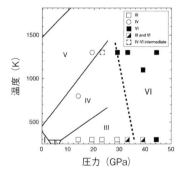

図 3　FeS の相図（Ohfuji et al. 2007）

もつ．**図3**にFeSの相図を示す．室温下では約3 GPaでI相（troilite：六方晶）からII相（直方晶）へ，約7 GPaでIII相（単斜晶）へ相転移する．また高温で，六方晶のIV相およびV相へ相転移する．さらに約35 GPa以上の高圧で直方晶のVI相へと相転移する．これらI～VI相はすべてNiAs構造に類似した構造である．VI相は約180 GPaでB2（CsCl型）構造のVII相へと相転移する．〔桑山靖弘・土屋卓久〕

● 文献
1) H. Ohfuji (2007) *Chem. Minerals*, **34**, 335-343
2) H. Ozawa (2012) *Science*, **334**, 792-794.

041 マグマの生成
Generation of magma

地球表層や比較的浅部で生成されるマグマに関しては，**052 マグマと火成岩**，および **053 サブダクションファクトリー**に記述されている。よって地球深部の項目である本章では，地球深部マントルで生成されるマグマや揮発性成分，特に水に関する影響について記述する。

まず，マントルかんらん岩は，**002 宇宙・地球の化学組成（宇宙の成分，地球の成分）**と鉱物に記述されているように，SiO_2 と MgO, FeO で約 90% を占める。特に Mg と Fe はイオン半径が近く，互いに固溶体を形成するため，MgO-SiO_2 系が特に重要な系となる。すなわち，かんらん石（Mg_2SiO_4）と輝石（$MgSiO_3$）の高圧下での溶融関係を明らかにすることが特に重要になる。図 1 に輝石の溶融関係を示す。

輝石は 0.13 GPa まで，かんらん石と "$MgSiO_3$ 組成より SiO_2 に富んだ" メルトに非調和融解（不一致融解，分解融解ともいう，英語では incongruent melting）する。これが中央海嶺等で，かんらん岩から SiO_2 に富んだ玄武岩を生成する 1 つの理由である。一方，それ以上の圧力下では直方（斜方）輝石（orthopyroxene），高圧単斜輝石（High-P clinopyroxene），メジャライト（majorite），ブリッジマナイト（bridgmanaite）へと相転移するがすべてで調和融解（一致融解ともいう。英語では congruent melting）する。すなわち，マントル深部では，マントルがかんらん岩的でかつ無水であるなら，$MgSiO_3$ 成分より SiO_2 に富んだマグマは生じえないことになる。

次にかんらん石の溶融関係を図 2 に示す。

かんらん石は約 10 GPa 付近まで調和融解するが，それ以上の圧力下で非調和融解に転じ，periclase（MgO）と "Mg_2SiO_4 よりも SiO_2 に富んだ" メルトに非調和融解する。さらに 15〜20 GPa では，olivine および wadsleyite は anhydrous phase B

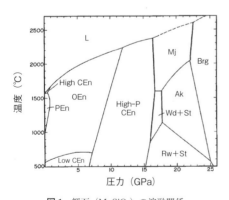

図 1 輝石（$MgSiO_3$）の溶融関係
CEn：clinoenstatite, OEn：orthoenstatite, PEn：protoenstatite, Wd：wadsleyite, Rw：ringwoodite, St：stishovite, Ak：akimotoite, Mj：majorite, Brg：bridgmanite, L：liquid.

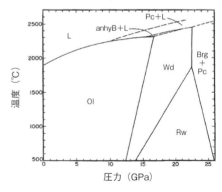

図 2 かんらん石（Mg_2SiO_4）の溶融関係
Ol：olivine, Wd：wadsleyite, Rw：ringwoodite, Brg：bridgmanite, Pc：periclase, anhyB：anhydrousB.

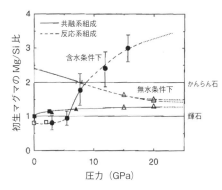

図3 かんらん石（Mg_2SiO_4）-輝石（$MgSiO_3$）系で生成されるマグマの化学組成（Mg/Si比）の無水・含水条件下での違い

($Mg_{14}Si_5O_{24}$）と"Mg_2SiO_4よりもSiO_2に富んだ"メルトに非調和融解し，温度上昇に伴いさらにpericlase（MgO）と"Mg_2SiO_4よりもSiO_2に富んだ"メルトに非調和融解する．図3にかんらん石（Mg_2SiO_4）-輝石（$MgSiO_3$）系で生成されるメルトの化学組成（Mg/Si比）を示す．この図では共融系（eutectic）の組成を実線で，反応系（peritectic）の組成を点線で示している．調和融解どうしの2成分系では共融系となり，非調和融解するものを含めば反応系となる．

無水条件下ではマントルかんらん岩の融解で地球深部に生成するマグマは$MgSiO_3$とMg_2SiO_4の中間組成となり，特にマントルかんらん岩ときわめて近い組成のマグマが生成される．しかしながら融解温度は現在の地球内部の温度に比べてきわめて高く，容易にはマグマが生成されえないことがわかる．

一方，地球内部には多少なりともH_2OやCO_2などの揮発性成分が含まれており，初期地球でのマグマオーシャン中への溶解及びその後の冷却に伴う地球内部へのトラップや，現在の沈み込むスラブによる地球深部への運搬がその要因と考えられる．

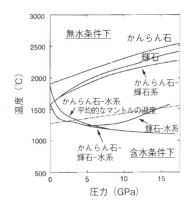

図4 かんらん石（Mg_2SiO_4），輝石（$MgSiO_3$），およびその共融系の融解温度の圧力変化の無水・含水条件下での違い

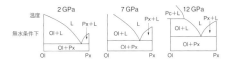
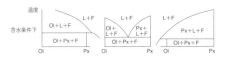

図5 かんらん石（Mg_2SiO_4）-輝石（$MgSiO_3$）系で生じる初生マグマ（共融点，反応点）の圧力変化の無水・含水条件下での違い

Ol：かんらん石，Px：輝石，Pc：ペリクレース，L：液相，F：流体相．

特にH_2Oは鉱物の融点を著しく下げる（図4）．上部マントルに水が存在すれば，その水の存在量に応じてマグマが生成されることとなる．

水はこの融点降下に加えて，生成するマグマの組成にも影響を及ぼしている（図3，および図5）．含水条件下では2GPaの圧力下では，輝石は非調和融解しかんらん石と"SiO_2成分に富んだ"マグマを生成する．一方，かんらん石は調和融解のままである．この関係は約5GPa程度まで続く．この

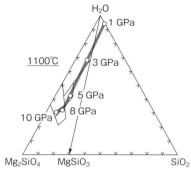

図6 Mg_2SiO_4-$MgSiO_3$-H_2O 系で生成される流体相の組成の圧力依存性
温度は1100℃．

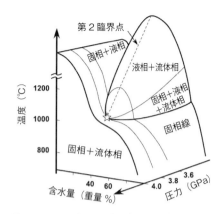

図7 かんらん岩-H_2O 系の液相と流体相の混和不混和現象と温度圧力上昇による第2臨界点の消失の様子

ことは約 5 GPa 以下での含水条件下では，かんらん石-輝石系において，輝石よりも SiO_2 成分に富んだマグマが生成されることを意味している．すなわち，含水条件下では無水条件下より SiO_2 に富んだマグマが生成されることになる．一方，約 5〜8 GPa の間では，かんらん石，輝石とも調和融解し，その2成分系では共融組成のマグマが生成される．さらに約 8 GPa 以上ではかんらん石は非調和融解に転じ，輝石と"MgO 成分に富んだ"マグマを生成する．すなわち地球深部での含水条件下では，かんらん石よりも MgO 成分に富んだ極めて超塩基性のマグマが生成されることとなる．これらは地球の歴史において生成された「コマチアイト」マグマや，「キンバーライト」マグマと関係していそうである．

さらに水は，地球深部で生成される「液相（マグマ）」以外に，「流体相（フルイド）」にも影響を及ぼす．図6に Mg_2SiO_4-$MgSiO_3$ 系の 1100℃ で生成される流体相の組成の圧力依存性を示す．圧力上昇に伴って，流体相の組成もメルト（マグマ）の組成変化と似たように MgO 成分に富んだ方向に変化していることがわかる．

図7にかんらん岩-H_2O 系の相図を示す．

低圧条件下では水に富んだマグマ（液相）とケイ酸塩成分が溶け込んだ水（流体相）との液相不混和領域が存在する．よってある温度で，固相と共存するマグマの含水量が不連続的に変化し，一定の含水量条件下ではその温度を超えると急にマグマの量が増加することになる．含水固相線（wet solidus）はこのような温度の存在をもって定義されうる．しかしながら，図7の約 4 GPa 以上ではもはや液相不混和領域は消失し（第2臨界点の消失），含水固相線は定義できない．温度上昇に従い，一定の含水量条件下では連続的にマグマの量が増加するのみである．このかんらん岩-H_2O 系の第2臨界点の消失圧力については，研究者によって 4〜12 GPa もの隔たりがあり，今後の制約が期待される．〔井上　徹〕

● 文献
1) D. C. Presnall (1995) *AGU Reference Shell* **2**, 248-268.
2) T. Inoue (1994) *Phys. Earth Planet. Inter.*, **85**, 237-263.
3) K. Mibe *et al.* (2002) *Geochim. Cosmochim. Acta*, **66**, 2273-2285.
4) K. Mibe *et al.* (2007) *J. Geophys. Res.*, **112**, B03201.

042 地球深部鉱物の弾性波速度
Elastic wave velocity of deep Earth minerals

031 固体地球の構造で示したように地球内部構造は地震波（すなわち弾性波）の解析によって決定されるので，地球深部鉱物の弾性波速度のデータは地球内部構造の物質学的理解に不可欠である．地球深部鉱物の弾性波速度測定法としては，一般的な超音波音速法のほか，固有振動を利用する共振法，フォノン分散を測定するブリルアン散乱分光法とX線非弾性散乱法，などがある．またX線回折による格子定数の圧力変化からも体積弾性率等の情報が得られる．

弾性波速度 v は弾性定数 C と試料密度 ρ で

$$v = \sqrt{C/\rho}$$

と与えられる．弾性定数の定義は応力と歪みの比例定数である．数学的には応力と歪みは2階のテンソル量であり弾性定数は4階のテンソル量である．通常弾性定数は6行6列の行列で表示されるが，その詳細は弾性論の教科書を参照されたい（例えば小川[1]）．

弾性波は波の進行方向と振動方向で特定される．進行方向に対し振動方向がほぼ一致する波を縦波，ほぼ垂直になる波を横波という．横波は，直交する2つの振動方向で速度が異なる．地震波では速度の速い縦波が早く到達し，その後，横波が到達するので，Primary, Secondary の意味から，それぞれをP波，S波と表現される．地球深部科学で対象となる鉱物の密度は～3000 kg/m³，弾性定数は数百 GPa 程度であり，弾性波速度は数 km/s である．

弾性定数測定試料としては単結晶体と多結晶体の両方が目的によって使い分けられる．単結晶では弾性波速度は結晶の方位方向で異なっており，対称性の低い単結晶では独立な弾性定数が多くなり測定の難易度が高くなる．独立な弾性定数の数は結晶の対称性で決まっており，立方晶，正方晶，直方（斜方）晶でそれぞれ3, 6, 9個である．これも詳しくは教科書などを参照していただきたい．

多結晶体では，等方性がよければ，一方向の縦波速度と横波速度の測定だけで弾性定数測定が完了するので簡便でもあるし，地震波速度構造モデルとの比較も容易である．しかしながら地震波速度構造モデルにおける弾性波速度異方性を解釈するためには結晶弾性定数が必要になる．

超音波法ではニオブ酸リチウムなどの圧電素子により発生させた弾性波が試料中を伝播する時間 t を計測する．用語としては"弾性波"がより適切であるが慣用的に"音波"もよく使われる．

試料の厚さを L とすると弾性波速度 v は

$$v = \frac{L}{t}$$

となる．

圧電素子は縦波用と横波用を使い分けることが多いが，縦波・横波兼用素子を用いて実験回数を減らすことも可能である．さまざまな高圧発生装置を組み合わせることにより，地球深部の温度圧力条件で鉱物の弾性波速度測定が行われている．～1 mm サイズの試料に対しては～80 MHz の超音波が用いられているが，より微小なサイズの試料測定には GHz 領域の超音波が用いられる．最近では，レーザーを試料に数ピコ秒照射し超音波を励起するピコ秒超音波測定法も行われている．

共振法は試料の自由振動を利用して弾性定数を決定する．多数の自由振動を測定することにより1個の試料で全結晶弾性定数が決定できる．自由振動解析は振動場

を関数展開する手法で数値的に計算されるが,最近は普通のパソコンで瞬時に完了するようになった.他の方法よりも低い周波数(kHz〜MHz領域)で測定できる特徴がある.共振法は自由振動を要請しているため高圧下の測定には向いていない(圧力媒体と接していると自由振動が励起できない)が,1000℃までの高温測定で実績をあげている.最近,共振周波数の測定上限が50 MHzまで拡大され,高圧相鉱物等の微小サンプル(1 mm以下)の測定が可能になった.なお,マグニチュード8クラスの巨大地震後に地球の自由振動が観測される.自由振動の周期はサイズに比例するので地球自由振動の周期は約1時間であるが,共振法は地球自由振動にヒントを得て開発されたものである.

以上の波動・振動に基づく古典的手法に対し量子論的概念であるフォノンの分散関係から弾性定数を決定する方法が,ブリルアン散乱分光法とX線非弾性散乱法である.両者の違いは入射フォトンが可視光レーザーかX線かである.これらの測定法の基礎については固体物理学の教科書を参照されたい(例えば,キッテル[2]).

入射フォトンと試料中のフォノンの相互作用による散乱フォトンのエネルギー変化 ΔE と運動量変化 Δq から弾性波速度 v が決定できる.

$$v = \frac{\Delta E}{\Delta q}$$

ブリルアン散乱光の周波数シフトは一般に数GHzから十数GHzの周波数領域で観察される.測定可能な試料の大きさは,入射レーザーの集光径に制約されるため,一般に数十μm程度の径を有する微小試料からの弾性波速度を決定できるという利点がある.また,100 GPa以上の圧力発生が可能なダイヤモンドアンビルセルとブリルアン散乱分光法を組み合わせることで,超高圧力条件下での地球深部鉱物の弾性波速度の決定を行うことができる.さらに,ダイヤモンドアンビルセル中の試料を赤外線レーザーで照射加熱することで,地球深部に相当するような高温高圧条件下における弾性波速度を決定する試みも行われている.

X線非弾性散乱法は強力なX線が必要であるためSPring-8(兵庫県佐用町)などの放射光施設で実施される.ブリルアン散乱法と比較して,より微小な試料でかつ不透明試料も測定できる利点がある.また散乱法で問題になる表面反射光の影響がないこと,入射線ではなくブラッグ回折線からの散乱を使えることも利点である.高温高圧実験も可能であり,今後,入射X線の輝度向上や検出器の性能の向上により一層発展していくと期待される.

これら手法により測定される地球深部岩石の弾性波速度データは,観測された地震波速度と直接比較可能であり,地球内部状態を議論する際の重要な拘束条件となる(例えばPoirier[3]).

最近の地震学では観測網と解析法の進歩から地球内部地震波速度構造の高分解能化が進んでいる.例えば,これまで均質と考えられてきたマントルに様々な不均質が存在することが示されている.こうした不均質はマントル対流の上昇部と下降部の温度の違いとして解釈されているが,沈み込んだスラブに由来する化学的不均質が存在する可能性も示されている.このような問題を解決するためにも,地球深部鉱物の高温高圧下での精密かつ詳細な弾性波速度の実験データは不可欠である.

〔米田 明・肥後祐司・河野義生・村上元彦〕

● 文献
1) 小川智哉(1998)結晶工学の基礎(応用物理学選書),裳華房.
2) キッテル(1998)固体物理学入門,丸善.
3) J. Poirier(2000) Introduction to the Physics of the Earth's Interior, Cambridge University Press.

043
地球深部鉱物のレオロジー・カイネティクス
Rheology and kinetics of deep Earth minerals

ここでは,地球深部のダイナミクスを理解する上で重要な,鉱物のレオロジーと相転移カイネティクスに関して述べる.

"レオロジー(rheology)"とは,多くの材料系の研究分野で使用されている用語で,1929年設立の米国レオロジー学会(The Society of Rheology)のホームページでは,「"rheology"という用語は,物質の変形と流動の科学に対して,1920年代に造語された」と記述されている.一般には,固体物質の粘弾性特性を研究する分野と考えてよい."地球深部科学におけるレオロジー"研究では主に,地球物理学的観測に基づく研究と,鉱物科学的な研究が行われており,前者では,氷河融解に伴う海水準変動観測や地震波減衰データから地球内部の粘性率・粘弾性の推定などが行われている.後者の鉱物科学研究は,前記した観測データを鉱物物性的に検証・解釈するために重要である.以下では,物質科学的研究について述べる.

地球内部は地質学的な時間スケールでは塑性流動している.したがって,鉱物科学から地球深部のダイナミクスを探求する立場では,構成鉱物の塑性変形特性の解明に力が注がれる.その際,試料の力学特性との微細組織観察が重要となる.力学特性の理解では,試料の歪速度($\dot{\varepsilon}$)に与える変形時の差応力値(σ),温度(T)の関係を表す式(流動則:式(1))の解明が行われる.

$$\dot{\varepsilon} = A f(\sigma) \exp\left(-\frac{Q}{RT}\right) \quad (1)$$

Aは定数,Qは活性化エンタルピー,Rはガス定数.試料の歪速度($\dot{\varepsilon}$)は,試料の鉱物粒径や含水量などによって変化し,それらを組み込んだ流動則も求められている.また非常に重要な点は,活性化エンタルピー(Q)値が圧力(P)に依存することである(式(2)).

$$Q = V^* P + Q_0 \quad (2)$$

Q_0は圧力0のときの活性化エンタルピー値,V^*は圧力係数:活性化体積.地球深部のような超高圧力下での鉱物物性を理解するためには,この活性化体積値(V^*)をいかに精度よく決定するかが重要なポイントとなる.

微細組織観察では,上記した力学特性を支配している塑性変形機構(変形メカニズム)の解明を重視する.どのような塑性変形機構が卓越するかは微細組織や変形条件に依存する.地球深部で卓越すると考えられている変形機構は,①転位クリープと②拡散クリープである."クリープ"とは,破壊することなく変形が非常にゆっくりと進行する現象のことである.また後述するように,相転移直後には鉱物粒径が極端に小さくなるので,③超塑性クリープが卓越する可能性が指摘されている.

転位クリープと拡散クリープを比較した場合,相対的に高応力・高温・高歪速度の条件で転位クリープが卓越する.この場合,変形は転位の生成と移動によって進行するため,粘性率は転位の密度と移動速度の関数となる.また構成鉱物の粒径が小さな場合には拡散クリープが卓越し,粒径に依存した歪速度を示す.転位の運動や拡散は温度圧力に依存するので,マントルを構成する鉱物の変形機構と粘性率は,対流による物質循環過程において変化していると考えられる.

転位クリープで重要な現象は,格子選択配向(LPO)の形成である."LPO"とは,多結晶体を構成する個々の鉱物の特定方位が,空間のある特定の方位に揃って配列している状態である.地震学的手法で検知さ

れる上部マントルやマントル最下部層（D″層）の顕著な地震波速度異方性は，構成物質のLPOに起因すると考えられている．一方，下部マントルの大部分では地震波速度異方性はほとんど観測されていない．このことは，下部マントルの対流は転位クリープではなく，拡散クリープの寄与が大きいことを示唆している．

LPOパターンは主に，差応力値と温度，それを含水量によって変化することが実験的に解明されている．LPOのパターンと地震波速度異方性のデータを比較することで，地球深部における応力場状態（マントル対流の流動パターンや含水条件等）を推測できる．

次に相転移現象について述べる．相転移や組織変化を起こす駆動力は，ギブス自由エネルギーの変化量で，それは化学自由エネルギー，界面エネルギー，歪エネルギーの3つの合計変化量で表される．相転移や組織変化は，原子拡散を伴う熱活性化過程であるため，その速度（カイネティクス）は大きな温度依存性をもつ．この相転移や組織変化のカイネティクスが，マントルのダイナミクスに多大な影響を与えていると考えられている．一例として，沈み込むスラブで起こるかんらん石の多形相転移を考える．

かんらん石の高圧相転移は，核生成-成長メカニズムによって進行する再構成型である．このようなメカニズムの場合，かんらん石の高圧相であるワズレアイトが核生成する際，化学自由エネルギーは減少するが，界面および歪エネルギーは増加することになる．このバランスを乗り越えて高圧相転移の駆動力を得るには，ある一定以上の過剰圧力が必要となる．また高圧相核の成長（高圧相の粒界移動）は低温では非常に遅いので，スラブの下降速度より相転移速度が遅い場合は，相転移が起こらず準安定かんらん石領域がスラブの低温部である中心領域に存在することになる．実際にそのような未反応領域が地震学的に検出された例が複数報告されている．そのような場では，周囲の高温マントルよりも低密度となっている可能性が強い．

相転移後のスラブの強度を考えるうえでは，相転移による粒径変化の効果も重要になる．多形相転移の場合，核生成速度と成長速度のバランスで新相の組織や粒径が決まる．準安定かんらん石が低温大過剰圧（核生成が盛んで成長が抑制された）条件で相転移を起こすと，極細粒な岩石に変化し，変形が拡散クリープや超塑性クリープによって進行しうるようになる．この場合，粘性率は粒径の2～3乗に依存して大きく変化するので，周囲のマントルより低温でも同程度の粘性率となる．また，差応力下において軟化した細粒新相が連結することで深発地震が発生するとの説もある．

また相転移以外の要因による組織（特に，粒径）変化もマントルの粘性を理解するうえで重要である．例えば相転移細粒化した岩石では，高い界面エネルギーを駆動力として粒子の成長が生じる．一方，塑性変形によって転位が増殖し歪エネルギーが蓄積されると，それを解消するために粒子の細粒化（動的再結晶）が起こる．これは各々粘性の増大と低下につながる．したがって，マントル対流運動においては特に塑性変形場で起こる動的な多相粒径変化が重要となる． 〔安東淳一・久保友明・山崎大輔〕

044
地球深部鉱物の電気伝導度
Electrical conductivity of deep Earth minerals

電気伝導度（electrical conductivity）は，物質がどの程度電気を流しやすいかを示す物理量であり，電気比抵抗はその逆数である．単位はS/mである．ここにS（ジーメンス）＝Ω^{-1}である．地球深部の電気伝導度の分布は，磁気嵐など地球外部磁場変動に対する地球内部の応答を観測することにより，見積もることができる．地震学的データを相補的に用いることにより，地球深部の物質・構造・組成など，詳細な解明に役立つ．

地球のマントルを構成する苦鉄質鉱物の電気伝導は熱活性化過程である．それゆえ，高温状態のマントルではマントル鉱物は観測可能なほど高い電気伝導度を示す（10^{-3}〜10^{1} S/m）ので，地球深部の伝導度構造はマントル鉱物の伝導度を反映していることが期待される．他方，伝導度は少量の導電物質（水・メルト・鉄など）に敏感である．したがって，地球深部の電気伝導度構造は，マントル鉱物の伝導度ではなく，導電物質の存在を反映している可能性があり，マントル中のこれらの導電物質の存在やその量を推定することに役立つ．

地球物理学的観測から地球内部の水・メルトの量などの情報を得るには，地球深部を構成していると思われる物質の電気伝導度を地球深部に相当した高温・高圧条件下で測定することが必要不可欠である．こうした視点から，高温高圧下における電気伝導度測定が試みられてきた．

鉱物の電気伝導度の挙動はメカニズムによって大きく異なり，電気伝導を担うキャリアを特定することが重要である．キャリア種は物理的・化学的条件により大きく異なる．マントル構成鉱物の大部分は鉄-マグネシウム鉱物であり，電荷が移動する機構としてホッピング伝導が第一に重要である．鉄は二価と三価の2つの価数をとるので，二価と三価のサイト間で電気的中性を保つために存在する電子ホール（正孔）の移動が容易に起こり，電荷が移動する．ただし，二価のマグネシウムサイトを三価の鉄が置換する際，正孔は正のイオンを遠ざけ負のイオンを引き寄せるため局所的な歪み場（小さなポーラロン）を形成する．電荷の移動はこの歪み場を引きずって起こるため電子の有効質量が大きくなり，マグネシウムに富むマントル鉱物において電荷の移動には高いエネルギー（〜1.5 eV）が必要となる．鉄の三価の鉱物中の濃度が高くなると電気伝導度は上昇し，二価と三価の比が1対1である磁鉄鉱では活性化エネルギーは非常に小さく高い電気伝導度を示す．酸素雰囲気とともに三価の鉄が増加するので，電気伝導度は鉄の二価と三価の比が1対1になるまで酸素雰囲気とともに増加する．また，同じ二価三価比をもつ場合でも，鉱物中の全鉄の量が増加すると伝導度は上昇する．

鉱物の融点に近い非常に高温になると，マグネシウムが入るサイトに空孔が多く生成され，その空孔は活発に移動できるようになるため，空孔移動による電荷移動機構が卓越するようになる．この機構は一般にイオン伝導とよばれ，イオン自体が動かないといけないために，大きな活性化エネルギー（約2 eV）をもつ．

主要なマントル鉱物は，1気圧下では水素を含まないが，マントル深部のような高圧化では水素を含んでいると考えられている．水素は結晶構造の間隙やマグネシウムやケイ素のサイトを置換して存在することができる．特にマントル遷移層を構成するかんらん石の高圧相であるワズレアイト，

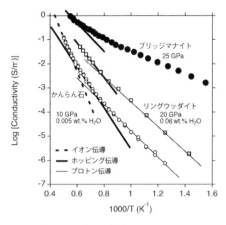

図1 $(Mg_{0.91}Fe_{0.09})SiO_4$ 組成のかんらん石，リングウッダイトおよび $(Mg_{0.9}Fe_{0.1})SiO_3$ 組成のブリッジマナイト電気伝導度のアレニウスプロット

地球内部において少量の水が存在すると，物質の融解温度，構成物質のレオロジー，物質移動などは大きく影響されるため，地球内部の含水量を決定することは非常に重要である．最近のマントル鉱物の電気伝導度測定は水の量の関数として行われるようになり，地球物理学的な観測との比較により，マントル深部の水の役割と水の量の議論が活発になされている．著者らによって行われた結果では，上部マントルのアセノスフェアで観測される高電気伝導度異常は，かんらん石の含水化では十分に電気伝導度が上がらないことから，アセノスフェアの軟化の原因として，マントルのかんらん岩の部分熔融が必要であると議論された．また，結晶構造内に水を多く蓄えることのできるマントル遷移層の主要鉱物であるワズレアイト，リングウッダイトの電気伝導度測定の結果は，太平洋下のマントル遷移層はあまり水を含まない可能性を示唆した．

下部マントルは，最近まで顕著な相転移は起こらないと考えられていたため，マントルの断熱地温勾配に沿って単調に電気伝導度は増加すると考えられてきた．しかしながら，最近のブリッジマナイト-ポストペロブスカイト相転移の発見，ブリッジマナイトやフェロペリクレースでは，圧力誘起による鉄の電子軌道の高スピン状態から低スピン状態への転移の発見により，その様相は変わりつつある．ブリッジマナイト-ポストペロブスカイト相転移では，電気伝導度が大幅に上昇する．逆に鉄の高スピンから低スピン転移は電気伝導度を減少させる効果をもつ．つまり，下部マントルの電気伝導度はスピン転移のために上昇から一度減少に転じ，マントル-核境界直上では深さ2700 km付近でブリッジマナイト-ポストペロブスカイト相転移により電気伝導度が飛躍的に上昇することが予見されている．

リングウッダイトには，構造的に大量の水素を取り込むことができることが知られている．水素イオン（プロトン）は非常に小さいため，結晶内を容易に動くことができるので，もし鉱物中に水が存在するならば，多くの電荷を輸送できる．この機構はプロトン伝導とよばれる．その活性化エンタルピーは小さいので（1 eV以下），低温で卓越する伝導機構である．

以上のように，マントル鉱物の卓越する電気伝導機構は温度により多様である（図1）．高温になると活性化エンタルピーの大きい電気伝導機構が卓越するため，温度依存性が高温ほど大きくなる．

観測によるとマントルの電気伝導度は，地球深部に向かって上昇する．他方，マントル鉱物は多様な高圧相転移を起こすが，一般に高圧相ほど高い伝導度を示しており，上記の観測結果は，マントル鉱物の高圧相転移により第一義的に説明できる．しかし，最近の高圧下でのマントル鉱物の電気伝導度測定は，これに加えて新たな知見を与えてきた．

〔芳野　極・桂　智男〕

045
マグマの構造・物性
Structure and physical property of magma

　地球内部は高温高圧力の世界である．マグマはそのような環境で岩石が溶融して生成する．そうして生じたマグマは周囲との密度差によって地表へ向かって上昇するが，その上昇速度はマグマの粘度によって規定される．また，地球の形成期には表面から地下1000 kmほどにかけて大規模に溶融していたと考えられている．この状態はマグマオーシャンとよばれ，その中で重いものは沈み，軽いものは浮くことによって地殻-マントル-核という成層構造ができた．以上のように，重力による分化を通じてマグマは地球内部の進化で重要な役割を果たしてきた．このため，高温高圧下で，マグマの物性を調べる試みが精力的に行われてきた．

　まず，マグマの物性と密接な関係があるマグマの構造について解説する．結晶の場合，原子は規則的に配列されており，その構造は周期的に繰り返されている．一方，マグマでは隣り合う原子間の距離や結合角はある範囲に分布しており，数Å以内の短距離秩序が認められる．一方，数原子離れると規則性はほとんど認められなくなり，マグマには結晶でみられる長距離秩序は存在しない．このため，マグマの構造解析には結晶と異なる手法が用いられる．核磁気共鳴（NMR），ラマン分光，X線吸収微細構造（XAFS）などの分光学的手法とX線や中性子を用いた回折法によって，マグマの構造が調べられている[1,2]．

　マグマはケイ素と酸素を主成分とするケイ酸塩の融体である．構造解析の結果，マグマはケイ素が4つの酸素で囲まれたSiO_4四面体がさまざまなつながり方をしたネットワーク構造を基本としていることがわかった．ケイ素のほかアルミニウムも四面体の中に入ることができる．これらの陽イオンをネットワーク形成イオン（Tイオン）とよび，それらが形成する四面体はTO_4四面体とよばれる．また，マグネシウムやナトリウム，カリウムなどの陽イオンはTO_4四面体の酸素と結合することにより，ネットワークを切る働きをする．このような陽イオンをネットワーク修飾イオンとよぶ．一方，酸素イオンに着目すると，マグマ中では四面体どうしを結びつけている酸素と，それ以外のものとに分かれる．前者はT-O-Tの結合をつくって四面体の間に橋を架けるようにみえることから，架橋酸素（bridging oxygen）とよばれる．橋渡しをしない酸素は非架橋酸素（non-bridging oxygen）とよばれ，ネットワーク修飾イオンなどと結合している．TO_4四面体ネットワークの重合度は非架橋酸素とTイオンの割合（NBO/T比）で表すことができる．重合度に依存して，特に大きく変化する物性は粘度で，流紋岩マグマではNBO/T比がほぼ0で粘度が高く，NBO/T比がおよそ1になる玄武岩マグマでは低粘度になる．例えば1300℃で比較した場合，流紋岩マグマの粘度は10^5 Pa・sであり，玄武岩マグマの粘度は10 Pa・sとなり，4桁程度の違いがある．

　圧力がマグマの構造に与える影響を解説する前に，まず密度と粘度について述べる．常圧下での粘度測定は回転粘度計などを用いて行われる．しかしながらこの方法は高圧力下の測定に用いることはできない．高圧下では専ら落球法から粘度が測定されている[3]．落球法はストークスの式を用いるもので，球が液体中を落下する速度を測定して粘度を求める．高圧力実験では，岩石試料の中に予め白金などでつくった球を入れておく．続いて高圧力下で加熱して岩石

の融点を超えると，金属球はマグマの中を落下する．近年では放射光実験施設においてX線ラジオグラフィー装置を用い，高圧セル中を落下する金属球を'その場'観察する方法が主に用いられる[4]．これまでの研究から，ネットワーク重合度の高いマグマでは圧力の増加とともに粘度が減少し，逆に重合度の低いマグマでは粘度が増加することが知られている．また，粘度がある圧力までは減少し，その後増加に転ずるものもある．このような粘度の変化はマグマの構造変化に起因すると考えられている．

さて，常圧でのマグマの密度はアルキメデス法で測定される[3]．具体的には，天秤に吊された白金などでつくられた重りがマグマに沈められたときに受ける浮力から密度を求める．しかしながら，高圧力下でアルキメデス法による測定はできない．高圧力下での測定で主に用いられている方法は3つあげられる．まず，落球法を応用するもので，密度の異なる2種類以上の球を用いることで粘度と密度を同時に求める．2つ目はダイヤモンドなどの密度標準となる物質がマグマ中で浮くのか沈むのかをみる方法である．最後はX線を使う方法で，入射X線とマグマを透過してきたX線の強度を測定し，吸収されたX線の割合から密度を求める．これらの密度測定法は放射光X線による高温高圧'その場'観察と組み合わせることにより近年発達した[4]．マグマは一般に岩石中の鉱物と比べて圧縮率が大きい．また，融解時の元素分配によりマグマの方が溶融残渣と比べて鉄に富む．主にこれらが原因となり，高圧下でマグマの方が鉱物より重くなる密度逆転が起こる可能性が提唱され，実験で明らかにされている．その結果，地球形成期のマグマオーシャン中では約400 kmの深さにかんらん石が濃集する可能性があることが示されている．

マグマが縮みやすいことや高圧下で粘度の極小があることなどは，マグマの構造変化と関連づけられる．マグマ中にはケイ素やアルミニウムを中心にしたTO$_4$四面体からなるネットワーク構造の間に大きな隙間が存在している．圧力が増加すると，まず，この隙間がつぶれていき，ネットワークの網の目が小さくなる．それにともない，四面体間のT-O-T結合角が小さくなり，T-O間の距離が伸びて結合が弱くなり，粘度の低下が起きると考えられる．さらに圧力を加えると，ネットワークを構成するTO$_4$四面体自体が壊れていく．TO$_4$四面体はTイオンのまわりを4個の酸素が取り囲む，四配位の状態にある．ところが，圧力を加えるとTイオンに結合する酸素の数が増え，五配位や六配位になることがわかってきた．このような高配位になるとT-O間の距離が伸び，結合が弱くなる．このようなTイオンの配位数変化はアルミニウムでは10 GPa以下，ケイ素では10 GPa以上の圧力で起きると考えられている．このような結合状態の変化も，高圧下でのマグマの粘度に影響するとされている．しかしながら，高圧下での構造解析は技術的に困難なため，未解明なことも多い．特に分光法による研究は，ほとんどの場合，高圧下で急冷凍結してつくったガラスを常圧下に回収してから測定する．回収したガラスは冷却および減圧の際に構造が緩和しているため，高温高圧下で行われる回折実験から決定された構造と必ずしも一致しない．一方で，特にX線回折実験ではSi-OとAl-Oの結合を見分けることが難しく，分光法の方が有利な点もある．技術開発が進むに連れて次々と新たな発見があり，今後の研究の進展が待たれる分野といえる．

〔浦川　啓・鈴木昭夫〕

● 文献
1) 河村雄行 (1996) メルトの化学と物性, 岩

波講座地球惑星科学 5 地球惑星物質科学, pp. 91-122, 岩波書店.
2) B. O. Mysen and P. Richet (2005) Silicate Glasses and Melts ; Properties and Structure. pp. 544, Elsevier.
3) 谷口宏充 (2001) マグマ科学への招待, pp. 179, 裳華房.
4) E. Ohtani, A. Suzuki, R. Ando, S. Urakawa, K. Funakoshi and Y. Katayama (2005) Viscosity and density measurements of melts and glasses at high pressure and temperature by using the multi-anvil apparatus and synchrotron radiation. In : Advances in High-Pressure Technology for Geophysical Applications, pp. 195-209, Elsevier.

046
地球深部物質としてのダイヤモンド
Diamond as deep Earth materials

ダイヤモンドは炭素の多形の一つで,物質中で最も高い硬度,カーボンナノチューブに次いで高い熱伝導率をもつ.周期表で隣りあう窒素とホウ素はダイヤモンド中に含まれる最も代表的な不純物元素である(金属触媒を用いて高温高圧下で合成される人工ダイヤモンド中には,Ni,Coが格子欠陥として結晶構造中に取り込まれることも知られている).ダイヤモンドは窒素不純物を含むI型(type I)と窒素不純物を含まないII型(type II)に大別することができる(歴史的には紫外線を透過しないI型,透過するII型として分類されていた).II型ダイヤモンドの中にはホウ素を含有しp型半導体となって電気伝導性をもつものがあり,IIb型と呼ばれる.これに対して最も純度が高いダイヤモンドがIIa型と呼ばれる.一方,Type Iダイヤモンドは窒素不純物の取り込まれ方によって分類されている.窒素原子が凝集したIa型と孤立した窒素原子を含むIb型である.Ia型はさらにIaAとより窒素の凝集が進んだIaBに細分化される.これらのダイヤモンド中の窒素不純物の状態は,赤外吸収スペクトルから分類することができる.窒素原子の凝集はダイヤモンド結晶中での拡散プロセスなので,温度と時間に依存する.

多くの天然ダイヤモンドには上部マントルを構成する鉱物が包有物として取り込まれている.含まれる包有物の種類によってダイヤモンドはperidotite型とeclogite型に分類することができる.前者の炭素同位体組成は,$\delta^{13}C$で-8から$-1‰$という狭い範囲に分布し,典型的なマントルの炭素同位体組成を示す.一方,後者は$\delta^{13}C$で-30から$-2‰$という広い範囲に分布し,地表の有機物の炭素同位体組成に影響を受けたようにみえる値となっている.このような明らかな炭素同位体組成の相違は,地殻炭素のリサイクリング,ダイヤモンド生成過程における同位体分別,マントルの不均一性という3つの可能性が考えられている.また,マントル遷移層や下部マントルに存在する鉱物が包有物として含まれたダイヤモンドも報告されている.

ダイヤモンドは,約5GPa程度・1300℃以上の高温高圧下のみで安定な鉱物である.しかし,ダイヤモンド中の炭素の拡散速度は遅く,キンバーライトマグマなどの爆発的噴火により急速にもたらされるため,地表付近の温度圧力条件下においても準安定相として存在する.1mm以下の小さなダイヤモンドは,中国やロシアなどの超高圧変成岩や,チベットやオマーンなどのオフィオライトからも発見されている.これらはガーネットやクロマイトなどの鉱物中の包有物として,比較的低温条件下で地表にもたらされたため,結晶構造が維持されたものと考えられている.このようなマイクロダイヤモンドは,アリゾナなどの隕石孔の周辺からも報告されており,隕石の衝突による衝撃圧により生成したと考えられている.2007年には愛媛県四国中央市のエクロジャイト中の流体包有物の中から,わが国初めてのダイヤモンドが発見された.1μm以下ときわめて小さいが,成因について検討がすすめられている.

ダイヤモンドの合成は,1950年代にスウェーデンと,アメリカの会社によりほぼ同時期に成功した.大型プレスを利用した高圧合成装置により,約5.5GPa・1500℃程度の高温高圧下で,NiやCoなどの溶媒に炭素を溶解させ,種結晶の上に析出させることにより1cm程度の大型単結晶の合成も可能である.このようにして合成され

る単結晶ダイヤモンドは，通常孤立型の窒素をわずかに含むIb型であり，可視領域の光の吸収により黄色を呈する．しかし現在では，微量な窒素を除去する技術も開発され，無色透明のIIa型ダイヤモンドの合成も可能になっている．

ダイヤモンドの合成は化学気相蒸着法（CVD法）により，メタンや水素からなるガスを用いてプラズマ状態の炭素を基板上に堆積させることによっても可能である．混合ガスの成分や基板の温度の調整により，ダイヤモンドを種結晶として用いて1cm程度の単結晶の合成も可能になっている．また，得られたダイヤモンドを高温処理することにより無色透明な単結晶も得られている．

天然ダイヤモンドには，産出量は少ないが多結晶体も存在する．カーボナードは黒色を呈する天然多結晶ダイヤモンドの一つで，1μm前後のダイヤモンド微結晶がランダムな方位で結合し，きわめて強じんな性質をもつ．粒界には微細な包有物が取り込まれ，カーボナードを燃焼すると，その外形を保存したまま白い灰が残る．カーボナードからはマントル起源の包有物が見いだされず，炭素同位体組成が-25‰前後で生物起源炭素に近い値をとるため，地殻起源という説もあるが，成因に学問的な決着はついていない．カーボナードからはウランの核分裂起源の希ガス同位体が検出され，そのカーボナードから顕著な放射性損傷由来のカラーセンターがみられるため，地殻においてウランが壊変する際に放出される放射線のエネルギーでカーボナードが生成したという説もある．その他にも隕石の衝突による衝撃圧起源，宇宙空間での気相成長などの成因も提案されている．一方で，カーボナード内部には数kbarの残留圧力が検出されており，地殻起源の炭素がマントルにリサイクルしてダイヤモンドが生成したという成因も提案されている．

カーボナードは多結晶体として結晶成長した後に二次的な熱水作用を受けており，現在観察される包有物はダイヤモンド成長時の周囲の鉱物組成を反映していない可能性が高いことに注意すべきである．成因の確定には今後の研究が必要である．

多結晶体ダイヤモンドの合成は，ダイヤモンド粉末の高温高圧焼結や，グラファイトの直接変換法などにより試みられてきた．しかしダイヤモンドは硬いため焼結が困難であり，またベルト型装置など，従来のダイヤモンド合成に用いられていた高圧装置では，直接変換法による純粋なダイヤモンド多結晶体の合成には至らなかった．しかし2003年に，マルチアンビル高圧装置を用い，15GPa・2300℃程度の条件下での直接変換法により，数十nmの粒径をもつ純粋な多結晶ダイヤモンド焼結体の合成が報告された．この「ナノ多結晶ダイヤモンド」は，天然のダイヤモンド単結晶に比べて高い硬度をもつとともに，単結晶のような劈開性をもたないため割れにくい．最大1cm程度のナノ多結晶ダイヤモンドの合成も報告されており，その工業的応用や超高圧発生装置用アンビルなどへの応用が行われている．

ダイヤモンドは立方晶の対称性をもつものが熱力学的な安定相であるが，準安定な六方晶ダイヤモンドも存在する．六方晶ダイヤモンドは衝撃圧を受けたユレイライト隕石に含まれることが知られている（ローンズデーライト）．これまで六方晶ダイヤモンドの大型結晶が得られておらずその性質は明らかでなかったが，今後の高温高圧実験によって立方晶ダイヤモンドと六方晶ダイヤモンドの物性の違いが明らかになるであろう． 〔入舩徹男・鍵 裕之〕

●文献
1) J.E. Field（1992）The Properties of Natural and Synthetic Diamond, Academic Press.

047 岩石の分類と構成鉱物
Classification of rocks and rock forming minerals

地球の上層部（地殻や上部マントル）は，数種類の鉱物あるいは非晶質のガラスや化石などの天然物質の集合からなる固体物質から構成され，このような物質を岩石（rock）とよぶ．地球型惑星や月の表層部を構成する固体物質も岩石である．岩石をつくっている一つ一つの結晶質粒子が鉱物（mineral）である．時には，1種類の鉱物が多量にあつまってできている岩石もある．例えば，石英岩（クォーツァイトともいう）は，石英（クォーツ）という鉱物が多量に集まったものである．一般に使われる「石」という呼称は，岩石や鉱物の総称として用いられることが多いが，学術的には岩石に対する名称として「～岩」，鉱物に対する名称として「～石」が使われる場合が多い．天然資源として有用な岩石や鉱物の名称としては，それぞれ「～鉱石」，「～鉱」が使われる．

岩石は火成岩，堆積岩および変成岩に分類されるのが一般的である．火成岩，堆積岩および変成岩が形成される過程をそれぞれ火成作用，堆積・続成作用，変成作用という．この3分類は岩石の成因の違いによる．以下に名前の定義について説明する．

火成岩（igneous rock）：マグマが固まってできた岩石．マグマは高温の溶融体で，一般に流動的である．マグマの生成場所は下部地殻～上部マントルと考えられている．マグマが地殻内部に定置・固結すると深成岩，地表で固結すると火山岩を形成する．深成岩と火山岩の中間的な岩石を半深成岩とよぶことがあるが，定義は曖昧である．

堆積岩（sedimentary rock）：地表の岩石が風化や侵食をうけて破砕された粒子，あるいは生物の遺骸が堆積岩をつくる原料である．それらが河川などの流水や風によって運搬され，水中または陸上でたまった地層が長い年月をかけて固まった岩石．砂や泥などの破砕粒子が結合して堆積岩になる作用を続成作用とよぶ．海水や湖水等にとけ込んでいた元素が水の蒸発によって沈殿してできた岩石も堆積岩に分類される．堆積岩は地球表層部で形成する．

変成岩（metamorphic rock）：既存の岩石が地下の深いところで変化し，生成した岩石．このような変化は，元々含まれていた鉱物がさまざまな温度や圧力の条件下におかれることで起こる．具体的には，岩石が固体の状態のまま，化学反応や相転移をおこして，含まれる鉱物が変化することである．このような変化を再結晶という．すなわち，変成岩とは，火成岩，堆積岩，変成岩などの既存の岩石（原岩）が，固体の状態のまま再結晶を起こした岩石と定義される．変成岩は地殻内部や上部マントルで形成される．

これらの分類はさらに岩石のみえ方やでき方の特徴によって細分されている．しかし，細分する場合の基準はさまざまで，基準が異なればたとえ同じ岩石であっても違った種類に分類される場合もある．こうした分類は人為的・便宜的になされていることに注意する必要がある．以下に述べる火成岩，堆積岩そして変成岩の中間的な岩石も存在する．

火山砕屑岩：火成岩と堆積岩の中間の岩石．マグマが地表で冷却・固結しつつ，破砕され，その砕屑物が堆積した岩石で，火砕岩ともいう．このように火山活動時に生じた岩石以外でも，固結した後，再堆積してできた岩石も含むことがある．その場合，火山源以外の砕屑物が多くなると非火山性の砕屑岩，すなわち堆積岩へ移化する．

ミグマタイト：火成岩と変成岩の中間的な岩石．結晶片岩や片麻岩からなる変成岩の部分と花崗岩質の部分が不均質に混在した岩石．成因として，変成岩と火成岩の混合や変成岩の部分溶融が考えられる．

■ 火成岩

マグマが冷却・固結してできた火成岩は固結後の結晶の大きさやマグマの組成によって，さまざまな種類に細分される．上述したように地殻内部で定置したマグマはゆっくり冷えるので結晶が大きく成長する．そのため深成岩は粗粒で，肉眼でも鉱物が識別できる．一方，地表でマグマが固まった火山岩は，マグマが急冷されるため，細粒の結晶や結晶になれなかったガラスから構成される．また，結晶の粒度にかかわらず，マグマの組成は岩石の色合を決める．鉄やマグネシウム分に富む岩石は，一般に暗色〜灰色を示す．これは，岩石に含まれる苦鉄質鉱物（鉄，マグネシウムを含む鉱物）が一般に暗色を示すからである．一方，ケイ素，アルミニウムそしてアルカリ元素に富む岩石は白色である．このような元素からなる鉱物は石英や長石で，いずれも白色である．したがって，石英や長石に富む岩石は苦鉄質鉱物が少なく，その色合は全体に白色に見える．

一般に火成岩は，主要造岩鉱物とよばれる鉱物から構成される．

主要造岩鉱物

苦鉄質鉱物：かんらん石，直方（斜方）輝石，単斜輝石，角閃石，黒雲母

珪長質鉱物：斜長石，石英，カリ長石

苦鉄質鉱物の量比（体積％）を色指数とよび，苦鉄質鉱物を多く含み暗色の岩石を超苦鉄質岩（色指数>70％）あるいは苦鉄質岩（色指数70〜40％）といい，珪長質鉱物を主体とし白色の岩石を珪長質岩（色指数<20％）とよんでいる．色指数40〜20％の火成岩は中性岩である．一方，火成岩は，岩石に含まれる化学成分のうち，SiO_2含有量を基準にして，超塩基性岩（$SiO_2 < 45$重量％），塩基性岩（$SiO_2 = 45$〜52重量％），中性岩（$SiO_2 = 52$〜66重量％），酸性岩（$SiO_2 > 66$重量％）に区分され，それぞれ色指数による超苦鉄質岩，苦鉄質岩，中性岩，珪長質岩に相当する．同じSiO_2含有量を有する火成岩でも，以下のように火山岩（火）と深成岩（深）では異なる固有の岩石名がつけられている．

超塩基性岩：（火）コマチアイト，（深）かんらん岩

塩基性岩：（火）玄武岩，（深）斑れい岩

中性岩：（火）安山岩，（深）閃緑岩

酸性岩：（火）流紋岩，デイサイト，（深）花崗岩

■ 堆積岩

地球の表層部で形成する堆積岩には，さまざまな特徴がある．岩石の砕屑物が固まった堆積岩は，砕屑物の粒度によって細分されている．細粒から粗粒になるに従い一般に泥岩（粒径<1/16 mm），砂岩（粒径1/16〜2 mm）に区分され，粗い砕屑物を主体とする岩石が礫岩（粒径>2 mm）である．こうした砕屑性の堆積岩は堆積時の環境の変化によって粒度の異なる堆積岩層が交互に積み重なる互層をつくることもある．堆積岩には生物の遺骸が堆積してできた岩石や水中から化学的に元素が沈殿してできた岩石もある．また，水中に溶けていた元素が，水分の蒸発によって結晶化した炭酸塩岩なども堆積岩と見なされる．

■ 変成岩

堆積岩と同様に変成岩の特徴もさまざまである．変成岩のうち，変成帯を構成するような広範囲に分布する岩石は広域変成岩とよばれる．こうした変成岩は地球のプレート運動と関連して形成されることが多く，再結晶と同時に岩石が変形し鉱物が規則的に配列している．このような配列によって岩石には面構造ができる．面構造が認められ，比較的低温で変成作用を受けた

細粒な岩石を結晶片岩(片岩)とよぶ.一方,より高温で変成作用を受けた粗粒で縞模様の発達する岩石を片麻岩とよぶ.地殻に貫入したマグマによって周囲の岩石が熱せられ再結晶した場合,岩石の変形はそれほど大きくない.マグマの接触によってできた局所的な変成岩を接触変成岩とよぶ.接触変成岩のうち,再結晶によって緻密で固く面構造がほとんど発達しない岩石をホルンフェルスとよぶ.また,地表への隕石の衝突などによる局所的な衝撃により,きわめて高い温度・圧力が発生すると,衝撃変成岩が形成される.

変成岩は,原岩の違いによって分類されることがある.例えば,原岩が明らかに苦鉄質火成岩や珪長質火成岩である場合は,それぞれ苦鉄質変成岩,珪長質変成岩とよぶ.さらに,地質学的背景や岩石化学組成から原岩として固有の岩石名が明らかな場合は,変玄武岩,変斑れい岩なども用いられる.堆積岩起源の場合は,泥質変成岩,砂質変成岩とよぶ.一方,変成作用や構造運動の性格を反映した分類が行われることもある.上述の結晶片岩,片麻岩が相当し,強度の変形を受けた変成岩はマイロナイト,シュードタキライトともよばれる.一般には,泥質(結晶)片岩,苦鉄質片麻岩などが使用される.変成作用の温度・圧力条件を示唆する場合には,鉱物組み合わせを加えて,ざくろ石-十字石片岩,直方(斜方)輝石-珪線石片麻岩のような命名もある.

変成岩に特有の名称もあり,角閃岩,グラニュライト,エクロジャイトなどは,変成作用の特定の温度.圧力領域(変成相)を規定することもできる.

〔小山内康人・大和田正明〕

048 地殻を構成する岩石
Constituent rocks in crust

地殻は固体地球の最上部を構成する層である．地震学的にモホロビチッチ不連続面（モホ面）の上位が地殻で下位がマントルと定義される．プレートテクトニクスの概念に基づけば，地殻はリソスフェアの上部層に相当する．また，地殻は大陸地殻と海洋地殻に区分され，これらは構成岩石や厚さ，化学組成や物性，および形成史が大きく異なっている．

■地球の内部構造

地球の内部構造を調べるために地震波の速度が使われる．地震波のうち，P波は最初に届く波（primary）で進行方向に平行に振動する縦波（疎密波）である．一方，後から届くS波（secondary）は，進行方向に直角に振動する横波（ねじれ波）である．P波は固体と液体の両方の中を伝わるが，S波は液体中では伝わらず固体中のみを伝わる．

地震波はより硬く緻密な岩石中では，より早く伝わる性質がある．震央からの距離と地震波の到達時間を変数とした走時曲線を作成すると，地震の震源から遠くはなれた観測点では，伝搬速度の異なる2種類の波が観測される．最初に到達した波はモホ面に到達してマントルで屈折した波で，地表を通って到達した波よりも伝搬速度が早い．2種類の波の到達速度の違いと震源からの距離からモホ面の深さ，すなわち地殻の厚さを見積もることができる．天然に起こった地震だけでなく，人工的に地震を起こして地球内部の構造を調べることもできる．マントルで屈折した波を観測して構造を求める場合，調べる深さに対して水平距離を十分長く取らないといけない．一方，波の一部は地殻内の不連続面で反射されて戻ってくる．特に震源近くでとらえられる反射波は，地層や断層などの不連続面の検出に有効である．近年，強力な震源や高精度のセンサーが開発され，マントルの深さまで反射波をとらえることが可能になってきた．地震波速度や地表に露出した地殻断面を総合的に解析することで，地殻を構成する岩石の実態を精度よく検討することができる．

■大陸地殻と海洋地殻

同じ地殻といっても，地震波（P波）速度分布は地域によって大きく異なる．深さに対する速度分布の違いによって，地殻は海洋地殻と大陸地殻大別することができる．海洋地殻の平均的な厚さは7kmであるが，大陸地殻の平均は40kmである．この違いは単に厚さだけでなく，構成岩石や年代にも違いがある．

大陸地殻の特徴

大陸地殻のP波速度構造は基本的に類似する．最上位の被覆層（2～4 km/s）を除くと，平均6.0 km/sの層，その下位には6.7 km/sの層が存在する．前者は花崗岩質岩石と変成岩類が混在した上部地殻である．一方，後者は玄武岩質岩石と変成岩類から構成されているとされ，下部地殻と呼ばれている．下部地殻の下に存在する7.8～8.1 km/s層はかんらん岩からなるマントルを示している．安定大陸，大山脈を伴う造山帯，大地溝帯および島弧では，深さに対するP波速度の分布が異なる．また，大陸地殻を構成する岩石は太古代（始生代）から顕生代までさまざまな年代を示す．

安定大陸：安定大陸をつくる先カンブリア時代の大陸地殻は平均して40kmの厚さをもち，上部地殻，下部地殻ともにそれぞれ約20kmである．

大山脈を伴う造山帯：安定大陸に比べて被覆層がやや厚い．ヒマラヤ山脈やアルプ

ス山脈などの大山脈は中生代以降の造山運動によって地殻が成長した地域である．

大地溝帯：安定大陸に比べると地殻は薄い．特に下部地殻の厚さは10 km以下である．これは引張応力場であることと，マントルから熱いマグマがわき上がっていることと関連している．

島弧：地殻の厚さは30 kmほどで，上部地殻と下部地殻はともに15 kmである．

海洋地殻の特徴

大陸地殻に比べて，海洋地殻の厚さは7 kmと圧倒的に薄い．第1層と呼ばれるP波速度が1.5〜2.0 km/sの被覆層の下位に，第2A層（3.5〜4.5 km/s：玄武岩溶岩），第2B層（4.5〜5.5 km/s玄武岩溶岩とドレライト岩脈），第2C層（5.5〜6.6 km/s：ドレライト岩脈），第3A層（6.6〜7.0 km/s：斑れい岩），そして第3B層（7.0〜7.6 km/s：層状斑れい岩）と続く．第4層はP波速度が8.1 km/sのかんらん岩である．第4層のかんらん岩は上位の層状かんらん岩と下位のマントルかんらん岩に分かれる．層状かんらん岩は玄武岩質マグマから晶出したかんらん石が沈積した沈積岩である．したがって，地震学的には第3層と第4層の境がモホ面であるが，岩石学的には第4層内部にある層状かんらん岩とマントルかんらん岩の境がモホ面に相当する．また，現在地球上で海洋地殻を構成する岩石の形成年代は2億年よりも若い．これは海洋地殻がプレート運動によって地球内部へ戻っているからである． 〔大和田正明〕

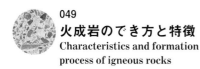

049 火成岩のでき方と特徴
Characteristics and formation process of igneous rocks

岩石はでき方によって火成岩，堆積岩および変成岩に3区分される．このうち火成岩は地殻全体の8割を占める．ここでは火成岩のでき方を述べ，次に火成岩の特徴を踏まえた分類法について述べる．火成岩の構成鉱物や組織，火成岩を構成する鉱物の化学的特徴，およびマグマの多様性については **051 火成岩の分類**や **053 マグマと火成岩**に詳しい説明がある．

■火成岩のでき方

火成岩は高温のマグマが冷却・固結してできた岩石である．また上部マントル由来で，地表に露出しているかんらん岩も火成岩の仲間として扱う．マグマは1200～700℃の温度を示す高温の溶融体で，上部マントル物質や地殻物質の溶融によってできる．またメルトのみからなる場合やさまざまな程度に結晶を含んでいる場合もある．いずれの場合も全体として流動的に動くことができる．マグマの状態から冷却・固結して火成岩が形成される過程でおこる現象を火成作用という．

岩石の溶融過程

固体である岩石は融点をこえると融解して液体のマグマに変化する．岩石が溶けてマグマが形成される過程では，一般に岩石全部が溶けることは少なく，一部の鉱物が溶け残る．このような状態のことを部分融解（部分溶融）という．

岩石を融解させるためには，①圧力一定での温度上昇や②温度一定での減圧（減圧融解）があげられる．また，③水などの融点を下げる物質を加えることでも融解が生じる（加水融解）．実際はこれら3つの要素がかかわり合いながらマグマが発生している．

高温のプルームがマントル深部から上昇することで減圧融解し，ハワイ火山のようなホットスポットタイプの火山を形成する．また，海嶺におけるプレートの拡大によって引き延ばされた隙間をうめるため，受動的に上昇してくる高温のマントル物質も減圧によってマグマを形成する．一方，海洋プレートが大陸プレートの下へ沈み込む沈み込み境界でもマグマが発生する．プレート境界において，十分に冷却し重くなった海洋プレートが地球内部へ降下すると，沈み込むプレートに引きずられて直上のマントルも沈み込む．そのことでマントル深部から斜め上方へ向かう流れ（反転流）が生じ，深部の高温マントルが上昇してくる．また，海洋プレートを構成する岩石は雲母類や角閃石等の含水鉱物を含んでいる．こうした鉱物は，プレートの沈み込みに伴う温度・圧力の上昇で脱水し，マントルに水を供給する．日本列島のような沈み込み帯では，反転流による高温物質の上昇に加えて融解を促進する水の影響でマントルが融解し，マグマを形成する．

マントルから上昇してきた高温のマグマが中・下部地殻に貫入・定置することで地殻物質へ熱を与え，地殻物質を溶融させることがある．珪長質マグマの多くは地殻物質の溶融によって生じたとされている．また大陸衝突帯におけるマグマの形成は以下のように考えられている．大陸と大陸の衝突によって大陸地殻の厚さが急激に変化し，マントル対流を変化させる．そのことで高温のマントルが上昇してマントルや地殻の融解を進め，マグマを形成する．また大陸衝突帯では，潜り込んだ地殻物質とマントルが地下深部で反応することもある．大陸衝突帯に産するカリウム（K）に富む玄武岩質マグマは地殻物質と反応したマントルの溶融による．

マグマの冷却と固結過程

　高温のマグマは形成後上昇し，周囲のより低温の岩石と接することで冷却される．あるいはマグマが地表に達することによっても冷却する．組成の類似したマグマであっても，地下深所でゆっくり冷却し固結したか，地下浅所や地表で急冷したかで岩石の特徴が大きく異なる．それは，マグマから結晶化する鉱物の種類や大きさが固結するときの深さや冷却速度に強く影響されるからである．岩石を構成する鉱物の粒の大きさ，形および集まり方を岩石組織（単に組織というときもある）とよぶ．

　マグマの冷却速度に着目した場合，地下深所で徐冷すると粒の粗い鉱物だけが集合した岩石となる．これを深成岩とよぶ．一方で，地表あるいは地下浅所でマグマが急冷すると，ガラス（非結晶）や粒の細かい鉱物（石基）から構成され，その中にやや粒の粗い鉱物（斑晶）が散在する岩石となる．このような岩石を火山岩とよぶ．火山岩はガスが抜けた後の気孔を含むこともある．また，ガラスを含まずに深成岩と火山岩の中間的な組織を示す岩石を半深成岩とよぶこともある．

■**火成岩の特徴**

　マグマの冷却によって結晶化する鉱物の種類や量比は，マグマの組成や結晶化するときの温度・圧力によっても変化する．火成岩は鉱物の組織と種類・量比によって多様化している．したがって，火成岩の分類には岩石の組織と鉱物量比を基準に考えるのが一般的である．

火成岩の分類基準

　まず鉱物の粒度（粒の大きさ）によって火山岩と深成岩に区分する．半深成岩はその中間に位置する．ガラスや細粒の鉱物から構成される石基とその石基中にやや大きな斑晶鉱物を含む組織を斑状組織とよび，火山岩に特徴的な組織である．斑晶をほとんど含まない場合もあり，この場合無斑晶質組織という．一方ガラスを含まず結晶のみから構成される組織を完晶質組織という．この組織は深成岩や半深成岩にみられる．すべての鉱物が肉眼で認識できるほどの粒度をもつ岩石が深成岩で，斑晶鉱物は肉眼で確認できるが，石基はルーペあるいは顕微鏡を使わないと確認できない粒度の岩石は一般に半深成岩に分類される．

　次に岩石を構成する鉱物の種類とそれらの量比による区分について述べる．鉱物は鉄やマグネシウムを含む苦鉄質鉱物とそれらの元素を含まずアルミニウムやケイ素に富む珪長質鉱物に区分される．火成岩をつくる主な鉱物を主要造岩鉱物とよぶ．主要造岩鉱物では，かんらん石，輝石（単斜輝石，斜方輝石），角閃石および黒雲母が苦鉄質鉱物で，斜長石，石英およびカリ長石が珪長質鉱物である．また，苦鉄質鉱物は一般に色が濃いので有色鉱物，それに対して珪長質鉱物は無色鉱物とよばれている．鉱物の種類と量比による火成岩の分類基準

表1　火成岩の分類表

火山岩	流紋岩	デイサイト	安山岩	玄武岩	コマチアイト
半深成岩	石英斑岩 花崗斑岩	斜長斑岩	ひん岩	ドレライト	―
深成岩	花崗岩	花崗閃緑岩	閃緑岩	斑れい岩	かんらん岩
基準値			20	40	70
色指数	珪長質		中間質	苦鉄質	超苦鉄質
SiO₂重量%	酸性		中性	塩基性	超塩基性
基準値			63	52	45

は岩石全体を占める鉱物のうち，有色鉱物の割合でもとめる「色指数」を用いるのが一般的である．色指数は岩石に含まれる有色鉱物の体積％である．色指数による火成岩の分類は以下の通り．100〜70（以上）：超苦鉄質岩，70（未満）〜40（以上）：苦鉄質岩，40（未満）〜20（以上）中間質岩，20（未満）〜0：珪長質岩．

以上の鉱物粒度：火山岩，半深成岩，深成岩と色指数：超苦鉄質岩，苦鉄質岩，中間質岩，珪長質岩を組み合わせて火成岩を分類する（**表1**）．半深成岩の名称を使用しない場合は，深成岩の名称の前に「細粒」を付ける．例えば表1の「ひん岩」は「細粒閃緑岩」である．

岩石の化学組成を使って区分する場合，分類の基準はSiO_2の含有量（重量％）である．$SiO_2 \leq 45$重量％：超塩基性岩，$45 < SiO_2 \leq 52$重量％：塩基性岩，$52 < SiO_2 \leq 63$重量％：中性岩，63重量％$< SiO_2$：酸性岩．表では色指数とSiO_2による分類を対応させている．しかし，実際は基準が異なるので，色指数とSiO_2の分類は一致していないことに注意する必要がある．

〔吉田武義・大和田正明〕

050
変成岩のでき方と特徴
Characteristicks and formation process of metamorphic rocks

　変成岩は，既存の岩石（原岩）や堆積物が主に温度・圧力条件の変化によって，再結晶した岩石のことをいい，この過程を変成作用とよぶ．したがって，変成作用は地球で熱的循環が活発な地域であるプレート境界域（海嶺，沈み込み帯，大陸衝突帯など）で生じる場合が多い．変成岩は，その成因や地質学的背景から広域変成岩と局所変成岩に区分される．広域変成岩は広域的な構造運動に伴う変成作用によって形成される岩石であり，局所変成岩はマグマの貫入や流体の進入などにより，局所的に変成作用を被った岩石である．広域変成岩・局所変成岩ともに，温度条件の変化に伴う鉱物間の反応によって形成される．この反応は固相−固相反応であり，マグマから晶出した火成岩中の鉱物とは異なり，結晶成長時に自由空間が存在しない．したがって，変成作用によって形成された鉱物は他形（〜半自形）をしめす場合が多い．再結晶する鉱物は，温度・圧力条件や原岩の含水量，化学組成などによって異なるが，一般に高温になるほど含水量の多い鉱物が不安定となり，含水量の少ない鉱物や無水鉱物が安定となる．このように変成岩の形成過程では，温度・圧力変化に伴って，不安定となった鉱物が分解し，新たに安定となる鉱物が再

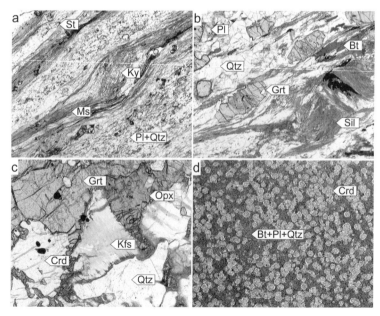

図1　泥質岩を原岩とする広域変成岩（a-c）と局所変成岩（d）の鏡下写真．すべての写真の長辺は4mm．(a) 片岩，(b) 片麻岩，(c) グラニュライト，(d) ホルンフェルス．St：十字石，Ky：藍晶石，Ms：白雲母，Pl：斜長石，Qtz：石英，Grt：ざくろ石，Sil：珪線石，Bt：黒雲母，Crd：菫青石，Kfs：カリ長石，Opx：直方（斜方）輝石．

結晶する.

広域変成岩は，さまざまな温度・圧力条件で形成され，その組織は多様であるが，一般に圧力効果が働くため，鉱物の定向配列や縞状構造で特徴づけられる．比較的低温の広域変成岩では，細粒鉱物が定向配列する（図1a）．このような岩石を片岩とよぶ．比較的高温の変成岩は，粗粒鉱物の定向配列が顕著に認められ（図1b），片麻岩とよばれる．さらに高温になると鉱物の再結晶化が進み，非常に粗粒な岩石となる．このような岩石には，鉱物の定向配列が認められず，粗粒な直方（斜方）輝石を含む場合が多い（図1c）．このような岩石をグラニュライトとよぶ．一方，局所変成岩は，圧力上昇を伴わない局所的な温度の上昇や化学反応によって形成されるため，一般に鉱物の配列は認められない．また，局所変成岩は，温度変化の時間が広域変成岩のそれと比べてきわめて短いため，鉱物が十分に成長しない場合が多い．このような細粒・緻密な岩石はホルンフェルスとよばれ，マグマの貫入によって壁岩が再結晶することで形成される（図1d）．

また，火成岩ではマグマが冷却過程で鉱物が結晶化・成長するのに対して，変成岩は温度の上昇に伴って鉱物が成長する．したがって，変成岩に含まれる鉱物は火成岩に含まれる鉱物とは逆の組成累帯構造をしめす場合が多い．例えば，火成岩に含まれる斜長石は，中心部で高いCa含有量をしめし，周辺部へCaの含有量が乏しくなるのに対して（正累帯構造），変成岩中の斜長石は逆の累帯構造をしめすことがある（逆累帯構造）．

このように変成岩は"再結晶"した岩石であり，一部の岩石を除いて，野外では「鉱物の定向配列や縞状構造」，顕微鏡下では「他形鉱物の集合」，化学組成では「温度上昇をしめす累帯構造」で特徴づけられる．

〔中野伸彦〕

051 堆積岩のでき方と特徴
Characteristics and formation process of sedimentary rocks

堆積岩は，さまざまな岩石が，風化作用をうけて運搬可能な形態に変化した後，堆積してそれが続成作用により固化して岩石となったものである．運搬可能な形態とは，礫，砂，泥などの岩石が分解され粒子となり水流や風が運べる状態になったものと，岩石の化学成分が溶脱して，水中でイオンなったものとがある．

もとの岩石は，火成岩，変成岩，堆積岩のいずれでも構わない．源岩が堆積岩の場合は砕屑粒子がリサイクルされていることになる．しかし，地球誕生直後のマグマオーシャンが固化した時点では地球上には火成岩以外は存在せず，堆積岩は，地球の冷却化によるマグマオーシャンの固化により岩圏が形成され，さらに大気中の水蒸気の冷却により水圏が成立し，地球表層の水循環が成立したことによりはじめて形成された．

地球表層の水などの循環によって，砕屑粒子とイオン化した物質が陸域や海洋などで再び堆積して，2つに大別される堆積岩グループを形成する．1つ目のグループは，物理的風化により砕かれた岩石が堆積した砕屑性堆積岩（clastic sedimentary rocks）である．このグループの代表的な岩石は，礫岩，砂岩，泥岩（シルト岩，粘土岩）である．一方，化学的風化により溶脱した元素は，生物源・化学岩（organic and chemical rocks）とよばれるグループの堆積岩となる．その代表的な岩石は，HCO_3^- と陽イオンが結合して形成される炭酸塩岩であり，カルシウムイオン（Ca^{2+}）と結合して形成された方解石やあられ石からなる石灰岩が最もよく知られた炭酸塩岩である．溶液からの鉱物としての結晶化は，溶液濃度の上昇などの無機化学的反応によることもあるが，生命誕生後は生物が構造体や骨格をつくることによりつられたものが死後に岩石化したものが多い．

砕屑岩は水流（もしくは風）により運搬されるために，堆積時につくられた構造が堆積構造として残されることがある．級化構造は，浮遊状態で運搬された粒子が，流速が減少し沈降する際にできる構造で，粒径の大きい粒子から小さい粒子に上方へ堆積したもの．一方，掃流（流底に沿って砕屑粒子が移動）から堆積した場合，流速に応じて流底にはカレントリップル，水成デューンという水流の下流側が急傾斜の凹凸をもった微地形がつくられる．これらに対応した堆積岩内部の構造が，斜交葉理と斜交層理である．さらに流速が早くなるとこれらの凹凸はなくなり，平滑床となる．このときに堆積岩中につくられる堆積構造が平行葉理である．

■堆積岩の粒度

堆積岩のうち砕屑岩については，粒度区分がきわめて重要でその分類の基本になっている．生物源・化学岩についても構成粒子の粒度による区分・分類が存在する．砕屑岩の粒度区分と細分は，ウエントワース粒度階[1]による．砂と礫の境界を2 mm として，2のべき乗で区分される．2 mm から1mm が極粗粒砂（very coarse sand），1～0.5 mm 粗粒砂（coarse sand），0.5～0.25 mm 中粒砂（medium sand），0.25～0.125 mm 細粒砂（fine sand），0.125～0.063 mm 極細粒砂（very find sand），と区分される．2 mm 以上の粒子は礫と呼称され，さらに表1のように細分される．一方，0.063 mm 未満の粒子は泥と一括するか，もしくは粗粒シルト，細粒シルト，粘土に区分する（表1）．これらが続成作用によって固結して岩石となったものが礫

表1 砕屑岩の粒度区分[2]

粒径 mm	ϕ	粒度階	堆積物・堆積岩	
256	−8	巨礫　boulder	礫　graver 礫岩　conglomerate	
64	−6	大礫　cobble		
4	−2	中礫（小礫）　pebble		
2	−1	細礫　granule		
1	0	極粗粒砂　very coarse sand	砂　sand 砂岩　sandstone	
0.5	1	粗粒砂　coarse sand		
0.25	2	中粒砂　medium sand		
0.125	3	細粒砂　fine sand		
0.063	4	極細粒砂　very fine sand		
0.032	5	粗粒シルト　coarse silt	シルト　silt シルト岩　siltstone	泥 mud 泥岩 mudstone
0.016	6	中粒シルト　medium silt		
0.008	7	細粒シルト　fine silt		
0.004	8	極細粒シルト　very fine silt		
		粘土　clay	粘土　clay 粘土岩　claystone	

岩，砂岩，泥岩（シルト岩，粘土岩）である．また，さらに細分できる場合は，その前に粒度区分を冠して極粗粒砂岩，粗粒シルト岩などとする．なお礫は表1のように細礫（granule），中礫もしくは小礫（pebble），大礫（cobble），巨礫（boulder）と呼称する．なお，小礫，中礫，大礫，巨礫という日本語区分も存在するが，pebbleという英語は小礫という意味をもつので，granuleに小礫という訳を当てるのは適切ではない．円礫が固結したものは円礫岩（conglomerate），角礫が固結したものを角礫岩（breccia）とする．砕屑岩の粒度区分には，ϕ（ファイ）スケールという単位がよく使われる．$\phi = -\log_2(d/d_0)$で表される無次元数で，1 mm が $\phi=0$ であり粒径が大きくなると−，小さくなると＋である（表1）．地質学分野で粒度分析に使うフルイは，この粒度区分にしたがってそろえられている．

一方，生物源・化学岩に属する炭酸塩岩などにも粒子の大きさによる区分が存在する．しかし，区分の境界およびその名称は砕屑岩とは若干異なる（炭酸塩岩参照）．また，火山砕屑岩（volcaniclastic sedimentary rocks, pyroclastic sedimentary rocks）には，2 mm 以下を火山灰（ash），2〜64 mm を火山礫（lapilli），64 mm 以上を火山岩塊・火山弾（block, bomb）とする区分[3]が用いられることが多い．

■ **堆積岩の組織**

堆積岩は，砕屑物として堆積場にもたらされた0.063 mm以上の岩片や鉱物片からなる粒子（grain）とその間を埋める0.063 mm以下の泥質物質からなる基質（matrix），それに堆積後に続成作用で形成されたセメント（cement）から構成される．組織の基本的な分類は，砕屑岩，生物源・化学岩とも同じである．砂岩などの砕屑岩の場合，粒子が岩片や岩石由来の石英などの鉱物であるのに対して，石灰岩などの炭酸塩岩では生物骨格などの石灰質の粒子と石灰泥などが基質をつくる．堆積岩中のセメントは堆積後に間隙水から結晶化して沈殿した鉱物で，炭酸塩鉱物（方解石，ドロ

マイト）や石英などがある．堆積岩は，続成作用の初期の段階では粘着性の泥質基質やセメントによって固化するが，圧密が進み地温が高くなるにつれて，粒子どうしが組み合い，さらに一部が融けて細粒結晶としてセメントとなり固結度を増す．

〔保柳康一〕

● 文献
1) C.K. Wentworth (1992) *Jour. Geolo.*, **30**, 377-392.
2) 保柳康一，公文富士夫，松田博貴 (2004) 堆積物と堆積岩，共立出版，東京，171 p.
3) R. V. Fisher (1961) *GSA Bull.*, **72**, 1409-1414.

■ 堆積岩の分類

堆積岩の分類は，大分類として，表成堆積物（exogenetic sediment；砕屑性）と内成堆積物（endogenetic sediment；化学的・生化学的）になる[1]．表成堆積物には，カタクレーサイト性堆積物（cataclasite sediment；氷礫岩），火山砕屑性堆積物（pyroclastic sediment；凝灰岩など），風化残留物（residue；古土壌），外来砕屑性堆積物（epiclastic sediment；抵抗岩（礫岩，砂岩），水解岩（頁岩））と，内成堆積物には有機残留物（organic residue；石炭など），沈殿性堆積物（precipitated sediment；非蒸発性沈殿岩（石灰岩，苦灰岩，燐酸塩岩，縞状鉄鉱層，チャート），蒸発岩（岩塩，石膏，硬石膏など））になり，表成堆積物と内成堆積物の中間的なものに混成堆積物（hybrid sediment；石灰質頁岩，有機質頁岩，凝灰質頁岩など）がある．最近では，上記の表成堆積物の砕屑物（clast）の種類に注目し，陸源砕屑堆積物（terrigenous clastic sediment），火山砕屑堆積物（volcaniclastic sediment），生物砕屑堆積物（bioclastic sediment）に区分することもある[2]．

■ 風化

風化には化学的，物理的，生物的があり，この中で化学的プロセスが圧倒的に重要である[3]．ここでは，物理的風化と化学的風化を紹介する．

物理的風化

物理的風化（機械的風化）は，化学的あるいは鉱物学的な成分の変化がなく，以下のような原因で細かな岩片に破壊されていくプロセスである．

凍結-解凍風化 岩石割れ目に入り込んだ水が，凍結-解凍を繰り返すことで岩石組織の破壊を引き起こすことがある．水は氷に変化するときに9％の体積増加を伴うので，岩石のひびに入った水が凍結する際に，十分な応力を生み出す．凍結-解凍風化は通常大きな角張った岩石ブロックを作り出すが，花崗岩のような粗粒な岩石では粒状に分解される．

塩による風化 砂漠環境のような高温条件では，割れ目中の塩分を含んだ水の蒸発が，溶解塩を濃集させる．塩結晶の成長は割れ目を押し広げ，岩石の粒状分解を引き起こす内部圧力を生み出す．また内部圧力は，割れ目中の塩分が水分吸収して膨張するときにも生じる．塩による風化は亜乾燥地域でごく一般的であるが，塩分のしぶきが吹き付けられた海岸の崖に沿っても発生する．

応力解放による風化 岩石荷重のため，地中の岩石は高い圧力を受けている．上方にある岩石が，侵食によって取り除かれると，岩石にかかる圧力は減少し，地中の岩石は上に向かってリバウンドする．上方に向いた岩石の膨張は岩石を引き離す張力を生み出し，地表にほぼ平行な割れ目を発達させることになる．これらの割れ目は岩石を層状あるいはシート状に分離させるシーティング（sheeting）を引き起こす．シーティングは花崗岩のような均質な岩石に顕著である．

複合成因による風化 玉ねぎ状風化（spheroidal weathering）は，交差する節

理によって切られた岩石に発達する風化で，楕円体状の中心部を生み出す層状や皮状の剥脱作用（exfoliation）によるものである．風化した皮を分離する割れ目は，応力解放あるいは気温変化を原因として形成されたものであり，物理的風化は2つ以上のプロセスがいっしょに働く場合が多い．

化学的風化

鉱物は，水に溶け込んだ大気中のガス（酸素，二酸化炭素）と反応し，その結果，鉱物のある成分が溶解し，溶液中に溶け出すことになる．あるいはその場で新しい鉱物相を生み出すために結晶化する．これらの化学的変化は，物理的風化による変化とともに，岩石の組織を破壊し，抵抗性のある粒子や二次鉱物のルーズな残存物を生み出すことになる．水は乾燥気候下を含めた環境にも存在するので，化学的風化は物理的風化よりも一般的である．

単純溶解 単純溶解（simple solution）は，他の物質の沈殿なしに完全に鉱物が溶解することである（一致溶解；congruent dissolution）．方解石，ドロマイト，石膏，岩塩のような溶解性のある鉱物や，あまり溶解性を示さない石英ですら，天水（雨水）にさらされて単純溶解する．大気あるいは土壌 CO_2 が雨水中に溶解したならば，水の可溶化力は高められる．水中の CO_2 の溶解は炭酸（H_2CO_3）をつくり，そしてその結果，水素イオンと炭酸イオンに分離する（$CO_2 + H_2O \Leftrightarrow H_2CO_3 \Leftrightarrow H^+ + HCO_3^-$）．単純溶解は，湿潤気候下では炭酸塩岩や蒸発岩の重要な風化プロセスである．

加水分解 加水分解（hydrolysis）は，ケイ酸塩鉱物の分解や金属陽イオンとシリカの放出を招く酸とケイ酸塩の間の化学的反応である．しかしながら反応は鉱物の完全な溶解には至らない（不一致溶解；incongruent dissolution）．H^+ は一般に水中の CO_2 の溶解によって供給される．水中に溶解した CO_2 が多ければ，加水分解反応はより顕著になる．加水分解では，シリカのほとんどはケイ酸（H_4SiO_4）として溶液中に溶け込むが，一部のシリカはコロイド状あるいは非晶質 SiO_2 として分離され，風化中に取り残されアルミニウムと結合し粘土鉱物を生成する．不一致溶解を受けている鉱物にアルミニウムがある場合，カオリナイト，イライト，スメクタイトのような粘土鉱物が形成される．

酸化還元（oxidation/reduction） 黒雲母や輝石のようなケイ酸塩鉱物の鉄やマグネシウムの，水中に溶解した酸素による化学反応は，重要な風化である．酸化による鉄からの電子の除去（$Fe^{2+} \rightarrow Fe^{3+} + e^-$）は，電気的中性を保つため結晶格子から Si^{4+} のような陽イオンの取り除くことになる．この陽イオンの放出は結晶格子に空きをつくり，格子の崩壊を引き起こし，その他の風化を受けやすくしている．例えば，黄鉄鉱（FeS_2）は酸化して赤鉄鉱（Fe_2O_3）を作り出し，溶解性硫酸イオンを放出している．また酸素供給が少なく，水で飽和している条件下では，Fe^{3+} から Fe^{2+} になる鉄の還元をもたらすことになる．二価の鉄（Fe^{2+}）は三価の鉄（Fe^{3+}）よりも溶解性があり，溶解して風化システムから失われることになる．

■ケイ酸塩砕屑性堆積岩の続成作用

ケイ酸塩砕屑性堆積岩は，続成作用を通じて礫，砂，泥の未固結堆積物から生成される．そのプロセスは圧密（compaction）と石化作用（lithification）で代表される．続成作用は風化環境の温度，圧力よりも高いところで生じ，変成作用よりも低い条件である．続成作用と変成作用の領域境界ははっきりとしていないが，続成作用は250℃よりも低いところと考えられている．続成作用は，海洋底（堆積盆）堆積直後に始まり，深く埋没そして最終的には隆起の時期まで続くことになる．最も受け入れられてきた続成作用のステージ区分は

Choquette and Pray[4] によって提案された3区分であろう[3]．

エオジェネシス (eogenesis)

エオジェネシス領域で発生するおもな続成作用は，生物擾乱や，わずかな圧密と粒子パッキング，鉱物学的変化である．生物擾乱は葉理のような一次の堆積構造を破壊し，その場所にさまざまな痕跡を生み出す．生物による攪乱は，一般にほとんど堆積物の鉱物学的，化学的成分に影響を与えないことが知られている．ごく浅い埋没深度のため，堆積物は初期続成作用の間，ほとんどわずかな圧密や粒子再配列を受けるにすぎない．初期続成作用は新鉱物の沈殿を含んでいる．還元（低酸素）条件が支配的な海洋環境では，黄鉄鉱の形成が特に特徴的である．そのほかの重要な反応は，①緑泥石，海緑石，イライト/スメクタイト粘土，酸化された間隙水による鉄酸化物（例えば，深海底の赤粘土）の形成，②カリ長石や石英粒子の二次成長や炭酸塩セメント化が含まれる．非海洋環境では，酸化環境が支配的で，ほとんど黄鉄鉱の形成はない．そのかわり，鉄酸化物（針鉄鉱，赤鉄鉱）が生じ，赤色層をつくる．

メソジェネシス (mesogenesis)

より深い埋没による加重圧は，孔隙率の減少と地層の薄化を伴って，粒子パッキングのち密さを増加させることになる．粒子間接触点で増加した圧力は，また接触点における溶解度を増加させ，そして粒子の部分溶解を招く．このプロセスは，圧力溶解 (pressure solution) あるいは化学的圧密 (chemical compaction) とよばれている．化学的圧密はさらに孔隙率を減少させ，地層の薄化を増加させる．以上のように，物理的，化学的圧密の影響のもとで，膠結作用 (cementation) とともに，砂や泥の一次的空隙率は深埋没の間に劇的に減少する．圧密は雲母のような粒子を曲げ，岩片のような軟粒子を圧搾する．埋没中の10℃の温度増加は，化学的反応速度を2倍から3倍にするといわれている．すなわち，堆積環境で安定な鉱物相は，深埋没で不安定になることを意味している．増加した温度は密度の高い，水和していない鉱物の形成を促し，炭酸塩鉱物を除いたほとんどの一般的鉱物の溶解度を増加させる．一方，方解石のような炭酸塩鉱物は沈殿することになる．

テロジェネシス (telogenesis)

メソジェネシスを受けた堆積岩は，続いて造山運動による隆起と侵食を受けることになる．これらのプロセスは，メソジェネシスで生じた新しい鉱物を低塩分の酸素に富んだ酸性天水（雨水）による環境にさらすことになる．新しい条件のもとで，以前に形成されたセメントや構成粒子は溶解し（二次孔隙率を生み出す），あるいは構成粒子は粘土鉱物に，例えばカリ長石からカオリナイト（孔隙率を減らす）へ変化する．間隙水の性質によっては，シリカあるいは炭酸塩セメントが沈殿する．テロジェネシスのプロセスは，堆積岩が地表に露出することになるので，陸上風化のプロセスに次第に変わっていく． 〔久田健一郎〕

● 文献
1) E. J. Pettijohn (1975) Sedimentary Rocks, 3rd edition. pp. 628, Harper & Row.
2) W. J. Fritz and J. N. Moore (1988) Basics of Physical Stratigraphy and Sedimentology. pp. 371, John Wiley & Sons.（原田憲一訳(1999)：層序学と堆積学の基礎．pp. 386, 愛智出版）．
3) S. Boggs, Jr. (2006) Principles of Sedimentology and Stratigraphy. pp. 662, Pearson Prentice Hall.
4) P. W. Choquette and L. C. Pray (1970) *Am. Assoc. Petroleum Geologists Bull.*, **54**, 207-250.

052 火成岩の分類
Classification of igneous rocks

■ 火成岩の形成過程

　火成岩とはマグマが固結してできたものと定義される．固体地球がマグマの活動とともに生成され，改変されていることを考えると，火成岩の理解こそが地球システム全体の理解の鍵ともいえる．マグマの生成過程を注意深くみると，火成岩＝マグマの固結物というほど単純ではないことがよくわかる．マグマは既存岩石が部分溶融することで生じる．ここで，その際の溶け残り鉱物の集合体に注目すると，これも火成岩の一種として扱われ，「溶け残り岩」とよばれる．溶け残り岩は上部マントルなどの地球深部を構成している．マグマ源から分離したマグマが地下深部で結晶化すると「粗粒岩（深成岩）」をつくる．このとき，できた結晶が沈積や浮遊によりマグマと分離すれば「（結晶）集積岩」とよばれる岩石となる．一方，マグマが地表まで到達して急冷すると「噴出岩（または，火山岩）」となる．このように火成岩はさまざまな深度段階で種々の形成過程をもつ．噴出岩は化学組成上マグマとほぼ一致する．また，マグマが深部で固結する場合でも固液の分離が大きくなければ，岩石は組成的にマグマとほぼ一致することになる．

■ 火成岩の分類

　火成岩の分類はある程度機械的に行われる必要がある．成因がわからなくともとりあえず分類する必要がしばしば生ずるからである．分類の指標には，鉱物粒度（鉱物粒の大きさ）と岩石の化学組成が広く用いられる．一般にマグマが徐冷すると鉱物が大型になり，急冷すると小型になる．冷却が極端に早いと鉱物をつくるいとまがなく，ガラスとなる．鉱物粒による分類は，有色鉱物（MgやFeに富む苦鉄質鉱物）と無色鉱物（長石や石英）の量比が用いられる．一方，岩石の化学組成による分類にはSiO_2量などのさまざまな元素を用いたものがある．

火成岩の区分

　表1に簡便な火成岩の分類表を示す．この表にはわが国に比較的まれな準長石を含む岩石類や炭酸塩マグマからなるカーボナタイトは記していない．分類の詳細は『岩石学II』[1]などの教科書を参照されたい．構成鉱物による岩石区分では，苦鉄質鉱物が70体積％以上のものを超苦鉄質火成岩類，70～40体積％のものを苦鉄質火成岩類，40～20体積％のものを中間質火成岩類，20体積％以下のものを珪長質火成岩類とよぶ．これらの分類はSiO_2量による，

表1　簡略化した火成岩類の分類表

	超苦鉄質火成岩類	苦鉄質火成岩類	中間質火成岩類	珪長質火成岩類	
マフィック鉱物の体積％	70		40	20	
長石	Caに富む斜長石	Caに富む斜長石	中性の斜長石	Naに富む斜長石，カリ長石 斜長石＞カリ長石	斜長石＜カリ長石
細粒	コマチアイト	玄武岩	安山岩	デイサイト	流紋岩
中粒		ドレイライト	閃緑岩ポーフィリー	花崗閃緑岩ポーフィリー	花崗岩ポーフィリー
粗粒	かんらん岩・輝岩など	ガブロ（斑れい岩）	閃緑岩	花崗閃緑岩	花崗岩

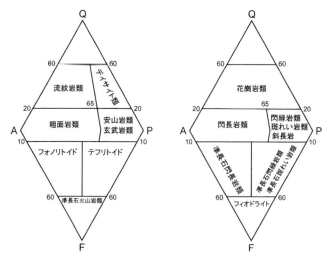

図1 QAPF区分．野外で観察した石英（Q），斜長石（P），アルカリ長石（A），準長石（F）の量比による大まかな区分．左図は火山岩，右図は深成岩．

超塩基性火成岩類（45重量％以下），塩基性火成岩類（45〜52重量％），中性火成岩類（52〜66重量％），酸性火成岩類（66重量％以上）の区分にそれぞれほぼ相当する．粒度は一般に細粒（<1 mm），中粒（約1 mm），粗粒（>1 mm）に分ける．斑状組織の岩石では石基の粒度が適用される．細粒火成岩，中粒火成岩，粗粒火成岩は古来用いられている，火山岩，半深成岩，深成岩にほぼ相当する．

IUGS区分

International Union of Geological Sciences（IUGS）[2] による岩石区分もよく用いられる．まず1 mm以下の細粒物を主とする火山岩類と3 mm以上の粗粒物を主とする深成岩類に大別し，それぞれを含有鉱物の量比や化学組成に基づいて区分する．ここには概略を示すこととし，詳細はLe Maitre[2] を参照されたい．

野外における火山岩類・深成岩類は，石英（Q），斜長石（P），アルカリ長石（A），準長石（F）の量比により大まかに区分

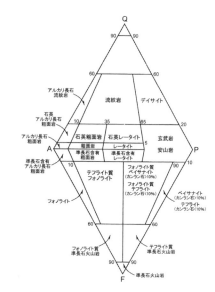

図2 火山岩のためのQAPF区分．石英（Q），斜長石（P），アルカリ長石（A），準長石（F）の鉱物量比（モード組成）により区分される．ただし苦鉄質鉱物が90％以上を占める岩石には適応されない．

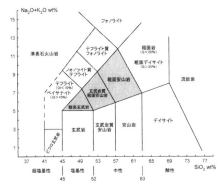

図3 アルカリ-シリカ図. 火山岩の化学組成が用いられる. Qはノルム石英, Olはノルムかんらん石.

（QAPF区分）される（図1）.

　火山岩類の正式な岩石区分は, 肉眼観察や鏡下観察で鉱物量比が把握できる場合, 図2のQAPFによる詳細区分図で決まる. 一方, 鉱物の肉眼判定が困難な場合は, 図3のアルカリ-シリカ図などの化学組成による区分が用いられる. さらに, 火砕岩とよばれる噴出岩類には鉱物種や鉱物粒度に基づく区分がある. しかし, これらは他の教科書など（例えばLe Maitre[2]）を参照されたい.

　深成岩類は鉱物粒の肉眼観察が容易なため, 一般に鉱物量比で区分される. まず, 含まれる苦鉄質鉱物が90体積%未満であれば, 図4のQAPFによる詳細区分

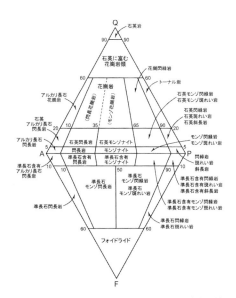

図4 深成岩のためのQAPF区分. 石英（Q）, 斜長石（P）, アルカリ長石（A）, 準長石（F）の鉱物量比（モード組成）により区分される. ただし苦鉄質鉱物が90%以上を占める岩石には適応されない.

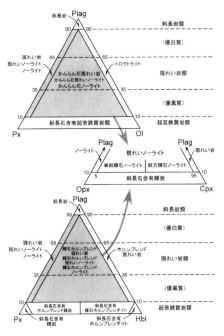

図5 斑れい岩の区分. 斜長石（Plag）, かんらん石（Ol）, 直方（斜方）輝石（Opx）, 単斜輝石（Cpx）, ホルンブレンド（Hbl）の鉱物量比（モード組成）により区分される. 灰色部分の岩石は矢印で示した区分により細分される場合がある.

図が適応される．ただし，岩石に含まれる斜長石（P）の平均アノーサイト成分（An＝Ca/(Ca+Na) 原子比％）が 50 以上のときは斑れい岩類と見なされ，斜長石，かんらん石，直方（斜方）輝石，単斜輝石，ホルンブレンドの量比で岩石名が決まる（図5）．一方，苦鉄質鉱物を 90 体積％以上含む場合は超苦鉄質岩の分類図が適応され，かんらん石，直方（斜方）輝石，単斜輝石，ホルンブレンドの量比で区分される（図6）．

■火成岩類の多様性と成因

ここでは，比較的日本に多く産する岩石を中心に，超苦鉄質岩（超塩基性岩）と苦鉄質岩（塩基性岩）・中間質岩（中性岩）・珪長質岩（酸性岩）について概説する．

超苦鉄質岩

多くの超苦鉄質岩は粗粒の岩石として産し，かんらん石を 40 体積％以上含むかんらん岩類（ペリドタイト）と輝石類を 60 体積％以上含む輝岩類（パイロクシナイト）に大別される（図6）．また，かんらん岩類にはクロムスピネルが 2 体積％以下程度含まれる．クロムスピネルはしばしば濃集し，これが 10〜20 体積％以上含まれるとクロミタイト（クロム鉄鉱）を形成する．ホルンブレンドに富むかんらん岩をコートランダイトとよび，ホルンブレンドに富む火成岩をホルンブレンダイトとよぶ．

粗粒の超苦鉄質岩は，下部地殻や上部マントルなどの主要構成岩である．構造運動で露出した岩体（オフィオライトやかんらん岩体など）やマグマが上昇時に捕獲した岩片（捕獲岩）として産する．特に，かんらん岩類は上部マントルの構成物としてきわめて重要である．輝岩類はかんらん岩中に小規模なバンドや脈として普通に産する．オフィオライトでは，地殻部の下位（または上部マントル最上部）にダナイトやウェールライトが卓越するモホ遷移帯（厚

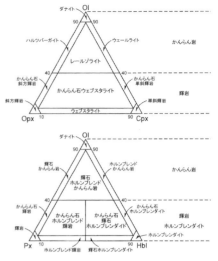

図6 超苦鉄質岩の区分．かんらん石（Ol），直方（斜方）輝石（Opx），単斜輝石（Cpx），輝石（Px），ホルンブレンド（Hbl）の鉱物量比（モード組成）により区分される．

さ 10 m〜2 km）が認められる．また，かんらん岩類（ダナイトやウェールライトが普通）や輝岩類は，下部地殻中に貫入したマグマの固結物（かつてのマグマ溜り）である層状貫入岩体などの一部を構成している．クロミタイトは，モホ遷移帯や上部マントルにダナイトを伴って産する（ポディフォーム・クロミタイト）ほか層状貫入岩体にも産する（層状クロミタイト）．

上部マントルを構成するかんらん岩類は主として玄武岩マグマを生成した溶け残り岩と考えられる．ハルツバーガイトの方がレールゾライトよりマグマの抜け出た程度が高い．ただし，これらの岩石は，後に通過するマグマや流体が関与した交代作用や相互反応によりさまざまに改変される．層状貫入岩体を構成する超苦鉄質岩は集積岩である．ダナイトやウェールライトはマントルでの交代作用やマントル-マグマ相互反応でも生成される．また，ダナイトの一

部はマグマの抜け出た程度がきわめて高い溶け残り岩としても生成されうる．ポディフォーム・クロマイタイトはハルツバーガイトとマグマの反応を含む複雑な過程の産物である．

超苦鉄質岩にも噴出岩が存在し，ほぼかんらん岩組成の細粒〜中粒火成岩を代表するものとしてコマチアイトがある．この岩石にはスピニフェックス組織（樹枝状または板状に延びた10 cm 以上に及ぶかんらん石よりなる）とよばれる独特の急冷組織がある．IUGS の区分では，SiO_2 量が45重量％以下で，Na_2O+K_2O 量が2重量％未満かつ TiO_2 量が1重量％未満のときコマチアイトとされる．他にもメイメチャイトやピクライトとよばれる岩石がある．コマチアイトマグマはマントルの超高圧下での溶融または高い程度の部分溶融で形成され，マグマの温度はきわめて高い．その生成および上昇・噴出は，まだマントル対流も活発だった熱い初期地球でより容易だったと考えられる．代表的なものは，始生代のグリーンストーン帯に溶岩流などとして産する．顕生代ではまれである．

苦鉄質岩・中間質岩・珪長質岩

超苦鉄質岩で構成される上部マントルが溶融すると通常は苦鉄質の玄武岩質マグマが生じる．玄武岩はかんらん石や輝石類を伴う噴出岩として産し，主要元素組成から計算されるノルム鉱物により，アルカリ玄武岩，かんらん石ソレアイト，石英ソレアイトに区分される（図7）．アルカリ玄武岩は Na_2O+K_2O（アルカリ）量に富むアルカリ岩で，かんらん石ソレアイトと石英ソレアイトはアルカリ量に乏しい非アルカリ岩である．これらの玄武岩マグマの違いはマントルの溶融深度の違いで説明されることが多く，石英ソレアイト，かんらん石ソレアイト，アルカリ玄武岩の順でマグマの生成圧力が高くなると考えられている．玄武岩質マグマが地下で固結すると斑れい

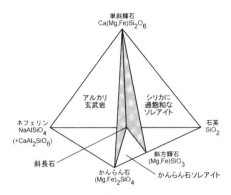

図7 単純な玄武岩系[1]．ノルム鉱物により区分される．

岩類を形成し，マグマから結晶化する鉱物の晶出順序によって岩相変化が起こると考えられている．例えば，無水の Mg に富む玄武岩質マグマが比較的低圧下で結晶作用を行うと，ダナイト，トロクトライト，かんらん石斑れい岩，斑れい岩もしくは斑れい岩ノーライトの順に集積岩を形成していく．

中間質〜珪長質の火山岩もしくは深成岩のマグマの形成過程には，さらに複雑な成因がある．その中でも特に重要なものは，結晶分化作用と部分融解作用である．例えば，苦鉄質マグマの結晶作用が進行すると，マグマの化学組成が連続的に変化して中間質マグマとなり，やがて珪長質マグマができる．これはマグマの化学組成と結晶化する鉱物の化学組成が異なることで生じる．また，苦鉄質岩の部分溶融作用では，溶融度が低いと珪長質マグマを生じ，溶融度が高いと中間質マグマを生じる．これは，初生メルトの化学組成が原岩に比較してかなり珪長質となることが一般的であるのに対し，融解が進むにつれて原岩（より苦鉄質）を溶かし込む量が増加するために起こる．さらにこれら2つの作用に加えて，2つ以上のマグマが混じり合う混合作用や，マグマが母岩を溶かし込む同化作用（もしくは

同化しながら結晶作用も行う同化分別結晶作用）も中間質〜珪長質マグマの多様性を作る原因として重要である．

■**花崗岩類の区分**

花崗岩類は大陸地殻上部を構成する主要岩石で，数km〜数十kmの岩体をなして普遍的に露出する．古来より大陸進化の解明を目指した研究例が多く，独特の区分が用いられることから以下に概観する．

化学組成による区分（A/CNK）

花崗岩類に普遍的な長石類の$Al_2O_3/(CaO+Na_2O+K_2O)$のモル比（以下，A/CNK）が1であることから，岩石のA/CNK比が1を超える状態をパーアルミナスとよぶ．このマグマからはA/CNK比が1以上のAl鉱物（ざくろ石など）が晶出可能となり，実際の観察結果ともよく一致する．一方，1以下の状態はメタアルミナスとよび，A/CNK比が1以下のホルンブレンドなどが伴われる．また，アルカリ長石の$(Na_2O+K_2O)/Al_2O_3$のモル比が1であることを利用して，この比が1以上の状態をパーアルカリとよぶ．ここで示した区分はデイサイトや流紋岩などの珪長質火山岩にもよく適用される．

花崗岩類のI, S, M, A区分と特徴

花崗岩類にはI, S, A, Mのアルファベット区分がよく用いられる．Iタイプ花崗岩はA/CNK比が1.1以下で，よりメタアルミナスな火成岩起源の可能性がある．岩石は比較的Alに乏しくCaに富む．Sタイプ花崗岩はA/CNK比が1.1以上で，パーアルミナスな堆積岩起源の可能性がある．岩石はAlに富みCaに乏しい．ただし，I, Sの両区分はそれぞれの起源が適当でない場合も多く，近年では記載的特徴の一つとして使用されている．Aタイプ花崗岩はNaやKに富みCaやAlに乏しく，FeO_{total}/MgOが低い．また，微量元素のGa, Zr, Nb, Yや希土類元素に富む．非造山帯であるリフト帯や安定大陸内部に産し，成因にはIタイプマグマ生成後の溶け残り岩の再融解やアルカリ岩マグマの結晶分化作用などがある．Mタイプ花崗岩は基本的にIタイプに含まれる．低いK_2O/Na_2Oと高い$CaO/(Na_2O+K_2O)$が特徴で，マントル起源の苦鉄質マグマからの結晶分化作用や，未成熟島弧のKに乏しい下部地殻の部分融解でできる．沈み込む海洋地殻が融解してできた花崗岩類もMタイプに該当するが，これらは特に高Sr・低Yの特徴をもことからアダカイト質花崗岩として区別されることが多い．

花崗岩類の帯磁率による区分

帯磁率による花崗岩類の区分では，$3×10^{-3}$ SI unitより高帯磁率を磁鉄鉱系列，低帯磁率をチタン鉄鉱系列とする．$3×10^{-3}$ SI unitは，およそ$100×10^{-6}$ emu/gに相当する．ただし，帯磁率は岩石のSiO_2量の増加に伴い減少することが知られており，これを考慮した区分もある[3]．帯磁率の違いはマグマの酸化度を反映していると考えられている．より酸化的なマグマでは磁鉄鉱（Fe_2O_3+FeO）を晶出しやすく，鉄鉱鉱物の総量が約0.1体積％以上に及ぶと磁鉄鉱系列の花崗岩類となる場合が多い．

〔荒井章司・前田仁一郎・亀井淳志〕

●**文献**

1) 都城秋穂・久城育夫（1975）岩石学II，共立出版，pp.171.
2) R. W. Le Maitre, A. Streckeisen, B. Zanettin, M. J. Le Bas, B. Bonin, P. Bateman, G. Bellieni, A. Dudek, S. Efremova, J. Keller, J. Lameyre, P. A. Sabine, R. Schmid, H. Sørensen and A. R. Wooley (2002) Igneous rocks : A classification and glossary : recommendation of the International Union of Geological Sciences, In : Le Maitre., R.W. (Ed.)., Subcommission on the Systematics of Igneous Rocks, 2nd ed. Cambridge University Press, Cambridge, pp. 236.
3) S. Ishihara, R. Tanaka, M. Nakagawa and Y. Goto (1995) *Resource Geol.*, **18**, 217-228.

053 マグマと火成岩
Magma and igneous rocks

火山噴火に際しては，地球深部から噴出してきたどろどろに溶けた高温（700～1200℃）の溶岩が，地表で冷却し固まって岩石が生じることが知られている．この地球深部に由来する溶融した流体をマグマとよび，マグマが固結して岩石になったものを火成岩という．おもにケイ酸塩の溶融体からなるマグマ中には，しばしば，そこから晶出した斑晶などの固相や，水や二酸化炭素などの揮発性成分が含まれる．マグマには，ケイ酸塩の溶融体のほかに，炭酸塩溶融体や，硫黄からなる溶岩が知られている．マグマは地表で溶岩として流れるが，その流れやすさを示す粘性はマグマの組成や温度によって，10^2～10^{10}ポアズと大きく変化し，温度が高く，SiO_2の含有量が少なく，重合度が低いほど粘性が低くて流れやすい．

岩石を構成する鉱物の粒の大きさや，形・集まり方を岩石の組織というが，火成岩はマグマが地下深くで徐冷したか，地下浅所や地表に噴出して急冷したかによって決まる固結時の温度，圧力，冷却速度などによりその組織が変化する．火成岩は組織の違いによって火山岩と深成岩に大別され，さらに岩石の化学組成やそれを反映した鉱物組成の違いによって細分されている．また，火山岩と深成岩の中間的な性質を示す岩石を半深成岩という．マグマが地殻中に入ってくることを貫入といい，地下深部で固まって火成岩になったものを貫入岩体あるいは深成岩体とよぶ．地下深部に貫入した高温のマグマは周囲の岩石を加熱して接触変成作用を起こしたり，既存の岩石を溶かして混成岩やミグマタイトを生じることもある．マグマが地下で固結したり，地表に噴出したりして生じた火成岩は堆積岩や変成岩の材料となる．

■化学組成

マグマや火成岩の化学組成は通常，酸化物の重量％で表される．火成岩に最も多く含まれているのはSiO_2であり，次に多いのはAl_2O_3である．一般に岩石中のSiO_2量が多くなるにつれ，酸化カリウムK_2Oや酸化ナトリウムNa_2Oが多くなり，酸化鉄（$FeO+Fe_2O_3$），酸化マグネシウムMgO，酸化カルシウムCaOの量が減少する．火成岩は酸化マグネシウムや酸化鉄が多く，SiO_2の量の少ないものから，超苦鉄質岩（$SiO_2<45$重量％），苦鉄質岩（45～52重量％），中性岩（52～63重量％），珪長質岩（$SiO_2>63$重量％）に区別される．

■鉱物組成

火成岩を構成する主な造岩鉱物のなかで，かんらん石・輝石・角閃石・黒雲母は，FeやMgを多く含み，色がついているので有色鉱物とよばれている．これに対して石英・斜長石・カリ長石は，SiやAlを多く含み，淡い色をしているので無色鉱物とよばれている．深成岩のような粗粒の岩石では，有色鉱物と無色鉱物の量比が岩石の色調によく現れており，苦鉄質岩は黒っぽく，珪長質岩は白っぽい岩相を呈する．火成岩中での有色鉱物の占める体積％を火成岩の色指数という．これは，火成岩の分類の目安の1つになるもので，一般に苦鉄質岩のほうが珪長質岩に比べて色指数が高い．通常，珪長質岩は色指数が20以下で，中性岩は20～40，そして苦鉄質岩は40～70で，超苦鉄質岩は色指数が70を超える．色指数の増加に伴い，岩石の密度は2.7前後から3.2前後まで高くなる．

■岩石組織

マグマが冷却すると，鉱物が晶出する．マグマが地表に噴出した場合は，マグマが

急冷されるため，結晶が大きく成長できず，細粒の鉱物やガラスなどから構成される細粒の岩石となり，このような岩石を火山岩という．火山岩を観察すると，しばしば肉眼でもわかるような大型の結晶が，細かい基地の中に散在していることがある．前者を斑晶，後者を石基といい，このような組織を斑状組織という．斑晶はマグマが地下のマグマ溜りの中でゆっくり冷える間に結晶化した鉱物であり，石基はマグマが地表に噴出して急に冷えた際，液体部分が結晶化してできたものである．石基は微細な（0.01〜0.1 mm）結晶からなり，ガラスを含むことがある．地下深部にマグマが貫入して形成されたマグマ溜りの中では，通常，まわりの母岩の温度はマグマの温度より低いので，ゆっくりとではあるがマグマの温度が下がる．マグマがゆっくり冷却すると鉱物が大きく成長できる．このような成長の途中で噴出して固結した火山岩中には，マグマ溜りの中で成長した比較的大きな鉱物の結晶である斑晶が細粒の鉱物やガラスからなる石基の中に散在している．火山岩はその組成により玄武岩，安山岩，デイサイト，流紋岩などに細分されている．

火山岩と同じ種類の造岩鉱物からなる粗粒で比較的粒のそろった岩石を深成岩といい，その組織を等粒状組織という．深成岩はマグマが噴出せずに地下深部で冷えて，ゆっくりと大きく成長した鉱物粒の集合体となって固結した岩石である．このように同じ化学組成のマグマから冷却速度の違いで，見かけの異なる岩石ができる．深成岩は，その組成により，かんらん岩，斑れい岩，閃緑岩，花崗閃緑岩，花崗岩などに細分されている．深成岩は普通数種類の鉱物で構成されているが，それらの鉱物のうち，融点の高いものが先にマグマから晶出してくる．したがって，他の鉱物に邪魔されず，自由に成長できるので，その鉱物本来の結晶面がよく発達した形である自形をとることができる．しかし，マグマの温度が下がって，より融点の低い別の鉱物が晶出するときには，すでに晶出した鉱物によって結晶の成長が阻害されるので，その鉱物と接していない部分だけが本来の結晶面が発達した形である半自形をとることになる．さらに温度が下がって，最後に晶出する鉱物は他の鉱物によってまわりをすべて固められているため，本来の結晶面が発達しない形である他形を呈する．このため，深成岩の薄片の顕微鏡観察によって，構成鉱物の種類だけでなく，晶出順序や融点の高低まで判断できる場合がある．

■火成活動と火成岩体

地下のマグマは，その上昇する過程でさまざまな火成岩体を形成し，また地表に噴出して火山噴火を引き起こす．このようなマグマの活動は火成活動とよばれる．現在活動中の火山の多くは，プレートの境界付近に集中しており，日本列島も，そのような太平洋を取り囲む「火の環」の一部を構成している．

マグマが地表に噴出する現象が噴火であり，噴火活動によって火山が生じ，火山体が成長する．マグマ，特に玄武岩質マグマはマントルの最上部で局所的に発生して上昇してくる．また，個々の火山の下にはマグマ溜りが存在すると推定されている．マントルでかんらん岩の部分溶融により発生したマグマは，周囲の岩石に対して密度が小さく，また流体であるため移動しやすく，マントル内を浮力により上昇する．地殻の基底であるモホ面や地殻内部のコンラッド面などの密度不連続面で，マグマと周囲の岩石との密度差が小さくなると，マグマは滞留し，そこにマグマ溜りを形成すると考えられている．

マグマが地殻内部に定置して形成される貫入岩体は，その形によって岩脈，岩床，岩株，ラコリス，底盤などの名称が与えられている．マグマが地層と平行に入り込ん

でできた板状の貫入岩体を岩床という．岩床は，玄武岩のように，流動性に富むマグマによってできることが多い．地層の重なりを切って貫入した板状の岩体を岩脈という．バルーン状の岩株やラコリスは，しばしば岩床へのマグマの注入により形成される．一般に多くの花崗岩質貫入岩体の複合体からなる底盤は侵食によって地表に現れたときの面積がおよそ $100\,km^2$ 以上に達する．貫入岩体にはしばしば冷却に伴って形成される節理が発達している．

地表に流出したマグマやそれが冷え固まってできた岩石を溶岩という．火山噴火は多様であるが，中心噴火と割れ目噴火に大別でき，さらに爆発的な火山砕屑物を放出する活動と比較的静かに溶岩を流出する活動とがある．これらはマグマの粘性や揮発性成分量と密接に関係しており，高温で粘性の低い玄武岩質なマグマは溶岩として流出することが多く，低温で粘性の高い流紋岩質マグマは大規模な火砕物からなる爆発的噴火を引き起こすことが多い．

■**火成岩の多様性の成因**

マントル中でマグマが発生するとき，その場の岩石が一度に溶け出すのではなく，溶けやすい成分から溶けだしてくる．これを部分溶融という．玄武岩質マグマはかんらん岩の部分溶融で生じると考えられている．マグマ発生の基本的な条件は，温度の上昇あるいは圧力の減少による．また，水の存在でかんらん岩の融点が低下することもマグマ発生の原因となる．中央海嶺の下やハワイなどのホットスポットでは，地下深部から上昇してきた高温のかんらん岩が，より低圧下で融解温度に達して，部分溶融を開始する．沈み込み帯では，スラブに由来する水が高温のマントルウェッジに供給され，かんらん岩が部分溶融を開始する．かんらん岩の融解温度を少し超えた温度では，かんらん岩はそれを構成する鉱物粒の間にほんのわずかに液体が存在する状態になる．部分溶融が進行すると，生じた液はもとのかんらん岩の中から移動して，上昇を始める．かんらん岩の部分溶融で生じた玄武岩質マグマは，本源マグマとよばれるが，岩石の溶ける深さや温度・圧力条件などの違いにより，化学組成の異なるマグマが生じる．さらに，マグマが地殻内部に貫入，定置して形成されたマグマ溜りでは，冷却に伴い，マグマの結晶作用が進行するとともに，周囲の岩石を部分溶融したり，溶かし込んだりすることがある．

マグマから生じる火成岩は，色指数が変化するにつれて，その化学組成が連続的に変化し，苦鉄質になるほど MgO, CaO, Fe_2O_3+FeO が多く，珪長質になるほど SiO_2, Na_2O, K_2O が多い．化学組成の変化に対して，鉱物組合せの変化は不連続的であり，苦鉄質鉱物についてみると，苦鉄質岩ではかんらん石・輝石，中性岩では輝石・角閃石，珪長質岩では角閃石・黒雲母が主体となる．また珪長質鉱物では，デイサイトから石英が現れ，斜長石は岩石が珪長質になるほど，その固溶体組成において Ca が減り，Na が増加している．主成分組成のうち，SiO_2 量と総アルカリ量は，岩石成因論上，重要な指標であるが，火山岩は，しばしば SiO_2 量と総アルカリ量に基づいた分類法で，アルカリの多いアルカリ岩系とアルカリに乏しい非アルカリ岩系に区分され，後者はさらにソレアイト系列とカルクアルカリ系列に分類される．

火成岩の多様性の成因としては，①マグマの発生場所の違い，②マグマの結晶分化，③地殻物質の部分溶融や溶かし込み，④マグマの混合，などがあげられている．

①マグマの発生場所の違い：マントル内のマグマが形成されるアセノスフェア内での場所が異なると，原岩のかんらん岩の組成に差があり，またマグマが発生する際の温度・圧力条件が異なるため，生じるマグマの組成が異なってくる．この考え方は，

おもに，玄武岩質マグマにおける組成の多様性の原因として適用されている．

②マグマの結晶分化：マグマから晶出した鉱物が沈下してマグマの液体部分から分離すると，液の組成が変わってゆく．この過程を分別結晶作用または結晶分化作用という．玄武岩質マグマから，SiO_2の乏しいかんらん石が結晶し，これがマグマだまり中を沈下すると，残液はしだいにSiに富んでゆき，温度が低下するとマグマから輝石が晶出するようになる．そのようにして，マグマの組成は玄武岩質から安山岩質になる．ボーエンは1922年に，分別結晶作用による火成岩の多様性を系統的に明らかにした．彼は実験によって種々の珪酸塩溶融体の結晶作用を調べ，火成岩の多様性は鉱物と液との間の反応関係にもとづいて説明されるという基本的な考え方に到達し，これを反応原理とよんだ．ボーエンは玄武岩質マグマから出発して，反応関係にもとづく鉱物の晶出順序を示している．

③マグマによる地殻物質の部分溶融や溶かし込み：マグマが地殻中で周囲の岩石を溶かし込むと，初めのマグマとは組成の異なるマグマになる．花崗岩や泥岩・砂岩は溶け始める温度が，玄武岩に比べて低いので，玄武岩質マグマに溶かされて，マグマ中に入りやすいと考えられている．

④マグマの混合：2つの組成の異なるマグマが混ざり合うと，両方の中間の組成のマグマができる．例えば，マントルから上昇してきた玄武岩質マグマが，地殻下層の部分溶融で生じた珪長質マグマと混合すると，安山岩質マグマが生じると考えられる．

〔吉田武義〕

054
サブダクションファクトリー
Subduction factory

　海洋プレートが地球内部へ潜り込む沈み込み帯（サブダクションゾーン）は，プレート発散境界，ホットスポットと共に地球上で活発な火山活動が起こる場所である．沈み込み帯における火山分布域（火山弧）の海溝側境界（火山前線）は明瞭であり，多くの場合深さ100 km程度のプレート等深線上に形成される[1]．このことは，冷たいプレートが沈み込む場所でマグマが発生するという一見不思議な現象を理解する上で重要である．つまり，海嶺での熱水活動などの結果水を含むプレートおよびそれに引きずられるマントルウェッジ最下部の領域では，この深さで脱水分解によって放出されたH_2Oを主成分とする流体相がマントルかんらん岩と反応してマグマが発生すると考えられる[1]．

　一方で，およそ40億年前にプレートテクトニクスが作動を始めて以来，沈み込み帯のマグマ活動は固体地球の進化に大きな役割を果たしてきた．このことは，大陸地殻が安山岩質の組成をもつこと，プレート脱水残渣が地球深部へ持ち込まれることから簡単に予想できる．つまり，沈み込み帯はまるで工場（サブダクションファクトリー）のように，原材料（マントル物質やプレート物質）を加工し，大陸地殻という製品を作り，残渣を廃棄物として排出してきたのである（図1）[2]．

■ 原材料

　サブダクションファクトリーでは，主として3つの原材料が用いられる．それらは，マントルウェッジを構成するかんらん岩，そして，海洋地殻と堆積物の沈み込み成分である（図2）．

　プレート生産域である海嶺では，ほぼ均一な化学的特徴を示す海嶺玄武岩（N-MORB）が産することから，マントルウェッジを含む地球の最上部マントルは，Depleted MORB Mantle（DMM）とよばれる成分で構成されると考えてよい（図

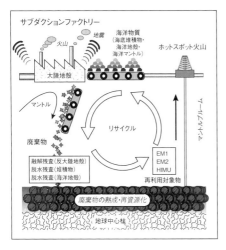

図1　サブダクションファクトリー

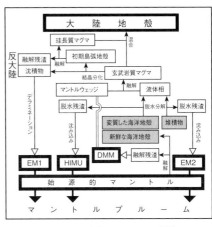

図2　サブダクションファクトリーでの分化と進化

2). Depletedは娘元素/親元素比が低いことを示し，この特性は始原的マントルの部分融解でつくられたと考えられ（図2），DMMの化学組成は海嶺玄武岩から推定することができる．

一方で，変質した海洋地殻と堆積物の化学組成は変化に富むが，深海掘削の結果などを用いると，平均的な組成を設定することは可能である．

■製品の製造工程

異常に高温のプレートが沈み込むと，プレートが部分融解して生じた珪長質マグマがマントルウェッジかんらん岩と反応して初生安山岩質マグマが発生することがある[2]．しかし多くの場合は，沈み込み帯のマントルでつくられる初生マグマは玄武岩質である．このマグマは，沈み込む海洋地殻と堆積物の脱水分解で生じたH_2Oや水溶性の元素に富む流体相がマントルウェッジのかんらん岩の融点を下げるため発生する．ただし，プレートの沈み込みによって生じた二次対流によりマントルウェッジ内は高温状態であるために，マントルと最終平衡にある玄武岩質マグマの温度は，海嶺やホットスポットに比べて極端に低いわけではない．

この玄武岩質マグマは地殻より密度が高いためにモホ面付近で停滞する．その結果結晶分化および固化が進み，初期島弧地殻および主としてかんらん石からなる沈積物をつくる．海洋島弧の地殻の地震波速度構造などによると，この初期地殻は玄武岩質の岩石で構成されていると考えてよい[4]．したがって，安山岩（正確にはカルク・アルカリ安山岩）の組成を示す大陸地殻を形成するには玄武岩質初期地殻の分化作用が必要となる．

カルク・アルカリ安山岩に対する記載岩石学的な制約，玄武岩に対する高温高圧実験結果，未成熟な海域沈み込み帯である伊豆・小笠原・マリアナ弧の地殻・マントル

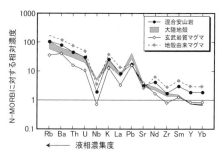

図3　大陸地殻の成因に関する微量元素モデリング

地震波速度構造などに基づいた検討によると，玄武岩質初期地殻から安山岩質大陸地殻への分化は，マントル由来の玄武岩質マグマと地殻の再融解によって生じた珪長質マグマが混合して安山岩質マグマが生成するプロセスが担っていると考えられる（図2, 3）[2,3]．

この過程では，玄武岩質初期地殻が再融解して珪長質マグマをつくると同時に，融解残渣が形成される．伊豆・小笠原・マリアナ弧の地殻と上部マントルの地震波速度構造と上記の分化に対する岩石学的なモデリングは，融解残渣がかんらん石沈積岩とともに最上部マントルの低速度層をなすことを示す．すなわち，これらの「地殻成分」は，安山岩大陸地殻の形成と相補的にモホ面を超えて玄武岩質地殻からマントルへと吐き出された可能性が高い．この意味で，これらの地殻成分は「反大陸（anti-continent）」とよばれる[3]．

ここで重要なことは，化学組成から予想される反大陸物質の密度が，同程度の深さにあるかんらん岩より大きいことである．したがって，反大陸は島弧リソスフェアから分離・落下（デラミネーション）する運命にある．

■廃棄物の行方

堆積物と海洋地殻，それにかんらん岩を原料として大陸地殻を作るアブダクション

ファクトリーでは，当然のように廃棄物がでる．これらのうち変質した海洋地殻と堆積物脱水分解残渣はプレートの沈み込みに伴って，また反大陸はデラミネーションによってマントル深部へ持ち込まれる．

これらの廃棄物の運命を知ることは，地球内部，特にマントルの進化を考察する上である．図4に，これまで行われた高圧実験の結果などに基づくマントルと廃棄物の密度関係を示す[3]．

海洋地殻と堆積物では高圧高密度相のペロブスカイトへの転移がマントル物質より遅れるため一旦上部マントル・下部マントル境界付近で停滞する．しかしプレートが周囲に比べて十分に低温であれば「浸み出し」が起こり，この部分が深さ 800 km まで成長すると下部マントル内を再び落下する[2]．一方で反大陸は常にマントル物質より高密度であるために，真っ逆さまにマントルの底まで落下する．したがって，サブダクションファクトリーはマントルの上に大陸をつくると同時に，マントルの底に廃棄物を貯蔵してきたといえる．

マントル最下部における主要構成鉱物であるポストペロブスカイトとその低圧相であるペロブスカイトは正のクライペロン勾配の相境界を有する．したがってこれらの廃棄物がマントル最下部で中心核から熱の供給を受けると，上部のマントルより低密度となり，プルームとして上昇することが予想される．

■ 廃棄物のリサイクル

マントル最下部に貯蔵されてきた廃棄物はどうなるのか？ この問題を考える糸口はマントルプルームにある．何故ならば，プルームの少なくとも一部はマントル最下部に起源があるからだ．そのようなマントルプルームの化学的特性は，大陸地殻の影響を受けない海域のホットスポット玄武岩（海洋島玄武岩）の解析からある程度推定可能である．これまで主なプルーム成分として，EM1, EM2, HIMU の3つが知られている（図5）．EM は enriched mantle すなわち親元素／娘元素比が高い，HIMU は high-μ（高い $^{238}U/^{204}Pb$）を意味する．このような元素比の特性は，脱水分解に伴う元素の移動度と逆，言い換えるとサブダクションファクトリー廃棄物の特性と共通で

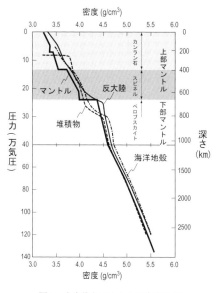

図4　廃棄物とマントルの密度関係

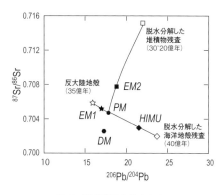

図5　廃棄物のリサイクル

あるので，3種類のプルーム成分は3種類の廃棄物がリサイクルした可能性がある．

この仮説を検証するために，脱水分解実験に結果をもとにして廃棄物の微量元素組成を推定し，その成分の同位体比変化に関してモデリングを行った．その結果を図5に示す．図には，それぞれの廃棄物があるときから生成し始めてから現在まで連続して蓄積した場合の同位体比を示してある．この結果は，3つの廃棄物がマントル最下部からプルームとして上昇し，その過程で下部マントルの主要成分である始源的マントル（PM）を取り込むことで3つのプルーム成分となる可能性があることを示す．また，プレートテクトニクスの作動開始が約40億年前，サブダクションファクトリーの主要製品である大陸地殻の形成開始が約35億年前，その風化物である海洋堆積物が30億年程度前からつくられたことを示すこの結果は，初期地球の事実関係とも矛盾しない．

つまり，サブダクションファクトリーはその製造工程で出る廃棄物を不法投棄しているのではなく，3種類のマントルプルーム成分として熟成後にリサイクルしてきたのである．いわばこの工場は「ゼロエミッションファクトリー」として稼働してきたといえよう（図1）． 〔巽　好幸〕

● 文献
1) 巽好幸（1995）沈み込み帯のマグマ学―全マントルダイナミクスに向けて―，東京大学出版会，186 pp.
2) 巽好幸（2003）安山岩と大陸の起源―ローカルからグローバルへ―，東京大学出版会，186 pp. 213 pp.
3) 巽好幸（2012）なぜ地球だけに陸と海があるのか―地球進化の謎に迫る―，岩波科学ライブラリー 191, 117 pp.

055 火山と火山灰
Volcano and volcanic ash

■火山噴火と火山砕屑物（volcanic eruption, pyroclastic materials）

火山では爆発的噴火により放出された破片状または塊状の物質を火山砕屑物（略して火砕物）とよぶ．この中で粒子径が2mm以下の灰サイズのものを火山灰（volcanic ash）とよぶ．火山砕屑物からなる堆積物をテフラと総称するが，その定置様式に注目すると，火砕流堆積物（pyroclastic flow deposit）と降下火砕堆積物（pyroclastic fall deposit）に大別できる．降下火砕物の中で火山灰から構成されるものが降下火山灰（air-fall ash）である．降下火山灰は，噴煙柱が上空に到達し，風下側に運ばれ遠隔地で地表に堆積するタイプと，火砕流から舞い上がった灰神楽から堆積するタイプ（co-ignimbrite ash）からなる．大規模な噴火では火山から遠く離れた場所まで火山灰は到達し，広域テフラとよばれている．例えば九州の阿蘇山の8.5万〜9万年前の噴火で放出された火山灰（阿蘇4火山灰：Aso-4）は，遠く北海道東部でも確認されている．降下火山灰を中心としたテフラは，火山噴火の歴史を示すだけでなく，離れた地点でのテフラが同じであることがわかれば，それらのテフラ層は等時間面として利用できる．このため，テフラ研究は火山学の分野だけでなく，古生物学，古環境学あるいは考古学分野などで重視されている．

■軽石（pumice）とスコリア（scoria）

マグマが地下深部から上昇し地表に噴出する際に，減圧することによりマグマに溶解していた水などの揮発成分が急激に発泡し多孔質となった状態で，冷却固結した岩石．火山岩と同様に鉱物結晶と基質（石基）からなるが，基質はガラス質で白色・灰色・淡黄色などを呈するものを軽石とよび，黒色〜暗灰色，あるいは含まれる鉄分の高温酸化により，紫〜赤色を呈するをものをスコリアとよぶ．あるいは比重が1以下で水に浮くものに限って軽石とよぶ場合もある．一般的に軽石はSiO_2に富む珪長質マグマ，スコリアはSiO_2に乏しい苦鉄質マグマに由来する．多孔質のため保水性がよいので，特に軽石は園芸用土として使われる．レティキュライト（reticurite）は，気泡が互いに連結して3次元の網目集合体となったスコリア．よく発泡しているが水に浮かべると沈む．

■火山灰と初生鉱物

火山灰の中で，噴火に関連したマグマに由来するものを本質物質（essential materials または juvenile materials）とよぶ．それとは別に，マグマ上昇の際の通り道である火道を構成していた既存岩片も普通に含まれる．本質物はマグマが破砕され大気中で急冷され生成されるので，噴出時

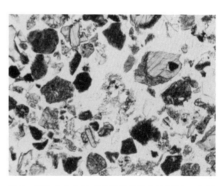

図1　桜島の火山灰（2012年7月24日噴火，火口から約12km地点で採取）．中央に噴火に関連したマグマ由来の本質物（軽石）．その他に鉱物片や本質物ではない岩片が含まれる．写真の横幅は約2mm．

に液体部分は火山ガラスとなり,その他にマグマ中に含まれていた鉱物片,そしてそれらから構成される火山岩片からなる(図1).ガラスの破片で三日月状やY字などを呈するものをシャード(shard)とよぶことがある.ハワイなどの玄武岩質マグマの噴火では,粘性の低いマグマが引き伸ばされた状態で急冷され,髪の毛のように伸びたガラスや,粒状のガラスが放出されることがある.これらをそれぞれ,ペレーの毛(Pele's hair)およびペレーの涙(Pele's tear)とよぶ.なおペレーはハワイの火山の女神で,それにちなんで命名された.遠隔地まで火山灰が到達する途中で,火山岩片や大型の鉱物片が優先的に分離し,遠隔地では火山ガラスが火山灰の主要な構成物となる.火山灰中の鉱物は火山岩に含まれる鉱物と同じであり,マグマが玄武岩質であれば有色鉱物としてかんらん石や輝石,安山岩質では輝石が主体となり,珪長質では輝石の他に角閃石や雲母が普通に認められる.磁鉄鉱などFe-Ti酸化物は密度が大きいので,遠隔地の火山灰で鉱物片としてはまれである.無色鉱物では斜長石が普通であり,珪長質のマグマでは石英やアルカリ長石も認められる場合がある.火山灰の研究では供給火山や特定噴火と対比することが重要であり,そのために鉱物や火山ガラスの組成が用いられる.火山灰の場合,鉱物や火山ガラスの屈折率を求めることがよく行われているが,最近では火山ガラスの主成分化学組成をEPMAで求めて,火山体近傍の噴出物の化学組成と比較して火山灰の給源火山を決定するのが一般的である(図2).

■ 火山灰と二次鉱物(volcanic ash and secondary minerals)

火山灰中の火山ガラス片は風化環境において,時間とともに表面から水和が進む.水和層の厚さを用いた年代測定の試みもある(Steen-McIntyre[2])など[▶025 鉱物の

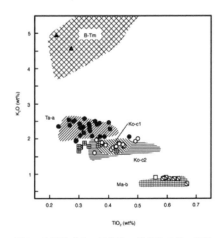

図2 北海道東方の国後島の爺爺岳で見いだされた広域テフラの火山ガラスのTiO_2-K_2O図[1]).B-Tm は中朝国境の白頭山火山,その他は北海道の火山で,Ta-a は樽前山 1739 年,Ko-c1 と Ko-c2 は北海道駒ヶ岳 1856 年および 1694 年,Ma-b は摩周の 10 世紀噴火の火山灰.給源火山のガラス組成範囲はハッチで示し,各シンボルが爺爺岳で見いだされた火山灰である.

年代測定]).水和が進むと粘土鉱物やゼオライトなどの粘土鉱物が生じる.粘土鉱物の中にはアロフェンやイモゴライトなどの粘土鉱物も含まれる[▶027 粘土鉱物とは].イモゴライト(imogolite)は,熊本県人吉地方の火山ガラスに富む火山灰土壌から発見された新鉱物である(Yoshinaga and Aomine, 1962).芋子石(いもごせき)ともよばれる.容易に合成が可能で,ナノデバイスや水質改善用に利用されている.アロフェン(allophane)は火山灰土壌中にひろく存在する.比表面積が大きいことを利用し,乾燥材や脱臭剤として利用される.これらのナノチューブ状の準晶質粘土鉱物は,火山灰土壌に有機物の集積,リン酸保持能,pH により荷電が変化する性質などの特有の性質をもたらしている.

■ロ ー ム (loam)

　土壌区分の一つであり,シルトおよび粘土の含有割合が多く粘性質の高い土壌.ロームは火山灰が堆積後,砂塵として舞い上げられ再堆積した火山性風成層を指すが異論もある.給源に近いほど厚く,層理は発達しないことが多い.

〔中川光弘・渡邊公一郎〕

● 文献
1) M. Nakagawa, Y. Ishizuka, T. Kudo, M. Yoshimoto, W. Hirose, Y. Ishizaki, N. Gouchi, Y. Katsui, S. Alexander, G. S. Steinberg and A. I. Abdurakhmanov (2002) *Island Arc.*, **11**, 236-254.
2) Steen-McIntyre (1975) Hydration and superhydration of tephra glass-a potential tool for estimating age of Holocene and Pleistocene ash beds. Suggate, R. P. and Cresswell, M. M. (eds.) Quaternary Studies: pp. 271-278, Royal Society of New Zealand.
3) N. Yoshinaga and S. Aomine (1962) *Soil Science and Plant Nutrition*, **8**, 114-121.

056
変成岩の分類
Classification of metamorphic rocks

■ 変成岩の命名法

変成岩の名称はその原岩の種類, 構成鉱物の種類・量比・組織, 変形構造, 変成条件 (温度, 圧力), 変成作用を誘引した地学的事象など多様な要素に基づいて命名されている. そのため, 通常一つの変成岩に対して異なる分類基準によって複数のよび方が可能である. 例えば, 同一標本に対して変玄武岩, 角閃岩, ホルンブレンド-斜長石片麻岩の名前が成立しうる. また, 複数の命名基準に加えて接頭辞の付加など, 変成岩の名前は多様である. 国際地質科学連合 (IUGS) は変成岩の命名法に系統性をもたせるために次の枠組みを推奨している. ユーザーには, 記載用語としての変成岩の名称は何を目的として命名されたかに留意することが求められている.

当該標本に明瞭な変形構造がある場合, 変形構造や構成鉱物に基づいた名前を与える. スレート劈開をもつ変成岩を粘板岩 (スレート) とよび, 面構造をもつ変成岩は片理の発達の強弱で片岩と片麻岩に区別する. 変形構造をもたない変成岩はグラノフェルスとよぶ. 変形構造に基づいた変成岩名には構成鉱物の情報を接頭辞として付加することができる (例えば, ざくろ石-雲母-石英片岩, 黒雲母-斜長石片麻岩, 透輝石-かんらん石グラノフェルス). 変成岩には特定の変成相や構成鉱物の量比に基づいた名前 (例えば, 角閃岩, エクロジャイト, 大理石) のほか, 特定の成因に基づいた岩石名 (例えば, ホルンフェルス, ブラストマイロナイト, テクタイト) がいくつか存在する. 当該標本が特定の岩石名にあてはまる場合はそれを採用する. 変成岩標本において, 特定の構成鉱物量比が 75 体積 % をこえる場合には鉱物名の末尾に〜ite (日本語場合は, 鉱物名末尾に「岩」を付ける習慣がある) の接尾辞を付加し, それを岩石名とする (例えば, 藍閃石岩, 緑簾石岩). これらの岩石名には接頭辞として変形構造や特定の指標鉱物を接頭辞として付加することができる (例えば, 片麻状角閃岩, 片状黒雲母岩, 藍晶石エクロジャイト, 透輝石ホルンフェルス). 原岩が自明な変成岩標本は, 変斑れい岩, 変成グレイワッケなど, 原岩に基づいた岩石名を与えることが可能である.

■ 変成相

ある化学組成の岩石が, ある温度圧力条件下で再結晶するとき, その岩石はその温度圧力条件下で最も安定な鉱物の集合になる. 化学的平衡にある任意の系 (変成岩を想定) においては相律 (phase rule) が成り立つ. c 個の成分で p 個の相からなる系が平衡状態にあるとき, 平衡条件式の総数は $c(p-1)$ 個, この系を構成する独立変数の総数は $\{2+p(c-1)\}$ 個である. 変数の総数から平衡条件式の総数を引いた残りを自由度 (f) とよび,

$$f = 2 + p(c-1) - c(p-1) = c + 2 - p$$

となる (ギブズの相律). 系の温度と圧力が外的条件によって支配されるとすると, 自由に変化させることができる変数の数は,

$$f = c - p$$

となり, c 成分系で共存できる鉱物相の最大数が決まる. $(c+2)$ 個の相は温度圧力図上において自由度 $f=0$ の不変点 (invariant point) で平衡共存し, その座標は $(c+2)$ 個の相の熱力学的定数から一意に決まる. この不変点からは $(c+2)$ 本の安定な反応曲線 (univariant line) が射出し, $(c+1)$ 個の相は反応曲線上で平衡共存し, 不変点から射出する反応曲線群に

分割されたそれぞれの双変領域（divariant field）内で最大 c 個の相が平衡共存できる．p 個の相から c 個の相の組み合わせの数は多数あるが，特定の c 個の相の組み合わせは，温度圧力図上の特定の領域のみで出現可能となる．

このような物理化学の法則を変成岩に応用し，変成相が定義できる．塩基性組成の変成岩に含まれる特徴的な構成鉱物の組合わせを規律に，温度圧力平面をいくつかの領域（変成相）に分割したものを変成相図（metamorphic facies diagram）とよぶ．変成相による分類は変成鉱物の相平衡から変成岩の生成条件（温度・圧力領域）を求めるもので，変成岩の外観（構成鉱物の粒度や鉱物配列の方向性など）を考慮しなくてもよい．

変成相の概念は1915年にフィンランドの岩石学者 P. Eskola により確立された．Eskola は塩基性変成岩を基本とした鉱物組合わせのグループ化によって，緑色片岩相，角閃岩相，緑簾石角閃岩相，輝石ホルンフェルス相，サニディナイト相，グラニュライト相，藍閃石片岩相（青色片岩相），エクロジャイト相の8つの変成相を区分した．その後，D.S. Coombs によって沸石相とぶどう石-パンペリー石帯が加えられた．F.J. Turner は後者をぶどう石-パンペリー石変成グレイワッケ相とよび，都城秋穂はぶどう石-パンペリー石相と改名した．ぶどう石とパンペリー石を含む鉱物組合わせは，ぶどう石-パンペリー石，ぶどう石-アクチノ閃石，パンペリー石-アクチノ閃石がそれぞれ安定な3つの独立した変成相に細分可能であるが，それらは準緑色岩相として一括される場合もある．Coombs のローソン石-曹長石-緑泥石相などの追加提案のほか，既存の変成相の整理や亜相の新設があった．その一方で Eskola の藍閃石片岩相が青色片岩相に言い直されるという変遷もおこった．

一般に隣接する変成相の間には漸移領域がある．それは塩基性変成岩の全岩組成の差異に起因するものであるが，全岩組成を固定したとしても，おのおのの変成相を定義する反応曲線の位置は，変成作用時の流体の挙動・飽和度，酸化還元状態，などによってある程度移動する．しかし，変成相の境界線が遷移して厳密さを欠いても，この概念にもとづく分類は物質科学として意味があり，変成岩のおおよその生成条件を容易に限定することができる．さらに変成相の違いが構造場の違いを反映するため，地質学的にも意味がある．以下，個々の変成相について概説する．

沸石相：塩基性変成岩における沸石＋石英の安定領域に相当する．

ぶどう石-パンペリー石相：塩基性変成岩において，ぶどう石またはパンペリー石，または両方が石英と共存する領域をいう．

パンペリー石-アクチノ閃石相：塩基性変成岩において，パンペリー石を産し，ぶどう石と藍閃石を欠くことで定義される．パンペリー石＋アクチノ閃石＋緑泥石＋曹長石の鉱物組合わせが一般的で，高温部でパンペリー石は緑れん石と共存する．低温部においてソーダ質オージャイトやエジル輝石質オージャイトを伴うことがある．

青色片岩相（藍閃石片岩相）：塩基性変成岩において広義の藍閃石が出現する領域のうち，エクロジャイト（ざくろ石とオンファス輝石の総量が75体積％以上）を欠く領域に相当する．低温高圧部のローソン石青色片岩亜相と高温低圧部の緑簾石青色片岩亜相に区別される．低温部においてパンペリー石を，高温部分においてざくろ石を伴う．ひすい輝石またはオンファス輝石（またはその両方）を伴うことがある．緑簾石青色片岩亜相においてはパラゴナイトを伴うことがある．エクロジャイト相との間に広い漸移領域が存在する．藍閃石単体はエクロジャイト相の領域でも安定になる

ので，藍閃石単体の有無で変成相を定義することは推奨しない．

エクロジャイト相：塩基性変成岩におけるざくろ石＋オンファス輝石の鉱物共生で特徴づけられる．低温部ではオンファス輝石に加えてひすい輝石を伴うことがある．低圧低温側の隣接する変成相との境界は，オンファス輝石の出現によって定義される．ローソン石エクロジャイト亜相，緑れん石エクロジャイト亜相，藍晶石エクロジャイト亜相，角閃石エクロジャイト亜相などが提案されている．角閃石エクロジャイト亜相の低圧部を除き，エクロジャイト相の岩石には斜長石は出現しない．また，角閃石エクロジャイト亜相に出現する角閃石は藍閃石ではなく，バロア閃石・カトフォル閃石・タラマ閃石質 Ca-Na 角閃石であることが多い．

緑色片岩相：塩基性変成岩における緑簾石＋アクチノ閃石＋緑泥石＋曹長石の鉱物組合わせの安定領域に相当する．ぶどう石やパンペリー石は伴わない．

緑簾石角閃岩相：緑色片岩相と角閃岩相の間に位置し，塩基性変成岩におけるホルンブレンド（広義）＋緑簾石＋斜長石，あるいはバロア閃石・カトフォル閃石・タラマ閃石質 Ca-Na 角閃石＋緑簾石＋曹長石の鉱物組合わせで規定される．緑色片岩相との境界はホルンブレンド質角閃石の生成で規定され，角閃岩相との境界は斜長石の灰長石成分（<30モル％）によって区別される．緑簾石角閃岩相の高圧部分では角閃石が Ca-Na 角閃石となり，ざくろ石やパラゴナイトを伴う．

角閃岩相：塩基性変成岩におけるホルンブレンド（広義）＋斜長石（30モル％）の鉱物共生で定義される．緑色片岩相との境界はホルンブレンド質角閃石の生成による．低圧部においてカミングトン閃石，高圧部においてざくろ石，高温部においてオージャイトを伴う．ざくろ石やオージャイトが出現すると，ホルンブレンド（広義）はパーガス閃石成分に富む．また，水が存在する場合には部分溶融がはじまる．アルミノ珪酸塩鉱物の多形関係から角閃岩相には三つの領域が区分可能であるが，塩基性変成岩にはアルミノ珪酸塩鉱物が出現しないため一般的ではない．

グラニュライト相：角閃岩相の高温側，エクロジャイト相の低圧側に位置し，塩基性変成岩に直方（斜方）輝石が産することで定義される．一般に，単斜輝石＋直方（斜方）輝石＋斜長石の鉱物組合わせが安定である．低温部においてパーガス閃石質の角閃石を伴い，中・高圧部においてざくろ石を伴う．低温部をホルンブレンド・グラニュライト亜相，高温部を輝石グラニュライト亜相に区別する案がある．その一方で，ざくろ石を伴い直方（斜方）輝石を欠く高圧部を「高圧グラニュライト相」として，直方（斜方）輝石を伴う中圧・低圧部と区別する案がある．後者の案では，接触変成作用に限定した輝石ホルンフェルス相を，グラニュライト相の最低圧部として取り扱う．

■変成経路

変成岩は変成作用の変化のいろいろな局面を記録していることがある．例えば，広域変成地域（一般に数十 km から数百 km）には，地域内の温度圧力条件の違いを反映した変成度あるいは変成相の変化が認められる．このような変化を変成相系列とよび，変成温度や圧力が上昇することを累進変成作用とよぶ．変成相系列は圧力/温度（P/T）比の違いによって，低温高圧型（ひすい輝石-藍閃石型），中圧型（藍晶石-珪線石型），高温低圧型（紅柱石-珪線石型）の3つの圧力型に大別される．それらの違いは地温勾配の違いによる．

広域変成地域において変成度の異なる地域の最高変成温度を P-T 図上に繋いだ線を変成帯勾配（metamorphic field gradient）とよぶ．それに対し，個々の変成岩や変成岩岩体の変成履歴を P-T 図上に線で表現したものを P-T 経路（P-T path）とよぶ．P-T 経路における温度変化の様式，すなわち温度上昇と降下の違いを基準に昇温変成作用（prograde metamorphism）と後退変成作用（retrograde metamorphism）が区別される．1回の地学的事象の連続した P-T 経路において温度の変曲点は1つとは限らず，複数存在してもよい．複数回の地学的事象を記録した変成岩は複変成岩とよばれる．バリスカン造山運動で形成された低圧高温型変成岩がアルプス造山運動でいろいろな程度に低温高圧型変成岩に変化した例は，その典型である．P-T 経路は厳密には「連続した1回の地学的事象における変成条件の変化」について言及されるべきである．しかし，複変成岩に記録されている複数の平衡温度圧力条件をつなぎあわせて，1つの P-T 経路として表現することも多い．P-T 経路に年代（t）の情報を加えたものは P-T-t 経路とよぶ．

変成帯勾配や P-T 経路の多様性は，変成様式の違い，すなわち構造場の違いを強く反映する．特に広域変成岩が生成する構造場の違いは広域変成地域の原岩構成や体積の違いとしても明瞭に現れる．大陸衝突帯には受動的大陸縁に特徴的な陸棚堆積物や大陸地殻構成岩を原岩とした変成岩が卓越し，中圧型や超高圧型変成岩のほとんどは大陸衝突帯に産する．一方，島弧海溝系の沈み込み帯では海洋地殻や深海性堆積物を原岩とする低温高圧型と高温低圧型変成岩が対を成した変成帯として産し，それらは活動的大陸縁を特徴づける．

■ **構成岩石**

塩基性変成岩にはおのおのの変成相を特徴付ける岩石名が存在する．低温高圧型の累進変成作用はパンペリー石-アクチノ閃石相から青色片岩相を経てエクロジャイト相に至る．それぞれの変成相を特徴づける塩基性変成岩としてパンペリー石-アクチノ閃石片岩，青色片岩，エクロジャイトがある．しかし，変成相と岩石名の定義はそれぞれ独立している場合があり，注意が必要である．例えばエクロジャイト相の塩基性変成岩がすべてエクロジャイトとよばれるわけではない．エクロジャイトはざくろ石（$Mg+Fe$ と Ca に富む）とオンファス輝石の総量が75体積%以上（それぞれ5体積%以上）から構成される変成岩をいう．ざくろ石とオンファス輝石がそれに満たない場合はエクロジャイトとよべない．そのかわりエクロジャイト質藍閃石片岩やエクロジャイト質藍閃石岩など，接頭辞としてほかの岩石名にエクロジャイト相との関連を通知できる．藍閃石や鉄藍閃石を5体積%以上含む岩石は藍閃石片岩（あるいは青色片岩）とよぶ．さらに藍閃石質角閃石が75体積%以上では藍閃石岩とよぶ．コース石や変成ダイヤモンドを含むエクロジャイト相変成岩は，それらの圧力指標鉱物の安定条件下に達したことが自明であり，超高圧変成岩として低温高圧変成岩から区別できる．超高圧を岩石名の接頭辞として用いることもある（例えば，超高圧エクロジャイト）．中圧型・高温低圧型に特徴的な塩基性変成岩として緑色片岩，角閃岩，グラニュライトがある．緑色片岩は「緑れん石を含むアクチノ閃石-緑泥石片岩」と同義である．角閃岩は角閃石（広義のホルンブレンド）と斜長石の総量が75体積%以上（角閃石は30体積%以上），苦鉄質鉱物中の角閃石の割合が50体積%以上の岩石をいう．一方，グラニュライトは斜長石を含み，初生的な白雲母を欠き，主な Fe-Mg ケイ酸塩鉱物は水酸基を含まない．苦鉄質鉱物の総量30体積%を境に苦鉄質グラニュライトと珪長質グラニュライトに細分される．

同じ変成相でも，原岩組成に応じて系の

独立成分が変われば，安定な鉱物組み合わせが異なる．変成岩の原岩が塩基性組成でない場合，原岩組成の性質を反映したよび方種別が一般的であり，接頭辞として変成岩の名前を修飾する（例えば，泥質片岩，石英長石質片岩，珪長質片麻岩，苦鉄質片麻岩，超苦鉄質グラノフェルス）．また，大理石やカルクーケイ酸塩岩が炭酸塩岩や泥灰土を原岩とし，エメリー岩がラテライトを原岩とするように，いくつかの岩石名は特定の原岩を示す．アルミニウムとマグネシウムに富んだ全岩組成のエクロジャイト相の変成岩はしばしば白色片岩とよばれる．白色片岩は藍晶石-滑石-フェンジャイト片岩と同義である．

炭酸塩鉱物（特に，方解石，あられ石，ドロマイト）を 50 体積 % 以上含む変成岩は大理石とよばれる．炭酸塩鉱物の総量 95 体積 % を境に純粋な大理石と不純な大理石に区分される．方解石大理石，透輝石-グロシュラー大理石など卓越する炭酸塩鉱物種やほかの構成鉱物の情報を付加してもよい．また，炭酸塩鉱物を 5〜50 体積 % 含むケイ酸塩鉱物主体の変成岩を炭酸塩-ケイ酸塩岩（carbonate-silicate rock）とよび，炭酸塩鉱物 5 体積 % 未満でカルク-ケイ酸塩鉱物が主体の変成岩をカルク-ケイ酸塩岩（calc-silicate rock）とよぶ．

蛇紋石と炭酸塩鉱物（主として方解石，ドロマイト，マグネサイト）から構成される変成岩をオフィカーボネイト（ophicarbonate）とよぶ．この名前は蛇紋岩化の際に炭酸ガスと超苦鉄質岩が反応した可能性を暗示する．

接触変成岩の代表的な構成岩石の一つにホルンフェルスがある．主としてケイ酸塩鉱物と酸化鉱物から構成された緻密で硬い（破壊面は貝殻状断口を呈する）変成岩の総称である．これは原岩組成に依存せず，接触変成作用を前提とした名前である．

変成作用の過程で著しく元素が移動し，原岩の化学組成が大きく変化した岩石を交代変成岩とよぶ．交代作用は変成作用の一つであって，その過程で岩石が固相として存在することが前提となる．ケイ酸塩岩（あるいはケイ酸塩メルト）と炭酸塩岩が接することにより，炭酸塩岩が交代したものをスカルンとよぶ．蛇紋岩あるいは蛇紋岩化した超苦鉄質岩中の塩基性岩を原岩とした，カルシウムに富んだ交代変成岩をロジン岩とよぶ．低温高圧型の広域変成地域の蛇紋岩中にはしばしば，ひすい輝石岩，曹長石岩などナトリウムに富んだ交代岩が産する．

変成年代による変成岩の種別は存在しないが，超高圧変成岩や青色片岩・ひすい輝石岩の産出が原生代末から顕生代より若い造山帯に限定されること，超高温変成岩の産出が始生代〜原生代の造山帯に卓越することなど，変成岩の生成した時代によって特徴的な変成岩のグループ化はある程度可能である．

■**構成鉱物**

一つの変成地域において，全岩組成が同類の変成岩に特定の変成鉱物が最初に出現（あるいは消滅）する地点を結び地図上に線として表現したものを鉱物アイソグラッドとよぶ．鉱物アイソグラッドによって一つの変成地域をいくつかの地帯に区分することを変成分帯（あるいは鉱物分帯）とよぶ．例えば，中圧型の累進変成作用はバロウ型（Barrovian-type）という異称があり，泥質変成岩は変成温度の上昇に伴い，緑泥石帯，黒雲母帯，ざくろ石帯，十字石帯，藍晶石帯，珪線石帯という順序で変成分帯される．蛇紋岩の接触変成作用では変成温度の上昇に伴い，アンチゴライト，変成かんらん石，滑石，直閃石，直方（斜方）輝石の出現順で変成分帯が可能である．塩基性変成岩についての変成分帯は一般的ではないが，Ca-Al 含水珪酸塩鉱物（ローソン石，パンペリー石，緑れん石）の出現順や

ざくろ石，パラゴナイト，オンファス輝石の出現で変成分帯されることがある．泥質変成岩の変成分帯に着目すると，低温高圧型の累進変成帯では，ざくろ石帯が緑泥石帯と黒雲母帯の間に出現するという特徴があり，バロウ型の分帯とは異なっている．このことは，相律の自由度が高い単一鉱物の出現消滅関係は絶対的な温度指標としては不十分であることを意味している．

その一方で，累進変成作用の圧力型の目安となる変成鉱物やその共生関係として以下のものが知られている．低温高圧型（ひすい輝石-藍閃石型）の広域変成地域では，ローソン石，カルフォ石，ひすい輝石・オンファス輝石，藍閃石，Si に富むフェンジャイト，あられ石などが，単独で低温高圧型変成作用を特徴づける．加えて，滑石＋フェンジャイト，ドロマイト＋フェンジャイト＋石英，滑石＋藍晶石などの鉱物共生も低温高圧型変成作用を特徴づける．また，コース石とダイヤモンドは超高圧変成作用を認定する重要な指標である．超高圧変成帯ではマトリクスの構成鉱物が片麻岩や角閃岩に相当するものであっても，コース石やダイヤモンドが残晶（または仮像）として保存されていることがある．そのような場合，超高圧鉱物が存在したことを根拠に超高圧変成岩と記述される場合がある．中圧型変成作用（藍晶石-珪線石型）の代表的鉱物共生は，十字石＋黒雲母＋藍晶石＋白雲母，十字石＋黒雲母＋珪線石＋ざくろ石，斜長石＋ホルンブレンド（広義）＋ざくろ石，斜長石＋普通輝石＋ざくろ石，斜長石＋普通輝石＋直方（斜方）輝石＋スピネルなどである．高温低圧型変成作用（紅柱石-珪線石型）では，紅柱石，菫青石が単独で低圧の指標となりうる．また，石英＋スピネル，サフィリン＋石英，直方（斜方）輝石＋珪線石＋石英などの鉱物共生は，超高温変成岩の指標となる．

■温度・圧力条件

変成作用は続成作用から連続するため，その境界温度は明瞭ではない．しかし，沸石族が出現し始める 150 ± 50℃ の温度条件が変成作用の低温限界と考えられている．水に飽和した地殻物質起源の変成岩は一般に $650 \sim 850$℃ をこえると部分溶融しはじめる．部分溶融した状態で固化した岩石はミグマタイトとよばれる．ミグマタイトは変成岩からなる部分と花崗岩質の部分が肉眼的スケールで混在した岩石といえる．地殻物質起源の変成岩が無水固相線以上（約 1000℃ 以上）の温度で部分溶融し，その溶融メルトが抜けきった溶残物質が超高温変成岩に相当する．超高温変成岩の温度は 1150℃ に達することがある．

変成作用の低圧限界は火山溶岩流が地表と接する 0.1 MPa と定めることができる．衝撃変成を除けば，変成圧力は地表からの深さに依存する．地殻物質起源の広域変成岩でコース石やダイヤモンドが安定な圧力条件を経験したものが超高圧変成岩である．超高圧変成岩には圧力が $3000 \sim 6000$ MPa に達するものが知られている．温度圧力図において，0℃・0.1 MPa から伸びる傾き 5 MPa/℃ の線よりも低温高圧側の温度圧力条件を示す変成岩は未だ地表では得られておらず禁制帯（forbidden zone）とよばれる．

変成度を変成温度の変化に応じて 5 段階（超低＜低＜中＜高＜超高）に相対区分しようとの提案もあるが，ほとんど意味をもたない．例えば，前述のように超高圧と超高温の下限の定義は岩石学的には明確であるが，超低変成度と低変成度の境界は不明瞭である．後者を準緑色片岩相と緑色片岩相の境界で区分する案や石炭のビトリナイト反射率 $4.0 \sim 5.0$％ をもって区分する案がある．

変成岩の温度圧力条件を推定するため，これまでに固溶体鉱物の組成共生関

係を利用したさまざまな地質温度圧力計（geothermobarometry）が確立・提案され，また改良がなされてきた．地質温度圧力計は，交換反応における元素分配（単斜輝石-直方（斜方）輝石，ざくろ石-単斜輝石，ざくろ石-直方（斜方）輝石，ざくろ石-黒雲母，かんらん石-スピネルなど），固溶体の不混和間隙（斜長石-アルカリ長石，方解石-ドロマイト，ひすい輝石-オンファス輝石-普通輝石など），鉱物増減反応（ざくろ石-斜長石-アルミノケイ酸塩，ざくろ石-単斜輝石-フェンジャイトなど）を利用したものが多い．同位体交換反応（酸素同位体など），微量元素分配（ルチル中のジルコニウム含有量など），結晶化度（イライトや炭質物など），流体包有物（均質化温度）を利用した温度計も存在する．一般に交換反応や不混和間隙は温度計にむき，鉱物増減反応のような固体-固体反応は圧力計にむいている．交換反応における元素分配は温度計だけでなく，変成分帯や同じ鉱物組合わせをもつ岩石のタイプ分けに利用されることもある．

一般に地質温度圧力計の確度と精度は，おのおのの地質圧力温度計の固有事情（相平衡実験，補正，外挿などにかかわる不確定性）に加えて，地質温度圧力計を適用する側の鉱物組成の分析誤差（比較分析に用いる標準物質の組成誤差も含む），分析の空間分解能，二価鉄/三価鉄比の定量（あるいは推定）誤差，変成岩冷却時の元素拡散や非平衡による不適鉱物ペアの適用など，さまざまな誤差伝搬要因をもつ．地質圧力温度計の適応には，まず，どれくらいの精度で温度圧力条件を議論したいかを明確にし，得られた温度圧力も誤差付きで提示されるべきである．また，精度よりもむしろ確度の高い地質温度圧力計の適用が推奨される．

近年，変成鉱物の内部整合性をもつ熱力学定数データベースを利用した温度圧力シュードセクションとよばれる相平衡状態図が変成条件やP-T履歴の推定に応用されるようになった．シュードセクションの計算は全岩組成のマスバランスの式と熱力学方程式を組み合わせて，岩石中に安定な鉱物組合わせ・量比・組成を予測する順方向モデリングである．しかし，この手法は計算に用いるデータベースに収められた固溶体鉱物端成分の熱力学定数と造岩鉱物の固溶体モデルの不確定要素が計算結果の信用性を大きく左右する．さらに，変成過程における水の取り扱いや，特に低温の変成岩では，造岩鉱物の組成累帯構造形成時の非平衡成長と元素拡散過程，準安定相，全岩組成の定義など，さまざまな問題が無視される．予察を目的とした手法でとしては画期的であるが，定量的な変成条件やP-T履歴の推定には問題があり，一般に地質温度圧力計のほうがより確度が高い．

〔小山内康人・平島崇男・辻森　樹〕

●文献

1) 坂野昇平・鳥海光弘・小畑正明・西山忠男（2000）岩石形成のダイナミクス．東京大学出版会．pp.304.
2) D. Fettes and J. Desmons (2007) Metamorphic Rocks : A Classification and Glossary of Terms. Cambridge University Press, pp. 256.
3) 都城秋穂（2004）変成作用．岩波書店．pp. 256.
4) 中島 隆・高木秀雄・石井和彦・竹下 徹（2004）変成・変形作用．共立出版．pp. 194.
5) 周藤賢治・小山内康人（2002）岩石学概論〈上〉記載岩石学：岩石学のための情報収集マニュアル．共立出版．pp. 272.

057 広域変成岩
Regional metamorphic rocks

分布域が広域（通常，帯状で側方に数十 km から数千 km に及ぶ）にわたる変成岩を指す．変形や再結晶によって組織が大きく改変され，原岩の岩石種を特定することが困難な場合も少なくないが，交代作用の著しい場合を除くと，全岩化学組成はあまり改変されないと考えられている．そのため，通常，広域変成岩は全岩化学組成と岩石組織を基準に分類されている．全岩化学組成の違いから，泥質，石英長石質，珪質，石灰質，苦鉄質（塩基性）～中性，超苦鉄質などに分類される（表1）．また，岩石組織は変成温度の上昇につれて変化し，スレート（粘板岩）(slate)，千枚岩 (phyllite)，片岩 (schist)，片麻岩 (gneiss)，グラニュライト (granulite)，ミグマタイト (migmatite) などに分類される．

広域変成岩の構成鉱物は，全岩の化学組成によって異なる．表1に全岩化学組成と代表的な変成鉱物をあげる．構成鉱物の多くは全岩化学組成を反映しており，例えば Al, K に富む泥質岩には，Al や K に富む雲母やアルミノケイ酸塩鉱物が産し，Ca や Mg に富む苦鉄質岩には，Ca に富む緑れん石や角閃石が産する傾向がある．

一方，同一の全岩化学組成であっても変成温度や圧力が異なると構成鉱物も異なる．一般に，低温では結晶内に構造的に結合した揮発性成分を大量に含む鉱物（雲母，緑泥石，角閃石，炭酸塩鉱物）が多産する．温度の上昇によって脱ガスが進み，高温になるに従って段階的に揮発性成分を含まない鉱物へと変化していく．そのため広域変成岩の分布地域に特定の熱源が認識されなくとも，特定の鉱物の出現する地域を識別すること（変成分帯）によって，温度上昇の地理的方向を特定することができる．

広域変成岩を形成する広域変成作用 (regional metamorphism) は大きく3つに分類される．造山変成作用 (orogenic metamorphism)，埋没変成作用 (burial metamorphism)，および大洋底変成作用 (ocean-floor metamorphism) である．

■ 造山変成作用

多くの変成岩研究はこの造山変成作用に集中しており，広域変成作用という語はしばしば造山変成作用と同義に用いられる．造山変成作用はプレートの収束域に発達する造山帯における重要な地質現象である．

造山変成作用の主要な要因は，プレートの収束に伴う熱的擾乱，圧力変化，偏差応力である．接触変成作用とは特に後者2つが異なることを強調する意味で，動力熱変成作用 (dynamo-thermal metamorphism) とよぶこともある．これ

表1 広域変成岩の全岩化学組成に基づく分類と代表的な造岩鉱物

分類		普通にみられる鉱物
泥質	(pelitic)	石英，白雲母，黒雲母，緑泥石，長石，ざくろ石，十字石，菫青石，アルミノケイ酸塩（藍晶石，珪線石，紅柱石）
苦鉄質（塩基性）	(mafic, basic)	緑泥石，緑簾石，角閃石，斜長石，輝石，ざくろ石
石英長石質	(quartzo-feldspathic)	石英，長石，雲母
珪質	(siliceous)	石英
石灰質	(calcareous)	方解石，ドロマイト，滑石，Ca ざくろ石，トレモライト，Ca 輝石，珪灰石
超苦鉄質	(ultramafic)	滑石，蛇紋石，Mg 角閃石，Mg 輝石，Mg かんらん石

ら3つの要因の程度は，収束するプレートによって大きな多様性を示し，島弧と海洋，大陸と海洋，大陸と大陸の収束域ごとに特徴的な変成条件や変成履歴をもつ．逆に過去の変成帯では，変成条件の特徴（変成相系列や温度圧力履歴など）から，変成作用を引き起こしたテクトニック背景を推定することができる．さらに，造山作用は同一地域に複数回生じることも多く，そのたびに収束するプレートの性質も変化しているため，多様性はさらに増加する．

造山帯は変成作用のみならずしばしば火成活動の活発な地域でもあり，多量のバソリスが時間的にも空間的にも近接して形成されている．このバソリスは通常，造山変成作用の最も高温の地域に分布する．この高温地域は単一のマグマ貫入による接触変成作用に比べるとはるかに広範囲におよぶ．このような変成岩形成とマグマ活動は共に一つの広域の熱的動力的な造山作用によって生じたものと考えられており，広域接触変成作用（regional contact metamorphism）とよばれている．

■埋没変成作用

埋没変成作用は堆積盆において順次上位に載る堆積物による圧密によって生じる．深さとともに温度と圧力が上昇するので，温度と圧力の両方が変成作用の主要な要因になるが，熱の擾乱や差応力場は一般的には発生しない．変成作用はほぼ安定した地温勾配に沿って生じ，できた岩石は再結晶の温度が低いことと変形組織を欠くことで特徴づけられる．

埋没変成作用は続成作用と連続する．さらに深いところでは造山変成帯の低変成度地域にみられる鉱物も産する．かつては造山変成作用も定常的な地温勾配に起因させ，埋没変成作用と造山変成作用とは連続のものとしていた．しかし，現在は両者の形成場は異なると考えられている．すなわち，現在埋没変成作用の進行している主要地域は，ベンガル湾やメキシコ湾という非活動的な大陸縁辺域であり，活動的なプレート収束部ではない．ただし，プレート収束部に運ばれた海洋底堆積物も厚いところでは埋没変成作用を受けているので，それがさらに造山変成作用を被った場合，両者を識別することは困難であろう．

■海洋底変成作用

海洋底変成作用は Miyashiro et al.[1] によって，海嶺拡大軸で海洋地殻が受ける変成作用として導入された．したがって形成場は，プレート発散境界ということになるが，熱水活動の活発な地域であればプレートのすれ違う境界やプルームの上昇場でも起こるであろう．1960年代以前は，このような変成作用は知られていなかった．しかし60年代，70年代の海底断裂帯，断層崖での深海底ドレッジによって，大量の緑色岩，角閃岩が典型的な海洋玄武岩とともに発見された．これらの変成岩は海洋玄武岩が比較的低圧で広い温度範囲で変成したものである．また，海洋玄武岩に比べCa, Si に乏しく，Mg, Na に富んでいる．このことは高温の海水による海洋玄武岩の熱水変質を意味する．

海嶺では新しい地殻が連続的に生成されると同時に，高い熱流量と海嶺に沿って生じる流体の循環によって海洋底変成作用が生じる．こうして形成された変成岩はプレートの動きに伴って，広範囲に分布することとなる．つまり，分布は広いが形成場は海嶺などに限られている．

未解明な点も多く，海洋地殻のうち変成作用を被った割合，熱水の化学的，熱的特徴および海洋底での鉱床形成など，研究が待たれる． 〔池田　剛・廣井美邦〕

●文献
1) A. Miyashiro, F. Shido and M. Ewing (1971) *Phl. Trans. Royal Soc. London*, **A268**, 589-603.

058
接触変成岩
Contact metamorphic rock

■定義

　高温のマグマが主に堆積岩・火山岩など地表付近でできた岩石類に貫入・固結する過程で放出される熱によって，貫入された岩石が鉱物組み合わせを変化させてできる変成岩．接触変成岩の形成メカニズムが接触変成作用．マグマの熱が駆動力であるため，熱変成岩／熱変成作用ともよばれる．接触変成岩の分布範囲が接触変成帯で，典型的には広域的地質構造に不調和に貫入した深成岩体を取り巻く，細い帯状をなす（図1）．この分布は，変成作用の駆動力であるマグマの熱が主として熱伝導でもたらされることを示唆している．貫入岩体周囲に地層間隙水などによる対流系が形成され，また，マグマ起源流体が周囲の壁岩に放出されて熱輸送を行う場合もある．この場合は，流体と岩石の地球化学的相互作用による化学成分の移動が著しく，交代作用／変質作用として認識されることが多い（例：四国中西部地域の中新世ホルンフェルス[1,2]；葛根田地熱地帯[3]）．

■接触変成岩の組織と鉱物

　泥質岩や苦鉄質岩を原岩とする接触変成岩は，一般に塊状均質組織をもつ細粒の完晶質岩をなす（ホルンフェルス）．接触変成作用はマグマの潜熱によるため，継続時間は広域変成岩よりも短く，粒成長の時間も短いと考えられる．このため接触変成岩は，概して細粒である．ただし，石灰岩は粗粒化した結晶質石灰岩となることが多い．特定の鉱物が大きく成長し（斑状変晶；porphyroblast），斑状組織の変成岩となることもある．また，接触変成帯には，黒雲母スレートのような片状岩や，広域変成帯の片麻岩に似た粗粒・縞状の岩石も存在する．接触変成岩の構成鉱物には，紅柱石，菫青石，Ca斜長石と共存するアクチノ閃石など低圧条件を示すものが広く認められる．高温の接触変成岩では，泥質岩に斜方輝石，苦鉄質岩に普通輝石が生じることもある．小規模な玄武岩岩脈に接する壁岩

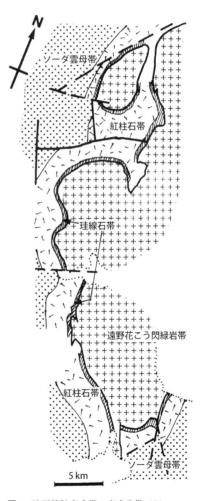

図1　遠野接触変成帯の変成分帯（Okuyama-Kusunose[4]を簡略化）

や，火山岩中の捕獲岩など，ごく短時間にきわめて高い温度に曝された場合には，小規模な部分溶融も起きる(パイロ変成作用：pyrometamorphism)．

■接触変成岩の変成条件

接触変成帯では，熱源である深成岩体からの距離に依存して変成温度（変成度）も変化する．岩石学的変化は，特に泥質接触変成岩で著しい．接触変成岩に対しても，相解析など，広域変成岩と同様の研究手法が適用できる．例えば，北上山地の遠野接触変成帯は，泥質変成岩の Al_2SiO_5 鉱物の生成と安定関係に基づき，3帯に変成分帯されている（図1）．Al_2SiO_5 鉱物と共存する苦鉄質鉱物も，系統的に変化している[4]．

接触変成帯の圧力条件は，基本的に熱源の火成貫入岩体の定置深度で決まる．地殻内では，マグマは周囲の岩石との密度差を駆動力に上昇し，釣り合った位置で定置すると考えられている．したがって，高密度で地殻下部に定置する苦鉄質深成岩体は，花崗質岩体と比較してより高圧の接触変成帯を形成する傾向がある．Al_2SiO_5 鉱物で比較すると，花崗質岩体に伴われる接触変成帯では低圧相である紅柱石の出現が最も普通であり，高温側では珪線石が安定となる．一方，スペインのRondaかんらん岩体やアイルランドのArdara閃緑岩体の接触変成帯では，高圧相である藍晶石が産出する．このような関係に基づいて，接触変成帯の相系列が提唱されている[5]．

■高温型広域変成帯と接触変成帯の関係

高温型広域変成帯での接触変成作用は，一般に上昇・冷却過程に貫入した非調和的深成岩体の周囲の後退的接触変成帯として認識されることが多い．一方で，高温型広域変成作用と接触変成作用では，変成鉱物組み合わせが類似し，地質学的には火成貫入岩体が存在する点も共通する．前者の熱源を広域的な深成岩体と仮定し，熱構造を解析した研究もある（例；柳井領家帯[6]）．このような視点からの研究は，高温型広域変成帯の形成メカニズムと地殻内熱移動現象を解明するために，今後さらに必要とされるであろう．〔奥山康子・榊原正幸〕

● 文献
1) M. Sakakibara and Y. Isono (1996) Contrib. Mineral. Petrol., **125**, 341-358.
2) 磯野陽子，榊原正幸, Cartwright, I., 高橋美千代 (1997) 地質学雑誌, **103**, 47-66.
3) 玉生志郎，藤本光一郎 (2000) 地質調査所報告, **284**, 133-164.
4) Y. Okuyama-Kusunose (1994) J. Metamorphic Geol., **12**, 153-168.
5) D.R.M. Pattison and R.J. Tracy (1991) Phase equilibria and thermobarometry of metapelites. In：Contact Metamorphism (Kerrick, D.M., Ed.), Reviews in Mineralogy, Min. Soc. Amer., **26**, 103-206.
6) T. Okudaira (1996) Island Arc, **5**, 373-385.

059 超高温変成岩と超高圧変成岩
Ultrahigh-temperature and ultrahigh-pressure metamorphic rocks

　超高温変成岩と超高圧変成岩は希な岩石であるが，現在世界の約90地域より報告がある（図1）．これらの岩石は，それぞれ非常に高温もしくは高圧条件下で変成作用を被った岩石であるとともに，平均的な地殻の地温勾配よりもきわめて高いもしくは低い温度圧力勾配で特徴づけられる（図2）．ここでは，超高温変成岩と超高圧変成岩に分けて解説する．

■超高温変成岩
　超高温変成岩は，きわめて高温（900℃以上[1]）のグラニュライト相条件下で形成された岩石をいう．これまで，世界各地の約60地域から報告されており，その多くが5億年以前に形成された変成帯・変成岩体である[2]．

　超高温変成岩は，サフィリン＋石英，スピネル＋石英，直方（斜方）輝石＋珪線石＋石英などの特徴的な鉱物共生（図3）および大隅石やきわめて高い Al 含有量をしめす直方（斜方）輝石，メソパーサイトの存在などで定義される場合がほとんどである．しかしながら，これらの鉱物共生の存在は，主に比較的 Al 富む泥質変成岩中に限られるため，苦鉄質岩，石灰珪質岩，炭酸塩岩を原岩とする変成岩から超高温変成作用の証拠を見いだすことは一般に困難である．また，苦鉄質変成岩は，グラニュラ

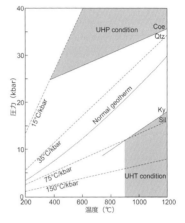

図2　超高温変成岩（UHT）と超高圧変成岩（UHP）の温度・圧力条件．Kelsey and Hand[6] に加筆．

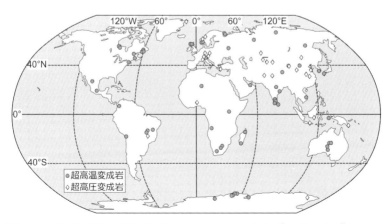

図1　世界の超高温変成岩と超高圧変成岩の分布．Kelsey and Hand[6] と Liou et al.[7] に基づく．

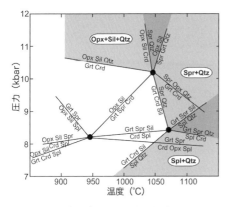

図3 FMAS岩石成因グリッドにおけるサフィリン（Spr）＋石英（Qtz），スピネル（Spl）＋石英（Qtz），直方（斜方）輝石（Opx）＋珪線石（Sil）＋石英（Qtz）の安定領域.

イト相〜超高温変成条件下において構成鉱物が変化せず（主に，直方（斜方）輝石＋単斜輝石＋斜長石±ざくろ石±石英），変成石灰珪質岩や変成炭酸塩岩は，構成鉱物がCO_2分圧に大きく依存する．したがって，これらの変成岩からは，輝石などに認められる離溶ラメラの復元と地質温度計の適応，シュードセクションなどの熱力学的解析，安定同位体交換温度計などを用いて超高温変成条件を推定する場合が多い．

超高温変成岩の形成テクトニクスに関しては，さまざまな仮説があるものの現在のところ明確ではない[3]．最大の問題点は，きわめて高い地温勾配（>75℃/kbar）にあり，地下約25〜45 kmという比較的浅所において，1000℃程度の非常に高温の広域変成条件を確保しなければならないことである．これに加え，超高温変成岩体の年代が24億〜27億年前，18億〜21億年前，9億〜11億年前，5億〜6.5億年前に集中することやマントル捕獲岩としても超高温変成岩が産することなどから，現在下部地殻からアセノスフェアまでを含めた超高温変成岩の成因に関する検討が進められてい

る．

■超高圧変成岩

超高圧変成岩は，上部マントルの深さ80〜120 km以上に相当する圧力条件下で形成された岩石をいう．1984年に西アルプスのドラマイラ岩体のパイロープ石英片岩とノルウェー・西海岸片麻岩地域のエクロジャイトのざくろ石やオンファス輝石中の包有物としてコース石が，1990年に旧ソ連邦のカザフスタンのコクチェタフ岩体の片麻岩のジルコン中の包有物としてマイクロダイヤモンドが見いだされたことによって命名された[4]．これらの岩石は地殻起源の岩石であるため，超高圧変成岩の発見によって密度の小さな地殻物質でもマントル深度まで沈み込むことが実証された．

これまでに，世界各地の約30地域から報告されており，その多くはエクロジャイトを伴う原生代後期（640〜620 Ma）から新生代の大陸衝突型造山帯から見いだされているが，パプアニューギニアの東部の島から2〜3 Maの変成年代を示す世界で最も若い超高圧変成岩が見いだされたため，今後も世界各地から新たに見いだされる可能性がある[5]．

超高圧変成岩の指標鉱物の代表例はコース石とマイクロダイヤモンドであるが，他にはひすい輝石＋藍晶石，ひすい輝石＋滑石，マグネサイト＋エンスタタイトなどの特徴的な鉱物組み合わせ，および，直方（斜方）輝石中のAl含有量，単斜輝石中のCaエスコラ輝石成分やK含有量，ざくろ石中のNaやPのような微量成分が指標に用いられることもある．輝石を離溶組織として含むざくろ石では，ラメラを析出する前の母相の組成をメージョライトとして復元し，超高圧変成条件が見積ることができる．しかし，この手法を適用するためには現在観察される組織が母相から等化学的な反応で形成されたことを保証することが求められる．

苦鉄質の超高圧変成岩(エクロジャイト)の変成条件の推定には単斜輝石ーざくろ石ーシリカ圧力計や単斜輝石ーざくろ石ー白雲母圧力計と単斜輝石ーざくろ石温度計を組合せた手法が有効である．直方(斜方)輝石とざくろ石を含むかんらん岩の場合はより多くの地質温度計圧力計が適用可能であり，鉱物微細組織を丹念に解析すると，一つの岩石から複数回の化学平衡条件を解読することも可能である．上記の地質温度圧力計の適用が困難な泥質変成岩の場合，近年シュードセクション法が用いられている．

　超高圧変成岩はノルウェー・西海岸片麻岩地域や中国東部の大別山-蘇魯超高圧変成帯のように延長方向に100 kmを越える地域に分布する例と，西アルプス・ドラマイラ岩体やLago di Chignana地域のように延長方向が10 km以下で層厚が1 kmにも満たない薄いナップ中にのみ認められる例が知られている．最高圧力時以降，前者の超高圧変成岩はほぼ等温減圧的な上昇履歴を示すが，後者は冷却を伴う減圧上昇履歴を示す[4]．両地域の超高圧変成岩の初期の上昇速度は30〜40 cm/yearと見積もら

れているが，このような上昇履歴の違いは超高圧変成岩帯のサイズに大きく関連している．

〔平島崇男・中野伸彦・小山内康人〕

●文献
1) S. L. Harley (1998) On the occurrence and characterization of ultrahigh-temperature crustal metamorphism. In：What Drives Metamorphism and Metamorphic Reaction? (Treloar, P. J. and O'Brien, P. J. eds.), pp. 288, Geological Society of London, Special Publication, 138, 81-107.
2) M. Brown (2007) *International Geology Review*, 49, 193-234.
3) D. E. Kelsey (2008) *Gondwana Research*, 13, 1-29.
4) D. A. Carswell and R. Compagnoni (2003) Ultrahigh pressure Metamorphism, European Mineralogical Union Notes in Mineralogy, Vol. 5.
5) L. E. Dobrzhinetskaya, S. W. Faryad, S. Wallis and S. Cuthbert (2011) Ultrahigh-Pressure Metamorphism, 25 Years after the Discovery of Coesite and Diamond. Elsevier.
6) D. E. Kelsey and M. Hand (2014) *Geoscience Frontiers*, 6, 311-356.
7) J. G. Liou, T. Tsujimori, R. Y. Zhang, I. Katayama and S. Maruyama (2004) *International Geology Review*, 46, 1-27.

060 岩石に残された溶融組織
Textural evidence indicating melting

マグマが冷却し固結すると岩石（火成岩）になることから，岩石が高温になると溶融することは自明である．しかし地下の高温高圧条件下におかれた岩石（変成岩）が溶融していたかどうかの判定は必ずしも容易ではなく，古くから論争の種になっていた．

■溶融の組織・構造

古典的な岩石の溶融組織（構造）はミグマタイト（migmatite）とよばれる岩石にみられる状態で，溶融液と溶け残った固相（岩石および鉱物）との不均質な混合状態を反映したものと考えられる（図1a-1, 2）．また片麻岩の縞状構造やそれに不調和的な石英長石質脈の形成にも溶融液の関与があった可能性がある（例えば，周藤・小山内[1]）．高温の変成岩が溶融したことを示唆する鉱物組織の一つに，自形性（euhedralism）がある．ただし，クロリトイドやざくろ石などは比較的低温の変成岩中に自形結晶として出現するため信頼できる指標にはならないが，火山岩中での産状などから，石英や長石が自形性を示す場合には自由空間（溶融液中）で成長したことを示すよい指標になると考えられる．最近になって，溶融したことの「直接的な」証拠がミグマタイトやグラニュライト（granulite）のような高温高圧変成岩から報告されるようになった．それは鉱物中に閉じ込められた花崗岩質の溶融液包有物（melt inclusion）の固結したもので，微細な多種鉱物の集合体（岩石）状態からガラス状態のものまである（例えば，Cesare et al.[2]）．多種鉱物の集合体は等粒状組織の「ナノ花崗岩」[2]と火山岩に類似した斑状組織と急冷組織とで特徴づけられる「珪長岩包有物」[3]がある．特に後者は，自形性の強い斑晶鉱物と骸晶〜樹枝状結晶〜球晶で特徴づけられる急冷組織の石基で構成されている（図1b-d）．これらの花崗岩質溶融液の急冷組織は天然の火成岩にみられるだけでなく，実験的にも再現されている．

■溶融のメカニズムと反応

ソリダス以上の高温になると岩石は溶融するが，それはH_2Oの有無や量，岩石を構成する鉱物の組合せや量比などの要因によって大きく変化する．

H_2Oの効果

H_2Oは最も大きな効果をもつ．極端な場合として，H_2O流体も含水鉱物もまったく含まない「完全にドライな場合」とリキダスを超えてもH_2O流体が存在するような「H_2Oに過飽和な場合」とがあるが，両者の間では溶融開始温度に数百℃の差がある（図2a）．この両極端の中間には，H_2O流体は存在しないが含水鉱物が含まれる場合，H_2O流体が溶融前には存在するが溶融後には消失する場合，CO_2やCH_4などによってH_2Oの活動度が低下している場合などがあり，天然の岩石ではこのような中間的な場合が多いと考えられる．もし外部から高温変成岩中にH_2O流体が浸透してくると，その通路に沿って溶融が進むことになるが，結果からH_2O流体が浸透したのか溶融液が侵入したのかの区別は困難な場合が多い．ただし，高温高圧条件になるほどH_2O流体とH_2Oに富む溶融液との間の不混和領域が狭まり，連続的になるため，この区別は無用になる．また，浸透してくる流体と岩石中に存在する流体の一方が酸化的なCO_2流体で他方が還元的なCH_4流体の場合，混合することによって石墨とともにH_2O流体が生成され，それによって溶融が促進される可能性もある．H_2O流体に含まれるアルカリやハロゲン元素の効果も重大である．

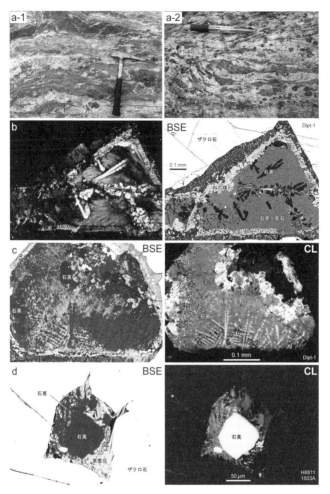

図1 高温高圧変成岩の溶融組織.a-1は南インド,a-2はスリランカ中央部に産出するミグマタイトの露頭写真,b〜dはスリランカ産の泥質グラニュライト中のざくろ石中の「珪長岩包有物」の偏光顕微鏡写真(直交ニコル),反射電子線像(BSE)および走査電顕カソードルミネッセンス像(CL).ミグマタイトは溶け残り物質と花崗岩質溶融液との不均質な混在状態を反映している.「珪長岩包有物」はざくろ石中に取り込まれた花こう岩質溶融液が過冷却状態になり,石英や長石,直方(斜方)輝石などが骸晶〜樹枝状結晶〜球晶として晶出したものである.その中に自形の石英斑晶が出現することもある(d).

鉱物の組合せと量比の効果,特に含水鉱物の重要性

岩石中で共存する異種の鉱物が共融関係を形成すると溶融温度は大きく低下する.泥質や石英長石質の変成岩では,まず石英と他の鉱物との接触部で溶融が進むことが実験的に明らかにされており,天然の岩石でもそれに類似した組織が観察される.近年,特に含水鉱物が重視されるようになった(例えば,Lambert et al.[4];Johannes and Holtz[5]).泥質や石英長石質の変成岩では白雲母と黒雲母,塩基性ないし中性岩および石灰珪質の変成岩では角閃石と緑れん石が重要である.図2に,一例として白雲母の効果を示すために K_2O-Al_2O_3-SiO_2-H_2O 系の状態図を示した.図2aの温度-

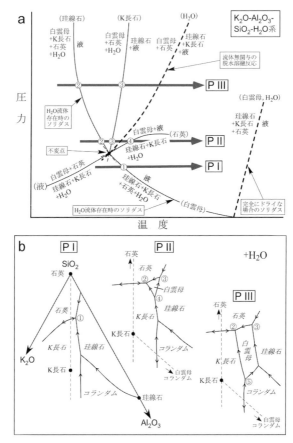

図2 K_2O-Al_2O_3-SiO_2-H_2O 系の相平衡図(Lambert et al.[4] を改変).aは温度-圧力図,bは H_2O に過飽和な場合のリキダス図.aの①~④はbの①~④に対応する.bの①と②は共融点,③は包晶点あるいは反応点と呼ばれ,④と⑤は分流点(distribution point)と呼ばれる.

圧力図からは次の点が指摘される：(1) 含水鉱物が溶融反応に直接関与するのは不変点よりも高圧条件下である，(2) ソリダスの反応は①や②の共融反応（降温の場合は共晶反応）である，(3) それより高温では③のような非調和溶融反応（降温の場合は包晶反応）が進む，(4) さらに高温では「流体無関与の脱水溶融（vapor-absent dehydration melting）反応」が進む（図2aでは(H_2O)と表記された太い破線）．「流体無関与の脱水溶融反応」では，H_2O 流体が存在しなくても含水鉱物の分解によって放出される H_2O によって，「完全にドライな場合」に比べてずっと低温で溶融が進む．これらの基本的な関係は他の含水鉱物の場合も同様である．なお，図2aの単変反応線は図2bのリキダス図では定圧不変点として表示される．図2bからは高圧になるにしたがって含水鉱物の初相領域が拡大することがわかる．　〔廣井美邦〕

● 文献
1) 周藤賢治・小山内康人 (2002) 記載岩石学. pp. 272, 共立出版.
2) B. Cesare, S. Ferrero, E. Salvioli-Mariani, D. Pedron and A. Cavallo (2009) *Geology*, **37**, 627-630.
3) Y. Hiroi, A. Yanagi, M. Kato, T. Kobayashi, B. Prame, T. Hokada, M. Satish-Kumar, M. Ishikawa, T. Adachi, Y. Osanai, Y. Motoyoshi and K. Shiraishi (2014) *Gondwana Res.*, **25**, 226-234.
4) I. B. Lambert, J. K. Robertson and P. J. Wyllie (1969) *Amer. J. Sci.*, **267**, 609-626.
5) W. Johannes and F. Holtz (1996): Petrogenesis and Experimental Petrology of Granitic Rocks. pp. 335, Springer-Verlag.

061
岩石が変形する
Deformation of rocks

■ 分類

　岩石の変形は弾性変形，脆性変形，延性変形に区分できる．弾性変形は地震波の伝搬などのプロセスにおいて重要であるが，変形を引き起こす応力が解消されると岩石は元の形に戻るため，岩石にその変形の痕跡は残らない．脆性変形は比較的浅いところで卓越する破壊現象であり，延性変形は比較的深いところに卓越する．主要な脆性変形構造は断層（脆性剪断帯ともいう）であり，他に割れ目，節理があげられる．岩石が連続性を失わないで永久変形する現象を延性変形という．脆性変形と延性変形の遷移帯は一般的に数 km から 10 km 前後の深さにあるが，延性変形が起こりやすい条件として，高温，高圧力，低歪速度，H_2O の存在があげられる．これらの条件の変化によって脆性-延性変形遷移の深さも大きく変化する．延性変形によって形成される主要な岩石構造には面構造（スレート劈開，片理面など）や褶曲などがある．延性変形が集中する領域は延性剪断帯とよばれ，中・下部地殻に多く存在する．延性変形が可能な条件は鉱物によって大きく変わるので，岩石は全体として延性変形するにもかかわらず一部の鉱物は脆性変形を示す場合もある．

■ 変形メカニズム

脆性変形

　岩石の脆性変形は，岩石中には常に無数の微小割れ目が存在すると仮定することによって説明される．この微小割れ目は，提案者にちなんで「グリフィスき裂」(Griffith cracks)という．差応力の働く向きによって一部の割れ目の先端に応力集中が起こり，これらの割れ目は拡大し，やがて岩石の破壊に至る．流体の流入により，岩石の間隙水圧が上昇すると割れ目に働く有効垂直応力が低下し，粒子境界や割れ目においてすべりやすくなり，岩石の脆性変形を誘発することがある．

　脆性変形領域では，主要な変形メカニズムは摩擦すべりである．

摩擦すべり　断層における相対ずれは一つのすべり面に集中する場合と，岩片で構成されたカタクレーサイト帯における粉体流動（カタクラスティック流動）で起こる場合がある．断層がすべるのに必要な剪断応力 (τ) は垂直応力 (σ_n) に比例し，その比例定数を摩擦係数 (μ) という．多くの断層岩 $\mu = 0.6-0.85$ ということが変形実験によって示された．ただし，スメクタイトや他の粘土鉱物など摩擦の小さい鉱物粒子を多く含む断層岩において，μ は大きく減少する．

延性変形

　岩石の延性変形には5つの異なる変形メカニズムが関与する．

圧力溶解　上部地殻に分布する砕屑岩などを構成する粒子の間には間隙水が存在するため，粒子が実際に接している面積は小さい．応力が働くとこれらの接触領域で応力集中が起こり，多くの物質の溶解度は上がる．特に，最大応力方向に垂直な接触領域で溶解度が大きくなる．そこで溶解した物質は流体を通して圧力の小さいところ（最小応力方向）に移動し，沈殿する．このため，最大応力方向に垂直な接触領域には，溶けにくい物質が溶け残り，濃集される．このプロセスを圧力溶解あるいは溶解移動という．雲母や粘土鉱物の存在は溶解移動を促進する効果がある．溶解移動で変形した岩石の典型的な構造はスタイロライトであり，不規則ギザギザの形状をもつ溶解領域で，変形の進行に伴い圧力溶解劈開

という面構造にまで発展する．

変形双晶または機械的双晶　結晶が破壊することなく，屈曲・回転する現象またはそれによって形成された双晶である．しばしば，斜長石や方解石に認められる．くさび状・レンズ状を呈し，キンク褶曲として形成される．低歪または低温条件において主要な変形メカニズムとして生じる場合が多い．

転位すべりおよび転位クリープ　結晶内変形の一種である．実在の結晶は完全なものではなく，必ず欠陥（格子欠陥）を含む．格子欠陥は，点欠陥（空孔，格子間原子），線欠陥（転位），面欠陥（粒界）の3種類に分類できる．差応力が働いていると転位は結晶内を移動でき，移動した結果結晶の形状が変化する．転位は絨毯の皺に対比できる．皺を寄せることによって小さい力で絨毯全体を床の上を動かすことが可能である．これと同じように転位が結晶内を移動することによって欠陥のない完全結晶より小さい力で変形が可能となる．

拡散クリープ　拡散クリープは点欠陥の移動によって起こる．差応力が働くと引っ張り方向に空孔の密度は上昇し，圧縮方向との間に空孔密度勾配が生じる．密度を均等にするように拡散が起こり，空孔が移動する．これは逆方向の物質移動に等しいので，結果として結晶は変形する．物質の移動経路により，結晶内拡散と粒界拡散に区別できる．

粒界すべり　岩石を構成する粒子が接している境界にそってすべることもある．粒径が小さいと起こりやすい．粒界すべりによって粒子間に隙間が空き，その隙間を埋めるために，結晶の外縁の転位クリープによる変形や，拡散あるいは溶解移動のプロセスが必要となる．

■ **変形組織・変形岩**
　それぞれの変形メカニズムには特徴的な変形組織や変形岩が発達する．

脆性変形　断層帯形成により岩石は破断されるため，脆性断層岩（断層ガウジ，断層角礫，カタクレーサイト）をしばしば伴う．破砕岩片・鉱物片の大きさはフラクタル分布を示すが，摩擦熱による溶融がおきた場合，小さい粒子は優先的に消失する．脆性変形の結果である節理やリーデルシアーなどは特定の方位に並ぶ場合が多く，応力・微小歪解析に用いられる．

地震時の断層面に沿う高速すべり・摩擦発熱によって，断層面沿いの岩石が溶融し形成されたメルトが急冷し，ガラス質の暗色脈として固結することがある．この脈をシュードタキライトといい，地震の化石ともよばれている．

延性変形　延性変形により，岩体と岩石を構成する粒子は破断せずに形状を変える．粒子の形状から有限歪の主軸を推定できる．変形した岩石と鉱物の組織は変形条件と変形メカニズムによって大きく異なるが，以下に典型的なものを列挙する．

溶解移動：スタイロライト，プレッシャーシャドー（圧影），プレッシャーフリンジ．

転位クリープ：波動消光，亜粒界，強い結晶軸の選択配向．

拡散クリープ：強く変形しても波動消光や強い結晶軸選択配向は発達しない．

粒界すべり：拡散クリープと同様に，強く変形したのに波動消光や強い結晶軸選択配向は発達しない．拡散クリープと異なり，結晶粒子は比較的球形となる．

典型的な延性変形岩であるマイロナイトは延性剪断帯に形成される高歪の断層岩である．一般に，転位クリープや拡散クリープ，粒界すべりなどによって形成され，動的再結晶作用により未変形の岩石に比べて粒径が小さく，面構造・線構造が強くなる．

面構造の形成
　延性変形の結果である岩石の面構造は鉱物の配列で規定される．鉱物の配列は上記の5つの変形機構の他に，結晶の剛体回転

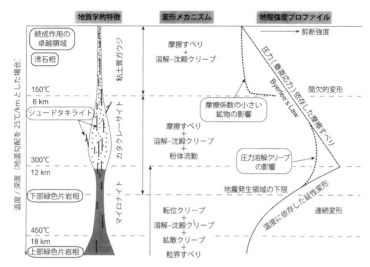

図1 断層の地質学的特徴・変形メカニズムの深さによる変化と地殻強度プロファイル（Scholtz[2]とFagereng and Toy[3]に加筆）．断層帯における摩擦は深さとともに増加し，一般的に摩擦は温度やすべり速度への依存性が低いとされる．ただし，高速摩擦（数ms^{-1}）を伴う温度上昇による流体膨張やメルト形成によりμが著しく減少することもある．また，流体圧の上昇により有効垂直応力が低下し，断層がすべりやすくなる．

と選択的成長により形成される．

■ **レオロジー（流動則）**

　岩石の変形を引き起こすのは応力（σ）（単位面積あたりの力）であり，その結果は歪（$=\varepsilon$）あるいは歪速度（$=\dot{\varepsilon}$）であるという考え方は一般的であるが，原因と結果は逆に考えることもできる．両者の関係を示すのは岩石のレオロジーである．レオロジーは岩石の化学組成や構成鉱物および主要変形メカニズムに依存する．圧力溶解なら歪速度と応力の関係はニュートン流体と同様に$\sigma \propto \dot{\varepsilon}$である．拡散クリープも同様な関係を示す．ただし，転位クリープの場合，$\sigma^n \propto \dot{\varepsilon}$（多くの場合$n=3-5$）の関係になる．また，拡散クリープのレオロジーは粒径依存性を示し，粒径が小さいほど拡散クリープによる歪速度は高い．

　岩石のレオロジーも温度依存性を示し，一般的に温度が高くなると指数関数的に岩石の強度は下がる．

　図1は大陸地殻を切る大規模な横ずれ断層の概念的な断面である．断層岩の地質学的な特徴と変形メカニズム，強度分布についてまとめてある．

〔S. R. Wallis・奥平敬元・豊島剛志〕

● **文献**

1) ケーズ・W. パスキエ，ルドルフ・A. J. トゥロウ（1999）マイクロテクトニクス—微細構造地質学，シュプリンガー・フェアラーク東京，pp. 277.
2) Scholtz CH (1988) *Geologische Rundschau*, **77**, 319-328.
3) Fagereng A. and Toy V. G. (2011) Geology of the earthquake source: an introduction. In: Geology of the Earthquake Source: A Volume in Honour of Rick Sibson. Geological Society of London, Special Publications 359, 1-16.

062
堆積物，堆積岩と鉱物
Sediments, sedimentary rocks and constituent rocks

堆積岩には，化学的に沈殿したり，生物遺骸が堆積して形成される化学的・生物的堆積岩のほかに，岩石が破砕されて砕屑物となり堆積した砕屑岩がある．ここでは後者の砕屑物とその固結した砕屑岩について扱う．

■起源物質

砕屑物はその起源となる岩石が風化作用や侵食作用をうけ，頑強な岩盤から岩塊や岩屑となって形成される．砕屑物は運搬作用を被っている間に，次第にその粒径を減ずる．砕屑物のうち1/16 mm以下を泥，1/16 mmから2 mmを砂，2 mmを越えるものを礫として区分されている．礫は起源の岩石の鉱物組み合わせや組織がそのまま保持されている場合が多く，起源物質を認定することが容易である．砂粒は細粒結晶からなる岩石を起源とする場合は，その組織を砂粒中に保持して岩石片（rock fragment）となっているため，砂粒からもその起源物質を識別することができる．しかし粗粒結晶からなる岩石を起源とする場合は，砂サイズの砕屑物は単結晶粒子になる．例えば，花崗岩起源の砂は，石英・斜長石・カリ長石粒子が卓越した砕屑物となる．

砕屑物や砕屑岩中の砕屑粒子の構成割合は，多くの場合その起源となった岩石を構成する鉱物割合とは同じにはならない．それは，砕屑物が形成されてから現在までに被ってきた，風化・侵食・運搬・堆積・続成作用などの一連の物理的・化学的作用に対して，岩石種や鉱物種によって，それに対する抵抗性が異なるからである．例えば緻密な結晶からなる火山岩やチャートなどと比較して，花崗岩などの粗粒結晶からなる岩石は容易に砂粒子になる．また同じ砂粒子でも比重が異なる場合，ある流速の流れでは比重が小さい石英は運搬されるが，比重が大きい角閃石は沈殿して堆積し，砕屑物中の構成粒子の含有割合は大きく異なってしまう．

石英は物理的・化学的抵抗性が高いため，砕屑物は風化・侵食・運搬・堆積作用を受ける時間が長いほど，石英粒子の含有量が増加する．砂漠や砂浜の砂が石英粒子に富むのはこのためである．砂・砂岩中の石英／（長石＋岩石片）比を組成的成熟度（compositional maturity）[1]という．

■続成作用・セメント

堆積した堆積物が物理的・化学的・生物的作用などを受け，固結し岩石に変化していく過程を続成作用（diagenesis）という．堆積直後の砕屑物は粒子間に間隙が多く存在し，また間隙水（pore water）に充填されている場合も多く，粒子間の結合がほとんどなく，未固結堆積物（unconsolidated sediments）となっている．上位に堆積物が堆積し，その荷重による粒子間隙の減少，鉱物の間隙水への溶解，間隙水からの鉱物の沈殿などを通して，粒子どうしが固定され岩石へと固結していく．このように粒子間隙を埋めた化学的沈殿物や再結晶鉱物をセメント（cement）という．その起源物質は周囲の粒子から溶出したものや流体移動で離れた場所から移動してきたものなどさまざまである．セメント物質としては石英や方解石が代表的鉱物である．

続成作用は100〜300℃程度までの条件下での作用を指し，それ以上の温度条件下では変成作用に漸移する．その境界温度は厳密には存在しない．続成作用の温度範囲では，イライト結晶度（illite crystallinity）やビトリナイト反射率（vitrinite reflectance）の増加や火山ガラ

スの沸石化(zeolitization)などが進行する．これらは相対的な埋没深度や温度の比較などに利用されている．

■重鉱物

鉱物のうち比重が2.85以上のものを重鉱物（heavy mineral）という．砕屑岩中の砕屑性重鉱物は，ある特定の岩石に産出が限定されているものが多く，その源岩種の推定に有効で，砕屑岩の後背地解析に利用されている．古くはジルコンなどの結晶系や形態を利用した研究もある．また分析機器の発達に伴い砕屑性重鉱物の化学組成や年代を利用した研究も行われている．岩石中の鉱物の化学組成は，岩石形成時の全岩化学組成・温度・圧力などの条件に密接に関係している．ざくろ石，スピネル，輝石などは，砕屑性鉱物の化学組成を測定することによって，源岩の種類の推定のみならず，より詳細な源岩の形成条件などを推定することができ，後背地解析によく利用されている．

砕屑性のジルコン，モナザイト，ゼノタイムなどの放射性元素を含む鉱物はその年代を測定することができる．これらの砕屑粒子の断面で二次元的に多数の測定点で年代測定を行うと年代の累帯構造を検出できる場合があり，そこから源岩の形成年代やその後の熱史を推定できる．また砕屑性粒子の年代は，化石を産せず，堆積時代が明らかでない堆積岩や変成岩の堆積年代の上限を求めることに有効である．

砕屑性重鉱物は石英や長石類とは比重が大きく異なるため，運搬・堆積作用時に石英や長石類とは異なった挙動をし，重鉱物濃集層を形成する場合がある．例えば金やウラン鉱物など比重が大きく化学的に安定な鉱物は砂礫層下部に濃集し，砂鉱床（placer deposit）を形成する．

■鳴砂

鳴砂は，砂浜や砂漠などに分布する砂の上を歩くとキュッキュッと鳴る砂のことである．鳴り砂，鳴き砂，泣き砂などと表記されることもあるが，2007年全国鳴き砂（鳴り砂）ネットワークにより鳴砂と統一表記が決定された．国内では，琴ヶ浜（島根県），琴引浜（京都府），琴ヶ浜（石川県）などがある．

鳴砂は石英粒子が65%以上含んでいるものが多い．砂が鳴るためには砂粒表面に汚れがなく，粒度の範囲は限られており，均一な組成であることが必要である．音の発生は砂粒の表面摩擦による砂層の振動によると考えられているが，その詳細なメカニズムについては未詳である．海洋汚染により粒子表面に汚れがついた場合や海岸工事などにより粒度や構成成分に変化があると鳴らなくなる． 〔竹内　誠〕

●文献

1) F. J. Pettijohn (1975) Sedimentary Rocks, 3rd ed. pp.628, Happer & Row.

063 炭酸塩堆積物と炭酸塩鉱物
Carbonate sediment and carbonate minerals

　炭酸塩堆積物,ならびにそれが固結した炭酸塩岩は,構成鉱物の50重量%以上を炭酸塩鉱物が占める堆積物(堆積岩)であり,堆積岩全体の1/5以上を占め,地球表層での最大の炭素リザーバーをなす.炭酸塩岩の中で最も代表的な岩石は石灰岩と苦灰岩であり,石灰,セメントの原料,製鉄における耐炉材,苦土肥料,あるいは骨材として利用されており,炭化水素鉱床の貯留岩としても重要である.また炭酸塩鉱物の中には,菱マンガン鉱のように非鉄金属資源としてかつて利用されていたものもある.

■炭酸塩鉱物

　炭酸塩鉱物は,二価の金属イオンと炭酸イオンが結合した鉱物であり,金属イオンの違いにより多様な鉱物種が知られている(表1).熱水から析出したり,接触変成作用によるスカルン鉱床中に産するものもあるが,多くは堆積物の構成鉱物である.炭酸塩堆積物は,主として方解石(calcite),

表1　主な炭酸塩鉱物

鉱物名	和名	化学式	比重	結晶系
Calcite	方解石	$CaCO_3$	2.71	三方晶系
Aragonite	あられ石	$CaCO_3$	2.93	直方晶系
Vaterite	ファーテル石	$CaCO_3$	2.54	六方晶系
Monohydrocalcite	モノハイドロカルサイト	$CaCO_3 \cdot H_2O$	2.43	六方晶系
Ikaite	イカイト	$CaCO_3 \cdot 6H_2O$	1.77	単斜晶系
Magnesite	マグネサイト	$MgCO_3$	2.96	三方晶系
Nesquehonite	ネスケホナイト	$MgCO_3 \cdot 3H_2O$	1.83	三方晶系
Artinite	アルティナイト	$Mg_2CO_3(OH)_2 \cdot 3H_2O$	2.04	単斜晶系
Hydromagnesite	ハイドロマグネサイト	$Mg_4(CO_3)_3(OH)_2 \cdot 3H_2O$	2.18	単斜晶系
Dolomite	苦灰石/ドロマイト	$CaMg(CO_3)_2$	2.87	三方晶系
Huntite	ハンタイト	$CaMg_3(CO_3)_4$	2.88	三方晶系
Strontianite	ストロンチアン石	$SrCO_3$	3.70	直方晶系
Witherite	毒重石	$BaCO_3$	4.43	直方晶系
Barytocalcite	重土方解石	$CaBa(CO_3)_2$	3.67	三方晶系
Rhodochlosite	菱マンガン鉱	$MnCO_3$	3.70	三方晶系
Kutnahorite	クトナホライト	$CaMn(CO_3)_2$	3.12	三方晶系
Siderite	菱鉄鉱	$FeCO_3$	3.80	三方晶系
Cobaltocalcite	コバルト方解石	$CoCO_3$	4.13	三方晶系
Copper(II) carbonate	炭酸銅(II)	$CuCO_3$	3.90	三方晶系
Gaspetite	ガスペイト	$NiCO_3$	3.71	三方晶系
Smithsonite	菱亜鉛鉱	$ZnCO_3$	4.40	三方晶系
Otavite	オタバイト	$CdCO_3$	4.26	三方晶系
Cerussite	白鉛鉱	$PbCO_3$	6.60	直方晶系
Ankerite	アンケライト	$CaFe(CO_3)_2$	3.00	三方晶系
Malachite	孔雀石	$Cu_2CO_3(OH)_2$	4.00	単斜晶系
Azurite	アズライト	$Cu_3(CO_3)_2(OH)_2$	3.88	単斜晶系
Thermonatrite	テルモナトライト	$Na_2CO_3 \cdot H_2O$	2.26	直方晶系
Trona	重炭酸ソーダ石	$NaHCO_3 \cdot Na_2CO_3 \cdot 2H_2O$	2.25	単斜晶系
Nahcolite	ナホコライト	$NaHCO_3$	2.16	単斜晶系
Natron	ナトロン	$NaHCO_3 \cdot 10H_2O$	1.50	単斜晶系

あられ石（aragonite），ドロマイト（dolomite）からなり，これ以外に菱鉄鉱（siderite），菱マンガン鉱（rhodochrosite），マグネサイト（magnesite），ストロンチアン石（strontianite）などが含まれることがある．ただし，現在の海洋環境で生成する鉱物は，炭酸カルシウムの2つの多形である方解石（三方晶系）とあられ石（斜方晶系）であり，それ以外の鉱物は続成作用により二次的に形成されたものである．また方解石は，Mg含有量によって，低Mg方解石（<4 mol% $MgCO_3$）と高Mg方解石（>4 mol% $MgCO_3$）とに分けられる．

■炭酸塩堆積物

炭酸塩堆積物は，原地性～準原地性の海棲生物の骨格や殻からなる生物源炭酸塩堆積物と，海水や湖水，あるいは湧水から無機的に沈殿した化学的炭酸塩堆積物に大別される．いずれの場合でも，炭酸塩堆積物の形成過程や特徴は水温・塩分・水深・エネルギー条件などに大きく左右されるため，過去の地球表層の環境推定に有効である．また炭酸塩堆積物は，多様な環境で続成作用を被り，それにより種々の続成生成物が形成される．

生物源炭酸塩堆積物

生物源炭酸塩堆積物の構成要素は，原地性生物骨格，粒子，ならびに基質からなり，粒子は生物骨格粒子と非生物骨格粒子とに分けられる．

浅海性海棲生物や浮遊性生物の中には，炭酸塩鉱物からなる骨格・硬組織を有する生物が多く，代表的な生物として石灰藻類，造礁サンゴ，石灰質海綿，コケムシ，軟体動物，腕足類，有孔虫，翼足類などがあげられる．これらのうち，石灰藻類，造礁サンゴ，石灰質海綿，コケムシや底生有孔虫の一部は，海底に固着して生息しており，死後，波浪などにより破壊・運搬されなければ，原地性生物骨格として炭酸塩堆積物中に保存される．一方，非固着性生物の骨格や固着性生物の破片は，波浪や海流によって運搬され，生物骨格粒子として堆積する．また生物の被覆によって同心円状の構造をもつ礫サイズの粒子（オンコイドや石灰藻球など）も，しばしば認められる．生物骨格由来の粒子のほかに，ウーイド（ウーライト），ペロイド（ペレット），同時礫などの非生物骨格粒子も含まれる．これらの粒子や原地性生物骨格の間の隙間は，通常，細粒の石灰泥（ミクライト）からなる基質によって埋められており，その成因は，海水からの沈殿，マイクロメートルサイズに離解した生物骨格，あるいは二次生成物など多岐にわたる．

化学的炭酸塩堆積物

過飽和が高い蒸発環境の海水や湖水，あるいは熱水・湧水や地下水からは，炭酸塩鉱物が無機的に沈殿する．これが相当量堆積すると化学的炭酸塩堆積物となる．蒸発環境の海水や湖水から沈殿したものは蒸発岩とよばれ，方解石，あられ石，ドロマイトなどの炭酸塩鉱物に加え，石膏（gypsum；$CaSO_4 \cdot 2H_2O$），硬石膏（anhydrite；$CaSO_4$）などを伴う．カルスト地域の湧水から形成されるものはトゥファ，カルシウムイオンと二酸化炭素を多く含む熱水から沈殿したものはトラバーチンとよばれる．これらの内部には縞状組織が認められ，その生成にはシアノバクテリアなどの微生物の働きが関与していることが明らかにされつつある．また，鍾乳洞内で生成する鍾乳石（つらら石）や石筍も化学的炭酸塩堆積物に含まれる．現在，通常の海洋環境では化学的炭酸塩堆積物はほとんど認められない．しかし，炭酸塩骨格・殻組織を形成する生物が進化していなかった先カンブリア時代には，通常の海洋環境でも大量の化学的炭酸塩堆積物が形成されていた．これらの中には，微生物活動に関連した縞状構造をもつストロマトライトが

顕著に発達する．

炭酸塩続成作用と続成生成物

炭酸塩堆積物の大きな特徴として，顕著な続成作用を被ることがあげられる．続成作用は，溶解作用，膠結作用，置換・交代作用，ミクライト化作用，新生作用，圧密作用などを含み，鉱物・化学組成を変えるとともに，初生堆積組織や構造を大きく変化させる．炭酸塩堆積物に広く認められるドロマイト化作用は置換・交代作用の一つである．

炭酸塩堆積物の代表的鉱物である方解石やあられ石は，弱酸性の雨水や土壌水に対して容易に溶解し，石灰岩地帯ではドリーネなどのカルスト地形ができる．より微視的には，孔隙を満たす水（間隙水）によって粒子や基質が溶け，二次的に孔隙（モールド孔隙やバグ孔隙など）が形成される．逆に，炭酸塩鉱物に過飽和な間隙水からは，孔隙中に新たに炭酸塩鉱物が沈殿する（膠結作用）．この炭酸塩鉱物のことをセメントとよび，多種多様なセメントが形成される．セメントを構成する炭酸塩鉱物には，低 Mg 方解石，高 Mg 方解石，あられ石，ドロマイト，シデライトなどがある．セメントは，間隙水の化学的性質や賦存状態，ならびに流動性により，多様な鉱物，結晶形態，産状をとり，続成環境に関する情報を記録する．一般に，初生的には孔隙に富む炭酸塩堆積物は，埋没とともに膠結作用や圧密作用により孔隙を失い，緻密な石灰岩や苦灰岩へと変化していく．

〔松田博貴・狩野彰宏〕

064
風化作用と鉱物
Wethering and related minerals

■風化作用

風化作用(weathering)とは,岩石を構成する鉱物が水および大気(酸素ガスと二酸化炭素など)との反応により地表環境条件下で安定な状態に変化する作用である.一般に陸で起こる作用を指し,海(海洋底風化作用など)での場合はここではふれない.風化作用と地形形成あるいは災害発生との関係ならびに母岩ごとの特徴〔例えば花崗岩では,その風化層(一次鉱物および二次鉱物である風化生成物の集合体)はマサ(真砂)土とよばれるし,深層風化や玉葱状風化殻の形成もよく知られる〕,さらに人工建造物などの風化作用ならびに他惑星などの天体における風化作用(宇宙風化作用)についても,ここではふれない.

風化作用で本質的に重要なのは化学反応であり,反応面積を増大させる働きをする物理的(機械的)作用はそれを促進する.生物の働きを別にまとめることもできるが,ここでは物理的作用と化学的作用の二つに大きく分けて説明する(表1).

風化作用全般の説明はBland and Rolls[1]が簡潔にまとめており,風化作用のメカニズムとくに化学的風化作用についてはWhite and Brantley[2]に詳しい.また全般的な情報源は地球資源論研究室の関連ウェブページに詳しい.

風化作用は変質作用(alteration)の一つであるが,風化変質は続成変質や熱水変質より温度・圧力条件が低い.さらに,風化作用は大気二酸化炭素を風化生成物として固定しており,地球環境問題に与える影響も大きい.

物理的風化作用

表1 風化作用の分類と主な作用

分類	主な作用	媒体	備考
物理的風化作用 (physical weathering) または 機械的風化作用 (mechanical weathering) 〔破砕 (disintegration)が主〕	除荷作用 (unloading) シーティング (sheeting)	(圧縮応力の開放による膨張)	シーティングは除荷割れ目によるシート化
	日射風化 (insolation) 熱風化 (thermal changes)	(太陽や野火からの熱による膨張と収縮)	鉱物の熱膨張率の違いによる
	乾湿風化 (wetting and drying) スレーキング (slaking)	水	スレーキングは粘土鉱物の膨張と収縮による剥離
	塩類風化 (salt weathering)	塩類	塩類の晶出による
	凍結破砕作用 (frost shattering, freeze-thaw weathering)	水-氷	相変化に伴う膨張と収縮による
	生物による作用 (biological weathering)	(植物の根や土壌動物からの力)	
化学的風化作用 (chemical weathering) 〔分解 (decomposition)が主〕	水和作用 (hydration)	水	
	加水分解作用 (hydrolysis)	水	
	溶解作用 (solution, dissolution)	水	
	炭酸化合 (carbonation)	二酸化炭素	主に大気中のガス
	酸化作用 (oxidation)	酸素	主に大気中のガス
	生物による作用 (biological weathering)	(植物や微生物からの有機物)	菌根も

寒帯湿潤気候下では凍結破砕作用（frost shattering）が起こりやすく，熱帯乾燥気候と熱帯湿潤気候下ではそれぞれ日射風化（insolation）や塩類風化（salt weathering）と生物による作用が典型的である．母岩が深成岩などのように地下深くで形成された場合には，地表付近では地圧が低下して除荷作用（unloading）がみられる．泥質岩のように粘土鉱物が優勢な岩石では，スレーキング（slaking）のような乾湿作用（wetting and drying）の影響も大きい．

化学的風化作用

すべての作用において水が重要な働きをする．大気中の二酸化炭素（近年は人為源のSO_xやNO_xも）は水に溶解してpHを下げ，その酸性の水溶液は鉱物の溶解作用（solution, dissolution）を促進する．水溶液の酸性-塩基性の性質は非常に重要である．また大気二酸化炭素と石灰岩などとの反応は炭酸化合（carbonation）として特別扱いされている．大気酸素は水に溶解して酸化的な水溶液をつくり鉱物に対して酸化作用（oxidation）を行う．炭素（C：主に生物由来）や硫黄（S：主に黄鉄鉱由来）などは還元的な水溶液をつくり還元作用（reduction）を行う．これらの酸化-還元作用も水溶液の重要な性質である．一方，水自体の働きも大切であり，鉱物に水が付加する水和作用（hydration）と水の解離を伴う加水分解作用（hydrolysis）が代表的である．生物による作用ではキレート化作用（chelation）やイオン交換反応（ion exchange）などが特徴的である．

■関連する作用

侵食作用との関連

地表付近における現在の地質作用の中で，堆積岩を形成する主要なものは侵食作用（erosion）・運搬作用・堆積作用であるが，この侵食作用と風化作用の関係は不明瞭な場合が多い．一般的には，侵食作用は母岩の鉱物が削られる作用を指し，風化作用と同様に物理的と化学的とに分けられている．侵食作用における主要な作用は物理的なものであり，それは外因的営力により細分されている．一方，化学的な作用は溶食（corrosion）とよばれている．実際には風化作用と侵食作用を区別することは困難な場合が多いが，風化作用は侵食作用の前段階の作用であり，前者は化学的であり後者は物理的であると理解するのがよい．母岩が削られて運び去られている場合には侵食作用とよぶことが多い．

風化作用と侵食作用をあわせて削剥作用（denudation）とよぶこともある．

土壌生成作用との関連

土壌をつくる作用を土壌生成作用（pedogenic process, soil formation）とよんでいるが，これと風化作用の関連も不明瞭である．ただし，土壌生成作用は生物の働きが必須であり，必ず風化作用も伴う．逆に，風化作用には土壌生成作用が伴わない場合がある．それは，生物が存在しない環境あるいは地下深部の場合である．

土壌の生成因子として，母岩（母材）・気候・地形・生物（人間を別にすることもある）・時間の5つがあげられることが多いが，これは風化作用に影響を与える因子でもある．

■風化速度

母岩が風化作用を受けた場合には，破砕および分解により，一部は運び去られ，残りも鉱物組成や化学組成が変化する．風化速度を決定する場合には，運び去られる量を定量的に決定する方法が現実的である．水溶液中の濃度（溶質量）や浮遊（懸濁）物質量を測定することによって，室内および野外での風化速度を決定する試みが多数行われている．また風化速度を決定する方法として，風化層の形成速度を見積る方法もある．

室内実験で決定した風化速度の結果は野

表2 主な風化生成物(二次鉱物)

風化生成物		鉱物種	備考
粘土鉱物 フィロ(層状) ケイ酸塩鉱物	1:1層	カオリン ハロイサイト	
	2:1層	スメクタイト バーミキュライト 雲母類	
水酸化鉱物 (酸化鉱物およ びオキシ水酸 化鉱物を含む)	鉄(Fe)	赤鉄鉱 針鉄鉱 鱗鉄鉱	褐鉄鉱は鉱石名
	アルミニウム(Al)	ギブス石	ボーキサイトは鉱石名
	マンガン(Mn)	パイロルース鉱	各種の二酸化マンガン鉱物を含む
非晶質〜隠微晶質鉱物		(鉄・マンガンの水酸化鉱物) シリカ	粘土鉱物の一部およびアロフェンやイモゴライトのような粘土鉱物類縁鉱物も含む
その他		(炭酸カルシウム)	方解石やあられ石のような鉱物からなる

外での結果より一般に10〜1万倍も大きいことが知られており,その原因を明らかにする研究は風化作用のメカニズムを解明するための研究ともなっている.

侵食速度との関係では,風化速度を化学的侵食速度に近似させ,物理的侵食によるもの(物理的侵食速度)を実質的な侵食速度とすることもある.

■ **風化生成物(二次鉱物)**

母岩が風化作用を受けると,鉱物の一部は溶解されて流出するが,残りは残留する.このような鉱物は一次鉱物とよばれる.一次鉱物は,元のままのものもあれば風化変質を受けて異なる鉱物に部分的に変わったものもある.一次鉱物が完全に別鉱物に変わったものおよび溶解した成分から新しく生成した鉱物は二次鉱物とよばれる.この二次鉱物が風化生成物(product of weathering, weathered ptoduct)である.

風化生成物は,低温・低圧の地表環境条件下では鉱物の結晶成長が遅いために,非常に細粒であり,非結晶質(非晶質)であることも多い.代表的なものは粘土鉱物および水酸化鉱物である(表2).

マグマからのケイ酸塩鉱物の晶出順序はボーエン(Bowen)の反応系列としてまとめられており,その後期に晶出する鉱物ほど地表環境条件下で安定であることをゴールディッチ(Goldich)が示しているが,一般に有色鉱物が先に風化作用の影響を受け,風化生成物の原料となりやすい.ケイ酸塩鉱物の風化による風化生成物の生成の一般的な形は次のようになる:ケイ酸塩鉱物(一次鉱物)+ H_2O + O_2 + CO_2 ⇒ ケイ酸塩鉱物(粘土鉱物が主)+水酸化鉱物+炭酸塩鉱物+溶脱成分(溶質の塩基類など).

粘土鉱物

風化生成物の代表は粘土鉱物であり,フィロ(層状)ケイ酸塩鉱物に属する.母岩のさまざまなケイ酸塩鉱物から生成する.1:1層の粘土鉱物ではカオリンとハロイサイトが,2:1層ではスメクタイトとバーミキュライトと雲母類が典型的である.新しく水溶液から晶出する場合もあるが,元の類似の化学組成・結晶構造をもった鉱物から形成される場合が多いと考えられている.これは特に2:1層が該当する.母岩の鉱物として最も多い長石類からは,1:1層のものが生成されやすい.

水酸化鉱物

地殻中に多い元素のうち,ケイ素(Si)は粘土鉱物およびシリカに含まれる.次に多いアルミニウム(Al)は粘土鉱物にも含まれるが,鉄(Fe)やマンガン(Mn)と同じように,水酸化物を形成することも多い.アルミニウムの場合はギブス石やダイアスポア・ベーマイトなど,鉄の場合は赤鉄鉱・針鉄鉱・鱗鉄鉱やフェリハイドライトなど,マンガンの場合はパイロルース鉱のような二酸化マンガン鉱物などである.

非晶質〜隠微晶質鉱物

非晶質に近いものにはシリカ鉱物と,粘土鉱物類縁のアロフェンとイモゴライトなどがある.前述の粘土鉱物や水酸化鉱物も非晶質に近い場合がある.

■風化作用と鉱床

風化作用により,母岩から特定成分が溶脱され,その結果として有用な成分が残留・濃集して鉱床を形成することが起こる.アルミニウムの場合が典型例である.熱帯湿潤気候の地域では,特にアルミニウム以外の成分が溶脱してアルミニウム水酸化鉱物が濃集し,ボーキサイト鉱床を形成する.アルミニウムとともに鉄なども濃集することがあり,ラテライトとよばれる.ボーキサイトはラテライトの一種である.他に,金(Au)・ニッケル(Ni)・銅(Cu)やマンガン・鉄などの例が知られている.このような濃集部は残留鉱床と一般的によばれる.風化作用によることが明白であれば,風化残留鉱床である.

一方,風化作用によって溶解された成分は別の場所で沈殿して濃集することがある.このような鉱床は堆積鉱床とよばれる.こちらの方が種類も多くて規模も大きい.

〔福岡正人〕

●文献

1) W. Bland and D. Rolls (1998) Weathering-an Introduction to the Scientific Principles. Arnold.
2) A. F. White and S. L. Brantley (eds.) (1995) Chemical Weathering Rates of Silicate Minerals. Reviews in Mineralogy Volume 31. Mineralogical Society of America.

●ウェブサイト

地球資源論研究室の中の「風化とは」
http://earthresources.sakura.ne.jp/er/ES_W.html

065 鉱物の累帯構造
Zonal structure

多くの鉱物は固溶体であり，結晶化する際の非平衡なプロセスのため部分により異なる化学組成を有する結晶となることが多い．典型的な例は斜長石であり，高温のマグマからはアノーサイト成分に富む斜長石が晶出し，冷却に伴ってマグマと反応しながらよりアルバイト成分に富む斜長石を晶出する．マグマと結晶との反応が十分でない場合には結晶中心部ほどアノーサイト成分に富む構造が形成される．このように部分によって均一でない化学組成を有する結晶の構造を累帯構造（zoning）とよぶ．結晶内の化学組成の変化にはいくつかのパターンがあり，それによって正累帯構造（normal zoning），逆累帯構造（reverse zoning），振動累帯構造（oscillatory zoning），セクター（分域）累帯構造（sector zoning）などの区分がある．また成長に伴って形成されたものを成長累帯構造（growth zoning）といい，形成後の拡散によって形成されたものを拡散累帯構造（diffusion zoning）とよぶ．

■ 成長累帯構造と拡散累帯構造

変成岩や深成岩など高温での保持時間が長い岩石中の鉱物においては，結晶成長時に形成された累帯構造がそのまま保持されているのか，それとも成長後に拡散によって累帯構造が変化しているのかを判断することが重要である．変成岩中の重要な鉱物であるざくろ石の場合，Mn 濃度が結晶中心部で高く，周縁部に向かって釣鐘型に減少する累帯構造を示す場合が多いが，これはレーリー分別作用による成長累帯構造と考えられる．一方，高温の変成岩中のざくろ石ではほぼ均一な組成を示すものが多く，これらの少なくとも一部は，成長累帯構造が変成作用時に拡散によって平滑化されたものと考えられ，そのような構造を拡散累帯構造とよぶ．

■ 正累帯構造

火成岩においてはマグマの冷却・固化に伴って，変成岩では変成度の上昇に伴って，結晶が成長する際に形成されることが期待される単調な累帯構造．火成岩中では，前述した結晶の中心部から周縁部にかけて，アノーサイト成分がしだいに減少する斜長石や Mg/Fe 値が減少するかんらん石，変成岩では成長に伴って Mn 量が単調に減少するざくろ石の累帯構造がその代表例（図1）．Hollister[1] は，変成岩中のざくろ石が成長する際に，元素拡散はざくろ石内では起こらないがその周囲の基質部ではほぼ完全に起こると仮定し，レーリー分別モデルによって Mn 正累帯構造の成因を説明した．

■ 逆累帯構造

結晶成長時に一般に形成される正累帯構造とは異なる累帯構造の一つ．変成岩中のざくろ石で結晶の最外縁部で Mn 量が増加する場合がその一例（図2）．ざくろ石の成長速度が早いことなどが原因となり拡散

図1 正累帯構造を示すざくろ石の Mn 特性 X 線マップ．結晶の中心部に Mn が濃集している．

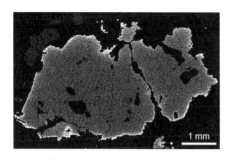

図2 逆累帯構造を示すざくろ石のMn特性X線マップ. 結晶の周縁部にMnが濃集している.

図3 振動累帯構造を示す斜長石の偏光顕微鏡写真（クロスニコル）.

による基質の均質化が不完全な場合や、ざくろ石が分解する際に新たに形成された相に入ることができなかったMnがざくろ石内部に拡散する場合に形成される[2]. これらは、それぞれ成長累帯構造と拡散累帯構造の一例である.

■振動累帯構造

火成岩中の斜長石や単斜輝石などによくみられる累帯構造で、自形結晶の外形（成長形）と平行な成長縞が一定の組成範囲で繰り返す構造である（図3）. 一つの縞の幅は数μmから数十μmであることが多い. マグマや溶液からの結晶成長の場合に形成されると考えられている. その成因は温度・圧力などの物理条件の周期的変動によるとする考えと、物理条件一定の非平衡条件下での拡散と結晶化カイネティクスの兼ね合いによるとする考えとがある.

■セクター累帯構造

組成セクター構造（図4a）と組織セクター構造（図4b）に大別される. 組成セクター構造は、結晶の成長方位（成長面）によって組成が異なる累帯構造で、界面ごとに結晶構造が異なり、それぞれ異なる元素分配係数をもつため形成される. 火成岩中の単斜輝石のほかに、十字石、クロリト

図4 (a) 組成セクター構造を示すゾイサイトの偏光顕微鏡写真（クロスニコル）[4]. (b) 組織セクター構造を示すざくろ石の偏光顕微鏡写真（オープンニコル）[5].

イド，緑簾石や電気石などの変成鉱物でも報告されている．組織セクター構造は，細粒包有物の規則的な配列により，結晶がいくつかの領域に分割されている構造で，ざくろ石の例が報告されている．この場合，組成累帯構造は，組織的領域とは独立に形成されている．

■累帯構造と地質速度計（geospeedometry）

平衡にある2種の固溶体鉱物の間では，共通に含まれる元素の交換反応によって分配関係が成立し，それは温度圧力の関数である．このことを利用して地質温度圧力計が作られている．また2種の鉱物の拡散累帯構造のプロファイルの解析から，岩石が被った温度-時間史を明らかにしようという試みもある．これを地質速度計といい，かんらん岩の熱史の解析[3]などに利用されている．

〔榎並正樹・西山忠男〕

● 文献

1) L. S. Hollister (1966) *Science*, **154**, 1647-1651.
2) 坂野昇平，地井三郎 (1976) 岩鉱学会誌，特別号1号，283-299.
3) K. Ozawa (1984) *Geochim. Cosmochim. Acta*, **48**, 2597-2611.
4) M. Enami (1977) *Jour. Geol. Soc. Japan*, **83**, 693-697.
5) 廣井美邦 (2004) 地学雑，**113**, 703-714.

066
鉱物の反応組織
Reactive texture

鉱物はマグマから結晶する際に，温度降下に伴いマグマと反応して別種の鉱物を形成することがある．また平衡状態にあった鉱物どうしが物理化学条件の変化によって非平衡となって反応し，両者の間に別種の鉱物を形成することもある．あるいは高温で形成された固溶体鉱物が徐冷される際に不混和領域の存在により別種の鉱物を析出することもある．このようなさまざまな物理化学変化で形成された組織を鉱物の反応組織と総称する．

■ 各種の反応組織

マグマからの結晶作用における鉱物とマグマの反応関係については，連続反応系列と不連続反応系列の2つが認識されている．連続反応系列の代表は斜長石であり，高温のマグマからはアノーサイト成分に富む斜長石が晶出し，冷却に伴ってマグマと反応しながらよりアルバイト成分に富む斜長石を晶出する．反応が十分に進行しない場合には結晶中心部ほどアノーサイト成分に富む構造が形成され，これは累帯構造（zoning）とよばれる．不連続反応系列の代表はMgに富むかんらん石と直方（斜方）輝石（およびピジョン輝石）の関係である．マグマから結晶化したかんらん石はある温度（反応点）でマグマと反応して直方（斜方）輝石（エンスタタイト）を形成する．反応が十分に進行しない場合は，かんらん石結晶の周囲を細粒の直方（斜方）輝石集合体が取り囲む組織が形成される．これを反応縁（reaction rim）とよぶ．玄武岩マグマ中に石英結晶が取りこまれると，冷却に伴って石英捕獲結晶の周囲にガラスや単斜輝石などの細粒集合体が帯状に発達することがある．これは石英と玄武岩マグマが化学的に非平衡であるために形成される組織で，コロナ（corona）とよばれる．

深成岩・変成岩に含まれる固溶体鉱物にはしばしば析出相の発達が認められる．これは温度降下により固溶領域が狭まり，不混和領域が出現することによるもので，離溶（exsolution）とよばれる現象である．ラメラ状に発達する析出相は離溶ラメラ（exsolution lamella）とよばれる．輝石やアルカリ長石によく認められる．また平衡状態にあった2種の鉱物が温度圧力条件の変化により化学的に非平衡となり，両者の間に別種の鉱物が形成されることがある．カリ長石と斜長石の間に発達するミルメカイト（アルバイトと蠕虫状石英の細粒集合体）やかんらん石と斜長石の間に発達する輝石とスピネルからなるコロナまたはシンプレクタイト（以下に詳述）がその代表例であり，これらは反応帯（reaction zone）の一種と見なされる．

■ オストワルドライプニング（オストワルド成長とも）

小さな結晶が溶解し，大きな結晶が成長する現象は，この現象を記載したW. Ostwaldにちなみオストワルドライプニングとよばれる．この現象は，界面エネルギーの減少を駆動力として進行すると説明される．広域変成岩中のざくろ石，雲母類，ジルコンなどはこの機構で粗粒化する可能性が指摘されている．

■ 樹枝状組織

火山岩中のかんらん石，輝石など，接触変成岩中の菫青石などに樹枝状組織を示すものがある．熱流あるいは拡散律速成長において，成長先端が低温あるいは高濃度な方向へ突出するとこにより成長が加速される．この不安定化が樹枝状組織形成の要因の1つとして考えられる．

■ケリファイトとシンプレクタイト

変成岩の反応組織としてシンプレクタイト（symplectite）がよく知られている．これは特定の鉱物が不安定になって分解したり，鉱物組み合わせが非平衡かつ不安定になって鉱物間で反応することによって形成する細粒の鉱物集合体に対する総称である．2～3種類の鉱物が複雑に絡み合いながら，かつ構成鉱物間で一定の結晶学的方位関係を有することが普通であり，このような構造は複数の鉱物が同時に成長することによってできる一種の共晶（析）組織であると考えられている．シンプレクタイトの一種にケリファイト（kelyphite）というものがある．これはざくろ石のまわりにコロナ状に発達する特に細粒かつ放射状構造をもつ特殊なシンプレクタイトである．ざくろ石かんらん岩やエクロジャイトのような高圧変成岩中のざくろ石はその一部または全部がケリファイトに置き換えられていることが普通である．以下ではこのようなケリファイトの特徴を，二つのタイプに分けて解説する．

最初のタイプはざくろ石とかんらん石の反応によって形成したもので，ざくろ石かんらん岩に産する．外周を粗粒直方（斜方）輝石多結晶体のリムで囲まれていることが多い（図1）．このケリファイトは典型的には直方（斜方）輝石，単斜輝石，スピネルからなり，角閃石のような含水鉱物が含まれることもある．これまで，構成鉱物がすべて細粒で繊維状形態をとると思われてきたが，最近の研究では，細粒であるのはスピネルだけで，それを包む直方（斜方）輝石の結晶は広い範囲にわたって比較的大きな単結晶であり，ケリファイトは少数の直方（斜方）輝石単結晶からなるドメイン構造をとっていることが明らかになってきた[1]．単斜輝石はこの直方（斜方）輝石中にパッチ状に散在し，両相を通して蠕虫状のスピネルが分布する（図2）．さらにその外側の直方（斜方）輝石リムも内側の直方（斜方）輝石とひとつながりの単結晶の一部であることも明らかになってきた．直方（斜方）輝石と単斜輝石は(100)面, [001]方向を共有するいわゆるトポタクシー関係にある．スピネルと輝石間の方位関係は比較的高温でできたものはトポタクシー関係はあるが，低温でできたものは方位関係は

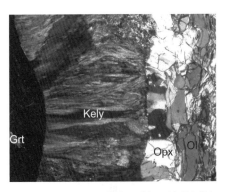

図1 ざくろ石かんらん岩中でざくろ石を置き換えるように発達したケリファイト．チェコ共和国 Bohemia 産．Grt, ざくろ石；Kely, ケリファイト；Opx, 直方（斜方）輝石；Ol, かんらん石．直交ポーラー．横幅約2 mm．

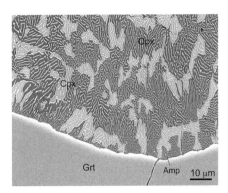

図2 ケリファイト-ざくろ石境界部の走査電子顕微鏡写真（BSE像）[2]．最も輝度の高い紐状はスピネル，暗い背景は直方（斜方）輝石，中間のパッチ状は単斜輝石．

図3 ざくろ石輝岩中のざくろ石を置き換えて発達したケリファイト[2]. スペインロンダかんらん岩体. a:開放ポーラー, b:直交ポーラー.

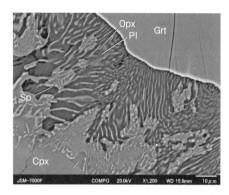

図4 図3の一部の走査電子顕微鏡写真(BSE像)[2]. 右上コーナーの大きな結晶はざくろ石.

認められず無秩序である．一方，ざくろ石とは輝石，スピネルはトポタクシー関係にはない．このケリファイト部はざくろ石を置き換えるようにして発達したものであるが，バルクの組成がざくろ石と系統的にずれていることから，この置き換え反応は元素の長距離の移動を伴ったことは明らかである．外側の直方(斜方)輝石リムはかんらん石を置き換えて発達したものであろう．この組織は全体としてはざくろ石とかんらん石の反応

ざくろ石＋かんらん石
→ 直方(斜方)輝石＋単斜輝石＋スピネル
で形成した一種の反応縁であり，ざくろ石かんらん岩相からスピネルかんらん岩相に圧力が低下することにより形成される．一

個の直方(斜方)輝石単結晶は一個の核から成長したドメインであり，反応開始時にざくろ石境界面上で輝石の核が多数できたことが放射状構造を生み出すもとになったと考えられる[1]．特殊はケースとして，ドメイン1個からなる粗粒のシンプレクタイトの存在が知られており(例えば北海道幌満かんらん岩)，これは転移反応が比較的高温(>950℃)で起こり，したがって転移曲線から大きくはずれない小さな過飽和状態で核が1個しかできなかったケースであると考えられる．

2番目のタイプはざくろ石が単独で分解したように見えるものである(図3)．かんらん石を含まない高圧変成岩(エクロジャイトやざくろ石輝岩)に普通に発達する．微視的には，直方(斜方)輝石，単斜輝石，スピネル，斜長石がシンプレクタイト状に絡みあった組織をしている(図4)．このタイプでも，一般に平均化学組成は程度の差こそあれ，ざくろ石組成からずれている．ざくろ石組成に一致する特異なケースが見つかっているが，この場合は，粒径は光学顕微鏡では見分けられない程極端に細粒であり(スピネル結晶幅が0.5 μm以下)，かつざくろ石の片側にしか発達して

いないという組織上の特徴がある[3]．ざくろ石の分解反応が元素の移動が起こるいとまがないほど急速に進行することで形成されたものであろうと考えられている．

〔小畑正明・西山忠男・宮崎一博〕

● 文献
1) M. Obata and K. Ozawa (2011) *Mineralogy and Petrology*, **101**, 217-224.
2) M. Obata (2011) Kelyphite and symplectite: Textural and mineralogical diversity, and a new dynamic view of their structural formation, in New Frontiers in Tectonic Research, Sharkov, E. V. (ed.) InTech, DOI: https://doi.org/10.5772/20265.
3) M. Obata, K. Ozawa, K. Naemura and A. Miyake (2013) *Mineralogy and Petrology*, **107**, 881-895.

067 鉱物の微細包有物
Inclusion minerals

■ 固相包有物

固相包有物は，マグマの冷却・固化プロセスおよび既存の岩石の温度・圧力上昇～下降までの一連の変成プロセス中のある時点に存在した鉱物もしくはメルトが，後に形成された鉱物に取り込まれたものである．したがって，固相包有物は形成時のマグマや存在した鉱物とは平衡共存していたが，現在の構成鉱物とは非平衡の関係にある．これらの包有物の解析は，火成岩においてはマグマからの鉱物の晶出順序の決定など，変成岩においては変成反応の推定などに有効である．

火成岩中には，微細な固相包有物が認められないことが多い．これは，マグマから特定の鉱物が晶出，ある程度成長することで残存メルトの組成が変化し，異なる鉱物が晶出することで，初期晶出鉱物が包有されるためである．しかし，マグマ中の微量元素を多量に含む鉱物，例えばクロムスピネルは，少量晶出することでも残存メルトの組成が大きく変化するため，玄武岩や斑れい岩中のかんらん石などに微細包有物として観察される場合がある．また，火成岩はガラス包有物を含むことがあり，一般に100 μm以下の微細包有物として産する．これは，メルトが斑晶鉱物晶出時に取り込まれ急冷したもので，初期メルトの組成の推定やマグマ中の揮発性成分の解析に用いられることが多い[1]．さらに，斜長石中に時折認められる汚濁帯も微細包有物の集合体である．汚濁帯は一般にマグマ混合により形成すると考えられ[2]，微細なガラス包有物や包有する斜長石とは異なる組成をもつ微細な斜長石を含むことが多い．

変成岩，特に低温変成岩中の斑状変晶には微細包有物が多産することが多い．これは，低温下では高温下に比べ，鉱物もしくは流体中の拡散速度が遅いことに起因する[3]．このような斑状変晶に含まれる微細包有物は，①斑状変晶の形成反応に関与した包有物，②反応に関与しない受動的な包有物，③斑状変晶とともに成長した包有物に区分できる．これらの包有物を産状や化学組成から明確に区分することで，昇温期変成作用時の変成反応を決定することが可

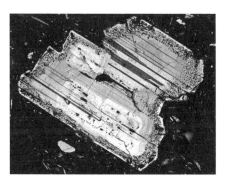

図1 汚濁帯を含む斜長石斑晶．汚濁帯を形成する微細包有物は不明．長辺は約1 mm．

図2 ざくろ石斑状変晶に認められる微細包有物．包有物は藍晶石・炭酸塩鉱物・クリノゾイサイトなど．長辺は約1 mm．

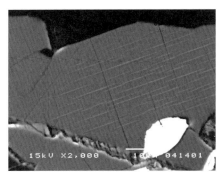

図3 単斜輝石中の離溶直方(斜方)輝石

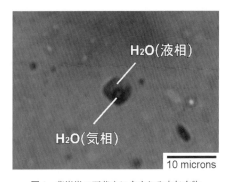

図4 花崗岩の石英中に含まれる水包有物

能である.

　グラニュライト相や比較的高温のエクロジャイト相の変成岩中には，微細な④離溶包有物や⑤分解により形成される包有物が認められることがある．前者は，長石や輝石のような不連続固溶体を有する鉱物に認められる場合が多いが，非常に高温もしくは高圧で安定であった鉱物が，降温もしくは減圧によって岩石が平衡に達した際の過飽和な成分をもとに形成される場合もある．離溶包有物は多くの場合，針状を呈し，明瞭な定向配列が認められる．代表的なものに単斜輝石中の直方(斜方)輝石や石英もしくはカリ長石ラメラ[4]，石英中のルチルラメラなどがある．分解包有物は，離溶包有物と同様に最高変成条件から再平衡に達した際に形成される．ある鉱物が，より低温・低圧下で安定な化学組成へと変化することで，同時に微細鉱物を生成物として形成する．見かけ上包有物であるが，広義の連晶にあたる．例えば，Naに富む単斜輝石が減圧し分解することで，Naが乏しい単斜輝石基質中に，Naに富む斜長石および石英が形成され，多量の微細な斜長石と石英が単斜輝石中に包有物様に認められる場合がある[5]．このような離溶包有物や分解包有物は，後退変成作用により再平衡に達した岩石から最高変成条件を推定する際に有用である．

■ 流体包有物

　変成岩や火成岩中の鉱物は，固相だけでなく流体相を包有する場合がある．これらを流体包有物とよぶ．例えば花崗岩に含まれる石英や長石の汚濁帯を観察すると，図4のような包有物を確認することができる．これは石英に含まれる水包有物の例であり，現在は液相と気相の二相に分離しているが，包有された時点では一相の流体であったと考えられる．造岩鉱物中に流体包有物として包有されている流体相は水や二酸化炭素が主なものであるが，メタン，窒素，エタンなどを含むこともある．水素を含む非常に還元的な流体包有物も報告されている．また，NaClなどの塩類を含む水包有物も火成岩中の包有物に一般的にみられ，塩濃度が高い場合は常温で塩が析出している場合がある．このような結晶を娘鉱物とよぶ．二酸化炭素に富む包有物の場合，炭酸塩鉱物を娘鉱物としてもつ包有物もある．これら流体相の同定には，加熱冷却ステージを用いた融点や均質化温度の測定(マイクロサーモメトリー)や，顕微ラマン分光分析が行われている．

　流体包有物は，産状および成因により初成包有物，擬二次包有物，二次包有物などに分類される[6]．初成包有物は鉱物成長時

に結晶表面上の流体が包有されたものである．マグマ中で成長した石英や長石の成長面に沿って，流体包有物が配列している様子をよく観察することができる．初成包有物は鉱物成長時に存在していた流体を保持しており，岩石の形成深度や酸化還元状態などの重要な情報を記録している．擬二次包有物は鉱物成長中に形成された割れ目を充填した流体が，ホスト鉱物の再成長によって包有されたものである．流体包有物は鉱物中に列をなして存在するが，その列は鉱物の端まで達しない．これら擬二次包有物もホスト鉱物の成長時に存在した流体の情報を記録していると考えられる．二次包有物は鉱物の成長終了後のイベント（例えば冷却による収縮や岩体の上昇による減圧など）によって形成された割れ目に沿ってトラップされた流体である．この場合，流体包有物の列は結晶の端まで達している．二次包有物もまた，岩石や鉱床形成の最末期の情報を記録しているといえる．

〔中野伸彦・角替敏昭・小山内康人〕

● 文献

1) V. D. Wanless, A. M. Shaw (2012) *Nature Geoscience*, **5**, 651-655.
2) A. Tsuchiyama (1985) *Contributions to Mineralogy and Petrology*, **89**, 1-16.
3) C. W. Passchier and R. A. J. Trouw (1998) Microtectonics. Springer.
4) J. Liou, R. Y. Zhang, W. G. Ernst, D. Rumble, III and S. Maruyama (1998) High-pressure minerals from deeply subducted metamorphic rocks. In R. J. Hemley, ed., Ultrahigh-Pressure Mineralogy: Physics and Chemistry of the Earth's Deep Interior, 37, p.33-96. Reviews in Mineralogy, Mineralogical Society of America.
5) N. Nakano, Y. Osanai and M. Owada (2007) *American Mineralogist*, **92**, 1844-1855.
6) E. Roedder (1984) Fluid inclusions. Review in Mineralogy, Mineralogical Society of America, **12**.

068
オフィオライトと海洋地殻
Ophiolite and oceanic crust

図1 オマーン・オフィオライトに露出する海洋地殻下のモホ面．露頭上部のゴツゴツした岩石（地殻下部の斑れい岩）と露頭下部の平滑な岩石（マントル最上部のダナイト）の間のほぼ水平な境界がモホ面．

　固体地球の表面部分をつくる地殻は，大陸地域と海洋地域では性質が異なり，大陸地殻は花崗岩質で厚く（平均35km厚），海洋地殻は玄武岩質で薄い（平均6km厚）．オフィオライトは，過去のプレート衝突帯における造山運動によって，海洋地殻とその直下のマントル（合わせて海洋リソスフェアという）が大陸地殻に乗り上げ（衝上し），幅数km～数十km，延長数十～数百kmにわたって陸上に露出しているものをいう[1]．地球上の過去の造山帯に多くみられ，アルプス-ヒマラヤ造山帯のオマーンやトルドス（キプロス島），アパラチア-カレドニア造山帯のベイオブアイランズ（カナダのニューファンドランド島），環太平洋造山帯のパプア・ニューギニアのオフィオライトが有名である．オマーン，トルドスなど典型的なオフィオライトは，下から上へマントルかんらん岩，苦鉄質・超苦鉄質集積岩（かんらん岩，輝石岩，斑れい岩などの深成岩），シート状（層状）輝緑岩（ドレイライト）岩脈群，玄武岩質枕状溶岩，そして海洋堆積物（放散虫チャートなど）が重なるオフィオライト層序をなす．マントルかんらん岩の直下には，高温で衝上したときに形成された変成帯（メタモーフィック・ソール，下底変成域）を伴うことがある．火成集積岩の苦鉄質部分（斑れい岩）と超苦鉄質部分（かんらん岩・輝岩）の境界は，過去の地殻とマントルの境界，つまりモホ面（モホロビチッチ不連続面）に当たる（図1）．また，斑れい岩と岩脈群の境界部には斜長花崗岩が貫入していることが多い．ただし，造山運動で衝上する際などに，層序の一部が失われ，全体がバラバラになることもあり，オフィオライトの各メンバーの破片が不規則な集合体をなす地域をオフィオライト・メランジュとよぶ．特に，基質が蛇紋岩の場合は蛇紋岩メランジュとよび，高圧変成岩（藍閃石片岩，ざくろ石角閃岩，エクロジャイトなど）の岩塊を含むことがある．

　日本には，層序が完全なものとして，本州の若狭湾から岡山付近にかけて分布する夜久野オフィオライト，北海道中北部の幌加内オフィオライト，中南部（日高山脈）の幌尻オフィオライトがあり，特に夜久野オフィオライトは福井県おおい町の大島半島や高浜町の海岸線によく露出し，その基底の衝上断層やモホ面の露頭を見ることができる[2]．その他，中国山地の大江山オフィオライト，北上山地の宮守・早池峰オフィオライトも大規模なマントルかんらん岩の衝上岩塊（ナップ）をなす．蛇紋岩メランジュは北海道の神居古潭帯，北陸の飛騨外縁帯，房総半島の嶺岡帯，中国山地，四国の黒瀬川帯，北九州～長崎県西部などにあり，オフィオライト・メランジュは関東山地から浜名湖北方，紀伊半島を通って四

国西部に達する御荷鉾帯によく発達する．飛騨外縁帯（青海，小滝），中国山地（大屋，大佐山），長崎県西部などの蛇紋岩メランジュにはひすいの岩塊が含まれ，大江山オフィオライトなどにはクロム鉄鉱床が伴われる[3]．

陸上に露出するオフィオライトが本当に過去の海洋底の地殻であるかどうかは，現在の海洋底を掘削すればわかるはずであるが，まだ掘削調査は海底から2kmまでしか進んでいない．しかし，その範囲では，玄武岩溶岩の下にシート状岩脈群の存在が確認され，その下に斑れい岩があることもわかっている[4]．日本の深海底掘削船「ちきゅう」は海底下7kmまで掘る能力を備えつつあり，海底下6kmのモホ面を貫くことを目指している（モホール計画）．一方，伊豆・小笠原・マリアナ諸島の東方沖では，断層運動などにより海底にオフィオライト岩類が広く露出していて，掘削・ドレッジ（船から大きなバケツを降ろして海底の岩石を回収する）・潜水艇などの調査が行われている．

海洋地殻はプレート拡大境界の海嶺で形成され，両側へ広がっていくと考えられるが（海洋底拡大説），プレート収束境界である沈み込み帯の上でも，日本海やフィリピン海のような縁海の海洋地殻が形成される．オフィオライト（過去の海洋リソスフェア）が海嶺で形成されたのか，沈み込み帯上で形成されたのかは，化学組成を分析して判断する．その結果，最近では多くのオフィオライトが沈み込み帯上で形成されたことがわかってきた．これはそれらが，沈み込み帯で形成される高圧変成岩を伴うことと調和する[1]．

オフィオライトのかんらん岩は，マントルで部分溶融して玄武岩マグマをつくった溶け残りであるため，Al, Caなど玄武岩に多く含まれる元素が乏しい（枯渇した）ハルツバージャイトであることが多い．しかし，あまり部分溶融せずに，もとの（肥沃な）マントル物質が地表へ上昇してくることがあり，これをアルプス型かんらん岩体という．北海道様似町のアポイ岳や幌満川沿いにアルプス型かんらん岩体（レールゾライト）がよく露出し，ジオパークになっている[5]．ここのかんらん岩や斑れい岩には，マントル深部で安定だったざくろ石が上昇中に分解して生じた細かな輝石・スピネル集合体（シンプレクタイト）や，周辺部は分解し中心部が残っている赤色コランダム（ルビー）がみられる．これらは，この岩体がマントル深部から上昇してきた証拠であり，上昇途中であまり溶融しなかったことも示している．

一方，マントル上昇流（プルーム）の温度が高かった場合は，上昇中に減圧溶融により玄武岩質マグマを生じ，海洋地殻や大陸の玄武岩台地など形成する．そしてさらに高温の大規模マントル上昇流（スーパープルーム）はマントル深部で溶融を開始し，上昇するにつれて溶融程度が極端に大きくなり，コマチアイト，メイメチャイト，ピクライトなどの超苦鉄質溶岩を噴出する[6]．本州の丹波，美濃，秩父，御荷鉾，嶺岡帯，北海道の空知・神居古潭帯などの付加体中の過去の海台（巨大火成岩区（LIP））や海山の破片から，最近そのような溶岩が相次いで発見されている．

〔石渡　明・荒井章司・宮下純夫〕

●文献
1) 石渡　明（2010）地学雑誌, **119**, 841-851.
2) 石渡　明（2006）舞鶴帯・超丹波帯. 日本地方地質誌 中部地方, pp.184-201. 朝倉書店.
3) 荒井章司（2010）地学雑誌, **119**, 392-410.
4) 宮下純夫・足立圭子・海野　進（2008）地学雑誌, **117**, 168-189.
5) 新井田清信（2010）かんらん岩類. 日本地方地質誌 北海道地方, pp.158-163. 朝倉書店.
6) 高橋正樹・石渡　明（2012）火成作用. pp.149-151. 共立出版.

069 地球創生期の岩石と鉱物
Rocks and minerals in Earth's initial stage

地球は,約45.6億年前に原始惑星物質が集積したあと,マグマオーシャンの状態を経たと考えられている.その後,最初の地殻がいつどのようにできたのかを明らかにするために地球創生期の岩石や鉱物の研究が続けられている.

これまでに発見された地球最古の岩石は,カナダ,ケベック州ハドソン湾東岸のヌブアギトゥク (Nuvvuagituq) 緑色岩帯の42.8億年の角閃岩である[1].この^{146}Sm-^{142}Nd 法で求めた年代は角閃岩の原岩である玄武岩の噴出年代と解釈されているが,玄武岩のソースがマントルから分離した年代とする解釈もある.角閃岩に貫入して変成した苦鉄質岩脈は40.2億年あるいは38.7億年の年代を示す.角閃岩中の珪長質バンドのジルコンの37.5億年というU-Pb年代は変成作用の時期と考えられている.

大陸地殻は玄武岩質および花崗岩質岩石で構成される.最古の花崗岩質岩石はカナダ,スレイブ (Slave) 地域に分布する39.6億年(後の再測定で40.3億年)前のアカスタ (Acasta) 片麻岩である[2].この年代はマグマから晶出したジルコンで測定され,原岩であるトーナル岩が大陸地殻で固結した年代と解釈されている.トーナル岩は37.5億年,36億年および16億年前に変成作用を被っている.典型的な大陸地殻にはトーナル岩よりカリ長石が多い花崗閃緑岩や花崗岩が大量に分布するようになる.最古のカリ長石に富む花崗岩質岩石はグリーンランド南西部ゴットホープ (Godthaab) 地域の37.5億年前のアミツォク (Amitsoq) 片麻岩の一部を構成している.アミツォク片麻岩と近接するイスア (Isua) 表成岩はアカスタ片麻岩が見つかるまで最古の大陸地殻の断片と見なされていた.

西オーストラリアのジャックヒル (Jack Hills) の約26億年前の礫岩からは42.8億年[3]や44.0億年[4]のジルコンが見つかっている.これらは花崗岩質地殻の形成が44.0億年まで遡ることを示す.またジルコンの酸素同位体比からマグマと水との反応(44.0億年前に海洋の存在)が指摘されているが,必ずしも海洋の存在を仮定する必要はないという研究もある.

〔有馬 眞・鈴木和博〕

● 文献
1) J. O'Neil, R. W. Carlson, D. Francis and R. K. Stevenson (2008) *Science*, **321**, 1828-1831.
2) S. A. Bowring, I. S. Williams and W. Compston (1989) *Geology*, **17**, 971-975.
3) W. Compston and R. T. Pidgeon (1986) *Nature*, **321**, 766-769.
4) S. A. Wilde, J. W. Valley, W. H. Peck and C. M. Graham (2001) *Nature*, **409**, 175-178.

070 宇宙における鉱物
（宇宙鉱物学）
Minerals in space (astromineralogy)

■宇宙鉱物学

太陽系外や銀河系外の宇宙空間にも鉱物は存在するのだろうか．近年の赤外天文観測により，非晶質ケイ酸塩だけでなく結晶としても鉱物が存在することがわかり[1]，宇宙鉱物学（astromineralogy）とよばれる分野が開拓された[2]（**図1**）．

太陽系の元素存在度の主要元素はH（約90原子%）とHe（約10%）であるが，Mg, Si, Fe, S, Oは固体構成元素のおおよそ90%を占める．宇宙の元素存在度（cosmic abundances of the elements）は太陽系のそれと大きく異なることはないので，かんらん石や輝石といったMg, Feケイ酸塩や，ニッケル-鉄，硫化鉄などが，宇宙においても主要な鉱物種であることが理解される．厳密には **071 太陽系における氷・有機物** で述べるように H_2O などの氷も宇宙における重要な鉱物であるが，ここではふれない．

■星の一生と宇宙での物質循環

宇宙での物質の循環は，星の一生とかかわっている（図1）．主系列星は核融合の燃料となるHを使い果たすと晩期星となり，質量の大きな星ではやがて超新星爆発がおこる．進化末期星ではMg, Si, Fe, S, Oを含むさまざまな重元素が合成され，Hを主体とするガスとともに放出される．ガスの冷却によりケイ酸塩を主体とする1 μm以下の固体微粒子（ダスト）が凝縮し，星周塵（circumstellar dust）として観測される．星周塵はやがて星間領域に放出され，星間塵（interstellar dust）として観測される．

星間空間のガス密度の大きな領域（星間分子雲）において星形成がおこる．ガスとダスト（1%程度）は重力崩壊により集まって原始星が形成される．やがて中心星の周りを回転する原始惑星系円盤（protoplanetary disk）（太陽系ではとくに原始太陽系星雲とよぶ）にガスとダストが降着し，中心星は成長する．降着が終了すると，原始惑星系円盤では惑星系が形成され，中心星は主系列星へと進化する．以上のような星形成のさまざまな段階の若い星の周囲でも，ダスト（星周塵）が観測される．主系列星となった星はやがて終焉を迎え，晩期星を経て元素の合成と物質の循環が繰り返される．

■ダストの観測

ダストは紫外線や可視光を吸収し，分子振動の励起エネルギーに対応する赤外線を放射する．ケイ酸塩は波長がおおよそ10 μmにSi-Oの伸縮振動，20 μmにO-Si-Oの変角振動に対応する放射（あるいは吸収）をもつ．観測される赤外スペクトルは実験室内で測定された鉱物のスペクトルと比較され，鉱物種が推定されている．星周塵や星間塵にはSi-O結合に対応する吸収が観測されていたが，結晶を特徴づける吸収ピークは観測されず非晶質ケイ酸塩からなると考えられていた．1996年以降赤外線天文衛星ISOの観測により，非晶質ケイ酸塩とともに結晶質ケイ酸塩が星周塵に普遍的に存在することが明らかとなった[1]．

鉱物による赤外吸収スペクトルのピーク位置や強度と半値幅は，結晶構造だけでなく温度や化学組成・格子欠陥，またサイズや結晶形状・集合状態により変化する．主要鉱物であるかんらん石や輝石については，温度や化学組成（Mg/Fe比）だけでなく，格子欠陥や粒子形状などの情報も推定され，生成プロセスや条件の推定が可能となりつつある．他には，コランダム，

スピネル，シリカ，ウスタイト，$CaCO_3$，SiC，MgSなどの鉱物が報告されている．

■**星周塵（進化末期星）**

進化末期星星周塵は非晶質ケイ酸塩を主としている．15%程度を占める結晶質ケイ酸塩はMgの端成分に近いかんらん石やCaに乏しい輝石からなり，ガスから凝縮した非晶質ケイ酸塩の結晶化あるいはガスからの直接凝縮により生成されたと考えられる．鉄の存在形態としては，非晶質ケイ酸塩中のFeO，金属鉄，硫化鉄が考えられるが，よくわかっていない．ダストは中心星からの輻射を受け，周囲のガスを効率よく放出する働きをしていると考えられている．

■**星間塵**

星間領域のガスは難揮発性元素が欠乏しており，これらがダストとして存在している．星間塵には結晶は観測されず，ほぼ非晶質ケイ酸塩として存在していると考えられている[4]．星周塵として放出された結晶は，超新星爆発の衝撃波などにより非晶質化したと考えられる．また衝撃波による星周塵のスパッタリングや衝突による破砕と再結合がおこっているらしい．

星間分子雲では，非晶質ケイ酸塩ダストの上にH_2OやCOなどの氷が凝縮し，さらに氷表面での分子反応や紫外線照射による光化学反応で有機物が生成されると考えられる．このようなケイ酸塩-有機物-氷からなる粒子をグリンバーグ粒子(Greenburg particle)とよび，太陽系の固体原材料物質と考えられている[3]．

■**星周塵（若い星）**

若い星の星周塵も多くは非晶質ケイ酸塩である．10～20%程度のMgに富むかんらん石やCaに乏しい輝石が観測され，原材料である非晶質ケイ酸塩が加熱再結晶したか，あるいはより高温で蒸発再凝縮したものと考えられる．原始太陽系円盤内での空間分布も観測されつつあり，内側で輝石に外側でかんらん石に富んでいるという報告もある．

また，デブリ円盤とよばれる主系列星（ベガ型星）星周のダスト円盤にはFeに富むかんらん石やシリカが報告されている．惑星内部での水を含んだ部分溶融により花こう岩質物質が生成され，これが衝突で放出された可能性も指摘されている．

■**太陽系始原物質中の星間塵**

始原的な隕石や彗星塵には，進化末期星起源の大きな同位体異常をもつ星周塵起源と考えられる微細鉱物粒子が含まれ，プレソーラー粒子とよばれている．その量はわずかで(1000 ppm以下)，始原物質のほとんどは太陽系物質にみられる通常の同位体組成を有している．彗星塵中に特徴的に含まれるGEMS (glass embedded with metal and sulfide)とよばれる数百nm程度の非晶質ケイ酸塩を主とする球状物質は星間塵の生き残りかもしれない．しかし，そのほとんどは同位体異常を示さず，太陽系での高温ガスからの凝縮物という説も有力である[5]．最近，水素変成をほとんど受けていない始原的な炭素質コンドライト隕石中にもGEMSに類似した非晶質ケイ酸塩が見いだされ，これらが太陽系固体物質の材料ではと考えられている．

彗星の赤外スペクトル観測により，非晶質ケイ酸塩とかんらん石や輝石などの鉱物が見出されている．彗星は太陽系の外縁部の低温領域で形成されたもので，高温で生成される結晶質ケイ酸塩の起源が議論されてきた．スターダスト計画で彗星から採取した粒子には太陽系の中心に近い高温領域で生成されたコンドリュールやCAIとよばれる物質が含まれており，太陽系形成時に太陽系の中心部から外縁部への大規模な物質移動があったことがわかった．彗星で観測される結晶質ケイ酸塩も大規模移動の結果かもしれない． 〔土山 明〕

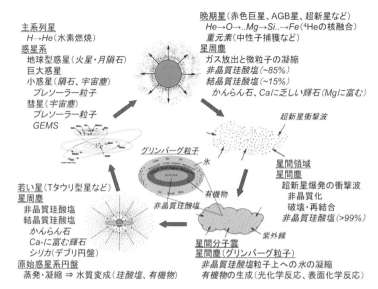

図1　宇宙における元素合成と固体（鉱物）微粒子（ダスト）の生成・進化と輪廻

● 文献
1) L.B.F.M. Waters *et al.* (1996) *Astron. Astrophys.*, **315**, L361.
2) T. Henning (2010) Astromineralogy, Springer-Verlag.
3) J.M. Greenburg (1998) *Astron. Astrophys.*, **330**, 375.
4) F. Kemper *et al.* (2004) *Astrophys. J.*, **609**, 826-837.
5) L.P. Keller and S. Messenger (2011) *Geochim. Cosmochim. Acta*, **75**, 5336-5365.

071 太陽系における氷・有機物
Ice and organic materials in the solar system

宇宙に最も豊富に存在する元素は，水素（H），ヘリウム（He），次いで酸素（O），炭素（C），窒素（N）である．つまり，宇宙は，氷や有機化合物を構成する元素，C，H，O，Nで満ちあふれている．星間分子雲に豊富に存在する塵は，鉱物，氷，有機物からなる，固体微粒子であったと考えられている．約46億年前，星間分子雲が自らの重力で収縮し，原始惑星系円盤［▶070 宇宙における鉱物］，そして太陽系へと進化した．この間に，分子雲に存在した塵同士は付着し合い，小惑星や彗星などのもととなる小天体（微惑星）に成長し，それらが互いに衝突・合体を繰り返した結果，さまざまな惑星となった．したがって，宇宙の氷や有機物は，鉱物と同様に，太陽系さらには地球の海や生命の原材料物質として重要な役割を担っている．

■氷
星間分子雲
星間分子雲［▶070 宇宙における鉱物］の赤外線観測から，固体微粒子の外側を取り囲んでいる氷の化学組成や構造に関する情報を得ることができる．その結果，H_2O が主成分であり，CO，CO_2，H_2CO，CH_3OH，NH_3 などが含まれていることがわかった[3]．このような分子の集合体である氷も広い意味では鉱物であるが，ここでは氷と区別するためにケイ酸塩などからなる物質を鉱物とよぶ．また，H_2O 氷の構造はアモルファス（非晶質）である．COは気相反応で生成されるが，それ以外の分子はすべて10 K前後の極低温の固体微粒子表面における原子結合反応で生成されることが1970年代から指摘されてきた．しかし，技術的な困難から，実験はこれまで行われてこなかった．最近，実験的研究が進展し，主要分子の生成機構がある程度わかってきた[9]．たとえば，水分子の場合，主に，

① $O_2 + 2H \rightarrow H_2O_2$,
　$H_2O_2 + H \rightarrow H_2O + OH$,
② $OH + H_2 \rightarrow H_2O + H$,

の2組の反応で生成される．このような反応で生成された氷の構造はアモルファスである．ホルムアルデヒド，メタノールは，一酸化炭素への水素原子の逐次付加反応により生成される：

$CO \rightarrow HCO \rightarrow H_2CO \rightarrow CH_3O \rightarrow CH_3OH$.

アンモニアは，窒素原子への水素原子の逐次付加反応で生成される：

$N \rightarrow NH \rightarrow NH_2 \rightarrow NH_3$.

このようにして生成された簡単な分子を含むアモルファス氷に紫外線が照射されると，簡単な分子がラジカルに分解される．何らかの原因で固体微粒子の温度が上昇するとラジカルが動きやすくなり，より大きな有機分子が生成される．このような固体微粒子から氷が蒸発すると，鉱物の上に有機物をまとった二層構造の微粒子ができる．この上に再度アモルファス氷が形成されると，三層構造の微粒子になる（グリーンバーグ粒子）．

彗星
分子雲に存在する，鉱物，有機物，氷からなる固体微粒子が太陽系星雲の材料物質になったわけであるが，太陽からの距離に応じて，異なる進化過程をたどった．原始惑星系円盤の外縁部では，温度上昇はほとんどなく，分子雲にあったアモルファス氷を含む固体微粒子がそのまま生き残った．これらの固体微粒子に太陽系の内部でつくられた高温鉱物がわずかに混じり合ってできた微惑星が彗星核である．彗星核は，直径1～20 km程度で，低密度（100

〜600 kg/m^3，低アルベド（0.01〜0.04），低強度（300 Pa）である[4]．彗星核が太陽に近づくと，固体微粒子が氷から蒸発したガスといっしょに核から放出され，直径数十万 km のコマをつくる．コマのガス分子の観測から彗星の氷組成がわかるが，分子雲の氷とほぼ同じ組成である[4]．最近，ロゼッタによる 67P/Churyumov-Gerasimenko 彗星の観測から O_2 が検出されている．氷から蒸発したガスは太陽紫外線によってイオン化し，太陽と反対方向に伸びる青白いプラズマの尾となる．一方，氷が蒸発してしまった固体微粒子は太陽光を散乱し，白く見えるゆるやかに曲がったダストの尾となる．

水分子のオルソ/パラ比から，水分子の生成温度が推定できる可能性が指摘され，それをもとに彗星氷の水分子の生成温度が 30 K 前後であるとの推定がなされてきた．しかし，最近の実験的研究によると，10 K で生成した水分子（氷）でも，オルソ/パラ比は高温の統計値を示すことが示され，彗星の観測値の再検討が必要であることが明らかになった．

原始惑星系円盤

分子雲のアモルファス氷は，原始惑星系円盤の少し温度が高い領域（80〜100 K）では結晶化し，H_2O だけからなる氷結晶（氷 I）になる．CH_3OH を含む場合，クラスレートハイドレート（水分子が籠状の格子をつくり，その中に CH_3OH が入った結晶）が生成される場合もありうる．円盤の温度がおおよそ 150 K 以上になる領域では氷結晶は蒸発する．円盤の温度低下にともないおおよそ 150 K 以下になると氷結晶が再凝縮する．最終的な円盤の温度がいかに低くても，氷が再凝縮する温度は 140〜150 K 程度なので，再凝縮してできる氷がアモルファスになることはない．

円盤の温度が 150 K になる場所は，太陽系形成モデルの依存性が大きいが，古典的な林モデルでは 2.7 AU 前後であり，これより外側の領域では H_2O 氷が存在できる．この氷が出現する境界線をスノーライン（雪線）とよぶ．スノーラインの内側では，固体惑星の材料は鉱物と有機物であるのに対し，外側ではこれらの物質に氷が加わることで，固体惑星の材料の量が相当多くなる．木星以遠の惑星が巨大になった一因として，氷の存在を指摘しておく．

氷衛星

木星以遠の惑星の衛星は，氷を大量に含むものが大部分であり，氷衛星とよばれる[5]．氷衛星の大きさは直径数〜5000 km で，密度は 1000〜3000 kg/m^3 である．表面地形は多様性に富んでおり，エウロパのようにクレーターがなく線構造（断層，拡大帯状地など）が発達したものから，カリストのように多くの衝突クレーターがあるものまで存在する．前者は惑星の潮汐力による地殻変動が活発な衛星である．氷衛星表面には氷 I の結晶が存在する．内部には高圧氷である氷 II, V, VI などやクラスレートハイドレートが存在している可能性がある．さらに，氷衛星の内部（マントルに相当する部分）に液体の水が存在している場合もあり，「海」とよばれている．土星の衛星のエンセラダスでは，火山活動によって，液体の水（マグマ）が氷と水蒸気になって噴出する様子も観測されている．木星の氷衛星では，表面に存在する氷は H_2O のみだが，エッジワース・カイパーベルト天体では，H_2O に加え CH_4, N_2, CO などの氷や有機物の存在も確認されている．

■ 有機物

星間分子雲

希薄な星間雲に存在する炭素の大部分は多環式芳香族炭化水素（Polycyclic aromatic hydrocarbons, PAHs），および高分子固体有機物またはアモルファスカーボンを主とした炭素質物質であると考えら

れている．高密度星間分子雲のガス中には，今日までに150種類以上の星間分子（ニトリル，アルデヒド，アルコール，カルボン酸，ケトン，アミン，アミド，長鎖の炭素分子（HC_nN）など）が観測されている．前述のように，固体微粒子表面では紫外線照射により分子量の大きい有機物が形成される．

原始惑星系円盤

原始惑星系円盤中のガスと塵は，衝撃波，紫外線照射，雷などのプロセスを受け，もともとの成分組成が変化する．同時に，大規模な物質混合によって，低温起源の氷・有機物と高温起源の鉱物が混じり合った微惑星が形成される．

これまでの観測・理論研究によると，円盤上層部は H_2, CO および CN, CS, C_2H などのラジカル，円盤中層部においては，HCN, H_2O, H_2CO, HCO^+ など，円盤外縁部の赤道面付近では H_3, H_2D, N_2H などが存在する．円盤内縁部の中層部から赤道面付近は，ダスト表面で生成された分子種の気相への蒸発に起因して生じた複雑な分子種が存在する可能性がある．

隕石

1969年にオーストラリアに落下したマーチソン隕石から，アミノ酸が初めて同定された．隕石に由来するアミノ酸を，生物起源のアミノ酸と比較した場合の特徴として，①α-アミノ-イソ酪酸，イソバリンなどの非タンパク性アミノ酸を含む70種以上のアミノ酸が同定されている，②分岐鎖構造が多い，③炭素数が多いアミノ酸ほど，含有量が対数的に減少する，④生物起源のアミノ酸に比べ，炭素・水素・窒素同位体比が非常に高い，⑤光学異性体をもつアミノ酸の D/L 比は，ほぼ 1:1（ラセミ体），⑥結合態アミノ酸（アミノ酸前駆分子）の含有量の方が，遊離態アミノ酸よりも多い，といった点があげられる．⑤光学異性体については，イソバリンなど数種のアミノ酸で，L 体の光学異性体過剰が見出されている．星形成領域で観測されている円偏光や，隕石母天体上の水質変成過程が，有機分子の不斉発現・増幅に影響を与えた可能性が考えられている．

マーチソン隕石を代表とする炭素質コンドライトには，約2重量％の有機炭素が含まれる．そのうち，酸不溶性の固体有機物が全有機炭素の大部分を占め，水や有機溶媒で抽出可能な有機化合物が微量含まれる．固体有機物は複雑な高分子構造からなり，1から6環程度の芳香族炭素の間を分岐鎖に富む炭素数2から9程度の脂肪族炭素とカルボニル基などの含酸素官能基がさまざまに架橋した構造をもつ．可溶性有機物には，アミノ酸のほかに，カルボン酸，芳香族炭化水素，脂肪族炭化水素，アルコール，ヘテロ芳香族化合物，核酸塩基，といった多種の有機分子が検出されている．

隕石有機物は重水素（D）と窒素15（^{15}N）に富むことから，その大部分は，分子雲や原始惑星系円盤といった極低温環境に由来する．隕石グループごとおよびグループ内にみられる元素・分子・同位体組成のバリエーションは，隕石母天体上の様々な変成作用に応じて初生有機物の組成が変化して

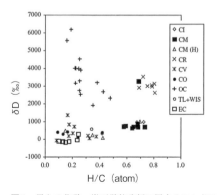

図1　異なる化学・岩石学的分類に属するコンドライト隕石から分離した固体有機物の H/C 比と水素同位体比（δD）のプロット．

いることを表す.

惑星間塵

惑星間塵は，小惑星同士の衝突に由来するものや，彗星から放出されるものを主とする．Chondritic Porous（CP）惑星間塵中の有機物では，彗星で観測された水素・窒素の同位体組成に匹敵するDや^{15}Nの濃集領域（ホットスポット）が不均一に分布する．このことからCP惑星間塵は彗星に由来し，極低温環境で形成された初生的な有機物が二次的な変成をまぬがれて保存されたと考えられている．このようなホットスポットは，隕石から分離した固体有機物からも検出されるため，隕石，惑星間塵，彗星の有機物は共通の前駆物質に由来する可能性が示唆されている．水素・窒素の同位体異常を示す領域で，数百～千nmサイズのグロビュール状有機物に対応するものも見つかっている．

彗星塵

NASAによる人類初の彗星塵サンプルリターン探査「スターダスト」では，1999年に探査機が打ち上げられ，2004年に81P/Wild 2彗星から放出された塵を超低密度多孔質のシリカエアロゲルで捕獲，2006年に地球に帰還した．様々な地上分析の結果，この彗星塵に含まれる有機物の元素・分子組成は，隕石有機物に比べて広いばらつきがあり，NとOに富む一方で，芳香族炭素に乏しいことが明らかとなった．彗星は隕石母天体よりも太陽から遠い距離に位置するため，分子雲の組成を保持しやすい．一方で隕石母天体は，原始惑星系円盤や隕石母天体上で水質，熱変成などの二次的プロセスを経験した物質を含む．そのため，多様性に富んだ始原的な宇宙有機物は，初期太陽系史においてもともとの組成を変化させ，隕石有機物が示す組成に収束していったと考えられている．採取試料からは，グリシン，メチルアミン，エチルアミンといったアミノ酸も検出されている．

火星・氷衛星

火星の北半球から，高濃度のメタン（CH_4）と水蒸気が局所的に発生していることが観測された．その濃度は夏季に高く，春季に低いという季節変動がみられた．その発生源が非生物的（地質学的）か生物的かはまだ解明されていない．

土星の衛星タイタンは，唯一大気をもつ衛星である．高層大気中での光化学反応により，N_2, CH_4から赤色の有機物（ソリン）が生成されると考えられている．探査機「カッシーニ/ホイヘンス」により，タイタン表面に液体メタンの湖があることや，種々の有機分子が存在することが確認された．こういった有機物の探査は，地球外惑星における生命存在可能性の理解を導くものと期待される．

〔香内 晃・薮田ひかる〕

● 文献
1) C. M. O'D. Alexander *et al.*（2007）*Geochim. Cosmochim. Acta*, **71**, 4380-4403.
2) G. D. Cody *et al.*（2008）*Meteorit. Planet. Sci.*, **43**, 353-365.
3) P. Ehrenfreund and S. B. Charnley（2000）*Annu. Rev. Astron. Astrophys.*, **38**, 427-483.
4) M. C. Festou *et al.* eds.（2004）Comets II, Univ. of Arizona.
5) M. S. Gudipati and J. Castillo-Rogez eds.（2012）The Science of Solar System Ices, Springer.
6) 野村英子ら（2007）日本惑星科学会誌 遊星人，**16**, 208-215.
7) S. Pizzarello *et al.*（2006）Meteorites and the Early Solar System II（D. S. Lauretta and H. Y. McSween Jr. eds.）Univ. of Arizona, pp. 628-651.
8) 薮田ひかる．科学，印刷中．
9) N. Watanabe and A. Kouchi（2008）*Prog. Surf. Sci.*, **83**, 439-489.

072
彗星物質と彗星塵
Cometary materials and cometary dust

　彗星は，海王星軌道より外側のエッジワース・カイパーベルトとよばれる低温領域で誕生し，以来46億年間低温のまま変成・変質作用をほとんど受けず，誕生時の形態を保っていると考えられている．そのため彗星物質を研究することは彗星そのものの形成のみならず，われわれの太陽系を形作った原材料としての太陽系始原物質と太陽系46億年の物質化学進化を解明することに他ならない．本項では彗星物質の化学・鉱物学的な特徴を解説する．彗星の天文・光学観測・軌道力学などに関しては専門文献を参照されたい（例えば，桜井・清水[1]）．

　彗星物質と彗星塵を分析した例は，①1986年のハレー彗星（Comet 1P/Halley）回帰に際して探査を行った旧ソ連のベガ計画（Vega1, 2）および欧州宇宙機構のジオット計画（Giotto）それぞれの探査機に搭載された質量分析器による元素化学分析，②NASAの高高度飛行機で成層圏から回収されるIDP（interplanetary dust particle，または惑星間塵）試料の直接分析，③NASAの彗星探査機スターダスト（Stardust）が地球に持ち帰ったヴィルト第2彗星（Comet 81P/Wild-2）塵試料の直接分析がある．

　ハレー彗星からの噴出物の元素質量分析では，①岩石の主要元素であるマグネシウム，ケイ素，カルシウム，鉄に富む粒子，②CHON粒子と名づけられた水素，炭素，窒素，酸素などの軽元素で構成される粒子，③①と②の混合物，が検出された[2]．この観測では鉱物種は特定できないものの，岩石質粒子それぞれのMg:Fe元素比に大きなばらつきがあることから，粒子は彗星に取り込まれた後熱変成による化学的な平衡化が起こっていないと考えられる．またCHON粒子の存在は彗星中に有機物が存在していることを示唆している．

　成層圏で回収されるIDP（大きさ3～50μm）の中でも構成元素比が始原的炭素質コンドライト隕石に似ており，岩石・有機物粒子の集合体であるCP-IDP（chondritic-porous type）は，彗星起源であると考えられている（図1）．CP-IDPは，大きさが200 nmほどの無水ケイ酸塩鉱物粒子（主にかんらん石と輝石）と非晶質ケイ酸塩粒子で構成されており，非晶質炭素質物質がそれらの粒子をつなぎとめている．CP-IDPのケイ酸塩鉱物には高速の太陽宇宙線が貫通する際にできる太陽フレアトラックが観察されることが多く，トラック密度からIDPが宇宙空間を漂流した時間を見積もることができる．CP-IDPのかんらん石・輝石粒子にはハレー彗星での観測同様にMg/Fe元素比に大きなばらつきがある．CP-IDP中によくみられる5重量％ほどのMn, Cr過剰をもつLIME（low-Fe, Mn-enrich）かんらん石・輝石は，原始太陽系星雲からの直接凝縮物であると考えられる[3]．CP-IDP中には超新星などの太陽系外天体を起源とするプレソーラーケイ酸塩鉱物粒子も認められている[4]．CP-IDP中の球状アモルファスケイ酸塩粒子（大きさ50～100 nm）はGEMS（glass with embedded metal and sulfide）とよばれ，粒子中に大きさ5 nmほどのFe-Ni合金やFe硫化物を含む．GEMSは星間粒子だと考えられてきたが，近年では個々のGEMSの酸素同位体分析などが可能になり，GEMSのほとんどは太陽系起源の酸素同位体比をもつことから，星間粒子であるものは少ないと結論づけられた[5]．CP-IDP中の炭素は有機物のケロジェンとして

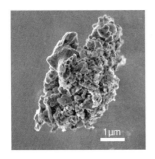 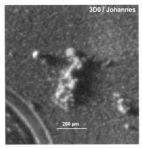

図1 （左）成層圏で回収された彗星塵の電子顕微鏡写真．彗星塵はさらに小さな鉱物粒子が寄り集まっており，粒子間の空隙には元々水や揮発性有機物の氷が詰まっていたと考えられる（NASA/Scott Messenger博士提供）．（右）ロゼッタに搭載された彗星塵撮影用顕微鏡COSISCOPEで撮影された彗星67Pの塵.

CP-IDPに含まれており，炭素質コンドライトの炭素量と比べると6倍に達することもある．また有機物中には太陽系外起源の有機物が含まれていることを示唆する大きな水素，窒素同位体異常（重水素，^{15}N過多）がみられる．CP-IDPがどの彗星からきたかは個別に特定することは不可能だが，近年では彗星塵トレイルの天文学的計算が精密になり，対地球突入速度の小さい彗星塵に的を絞った特定の彗星からの塵回収も行われ，独特の特徴をもつIDPが得られるなど大きな成果を挙げている．

スターダスト探査機が持ち帰ったヴィルト第2彗星の彗星塵中には，CAI（Ca-Al rich inclusion）やコンドリュールといった1300 K以上の高温プロセスを必要とする鉱物粒子が観察されている．そのような高温条件は，彗星ができた太陽系外縁部では起こりえないため，ヴィルト第2彗星の高温鉱物粒子は，原始太陽近傍の高温領域で形成後，初期太陽系外縁の超低温領域に運ばれ，有機物などと混ざり合い彗星中に取り込まれたと考えられる[6]．このことは原始太陽系での予想を超える大規模な物質の大循環が起こっていたことを示唆しており，少なくともこのヴィルト第2彗星に関しては，これまでの「彗星は低温物質が寄り集まり，凍ってできた天体」という定説が，完全には当てはまらないことがわかった．

ロゼッタ（Rosetta）探査機に搭載されたCOSIMA質量分析器で観察・分析された彗星塵は大きさが約50 μmから1 mmでふわふわとした集合体（図1右）で，塵の重量の50％近くが高分子化合物からなる有機物であることがわかった．有機物以外の鉱物は水質変成を受けていない無水鉱物からなることも判明した．これらの結果はチュリュモフ・ゲラシメンコ彗星が初期太陽系円盤外縁部で形成されたこと示唆している[7]．

〔中村圭子〕

● 文献
1) 桜井邦朋，清水幹夫編集（2010）彗星－その本性と起源－．朝倉書店，東京．
2) M. Fomenkova, J. Kerridge, K. Marti and L. McFadden (1992) *Science*, **258**, 266-269.
3) W. Klöck, K. L. Thomas, D. S. McKay and H. Palme (1989) *Nature*, **339**, 126-128.
4) S. Messenger, L. P. Keller and D. S. Lauretta (2005) *Science*, **309**, 737-741.
5) L.P. Keller and S. Messenger (2011) *Geochem. Cosmochem. Acta*, **75**, 5336-5365.
6) D. E. Brownlee et al. (2006) *Science*, **314**, 1711-1716.
7) A. Bardyn et al. (2017) *Monthly Notices of the Royal Astronomical Society*, **469**, S712-S722.

073 観測からみた小惑星物質
Asteroidal materials based on observation

■小惑星物質の探査法

　小惑星とは，主に火星と木星の間に存在する直径500 km程度以下の小天体であり，太陽系の生成過程で大きな惑星に成長できずに残ったものと考えられている．一部の小惑星は地球に接近する軌道をもち，それらは近地球惑星とよばれる．2010年に日本の「はやぶさ」探査衛星が近地球小惑星イトカワの物質を直接回収することに初めて成功したが，それ以前およびイトカワ以外の小惑星表面の鉱物組成（どのような鉱物がどれくらい含まれるか）については，遠隔探査で調べるしか方法がない．幸いなことに，大部分の隕石は小惑星からきていると考えられ，はやぶさ探査機による試料回収によってそれが証明されたので，隕石との対応およびその中に存在する鉱物群を主に考慮して小惑星の観測データを解釈することができる．

■造岩鉱物の可視・近赤外分光

　一概に遠隔探査といっても様々な手法と用いる波長帯があるが，地上望遠鏡を用いて小惑星の鉱物組成を調べる観測をする場合，太陽光の反射を可視・近赤外領域（波長0.4～2.5 μm）で分光測定するのが最も有効である．それは，かんらん石・輝石・斜長石などの一般的な造岩鉱物中の主成分あるいは微量成分としての鉄（Fe）の3d電子による光吸収がこの波長帯に現れるからである．図1aに示したように，かんらん石は0.85, 1.05, 1.25 μm付近の3つの吸収帯が重なって現れ，斜長石は1.25 μm付近に1つの吸収帯，輝石は1 μmおよび2 μm付近に1つずつ吸収帯を示し，その

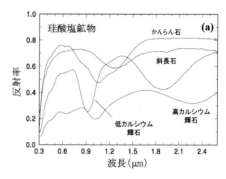

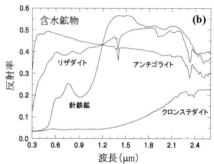

図1　小惑星からきたと考えられる隕石中に特徴的に含まれる鉱物の可視・近赤外反射スペクトル．すべてのデータはRELABデータベース[4]による．

波長位置はFeおよびカルシウム（Ca）含有量によって変化する．

　一方で，水質変成を受けた岩石には含水鉱物が含まれ，水酸基（OH）のほかに二価および三価のFeイオン（Fe^{2+}, Fe^{3+}），およびそれらの間の電荷移動による吸収を示す．暗い小惑星からきたと考えられている炭素質コンドライト隕石には，多量の含水鉱物が含まれ，それらの代表的なものの反射スペクトルを図1bに示す．特にリザダイトやアンチゴライトといった蛇紋石は，0.7, 0.9, 1.1 μmに特徴的な吸収帯を示すものが多く，地球大気の影響のため難しいOHの吸収を調べるかわりに，小惑星観測においてFeイオンの電荷移動による

0.7μmの吸収で一部の含水鉱物の存在を検出することができる.

■隕石や鉱物との分光比較から推定される小惑星表面鉱物組成

小惑星の可視・近赤外反射スペクトルを分類して,それらの鉱物組成の解釈に役立てようという研究は長く続けられており,最新のものとして,DeMeo et al.[1]が挙げられる.観測データの改良と宇宙風化の理解の進展により,小惑星のスペクトル型と隕石との対応およびそれを通して鉱物組成の理解が進んできた.ここではその一部を紹介する.

小惑星4ベスタは隕石との類似性がはじめて指摘された小惑星であり[2],HEDとよばれる玄武岩質の隕石群の大部分がベスタからきたと考えられている.図2で明らかなように,HED隕石の一種であるハワ

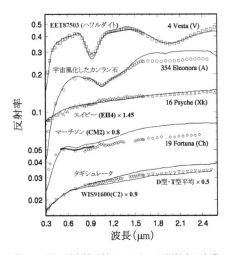

図2 可視・近赤外反射スペクトルが類似する小惑星と隕石または鉱物の組み合わせ.実線は隕石の実験室データ(RELAB[4])で,左側に名前と分類を示した.白抜きの記号および小惑星19フォーチュナの可視光領域の実線は小惑星の地上望遠鏡観測データ(PDS[5])で,右側に番号・名前・分類を示した.宇宙風化したかんらん石はYamada et al.[3]による.

ルダイトの粉とそのスペクトルが非常によく一致する.波長1μmおよび2μm付近の吸収帯は,図1aからわかるように,共存する低Ca輝石と高Ca輝石中のFe^{2+}によるものである.HED隕石は輝石の他に斜長石を多量に含み,図2で1.25μmにみられる弱い吸収の一部は図1aからもわかるように斜長石中のFe^{2+}に起因する.

小惑星(354)エレオノラおよび他のA型小惑星は,宇宙風化したかんらん石[3]に似たスペクトルをもつ.図1のかんらん石のスペクトルと比べれば明らかなように,宇宙風化によって1μm吸収帯は弱くなりかつ右上がりになる(これは赤化とよばれている).

小惑星16プシケおよび他のX型小惑星は,特に目立った吸収をもたないスペクトルを示し,エイビー隕石のようなエンスタタイトコンドライトや鉄隕石がそれら小惑星表面物質の候補の一部であり,それが正しければ,金属鉄やエンスタタイトといった極度な還元環境で生成された鉱物を含んでいることになる.

一方,19フォーチュナのようなCh型小惑星は,図2に示すように炭素質コンドライト隕石の1つであるマーチソンと同様に0.7μmのFe^{2+}-Fe^{3+}電荷移動吸収帯を示し,その表面が酸化的な環境で生成された物質でできていることを意味する.この種の隕石には,図1bに示したように蛇紋石を始めとする含水鉱物が多く含まれ,過去または現在も氷が存在して水質変成を起こしたことを物語る.「炭素質」という言葉からわかるように,きわめて細かい炭素や炭素化合物・有機物を数%含んでいるために非常に暗い物質となっている.

最後に,D型やT型といった暗くて目立った吸収を示さない小惑星は,タギシュレーク隕石などの炭素や有機物の含有量が比較的多い隕石に似たスペクトルを示す.それら隕石にも含水鉱物が含まれている

が，図2で示したよりもより長い波長である3 μm帯を測定しないとそれら含水鉱物の種類や氷の存在は確認できない．その波長帯は地球大気の吸収が強いので，地上望遠鏡による観測は限られており，「あかり」のような天文衛星や「はやぶさ2」のような探査機などからの観測が適しており，今後の良質な観測データから含水鉱物に関する情報がより多く得られると期待される．

〔廣井孝弘〕

● 文献

1) F. E. DeMeo, R. P. Binzel, S. M. Slivan and S. J. Bus (2009) *Icarus*, **202**, 160-180.
2) T. B. McCord, J. B. Adams and T. V. Johnson (1970) *Science*, **168**, 1445-1447.
3) M. Yamada, S. Sasaki, H. Nagahara, A. Fujiwara, S. Hasegawa, H. Yano, T. Hiroi, H. Ohashi and H. Otake (1999) *Earth Planets Space*, **51**, 1255-1265.
4) RELAB Database, http://www.planetary.brown.edu/relab/.
5) Planetary Data System (PDS) Asteroid/Dust Archive, http://sbn.psi.edu/pds/archive/spectra.html (Chapman and Gaffey, Bell *et al.*, Zellner *et al.*, Vilas のデータ).

074
地球外物質：隕石と宇宙塵
Extraterrestrial materials: meteorites and cosmic dust

■ 地球外物質の分類

地球に落下して回収することができた地球外物質のうちで，大きさ2mm以上のものを隕石，それ以下のものを宇宙塵という[1]．なお，最近では無人探査（ローバー）によって火星表面から隕石がいくつも発見されており，隕石の定義も厳密には変わりつつある[1]．宇宙塵という用語は星間塵の意味で使われることも多いが，ここでは惑星間空間に存在していた微粒子という意味で用いる．

■ 隕石の分類

隕石の落下時に撮影された画像やビデオから，いくつかの隕石については，地球に衝突する前の軌道が判明している．それらはみな遠日点が小惑星帯に到達する楕円軌道である[2]．このことから，ごく少数の月・火星起源のものを除き，隕石のほとんどは小惑星起源であると考えられている．2015年現在，国際隕石学会に登録されている隕石は52766個，うち月隕石は238個，火星隕石は162個である．隕石は，未分化隕石と分化隕石に大別される（図1）．未分化隕石は，隕石母天体（隕石の起源天体のこと）に集積して以降，溶融と分化過程を経験していないため，始原的隕石ともよばれる．始原的隕石はコンドライト（chondrite）隕石と同義である[2]．一方，始原的エコンドライト以外の分化隕石は，大規模な溶融過程を経験している隕石である．分化隕石は，ケイ酸塩鉱物を主体とするエコンドライト（achondrite），ケイ酸塩鉱物と自然ニッケル鉄からなる石鉄隕石（stony iron），主に自然ニッケル鉄からなる鉄隕石（iron meteorite）に大別される．また，隕石に含まれる酸素の3つの安定同位体の割合は隕石の種類によって異なることが知られている（図2）．酸素同位体比が異なる隕石は，たとえ岩石・鉱物学的によく似たものであっても，異なる隕石母天体起源と考えられる（図2のパラサイトにはこの例にあたるものが存在する）．未分化隕石においては，隕石の種類ごとに酸素同位体比が異なるが，分化隕石においては，始原的隕石との関係を示唆する酸素同位体比をもつ始原的エコンドライトと，それ以外のエコンドライトに大別される．

■ 宇宙塵の分類と特徴

宇宙塵は，回収された場所・方法によって形態や鉱物学的・化学的特徴が大きく異なり，さまざまな名称でよばれてきた．もっ

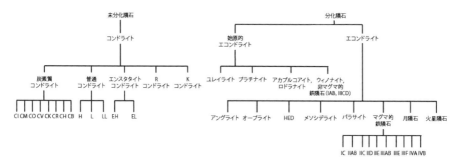

図1　隕石の分類（Weisberg et al.[2] にもとづく）

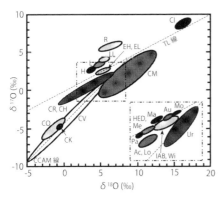

図2 各種隕石の酸素同位体比．炭素質コンドライト（CI，CM，CO，CV，CK，CR，CH），普通コンドライト（H，L，LL），エンスタタイトコンドライト（EH，EL），Rコンドライト（R），始原的エコンドライト（ユレイライト Ur，アカプルコアイト Ac，ロドラナイト Lo，ウィノナイト Wi，非マグマ的鉄隕石 IAB）エコンドライト（オーブライト Au，HED，メソシデライト Me，パラサイト Pa，月隕石 Mo，火星隕石 Ma）．

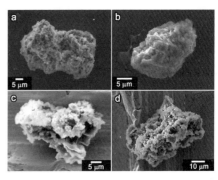

図3 惑星間塵と南極微隕石の走査電子顕微鏡写真．a) CP IDP, b) CS IDP, c) 超炭素質微隕石, d) 層状ケイ酸塩に富む微隕石

とも古くから知られているものが，大気圏突入時に大気との摩擦熱により溶融し球状になったスフェルール（cosmic spherule）である．すでに，19世紀にイギリスのチャレンジャー号の航海時に深海底より回収されており，深海底スフェルール（deep sea spherule）とよばれる．

高度20〜25 kmの成層圏で，特殊な飛行機を使って採集された宇宙塵は，惑星間塵（interplanetary dust particle, IDP）あるいは Brownlee 粒子とよばれる．もちろん，惑星間に存在する微細な地球外物質は成層圏で回収されるものだけではなく，成層圏で回収された地球外物質を惑星間塵とよんでいる．惑星間塵は5から15 μmのものが多く，主なものは，コンドライト隕石に近いバルク組成をもち1 μmに満たない微粒子がブドウの房状につながった空隙率70％にもなる CP IDP（chondritic porous IDP）と，比較的滑らかな表面をもった CS IDP（chondritic smooth IDP）である（図3）．これらのほかに，かんらん石，輝石，磁硫鉄鉱の単結晶からなるものや，コンドライト隕石に含まれる難揮発性包有物［▶079 隕石に残された太陽系の始原物質］と同様の鉱物からなるものも存在する[3]．

CP IDPの構成要素は，低Ca輝石（単斜エンスタタイトと直方エンスタタイトが単位胞スケールで積層している），かんらん石，磁硫鉄鉱，GEMS（glass with embedded metal and sulfide），それらの間をつなぐ炭素質物質などである．ホイスカ（ウィスカー）や薄板状エンスタタイト，LIME（low iron, manganese enriched）かんらん石と低Ca輝石といった特異な形状や化学組成をもつものが含まれており，これらは原始太陽系円盤中で気相成長したといわれている[3]．GEMSは，鉄-ニッケルや磁硫鉄鉱のナノ結晶を含む，直径100から200 nmの丸い非晶質ケイ酸塩であり，他の地球外物質からはほとんど発見されていない物質である．GEMSの5％程度は大きな酸素同位体異常をもつため，星間塵であったことが証明されているが，大多数

のGEMSの起源は明らかではない[3]．CP IDPは，既知のあらゆる未分化隕石よりもプレソーラーケイ酸塩を多く含むため，隕石母天体よりも始原的な天体である彗星などを起源とすると考えられている．

CS IDPは，主に，結晶度の低いサポナイト，苦灰石，菱鉄鉱，磁硫鉄鉱，ペントランド鉱からなる[3]．CS IDPには，非晶質ケイ酸塩，低Ca輝石，かんらん石などが少量含まれていることがある．水質変成作用を受けているCIやCMコンドライトに特徴的な，サポナイトと蛇紋石の混合層，あるいは，クロンステダイトとトチリナイトを含むCS IDPはごくわずかである[3]．

グリーンランドや南極の氷，あるいは，南極の雪を融解濾過することで回収される宇宙塵は微隕石（micrometeorite）とよばれる．惑星間塵より一回り大きい数十 μmから200 μm程度のものが多い．特に，南極の氷から回収された南極微隕石では，直径100 μm以下のフラクション中40から70％のものは不規則な形態をした非溶融の粒子である．南極微隕石のほとんどは，含水鉱物が大気圏突入時の加熱によって脱水分解し，1 μm未満のかんらん石，低Ca輝石，磁鉄鉱とそれらを包埋するガラスからなる組織をもつ．層状ケイ酸塩鉱物を含む南極微隕石は，全微隕石の約1％を占めるにすぎず，主要鉱物はサポナイト，磁鉄鉱（CIコンドライトに典型的にみられるフランボイドやプラケット状集合体として産する），ペントランド鉱，苦灰石，菱鉄鉱である（図3）．CS IDPの場合と同様に，CIやCMコンドライトのマトリックスに特徴的な鉱物を含むものは比較的少ない．微斑晶質，棒状かんらん石組織などの火成組織をもつコンドルール（コンドリュール）様物体を含むものや，難揮発性包有物と同様の鉱物からなるものも存在する．南極微隕石の酸素同位体組成は，ほとんどが炭素質コンドライト隕石と成因的な関係があることを示唆している．また，南極の雪から回収された非常に炭素に富む微隕石（図3）は，原始太陽系円盤の外縁部で形成されたと考えられる大きな重水素異常をもつ有機物を含んでいる．さらに，CP IDPと全く同じ特徴をもつものも見つかっている．このことは，南極微隕石も，小惑星だけでなく彗星などのより始原的天体を起源とする物質を含むことを示唆している．

〔野口高明・中村智樹〕

●文献
1) A.E. Rubin and J.N. Grossman (2010) *Meteorit. Planet. Sci.*, **45**, 114-122.
2) M.K. Weisberg, *et al.* (2006) Systematics and evaluation of meteorite classification. In：Meteorites and the Early Solar System. (D.S. Lauretta and H.Y. McSween eds.) University of Arizona Press, pp. 19-52.
3) J.P. Bradley (2003) Interplanetary dust particles. In：Treatise on Geochemistry, Vol. 1. (A.M. Davis ed.) Elsevier, pp. 689-711.

075
はやぶさ計画
Hayabusa mission

宇宙航空研究開発機構（JAXA）の小惑星（asteroid）探査およびサンプルリターン計画（sample return mission）である．探査機は2003年5月に打ち上げられ，2005年9月に小惑星イトカワに到着，約2か月間のリモートセンシングを行うとともに，人類史上はじめて小惑星表面への着陸とサンプル採取を行った[1,2]．小惑星は太陽系形成時に惑星まで成長できなかった小天体であり，太陽系形成時とその後の進化の情報を有している．

それまで知られていた10 km以上の比較的大きな小惑星の表面は，月と同じようにレゴリス（regolith）とよばれる天体衝突によってできた細かな砂に覆われ，天体衝突でできたクレーターが存在している．小さな小惑星であるイトカワ（535×294×209 m）の表面は，大きな岩（最大50 m）がゴロゴロしており，レゴリスからなるわずかな領域も存在することが初めてわかった（図1）[1]．可視～近赤外反射スペクトルから，表面物質は宇宙風化（space weathering）を受けたLLコンドライト（chondrite）（始原隕石（meteorite）である普通コンドライトの一種）に対応し[2]，天体の密度が低いことや表面の特徴から，イトカワは大規模衝突によってできた瓦礫が集積したラブルパイル天体であることがわかった[1]．

サンプルは2010年6月地球に帰還し，2012年の時点で2000個ほどのイトカワ粒子（最大数百 mmで多くは10 mm以下）が見いだされている（図2）．2011年に初期分析[3〜10]が行われ，反射スペクトルから推定されていた隕石と小惑星との関係を物質科学的に実証するとともに，大気のない小天体表面での様々なプロセスを明らかにした．その概要は以下の通りである（図3）．①LLコンドライトからなる母天体の大規模破壊とその一部破片の再集積でイトカワが形成された[3〜7]．②親鉄元素組成は太陽系初期の元素分別プロセスの痕跡をもつ[5]．③粒子は衝突破片であり，一部摩耗されている[7]．④粒子表面には太陽風希ガスが打ち込まれ[8]，反射スペクトルを変化

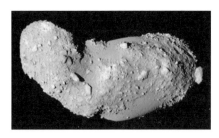

図1 はやぶさが撮影した小惑星イトカワ（画像：JAXA）

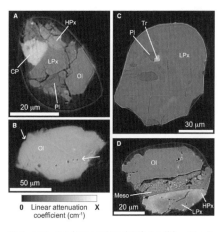

図2 はやぶさ粒子の断面（X線CT像）．Ol：かんらん石，LPx：低Ca輝石，HPx：高Ca輝石，Pl：斜長石，CP：Caリン酸塩，Tr：トロイライト，Meso：メソスタシス（Tsuchiyamaら[7]による）．

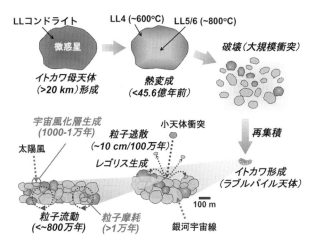

図3 はやぶさサンプル初期分析結果の概要（橘省吾博士（東京大学）の原図を一部改変）

させる原因である宇宙風化層（鉄に富むナノ粒子を含む非晶質ケイ酸塩層）が形成されている[6]．⑤粒子表面にはナノクレータが存在する[9]．⑥有機物は見いだされていない[10]．

2012年からは国際公募分析が開始され，小天体表面でのプロセスの統一的理解など，今後さらなる成果が期待される．

〔土山　明〕

● 文献
1) A. Fujiwara et al.（2006）Science, **312**, 1330.
2) M. Abe et al.（2006）Science, **312**, 1334.
3) T. Nakamura et al.（2011）Science, **333**, 1113.
4) H. Yurimoto et al.（2011）Science, **333**, 1116.
5) M. Ebihara et al.（2011）Science, **333**, 1119.
6) T. Noguchi et al.（2011）Science, **333**, 1121.
7) A. Tsuchiyama et al.（2011）Science, **333**, 1125.
8) K. Nagao et al.（2011）Science, **333**, 1128.
9) E. Nakamura et al.（2012）PNAS, **109**, E624.
10) H. Naraoka et al.（2012）Geochem. J., **46**, 61.

076 サンプルリターン計画
Sample return mission

　宇宙機（spacecraft）が目標の天体からサンプルを採取して地球に持ち帰る探査計画を，サンプルリターン計画とよぶ．採取されたサンプルは地球上での大気や有機物などの汚染がなく，どの天体のどの領域から採取されたかという地質情報が付帯するため，隕石や宇宙塵のようなサンプルからは得られない貴重な情報が得られる．

　米NASAのアポロ（Apollo）計画により，有人探査機が月に着陸し，1969〜1972年にかけて人類史上初めて月のサンプル（387 kg）が持ち帰られた．分析により，初期の月でのマグマの海（magma ocean）の存在が明らかにされ，地球成因論にも大きな影響を与えた．また，1970〜1976年には旧ソ連のルナ（Luna）計画（無人）により約200 gの月サンプルが得られている．

　月サンプルリターン計画は米ソ冷戦時代が背景にあり，その後しばらくサンプルリターンは行われなかった．今世紀に入り，比較的小型の無人探査機により科学的に興味の高い天体から少量のサンプルを採取するというコンセプトで，サンプルリターン計画は復活した．2006年のスターダスト（Stardust）計画（NASA）では，持ち帰られたヴィルト2（Wild2）彗星の塵（数十μm以下）の分析により，太陽系外縁部でできたサブミクロンの微細粒子集合体だけでなく，太陽に近い高温領域で形成された物質（コンドリュール，CAI）の破片が見出され，太陽系形成時には50億kmにもおよぶ大規模な物質移動があったことが明らかとなった．2010年には日本のはやぶさ計画（JAXA）により小惑星イトカワの粒子が持ち帰られ，隕石と小惑星の関係が直接明らかにされるとともに，小惑星上でのプロセスが解明されつつある［▶075 はやぶさ計画］．宇宙空間で太陽風粒子を捕獲したNASAのジェネシス計画（2004年）は原子レベルでのサンプルリターンである．サンプルカプセルが地球に激突して地球物質の汚染を受けるというトラブルに見舞われたが，太陽の酸素同位体組成が明らかにされた．

　これまでのサンプルリターン計画でなされてきた太陽系や惑星の起源を探る上でのエポックメーキングな発見を受けて，日本ではC型小惑星リュウグウをめざす探査機「はやぶさ2」が2014年に，米国ではB型小惑星Bennuをめざす探査機オシリス・レックス（OSIRIS-REx）計画，2016年に打ち上げられた．両計画の対象天体は反射スペクトルが炭素質コンドライトと類似し，イトカワとは異なり，小惑星での加熱の程度が小さく，有機物や含水鉱物などを含む試料の回収が期待されている．地球帰還はそれぞれ2020年，2023年が予定されており，回収試料を2020年代の最先端技術で分析することにより，太陽系初期の物質進化について，特に地球の海や生命の材料となりうる氷や有機物の小天体における進化に関して，新たな知見を得ることが目標とされている．

　小惑星や彗星核など小天体からのサンプルリターンミッションは，他にも提案がなされており（火星衛星サンプルリターン計画（JAXA），彗星表面サンプルリターン計画（NASA）），2020年代は，小天体からのサンプルリターンをめざす探査機が惑星間空間を飛び交う大航海時代となるだろう．大型天体では，2010年代後半から2020年代に実施をめざす火星や月からのサンプルリターン計画が世界各国で提案されている． 〔土山　明・橘　省吾〕

077
極地から採集される地球外物質
Extraterrestrial materials collected from polar region

■ 南極隕石 (Antarctic meteorite)

　南極で発見採集された隕石を総称して南極隕石とよんでいる (図1). これまですでに日本, 米国を中心に約4万5000個の隕石を南極で採集している. このうち日本南極地域観測隊が発見し, 国立極地研究所が保管する南極隕石は現在約1万7700個に及ぶ. もちろん世界最大の隕石コレクションの一つである. 南極隕石の発見以前は世界でおよそ2500個, 日本では40個の隕石しか知られていなかった. これらの膨大な数の隕石が発見採集されたのは, 1969年の第10次南極地域観測隊 (以後第10次隊のように表記), 1973年の第14次隊の発見に続いて, 1974年に第15次隊がやまと山脈周辺の裸氷上から663個の隕石を発見採集したことに始まる. そしてこれらの中に多種多様な隕石が含まれたことから, あとで述べる内陸山脈周辺に隕石が集積されるという仮説が提案された.

南極隕石発見史

　南極での最初の隕石の発見は1912年のモーソン隊 (オーストラリア) による. そして第15次隊の大量の隕石発見をきっかけに, 大量発見の時代にはいる. 1974年に発見されたYamato-74隕石とそれ以前の発見とではその意味が大きく異なる. その違いというのは, 初めて1個の隕石が南極で発見されてから, 第14次隊の12個までの27個の隕石は, 地質調査や氷河調査時に偶然発見されたものである. それに対してYamato-74隕石以降は, 隕石が発見できることが期待できる場所で, 隕石を捜すことを目的として組織的な探査を行って発見された隕石であるからである (図2). 1976年から3年間, 南極横断山脈の一角で日本の主導で日米共同の隕石探査を行い, 600個を越える隕石を発見採集している. さらに, 1979年には第20次隊の隕石探査隊が, やまと山脈で, 3600個を越える隕石を発見採集した. この中には地球上で初めて発見された月隕石も含まれる. さらに, ベルジカ山脈にも調査域を拡げ, 5個ではあるが隕石を発見して, 新たな隕石産地を開拓した. その後1986年までの間に, やまと山脈 (Yamato Mountains) 周辺では雪氷調査や地質調査に付随して隕石探査が行われ, 第23次隊 (1982年) の211個, 第27次隊 (1986年) の814個を含む1200個を越す隕石が採集

図1　やまと山脈裸氷帯で見つかった50 kgの隕鉄 (第41次隊).

図2　裸氷帯での隕石探査風景 (第41次隊). 背景にやまと山脈. 大型雪上車1台とスノーモービル数台がゆっくり並走して隕石を捜す.

された．1987年から1989年にかけては第29次隊によって，セールロンダーネ山地 (Sør Rondane Mountains) 周辺において，第20次隊以来9年ぶりの本格的隕石探査が行われ，約1900個の隕石が発見採集された．これらの隕石は，日本がこの山地近くに開設した基地の名前を取って Asuka 隕石と命名された．1998年には第39次隊がやまと山脈では第20次隊以来19年ぶりに本格的な隕石探査を行い，4100個を越す隕石を採集した．ベルジカ山脈においても32個の隕石を採集している．さらに2年後の2000年には，第41次隊がやまと山脈において3500個を越す隕石採集に成功している．さらに2009年，2010年，2012年のベルギーとの共同探査で発見した約1270個が加わった．

日本隊の成果に刺激された米国の科学者は，3年間の日米共同隕石探査以降，継続して南極横断山脈周辺に点々と発達する裸氷で隕石探査を続け，2012年までに約2万個の隕石を採集して，日本の隕石数を抜いた．またヨーロッパの科学者は EUROMET という組織をつくって南極での隕石探査に乗り出し800個をこえる隕石採集に成功している．さらに中国隊は中山基地（Zhong Shan Station）に近いグローブ山脈（Grove Mountains）で隕石探査を行い，1万個を越す隕石を採集しているという情報がある．

南極隕石の特徴

南極隕石の特徴としてあげられるのは，まずその数の多さであろう．同時に落ちた複数の隕石や，裸氷上で一つの隕石が壊れた複数のかけらを別々の隕石として数えていることも数の多さの要因になっているが，そのことを差し引いても膨大な数である．また，数が多いと同時に，その隕石の種類が多いこと，きわめてまれな隕石種を多く含むことが大きな特徴としてあげられる．隕石は50種類以上に分類されるが，南極隕石はそのほとんどを網羅する．月隕石（Lunar meteorite）は南極で初めて発見されたし，11個の火星隕石（Martian meteorite）を日本隊が採集している．ロードラナイト（Lodranite）という種類の隕石は南極で発見されるまでは世界で1個が知られているのみであった．

南極，特に内陸ではほとんど生物が生息せず，土もない．だから，これらからの汚染をほとんど受けていない清浄な状態で隕石を採集することができる．このことも大きな特徴としてあげられる．これは，隕石中の微量な成分，特に有機化合物の情報を取り出すときに重要である．地球起源の物質で汚染されてしまえば，隕石が本来もっていた微量な化合物の分析を妨げるし，たとえ微量な成分を検出できたとしてもそれが本来隕石に含まれていたものか，地球で汚染されたものかの区別できなくなってしまうからである．

隕石集積機構

南極大陸では氷床の厚さが平均でも1900mに達する．この氷床は低い所へと流れ，最終的に氷山となって海へと流れ出す．氷の流れが山脈にぶつかるとそこでせき止められて，夏でも－10℃という気温にもかかわらず，強い風と日射によって年に10cm近いスピードで氷が昇華によって消耗していくのである．これにより数万年から数十万年の時間が経過するとkm単位の厚さの氷がなくなる．氷とともに移動してきた隕石は昇華することはないので氷の上に取り残される．これが隕石集積機構である．

やまと山脈では，短期間で探査をくり返してもたくさんの隕石が発見される場所が数カ所ある．これらの場所には地形的な特徴がある．風上側が高くなった氷丘の裾野に広がったほぼ平らな裸氷帯である．前日走った雪上車のシュプールのわきで隕石が見つかることもある．これらの隕石の多く

は数十g以下である．短時間で氷が消耗してその場所に出てきたとは考えにくい．これらの隕石は風上の高いところから強い風で運ばれてきたと考えることができる．これは新たに見出された2番目の隕石集積機構になる．

■宇宙塵（cosmic dust）

宇宙塵とは

宇宙塵とは，地球外物質のうち，大きさが1mmにも満たない宇宙から地球に落下した小さな固体物質をさし，より大きな隕石と区別している（図3）．太陽系で観測される塵にも用いられるが，ここでは該当しない．宇宙塵は微隕石（micrometeorite）ともよばれる．宇宙塵には，隕石に比べて宇宙線生成核種が高濃度で含まれるので，地球への落下時に隕石が砕けて小さくなったのではない．隕石の母天体とは異なる彗星などの小天体に由来するものも多く含まれると考えられている．宇宙塵のほとんどすべてはコンドライト的特徴を有し，エコンドライト的組成をもつものはほとんど知られてない．回収型

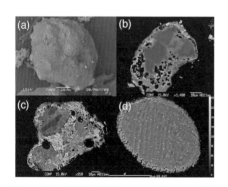

図3 東南極沿岸裸氷帯（とっつき岬付近）で採集された宇宙塵の走査型電子顕微鏡の反射電子像．(a) 非溶融宇宙塵の外部観察．(b) (a)の研磨断面組織．輝石（エンスタタイト）を含む．(c) 含水ケイ酸塩を含む宇宙塵の研磨断面組織．(d) 全溶融宇宙塵の研磨断面組織．棒状かんらん石と磁鉄鉱を含む．

人工衛星に衝突した宇宙塵の数密度分布から，宇宙塵は地球表層に年間約4万トン降下すると見積もられている．この量は，直径約100μmの宇宙塵1個の質量は約1μgなので1m^{2}あたり約100個落下していることに相当する．

宇宙塵の採集

極地では宇宙塵が効率よく採取できる．1980年代にグリーンランドの湖底堆積物や氷床の融解部のクリオコナイト（cryoconite）から宇宙塵が大量採集されたことから注目されるようになった．この微隕石は地表での風化による変質をやや受けていた．その後，南極大陸沿岸域の裸氷帯や内陸の隕石フィールドの裸氷帯からも数十トン以上の大量の氷を溶融・ろ過することによりあまり風化を受けていない宇宙塵を効率よく採集できることがわかった．最近では，宇宙塵は降雪量の少ない南極氷床ドーム域から比較的高い濃度で良質の試料の採集できることがわかった．とりわけこの地域の雪に含まれる宇宙塵は落下後の機械的な破壊を免れるために脆い宇宙塵を保存している．この種の塵は成層圏で採集される惑星間塵とよぶ宇宙塵に類似することが確認されている．この発見には，日本の南極観測隊が大きく貢献した．また，南極点に位置するアムンゼン・スコット基地の造水槽では幅20m以上，深さ100m以上にも及ぶ深さの井戸を雪面下の氷の層につくり，8000トン以上の水をつくっている．この中からきわめて多く（数千個以上）の宇宙塵が採集されている．さらに，南極横断山脈山頂の堆積物の中に濃集した宇宙塵が見つかっている．こうした南極域で採集される宇宙塵を南極宇宙塵や南極微隕石（Antarctic micrometeorite）という．なお，宇宙塵は南極隕石の見つかる裸氷に濃集しているわけでない．

宇宙塵の種類と特徴

大部分の宇宙塵（約90%）は大気圏突

入時の加熱により大規模な溶融を受けており球形をしている．しかし，中には大気圏への入射角度や突入時の地球との相対速度の下限により大規模な溶融を免れたのもある．このうち溶融度が特に低い宇宙塵を非溶融宇宙塵という（図3 a, b, c）．非溶融の宇宙塵からは，かんらん石（olivine），輝石（pyroxene），鉄ニッケル合金（カマサイト，kamacite），含水ケイ酸塩（phyllosilicates），斜長石（plagioclase），鉄硫化物（iron sulfide），シリカ（silica），クロム鉄鉱（chromite），などが産出する．粗粒（数 μm）の粒子はコンドライト（chondrite）のコンドリュール（chondrule）と関連し，細粒（サブミクロン）の粒子は非平衡コンドライトのマトリックス（matrix）と関連する．また，水質変成を受けた宇宙塵はCM2コンドライトなどと関連する．大気圏で全溶融を受けるとその多くは冷却時に融体から棒状かんらん石が析出し特徴的な組織を呈する（図3d）．その他，細粒のスコリア質の宇宙塵も知られている．これは，含水鉱物が大気加熱中に脱水分解したことによりできたと考えられる．宇宙塵からは，隕石にはみられない重要な知見も得られつつある．炭素質コンドライト隕石の炭素量よりはるかに多い炭素を含む，超炭素質の宇宙塵，プレソーラー粒子（超新星起源の塵）を高濃度で含む宇宙塵，およびスターダスト探査機により81P/Wild 2彗星から回収された塵と一致する宇宙塵などはその例である．探査機によるリターン試料や微小領域の高精度分析技術の進歩とともに今後その重要性は増すであろう．〔小島秀康・今栄直也〕

●文献
1) 小島秀康（2011）南極で隕石をさがす．pp. 188，極地研ライブラリー，成山堂書店．
2) M. Maurette（2006）Micrometeorites and the Mysteries of Our Origins. pp. 330, Springer.

078 コンドライト隕石
Chondritic meteorites

■ **コンドライト隕石の特徴と構成物質**

コンドライト (chondrite) は隕石全体の約85%（落下隕石での頻度）を占めるもので，コンドルール（コンドリュール，chondrule）とよばれる球状物体を含むことからコンドライトとよばれる．コンドライトにはさまざまな種類のものが含まれるが，全体として太陽系元素存在度に近い化学組成をもち，かんらん石，輝石，自然鉄 (Fe-Ni 合金) やトロイライトが主要構成鉱物である．また天体内部での溶融分化作用を経ていない，という特徴がある．このため太陽系最初期の物質情報を保持しているものとされる．

コンドライトの中でも熱変成作用などを受けていないものはコンドルール，CAIなどの難揮発性包有物，鉱物片，マトリックスから構成されている [▶079 隕石に残された太陽系の始原物質]．鉱物片はケイ酸塩あるいは不透明鉱物からなるもので，組織からはコンドルールとは認識されないものである．一方，マトリックスは他の構成物質の間を埋める細粒物質で，含水ケイ酸塩鉱物，かんらん石，輝石，不透明鉱物などからなるが，マトリックス中の鉱物の量比はコンドライトごとに大きく変動する．

■ **コンドライトの分類**

コンドライトは炭素質コンドライト (carbonaceous chondrite)，普通コンドライト (ordinary chondrite)，エンスタタイト・コンドライト (enstatite chondrite) という3種類に大別される．各々の存在度はおおよそ5%, 93%, 2%である．これらはさらに多くの化学的グループに細分される．また，以上に含まれない，R, Kコンドライトも知られている．各グループは酸素同位体比も異なり，グループの違いは母天体に集積する以前の形成環境や場所により決まったと考えられている．さらに分類未詳のものも少数存在する．

コンドライトはさらに岩石学的タイプ1～6に区分される（**図1～4**）．このうちタイプ3が最も始原的なものとされ，コンドルールやマトリックスが明瞭に認識される．コンドルール中にはガラスや集片双晶を示す単斜エンスタタイトが含まれる．タ

図1 Yamato-86720 隕石（CM）．水質変成作用によりコンドルール中のもともとの鉱物が変質している．国立極地研究所所蔵，幅 3.5 mm. 薄片の透過顕微鏡写真（開放ニコル）．（以下同じ）．

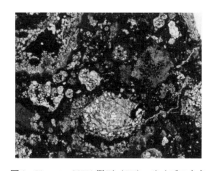

図2 Yamato-86751 隕石（CV）．サイズの大きいコンドルールが含まれる．国立極地研究所所蔵，幅 3.5 mm.

図3 Yamato-74660 隕石 (LL3). 球形のコンドルールが明瞭に認識できる. 国立極地研究所所蔵, 幅 3.5 mm.

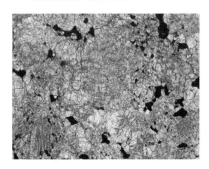

図4 Yamato-791077 隕石 (L6). 熱変成作用によりコンドルールの輪郭は不明瞭である. 国立極地研究所所蔵, 幅 3.5 mm.

イプ3はさらに3.0〜3.9に細分される. タイプ4〜6は母天体での熱変成作用の程度を表している. タイプ6では強い熱変成による粒成長のため明瞭なコンドルールはほとんど認められず, 熱変成作用に伴ってガラスから形成された斜長石が普遍的に認められる. 一方, タイプが2, 1となるにつれ, 含水量や含水ケイ酸塩鉱物の量比が増加し, 水質変成作用の程度が高くなり, 無水ケイ酸塩鉱物の存在量は減少する. タイプ1ではコンドルールは認められない.

■コンドライト各論

炭素質コンドライトはさらに化学組成や酸素同位体組成などにより CI, CM, CO, CV, CR, CH, CB, CK グループに細分される. このうち CI は太陽系元素存在度を推定するために重要な隕石である. CI はほぼマトリックスからなるが, 他の炭素質コンドライトはさまざまな量比でコンドルール, 難揮発性包有物も含む. CI はタイプ1, CM, CR はほぼ2で, 水質変成作用を受け, 蛇紋石, トチリナイトなどの含水鉱物を含む. CK にはタイプ4〜6のものが含まれるが, CV, CO はタイプ3であり, 始原的な特徴がほぼ保持されている.

普通コンドライトはコンドライト中最多の隕石で, さらに化学組成, 鉱物組成などにより H, L, LL に細分される. 難揮発性包有物をほとんど含まず, タイプ3のものではコンドルールが主要構成物質である. 普通コンドライトの大部分のものは岩石学的タイプが4〜6である.

エンスタタイト・コンドライトはさらに化学組成, 鉱物組合せなどにより EH, EL に細分される. タイプ3のものではコンドルールや鉱物片が主要構成物質であり, 難揮発性包有物をほとんど含まない. また, 岩石学的タイプはどちらも3〜6である. エンスタタイト・コンドライトにはオルダマイト (Oldhamite, CaS), ナイニンゲライト (Niningerite, MgS), ペリアイト (Perryite, $(Ni, Fe)_8(Si, P)_3$) などの特異な鉱物が含まれる. これはエンスタタイト・コンドライトが極めて還元的な環境下で形成したことを示す. 〔木村 眞〕

●文献
1) M.K. Weisberg, T.J. McCoy and A.N. Krot (2006) Systematics and evaluation of meteorite classification. In: Meteorites and the Early Solar System II. (D.S. Lauretta and H.Y. McSween, Jr. eds.) The University of Arizona Press, pp. 19-52.
2) E.R.D. Scott and A.N. Krot (2005) Chondrites and their components. In: Treatise on Geochemistry 1, Meteorites, Comets, and Planets. (A.M. Davis ed.) Elsevier, pp. 143-200.

079
隕石に残された太陽系の始原物質
Primitive materials of the solar system recorded in meteorites

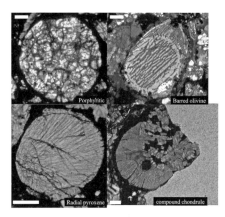

図1 さまざまなコンドリュールの組織．白いスケールバーはすべて100μm（左上：porphyritic，右上：barred olivine，左下：radial pyroxene，右下：複合コンドリュール）．薄片の光学顕微鏡写真．

コンドライト隕石を特徴づけているのは，コンドリュール（chondrule）とよばれる岩石質の1mm以下の微小な球粒物質である．主にかんらん石やCaに乏しい輝石などの高温で液相から結晶化するケイ酸塩鉱物で構成されており，個々の鉱物の化学組成にはばらつきがあるが，コンドリュール全体の平均組成は太陽系の平均的な化学組成に近い．これらの鉱物を構成するMg, Si, Fe以外の元素は鉱物間を埋めるメソスタシス（ガラスあるいはこれが再結晶した微細結晶の集合体）に濃縮している．このほかに，コンドリュールの内部や表面には鉄ニッケル合金や硫化鉄の粒子も存在している．コンドリュールは，原始太陽系星雲中の微小な塵が高温（平均組成の融点である2000K程度）により溶融し，表面張力で球形になった後，再固化してできたと考えられている．また，冷却が「ある程度」急激だったため，主要構成鉱物以外は結晶化できず，ガラスになった（急激すぎるとかんらん石や輝石すら結晶化できない）．年代測定の結果から太陽系の最初期に形成されていることがわかっている．普通コンドライトで体積の80%，炭素質コンドライトでも50%をコンドリュールが占めており固体惑星形成に重要な役割を果たしたと考えられている．

コンドリュールには，地上の岩石にはみられない様々な特徴がある．結晶組織は90%以上がporphyriticとよばれる斑状組織を示しているが，その他にも化学組成や冷却速度，また結晶化過程の違いによりbarred olivineやradial pyroxeneとよばれる，急速な結晶成長によるきわめて特徴的な組織を示す（図1）．地球上でも超苦鉄質マグマが急冷した岩石には同様の結晶組織がみられる．この特徴的な組織の形成条件を調べるため，過去に岩石の加熱溶融・再固化する再現実験が行われてきた．従来の再現実験により，完全なメルトからはbarred olivine, radial pyroxeneが，部分的なメルトからはporphyriticなものが生成されること，またその冷却速度が見積もられている（数十～数千℃/hr）[1]．しかし結晶組織の完全な再現は非常に難しく，特にbarred olivineコンドリュールは未だに完全な組織の再現には至っていない．また，コンドリュールどうしが付着した，複合コンドリュール（compound chondrule）とよばれる構造も，コンドリュール100個に1個程度の割合で観察されている（図1）．これは溶融状態のコンドリュールがすでに固化したコンドリュールと衝突することで形成されたと考えられており，形成時にきわめて狭い空間内でコンドリュールの溶融

状態が不均質であったことを示している．また，コンドリュールの内部に別のコンドリュールの破片などが取り込まれていることがあり，このことからコンドリュール形成は一度きりではなく，継続的に複数回起こったと考えられている[2]．

コンドリュールの特徴の中には結晶組織などと違い，コンドライトのクラスごとに変化するものがある．例えば，同じ炭素質コンドライトでも，コンドリュールの平均的なサイズは大きく異なっている．CV コンドライト中のコンドリュールの直径は $500\ \mu m$〜数 mm と非常に大きく，一方で CO コンドライトのコンドリュールの直径は CV コンドライトの 1/2〜1/3 程度しかない．また，コンドリュールの酸素の同位体（質量数が 16, 17, 18 の 3 種類）組成も，コンドライトのクラスによる特徴がみられる．このような特徴はコンドリュール形成が単に加熱現象だけによって特徴づけられているのではなく，前駆物質の特徴，または原始太陽系におけるコンドリュールの形成領域の環境などにも影響を受けていることを示している．

CAI (Calcium-Aluminium rich Inclusion) はコンドリュールと並んで重要なコンドライト中の包有物である．名前が示すとおりコンドリュールとは違って Ca や Al に富み，メリライトや Ca に富む輝石をはじめ，斜長石，ヒボナイトやコランダムなどの鉱物からなる．これらの鉱物の組み合わせは太陽系の平均的な組成の高温ガスが冷却するとき最初に凝縮する鉱物群と一致している．サイズはコンドリュールより小さいものから数 mm〜数 cm 程度の大きいものまで幅がある．形状もコンドリュールとは違い不定形の物もあり，白っぽい包有物として肉眼でも容易に識別できる．この CAI は組成や組織から非常に細かく分類されている．構成鉱物の粒径から粗粒タイプと細粒タイプに大まかに分類され，また粗粒タイプの CAI はさらにメリライトの存在度が高いものを A，Ca に富む輝石の存在度が高いものを B，斜長石に富むものが C と分類される．さらにタイプ A は fluffy と compact，タイプ B はメリライトのマントルをもつ B1 ともたない B2 に細分類されている．タイプ A の CAI は気相成長した鉱物がそのまま凝集し，タイプ B の CAI はさらにコンドリュールのように一度加熱され，溶融後に固化したものと考えられている[3]．

CAI の存在度はコンドリュールと比べると非常に低い．もっとも存在度の高い CV コンドライトでも全体積の 10% 以下であり，その他の炭素質コンドライトでは体積の 1〜3% を占めるにすぎない．普通コンドライトやエンスタタイトコンドライトではきわめてまれにしかみられない．しかし，それでもこの CAI が重要なのは，この CAI が 45.67 億年という，太陽系の物質の中で最も古い年代を示すからである．さらに酸素同位体も隕石中の物質の中ではもっとも質量数 16 の酸素に富んでおり，CAI が隕石中でも特異な存在であることを示している．

コンドライトのもう一つの構成要素は，コンドリュールや CAI の周りを埋めている微粒子（マトリックス）である．マトリックスを構成する鉱物のほとんど大部分はコンドリュールや CAI を形成した環境でできたと，その酸素同位体組成の類似性から考えられている．しかしながら，まれではあるが，太陽系形成前の物質であるプレソーラー粒子や特異な重い酸素同位体組成をもつ宇宙シンプレクタイトとよばれる物質を含んでいる[4]．また，分子雲や原始太陽系円盤外縁の極低温環境で形成した有機物も含まれている．また多くのマトリックス鉱物はコンドライト母天体の水質変成により変質していることがある．

コンドリュールは平均して CAI から 200

図2 Allende炭素質コンドライト隕石（CV）中のCAIとコンドリュール．スケールは1mm間隔．大きな白い物質CAI．球状や不規則状のいろいろな形状がある．周囲の小さな盛り上がった球状を呈しているのがコンドリュール．その間をマトリックスが埋めている．薄片の光学顕微鏡写真．

万年後に形成されているが，コンドリュールがCAIを含んでいたり，逆にCAIがコンドリュールを含んでいるものも発見されている．したがって両者の形成過程は一定の期間継続して起こっており，その期間が一部オーバーラップしていたと考えられる．いずれにしても，これらの包有物はその他の隕石中の物質と比べて非常に古い年代を示しており，このことから，太陽系が最初期には活発に活動していて，頻繁に高温状態が引き起こされていたと考えられる．この高温現象の候補としては太陽フレア，原始太陽系に存在した星雲ガスの衝撃波による摩擦加熱や放電現象による加熱，またはすでに形成が始まっている微惑星の衝突現象などが考えられているが，はっきりとはわかっていない．

さらに近年，NASAのStardust計画で得られた試料の分析結果から，高温鉱物を多数含むこれらの包有物が，海王星以遠の，低温の領域から飛来してきたと考えられる彗星にも含まれていることがわかった[5]．初期太陽系では太陽付近から吹き出すジェットや星雲ガスの拡散作用などの様々な現象によって大規模な物質の循環が起こっていたことを示唆している．原始太陽近傍や地球型惑星領域で形成されたと考えられるCAIやコンドリュールのような包有物も，これらの現象によって太陽系の様々な動径距離に輸送されていた可能性が高い．今後の探査によってさらに新たな試料が得られ，それにより現在と過去の太陽系の物質分布をより詳細に調べることができれば，これらの包有物の形成過程，およびその後の固体物質の進化史が明らかになると期待される．〔上椙真之・圦本尚義〕

● 文献
1) A. Tsuchiyama, Y. Osada, T. Nakano, K. Uesugi (2003) *Geochimi. Cosmochimi. Acta*, **68**, 653-672.
2) 上椙真之，赤木剛，関谷実 (2006) コンドリュールの形成過程とその物質化学的特徴との関連，遊星人，**15**, 12-19.
3) G. J. McPherson, S. B. Simon, A. M. Davis, L. Grossman, A.N. Krot (2005) *ASP Conf. Ser.*, **341**, 225-250.
4) N. Sakamoto, Y. Seto, S. Itoh, K. Kuramoto, K. Fujino, K. Nagashima, A. N. Krot, H. Yurimoto (2008) *Science*, **317**, 231-233.
5) T. Nakamura, T. Noguchi, A. Tsuchiyama, T. Ushikubo, N. T. Kita, J. W. Valley, M. E. Zolensky, Y. Kakazu, K. Sakamoto, E. Mashio, K. Uesugi, T. Nakano (2008) *Science*, **333**, 1113-1116.

080 隕石中の特異な包有物
Unique inclusions in meteorites

 ほとんどのすべての種類の隕石には，衝突破砕作用により生じた岩片が集積してつくられた角礫岩が存在する．角礫岩質隕石は，その隕石を形成する物質とは明らかに起源の異なる包有物を含むことがある．強い水質変成作用を受けた炭素質コンドライト的な物質である暗色包有物（dark inclusion）はその代表例である．CV，CR，CH，CBの各種の炭素質コンドライト，非平衡普通コンドライト，Hコンドライト隕石のレゴリスブレッチャー（小惑星の表面に存在していた物質を含む角礫岩質の隕石），ホワルダイトなどには，この暗色包有物を含む隕石が知られている[1]．

 Hコンドライト角礫岩のザグ（Zag）とモナハンズ（Monahans）には，外来の岩塩およびカリ岩塩が含まれる．これらの鉱物には流体包有物が含まれている．実験室で分析できる唯一の地球外の水である[2]．

 コンドライト的な物質が強く分化したことを示すSiO_2に富む鉱物を多く含むクラストがAdzhi-Bogdo LLコンドライト角礫岩[1]より見いだされている．また，静水圧に近い条件で形成された可能性のあるエクロジャイト的クラストがNWA 801 CRコンドライトより見いだされている[3]．

 起源の異なる物質を含む角礫岩質隕石が存在するということは，太陽系形成のある時期に，異なった種類の小惑星の軌道が交差し高速衝突を起こしたことを示唆している．極端な例が，起源が異なる複数種の隕石の破片の集合体である，カイドゥン（Kaidun）やアルマハータ・ジッタ（Almahata Sitta）である．

〔野口高明・中村智樹〕

● 文献
1) A. Bischoff, E. R. D. Scott and C. A. Goodrich (2006) Nature and origins of meteoritic breccias. In：Meteorites and the early solar system II. (D. S. Lauretta and H. Y. McSween Jr. eds.) The University of Arizona Press, pp. 679-712.
2) A. Yurimoto et al. (2014) Geochem. J. 49, 549-560.
3) M. Kimura et al. (2013) Am. Mineral., 98, 387-393.

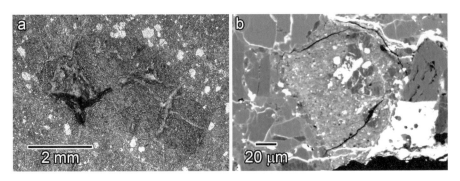

図1　a) Dimmitt隕石中の大きな炭素質コンドライト・クラスト（実体顕微鏡写真），b) Willard (b) 隕石中の炭素質コンドライト・クラスト（走査電子顕微鏡写真）．

081 プレソーラー粒子
Presolar grains

　プレソーラー粒子(presolar grain)とは，隕石中に含まれている，星の外縁部あるいは超新星が爆発したときに飛び散った破砕物(ejecta)から生成した粒子のことである．隕石は太陽系が誕生した46億年前に生成されたが，プレソーラー粒子は太陽系形成時にすでに存在していて隕石に取り込まれたので，プレソーラー粒子とよばれる．

　宇宙化学の分野では，1960年代の半ばまでは現在の太陽系をつくった前駆物質の中の塵は太陽系形成時に高温になったため，すべて蒸発してしまったと考えられていた．しかし1960年代の末から1970年代にかけて得られた一連の希ガス同位体のデータは，隕石には太陽系形成時の高温を免れて生き残った，星で生成された粒子が含まれていることを示唆していた．しかしプレソーラー粒子が実際に分離，同定されたのは約20年後の1987年であった．最初に同定されたのはナノサイズのダイヤモンド(平均直径は3 nm [▶083 分化隕石])，直後にシリコンカーバイト(炭化ケイ素，SiC)とグラファイトが相次いで分離，同定された．含有量は隕石によって異なるが，マーチソン隕石にはダイヤモンドは500 ppm，シリコンカーバイトは6 ppm，グラファイトは0.9 ppm含まれている[1]．これら炭素質のプレソーラー粒子は隕石を化学処理してケイ酸塩鉱物をとり除いた残渣物中から地球と大きく異なる同位体組成をもつことを指標として分離された．その後，この残渣物中からプレソーラー酸化物の探索が行われ，ヒボナイト(20 ppb)，コランダム(100 ppb)，スピネル(1 ppm)などが同定された．ケイ酸塩のプレソーラー粒子は，以上の方法では取り除かれてしまうため，ケイ酸塩プレソーラー粒子を同定するためには，その特徴である同位体異常を物質中でその場検出する新しい分析法の開発が必要だった．その開発によりケイ酸塩プレソーラー粒子は惑星間塵から2003年に初めて発見され[2]，2004年に隕石中からも検出された[3,4,5]．変成作用がほとんど見受けられない隕石中に存在するケイ酸塩プレソーラー粒子の存在度は最大でも数百ppmにすぎず，隕石中の物質の大部分は太陽系形成時に生まれた鉱物により構成されており，存在していたプレソーラー粒子は消滅していることを示してい

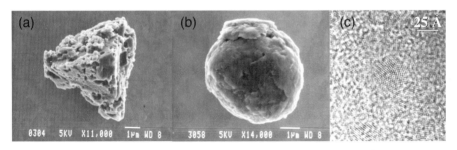

図1　シリコンカーバイト(a)，グラファイト(b)の走査型電子顕微鏡像(二次電子像)とダイヤモンド(c)の高分解能透過型電子顕微鏡像．(a)と(b)は甘利幸子提供．(c)はワシントン大学のTyrone Daulton博士提供．

図2 隕石中に見つかるプレソーラー粒子としてのオリビン (ol) (a),輝石 (py) (b),アモルファスケイ酸塩 (c) の走査型電子顕微鏡像（反射電子像）. 坂本尚義提供.

る.

　プレソーラー粒子を研究することによってどのようなことがわかるのであろうか. それまで恒星の情報は観測か理論的な計算によってしか得られていなかった. プレソーラー粒子の発見のおかげで,プレソーラー粒子を最新の機器を使って実験室で研究することができるようになり,星で起こる核合成や,星が爆発したときに破砕物の中でどのような混合が起こったかなどの情報を得ることができている.

　ミクロン〜サブミクロンサイズのシリコンカーバイト,グラファイト,酸化物,ケイ酸塩粒子では個々の粒子の同位体組成が二次イオン質量分析計によって測定されている. プレソーラー粒子は同位体比によっていくつかのグループにわけられている. たとえばシリコンカーバイトは炭素,窒素,およびケイ素の同位体比によってメインストリーム,A＋B,X,Y,およびZ粒子に分類されている[6]. メインストリーム,YおよびZ粒子を合わせると全体のシリコンカーバイトの95％になるが,これらは漸近巨星分枝星（Asymptotic Giant Branch Star, AGB星）で生成されたと考えられている. 全体の1％を占めるX粒子は超新星で生成されたことがわかっている. A＋B粒子については J-star や Born-again AGB 星とよばれる特殊な星で生成したのではないかと推測されている.

　グラファイトの密度は $2.2\ \mathrm{g/cm^3}$ であるが,プレソーラー粒子のグラファイトは乱層（turbostratic）構造をもっており密度に範囲がある. 低密度（$1.65 \sim 2.10\ \mathrm{g/cm^3}$）のグラファイトは超新星で形成されたものが多く,高密度（$2.10 \sim 2.20\ \mathrm{g/cm^3}$）のグラファイトの多くはAGB星で生成されたものが多い[7,8].

　ケイ酸塩と酸化物のプレソーラー粒子は酸素同位体比の値によりグループ1〜4に分類される[9,10]. グループ1と2は漸近巨星分枝星や低質量〜中質量の赤色巨星を起源とする. グループ3と4は超新星起源とされている. 炭素質のプレソーラー粒子の場合と同様に,超新星を起源とする酸化物およびケイ酸塩のプレソーラー粒子の割合は低質量〜中質量星を起源とするものよりも少ない.

　プレソーラー粒子の中でケイ酸塩プレソーラー粒子の割合が最も大きいことは太陽系の元素存在度と整合的である. しかしながら,プレソーラー粒子の同位体組成の平均値は,どの元素においても太陽系の同位体組成と明らかに異なっていることは,現在同定されているプレソーラー粒子だけが太陽系の原材料物質の代表ではないことを示唆している. 〔甘利幸子・坂本尚義〕

● 文献

1) S. Amari, R. S. Lewis and E. Anders (1994) *Geochim. Cosmochim. Acta*, **58**, 459-470.
2) S. Messenger, L. P. Keller, F. J. Stadermann, R. M. Walker and E. Zinner (2003) *Science*, **300**, 105-108.
3) A.N. Nguyen and E. Zinner (2004) *Science*, **303**, 1496-1499.
4) K. Nagashima, A. N. Krot and H. Yurimoto (2004) *Nature*, **428**, 921-924.
5) S. Mostefaoui and P. Hoppe (2004) *Astrophys. J.*, **613**, L149-L152.
6) P. Hoppe, S. Amari, E. Zinner, T. Ireland and R. S. Lewis (1994) *Astrophys. J.*, **430**, 870-890.
7) M. Jadhav, S. Amari, E. Zinner, T. Maruoka, K. K. Marhas and R. Gallino (2013) *Geochem. Cosmochim. Acta*, **113**, 193-224.
8) S. Amari, E. Zinner and R. Gallino (2014) *Geochem. Cosmochim. Acta*, **133**, 479-522.
9) L. R. Nittler, C. M. O' D. Alexander, X. Gao, R. M. Walker and E. Zinner (1997) *Astrophys. J.*, **483**, 475-495.
10) C. Floss and P. Haenecour (2016) *Geochemical J.*, **50**, 3-25.

082 宇宙のダイヤモンド
Diamond in space

隕石中に最初にダイヤモンドが見つかったのは1886年にシベリアのノヴォ・ユレイに落下した，ユレイライトに分類される隕石からで，1888年にKunz[1]により報告されている．その後，ユレイライト隕石にはダイヤモンドがグラファイトと伴って数%程度の割合で普通に含まれることがわかってきた．ユレイライト隕石中のダイヤモンドの成因については，月程度の大きな天体の中心付近で，地球にみられるダイヤモンドと同様に，高温・高圧の下でできたとする説，天体どうしの衝突による衝撃作用でグラファイトからの転移によってできたとする説，宇宙空間での気相成長によりできたとする説，などが出されている．最近の研究では，ほとんど衝撃を受けていないユレイライト隕石から，ダイヤモンドを含まないグラファイトの結晶が見つかったり，図1に示すような，グラファイト結晶の一部がダイヤモンド化しているものが見つかり，天体どうしの衝突時に，グラファイトからの転移によってできたとする説が有力になっている．

ユレイライトだけでなくコンドライトとよばれる隕石にもダイヤモンドは存在している．これが，分離，同定されたのは1987年で[2]，ユレイライト中のダイヤモンドの発見から約1世紀後のことである．ダイヤモンドの含有量は隕石によって異なるが，オルゲイユ隕石という最も始源的な隕石中には，約1000 ppm含まれている[3]．隕石が熱変成を受けるにしたがいダイヤモンドの含有量は低くなっていくので，熱変成で破壊されると考えられる．粒子径は約3 nmと大変小さいため［▶081 プレソーラー粒子の図1(c)][4]，個々の粒子の分析は不可能であり，すべて隕石から分離して集めたダイヤモンドの集合体を使って行われている（図2）．

コンドライト中のダイヤモンドは，プレソーラー粒子とよばれる星で生成された粒子である．ダイヤモンド中に含まれる希ガスのキセノン（Xe）の同位体比は地球の値と大きくかけ離れており，超新星で生成されたとしか説明がつかないものである．そのためこのようなダイヤモンド粒子も超新星で生成されたのではないかと考えられ

図1 ユレイライト隕石の反射光学顕微鏡写真．グラファイトの一部が黒色細粒のダイヤモンドに転移している．

図2 隕石から抽出されたダイヤモンド粒子.希塩酸の溶液の中で凝集している.シカゴ大学 Roy S. Lewis 博士提供.

ている.しかしキセノンを含んでいるダイヤモンドの粒子は全体のごく一部であり,それ以外のダイヤモンドがどこで生成されたかに関する定説はまだない.ダイヤモンドの炭素と窒素の同位体比は,キセノンの同位体比とは対照的に太陽系の値に近い.ダイヤモンドの粒子は超新星も含めた複数の起源をもつと考えられる.

〔甘利幸子・中牟田義博〕

● 文献
1) G. F. Kunz (1888) *Science*, **11**, 118-119.
2) R. S. Lewis, M. Tang, J. F. Wacker, E. Anders and E. Steel (1987) *Nature*, **326**, 160-162.
3) G. R. Huss and R. S. Lewis (1995) *Geochim. Cosmochim. Acta*, **59**, 115-160.
4) T. L. Daulton, D. D. Eisenhour, T. J. Bernatowicz, R. S. Lewis and P. R. Buseck (1996) *Geochim. Cosmochim. Acta*, **60**, 4853-4872.

083
分化隕石
Differentiated meteorites

分化隕石はエコンドライト（achondrites），鉄隕石（iron meteorites），石鉄隕石（stony-iron meteorites）を含む一群の隕石である．エコンドライトとは，コンドライト組織をもたない石質隕石のことである（**表1**）．エコンドライトはさらに小惑星起源のもの，月隕石および火星起源のものに分類される．ここでは，小惑星起源の分化隕石について解説する．なお分化隕石に含まれるHED隕石とメソシデライトについては，**084 HED隕石とメソシデライト**を参照されたい．エコンドライトの分類の詳細に関しては，Weisberg[1]，Krot et al.[2]，Mittlefehldt[3]を参照されたい．

■ エコンドライト

エコンドライトは始原的エコンドライトおよび分化エコンドライトに分けられる．始原的エコンドライトは溶融を経験しているが全岩組成や同位体組成の一部にコンドライト的な特徴を残す隕石である．再結晶もしくは火成岩的な組織を示す．アカプルコアイト（acapulcoites）とロドラナイト（lodranites）からなるグループ（**図1**a），ウィノナイト（winonites），ブラッチナイト（brachinites），ユレイライト（ureilites）が知られている．ブラッチナイトとユレイライトは，その岩石学的特徴から分化エコンドライトに分類されることもある．鉄隕石IIE中のケイ酸塩包有物の一部も始原的エコンドライトに分類される．それぞれのグループは，同一母天体起源だと考えられている．以下，分化の程度の低い方から高い方へ順番に解説する．

アカプルコアイトとロドラナイトはかんらん石，直方（斜方）輝石，普通輝石，Naに富む斜長石，自然ニッケル鉄，トロイライトに加えて，シュライバサイト，リン酸塩鉱物，クロマイト，グラファイトなどからなる隕石である．鉱物組み合わせは普通コンドライトのそれに類似する．ウィノナイトの鉱物組み合わせも上記の始原的エコンドライトと似ているが，マフィック鉱物の組成はより還元的で，エンスタタイト・コンドライトとHコンドライトの中間的な値を示す．アカプルコアイトとロド

表1 小惑星起源の分化隕石の分類

	分類名	個数*
始原的エコンドライト	アカプルコアイト・ロドラナイト	161
	ウィノナイト	34
	ブラッチナイト	45
	ユレイライト	525
分化エコンドライト	HED隕石（ベスタ隕石）	2123
	アングライト	30
	オーブライト	76
鉄隕石	IIIAB	316
	その他	895
石鉄隕石	メソシデライト	243
	メイングループパラサイト	120

* 回収された個数．隕石学会データベース（2019年3月20日現在）より

ラナイトは鉱物組成や酸素同位体組成から非マグマ的（nonmagmatic）鉄隕石IABおよびIIICDのケイ酸塩包有物との成因的関連性が指摘されている．これらの隕石にはコンドルールの痕跡が認められることがある．

ユレイライトは，エコンドライトの中ではHED隕石に次ぐ大きなグループである．多くは角れき化作用を受けていない結晶質な岩石かモノミクト角れき岩（モノミクトユレイライト）であるが，ポリミクト角れき岩（ポリミクトユレイライト）も少数見つかっている．ユレイライトは炭素を含む超塩基性岩である．主に，かんらん石と輝石からなり，10％ほどの炭素相（グラファイト，ダイアモンドなど），また，金属鉄，硫化物がマフィック鉱物の粒間に存在する（図1b）．かんらん石の周囲に還元作用により形成した化学的ゾーニングがみられる．モノミクトユレイライトはかんらん石-ピジョン輝石からなるタイプ，かんらん石と直方輝石からなるタイプに分けられる．モノミクトユレイライトには斜長石は見つかっていない．ポリミクトユレイライトは角れき岩で，モノミクトユレイライトにみられない岩石片（斜長石やアングライトに似たものやコンドライト的なもの）が含まれることがある．酸素同位体組成が炭素質コンドライトのものと類似することも重要な特徴である．ユレイライトは母天体で起こった火成活動による部分溶融の残渣（部分的に溶けたメルトが取り除かれたもの）あるいは集積岩（マグマから晶出した鉱物が集積したもの）であると考えられている．しかし，他のエコンドライトに比べ，その火成活動は炭素による酸化還元反応を含む複雑なものであったと考えられている．多くのユレイライト中のピジョン輝石は離溶組織をもたない．衝突により母天体内部から掘り起こされることで急冷され

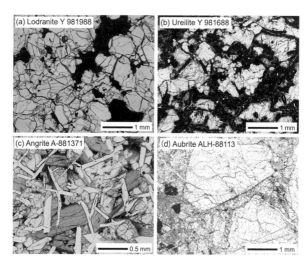

図1 エコンドライト薄片の光学顕微鏡写真（オープンニコル）．(a)ロドラナイト．再結晶組織をしている．黒色部分は自然ニッケル鉄である．(b)ユレイライト．かんらん石や輝石の粒界付近に炭素質物質（黒色部分）が分布している．(c)アングライト，棒状の斜長石およびかんらん石と輝石がみられる．(d)オーブライトの角れき岩．国立極地研究所所蔵．

たことを示す．

分化エコンドライトは母天体が大規模溶融を起こしてできた火成岩である．HED隕石，アングライト（angrites），オーブライト（aubrites）（エンスタタイトエコンドライト，enstatite achondrites）に分類される．アングライトは特異な鉱物組み合わせをもつ希少な火成岩である．主要構成鉱物はCa-Al-Tiに富む輝石，Caに富むかんらん石，アノーサイトである．副成分鉱物はスピネル，トロイライト，キルヒシュタイナイト，ウィットロカイト，チタノマグネタイト，自然ニッケル鉄などである（図1c）．その全岩組成は月の玄武岩やユークライトに比べ，揮発性元素に乏しくしている．アングライトは，太陽系最古の火成活動によって形成したとされる．

オーブライトは大部分がエンスタタイトからなる希少隕石である（図1d）．大部分のものが角れき岩化している．他に透輝石，かんらん石，斜長石，自然ニッケル鉄，オルダマイト，ドーブレイトなどがわずかに含まれることがある．ケイ酸塩鉱物はいずれもFeO成分をほとんど含まず，またFeNi金属にはSiが固溶される．これらの点からきわめて還元的な環境下で形成されたものと考えられている．構成鉱物種，形成環境と酸素同位体組成の類似からエンスタタイト・コンドライトとの成因的関係が推定されているが，互いの岩片が含まれる角礫岩がどちらの隕石にも見つからない，などの点から異なる母天体起源とも指摘されている．

■鉄隕石

鉄隕石は主に自然ニッケル鉄で構成され，ついでトロイライトとシュライバサイトが主要副構成鉱物として存在するほか，ドーブレイト，コーヘナイト，グラファイトなどを微量に含む．鉄隕石の多くはニッケルを6～16質量％程度含み，ニッケルに乏しいカマサイトとニッケルに富む

テーナイトが互層をなすウィドマンシュテッテン構造（Widmanstätten structure）を示す．これらの鉄隕石は形態学的分類でオクタヘドライト（octahedrites）とよばれる．ニッケルの含有量が6％以下の場合，カマサイトのみからなり，ヘキサヘドライト（hexhedrites）とよばれる．一方，ニッケル含有量が多くなるとほとんどテーナイトからなり，肉眼では判然としない微細なウィドマンシュテッテン構造をもつ．このような鉄隕石をアタキサイト（ataxites）とよぶ．

鉄隕石は微量元素のイリジウム，ゲルマニウム，ガリウム等によっても系統的に分類される．これらの元素含有量に基づいてIAB，IC，IIAB，IIC，IID，IIE，IIF，IIIAB，IIICD，IIIE，IIIF，IVA，IVBの13のグループに分類される．IIIABが，最大のグループである．これらの鉄隕石は，マグマ的鉄隕石と非マグマ的隕石に分けられる．マグマ的鉄隕石は，それぞれのグループで共通する金属コアの分別結晶作用でできたものと考えられている．それに対し，非マグマ的鉄隕石（IAB, IIICD, IIE）は，金属相の分別結晶作用ではその元素組成を説明できない．これらの隕石はケイ酸塩鉱物を伴う点で共通している．これらのケイ酸塩鉱物はコンドライトから分化隕石までの幅広い特徴を示す．

■石鉄隕石

石鉄隕石は，主に岩石破片と自然ニッケル鉄からなる隕石である．最も主要なグループは，メソシデライトとパラサイト（pallasites）である．メソシデライトの岩石片はHED隕石に類似する［▶084 HED隕石とメソシデライト］．パラサイトは自然ニッケル鉄とケイ酸塩鉱物からなる隕石グループの一つで，メソシデライトとともに石鉄隕石に分類される．パラサイトのケイ酸塩鉱物はかんらん石が主体で，輝石やその他の微少鉱物を含む．パラサイトの成

因については，分化した微惑星や原始惑星のコア（金属核）とそれを取り囲むかんらん石主体のマントルの境界領域で生成したとする説が有力である．パラサイトの中で最大のグループであるメイングループパラサイトの自然ニッケル鉄中の親鉄元素の組成はIIIAB鉄隕石と類似する．

〔山口　亮・木村　眞・海老原充〕

●文献
1) M. K. Weisberg, T. J. McCoy, A. N. Krot (2006) Systematics and evaluation of meteorite classificaiton. In: D. S. Lauretta, H. Y. McSween Jr. eds. Meteorite and Early Solar System II. The University of Arizona Press, pp 19-52.
2) A. N. Krot, E. R. D. Scott, C. A. Goodrich, M. K. Weisberg, (2014) Classification of meteorites and their genetic relationships. In: M. Davis ed. Treatise on Geochemistry 2nd edn. Vol 1. Elsevier, pp 1-63.
3) D. W. Mittlefehldt (2014) Achondrites. In: A. M. Davis ed. Treatise on Geochemistry 2nd edn Vol 1, pp 235-265.
4) 国際隕石学会データベース http://www.lpi.usra.edu/meteor/

084
HED 隕石およびメソシデライト
HED meteorites and mesosiderites

HED 隕石は，エコンドライトの中では最大のグループで，現在まで 2123 個ほど確認されている（国際隕石学会データベース[1]，2019 年 3 月 20 日現在）．HED 隕石という名称は成因的に関連づけられる 3 つの隕石グループ，ホワルダイト（Howardites）・ユークライト（Eucrites）・ダイオジェナイト（Diogenites）の頭文字をとって名付けられたものである．HED 隕石は，小惑星ベスタの地殻起源だとされる．メソシデライトは，岩石学的に HED 隕石に類似したケイ酸塩岩片と自然ニッケル鉄（>20 体積%）からなるポリミクト角れき岩である．現在までに 243 個見つかっている．これらの隕石の特徴や成因の詳細ついては，Takeda[2]，Mittlefehldt et al.[3]，Greenwood et al.[4] などを参照されたい．

ユークライトは，主にピジョン輝石と斜長石からなり，副成分鉱物として，シリカ鉱物，イルメナイト，トロイライト，自然ニッケル鉄，リン酸塩鉱物，スピネル鉱物などを含む（図 1a）．ユークライトは，玄武岩質ユークライト（basaltic eucrites）と集積岩ユークライト（cumulate eucrites）に分類される．玄武岩質ユークライトは急冷されたような岩石組織をもつ．しかし，ほとんどの玄武岩質ユークライトは変成岩である．それに対し，多くの集積岩（マグマから晶出した鉱物が集積したもの）ユークライトは粗粒組織を示す．ダイオジェナイトは，もともとパイロキシナイトを指すものであったが，最近，ハルツバージャイト，かんらん岩までに定義が拡張された．構成鉱物は，直方（斜方）輝石の他，かんらん石，クロマイト，トロイライト，自然ニッケル鉄などである（図 1b）．地殻深部で徐冷された集積岩であるとされる．しかし，最近，母天体表層近くで比較的早く冷却したものが見つかった．

ほとんどすべての HED 隕石は，角れき岩である．同種の岩石片からなるモノミクト角れき岩，および，複数のタイプの岩石片からなるポリミクト角れき岩に分けられる（図 1c）．ホワルダイトは，ポリミクト角れき岩の一種である．これらの角れき岩には，母天体外起源と考えられる岩石片（炭素質コンドライトなど）が少量含まれていることがある．自然ニッケル鉄を数パーセント含むものもあり，これらはメソシデライトに関係しているのかもしれない．

メソシデライトのケイ酸塩部分は，主にダイオジェナイトに似たパイロキシナイトとユークライトに似た玄武岩岩石片である（図 1d）．かんらん石の破片は少ない．ケイ酸塩部分は，直方輝石の含有量によって 3 つの岩石学タイプに，また，組織によって 4 つの変成度に分けられる．玄武岩質の岩石片には，その鉱物組成や微量元素組成に，玄武岩質ユークライトにはみられない特徴をもつものがある．メソシデライトの金属部分は，その化学的特徴から，IIIAB に分類される鉄隕石に成因的に関連していると考えられている．

HED 母天体は，全岩親鉄元素や酸素同位体組成の特徴から，初期に全球レベルでの溶融現象を経験し，マグマオーシャン（マグマの海）に覆われていたとされる．これは，輝石の主要元素組成が，ダイオジェナイトからユークライトに，連続的に変化していること，また，酸素同位体組成の特徴と調和的である．しかし，最近，非適合元素の特徴からダイオジェナイトは，マグマオーシャンからではなく，複数のマグマから結晶化したという説が有力となってい

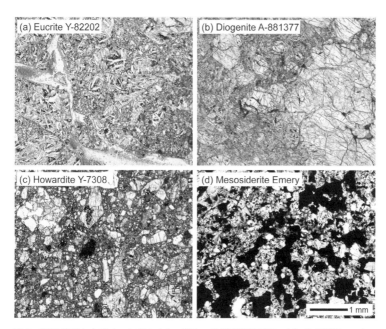

図1 HED隕石およびメソシデライトの薄片の光学顕微鏡写真．(a) 玄武岩質ユークライトは，細粒なサブオフィチックな組織を示す．衝撃溶融脈（左から下部）に貫かれている．(b) ダイオジェナイトの角れき岩である．右側に大きなパイロキシナイトの岩石片がみられる．(c) ホワルダイト，ユークライトやダイオジェナイトの破片，衝撃溶融物（黒色）がみられる．(d) メソシデライト．ケイ酸塩岩石片と自然ニッケル鉄およびトロイライト（黒色）の混合物である．図1(a)-(c)国立極地研究所所蔵，(d) アメリカ自然史博物館所蔵の薄片．

る．メソシデライトは，ケイ酸塩岩石片の岩石学的特徴から，HED隕石母天体と同じような火成作用を経て形成したされる．母天体形成後，大規模衝突によって，地殻岩石とFeNi金属（コア）が混合して形成したとされる．岩石学的にユークライトに分類されるにもかかわらず，酸素同位体組成の特徴が異なるものも見つかっている．これらの隕石は，HED隕石母天体が経験したような火成活動を経て形成したとされる．太陽系形成初期には，ベスタのような原始惑星が複数個存在していたことを示唆する．　　　　　　　　　〔山口　亮〕

● 文献
1) 国際隕石学会データベース http://www.lpi.usra.edu/meteor/
2) H. Takeda (1997) *Planet. Sci.*, **32**, 841-853.
3) D. W. Mittlefehldt, T. J. McCoy, C. A. Goodrich and A. Kracher (1998) Non-chondritic meteorites from asteroidal bodies. In: J. J. Papike ed. Planetary Materials. Reviews in Mineralogy, vol. 36, pp. 4-1-4.196. Washington, DC: Mineralogical Society of America.
4) R. C. Greenwood, J. A. Barrat, E. R. D. Scott, H. Haack, P. C. Buchanan, I. A. Franchi, A. Yamaguchi, D. Johnson, A. W. R. Bevan, T. H. Burbine (2015) *Geochim. Cosmochim. Acta*, **169**, 115-136.

085
月の岩石
Lunar rocks

■ 月の概説

月は地球唯一の衛星である．月の赤道半径は 1738 km（赤道半径）で，地球の約4分の1という惑星に対する衛星の大きさの比率が非常に大きく，火星（半径 3397 km），水星（半径 2439 km）のサイズともそれほど変わらない．月の自転周期と公転周期は約 27.3 日と等しいため，月は常に同じ半球面を地球に向けている．地球に面している側を表側，地球から見えない側を裏側とよぶ．ただし，地球に最も近い場所の位置は変動しており，その変化幅は，緯度方向に±約7度，経度方向に±8度である．この動きを秤動（libration）とよぶ．秤動によって地球から月表面の約 60% を見ることができる．常に同じ半球面を母星に向けている衛星は珍しくなく，火星の衛星フォボス，ダイモス，木星のガリレオ衛星（イオ，エウロパ，ガニメデ，カリスト）など，多くの衛星は自転と公転が同期している．月には明るく見える部分と暗く見える部分があり，明るい部分を高地（highland），暗い部分を海（mare）とよぶ（図1）．海は全球の 35% を占めるが，そのほとんどが表側に集中しており，裏側には海はほとんど存在しない[1]．アポロ計画（米国）・ルナ計画（旧ソ連）により，385 kg の岩石試料が持ち帰られ，海の部分は玄武岩（basalt）であることが確認された．また高地の部分は主として斜長石からなる斜長岩（anorthosite）であると認識されている（表1）．月には隕石を減速する大気がないため，ミクロン（μm）スケールの小さなものから大きなものまであらゆるサイズの隕石が高速で表面に降り注いでくる．そのため，月の表面の岩石は，何億年もの間に，細かく砕かれ，平均粒径 100 μm 以下のレゴリス（regolith）という粒子（月では土壌（ソイル）とよぶ）に変化している．

■ 月の岩石・鉱物

アポロ 11 号，12 号，15 号，17 号は海に，アポロ 16 号は高地に，そしてアポロ

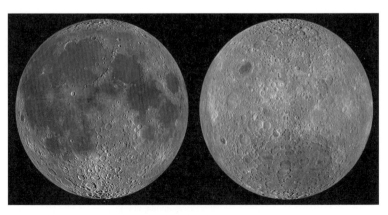

図1 月の表（左）と裏（右）．暗い部分が海で明るい部分が高地（NASA/GSFC/Arizona State University）

表1　月の主な岩石と鉱物

主な岩石	
斜長岩	ほとんど斜長石からなる．高地の岩石．
玄武岩	主に斜長石と輝石からなり，かんらん石やチタン鉄鉱を含む．海の岩石．
KREEP（クリープ）	マグマの最終残液が固結した玄武岩の一種．
主な鉱物	
斜長石	$NaAlSi_3O_8$-$CaAl_2Si_2O_8$
輝石	$(Ca, Mg, Fe)SiO_3$
かんらん石	$(Mg, Fe)_2SiO_4$
チタン鉄鉱	$FeTiO_3$
月に特徴的な鉱物	
アーマルコライト	$(Fe,Mg)Ti_2O_5$

14号は海に隣接する高地にそれぞれ着陸し，様々な岩石を持ち帰った．高地は月の地殻に相当し，カルシウムやアルミニウムを含む斜長石を主成分とした斜長岩でできている．一方，海は溶岩が噴出した地域で，鉄やマグネシウムに富む輝石，かんらん石，鉄とチタンに富むチタン鉄鉱（ilmenite）といった鉱物を含んだ玄武岩という岩石が分布する．地球の玄武岩に比べ，海の玄武岩は鉄とチタンに富む．チタン濃度の高い玄武岩（高チタン玄武岩，$TiO_2>10$ wt%）は，アポロ11号と17号地点から，チタン濃度の低い玄武岩（低チタン玄武岩，$TiO_2=2〜5$ wt%）はアポロ12号と15号地点から，極めてチタン濃度が低い玄武岩（極低チタン玄武岩 $TiO_2<1$ wt%）はアポ17号とルナ24号地点から極少量採集された[9]．月の岩石が，太陽系の形成初期にできた岩石（コンドライト隕石とよばれる）と比べ，カルシウム，アルミニウム，チタンなどの難揮発性元素（高温状態でも気化しにくい元素）に富むことから，月は誕生時には高温でマグマの海の状態であったと考えられた．また，高地が斜長石からなる原因を説明するために，「マグマオーシャン説」が提唱された（例えば Wood ら[3]）．この説では，深さ数百 km の月全球規模のマグマの海が冷え固まる際に，マグマよりも密度の大きいかんらん石や輝石が沈むことにより，マントルが形成し，密度の小さい斜長石が浮上して地殻をつくったと説明される．アポロの試料には，高地の斜長岩と海の玄武岩に加え，もう一つ特徴的な化学組成をもつ岩石がある．この岩石は，カリウム（K），希土類元素（REE），リン（P）などの元素に富むため，元素の頭文字を取って「KREEP」岩石とよばれる[7]．これらの元素はマグマが冷え固まる際に，斜長石，輝石，かんらん石などの主要鉱物には取りこまれず，マグマに濃集する性質をもつ．したがって，このような元素を高濃度で含む岩石は，マグマオーシャンの最終残液が固化したものだと考えられ，先に固化した地殻とマントルの境界部分を起源とすると考えられた[7]．これらの岩石試料の同位体年代分析により，約45億年前から43億年前にマグマオーシャンから高地地殻が結晶化し，KREEP岩石が約43億年前から38億年前に生成し，海の玄武岩は約38億年前から32億年前に噴出したことがわかった[8]．年代が古いほどチタン量が多かった[9]．

■ **月の起源と進化**

月の起源には主として4つのモデルがある．月と地球は同時集積したとする「兄弟説」，地球の自転不安定によって月が地球から飛び出したとする「親子説」，別のところで形成された月が宇宙をさまよううちに地球の引力に捕まったとする「他人説」，地球形成初期に火星サイズの天体が原始地球に衝突し，まき散らされた破片が再集積して月が形成されたとする「巨大衝突（ジャイアントインパクト）説（giant impact model）[2]」である．「兄弟説」は地球と月の酸素同位体組成が似ていることはよく説明するが，月・地球系のもつ大きな角運動

量が説明できず，月の核の割合が地球よりもはるかに小さいと推定されることの説明も難しい．「親子説」は，月の全球化学組成が地球のマントル組成に似ていることをよく説明するが，そもそも月を飛び出させるほどの自転不安定を力学的に作り出すことができるかに問題がある．「他人説」は，さまよう月を引き留める引力があると，そのうち月は地球に落下してしまうので，初期に存在していた原始大気がなくなるなど，途中から月を減速する要因を取り除く工夫が必要となり実現困難である．現在もっとも多くの研究者に信じられている説が「巨大衝突説」である．巨大衝突説であれば，月が地球に比べて水やナトリウムなどの揮発性成分が失われていることや，地球に比べて密度が低いことが説明でき，月地殻形成モデルの代表的存在であるマグマオーシャン説のマグマの海をつくる熱源は何かという問題も説明できる．しかし，シミュレーションによると最終的に月となる破片は，もっぱらインパクターである地球外天体の構成物になるということ[4]で，そうだとすると，地球のマントルと月との組成の類似性は，偶然ということになってしまう．

月本体の分化にも諸説がある．大別すると，前出のマグマオーシャン説と連続火成活動説（serial magmatism model）（例えば Walker[5]）となる．連続火成活動説とは，月形成初期には月の表面は原材料となった微惑星がほとんどそのまま集積しており，後の放射性元素の崩壊熱によって部分的に溶融してできたマグマが連続的に貫入して月の地殻を形成したというモデルである．実際に提唱されるモデルは上述のような単純なモデルではなく，これらをベースにさまざまな物理化学過程を加味して組み立てられている．ところで，単純なマグマオーシャンモデルであれば，全球的に同じ深さには同じ物質があることが期待されるが，実際は月の表側には海が多く，ウラン（U）や Th などの熱源元素が表層付近に濃集しているのに対して，裏側は海がほとんどなく，熱源元素が少ないかマントル深部に分布していると考えられる．近年の月科学の大きな課題の一つがこの裏表の二分性（dichotomy）がどのような過程で産まれたかを解き明かすことである．このほか，月に特徴的な鉱物としては，月で発見され，アポロ 11 号の 3 人の宇宙飛行士の頭文字をとって命名された新鉱物アーマルコライト（armalcolite）というものがある．この鉱物は，月の玄武岩中によくみられる．

■リモートセンシングと月隕石の成果

1990 年代に打ち上げられた米国のクレメンタインおよびルナプロスペクタ衛星により，極域を除く月のほぼ全球の鉄，チタン，トリウム，カリウムの元素分布や鉱物分布が観測され，アポロ時代の理解は修正されていく．アポロの着陸地点は，表側西半球の嵐の大洋周辺だけに存在する，鉄とトリウムに濃集する地域（月面の約 15% 相当）に含まれていた．月裏側には玄武岩の海はほとんど存在せず，裏側の南極付近には直径 2500 km もある太陽系最大の衝突盆地があった．また，裏側の高地は表側の高地に比べ，鉄とトリウムの濃度が低く，表側と裏側で高地の元素組成が異なることもわかった．このように，月の表層は多様な組成をもつことが明らかになった．

月隕石は月面の無作為な地域に隕石が衝突した結果，表層の岩石が月面を飛び出し，地球に落下したものである．由来地点の特定は難しい一方で，月の裏側を含む月全球の地質や月史を理解する貴重な情報源である．アポロやルナの試料との類似性，宇宙線照射履歴からわかる地球までの到達時間が他の隕石に比べ短いことや地球の岩石と同一の酸素同位体比をもつことから月由来であることを特定できる．月隕石は，1979 年に日本の南極調査隊が南極のやまと山脈

表2 月隕石の内訳（2018年5月時点）．元データはKorotev[24]による．

岩石種	個数*	重量 (kg)
斜長石に富む角れき岩	48	186.8
海の玄武岩	10	5.1
上記2種の混合	15	28.4
KREEPに富む角れき岩	4	0.7
合計	66	221.1

* 地球に落下してから割れたものは1個と数える．

で発見して以来，南極および砂漠で次々と発見されている．2018年5月時点で計139個，総重量221.1 kgが採集されており（表2），アポロ，ルナ計画で持ち帰られた試料の約20％の重量に相当する．アポロやルナ試料とは化学組成，鉱物組成，同位体組成，同位体年代などが異なる月隕石も報告されており，月隕石研究により月の地殻組成，火山活動，そして月の形成過程に新たな理解が得られている．アポロ16号が採集した月表側の地殻岩石は，斜長石と鉄に富む輝石を含むのに対し，月裏側の地殻由来の月隕石は斜長石とマグネシウムに富むかんらん石からなるため，表側と裏側の地殻が異なる組成をもつ可能性が出てきた[9,10]．月隕石玄武岩の同位体年代は，43.5億年前から28.7億年前に及ぶ[11〜23]．アポロ・ルナ試料の同位体年代（約32億〜38億年前）から推定されていたよりも，約10億年も長く月の火山活動が続いたことが明らかになった．さらに月隕石由来の玄武岩は低チタン玄武岩あるいは極低チタン玄武岩であるため，アポロ試料から推定されていた玄武岩の結晶化年代とチタン濃度の相関関係は見かけ上のものであったことが判明した[12〜15]．

近年，わが国の月探査衛星「かぐや」により，月科学は目覚ましい発展を遂げている．かぐやに搭載された分光カメラ（マルチバンドイメージャおよびスペクトルプロファイラ）により月面の詳細な構成鉱物分布がはじめて明らかになった．例えば，月の上部地殻にはほぼ100％斜長石からなる岩石が遍在していること[16,17]や，前述の月試料研究から示唆された月の表側と裏側の斜長石に富む地殻の鉄とマグネシウムの組成比が異なることも明らかになってきた[18]．また地殻深部を掘削している巨大衝突盆地の縁や中央丘に限定して，かんらん石が存在すること[12]が報告され，月内部の組成構造が明らかになりつつある．また，地形カメラの高分解能地形画像（1ピクセル10 m）を用いて，クレーター密度分布に基づき月全球の玄武岩噴出年代を推定した結果，表側では10億年前近くまで溶岩が噴出していたのに対し，裏側における溶岩噴出は約25億年前までと古いこと[20]，火山活動のピークが38億〜30億年前と22億〜18億年前に存在したこと[21]が報告されている．

現状，オマーンの砂漠由来の月隕石Sayh al Uhaymir 169[22]および南極由来のYAMM月隕石（Yamato 793169/Asuka 881757/Meteorite Hills 01210/Miller Range 05035）[23]由来クレーターが特定されている．月探査により高い空間分解能で月表面の化学組成，鉱物分布，生成年代が明らかになることで，月試料の分析データと直接比較／照合することが可能になってきた．

今後も，リモートセンシングデータとサンプル分析成果との融合により，月の起源と進化に関する理解が一層進むことが期待される．〔佐伯和人・荒井朋子〕

● 文献
1) G. H. Heiken et al. (1991) Lunar Sourcebook, pp. 736, Cambridge University Press.
2) W. K. Hartmann and D. R. Davis (1975) *Icarus*, **24**, 504-515.
3) J. A. Wood et al. (1970) *Proc. Lunar Planet. Sci. Conf.* **1**, 965-988.

4) W. Benz *et al.* (1989) *Icarus*, **81**, 113-131.
5) D. Walker (1983) *Proc. Lunar Planet. Sci. Conf.*, **14**, B17-B25.
6) P. C. Hess and E. M. Parmentier (1995) *Earth Planet. Sci. Lett.*, **134**, 501-514.
7) P. H. Warren and J. T. Wasson (1979) *Reviews of Geophysics and Space Physics*, **17**, 73-88.
8) L. E. Nyquist and C.-Y Shih (1992) *Geochimica et Cosmochimica Acta*, **56**, 2213-2234.
9) C. R. Neal and L. A. Taylor (1992) *Geochimica et Cosmochimica Acta*, **56**, 2177-2211.
10) H. Takeda *et al.* (2006) *Earth Planet Sci. Lett.*, **247**, 171-184.
11) T. Arai *et al.* (2008) *Earth, Planets, Space*, **60**, 433-444.
12) K. Misawa (1993) *Geochimica et Cosmochimica Acta*, **57**, 4687-4702.
13) N. Torigoye-Kita *et al.* (1995) *Geochimica et Cosmochimica Acta*, **59**, 2621-2632.
14) L. Borg *et al.* (2004) *Nature*, **432**, 209-211.
15) K. Terada *et al.* (2007) *Nature*, **450**, 849-852.
16) M. Ohtake *et al.* (2009) *Nature*, **461**, 236-240.
17) S. Yamamoto *et al.* (2012) *Geophysical Research Letters*, **39**, L13201.
18) M. Otake *et al.* (2012) *Nature Geoscience*, **5**, 384-388.
19) S. Yamamoto *et al.* (2010) *Nature Geoscience*, **3**, 533-536.
20) J. Haruyama *et al.* (2009) *Science*, **323**, 905-908.
21) T. Morota *et al.* (2011) *Earth Planet Sci. Lett.*, **302**, 255-266.
22) E. Gnos *et al.* (2004) *Science*, **305**, 657-659.
23) T. Arai *et al.* (2010) *Geochimica et Cosmochimica Acta*, **74**, 2231-2248.
24) R. L. Korotev (2012) Lunar meteorites. http://www.meteorites.wustl.edu/lunar/moon_meteorites.htm

086 火星の岩石
Martian rocks

　火星に存在する岩石についての情報は火星起源の隕石を分析することと，火星探査機による探査結果で知ることができる．これらの結果から，火星表面に存在する岩石には火成岩が多いことがわかってきている．また，火星探査機によって堆積岩と考えられる岩石も火星表面に多種見つかっている．これらの堆積岩は，火星表層で二次的に形成されたもので，詳細は **087 火星表層環境** で紹介するために，ここでは火星でみられる火成岩について述べる．

　隕石はこれまでに5万個以上見つかっているが，若い結晶化年代や火星大気組成と一致するガス成分を含有することなどから火星起源と考えられるものが100個以上見つかっている（**図1**）．これら火星起源の隕石はいずれも火成岩であり，地球の玄武岩の中でソレアイト質系列に近いものが多い．しかし，地球のものとは化学組成が若干異なっており，火星隕石はFeに富み，Alに乏しいのが特徴である．多くの火星隕石はマグマ中で晶出した鉱物が集まってできた集積岩の特徴を示すが，火星深部を起源とするものはほとんどなく，表面近くのマグマだまりか溶岩流として急冷して固化したものがほとんどである．

　火星隕石の中で最大のグループはシャーゴッタイトで，これまでに約80個が見つかっている．シャーゴッタイトは主にかんらん石，輝石，マスケリナイト（斜長石が衝撃によってガラス化したもの）の3種の鉱物からなるが，いずれもマグマから結晶が速く成長したために化学組成が不均質になっている（**図2**）．シャーゴッタイトの結晶化年代は約1.7億～5.8億年前と多岐にわたっており，火星の歴史ではごく最近できた岩石である．

　火星隕石で2番目に大きいグループのナクライトも表面近くで固化した集積岩である．いずれのナクライトも形成年代は約13億年前であり，お互いに岩石学的特徴も類似していることから，元々は同じ岩体起源と考えられている．ナクライトは，火星表面から同時に宇宙空間にはじき飛ばさ

図1　火星隕石 EETA79001．この隕石に含まれるガス組成がバイキング探査機が分析した火星大気組成に一致する（画像：NASA）．

図2　火星隕石 LAR06319 の Mg 濃度分布［口絵］．緑～赤の部分はかんらん石や輝石で，結晶内で化学的ゾーニングを示す．横幅は6 mm．薄片の光学顕微鏡写真．

れ，その後，地球の別々の場所に別々の時期に落下したものと解釈されている．

火星隕石は表層近くで結晶化した若い岩石であるが，そのマグマは元々マントル起源であり，さまざまな分析により火星の内部や歴史について重要な情報が得られている．例えば，HfやWの同位体測定により，コア形成は45.56億年前と計算されている．また，シャーゴッタイトマグマを作り出した元になるマントルが固化したのは，コア形成後約3000万年経ってからである．シャーゴッタイトは化学的に3つの大きなグループに分けられており，これらは酸素分圧，微量元素組成，同位体組成などが異なり，不均質なマントルの存在を示唆している．

火星隕石とともに火星の岩石についての情報が得られるのは火星探査機による分析結果である．火星探査機には，大きく分けて，火星上空を周回している周回機と火星表面に着陸して探査を行っている着陸機の2種がある．周回機は熱エミッション分光計（TES）や可視近赤外分光計などによって表面に存在する鉱物の同定により全球の鉱物分布マップの作成を行っている．また，γ線を使って表面物質の化学組成の測定（GRS）なども行っている．着陸機では特にローバーとよばれる可動式の探査ロボットがX線蛍光分析装置や赤外分光計，X線回折計などを搭載しており，岩石・土壌の分析を精力的に行っている（図3）．

これらの火星探査の結果によると，火星表面に存在している火成岩はほとんどが玄武岩であり，Siに富んだ岩石の存在はごく限られている．実際には，岩石表面をSiやS，Clに富む土壌が覆っており，これらの影響により見かけの火成岩組成はSiに富んだ安山岩質になっていることが多く，当初は安山岩の広い分布が議論されていた．しかし，その後，ローバーに岩石掘削装置を付けて，岩石内部を分析することや，TES

図3 NASAのマーズ・サイエンス・ラボラトリ火星探査機（画像：NASA）．

図4 NASAの火星探査機マーズ・エクスプロレーション・ローバーが分析したBounceと名づけられた岩石．火星隕石と化学組成が似ている（画像：NASA）．

よりも深部の情報が得られるGRSデータの取得により，正しくはほとんどが玄武岩であることが明らかになった．また，玄武岩も当初は，カルクアルカリ質系列であるとの結果が示されていたが，これらもすべて表面を覆う土壌やダストによる影響で，実際にはソレアイト質系列の化学的特徴を示している．

これらの結果は，火星隕石と大体一致し

ているが，火星隕石の化学組成は，火星探査，特に周回機のGRSによる全球の火成岩組成とはいくつかの相違点がみられる．例えば，Al量は火星隕石では著しく少ないが，全球の火成岩では地球とあまり変わらない値を示している．また，MnやNiについても同様の違いが指摘されている．このことは，火星隕石の形成年代が若いことに起因している可能性があり，火星に存在する火成岩について総合的に理解するためには両者から得られるデータを照合して解釈する必要がある．

最近では，火星表層のレゴリス角れき岩である新しい種類の火星隕石も発見されている．この隕石は44億年前～14億年前の間に経験した複数の地質現象を記録しており，火星隕石の中ではもっとも含水量が多い．周回探査機が取得した火星表面の平均化学組成と一致した全岩化学組成をもつことから注目をされている．〔三河内　岳〕

087
火星表層環境
Surface environments on Mars

火星表層環境についての情報源は主に火星探査機による探査結果である．また，火星起源の隕石からも情報が得られているが，いずれも若い火成岩であるためにその情報はごく限られている［▶086 火星の岩石］．

火星探査機による探査結果から，火星は3つの時代に大きく分けられている．一番古いのがノアキアン時代で，火星誕生の約45億年前から約35億年前まで続いた．この時代の表層環境はアルカリ性であり，液体の水が表層に豊富に存在したことが指摘されている．このような環境下では表層に粘土鉱物が豊富に形成されており，例えば，ノントロナイト（nontronite）やサポナイト（saponite）などのスメクタイト（smectite）類が多く，蛇紋石（serpentine）も見つかっている．また，この時代には各種の炭酸塩鉱物も形成されたことが明らかになっており，粘土鉱物と互層になっているものも発見されている（図1）．

その次の時代は，ヘスペリアン時代で，約35億年前から33億～29億年前まで続いたものである．この時代もノアキアン時代に引き続いて表層に液体の水が存在したことが探査機により明らかになっているが，表層環境はアルカリ性から酸性に変わっている．このような大きな変化は火山活動によって生じたものと考えられている．この時代には，硫酸塩鉱物が豊富に形成されており，キセライト（kieserite：$MgSO_4 \cdot H_2O$）や石膏（gypsum）などが見つかっている（図2）．ただし，ノアキアン時代やヘスペリアン時代初期に形成さ

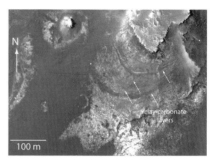

図1 NASAの火星探査機 Mars Reconnaissance Orbiter により撮影された粘土鉱物と炭酸塩鉱物の互層（画像：NASA）

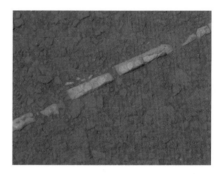

図2 NASAの火星探査機 Mars Exploration Rover Opportunity により撮影された地層中の石膏脈．厚さは約1～2 cm（画像：NASA）

れた炭酸塩鉱物が残っている場所も多いことから，これら硫酸塩鉱物の形成はそれほど広範囲でなかったことが伺える．

最後の時代は，アマゾニアン時代で，約33億～29億年前から現在まで続く時代である．この時代になると，火星表層から液体の水はほとんど消えて，酸化的で乾燥・寒冷した環境になったことがわかっている．この時代に形成されたのは無水の酸化鉄で，主にはヘマタイト（hematite）である．例えば，NASAの Mars Exploration Rover の Opportunity が着陸したメリディアニ平原は，「ブルーベリー」とニックネー

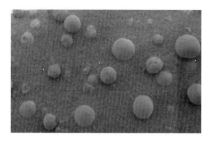

図3 NASAの火星探査機 Mars Exploration Rover Opportunity により撮影されたヘマタイトの球粒（画像：NASA）

図4 火星探査機 Mars Reconnaissance Orbiter が撮影したクレーター崖にみられる黒い筋状構造（画像：NASA）

ムをつけられた数 mm 大の球粒が表面を覆っていたが，これらはヘマタイトである（図3）．また，このようなヘマタイトは火星全球に広く分布しているのはその赤い姿からも容易に想像できる．

1996 年に火星隕石 ALH84001 中に太古の火星に存在した生命の痕跡を発見したという報告があったが，生物の関与がなく無機的に形成されることが実験的に確かめられており，現在ではほぼ否定されている．

2016 年現在，NASA の火星ローバー Curiosity による火星表面探査が続いている［▶086 火星の岩石図3］．Curiosity は，2012 年の火星着陸以来，さまざまな搭載装置を用いて，火星表層岩石や大気成分の分析を行っている．

これまでにゲイルクレーターでの堆積岩の組織観察・鉱物分析・化学分析によって，中性に近い液体の水が流れる環境で堆積した岩石であること，岩石中に炭素，酸素，水素，硫黄，窒素，リンなど生命に必須な元素が含まれていることが明らかになっている．さらには塩素を含む有機化合物の検出にも成功した．また，ゲイルクレーター底の泥岩のK-Ar年代測定も行い，42.1 ± 3.5 億年という年代も得ている．これらの結果を統合すると，過去の火星には生命が存在可能な環境が広がっていた可能性が高いといえるだろう．

Curiosity は大気の化学分析も実施し，大気中のメタン濃度が通常の10倍程度（7.2 ± 2.1 ppb）まで上昇する期間が2か月程度あったことも明らかにした．また，二酸化炭素，水蒸気，アルゴンの同位体分析を行い，それらのガス分子に重い同位体が濃集している傾向から，火星は過去には現在より厚い大気をもち，大気散逸が火星史を通じて起きている可能性を示した．火星大気の散逸プロセスは，2016 年現在，火星周回機 Maven が探査を進めている．

2015 年 9 月，Mars Reconnaissance Orbiter による分光観測で，クレーター崖に季節的に現れる黒い筋状構造（図4）に，過塩素酸マグネシウムなどの塩水の存在を示唆する鉱物が見つかったという発表がなされた．すなわち，現在の火星でも液体の水が存在することが示唆される．

〔三河内　岳・橘　省吾〕

088 衝撃変成
Impact metamorphism

太陽系における天体の衝突現象は，岩石・鉱物組織や元素同位体分別という形で隕石のような地球外物質に記録されている．われわれはこの記録を読み解くことで，過去に起こった母天体での衝突規模や天体内部の元素移動を理解することができる．多くの隕石の起源は，落下時の観測データに基づく軌道計算，反射スペクトル観測および探査機「はやぶさ」が回収した試料の分析から小惑星と考えられている．小惑星帯では小天体どうしの高速衝突が頻繁に起こっており，衝撃波による圧縮と加熱により，天体を構成する鉱物に変形・再結晶・溶融・相転移が起こる．この現象を衝撃変成 (shock metamorphism) とよぶ．

石質隕石の一種であるコンドライトの衝撃レベルの推定は，衝撃実験の回収試料の組織と実際の隕石の組織とを比較することで行われている．Stöffler et al.[1] は，コンドライトの主要な構成鉱物であるカンラン石，輝石，斜長石の衝撃効果を総括し，全溶融を免れたコンドライトが経験した衝撃レベルを，程度の低い順に S1 から S6 までの6つのショックステージに分類した (図1)．この分類において，ショックステージ S1〜S4 は主にかんらん石，斜長石の脆性破壊と塑性変形で特徴づけられている．脆性破壊は不規則な割れ，あるいは結晶面に沿った面状の割れとして現れる．塑性変形は結晶格子の線状のずれである転位 (dislocation) の発達により，単一の結晶

表1 Stöffler et al.[1] による普通コンドライトのショックステージ

ショックステージ	全体的な効果		局所的な効果	衝撃圧 (GPa)	温度上昇 (℃)
	かんらん石	斜長石			
S1	シャープな消光，不規則割れ目			<4〜5	10〜20
S2	波状消光，不規則割れ目			5〜10	20〜50
S3	面状割れ目，波状消光，不規則割れ目	波状消光	ショックベイン，メルトポケット	15〜20	100〜150
S4	弱いモザイク化，面状割れ目	波状消光，局所的な光学的等方化，面状変形組織	ショックベインの連結，メルトポケット	30〜35	250〜350
S5	強いモザイク化，面状割れ目，面状変形組織	マスケリナイト化 (固体での非晶質化)	ショックベイン・メルトポケットが卓越	45〜55	600〜850
S6	溶融した領域の近傍に限られる組織				
	固相再結晶リングウッダイトへ高圧相転移	ガラス化 (メルトの急冷)	ショックベイン・メルトポケットが卓越	75〜90	1500〜1750
ショックメルト	全岩溶融				

内で結晶方位の不均質を起こす．このため，塑性変形した結晶粒子は，偏光顕微鏡下で波状消光（undulatory extinction），モザイク化（mosaicism）といった光学性を示す．電子顕微鏡スケールでは，斜長石中にガラスラメラ，輝石中に積層欠陥（stacking fault）や双晶（twinning）といった塑性変形の組織も観察される．

ショックステージS3〜6は，再結晶・高圧相転移・溶融で特徴づけられる．衝撃圧縮はエントロピーが増加する特殊な断熱圧縮であるため，物質中での圧力が大きくなると同時に温度も指数関数的に上昇する．また，衝撃波は隕石を構成する粒子間で多重反射し，圧力が数十マイクロ秒以内に試料全体でほぼ均質になるのに対し，衝撃で発生する温度は，空隙の圧縮熱やずれ破壊による摩擦熱の発生によりきわめて大きな不均質性をもつ．このため，局所的に高温になった部分の鉱物が溶融して混ざり合い，脈状組織（ショックベイン）や，プール状の組織（メルトポケット）を形成する．

このショックベインやメルトポケット中には，母相の鉱物片が取り込まれている．これらの破片やメルトの近傍にある母相中のケイ酸塩鉱物は，一部が再結晶したり，密度の高い高圧相に相転移する．一方，メルトから離れた領域にある斜長石のほとんどは，高い圧力を受けていても相対的に衝撃加熱の温度が低いために平衡状態に達せず，多くは準安定的にマスケリナイト（maskelynite）とよばれる高密度ガラスに転移する．ガラスは光学的等方体であるため，偏光顕微鏡の直交ニコル下で暗黒になる．この性質から，マスケリナイトはショックステージS5の主たる指標として用いられている．

ショックステージS6に相当するコンドライトのメルト中やその近傍のかんらん石は，スピネル相（リングウッダイト）や変形スピネル相（ワズレアイト）へ高圧相転

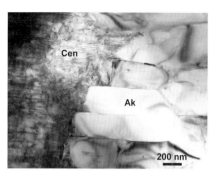

図1 強い衝撃を受けた普通コンドライト中のアキモトアイト（Ak）の透過電子顕微鏡写真．積層欠陥をもつ母相の単斜輝石（Cen）が直接アキモトアイトに相転移している．

移している（例えば，Binns et al.[2]）．隕石にみられるスピネル相は透過光下で青色を呈するものが多く光学顕微鏡での同定が容易なため，最も衝撃レベルの高いS6ステージの重要な指標となっている．S6ステージでは，輝石や斜長石も一部が高圧相転移するが，細粒のため光学顕微鏡での同定は困難である．そのため，観察には電子顕微鏡が用いられる．輝石の高圧相についてはイルメナイト相（アキモトアイト）（図1），ガーネット相（メージャライト），ペロブスカイト相（ブリッジマナイト）が（例えば，Tomioka and Fujino[3]），長石の高圧相については，ホランダイト相（リングナイト）がメルトの近傍に発見されている．

ショックベインやメルトポケットそのものは，メルトの急冷により生じたミクロン〜サブミクロンサイズの微小な鉱物粒子の集合体である．隕石の母天体のサイズが大きく，衝撃圧力の保持時間が長い場合は（保持時間は天体のサイズに比例する），高圧が保たれた状態でメルトが急冷され，ケイ酸塩は高圧相として結晶化する．S6に相当する衝撃で生じたショックベインでは，ガーネット相（メージャライト）が最もよ

くみられるケイ酸塩高圧相である．火星を起源とすると考えられている隕石には強い衝撃変成を受けたものが多い．シャーゴッティ隕石には石英（SiO_2）の高圧相である α-PbO_2 相（ザイフェルタイト）が発見された（Sharp et al.[4]）．高温高圧実験によると，この相の形成には少なくとも45万気圧以上という非常に高い圧力が必要であると考えられている．つまり，この隕石の元となった火星表層の岩石は，火星の強い重力圏を脱出するために十分な衝突速度を与えられたことを裏付けている．また最近では，炭素質コンドライト中のプレソーラー粒子として $MgSiO_3$ 組成のペロブスカイト相が報告されており[5]，太陽系の形成以前に星間を漂っていたダスト粒子が，隕石に取り込まれる前に衝撃波を受けて高圧相転移した可能性が示唆されている．

〔富岡尚敬〕

● 文献

1) D. Stöffler, K. Keil and E. R. D. Scott (1991) Geochim. Cosmochim. Acta, **55**, 3845-3867.
2) R. A. Binns, R. J. Davis and S. J. B. Reed (1969) Science, **221**, 943-944.
3) N. Tomioka and K. Fujino (1997) Science, **277**, 1084-1086.
4) T. Sharp, A. El Goresy, B. Wopenka and M. Chen (1999) Science, **284**, 1511-1513.
5) C. Vollmer, P. Hoppe, F. Brenker and C. Holzapfel (2007) Astrophys. J., **666**, L49-L52.

089 宇宙風化
Space weathering

　月の岩石とソイル（表土）は，組成がほぼ同じでも反射スペクトルが異なる．ソイルでは全体的に暗く，赤く（短波長ほど反射率が低い），そしてかんらん石や輝石などのケイ酸塩鉱物に特有の1～2 μmの吸収帯が弱い．小惑星の反射スペクトルは，地上観測から分類されていて［▶073 観測からみた小惑星物質］，主としてケイ酸塩鉱物からなる天体はS型と分類されるものが多い．普通コンドライト隕石の反射スペクトルに合致する小惑星の割合は少ないが，そのスペクトルを暗化・赤化し吸収帯を弱くすると，数の多いS型小惑星の反射スペクトルを説明できる．これらの反射スペクトルの変化は，大気のない表面がケイ酸塩鉱物で覆われている天体（月，水星，小惑星）で共通に起きる現象と考えられ，宇宙風化（space weathering）とよばれる．宇宙風化の研究には，日本の科学者が大きな貢献をしている．

　1970年代に，ハプケ（Hapke）は，宇宙風化は，微小隕石の衝突加熱や太陽風の照射によりケイ酸塩中の酸化鉄が還元されて，ナノメートルサイズの微小鉄粒子が生成されるために起きることを提唱した[1]．1993年に月のソイルで鉱物の周囲を取り囲むアモルファス層の中に微小鉄粒子が含まれることが確認された．また，Galileo, NEAR探査機の小惑星観測から，S型小惑星の表面には反射スペクトルの異なる場所があり，宇宙風化で説明できることがわ

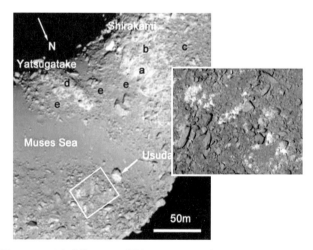

図1　はやぶさ探査機によって撮影されたイトカワ表面の明るさの場所による変化（ISAS/JAXA）．暗色の岩塊地域（c）の傾斜が急になると，表面が剥がれて宇宙風化を受けていない明るい内部が露出する（b→a）．中央部の山地（Yatsugatake）（d）も表面層が剥がれて明るい．下には滑り落ちた物質が貯まる領域（e）がある．右側は矩形部の拡大図．明るい部分が環状に繋がるため，衝突によって未風化の内部が露出したと考えられる．明暗は実際の差（20～30％）より強調されている．

かった.また,微小隕石衝突による加熱を模擬したパルスレーザーを用いた実験により,微小鉄粒子が生成され,宇宙風化による反射スペクトルの変化が再現された[2].宇宙風化はケイ酸塩中の鉄の存在度に依存する.また,輝石よりもかんらん石が宇宙風化を受けやすい.太陽風照射を模擬したイオン粒子線照射でも微小鉄粒子の生成が確認されている.

「はやぶさ」の小惑星イトカワ探査では,宇宙風化が重要な科学目的の1つであった.2005年の近接観測で,表面でのアルベド,色の違いが明らかになった.新しいクレーターや急斜面では表面層が除去され,20〜30%明るく赤化の弱い層が露出する(図1).近赤外スペクトルの分析から,イトカワの色と明るさの変化は,LLコンドライト組成の物質が風化を受けることで説明される[3].さらに,「はやぶさ」の持ち帰ったイトカワの粒子の中には,鉄微粒子を含むアモルファス層に覆われているものがあることが明らかになった[4](図2).さらにFeSの微粒子も発見された.硫黄が数%表面に存在することが明らかになっている水星では,FeS微粒子が反射スペクトルに影響を与えている可能性がある.

軌道要素で分類される小惑星のグループを「族」とよぶ.S型の小惑星では,同じ族に含まれる小惑星の可視域の反射スペクトルの傾きはそろっていて,古い(もとの大きな天体が衝突破壊された年代)族ほど,傾きが大きく宇宙風化が進んでいることが知られている.反射スペクトルの傾き(風

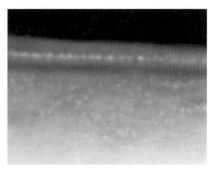

図2 「はやぶさ」が持ち帰ったイトカワの粒子の透過電子顕微鏡写真.図の横幅は80 nm.粒子表面から10 nmの領域に微小鉄粒子(白い粒)が観察される.(ISAS/JAXA)[4].

化度)は,小惑星の年代の指標になる.一方で,炭素質隕石に対応するC型の小惑星では,古い族ほど,可視域の反射スペクトルの傾きは緩い傾向にある.炭素質天体では,宇宙空間に露出している時間が長いと,有機物や含水鉱物の変成などの原因で,ケイ酸塩主体のS型小惑星とは異なる変化をすると考えられる.この変化も,広義には宇宙風化とよぶことができる.

〔佐々木 晶〕

●文献
1) B. Hapke, W. Cassidy and E. Wells (1975) *Moon*, **13**, 339-353.
2) S. Sasaki *et al.* (2001) *Nature*, **410**, 555-557.
3) T. Hiroi *et al.* (2006) *Nature*, **443**, 56-58.
4) A. Noguchi *et al.* (2011) *Science*, **333**, 1121-1125.

090
初期太陽系における物理化学プロセス
Physicochemical processes in the early solar system

初期太陽系はガスと固体微粒子（ダスト）から構成される系で，原始太陽の周りに円盤状に分布し，大規模な流体運動があり物理条件が大きく変化し，100万年以内に微惑星の形成・円盤ガスの散逸にいたる．そこにおける物理化学プロセスでもっとも基本的な問題は，温度や密度などの条件に応じた安定な物質の組み合わせとその組成という熱力学の問題である．平衡における気相-各種固相間の元素分配の問題と言い換えることもでき，同位体を考えるなら，気相-固相間の同位体質量分別の問題でもある．しかし，物質が移動したり，条件が変化したりするため，動的過程（カイネティクス）が同等に重要な内容となる．動的過程の扱いに必要な情報は，条件に応じたそれぞれの反応の速度・元素あるいは同位体分別係数である．

温度・圧力に応じた鉱物とガスの平衡（しばしば"凝縮モデル"とよばれる）は，多成分・多相系の化学平衡を熱力学的に解くことで求められ，一般には系の組成，温度，全圧を固定し，系の自由エネルギー（$=\sum n_i \mu_i$：n_iは分子種iの個数，μ_iはiの化学ポテンシャル）が最小となる状態を求める．系の組成が太陽系元素存在度，全圧10^{-4}barの条件では図1に示されるとおり，1680〜1350 K程度ではAl, Caを多く含む酸化物であるコランダム・ヒボナイトないしメリライト（ケイ酸塩鉱物），1500〜1100 K程度ではMg-ケイ酸塩（かんらん石，直方（斜方）輝石）と金属ニッケル鉄，Caに富む斜長石，単斜輝石，1100 K以下では斜長石はNaを含むようになり，

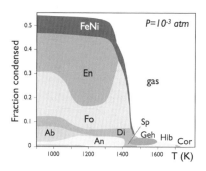

図1 熱力学計算で予測される初期太陽系条件での鉱物の安定条件（平衡凝縮モデル）．Davis & Richter[1]を改変．

700 K以下では鉄は半分程度が硫化鉄として存在する．それ以下で固体を形成する元素であるH, C, N, O, 貴ガスは揮発性元素とよばれ，約180 K以下でH_2O氷，約130 K以下でNH_3氷，約80 K以下でCH_4氷が安定である．微量元素の多くは，上述の鉱物の固溶成分として含まれるが，難揮発性金属は金属として存在する．

平衡におけるガスと固体あるいは固体間の同位体分別は，分別程度は質量差に比例して増加し，質量の2乗に比例して減少するため，一般に高温では小さいが低温では大きくなる．同位体分別係数αは2相の同位体比の比として定義され，統計力学的には換算分配関数比とよばれ，振動エネルギーの関数である．たとえば水と二酸化炭素の酸素同位体の場合，

$$\alpha = \frac{(^{18}O/^{16}O)_{CO_2}}{(^{18}O/^{16}O)_{H_2O}}$$

であるが，素反応であるH_2OとO，CO_2とOの間の酸素同位体交換反応定数を用いて表すことができ，さらにそのほかのさまざまな交換反応の$\ln \alpha$を求めることもできる．

動的過程は核形成と成長をともなう凝縮，蒸発，既存の固相とガスとの反応などを含み，凝縮や蒸発にともなう非平衡な元

素分別・同位体分別が主要なプロセスである．気相からの固体微粒子の核形成には界面エネルギーの不利が伴うため，形成される核のサイズや数密度は固体の表面張力および過冷却度に規定される．核形成後の成長速度は，気体分子運動論から導かれ，成長に関与するガス種が固相に取り込まれる速度と固相からの蒸発速度（平衡蒸気圧に比例）との差に比例する．平衡蒸気圧から導かれる最大速度に対する実際の速度を凝縮係数または蒸発係数とよぶ．凝縮（蒸発）係数は実験的研究によって決定される．金属鉄の凝縮・蒸発係数はほぼ1であり，フォルステライトやコランダムの蒸発係数は1より有意に小さく，0.1以下であることが実験的に示されている．フォルステライトと金属鉄は同程度の揮発性をもつが，フォルステライトの方が成長に10倍以上時間がかかることを意味する．

カイネティックな元素・同位体質量分別は，蒸発や凝縮などの現象のタイムスケール（一般には条件を変化させずに100%蒸発あるいは凝縮させるに必要な時間など），温度変化のタイムスケール，気相あるいは固相内の組成均一化（拡散）のタイムスケールの3つの競合の結果である．カイネティックな状態での蒸発あるいは凝縮に伴う元素あるいは同位体質量分別は，

$$\frac{J_1}{J_2} = \frac{\gamma_1(p_{1,eq}-p_2)}{\gamma_2(p_{2,eq}-p_2)}\left(\frac{m_2}{m_1}\right)^2$$

で表される．ここでJ_iは蒸発（凝縮）フラックス，$p_{i,eq}$はその条件での成分の平衡蒸気圧，p_iは実際の蒸気圧，γ_iは蒸発（凝縮）係数，m_iは質量である．真空蒸発（開放系であることに相当）であればその程度に応じて$p_i \to 0$として考えることができる．また同位体の場合は$\gamma_1 = \gamma_2$として考えることが多い．よく知られているレイリー蒸発の式は，固相中の拡散が十分に速く，蒸発程度があまり大きくない場合にこの式から導くことができる．この原理から明らかなように，化学（元素）分別と同位体質量分別は時間に対して独立の挙動をし，元素が部分蒸発（凝縮）した場合に，同位体質量分別が起きる場合も起きない場合もありえる．固相あるいは気相中の元素（同位体）拡散が遅い場合は，元素（同位体）分別程度は抑制され，温度が時間変化する場合は蒸発（凝縮）速度に対して温度変化のほうが遅い場合は系は平衡に近づくため，同位体質量分別は抑制される．月の岩石中の微量成分であるKの同位体質量分別が

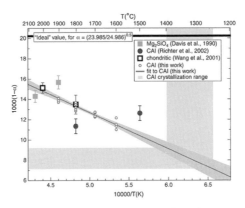

図2 カイネティックな同位体分別係数の温度依存性．さまざまな物質からのMgの蒸発の場合．Richterほか[2]を改変．

存在しないことが月マグマオーシャンからの蒸発がなかったことの証拠と議論されることがあるが，月大気中のKの分圧が平衡に近付き同位体分別が抑制されただけである可能性もある．なお，カイネティックな元素・同位体質量分別を考える際は，m がどのようなものであるかに注意する必要がある．これまでになされた実験結果の多くは，カイネティックな場合の m は平衡で想定される分子種と異なっていることが多いことを示唆している．また，同位体質量分別係数には温度依存性があることがわかっている（図2）．

　隕石中のCAI（Ca-Al-rich inclsions）やコンドリュールから，元素（同位体質量）分別のできた条件を推定することが可能な場合がある．タイプB-CAIは高温凝縮物が後に真空蒸発に近い条件で1700 K程度で，Mgを10～30%，Siを15%程度失ったもの，いくつかのタイプA-CAIはより高温で同程度の化学分別を被ったと推定されている．他方コンドリュールは元素分別はあるもののすべての元素に関して同位体分別がないことから，ダストが多く，ガスが蒸発成分に飽和する条件が必要と考えられている．　　　　　〔永原裕子・橘　省吾〕

● 文献
1) A.M. Davis and F.M. Richter (2003) Condensation and evaporation of solar system materials. In : H.D. Holland and K.K. Turekian eds. Treatise on Geochemistry, vol. 1, pp. 401-430, Elsevier.
2) F.M. Richter *et al.* (2007) *Geochim. Cosmochim. Acta*, **71**, 5544-5564.

091 鉱物から探る太陽系の年代
Chronology in the solar system

■ 隕石の年代分析法

太陽系がいつ誕生し，どのように進化してきたのかを知るために，放射性核種の崩壊を利用した年代分析が行われている．表1，表2に，隕石の年代測定に用いられる放射性核種について示す．このほかに，ウランの2つの同位体 ^{238}U と ^{235}U の壊変によって生じる2つの鉛同位体 ^{206}Pb と ^{207}Pb の高精度同位体比測定から得られる Pb-Pb 年代もよく使われる手法である．このような長寿命核種から得られる「絶対」年代分析と，半減期が1億年よりも短い放射性核種（消滅核種）から得られる「相対」年代を組み合わせることで，太陽系史の精密解読が可能となる．

■ 太陽系の始原物質の年代

隕石中に残されている太陽系の始原物質には，Ca-Al 包有物（CAI）やコンドリュールと呼ばれる1mmサイズの球粒などがある ［▶079 隕石に残された太陽系の始原物質］．現在報告されている太陽系最古の年代は，CV3 隕石中に含まれる CAI の Pb-Pb 年代で45.67億年を示す（絶対年代）．このような CAI の鉱物組成は太陽系元素存在度をもつ高温ガスの初期凝縮物のモデル計算とよく一致することから，原始太陽系星雲の形成時の年代に相当するとして，「太陽系の年齢は約46億年」の根拠となっている．一方，未分化隕石の特徴的な組織であるコンドリュールは45.67億～45.64億年の Pb-Pb 年代を示す．これは，高温凝縮物である CAI 形成の約300万年ほど，再度，ケイ酸塩鉱物が約1500℃以上に達して溶融し，かつ急冷するプロセスが太陽系で広く起こっていたことを示唆する．

これらのことは，CAI やコンドリュールを構成する，Al を主成分元素とする鉱物（メリライト：$Ca_2Al_2SiO_7$-$Ca_2MgSi_2O_7$, 斜長石：$CaAl_2Si_2O_8$-$NaAlSi_3O_8$）の ^{26}Mg 同位体の過剰からも確かめられている（図1：Al-Mg アイソクロン法）．^{26}Mg の過剰と ^{27}Al/^{24}Mg 比の相関から推定される，結晶化時の初生 ^{26}Al/^{27}Al 比は，CAI が隕石試料の中で最も高い値を示すのに対し（5×10^{-5}），コンドリュールの斜長石の ^{26}Al/^{27}Al 比は一桁程度小さく（3×10^{-6}～10^{-5}），これらの年代差が200万年であることを示している（相対年代）．

このように太陽系の始原物質に半減期70万年の ^{26}Al の痕跡が残っている事は特筆に値する．他の消滅核種（^{60}Fe や ^{53}Mn など）の知見と合わせ，太陽系近傍で起こった最後の元素合成から，太陽系形成開始までの期間がわずか数百万年（半減期の数倍

表1 主な長寿命放射性核種とその半減期

親	娘	半減期
^{40}K	^{40}Ar	12.5 億年
^{87}Rb	^{87}Sr	488 億年
^{187}Re	^{187}Os	423 億年
^{147}Sm	^{143}Nd	1060 億年
^{238}U	^{206}Pb	44.7 億年
^{235}U	^{207}Pb	7.0 億年
^{232}Th	^{208}Pb	140 億年

表2 主な消滅核種とその初生値

親	娘	半減期	初生値
^{41}Ca	^{41}K	10 万年	^{41}Ca/^{40}Ca : 1.4×10^{-9}
^{26}Al	^{26}Mg	70 万年	^{26}Al/^{27}Al : 5.2×10^{-5}
^{10}Be	^{10}B	150 万年	^{10}Be/^{9}Be : 1×10^{-4}
^{60}Fe	^{60}Ni	260 万年	^{60}Fe/^{56}Fe : 1.2×10^{-8}
^{53}Mn	^{53}Cr	370 万年	^{53}Mn/^{55}Mn : 8×10^{-6}
^{182}Hf	^{182}W	900 万年	^{182}Hf/^{180}Hf : 1×10^{-4}
^{129}I	^{129}Xe	1600 万年	^{129}I/^{127}I : 1×10^{-4}

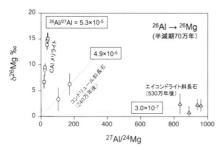

図1 Al-Mgアイソクロン法

程度)であったと解釈されている.

■微惑星の熱変成・火成活動の年代

隕石の中でも産出頻度の高い普通コンドライト隕石のリン酸塩鉱物(アパタイト:$Ca_5(PO_4)_3(OH,F,Cl)$, メルリライト:$Ca_9MgNa(PO_4)_7$)はUを含むので,隕石母天体の熱変成の時刻を示す鉱物として精査されている.これらのPb-Pb年代は岩石学タイプ(熱変成度)と反相関することから,45.63億年前から45.04億年前にかけて,コンドライト母天体が外側から徐々に冷えていったモデルが提唱されている(Onion shellモデル).

一方,分化が進んだ小惑星ベスタ由来と考えられているユークライト隕石[▶084 HED隕石およびメソシデライト]では,ジルコン($ZrSiO_4$)のHf-W年代から,CAI形成後,700万年以内に地殻が形成されたと報告されている.また,別の複数の分化した隕石の斜長石のAl初生値は$3×10^{-7}$〜10^{-6}であり,CAI形成から400万〜500万年後に火成活動で形成されたことを示す(図1).このように,太陽系の誕生後,数百万年から数千万年頃まで,様々な微惑星で熱変成や大規模な分化が起こっていたようである.

■月の年代

比較的大きな天体である月の歴史については,アポロ・ルナ計画で採取された月試料や,月から飛び出し地球に飛来した月隕石の年代分析から調べることができる[▶085 月の岩石].「高地」を構成する斜長岩中のジルコンのU-Pb年代や,衝突溶融岩中のガラスのAr年代,「海」を構成する玄武岩の全岩Sm-Nd, Rb-Sr年代やリン酸塩鉱物のU-Pb年代分析などから,約45億〜44億年前にマグマオーシャンが固化して地殻ができ,約39億年前に巨大盆地を形成する大規模な隕石衝突が起こり,その後,玄武岩の「海」を形成する火成活動が約30億年頃前まで継続したことが明らかになっている.

一般に,閉鎖温度の高いリン酸塩鉱物のU-Pb年代測定は,二次的な変成に強く,また2種類の放射壊変から得られる二つの年代($^{238}U-^{206}Pb$, $^{235}U-^{207}Pb$)を比較することにより,年代系が二次的な要因によって乱されず保持されていたことを確かめることができるので信頼性が高い.数十億年にわたり隕石物質の激しい衝突を経験し角礫化してしまった月試料から,月の歴史を解明する手法として期待されている.最近,角礫岩質玄武岩隕石 Kalahari009 中に43.5億年のU-Pb年代を示すリン酸塩鉱物が発見され,地殻の形成とほぼ同時期に,玄武岩マグマを形成する火成活動が始まっていたことが示唆されている.

〔寺田健太郎・木多紀子〕

● 文献
1) Y. Amelin et al. (2010) Earth and Planetary Science Letters, 300, 343-350.
2) N. T. Kita and T. Ushikubo (2012) M & PS, 47, 1108-1119.
3) G. Srinivasan et al. (2007) Science, 317, 345-347.
4) K. Terada et al. (2007) Nature, 456, 849-852.
5) M. Trieloff et al. (2003) Nature, 422, 500-506.

092 地球型惑星内部構造と化学組成
Internal structures of terrestrial planets and their chemical compositions

■ 内部構造の推定方法

太陽系の地球型惑星である水星,金星,地球,火星,および固体衛星の内部構造は,地上観測や人工衛星あるいは宇宙探査機による観測により得られる平均密度,サイズ,慣性モーメント,他の惑星や衛星による回転と潮汐作用,重力場と地形の関係,磁場の有無や強度,地表に露出する岩石,地震波などの情報,および高圧実験によりもとめられる推定される物質の相関係・状態方程式,惑星の軌道などを用いて総合的に推定される.サイズと平均密度はもっとも基本となる情報で,ケイ酸塩鉱物,金属鉄,氷の非圧縮密度をそれぞれおおよそ3000,8000,1000 kg/m^{3}とすることで,おおよそのそれらの成分が推定できる.慣性モーメントは次に重要な情報で,重力の集中程度を表す.慣性モーメントは天体中心からrの距離の質量mとrの2乗の積の総和($I=\sum m_i r_i^2$)であり,物質が均質一様であれば$I=0.4$,重力の中心への集中の程度が大きいほど小さな値となり,金属コアをもつ地球は0.33である.そのほか,磁場の存在は内部に溶融した金属コアをもつ証拠と考えられる.惑星の内部構造は基本的にサイズ,平均密度と慣性モーメントをもっともうまく説明できる物質分布として推定される.ただし,コア・マントルの化学組成自体や内部の温度構造が正確にはわかっていないので物質の状態方程式に大きな幅があること,慣性モーメントについての信頼できる測定は地球と月しかなく,その他の天体についてはあったとしても精度が低いことから,惑星内部構造を一意的に推定

することは不可能であり,推定されている構造には自由度がある.

■ 地球

地球は地震波によりその内部構造が高精度で推定されており,他の惑星の内部構造の推定の基礎となっている.平均密度5520(非圧縮密度=5300)kg/m^{3}で,中心より外側に固体金属鉄-ニッケルからなる内核(約1300 km),液体鉄-ニッケルに軽元素を相当量含む外殻(約2200 km),ポストペロブスカイト相からなるD"層(約200 km),ブリッジマナイトを主とする下部マントル(約1040 km),リングウッダイトを主とする遷移層(約250 km)かんらん石・輝石・ざくろ石を主とする上部マントル(約380 km),全球平均的には安山岩質である地殻(約30 km)という構造をしている.揮発性成分以外の主要元素存在度はCIコンドライトに近いと考えられているが,Mg/Si比がコンドライト的(〜1)なのか上部マントル的なのか(1.2〜1.4),パイロライト(マントルかんらん石4に玄武岩1を混ぜたような仮想的マントル組成)的なのかについての議論は収束していない.地球磁場の存在は,溶融している金属鉄の外殻におけるダイナモ作用の結果と考えられている.

■ 水星

太陽系の地球型惑星の中でもっとも情報の乏しい惑星である.半径2439 km,平均密度5430(非圧縮密度約5300)kg/m^{3}であり,サイズが小さいわりには密度が他の惑星と比較して著しく大きい.金属コアは1800〜1900 km程度,マントルは700〜500 kmを占めていると推定されている[1].地殻は厚く,100 km以上の厚さをもつ[2]と考えられており,その組成はきわめて鉄に乏しい玄武岩質[3]であるらしい.Marina-10号の観測により地球の1.5%程度の強度の磁場をもつことが明らかにされ,コアが融解しているのではないかと考

えられている．水星のような小さな天体コアが現在も溶融しているためには，5%以下の硫黄が含まれているのではないかと考えられている[4]．

■金星

半径6052 km，平均密度5200（非圧縮密度4200）kg/m^{3}と地球に近い値をもち，内部構造も地球と似ていると考えられる．しかし，磁場をもたないことから，地球よりわずかに小さいため内部の圧力がわずかに低く，コアはいまだに完全に溶融状態で，ダイナモがおきていないと考えられている[5]．ベネラ探査機の分析結果から表層の岩石は玄武岩質で，地殻厚さは20〜50 km程度と考えられている[6]．金星に関してはその他の観測が存在せず，内部構造は地球と大きくは異ならないという程度以上にはわかっていない．

■火星

半径3397 km，平均密度3930（非圧縮密度3800）kg/m^{3}であり，地球と似た程度のコア/マントル比が推定される．慣性モーメントは最近では0.3654 ± 0.0008程度と考えられ，コアサイズは硫黄含有量により1500〜2000 kmの範囲となり，重力測定の結果からは少なくとも外殻が融解していると推定される[7]．硫黄は最大15 wt%程度含まれていると見積もられている[7]．マントルは地球より鉄含有量が高く，マントル上部の主要鉱物はかんらん石，輝石，ざくろ石，マントル下部はリングウッダイトおよびメイジャライトと推定されている[8,9]．地殻厚さは30〜80 km[10,11]で，最近の探査結果は，表層の岩石は玄武岩質で，そのFeO含有量は地球に比べかなり高いことが明らかとなっている．火星表層の岩石には残留磁気が存在し，初期の火星には磁場があったと考えられる．

■月

地球の月は，平均半径1737 km，平均密度3344 kg/m^{3}慣性モーメント0.3931 ± 0.0002[12]で，ほぼ一様な構造をしている．コアは200〜400 km程度と考えられている．地震波構造から，深さ500 kmあたりに不連続が存在し，スピネルからざくろ石への相転移あるいは相転移を伴わない組成変化と考えられている．マントルは平均的には地球よりFeOが多いかんらん岩的組成をもつと推定されている[13]が，月震の起こる1000 kmあたりの上下で物質の違いがあるかどうかは不明である．現在の月には磁場はないが，岩石には残留磁気が存在し，過去において磁場が存在していたと考えられている．

■系外惑星における地球型惑星

スーパーアースとよばれる系外の大型地球型惑星CoRoT-7bおよびKepler-10bは，密度とサイズの関係から，いずれも太陽系の水星のように金属コアの大きい天体と推定されている[14]．　〔永原裕子〕

●文献
1) H. Harder and G. Schubert (2001) Icarus, 151, 118-122.
2) J. D. Anderson et al. (1996) Icarus, 124, 690-697.
3) Stockstill-Cahill et al. (2012) J. Geophys. Res., 117, E00L15.
4) G. Schubert et al. (1998) Mercury's thermal history and the generation of its magnetic field. In : Mercury, pp. 429-460, Univ. Arizona Press.
5) F. Nimmo and D. J. Stevenson (2000) Jour. Geophys. Res., 106, 5085-5098.
6) R. E. Grimm, and P. C. Hess (1997) The crust of Venus. In : S. W. Bougher et al. eds. Venus II, pp. 205-244. Univ. Ariozna Press.
7) A. S. Konopliv et al. (2006) Icarus, 182, 23-50.
8) Y. Fei et al. (1995) Science, 268, 1892-1894.
9) C. M. Bertka and Y. Fei (1997) Jour. Geophys. Res., 102, 5251-5264.
10) M. A. Wieczoreck and M. T. Zuber (2004) Jour. Geophys. Res., 109, E01009.
11) S. C. Solomon et al. (2005) Science, 307, 1214-1220.
12) A. S. Konopliv et al. (1998) Science, 281, 1476-1480.
13) A. Khan et al. (2006) Earth Planet. Sci. Lett., 248, 579-598.
14) F. W. Wagner et al. (2012) Astron. Astropys., 541, A103.

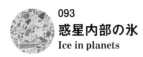

093
惑星内部の氷
Ice in planets

元素の存在度を考慮すると、太陽系に最も多く存在する固体は、H_2O を主成分とする氷だと考えられる。CH_4 や NH_3 など、H_2O 以外の氷や、固体の岩石も存在するが、それらの量は H_2O の氷よりも少ない。低温・真空の星間分子雲から始まり、高温・高圧の惑星内部へと至る、多様な惑星の形成と進化の場においては、この H_2O の氷が多様な性質を表す[1]。例えば室温付近で水が 1 GPa (1 ギガパスカル〜約 1 万気圧) の圧力にまで圧縮されると、氷 VI (ice VI) の結晶が生成する。この氷の結晶構造は、1 気圧の氷 (ice Ih) のような六方晶系ではなく、正方晶系であって、H_2O 分子の詰まり方がより密であり、水よりも 3〜4 割も密度が大きい (図1)。大部分が氷でできている木星の衛星・ガニメデの内部には、高圧力のかかった海が存在する可能性が極めて高い。そこでは水よりも重い氷 VI が、その結晶の成長ともに海底へと沈んでゆく様子がみられるだろう。また高い圧力のもとでは、H_2O がメタンなどのガス分子を多量に溶かしこんだ状態で結晶化する現象も起こりえる。ガス分子と H_2O が一緒につくる結晶のことをガスハイドレートという。ガスハイドレートの構造においては配列した水分子がガス分子を隙間なく取り囲んでいる[2]。土星の衛星・タイタンの内部からは、そこに多量に存在するメタンハイドレートからメタンガスが継続的に放出されている。このメタンが低温で凝縮して液体となることでタイタンの大気中を雨が降り、その地表には液体メタンの川が流れている。

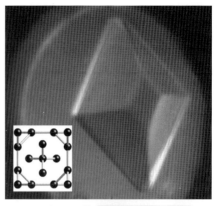

図1 氷 VI の単結晶の写真と、氷 VI および氷 Ih の酸素原子の配置図
水素原子は酸素を結ぶ線の間に存在する。

衛星よりも大きな、惑星内部の氷の性質はさらに多様である。天王星・海王星などの巨大氷惑星 (icy giant planets) の内部では、分子間距離の限界を超えた圧縮により、分子の内と外の化学結合が混ざりあい、ついには酸素イオンがつくる結晶の間を水素イオンが自由に動き回ることができる氷 (superionic ice X) ができる[3]。この氷は通常の氷と全く異なり、電流を通すことができる。そこに強い電流が流れることで、巨大氷惑星の強い磁場が作り出されているかもしれない。　　　　　　　〔奥地拓生〕

● 文献
1) 前野紀一 (2004) 氷の科学. pp. 242. 北海道大学図書刊行会
2) 佐々木重雄・奥地拓生・久米徹二・清水宏晏 (2011) 日本結晶成長学会誌, **38**, 45-54.
3) M. Millot *et al.* (2018) *Nature Physics*, **14**, 297-302.

094 文明と鉱物
Civilization and minerals

人類が鉱物・岩石・鉱石などの資源をどのように開発し，利用してきたかという面から，文明（人類の足跡）をたどることは重要である．文明は，資源の入手や採掘方法，技術的発展，地理的分布のほか，社会形成パターン，労働力の管理などの社会的要素によって，さまざまである．

石器時代には，人類は，石英，チャート，黒曜岩，変成岩など各種の鉱物，岩石を用いて，狩猟や農耕用などの道具を製作し，使用した．それらは，広範に交易された．打製石器から磨製石器へ発展し，石でつくられた墓などの構造物も発見されている．

ひすいは，イタリア，フランスなどのヨーロッパ各地の新石器時代や青銅器時代から，見つかっている．硬玉（鉱物学的には，ひすい輝石）と軟玉（ネフライト，角閃石）に大別される．例えば，イギリスでは，新石器時代ソマーセット期（^{14}C法で紀元前2300年と測定された木製品とともに出土）の硬玉の石斧が，南ロシアの紀元前2000年紀中葉のボロディノ期における一括埋納品からは硬玉の闘斧が出土している．とくに，中国では，硬玉に彫刻する技術が発達し，紀元前5世紀から4世紀にかけての戦国時代のものがすばらしい．

新世界では，硬玉と軟玉の両方が出土する．紀元前1000年紀に開花したマヤ文明でも中国のものに類似した硬玉の彫刻品がつくられた．アステカ文明でも硬玉の加工が行われた．これらの供給地は，グアテマラ（モタグア谷）と考えられている．

粘土（粘土鉱物）や砂などを用いて，土器やれんがが，後になって，タイル，テラコッタ，ガラスなどが製作された．

青銅器時代や鉄器時代に入ると，銅や鉄の鉱石から銅や鉄を取り出し，銅に錫を加え，青銅をつくった．青銅や鉄から食器，楽器，武器，農具，工具などが製作され，土器は陶器や磁器へ発展した．沖積土などにわらなどを加えた程度の日干しれんがから焼きれんがへ，また，石灰岩を焼き，水を加え，石灰や漆喰として，壁などの塗装や白い絵の具などに用いられた．れんがや石材を接合するモルタルやセメントは，石灰や漆喰に砂が，ローマ時代以降からのコンクリートは，より粗い骨材が加えられた．

絵の具や顔料として，針鉄鉱（黄色，焼くと，赤色や褐色），辰砂（赤色），赤鉄鉱（紫色，暗桃色，えび茶色），ラピスラズリ・藍銅鉱（青色），孔雀石・海緑石（緑色），石墨・二酸化マンガン・炭（黒色）などが用いられた．一部は，化粧や薬などにも使われた．古代エジプトや古代メソポタミアでは，明礬石を焼き，再結晶させ，明礬をつくり，皮なめし，染色，ガラスや薬の製造に用いた．ローマ時代には，岩塩，石灰，こはく，石膏，ナトロンなどから抽出した成分と油脂類とを混合して，薬などが製造された．装身具などとして，貝，羽根，骨などとともに，鉱物も用いられた．こはく，オパール，水晶などが一般的であるが，ギリシャ時代には，緑柱石，緑色や赤色の玉随，紫水晶などが使われた．ルビー，サファイア，トパーズ，ダイヤモンドなどは，ローマ時代以降，インドなどと大規模な交易が始まってからである．

古代中国（殷や周など）では，ひすい，青銅などが，古代エジプトでは，ラピスラズリ，トルコ石，石英，めのう，黒曜岩などが，古代メソポタミアでは，ラピスラズリ，金，銀，銅などが使用された．また，石灰岩や花崗岩などの岩石が巨大な建設物の石材として利用された．なお，考古学と鉱物については，Rapp, G. R. (2002):

Archaeomineralogy, Springer-Verlag, 326 pp. が詳しい.

金は，新石器時代から砂金が各地で利用された．メキシコや中央アメリカを中心に新大陸では，紀元前2000年中葉から，融材（溶剤）を使うなどして，低温での銅，金，銀の精錬などが行われた．北部ペルー，シカン文明（700～1400年）では，マスク，ナイフなど，儀式で使うものに金合金を生産した．

銅は，北アメリカでは，まず自然銅が使われた．銅製錬は約6000年前からといわれていて，孔雀石，藍銅鉱，赤銅鉱，黒銅鉱などから銅を生産した．銅合金の生産は，鉄精錬の少し前と考えられている．その後，銅硫化物を採掘し，精錬した．

エジプト，ギリシャ，ローマ，南アメリカでは，青銅器時代には，方鉛鉱から鉛を精錬していた．

中国では，宋時代，酸化銅に富む銅鉱石を石炭の火で熱し，硫酸銅にし，水に溶かし，鉄を加え，銅を沈殿させた（浸銅法による製銅）．また，窯で還元焼成した陶器，木炭を使い，高熱で酸化焼成した陶器をつくった．このように，12世紀頃には，製鉄，製銅，製陶の燃料として石炭を用い，中国産業に一大革命をもたらし，文化的発展に大きく寄与した．そして，木炭，硝石，硫黄を混ぜ，爆薬を発明したり，磁石をつくり，コンパスとし，航海などに利用したり，木のかわりに銅を用い，印刷に利用したりなど，大発明が続いた．13世紀はじめ，ジンギスカンは，鉄，石炭が豊富な中国北部に侵入すると，製鉄所をつくり，武器や馬具などを増産し，このことがヨーロッパへの侵略に結びついた．

13世紀に芽生え，15～16世紀に最高潮に達したルネッサンスでは，自然科学も復興し，近代科学へ発展し，15世紀末，コロンブスが新大陸を発見した．

スペイン人による征服によって，新大陸では，金，銀などの資源の開発が促進された．その後にポルトガル人が金，鉄，マンガン，ダイヤモンド，レアメタルなどの宝庫である現在のブラジルにはいったが，付近に石炭がないため，これらは長く開発されなかった．

ヒッタイト，アッシリア，宋や元時代などには，鉄は武器として重要であったが，鉄と石炭は，平和産業や近代国家の隆盛に大きく貢献した．産業革命（工業文明）は，18世紀から19世紀にかけて起こった工場制機械工業の導入による産業の変革とそれに伴う社会構造の変革である．近代の幕開けと位置づけられ，科学技術革命ともよばれる．イギリスで産業革命が起こった要因は，原料供給地や市場の存在（海外植民地），社会・経済的な環境（清教徒革命，名誉革命など），資本，労働力などがあげられる．ジェームス・ワットの蒸気機関の実用化以降，動力は，人力から機械へと変化し，蒸気機関は，各地の紡績工場や船，蒸気機関車など広範に利用され，資本と労働力が集中し，資本主義が生まれた．また，蒸気機関による文明は，先進国が後進国を武力や経済力で併合し，大帝国を建設するという帝国主義を生み出した．石炭を蒸し焼きにして，コークスをつくり，鉄鉱から品質管理された鉄が大量生産される（1612年，スタートバンドによる石炭製鉄）と，兵器も大量生産されるようになり，1805年，トラファルガーの戦いでスペイン・フランス艦隊を破ったイギリスは，その後大英帝国を築いた．

1950年以降の急激な科学技術の普及・発展も科学技術革命とよばれ，資源，エネルギー，環境問題などを抱えながらも，情報文明の時代にさしかかっている．今度こそ，鉱物をはじめとする資源が人類の幸福と福祉に貢献する時代となろう．

〔清水正明〕

095 ひすいの文化
Culture of jadeite jade

硬玉を使った文化をひすい文化，軟玉を使った文化は軟玉文化として解説する．

■ ひすい文化

古代に利用されたのは，新潟県糸魚川地方とそれに隣接する富山県朝日町のひすいだけである．最も古いひすいの利用例は新潟県糸魚川市大角地遺跡から出土したひすい製の敲石で，約7000年前の縄文時代前期前葉のものとされる．これは世界最古のひすいの利用例でもある．

最古の玉類は富山市小竹貝塚から出土したひすい製垂飾未成品で，約6000年前の縄文時代後葉のものであるが，ひすい製玉類が多くみられるのは中期以後である．

縄文時代中期～後期前葉（約5500～4100年前）のひすい製玉類は，ひすい産地近傍の長者ヶ原，寺地，細池の各遺跡（以上糸魚川市），境A遺跡（富山県朝日町）などで製作された大珠である．北海道礼文島船泊遺跡を北限とする中部日本以北の大規模集落で出土するが，産地近傍が多い．

縄文時代後期中葉（約4100～3700年前）になると，玉類の生産遺跡は亀ヶ岡遺跡（青森県木造町），三輪野山貝塚（千葉県流山市），馬場川遺跡（大阪府東大阪市）などひすい産地の近傍以外にもみられるようになり，ひすい製玉類が出土する遺跡も日本全域に拡大するが，縄文時代中期～後期前葉と同様に中部日本以北の遺跡からの出土が依然として卓越している．この時代になるとひすい製玉類の形態の多様化がみられ，大珠に加えて丸玉，勾玉（獣形勾玉などの異形勾玉），垂玉などが出現する．

弥生時代前期（約2300～2200年前）でひすいが出土する遺跡は少なく，吉武高木遺跡（福岡市）など福岡，佐賀県，大分，山口県などに限られている．ひすい製玉類の利用がこの時代に衰退したのではなく，墳墓に埋葬せず次世代へ継承したためとされる．弥生時代中期の宇木汲田遺跡（佐賀県唐津市）から縄文時代の獣形勾玉が弥生時代の定形勾玉とともに出土しており，ひすいを継承した証拠と考えられている．

弥生時代中期（約2200～2000年前）では九州北部，畿内の遺跡からひすいの玉類が多く出土している．他には島根県，ひすい産地近傍，長野県，福島県などの遺跡からひすい製玉類が出土するが，福島県以北にはみられない．この時代，ひすい産地の近傍の下屋敷遺跡（福井県あわら市），八日市地方遺跡（石川県小松市），江上A遺跡（富山県上市町），一の宮遺跡（糸魚川市），吹上遺跡（新潟県上越市）などでひすいの勾玉の製作が認められるが，定形の勾玉ではなく半玦状勾玉とよばれる玉類である．弥生時代～古墳時代前期の定形勾玉の製作地は不明である．

弥生時代後期（約2000～1800年前）のひすいの玉類の出土遺跡は北九州，香川県，岡山県南部，島根県出雲地方に多い．中部日本の遺跡にもみられるが，新潟～千葉を結ぶ線よりも北からの出土例はない．新潟県南西部の後生山遺跡（糸魚川市），裏山遺跡（新潟県上越市）などの高地性遺跡では半玦状勾玉の製作が認められる．

弥生時代中～後期で玉類を加工した場所は新潟県西部～福井県東部の日本海沿岸に多いが，朝日遺跡（愛知県清須市）でも半玦状勾玉の製作が行われている．

古墳時代中期（約1600年前）になるとひすい産地近傍での玉類製作は次第に衰退し，それにかわって畿内の曾我遺跡（奈良県橿原市）では約1500年前ごろからひすい，滑石，こはくなどの玉類の製作が大規模に行われたが，これ以後のひすいの玉作

り遺跡は発見されておらず，ひすいの玉の製作が古墳時代中期以後に衰退していったことを示している．古墳時代の人物埴輪には勾玉をつけているものが多く見受けられるが，古墳時代終末期に描かれた高松塚古墳（奈良県明日香村）の人物像は勾玉をつけていない．古墳時代末期の西暦593年に建立された飛鳥寺の塔の基礎（塔心礎）にひすい製勾玉が収められているなど，ひすい製玉類の製作が衰退した後も，以前に製作されたひすい製勾玉の再利用が認められる．この再利用も奈良時代西暦748年ごろにつくられたとされる東大寺法華堂（三月堂）の不空羂索観音立像の宝冠に使われているひすい製勾玉を最後に日本の歴史から姿を消し，人々は日本でひすいが産することすら忘れてしまい，再び糸魚川のひすいが発見される1935年まで約1200年間もの歳月が流れることになる．

日本以外でのひすい文化としては，中央アメリカのオルメカ文明（約3000～2000年前），マヤ文明（約2000～300年前）があり，グアテマラのモタグア渓谷で産するひすいが利用され，胸飾，人物像，丸玉，垂玉，モザイク状にひすいを貼り合わせてつくった面や壺などのほか，歯の中央にひすいを埋め込んだ人骨が発見されている．

朝鮮半島南部に新羅，伽耶，百済があった5～6世紀の古墳からひすい製定形勾玉が出土している．朝鮮半島にはひすい産地はなく，ミャンマーのひすいも当時は未発見であったことから，これらは日本の糸魚川産ひすいと考えられる．中国では清の乾隆帝の時世（1735～1795年）にミャンマー産ひすいの利用が始まり，ひすい製の帝后璽冊，首飾りなどの装飾品，置物，食器など多種多様なものがつくられた．台湾の故宮博物院にある翠玉白菜は特に有名である．

■ 軟玉文化

長野県上水内郡信濃町の日向林B遺跡から発見された軟玉製局部磨製石斧は，後期旧石器時代初め（約3万年前）に製作されたものであり，これが世界最古の軟玉の利用例となっている．その後日本では石斧や勾玉などに軟玉が使われた．日本以外では約7000～3600年前の中国の長江文明と黄河文明での軟玉が玉斧などに加工されはじめ，その後，さまざまな軟玉製装飾品，器などがつくられ，現代にいたるまで利用が継続している．中国の代表的な軟玉の産地としては中国新疆ウイグル自治区和田がある．前述の清時代に芽生えた中国のひすい文化も長年にわたる軟玉の加工技術が応用されたものである．

台湾東部花蓮県豊田の軟玉は約4000年前に有角玦状耳飾，双頭獣形玦状耳飾などへの加工が始まり，フィリピン，マレーシア，ベトナム，カンボジアなど東南アジアへ運ばれている．南太平洋ではニュージーランド，ニューカレドニア，オーストラリアでも軟玉を使った文化が約1200年前に発祥した．

ニュージーランドに9世紀ごろに入った先住民族マオリが軟玉で石斧，棍棒，首飾などを製作した．ヨーロッパでは新石器時代（約7000～5000年前）にバルカン半島，イタリア，ポーランド，スイスなどで製作された軟玉製の磨製石斧などが発見されている．

〔宮島　宏〕

● 文献

1) 松原聰・横山一己編（2004）特別展　翡翠展　東洋の至宝．毎日新聞社発行，202 pp.
2) 木島　勉（2006）季刊『考古学』，**94**, 79-80, 2006.
3) 中村由克（2011）野尻湖ナウマンゾウ博物館研究報告，**19**, 31-54.
4) Hsiao-Chun Hung *et al.* (2007) Proceedings of the National Academy of Science of the United States of America, **104**, 50, 19745-19750.
5) Roger Keverne ed. (1991) Jade. Anness Publishing, 376 pp.
6) 宮島　宏（2018）国石翡翠．フォッサマグナミュージアム発行，180pp.

096
資源問題と持続可能な開発と発展
Resource problem and sustainable development

■**人口爆発による資源消費**

世界の人口は 1961 年に 30 億人であったのが 1999 年には 60 億人と 2 倍になり，2011 年には 70 億人に達した．人口増加は今後も継続し，2025 年には 80 億人に達すると予想されている．特に経済発展の著しい中国では 2030 年前後に人口のピークを迎え 14 億人，ブラジルでは 2040 年に 2.2 億人，インドでは 2050 年に 16 億人に達すると予想されている．

このような世界的な人口の増加と，ブリックス（BRICS）（ブラジル，ロシア，インド，中国，南アフリカ共和国）に代表される新興国での著しい経済発展のために，世界のエネルギー需要が増大し，それに伴い資源の消費量も 2000 年以降急増している．

世界の石炭・石油・天然ガスによる一次エネルギーの供給量は 1971 年の 5 百万トン（石油換算トン）から 2007 年には 2 倍の 10 百万トンに増加している[1]．世界の鉄鋼生産量推移をみると，1970～2000 年に約 600～800 百万トンであったのが，2000 年以降急増し 2007 年には 1350 百万トンに達している（図1）．このような新興国での高い経済成長は今後も続くと見込まれており，資源の需要はますます増大すると予想される．

■**資源の枯渇**

資源需要の急増に呼応して鉱物資源の生産量も増加の一途をたどっている（図2）．しかしながら需要増加のため一部の鉱物資源では枯渇の可能性が指摘されている．

石油の専門家の間では 21 世紀中に現在の様な石油の生産はピークを迎え，その後生産量は減少するとする「ピークオイル」[3] を迎えるという予測が行われている．石油の枯渇に備えて，天然ガスやオイルサンド，オイル頁岩の開発が進んでおり，メタンハイドレードなどの非在来型資源の開発のための調査も世界中で行われている．

金属鉱物資源では，米国地質調査所により報告されている埋蔵量を 2010 年の鉱山生産量で割った「寿命」（静的耐用年数）は，鉄が 36 年，銅が 40 年，鉛 20 年，亜鉛 21 年，錫 20 年，タングステン 48 年，ニッケル 49 年，モリブデン 42 年，マンガン 78 年，コバルト 83 年であり，多くの金属元素が 20～50 年程度の寿命を示す．金属資源の埋蔵量は，金属価格の上昇や新たな鉱床の発見・開発により増加するため，ほとんどの金属資源が近い将来（20～30 年のうち）

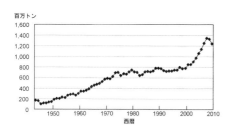

図1 世界の鉄鋼生産量推移．データは U.S. Geological Survey[2] に基づく．

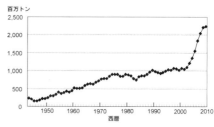

図2 世界の鉄鉱石生産量推移．2000 年以降生産量は急増している．データは U.S. Geological Survey[2] に基づく．

に枯渇することは予想されていない．しかしながら，特定の金属（特にレアメタル）を使った新たな製品の爆発的普及などにより，金属資源の供給が需要に追いつかない事態は十分起こりうる．

■リサイクル

資源を有効に利用し，資源の枯渇を防ぐために資源を再利用することはきわめて重要である．リサイクルは経済性のある資源について行われ，経済性はリサイクルされた資源の需要やリサイクルするための設備の有無（金属資源であれば精錬設備の存在）などに左右される．

日本では鉄や銅，アルミニウム，白金族元素など多くの金属が最終製品からリサイクルされている．液晶に用いられるインジウムは廃最終製品からのリサイクルは行われておらず，製造工程のスクラップからのリサイクル率が79%に達する（**表1**）．

水銀や鉛のような有害元素もリサイクルの対象である．日本では水銀は廃乾電池や廃蛍光管から回収されており，リサイクルされた水銀は国内の需要を満たすのみでなく，多くは海外に輸出されている．鉛は世界および日本の需要の半分以上がリサイクルされた鉛によりそれぞれまかなわれており，その割合は年々増加している（表1）．

日本には携帯電話などの多くの種類のレアメタルを用いた家電製品が廃棄されている．これらに含まれるレアメタルは合計すると膨大な量になり，都市鉱山とよばれて

いる．これらの廃家電製品からレアメタルを回収しようとする事業が始まっているが，いかに廃家電製品の回収率を上げるかが課題となっている．

■持続可能な開発と発展

社会の開発や発展のために石炭や石油，金属鉱物は必要不可欠な資源であり，これまで人類はこれらの資源を大量に消費してきた．その消費の速度はますます加速しており，このままでは地球温暖化など，良好な地球環境を維持できない事態になりつつある．資源の大量消費による枯渇も現実味を帯びてきている．現在持続可能な開発と発展を実現するために，さまざまな取り組みが始まっている．大気中の二酸化炭素濃度の増加を抑制するために，石油や石炭の消費を抑えようと風力，太陽光，地熱等の自然エネルギーや原子力エネルギーの利用の促進が進み，ハイブリッド自動車や電気自動車の普及が始まっている．一方でこれらの「グリーンテクノロジー」実現のために多量のレアメタルが必要となり，レアメタル争奪戦が繰り広げられている．

〔渡辺 寧〕

表1　2008年の日本のいくつかの金属元素のリサイクル率と国内需要に占める割合[4]

元素	リサイクル率	需要に占める割合
Al	87%	45%
Cu	49%	15%
Zn	6%	7%
Hg	100%	>100%
In	79%	60%
Pt + Pd	30%	33%
Pb	90%	50%

●文献

1) International Energy Agency (2009) Energy Balances of OECD Countries 2009. pp. 354, IEA, Paris.
2) U.S. Geological Survey (2010) Historical statistics for mineral and material commodities in the United States. U.S. Geological Survey Date Series 140.
3) M.K. Hubbert (1956) Nuclear energy and the fossil fuels. Exploration and Production Research Division, Shell Development Company, Publication No. 95, pp. 57.
4) 独立行政法人 石油天然ガス・金属鉱物資源機構（2009）鉱物資源マテリアルフロー2009．独立行政法人 石油天然ガス・金属鉱物資源機構，東京，pp. 391.
5) U.S. Geological Survey (2011) Mineral Commodity Summaries 2011. U.S. Geological Survey, pp. 198.

097 資源とは
Resources

表1 天然資源の分類(鹿園[2]を改訂)

エネルギー資源
　化石燃料(石油,石炭,天然ガス,オイルシェール,シェールオイル,ガスハイドレート)
　原子力(核分裂,核融合)
　地熱
　太陽熱・太陽光
　水(水力)
　風(風力)
　バイオマス(燃料木,林産加工廃棄物,都市ゴミ)
物質資源
　鉱物資源
　　金属
　　非金属
　生物資源
　　食糧(農産物,畜産物,水産物)
　　森林(森林生態系も含む)
　水資源
　土壌資源

■資源とは何か

　人間社会が地球システムから主体的に摂取する物質またはエネルギーを資源(resources)(または地球資源,天然資源)という.資源というと,一般的には,経済学的資源(economical resources)をさすことが多い.その定義としては,「資源より得られる有用物で,人間による何らかの労働が加わることによって,生産力の一要素となりうるもの」,「人間の欲求を充足するために加工あるいは未加工状態で消費される生物または無生物,あるいは生産活動を組織し,潜在的価値を顕在化する人工物または文化」とされている[1].しかし,ここでは,このような資源ではなく,地球資源,天然資源について扱う.

　近年では,「役に立つもの」,「有用なもの」と思われ利用されてきた資源から大量かつ多種多様な廃棄物が生み出され,人間社会や生物圏に悪影響を及ぼし,資源には人間活動に資するポジティブな面もあれば,それに負荷を与えるネガティブな面もあることが認識されるようになってきている.

■資源の分類

　次に,上で述べた資源にはどのようなものがあるのか,資源の分類をしてみる.

物質とエネルギーの種類による分類

　資源は,大きくエネルギー資源と物質資源の2つに分けることができる(表1).エネルギー資源には,化石燃料(石油,石炭,天然ガス,オイルシェール,オイルサンド,ガスハイドレートなど),原子力(核分裂,核融合),水力,地熱,太陽熱・太陽光,水力,風力,バイオマス,水素エネルギー(燃料電池),生物資源(農産物,畜産物,水産物,森林など),土壌資源(ボーキサイトなど),水資源などがある.鉱物資源には金属,非金属鉱物資源がある.

再生資源と非再生資源

　以上のように,一般的には資源を物質とエネルギーの違いに基づいて分類するが,それとは異なる基準で分類する場合がある.それは非再生資源(非更新性,蓄積性,枯渇性:non-renewable resources)と再生資源(更新性,非蓄積性,非枯渇性:renewable resources)に二分される.

　非再生資源とは,①天然に存在する物質,エネルギーで,その性質,量を人為的に変えることができない,②一度でも採取したら,二度と同じものをその場から得ることができない,という特徴をもつ.非再生資源の生成に長い時間を要するために,①,②という特徴となるのである.①,②の特徴をもたない資源を再生資源という.

　非再生資源には,化石燃料,鉱物,原子力エネルギー資源がある.再生資源には生物,水,太陽エネルギー,地熱資源などがある.

生物資源の場合，人間が採取してもすぐに同じ生物資源が再生される．水資源を取り入れても水循環速度は速く，次々に同じ性質をもつ水資源を取り入れることができる．一方，化石燃料，原子力，鉱物資源の再生速度は非常に遅いので，取り入れれば，その分だけ減少していく．すなわち，地球におけるこれらの資源は，有限である．この資源を再生資源と非再生資源に分ける基準は，その再生速度（循環速度）にある．

■鉱物資源（mineral resources）

鉱物資源は金属鉱物資源（metallic mineral resources）と非鉱物資源（non-metallic mineral resources）に大別される．これは鉱物を構成する元素の化学的性質（金属性，非金属性）に基づく分類である．金属鉱物資源は金属鉱床（metallic ore deposits）から採取される．金属鉱床とは，有用金属元素，または有用金属元素を多く含む鉱物が濃集した地質体を金属鉱床という．どのくらい金属元素が濃集していれば金属鉱床といえるのかは，各金属元素により異なる．この濃集の度合いの指標として，濃縮係数（平均地殻中のその金属元素の濃度との比）がある．この濃縮係数は金属元素によってかなり異なる．一般的傾向としては，地殻中に豊富にある元素（鉄（Fe），アルミニウム（Al））は，地殻に比べてあまり濃集していなくても鉱床となりうる．しかし，地殻中にあまり含まれていない元素は，地殻に比べてかなり濃集していなくても鉱床となりうる（水銀（Hg），金（Au）の濃縮係数はそれぞれ，100000，4000である[3]）．この濃縮係数は，時代，国，経済状況，科学技術などにより大きく変わることに注意しないといけない．

非金属鉱物資源は，非金属元素，または非金属元素の集まった鉱物資源をいう．これには，肥料用（窒素，カリウム，リン，硫黄など），化学製品用（塩化ナトリウム，ホウ酸塩鉱物など），建築用（石材，砕石，砂，砂利など）資源がある．

非金属鉱物資源の埋蔵量は，一般的に大変多いので，将来的に資源の枯渇問題が起こる心配はあまりない．しかし，わが国は，建築用石材，化学製品用資源の多くは海外から輸入，わが国に多い石灰岩，硫黄，粘土も海外からの輸入が増えてきている．

■鉱物資源探査

鉱床資源は有限であり，消費量の増大により資源量が枯渇してきている資源もある．したがって，さまざまな方法を用いて探査をする必要がある．

地質調査などの地表での探査以外に，最近ではリモートセンシング（遠隔探査）による資源探査が行われている．この探査方法では，地球観測衛星から放たれた光や太陽光が地表から反射された光をキャッチし画像解析を行い，地表に関する情報を得る．

以上の陸の探査以外に，現在では深海底での鉱床探査が盛んになされている．海底探査では，まず，船の上から音波探査をして，海底地形を調べたり，さまざまな深度の海水，堆積物を採取し，化学分析を行い，これらの結果を基に熱水性鉱床を見つけるのである．熱水性鉱床の探査が行われている深海底の科学的調査には，潜水調査船が活躍している．　　　　　　〔鹿園直建〕

● 文献

1) 森　俊介(1992)地球環境と資源問題. 岩波書店.
2) 鹿園直建 (2009) 地球惑星システム科学入門. 東京大学出版会.
3) R. J. Skinner and S. C. Porter (1987) Physical Geology. John Wiley & Sons.

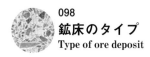

098 鉱床のタイプ
Type of ore deposit

地殻の中で，ある特定の元素が，地殻の平均的含有量に比べて著しく濃集し，人間が経済的に抽出，回収して利用できるような部分を鉱床（ore deposit）という．

鉱床には，金属鉱床・非金属鉱床・燃料鉱床があるが，ここでは，主として金属鉱床について述べる．金属鉱床はさまざまな観点から分類されているが，鉱床学的な観点からは，成因に基づく分類が行われており，鉱床を伴う岩石との時間的関係（同生的 [syngenetic]・後生的 [epigenetic]），形態（鉱脈 [vein]・層状 [stratiform]・塊状 [massive]・鉱染 [disseminated]）および伴う岩石種や生成環境を考慮して，さらに詳しく分類されている．ここでは，以下に代表的な鉱床タイプについて，地学事典[1] を参考にしつつ説明する．

■マグマ鉱床（magmatic deposit）

火成鉱床ともいい，堆積鉱床・変成鉱床と対して用いられる，鉱床を成因的に大きく分類したときの一つである．マグマの活動に成因的に関係して形成される鉱床のことを指す広義の場合には，マグマの固結に直接関連した各種の正マグマ鉱床（orthomagmatic deposit）と，マグマの活動に付随して起こる熱水活動により形成される各種の熱水鉱床を含むが，狭義の場合として，正マグマ鉱床と同じ意味でしばしば用いられている．

正マグマ鉱床とは，マグマから主要造岩鉱物（多くの場合はケイ酸塩鉱物）が晶出する時期（鉱床学分野では正マグマ期という）にマグマの結晶化・固化に伴って生じる鉱床のことである．正マグマ鉱床は，火成岩体中に不規則塊状・層状・脈状・鉱染状などの形態をなす．代表的なものとして，超苦鉄質〜苦鉄質層状貫入岩体中のクロム鉄鉱鉱床・白金族鉱床および含バナジウム磁鉄鉱鉱床（南アフリカの Bushveld 岩体に伴われるものが著名），超苦鉄質〜苦鉄質貫入岩体に伴われるニッケル硫化物磁硫鉄鉱鉱床（カナダの Sudbury 岩体に伴われるもの，ロシアの Norilsk 岩体に伴われるものが著名），斜長岩に伴われるチタン鉄鉱・含 Ti 磁鉄鉱・ルチル鉱床（カナダの Allard Lake 鉱床が著名）などの非造山帯の貫入岩体に伴われる鉱床のほか，造山帯の超苦鉄質岩に伴われるポディフォーム型クロム鉄鉱鉱床（podiform chromite deposit）（日本では広瀬鉱山・若松鉱山など）がある．濃集の機構としては，結晶分化作用における重力による結晶分別，珪酸塩マグマと硫化物マグマとの不混和（liquid immiscibility）などが考えられている．

また，カーボナタイト（carbonatite）鉱床・キンバーライト（kimberlite）岩体に伴われるダイヤモンド鉱床・ペグマタイト（pegmatite）鉱床も正マグマ鉱床に含めることが多い．

マグマ鉱床のうち，ペグマタイトについて以下に詳しく述べる．

■ペグマタイト（pegmatite）

一般には，花崗岩とほぼ同じ主要鉱物組成をもち，著しく粗粒な結晶質の岩石のことで，巨晶花崗岩・花崗岩ペグマタイトともいう．閃緑岩・斑れい岩の鉱物組成をもつ粗粒結晶からなる岩石をそれぞれ閃緑岩質ペグマタイト・斑れい岩質ペグマタイトと呼ぶことがある．

花崗岩質のペグマタイトはしばしば，花崗岩類に伴われており，正長石・微斜長石などと石英とが文象構造（graphic texture）をなす．有色鉱物としては黒雲母・白雲母・ざくろ石などが含まれるほか，しばしば B・F・Li・Be などを含む鉱物（例

えば，電気石・トパーズ・リシア雲母・リシア輝石・緑柱石など），希土類元素を含む鉱物（例えば褐簾石・モナズ石・ゼノタイム・フェルグソン石など）も含まれる．

花崗岩質のペグマタイトは，揮発性成分に富んだ分化した花崗岩質マグマの残液から晶出した粗粒結晶からなる脈・レンズあるいは塊状に花崗岩体中に発達することが多い．

石英・長石類・雲母類が特に粗粒の結晶として産するため，セラミックス原料などの資源として採掘対象となる．また，希土類元素やNb・Ta・Li・Be・Th・Uなども資源として採掘対象となる．さらに，緑柱石やトパーズなどが宝石として採掘されることがある．

■ 熱水鉱床（hydrothermal deposit）

熱水溶液（hydrothermal solution）から沈殿，生成した鉱床．鉱床生成の場の温度・圧力あるいは生成深度から深熱水鉱床（hypothermal deposit）・中熱水鉱床（mesothermal deposit）・浅熱水鉱床（epithermal deposit）・遠熱水鉱床（telethermal deposit）・ゼノサーマル鉱床（xenothermal deposit）などに分類されてきた．これらの用語には近年ではあまり用いられないものもあるが，浅熱水鉱床は，金銀鉱床などについて広く使われている．形態と成因から，鉱脈鉱床（vein-type deposit）・火山成（性）塊状硫化物鉱床（volcanogenic massive sulfide deposit）・斑岩銅鉱床（porphyry copper deposit）・スカルン鉱床（skarn deposit）・ミシシッピバレー型鉱床（Mississippi valley-type deposit）などに分類される．

熱水鉱床のうち，日本国内にも広く見られる浅熱水鉱床・スカルン鉱床・塊状硫化物鉱床について以下に詳しく述べる．

■ 浅熱水鉱床（epithermal deposit）

熱水鉱床のうち，Lindgren（1931）によって，マグマ起源の上昇熱水溶液から地下浅所（深さ1km以内）でかつ比較的低温条件下（100〜200℃）で生じた鉱床について定義された呼び方であるが，実際には200℃よりも高い生成温度が推定される鉱床があったり，熱水もほとんどが天水起源と考えられる鉱床も多い．日本の主要なAu・Ag・Hg・Cu・Pb・Zn鉱床には，新第三紀から第四紀の火山活動に伴われた熱水活動によって生じ，変質した火山岩類を母岩とする鉱脈鉱床が多い．日本の浅熱水鉱床の代表的な例としては，鉱脈型のAu・Ag鉱床である鹿児島県の菱刈鉱山・串木野鉱山，新潟県の佐渡鉱山・北海道の鴻之舞鉱山などがある．Au・Agを稼行する浅熱水鉱床は日本だけでなく，環太平洋地域のプレートの沈み込み帯やそれ以外の世界各地に広く分布する．

■ スカルン鉱床（skarn deposit）

炭酸塩岩が交代作用を受けて形成される塊状熱水鉱床．接触鉱床・接触交代鉱床（contact metasomatic deposit）・高温交代鉱床（pyrometasomatic deposit）などとも呼ばれるが，スウェーデンの鉱山用語で用いられていたスカルンが広く世界で用いられている．スカルン鉱物と呼ばれるCa・Al・Fe・Mgなどのケイ酸塩鉱物（ざくろ石・単斜輝石・緑簾石・珪灰石・ベスブ石など）からなる岩石はスカルンと呼ばれ，石灰岩とチャートの互層やマールなどが熱変成を受けても形成されるが，鉱床となるもののほとんどは，珪長質マグマの活動に伴って形成される．スカルン鉱物の組み合わせは，原岩の種類（石灰質・苦灰質など）により大きく異なる．磁鉄鉱・赤鉄鉱・黄銅鉱・閃亜鉛鉱・方鉛鉱・灰重石・鉄マンガン重石・錫石・輝水鉛鉱などが鉱染，あるいは塊状に胚胎してFe・Cu・Zn・Pb・W・Sn・Mo・Auなどの鉱となる．一般に中規模のものが多いが高品位であることが多く，世界各地で稼行されている．日本では岩手県の釜石鉱山（Fe・

Cu)・岐阜県の神岡鉱山（Pb・Zn）などが代表例．海外では斑岩銅鉱床を伴う貫入岩と炭酸塩岩との接触部に発達している例も多い．

■塊状硫化物鉱床（massive sulfide deposit）

特定の構造（脈状・縞状・角礫状など）をもたない鉱石鉱物の集合体からなる鉱床を塊状鉱床と呼ぶが，塊状硫化物鉱床という場合には，堆積噴気鉱床などを指す一般的な名称として用いられる．黒鉱鉱床やスカルン鉱床などは塊状鉱床であるが，スカルン鉱床のことは一般には塊状硫化物鉱床とは呼ばない．また正マグマ鉱床にも塊状の鉱床があるが，一般には塊状硫化物鉱床とは呼ばない．

火山成（性）塊状硫化物鉱床（volcanogenic massive sulfide deposit [または火山岩内塊状硫化物鉱床 volcanic-hosted massive sulfide deposit]）とは，海底火山活動に伴われて生成した噴気堆積鉱床で，火山岩を母岩とするものに用いられ，世界的には，英語の表記を略してVMS鉱床と呼ばれる．レンズ状〜シート状の形態の鉱体と，その下盤の火山岩中には網状脈が発達することが多い．鉱体は大部分が硫化物からなり，ときに多量の重晶石や石膏・石英を伴う．Cu・Pb・Znの重要な資源となる鉱床で，これらの金属元素の量比と，母岩となる火山岩類の化学組成と岩系および生成環境に基づいて，キプロス型（Cu）（Cyprus-type）・別子型（Cu）（Besshi-type）・黒鉱型（Cu-Pb-Zn）（Kuroko-type）などに分類される．日本の黒鉱鉱床が塊状硫化物鉱床の代表例とされており，代表的な鉱床として，秋田県北部の小坂・花岡・松峰・釈迦内・深沢・餌釣・古遠部・相内鉱床などが稼行されたが，1994年に松峰・深沢・温川鉱山を最後にすべて閉山した．外国の塊状硫化物鉱床として，カナダ Noranda 地方の Kidd Creek 鉱床・スウェーデン Boliden 鉱床・ロシアの Ural 地方・オーストラリアの Tasmania 島 Mt. Lyell 鉱床・スペイン Rio Tinto 鉱床などがある．

■堆積鉱床（sedimentary deposit）

風化・侵食によって鉱物や岩石の砕屑粒子が風水によって運搬され，また，溶存成分が水の作用で運搬され，堆積作用に伴われて機械的・化学的に，および生物の作用によって濃集して生成した鉱床．多くの分類法があるが，一般には，風化残留鉱床・機械的堆積鉱床・化学的堆積鉱床・有機的堆積鉱床に分類される．鉱物の物理的・化学的安定性，選択的な運搬作用，水溶液および溶存成分の化学的性質の違いによって，ことなる物質・鉱物・化学成分が濃集して鉱床を形成する．風化残留鉱床の一部を除いて，ほとんどが堆積岩中に産し，大規模な層状鉱床であるものが多い．燃料鉱床（石炭・石油など）のほか，金属・非金属鉱床にも重要な鉱床が多く，Fe・Mn・Alや石灰岩・ドロマイト・岩塩などの大部分は堆積鉱床から産出されるほか，Au・U・Cu・Snなども堆積鉱床から産出されている．なお，海底火山活動に伴われる噴気・熱水活動によって生じた鉱物が堆積して生成した噴気堆積鉱床は，通常は熱水鉱床に分類され堆積鉱床には含めない．

堆積鉱床のうち，砂鉱床・残留鉱床について以下に詳しく述べる．

■砂鉱床（placer deposit）

漂砂鉱床・重砂鉱床・砕屑鉱床ともいい，風化・侵食作用によって生じた岩石・鉱物の砕屑粒子が運搬されて，風水の淘汰作用によって機械的に濃集堆積した砂礫質の鉱床で，堆積鉱床のうちの一つ．自然金・白金族元素鉱物・クロム鉄鉱・錫石・モナズ石・Nb-Ta鉱物・U-Th鉱物・ジルコン・チタン鉄鉱・磁鉄鉱・ダイヤモンドなどのように比重が大きく化学的にも比較的安定な鉱物が砂礫層中に濃集して鉱床を形成．濃集過程で流水などによる淘汰堆積作用が

重要な役割を果たす点で，原地砂礫鉱床と区別される．生成の場所や機構により，海成・海浜・河成・風成砂鉱床や浜砂鉱床などに分類される．資源的にはAu・白金族元素・Sn・U・Th・希土類元素などのほか，珪砂・ダイヤモンドなどの宝石類が重要である．古い地質時代の砂鉱床は古期砂鉱床（paleoplacer deposit）と呼び，南アフリカWitwartersrand含金礫岩が代表例である．

■ 残留鉱床（residual deposit）

風化残留鉱床ともいい．地表またはその近くの浅所の岩石・鉱床が風化作用を受けて新しく生成した難溶性有用鉱物や，風化に強く分解されにくい鉱物が残留濃集して生成した鉱床．岩石が化学的風化作用を受けると，鉱物のあるものは風化作用によって分解して可溶性物質は天水に溶けて運び去られ，粘土・石英・褐鉄鉱などを含む土壌を形成し，ここにAl・Fe・Mnなどが原岩に比べて著しく濃集する．世界の熱帯各地に分布するボーキサイト・ラテライト鉱床はその代表的な例である．ニューカレドニアなどのニッケル鉱床もこの例であり，かんらん岩がラテライト化の風化作用を受けたことによってかんらん石に微量含まれていたNiが濃集したものである．

また，鉱床そのものが化学的風化作用を受けることによって硫化物や酸化物，炭酸塩などとしてさらに濃集する二次富化鉱床が，Cu・Pb・Zn鉱床などの露頭部でしばしば発達する．

風化に強く分解されにくい鉱物が変化せずに，風化作用の後，露頭部に濃集する現地砂礫鉱床（現地堆積鉱床）は，Au・Sn鉱床などの露頭部にしばしば発達する．

■ 変成鉱床

変成作用の過程で特定の鉱物または化学成分が濃集して生じた鉱床（metamorphic deposit）をいう場合と，既存の鉱床が変成作用を受けて性質を変えた鉱床（metamorphosed deposit）をいう場合の両者がある．

接触変成作用に伴われて生じる鉱床にはスカルン鉱床があるが，一般にはスカルン鉱床は変成鉱床ではなく熱水鉱床に分類される．

広域変成を受けた変成鉱床として別子型鉱床があるが，これはもともと海底で生成した熱水鉱床の火山成（性）塊状硫化物鉱床であったものである．変成作用によって放出された熱水によって生成したと考えられる鉱脈鉱床があるが，ふつうこれらは熱水鉱床に分類される．〔今井 亮〕

● 文献
1) 地学団体研究会（1996）新版地学事典．pp.1443．平凡社．

099
金属資源鉱物と鉱山
Metal resources and mines

金属資源は一般に製鉄原料（鉄鉱石など）と非鉄金属に分けられ、後者はさらに、銅・鉛・亜鉛などの卑金属（ベースメタル）と金・銀などの貴金属に分けられる。さらに、希少金属（レアメタル）という分類も行われているが、レアメタルについては▶106 レアメタルで解説されるので、ここでは地学事典[1]を参考にしつつ、まず主要な金属資源鉱物（鉱石鉱物）を述べ、続いて、鉱山の開発に至る一連の流れを説明する。

■鉄

鉄を目的に採掘される鉄鉱床としては、堆積鉱床・火成鉱床・残留鉱床・熱水鉱床がある。主要な鉱石鉱物としては、磁鉄鉱（magnetite [Fe_3O_4]）、赤鉄鉱（hematite [Fe_2O_3]）であり、その他には、褐鉄鉱（limonite）、針鉄鉱（goethite [FeOOH]）、シャモサイト（chamosite [(Fe^{2+}, Mg, Fe^{3+})$_6$(OH)$_8$Al$_{0.8-1.2}$Si$_{3.2-2.8}$O$_{10}$]）や菱鉄鉱（siderite [$FeCO_3$]）などを対象として採掘されることもある。黄鉄鉱などの鉄の硫化物は鉄を目的としては採掘されていない。

代表的鉱山例としては、日本では現在採掘されていないが、熱水鉱床であるスカルン鉱床の釜石鉱山（岩手県）などがある。海外では堆積鉱床である縞状鉄鉱層が各大陸に分布しており、北米大陸ではスペリオール湖地方、南米大陸ではブラジルのイタビラ地方、オーストラリアではハマースレイ地方などが有名。また、マグマ鉱床としては、Bushveld 岩体（南アフリカ）の磁鉄鉱層や、採掘されていないが El Laco（チリ）の磁鉄鉱溶岩が有名。成因には諸説があるが、Kiruna 鉱床（スウェーデン）もマグマ鉱床とする説もある。熱水鉱床としては、海外にもスカルン鉱床が多く存在する。

■銅

銅を目的に採掘される鉱床は、熱水鉱床・マグマ鉱床・堆積層内鉱床など、多様である。銅の鉱石鉱物も多くの種類があるが、最も主要なものは黄銅鉱（chalcopyrite [$CuFeS_2$]）で、その他の硫化物として斑銅鉱（bornite [Cu_5FeS_4]）、輝銅鉱（chalcocite [Cu_2S]）、銅藍（covelline [CuS]）、安四面銅鉱-砒四面銅鉱（tetrahedrite-tennantite [Cu_{10}(Fe, Zn)$_2$(Sb, As)$_4S_{13}$]）、硫砒銅鉱（enargite [Cu_3AsS_4]）などがある。また、酸化帯では、孔雀石（malachite [Cu_2CO_3(OH)$_2$]）、珪孔雀石（chrysoclla）、自然銅（native copper [Cu]）、藍銅鉱（azurite [$Cu_3(CO_3)_2$(OH)$_2$]）、胆礬（chalcanthite [$CuSO_4 \cdot 5H_2O$]）、アタカマ鉱（atacamite [$Cu_2Cl(OH)_3$]）などが産する。

代表的鉱山としては、日本では現在採掘されていないが、熱水鉱床の鉱脈鉱床として足尾鉱山（栃木県）・尾去沢鉱山（秋田県）など、塊状硫化物鉱床として別子鉱山（愛媛県）・日立鉱山（茨城県）、黒鉱鉱床である小坂鉱山（秋田県）などがある。海外では熱水鉱床である斑岩銅鉱床として Chuquicamata 鉱山・Escondida 鉱山（チリ）・Bingham 鉱山・Morenci 鉱山（アメリカ）・Grasberg 鉱山（インドネシア）など、塊状硫化物鉱床として Noranda 地方（カナダ）、マグマ鉱床として Sudbury 岩体（カナダ）・Norilsk 岩体（ロシア）など、堆積層内の銅鉱床としては Copperbelt（ザンビア）・Kupferschiefer（ポーランドなど）が有名である。

■アルミニウム

アルミニウムを目的に採掘される鉱床の代表的なものは風化残留鉱床であるボーキサイト鉱床である。アルミニウムは主としてギブサイト（gibbsite [γ-Al(OH)$_3$]）・

ベーマイト（böhmite [γ-AlOOH]）として存在し，古生代の鉱床にはダイアスポア（diaspore [α-AlOOH]）も産する．

日本にはボーキサイト鉱床は知られていない．海外では，オーストラリア・ブラジル・ジャマイカ・インドなどに分布する．

■亜鉛・鉛

亜鉛と鉛は相伴って産することが普通で，亜鉛・鉛鉱床として一括されることが多く，主要なものは熱水鉱床と堆積層内鉱床である．亜鉛の主要な鉱石鉱物としては，閃亜鉛鉱（sphalerite [(Zn, Fe)S]）およびウルツ鉱（wurzite [(Zn, Fe)S]）があり，また，一部の鉱床や酸化帯で菱亜鉛鉱（smithsonite [$ZnCO_3$]）・異極鉱（hemimorphite [$Zn_4(OH)_2Si_2O_7 \cdot H_2O$]）などが産する．鉛の主要な鉱石鉱物は方鉛鉱（galena [PbS]）であり，酸化帯では白鉛鉱（cerussite [$PbCO_3$]）・硫酸鉛鉱（anglesite [$PbSO_4$]）・緑鉛鉱（pyromorphite [$Pb_5(PO_4)_3Cl$]）などが産する．

代表的鉱山としては，日本では現在採掘されていないが，熱水鉱床である鉱脈鉱床として豊羽鉱山（北海道）・細倉鉱山（宮城県）・対州鉱山（長崎県），スカルン鉱床として神岡鉱山（岐阜県）・中竜鉱山（福井県），塊状硫化物鉱床として黒鉱鉱床の松峰鉱山・深沢鉱山（秋田県）などがある．海外では熱水鉱床である塊状硫化鉱床としてNoranda地方（カナダ）など，堆積層内の鉱床としてはSullivan（カナダ）・Broken Hill・Mt. Isa（オーストラリア）などの砕屑岩中の鉱床と，ミシシッピーバレー型鉱床と呼ばれる炭酸塩岩の中の鉱床がある．

■金・銀

金・銀を目的として採掘される鉱床には熱水鉱床と，とくに金を対象とする堆積鉱床（漂砂鉱床）とがある．金と銀は合金として産し，金の端成分に近いものを自然金（naive gold），銀の端成分に近いものを自然銀（native silver）といい，中間のものをエレクトラム（electrum [(Au, Ag)]）という．また，金および銀の鉱物としてはテルル化物として主なものに，ペッツ鉱（petzite [Ag_3AuTe_2]），シルバニア鉱（sylvanite [$AgAuTe_4$]），カラベラス鉱（calaverite [$AuTe_2$]），ヘッス鉱（hessite [Ag_2Te]）などがある．また，銀は硫化物として輝銀鉱（argentite [Ag_2S]），針銀鉱（acanthite [Ag_2S]），硫塩鉱物の主なものとして，銀四面銅鉱（freibergite [$(Ag, Cu)_{10}(Fe, Zn)_2(Sb, As)_4S_{13}$]），濃紅銀鉱（pyrargyrite [$Ag_3SbS_3$]），淡紅銀鉱（proustite [$Ag_3AsS_3$]）など，セレン化物の主なものとして硫セレン銀鉱（aguilarite [Ag_4SeS]），ナウマン鉱（naumannite [Ag_2Se]）などが産する．

代表的鉱山としては，熱水鉱床である鉱脈鉱床として日本で現在採掘されている菱刈鉱山（鹿児島県）があり，現在では採掘されていない鉱山としては，佐渡鉱山（新潟県）・鴻ノ舞鉱山（北海道）・串木野鉱山（鹿児島県）・高玉鉱山（福島県）などがある．海外でも熱水鉱床である鉱脈・鉱染型として多くの鉱山があり，Muruntau鉱山（ウズベキスタン）・Ladoram鉱山・Porgera鉱山（パプアニューギニア）・Baguio地方（フィリピン）・Barberton地方（南アフリカ）・Yilgarn地方（オーストラリア）などがある．またGrasberg鉱山（インドネシア）などの西南太平洋の斑岩銅鉱床や，Noranda地方（カナダ）の塊状硫化物鉱床等からは副産物として金鉱床に匹敵する量の金を産する．堆積鉱床としては砂鉱床があるが，始生代～原生代の古期砂鉱床であるWitwartersrand含金礫岩（南アフリカ）が世界最大の金鉱床である．

■鉱山

鉱山の開発はまず鉱床の探査から始まる．探査は，それまでの既存調査に関する

文献調査，広域的な地質調査，リモートセンシング，地化学探査，地球物理的探査などから有望地域を絞り込んでいき，地表に露出していない潜頭性の鉱床の場合は試錐調査を行うことによって鉱床の発見に至る．鉱床が発見されてからは鉱量・品位の確認とともに選鉱試験などを行い，それらに基づいて経済性の調査を行う．鉱山を開発するには，鉱石運搬設備，選鉱設備，廃石堆積場，必要があればアクセス道路，発電所，港湾，居住地域など各種インフラの整備が必要となる．鉱山では，鉱石を採掘し，粉砕した後，目的とする鉱物を選鉱して，精鉱を出荷し，精錬所において目的とする金属が得られる．廃石，廃水の処理を行う必要がある．粉砕した鉱石から特定の成分を溶液によって抽出浸出する場合もある．

■探査法

金属資源の探査法には，リモートセンシング，地質調査，地化学探査，物理探査，試錐などの方法が用いられる．

リモートセンシング

ある対象物に関する情報を遠隔から探知することをリモートセンシングといい，一般的には，ある対象物の表面から反射ないしは放射される電磁波の強度をセンサーで測定することによって，対象物を識別する．センサーには，航空機や人工衛星に搭載される光学センサーやレーダーなどがある．

地質調査

ある地域の地質状況（岩石・地層の分布，相互関係，地質構造など）を知るために行う調査のこと．普通はハンマー，クリノメーター等の携帯器具を用いて肉眼観察を主とする地表地質調査のこと．広義には物理探査・地化学探査・試錐調査などを含める．

地化学探査

金属・石油・地熱資源および活構造の存在および活動度に関係する元素・化合物の濃度・組成異常を，岩石・土壌・水・ガス等の化学・同位体組成分析から検出する手法．古来の椀がけがその先駆けである．

用いる試料は土壌・植物・水・岩石・ガスで，目的とする地下資源と分散ハローをつくる元素（指示元素ないし化合物）の性質，地形・気象・汚染性などを考慮して選択する．分析結果から得られた分散ハローの異常を，付近の地質・地質構造などから解析し，資源分布域の探査，資源物質の成因解明，根源岩のポテンシャル評価といった定量的評価を行い，通常は試錐によって地下資源の存在・鉱量・品位等を確認する．

鉱床タイプによって適当な指示元素が存在する．例えば金銀石英脈の土壌・岩石中の $Ag \cdot Hg$，タングステン鉱床での土壌・岩石・植物中の Mo，水銀鉱床での土壌・岩石・植物・ガス中の Hg など．

物理探査

物理探査には，重力探査・地震探査・磁気探査・電気探査・電磁法による探査などがある．

重力探査は，地球表面で測定した重力加速度を，重力変化に対する補正を行い，地下の密度分布による重力異常（ブーゲー異常）を求め，地下の構造，基盤岩の分布，特殊物質（岩石・鉱物・ガスなど）の存在・分布を推定する探査法である．

地震探査は，弾性波動を用いて地下構造を調べる物理探査法で，地層内で屈折する波動を使う屈折法と，地層の境界などで反射する波動を用いる反射法があり，土木，石油・石炭・金属などの資源探査，地質構造や海洋底などの調査に用いられる．

磁気探査は，地下の強磁性物質の分布把握や，岩石磁性の差により地下構造の解明を目的として行われ，磁力探査ともいう．

電気探査は，岩石や地層の電気的性質を利用した地下構造探査法の総称である．さまざまな探査法があるが，人工電流源を用いるか用いないかで区分することができる．人工電位法は人工電流を地中に流すこ

とにより生じる電位分布を利用する比抵抗構造探査の総称．電流電極・電位電極の配置によって特徴のある探査法が考案されている．

人工電流源を用いない方法には自然電位法がある．自然電位法はSP法ともいい，地表または孔井内の自然電位を測定することによって，地下の鉱体の賦存状況探査などを行うものである．自然電位とは，大地内に分極状態が出現し，これによって自然的に生じる電位をいい，地下水や熱水の流動に伴って生じる電位を特に流動電位と呼ぶ．

強制分極法は電気探査の一つであり，誘導分極法またはIP法とも呼ばれる．大地へ直流を流した後，切断すると，時間とともに減衰する電位が観測される．この電位変化は減衰時間が長く，強制分極または誘導分極と呼ばれている．

電磁法とは，電場と磁場の相互作用を利用した探査法の総称で，人工的方法と自然的方法とに分類される．人工的方法は直流法と交流法に分けられ，また電流の流し方により，直接地中に電流を流す誘電電磁法と，大地から絶縁されたループまたはコイルに交流を流すループ法に分類される．

マグネトテルリック法は，地球外部起源の磁場変化によって生じる地球内部電磁誘導を利用する比抵抗探査法で，普通MT法と呼ばれ，地磁気・地電流法とも呼ばれ，地殻やマントルの比抵抗構造を求める．このうち特に高周波領域の可聴周波数範囲の変動電磁場は，主として雷放電により発生し，測定装置も簡便なことから浅部構造探査によく用いられる．人工ノイズが多いところでは，両端を接地した長いケーブルにいろいろな周波数の電流を流すことによって人工的電磁場を発生させてMT法と同等の状況をつくって探査を行うことが効果的であり，CSMT法と呼ぶ．

試錐

試錐機を用いて地中に孔を掘ることで，ボーリングともいう．試錐を用いた鉱物資源探査を試錐探鉱といい，地質調査，物理探査・地化学探査などの結果に基づく鉱床の確認，鉱床存在条件の確認や，既知鉱床の各種延長方向の鉱体の有無と規模・品位の確認等を行う．予想される地質と，鉱床の性質・産状と深度，地形等により垂直・水平・傾斜掘りのいずれかを用いる．

■採掘

採掘は，大まかには露天掘り採掘と坑内採掘に分けられる．

坑内採掘とは，地下で採掘を行うことであり，1) 無充填法，2) 支柱法，3) 充填法，4) シュリンケージ法，5) ケービング法などがある．近年はレールを必要としない車両機械を用いるトラックレス方式が用いられる．

露天採掘は，表土や被覆地層を除去し，鉱体を地表から直接採掘する方法である．鉱体が地表に露出するか地下浅所にあり，水理地質・気候・地上建造物などの条件が採掘を妨げない場合に可能．坑内採掘に比べて採掘費が安く大量処理できるため，低品位の大鉱体をなす金属・非金属鉱床や水平炭層などに用いられる．

■選鉱

採掘された鉱石から目的とする鉱石鉱物を他の鉱石鉱物や脈石鉱物から分離して次の行程へ供給するための行程で，準備作業・選別・付帯作業がある．準備作業としては粉砕と整粒がある．選別には，鉱物の色彩・光沢に基づく手選および色彩選別，密度による重液選別と比重選別，磁性による磁力選別，表面の導電性による静電選別，表面の濡れ特性による浮遊選別などがある．付帯作業としては，濃縮・脱水と廃石・廃水の処理がある．　　　　〔今井　亮〕

●文献

1) 地学団体研究会 (1996) 新版地学事典, pp.1443, 平凡社.

100 日本の資源
Resources in Japan

■日本の資源

日本は頻繁に「資源に乏しい国」と形容されるが，これは資源の消費量に比べて国内に産出する資源に乏しいと認識すべきである．確かに米国，ロシア，中国，オーストラリア，ブラジルなどの大国と比較すると資源量は少なく大陸特有の資源（縞状鉄鉱床やアルカリ岩に伴うレアメタル鉱床など）に乏しいが，国土面積で比較した場合，日本は決して資源に乏しい国ではない．マルコ・ポーロにより黄金の国ジパングと形容されたように，日本には平安時代末期から江戸時代にかけて多くの金や銀を生産した鉱山（石見銀山，佐渡金山）が存在した．鹿児島県や北海道北見地域には現在でも金の高いポテンシャルが知られるが，海外で行われているシアン溶液を用いたヒープリーチング法による金の抽出が許可されていないために，金鉱床の開発はほとんど行われていないのが実態である．

■地質構造発達史と資源

日本には，その地質構造発達史の特徴を反映した特筆すべき資源がいくつか存在する．日本列島は古生代から古第三紀にかけて大陸縁辺部の沈み込み帯に位置し，海洋プレートにより運ばれてきた堆積物や海洋地殻の付加体から形成されている．したがって付加体に含まれていた別子銅山に代表される含銅硫化物鉱床や層状マンガン鉱床（図1），石灰岩鉱床が北海道から九州にかけて広く分布する．

白亜紀に日本列島に貫入した花崗岩質マグマは付加体堆積物との反応のために還元され，錫・タングステン鉱床区やモリブデ

図1 日本列島の付加体，含銅硫化物鉱床，層状マンガン鉱床の分布．

ン鉱床区を形成した．これらの貫入に伴い中国地方では多数の粘土鉱床も形成している．

新第三紀には日本列島はアジア大陸から分離し海底火山活動の場に転じた．この時期には海底での珪長質火山活動により銅・鉛・亜鉛を産する黒鉱鉱床が形成されている．鮮新世以降，日本列島の大部分の地域は陸上火山活動の場に変わり，火山活動に伴い菱刈鉱床や豊羽鉱床に代表される浅熱水性金鉱床や銅・鉛・亜鉛鉱床が形成している．

■日本の特筆すべき資源

鹿児島県に位置する菱刈鉱山は，第四紀のデイサイト質火山活動に伴って形成された浅熱水性金鉱床である．菱刈鉱床の特徴は鉱石中の高い平均金品位（46 g/t[1]）であり，世界で屈指の金鉱床である．

インジウムは錫や亜鉛鉱石に微量に含まれるレアメタルであるが，日本列島に貫入したマグマは地殻を構成する付加堆積物と反応し還元され，インジウムの運搬・濃縮に適している．北海道の豊羽鉱床の亜鉛鉱石には平均138 ppmのインジウムが含有され，この鉱床で生産された鉱石全体では約4700 tのインジウムが含まれていたと推定される．日本全体では8000〜9000 tのインジウム資源が見積もられ[2]，この量はイ

表1 世界のヨウ素の生産量と埋蔵量[3]

国名	2010年生産量 (t)	埋蔵量 (t)
米国	未公表	250,000
アゼルバイジャン	300	170,000
チリ	18,000	9,000,000
中国	590	4,000
インドネシア	75	100,000
日本	9,800	5,000,000
ロシア	300	120,000
トルクメニスタン	270	170,000
合計	29,000	15,000,000

表2 世界の地熱資源量[5]

国名	活火山数	地熱資源量 (MWe)
インドネシア	150	27,791
米国	133	23,000
日本	100	20,540
フィリピン	53	6,000
メキシコ	35	6,000
アイスランド	33	5,800
ニュージーランド	19	3,650
イタリア	14	3,267

ンジウム資源国である中国やペルー，ボリビアに次ぐものである．

ヨウ素の日本の埋蔵量は500万t，2010年の生産量は9800tで，いずれもチリに次いで世界第2位であり，その量は世界の埋蔵量，生産量の約1/3を占める（**表1**)[3]．ヨウ素は日本では房総半島の化石海水に含有され，80万～300万年前の地層に50～140 mg/L濃集しており，天然ガスとともに千葉県の水溶性天然ガス鉱床から生産されている．

日本近海では，伊豆-小笠原弧の本州弧への衝突や北海道での千島弧の東北日本弧への衝突のために多量の堆積物が南海トラフや日高沖に供給され，南海トラフや奥尻海嶺周辺，日高沖にはメタンハイドレートの胚胎層が形成されている．メタンハイドレートの地質資源量は，南海トラフ地域東部に限っても約1130 km^{3}と評価され，その量は日本の天然ガスの年間消費量の14年分に相当する[4]．

環太平洋火山帯に位置する日本は地熱エネルギー資源が豊富で，インドネシア，米国に次いで世界で第3位の資源量（2万MWe）をもつと見積もられている（**表2**)[5]．

しかし多くの地熱有望地域が国立公園内に位置し開発が困難であることや，開発に際し温泉業者との調整が必要であることにより発電設備容量は1995年以降ほとんど伸びていない．

日本は世界でも有数の多雨地帯であるモンスーンアジアの東端に位置し，豊富な水資源をもつ．年平均降水量は1690 mmで世界陸域の年平均降水量810 mmの約2倍となっている．日本は地形が急峻で河川の流路延長が短く，降雨は梅雨期や台風期に集中するために水資源賦存量のうちかなりの部分が利用されないまま海に流出している．

〔渡辺 寧〕

● 文献

1) 関根亮太・森本浩志・後根則文 (1998) 資源地質, **48**, 1-8.
2) S. Ishihara, K. Hoshino, H. Murakami and Y. Endo (2006) *Resource Geology*, **56**, 347-364.
3) U. S. Geological Survey (2011) Mineral Commodity Summaries 2011. U. S. Geological Survey, pp. 198.
4) 藤井哲哉・佐伯龍男・小林稔明ほか8名 (2011) 地学雑誌, **118**, pp. 814-834.
5) 村岡浩文・坂口啓一・玉生志郎・佐々木宗建・茂野 博・水垣桂子・駒澤正夫 (2009) 全国地熱ポテンシャルマップ. 産業技術総合研究所.

101 非金属資源鉱物と鉱山
Nonmetallic resources

経済活動に欠くことができない非金属有用鉱物資源にはホウ砂,岩塩,石膏,カリ岩塩,リン鉱石,リチウム鉱石,石灰岩,珪砂,ざくろ石,かんらん石,ジルコン,石墨,硫黄,重晶石,蛍石,長石,粘土,沸石,などがあげられる.

海水や塩湖の水が乾燥気候下で蒸発することにより,海水や塩湖水に溶けていたリチウム,ナトリウムやカルシウム,ホウ素,塩素,硫酸イオンなどが析出して蒸発岩が生成する.ホウ砂や,岩塩,カリ岩塩,石膏などの鉱物資源はいずれも蒸発岩の生成物である.

リチウムはセラミックやガラス原料としてリチウム輝石やリチウム雲母,ペタル石などを含む米国,ブラジル,オーストラリア,中国,ロシアなどのペグマタイトから採掘される.しかし,リチウム電池の原料としての需要の増加に伴い,チリ共和国やアルゼンチン共和国の塩湖からの回収量が急増している.

岩塩は食品や工業原料,融雪剤などに使用され,米国や中国,ドイツ,カナダなどの蒸発岩から産出されている.岩塩の主成分は塩化ナトリウムであるが,副成分としてカリ岩塩が産する場合がある.カリ岩塩はカリウム肥料として活用され,カナダが世界最大の生産地である.

石膏は建材(石膏ボード)やセメント原料などに使用され,60か国以上の国々が産出国となっている.このうち主な産地は米国やカナダなどの蒸発岩である.

ホウ素は耐熱ガラスであるホウケイ酸ガラスの原料や医薬,防腐剤の原料,原子炉の制御棒,プラスチック強化材,耐火物原料などで使用される.ホウ素は硼砂から得ることができる.ホウ素は電気石などの鉱物に含まれるが,資源として価値があるのはコレマナイトやウレキナイトなどのホウ酸塩鉱物とホウ砂である.ホウ酸塩鉱物はトルコやロシアが主な産地である.硼砂はトルコ,チリ,ボリビア,アルゼンチン,中国,米国,トルコなどの乾燥地帯の蒸発岩に産することが多い.

石灰岩は炭酸カルシウムである方解石やあられ石を50%以上含む岩石であり,世界各地で産し,石材やセメント原料に使用され,また製鉄の原料や土壌改良剤などにも使われる.また方解石やあられ石のカルシウムがマグネシウムに置き換えられた苦灰石を主成分とする岩石が苦灰岩である.なお,石灰岩の中には沈殿・堆積した場所から移動して二次堆積したものが多いが,こうした石灰岩には砂などの不純物が多く含まれる.わが国の石灰岩の多くは沈殿・堆積した場所から移動しておらず(現地性),北海道,岩手県,茨城県,埼玉県,岐阜県などに分布する石灰岩は純度が高いため,こうした石灰石鉱山は,良質な鉄鋼を生産するために不可欠な製鉄原料を供給している.

リン鉱石は主に燐灰石から構成され,リン肥料などの原料となり,ロシアやフィンランドのアルカリ複合岩体に伴われるカーボナタイトに伴われるリン鉱床や,海成層中に発達する堆積性燐灰石鉱床,それに海鳥の糞とサンゴの石灰とが化学反応してできた糞化石質燐灰石(グアノ)から採掘される.このうち堆積性燐灰石鉱床はリン鉱生産量の約80%を占め,カーボナタイトに伴われるリン鉱床の生産量がそれに続き,主な産地は米国,中国,モロッコ,ロシアである.

珪砂はケイ酸分を多く含んだ石英砂の総称であり,多くは花崗岩が風化して形成さ

れた砂であり，ガラス工業やセラミック工業，化学原料，研磨剤，ろ過材，建材などに利用され，花崗岩は日本各地に分布するため，産地も多い．

ざくろ石は硬度が高く硬いため，研磨剤やウォータージェットなどに利用される．砂状のざくろ石を多く含む漂砂鉱床はインド南東部やスリランカ南東部海岸，オーストラリア西海岸などに分布する．

かんらん石は製鉄の原料としてスラグの流動性を高める目的や，溶鉱炉の内部壁面材料として使用される．また研磨剤（オリビンサンド）や肥料としても活用される．ノルウェーやスウェーデン，米国などが主な産地である．

ジルコンは耐火材や鋳物用鋳型，研磨剤，衛生陶器などに使われる．ジルコンは火成岩などの随伴鉱物として産するが，風化作用に強いため砂屑粒子に濃縮し，ジルコンサンドとなる．オーストラリアやインド，米国，南アフリカ共和国などのジルコンサンドなどが採掘されている．

石墨は堆積岩中の炭素分が変成作用の過程で結晶化したもので，軟らかく滑りやすいため，潤滑剤として使用される．また耐熱性が高いため，セラミック工業などでも使用され，電気伝導度や熱伝導性が高いため，回路用の塗料や，ゴムや樹脂などの添加剤などにも使用される．石墨はその形態から鱗片状石墨と土状石墨に分類される．変成岩に産する鱗片状石墨は炭素含有量が90％程度で，中国や米国，オーストリア，ノルウェー，インド，ブラジルなどが主な産地である．鱗片状石墨のうち，炭素含有量が95％以上のものの多くは塊状石墨と呼ばれ，スリランカが産地として有名である．土状石墨は堆積岩中の炭素分が強い熱変成作用を受けた石炭層などから産し，炭素含有量は80％以上で，中国や北朝鮮，韓国，メキシコなどが主な産地である．

硫黄はリン酸肥料生産や，硫酸生成の重要な原料であるとともに，ゴム工業や化学工業などでも重要な原料である．硫黄は自然硫黄として火山地帯に産し，また硫化鉱物にも含まれている．わが国では古くから火口付近に産する自然硫黄を採掘しており，昭和20年代には岩手県の松尾硫黄鉱山などで大量の硫化鉄や硫黄が採掘された．しかし石油の脱硫装置から石油に含まれる厄介な硫黄を回収することが可能になったため，国内の硫黄鉱山はすべて閉山した（図1）．

バリウムはボーリング（掘削）泥水の加重剤やゴム製品やガラス製品の添加剤，重量コンクリート用骨材，レントゲンの造影剤として利用される．重晶石はバリウム資源の主な鉱物であり，金属鉱床の随伴鉱物や堆積性の層状鉱床として産する．主な鉱床は中国や米国の層状鉱床である．

蛍石は最も重要なフッ素資源鉱物であり，アルミニウムや鉄鋼，ウラン燃料の製造に不可欠で，純度の高いものは半導体産業や液晶，リチウムイオン電池製造，レンズ用ガラス製造に活用される資源である．蛍石は浅熱水鉱床やペグマタイト鉱床，ポーフィリー鉱床などに産し，中国，メキシコ，モンゴルなどが主な産地である．

アルカリ長石や斜長石はガラス工業やセラミック工業に不可欠な工業原料鉱物である．イタリア，米国などが主な生産国であるが，わが国でも愛知県，岐阜県，長野県，佐賀県などの風化花崗岩や福島県のペグマ

図1　岩手県松尾硫黄鉱山跡地

タイトなどが産地であるが，中国や韓国，インドなどからも一部輸入されている．

粘土資源にはタルク（滑石），ベントナイト，カオリン，マイカ（雲母），パイロフィライト，バーミキュライトなどがある．これらはいずれも微細な粒子の層状ケイ酸塩鉱物からなり，さまざまな用途に活用されている．

タルクは紙の表面円滑性を向上させたり，インクの透過性を向上させたりするため，紙・パルプ工業で活用される．ゴム工業でもゴムの絶縁性を向上させ，ゴムの変形や変色，劣化を防ぐための添加剤として活用される．プラスチック工業ではレジンの曲げ強度や耐衝撃性，寸法安定性向上のための充填剤などに活用される．セラミック工業ではセラミックの熱収縮性の抑制剤やマグネシウム成分調整剤などに活用される．また粘度調整剤や断熱性向上剤，不透明度向上剤や，変色，劣化を防ぐための添加剤として活用され，医薬・化粧品分野でも錠剤の円滑剤やベビーパウダー，化粧品の香料の芳香持続性向上剤などにも使用される．タルクは超塩基性岩起源の蛇紋岩地体で石綿を交代して形成され鉱床となっている場合がある．こうした鉱床のタルクにはしばしば石綿（発がん性のある有害鉱物として使用が制限されている）が伴われるので，取扱いには注意が必要である．また，堆積性ドロマイト鉱床が熱水変質作用を受けると純度の高いタルク鉱床が形成される．タルクは40か国以上の国で生産されるが，主な生産国は中国と米国で，いずれも堆積性ドロマイト鉱床が熱水変質作用を受けて生成した，純度の高いタルク鉱床で採掘が行われている．

ベントナイトは，高いイオン交換能力を有する微細なモンモリロナイトを主成分とし，ナトリウムが主な交換性イオンのモンモリロナイトからなるナトリウムベントナイトと，カルシウムが主な交換性イオンのモンモリロナイトからなるカルシウムベントナイトに分類される．ナトリウムベントナイトは吸水・膨潤性に富み，土木工事用防水材やベントナイトシートの材料，掘削用泥水，鋳物砂の粘結材などに利用されており，化粧品や農薬などの添加剤やペット用トイレ砂としても利用される．また，将来は高レベル放射性廃棄物のバリア材として活用されることが期待される．カルシウムベントナイトは石油製品の不純物吸着材として使われるほか，イオン交換することによりナトリウムモンモリロナイトを生成するための原料や，酸処理して活性白土を生成するための原料として活用されている．ベントナイトは酸性火山灰が海底や湖底に堆積した後に地下に埋没し，続成作用により変質して生成したものであり，米国やロシア，ギリシャ，イタリア，中国などに産する．わが国でも山形県や宮城県，群馬県などに産し，現在も多くのベントナイト鉱山で採掘が続けられている．また，わが国ではベントナイトが地表付近で風化してナトリウムやカルシウムの交換性イオンが溶脱して生成した酸性白土も採掘され，油脂の脱色に利用されている．

カオリンはアルミニウム質層状ケイ酸塩鉱物であるカオリナイトやデッカイト，ナクライト，ハロイサイトを主成分とする白色粘土で，セラミック工業では耐火物原料や碍子の原料，陶磁器，衛生陶器の原料などに利用される．また紙・パルプ工業では紙のコーティング材や充填材として活用されている．カオリンは長石の風化作用で生成するため，風化花崗岩地帯に産し，カオリンが二次堆積した鉱床からはジョージアカオリンのような良質なカオリンが産出する．米国やブラジルなどの大規模カオリン鉱床はこうした堆積性鉱床である．わが国でも愛知県などからこうしたカオリンが産する．

マイカは白雲母，黒雲母，金雲母の総称

であり，電気絶縁材料として古くから利用されてきた．現在は集成マイカ製品の原料として使われ，また樹脂や塗料，化粧品の機能性充填材，石綿の代用品などに使われる．マイカは花崗岩やペグマタイト，熱水鉱床などに産し，主な生産国は米国，ロシア，韓国，カナダ，インドなどである．

パイロフィライトは工業用炉材や金属融解ルツボなどの高温構造材に活用される．また，セラミックタイルなどの原料や，製紙，農薬，ゴムなどの充填材としても利用される．酸性岩の熱水変質帯などに産し，主な産地は中国，韓国，カナダなどで，日本でも岡山県備前市などのろう石鉱山でパイロフィライトが生産されている．

バーミキュライトは黒雲母片麻岩などの岩石中の黒雲母や金雲母などが熱水変質することにより生成し，また，蛇紋岩に伴って産する場合がある．土壌改良剤や建設資材などに活用されるが，蛇紋岩に伴って産する場合には石綿が含まれることがあるため，注意が必要となる．

沸石には方沸石やモルデン沸石，斜プチロル沸石，輝沸石，濁沸石などさまざまな沸石鉱物が存在する．これらの沸石は古くから洗剤やイオン交換材料，触媒などの原料として使用されてきたが，最近は脱臭効果に着目されて家畜やペットの糞尿の脱臭剤，食品の乾燥剤，水質浄化剤，ゴムやプラスチック，紙などの充填材などに活用されている．また家屋床下の湿気除去剤や壁材などにも使われ，重金属を含んだ排水処理や排ガス処理にも活用されている．福島第一原子力発電所の事故以来，セシウムの吸着能力が評価され，放射性セシウムを含んだ水の処理などにも活用されている．沸

図2　山形県のゼオライト鉱山（ジークライト株式会社資料）

図3　山形県のゼオライト原石（ジークライト株式会社資料）

石は熱水変質帯などにも産するが，規模が小さいために資源として利用されにくい．工業原料資源として活用できるのは酸性火山活動に伴われる火山噴出物（火山灰や火山礫など）がカルデラ湖などに堆積し，地下に埋没する過程で続成作用を受けて火山ガラスと間隙水が反応する過程で生成した沸石鉱床である．わが国の東北地方には新第三紀鮮新世に活動した酸性火山活動が多く，当時のカルデラに堆積した火山灰などが凝灰岩となって分布するが，こうした凝灰岩には良質の沸石が産し，現在も多くの沸石鉱山が採掘されている（図2，3）．このため，わが国は米国と並んで沸石の主な産出国の一つである．　〔丸茂克美〕

102 エネルギー資源
Energy resources

■ エネルギーと文明

われわれの生活や産業に不可欠なエネルギー資源の利用は、人類の文明の歴史の変遷とともに大きく変化してきた（**図1**）。人類は、約50万年前に火を発見して、暖房や料理、道具作りに利用しはじめた。約1万年前には、農耕や牧畜に牛馬などの動力を利用するようになり、やがて水や風の力も利用するようになった。18世紀には、イギリスを中心に木炭にかわって石炭が使用されるようになって産業革命がおこり、蒸気機関の発明によってエネルギー利用が大きく増えた。19世紀後半から石油が採掘されるようになり、20世紀には石油がエネルギーの主役となり、その消費量が飛躍的に増えた。1970年代のオイルショック以来、化石燃料の枯渇が心配されるようになり、天然ガスや原子力など代替エネルギーの導入が進んだ。2011年における世界の一次エネルギーの消費量の割合は、石炭30%、石油33%、天然ガス24%、原子力5%、水力6%、その他の再生可能エネルギー2%となっている。日本の発電量における割合は、2010年度に石炭24%、石油8%、天然ガス27%、原子力31%、水力10%だったが、東日本大震災（福島原発事故）後、2012年には、石炭26%、石油15%、天然ガス47%、原子力2%、水力9%となり、原子力が大きく減少して、天然ガスに約半分を依存している。一方、2009年時点でのエネルギー資源の確認可採埋蔵

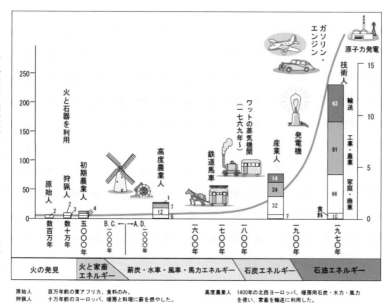

図1　人類とエネルギーの関わり（総合研究開発機構「エネルギーを考える」より）

量を年間生産量で割った可採年数は，石炭 133 年，石油 42 年，天然ガス 60 年，ウラン 100 年となっており，これらエネルギー資源のより効率的な探査と生産・供給，新たなエネルギー資源の開発が，人類にとっての緊急の課題となっている．

■化石燃料

石炭，石油，天然ガス，オイルシェール，オイルサンド，シェールガスなどの化石燃料資源は，地質時代の生物の死骸が地下に埋没し，長い年月の間に熱や圧力の影響を受けて変性してつくられたと考えられているが，その生成の機構や時間スケールはいまだ不明な点が多い．

図2 石油・天然ガスの貯留状況の模式図
(日本エネルギー経済研究所 HP より)

■石炭

石炭は，古生代石炭紀以降の植物の遺骸などが地中に埋没して炭化したものと考えられており，炭素，酸素，水素と微量の窒素，硫黄を含む固体である．炭化度(熟成度)が上がるにつれて，酸素と水素を失って炭素含有量が増加していく(亜炭：70% 以下，褐炭：70〜78%，亜瀝青炭：78〜83%，瀝青炭：83〜90%，無煙炭：90%〜)．ベンゼン環(芳香族)などの環状炭化水素の間をアルキル鎖($-CH_2-$)などの鎖状炭化水素(脂肪族)がつないでいるような複雑な化学構造をもっているとされている．石炭を燃焼すると，窒素酸化物や硫黄酸化物を生成し，酸性雨の原因となるなど環境影響が大きい．日本にも九州や北海道などに炭鉱があったが，複雑な地下坑道から採掘するため事故も多く，現在ではすべて閉山しており，オーストラリアなどの露天掘りの安い石炭を輸入している．

■石油

石油は，海底などにプランクトンなどの遺骸が堆積し，これが地下深くに埋没していく間に，熱と圧力などの作用で有機物が複雑な変性をしていき，そのうち炭素数 6〜20 程度の炭化水素が生成されて，図2 のような地層に貯留されたものである．浸透性の低い泥岩などの帽岩でおおわれた地層のしゅう曲構造の頂部に，砂岩や石灰岩などの孔隙の中に液体状の炭化水素がたまっていることが多い．この貯留層に上部からボーリングをして井戸を掘削し，地上に組み上げて石油を生産する．得られた原油は，蒸留塔で加熱して，重油・アスファルト，軽油，灯油，ガソリン，ガス成分などに分離され，さらにさまざまな処理をされて製品として供給される．またこれらの原料をもとに多くの石油化学製品がつくられ，利用されている．

石油資源はあと約 40 年で枯渇するおそれがあるため，より含有量が低いが石油を含むオイルシェールやオイルサンドといった地層も開発が進んでいる．

■天然ガス

石油貯留層の上部には，しばしばガス成分がたまっていることが多く(図2)，このガス成分をくみ上げると天然ガスとなる．その主要成分はメタン(CH_4)であり，エタン，プロパン，ブタンなども含まれる．都市ガスとして供給されるほか，自動車や火力発電所の燃料としても利用される．燃焼したときに出る窒素酸化物，硫黄酸化物，二酸化炭素の量が，石炭や石油に比べて少ないので，よりクリーンなエネルギー資源とされており，可採年数も石油より長いことから，今後のエネルギー資源の主役とし

て期待されている.

■非在来型天然ガス（タイトガス，コールベッドメタン，シェールガス）

上記の在来型天然ガスは，隙間の多い浸透率の大きな岩石の中に貯留しており（図2），地下に穴（ボーリング）を開けると自然に噴出してくる．これに対して，非在来型天然ガスは，在来型と成分は同じであるが，隙間の少ない浸透率の小さな岩石の中に残留または吸着されて存在しており，地下から取り出しにくい．タイトガスは，浸透率 0.1 md（ミリダルシー，$1\ \text{md} = 9.87 \times 10^{-16}\ \text{m}^2$）未満の砂岩の中に含まれる天然ガスである．コールベッドメタンは，石炭層に吸着したメタンである．そして，シェールガスは，浸透率が 0.001 md 未満の頁岩（シェール：泥岩の1種）に含まれる天然ガスである．

このシェールガスの採掘のため，水平孔井と水圧破砕という技術（図3）がアメリカの中堅企業によって開発され，2007年ごろより大手石油会社が続々参入して生産量が増大している．非在来型天然ガスの残存確認可採年数は約100年程度と試算されており，上記の在来型天然ガスの60年と合わせると，合計160年と見積もられている．

一方，シェールガスの開発にはさまざまな環境影響が懸念されている．地下に注入する水には，水圧破砕によって生じた割れ目がふさぐのを防ぎ，水平孔井にガスが流れやすくするため，さまざまな化学物質が配合されている．今後これらの環境影響評価などが求められている．

■ガスハイドレート

ガス状炭化水素が，低温高圧下で，水分子にかご状に囲まれたシャーベット状になっている物質がガスハイドレートであり，そのうちメタンを主成分とするものをメタンハイドレートとよぶ．南極やシベリアの凍土地域，大陸棚斜面に広く分布し，日本でも四国・紀伊半島沖の南海トラフなどに発見されている．その生成機構については，海底下堆積物中の有機物からメタン生成菌などの作用で生成したメタンを水がとりこんだなどと考えられているが，まだよくわかっていない．未来のエネルギー資源として期待されているが，採掘・回収技術・コストなど課題も多い．

■原子力エネルギー

以上のような化石燃料資源に対して，ウラン鉱石に含まれるウランのうち核分裂

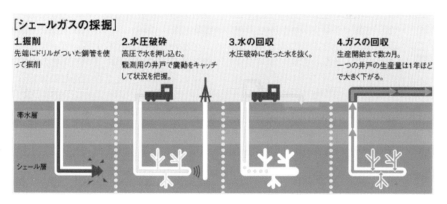

図3 頁岩中の微量天然ガス（シェールガス）を採掘する新しい水圧破砕技術の概念図（The Asahi Shinbun GLOBE, 2012年11月2日号より）

しやすいウラン 235（現在は全ウラン中の 0.7%）を濃縮して燃料として，このウラン 235 の核分裂の際に発生する熱を利用するのが原子力エネルギーである．第 2 次世界大戦時に原子爆弾としてこのエネルギーが戦争に利用され核兵器となっていったが，1950 年代から平和利用として原子力発電が研究され，日本では 1966 年から原子力発電所の運転が始まった．核分裂により発生する熱で水を水蒸気とし，タービンを回転させて発電を行う．2010 年ごろには，日本に約 50 基の原子力発電所（原発）があり，日本の発電量の約 30% を占めるに至っていた．しかしながら，2011 年 3 月 11 日の東日本大震災で被災した福島第一原発の事故によって，ほとんどの原発が稼働停止し，2012 年には原子力発電は 2% に留まっている．

■ ウラン鉱床

原子力エネルギーの燃料のもとはウラン鉱石であり，それを多く含む地層をウラン鉱床という．ウラン鉱床は，熱水や地下水中に溶けた微量の溶存ウランイオン（UO_2^{2+}）が，還元性の物質に触れて還元されて UO_2 の形で沈殿して集積したものが多い．世界の主要なウラン鉱床は，炭化度の低い石炭（亜炭）層中に発見されることが多く，日本にも鳥取県人形峠，岐阜県東濃などに，採掘はされていないが小規模なウラン鉱床が亜炭などを含む地層中にみられる．亜炭によるウラン鉱床の生成機構は，まず溶存ウランイオン（UO_2^{2+}）が亜炭表面に吸着し，ついで亜炭に含まれる還元性の官能基（例えばアルコール性水酸基）によって還元されて安定な UO_2 のようなウラン鉱石となったと考えられている．

■ 放射性廃棄物

ウラン鉱床から採掘したウラン鉱石から濃縮過程を経てつくられた原子力燃料（ウラン 235 を多く含む UO_2）を，原子力発電に利用して核分裂させた後は，放射性物質が多く生成する．多くの国では，この使用済み原子力燃料をそのまま深い地層などに埋設処分することを計画している．日本は，この中に含まれるウランとプルトニウムを回収して，混合酸化物（MOX）燃料として高速増殖炉などで再利用し，また，その際に発生する放射性物質を多く含む廃液をガラスに固め，容器に入れて高レベル放射性廃棄物として処分する方針としていた．高レベル放射性廃棄物は，その放射能がおよそ 100 万年程度でようやく環境放射能レベルに減衰すると予想され，長期間にわたる管理と環境影響評価が求められる．

高レベル放射性廃棄物の処分方法は，宇宙処分，氷床処分，海洋底下処分などさまざまな方法が検討されてきたが，現在では世界各国で，数百 m 以深の安定な地層中に埋設処分（地層処分という）することを計画している．日本では，これまでは地層処分の方針で周辺環境への放射性物質の漏えいとその環境への影響の評価などが行われてきたが，日本学術会議などが原子力政策と処分方法の根本的な見直しを政府に求めており，さまざまな検討がされている．

〔中嶋　悟〕

103 海洋が生み出す鉱物資源
Marine material resources

■ 資源形成の場としての海洋

海洋は，大気との相互作用を通じて地球表層環境を強く支配すると同時に，地球規模，地球史スケールにおいて，多種多様な鉱物資源を濃縮し生成する重要な働きをもつ．近年の地球科学研究によれば，海洋は単なる陸域の延長ではなく，独特の鉱物資源を生み出しつづける物質循環の場である．われわれはほとんどの鉱物資源を陸上の鉱山に頼っているが，陸域の2倍以上の面積を占める海洋に分布する鉱物資源は未開発である．

■ 海洋鉱物資源の種類

海底鉱物資源の種類は岩石に例えて，堆積起源と火山起源に分類できる．前者は海水の特性・活動を原因として堆積物として固定されたもの，後者は火山活動やその海水との相互作用によって沈殿したものである．

海底鉱物資源の重要性は規模の大きさにある．以下に，商業開発の潜在性が高い資源[1,2]を，起源別に特徴を記す．これら鉱物資源は，漂砂鉱床を除いていまだ商業開発されたものは無い．詳細は臼井[3]などを参照されたい．

〈堆積起源〉

漂砂鉱床（placer deposit） 機械的，化学的に風化されることにより，特定の鉱物や岩石が分離・濃縮された結果，海底面やその近傍に濃集したものを漂砂鉱床という．風化への抵抗性が強く，比重が大きい有用鉱物として錫石，金，チタン・鉄鉱物，ダイヤモンド，レアメタルに富むモナズ石などがあげられる．潜在性は高いものの，生活圏に近い沿岸域なので調査は進んでいない．マレー半島周辺の花崗岩由来の錫石，南アフリカ沿岸の砂ダイヤ，アラスカ沖の砂金は採掘実績がある．

メタンハイドレート（MH；methane hydrate） 水は低温・高圧の条件ではメタンなどの小さなガス分子を取り込んで，包接化合物（clathrate）という固体となる性質がある．MHはメタン分子1に対し5.75個の水分子で構成されており，その固体には容量で170倍のメタンガスを含有する．古くから永久凍土で確認されていたが，海底下の深海堆積物中にも疑似反射面（BSR；bottom simulating reflector）とし

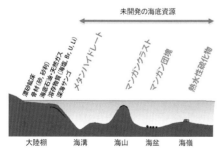

図1 海底資源のタイプ

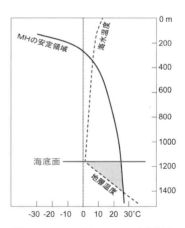

図2 メタンハイドレートの安定領域（灰色部）

てMH層が予測されている．BSRは世界各地の大陸棚に海底下約400～1200 m地層内に広く認められるため開発研究が進んだ．1980年代に，深海掘削によってはじめて米国西海岸の海底下で，物質として確認されて以降，エネルギー資源として大きく注目を浴びている．

わが国では1999年にはじめて南海トラフにおいてBSRを貫いた掘削を行い，MHの広い分布を確認した[4]．その後，房総沖，オホーツク海でも発見され，メタンが湧出する日本海東縁の海底ではMHが海底に露出している産状が報告された．このように，MHは有機物に富む堆積物から過剰のメタンが生成し，流体が移動できる空隙をもつ堆積物中には一般的に生じるものである．メタンガスは二酸化炭素放出の少ない良質の巨大エネルギー源である一方，地球史における温暖化や絶滅の大事変との連動，激甚的漏洩の可能性など，予測不能の危険性もはらんでいる．

マンガンノジュール（マンガン団塊；manganese nodule）とマンガンクラスト（ferro-manganese crust） 海洋科学調査が始まった時代に"奇妙な金属塊"と貴重品扱いされたマンガン団塊やクラストは，いまでは海洋底に多様な産状で広く分布することがわかっている[5]．特に副成分のレ

図3 マンガン団塊の断面写真

アメタルは将来資源として再認識されている．

鉄，マンガンは地殻に多く含まれ，かつ地球表層で移動しやすい重金属元素である．火山活動，風化作用を経て，海洋に供給された鉄，マンガンは酸化物として海底にゆっくりと固定される．その過程でさまざまな金属元素を吸着し，最終的には団塊（堆積物表面上にのった塊り）あるいはクラスト（平たい露岩を一面覆った被覆）の形態を示す．含まれる金属の起源をたどると，大陸地殻の風化や海底火山活動となるが，直接の起源は普通の海水である．海水中に溶存するか，ナノサイズの粒子として懸濁する酸化物が最終的に海底に沈積，固定される．長い地質時代にわたっておそらく連続的に，非常にゆっくりと（100万年に数mm程度）成長する．平均して1カ月に分子層1枚くらいの速さで現在の海底でも成長しているらしい．

このような，超低濃度の水溶液からのきわめて遅い沈澱形成には，バクテリアの活動が関与するという説もある［▶104 **生物がつくる資源鉱物・鉱床**］．

従来の鉱床成因タイプに当てはめれば「化学堆積鉱床」に相当するが，陸上には多様な鉄，マンガン鉱床があるものの，マンガン団塊やクラストに相当する類型タイプは見あたらない．

その分布域は広いが，陸のマンガン鉱床と比べると構成鉱物は2系列（平面構造のbuseriteとトンネル構造のtodorokite）のみである．一方，別名多金属団塊（polymetallic nodule/crust）とも称されるように，化学組成上の多様性が特徴である．主成分元素はMnとFeであり，副成分として含有率が平均0.1%を超える元素は，Cu, Ni, Co, Zn, Si, Al, Ca, Mg, Na, K, Ti, P, Ba, S, Cl, Iなど，多数である．さらに0.01%を超える元素は40元素を超える．その中で，高品位団塊といわれるものはNiとCuを計2%

含み,コバルトリッチ・クラストといわれるものは Co が約 1% に達する.金属含有率と濃集率（単位面積あたり鉱石重量）は広域的,局地的に変化し,さらには長い成長期間に応じて,個体内部で明らかな組成変化が認められる.その変動スケールは数千 km の広域的変化から μm 以下の内部での微小変化まで多様である.

マンガン団塊,クラストが持続的に成長する必要条件は,①概ね 5 mm/1000 年未満の遅い堆積速度または無堆積環境で,②酸素に富む海水が供給され,③地質学的に安定な基盤・底質が保持されることである.反対に,大陸棚,赤道域や極地域,島弧や海嶺域などにはほとんど認められない.この意味で,わが国周辺を含む北西太平洋域はジュラ紀〜白亜紀の年代を示す世界で最も古い海底に相当し,マンガンクラストの生成に最適の条件を満たしている.

団塊とクラストの大きな化学組成の違い

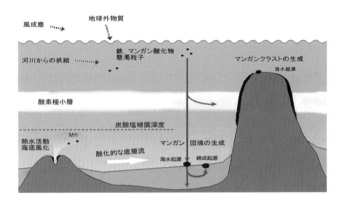

図 4　マンガン団塊・クラストの生成過程（臼井, 2010）

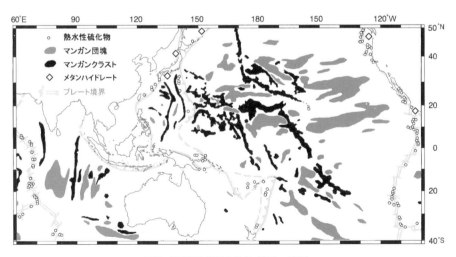

図 5　海底鉱物資源の分布（臼井, 2010）

表1 マンガン団塊・クラストの化学組成

	海域	銅(%)	ニッケル(%)	コバルト(%)	マンガン(%)	鉄(%)
マンガン団塊	北東太平洋	1.02	1.28	0.24	25.4	6.9
	中央太平洋	0.80	1.07	0.18	23.7	11.1
マンガンクラスト	ライン諸島	0.06	0.51	1.10	27.0	16.0
	マーシャル諸島	0.08	0.45	0.74	21.0	13.0

は，前者が弱還元的な海底堆積物表層において，FeとMnの分離とMn鉱物の再沈殿が生じ，鉱物規制によって副成分再分配されることが主な要因である．

〈火山起源〉

熱水性塊状硫化物（hydrothermal massive sulfide） 一般に「海底熱水鉱床」は上と同義で使われている．その起源は，海底地殻に浸透した海水が地下深部マグマの熱源によって高温となり，岩石や堆積物から重金属を溶脱し，割れ目などを通じて上昇し海底に噴出する際，硫化物などの特定鉱物を沈殿させるものである．金属を抽出し，海底地殻から海底近傍まで熱水を移動させ，沈殿物を形成するシステムを海底熱水系と呼ぶ．

このシステムにおいて大きな金属鉱床が形成される必要条件は，①マグマなどの熱源と高い地温勾配，②熱交換と熱水循環に適した割れ目などの通路，③定常的に両者を保持する地質構造条件のほか，④鉱床が海底下に保存される地質条件が必要である．

活動的な火山地域は，プレート境界域の中央海嶺系，島弧-海溝系，背弧リフト系，ホットスポット系などに集中するが，このような地質背景に加え，温度，圧力，熱水噴出量などの局地的要因に伴って，化学組成，鉱物組成が多様に変化する．わが国周辺海域は4つのプレート会合域にあり，熱水性硫化物の分布に期待がもてる．本格的な調査は1989年に沖縄トラフにおいて発見された以降に始まった．

■**資源探査の意義**

鉱物資源が現在の海洋で生成中であり，その現場を直接観察できることはきわめて重要である．近い将来の開発可能性を秘めた巨大鉱床の生成環境を理解する手がかりとなる．

海洋調査技術の飛躍的進歩によって，新鉱床の発見，資源量評価が現実的目標となっている．高性能の船舶，測位装置，音響リモートセンシング，自走・曳航型遠隔探査ロボット，深海掘削装置などを用いた現場探査では，陸上探査の精度，感度，規模に迫りつつある．もちろん，商業開発に至るには，経済性・環境保全・国際情勢からの要求を満足する採掘システム，鉱石処理法，採掘規模などを決める必要がある．いずれの段階にも大きな課題があるが，高度な海洋調査技術に裏打ちされた現場データに基づいて，鉱物資源と海底近傍の科学実態を把握することが非常に大切である．

〔臼井　朗〕

●**文献**

1) G. P. Glasby (2000) *Science*, **289**, 551-553.
2) P. Rona (2008) *Ore Geology Reviews*, **33**, 618-666.
3) 臼井　朗 (2010) 海底鉱物資源．オーム社，pp. 198.
4) 松本　良 (2009) 総説メタンハイドレート．地学雑誌，**118**, 7-42.
5) 臼井　朗 (2015) 海底マンガン鉱床の地球科学．東京大学出版会，pp. 246.

104 生物がつくる資源鉱物・鉱床
Biogenic resource minerals and ore

　生物が関与して鉱物をつくることをバイオミネラリゼーションというが，資源となる鉱物，鉱石が生物の関与で生成されることがある．その場合，この鉱床は生物起源鉱床となる．古典的には石炭，石灰岩，石油/原油などがある．バイオミネラリゼーションを含めさらに一般化すると，生物-鉱物相互作用ともいわれる．つまり生物と鉱物・固体が深く広くかかわるという姿でもある．

■石炭
　過去の植物が大量に水中に堆積，埋没，地層中で続成作用をうけ，変化した可燃性岩石が石炭である．石油とともに，生物起源の資源の代表である．石炭は成層した炭質の岩石であり，見かけは黒色でその発熱量他の品位で，褐炭，亜瀝青炭，瀝青炭，無煙炭と分類される．この順に変質し変化してゆく過程を石炭化作用という．熱，圧力，時間が影響し，その過程で炭素の割合が増加する．世界の主な石炭は古生代石炭紀のものであるが，日本の石炭は主に新生代古第三紀のものが多い．わずか，中生代三畳紀のものも存在する．

　元素分析では主にC，H，O，Nが含まれる．Sも含まれ，燃焼時にSO_xを生成するので，環境に悪影響を与えるとされる．

■石油
　石油は生物の死骸が微生物により分解され，複雑な炭化水素類の集合体となった液体をいう．その人工的な精製油から区別して原油ともいわれる．原油は少量のS，N，およびOの化合物を含み$C=79〜88\%$，$N=0〜1\%$，$H=10〜14\%$，$O=0〜3\%$，$S=0$〜数%程度である．気体の石油系天然ガスを伴うことが多く，また液体と固体の移化部をビチューメンという．色は無色から黒色まで多様で，比重が大きいほど黒く，比重は0.65〜1.0程度である．沸点は20〜400℃で，化学的に低級なものほど沸点が低く，これを利用して，蒸留精製されて，ガソリン，灯油，軽油，重油，パラフィン，ピッチなどと区分される．また紫外線による蛍光反応を示す．

　石油のもとをつくる有機物が含まれる岩石を石油根源岩という．この有機物はバクテリアにより分解され，原油へと変化する．さらに，原油は一般に移動して石油貯留岩に蓄えられる．石油根源岩になる条件は，生物の遺骸，有機物が多いこと，これらが保存されやすい嫌気的環境にあることが条件であり，海成層の場合が多い．

　一般には上記のような生物起源説で考えられているが，別にマントルに由来するとの説などもある．

■石灰岩
　多くが過去のサンゴ礁など，浅海性の炭酸塩の生物の遺骸やその破片が地下に埋もれ，地層となったものである．石灰岩はいまも，熱帯，亜熱帯の海洋で生物礁として生成されている．日本は，他の資源は外国からの輸入に依存するが，唯一石灰岩だけは，自国でまかなえる状態にある．日本の石灰岩は主に，古生代ペルム紀，石炭紀のもので，その産地の代表的なものは，栃木県葛生，埼玉県武甲山，岐阜県赤坂，新潟県青海，岡山県阿哲，山口県秋吉，高知県鳥形山，福岡県平尾台などがある．

■鉄鉱石
　鉄は地殻で4番目に多い元素であり，固溶体鉱物中で広い固溶範囲をもち，また鉄鉱物は幅広い温度，圧力範囲で存在する．青い地球の，色彩豊かな地表面での赤色系の色は酸化鉄の色に対応している場合が多い．

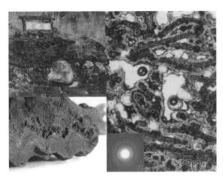

図1 群馬鉄山の鉄鉱層と鉱泉水の流下（左上），縞状の鉱石（左下：幅約5cm），シアノバクテリアの化石そのものが鉄鉱石化している顕微鏡写真（リングは電子回折パターンで多結晶性を示す）

かつて日本で，広く採掘された褐鉄鉱鉱床，蛇田，喜戦別，群馬鉄鉱床などは火山性の温泉，鉱泉性の沈殿性，堆積性の鉱床とされてきた．例えば，群馬鉄山は草津温泉の北方約10kmのところにあり，本邦火山地帯に分布する沼鉄鉱床"bog iron ore"と従来よばれてきた鉄鉱のうちの本邦最大のものであり，終戦直後，日本で有数の鉄鉱山として戦後復興を支えた（図1）．この鉄鉱床の鉄鉱石を検討すると，低結晶度のゲーサイトやジャロサイトと混合しているもの，縞状タイプなど多様な組織を示す．一部の特徴的光沢をしめす鉱石の中からシアノバクテリア様化石集合体も見いだされている（図1）．

ゲーサイト部分は電顕観察で，10nm程度の粒径の微小粒子がランダムな結晶方位で並んでいるナノクリスタル集合体である．この地域ではpH=2.6，Fe^{2+}濃度，28ppm程度の鉱泉水が現在も流下していて，珪藻とバクテリア，酸性に極めて強い苔（チャツボミゴケ）などにかかわって含水鉄酸化物（HFO：Hydrous Ferric Oxide）が今も生成している．この現在と過去のバイオミネラリゼーション跡をあわせ，群馬鉄山は生物誘導型鉄鉱床（Biologicaly Induced Iron Ore）といえる[1]．このチャツボミゴケと鉄鉱山・鉄鉱石が現在も沈澱生成している地として2017年3月国の天然記念物に指定された．世界で鉄資源的により重要なものとしては縞状鉄鉱層（BIFs：Banded Iron Formations）が膨大な量分布し，地球史的な意義とも関連して，その成因には強い関心がもたれている．これは 先カンブリア時代の25億年前後，大量のシアノバクテリアの繁茂，光合成によって酸素の生成にかかわったことについてはおおよその合意はあるものの，直接的に微生物がかかわって沈殿したかどうかについては，なお議論がある．

■マンガン鉱石

マンガンの炭酸塩鉱物がバルト海での初期続成作用のなかで初生鉱物として生成する例などが知られるが，このマンガンはバクテリアの酸化還元の作用にかかわり，生成したことが推定されている．

日本では，北海道，雌阿寒岳の近く，オンネトー湯の滝の温泉では，マンガン酸化バクテリアが現在もなお酸化マンガンを沈殿している例が知られる[2]．この湯の滝はかつて，マンガンの鉱床として採掘された．さらに，この鉱物の構造について高分解能電子顕微鏡で観察すると，時間とともに徐々に含水Mn酸化鉱物（buserite）の層状構造から，トドロカイト（todorokite）型のトンネル構造に変化してゆく過程をみることができる．

■深海底マンガンノジュール

海洋資源では，有名なマンガンノジュール（団塊）がある（図2）．こぶし大ほどのじゃがいも状の球体の塊が，海底にしきつめられたように分布する．主に，Mn，Feからなり，他にCu，Ni，Coを1〜2%含む．Mn/Fe比は産地により異なる．堆積速度が遅い深海盆，海山など海底堆積物

図2 マンガンノジュール

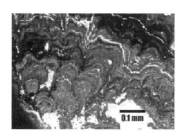

図3 マンガンノジュールの薄片，光学顕微鏡写真

図4 砂金表面上のバクテリア形態：走査電子顕微鏡（Southam et al.（2009）（左図）および透過電子顕微鏡の写真（右図））

の表層付近で成長する．成因について詳細を説明できるまではわかっていなかったが，以下のような特徴がある．写真に示すように，ストロマトライト様組織（図3）が特徴的でノジュールの表面に，マンガン鉱物に覆われたバクテリア，および鉄バクテリア痕跡が走査型電子顕微鏡および透過型電子顕微鏡観察で確認される．生物起源の層状堆積物をストロマトライトということ，また現生の温泉性のマンガンストロマトライトとの類似性から，形態的特徴も解析した結果，「マンガンノジュールとは，フラクタル的特徴をもつ，深海洋底ストロマトライト群集である」と解釈[3]されている．マンガン酸化バクテリアによるマンガン鉱物の生成が基本と考えられる．つまり，バクテリアの働きでは，きわめて希薄なマンガン濃度の海水からも，長い時間をかけてマンガンを集めうることが考えられ，またこのときバクテリア以外の生物の共生関係が重要な役割をはたしていること

が推定される．他方無機的沈澱によるとする成因論もある［▶103 海洋が生みだす鉱物資源］．

■砂金

金の鉱石の一つに砂金がある．砂金にもバクテリアがかかわると，最近指摘されている．砂金でなく，バクテリアによる金のバイオミネラリゼーションは工学系の応用微生物学分野で，広く知られる．つまり，特定の金属イオンを還元するバクテリアは，金など貴金属イオンを還元し，貴金属を容易に析出させる．それは嫌気的環境下で，有機酸塩を酸化させ発生する電子で金イオンを還元するものである（詳細は▶109 金属イオン還元細菌による貴金属バイオミネラリゼーションの工業的利用参照）．金のほかに，パラジウム（II），白金（IV），ロジウム（III））なども還元し，金属微小粒子が細胞膜の間に生成する．

砂金の表面にバクテリアと類似の形態と大きさの構造物が見いだされる（図4左：走査電顕像）．一例として，佐渡産のバクテリア状形態の砂金を検討した結果では，これまでは走査型電子顕微鏡で形態だけがとらえてきたのに対して，透過型電子顕微鏡で，内部の組織と構造を観察した結果が，写真（図4右）に示してある（写真中スケー

ルが1μm；下部黒い部分が砂金本体で，この上にバクテリア形態の金が付着している）．

つまり，このバクテリア形態の金は単結晶のほかにナノ粒子といわれる非常に小さな金粒子の集合も含むことが電子線回折パターンから初めて確認された．バクテリアによる微生物マットの重要な役割も指摘され，金の溶解と沈殿にバクテリアがかかわりそうな事例が解明されつつある[4]．溶けにくいと考えられている金の生成にも，バクテリアがかかわっている可能性があり，生物・バクテリアが関わってつくられる資源ということで，一つの新しい鉱石像となる．

貴金属イオンに対する還元・析出機能をもつバクテリア利用のバイオミネラリゼーションは，環境にやさしい技術として注目されている．

■リン鉱石，グアノ

グアノはかつて離島のサンゴ礁などの海鳥の残した排泄物を主体として，あるいは死骸などが化石化したもの．

リン酸塩鉱物を含む．窒素質グアノと燐酸質グアノに分けられる．厚さ30cmに達するものもある．P_2O_5 が30％以上が望ましい品位とされる．含まれる鉱物としては，燐灰石，ストルバイトなど．このリンは肥料として重要であった．インカ時代からも採取されていたが，特にペルーは1840～1880年代はグアノ時代といわれるほどで，グアノを主にイギリスへ輸出，ペルー経済を支えた．が，これをめぐり，戦争や紛争もおきたりした．〔赤井純治〕

●文献

1) J. Akai et al. (1999) *Amer. Mineral.* **84**, 171-182.
2) A. Usui and N. Mita (1995) *Clay & Clay Min.,* **43**, 116-127.
3) 赤井純治 (2010) *J. Soc. Inorg. Mater. Jap.* **17**, 53-59.
4) F. Reith et al. (2010) *Geol.* **38**, 843-846.
5) 地学団体研究会 (1995) 新版地学事典，平凡社．
6) 竹内 均他 (1977) 新版地学辞典II，古今書院．
7) J. Akai et al. (2013) *Phys. Chem. Earth* **58-60**, 1-88.
8) F. Reith et al. (2006) *Science,* **313**, 233-236.
9) J. Reitner and V. Thiel (2011) Encyclopedia of Geobiology, pp. 927, Springer.

105 石材
Stone

■石材の種類

私たちの生活は石の利用に大きく依存している．セメントと混ぜる細粒の砂利にはかつて川砂利が使われた．それは硬い石のみ摩耗して残ったもので丸みをもつから，道路舗装材に混ぜると最高であったが，乱掘から河川を守るために現在では採掘が禁止されており，かわりに岩石を粉砕し粒をそろえて"山砂利"として販売・利用している．採掘場は運搬の利便性から，消費地に近いところが選ばれ，岩石の種類は第二義的であるが，太平洋側が一般に熱編成を受けた堆積岩類や珪長質火山岩類，日本海側のグリーンタフ帯では安山岩類が多く用いられている[1]．

石垣に用いられる間知石より大きな石材は，割れ目が少なく巨塊を取り出しやすい花崗岩が主に使われる．しかし皇居の石垣石は小型で暗色である．石垣石は重いために海上輸送が可能な産地が必要であり，江戸時代には海運が可能な産地として小田原と熱海の中間に位置する真鶴の安山岩が選ばれた．江戸城は瀬戸内海の花崗岩巨塊を使った大阪城と対照的である．墓石や鳥居のようなさらに大きな建造物はすべて花崗岩で作られる．

現在の一般利用の花崗岩石材は，その多くが中国からの輸入品である．

■御影石

花崗岩は御影石ともよばれている．御影は神戸の一部であり，神戸市はピンク黒雲母花崗岩の上につくられている街である．阪神大震災を起こした北東系の横ずれ断層が花崗岩を破砕し，風化した丸石が住吉川に古くから散乱していた．これを大阪へ積み出した淀が御影にあったといわれ，御影石の名前が付けられた．日本が誇る国会議事堂の石は広島県倉橋島納（おさめ，図1）産のピンク黒雲母花崗岩である．岡山市内の万成では，万成花崗岩（図2）として現在でも採掘されている．

ピンク色はカリ長石に散在する微細な赤鉄鉱と推定されるが，それがより明瞭に赤褐色の錆として黒雲母花崗岩にしみ込んだものがあり，「さび石」とよばれている．これは地表近くの地下水の循環で運ばれた酸化鉄が固い花崗岩の割れ目沿いに発達するものである．量的に少ないため色を揃えて小型の化粧板として装飾的に使われる．瀬戸内海の北木島や岐阜県の苗木花こう岩などに産出する．

■墓石

墓石には瀬戸内海の花崗岩類が伝統的に使われている．中部地方から北九州にかけての山陽-領家帯には磁鉄鉱を含まない花

図1 広島県倉橋島 納（おさめ）の採掘場．屋外コンサートの舞台にも使われた．

図2 岡山市万成産のピンク花崗岩（×1）

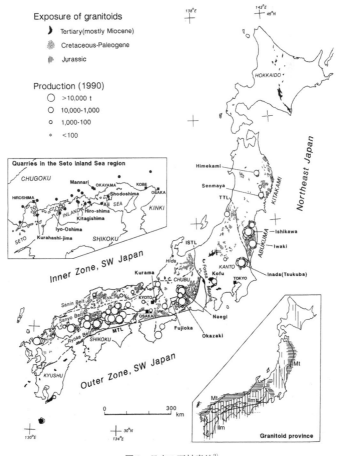

図3 日本の石材産地[2]

崗岩類が分布している（図3）．この種類の花崗岩は磨いた後で錆や曇りを発せず，品質が優れていることが経験的に知られていた．特に香川県の屋島に近い庵治石が著名で，石材としては最高級と評価されている．その花崗岩は細粒の黒雲母花崗岩であるため，字乗りがよい．さらに「ふ」と称する斑点が独特で重宝がられている．庵治石の普及には大阪城工事の終了後に，職を求めて移住した石工たちの貢献も大きかった．

最近では字乗りがさらによい細粒斑れい岩の輸入材が普及しはじめた．無斑晶岩が特に望ましく，「黒御影」とも称される．南アフリカ内陸部の大きな超苦鉄質岩体であるブッシュベルトの岩脈部分から最高なものが得られる．

■鞍馬石

京都北西部の鞍馬寺の入り口には，鞍馬寺を示す大きな石柱が立てられており（図4），その表面は褐色を帯びている．これはその北方に産する非常に特異な花崗岩類の

図4 京都市鞍馬寺の門柱．含まれる磁硫鉄鉱のために常に錆びる鞍馬石を使用．

一種，磁硫鉄鉱含有石英閃緑岩でつくられている．この岩石は固結時に周囲の堆積岩類から堆積性硫黄を取り込み，数％に達する磁硫鉄鉱を含む．この鉱物は常温でも不安定で，分解して褐鉄鉱化する．この変化に対応して石の趣が年々異なることに着目した京の茶人は「靴脱ぎ石・飛び石・つくばい」などに用い，日本庭園の四季を楽しんだ．

■ 大理石

大理石は，狭義には岩石化したサンゴ礁が熱変成作用を受けて粗粒化した結晶質な炭酸塩岩であるが，石材分野ではすべての炭酸塩岩に用いられている．国会議事堂の地下会議室は化石が豊富な生の石灰岩で飾られ[3]，博物館のようである．大理石の利用はヨーロッパに古い歴史があり，ドロマイト質石灰岩盆地につくられたパリでは地下から掘りだした岩石で地表に街をつくった．炭酸塩岩は花崗岩と比べると酸性雨などで溶けやすく，オペラ座の装飾外壁にそれを見ることができる．イタリアも炭酸塩岩類が国土を広く覆い，その採掘・加工が盛んであり，日本の最大の輸入先である．

〔石原舜三〕

● 文献
1) S. Ishihara (1993) *Resource Geol.*, **43**, 387-396.
2) S. Ishihara and K. Sato (1993) *Resource Geol.* Special Issue, no. 16, 281-288.
3) 工藤 晃・大森昌衛・牛来正夫・中井 均 (1999) 新版 議事堂の石．新日本出版社．158 p.
4) 特集-1 (1991-5) 石材利用と日本のみかげ．地質ニュース，No. 441, 5月号 67 p. 地質調査所発行．
5) 特集-2 (1991-7) 世界の石材/日本の石材．地質ニュース，No. 443, 7月号 72 p. 地質調査所発行．

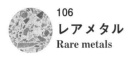

106 レアメタル
Rare metals

■レアメタル

レアメタルは，鉄や銅，アルミニウム等の主要金属とは異なり，使用量は少ないが，電気伝導，熱伝導，磁性，触媒，耐食性，光学等の特性をもつため，構造材料，電子材料，機能材料として先端工業製品に必要不可欠な金属元素を指す．どの元素をレアメタルとよぶかの一般的な定義はなく，日本では，経済産業省がレアアース（rare earth；REE）を1種類としてタングステン（W）やインジウム（In），モリブデン（Mo），クロム（Cr），コバルト（Co），ニッケル（Ni），ガリウム（Ga），ゲルマニウム（Ge），バナジウム（V），プラチナ（Pt），パラジウム（Pd）など31元素をレアメタルに指定している（図1）．米国やヨーロッパではクリティカルメタル（critical metal）と呼称されており，米国ではLi, Co, Ga, In, Teと9種類のレアアースがクリティカルメタルに指定されている[1]．

■グリーンテクノロジーとレアメタル

レアメタルの用途として今後需要が急速に伸びると予想されるのがグリーンテクノロジー（green technology）に使用されるレアメタルである（表1）．PtやPdは自動車の排気ガス浄化触媒として欠かせず，2000年以降，中国やインドでの自動車需要の増加とともに需要が急速に伸びている．レアアース，なかでもネオジム（Nd）やジスプロシウム（Dy），テルビウム（Tb）を用いた永久磁石は強い磁力のためモーターや発電機を小型化することができ，フロッピーディスクドライブやハイブリッド自動車，電気自動車，風力発電用風車，エアコンなどに使用されている．ハイブリッド自動車や電気自動車にはNi水素電池やLi電池が搭載されており，Ni水素電池には触媒としてランタン（La），セリウム（Ce），プラセオジウム（Pr），Ndが用いられている．Inは主として液晶画面の透明電極に使用されているが，GaやTeとともに太陽電池にも使用され始めている．

このようなレアメタルは地球温暖化を防ぎ持続可能な社会の実現のための製品作りに必要欠くべからざる材料となっており，その需要は中国を中心として急速に増大している（図2）．一方で需要の増大のためにレアメタル資源の安定的な供給が危惧さ

図1 経済産業省の指定するレアメタル（灰色の元素）

表1 クリーンエネルギーテクノロジーに用いられるレアメタル[1]

元素	太陽電池	風力発電機	自動車		照明
			磁石	電池	発光体
La				●	●
Ce				●	●
Pr		●	●		
Nd		●	●	●	
Sm			●		
Eu					●
Tb					●
Dy		●	●		
Y					●
In	●				
Ga	●				
Te	●				
Co				●	
Li				●	

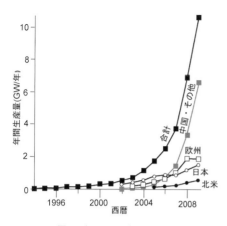

図2 太陽電池の年間生産量

表2 主要レアメタルの産出国とシェア，可採年数

元素	産出国とシェア (%)	可採年数
REE	中国 95%	709
Mo	米国 32%	46
Sb	中国 88%	13
W	中国 75%	55
In	中国 58%	22
Pt	南アフリカ 80%	154
Cr	南アフリカ 38%	>24
V	南アフリカ 39%	221
Ni	旧ソ連諸国 19%	40
Co	コンゴ民主共和国 36%	22

れている．

■ レアメタル資源

　レアメタル資源は，最も可採年数（埋蔵量／年間鉱山生産量）の短いアンチモン（Sb）が13年，長いレアアースは709年と計算される（表2）．レアメタル資源の可採年数を急変させる要因として，①資源埋蔵量データの精度，②需要の増減，③埋蔵量の増減，④資源国の政策，⑤環境規制などがある．レアメタルは，その用途の開発に応じて短期間に需要が高まることが多いが，鉱山開発には10年程度の時間が必要であることや，多くのレアメタルが主要金属の副産物として回収されているために増産することが難しく，資源供給が困難になることがある．

　これらのレアメタルは地球上で偏在していることが多く，REE, Sb, W, In, Ga, Ge などは中国，Pt, Cr, V は南アフリカ共和国で主として生産されている（表2）．特に中国国内のレアメタルの需要の急激な増加のために，中国から国外へのレアメタルの供給が制限され，日本を始めとしたレアメタル消費国では独自の資源供給源の確保が急務となっている．日本や米国，ヨーロッパはそれぞれレアメタルを戦略的元素と位置づけ，その確保のため資源探査・開発，リサイクル，省資源・代替材料開発のための政策を進めている[1,2]．

■ リサイクル・省資源・代替材料

　レアメタルの中でも最もグリーンテクノロジーにとって重要で供給リスクのある元素として Dy と Tb が上げられる．これらの元素はレアアース永久磁石の耐熱性を向上させるために添加されるが，その使用量を削減するために磁性材料粒界に少量の Dy を添加するなどさまざまな工夫が行われている[3]．廃電化製品からはリサイクルのための磁石の回収が始まり，また Dy をまったく使用しない高耐熱性のレアアース磁石の開発も行われている．このようにレアメタルを安定的に供給するためにリサイクル，省資源・代替材料の開発は新たな資源開発とともにその重要性を増している．

〔渡辺　寧〕

● 文献

1) U. S. Department of Energy (2010) Critical Materials Strategy. U. S. Department of Energy, pp. 165.
2) European Commission (2010) Critical raw materials for the EU. European Commission, pp. 85.
3) T. Minowa (2008) *Resource Geology*, **58**, 414-422.

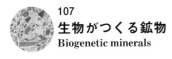

107 生物がつくる鉱物
Biogenetic minerals

■バイオミネラリゼーション

 骨や歯,あるいは貝殻などは生物がもつ鉱物質固体物質として代表的であるが,これ以外にもさまざまな生物が体内外に多様な鉱物を生成する.このように生物が鉱物をつくる作用を一般にバイオミネラリゼーション,生体鉱物形成作用という.できた鉱物を生体鉱物または,生鉱物,バイオミネラルという.バイオミネラリゼーション(biomineralization),生鉱物形成作用の語は,戦後まもないころ,東北大学の大森啓一により世界に先駆けて提唱された.いま,生物と鉱物・固体地球との相互作用の視点が重視されるなか,このバイオミネラリゼーションが地球史,資源,環境の視点,工業的応用などでも注目もされている.バイオミネラリゼーションの過程は,無機成分のイオンの体内への取り込み,体内での輸送,鉱物生成場での鉱物の核形成,成長過程とわけることができる.

 バイオミネラリゼーショは,生物-鉱物相互作用の一部ともとらえられる.最近の一つのトピックスとして,生物圏の広がりがあげられ,これまで生物がほとんどいないだろうと考えられていた極低温や超高温,高塩分,極端な酸性あるいはアルカリ性などの極限環境に生物が生息していることもわかってきた.またこれらは,生命の起源,地球外生命についての話題にもつながり,生命の発生の場としての深海底熱水噴出口の可能性も指摘されている.

■バイオミネラリゼーションのタイプ

 バイオミネラリゼーションは,大きくわけて,生物制御型ミネラリゼーションと,生物誘導型ミネラリゼーションの2つに分けられる.英語表記では,それぞれ BCM (Biologically Controlled Mineralization) と,BIM (Biologically Induced Mineralization) である.この区分はアメリカのローエンスタム(H. A. Lowenstam)やイギリスのマン(S. Mann)により提唱された.生物制御型は「その目的のために,生物に備わった機構によりおこるバイオミネラリゼーション」である.形態・サイズがコントロールして形成されるもので,これらはほとんどが生体内での有機基質とのかかわりで生成する.歯,骨,貝殻,卵殻,円石藻など,またバクテリアでは走磁性バクテリア中の磁鉄鉱がよい例である.生物誘導型(誘発型)は,生物が生産し体外に放出された物質が環境と反応し,誘導的に鉱物を生成するバイオミネラリゼーションということができる.つまり生命活動,代謝活動の副産物として鉱物が生成される例である.

■バイオミネラルの鉱物種

 組成的には大きくわけて,カルシウム系,シリカ系の代表的なものがあるが,これにとどまらない.代表的なバイオミネラルとしては,カルシウム系の方解石,$CaCO_3$ および燐灰石,$Ca_5(PO_4)_3(OH)$ が中心的な位置にあり,さらにシリカ系として,非晶質シリカ(amorphous silica)が珪藻や植物のプラントオパールなどに含まれる.しかし,これ以外にも,鉄系のバイオミネラル[3]など,それ以外にも以下の表に示すような多様な種類がある.骨,歯をつくるリン酸カルシウム,アパタイトについては,[▶108 人体内の鉱物・硬組織]参照.

 バイオミネラルには明確に鉱物種として確定できるものと非晶質に近いものなどもあり,後者で明確にキャラクタリゼーションがむずかしいものをふくめると,数百種以上のものが存在する.

 また,このなかで,生物の種,特に門の

表1 バイオミネラル

分類	和名	英名	化学式
炭酸塩	非晶質炭酸カルシウム	Amorphous calcium carbonate	$CaCO_3$
	方解石	Calcite	$CaCO_3$
	あられ石	Aragonite	$CaCO_3$
	ヴァータライト	Vaterite	$CaCO_3$
	一水塩方解石	Monohydrocalcite	$CaCO_3 \cdot H_2O$
	白雲石（苦灰石）	Protodolomite	$CaMg(CO_3)_2$
	菱鉄鉱	Siderite	$FeCO_3$
	ハイドロ白鉛鉱	hydrocerussite	$Pb_3(CO_3)_2(OH)_2$
硫酸塩	石膏	Grpsum	$CaSO_4 \cdot 2H_2O$
	天青石	Celestite	$SrSO_4$
	重晶石	Barite	$BaSO_4$
	ジャロサイト（鉄明礬石）	Jarosite	$KFe^{3+}{}_3(SO_4)_2(OH)_6$
ケイ酸	オパール	Opal	$SiO_2 \cdot nH_2O$
酸化鉄	磁鉄鉱	Magnesite	$Fe^{3+}Fe_2^{3+}O_4$
	針鉄鉱（ゲータイト）	Geothite	$\alpha\text{-}FeO(OH)$
	鱗鉄鉱	Lepidocrocite	$\gamma\text{-}FeO(OH)$
	フェリハドライト	Ferrihydrite	$5Fe_2O_3 \cdot 9H_2O$
	非晶質酸化鉄	Amorphous iron oxide	FeO
	非晶質チタン鉄鉱	Amorphous ilmenite	$FeTiO_3$
酸化マンガン	轟石（とどろきいし）	Todorokite	$(Mn^{2+}CaMg)Mn_3^{4+}O_7 \cdot H_2O$
	パーネス鉱	Birnessite	$Na_2Mn_{14}O_{22} \cdot 9H_2O$
リン酸塩	ハイドロキシアパタイト	Hydroxyapatite	$Ca_5(PO_4)_3(OH)$
	リン酸八カルシウム	Octacalcium phosphate	$Ca_5H_2(PO_4)_6 \cdot 5H_2O$
	フランコライト	Francolite	$Ca_5(PO_4)_3F$
	ダーライト	Dahlite	$Ca_5(PO_4,CO_3)_3(OH)$
	リン酸カルシウム・マグネシウム	Ca Mg phosphate	$Ca_5Mg_3(PO_4)_4$
	ウイットロカイト	Whitlockite	$Ca_{18}H_2(Mg, Fe^{3+})_2(PO_4)_{14}$
	ストルーヴァイト	Struvite	$Mg(NH_4)(PO_4) \cdot 6H_2O$
	ブルッシャイト	Brushite	$Ca(HPO_4) \cdot 2H_2O$
	非晶質ピロリン酸塩	Amorphous pyrophosphate	
	非晶質リン酸カルシウム	Amorphous calcium phosphate	
ハロゲン化合物	ブルース石	Brucite	$Mg(OH)_2$
	蛍石	Fluorite	CaF_2
	ヒーラタイト	Hieratite	K_2SiFe
硫化物	黄鉄鉱	Pyrite	FeS_2
	水単黄鉄鉱	Hydrotroilite	$FeS \cdot aH_2O$
	磁硫鉄鉱	Pyrrhotite	$Fe_{1-x}S(0\sim0.2)$
	閃亜鉛鉱	Sphalerite	ZnS
	ウルツ鉱	Wurzite	ZnS
	方鉛鉱	Galena	PbS
	グレイジャイト	Geciegite	$Fe^{2+}Fe_2^{3+}S_4$
	マッキナワイト	Makirawite	$(Fe, Ni)_9S_4$
	硫黄	Sulphur	S
シュウ酸塩	ウェーウェライト	Whewellite	$CaC_2O_4 \cdot H_2O$
	ウェデライト	Wehrlite	$CaC_2O_4 \cdot (2+x)H_2O (x<0.5)$
	グラッシンスカイト	Grassinsklite	$MgC_2O_4 \cdot 4H_2O$
	シュウ酸マンガン	Ma oxalate	$MnC_2O_4 \cdot 2H_2O$
	ジュウ酸カルシウム	Ca oxalate indct	CaC_2O_4
その他の誘起結晶	尿酸ナトリウム	Sodium urate	$NaC_4H_3NaO_3$
	尿酸	Uric acid	$C_5HN_4O_3$
	パラフィン	paraffin hydrocarbon	
	ろう（蝋）	Wax (loog chain)	
	酒石酸カルシウム	Ca tartrate	CaC_4O_5

(Lowenstam and Weiner[1] および渡部[2] を改変)

単位で区分すると，以下のようである．ここでは，生物の分類を五界説で区分して記すと，動物界では炭酸塩，リン酸塩が多く，植物界では，ケイ酸（オパール），シュウ酸が多く，菌界，プロチスタ界，モネラ界でも炭酸塩，オパール，シュウ酸，硫酸塩，リン酸塩，などがある．

■貝殻

貝殻は代表的なバイオミネラルであり，多くが炭酸カルシウムからなる．炭酸カルシウム（$CaCO_3$）には3種の多形が知られ，方解石，あられ石，ヴァータライトがある．方解石の殻をもつものとして，代表的なものが牡蠣であり，他の多くの貝殻はあられ石である．まれに，燐灰石の殻をもつものがあり（シャミセンガイ等），進化上の古いタイプととらえられる．貝殻の鉱物質の層は，内部組織として，石灰化層，稜柱層，真珠層，などからなり，それぞれが，特徴的な組織構造をもつ．

■バクテリアのバイオミネラリゼーション

生物のうち，特に最近注目されているのがバクテリアで，その働きと意義は次のようになる．つまり多様な地球環境におけるバクテリアの代謝活動のなかで，鉱物・岩石を含めた外界から生体に必要な元素，栄養素を引きだしたり，溶解するなどして，さらに固体物質であるバイオミネラルをつくるという環境との相互作用，鉱物-微生物相互作用が大きな役割をはたしている．バクテリアは1μm程度で小さいながら，圧倒的な数をもち，地質時代という長い時間を考えれば，副産物として蓄積される量は莫大なものとなる．結果として，地殻で元素の有意な偏在化を引き起こし，これが資源の生成になるなど，地球環境に大きな影響を与えたりする．

鉄酸化バクテリアによる，含水鉄酸化物の生成は，身近にふつうにみられる．湧水から，黄褐色の沈殿が生成している例などで，これはBIMの典型例である．鉄酸

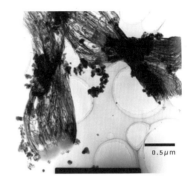

図1　ガリオネラと含水鉄酸化物

化バクテリアガリオネラはらせんの紐状の含水鉄酸化物を生成する（図1）．

一方，BCMはバクテリアではきわめてまれで，走磁性バクテリアでみられる．

■走磁性バクテリア

Blakemoreは1975年に走磁性バクテリアを見いだし，細胞内に磁鉄鉱粒子が含まれることを確認した．この磁鉄鉱（Fe_3O_4）は特有の形態をしていて，鎖状に連なっている．バクテリア体内に含まれ（図2），マグネトソームとよばれる．淡水性および海洋性また土壌中にも生存，べん毛をもち，微好気性．また還元環境で，グリグ鉱（greigite, Fe_3S_4）をつくるものも見いだされている．地磁気の垂直成分，伏角にそって水面から水底方向へ，またはその逆へと好ましい環境（特に溶存酸素濃度）へと移動するとされている．そこで，走磁性バクテリアは，北半球タイプと南半球タイプがある．が，南半球のオーストラリア，パース近郊の池で採取したバクテリアを日本で飼育し数ヵ月後，北半球型の泳ぎをするものに転換することを見いだしている．これは細胞分裂時に両タイプのものができるためと推定される．古地磁気に関連して，堆積物中に堆積残留磁気が記録されているが，この堆積残留磁気の担い手は主に走磁性バクテリアのつくる磁鉄鉱であ

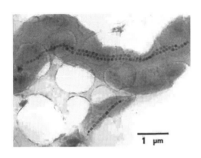

図2 走磁性バクテリアと含まれる磁鉄鉱の透過電顕写真

る[4].このマグネトソームの特徴は,サイズ的には30〜150 nm程度で,これは磁気的性質の点からいえば,単磁区(シングルドメイン)のサイズにあたり,磁気的に最も効率的なサイズとなっている.形態が特徴的で,涙滴型(tear drop type),六方稜柱状(hexagonal prism),および八面体形(octahedral)のものが知られている.これらのうち涙滴型のものは無機的には形成されることは考えられないものである.組成はほぼ純粋なFe_3O_4である.有機質のベシクル(小胞)がこのマグネトソームを薄く覆う.特有な形態,サイズがこの有機質ベシクルによってコントロールされているBCMであり,骨,歯など生物がコントロールするBCMの発端とも考えられる.進化とのかかわりでは,特に酸素濃度の変化にもかかわっている可能性が考えられる.走磁性バクテリアの化石の産出から,約20億年前頃には出現していたと考えられている.

マグネトソームについては,多くの高分解能電顕像が撮られており,欠陥などがない完全な結晶構造である.火星隕石ALH84001から見いだされた磁鉄鉱がバクテリア性ではないかとも論文で指摘されたが,この磁鉄鉱は中心部に転位構造をもち,生物起源とは考えにくい.

■植物のバイオミネラリゼーション

植物にもバイオミネラリゼーションがみられる.代表的な鉱物種としてケイ酸が,オパール(プラントオパール)として,イネ,タケ,ムギ,トウモロコシなど,イネ科の植物に含まれる.またシュウ酸カルシウムは鉱物種として,ウェデライト,ウェーウェライト,グラッシンスカイトなど,古くから知られる.レーウェンフックがアルム(サトイモ科の植物)の葉でウェーウェライトを観察したのは1675年である.またこれよりも少ないが方解石,あられ石などもみられ,さらに多様な鉱物種が報告されていて,酒石酸・クエン酸・マレイン酸カルシウムが有名である.酒石酸カルシウムは葡萄酒およびブドウのなかに析出するのは有名であるが,ブドウそのものにもふくまれる.

〔赤井純治〕

●文献
1) H. A. Lowenstam and S. Weiner (1989) On Biomineralization. pp. 324, Oxford Univ. Press.
2) 渡部哲光 (1997) バイオミネラリゼーション, pp. 180, 東海大学出版会.
3) J. Akai, T. Sato and S. Ohkusa (1991) *J. Electr. Micr.*, **40**, 110-117.
4) R. P. Blakemore (1975) *Science*, **190**, 377-379.

108 人体内の鉱物・硬組織
Mineral hard tissue in human body

■骨と歯

　人体には約200個の骨があり，骨格を形成する．骨格は人体の支柱となり，重要器官を保護し，筋とともに運動器を構成し，Caの貯蔵庫となる．歯は咀嚼器の一部をなし，成人では計28～32本が上顎骨と下顎骨に植立する．

　骨は骨組織が主体であるが，表面を骨膜が覆い，骨端の関節面では関節軟骨が覆う．内部には造血組織である骨髄が存在する．骨組織は表面側の緻密質と内側の海綿質に区別される．骨組織内部には多数の骨細胞が存在し，互いに突起を伸ばしネットワークを構成している．この間に豊富な骨基質（細胞間有機基質）が存在し，骨基質には生体アパタイトが密に沈着する．生体アパタイトが65％，コラーゲンに富む有機基質と水が35％を占める．骨細胞とその突起を入れる空隙をそれぞれ骨小腔と骨細管という．骨組織は間欠的形成過程を反映した積層した層板構造をとる．骨組織には血管と神経が進入する[1]．

　歯はエナメル質・象牙質・セメント質・歯髄よりなり，歯根膜により顎骨の歯槽に植立する．歯髄の周囲を囲む象牙質が歯の主体となり，歯冠をエナメル質，歯根をセメント質がそれぞれ覆う．象牙質は細胞本体を含まず，象牙芽細胞から伸びた突起（象牙線維）を入れる象牙細管がその全層を貫いている．セメント質は骨組織に近似し，突起を伸ばしたセメント細胞が封入されている．象牙質とセメント質では骨組織によく似たコラーゲンに富む有機基質に生体アパタイトが沈着する．生体アパタイトは象牙質では69％，セメント質では65％を占める．一方，完成したエナメル質は人体で最も硬く，生体アパタイトが96％を占め，4％が有機基質と水である．細胞要素はほとんど含まれない．エナメル質の生体アパタイト結晶は直径約4µmのエナメル小柱という構造をつくる．エナメル小柱はエナメル芽細胞により，ほぼエナメル質全層にわたり形成される．

■平衡砂（耳石）

　平衡覚を感知する内耳の平衡斑には平衡砂があり，魚類の耳石に相当する．魚類は大型の耳石をもつが，哺乳類では多数の小粒な平衡砂となり，ゼリー状物質に包まれた感覚細胞の感覚毛の上に乗り平衡砂漠をつくる．重力と加速度の変化を感知する．骨と歯の鉱物はリン酸カルシウムが主であるのに対し，平衡砂（耳石）は炭酸カルシウムである．

■骨と歯の形成細胞と有機基質

　一般に生物の硬組織は細胞自体あるいは細胞の分泌した有機基質に鉱物が沈着してつくられる．骨では骨芽細胞が周囲に骨特異な非コラーゲンタンパクを含むコラーゲンに富む骨基質を形成する．形成後，骨芽細胞は骨中に封じこめられ骨細胞となる．一方，骨を吸収するのは造血幹細胞由来の破骨細胞である．骨の形成と吸収は共役（カップリング）して，骨の代謝回転（リモデリング）が進行する．

　歯は外胚葉性間葉組織由来の象牙芽細胞・セメント芽細胞と外胚葉性上皮組織由来のエナメル芽細胞により形成される．象牙芽細胞は象牙質特異タンパクを含む骨基質に似た象牙質基質を分泌しながら突起を残して歯髄側へ後退し，歯髄の最表層を占める．セメント芽細胞は骨細胞によく似た形態と機能をもつ．エナメル芽細胞は，形成前半ではエナメルタンパクを分泌し，そこに生体アパタイトが沈着する．形成後半では分泌したエナメルタンパクの大部分

を分解・吸収し,大型のエナメル質結晶を形成する.

■生体アパタイト (biological apatite)

生物が関与して形成されたアパタイトを特に"生体アパタイト"とよぶ[2].骨,歯(エナメル質,象牙質,セメント質),シャミセンガイの貝殻などの正常な硬組織と病的石灰化にみられる.アパタイト以外にも多種類のリン酸カルシウムが生体鉱物(バイオミネラル)としてみられる[3].生体アパタイトは,結晶格子内に炭酸イオンを多量に(数wt%)含み,多様なイオン置換を示し,格子欠陥が多い.組成変動が大きく,かってはその"不定比組成(non-stoichiometry)"が問題となったが,炭酸含有アパタイトの一種であることが判明して解決した.また,硬組織の種類による組織特異性があり,結晶性は歯のエナメル質で良く,象牙質,骨と低下する.エナメル質では動物種差,歯種差,エナメル質内の部位差が認められる.

生体環境に似せた(bio-mimetic)実験では生体アパタイトは合成できず,非晶質様のものが形成される.実験で形成したものを骨様アパタイトとよぶことがあるが,実際の骨の生体アパタイトとは種々の点で異なる.骨は前出のように回転(改造)が起きるため,骨の生体アパタイトは幼弱な骨と成熟した骨では異なっている.骨の成熟度は,生体アパタイトの性状とコラーゲンの成熟度が組み合わさったものである.

生体で最も硬い組織といわれるエナメル質では,微細な生体アパタイト結晶が規則的な配向を示すが,産生細胞であるエナメル芽細胞のトームス突起がどのように結晶配向を制御しているかは未解決である.生体アパタイト形成機構についても諸説があり未解決である[4].

■病的石灰化物 (pathological calcification)

人体内に病的に形成される"石灰化物(カルシウム沈着)"は,出現部位,形状,組成(リン酸塩,炭酸塩,シュウ酸塩,硫酸塩,有機質など),形成機序など多種多様である.石灰化という用語はカルシウム沈着を指すが,多くの場合,硬組織と同義に使われ,必ずしもカルシウム塩だけではない[5].唾石,胆石,尿石などは外分泌腺あるいは排泄路に形成されたもので,厳密には体内で形成されたものではないが,病的石灰化物の大きな集団をつくっている.体内の病的石灰化は,①異栄養性石灰化(dystrophic calcification):細胞活動の異常あるいは細胞死に関係したカルシウム沈着と,②転移性石灰化(metastatic calcification):細胞外組織(血液,組織液)のカルシウムレベルを調節する代謝の異常,とがある.通風は代謝性疾患の代表であり,尿酸の針状結晶が関節などに沈着する.正常な細胞内にも多種の結晶(有機を含む)がみられるが,病的な場合にはその種類は数十種類に及ぶ.内分泌器官の松果体に形成される脳砂(リン酸カルシウム,炭酸カルシウムなど)は加齢によるものと考えられているが,詳細は不明である.

〔笹川一郎・寒河江登志朗〕

● 文献

1) 須田立雄他編著(2007) 新骨の科学. pp.327, 医歯薬出版.
2) T. Sakae, H. Nakada and J. P. LeGeros (2015) *J. Hard Tissue Biology*, 24, 111-122.
3) H. A. Lowenstam and S. Weiner (1989) On Biomineralization. pp.324, Oxford Univ. Press.
4) 須賀昭一, 田熊庄三郎, 佐々木哲編(1973) 歯の研究法, pp.858, 医歯薬出版.
5) R. G. G., Russell, A. M. Caswell, P. R. Hearn and R. M. Sharrard (1986) *British Medical Bulletin*, 42, 435-446.

109 金属イオン還元細菌による貴金属バイオミネラリゼーションの工業的利用
Precious metals by biomineralization and their application

特定の金属イオン還元細菌（*Shewanella* 属細菌）は，嫌気的環境下において，有機酸塩（乳酸塩，ギ酸塩など）を酸化すると同時に，発生する電子も用いて貴金属イオン（金（III），パラジウム（II），白金（IV），ロジウム（III））を迅速に還元し，金属粒子を析出する機能をもっている（図1）．例えば，電子供与体にギ酸塩を用いた場合（室温，中性溶液）には，初濃度500 ppmのパラジウム（II）イオンの還元・析出が10分以内に完了し，金属ナノ粒子がペリプラズム空間（細胞の外膜と内膜の間）に生成する．還元細菌は貴金属イオンを液相からペリプラズム空間に取り込み，その場で生体物質による還元反応が起こり，金属ナノ粒子が生成すると考えられる．また，金のバイオミネラリゼーションでは，出発溶液（$HAuCl_4$）を中性から酸性（pH 2.8）に変化させるに伴い，金粒子の生成場がペリプラズム空間から細胞外（液相）に変わり，生成粒子の形態が板状に変化する（図2）．

Shewanella 属細菌によるバイオミネライゼーションは，環境調和型の生産技術が注目されるなか，貴金属ナノ粒子の合成と新規材料の創製，さらには都市鉱山（使用済み電子部品など）からの貴金属リサイクルに応用できるグリーンテクノロジーとしてとらえることができる．既存の物理的，化学的方法とは異なり，生物的方法には，物質生産に投入されるエネルギー量や物質量が少なく，必然的に副生する廃熱や廃棄物も少なくなる．

既存の湿式リサイクル法と比較すると，還元細菌を利用する貴金属リサイクル法は，浸出液のpH調整と電子供与体の添加が必要となるが，希薄溶液からの貴金属の

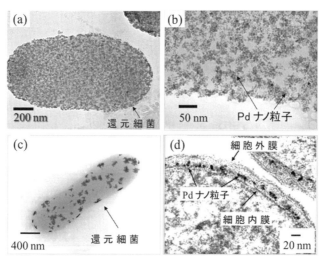

図1 (a), (b) 還元細菌 *S. algae* とパラジウム粒子, (c) *S. algae* と白金粒子, (d) *S. algae* 細胞薄切片とパラジウム粒子

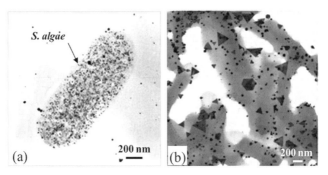

図2 還元細菌 S. algae と金粒子.（a）中性溶液（pH 7），（b）酸性溶液（pH 2.8）.

分離・濃縮からナノ粒子調製に至る多段階工程をワンステップで達成できる統合プロセスとなる．一般的に微生物処理は非常に遅いという短所があるが，Shewanella 属細菌によるバイオミネラリゼーションには貴金属イオンの還元・析出が常温・常圧下で，迅速に完了する長所がある．さらに，細菌細胞（担体）に貴金属ナノ粒子を高密度かつ高分散に合成できることから，貴金属ナノ粒子担持細胞は，液相化学反応における不均一系触媒，また燃料電池用触媒として優れた触媒活性を示す．このため，還元細菌によるバイオミネラリゼーションは環境低負荷型ナノ技術としてもとらえることもでき，レアメタルの高付加価値化リサイクル技術としての展開・実用化が期待できる．　　　　　　　　　　〔小西康裕〕

110
地球史・環境と鉱物,生物-鉱物相互作用
Geohistory, environments and interaction between organisms and minerals

■生物-鉱物相互作用とは

　生物圏は従来考えられてきたよりもずっと広がりをもっているらしいことがわかってきつつある．地下生物圏もその一つで，生物圏の中でも最大との推定もある．さらにこれまで生物がほとんどいないだろうと考えられていた極限環境にいる生物も知られる．最近注目されている微生物-鉱物相互作用では，バクテリアが周囲の環境諸条件のなかで，鉱物・岩石を含めた外界から生体に必要な元素，栄養素をひきだし，代謝産物をつくり，環境と相互作用をしている．地質学的な時間での蓄積があればその量は莫大なもので，地殻で有意な元素の偏在化を引き起こすことにもつながる．

　生物にとっての最大の必須条件・環境は水（水分活性，透水性），適度の温度領域，空間（空隙），養分とされるが，さらに過酷な環境ファクターは以下のとおりである．

　温度：120度程度が上限とされている．火山地帯，温泉・熱水流路，海底熱水噴出口，地下環境などで上限に近い高温域がある．このような場での超好熱菌が知られ，また極低温条件に適応する生物もいる．

　圧力：深海での高圧があり，また地下環境でも熱とともに圧力が加わる．高地，また大気上層では低い気圧条件がある．

　重力：宇宙空間では，自然状態というより将来人類あるいは生物が無重力宇宙空間にでてゆくときに問題になる事柄である．あるいは地球外生命での異なった重力環境という事も今後の問題となろう．

　磁場・電場：例えば，地球の歴史のなかでは地磁気が，逆転の途中では磁場が弱くなりまた大きく変化しているので，実際に生物はこのような経験をしている．

　放射線：宇宙線，X線，中性子線，α線，β線，γ線．ウラン鉱床，あるいは放射性元素を多く含むペグマタイトなどではこれら放射線に富む環境である．地球外環境で問題となる事項である．

　貧栄養環境：無機的な成分のみからなる環境でも独立栄養細菌が生存しうる．

　毒性元素・イオンに著しく富む環境：多くの生物は地球型生物として，大きくみると地球の平均組成あるいは元素の宇宙存在度に基本的には似ているとみることができる．4大必須元素 H O C N の他に S, P, Ca, Na, Cl, K, Mg を加え11種．これら自身でも濃度が異常に高いと，これは特殊な環境である．より存在量が少ない元素，特に毒性の元素があれば，これも極限的環境である．ヒ素（As），水銀（Hg），カドミウム（Cd）など，または NaCl に著しく富む環境での好塩細菌などがある．気体雰囲気（例えば硫化水素，二酸化炭素，酸素，亜硫酸ガスに富むような環境）もある．

　水：また最も極限的な要素の一つには水の存在がある．乾燥には非常に弱いのが生物の特徴である．水の特性は一般に他の物質にくらべ多くの電解質を溶かしうることにあり，海洋も塩類を高濃度に溶解している．気体である酸素，二酸化炭素も，溶解度は低いものの全体としては多量に溶けている．このようにして，水圏は地球表層環境，物質大循環の緩衝材としての役割をになってきており，ここに最大の生物圏が存在することは，生物-物質循環の相互作用における意義が集約的に示されている．

　pH, Eh：水の pH, Eh などの条件について，pH＝1以下の酸性，アルカリ性で pH 11位まで生物が生存可能とされている．

　このような極限状態，あるいはこれに近

い地球の始原的環境に近いかと思われるような場での生物-鉱物相互作用は，地球の歴史的過程，地球の表層環境の現在と未来にとっても重大な意味をもつ．

地球への生物の働きかけによる影響，その働きかけた跡が意外に大きいことがわかってきている．生物が影響を及ぼした痕跡は，水，空気，酸素のように形となってのこらない場合もあるが，地質体にはその痕跡が岩石，鉱物となってのこる場合も多くある．これらも，地球外生命について探索の手がかりになると考えられている．

■微生物マット

微生物フィルム，バイオマットなどともいう．微生物とそれに関連する有機物を主体とする膜状，層状の構造体をいう．天然では温泉，湖沼，河川などに，市中では排水溝，下水，貯水槽など，いたるところにみられ，ヌルヌルした部分が通常これに対応する．この生成により，好気的な表層部分と下部の嫌気的部分に微環境が形成され，各種生物が棲み分けることになる．過去の微生物マットにかかわって，微生物由来の堆積物が生成されると考えられるので，生物起源堆積物にとっても重要である．また濃密な生物密度，有機物の存在する環境は，生物の共生，遺伝子伝搬などにも重要な役割をはたした可能性がある．

■生物風化

地表での岩石の風化作用には物理的風化，化学風化，生物風化があることは古くから知られてきていた．物理風化は温度変化，結氷などで機械的に分解がすすむもの，化学風化では雨水による化学的，溶出，反応による分解作用であり，生物風化とは古くは，植物の根による分解など大雑把にしかとらえられていなかったのが，バクテリア，地衣類などによる分解のミクロな過程が明らかになってきている．火山岩の風化が植物によって促進される研究がある．これは根による分解作用，有機酸の生成による分解，そして他の生物のための栄養分をつくりだすことなどにつながる．微生物によって，まず化学的，物理的な分解を促進し，例えば低結晶度のアルミ水酸化物や粘土などの二次鉱物を生成することもある．これらの研究からわかったことは，微生物によって作りだされた微小環境の変化（pH，水の保持，酸化還元条件）が風化を促進すること，鉱物の種類による，風化のしやすさが異なること，である．

微生物による風化は有機酸の生成などにかかわり，岩石表面で局所的にpHを変化させ，そして風化を促進する．微生物が分解風化促進だけでなく，特定の元素の濃集にかかわることがある．

黒雲母の風化の一例をみると，劈開面上で3種のバクテリアが観察でき，さまざまな元素を吸収し，黒雲母の溶解を促進し，劈開生成を促進している様子がみられる（図1）．

■古土壌

古土壌とは，過去の風化作用により形成した風化帯の残存物である．通常は，風化作用の後の沈降，隆起に伴う続成，変成作用により，鉱物組成，化学組成，密度など

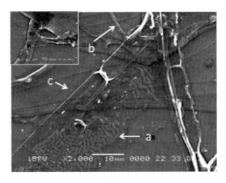

図1

（左）黒雲母劈開面上の3種のバクテリア，（右）放線菌が劈開面に侵入している様子を示す走査電顕像

に変化がみられ，現代の風化帯とは様相が異なる．古土壌の多くは弱変成岩として分類される．風化作用は岩石，水，大気の相互作用なので，古土壌の物理，化学的性質から形成時の大気の情報を得ることが期待される．実際に古土壌から先カンブリア時代の大気中の酸素や二酸化炭素濃度の推定が行われている．大気進化は生命環境，海洋組成，気候，温度と関係するので，過去の地球環境の変遷を知る上で，古土壌は貴重な地質記録といえる．Feや他の元素濃度を利用して，大気酸素濃度が約22億年前に3桁程度急激に上昇したという見積もりがある．一方，Feの酸化速度則から，25から20億年前の5億年の間に3桁以上上昇したという推定もある．このように初期原生代に大陸風化が非酸化的風化から酸化的風化に変化したというのが一般的考えである．この変化に伴い，MoやCrなど酸化還元に鋭敏な微量元素で，かつ酵素形成の必須微量元素が海洋に供給され，生物進化が促されたという説が提唱されている．また，古土壌中の化学組成の変化から，大気二酸化炭素濃度が中期原生代に1から2桁程度減少したと推定されている．

■ ストロマトライト

一般に底生の微生物が群生し，堆積して生成した岩石を微生物岩（microbialite）という．このうち，縞状のものをストロマトライト，斑状の組織をもつものはスロンボライトという．炭酸塩鉱物の沈殿物は，鍾乳石，トラバーチン，トゥファなどと区分される．トゥファは軟弱なものをいう．トラバーチンのうち，緻密で美しい模様の石材をオニックスマーブルともいう．

ストロマトライトとは微生物によって生成した縞状の堆積物，微生物起源の堆積岩（microbialite）である．もともとは三畳紀湖成層中から層状の炭酸塩堆積物ストロマトリスに由来する．成因的には，微生物，多くの場合，シアノバクテリアが，砕屑物

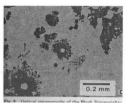

図2

などを固着成長した，つまり，生物源と無機起源のものがあわさって，急速な成長速度が実現している．

またシアノバクテリアが繁殖して光合成するので二酸化炭素濃度の変化とも対応している．先カンブリア時代の堆積物に圧倒的に多い．始生代と原生代の多くの時代に微生物マットが生成し，また同時に非生物性の堆積・沈殿があり，ストロマトライトも大量に生成した．

現生のストロマトライトとして，西オーストラリアのシャーク湾，ブラジルのリオデジャネイロ北方の塩湖などまた温泉にも広く知られる［温泉のものは▶111 温泉と鉱物］．形態的に分類され，ドーム状，層状，など多数が区別される．

バクテリアによる例として，黒色のMnストロマトライトもある．光学顕微鏡下でこれまでに報告されているマンガンバクテリアがつくるコロニーあるいは沈殿物の形態に酷似した轟石の集合体が観察される（図2）．　　　〔赤井純治・村上　隆〕

● 文献

1) 赤井くるみ・赤井純治（1997）鉱物学雑誌, **26**, 99-102.
2) J. Akai *et al.* (2006) Mater. Sci. Eng. C. 2nd Asia. Symp. Biominer., **26**, 4, 613-616.
3) J. Akai *et al.* (1997) 地質学雑誌, **103**, 484-488.
4) J. Reitner and V. Thiel eds. (2011) Encyclopedia of Geobiology, pp. 927, Springer.
5) 赤井純治（2000）宇宙生物学会誌, **14**, 363-370.

111 温泉と鉱物
Hot-springs and minerals

■ 温泉環境

温泉とは，地中から湧出する温水，鉱泉水で，温度が25℃以上のものか，水1kg中に定められた量以上の物質が含まれているもの（温泉法）となっていて，戦前は鉱泉などとよばれていた温度の低いものも，1948年の温泉法制定以後の基準では温泉となるものが多い．2011年8月改正の温泉法では，その中に含まれている成分によって，塩化物泉，炭酸水素塩泉，硫酸塩泉，二酸化炭素泉（炭酸泉），含鉄泉，硫黄泉，酸性泉，放射能泉などに分類される．1kg中，溶存物質総量1000 mg以上，遊離炭酸（CO_2）250 mg以上，鉄イオン（Fe^{2+}，Fe^{3+}）10 mg以上，水素イオン（H^+）1 mg以上，ヒドロひ酸イオン（$HAsO_4^{2-}$）1.3 mg以上，メタ亜ひ酸（$HAsO_2$）1 mg以上，総硫黄（S）[HS^-, $S_2O_3^{2-}$, H_2S]に対応するもの1 mg以上などを含め19種類の成分のうち1つ以上について指定以上に含有するものをいう．

また温泉は有機成分がなく，温度，pH，成分などにおいて，生物にとって極限環境に近いものもあり，地下生物圏，海底熱水系につながりうるものである．このような場は，地球初期環境のレリック的環境ともいえる場合も多く，地球初期過程の推定・類推とともに，将来の地球外生命探査への手掛かりともなるものである．

温泉地をたずねると，さまざまな沈殿物が，特有の色をして，生成している．これを温泉堆積物，温泉沈殿物または温泉華という．また，これら沈殿物は微生物が関与して生成することがよくある．

■ 石灰華（炭酸華）

二酸化炭素分圧が高い温泉水が地表で圧力が下がると，二酸化炭素 CO_2 が少なくなり，pHが上がる．これによって，炭酸カルシウムの溶解度を下げて炭酸カルシウムの方解石，あられ石などの沈殿を生成する．アメリカのイエローストーンで多様な石灰華があり，ニュージーランドなども世界的に有名．北海道の二股温泉にも石灰華ドームがある．

石川県の岩間温泉・中宮温泉，岩手県の夏油温泉，長野県白骨温泉，山梨県の増富温泉，山形県泡の湯温泉，新潟県赤倉温泉など数多く知られる．噴出にともない，塔状になるものもあり，これを噴泉塔ということもある．ドーム状になる例もある．

落葉が石灰成分に固められたものもできることがあり，これを「木の葉石」などということも多い．

■ ケイ酸沈殿物（珪華）

温泉中に溶けているケイ酸分を主とする沈殿が生成する場合が多くある．これを珪華という．温泉中のメタケイ酸成分が析出して生成する．青森県恐山，宮城県鬼首温泉，大分県鉄輪温泉の白池地獄など各地にある．秋田，秋の宮温泉では，魚卵状の珪華である．鰤状（じじょう）珪石といわれるものを産する．富山県，立山温泉新湯からも魚卵状オパールがあり，玉滴石といわれる．温泉を引くパイプにつまって，スケールとなって問題となることがある．

■ 鉄質沈殿物（鉄華）

主に，火山地域の酸性温泉で鉄の沈殿物をつくることも多い．北海道の喜茂別，群馬県群馬鉄山，岐阜県大白川地獄谷，山梨増富鉱泉など．鉄酸化バクテリアが主要な沈殿の原因となる．鉄バクテリアには各種ある．鉄沈殿物によって，固められた礫や沈殿物は，茶色く固まった様子から，鬼板などともいわれる．古くは褐鉄鉱といわれたが，鉱物としては，非晶質から，低結

晶度のゲーサイトであることが多い．

■ その他の沈殿物

硫黄

温泉に溶けている硫黄分が単体硫黄として沈殿析出沈殿するものをいう．硫黄部分は硫化水素から，酸化され，硫黄として析出する．この場合も，微生物がかかわることも多い．大型のバクテリアである硫黄細菌がかかわってできる硫黄芝がある．無機的に沈殿する例として，北海道の昆布温泉では中空の球状硫黄が温泉水中にできている例が知られる．表面に黄色い沈殿が薄膜上に浮いていたりすることもある．温泉でなく，火山噴気により硫黄がガスから析出すると，噴気塔をつくることもある．ここから，硫黄を資源として採ることもあった．岩手県の松尾鉱山，草津温泉の万代鉱や万座温の小串硫黄鉱山，秋田県川原毛硫黄鉱山など．硫酸塩華として石膏，ぼうしょう（芒硝），硫酸ナトリウム，重晶石硫酸バリウムなど硫酸塩を沈殿する温泉がある．

北投石

秋田県玉川温泉では，微量のバリウムを含む重晶石が生成する．最初，台湾の北投温泉でみつかったので，その名前がつけられた．北投温泉と玉川温泉でのみ知られ，国の特別天然記念物にされている．

■ 多様な温泉ストロマトライトの生成

微生物の働きにかかわって形成される鉱物や岩石については，近年強い関心がもたれるが，原核生物のシアノバクテリア（藍藻）の生物群集がつくる構造物であるストロマトライトもその代表的なものである．先カンブリア時代に大規模に形成されたが，古生代以降急激に減少．しかし，現在でも米国イエローストーン国立公園内の温泉や間欠泉には珪質のストロマトライトが成長している．日本では宮城県鳴子町鬼首温泉吹上および新潟県妙高高原町赤倉温泉においてシアノバクテリアを伴って現在生成しつつあるストロマトライトが最初に報

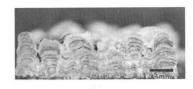

図1

告された．鬼首温泉では珪質，赤倉温泉では石灰質のストロマトライトがシアノバクテリアによって形成されている．湯の小屋温泉では，マンガン酸化物のストロマトライトが生成し，バクテリアが関与している．

鬼首温泉のシリカ質ストロマトライト

鬼首温泉の間欠泉噴出口のまわりに層状温泉堆積物，ストロマトライトの形成がみられる．間欠泉"雲竜"のまわりでは，シアノバクテリアを主にしたコロニーや微生物マットが密に生育している．これらのストロマトライトを構成する無機物はオパールAである．

赤倉温泉の石灰質ストロマトライト

赤倉温泉の泉質は，泉温約45度，pH 6～7で，主な溶存成分は，$SiO_2:21\ mg/L$，$Ca^{2+}:115\ mg/L$，$SO_4^{2-}:350\ mg/L$などである．温泉水の流れる流路に，直径数mm～数cm，高さ最大約2cmの円柱状のストロマトライトがみられる．シアノバクテリアの種類はフィラメントをもつネンジュモ亜目，$Pholmidium$ sp., 単細胞性の $Chroococcus$ sp., $Synechococcus$ などで，方解石とあられ石からなる．

群馬県湯ノ小屋温泉でのMn質ストロマトライト

泉質は単純温泉で，高温（68℃～69℃）の温泉水の流れるところで，黒色の温泉堆積物が，また少し泉温が下がったところには緑色～黄土緑色のシアノバクテリアを主とした厚さ数mm～5cmのバクテリアマットが形成され，ストロマトライトが生成している．緑色～黄土緑色のバイオ

図2

マットはシアノバクテリア(*Synechococcus* sp., *Lyngbya* sp. *Oscillatoria* sp. その他)と珪藻を主とする．Mnを主として，少量のSi, Caを含む．白色ストロマトライトも存在し，方解石と非晶質シリカである．

ここにあげた以外の温泉においても，同様あるいは多様な構造，つまり微生物マットとストロマトライトがみられると考えられる．

■トラバーチン

トラバーチンとは，淡水性の炭酸塩堆積物に広く，また温泉，鉱泉あるいは地下水中で精製した石灰質沈殿岩で，鍾乳洞内の沈殿物をいう．このうち，軟弱なものを，トゥファという．この沈殿物には縞状の構造が発達する．季節変化などに由来する例が報告されているが，それより高解像度での気候変化の情報も記録することがある．総称して石灰華(calcareous sinter)という．研磨して美しい光沢等を示す縞状の模様を示すものをオニックスマーブルなどという．　　　　　　　　　　〔赤井純治〕

●文献

1) 赤井くるみ他(1995)地球科学, **49**, 292-297.
2) 赤井くるみ・赤井純治(1997)鉱物学雑誌, **26**, 99-102.
3) 赤井純治(2000)宇宙生物学会, **14**, 363-370.
4) J. Reitner and V. Thiel eds. (2011) Encyclopedia of Geobiology, pp. 927, Springer.
5) 地学団体研究会(1995)新版地学事典, 平凡社.
6) 竹内均他(1977)新版地学辞典 II, 古今書院.

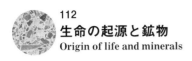

112 生命の起源と鉱物
Origin of life and minerals

■J. D. バナールの指摘,粘土鉱物

科学的な生命起源論は,ロシアの生化学者アレクサンドル I. オパーリンの著書「生命の起源」(1924) に始まる[1]. 岩石や鉱物だけの原始地球に,CH_4 や NH_3 などの簡単な分子が存在し,それらが反応してアミノ酸や核酸塩基などの有機分子となり,さらに結合してタンパク質や核酸(DNA)など高分子になり,それらが組織化されて生命体となった,とするシナリオである.

その後,生命の発生に至る化学進化の研究は,主として有機化学の問題とされてきたので,諸説の中に鉱物はほとんど登場しない.

粘土鉱物の化学進化上の役割に着目したのは,英国の結晶物理学者,ジョン D. バナールである. 粘土鉱物は常に微粒で柔軟で,膨潤性,親水性,揺変性があり,さらには有機分子の包摂能や触媒能があって,無機界と有機界をつなぐ性質を持つ.

彼は著書「生命の起源―その物理学的基礎―」(1949) で,生命の起源における粘土鉱物の大きな役割を二つ指摘した[2].

その第一は,"何らかのメカニズム"でアミノ酸や核酸塩基など生物有機分子が生成したとしても,海水に希薄に溶解していたのでは反応に必要な濃度にならない. 重合して高分子になるためには,海中に浮遊する粘土鉱物が有機分子を吸着して沈殿したであろう,との指摘である.

第二は,酵素(タンパク質)の出現以前には粘土鉱物が,触媒の役割を「非効率で不十分でも」果たしていたであろう,との指摘である. その後,粘土鉱物は天然触媒として生命の起源の実験的研究のさまざまな局面で登場し,最も重要な鉱物と認識されている.

■多様な鉱物が寄与する生命起源論

バナールの地球科学的視点を継承し,20世紀末から急速に進歩した地球科学の研究成果に立脚して,地球史上の事件が環境圧力となって有機分子が自然選択され,その結果として生命が発生したと考える,新しい生命起源論が提唱された[3].

その考えに立てば,小惑星・隕石の"後期重爆撃"(LHB)やプレートテクトニクスの開始,あるいは海洋堆積物の続成作用など,原始地球史の事件が,自然選択の環境圧力として作用すると考えられるので,粘土鉱物をはじめ石墨,酸化鉄,硫化鉄,かんらん石,蛇紋石,沸石など多様な鉱物が生命起源にかかわる物質として登場するであろう.

■生物有機分子の出現とその高分子化

生命の発生に必要な有機分子の出現を S.L. ミラー (1953) が雷放電を模擬した実験で初めて示し,類似の研究が 1970 年代まで継続した. それらは,原始大気の組成が NH_3, CH_4, H_2O で還元的であることを前提としていたが,1970 年以降の地球惑星科学の諸研究によって,原始大気は N_2 および H_2O に CO_2 の加わった"弱酸化的"大気であったことがわかり,ミラーらの前提は覆ってしまった.

その後,アミノ酸の前駆体であるアンモニアは,熱水中で黄鉄鉱(FeS_2)および磁硫鉄鉱($Fe_{1-x}S$)を触媒として溶存窒素を還元して生成したとする説が提案された(Brandes ら, 1998; Doerr ら, 2003). また冥王代の海洋に頻繁に衝突した普通コンドライトの金属鉄と海水および大気の窒素がハーバー・ボッシュ型反応をしてアンモニアを大量に生成したとする新説が提案され[3],同説は衝撃実験によって実証された(Nakazawa ら, 2005).

普通コンドライトは0.1から数％の石墨または非晶質炭素を含むので，隕石の海洋衝突ではアンモニアのみならず大量の有機分子も生成し，それらが生命の素となったとする"有機分子のビッグ・バン説"が提唱され[3]．同説は古川ら（2009）の衝撃実験によって確かめられた．

有機分子が宇宙の強い紫外線によって生成し，地球に海ができた頃に炭素質隕石や彗星によって地球にもたらされたとする説（Bernsteinら，2002），あるいは熱水中で合成されたとする説（Marshall，1994）もある．

また，電波天文学や地球外物質の研究で，有機分子が宇宙空間に存在することは早くから知られ，一部の炭素質隕石には，アミノ酸（Pizzarello and Coronin，2000）や，アデニンおよびグアニンなど核酸塩基も検出されているので（Glavin and Dworkin，2011；Callahanaら，2011），有機分子の起源は地球外にあると考える研究者も多い．

しかし，有機分子の生成やその高分子化に関する研究で，鉱物が関与するとの研究例は，ほとんどない．

■ 小胞，代謝，遺伝機能の起源と鉱物

小胞（cell）の起源として，"コアセルベート"がオパーリンによって提案されたことはよく知られている[1]．しかし，それらはゼラチンなど高等生物の抽出高分子による現象であるので起源物質にはなりがたい．

原始地球では豊富にあった無機鉱物によって細胞前駆体ができた可能性が高いと考えられるが，その一例として，鉄硫化物の膜で囲まれた小胞（Rassell and Hall，1997）が提案されている．

代謝機能の発現については，冥王代の地球は無機界であるので，最初の代謝機構は有機物を分解してエネルギーを得る従属栄養ではなく，熱力学的非平衡にある物質の化学エネルギーを取り入れる無機自家栄養であったとする"Fe-Sワールド説"が提案されている（Wächterhäuser，1988）．

熱水に炭酸ガスや硫化水素が溶けていれば，第一鉄イオンと硫化水素が反応して黄鉄鉱を晶出する．その時に放出される電子と水素イオンを用いて炭酸が還元されて有機分子が生成されるので，黄鉄鉱の表面が"最初の生命"であったという仮説である．

遺伝機能の発現については，「遺伝現象は鉱物の結晶成長現象を引き継いだものである」と考え，遺伝子の前駆体は（粘土）鉱物であるとする「遺伝的乗っ取り説」が提案されている[4]．

遺伝機能の起源の説明としては無理があるが，無機界の原始地球に生物が出現する過程で，「無機物から無機・有機複合体を経て有機物に引き継がれた」とする考え方は傾聴に値する．

生命の起源の謎を解くことは，冥王代の有機分子の進化史を解読することである．地球物質科学の主要な研究対象の一つとして，今後の発展が期待される．

〔中沢弘基〕

● 文献

1) A. I. Oparin（1924）The Origin of Life；江上不二夫編（1956）生命の起源と生化学．岩波新書．
2) J. D. Bernal（1947）The Physical Basis of Life；山口清三郎，鎮目泰夫訳（1952）生命の起源－その物理学的基礎．岩波新書．
3) 中沢弘基（2006）生命の起源・地球が書いたシナリオ．新日本出版社．
4) A. G. Cains-Smith（1982）Genetic Takeover and the Mineral Origin of Life．；野田春彦，川口啓明訳（1988）遺伝的乗っ取り－生命の鉱物起源説．紀伊国屋書店．

113 環境と鉱物
Environment and minerals

■ 環境鉱物学

鉱物学は，いうまでもなく天然に産する結晶物質である鉱物を研究する学問分野であり，鉱物を資源や材料，宝石として利用する人間活動・経済活動と深くかかわってきた．また，水俣病やイタイイタイ病などの公害問題では，鉱物は利潤追求のために安定な地層から掘り出された資源であり，かつ汚染源でもあった．しかも，日本全国の鉱山が廃鉱になった現在（鉱山稼業の収入がない状況）でも，休廃止鉱山やズリ捨て場から漏洩する廃水の半永久的に続くかもしれない処理問題に悩まされ，後世に負の遺産として残そうとしている．環境鉱物学は，このような鉱物がもつ物質科学的な背景や上述のような時代背景，科学的・社会的要請によって生まれた新しい学問分野である．環境鉱物学では，実際に人間の産業活動が発端となって発生した具体的な問題を通して，鉱物という最も代表的な地球表層物質と人間圏の相互作用を研究し，人間圏をも含めた地球システムの理解に必要な科学的知識とそれから引き出される問題解決の方策を得ることを目標としている．現在，その解決にあたって環境鉱物学的な見方や手法が求められている問題には，地下水汚染，土壌汚染，大気汚染，二酸化炭素の地中貯留，放射性廃棄物の地層処分などがある．ここでは，それぞれの概略と鉱物学との関係を示す．なお，大気汚染は後述されるので，ここでは鉱物エアロゾルの環境化学について述べる．

■ 地下水汚染

世界的に水不足や河川の汚染が深刻化している．特に，河川の汚染は越境化し，国際問題になっている場合が多い．また，地下水が人々の健康に及ぼす影響についても大きく取り上げられるようになり，人為的な重金属・有機溶剤・農薬・油などによる汚染とともに，風土病といわれてきた問題にも科学的なメスが入るようになってきた．例えば，中国で4000万人以上が発症している歯や骨のフッ素症は，地下水に含まれるフッ化物の過剰摂取によるものであるし，バングラデシュやカンボジアの角化症や多臓器不全はヒ素含有地下水の摂取によるものであることが判明している．これらは自然由来のフッ素やヒ素が，地下水の過剰摂取などにより，地下水中に溶出したためと考えられている．その詳細なメカニズムについては数々の議論があるが，地下水に溶け出る前のフッ素やヒ素は，地層の中に鉱物としてあるいは地層中の鉱物に吸着して安定に存在し，帯水層中の地下水の大量移動や酸化還元電位の急激な変化，バクテリアの活動などにより溶出してきたものと考えられている．いずれにしても，天然環境における鉱物-水界面（バクテリアも含む）は複雑で，元素の溶出などのメカニズムを理解するためには，鉱物学者が得意としてきた分子スケールの構造を基本とした理解が必要とされている[1]．一方，地下水中に溶けている濃度が低すぎて，欠乏

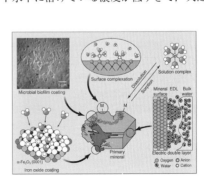

図1 天然環境における鉱物-水界面の複雑さ

による栄養障害のために発症している風土病もある．例えば，中国のセレン欠乏による克山病（心筋症）やスリランカのヨウ素欠乏による甲状腺腫などがそれにあたる．これらについては，上述の過剰摂取の場合に比べて，原因が解明されれば，ヨウ素含有塩の摂取を推奨するなどの対策を立てることが容易である．

■土壌汚染

近年，世界各地で問題となっている土壌汚染は，多岐にわたる分野で解決が望まれている緊急課題である．工場跡地などの土壌汚染はいうまでもなく，最近では，地下水汚染と同様に，自然由来の土壌汚染問題も顕在化してきた．例えば，火山地域でトンネル掘削する際に発生する建設残土（トンネルズリ）にヒ素などが含まれているケースが多々あり，それらを盛土，敷石，路盤，バックフィル材などとして再利用する際，ヒ素などが溶出して周辺地下水を汚染することが懸念されている．この場合，鉱物はいうまでもなく「汚染源」である．このような，自然由来の土壌汚染の場合には高価な吸着材や浄化材を使用することはまれで，天然から産出する鉱物や廃棄物，リサイクル材などに依存する場合が多い．土の浄化の場合，汚染土壌を搬出してあるいは原位置で水・薬品洗浄する場合と，原位置で不溶化処理を施し有害元素が漏れ出さないように処置する場合がある．平成15年に土壌汚染対策法が制定されて以降，土壌浄化の需要は高まるばかりである．水などで洗浄する場合は洗浄水の処理が必要になり，その処理に鉱物が利用される．一方，原位置で不溶化処理を施す場合には，汚染土壌と鉱物などを混合する処理法と，鉱物などを主体とする吸着層を設置して汚染土壌から漏れ出す汚染水が吸着層を超えて漏えいしないように処置する方法がある（図2）．平成22年には改正土壌汚染対策法が施行され，汚染土壌を指定区域外に搬出する場合の要件が厳格化された．それゆえに，汚染土壌を搬出せずに現場で不溶出化する需要は今後増加する可能性が高い．

図2　建設残土の再利用と吸着層工法の一例

平成23年3月に発生した東日本大震災の際に発生した福島第一原子力発電所の事故に伴い，大量に飛散した^{137}Csなどによる土壌汚染も深刻化している．^{137}Csの放射能は時間により減衰し30年で半分になるが，Csは土壌中の粘土鉱物などに容易にトラップされるため，表土に蓄積され高い土壌表面線量が維持される．そのため，汚染された土壌の浄化が必須となる．ただし，表土に蓄積されていることは浄化の観点から有利な場合もあり，表土の削剥，洗浄などにより浄化できる可能性もある．

■鉱物エアロゾルの環境化学

普段の生活で，大気中に微細な鉱物粒子が存在することはあまり認識されない．しかし，近隣で火山が爆発して降灰があったときや春先によく発生する黄砂が，われわれに大気中の鉱物の存在を教えてくれる．鉱物ダストは対流圏に大量に存在し，そのフラックスは年平均にすると$1～3×10^{15}$ g程度に達する[2]．鉱物ダストはさまざまな鉱物種によって構成され，鉱物種によって比表面積は大きく異なるが，仮に平均して$1 m^2/g$の比表面積を有しているものと仮定すると，対流圏に放出された鉱物ダストの反応表面は$1～3×10^{15} m^2$に達する．地球の表面積が約$5.1×10^{14} m^2$なので，対流圏に放出される鉱物ダストは，毎年地球の表面の数倍もの反応表面を提供していることになる．

表1 黄砂飛来時と平常時における降水のpHの比較

地点	長崎		大阪		東京		横浜	
時期	黄砂	平常	黄砂	平常	黄砂	平常	黄砂	平常
pH	7.40	4.69	7.33	4.51	7.10	4.99	6.85	4.65

平常時の期間は,長崎(1983年9月～1988年3月),大阪と東京(1984年4月～1986年3月),横浜(1984年5月～1988年12月).

　鉱物エアロゾルの環境へのインパクトは,さまざまな分野で頻繁に指摘されるようになり,近年は功罪両面からの指摘が多い.例えば,飛来途中の鉱物エアロゾルが光を吸収したら黄砂層の加熱率は上がり,光を反射したら地表を冷却することになる.これにより地面付近の加熱率が減少するから,鉱物エアロゾルは冷却効果をもつことになる.また,鉱物エアロゾルは,海洋に棲む植物プランクトンの栄養源としての重要性も指摘される.鉄は,海には少ないが陸には多いので,河川や大気から十分供給されれば植物プランクトンは潤沢に発生することになる.陸に近い沿岸部の場合は,河川による供給も期待できるが,陸から遠く離れたところでは,鉱物エアロゾルが大きな役割をもつ.さらに,鉱物エアロゾルは,酸性雨の中和効果も有する.表1は,黄砂飛来時と数年間の平常時の降水のpHを比較したものである[3].表から明らかなように,平常時に比べ,黄砂飛来時の降水のpHが7前後と非常に高い.これは,黄砂に含まれている$CaCO_3$の中和作用によるものと考えられている.一方,罪の面では,鉱物エアロゾルが反応性の高い表面をもつために,それらが大気汚染物質の運搬の担い手になることが指摘されている.

■二酸化炭素の地中貯留

　平成17年2月16日に京都議定書が発効し,わが国においても1990年に比べて6%の温室効果ガス排出削減の目標達成が求められている.しかしながら,温室効果ガスの排出は増加しつづけ,目標達成は厳しい状況となっている.ゆえに,目標達成にはさらなる地球温暖化対策技術が必要とされている.

　地球温暖化対策技術とは,大気中二酸化炭素濃度の上昇を抑制する技術であり,省エネルギー,新エネルギーの導入による化石消費量削減や植林による吸収源拡大のほか,二酸化炭素の地中貯留技術がある.現在は,火力発電所などの大規模排出源から分離回収した大量の二酸化炭素を地下深部帯水層に貯留する二酸化炭素地中貯留技術が世界各国で実用化されつつある.この技術には,石油掘削技術や,天然ガスの地下貯蔵などで蓄積された技術を応用できるので,最も実用的で即効性の高い技術として期待されている.

　二酸化炭素の地中貯留では,貯留される二酸化炭素を地下の状態に適した超臨界状態にして圧入される.二酸化炭素は水溶性の気体であるため,貯留の際に深部地下水に溶解し,地下水のpHを著しく酸性に傾ける.その地下水と岩石の相互作用により,岩石を構成する鉱物が溶解し,そこで新しく生成する二次鉱物に二酸化炭素がトラップされる.これを二酸化炭素の地中貯留における「地球化学的封じ込め」[4]あるいは「鉱物固定」とよんでいる.二酸化炭素の地中隔離法には,このほかに炭層固定,帯水層貯留などがあるが,この「地球化学的封じ込め」は貯留の安定化の観点から重要視されている.しかし,実用化に向けては,この封じ込めに適した岩体の選択や,造岩鉱物の溶解速度,二次鉱物の沈殿速度に関するデータの蓄積が必要となる.

■産業・放射性廃棄物の処分

　産業廃棄物や放射性廃棄物の処分場では,周辺の地下水や土壌汚染を引き起こさないよう,処分場への水の侵入や処分場からの有害物質の漏洩を防ぐ必要がある.そのために,産業廃棄物処分場では遮水用粘

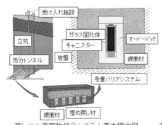

高レベル廃棄物処分システム基本概念図　　TRU廃棄物処分システム基本概念図

図3　高レベル放射性廃棄物とTRU廃棄物処分の基本概念図

土ライナーが，放射性廃棄物処分場では緩衝材が設置されることとなっており（図3），それぞれに粘土鉱物，特にベントナイトの使用が考えられている[5]．

産業廃棄物処分場における遮水ライナーの第一の目的は，廃棄物中の汚染物質と人間・自然環境との可能な限りの隔離である．そのため，遮水用粘土ライナーとしては，「遮水性・止水性」がバリア性能を直接評価する第一の要求性能である．しかし，それ以外にも，処分場に起こりうるさまざまな現象に対処するため，破れたときの「自己修復性」，応力がかかったときの「変形追従性」，廃棄物から浸出してくる溶液に対する「化学的安定性」も求められる．

一方，放射性廃棄物処分場における緩衝材の第一の目的も，廃棄物中の放射性核種と人間・自然環境との可能な限りの隔離である．水が浸入してきたら水を吸って内部への浸入を遅らせる「止水性」や，処分場周辺の岩盤や遮水シートに亀裂が生じたら亀裂に入り込んでシールする「自己シール性」，外部から応力が働いても処分場の構造物への影響を最小限にする「応力緩衝性」，有害物質や放射性核種が漏れても吸着して移動を防止・遅延させる「吸着性」を持ち合わせるバリア材料が必要であり，ベントナイトはこれらの機能を兼ね備えて

いる材料と考えられている．これは，ベントナイトの主成分である粘土鉱物が有する高い比表面積と表面電荷によるところが大きい．また，ベントナイトが天然に存在する材料であり，地下のある特定の環境下で安定に存在していた実績があることなども，地層処分に用いる材料として好都合と考えられている．なお，地層処分では，他にさまざまな材料がバリア材や構造材として用いられることが予定されており，特にオーバーパックの腐食により大量に浸出する鉄，および構造支保やグラウトに用いられるセメントとの相互作用による劣化の観点から，産業廃棄物の遮水用粘土シートと同様に「化学的安定性」も重要視されるようになっている．　　　　　〔佐藤　努〕

● 文献
1) G. E. Brown Jr. (2001) *Science*, **294**, 67-70.
2) IPCC (2001) Climate Change 2001, The scientific Basis. Contribution Working Group I to the Third Assessment Report of the Intergovernmental Panel on Climate Change ; pp. 881, Cambridge University Press.
3) 名古屋大学水圏科学研究所編（1991）大気圏の科学　黄砂，pp. 328，古今書院．
4) 奥山康子（2009）岩石鉱物科学，**38**，81-89．
5) 佐藤　努（2001）粘土科学，**41**，26-33．

114 石綿（アスベスト）
Asbestos

■石綿とは

石綿は，いくつかの繊維状鉱物を指す名称で，鉱物学上の鉱物名ではない．

石綿の発がん性が明らかになって法規制のために何が石綿で何が石綿でないかの区別が重要となり，WHO（世界保健機関）などが1970年代に石綿を定義した．WHO(1973) は「石綿は多様な物理化学的性質をもつ天然の繊維状ケイ酸塩鉱物の総称で，クリソタイル，アクチノライト，アモサイト，アンソフィライト，クロシドライト，トレモライトに分類される．」と定義した（**表1**）[1]．石綿は繊維状形態が特徴で，鉱物名に繊維状のという限定を加えている．

米国モンタナ州 Libby 市郊外のバーミキュライト（ひる石）鉱山の労働者に中皮腫が発症していることが1980年代に報告された．バーミキュライトの不純物であるトレモライト石綿が原因とされていた．1991年に米国地質調査所の研究で，その不純物のトレモライト石綿はトレモライトに類似しているが，鉱物学上の分類ではわずかに Na や K をもち Richterite や Winchite という繊維状角閃石だとした[2]．それらは，現行の定義では石綿でないが，労働衛生上は Richterite と Winchite を含めたトレモライト類として把握すれば実質的な問題はないので，厚労省はその旨の通達（2009）を出した．

■石綿の優れた物性と用途

石綿は，保温・断熱材，耐火隔壁材，防音・吸音材などに使われてきた．高層ビルの鉄骨材，製鉄所や発電所，ごみ焼却場などの天井や壁，炉付近に火災時の融解・崩壊防止や断熱のために石綿が吹付けられた．煙突やエレベータ塔の耐火用に，自動

表1 アスベストの化学組成

	クリソタイル	アモサイト	クロシドライト	アンソフィライト石綿	トレモライト石綿
	UICC-A (1)	UICC (2)	UICC (3)	松橋 (4)	山鹿 (5)
SiO_2	39.89	50.53	48.84	56.28	50
TiO_2	0.02	nd	0.02	0.02	trace
Al_2O_3	0.76	0.55	0.06	0.59	0.07
Fe_2O_3	1.97	1.90	19.07	3.60	⟨7.2⟩
FeO	0.49	35.34	19.95	5.96	6.6
MnO	0.06	1.82	0.11	0.30	0.42
MgO	42.60	6.43	2.32	26.74	25
CaO	0.33	0.51	1.08	0.49	17
Na_2O	trace	0.02	5.58	0.02	0.02
K_2O	trace	0.27	0.06	0.02	0.01
H_2O (+)	12.58	2.32	2.33	4.50	
H_2O (−)	0.87	0.20	0.34	1.69	
Total (%)	99.57	99.89	99.76	100.21	99.12

(1〜3) Kohyama, et al. 1996[7]；(4〜5) 神山，未発表；
⟨ ⟩：3価鉄で表現した場合の値．網掛欄：同定の指標になる特徴成分．

車やエレベータ,船舶,航空機などのブレーキに,化学工場では配管のつなぎ目に石綿ジョイントシートが使われ安全を保っていた.個人住宅などの不燃・軽量・高強度の石綿含有建材に最も大量に使われた.これも2004年に禁止された.

「奇跡の鉱物」といわれる石綿の優れた物性は下記のようである.
①しなやかで糸や布に織れる(紡織性),②引張りに強い(抗張力),③摩擦・磨耗に強い(耐摩擦性),④燃えず高熱に耐える(耐熱性),⑤熱や音を遮断する(断熱・防音性),⑥薬品に強い(耐薬品性),⑦電気を通しにくい(絶縁性),⑧細菌・湿気に強い(耐腐食性),⑨比表面積が大きく,密着性に優れている(親和性),⑩安価である(経済性).

■石綿の生産

産業革命の普及とともに石綿の利用も広がった.1878年と1885年にはカナダのケベック地方とロシア・ウラル地方で大規模なクリソタイル鉱床が発見され,1893年に南アフリカのケープ州で青石綿(クロシドライト)が,1907年には同トランスバール州で茶石綿(アモサイト)が発見された.イタリア,ギリシャ,オーストラリア,ジンバブエ,アメリカなどでも鉱山開発が進んだ.中国でも第二次世界大戦後に四川省成都郊外で,1990年代にはブラジルでそれぞれクリソタイル鉱山が開発された.ロシアは,現在世界最大の生産国で,2004年には88万tのクリソタイル原綿を生産し,半分を国内で消費し,残りを中国やインド,タイなど発展途上国に輸出している.

日本は,20世紀に入り石綿の使用が本格化し,1939年には約4万5000tをカナダから輸入した.1941年太平洋戦争が始まり輸入が途絶え,国産石綿の開発が進められ,1944年には1万3000tを採掘した.戦後1951年に石綿の輸入が再開され,最盛期は1970年代に約30万tを輸入した.2004年頃にはほぼ輸入ゼロとなった.

■繊維状とは

「繊維状形態とは顕微鏡レベルで長さと幅のアスペクト比が3:1以上の粒子として確認された場合」とされ[3],現在もこれが広く納得されている.なお,顕微鏡は,光学顕微鏡と電子顕微鏡の両方を指している.

一方,各国の浮遊石綿測定法で長さ5 μm以上でアスペクト比3以上の繊維状粒子を計測するという基準が採用され,石綿の疫学調査での量-反応関係を求める基礎になってきた.これは浮遊石綿についての計測上の決まりであり,原材料や建材などのバルク試料の石綿の定義が長さ5 μm以上というものではない.5 μmより短いものも繊維となりうる.したがって,浮遊繊維と原材料中の繊維は分けて考える必要がある.

■石綿の化学組成

石綿6種類の化学組成を**表1**に示した.これらの主成分は分析電子顕微鏡のEDXで検出できるので,繊維の種類を特定する際に重要な指標となる.

■石綿のX線回折パターンと結晶構造

クリソタイル(白石綿)

クリソタイルは[SiO_4]$^{4-}$四面体シートとMgO八面体シートが対となった構造をもち,八面体シートを外側にして管状に巻いた繊維状形態を呈している.理想化学組成式は,$Mg_3Si_2O_5(OH)_4$で表される.蛇紋石鉱物の結晶構造を約0.7 nmの基本層を中心に描いた(**図1**).蛇紋石には,クリソタイルのほかに板状構造のリザルダイトおよび波状構造のアンチゴライトの3種類がある.

蛇紋石3種のX線回折パターンを**図2**に示した.クリソタイルは,X線回折分析では他の蛇紋石(アンチゴライトやリザルダイト)から識別するのは難しいが,アンチゴライトとリザルダイトはそれぞれ特徴

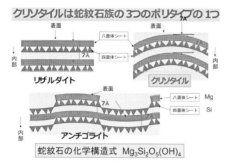

図1 蛇紋石の結晶構造（大括弧の数字は 0.7 nm の層間隔を示す）

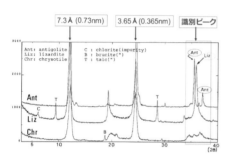

図2 蛇紋石3種類の X 線回折パターン
Ant：アンチゴライト，Liz：リザルダイト，Chr：クリソタイル
C：クロライト（緑泥石），T：タルク（滑石），B：ブルーサイト（水滑石）

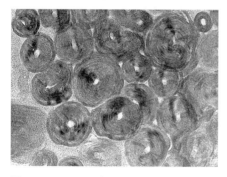

図3 クリソタイルの横断面の高分解能透過電子顕微鏡写真
縞模様は 0.7 nm の層間隔を現している．

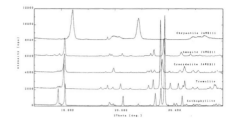

図4 石綿5種の X 線回折パターン

回折ピークを目印に比較的同定しやすい．

クリソタイル繊維の横断面を高分解能透過電子顕微鏡で観察すると約 0.7 nm の基本層がロール状に巻き上がった構造がみえる（図3）．

角閃石石綿

角閃石石綿4種とクリソタイルの各 X 線回折パターンを示した（図4）．角閃石石綿の回折ピークは互いに似ているので，各回折ピークの位置が標準角閃石石綿と一致するかを詳細に調べて同定分析を進める．

角閃石は，八面体シートを四面体シートが挟んだ複鎖構造を基本単位として，それらが互いにジグザグに組み合わさって結晶ができている．劈開（cleavage）は，それらジグザグ方向に起きやすい．

■**石綿様繊維と劈開片**

角閃石は基本的に繊維軸方向に沿って劈開しやすい．一方，角閃石は最初から細い繊維として生成することがある．石綿はこうしてできた細い繊維で，石綿様繊維（asbestiform）とよばれる．これは，太い板状の角閃石が外力や溶液の影響で細く劈開した「劈開片（cleavage fragment）」とは異なる．そのため，石綿測定の場合に両者を区別すべきだという議論が一部にある．しかし，cleavage fragment も細くなれば asbestiform と区別がつかなくなり，逆に asbestiform の結晶も劈開してさらに細くなることがある．細い cleavage fragment は asbestiform と同様な発がん性をもつことが知られている．そのため，労働衛生上は両者を特に区別する必要はなく，前記の「繊維状」に合致した繊維を測定する方が安全な測定であると考えられている．

■ 石綿の発がん性

1970年頃までに石綿鉱山労働者や周辺住民のなかに肺がんや中皮腫が発症することが明らかとなった．日本では1971年に石綿を有害化学物質に指定，1975年には石綿吹付けを禁止した．2004年にほとんどの石綿製品の輸入・製造・譲渡などを禁止し，2006年には一部の代替不可製品を除き全面禁止にし，2011年には安全な代替品が完成したことから完全禁止となった．現在では多くの先進国が石綿の使用を禁止している．

石綿の発がん性が確認されてから，多くの疫学調査とともに石綿などさまざまな繊維状物質の動物実験によって生体影響が調べられた．Stantonら（1981）やPottら（1978）は「細くて長い繊維で体内耐久性のあるものは化学組成や結晶構造によらずに発がん性が強い」という説を示した[4,5]．これは，発がん性は石綿に限らず，繊維幅が0.25μm付近で長さ8μm以上の繊維が特に強いことと，長さ数μm以下の短い繊維でも発がん性が存在していることを示している．

石綿以外の繊維状物質で人が発がんした初の例として，1977年にトルコで繊維状ゼオライトのエリオナイトが原因で中皮腫が発生していることが報告され[6]，一躍注目された．

Stanton や Pott の研究は，種々のサイズの繊維状鉱物をラットなどの胸腔や腹腔に直接注入して，腫瘍などの発生状況を調べたものである．実際にヒトが吸入した繊維は呼吸器系の末端へ進むうちに，除々に細い繊維が残るので，細い繊維の方が大きな有害性を示すという考え方が近年強くなっている．

こうした Stanton や Pott の卓越した発がんメカニズムに関する研究は，その後の研究の作業仮説として大きな影響を与えてきたが，その発がんメカニズムは今でもブラックボックスのままである．今後の石綿の発がん研究は，このブラックボックスの中身を明らかにすることになる．

〔神山宣彦〕

● 文献

1) WHO (1973) IARC Monographs on the Evaluation of Carcinogenic Risk of Chemicals to Man : Some inorganic and organometallic compounds Vol. 2, IARC, Lyon.
2) G.P. Meeker, A.M. Bern, I.K. Brownfield, H.A. Lowers, S.J. Sutley, T.M. Hoefen, J.S. Bance (2003) *Amer. Miner.*, **88**, 1955-1969.
3) 神山宣彦 (1987) 石綿の鉱物学的特性と産業利用, p.4-5, 環境省大気保全局企画課監修：大気汚染物質レビュー　石綿・ゼオライトのすべて，（財）日本環境衛生センター発行，川崎，502 pp.
4) M.F. Stanton, M. Layard, A. Tegeris, E. Miller, M. May, E. Morgan and A. Smith (1981) JNCI, **67**, 965-975.
5) F. Pott (1978) *Staub-Reinhalt. Luft*, 38, 486-490.
6) Y.I. Baris, M. Artvinli, A. Sahin (1979) *Ann N Y Acad Sci*, 330, 423-432.
7) N. Kohyama, Y. Shinohara and Y. Suzuki (1996) *American Journal of Industrial Medicine*, **30**, 515-528.

115
大気中の鉱物
Minerals in atmosphere

■ 大気中の鉱物

大気中の鉱物(粒子も含む)には大きく3種ある.すなわち,工場や自動車などからでる煤煙や粉塵など人為的なもの(図1),土壌,海塩,火山灰など自然由来のもの(図2),さらに硫黄や窒素酸化物などの気体が化学反応などにより粒子化したもの(図3)の3種である.粗大鉱物粒子には土壌,黄砂,火山灰や海塩起源のものが主に含まれる.これは表層土壌や海水飛沫が風で飛散して生ずる粒子が,10 μm 付近の粒径をもつことによって説明される.一方,微小鉱物粒子にはディーゼル排気微粒子や大気中の化学反応によって生成する物質である SO_4^{2-} や NO^{3-} など,燃焼に伴って高温のガスとともに排出される物質などからなり,炭素(C),硫黄(S),鉛(Pb)などが含まれる.

■ 黄砂

黄砂(eolian dust)はゴビ砂漠など乾燥地域で砂塵嵐が発生し,巻き上げられた砂塵が偏西風に乗り,数日から1週間ほどかけて長距離輸送され,日本上空に達し黄砂現象を起こす.一般に黄砂現象時の大気中の粒子は粒径約 1.0〜5.0 μm 付近の鉱物粒子と 0.1〜0.5 μm 付近の鉱物粒子とに分かれる傾向があり[1,2],黄砂現象ピーク時には粗粒の鉱物粒子が増加する.個々の黄砂粒子を走査電子顕微鏡で観察すると,土壌,石英,斜長石,炭酸塩鉱物など複数の粒子からなることが多い.また,黄砂には重金属粒子(図1)や海塩(図2)が付着していることが多い.重金属粒子や海塩は黄砂現象が中国大陸の工業地帯を通過するときや日本海上空を輸送されるときに付着したものである.なお,黄砂は弱アルカリ性なので酸性物質を中和させる結果,黄砂期間中は酸性雨の pH を増加させる.

■ 酸性雨

酸性雨(acid rain)とは水素イオン濃度(pH)が,5.6以下の雨をさし,酸性雪や酸性霧も含まれる.日本の雨水の平均水素

図1 鉄球の走査電子顕微鏡画像

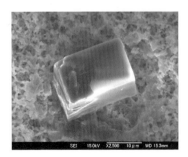

図2 海塩の走査電子顕微鏡画像

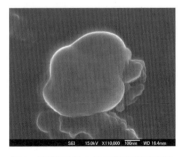

図3 硫黄酸化物の走査電子顕微鏡画像

イオン濃度はpH 4.8である．雨水が酸性となるのは，化石燃料に含まれる硫黄分が燃焼されるとき，SO_2などの硫黄酸化物（図3）が形成されるほか，窒素酸化物が化石燃料を高温で燃焼するときに形成されるためである．大気中の硫黄酸化物や窒素酸化物などの粒子やガスは，ゆっくりと乾燥した形態で表土に沈着する．このようなものを乾性沈着とよぶ．一方，雲粒が形成され，それらが雨や雪となって空気から除去され地面に運ばれるのを湿性沈着と称する．酸性雨はこの湿性沈着を主にさす．なお，酸性沈着は乾燥した，あるいは湿った酸性物質の両者をさす．大気中の硫黄酸化物や窒素酸化物は水蒸気や太陽光，その他ガスなどと複雑に反応し，硫酸や硝酸などの溶液滴に変化する．酸性粒子はゆっくり地上に落下するか，あるいは雲粒や霧粒に付着して酸性霧を形成する．酸性雨は土壌を酸性化させるため，土壌中のアルミニウムが溶出し植物の根に吸着，吸収され，毛根を痛めるため吸水作用が損なわれ，立ち枯れていく．

■火山灰

火山灰（volcanic ash）とは直径が2 mm以下の破片からなる火山砕屑物を称する．火山灰の成因として，マグマが上昇したとき圧力が下がり，マグマ中にとけ込んでいた水が水蒸気となり発泡現象が生じる．そのため，マグマは急激に膨張し，地上付近では火山爆発が生じ，大噴火では対流圏の上の成層圏まで達する．火山灰は発泡したマグマの破片や発泡の膜が破砕され生じるのでさまざまな形をなす．一部には気泡の球面の名残であるY字状をするものもある．なお，このほか火山灰にはマグマから結晶した鉱物破片や火山周囲の岩石片なども含まれる．

■エーロゾル

エーロゾル（エアロゾル：aerosol）とは，気体状物質中に液体もしくは固体粒子が分散して浮遊している状態を表す．半径が100 nmから1 μmのものを大粒子，小さいものをエイトケン粒子とよぶ．エーロゾルは人為的原因や自然的原因で発生する．大気中の水蒸気の凝結核として作用するものもある．

■ディーゼル排気微粒子

ディーゼルエンジンから排出されるものをディーゼル排気微粒子（diesel exhaust particles）とよび，大気中の浮遊粒子状物質（直径が10 μm以下のものを称する）全体の20〜40%を占め，ディーゼルエンジン内の不完全燃焼が原因で発生する．ディーゼル排気微粒子を走査電子顕微鏡で観察すると，非常に細かい球状粒子（粒径約 0.1 μm）が多数鎖状につながった集合体を形成している[3]．これら集合体は一般的に凝集炭素粒子，スート（soot）とよばれている．これらスートはその形態から比表面積が多く，揮発性燃料など大量の有機物質を吸着する．これらスートからC，SのほかPbも検出される．

■鉄球

工場近くの大気中にはかなりの鉄球粒子（iron particle）が存在している（図1）．鉄球表面にはひだが入っているものや筋の入っているものが多い．これら鉄球は製鉄所など工場から高温で溶融したものが大気中に放出され形成されたものである．なお，同じ球状で穴の空いた粒子で，AlやSiからなるフライアッシュとよばれる粒子も存在する．これらは石炭などの燃焼で生じたものである．　　　　　〔田結庄良昭〕

●文献
1) 岩坂康信（2006）黄砂その謎を追う．pp 228, 紀伊国屋書店，東京．
2) 岩崎みすず，八木悠介，田結庄良昭（2007）大気環境学会誌，42, 200-207.
3) 八木悠介，田結庄良昭（2010）地球科学，64, 175-176.

116 焼き物 Pottery

有史以来,粘土鉱物はその可塑性・焼結固化性等の特性により,土器をはじめとして陶磁器,耐火物などの「焼き物」として利用されてきた.

■土器

世界最古の土器は,1万2000年前の縄文土器か長野県佐久産の無文土器といわれている.日本では,その後弥生土器や土師器などがある.弥生土器には,稲作農耕生活に適した機能をもつ貯蔵用壺・鉢などがある.土師器は弥生土器に続くもので,祭祀用の壺・器台,埴輪なども製作された.これらの土器は文字どおり,練り土を成形・乾燥させた後,野焼きによりつくられた.現在でも土器は,多様な粘土鉱物よりなる練り土を700〜800℃で処理した多孔質のもので,屋根瓦・植木鉢など多くの生活用具として用いられている.

■陶器

カオリン質粘土,石英,長石などを原料として,1100〜1200℃程度で焼成した素地に釉薬(後述)を施したものである.日本での最も古い陶器は,須恵器である.古墳時代に朝鮮半島南部から導入された技術で製作された.7世紀後半には,緑釉陶器の技術が導入され,洛北・猿投が産地となった.16世紀後半には志野・織部に代表される「桃山陶」がつくられた.現在でも,建築用タイル,衛生陶器,タイル,屋根瓦,土管,かめなどに多用されている.

■炻器

原料の炻器粘土を1200〜1300℃程度で焼成するため,光沢とともに,茶系統のよい色調をしている.炻器粘土は,粘土鉱物30〜70%,石英30〜60%,長石5〜20%に,鉄含有鉱物を含んでいる.信楽焼・常滑焼・萬古焼などが有名である.急須,湯飲みなどの日用品から,土管,化学工業用パイプ,反応管などとして用いられている.

■磁器

中国で宋代以降,良品が大量生産され各国へ輸出された.磁器の語源「チャイナ」はこの事例に基づいている.日本では,17世紀初頭に技術が伝承され,有田焼として有名となった.カオリナイト,石英,長石を主原料として1300〜1450℃で焼成するため,白色・緻密で,吸水性はなく,透光性がある.和洋食器,送電線の碍子,理化学用ルツボなどに利用されている.

宋時代の薄手の磁器(厚さ0.4 mm以下のものもあった)が,可塑性および分散性に乏しいカオリン粘土を原料にしていかにつくられたかが,長い間の謎であった.20世紀後半になり,カオリナイトへのインターカレーションに関する研究が進み,宋時代の職人は,粘土原料を尿中に長時間浸漬させ,尿素・粘土インターカレーション化合物を経験的に利用し,カオリナイトの分散性を巧みに制御し,薄手の形成を可能にしたと推測されている.

■釉薬

陶磁器などの表面にかける釉(うわぐすり)で,焼成によりガラス質の薄い膜となる.時として結晶が析出している.したがって透明釉・結晶釉とよばれる.また原料により灰釉・長石釉,その他天目釉・織部釉などの呼び名もある.釉を施すことにより,非透水性・汚れ防止・強度増加,および美術的装飾が発現する.

釉のはじまりは,メソポタミア・エジプト起源のアルカリ釉と鉛釉といわれている.共に800℃程度で溶融する普通ガラスに対応するとみなせる.一方,中国では紀元前1500年ごろに,燃料として燃やした薪の灰が自然に釉となった「灰釉」が生ま

れた．釉の呈色は，原料または添加した金属酸化物などの成分や焼成雰囲気による．例えば鉄釉では，還元炎焼成で淡青色〜茶褐色〜黒色と，酸化炎焼成で淡黄色〜茶色〜黒色と変化する．銅を添加した場合，酸化炎焼成の鉛釉では緑色，灰釉では青色，還元炎焼成では紅色，赤色となる．宋代の建窯では，国宝の曜変天目三碗をはじめ美しい光彩がある大小の天目茶碗建盞がつくられた．この光彩の再現には，重金属を釉に添加・焼成が試みられた．近年の研究では，これらの光彩は，釉の表面に形成された40 nm程度の厚さの磁鉄鉱質多結晶構造の表面層に生じた，間隔が700〜800 nm程度のシワの凹凸による構造色との結果が報告されている．

■セメント

石灰石，粘土鉱物，鉄原料などの混合物を原料とする．この原料を900℃程度での余熱後，ロータリーキルンで1450℃程度まで加熱・焼成し，直径10 mm前後の塊状の焼成体（クリンカー）とする．これに凝結調整のために石膏を加えて微粉砕することによりセメントがつくられる．

■耐火物

カオリン鉱物を主体とする耐火粘土と，パイロフィライトを主体とするろう石が原料として用いられる．耐火粘土は，焼成による収縮率を小さくする目的で一度焼成したシャモットにして用いられるほか，シャモットと配合して粘土質耐火物として利用される．これらより製造される耐火物の種類としては，シャモットを焼き固めたシャモットれんが，シャモットに可塑性粘土を加えたプラスチック耐火物などがあり，高炉壁などに用いられる．

耐火粘土には，その性質・産状から蛙目粘土，木節粘土，硬質粘土がある．蛙目粘土は，花崗岩の風化・分解物が，湖沼などに堆積した堆積性粘土であり，水に洗われると含まれる石英粒が突起して，カエルの目に似ていることより蛙目粘土とよばれている．木節粘土は，炭化木片などの有機物を多く含む堆積性粘土であり，海外で用いられるボールクレイに対応する日本独自の原料名である．硬質粘土は，堆積性粘土で，頁岩状や石炭層を挟む層として産することが多く，そのために頁岩粘土・上盤粘土・下盤粘土ともよばれ，海外でのフリントストーンに該当する．

■機能性建材

伝統的な日本家屋では，断熱性，調湿性，不燃性などの諸特性，さらに入手が容易な観点から，粘土を用いた土壁，土間などが一般的であった．近年高気密・高断熱化した建物が増加し，シックハウスなどの諸問題が現れ，粘土のもつ調湿機能・消臭機能などの観点から再認識されてきている．古くは，6000年前に生まれた日干しれんがや，日本の伝統技術である三和土がある．三和土は，まさ土（風化した花崗岩）に消石灰・水を混合し，常温で叩くことにより土の硬化を促進する技法である．

INAX（株）は，珪藻土と火山灰土壌に含まれるアロフェンを原料に，800℃程度で焼成した多孔質タイルを作りだした．さらに，原料の土に消石灰・水などを混合・乾式プレスでの成型し，オートクレーブで蒸し焼きすることで，焼かないタイルを仕上げた．それゆえに，吸湿性，揮発有機化合物（VOC）吸着性，脱臭効果が発現した．

内装用建材ボードとして，バーミキュライトとケイ酸カルシウム水和物の複合体が開発されている．ケイ酸カルシウムのマトリックス中へのバーミキュライト粒子の均質な分散と，配向制御により，調湿性，VOC吸着性，易加工性を実現させた．廃棄時にも，土に還元できる点からも省資源，リサイクルとして注目されている．

〔山田裕久〕

117 身近に使われている粘土鉱物
Clay minerals in dairy life

粘土鉱物は，土器をはじめとして有史以来広い分野で利用されてきた．現在では，セラミックス分野以外にも，土木・建設，農業をはじめとして日用品など身近なところで多種多様な使われ方がしている．

■製紙

紙は，セルロース繊維と粘土の複合材料として印刷に適したものとなる．粘土は，セルロース繊維の凹凸を充填し，紙の不透明度，白色度，インキ受理性，平滑度などの向上のために使用され内填紙ができる．一方で，原紙の表面を塗工するために添加され，紙の高白色度，印刷適正などの改善し塗工紙・コート紙ができる．製紙用のこれらの粘土には，カオリナイト（カオリン石），タルク（滑石）などが主として使われている．また一般には和紙には粘土はすき込まれていないが，西宮市名塩紙は，粘土をすき込むことにより金箔打紙としての耐熱性，平滑性が得られている．

■鉛筆芯

鉛筆・色鉛筆の芯には，粘土が重要な役割を担っている．1795年フランスのコンテが黒鉛と粘土の混合物を焼き固める方法を見いだしたのがはじまりである．粘土懸濁液と黒鉛粉末を混練・成形・乾燥した後，1000℃程度で焼成することにより黒芯ができる．ここで，黒鉛には可塑性がないため，可塑性のよい低結晶性カオリナイト・木節粘土などが用いられる．鉛筆の硬さは，粘土と黒鉛の比率を変えることにより調整できる．当然，粘土の混合比率が高いほど硬くなる．

■脱色剤・吸着剤

食用油・石油の精製過程における脱色精製剤として広く使用されている．そのために，モンモリロナイトを主成分とする酸性白土が使用される．海外では，フラーズアースもしくはベントナイトとよばれている．さらにその特性向上のために，酸性白土を酸による加熱処理し，活性白土を得て用いている．

最近では，猫の尿の吸着・臭気抑制効果に注目して「固まる猫砂」として利用されている．さらに環境浄化剤として，有害無機イオン・有機物（ダイオキシン，トルエンなど）の吸着・除去剤として応用されている．粘土は，また極性基をもつ分子吸着性もあることから，洗濯すすぎ・乾燥過程での，水中不純物の除去にも効果があり，綿布の硬化現象の防止作用が明らかにされた．ヨーロッパでは，すでに数十年前よりスメクタイトを柔軟剤として用いていた実績がある．

■化粧品・医薬

皮脂吸着性から泥パック，層状に由来する伸び・滑り性から，ファンデーション，口紅，マニキュアなどに使われている．最近，屈折率の低い平滑な薄片状マイカを核としてその表面に高い屈折率をもった酸化チタンの均質な層を形成させた素材（マイカ/TiO_2系有色真珠光沢粉体）が，固形タイプファンデーションに使用されている．この素材は，酸化チタンの層厚を変化させることによりさまざまな干渉色を得ることができ，任意の色調が可能である．

医薬としては，湿布材・軟膏基材，錠剤成形助剤として用いられている．また吸着機能に注目して制酸剤・下痢止め剤などの内服薬，さらには銀イオンとの複合により抗菌・抗カビ剤としての使用がある．

■フィラー

プラスチックはそのまま単独で用いられることは少なく，フィラーとよばれる充填

材を配合した複合材料として利用される.フィラーとしては,カオリナイト,タルク,マイカ,モンモリロナイトなどが使用され,コストダウンのための増量剤のみならず,各種の物性・性能の高度化,機能性の付加,加工性の改善の役割を果たしている.近年さらに,市場ニーズの多様化により付加価値の高い複合材料が求められ,粘土鉱物とポリマーとをナノメートルのレベルで複合化した,いわゆる粘土/ポリマーナノコンポジットが注目を集めている.タルクやマイカを充填しただけの従来型複合材料にはみられない「低比重(軽量)での優れた力学特性,難燃性およびガスバリア性」を示し,自動車用材料,電気電子材料,包装材料などの多くの分野での応用がすすみ,その一部はすでに実用化されている.

■土木・建設材料

ボーリング・掘削泥水,土木基礎工事用安定液などとして多量に用いられている.特に建設現場での地盤強化方法として,地盤に注入材を入れて凝固する方法がある.この注入材として,ベントナイト/水混合物,もしくはベントナイト/セメント複合体が,物性・コスト面から信頼性のある材料となっている.

また,産業・技術の発展によって,さまざまな廃棄物が大量に排出され,その処分に伴う環境負荷を最小化する「埋め立て処分場」が重要となってきている.特に安全性の点から,有害物を含む浸出液の漏洩が問題となる.長期的に信頼性の高い遮水システムとして,ゴム・塩化ビニールなどのシートと粘土を遮水材(ライナー)としたもの,さらにはポリエチレンシート/ベントナイト複合遮水システムが重要視されてきている.このシステムは,2011年の福島第一原発事故に伴う放射性汚染土壌等の中間・最終処分場の設計に必要不可欠である.

■環境汚染対策

古くから金属鉱山の採鉱・精錬で土壌汚染が発生していた.1877年の足尾鉱山の鉱毒事件,1960年代のイタイイタイ病(カドミウム汚染)などがある.粘土鉱物への吸着が主因であり,掘削除去・盛土・封じ込め・洗浄などの対策がとられた.一方で,1990年代以降に揮発性有機化合物(VOC)による土壌汚染・地下水汚染への対策が進められてきた.ドライクリーニングの溶剤,金属部品の前処理洗浄などで多用された溶液・廃液処理時の地中への漏洩・投棄が要因である.土壌ガス吸引・地下水揚水・爆気,化学的分解などの対策がとられてきた.粘土鉱物の特性である重金属・有機化合物への親和性,吸着・固定能に注目して,環境条件・各種汚染物質への対応により,浄化材料としてより機能すると考えられる.

■放射性廃棄物関係

核燃料サイクルの各工程において種々の放射性廃棄物が発生する.粘土鉱物は,その高吸着性・耐放射線性から,処理(分離・濃縮)の有効材料の一候補である.また,廃棄物の地中処理に際してのバリア材として,特定の核種の固定化剤としても有望視させれてきた.しかし,2011年3月福島第一原子力発電所事故により,発電所内では,炉心冷却・冷温停止のため数万トン規模の放射性物質を含む高レベル汚染水が発生した.一方で,原発から外部に放出されたCsなどが大気拡散し,原発周辺から東北・関東周辺の広域に降下し,河川・湖・沼などの環境水,田・畑・果樹園などの土壌,森林,建物,道路などとさまざまな箇所で汚染が拡大した.これらの除染に伴って発生する放射性廃棄物は,発電所内の汚染瓦礫,メルトダウンした燃料なども含めて想定外の廃棄物であり,処理・処分のまったく新たな枠組みの構築が必要となっている.

〔山田裕久〕

118
ゼオライトの応用
Application of zeolite

1758 年にスウェーデンの鉱物学者 Cronstedt が透明な鉱物を加熱したところ沸騰したことから,ギリシャ語の zeo（boil の意）と lite（stone の意）を合成し,ゼオライト（zeolite）とした.日本でもこの語源に従って「沸石」とよばれている.

ゼオライトは,均一の分子サイズ（サブ nm～数十 nm）の空孔が規則的に並んだ多孔質含水アルミノケイ酸塩である.多孔質材料は,IUPAC（International Union of Pure and Applied Chemistry）の分類により,細孔径が 2 nm 以下のマイクロポーラス材料,2～50 nm のメソポーラス材料,および 50 nm 以上のマクロポーラス材料と定義される.ゼオライトは,この分類のマイクロポーラス材料の代表である.

国際ゼオライト学会（International Zeolite Associatoin, IZA）は,ゼオライトおよびゼオライト類似物質の必要条件として「開かれた 3 次元ネットワークを形成する組成 ABn（$n ≒ 2$）の化合物で,A が 4 本,B が 2 本の結合を持ち,骨格密度が 20.5 以下の物質」と定義している.代表的な骨格は,SiO_4,AlO_4 四面体が酸素を共有して立体的に結合し形成されている.Si は 4 価であるのに対して,Al は 3 価であるために,AlO_4 四面体は －1 価の電荷を帯び,電荷補償のため 1 価,2 価または 3 価の陽イオンがゼオライト骨格・細孔内に交換性イオンとして存在する.また,ゼオライト構造中のケイ素のかわりにリンが入ったリン酸塩系ゼオライト類似物質なども報告されている.現在までに百数十種類の異なった構造をもつゼオライトが報告されている.

ゼオライトの骨格構造に関して IUPAC 推奨名（構造コード）が英字 3 文字で与えられている.この構造コードは,骨格の幾何構造（トポロジー）でゼオライトおよびゼオライト類似物質を整理するために考案された.例えば,代表的な構造コード SOD は,頂点を取り除いた正八面体の β-ケージで空間を埋め尽くしたものである.その空間に硫黄を閉じ込めたものはラピス・ラズリともウルトラマリンともよばれる.古くはマルコ・ポーロによってアフガニスタンからヨーロッパにもたらされた七宝の一つ瑠璃である.構造コード LTA は通常 Si/Al 比が 1 であるため,その骨格は Lewenstein 則に従って Si と Al が酸素を介して交互に結合し,単純立方構造で配列している.LTA の β-ケージの骨格の化学組成は $Si_{12}Al_{12}O_{48}$ であり,それらが互いに二重 4 員環で結合している.β-ケージの内径は約 0.65 nm で,その間に内径約 1.1 nm の α-ケージができる.隣接する α-ケージとは,内径約 0.5 nm の 8 員環の窓を共有し,単純立方構造で配列している.A 型ゼオライトがその代表である.各構造コードに対する構造・組成の情報は,IZA 委員会監修の「Atlas of Zeolite Structure Type」に紹介されている.

ゼオライトは,その空孔サイズ,陽イオン交換能ならびに固体酸性により,優れた分子選択性・吸着性,触媒能などを有する.この性質により,古くより,土壌改良剤,脱臭剤,イオン交換剤,洗剤ビルダーなどとして用いられてきた.また,均一でシャープな細孔分布により「分子篩」として,ガスや溶媒の乾燥・分離・吸着,例えば高純度ガスの製造,SO_x/NO_x 除去,酸素濃縮,炭化水素の異性体分離などに利用されてきた.さらに,その分子選択性により,高選択性触媒として石油精製プロセスにおけるクラッキング触媒,ガソリン精製触媒などの数々の新しい触媒工業の実現に貢献し

た．一方で，福島第一原発事故に伴って多量に発生した高レベル放射能汚染水の処理には，そのイオン選択性により除去システムに使用されている．

近年ゼオライトの物性として特に注目されはじめているのは，いわゆる「量子サイズ効果」である．ゼオライトの特徴ある細孔構造・空隙は，その細孔内では，結晶は細孔サイズ以上には成長できず，バルクとは異なるサイズや次元性による量子効果を示す物質をつくる容器として興味ある対象となっている．分子サイズの空孔に金属原子/金属クラスターや機能性分子を埋抱させることにより，これまでにない高効率の発光素子，強磁性材料，人工宝石，触媒などを創り出す試みが行われている．ゼオライトに埋め込まれた金属・酸化物・金属錯体のマイクロクラスターは量子サイズ効果に基づいて，光・磁気・電気物性に対する非線形特性などが期待されることから電気・光素子への応用に期待がもたれている．原子的な性格を備えた大きさのクラスターが結晶のように周期的に配列し，その間に相互作用があるものは，クラスター結晶とよばれている．ゼオライトは，新しい周期系「クラスター結晶」をつくる最適の容器であり，新規特性の発現を創り出す試みが行われている．

アルミノケイ酸塩系ゼオライトのほかにマイクロポーラス材料として，有機ゼオライトおよびリン酸塩系ゼオライト類似物質がある．有機ゼオライトは，有機化合物や金属錯体を用いたゼオライト様細孔を有する材料の総称である．有機化合物や金属錯体などは，官能基の導入，構造設計・構造制御が無機化合物に比較して自在であり，新しい機能の発現が期待されている．例えば，複数のカルボキシルアニオンなどをもつ有機物の金属イオンへの配位，分子間の水素結合ネットワークなどを利用して有機3次元構造体である有機ゼオライトが合成されている．その内壁が官能基で覆われた一次元チャンネルをもつ三次元骨格構造も報告されている．Al，Cu，Zn，V などのホスホン酸金属塩は，まだその構造・物性・生成機構等が十分に解明されておらず，有機官能基との相関も検討することによりあらたなマイクロポーラス材料として注目されている．

リン酸塩系ゼオライト類似物質としては，組成が $AlPO_4$ からなる多孔質材料であるアルミノフォスフェートモレキュラーシーブ（ALPO）が代表の一つである．その構造は，AlO_4 四面体と PO_4 四面体が交互に配列したもので，ゼオライトと同一の構造を有するものもあるが，ゼオライトでは実現できていない構造のものもある．例えば，大きな細孔径を有する VPI-5（Verginia Polytechnic Institute-5）は，18員環の1次元トンネル構造をもつ六方晶系のアルミノリン酸塩で，その構造コードは VFI である．その単位胞組成は，$Al_{18}P_{18}O_{72}$ である．細孔断面は水酸基をもたないほぼ円形の 1.21 nm ゆえ，実質上ゼオライト類似物質中で最大である．

その他にリン酸塩系としては，ガロリン酸塩，ベリロリン酸塩などがある．クローバライト（cloverite）は，ゼオライト様ガリウムリン酸塩化合物のひとつで，ゼオライト類似物質中で最大の20員環トンネル構造をもつ．構造コードは CLO で，その単位胞組成は $[Ga_{96}P_{96}O_{372}(OH)_{24}]_8$ である．三次元トンネル構造の交差点に有効直径約 3 nm のスーパーケージが形成され，鉄-フタロシアニンなどの巨大分子の *in situ* 合成も可能と考えられる．

さらにリン酸塩系ゼオライト類似物質として，骨格元素の P や Al を Si，Mg，Mn，Fe，Co などの金属イオンで同型置換した物質も合成されており，それぞれ SAPO，MAPO，MnAPO，FAPO，CoAPO などと命名されている．

〔山田裕久〕

119
セメント・コンクリート
Cement and concrete

■セメント

セメントはコンクリート構造物の材料で，JISの規定ではポルトランドセメント，混合セメント，それ以外のセメントの3つに分類される．ポルトランドセメントは，これを用いたコンクリートの色調と硬度がイギリスのポルトランド岬から産出されるポルトランドストーンという建築材に似ていることから命名された．一般にセメントとはポルトランドセメントのことで，クリンカー鉱物と石膏，各種混合材から構成される．これらの混合物を平均粒径10μm程度に微粉砕したものが，最終製品のセメントである．石膏は硬化速度を制御するために用いられる．

セメントクリンカーとは石灰石，粘土，珪石，酸化鉄などの原料を粉砕・混合し，1450℃以上の高温で部分溶融して得られる直径1〜3 cmの塊状の焼結体である．クリンカー鉱物にはエーライトとビーライト，フェライト相とアルミネート相がある．

■コンクリート

セメントは水や砂，小石と混合して使用する（図1）．セメントと水を混練したペーストは，コンクリートを構成する骨材どうしを接着する，いわば糊の働きをする．モルタルはセメントペーストに砂を混ぜたもので，壁材などに用いられる．モルタルに砂利などの小石を骨材として加え，セメントペーストを骨材どうしの接着剤として利用したものがコンクリートである．大量の骨材を使用するコンクリートは，経済性に優れており，大型構造物の建設材料として広く用いられている．

■ポルトランドセメントの種類

セメントの水和特性は，鉱物組成に加えて，各クリンカー鉱物の微細組織と結晶構造に強く影響される．そのため，化学組成と熱処理条件を操作して，クリンカー鉱物の組織と構造を制御することが重要である．しかし，ロータリーキルン（直径約5 m×長さ約70 mの円筒状炉）内部の温度分布を正確に知ることは困難なので，微細組織から熱履歴を演繹し，焼成条件をフィードバック制御する試みがなされている．

ポルトランドセメントは，エーライト，ビーライト，フェライト相，アルミネート相の水和特性を活かして，これらクリンカー鉱物の構成比率が異なる5種類が製造されている（図2）．エーライトは初期強度発現に優れており，早強ポルトランドセメントに多く含まれる．中庸熱ポルトラン

図1　セメントの使用方法

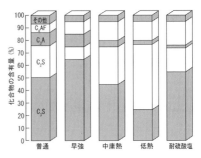

図2　ポルトランドセメントの種類（C_3S：エーライト，C_2S：ビーライト，C_3A：アルミネート相，C_4AF：フェライト相）

ドセメントは，水和熱を低減するためにエーライトとアルミネート相の含有量を減らし，かわりにビーライトの割合が多い．低熱ポルトランドセメントは中庸熱セメントよりもさらに水和発熱量を少なくするために，ビーライト含有量を40％以上に規定している．アルミネート相は，対硫酸塩抵抗性に著しく劣るため，その含有量を極力減らした耐硫酸塩ポルトランドセメントが開発された．

■クリンカー鉱物各論

エーライト

Ca_3SiO_5（C_3Sと略す）には7種類の多形（高温からR相，M3相，M2相，M1相，T3相，T2相，T1相）が知られている[1]．Rは三方晶系，Mは単斜晶系，Tは三斜晶系である．クリンカー中に存在するエーライト（Ca_3SiO_5固溶体）の多くは，晶出時はR相であるが，常温ではM1相またはM3相から構成される．結晶成長条件に対応して，中心部分がM1相で外縁部がM3相の累帯構造を示す場合がある．エーライトの水和反応はビーライトやフェライト相と比較して速く，アルミネート相とともにコンクリートの初期強度発現にとって重要な役割を果たしている．

ビーライト

Ca_2SiO_4（C_2S）には5種類の多形（高温からα相，α'_H相，α'_L相，γ相と，高圧下で安定なβ相）が知られている[1]．工場で製造されるクリンカー中に含まれるビーライト（Ca_2SiO_4固溶体）はβ相であり，Al^{3+}やFe^{3+}，K^+，Na^+などの不純物イオンによって室温安定化される．ビーライトの水和活性は他のクリンカー鉱物と比べて低いことが知られている．

不純物イオンを十分に固溶したα相ビーライトを高温から徐冷すると，α'_H相への多形転移の終了後に再融反応が起こる[2]．この反応は「冷却過程において，ある固相が別の固相と液相に分解する反応」と定義される．「固体を冷却すると融ける」反応であることから非常に珍しく，ケイ酸塩化合物ではビーライト以外にみられない．

1970年代の石油危機を契機として，製造工程の省エネルギー化が推奨され，ビーライト含有量の比較的高いセメント（ビーライトセメント）がドイツや米国で開発された．ポルトランドセメントの主要な構成相であるエーライトに比較し，ビーライトは焼成温度が低く抑えられること，脱炭酸反応に必要な熱量が少ないことがその理由である．

フェライト相とアルミネート相

フェライト相は化学式$Ca_2(Al_xFe_{1-x})_2O_5$（$0 \leq x \leq 0.7$）で表される固溶体である[1]．xの値が0.235よりも小さいフェライト相の空間群は$Pcmn$であり，これよりもxの値が大きいと結晶構造がわずかに変化して空間群は$Ibm2$になる．フェライト相固溶体の$x=0.5$で表される化合物Ca_2AlFeO_5（C_4AF）を，クリンカー中のフェライト相を代表する化合物としてさまざまな実験・解析に用いることが多い．

エーライトとビーライトはセメントクリンカーの昇温過程で生成する．クリンカーが冷却されると，エーライトとビーライトの間隙に存在する液相からフェライト相が晶出し始め，さらに冷却されると残存した液相からアルミネート相（$Ca_3Al_2O_6$（C_3A）固溶）が最後に晶出する[3]．クリンカー中にはアルカリ（Na^+とK^+）成分や，Mg^{2+}とSi^{4+}，Fe^{3+}成分が含まれている．これらは主にアルミネート相に固溶して固定化される．　　　　　〔福田功一郎〕

●文献
1) H. F. W. Taylor (1997) Cement Chemistry, Thomas Telford Publishing, London, U. K.
2) K. Fukuda, I. Maki and S. Ito (1992) *J. Am. Ceram. Soc.*, **75**, 2896-2898.
3) K. Fukuda, T. Iwata and H. Yoshida (2008) *J. Am. Ceram. Soc.*, **91**, 4093-4100.

120 ファインセラミクス
Fine ceramics

■ 定義

ファインセラミクスの定義について，日本ファインセラミックス協会では「ファインセラミックスとは機械的特性，その他の機能を十分に発現させるため，化学組成，鉱物（結晶）組成，微細組織，形状及び製造工程を精密に制御して製造したセラミックス」と定義している．

一方，JIS R 1600：2011（ファインセラミックス関連用語）では，ファインセラミクスを「化学組成，結晶構造，微構造組織・粒界，形状，製造工程を精密に制御して製造され，新しい機能又は特性をもつ，主として非金属の無機物質」と定義し，対応英語として advanced ceramics, engineering ceramics, technical ceramics, or high performance ceramics）と記されている．欧米では元来いわゆる fine ceramics というと精緻な陶磁器を指すことが多いが，最近はわが国と同様に使う人も増えてきている．

ファインセラミクスは，その用途から機能性セラミクスと構造用セラミクスに大きく分類され，前者には電磁気・光学用部材や化学・生体部材などが含まれる．後者には機械的部材や熱的・半導体製造用部材などが含まれる．生産額的には7割以上が機能性セラミクスであるため，前者を中心に記す．

■ セラミック半導体

電磁気・光学用部材の代表としてセラミック半導体があげられる．金属と絶縁体の中間の電気伝導性を有し，外部から熱，電流，光などの刺激によって電気伝導度が変化しやすい性質をもつ．半導体セラミクスには，窒化物半導体，酸化物半導体などがあるが，GaN などの窒化物半導体は従来の半導体に比べてバンドギャップの大きいワイドギャップ半導体であり，また組成を微妙に変化させることにより，大きくバンドギャップを変化させることができるため可視光領域のほぼすべてをカバーでき，LED や Blu-ray 用半導体レーザなど発光材料として応用されている．

酸化物半導体としては ZnO バリスタや半導性チタン酸バリウムなどが知られている．バリスタは，2つの電極をもち，両端子間の電圧が低い場合には電気抵抗が高いが，ある程度以上に電圧が高くなると急激に電気抵抗が低くなる性質を有するため，他の電子部品を静電気放電や落雷などの高電圧から保護するためのバイパスとして用いられる．ZnO に Bi や Pr などの添加物を加えたセラミクスは，非直線性係数およびエネルギー耐量が大きいことから，バリスタの素材として最も一般的に用いられている．

チタン酸バリウムはきわめて高い比誘電率をもつことからセラミック積層コンデンサなどの誘電体材料として広く使用されている代表的な電子材料の1つである．一方，微量添加物を調整することでチタン酸バリウムに半導性が生じ，抵抗値がキュリー点で何桁も変動することを利用した温度センサや PTC サーミスタとして自己温度制御ヒータなどにも利用されている．

近年，細野秀雄らは絶縁体セラミクスである $12CaO \cdot 7Al_2O_3$（C12A7 エレクトライド）中に存在するナノオーダーの籠の中に，水素マイナスイオンを導入し，紫外光を照射して電子を発生させ，この電子を閉じ込めることで，同セラミクスを半導体に変えることに成功した．この材料は透明であることも特徴であり，水素のマイナスイオンを導入した C12A7 に紫外線を線状に

照射し，照射部が導電性をもつ電気配線を形成することにも成功している．

■セラミックセンサ

セラミクスは，その電磁気，光学的機能と機械的強度，耐食性，耐熱性等を生かして種々の物理量，化学量を感知し電気信号などに変換するロバストなセンサ用材料として利用されている．$Pb(Zr, Ti)O_3$ などの圧電性を利用した超音波センサや焦電性を利用した赤外線センサは，工業や医療などで使われている．Ca, Mg あるいは希土類などで安定化した立方晶 ZrO_2 は，酸素イオン電導性をもつため溶鉱炉や自動車の酸素センサにつかわれている．温度，ガス，湿度などの雰囲気センサは，高温や腐食性ガスなどの厳しい環境にさらされるため，SnO_2, ZnO, TiO_2 などの金属酸化物系セラミクスを主に用いる．多孔質のセラミクスは，ガス吸着性，吸水性をもち，吸着により表面物性が変化するために，ガスセンサや湿度センサに利用されている．

■レーザ用セラミクス

これまでレーザの発振にはルビー，YAGなど単結晶を利用することが多かったが，シリコンなどを除く大多数の物質では，欠陥などのない大型の単結晶を低コストで得ることは困難であった．そこで大型のレーザ発振子をセラミックで作製しようとする研究が行われた．しかし，多結晶体には結晶粒界が存在するため，単結晶より光の損失が大きいという問題を乗り越えられないだろうと考えられていた．池末明生ら(1995)は，ネオジムを添加した $Y_3Al_5O_{12}$ (Nd:YAG) セラミクスを用いたレーザ発振を報告した．また，柳谷高公と植田憲一ら(2001)は，光変換効率60%，最大出力約 1.5 kW という，単結晶と比較しても同等以上の性能をもつ Nd:YAG レーザセラミクスを発表した．この品質の向上は，原料合成段階の化学反応でナノメートル単位の粒径分布を制御し，1800℃で真空焼結することにより，「光の波長レベルでは」非常にきれいな粒界をつくることによってもたらされた．現在，10 cm 角以上の大きさのレーザ用の結晶が形成できている．

一方，薄膜系の半導体レーザとして，通信用には InGaAsP 系が，CD, DVD, Blu-ray などストレージ用には GaAlAs 系，GaAlInP 系，GaN 系などが用いられている．

■集積回路基板

集積回路基板としてアルミナ板や窒化アルミニウム板にタングステンなどでパターンを形成/積層/焼結したものは，高周波特性や熱伝導率に優れるため，主に UHF, SHF 帯のパワー回路で使用されている．しかし高温焼結のため配線に銅が使用できないといった問題があるため，ガラスにセラミックを混合して 800℃ の低温で焼成した LTCC 基板が開発されている．熱膨張率が小さく絶縁特性がよく，高周波回路やモジュールの基板としてアルミナ基板を置き換えつつある．

■セラミックフィルタ

圧電セラミクスの機械的な共振現象を利用して，特定の周波数をもった電気信号を選択的に取り出すものをセラミックフィルタ（SAW：表面弾性波フィルタ）とよぶ．圧電性フィルタには，水晶のような圧電性の単結晶を使用するものや，酸化亜鉛薄膜を用いるものなどがある．

一方，気体や液体およびそれらに微粒子を含むものの濾過，分離，拡散，吸収などの用途に，機械的強度，耐熱性，耐化学薬品性などに優れた多孔質セラミックフィルタが用いられる．代表的なものとして自動車排ガス浄化用のコーディエライトハニカムやディーゼルエンジンの煤を含んだ排ガスの浄化用の SiC ハニカムフィルターなどが利用されている． 〔渡村信治〕

121 高温・耐熱材料, 耐火物
Refractories

セラミックスの特長の一つに"高温に耐えられること"があげられる. 本項では, この特長を生かした耐火物, 断熱材料などについて, 粘土を原料としたものを中心に述べる. 関連して, 人工高純度粉末を原料としたファインセラミックスについても簡単にふれる.

■耐火物[1~3]

耐火物は, 古くから製鉄, 窯業などにおける高温プロセスを支えてきた材料であり, 天然鉱物が多く原料として用いられてきた. ケイ酸質れんがには, 粘土質れんが, ろう石質れんががある. 粘土質れんがはシャモット質れんがともよばれ, Al_2O_3 45% までのシリカ-アルミナ系のれんがである. 化学組成がアルミナ 45% 以上のものはアルミナ質れんが, および 90% 以上は高アルミナ質れんがとよばれる. 粘土れんがは, 日常生活に使用された土器が家内工業的規模での「れんが」として使用されたのが始まりであり, それは約1万年前といわれている. 表1は, 天然原料の観点から耐火物を分類したものである. 粘土以外の天然鉱物も多種の耐火物に用いられていることがわかる.

■断熱材料[2]
無機多孔質保温材

主なものに, ケイ酸カルシウム保温材と撥水性パーライト保温材がある. ケイ酸カ

表1 耐火物に用いられる主な天然の鉱物

原料質	材料名	用途例	備考
珪石原料	珪石	珪石れんが	珪石れんがは現在国内ではほとんど生産されていない
粘土	カオリナイト	粘土れんが ろう石れんが 高アルミナれんが プラスチック耐火物 ラミング材	粘土質れんがは, 用途に応じてその品質が多く, 工業窯炉に最も多く使用されている.
ろう石	パイロフィライト	骨材 ろう石れんが	ろう石は高温度で焼成収縮率が小さく, れんがの製造において焼結性がよいので比較的低温度の焼成でれんがの製造が可能である.
高アルミナ質原料	ボーキサイト ばん土頁岩 珪線石 (シリマナイト) 藍晶石 (カイヤナイト) 紅柱石 (アンダリュサイト)	熱風炉 加熱炉 ロータリーキルン予熱帯 ガラス溶融炉 焼却炉 溶鋼取鍋裏張り	アルミナ質れんがは, 粘土質れんがと比較して, 高耐火性であり, 熱間強度, 荷重軟化温度が高く, 高温でのクリープ変形料が小さく, 耐食性が高い
マグネシア原料	天然マグネサイト鉱	MgO-C れんが	粉砕して塊にしたものをシャフトキルンやロータリーキルンで焼成したり, 電融して用いる
黒鉛		連続鋳造用ノズル 転炉用 MgO-C れんが	主に中国から輸入

ルシウム保温材は，ケイ酸原料と石灰原料に水を加え，水熱合成して得られる含水ケイ酸カルシウムを繊維で補強した複合材料である．軽量，高強度，不燃性，高耐熱性，低熱伝導率などの特徴を備えた材料として保温，断熱，建築の分野で種々の箇所に使用されている．

撥水性パーライト保温材のパーライトは，本来真珠岩をさす．一般的に，熱膨張性天然ガラス，それらの焼成発泡品である多孔質ガラス粒をパーライトとよぶ．このパーライト粒子に無機質または有機質繊維とケイ酸ソーダなどの結合材および撥水材を混合したものをプレス成形し，乾燥して保温材がつくられる．

耐火断熱れんが

空気の熱伝導率の低いことを利用して，耐火物中に多数の小気孔を付与した熱伝導率の小さい耐火物であり，耐火性と断熱性を兼ね備えている．このうち，天然の珪藻土の層より塊を切り出し，表面を加工し，焼成して耐火断熱れんがとしたものがあり，これは，珪藻土質耐火断熱れんがの一種である．

■ **高温構造材料**

ファインセラミックスの高温構造材料の代表的なものとして，窒化ケイ素があげられる．窒化ケイ素は，常温での靱性はジルコニアに劣るものの，ジルコニアと異なり，高温で高い強度を維持することが可能である．この特性を利用して，ガスタービン材料として研究・開発が進められているが，実用化された例としては，セラミックターボチャージャーのローター（**図1**）が有名である．窒化ケイ素セラミックスは，耐熱金属と比較して密度が低いので，軽くつくることができ，レスポンスの向上に寄与するため用いられた．

■ **発熱材**[2]

耐火材料，断熱材料以外に，熱にかかわ

図1　セラミックターボチャージャー[4]

るセラミックスとしては，電気エネルギーを熱エネルギーに変換するセラミックスがある．炭化ケイ素は，大気中1600℃まで，還元雰囲気中1300℃まで使用可能である．ケイ化モリブデンは，大気中1900℃まで，還元雰囲気中でも炭化ケイ素よりもやや高い温度まで使用可能である．ランタンクロマイトは，酸化雰囲気中のみ，1900℃まで使用可能である．ジルコニアは，大気中2000℃まで加熱が可能であるが，常温抵抗が低いため，予備加熱が必要である．2000℃以上の加熱は黒鉛を用いることになるが，大気中で酸化するため，N_2あるいはAr中での加熱となる．〔西村聡之〕

● **文献**

1) 大和次夫（2011）耐火物，**63**，426-434．
2) 日本セラミックス協会編（2002）セラミックス工学ハンドブック　応用編 pp.819, 886, 932, 技報堂出版，東京．
3) 岡山セラミックス技術振興財団（2007）TAIKABUTSU 入門書．pp.39 岡山セラミックス技術振興財団，岡山．
4) 日本セラミックス協会（2007）セラミックスアーカイブズ　ターボチャージャー，セラミックス42，675-676．

122 工業用非酸化物セラミクス
Non-oxide ceramics

工業用非酸化物セラミクスには，炭化ケイ素（SiC），炭化タングステン（WC），窒化ホウ素（BN），窒化アルミニウム（AlN），窒化ケイ素（Si_3N_4）などがあり，生産量も記述の順に多い．金属材料，炭素（C）は生産量も多く特別で，セラミクスすなわち窯業製品とはよばない．

酸化物も含めた工業用セラミクス（ファインセラミクス）の生産額は2兆円前後（2兆1268億円/2008年）で，原料ベースでそのおよそ20%が非酸化物である．

非酸化物は炭化物，窒化物，ホウ化物が主で，堅くて強い，弾性率が大きい，高温度まで溶けない，軽い（WBは例外），熱伝導が高い，電気伝導がある（窒化物は例外）ことが特徴である．軽元素で共有結合性が高い材料であるからである．しかし高温で空気と接触すると酸化して消耗する．屈折率は大きくなく，溶融しないので単結晶が得にくく，多結晶体の多くは灰色から黒色で宝石にはならない．

典型的な用途に，研削材料・砥粒，超硬工具，耐摩耗部品，高温耐熱構造材料，高温炉の耐火材・炉部品や坩堝，ヒーター，デバイス等の放熱基板などがある．

修正モース硬度は，SiCは13，B_4Cは14，立方晶BNは12〜15である（ダイヤモンドは15）．堅さを利用して粉末や粗粒は研削剤，サンドペーパーや石を削るグラインダーの充填剤に利用されている．

非酸化物は鉱山から産出することはほとんどない．岩石や砂として産出する酸化物やそれから得られる金属粉末を炭素（C），ホウ素（B）や窒素（N_2）と反応して粉末を合成する．ほとんどのものが高温で溶けずに分解するので，金属のように鋳造して固体物をつくることはできない．工業用部品にするには微粉末を焼き固める．焼結といっている．微粉末をチョークのような圧粉体にし，部品形状に成形し，空気に触れないN_2やArの雰囲気の炉の中で高温で焼結する．その後，必要最小限の切削や研磨で形状を整え部品になる．

焼結体は摩耗にきわめて強いので，メカニカルシールなどの耐摩耗部品として利用されている．また高温で機械的に，化学的に安定であるので，炉材，高温の構造材料や機械部品として重要である．熱伝導も大きいのでサイリスタの放熱板やIC基板として，またSiウェファーを汚さないので，ICデバイスの製造装置用部品にも利用されている．先端工業のキーマテリアルであり，日本が国際競争力のきわめて強い工業製品である．

■炭化ケイ素（SiC）

1884年に米国のE. G. Achesonが初めて合成し，すぐに研磨剤のカーボランダムとし工業化した．珪砂（SiO_2）と黒鉛（C）の混合粉末を大量に小高く積み上げ，黒鉛電極で直接通電し，3000℃近くまで過熱する．$SiO_2+3C=SiC+2CO$ の固体-気相反応からSiCの単結晶の集合物のインゴットを合成する（図1左）．アチェソン法といっている．その後，1905年にアリゾナのクレーターでH. Moissanにより発見され，天然鉱物モアッサナイトと命名された．

インゴットは粉砕・酸洗（不純物の除去）と水洗・磁洗・分級（篩い分け）の工程を経て，研磨材，耐火物のフィラーや焼結粉末になる（図1右）．

粉末はバインダーや焼結助剤と混ぜてスラリー状にして成形し，雰囲気高温炉で焼結し，メカニカルシールや耐摩耗部品などの工業用部品になる（図2）．

SiCは化学蒸着法でも合成でき，コー

図1　SiCのインゴット小片と微粉末

図2　SiCの焼結体部品の例

ティングや単結晶合成ができる．単結晶はバンドギャップが大きく，パワートランジスタ基盤として注目されている．

■炭化タングステン（**WC**）

W粉末とC粉末から高温で粉末を合成する．WC粗粉末をコバルト（Co）やニッケル（Ni）を結合材として焼き固めると，硬度や強度，摩耗性が高い材料になる．耐薬品性も金属より数段優れている．サーメットといって用途は広く，ドリル，エンドミル，各種刃先，エンジン部品などがある．重要な材料で，セラミクスでなく超硬合金として扱われることもある．

■窒化ホウ素（**BN**）

六方晶のh-BNと立方晶のc-BNがある．前者はホウ酸塩と尿素やメラミンなどの窒素化合物を高温で反応させてつくる．白色で，黒鉛と同じ構造で性質も似ている．潤滑性があり，固体潤滑剤や離形剤に，焼結体は加工できる高温材料として利用されている．

c-BNは高圧安定相でダイヤモンドと同構造と同じ性質をもつ．高圧で合成され，研削フィラーや切削工具に用いられる．ダイヤモンドは鉄系金属に弱いのでその代替をする．

■窒化アルミニウム（**AlN**）

金属アルミニウム（Al）やアルミナ（Al_2O_3）とC粉末を窒化してAlN粉末をつくる．高純度で高密な焼結体は金属Alに匹敵する高い熱伝導率をもつ．IC，レーザーやLEDの放熱基板に利用されている．さらに絶縁性でありハロゲンプラズマに強く，半導体製造装置の部品にも使われる．

■窒化ケイ素（**Si_3N_4**）

Si_3N_4は典型的な高温構造材料で，いろいろな粉末製造方法が開発されている．Al粉末を直接窒化して作られるものが多いが，SiO_2とC粉末をN_2雰囲気で還元すると微粉末が得られる．$Si(NH)_2$の熱分解法もあり，高純度で微細な粉末が合成できる．

窒化ケイ素材料は粉末に数重量％のAl_2O_3やイットリア（Y_2O_3）を添加し，焼結して得られる．添加した酸化物は粉末表面のSiO_2とともに高温で熔融し，その液相が緻密化を促す．

焼結体は高温で強度が大きく，化学的に安定で，金属に替わる高温構造材料として開発され，利用されている．AlN-Al_2O_3と，サイアロン（Sialon）とよばれる固溶体をつくる．両者ともセラミクスとしては大きい破壊靱性値をもつ，粘り強い材料である．

サイアロンの結晶骨格に希土類元素を組み入れると黄色や赤色系の蛍光体ができる．青色LEDを自然光源に変換でき，LED電球などに使用されている．

〔田中英彦〕

123 切削・研磨材料
Cutting and polishing materials

近代産業を支えている重要な技術の一つに機械加工があり，自動車や航空機からエレクトロニクス，家電製品などの多様な部品や構造体製作に応用されている．機械加工技術の中で，材料の切断や穴あけなどにおいて不可欠なのが良質の切削工具であり，加工した部品，部材の研磨，表面仕上げ工程には良質の研磨材料が用いられる．

■切削工具材料

切削工具の対象となる部材には従来の鉄鋼材料に加えて，省エネルギー，環境保全を意図した取り組みが反映している．自動車や航空機の本体やエンジン部材などは，軽量化・高度化がめざましい．例えば，軽量で高強度のアルミニウム合金，高強度鋳鉄やボーイング787機の開発主体となっている炭素繊維強化プラスチック（CFRP）などの材料開発が進んでいる．これらは従来型の切削工具では加工が困難であり，所謂難削材の機械加工を可能とする良質な切削工具の開発が求められている．

切削工具は従来型の鉄鋼製バイトやドリル向けに，炭化タングステン（WC）をベースとする超硬合金から，ダイヤモンド，立方晶窒化ホウ素（cBN）など，加工対象となる被削材の特性に応じた使い分けがなされている．

この中で，近年はダイヤモンド工具とcBN工具の技術開発がめざましい．通常のダイヤモンド工具はダイヤモンドの合成溶媒であるコバルト（Co）などをバインダーとしてダイヤモンド粒子を高圧・高温下で焼結したものであり，1960年代にGE社において開発された技術が基礎になっている．CoとWC粉末混合成形体とダイヤモンドを積層して，高圧処理用のカプセルに充填し，これを5.5万気圧，1400℃程度で処理するとWC-Co合金が焼結するとともに，溶融したコバルトがダイヤモンド粒子間に浸透し，粒子間結合が形成される．WC-Co基板とダイヤモンドが一体の焼結体が得られ，これを放電加工などで切り出して切削工具として実用に供される[1]．

旋盤やフライス盤などに用いられる切削工具では切り刃部分の厚さは1mm程度以下であり，上述のWC基板上の積層焼結体が用いられる．他方，穴空け工程のためのドリル刃先の場合には気相合成法によるダイヤモンド被覆工具が開発されている．ボーイング787などに用いられているCFRPは材料自身が硬いこととともに，構造体の炭素繊維を鋭利に切り抜く必要があり，ダイヤモンド製ドリルのいっそうの高品位化が求められている．そこで，ダイヤモンド被覆技術の改良とともに，高圧法による焼結体ダイヤモンドドリルの開発が進められている．大型構造体の穴あけなどの作業環境では必ずしも高剛性のボール盤ではなく，ハンドドリルなどによる高精度の加工が必要となる．そこでは，ドリル本体の破損のリスクを低減するための高い靱性も求められることになる．

通常のダイヤモンド焼結体の特性はCoなどのバインダーの影響を受ける．金属系バインダーとダイヤモンド粒子の界面が800℃程度の高温にさらされると，その界面でダイヤモンドから黒鉛への逆転換が生じる．これに対して，炭酸塩系の非金属触媒をバインダーとしたダイヤモンド焼結体が開発されている．この非金属触媒は，その反応性が金属溶媒と比較して小さいため，結果として焼結体としての耐熱性が500℃以上向上し，切削工具としての優れた特性が示されている[2]．

ダイヤモンド焼結体特性のさらなる向上

ではバインダーを一切含まない高純度焼結体が理想的である．近年，愛媛大学を中心とした研究グループにより，高純度黒鉛を直接ダイヤモンドに転換し，同時に強固な焼結体を量産する直接転換プロセスが確立された．当該ダイヤモンド焼結体は数十nm以下の微細なダイヤモンド粒子どうしが強固に結合したもので，単結晶並みの硬さを有しながら，単結晶にみられる劈開などに伴う破壊を呈さない．今後，高品位の切削工具としての展開が期待される．

ダイヤモンドはアルミニウム合金やセラミックスなどに対して優れた切削性能を示すが，鉄系金属材料の加工には不向きである．ダイヤモンドを構成する炭素は高温度で鉄系金属との反応性が高く，両者の接触面においてダイヤモンドは黒鉛に逆転換してしまう．高圧合成ダイヤモンドは黒鉛と鉄系金属溶媒により合成されるが，1気圧のもとでは，鉄系金属はダイヤモンドを安定な黒鉛に転換する作用を呈する．

周期律表で炭素の両隣に位置するホウ素と窒素の化合物である窒化ホウ素（BN）はダイヤモンドと同じ構造をもつ．1960年代初頭にGE社により発明された立方晶BN（cBN）はダイヤモンドに次ぐ硬度を有し，鉄系金属との反応性が低いために工具としての応用が進められてきた[3]．ダイヤモンド焼結体と同様，金属バインダーを有する焼結体とともに，AlNなどのセラミックス系バインダーとの複合焼結体が開発されており，各種鉄鋼材料の硬度などに応じた切削工具として実用に供されている．

また，cBNでも焼結助剤を含まない高純度焼結体が開発されており（**図1**），その優れた工具特性が示されている[4]．

近年の切削工具への重要な要請として，鉄系金属材料の精密切削がある．携帯電話の構造体をはじめとするプラスチック製品，コンタクトレンズや小型カメラ用のプラスチックレンズなどの需要が急速に増加している中で，これらを成型するための金型の表面仕上げ加工技術の高度化が求められている．従来の表面仕上げは微細な研磨砥粒による研磨が中心であるが，加工効率の向上に加えて砥粒や潤滑油の廃棄などの環境負荷低減のうえでも，研磨工程を切削工具に置き換える意義は大きく，優れた切削工具の開発は重要な研究課題である．

図1　バインダーレスcBN焼結体とこれを用いた切削バイトの例

■ 研磨材料

切削加工と相補的に重要なのが研磨工程であり，金型の表面仕上げやガラスの超精密研磨など，対象物質に応じて様々な砥粒の開発がなされている．砥粒の性能に求められるのは平滑な研磨面を実現するための砥粒個々の硬度，形状，粒子径の厳密な管理である．硬質材料であるSiC，cBN，ダイヤモンドなどに加え，ハードディスク磁性層の保護ガラスやレンズ等，ガラス材料の研磨には希土類元素を内包した酸化セリウム（CeO）が用いられている．ガラスのCeO砥粒による研磨では機械化学反応が生じ，超精密研磨工程においては，反応の理解と制御が重要となる．〔谷口　尚〕

● 文献
1) L. E. Hibbs Jr., R. H. Wentorf Jr. (1974) *High Temp-High Pressure*, **6**, 409-413.
2) 山岡信夫, 赤石　實 (1992) ニューダイヤモンド, **8**, 12-18.
3) R. H. Wentorf Jr. (1961) *J. Chem. Phys.*, **34**, 809-812.
4) M. Akaishi, T. Satoh, M. Ishii, T. Taniguchi, S. Yamaoka (1993) *J. Mater. Sci. Lett.*, **12**, 1883-1885.

124 合成ダイヤモンド
Synthetic diamond

ダイヤモンドはその宝石としての価値に加え,現在実用されている材料の中で最高の硬度を有する.天然ダイヤモンドは地表から100〜200 km以上の地中深くの高圧・高温環境で長い時間かけて成長し,何らかの地殻の運動により地表で採取されたものが歴史的には重用されてきた.このダイヤモンドを人工的に得ようとする試みが古くからなされ,18世紀後半にラボアジェらがダイヤモンドの燃焼実験による炭酸ガスの発生から,ダイヤモンドが炭素からなることを明らかにした.その後,1910年ごろには炭素の高圧処理による圧力-温度平衡相図の熱力学的研究なされ,1913年にブラッグ父子によりダイヤモンドの結晶構造(閃亜鉛鉱型)が明らかにされた.そして,1950年代後半,米・ゼネラルエレクトリック(GE)社により人工ダイヤモンド合成のためのブレークスルーがなされた.1955年,GE社は黒鉛が鉄やニッケルなどをはじめとする遷移金属溶媒に高圧,高温下で溶解し,ダイヤモンドとして再結晶することを報告した[1].すなわち,1気圧のもとで安定な黒鉛を高圧下で炭素の高密度相であるダイヤモンドに転換する高圧合成法が示されたことになる.GE社のブレークスルーには,黒鉛と金属を高温,高圧下で安定に反応させる高圧発生装置(ベルト型高圧装置)の開発が重要な鍵となっている.

以来,世界各国で大量のダイヤモンドが工業生産され,多様な形態で超硬質材料として活用されている.工業用ダイヤモンドは,宝石を含むダイヤモンドの全生産量の98%を占め,その中の9割近くは高圧高温度下で合成された人工ダイヤモンドであり,その年間生産総量は約20億カラット(40 t)にもなる.近年では天然ダイヤモンドを凌駕する特性の高純度単結晶の合成が報告され,さまざまなアプローチにより高品位の耐熱性・高硬度のダイヤモンド焼結体の合成が報告されている.さらに,熱力学的非平衡条件ながら,プラズマなどを用いた気相合成(CVD)法により,メタンなどを原料とした高品位のダイヤモンド薄膜の合成がなされ,ダイヤモンド被覆工具などへの応用,新たな半導体としての応用研究が進んでいる.

以下に,人工ダイヤモンドの合成について,静的高圧法,衝撃圧縮法,気相合成法について紹介する.

■ 静的圧縮法

先述したとおり,人工ダイヤモンド合成の歴史的なブレークスルーはGE社による,鉄,ニッケル,コバルトなどの遷移金属を溶媒とした高圧,高温度下での合成手法の確立である.鉄,ニッケルなどの遷移金属(あるいは合金)は溶融状態で相当量の炭素を溶解する.1気圧のもとで,溶融鉄中に溶解した炭素は,過飽和状態になれば,黒鉛結晶を析出する.ダイヤモンドは,黒鉛の高圧安定相であり,ダイヤモンドが熱力学的に安定な高圧・高温度下で溶融ニッケルなどに過飽和となった炭素はダイヤモンドとして結晶化する.

GE社は5万気圧,1400℃程度の圧力・温度条件下で高圧容器中に配置した原料となる黒鉛がニッケルなどを溶媒としてダイヤモンドに速やかに転換することを明らかにした.この過程では,多数の自然結晶核発生により一度にたくさんのダイヤモンド粒子(通常数百μm程度)が得られる.現在の工業用ダイヤモンド粒子の合成はこの技術を基礎としており,合成されたダイヤモンド粒子を粉砕,分球,精製することにより,多様な産業用途に供されている.

一方，金属溶媒からのダイヤモンドの結晶化過程は，反応時の金属溶媒内の温度勾配を制御することにより制限ができる．高圧反応部に温度勾配を設定し，高温度側で溶質となる炭素原料（黒鉛，ダイヤモンド粒子など）を溶媒に溶解し，溶媒の低温度部に種子結晶を配置しておけば，溶媒中を高温から低温側に拡散した溶質炭素原子の結晶化が種子結晶表面でのみ起きる．高圧下温度差法とよばれるこのプロセスを長時間保持することで，種子結晶上にその数倍の寸法のダイヤモンド単結晶を成長させることができる．この技術もやはり GE 社により 1970 年代に公表されたもので，当時すでに 1 カラット程度の単結晶合成がなされている．

このようにして得られた人工ダイヤモンドは通常，黄色を呈している．ダイヤモンドは炭素どうしの強固な化学結合をもつ高密度物質であり，その炭素を他の元素で置き換えることは容易ではない．他方，周期律表で炭素の両隣であるホウ素と窒素は炭素原子とサイズが類似しているため，ダイヤモンド中の炭素と比較的容易に置き換わることができる．

上述の高圧下金属溶媒法による合成プロセスでは，原料や反応容器内部に窒素が内在しており，ダイヤモンドの成長時に窒素原子が不純物として数十から数百 ppm 程度取り込まれる．この窒素不純物の影響により得られる結晶は黄色を呈する．

一方，ホウ素は通常の合成環境では窒素のように混入するケースはまれであるが，意図的に添加することで，青色を呈するダイヤモンド結晶が合成される．ホウ素をドープされたダイヤモンドは p 型の半導体としての特性が発現するため，現在化学反応電極などへの応用研究が進められている．

ところで，ダイヤモンドはワイドギャップ半導体であり，本来は無色透明なはずである．上述したとおり，人工ダイヤモンドは窒素不純物により黄色に着色するが，この際溶媒として用いるニッケルなどの金属溶媒中にチタン（Ti）を適当量添加することにより，無色のダイヤモンドが合成される．すなわち，ダイヤモンドの成長環境に不純物として存在する窒素が窒化チタンとなり，結果としてダイヤモンド中への混入を防ぐことができる．この技術も GE 社により見出されたもので，現在窒素，ホウ素不純物濃度が 1 ppm 以下の良質の高純度ダイヤモンド単結晶が工業的に量産されるに至っている．

現在活用されている人工ダイヤモンド単結晶はこのように洗練された工業生産プロセスの産物として，厳密な品質管理がなされている．**図 1** に温度差法より得られたダイヤモンド単結晶の例を示す．

翻って，天然ダイヤモンドの性状，品質には千差万別あり，それが宝飾品としての価値を定めている．地殻深く，100〜200 km の高圧環境で天然ダイヤモンドが生成したとされているが，その生成メカニズムは明らかでなく，上述したような金属元素が溶媒として機能しているとは考え難い．過去に地質学者を中心として天然ダイヤモンドの成因を議論する多くのモデルが提案されてきたが，実験的にこれを検証するブレークスルーが，1990 年初頭，無機材質研究所（NIRIM：現在は（独）物質・

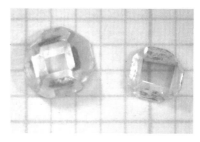

図 1 筆者が温度差法により合成したダイヤモンド単結晶の例

材料研究機構として改組）においてなされた[2]．すなわち，約8万気圧，2000℃の高圧，高温下で，炭酸カルシウムと同時に処理した黒鉛がすべてダイヤモンドに転換することが見いだされた．これは上述のGE社による先駆的なダイヤモンド合成研究から新たな一歩を踏み出すものとして注目される発見であり，その後の取り組みにより，密閉された高圧，高温環境でC-O-H系流体が長時間保持されると，やがてダイヤモンドが生成することが実験的に明らかにされた．これは天然ダイヤモンドの成因を実験的に検証する上での大きな一歩といえる．

これまで述べてきた静的高圧法による人工ダイヤモンドの合成は炭素を何らかの溶媒と反応させてダイヤモンドに転換するプロセスであり，5万〜8万気圧領域で進められてきた．換言すれば，当該圧力領域では，ダイヤモンドは溶媒の作用により初めて黒鉛から転換し，高純度の黒鉛をこの圧力領域に保持しても，ダイヤモンドへの転換は起こらない．これはエネルギー的に安定なダイヤモンドに転換するためのエネルギー障壁がその転換を支配していることによるが，15万〜20万気圧，2000℃程度の条件下では，この障壁を乗り越えて，黒鉛が直接ダイヤモンドに転換する．古くはGE社による先駆的な研究がなされているが，近年，愛媛大学を中心とした研究グループにより，高純度黒鉛を直接ダイヤモンドに転換し，同時に強固な焼結体を量産する直接転換プロセスが確立された[3]．当該ダイヤモンド焼結体は数十nm以下の微細なダイヤモンド粒子どうしが強固に結合したもので，単結晶並みの硬さを有しながら，単結晶にみられる劈開などに伴う破壊を呈さない．これは高品位のダイヤモンド焼結体として，やはり新たなブレークスルーをもたらしている．ダイヤモンドは工具としての応用のみならず，その硬さゆえに超高圧力発生のための部材としての活用が高圧科学の研究分野で活発になされている．上述の高品位ダイヤモンド焼結体も新たな工具・耐摩耗材料としての応用展開とともに，優れた超高圧力発生部材としての特性が期待されている．

■衝撃圧縮法

前節で紹介した静的圧縮法は，油圧により駆動されるピストンやアンビルで高圧容器を加圧し，同時にその高圧容器に内包した発熱体に通電して加熱することで高温度を発生させて，試料を処理する手法である．

一方，物質が高速で標的物質に衝突する際，その衝突界面に応力波が伝播する．この際，その衝突速度が十分に大きければ，衝突界面に不連続な衝撃波面が発生し，その伝播経路は高圧，高温状態となる．自然界では，隕石の地表への衝突があり，その巨大な運動エネルギーは衝撃波の地中への伝播とその解放に伴う巨大なクレーターの生成として知られている．この衝撃波は，高速の飛翔体を衝突させたり，爆薬の爆轟波を伝播させるなどにより人為的に発生させることができる．1961年，米・スタンフォード研究所（SRI）の研究グループらにより黒鉛に衝撃波を伝播させて高温・高圧状態を実現し，ダイヤモンド結晶が得られることが報告された．衝撃圧縮で得られるダイヤモンドは1μm以下の微粒子であり，これは通常の合成規模で得られる衝撃圧縮の持続時間が数マイクロ秒と短いことによる．先の静的高圧法と比較して微細ではあるが，特徴的な形状を呈する衝撃圧縮法によるダイヤモンド微粒子は，工業的な応用の観点からは，特殊な用途の研磨砥粒として活用されてきた．さらに，爆薬を酸素不足の特殊な条件下で爆発させることにより，爆薬に含まれる炭素成分をすべて酸化させることなく，高温・高圧状態を経てダイヤモンド粉末として回収する技術が1962年に旧ソ連から報告されている．これは前出の黒鉛の衝撃圧縮により得られ

るダイヤモンドよりもさらに微細な数 nm から数十 nm オーダーの超微粒子であり，爆轟ナノダイヤモンド（Detonation Nano Diamond：DND）とよばれ，多様な用途開発に向けて現在でも興味がもたれている．

■ 気相合成法

前節までに述べた，静的高圧法と衝撃圧縮法は黒鉛の高圧安定相であるダイヤモンドを人工的に合成するために，高圧，高温環境を実現して，溶媒法，あるいは直接転換法によりダイヤモンドへ転換を実現するものである．これらのプロセスにより得られるダイヤモンドはバルクとしての単結晶，多結晶，あるいは粉末としての形状である．これらは切削工具や砥粒などの機械加工分野に不可欠な材料であるが，ダイヤモンドの優れた特性を活用するうえでは，薄膜としての応用展開も重要である．

そこで，1 気圧以下の真空条件下で，メタンガスなどの熱分解によりダイヤモンド薄膜を合成しようとする試みが 1960 年代より世界各国で進められてきた．ダイヤモンドは熱力学的には 1 気圧以下では不安定であるが，一端できてしまえば，容易に黒鉛への転換は起こらない．これはダイヤモンドが 1 気圧下で宝石や工業材料として活用されているゆえんである．適当な真空条件下で，メタンガスと水素がタングステン製の熱フィラメント近傍に配置した基板上で分解-反応する．この際，熱分解した炭素原子と水素ラジカルの相互作用を制御することで基板上にダイヤモンドが選択的に成長することが，NIRIM より報告された[4]．これは気相合成（CVD）法によるダイヤモンド薄膜合成のブレークスルーであり，この発明以降，水素ラジカルを発生・制御するための手段としてのマイクロ波プラズマの利用や，アセチレンガスバーナーの燃焼環境など，さまざまな手段によるダイヤモンド薄膜の合成手法が開発されてきた．

ダイヤモンド薄膜の工業的な用途は，切削工具，ドリルなどへの被覆による切削性能，耐摩耗性の向上があげられる．また，超硬質材料としての応用のみならず，バンドギャップが 5.5 eV 程度のワイドギャップ半導体であるダイヤモンドは，その高い熱伝導率，耐食性などと併せて，耐環境，パワーデバイスなどとしてシリコン半導体を大きく凌駕する特性が期待されている．半導体デバイスの製造過程では良質な薄膜化制御が不可欠であり，この点では，現在のダイヤモンド薄膜の成長技術はきわめて高いレベルに到達している．

そこでダイヤモンド半導体デバイスの実用化の鍵を握るのは，高品位の基板材料の供給といえる．これまでの CVD ダイヤモンド薄膜による半導体応用としての特性発現・評価研究は，高圧合成により得られたダイヤモンド単結晶基板上に成長した試料によるものが主体である．当該基板は寸法に制約があり，例えば半導体プロセスに必須な数インチオーダーの単結晶基板を高圧法で量産することは不可能である．これに対して，近年，ダイヤモンド以外の材料を基板として良質で大面積のダイヤモンド薄膜を合成する技術と CVD 法による結晶成長を繰り返して，1 インチを越える大型単結晶基板を得る技術の開発が本邦で精力的に進められている． 〔谷口　尚〕

● 文献

1) F. P. Bundy, H. T. Hall, H. M. Strong, R. H. Wentorf, (1955) *Nature*, **176**, 51-55.
2) M. Akaishi, H. Kanda, S. Yamaoka (1990) *J. Cryst. Growth*, **104**, 578-581.
3) T. Irifune, A. Kurio, S. Sakamoto, T. Inoue, H. Sumiya (2003) *Nature*, **421**, 599-600.
4) S. Matsumoto, Y. Sato, M. Tsutsumi, N. Setaka (1982) *J. Mater. Sci.*, **17**, 3106-3112.

125
新しい炭素系材料
グラフェン・フラーレン・カーボンナノチューブ
Graphene, fullerene and carbon nanotube

グラファイト（黒鉛，石墨）は，**図1**に示すように，炭素原子の六員環網平面が積層した構造をもつ．この1枚の六員環網平面をグラフェン（graphene）という．グラフェンどうしはファンデルワールス力により弱く結合しており，容易に層間滑りを起こすため，グラファイトは優れた固体潤滑剤として利用されてきた．また，グラファイトは，面内方向においては低い電気抵抗率（約 $4 \sim 7 \times 10^{-5}$ Ωcm）を示すのに対して，面に垂直な方向には高い電気抵抗率（面内方向の約1万倍）を示す半金属として知られている[1]．GeimとNovoselovはグラフェンの実験的研究で2010年のノーベル物理学賞を受賞した．グラフェンのエネルギーバンド理論によれば[2]，グラフェンの価電子バンドと伝導バンドが，ちょうどフェルミ準位において点接触し，バンドギャップがゼロになる．グラフェンのキャリア移動度は1万5000 $cm^2 V^{-1} s^{-1}$ を超えるため[3]，テラヘルツ領域の高速トランジスタへの応用が期待されている．

フラーレンは炭素原子からなる閉じたカゴ状の中空な分子であり，C_{60}，C_{70}，C_{76} など多数種類が合成されている．図1に示すように，グラフェンの六員環から炭素原子を抜き取って五員環を12個形成し，サッカーボール状に丸めると C_{60} ができる．C_{60} からなる細い結晶性ファイバーを C_{60} ナノウィスカーという．一般にフラーレン分子からなる細い結晶性ファイバー（直径 <1000 nm）をフラーレンナノウィスカー（FNW）とよぶ．特に，中空のFNWをフラーレンナノチューブとよぶ（**図2**）[4]．

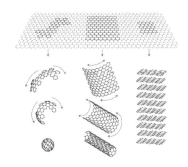

図1 グラフェンから C_{60}，単層カーボンナノチューブ，グラファイトができる様子（Geim ら，2007. Reprinted by permission from Macmillan Publishers Ltd.）

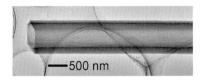

図2 C_{60} ナノチューブの透過電子顕微鏡像

グラフェンをナノメートルサイズの直径となるように丸めて筒状にしたものがカーボンナノチューブ（CNT）である．CNTには単層CNT（図1）と多層CNTがある．多層CNTは，2本以上の単層CNTが同心円状に積層した構造をもつ．単層CNTは，らせん状に巻かれたグラフェン円筒の構造に依存して金属的導電性や半導体的導電性を示す[5]． 〔宮澤薫一〕

● 文献
1) 理化学事典第4版（1987）グラファイト．pp. 345，岩波書店．
2) P. R. Wallace（1947）*Phys. Rev.*, **71**, 622-634.
3) A. K. Geim and K. S. Novoselov（2007）*Nature Materials*, **6**, 183-191.
4) K. Miyazawa（2011）Fullerene Nanowhiskers, Introduction to fullerene nanowhiskers. pp. 1, Pan Stanford Publishing.
5) R. Saito, M. Fujita, G. Dresselhaus and M. S. Dresselhaus（1992）*Appl. Phys. Lett.* **60**, 2204-2206.

126 陰イオン交換体（層状複水酸化物）
Anion exchanger (Layered double hydroxide)

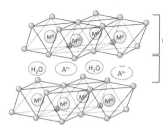

図1　層状複水酸化物の構造模式図

■層状複水酸化物の組成と構造

層状複水酸化物（layered double hydroxide：LDH）は高い陰イオン交換性を有する鉱物として知られており，以下の一般式で表される不定比化合物の総称である．

$$[M^{II}_{1-x}M^{III}_{x}(OH)_2][A^{n-}_{x/n} \cdot yH_2O]$$

ここでM^{II}は二価金属，M^{III}は三価金属，A^{n-}はn価の陰イオンを表す．主なM^{II}としてはMg, Mn, Fe, Co, Ni, Cu, Znなど，M^{III}としてはAl, Cr, Mn, Fe, Coなどが知られている[1,2]．

層状複水酸化物の構造は，図1に示すようにM^{II}とM^{III}からなる八面体水酸化物層，ならびに陰イオンと層間水からなる中間層により構成されている．水酸化物層を構成するM^{II}の一部をM^{III}が同形置換するために層が正に帯電し，そのバランスを保つために層間が生じ，ここに陰イオンが取り込まれる．層間に含まれる陰イオン（A^{n-}）の種類も様々であるが，天然では炭酸イオンや塩化物イオンが含まれる場合が多い[3]．

天然において層状複水酸化物が大量に産出することはまれであるが，蛇紋岩などの塩基性岩帯に認められる鉱物である．Mg^{II}とAl^{III}からなる層状複水酸化物はハイドロタルサイト（hydrotalcite）（図2），Fe^{II}とFe^{III}からなる層状複水酸化物はグリーンラスト（green rust）として古くから知られている層状複水酸化物の代表格であり，数多くの研究も行われている．

■層状複水酸化物の特徴と利用

層状複水酸化物は，天然に普遍的にまた多量に存在する元素により構成されており，しかも温和な条件できわめて容易に合成することができることから，環境・生体親和的材料としての応用が広く期待されている[1,2]．特に高い陰イオン交換性を有する特徴から，有害な陰イオンを吸着除去する環境浄化剤として注目されている．さらに，触媒や有機陰イオンを層間に取り込んだ機能性材料としての利用や，制酸剤など医薬品としての利用も実際に行われている．

〔森本和也〕

図2　蛇紋岩に伴われるハイドロタルサイト鉱石（ノルウェー産）

● 文献
1) 日比野俊行（2006）粘土科学，**45**(2), 102-109.
2) 成田榮一（2007）粘土科学，**46**(4), 207-218.
3) V. A. Drits, T. N. Sokolova, G. V. Sokolova and V. I. Cherkashin (1987) *Clays Clay Miner.*, **35**(6), 401-417.

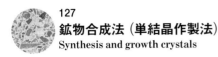

127
鉱物合成法（単結晶作製法）
Synthesis and growth crystals

単結晶は，半導体素子や光学素子などの材料として幅広く使用されている．また，物質の特性を調べる基礎的な研究においても不可欠なものである．結晶の作製は，構成成分である原子や分子が動きうる状態（液相，気相，時には固相）をつくりだし，規則的に配列させることで行う．

■ 液相法

最もよく用いる手法で，融液法とフラックス法（溶液法）がある．

融液法

加熱により融解する物質に適用し，融液を凝固させる過程で単結晶化させる手法である．目的物質のみを融解させるので，成長速度が速く，大型結晶の作製が容易である．作製にあたり，最初に検討される手法である．

①チョクラルスキ（Czochralski, CZ）法，引上げ法　図1(a)に示すように，ルツボ内の融液に種子結晶を接触させ，引き上げることで付着してくる融液を冷却凝固させ，単結晶を成長させる．融液成長法の中でも技術的に最も進んだ方法で，シリコンやサファイアなどの工業的な生産にも使用される．

②フローティングゾーン法，浮遊帯域溶融法　垂直に立てた多結晶原料棒の一部を加熱し溶融帯をつくり，原料棒を下方にゆっくり移動させることにより，単結晶を作製する．るつぼを必要とせず，高融点物質や化学的に活性な物質の結晶化に最適である（図1(b)）．

③ベルヌイ法，火炎溶融法　酸水素炎の倒立バーナー中を，微粉末の原料を一定量ずつ落下させ，加熱溶融状態にし，種結晶の上に積もらせ単結晶を作製する（図1(c)）．低コストで大型結晶が得られるため，工業的な量産に用いられ，サファイア，ルチル等の結晶が作製される．

④スカル・メルト（skull melt）法　図1(d)に示すように，縦に配列した水冷銅パイプと水冷底の間に原料粉を詰め（絶縁体である酸化物の場合には，構成金属片を加え），外側に巻いた高周波コイルにより誘導加熱する．磁束に平行に並ぶ水冷パイプは加熱されず，水冷パイプのすき間から入った高周波エネルギーは原料粉末を加熱溶融する．溶けた原料の外側は水冷パイプで冷やされ固化し，容器の働きをする．

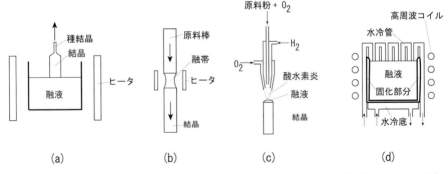

図1　融液法．(a) CZ法（引上げ法），(b) フローティングゾーン法，(c) ベルヌイ法，(d) スカルメルト法．

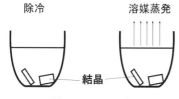
図2 フラックス法

図3 封管法

この容器の形からスカル（skull，頭蓋骨）の名がつく．この融液を除冷することにより作製した立方晶のジルコニア結晶は有名である．

フラックス法（溶液法）

相転移などのため融液法では育成できない結晶や，実験室で手軽に単結晶を作製する手法である．原料をフラックス（融剤）の融液に溶かし込み，その溶液を除冷や蒸発により過冷却状態にし，結晶を析出・成長させる方法である．育成温度が低く，電気炉程度の装置で育成が可能で，操作も簡単なため，実験室で比較的小型（数 mm 以下）の結晶育成に便利である（図2）．

水晶の作製で有名な水熱法は，高温高圧の水溶液から結晶を析出させる方法で，フラックス法の一種である．これまで，多くの鉱物結晶が合成されている．

■気相法

蒸気圧の高い結晶，高温で分解する結晶や融点の高い結晶の作製に用いることが多い．ガラス管などに原料を封入した封管法と，キャリヤーガスを流し原料を供給する開管法がある．

封管法

原料の蒸発を利用した結晶作製法で，主にバルク結晶の作製に用いる．原料の蒸気圧により，蒸発法か化学気相輸送法（CVD, Chemical Vapor Deposition 法）が選択される（図3）．

① 蒸発法　真空ガラス容器に原料のみを封入し，適当な温度勾配の電気炉内に加熱保持することで，高温部の原料が蒸発し，低温部に結晶を析出させる．ヨウ素やCdSなどの蒸気圧の高い結晶の作製に用いる．

② CVD 法　加熱により十分な蒸気圧が得られない場合，原料のほかに適当な輸送剤（一般にはヨウ素などのハロゲン）を加え，輸送剤との化学反応で揮発性の高い化合物（ハロゲン化物）を生成させた後，温度勾配を利用して移送させ，再び分解析出させる手法である．WやMoなどの高融点金属や，CdSやZnSeなどのカルコゲン化物などの多くの結晶が作製される．

開管法

薄膜やホイスカなどの結晶育成に作製に用いられる．特に，化合物半導体などのエピタキシャル成長膜の作製に利用されている．

■固相法（固相エピタキシャル成長法）

単結晶は通常液相や気相から育成されるが，固相からも育成されている．多結晶体を加熱すると，比較的大きな結晶粒が周囲の微細な結晶粒を併合し，より大きな結晶粒に成長する現象がある．この現象を利用して，微粒子からなる高密度焼結体の一端に単結晶板（種結晶）を接合し，融点以下の所定温度に保持し，種結晶に接する微細結晶粒を順次併合してゆくことで，エピタキシャルに単結晶を成長させる手法である．これまでに，Mn-Znフェライト，YIG（$Y_3Fe_5O_{12}$），Mo，Wなどの単結晶が得られている．

〔大谷茂樹〕

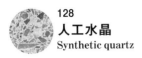

128 人工水晶
Synthetic quartz

■水晶の利用

水晶は対称中心をもたない極性結晶で圧電性がある.1880年に圧電現象が水晶などで発見され,水晶振動子を用いた超音波ソナーが1917年に,水晶発振器が1923年に発明された.当初は天然水晶が用いられたが,第二次大戦中にドイツとイギリスで人工水晶の育成研究が始まり,戦後にアメリカ,ソ連,日本などで量産化に成功した.現在では人工水晶が通信機,時計,コンピューター等の電子制御システムのみならず,光学用デバイスや宝飾品にも使われている.水晶には左右像が存在するが,産業用人工水晶は右水晶に統一されている.

圧電性を示す物理定数についていえば,水晶はそれほど高い物質ではない.しかし,温度に対する周波数の安定性,結晶の耐久性,量産性などの点で有利である.振動子の周波数は水晶片の方位・寸法などに依存し,小型で薄いものほど周波数が高い.Synthetic quartz の訳語には合成水晶と人工水晶がある.前者は主に宝石分野で使われているが,JIS規格を含めた産業・科学分野では人工水晶とよばれている.

■人工水晶の育成

人工水晶はオートクレーブを用いた水熱法により育成されているが,その原点は1905(〜1909)年の G. Spezia に遡る.Spezia は天然水晶の形成過程を探るため,小型のオートクレーブを作製し,種結晶を用いて,人工水晶を育成した.戦後の育成研究で Spezia の方法が再検討され,オートクレーブ上部を低温の成長域,下部を高温の溶解域とする温度差方式を採用した結果,人工水晶の量産化に繋がった.成長域には種板を吊るし,溶解域には原料となる天然水晶を入れる.現在使われている最大級のオートクレーブは内径65cm,深さ14mに達し,一回の育成で最大2〜3tの人工水晶が生産されている.水晶の溶解度は中性水溶液よりアルカリ性水溶液で大きくなるので,育成には NaOH や Na_2CO_3 の水溶液を使用する.種としてc軸(Z軸)に垂直な板を用いて,Z板とよばれる人工水晶が育成されている.

■成長とモルフォロジー(形)

結晶構造中の強い結合を結んだ鎖(周期的結合鎖,Periodic Bond Chain,PBC)を元に結晶面の性質が予測できる(図1).結晶面に平行な2本以上のPBCを含む面をF面(flat face),PBCを1本だけ含む面をS面(stepped face),PBCを含まない面をK面(kinked face)とよぶ.F面は構造的にスムースな界面で沿面成長により広く発達する結晶面,K面は構造的にラフな界面で付着成長により巨視的に凹凸のある曲面となる面,S面は両者の中間的な界面で成長層の積み重ねで現れる条線面である.成長速度の関係はK>S>Fとなる.水晶では r$\{10\bar{1}1\}$,z$\{01\bar{1}1\}$,m$\{10\bar{1}0\}$ の三面がF面であり,s$\{11\bar{2}1\}$,x$\{51\bar{6}1\}$ はS面と見なされている.c$\{0001\}$はK面である.

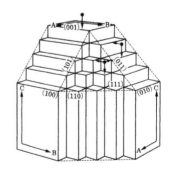

図1 PBC(実線A, B, C)とF面{100},S面{110},K面{111}

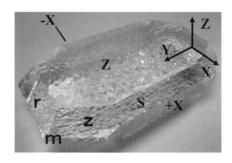

図2 人工水晶（Z板）

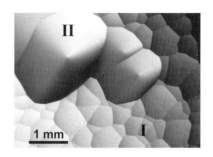

図3 Z面のコブル構造

図4 m面の多角形成長丘

したがって，水晶の構造形（結晶構造から導かれる理想的な形態）は成長速度の小さいr, z, mの三面で囲まれた形状になる．以上の解析は天然水晶のモルフォロジーがr, z, m面を基本とし，s, x面は小さく，底面cの出現は限定的（溶解または再成長）であることと一致する．

人工水晶のモルフォロジーは種板の方位と育成期間により異なるが，デバイス用に育成されているZ板人工水晶を図2に示す．軸の関係はX＝a, Z＝c軸で，Y軸はm面の垂線に相当する．X軸は極性軸のため，正負の区別が生じる．図2に示すS面は人工水晶で用いられる表記であり，近似的に$\xi\{11\bar{2}2\}$面に相当する面である．このS面はPBC解析でいうS面の性質をもっている．成長速度はおおむねZ＞S≧＋X＞z＞－X＞r＞mである．Z, S, ＋X, －X面は切り出した種板から育成した際に出現する面であり，成長とともに縮小していく．最終的な形もr, z, mの三面で構成されている．

人工水晶のZ（＝c）面とm面を図3, 4に示す．Z面はコブル構造とよばれる凹凸のある起伏に富んだ形状を示している．これはラフな界面での形態不安定により生じたセル構造である．コブルには不定形なセル状形状のもの（I）と明確な頂点をもち，3回対称を示すもの（II）がある．後者は混合転位を突出中心とした同心円状のセル構造である．アルカリ溶液で育成した場合，m面の成長丘は多角形の形状を示すが，中性溶液による育成では天然水晶にみられるような条線模様となる．　〔川崎雅之〕

● 文献
1) 砂川一郎（2003）結晶．成長・形・完全性，pp. 308，共立出版．
2) I. Sunagawa, H. Iwasaki and F. Lwasaki (2009) Growth and Morphology of Quartz Crystals : Natural and Synthetic, pp. 202 + xii, Terrapub.
3) 滝　貞男（1995）水晶．結晶成長ハンドブック，pp. 575-578，共立出版．

129 新しいシリカ系材料
New silica-based materials

構造中に分子レベルの細孔をもつ多孔質物質(孔径が2 nm以下のマイクロポーラス固体,2〜50 nmのメソポーラス固体,50 nm以上のマクロポーラス固体に分類される)は,吸着剤,触媒担体などとして有用な物質であり,機能制御のために細孔のサイズ,形状,表面特性の自在な設計が望まれている.精密な設計を可能にするためには結晶構造またはそれに準ずる秩序構造をもつことが望ましく,例としてゼオライトとその合成物がよく知られている.一方メソポーラス固体としてシリカゲル,ピラー化粘土などがあるが,これらは細孔サイズの分布が大きく,構造の詳細な制御と評価に課題が残る.このような背景の中,長鎖アルキルトリメチルアンモニウム塩とシリケートとの相互作用により形成するシリカ界面活性剤メソ構造体を合成し,これを焼成して界面活性剤を分解除去することにより,サイズおよび形状を制御可能なメソ孔が見事に配列したシリカが1990年に早稲田大学の柳沢らにより[1],続けて1992年にMobil(当時)のグループ[2]によって報告された.その後これに触発されて界面活性剤を鋳型とする方法(超分子鋳型法)でさまざまな多孔質材料の合成が行われている[3].液晶鋳型法,界面活性剤鋳型法などとよばれることもあるが,界面活性剤の集合体が無機種と複合化したもの(あるいは複合化の際に界面活性剤が集合したもの)であり,超分子鋳型法とよぶ方が適当であろう(図1).界面活性剤を除去してえられる多孔質固体に加え,界面活性剤を含んだままの無機有機ハイブリッドに関する(応用も含めて)研究も行われていることを付記する.

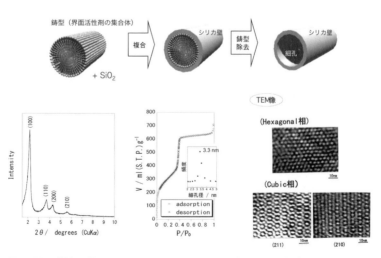

図1 界面活性剤を鋳型としたメソポーラスシリカの形成イメージ(上)と代表的なメソポーラスシリカMCM-41の解析結果(下).左からX線回折図,窒素吸着等温線,TEM.

■合成と構造制御

比表面積が1000 m^2/gにもなるメソポーラスシリカの最初の報告[1]は、層状ケイ酸塩カネマイトとアルキルトリメチルアンモニウムイオンとのイオン交換の際に隣接する層間の一部で縮合がおこり層構造が3次元化するというものである。その後報告されたMCM-41の合成はより汎用的で、シリカ源（コロイダルシリカ、水ガラス、ケイ酸ナトリウムなど）と界面活性剤を混合し水熱処理するものである[2]。アルキル鎖長や親水基の異なる界面活性剤を用いて多様なナノ（メソ）構造ができることに加え、組成によっても構造が異なる。トリメチルベンゼンなどの可溶化でミセルを膨潤させることによって構造周期（細孔サイズに対応）を拡大できる。

無機層と相互作用する界面活性剤の親水基は、第四級アンモニウムから、アルキルアミン、アルキルアルコールなど非イオン性のもの、さらには無機有機界面を共有結合で連結したものまで多岐にわたる。トリブロック共重合体は細孔径の大きな（数〜数十nm）多孔体の合成に用いる。さらにサイズの大きな鋳型としてラテックス粒子やシリカコロイドなどがあり、図2に示すようにコロイドクリスタルの隙間をうめることにより、その構造が転写できる。鋳型を除去する方法としては焼成が一般的であるが、溶媒抽出も有効である。

■組成

シリカ、およびその一部をアルミニウム、チタンなど他の元素で置換したものが最もよく知られているが、アルミニウム、チタン、ジルコニウムの酸化物、複合酸化物、リン酸塩など多様な化学組成の多孔質固体が界面活性剤の集合体を鋳型として合成された。シリカ源として有機シリコン化合物を用いて有機シリカ骨格の多孔質固体も合成できる。

■形態制御

アルコキシシランの部分加水分解物にアルキルトリメチルアンモニウム塩を加えて得られる均一な酸性溶液をスピンコーティングなどで急速に乾燥することによりシリカ界面活性剤メソ構造体の透明薄膜が得られる[4]。この反応では溶媒の揮発に伴い界面活性剤が会合し、親水基とシリカオリゴマーとが相互作用しメソ構造が得られると考えられる（溶媒揮発法）。コーティングから始まり、ファイバーおよび中空球などの調製に適用された。基板（粉体含む）表面にシリカ界面活性剤メソ構造体薄膜を析出させることもでき、基板表面の工夫により細孔の配列制御も可能である。このような形態制御技術はエレクトロニクス、分離科学を含むさまざまな分野での利用に際し有効に利用される[5]。螺旋状、回転楕円体など特殊な形状の粒子が得られた例もある。X線回折、透過型電子顕微鏡が構造解析に用いられ、窒素吸着等温線により得られる比表面積と細孔サイズをあわせて構造が評価される。

■機能と応用

多孔質固体はその組成、細孔サイズ、形態に応じてさまざまな分野で応用できる。

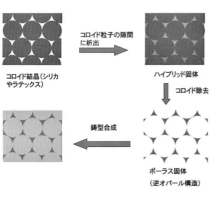

図2　粒子集合体（人工オパール）を鋳型とした多孔体の合成

多孔体はさらに鋳型として用いることができ鋳型合成が繰り返し行える。

シリカ骨格の一部をアルミニウム，チタンなどの異種元素で置換することで，触媒活性点を導入できる．置換した元素の位置および分布はX線吸収微細構造（XAFS）などで議論される．メソ孔内で金属や半導体クラスターを調製することもでき，これらは光触媒を含むさまざまな触媒としての利用に加え，光/電子機能素子としても期待される[6]．

さまざまなゲストを細孔に包接できる．機能化には細孔表面のシラノール基とシランカップリング剤や塩基性化合物との反応が利用される．アミノ基，チオール基などの官能基をもつシランカップリング剤で細孔表面を修飾すれば，これらの基を用いた反応を起こすこともでき，吸着剤，触媒活性点の固定に有効である．

■まとめ

界面活性剤の集合体を固定した無機有機ハイブリッドが合成され，ここから界面活性剤を除去することにより界面活性剤の集合体のメソ構造を反映した規則的細孔構造を有するさまざまな組成の多孔質固体が得られる．水溶液中や界面における界面活性剤の凝集に関する知見も活かされて，構造評価や構造制御が進み，サイズ，形状含めて多様な細孔構造の多孔質固体の合成が可能である．形態設計に自由度があることもこの種の材料の特長であり，メソ構造と形態を階層的に設計した材料がさらに活躍の場を拡げていくものと期待されている．

〔小川　誠〕

● 文献

1) T. Yanagisawa, T. Shimizu, K. Kuroda and C. Kato (1990) *Bull. Chem. Soc. Jpn.*, **63**, 988.
2) C. T. Kresge, M. E. Leonowicz, W. J. Roth, J. C. Vartuli and J. S. Beck (1992) *Nature*, **359**, 710.
3) 小川　誠 (1997) 表面, **35**, 563.
4) M. Ogawa (1994) *J. Am. Chem. Soc.*, **116**, 7941. M. Ogawa (1996) *Chem. Commun.*, 1149.
5) 小川　誠 (2003) 色材, **76**, 272.
6) M. Ogawa (2002) *J. Photochem. Photobiol. C, Photochem. Rev.*, **3**, 129.

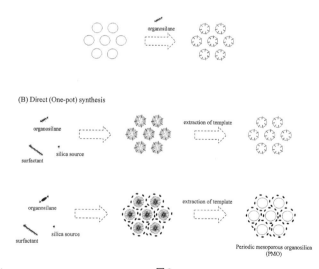

図3

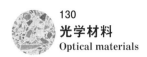

130 光学材料
Optical materials

本項では,天然鉱物に由来する光学材料を記載する.結晶で光学材料といえるものはきわめて多種多様である.分類法の一つとして,受動的(パッシブ)な機能を示す材料と,能動的(アダプティブ)な機能を示すものに分けられる.前者は結晶の透明性,屈折率を利用し,窓材,レンズ,プリズムとして古くから天然鉱物由来の光学材料として使われている.その例として,方解石,石英,サファイア,蛍石,雲母などがある.一方,後者は,外界から何らかの作用(電界,磁界,応力,光,熱)を受け,その結晶のもつ光学的性質が制御され,特定の応用機能を発揮する材料である.ここでも天然鉱物に由来して,機能最適化のために添加物などの改善をしたものが多い.両者の典型的な例を簡単に紹介する.

■ 受動的光学材料としての鉱物由来材料

方解石($CaCO_3$)

方解石は,高い複屈折性と広い波長透過性,比較的大形サイズの菱面体をもつ負の一軸性結晶である.この複屈折は,例えばグランテーラーやグラントムソン,グランレーザ,さらにディスプレイ用として可視や近赤外の偏光子として使われている.ただし,硬度は3と柔らかく傷付きやすい結晶で取扱いには注意が必要である.

方解石は人工で大型結晶を育成することが難しい結晶の一つで,光学材料として使われる結晶は,天然産の透明度の高いもので,高価である.

石英(SiO_2)

石英は圧電効果を利用した水晶振動子としてクォーツ時計,無線通信,コンピュータなど,現代のエレクトロニクスには欠かせない.このため人工的に水熱合成で大型結晶が育成され,無機結晶としては,最も大きな市場を持つ材料である.

光学的には,窓材,プリズム,さらに波長板(偏光方位の回転用)として重要な光学部品である.

蛍石(CaF_2)

蛍石は軽量で無添加物では透過波長領域が広く,屈折率の波長分散がきわめて小さい.さらに一般的な光学ガラスと傾向が違う(異常部分分散)という特性をもつため,通常の光学ガラスと組み合わせることで,非常に色収差の少ない光学系をつくることができ,高級な光学機器,特にカメラ・顕微鏡・望遠鏡・半導体ステッパーなどに用いられる.

人工的には蛍石原料を高温で溶融し,再結晶化させることにより大型の単結晶を得

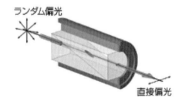

図1　方解石を用いた偏光子

図2　水熱合成で育成された水晶単結晶

図3 カイロポラス法で育成された
サファイア単結晶
最大径：約300 mm.

る．強度が弱い蛍石の加工は困難であり，フローライト・レンズは現在でも高価なレンズとなっている．

サファイア（Al_2O_3）

広い透明波長域をもち，非常に硬くて傷つきにくいことから，時計の窓材などに使われてきた．

最近では，可視LEDに使われるGaN（窒化ガリウム）系の基板材料として膨大なマーケットを築き上げている．ここでは人工的に，ベルヌイ法，熱交換法，カイロポラス法，回転引上げ法などで育成され，基板として多量に生産され低廉化が進んでいる．

■鉱物由来の能動的光学材料

能動的光学材料は，その機能を最適化するため，組成や添加物を調整して人工で育成する．鉱物そのものを使うことはないが，天然鉱物の特徴を由来として利用されている材料もかなり多い．特に固体レーザに用いられる鉱物由来の結晶が多くあり，その典型例を紹介する．

ルビー（$Cr:Al_2O_3$）

ルビーは，コランダム（鋼玉）の変種で，不純物のCr成分で赤色を示す宝石である．クロム三価イオンを活性イオンとして添加した母結晶を用い，1960年に世界で初めて，レーザ発振をした材料としてもよく知られている．放出する発振波長は694.3 nmである．現在では研究・産業にはほとんど用いられていないが，医療用途（特に美容）ではメラニン色素が赤色の波長の光を吸収しやすいことを利用し，シミ・ホクロ消しに利用されている．

チタンサファイア（$Ti:Al_2O_3$）

固体レーザ媒質としてサファイアにチタンをドープした結晶を使用する．発振可能な波長は650〜1100 nmの赤外から近赤外領域にかけてであるが，いちばん効率よく発振できるのは波長800 nmである．ルビーレーザがほとんど使われなくなった現在，チタンサファイアレーザは，高効率の波長可変レーザとして広く使われている．

アレキサンドライト

アレキサンドライトはクリソベリル（金緑石 $BeAl_2O_4$）という鉱物の一変種で太陽光下では青緑，夜の人工照明下では赤へと色変化をおこすことで珍重される．

人工アレキサンドライトは，原料を溶融し，回転引上げ法で活性イオンであるCrを添加して育成する．レーザとして発振する波長は755 nmで，シミ（老人性色素斑，老斑），そばかすの治療，および脱毛に利用されている．

このほか，天然のガーネットとまったく同じ構造をもち，Ndを添加したイットリウムアルミニウムガーネット（$Nd:Y_3Al_5O_{12}$）を用いたYAGレーザは，現在最も小型化，高出力化が進んだ固体レーザとして利用されている． 〔北村健二〕

131 ガラス
Glass

　原子の並び方が周期的配列でない固体状態物質の一種．固体状態では，原子が周期的に配列した物質である結晶と配列に周期性がない非晶質物質とが存在する．ガラスは非晶質物質の一種で，加熱過程あるいは冷却過程において，固体状態から液体状態へ，あるいはその逆の変化に対応する転移が観測される物質．この転移が発生する温度をガラス転移温度とよぶ．厳密には粘性から定義されたガラス転移温度直下の歪点が境界となるが，一般にガラス転移温度より上ではガラス中の原子が移動できる液体状態であり，下では移動しにくい固体状態となる．ガラス中の歪みを解消するにはガラス転移温度以上に加熱して物質移動により内部の組成ムラを解消した後，内部に温度差ができないようにゆっくり室温まで冷却する．また，原子配列に周期性がないことからガラスの諸性質は等方的であり，このため優れた光透過材料となる．また，結晶とは異なり融点はなく加熱に伴って次第に流動性を増していき融液状態となる．

　原料に金属酸化物を添加してガラスを作製すると着色ガラスができる．食器やビンに使われるほか宝石のイミテーションとしても使用される．屈折率の高い酸化鉛をたくさん加えたガラスやアルカリを含まない堅いガラスなどが主に使われる．

　ガラスの光透過性を極限まで利用したものが光通信に使われる光通信ファイバーである．普通の窓ガラスでは約3 cmの厚みで入射した光の強度が半分に減衰してしまうのに対して，光通信ファイバーでは約15 kmの距離を通過してから同様の減衰が起こる．このような透明性を実現するのにいちばん重要なことはガラスの純度を可能な限り高めることであり，このために特殊な製造法が用いられる．蒸留により高純度化された金属塩化物原料を加熱気化させ，酸素と混ぜて加熱分解・反応させ酸化物微粒子として堆積させる．堆積物を再加熱し焼結させてガラスとし，その後紡糸する．光ファイバーのほとんどがシリカを主成分としたガラスで，光が伝わるコアとよばれる部分が光を閉じこめておくクラッドとよばれる円筒状層で覆われた構造になっている．長距離通信には，コア径が約10 μm程度のものが使用される．

　工業生産ガラス製品では，身近な食器，容器や窓などとして使われているソーダ石灰ガラスとよばれるものが生産量の圧倒的な部分を占めている．主原料となる元素は地核を構成する推定存在量上位8元素中に含まれ，非常に安定で耐久性のあるガラスである．ところが単位重さあたりの価格でみると，実に2万倍近くも高く売れているガラスもある．これほど高く売れるガラスとはなにか．これがニューガラスとよばれているガラス製品で，残念なことに実際に目にすることが少ない機能性ガラスである．例をあげると，コンピュータのハードディスク基板，光通信ファイバー，イメージバンドルファイバー（胃カメラなどに使われる），ディスプレー用ガラス（プラズマディスプレー，液晶ディスプレーなど），ソーラーセル用ガラス，ICの製造に欠かせないフォトマスク用ガラスなどであり，エレクトロニクス・情報・エネルギー産業で使用されるさまざまなガラスである．すなわち，ニューガラスとよばれるガラスは，構造材料としてではなく，デバイスや装置などの部品として使われるものであり，ガラスが装置やデバイスの機能の一部を担っている．

　ガラスをガラスでない状態にして使用す

る製品もある．ガラスは過冷却液体を急冷固化したものであり，潜在的に結晶化直前のエネルギー状態にある．したがって，ガラス転移点より高い温度，すなわち，原子やイオンがガラス中で移動可能な過冷却液体状態に保持することで結晶化することができる．ガラスの結晶化は結晶核が生成し，それが成長して進行する．ガラス化しやすい融液の場合，核生成は核成長よりも低い温度で頻繁となり，核成長速度が大きくなる温度域で非常に小さくなる．融液を冷却した場合，核成長温度域を通過するときにほとんど核生成が起きないために結晶成長が起こらずに安定にガラス状態に転移できる．したがって，ガラスを結晶化させるには核生成をどのように促進するかの工夫が必要である．一般に結晶化後にガラスは白濁して不透明となる．しかしながら，析出結晶が可視光波長より小さく，そして，結晶相と周囲のガラス相との屈折率差が小さい場合，結晶化後も透光性を保持させることができる．これが透明結晶化ガラスとよばれるもので，光学素子，耐熱食器，耐熱窓ガラスなどに応用されている．半導体微結晶を析出・分散させたガラスでは3次の非線形光学効果が確認されている．

表1 代表的結晶化ガラスの特長と主な用途

組成系	主な析出結晶相	特長	主な用途
$SiO_2-Al_2O_3-Li_2O-TiO_2$	β-スポジュメン固溶体	低熱膨張，高強度，半透明	耐熱調理器，耐熱食器，レンジトップ
$SiO_2-Al_2O_3-Li_2O-TiO_2$	β-ユークリプタイト固溶体	低熱膨張，高強度，半透明	耐熱調理器，耐熱食器，レンジトップ
$SiO_2-Al_2O_3-Li_2O-TiO_2-ZrO_2$	β-石英固溶体 + ZrO_2-TiO_2 固溶体	低熱膨張，高強度，耐熱衝撃性，透明性	ヒーターチューブ，望遠鏡用鏡，耐熱窓，レーザー反射鏡保持
$SiO_2-Al_2O_3-Li_2O-MgO-ZrO_2$	β-石英固溶体 + 正方晶系ジルコニア	低熱膨張，高強度，耐熱衝撃性，透明性	ヒーターチューブ，望遠鏡用鏡，耐熱窓，レーザー反射鏡保持
$SiO_2-Al_2O_3-MgO-ZrO_2$	β-石英固溶体 + 正方晶系ジルコニア	低熱膨張，高強度，耐熱衝撃性，透明性	ヒーターチューブ，望遠鏡用鏡，耐熱窓，レーザー反射鏡保持
$SiO_2-Al_2O_3-Na_2O-TiO_2$	ネフェリン	高熱膨張，低成形温度	釉薬，食器
$SiO_2-Al_2O_3-BaO-Na_2O-TiO_2$	ネフェリン + セルシアン	高熱膨張，低成形温度	釉薬，食器
$SiO_2-Al_2O_3-MgO-TiO_2$	コーディエライト + ルチル TiO_2	高熱安定性，マイクロウェーブ，低損失性，高耐熱衝撃性	レーダードーム（ノーズコーン）
$SiO_2-Al_2O_3-CaO-TiO_2$	アノーサイト + ヲラストナイト	高化学耐久性，高温高強度，高耐摩耗性	建築壁材料，タイル

結晶化ガラスプロセスは，ガラスの特長である成形しやすさを活かしてさまざまな形の緻密な大型結晶製品を作製するのに適しているプロセスである．すなわち，結晶化ガラスは，最初に硝子の状態で所望の形に成形し，その後に加熱処理して結晶化させて作製する．結晶化過程では，まずガラス中に結晶核を生成させ，その後核成長温度域に加熱・保持し結晶を所望の大きさまで成長させる．一般に，ガラス化しやすい組成を用いるため，結晶核を発生しやすくする核生成剤を添加し，核生成速度，核成長速度が大きいそれぞれの温度域で熱処理する2段階熱処理が用いられる．核生成剤には，ガラスマトリックスに溶け込みにくく核生成を促進する高表面エネルギーサイトをつくりうる，TiO_2, ZrO_2, Fe_2O_3, V_2O_5, NiO, Cr_2O_3などの酸化物やフッ化物，硫化物などが用いられる．また，ガラスの結晶化がガラス表面で発生しやすいことを利用し，ガラスを細かく砕いて型枠に入れ，軟化温度以上に加熱して融着・結晶化させる方法も用いられる．大きな粒子も混ぜておくことにより自然な文様をつくることができ，人造大理石の製法として実用化されている．

結晶化ガラスは，高機械的強度，高電気絶縁性，低熱膨張，高熱膨張性，高耐熱，透明性，高誘電率，高誘電損失などの特性を有するセラミックスの作製に応用されている．**表1**に代表例を示す．これらのほかに，フッ化物などを導入した系（SiO_2-B_2O_3-Al_2O_3-MgO-K_2O-F系など）で，フッ素化合物の針状や板状の結晶を析出させ機械加工を可能としたセラミックスも市販されている．また，ハロゲン化銀を添加し光が当たったところに銀の微結晶を析出させて結晶核として機能させ，光の当たったところだけ選択的に結晶化することのできる製品（SiO_2-Li_2O-Na_2O-Al_2O_3-CeO_2-$AgCl$系など）も生産されている．エッチング処理と組み合わせて，露光による精細なパターン加工や形状加工，すなわち，フォトエッチング加工が可能である．

〔井上　悟〕

132
蛍光材料
Luminescence materials

一般に蛍光体は次に述べる物質を指す．物質にある種のエネルギーを外から加えたとき，その物質が目で確認できる光，可視光を外に向けて発する．代表的なエネルギーはX線，電子線，紫外線と可視光線，あるいは，電気があり，それぞれ，医療用機器，液晶テレビに取って代わられたブラウン管テレビ，蛍光灯とLEDランプ，あるいは，腕時計の文字盤のバックライトに蛍光体が利用されてきた．

蛍光体は母体結晶とその結晶中の元素を一部置換する発光中心元素からなる．発光中心元素は遷移金属，あるいは，希土類元素である．代表的な遷移金属元素は第一遷移元素のTi, Cr, Mnで，ブルーサファイア（α-Al_2O_3：Ti, Fe）やベニト石（$BaTiSi_3O_9$），ルビー（α-Al_2O_3：Cr），方解石（$CaSiO_3$：Mn）において青紫，深赤色，淡赤色の蛍光がそれぞれ観察される．

一方，希土類元素はCe, Euであるが希少であり，一般に鉱物において蛍光が観察されにくく，鉱物の結晶構造を真似て人工的に合成した蛍光体，例えば，灰礬ざくろ石（$Ca_3Al_2(SiO_4)_3$）などのガーネット構造を有するYAG（$Y_3Al_5O_{12}$：Ce）やトリジマイト構造のN夜光（ルミノーバ）（$SrAl_2O_4$：Eu, Dy）（根本特殊化学（株））において黄色，緑黄色の蛍光がそれぞれ観察される．

蛍光顕微鏡で観察されるYAG粉末は大きさが1から数十μm程度の単結晶粒子からなる．LEDランプにある白色LED内ではYAG粉末を樹脂によく分散させたものを青色LEDチップの上に載せ，LEDチップから放出される青色光の一部を吸収したYAGが黄色光を発し，吸収されずに樹脂層を透過した青色光と先の黄色光が足し合わさって照明に必要な白色光をつくりだす．

N夜光（ルミノーバ）は放射性物質の助けを借りず，一晩中，緑黄色発光しつづける夜光塗料として腕時計の文字盤に利用された．さらに，これを樹脂やガラスに混入することによって電気機器のリモコンボタンや地下道の壁や足元にある誘導標識にと広く使用されるようになった．

蛍光体の歴史は古く，福本[1]によれば，13世紀頃，錬金術師アルベルトゥス・マグヌスがダイヤモンドの金剛石が光ることを認め，その後，17世紀にはイタリアのボローニャ石（重晶石，$BaSO_4$）が光る石として錬金術師たちの間で話題となった．

ダイヤモンドと同様に岩塩，石英，閃亜鉛鉱などの発光も13世紀より知られてきた．これらの発光は先に述べた蛍光体と異なり，発光中心元素による発光でなく，母体結晶中の元素の欠陥あるいは一部置換する不純物元素によって発光する．これまで，閃亜鉛鉱の硫化亜鉛（ZnS）はAg, Al, Cuなどの不純物元素によってブラウン管テレビや蛍光表示管用蛍光体として利用され，今後は，エレクトロルミネセンス（EL）パネルへの実用が期待される．

日本でも，10世紀頃，原料に牡蠣貝を使って蛍光体をつくり，これを絵具に混入させて夜だけ見える不思議な絵を書家たちが描き，宋の太宗がその絵の一つとなる牡牛の絵を所蔵していたそうである．その後，18世紀になってジョン・カントンが牡蠣貝に硫黄を加えて焼成し，カントンリンとよばれる蛍光体をつくった．

リンの元素が暗所で発光するため，ボローニャ石に代表される蛍光体も同じ種類のものであると信じられ，いずれも燐（Phosphor）と呼ばれ，発見者の名や地名

を冠して区別されてきた（これが，蛍光体を現在でも英語名として Phosphor と訳すゆえんである）．

　これら蛍光体は化学の進歩に伴って19から20世紀にかけて人工的につくられるようになり，レナードおよびその共同研究者は母体結晶と発光中心元素をいろいろ組み合わせて800種類もの蛍光体を新たに合成し，その物理的な研究を行った．その後も，鉱物や宝石になかった新しい蛍光体が数々合成されてきた．ただし，鉱物や宝石の知識は母体結晶の選択や発光特性の理解に利用されている．　　　　　〔上田恭太〕

● 文献
1) 福本喜繁 (1942) 蛍光体．pp. 1-14, 河出書房, 東京．

133
半導体
Semiconductor

半導体は，21世紀の社会を陰日向から支える重要な物質である．例えば，携帯電話の中身は電子回路であるシステムICや液晶ディスプレイの隠れた駆動用電極など，機能素子のほとんどが半導体シリコンやヒ化ガリウムや酸化インジウムなどからできている．

物質の電気抵抗を調べると，金属を代表とする電気伝導体とガラスやプラスチックのような絶縁体がある．両者の間の特性値をもつ物質が半導体である．半導体は，その成分，物質構造によってさまざまな電気・光学的物性を大きく変化されることができ，増幅装置やセンサーなどを作成できるので重要である．

■半導体の歴史

物質として半導体と現在認識されている硫化銀の電気抵抗率が金属と異なり温度上昇とともに現象することが，M.ファラディによって1839年に発見された．1873年には方鉛鉱に金属線を接触させることにより電流が整流されることが，ブラウンによって発見された．

ただし，これらの発見は理論的に理解されているのでなく，あくまで現象の発見であった．現象の原理的理解が可能になったのは20世紀になって量子力学が確立し物性理論のバンド理論が完成してからであった．

■素子として半導体の歴史

半導体が素子として初めて用いられたのは鉱石ラジオ（中波）の検波器である．検波器には，鉱山から掘り出された黄鉄鉱や方鉛鉱が使われた．のちに，白熱電球の研究上で発見されたエジソン効果を研究したフレミングによって開発された二極真空管が検波に使用されることになり，鉱石検波器は駆逐された．さらにド・フォレストによって三極真空管が開発されヘッドホンを用いずにスピーカで聞けるラジオが完成した．

第二次世界大戦前夜の頃，レーダーとして用いる短波長の電磁波であるマイクロ波の検波器としてしては二極真空管が動作しないため鉱石検波器が復活し，さらに特性のよいゲルマニウム，シリコンが固体検波器として通信機やレーダーに用いられた．

■増幅・スイッチ素子としての半導体

ベルによって発明された有線電話は，1910年代にはアメリカの東海岸から西海岸までの大陸横断電話線として発展してきた．

長距離電話を高品質低価格で実現するためには途中で音声信号の増幅と自動交換機が必要であった．しかし増幅には壊れやすく短寿命の三極真空管が，交換作業には手動もしくは短寿命である接点を用いた電磁リレーが用いられていた．

電話会社の開発担当役員であったケリーは，1930年代この隘路を克服するため，真空管とリレーに代わる素子を開発する計画を立て，MIT出身のショックレーをベル電話研究所にヘッドハンティングし開発を命じた．

ショックレーは整流作用をもつ二極真空管が増幅作用をもつ三極真空管に進化したようにゲルマニウム半導体が検波器のような整流作用だけでなく増幅（スイッチング）作用がおこるのではないかと仮説を立て，優れた実験能力をもつブラッテン，理論物理学者のバーディーン（超伝導のBCS理論でも有名）とともに研究を開始した．

ゲルマニウム結晶にネコのひげ金属針（ウィスカー結晶）を接触させると整流作用が出現するということから，彼らはゲル

マニウム結晶にわずかにすきまを開けた2本の金属針を接触させることにより増幅作用が出現するという仮説をたてて実験を行った．

長期にわたる研究の結果，ブラッテンは1947年12月23日に電極をつけたシリコン結晶に2本の金属針を接触させた状況において増幅効果を発見した．ブラッテンはバーディーンとともに確認を行い，ここに三極真空管に替わる固体増幅器点接触型トランジスターが誕生したのである．ただし8年以上の間，固体増幅器の実現に努力してきたショックレーはその場にいなかったためトランジスターの発明者にはなれなかった．

実用化されたトランジスターは，振動や温度変化に不安定な点接触型でなく，ショックレーが考案した針をもたない結晶中に pnp または npn 接合をもつ接合型トランジスターが用いられた．接合型トランジスターは，単結晶を作成するときに不純物（電気のもと）を投入してつくる成長型や3つの結晶を用いて合金をつくって作成する合金型トランジスターとして市場に登場した．

さらに電流を用いて制御する接合型トランジスターよりも電圧を用いて制御する低消費電力で動作するMOS型構造をもつMOS型トランジスターが多用されている．このトランジスターは1つのシリコン基盤上に複数のものを同時に作成可能であり，かつ酸化シリコンが絶縁体として用いることができるので，シリコン基盤に複数の素子を並べて1つの機能をもった集積電子回路ICを構成することができるようになった．世界最初の集積回路ICはキルビーによって，ひとつのシリコン基盤でなく，プラスチック基盤に複数の素子をはんだづけすることによって作成された．

集積回路作成技術をもちいて，電卓機能競争の後押しを受けてプログラム内蔵電卓を実現するために中央演算回路CPUi4004が嶋正利とテッドホフによって発明された．これのCPUによってマイコン時代の幕が切って落とされた．

集積回路上のトランジスター数はムーアの法則に導かれて18カ月ごとに2倍になった．

電子回路をシリコン基盤上に作成する製版技術は，通常の機械加工技術を超えた小さな機械部品をつくるのに応用されたり，電子1個を操作対象とする量子効果が現れる大きさの素子を作成するために用いられている．

■酸化物半導体，化合物半導体

酸化インジウムを主体にする酸化物半導体は液晶ディスプレイを駆動させるための電極として大量に用いられている．日本で発明された酸化亜鉛を主成分とする酸化亜鉛化合物は電気回路．電子回路の異常電圧から回路を守る素子として役立っている．

■高純度シリコンの製造方法

シリコンの材料は珪石（酸化シリコン）を電気炉において炭素電極をもちいて還元反応によって粗製シリコン（純度99%程度）を得る．

粗製シリコンを塩酸と反応させトリクロロシラン（$SiHCl_3$）に変える．この化合物を蒸溜装置をもちいて精製し，電気炉中で多結晶の種シリコンにシリコンとして還元すると99.999999999%（11N）の多結晶シリコンを得る．

多結晶シリコンを高純度の酸化硅素で作られた容器（直径1m程度）に入れ真空中で加熱して溶解し，容器の上から決められた結晶方位の単結晶を液面に接触させて結晶を回転させてゆっくりと引き上げる（チョクラルスキ（CZ）法）．

作成した単結晶をダイアモンドカッターによって薄板状に薄くスライスするとシリコン基盤が得られる． 〔中村真佐樹〕

134
光触媒
Photocatalyst

光触媒は，1972年Nature誌で本多・藤嶋らが酸化チタン光電極とPt対極を用いた光電気化学セルによる水の分解現象（本多-藤嶋効果）について発表した[1]ことを契機に一気に注目されるようになった．原理的には，図1に示されるように，半導体の価電子帯にある電子が光のエネルギーによって，伝導帯に励起される．その際，価電子帯に生じるプラスの電荷をもつ正孔は強い酸化力をもち，水を酸化して酸素を発生したり，有機有害物質から電子を奪い分解・無害化させる．一方，伝導帯に励起したマイナス電荷の電子の還元作用で水から水素を生成する．このように，光触媒材料は，光照射によって半導体中に励起された正孔と電子の強い酸化・還元力を利用する機能材料であり，21世紀の深刻な環境・エネルギー問題を解決する夢の材料として注目されている．

しかし，すべての半導体が光触媒材料として機能するわけではない．前述のように，光励起した正孔と電子が適切な酸化・還元力を有することが前提である．つまり，半導体の価電子帯のポテンシャルは分解対象物の酸化電位よりもさらに正でなければならないし，同時に伝導帯はその還元電位よりもさらに負側に位置しなければならない．これら熱力学的な必要条件をクリアしたうえで，光触媒反応が進むためにはさらに電荷が分離したまま表面に移動し，表面活性種の生成などを通じ，水や有機物を酸化・還元するという複雑なプロセスを経る必要がある．したがって，実際に光触媒として機能する材料は非常に限られている．

■研究動向

酸化チタン光触媒が発見された1970年代頃では当時のオイルショックをはじめとする世界的なエネルギー危機と相まって，世界各国で半導体光触媒を用いた水の分解による水素製造に関する研究が精力的に行われてきた．

また，1990年頃から酸化チタン光触媒の環境浄化への応用が模索しはじめられた．特に1994年に発見された光励起親水化機能[2]は，多くの範囲で実用化の可能性を秘めている．現在酸化チタン光触媒の有機物に対する高い酸化分解機能，さらに親水化機能を組み合わせたセルフクリーニング機能はすでに脱臭，抗菌，防汚・防曇などの用途に応用されている．

しかし，酸化チタン光触媒はバンドギャップが3.2 eVもあるため，波長が400 nmより短い，エネルギーの高い紫外線領域の光しか吸収しない．一方，太陽光ならびに室内照明のうち，紫外光はほんのわずかしか含まれていないため，酸化チタンでは光エネルギーを有効に利用することができない．このような状況を打開すべく，可視光に応答できる材料の探索が広く行われてきた．

アプローチの一つとして紫外光応答タイプの酸化チタン（TiO_2）へ異種金属（CrやVなど）あるいはアニオン（N, S, など）のドープを施すことによる可視光化が盛ん

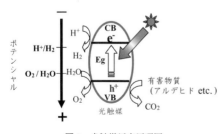

図1　光触媒反応原理図

に行われてきた[3].しかし,母体の結晶構造を維持するため,ドーピングできる量はごく微量であり,また,ドープした準位が光励起した電子とホールの再結合サイトになりやすいため,可視光化効果が限定的である.

一方,もっと広い範囲の可視光に応答するために,酸化チタンの枠組みにとらわれない新規可視光応答型光触媒の開発に近年関心が集まっている.バンドギャップが小さく,可視光領域に吸収を有する非酸化物半導体(硫化カドミウム,セレン化カドミウムなど)が模索されたが,光照射下で価電子帯に生成するホールによって半導体自身が酸化溶解し,安定に機能しないなど問題点が多い.実用の観点から,比較的安定性の高い酸化物光触媒が望まれる.その中,近年硫化物およびその固溶体[4],オキシナイトライド[5],複合金属酸化物[6,7]などさまざまな新規光触媒が報告された.さらに,元素戦略の観点からクラーク数の比較的大きいSi,Al,Feなどの元素より構成される鉱物材料が近年注目され,近い将来のブレークスルーが期待される.

■応用展望

水分解による水素エネルギー製造

伝導帯電子が水を還元し水素を発生する一方,価電子帯の正孔が水を酸化し,酸素を発生する.人工光合成技術と例えられるこの反応は,最も直接でクリーンな水素製造法といえる.この水素生成技術を実用化することができれば,化石燃料の不足あるいは地球温暖化問題の根本的な解決に道を開いていくであろう.

有機有害物質の分解・除去

光のみを利用し,電気などのエネルギーを使わずに大気や水汚染の浄化や,防汚・抗菌作用を示すなど,まさに環境にやさしい浄化技術として広く応用できる.日本の市場規模は現在1000億とされているが,数年中に1兆円市場にも到達すると期待されている.

その他

光励起超親水化現象を利用したヒートアイランド現象緩和,光触媒を利用した二酸化炭素の光還元・資源化の可能性が検討されている.

光触媒材料は,低負荷型浄化技術として,環境保全分野への応用に広がりを見せる一方,太陽光エネルギーを化学エネルギーに変換・貯蔵する「人工光合成技術」としても多大な可能性を秘めている.水から水素燃料を製造したり,二酸化炭素をメタンなどに還元・資源化するなど,まさに夢のような技術を提供することも可能である.これらの技術の実現には高感度な可視光応答型光触媒材料の開発が重要な鍵を握っている.特に,計算科学を利用した表面・界面物性の知見を基に優れた材料の設計・創製,その場計測手法を最大限に利用した表面・界面での酸化・還元反応経路の解明,表面ナノ構造制御による多電子反応の促進などが重要な課題となる.高性能光触媒材料の開発によって,環境・エネルギー分野への新たな応用開拓・市場拡大が期待される.

〔葉 金花〕

●文献

1) A. Fujishima and K. Honda (1972) *Nature*, **238**, 37.
2) R. Wang, *et al.* (1997) *Nature*, **388**, 431.
3) R. Asahi, *et al.* (2001) *Science*, **293**, 269.
4) I. Tsuji, H. Kato and A. Kudo (2005) *Angew. Chem. Int. Ed.*, **44**, 3565.
5) K. Maeda, *et al.* (2006) *Nature*, **440**, 295.
6) Z. Zou, J. Ye, *et al.* (2001) *Nature*, **414**, 625.
7) Z. Yi, J. Ye, N. Kikugawa, T. Kako, *et al.* (2010) *Nature Mater.*, **9**, 559-564.

135
超伝導材料
Superconducting materials

超伝導（superconductivity）とは，物質を極低温に冷却したときに電気抵抗が急激にゼロになる現象のことで，1911年にオランダの物理学者カメルリング・オネスによって発見された．物質が超伝導へ転移するときの温度は臨界温度または超伝導転移温度（T_c）と呼ばれ，既存の超伝導体よりも高い T_c を有する新物質を開発することは現代物理学における重要な研究目標の1つになっている．超伝導の属性には電気抵抗がゼロになることのほかに，完全反磁性という特異な現象がある．これは，T_c より高い温度の超伝導体に磁場をかけ，そのまま冷却して超伝導状態に転移させると超伝導体の内部から磁場が押し出される現象のことで，「マイスナー効果（Meissner effect）」ともよばれる．

超伝導材料の実用化にとって重要な特性は，T_c のほかに臨界磁場と臨界電流密度がある．超伝導体にかかる磁場を強くしていくと，ある強度で超伝導状態が破綻し常伝導状態に転移する．そのときの磁場の値を臨界磁場（H_c）という．一方，ある温度・磁場において，単位断面積あたりの超伝導体に抵抗ゼロで流すことのできる電流の最大値のことを臨界電流密度（J_c）とよぶ．J_c の値を超えて電流を流すと超伝導状態が破綻し常伝導状態になる．このように，材料としての超伝導体は図1に示す温度・磁場・電流密度の臨界面の内側でしか使用することができない．よって，超伝導材料の実用化のためには，T_c だけでなく H_c や J_c もより高い値まで上昇させることが重要である．

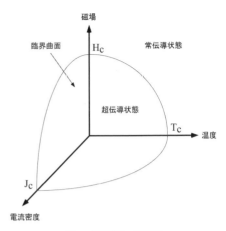

図1　超伝導体の臨界面

超伝導は現在，エネルギー，医療，運輸などの広い分野で利用が進んでいる．典型的な実用例としては，超伝導線を巻き線として使用した超伝導マグネットによって発生する強力な磁場を利用するシステムで，医療機関で使用されている核磁気共鳴断層装置（MRI），化学分析に使われる核磁気共鳴分析装置（NMR），リニアモーターカーなどの超伝導磁気浮上列車などがある．一方，エレクトロニクスへの応用例としては，フィルタ，アンテナ，共振器，超伝導量子干渉計（SQUID），演算回路などがある．とりわけSQUIDはきわめて微弱な磁場を検出できるので，物性研究の分野はもちろん，心臓や脳からの微弱磁場の観察などにも活用されている．

超伝導を示す物質としては，単体元素，金属，合金，金属間化合物，酸化物，硫化物，窒化物，ホウ化物，有機物など，実にさまざまなものがある．現在，実用材料として最も広く利用されているのは，金属系超伝導体のニオブ・チタン合金（Nb-Ti；T_c = 9.8 K）およびニオブ・スズ化合物（Nb_3Sn；T_c = 18.2 K）である．そのほか，ニオブ・アルミニウム化合物（Nb_3Al；T_c = 18.5 K）

やニホウ化マグネシウム（MgB_2：T_c = 39 K）などが実用化へ向けて研究が進められている．

超伝導を語るうえで外せない重要な物質としては，IBM・チューリッヒ研究所のベトノルツとミュラーによって1986年に発見されたランタン（La）系超伝導体[1]を契機とする一連の銅酸化物高温超伝導体がある．この物質は，それまで理論的に不可能といわれていた「T_c = 40 Kの壁」を初めて超えた超伝導体であると同時に，超伝導発現のメカニズムについても既存の常識を根本から覆し，新たな理論の構築を促すこととなった．ランタン系の発見を受けて銅酸化物の物質探索研究は一気に加速し，わずか1年足らずの期間でT_cの最高値は100 K近くまで跳ね上がった（図2）．世界中の研究者たちが競って更に高いT_cをもつ超伝導体の合成探索研究を実施するという，いわゆる「超伝導フィーバー」が巻き起こったのである．

銅酸化物高温超伝導体の結晶構造はペロブスカイト（perovskite）構造をベースとしており，伝導面であるCuO_2平面を含むペロブスカイト構造層と電荷供給層であるブロック層（blocking layer）の積層構造によって構成されている．ブロック層に含まれる元素の組み合わせや，結晶構造中のCuO_2平面の枚数をさまざまに変化させることにより，これまでに200種類近くの銅酸化物高温超伝導体が発見されている．今のところ，1993年に発見された水銀（Hg）系が最高のT_c = 135 Kを有する．この値は，現在までに発見されているすべての超伝導物質の中での最高値である．

銅酸化物高温超伝導体は金属系超伝導体に比べると格段に高いT_cとH_cを有しており，安価な液体窒素で冷却できるなどの利点をもっている．しかし，銅酸化物はセラミックスであるため加工性に乏しく，超伝導材料として実用化するためには解決すべき問題が多く残されている．現在，液体窒素温度（77 K）以上で使用できる超伝導線材を目指し，ビスマス（Bi）系（T_c = 110 K）とイットリウム（Y）系（T_c = 90 K）において実用化への取り組みが続けられている．

近年，超伝導関連の研究は新規超伝導物質の発見を契機に飛躍的に進展し，研究者はそのつど激烈な研究開発競争にさらされる．最近では，2008年に報告されたT_c = 26 Kの$La[O_{1-x}F_x]FeAs$[2]を契機とする一連の鉄ヒ素化合物超伝導体の発見が記憶に新しいところである（図2）．いうまでもないことだが，超伝導分野における最終的な目標は室温超伝導体の発見および実用化であり，現在も目標達成のため日々研究が実施されている．2011年3月の東日本大震災以降における電力供給の危機的状況を踏まえ，今後は送電用電力ケーブルや電力貯蔵といったエネルギー分野への応用を目指した超伝導材料研究に一層力が注がれることになるだろう． 〔川嶋哲也〕

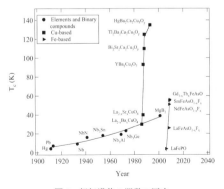

図2　超伝導体の開発の歴史

● 文献
1) J.G. Bednorz and K. A. Müller（1986）Z. Phys., **B64**, 189-193.
2) Y. Kamihara, T. Watanabe, M. Hirano and H. Hosono（2008）J. Am. Chem. Soc., **130**, 3296-3297.

136
フィラー・複合材料
Filler and composite materials

複合材料においてフィラーとは，物性改良および機能の付与，あるいはコストダウンなどの目的のために添加される粒子や粉状の物質のことである．フィラーは，プラスチック，ゴム，塗料，接着剤などの高分子だけではなく，紙，金属，セラミックスなどにも添加されて使われている．さまざまなフィラーがあるが，その中で鉱物フィラーの占める割合は非常に大きく，鉱物固有の特性を活かした複合材料開発が進められている．ここでは，代表的な鉱物フィラーについて紹介する．

■ 炭酸塩鉱物

炭酸塩鉱物の一つである炭酸カルシウム（$CaCO_3$）には，方解石（カルサイト），あられ石（アラゴナイト），バテライトなどの結晶多系がある．高分子複合材料用フィラーとしては古くからカルサイトが使われている．一般的に炭酸カルシウムには大きな補強効果を期待できないため，増量剤として利用されることが多かった．しかし，近年力学特性を改良するためにウィスカー状など形態制御した炭酸カルシウムも登場している．

自然界にも優れた複合材料がある．アワビなどの貝殻類は主としてアラゴナイトで構成されていて，非常に割れにくく高い靱性を示す．その秘密はアラゴナイトの真珠層にあり，アラゴナイトプレート（厚さ数百nm，長さ数十μm）と，厚さ数十nmの有機成分層とが煉瓦のように交互に積層した構造を形成している．このような構造を模倣した複合材料の研究も進んできている[1]．

■ 水酸化鉱物

水酸化鉱物には，ギブサイト［$α$-Al$(OH)_3$］，ベーマイト［$α$-AlO(OH)］，ダイアスポア［$β$-AlO(OH)］，ブルーサイト［$Mg(OH)_2$］などがあげられる．これらの水酸化鉱物は，加熱するとおよそ200〜350℃で水を放出するので，水酸化鉱物含有の高分子複合材料は，燃焼時に吸熱と水蒸気による酸素遮断効果によって燃えにくくなる．このような材料は，電気・電子部品（電線ケーブルの被覆材など），建材，自動車部品など難燃性を必要とする高分子部材に利用されている．

■ リン酸塩鉱物

リン酸塩鉱物のアパタイトにはフッ素アパタイト［$Ca_5(PO_4)_3F$］，塩素アパタイト［$Ca_5(PO_4)_3Cl$］，水酸アパタイト［$Ca_5(PO_4)_3(OH)$］などがある．歯や骨を構成する主成分となるのは水酸アパタイトである．生体硬組織は，水酸アパタイトとコラーゲンからなるナノコンポジットである．医療分野ではさまざまな代替材料の研究開発が進められており，例えばアパタイトとシルク繊維との複合繊維は，新しい経皮デバイスとしての応用が期待されている[2]．

■ ケイ酸塩鉱物

フィロケイ酸塩のグループに属するスメクタイト（粘土鉱物の一種）は層状鉱物である．スメクタイトにはモンモリロナイト，バイデライト，ノントロナイト，サポナイト，ヘクトライトなどの鉱物種があげられ，強い親水性，水に対する膨潤性，劈開性をもっている．また，層間イオンと有機陽イオンとのイオン交換反応によって層間化合物を形成する．この性質を利用して開発されたのが，粘土鉱物を劈開して1 nmの厚みのシート状粒子を高分子と複合化した粘土-ポリマーナノコンポジットである．ナノコンポジットは，機械的性質とガスバリア性を飛躍的に向上させることから自動車部材や包装材料などに使われはじめてい

る．また難燃性にも優れることから電気・電子部品への応用も検討されている．

マヤ文明やアステカ文明では，パリゴスカイトという繊維状粘土鉱物がマヤブルーとよばれる顔料の基材として利用されていた．パリゴスカイトは一方向に延びた空孔（チャンネル構造）をもつので物質の吸着に優れている．マヤブルーは明るい空色で時間がたっても色あせず，厳しい気候の変化や酸，アルカリにも非常に強いことが知られている．最近の研究でマヤブルーは，藍の成分であるインディゴという有機分子がパリゴルスカイトのチャンネルにはまり込んだ有機-無機ハイブリッドであることがわかっている[3]．

■酸化鉱物

酸化チタン（TiO_2）は結晶構造の違いで，鋭錐石（アナターゼ），金紅石（ルチル），正方板チタン石（ブルッカイト）に分類され，これらの3種類は天然鉱物としても産出する．酸化チタンは，紫外光を吸収すると強い酸化還元作用を示すことから，環境浄化，脱臭，抗菌，防汚，超親水化（防曇）などの作用をもつ光触媒として利用されはじめている．高分子複合材料としては，酸化チタン層と高分子との間にプライマー層を設けることによって，高分子の分解を抑止することが必要となる．

酸化チタン多孔質膜にルテニウム錯体などの色素を複合化した色素増感太陽電池は，大量生産に適した構造であることから次世代の低コスト太陽電池として注目されている．この多孔質膜の構造や化学的性質が，太陽電池の効率に大きく影響している．

■元素鉱物

元素鉱物として石墨（グラファイト）がある．グラファイトが剥がれて厚さが原子1個分しかない単一層となったものをグラフェンという．ナノスケールの同素体フィラーとしては，フラーレンやカーボンナノチューブが知られている．

炭素系フィラーはもともと優れた導電性を有するため，高分子マトリックス中でストラクチャ（導電パス）を形成させることで絶縁性の高分子に導電性を付与できる．例えば，燃料電池用セパレータなどに炭素系フィラーを高充填した複合材料が検討されている．

また，近年グラフェンを利用した複合材料の研究開発も盛んに行われていて，さまざまな高分子とのナノハイブリッドの報告がある[4~6]．

■人造鉱物

きわめて高い誘電率を有するチタン酸バリウムはペロブスカイト構造の人工鉱物である．これらはセラミック積層コンデンサなどの誘電体材料として使用されている．また，チタン酸カリウムウィスカー（単結晶繊維）は，耐薬品，耐熱性，耐摩耗性に優れていることから，ポリアセタール樹脂との複合材料が自動車のブレーキ用材料，ギアなど摺動部材に利用されている．

鉱物フィラーの形態制御，物性制御，そして高分子との界面制御の技術はますます発展するであろう．社会ニーズが変化していく中で，鉱物フィラーの使われ方も多様化し，次々に新しい複合材料が生まれてくるに違いない．　　　　　〔田村堅志〕

●文献

1) T. Kato (2000) *Adv. Mater.*, **20**, 1543.
2) T. Furuzono, T. Taguchi, A. Kishida, M. Akashi and Y. Tamada (2000) *J. Biomed. Mater. Res.*, **50**, 344-352.
3) P. Gómez-Romeroa and C. Sanchez (2005) *New J. Chem.*, **29**, 57-58.
4) V. Eswaraiah, K. Balasubramaniam and S. Ramaprabhu (2011) *J. Mater. Chem.*, **21**, 12626-12628.
5) D. D. Kulkarni, I. Choi, S. S. Singamaneni and V. V. Tsukruk (2010) *ACS Nano*, **4**, 4667-4676.
6) X. Zhao, Q. Zhang and D. Chen (2010) *Macromolecules*, **43**, 2357-2363.

137 化粧品に用いられる鉱物
Cosmetics

　化粧品の歴史を語るうえで，鉱物は非常に重要な意味合いをもつ．古くは紀元前2200年ごろ，中国で最古の白粉である鉛白（塩基性炭酸鉛）が鉱物からつくられている．また日本書紀の中にも，火酢芹命（ほすせりのみこと）が彦火火出見尊（ひこほほでみのみこと）に降伏して臣下の礼をとるにあたり，赤土で身を汚して忠誠を誓ったという記述があるが，この赤土には多量の赤酸化鉄が含まれていたと推察される．このように化粧品と鉱物は古くから密接な関係を有しているが，現在に至っても化粧品における鉱物の重要性は変わっていない．

　化粧品に多く用いられる鉱物は雲母（マイカ），カオリン石（カオリナイト），タルク（滑石）などに代表される粘土鉱物である．雲母は劈開性のある板状の鉱物であるが，これを粉砕した粉末は肌へのつき，なめらかさに優れており，ファンデーションや白粉を形作る元となる「体質顔料」として用いられる．また雲母はその板状構造から光を正反射させる性質をもつため，雲母を多く配合することにより，適度なツヤをもった化粧料をつくることができる．雲母には白雲母，金雲母，黒雲母などがあるが，これは鉄の含有量の違いによって分類される．化粧品に多く用いられるのはこれらのうち白雲母と金雲母である．黒雲母は金雲母よりも柔らかくソフトな感触をもつが，色が悪く化粧料に大量に配合すると，化粧料の外観色や塗布時の仕上がりに悪影響を与えてしまうため，ファンデーションや白粉など，自然な仕上がりを重視するメーキャップ製品にはほとんど利用されない．

　前述のようにほとんどの天然の雲母には多かれ少なかれ鉄が含まれているが，この鉄の含有が化粧品に「くすみ」を引き起こすことがある．現在の多くのメーキャップ製品は皮脂を吸着させる粉末などを配合し，粉末が皮脂に濡れることによる色変化（いわゆる「くすみ」）を防止するように努めているが，大昔のメーキャップ製品は顔面に塗布した後，皮脂の分泌に伴い経時で色が暗く濃く変化し，朝つけたファンデーションが夕刻になると暗くくすんだように見えることが少なからずあった．

　この天然雲母のもつ色ぐすみ問題を解決したのが合成雲母である．合成雲母は合成フッ素雲母ともよばれ，天然雲母結晶中の水酸基がフッ素原子に置き換わった構造をしている．合成雲母の原料は二酸化ケイ素，アルミナ，酸化マグネシウム，ケイフッ化カリウム，フッ化カリウムであり，鉄などの成分を含んでいないため白色度が高く，油に濡れても色調が変化しにくいという特徴を有する．この特徴を利用して，合成雲母を大量に配合することで，時間がたっても生き生きとした肌色を演出するメーキャップ製品の開発が可能となった．

　雲母はその形状を生かし，特徴ある素材を作り上げることができる．それがパール剤とよばれる酸化チタン被覆雲母である．酸化チタン被覆雲母は雲母の上に薄い酸化チタン層を被覆して得られる素材であり，雲母の平滑な板状構造と酸化チタンの反射率の高さから，真珠のような独特の光輝感を与える．この光輝感は酸化チタン層と雲母層の間でつくられる干渉光によるものであり，酸化チタン層の膜厚を変えることで，さまざまな色の干渉光をもつパール剤が得られる．近年はパール剤の種類も多岐に及んでおり，酸化チタン層の表面を還元し，薄い低次酸化チタンの黒色着色層に変化させた低次酸化チタン被覆雲母や，酸化チタン層の上にさらに屈折率の異なる無機物質（シリカなど）を被覆し，再度酸化チタ

ン層をコーティングさせた多層積層構造をもつ新規パール剤などが開発されている．低次酸化チタン被覆雲母は，正反射方向の光は非常に強く反射する反面，拡散方向の光の多くは黒色の低次酸化チタン層に吸収されるため，顔に塗布すると輪郭部では暗く，ほほの中心部では非常に明るくといった陰影のコントラストのついた顔立ちができあがる．これは女性の黒ストッキングのように顔立ちをすっきりと見せる効果があり，一部のメーキャップ製品に応用されている．多層積層構造をもつパール剤は，粉末表面で光の干渉が幾重にも起こるため，非常に強く鮮やかな干渉光をもつのが特徴である．この粉末は化粧品のほかに，車の塗装剤としての利用も検討されている．

化粧品には雲母以外の粘土鉱物類も多く利用されている．粉末状に微細化されたカオリンは雲母と比べアスペクト比が非常に小さいため，雲母とは逆にメーキャップ製品に配合すると光沢を抑える働きをする．またカオリンは吸油，吸水特性に優れており，皮脂や汗による化粧崩れを抑える働きがある．タルクは雲母やカオリンと比べ，独特のぬめるようななめらかさがある．モース硬度も1と非常にやわらかいため，そのソフトな肌あたりからベビーパウダーや粉白粉の基剤として使われることがある．

モンモリロナイトをはじめとする膨潤性粘土鉱物も化粧品に多く用いられる．モンモリロナイトは水中で膨潤しチキソトロピックなゲルを形成するため，水中油型（O/W型）クリームの増粘剤として使われることが多い．さらにモンモリロナイトの相間の一部を四級アンモニウム塩などの有機物で置換した有機変性粘土鉱物は，油をゲル化する働きがあるため油中水型（W/O型）のクリームのゲル化剤として用いられる．モンモリロナイトによるゲルは粘土鉱物特有のぬめり感を有するが，これをクリームに配合すると「こく」感のある濃厚な肌触りをもったクリームが得られるため，ナイトクリームなどの製品に配合されることが多い．

粘土鉱物のように鉱物をそのまま利用するわけではないが，鉱物を原料として得られる素材で化粧品に欠かせないものがある．それが酸化チタン，酸化鉄のような無機酸化物である．酸化チタンはチタン鉄鉱（イルメナイト）から得られる無機化合物でアナターゼ型とルチル型，およびブルッカイト型という3種の結晶構造を有するが，化粧品に用いられるのは主にアナターゼ型とルチル型の酸化チタンである．白色の粉末で他の無機化合物と比べ非常に高い屈折率をもつ．特にルチル型の酸化チタンはアナターゼ型の酸化チタンより結晶性が高い分屈折率が高く（アナターゼ型の屈折率2.52に対し，ルチル型の屈折率は2.76），隠蔽性に優れているため，しみやソバカスを隠すためのファンデーション，コンシーラーなどに用いられることが多い．酸化チタン粉末の中で特に一次粒子径が小さくなるように設計されたものを微粒子酸化チタンというが，UVB波とよばれる280〜320nmの紫外線を効果的にカットするため，サンスクリーン剤のような日焼け防止を目的とした化粧料に配合されることが多い．

酸化鉄は赤鉄鉱，褐鉄鉱，磁鉄鉱などからも得ることができるが，工業的には，前述のチタン鉄鉱から酸化チタンをつくる過程で得られた副産物である硫酸鉄からつくられることが多い．酸化鉄の種類としては前述の日本書紀に記述がある赤酸化鉄（ヘマタイト，べんがらともいう）のほかに黄酸化鉄（ゲーサイトが主成分），黒酸化鉄（マグネタイト）などがあるが，これらの配合比率を変化させることで，さまざまな顔色にあったファンデーションの色調をつくることができる． 〔西浜脩二〕

138
医療用材料
Biomaterials

　医療用材料とは,文字どおり医療現場で使用される材料のことである.本項では,特に生体に比較的長期間接触し,主として生体内に留置される,いわゆる「生体材料」としてのセラミックスについて解説する.

　生体材料として最初に用いられたセラミックスは4500年前(紀元前2500年)頃のミイラに使われていた宝石(エメラルド)の義歯とみられる.1960年代までは,セラミックスだけでなく金属や有機高分子の生体材料も他の用途で開発されたものをそのまま使用していた例が多かった.この時期(1890年頃から1965年頃まで)に骨補填材として使用されていたのが石膏であるが,強度も低く現在ではギプスとしての使用も含めて日本ではほとんど用いられていない.1960年代にカーボンに抗血栓性(血液にさらしても表面に血餅ができない/できにくい)が認められたことから,1970年頃に人工心臓弁として用いられていたが,現在単体ではほとんど使用されていない.

　セラミックス製生体材料として最も活用され,研究開発が進められているセラミックス人工骨研究の活性化は,1970年代に始まる.1971年にアメリカのHenchらが,後にBioglass®として販売されることになるNa_2O-CaO-SiO_2-P_2O_5系ガラスを開発し,骨と直接結合する材料であることを示した.この「骨と直接結合する」ことを一般に生体用セラミックスの分野では「生体活性」とよんでおり,現在市販されているセラミックス製の人工骨はこの生体活性が多かれ少なかれ認められている.

　脊椎動物の歯や骨は有機物はタンパク質のコラーゲンが主となり,無機物は水酸アパタイト($Ca_{10}(PO_4)_6(OH)_2$, HA)の構造中にNa, K, Mg, CO_3, Fなどが置換固溶した非化学量論的な低結晶性HAが主となっている.有機物と無機物の体積比はほぼ1対1であり,これらのことから,リン酸カルシウムを骨補填材に使用するという考え方は1970年代に始まった.HAは水酸基を含んでおり焼結に困難が予想されたためか,1971年にはドイツでHA類似の化学組成をもつβ-リン酸三カルシウム(β-$Ca_3(PO_4)_2$, β-TCP)が臨床応用されている.現在,欧州各国でβ-TCPが販売されており,日本では1999年にβ-TCPの市販が開始されている.また,HAとβ-TCPの複合焼結体であるBiphasic Calcium Phosphateが日本のほか各国で販売されている.HA人工骨の開発は1975年に日本とアメリカでほぼ同時にHAの焼結技術が確立されたときに始まる.1983年にはHAが人工骨として市販開始されており,現在日本で市販されている人工骨材料はほとんどHAである.HAをはじめとするリン酸カルシウム系セラミックスは脆いため,これを解決するためにアパタイト-ワラストナイト結晶化ガラスが開発され,一時市販されていた.最近はこれら多孔体の気孔構造の精密制御による,組織侵入性の向上が図られている.近年では,出発物質であるリン酸カルシウムから常温水中で最も安定なHAへ転化するときの自己硬化反応を用いた骨ペーストが市販されている.これは,TCPの準安定相であるα-TCPが水和してHAに添加する反応や,リン酸四カルシウムと第二リン酸カルシウムが水中で反応してHAが生成する反応を利用するものである.荷重部に使用するには硬化体の強度に難があるものの,注入性や賦形性が高いため,臨床で多く使用されている.

　人工関節はステム側が骨内に挿入され,摺動部が関節として働く構造になっている

が，ほとんどの金属は骨と直接結合しないため，ポリメチルメタクリレート製の骨セメントによって固定するタイプと，金属表面を何らかの形で修飾して骨と直接結合させるセメントレスタイプがある．セメントレスタイプの主流は，HAを表面にコーティングするものであるが，近年注目の集まっているものに金属のアルカリ加熱処理やマイクロメートルサイズの溝構造と熱酸化処理などによる金属表面へのHA形成能付与がある．さらに，2016年には生体活性に加えてインプラント感染症を予防するための抗菌性をもった銀担持HAコーティング人工股関節がAG-PROTEX®として市販開始された．

これらとは別に，生体不活性ではあるが強度・破壊靱性値が高いアルミナやジルコニアが，人工歯根・歯冠・人工関節の摺動部などに応用されている．現在，これらは人工歯根に関してはほとんど使用されていないが，HAと複合化することで，強度に加えて生体活性を付与するような研究も行われている．

前述のとおり，骨は有機高分子と無機結晶の複合体である．したがって，機械的性質はセラミックスや有機高分子単体とは大きく異なり，長期間にわたって体内に取り残されると，材料の疲労破壊をはじめとするさまざまな問題が出てくる．これらを解決するため，さまざまなセラミックス/有機高分子複合体が研究・臨床応用されている．英国で臨床応用されているHAとポリエチレンの複合体は，いずれも生体で溶解しない材料であるが，機械的特性が骨のそれに近く，生体活性も認められる．しかし，長期埋入時の材料の劣化は避けられないため，耳小骨に臨床が許諾されている．

一方，生分解性高分子であるポリ乳酸系の高分子を用いた生体吸収性材料としては，日本で非荷重部位での骨プレート・ピンに臨床応用されているHAとポリ乳酸の複合体をはじめ，β-TCPとポリ乳酸系共重合体，バテライトとポリ乳酸などの複合体研究が盛んである．特にこれらの材料は骨補填材として応用するだけでなく，複合体の柔軟性・賦形性と高分子に比べて高い弾性率を活かし，組織誘導再生法という欠損部位への瘢痕組織の侵入を膜状の材料で防ぐことで欠損した組織を自立再建させる手法への応用が検討されている．この中で日本発のSi含有バテライト/ポリ乳酸複合体は2015年米FDAに認可され，ReBOSSIS®として米国で市販されている．

生体由来の高分子を用いた複合体は主に骨の主成分でもあるコラーゲンとHAの複合体が市販・研究とも進んでいる．両者の単純な混合物，コラーゲンスポンジ（多孔体）の上にHAを析出させた材料などはすでに市販されているが，より骨に近いナノ構造をもつ材料の研究と臨床応用への開発が日米欧で進められている．この中で最も進んでいるのが日本の材料である．この材料は骨欠損部に埋入したときに，破骨細胞（骨を吸収する細胞）で吸収され，その吸収窩に骨芽細胞がすぐに新しい骨を造るという，自分の骨を移植したときと同じ生体反応をもつ世界初の材料である．これは臨床研究で市販β-TCPに比べて最再生と置換が有意に速いことが報告され2014年3月に日本でリフィット®として販売が開始された．その後β-TCP製人工骨でもこの機序による骨への置換が認められる部位があることが報告された．

これら以外でも，リン酸カルシウムに細胞の機能発現に影響を与えるイオンを固溶させた機能性セラミクス，ハイドロゲルの表面にHA形成能を付与するハイブリッド材料，遺伝子発現や軟組織接着性をもたせるため材料表面にHA単体あるいは機能性生体高分子との複合層を形成するセラミクスベースの材料が研究・応用されている．

〔菊池正紀〕

139 薬と鉱物
Medical materials

人類にとって、怪我や病気との戦いは、日常の生活の中で最も重要とされてきた課題の一つであった。疾病の治療には、身のまわりに存在する鉱物、動物、植物を利用してきた。長い歴史の中で試行錯誤が繰り返され、取捨選択されたものが今日に至っている。薬として利用されるまでには、数多くの犠牲が伴っていたことも推察されることから、これらの伝統薬は人類の文化的な遺産であるともいえる。

世界の三大伝統医学には、中国医学、アーユルヴェーダ（インド医学）、ユナニー医学（グレコ・アラブ医学）がある。中国医学は、仏教とともに朝鮮半島を経て日本に伝来している。その後、中国大陸の文化の影響を受けつつ、独自の発展を遂げて、現代の漢方医学に至っている。各伝統医学で使用する動植鉱物に由来する薬を生薬とよんでいる。

中国医学では、水銀や石膏、滑石などの鉱物を薬としてしばしば利用している。鉱物は、動物や植物と比べて、長い年月の間、不変である。また加熱しても再生可能であり、地中に埋めても不朽であることが、人間の不老不死や不老長寿の願いと重なり、神仙思想へと発展していったと考えられる。それぞれの鉱物は採掘後に、細かな粉末としたり、水で煎じたり、高温で加熱したり、高温で他の薬物と反応させるなどのさまざまな加工調整（修治）を行った後に、薬物として利用されている。剤形は散剤、丸剤、湯剤などがあり、時に外用薬としても用いられている。

一方、現代医学においては、鉱物をそのままの形で薬物として利用することは稀であり、金属塩または金属錯体の形で、分子内に金属を含有する薬物が存在する。

■ 伝統医学で使用される鉱物

漢方医学に関する最古の薬物書である『神農本草経』には、玉石の部で、丹砂、水銀、雲母、滑石、石膏、雄黄、鉛丹などの41品目の鉱物性生薬が記載されている[1]。

例えば、「丹砂」に関する内容は「丹砂の味甘性が微寒、身体五臓の百病を主り、精神を養い魂魄を安んじ、気を益し、目を明にし、精魅邪悪鬼を殺し、久しく服すれば神明に通じて老いず、能く化して汞となる」と記載されている。このように通常、「薬名」の下に「気味」を記し、次に「薬効」を列記している。なお「丹砂」とは、硫化水銀のことを指す。

奈良の正倉院には正倉院薬物として、約1250年前に使用されていた生薬が現存する。このうち、鉱物性生薬の基原に関する研究は、益富により行われている[2]。この中で正倉院薬物「滑石」は、粘土鉱物のハロイサイトであり、鉱物学上の滑石（タルク）とは異なることを明らかにしている。現在の日本の生薬市場に流通する生薬「滑石」もハロイサイトが含有されている[3]。

漢方医学で使用される鉱物性生薬については、第16改正日本薬局方にカッセキを含めた4種類が収載されている（表1）[4]。

現在、各伝統医学では鉱物性生薬を使用しているが、使用される品目や頻度は限られている。各伝統医学の中で、チベット医

表1 日本薬局方に収載されている鉱物性生薬

- ・カッセキ（滑石、軟滑石）：主として含水ケイ酸アルミニウムおよび二酸化ケイ素からなる。
- ・セッコウ（石膏）：天然の含水硫酸カルシウムで、組成はほぼ $CaSO_4 \cdot 2H_2O$ である。
- ・ヤキセッコウ（焼石膏）：ほぼ $CaSO_4 \cdot \frac{1}{2} H_2O$ の組成を有する。
- ・リュウコツ（竜骨）：大型哺乳動物の化石化した骨で、主として炭酸カルシウムからなる。

学や南インドのシッダ医学では，貴金属や重金属を使用する頻度が高い傾向にある．

■ 現代医学で使用される元素

人間の血液中にはヘムとして鉄（Fe）を含んでおり，植物では葉緑素の中にはMgを含んでいる．また人間が生きていくうえで必須であるビタミンB_{12}にはコバルト（Co）が分子内に含まれている．

現代医学で使用される薬物の中には，錯体または塩の形で分子内に無機イオンを含有する薬物がある（**表2，図1**）．

例えば，消化性潰瘍治療薬であるスクラルファートは，分子内にアルミニウムを含有している．また外科手術時の消毒薬として使用されるポビドンヨードは，ヨウ素を含有している．ヨウ素分子は，ポビドン（polyvinylpyrrolidone）と複合体を形成し，殺菌・消毒効果を示している．また抗悪性腫瘍薬として使用されるシスプラチンは，プラチナを含有している．

一方，錠剤を作成する際に，粉末や顆粒の流動性を改善する目的でタルクが使用されることがある．

薬を経口で摂取することを「服用」という．この言葉は「服に用いる」と読むことができる．薬は古来，貴重なものであり頻繁に服むことができるものではなかった．薬には，身に着けていることによる安心感があること，一方，薬から出る香りなどで身体を守っていたことから「服用」という文字が言葉の名残として使用されていると考えられる．人間が貴重な鉱物や貴金属，宝石等を身に着けるのは，富の象徴であると共に，現代科学では未解明ではあるが，何か神秘的な力を感じとっているのかもしれない．

なお，鉱物を薬として利用したり，金属を含有する薬物を使用する際には，特に，

表2 第16改正日本薬局方に収載される金属錯体または金属塩の代表的な薬物

- アスピリンアルミニウム：アルミニウム（Al）：解熱鎮痛薬
- スクラルファート：アルミニウム（Al）：消化性潰瘍治療薬
- パラアミノサリチル酸カルシウム拮抗薬：カルシウム（Ca）：肺結核およびその他の結核症
- スルファジアジン酸：銀（Ag）：外用抗細菌剤
- ポビドンヨード：ヨウ素（I）：イソジン（うがい薬），外科手術時の消毒薬
- シスプラチン：プラチナ（Pt），抗悪性腫瘍薬
- 金チオリンゴ酸ナトリウム：金（Au），関節リウマチ

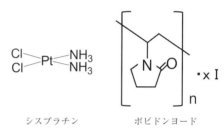

図1 シスプラチンおよびポビドンヨードの構造式

重金属が使用されている場合，副作用も強いことが多いのでアレルギー症状や毒性等が考えられるため，医師の診断の下で，慎重に行う必要がある． 〔伏見裕利〕

● 文献
1) 森立之（1973）本草経集注．vol.2，p.4，南大阪印刷センター，大阪．
2) 益富寿之助（1957）正倉院薬物を中心とする古代石薬の研究．正倉院の鉱物Ⅰ，pp.159，日本地学研究会館，京都．
3) 伏見裕利，小松かつ子，難波恒雄（2001）漢薬「滑石」の品質評価に関する基礎研究．**55**，193-200．
4) 厚生労働省（2011）第16改正日本薬局方．pp.1470，1529，1530，1594，東京．
5) 松島美一，高島良仁（1985）生命の無機化学．pp.110，廣川書店，東京．

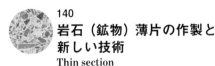

140 岩石（鉱物）薄片の作製と新しい技術
Thin section

岩石の組織観察，それを構成する鉱物の同定，そして光学特性・化学組成などを調べて記載することは，岩石の鑑定や分類，岩石（鉱物）の生成条件や履歴を調べる上で必要不可欠である．そのために作製されるのが，岩石（鉱物）薄片，研磨薄片，研磨片である．岩石（鉱物）薄片（以下，薄片）は偏光顕微鏡観察に用いられる．研磨薄片や研磨片は，反射顕微鏡観察や走査型電子顕微鏡（SEM）観察，EPMA，LA-ICPMS，SIMSなどの微小領域化学分析，赤外分光分析，ラマン分光分析などに用いられる．

薄片は試料である岩石（鉱物）を約0.03 mmまで薄くしたもので，この程度の厚さになると多くの試料は光を透過し，偏光顕微鏡での観察が可能となる．この薄片作製は，試料を岩石切断機で切断・成形し，研磨材（炭化ケイ素，酸化アルミニウム，炭化ホウ素などの砥粒）を粗いものから細かいもの（その大きさは番号で表され，150番，400番，800番，1,500番，3,000番などが使われる）へと変えながらその表面を回転研磨機，ガラス板などの上で削り，平らな面をつくることから始まる．そして次は研磨面をスライドガラスに接着する．接着剤は加熱により硬化するものと時間をかけて硬化するものがあり，試料によって選択する．接着した試料は同様の研磨材で約0.03 mmまで磨り減らす．最終的な厚さは偏光顕微鏡でチェックし，最後にカバーガラスを貼り付けて完成となる．このとき，研磨材は水に混ぜて使用する．崩れやすい試料は適宜樹脂で補強し，水に溶けたり膨潤する試料は油やアルコールで作製される．スライドガラスは28×48 mmの大きさだが，使う機器や試料にあわせて変える．

研磨薄片はカバーガラスを貼らずに研磨布と1μm程度の砥粒のダイヤモンドおよび潤滑剤で鏡面研磨することにより作製される．この際に有機溶剤に溶ける接着剤を用いれば，試料をスライドガラスからはがして両面を研磨した薄片を作製し，他の用途に使用することができる．試料を樹脂で包埋させ，一面だけを磨いた研磨片を作製することも多い．EBSD観察の場合など，機械的な研磨による表面の変質層を除去するため，さらに微粒なコロイダル・シリカの懸濁液による化学研磨が行われる．

高空間分解能での組織観察や化学分析には透過型電子顕微鏡（TEM）が用いられる．このためには，電子線が透過する100 nm程度の厚みにする必要がある．粉砕した試料を使用する方法は簡便であるが，定方位試料の作製や記載との対応付けが困難である．生物試料で使われるウルトラ・ミクロトーム法は硬い岩石鉱物には適さないが，微小試料や多孔質試料に使われることがある．研磨薄片や研磨片の光学顕微鏡やSEM観察をもとに選んだ微小領域からTEM試料が作製されることも多い．そのため，従来，研磨薄片にてイオンミリング法が用いられてきたが，正確に特定領域を加工することが難しい上，研磨薄片をはがす必要があるため，現在は集束イオンビーム（FIB）法が盛んに用いられている．また，マイクロX線CT用の試料加工にもFIB法が用いられる．

薄片の作製において，昨今新しい展開を見せている．全工程で液体を用いない乾式研磨法（特許第5633078号，2014）が確立され，そのままでは作製困難とされてきた薄片が作製されている．生物試料においても薄片が応用されてきている．今後益々，他の分野で幅広く活用されることが期待されている．　〔林　政彦・高谷真樹〕

2 宝石

141 宝石とは
What is gemstone?

一般に宝石を買うというときどんなイメージをもつだろうか？ そのときの宝石とはダイヤモンドの指輪であったり，ルビーのブローチであったりする．つまり一般的な宝石のイメージは，ダイヤモンドやルビーの塊ではない．しかし，ここでは物質としての宝石を扱う．一方でその宝石を使ってつくられたものをジュエリー（jewellery）という．他に宝飾品，装身具などとよばれることもあるがそれらの言葉の指す範囲は若干異なる．ジュエリーとは狭い意味では宝石と貴金属を用いられてつくられたものを指し，広い意味では素材に制限が無く用いられる．

■ 宝石の定義

人類は，ほとんどその誕生のとき以来，今日まで色，輝き，透明度，模様，形などが美しいものを，身を飾るものとして愛用してきた．それがジュエリーに使われる宝石（gem, gemstone）である．宝石かそうでないかは人間が社会的，歴史的（＝文化的）な影響のもとに主観的に判断してきた．したがって明確な定義はできない．しかし，どの歴史上の社会であっても，共通して宝石には，①美しいことのほかに，②長く使っていても，壊れたり変色しない，ある程度の耐久性をもつこと．③そうざらにあるものではないこと（希少性）が求められてきた．この3つを宝石であるための3つの要件と考えてよい．さらに，④着用するために，あまり大きくもなく，肉眼で十分に見える程度の大きさである，という要件を加えることもある．

これらの要件はきわめてあいまいなものである．特に①の美しいという判断は，かなり個人差のあるものではあるが，一定の文化のもとでは，ある程度の範囲内に収束する．ある文化のもとでは宝石として用いられてきた素材が，別の文化のもとでは宝石とは認められない，またはその逆の事例もある．例えば「ひすい」という宝石は，中国文化圏およびその影響を受けた文化圏ではきわめて珍重されてきたが，べつの文化圏ではさほど重要視されなかった．②の耐久性も「何をしても壊れない」という意味ではない．日常的な使用において壊れにくいという意味合いである．さらに③希少性という言葉もあまり厳密にとらえるべきではない．例えば2013年度に日本に輸入されたダイヤモンドだけでも約235万ctつまり約470kgであり，同年の養殖真珠の国内生産高は約20tにのぼる[1]．この量は通常の感覚で「希少」というものではないが，他の鉱産資源に比べれば少ない．

■ 用語

このような要件を満たす素材の大部分は鉱物あるいは，複数の鉱物の集合体である岩石である（図1）．

鉱物・岩石でない宝石は，その生成に生物が関与しているもので，有機宝石，有機質宝石（organic gem）とよばれてきたが最近では生物起源の宝石とよばれることも多い．

これらの宝石はダイヤモンド（diamond）と色石（colour stone, coloured stone）と

図1 鉱物と宝石の関係．鉱物でない宝石は生物起源の宝石．宝石でない鉱物は，宝石の要件を満たさない鉱物．

大別される．色石というのは無色の宝石も含むのでダイヤモンド以外の宝石という意味である．ダイヤモンドについては，その加工技術者はダイヤモンド・カッター（diamond cutter）とよばれ，色石の加工技術者である研磨工（lapidary）とは別の職種として扱われてきたこと，その流通も別々であったことなどから，特別扱いされている．さらに真珠も別扱いされる．その意味で，宝石は大きく，ダイヤモンド，色石（生物起源の宝石を含む），真珠に大別される．

宝石は，産出したままの状態で用いられることはきわめてまれで整形加工されて用いられる．産出した状態の宝石を原石（rough stone）とよび，整形・研磨された宝石をカット石（cut stone）とよぶ．また，ジュエリーとして貴金属と組み合わせる前の宝石単体を裸石（loose）とよぶ．

宝石はその生成起源によって，天然宝石（natural gemstone），合成宝石（synthetic gemstone），人造宝石（artificial gemstone），模造宝石（imitation gemstone）と分けられる．日本のジュエリー関係の製造，流通，関連事業者の公益団体である，日本ジュエリー協会（Japan Jewellery Association）による，業界内部の自主規定である「宝石もしくは装飾用に供される物質の定義及び命名法に関する規定」（1994年施行，2015年改訂）では「宝石」という用語を天然の物にのみ用い，天然石，合成石，人造石，模造石とすると規定しているが，日本語としてはおかしい．

天然宝石　天然の過程で生じた宝石．最も厳格には採掘，整形，研磨以外に人の介在しないもの．

合成宝石　対応する天然宝石とほぼ同一の化学組成，結晶構造をもつ人工生産物．例：合成ダイヤモンド，合成ルビーなど．

人造宝石　対応する天然宝石はないが，宝石の要件（希少性を除く）をもつ人工生産物．例：キュービック・ジルコニア，イットリウム・アルミニウム・ガーネット（YAG）など．

模造宝石　対応する天然宝石と外観のみ似ていて，組成，結晶構造などまったく異なり，別の物質である人工生産物．例：模造ルビー＝赤色ガラス，模造さんご＝プラスチックなど．また複数の宝石を張り合わせてつくったもの＝張り合わせ石（composite stone）［▶147 模造宝石］も日本ではこの範疇に入れる．ヨーロッパでは模造宝石より評価が高い．

最近では市場に流通する宝石のかなりの

表1　さまざまな地方における1オールド・カラット

国．地域	1 old carat	国．地域	1 old carat
アムステルダム	205.1 mg	ブラジル	192.2 mg
アラビア	194.4 mg	フランス	205.0〜205.5 mg
アレキサンドリア	191.7 me	フランクフルト	205.8 mg
アントワープ	205.3 mg	ベニス	207.0 mg
ウィーン	206.1 mg	ペルシャ	213.5 mg
オーストリア	206.1 mg	ベルシン	205.5 mg
コンスタンチノーブル	205.5 me	ボローニヤ	188.5 mg
スペイン	199.9 mg	マドラス	205.5 mg
ツーリン	213.5 mg	リスボン	205.8 mg
ハンブルク	205.8 mg	ロシア	205.1 mg
東インド諸島	196.9〜205.5 mg	ロンドン	205.3〜205.5 mg

(Gemstone and Mineral Data Book, John Sinkankas, Van Nostrand., 1981より，抜粋，改変)

部分が，天然起源ではあっても採掘後何らかの人工的処理がなされている［▶148 宝石の処理］．その程度は多様であり「天然」という表現に違和感を覚える場合もある．「天然宝石」とは天然起源の宝石と理解するのが適当であろう［▶145 宝石鑑別とは］．合成宝石に対しても，さらに人工的処理が行われることもあるが，これは合成宝石の範疇に入れる．生物起源の宝石には合成はありえない．養殖されることはありえるので，現在では真珠に限られるが養殖真珠という範疇にいれる．

■単位

宝石の計量単位はカラット（ct, carat）が一般的に用いられる．本来は重量単位であるが，1907年の国際度量衡会議で1 ct＝0.2 gとされ，質量単位となった．伝統的なカラットは，国あるいは都市によって若干の差があった（表1）．伝統的なカラットをオールド・カラット，1 ct＝0.2 gのものをメトリック・カラットとよんで区別する．古い文献の表記には注意する必要がある．

日本国内では1909年の農省務省令により宝石の単位として定められた．現行の計量法（1995）ではSI単位系ではない特殊単位と位置づけられている．カラットの語源はイナゴマメ（carob）（図2）に由来する．インド洋沿岸地域に広く成育し，その乾燥重量がほぼ一定であることから，宝石などのごく軽量の物質の計量単位として古くから用いられてきた．宝石の質量は通常カラット表記で，小数点以下2位まで記載される．この場合第3位は通常の四捨五入ではなく，ヨーロッパでは七捨八入，日本では八捨九入されることが多い．デジタル質量計の一般化により，最近では小数点以下4位まで表記することも行われているが，精度を考えると意味のあることとは思えない．

真珠に関しては旧尺貫法による貫（＝

図2 カラットの語源となった，イナゴマメ．写真提供：林 政彦．

3.75 kg＝1000 匁），匁（3.75 g）が国際的にも使われている．匁の単位表記はmom..．これは，日本産養殖真珠の生産量が圧倒的であったことによるが，最近日本産のシェアが低下していることにより，kg, gの使用も増えている．

宝石は重量によらず，1つ，2つと数えることも多い．この場合ピース（piece），pcs.と表記する．宝石の大きさは普通mmで表記される．

■結晶と非晶質，単結晶と多結晶

宝石はすべて固体であり，固体である宝石の大部分は結晶である．固体の中には，構成原子が規則正しく並んでいないものもある．ガラスや，宝石でいえばオパール，テクタイト，モルダバイト，こはくなどがそれに相当し，それらは非晶質（amophous）とよばれる．宝石として用いられる水晶は肉眼で見える大きさまで成長した結晶である．このような結晶を単結晶（single crystal）という（双晶 twinであることもある）．しかし，水晶と同じ化学組成でも，結晶のサイズが肉眼で見えないほど小さく，たくさん集まったものを，めのうとよぶ．このような小さな結晶の集合体ことを多結晶（polycrystalline）とよぶ．

表2 1ピースの宝石の結晶状態,集合様式とその宝石例

集合様式	宝石例		通常の透明度	カット形式
単一鉱物・単結晶	ダイヤモンド 水晶	diamond quartz	透明	ファセット・カット ファセット・カット
単一鉱物・多結晶	めのう ひすい	agate jadeite	半透明	カボション・カット カボション・カット
多種鉱物＝岩石	ラピス・ラズリ ユナカイト	lapis-lazuli unakite	不透明	カボション・カット カボション・カット
非結晶	オパール オブシディアン	opal obsidian	半透明	カボション・カット カボション・カット

また複数の異なった種類の鉱物の集合体が宝石として用いられることもある．この場合当然多結晶である．複数の鉱物の集合体を岩石（rock）とよぶ．

宝石の1ピースが単結晶であると，結晶粒界がないため一般に透明である．そのような場合にはたいていはブリリアント・カット（brilliant cut）のように小さなファセット（facet, 切子面）で囲まれたファセット・カットする．一方，多結晶体は結晶粒界で光が反射するため，一般に半透明となる．半〜不透明の宝石はファセット・カット（facet cut）してもその美しさが十分発揮できない．曲面で囲まれたカボション・カット（cabochon cut）して，色や模様を楽しむか，めのうのように縞模様をうまく活かしてストーン・カメオ（stone cameo）に細工される．また，多結晶体は結晶粒界に外来物質が浸透しやすいので，染色・着色が比較的容易であり，単結晶には染色な物質を染み込ませることはできない．表2に宝石中の結晶の集合様式とその主な宝石例を示す．〔宮田雄史〕

● 文献
1) 日本経済新聞 2014.1.30

142
宝石の種類
Gem species

141宝石とはで述べたように，宝石の大部分は鉱物であるので，同じ鉱物である宝石はひとまとめにして1種類とするのが適当である．ルビーとサファイアは宝石としては伝統的に別の宝石扱いされてきたが，変種と扱うのが適当である．一方，生物起源の宝石はその起源である生物種ごとに1種類とするのが適当である．そのようにして数えたとき，宝石の種類はおおよそ100種くらいで，コレクター用のレアストーン（rare stone）を含めても200種程度，通常の宝石店でみられる宝石は20～30種くらいである．レアストーンに対して普通に市場に流通している宝石をコモンストーン（common stone）とよぶこともある．また，日本では貴石（precious stone）と半貴石（semi-precious stone）という呼び方があるが，明瞭な区分ではなく，根拠もない［▶149宝石の採掘］．

■宝石名

上記のように同一鉱物の変種である宝石は，変種の由来である色名または光学的効果名を付して同一宝石名とするべきではあるが，伝統的名称を排除するとかえって混乱を招く．したがって，原則としては（色名and/or光学的効果名）+（宝石名）+（光学的効果名）とするが，伝統的名称は残す．色名は，無色，赤，橙，黄，緑，青，紫，ピンク，褐色程度の大まかな色である．ただし，褐色味を帯びた黄色は黄金色の意味でゴールデンとすることがある．また，特殊な固有色名を付すこともある．色名は英語をカタカナ表記することが一般である．無色はカラレスまたはホワイトの双方が用

図1 風景のように見える模様のある，シーニック・アゲート（scenic agate），ランドスケープ・アゲート（landscape agate）ともいう．

いられる．この原則に従えば，例えばコランダムでは，ルビー，○○サファイア，スター・ルビー，スター・サファイアなどとなる．詳細は各宝石の項を参照．また，模様などでさまざまな名前が付加される，例えば景色のような模様がみられるアゲート＝シーニック・アゲート（scenic agate）（図1）．

また，宝石名は日本語由来のものはきわめて少ない．そこで，外国語のカタカナ表記をどうするかで，表記の揺らぎが生じる．diamondを「ダイヤモンド」とするか「ダイアモンド」と表記するかという不毛な論争がある．外国語のカタカナ表記に関する原則は，原語（英語とは限らない）の発音に忠実に，ということである．この原則は1991年2月の国語審議会の答申に基づく，同年6月に内閣告示・訓令された「外来語表記の基準」である．しかし同訓令には，慣例として用いられている表記は許容される，とあって，付録・用例集が付属しており，「ダイヤモンド」はその中にあげられている［▶143ダイヤモンドかダイアモンドか］．

一応の目安としては，日本のジュエリー関係の製造，流通，関連事業者の業界団体である，日本ジュエリー協会（Japan Jewellery Association）による，業界内部の自主規定である「宝石もしくは装飾用に供される物質の定義及び命名法に関する規

定」(1994 年施行, 2004 年改訂) があるが, カタカナ表記については揺らぎがあり, また強制力のあるものでもないため, 市場にはさまざまな名称の宝石が流通している.

■ コマーシャル・ネーム commercial name

文字どおり商品名である. 近年では商標登録されるものもある. 商品名であるので, 他の商標権を犯さない限り名づけ方に制限はないので, 紛らわしいものも多い. 特に誤解を招くようなものを次のフォルス・ネームとよぶ. 合成宝石の商品名には誤解を招くものが多い.

■ フォルス・ネーム false name

誤称とよぶべきであろう. 特にその宝石と別の宝石種の名前を付けたものは使用するべきではない. この場合, 通常はその宝石よりも評価の高い宝石名を付す. 複数の宝石名を混在させている場合もある. また地名＋宝石名の場合多くはその宝石種ではない. この場合, 高く評価される産地名＋宝石名で, 正しくその宝石種を表していることもあるので, 注意を要する. 以下に主な例をあげる.

地名＋宝石名

産地名＋宝石名で宝石名は正しいもの
ビルマ (ミャンマー)・ルビー (Burmese ruby), コロンビア・エメラルド (Colombian emerald). これらは誤称ではない.

産地名＋宝石名で宝石名がその宝石を指さないもの　これらは誤称であるので, 用いるべきではない. マタラ・ダイヤモンド (Matara diamond) (スリランカ産のホワイト・ジルコン), ブラジリアン・サファイア (Brazilian sapphire) (淡青, 緑色のトパーズ), バラス・ルビー (Balas ruby) (赤色ジルコン) アメリカン・ルビー (American ruby), アリゾナ・ルビー (Arizona ruby) (米国・アリゾナ産パイロープ・ガーネット), オクシデンタル・キャッツ・アイ (Occidental cat's eye) (クォーツ・キャッツ・アイ), リオ・グランデ・トパーズ (Rio grande topaz) (熱処理されたシトリン＝ブラジル リオグランデ・ド・スル州産のアメシストを熱処理したもの)

○○○＋宝石名

ウォーター・サファイア (water sapphire) (コーディエライト cordierite), イブニング・エメラルド (evening emerald) (ペリドット peridot), キュービック・ダイヤモンド (cubic diamond) (合成キュービック・ジルコニア)

複数の宝石名

シトリン・トパーズ (シトリン)

合成宝石で, 天然宝石を連想させるもの
これらは, 誤称とはいえないが, 商品名とはいえ誤解を招きやすい. Diamonair, Triamond, Di'yag, Diananite, Kimberly (合成 YAG), Diamondite, Diamonette (合成ホワイト・サファイア) など多数.

〔宮田雄史〕

143 ダイヤモンドかダイアモンドか
Japanese expression of diamond

宝石としては，おそらく誰でも知っているdiamondだからこそ，これを「ダイヤモンド」と表記するか「ダイアモンド」と表記するかという問題が長く論争されてきたのだろう．今日ではほぼ「ダイヤモンド」に固まったように見える．これは，もともとは外国語をカタカナで表記するという，無理のあることに起因している．外国語のカタカナ表記に関する原則は，原語（英語とは限らない）の発音に忠実に，ということではある．この原則は1991年2月の国語審議会の答申に基づく，同年6月に内閣告示・訓令された「外来語表記の基準」である．ところで，diamondの発音記号をみると[dáiəmənd]であるので，「ダイアモンド」ということになる．しかし同訓令には，慣例として用いられている表記は許容される，とあって，付録・用例集が付属しており，「ダイヤモンド」はその中に挙げられている．原音に忠実か，慣例によるのかということがそのまま，「ダイヤモンド」か「ダイアモンド」に反映している．

慣例というのは宝石のダイヤモンドだけでなく，例えばトランプの記号であるダイヤとの関連も考慮する必要がある．トランプのダイヤモンドはダイヤモンドの原石の形に由来している．ダイヤモンドの八面体の原石を「横」から見ると2つの三角形がつながって菱形に見える，この形がトランプの記号になった．また，野球の内野のことをダイヤモンドという．これはダイヤモンドの原石を「上」から見た形で，正方形の中央が，盛り上がっている．これをピッチャー・マウンドをもつ内野に見立てた名称である．このように，ダイヤモンドに由来した形を「ダイヤモンド」と表記するなら，宝石もダイヤモンドと表記するべきであるというのが，慣例の主張である．

また，別の言葉でdiamondと同じ発音であるものの，カタカナ表記も参照してみる．「図」という意味のdiagramの発音は同じである（dáiəgræm），ダイヤグラムが鉄道の「ダイヤ」になったことを考えると，「ダイヤモンド」とする慣例も十分広く認められているといってもよいだろう．

同様の揺らぎはaquamarineにもあり，aqua-をもつ言葉，
 aqua-rium
  アクアリウム　水族館，
 aqua-tic
  アクアティック　水の，
 aqua-ung
  アクアラングなど
を考えれば，アクアマリンとする方が整合性が取れている．

「ギョエテとは，俺のことかとゲーテい」という川柳にみられるように，外国語のカタカナ表記は，明治時代から悩ましいことであった．　　　　〔宮田雄史〕

144 宝石の取引
Trading

ジュエリーは宝石と貴金属で構成されている．貴金属（地金とよぶ）と宝石はそれぞれの流通をたどり，ジュエリー製造業者によってジュエリーとして製品化され，流通業者の手を経て，最終消費者に至る（図1）．宝石それ自体はダイヤモンドとその他の宝石（色石）で流通経路が異なる．

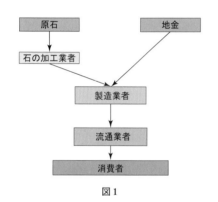

図1

■ダイヤモンド

ダイヤモンドは，パイプという産状であるためその探査・鉱山開発に莫大な資金を必要とする（漂砂鉱床はその限りではない）．逆にいうと，莫大な資本を投下しても採算の合う唯一の宝石である．そのため，大資本の鉱山会社に生産が集中する．1859年の世界大恐慌によりダイヤモンドはまったく売れなくなり，価格は低迷した．1933年にデ・ビアス（De Beers）社のオーナーであったアーネスト・オッペンハイマー（Ernest Oppenheimer）は，多くの同社産ダイヤモンドを受け入れていたグループを買収した．これが後のCSO（Central Selling Organization），現在のDTC（Diamond Trading Co. Ltd.）である．CSOはできるだけ多くのダイヤモンド原石を購入し，市場の状況を見ながら放出するという方法で市場を管理し，ダイヤモンド価格の安定化を図った．このシステムは多くのダイヤモンド鉱山が世界各地で操業するようになってくる，1990年代後半まで有効であった．2000年になりデ・ビアス社は戦略を転換し，一供給業者になると宣言するとともに，自社のブランド化を進めた．現在（2000年代）のダイヤモンド

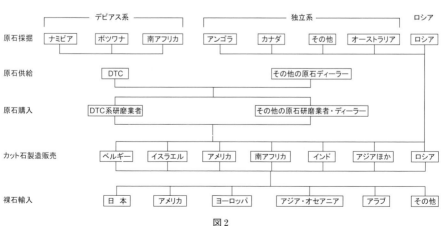

図2

供給の流れは図2に示す.
■色石
　色石は，種類も多く，ダイヤモンドのように市場支配力をもった会社が存在しなかったこともあり，複雑である．大雑把には，採掘業者（miner），原石業者（rough dealer），研磨業者（lapidary），裸石業者（stone dealer, 通常は「石屋」とよばれる），輸出入業者（importer, exporter），ジュエリー製造業者（jewellery manufacture），卸売り業者（jewellery wholesaler），小売業者（retailer）の流れに従うが，採掘業者が研磨業者を兼ねている，輸入業者が裸石業者である場合など，さまざまな業態がある．真珠，サンゴを除いて，日本国内で産業的意味合いで産出する宝石はないので基本的に輸入される．日本国内での流通の大略を図3に示す．

■評価
　ダイヤモンドの4Cが有名であるが[▶**156 ダイヤモンド**]，これは，裸石についての評価であり，原石の評価はまた別であ

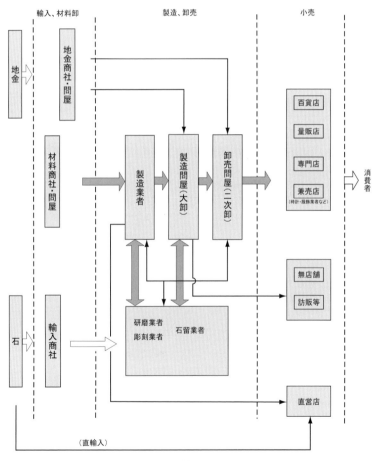

図3

る．色石にもそれぞれ漠然とした評価体系はあり，原石の評価体系は産出国，宝石種によってさまざまである．基本的には，大きいほど評価が高く，それぞれの宝石に最高とされる色味があり，最適な色の濃さがある．また輝きは高い方が評価も高い．透明な宝石は傷，内包物などが少なく，透明度の高いものが高く強化される．色，輝きは肉眼での評価であるので，まったく同じ色であっても，大きさによって見える色は異なる．もともとが肉眼での評価を前提とした体系であるので，機械化はきわめて困難である．消費者にとっては，熟練を要するものではなく単純に，自分の目に美しいと思うものを評価すればよい．

■ **価格・再販**

消費者が購入するものは裸石ではなくジュエリーである．ダイヤモンドに関しては 2005 年ごろの全世界での統計を参照すると，原石採掘コストが 125.1 億ドル，研磨後の出荷額は 187.2 億ドル，ダイヤモンドジュエリーの販売額は 685.1 億ドルである．したがって，再販時の引き取り額は最良でも 1/5 である．引き取り業者は，ダイヤモンドや地金が表示どおりでないリスクを考えるので，引き取り価格が 1/10 を超えることはないだろう．現状では引き取り時に色石は評価されない．ニューヨークでのダイヤモンド裸石の市況はラパポート社（Rapaport Ltd.）の発行する Rapaport Diamond Report で参照することができるが，このレポートの購読は有料で，申し込みが必要である．この価格は日本での市況より割高感がある． 〔宮田雄史〕

---

24 金・18 金

宝石ではないが実際の宝飾品でよく見かけるのが，24 金とか 18 金という表示である．これらは K24 とか K18 と表記されることが多い．これは金相，つまり金合金における金の成分比（金の品位ということもある）を表す単位であり，純金の 24 金が K24 である．この K は金の略ではなく，「ct」と同じカラットの略である．金の国際相場に示される取引単位の 1 トロイ・オンス＝約 31.1 g（troy ounce，金衡，記号は oz tr または ozt）の下の単位であった．これが，金の成分比つまり 1 トロイ・オンス＝24 カラットであり，1 トロイ・オンスの合金をつくる際に，18 カラットの金と 6 カラットの他の金属を合せて合金にされたものが，18 カラットの金すなわち 18 金（K18）である．重量の単位 1 K＝1/24 オンスが，金の品位を示す用語となった．日本では宝石の重量を表すカラットとの区別のためカラットを Karat と表記する言語に倣って K を略号とした．一般的にみられる K の標記だが，日本では法制化されておらず，貴金属合金の成分比は千分率（‰，パーミル）で表すことが定められている．

1 トロイ・オンスは 1958 年にアメリカ，イギリス，カナダ，オーストラリア，ニュージーランド，南アフリカの 6 か国の国際協定が締結され，アメリカでは 1959 年 7 月 1 日に発効した定義で 31.103 4768 g であるが，日本の計量法による定義（1 トロイ・オンス＝正確に 31.1035 g）とは異なることに注意が必要である．

オンス（ounce）はヤード・ポンド法の単位系の単位の一つであるが，金に対するトロイ・オンス，液体のオンス，薬品のオンスなど少しずつ異なるので，現在ではこの金のトロイ・オンスや香水の単位に残っているくらいである．トロイとは中世において重要な商都であったフランス・シャンパーニュ地方の町トロワに由来する． 〔宮田雄史〕

145 宝石鑑別とは
Gem identification

■目的

　宝石鑑別という言葉は Gem Identification の訳語である．普通「同定」と訳されるところをなぜか「鑑別」という言葉を訳語にあてている．よく似た言葉に「鑑定」がある．一般には書画・骨董などに用いられる言葉で，価格評価の意味が加わる．「宝石鑑定」という場合には，後述の宝石鑑別の作業の⑤を指す．裁判所の委託を受けて，宝石の価格評価を行う場合があるが，一般的に宝石の価格評価を行う第三者機関などはない．

　通常行われる，宝石鑑別という作業は以下の5つの異なった内容を含む．
①その宝石は何という物質なのか？
②その宝石は天然に産出したものか，合成されたものか？
③その宝石にはどんな人工的な処理が施されているか？
④その宝石はどこで産出したものか
⑤その宝石の宝石としての品質はどうなのか？

　この①〜④の内容は，市場の動向を反映して次第に付加されてきたものである．すなわち20世紀になるまでは，宝石鑑別は①のみであり，ほとんどガラス製の模造品との区別，あるいは例えばダイヤモンドとその類似石を識別することが主な作業であった．しかし，1885年不完全な合成である，ジェノヴァ・ルビー（Geneva Ruby）が市場に登場して混乱を招き，続いて1904年にヴェルヌイ（Verneuil）によるルビー合成の発表されるにいたって，②の作業が必要になった．このよう な状況を受け，1912年ロンドンで，英国の National Association of Goldsmith が "Mineralogy for Jewelers" という講義を開催した．これ以降，鉱物の知識を以て宝石の鑑別に資するようになり，宝石鑑別の手法が開発されるようになった．

　新たな合成宝石が市場に登場するたびに②の必要性が増加してきた．この動きは20世紀終わりまでに，ほぼ飽和し現在では新しい合成宝石が市場に投入されることはほとんどなくなっている．

　人工的な処理は非常に古くから行われてきていたが，1980年代にいたるまで，市場では問題にならなかった，つまり「天然」として取り扱われてきており，適切な価格で流通してきた．1980年代以降，新しい処理手法が多く登場し，そうした宝石が市場に登場するようになった．一方で処理されていない宝石を高く評価する風潮が生まれ，③の必要が生じてきた．

　また従来から，ある宝石に対して特定の産地が高く評価されたり，品質を産地名で表現する傾向があった．産地名が付加価値となるような状況が生まれ，④の必要が生じた．

　⑤は，以上のこととは別の作業である．①から③の結果を踏まえて，宝石としての評価をするものである．これは，事実上ダイヤモンドのみについて行われている．ここでも価格については評価しない．

　以上のすべての段階で検査は原則的に裸石について行われる．

■鑑別会社

　ヨーロッパ，米国，日本においては，国などのいわゆる公的機関が直接宝石鑑別を行っているところはない．商工会議所の支援（仏・パリ，伊・ミラノほか），業者団体が運営，県が機器・場所の援助（日・山梨）などの形態はあるが，私企業である．宝石原産地国では，国による支援がある国もある．日本では，宝石鑑別団体協議会（AGL）

加盟22社（2011年9月現在）以外にも数多くの鑑別会社が存在する．鑑別を業とするための，許可・届出は必要とされていない．いわゆる宝石鑑定（別）士という資格は存在しない．上記の私企業が，各々教育，試験を行い受講者の技術を認定している．永い伝統と，多くの認定者を輩出することによって，国際的な評価を受けている資格もある（英・Gem-A，FGA，米・GIA-GG，独・DGemなど）．これらの宝石鑑別会社は①～③の検査を行い宝石鑑別書を発行している．宝石鑑別書の記載事項の国際的な標準はない．日本では上記AGLが記載事項の統一を図り，検査手法にもある程度の標準化を図っているが，加盟者以外に対しては強制力をもたない．⑤についての書式がいわゆる宝石鑑定書である．現在ではダイヤモンド・（グレーディング・）レポートとよばれる．ダイヤモンド以外の宝石についても，その宝石としての評価はあるが（色味，色の均一性，輝きなど），現在のところ鑑別会社がその評価を行うことはない．また，これら鑑別・鑑定の依頼は誰でもできるが，ほとんどは宝石販売業者によって依頼されている．宝石がジュエリーにセットされた状態では，検査に支障がある場合が多いので，前述のように原則として裸石で検査を行う．したがって宝石販売，製造業者はジュエリーとして制作する前の段階で鑑別・鑑定を依頼する．したがって，消費者が鑑別書と，実際のジュエリーに使われている宝石の同一性を確認する場合，写真，宝石のサイズで行うしかない．ダイヤモンドについてはガードル部にレーザで番号などを刻印し，同一性を保障する場合もあるが，ダイヤモンドの美しさに影響があるとして好まない人もいる．

■手法

①の段階では，基本的にはX線粉末回折登場以前の鉱物の同定手法にほかならない．対象が宝石である以上，完全に非破壊

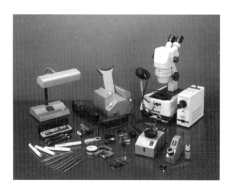

図1　通常用いられる「伝統的な」鑑別器材

の検査を行う必要がある．したがって，主として光学的手法を用いる．電気的，磁気的性質は用いられていない．物性値の測定を行い，既知の宝石のそれとの比較で同定を行う．通常測定される値は，屈折率，複屈折率，比重であり，光学性も用いる．補助的に二色鏡（dichroscope）も用いられる．色をもつ結晶は方向によって吸収が異なり，観察方向によって異なった色を示すことがある．これを多色性と呼ぶ．この性質を利用した二色鏡を用いて，宝石が単屈折性，複屈折性（一軸性），複屈折性（二軸性）であるかを簡易に区別できることがある．加えて微量成分により宝石名が異なることがあるので，直視型の分光器を用いて吸収スペクトルを観察する．同様の目的でエメラルド・カラー・フィルター，また紫外線（時にX線）による蛍光の観察を補助的に用いる．これらの測定，観察には宝石に特化した機材が開発されている（図1）．ダイヤモンドとその類似品との識別にはX線透過性の観察も有効である．これらに光学顕微鏡（暗視野，斜光照明を加えた実体顕微鏡，宝石顕微鏡とよぶ）を加えた器材を「伝統的な鑑別器材」とよぶことにする．現在ではこの段階の鑑別に誤りが生ずることはないと考えてよい．

②の天然，合成の識別は，エメラルド，

スピネルのように比重，屈折率に十分な差がある場合（エメラルドは値の範囲が重なる）を除き，宝石内部の内包物，成長帯などの観察から識別する．例えば，フラックス法で合成された宝石には，るつぼ材であるプラチナの小片がみられることが多い．また，赤外分光を用いると，結晶構造内の水分子を検知することができる．天然エメラルドは結晶構造内に水分子をもち，フラックス合成エメラルドには水分子がないので識別できる．1980年代にはEPMA，XRFなどを用いて，微量元素の検出を行い，天然宝石の特徴をつかむことで合成宝石と区別ができる．現在ではLA-ICP-MSやラマン分光などさまざまな分析手法が使われるようになってきた．

③で人工的な処理の検知は，通常は宝石顕微鏡によって行う．高分子樹脂の存在の確認にFTIRを用いることが一般的になってきた．特に多い熱処理［▶148 宝石の処理］は，現在のところ比較的高温で処理されるため，内包物が分解，変形していることを以て人工的な処理の根拠としている．熱，放射線に関しては天然の過程で，それらを受ける場合もあるので，これらの処理が人工的であるのか否かについては確証が得られない場合も多い．

④前述のエメラルドのように物性値に特徴のあるもののほかは，微量元素の分析と内包物など宝石顕微鏡による観察でその特徴を集積して判断している．これは産状と関連して，信頼性のあるものと，単なる特徴に終わっているものとがあり，決定的なものではない．Giulianiら[1]はSIMSを用いて酸素の同位体比から生成年代を見積もった．これは多少産地により年代がオーバーラップすることもあるが，信頼性はある．

■問題点

まず，①では，鉱物の集合体である宝石に問題がある．例えば「ひすい」が，1ピース丸々鉱物のジェイダイトでないことも多い．この場合どの程度以上ジェイダイトを含めば「ひすい」とするのか？　またその際，非破壊でジェイダイトの割合を算出することは殆ど不可能である．

次に③の処理にかかわる問題では，熱処理と放射線処理は現時点では原則として識別は不可能である．熱も放射線も天然の過程で受ける可能性がある．例外的に識別可能な場合がある．現在では比較的高温で熱処理がされるため，内包物の熱分解などを手がかりとして，人工的な熱処理の証拠としているにすぎない．天然で同程度の高温過程を経ていないとする保障はない．

〔宮田雄史〕

●文献

1) G. Giuliani, M. Chaussidon, H. J. Schubnel, D. H. Piat, C. Rollion-Bard, C. France-Lanord, D. Giard, D. De Narvaez and B. Rondeau (2000) *Science*, **287**, 631-633.

146 合成宝石・人造宝石
Synthetic and artificial gemstones

合成宝石と人造宝石は，ともに人工的につくられた宝石であり，自然に産する鉱物にその対応物があるものが合成宝石で，ないものが人造宝石である．

最初につくられた合成宝石はルビーで，1800年代後半に流通し，当時はかなりの高額で取引された．ベルヌイによる火炎溶融法とよばれる方法で製造された合成ルビーは，ルビーの価格を暴落させた．

現在では，ルビー・サファイア以外に，ダイヤモンド，エメラルド，アレキサンドライトなどの有名な宝石が合成されている．ダイヤモンドの模造石として用いられているスロンチウム・チタナイト，キュービック・ジルコニア，GGG，YAGなどは人造宝石である．これらの合成方法には，次のようなものがある（図1）．

■ **固体を溶融して合成**

火炎溶融（ベルヌイ）法 水素と酸素をそれぞれ燃焼し，その高温の火炎により原料(固体)を溶融することでルビーやサファイアなどをつくる．ベルヌイによって発表された火炎溶融法は，ベルヌイ法ともよばれ，現在でも信光社などで同様な方法によりルビー（図2）やサファイアなどを製造している．

引き上げ法 原料を高周波によって加熱して溶融したものを引き上げて冷却し，固化させてルビー，サファイアなどをつくる．京都セラミック（製造当時）で製造した．

スカル・メルト法 原料を包み込んだ容器の周囲を冷却しながら高周波で加熱すると，その中心部は溶融するが，その周り（外縁部）は急冷されて微小結晶となり不透明になる．その外観がスカル（頭蓋骨）状に見えるためこの名がある．スワロフスキー社ではこの方法によりキュービック・ジルコニアを製造している．

FZ法（浮遊帯域溶融法） あらかじめ

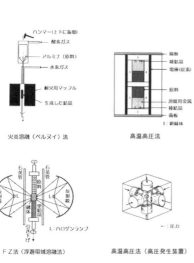

図1 合成方法

図2 合成ルビー

表1 火炎溶融（ベルヌイ）法による合成[1]

(1) 原料が酸化アルミニウム（Al_2O_3）

宝石名	着色剤：wt%
ルビー	Cr_2O_3：1〜4
スター・ルビー	Cr_2O_3：1, TiO_2：0.1
サファイア	
無色	なし
青色	Fe_2O_3：1, TiO_2：0.1
紫色	Fe_2O_3：0.5, Cr_2O_3：0.1, TiO_2：0.05
黄色	NiO：0.3, Cr_2O_3：0.01
変色	V_2O_5：3
スター・青色サファイア	Fe_2O_3：0.3, TiO_2：0.2

(2) 原料が酸化アルミニウム（Al_2O_3）と酸化マグネシウム（MgO）

宝石名	着色剤：wt%
スピネル	
無色	なし
青色	CoO：0.01〜0.1
緑色	MnO：4, NiO：0.2

表2 主な合成・人造宝石の製造年[2]

製造年	合成宝石・人造宝石（製造法）
1885年	ルビー（製造法不明）
1904年	ルビー（ベルヌイ法）
1910年	サファイア（ベルヌイ法）
1910年	スピネル（ベルヌイ法）
1947年	スター・ルビー，スター・サファイア（ベルヌイ法）
1948年	ルチル（ベルヌイ法）
1950年	エメラルド（フラックス法）
1950年	水晶（水熱法）
1955年	ストロンチウム・チタナイト（ベルヌイ法）
1965年	エメラルド（水熱法）
1968年	YAG（引き上げ法）
1970年	ダイヤモンド（高温高圧法）
1972年	トルコ石（粉末を固化）
1973年	アレキサンドライト（フラックス法）
1974年	オパール（沈殿法）
1974年	シトリン（水熱法）
1975年	GGG（引き上げ法）
1975年	アメシスト（水熱法）
1976年	ラピス・ラズリ（粉末を固化）
1976年	キュービック・ジルコニア（スカル・メルト法）
1978年	珊瑚（粉末を固化）
1998年	モアッサナイト（気体から合成）
2005年	ダイヤモンド（CVD法）

Nassau (1980)：Gems Made by Man, Chilton Book Company, p 345．（一部加筆）

円柱状に焼結して固めた原料を楕円の一つの焦点におき，そしてもう一つの焦点に熱源をおく．その熱源で原料を溶解し結晶を成長させる方法．諏訪精工社（製造当時）でルビー，サファイアやアレキサンドライトなどを製造していた．

高温高圧法 1カ所に圧力が集中できるように開発された装置で，約2000 K・6万気圧という高温高圧で1970年に宝石質ダイヤモンドをGE社が製造した．ひすい（ジェダイト）も同様な方法で製造したことがある．

■溶液から合成

フラックス法 原料を溶けやすくするために融剤（フラックス）を用いてルビー，サファイアやエメラルドなどをつくる．使用したフラックスが生成した宝石に含まれることがある．日本電波工業などで製造した．

水熱法 原料を高温の水に溶かして合成する．石英（水晶）やエメラルドなどがつくられている．この方法でつくられたものは，鉱物の産状に近いため，それらとの区別が難しい．

沈殿法 原料を沈殿させて固めることによりオパールをつくる．固めるために，接着剤（バインダーとよばれる）が使われる．ギルソンや京都セラミック（製造当時）で製造した．

■気体から合成

化学的に気体を基板上に結晶化させる合成法．CVD法ともよばれ，ダイヤモンド，エメラルドやルビーなどを製造した．

〔林　政彦〕

●文献
1) 広瀬三夫（1980）宝石をつくる，全国出版，pp. 170, 194.
2) K. Nassau (1980) Gems Made by Man, Chilton Book Company, p. 345.
3) 近山晶（2004）宝石宝飾大事典，近山晶宝石研究所，p. 838.
4) 並木正男（1981）宝石学ハンドブック，中央宝石研究所，p. 44-45.

表3 これまでにつくられた宝石の合成法，主なメーカーについて

(1) ルビー，サファイア

合成法	製造国	メーカー名（製造当時）／商品名
火炎溶融（ベルヌイ）法	日本	（株）信光社，中住クリスタル（株），電気化学工業（株），ルビカ工業（株），日本カーバイト（株），社会福祉法人札幌育成園
	中国	不明
	ドイツ	ヴィーデス・カービッド・ベルケ
	スイス	ジェバ社
	フランス	ハイコースキー社，アルプス合成ルビー社
	アメリカ	ユニオン・カーバイト社／リンデ
引き上げ法	日本	京都セラミック（株）／クレサンベール
	アメリカ	ユニオン・カーバイト社／リンデ，ベル・テレフォン・ラボラトリー
FZ（浮遊帯域溶融）法	日本	（株）諏訪精工舎／ビジョレーブ
フラックス法	日本	日本電波工業（株）／サラマンドール
	アメリカ	チャザム／チャザム，カシャーン／カシャーン，オーバーランド・ジェムス社／ラモラ
	フランス	ピエール・ギルソン／ギルソン
	スイス	ジェバ社
	オーストリア	オットー・クニシカ／クニシカ，レヒライトナー

(2) エメラルド，ダイヤモンドなど（製造したが，流通していないものも含む）．

宝石名	合成法	製造国	製造者・メーカー名（製造当時）／商品名
エメラルド	フラックス法	日本	京都セラミック（株）／クレサンベール，昭和電工（株），日本電波工業（株）／サラマンドール，（株）諏訪精工舎／ビジョレーブ
		アメリカ	チャザム／チャザム
		フランス	ギルソン／ギルソン
		ドイツ	ツェルファス
		ロシア	地球物理研究所
	水熱法	オーストリア	スワロフスキー社，レヒライトナー，シメラルド
		アメリカ	リンデ，リージェンシー，キンバリー
		オーストラリア	バイロン
		ロシア	地球物理研究所，タイラス
		中国	広西宝石研究所
ダイヤモンド	高温高圧法	日本	無機材質研究所，住友電工（株），（株）東芝
		アメリカ	GE社，ジェメシス社，エレメントシックス社
		ロシア	地球物理研究所
		中国	河南省・山東省で製造
	CVD法	日本	無機材質研究所
		アメリカ	シオダイヤモンドテクノロジー社（旧アポロダイヤモンド），デビアス社／ライトボックス
		中国	―
水晶	水熱法	日本	日本電波工業（株）
		ロシア	―
		中国	―
オパール	沈殿法	日本	京都セラミック（株）／クレサンベール
		フランス	ギルソン／ギルソン

147
模造宝石
Imitation gemstones

模造宝石は，天然宝石に外観のみ似せてつくられているもので，材質がガラス，陶磁器あるいはプラスチックなどである．さらに，下部（パビリオン）に着色剤を塗布して全体的に着色しているようにみせたものや，2枚あるいは3枚を張り合わせて厚みをもたせるものなどさまざまなものがある．2枚張り合わせたものをダブレット（doublet），3枚をトリプレット（triplet）とよぶ．上部がガーネットのものをガーネット・トップ・ダブレットなどという（図1）．

ふるくは紀元前4000年ごろ，古代エジプトでは最古の模造宝石が使われていた．材質はガラス質で，陶磁器で使用する釉に相当し，ファイアンス（faience）とよばれる．

着色剤によりさまざまな色調を示すガラスは模造宝石として広く使われている（図2）．しかし，近年では着色プラスチックもアクセサリーとして使われる．これらに共通してみられるのが同心円状にみえる気泡（図3）で，肉眼でもみえるものがある．ガラスは触れると冷たい感じがするが，プラスチックは温かい感じがする．これは熱伝導率が異なるため，さらにガラスの方が重く感じられるのは比重の違いによるためである．

天然宝石として最も流通量の多いダイヤモンドは，ガラスのほかにさまざまな模造

図3 ガラスの中の気泡（右：拡大）

X線による透過像

図4 ダイヤモンド（右）とその模造石のキュービック・ジルコニア（左）

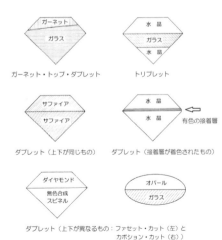

図1 張り合わせの様式

表1 ガラスの主な着色剤

色調	着色剤
無色	なし
紫色	マンガン酸化物,ニッケル酸化物.
青色	コバルト酸化物,銅,コバルト酸化物とマンガン酸化物.
緑色	クロム酸化物,ウラン化合物,鉄,銅,銅とクロム,プラセオディウム.
黄色	銀塩,酸化アンチモン,硫化カドミウム,鉄とマンガン,三酸化ウラン,二ウラン化ナトリウム,炭素あるいは炭素にマンガンの酸化物を微量含有したもの,硫黄あるいは硫黄に炭素を加えたもの,チタン.
オレンジ色	黄色と赤色の着色剤の混合物,カドミウム化合物.
ピンク色	赤色の着色剤の濃度を薄くしたもの,セレン,鉛ガラスにネオジムを加える.
赤色	酸化銅,コロイド状の金やその化合物,セレン,酸化マンガン,酸化鉄

図5 オパール・ダブレット(張り合わせ)の正面(左)と横からの様子(右)

石が知られているが,そのなかでも外観が似ているキュービック・ジルコニアやモアッサナイトは,それぞれX線透過法(図4)や顕微鏡観察によりダイヤモンドとの区別ができる[▶156 ダイヤモンド図6].さらに,オパールのダブレットはよくみられる(図6).

頻度:ほとんどの天然宝石の代用品として広く使われている.アクセサリーに多用される. 〔林 政彦〕

● 文献
1) R. Webster and B.W. Anderson (1990) Gems, 4th ed., pp. 437-455.

148 宝石の処理
Treated gem

宝石の処理で，最も古くから行われていた手法は，エメラルドにオイルを含浸させるというもので，プリニウス（A.D. 23～79）によって書かれている．当時，縞瑪瑙（アゲート）を砂糖と酸で脱水炭化により黒色に着色する処理も紹介されている．このような簡便なものから人工放射線を使った処理までさまざまな手法により宝石の外観が変えられている．

以下，各種の宝石の処理について紹介する．

■熱処理

古くから行われていた処理の一つである．かつて，溶融した金（温度1064℃）の中に青色サファイアを入れて無色に変化させていたことがあった．現在ではルビーやサファイアに熱処理を行うことはよく知られている．他の宝石ではジルコンやシトリンなどの加熱された宝石が広く流通している．ブラジル産アメシスト（紫水晶）を約500℃で熱処理すると黄褐色のシトリン（黄水晶）に変化する（図1）．

この熱処理は，時間を経ても変化がないとされる．未処理との区別は難しい．

■放射線処理

X線が発見されて以降，放射線の研究が進み，さまざまな物質に照射させた実験も行われていた．なかでもBordasは，ラジウム塩で無色のサファイアを黄色に，そして青色サファイアをエメラルド・グリーン色に変化させた．1909年にはCrookesにより無色のダイヤモンドをラジウムで緑色に変化させた．

現在では中性子線を照射した青色トパーズやダイヤモンドが広く流通している．しかし，放射線処理された宝石の色調は一般に不安定なことが多く，照射後の加熱処理によって宝石の色調を安定させることが行われている．

未処理との区別は分光検査によって行われる．

■含浸・充填

最も古くから行われていた処理の一つである．

宝石の透明度を上げるため，割れ目にガラス状の物質を入れてキズを隠蔽する処理（図2）や 表面の穴にガラスを充填さたりする処理がある．それぞれダイヤモンドとルビー・サファイアが代表例である．

この処理は，比較的簡便なものなので，流通経路のあらゆるところで行われる可能性がある．そのため，顕微鏡で拡大して慎重に割れ目や表面の状態を確認しなければならない．ただしひすいに樹脂を含浸させたものがあり，この確認にはFT-IRのような機器分析が欠かせない．

■染色・着色

最も古くから行われていた処理の一つである．

この処理は，含浸と同じような手法だが，染料・顔料のような有色のものを，割れ目

図1 ブラジル産アメシスト（左）を約500℃で熱処理すると黄褐色（シトリン）に変化（右）．

図4 ダイヤモンドに細長いレーザーを照射させて黒色内包物を取り除いたもの

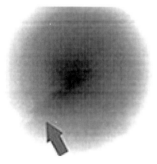

図2 鉛ガラスを含浸したダイヤモンド（上）とそのX線による透過像（下：矢印の先に含浸したガラスが確認できる）

図3 染色処理されたラピス・ラズリ綿棒（左）にアルコールをつけて擦ると青色の染料が付着する．

や表面に含浸や塗布させるもの．不透明なラピス・ラズリに染料を含浸させたもの（図3）など不透明な宝石に行われる．

真珠に硝酸銀とアンモニアを使って黒色に変化させたものもある．

含浸処理と同様に顕微鏡で拡大して慎重に割れ目や表面の状態を確認しなければならない．

■コーティング

黄色ダイヤモンドの下部（パビリオン側）に，補色である青色の染料などを塗布すると，無色にみえるという現象を利用したもの．

宝石に蒸着させ，さまざまな色調にさせたものがある．

■高温高圧

ダイヤモンドを高温高圧により色調を変えたもの．未処理との区別は分光検査によって行われる．

■レーザー

ダイヤモンドの黒色内包物をレーザーで取り除く処理がある．この処理の痕跡は，はっきりしている（図4）．

〔林　政彦・間中裕二〕

●文献
1) R. Webster and B.W. Anderson (1990) Gems, 4th ed., pp. 16-893.
2) K. Nassau (1984) Gemstone Enchancement, Butterworths, pp. 5-174.

149
宝石の採掘
Gem digging

宝石の採掘・選鉱の方法は，他の鉱物資源の採掘と基本的には同様であるが，ダイヤモンドと若干の例外を除いて，小規模な採掘である．ほとんどダイヤモンドのみが，莫大な資金の投入に対して利益が出る宝石である．かなり時間を要するダイヤモンドの探査が終わり，採掘を開始してから，最初の原石が出荷されるまでに，ほぼ10年を要する．ダイヤモンドの場合は比較的大量に集中して存在するのでこのような資金の集中が可能である．それ以外の宝石は一般に極めて狭い領域から産出し（図1），その総量も少ないので，小規模な採掘となる．

■採掘（mining, digging）
宝石に限らず，有用鉱物が採掘経費に見合う程度に集中している場所を鉱床（ore deposit）という［▶097資源とは］．目的鉱物が母岩とともに産出する場合一次鉱床（primary deposit）といい，母岩が風化，侵食，運搬，堆積して集まった場所を二次鉱床 secondary deposit（漂砂鉱床 alluvial deposit）に分類できる．二次鉱床の場合，運搬，堆積の過程で比重選鉱が自然に行われるので，濃集しており，さらに岩石の掘削時に宝石が割れるなどのダメージも受けにくい．多くの宝石は二次鉱床で採取される．この場合，他の岩石，鉱物も砂礫状になり，ともに堆積して層をなす．このような砂礫層を含宝石砂礫層（gem gravels）とよぶ．

露天堀り（open cut）
鉱脈や含宝石砂礫層がきわめて浅いところにあるか，露頭がある場合に表土を取り除いて採取する．ある程度規模が大きい場合には，パワーシャベルなど重機を用いることができるので，地下10m程度まで掘削することができる（図2）．

坑道（tunnel）
比較的地表に近い鉱脈を，その露頭から

図1 ブラジル・ミナスジェライス州・ヘマチタ近辺のアレキサンドライト鉱区，この画面にみられる，野球場3面ほどの川原のみから産出する．1988年当時，現在は産出は終了していると思われる．

図2 ブラジル・ミナスジェライス州ベニヤブランカのエメラルド露天掘り

図3　ブラジル・ミナスジェライス州のトルマリン坑道の入り口

図4　ブラジル・ゴイアス州サンタ・テレジアのエメラルド縦坑

図5　タイ・Bo Phloiの大規模なサファイア鉱山の回転円筒篩（trommel）

図6　ブラジル・ミナスジェライス州ベニヤブランカのエメラルド選別

掘削していく．鉱脈を追うため坑道は屈曲し上下する．延長が長くなると，途中に運搬，空気の補給のため縦坑を掘ることもある．最も原始的方法で資金も熟練者もほとんど不要なので，世界中にみられる（図3）．

縦坑（pit）

鉱脈や含宝石砂礫層が比較的地表直下に浅く広がっている場合にはこの方法で行われている．素掘りや，木枠で補強した縦穴である．掘削した表土や採取物は，篭やバケツで引き上げられる．竪穴が数mであれば，はねつるべ（balance crane）で，それより深い場合は手動または動力巻上げ機（windlass）で引き上げられる（図4）．

■選鉱（recovery）

水を用いて洗いながら選別していく湿式法（wet method）とまったく水を用いない乾式法（dry method）に分けられる．通常は湿式法が用いられる．水を用いて不要な土砂を洗い流し，水中で比重の大きな宝石を集める．乾式は水利のない場所で（オーストラリアのオパール鉱区など）で行われる．篩（ふるい，sieve）を繰り返す（図

5).いずれの方法をとっても最終的には目視で拾い上げる（図6）．

椀かけ（panning）

小規模，個人的採掘で，今日でも世界中で行われている．ざる，または鍋状のものに採取物を入れ，水中で揺すって軽い土砂を洗い流す．この際，回転させるようにすると，比重の重い宝石は鍋の中央下部に集まる．これをひっくり返すと，その中央に宝石が集まっている（図7，8）．

樋流し（sluice，ねこ流し）

傾斜した樋に水とともに採取物を流すと，樋の底に比重の大きな宝石が沈殿する．日本語の「ねこ流し」は樋の底に「ねこだ」（藁を編んでつくったむしろ）をひいたことから．佐渡金山で金の選鉱に用いられた．

〔宮田雄史〕

図7 ブラジル・ゴイアス州サンタ・テレジアでの選鉱．丸太で母岩を砕き，この後右の水槽で選鉱する．

図8 南アフリカの個人採掘のダイヤモンドの椀かけ

貴石・半貴石

「半貴石」という言葉がある．英語でも semi-precious stone という言葉があり，その訳語だったと思われる．宝石をこのように分類することは，根拠があいまいであり推奨されることではないが，現在でもよく使われている．

「半貴石」という言葉の根拠として，よく言われるのはかつての物品税，現行の関税の課税表にある，ということである．しかし，両者「とも「貴石および半貴石」という形で宝石一般を網羅するために用いられている．

一応の目安としてはモース硬度7以上を貴石と呼び，それ以下のものを半貴石と呼ぶのが一般的である．もちろん例外があって，真珠を半貴石と呼ぶ人はいない．この目安は一応の根拠がある．それは，通常の環境でほこり，塵のなかでは水晶系のものが最も硬度が高く，日常の使用では塵によって傷がつかないということにある．そのほか比較的安価であるものを「半貴石」と呼ぶ場合もある．水晶類でありながら，めのうは「半貴石」と扱われることが多い．

〔宮田雄史〕

150 宝石のカット形式・形状
Shapes and variety of gem cutting

■カットの目的

宝石が商品として扱われる場合，そのほとんどは切断，切削，研磨などの人為的加工がなされている．この人為的加工をカットとよぶ．装飾品として利用しやすいサイズ，形状を得ることが主要な目的である．研磨により表面状態をより平滑にすることは，表面反射を良好にすると同時に内部反射も加え，反射光も増加させることになり，いわゆる『光りモノ』を作り出すことができる．また，光の透過度が向上すれば，透明度を向上させ色や模様，時に内部に包有された鉱物結晶などがより鮮明にみえる．研磨は古来より行われてきた加工であり，研磨剤などの進歩とカット方法は密接に関連しながら発展してきた．初期の宝石では天然の結晶面をそのまま利用した．これが通称"エンジェル・カット"である．

■カットの形状と種類

カットの種類は大きく分けて4種類ある．I：平面で囲まれているファセット・カット，II：曲面で囲まれているカボッション・カット，III：丸玉，IV：任意の立体形状であるカービング（I, IIについては図1参照）．

宝石のカット名称は以下の順に呼称を並べて表現する．

I：ファセット・カット

①ガードルとよばれる最大径部分を上面方向からみたときの形状
②平面の形状や数による固有のカット名称

呼称例1　ラウンド・ブリリアント・カット，
呼称例2　長角・エメラルド・カット，
呼称例3　オーバル・ミクスト・カットなど．

固有のカット名称は研磨の歴史上考案されてきたカットが何十種類とある．このた

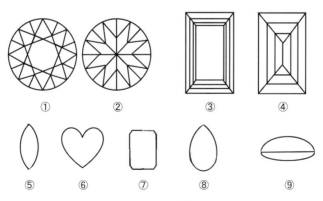

図1　カットの種類

①：ラウンド・ブリリアント・カットのクラウン側，②：ラウンド・ブリリアント・カットのパビリオン側，③：長角・ステップ・カットのクラウン側，④：長角・ステップ・カットのパビリオン側，⑤〜⑧はガードル部分の形状見本．，⑤：マーキス，⑥：ハート，⑦：エメラルドカットのガードル形状（別名称「隅切カット」），⑧：ペアーシェイプ，⑨はダブル・カボッション・カットの側面図

め，主要なブリリアント，ステップ，エメラルド，ミクストの各カット以外を，"ファンシー・カット"と称して一括することもある．

Ⅱ：カボション・カット
①ガードルとよばれる最大径部分を上面方向からみたときの形状
②フラット，またはスティープの表記
③シングル，またはダブルの表記
④最後に"カボション・カット"を付記する．

呼称例1　マーキス・フラット・ダブル・カボション・カット，

呼称例2　ペアシェイプト・スティープ・シングル・カボション・カット

ガードル部分を境にファセット・カットとカボション・カットの上下ミックスされたカットがある．これはファセット・カボション・カット，またはカボション・ファセット・カットとよばれる．

Ⅲ：丸玉
丸玉についてはサイズによらず同じ呼称を使用する．ネックレスの部品として使用される貫通穴のあいた"ビーズ"の場合，一方向にやや潰れた玉にカットする場合がある．これは通称"みかん玉"とよばれる．また，表面に彫刻による模様を施したものも多い．

Ⅳ：任意の立体形状であるカービング
特定の形状には呼称が付いている．

例1：カメオ　技法としてはレリーフ(relief)とよばれる"浮き彫り彫刻"である．コインの肖像画などはこのレリーフであり，技術的には立体の彫刻よりも難易度が高いとされる．カメオの素材としてめのう，またはシェルが一般に用いられるが，特に素材の限定はされていない．平行な2層または3層の色の異なる素材を用いると，彫り込んだ彫刻の背景が異なる色になる．彫刻とのコントラストが生じ，アウトラインが引き立つためよく用いられるが，このような天然素材は選りすぐらなければ入手できない．レリーフの技術に加え，素材の価値も加わることで宝石の中でも芸術性の高い商品に位置づけられる．イタリアで作製されるカメオが有名であるが，ドイツなど各国でもつくられている．

例2：インタリオ　カメオが浮き彫りであるのに対し，インタリオは"沈み彫"とよばれる．ヨーロッパで古くから郵便物を封印するとき使用するシール(seal)は沈み彫の技法でつくられている．宝飾品ではシール用のインタリオを石留めしたシールリングが代表的な使用例であるが，カット石の裏面に沈み彫を施し，石の中に立体彫刻があるようにみせる"裏彫"も広義にはインタリオの類である．

例3：勾玉（まがたま）　縄文中期以降の遺跡から出土する歴史的にも古いカットである．古墳時代まで出土し，それ以降はみられない．貫通穴が開けられており，紐を通してビーズやペンダントトップのように使われたことは容易に想像が付く．しかし，丸みを帯びた三日月状の一方が膨らんだ独特の形状が何をモチーフにしたか，その意味合いは現在，諸説いろいろある．出土する勾玉はジェダイトやめのうなどが用いられた．

例4：スカラベ　カボション・カットされた宝石の表面にスカラベとよばれるタマオシコガネをモチーフにした図案を彫刻したもの．古代エジプト人にとって不死の象徴として崇拝されたスカラベは，現代でもアクセサリーに使用されている．

〔高橋　泰〕

●文献
1) 近山晶 (1993) 新訂宝石学必携，全国宝石学協会．
2) 近山晶 (2007) 宝石宝飾大事典　新訂第3版，近山晶宝石研究所．

151 ダイヤモンドのカット工程
Cutting process of diamond

■カットの歴史

ダイヤモンドの加工研磨,カットが何時何処で始められたかは詳らかではない.ほぼ3000年の昔インドで発見されたとされているところから,おそらくはインドで自然発生的に行われたものであろう.ただ,既知の物質では最高の硬度をもっているところから,当時の知識ではその加工研磨はきわめて困難であったと思われる.このため当初は,加工研磨をほとんど必要としない八面体の結晶に多少手を加えたものが,古代インドやローマで宝飾品にセットされ用いられていた.最初のカットとされている,ポイント・カットである(図1).

その後次第にダイヤモンドの性質(結晶方向による硬度の差や劈開性)が明らかになるにつれ,これによる加工研磨技術の導入あるいは研磨盤(スカイフ)などの研磨用器具の開発により,本当の意味での最初のカットである,テーブル・カット(図2)が,16世紀から17世紀初頭にかけて登場した.相対的に柔らかい面であるポイント・カットの頂点を研磨したものである.

このテーブル・カットと同時に,平らな底面をもつドーム状で,その表面に多数の三角形の小面を付けた,バラの蕾のようなローズ・カットも考案されている.

ただこれらのカット主な目的は,形状を整え内部欠陥を覆い隠すことにあり,現在のカットにみられるような,ダイヤモンド特有の強い輝きや分散を十分に表現するものではなかった.

研磨方法や研磨器具の更なる開発・改善による研磨能力の向上と,より高い輝きを求めて,17世紀には,テーブル・カットから発展した,オールド・シングル・カットやマザリン・カットが考案された(図3).

いずれも現在のブリリアント・カットの原型をなすものである.ただ,これらのカットは,カットを構成する主要面の角度,上面のクラウン角度と下面のパビリオン角度がいずれも八面体結晶の面角度(54.74°)のままで,現在のブリリアント・カットのような,ダイヤモンドの高い屈折率や分散を活用することで得られる強い輝き(ブリ

図2 テーブル・カット

図1 ポイント・カット

図3 マザリン・カット

リアンシー）や虹色のきらめき（ファイヤー）を十分に示すものではなかった．いっそうの輝きを求めて試行錯誤が重ねられ，19世紀末から20世紀にかけて，底面の角度（パビリオン角度）を41°前後にとった現在の57(58)面のブリリアント・カットに到達した．1919年マルセル・トルコウスキー（Marcel Tolkowsky）がこれに数学的な検討を加え，理想的と称する"トルコウスキー・カット"（図4）を提案した．アメリカン・カットともよばれている．

この検討にはいくつかの前提条件が設定されており，この条件を見直すと，当然そのカットロポーションは変わったものとなる．このことから，トルコウスキー以後もさまざまなカットが提案されている．その主なものは表1のとおりである．

以上のほかに，所謂ファンシー・カットと称する別系統のカットがある．原石形状に応じて自由な形状に仕上げたものである．エメラルド・カット，マーキス・カットやドロップ・カットなどがある．またピンクやブルーなどの着色石では，その色調が強調されるように自由な形状にカットされることが多い．

■カットの工程

現在ダイヤモンドのほとんどは，ブリリアント・カットに仕上げられている．

ダイヤモンド鉱山で採掘回収される原石の形状はかなりまちまちであるが，ほとんどは八面体または十二面体結晶のやや変形した形状である．通常，これら結晶1個から2個のブリリアント・カットを切り出す．この加工は，マーキング（marking）ソーイング（sawing）ガードリング（girdling）とポリシングの4工程で行われる．

マーキング

通常，研磨歩留まりの観点から，1個の原石から2個のカット石を切り出す．このため，まず原石を2つに切断する必要があり，最終の仕上りサイズや品質を考慮しつつ，切断線を石の表面に墨で書きいれる．ただ，石の表面が曇っていて内包物やクラックなど内部の状況が見えにくい場合には，表面の一部を小さく研磨する"窓開け"作業を行うこともある．

マーキング作業はルーペを用いて手作業で行われていたが，最近ではコンピュータグラフィックスの手法を用いて行うことが多い．

研磨歩留まりや製品サイズあるいは仕上り品質を左右する最も重要な工程である．

ソーイング

マーキング済みの原石は，ステッキに糊付けされ，ソーイング・マシンにセットされ，毎分約7000回転しているブレードで切断される．ブレードは厚さ0.075mm程

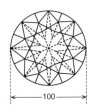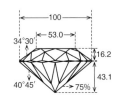

図4 トルコウスキー・カット

表1

考案者	年代	テーブル径	クラウン角度	パビリオン角度
Tolkowsky	1919	53.0%	34.5°	40.75°
Eppler	1940	69.0%	32.8°	40.8°
Parker	1951	55.9%	25.5°	40.9°
ScanDN	1969	57.5%	34.5°	40.75°
Dodson	1979	40.0%	26.5°	43.0°
Shanon	1998	58.0%	33.5°	40.75°

度,径3インチ程度のリン青銅製で,その周囲にはヒマシ油で溶いたダイヤモンド粉末が常時塗布されている.切断に要する時間は2ct原石で約2時間ほどである(図5).

最近では,ブレードを用いた方法にかわり,レザー光線による切断が行われることが多い.切断所要時間が短く,切断方向にとらわれることなく,効率的とされている.

ガードリング

切断済みの原石は角ばっているので,その角を落とし外周を円形にする必要がある.ガードリング作業である.

円形の外周部をつくるためには,機械加工の際に用いられる旋盤と同様な装置,ガードリング・マシンが用いられる(図6).

切断済みの被加工原石はドップ(dop)とよばれる保持装置にセメントづけされ,マシンに装着される.

切削用の刃としては別のダイヤモンド原石が用いられる.ダイヤモンドでダイヤモンドを加工するわけである.

切削用のダイヤモンドは,写真にみられるように,手で保持され,必ずしも固定されていないため,ガードルが真円に仕上がらない場合が多い.このため最近ではより精密なガードリング装置が開発され,精度の高い真円の確保が可能となり,より精度の高い研磨石の製造に役立っている.

ポリシング

ガードリングの施された石は,そのサイズに合ったポットに入れ,別のドップ(dop)に装着され,約2700回転/分しているスカイフ(scife,直径約30 cm,厚さ2〜3 cmの鋳鉄製の円盤でその表面に粉末ダイヤモンドが塗布されている)に押し当て研磨方向や角度を調整しつつ,一面一面研磨される.

このドップは,研磨に必要不可欠な研磨方向の設定,あるいは仕上がり形状の確保に必要な研磨角度の設定が正確,容易にかつ迅速にできるようになっている(図7).

最近では,コンピュータードライブの自動研磨機が開発され,広く用いられている.

研磨はまず下側のパビリオン面8面,次に上側のクラウン面8面,これにパビリオン側にボトム・ブリリアント面16面,クラウン面にスター面8面とトップ・ブリリアント面16面を追加し,テーブル面とキューレット1面を加え合計58面のブリ

図5 ソーイング・マシン

図6 ガードリング・マシン

図7 ポリシング・マシン

リアント・カットが完成する．

■カットの評価

カットの評価は，当然のこととして，宝石としてそれが美しいか否かで行うべきである．ダイヤモンドでは，その外形が宝石として評価されるように整っているか否かに加えて，その高い硬度や高い屈折率に由来する強い表面反射と小さな臨界角による豊富な内部反射，すなわちブリリアンシー（briliancy），と大きな分散能率による虹色のきらめき（fire），さらには，多数のカット面からの反射による光のきらめき，シンチレーション（scintillation）の光学的諸効果が考慮されることになる．これらはいずれも三次元的なカットの形状や対称性，すなわちプロポーションに関連しており，したがってカット評価は主としてそのプロポーションにより行われる．このほか，表面反射に影響する石の仕上がり状態（finish）も評価の一項目とされている．

評価にあたっては，抽象的，主観的な基準を廃しできるだけ客観的なそれが必要とされる．現在，世界的には，国や地方あるいは各鑑別機関がそれぞれ独自の基準を作成しそれによって評価が行われている．

わが国では，主要な宝石鑑別業者が宝石団体協議会（Association of Gemological Laboratories）を結成し，米国宝石協会（Gemological Institute of America）の基準に準拠した，日本独自の，AGL基準を制定し，これにより評価を行っている．そのカット評価基準のパラメータは，図8のとおりであり，このパラメータによるAGLカット評価基準は，表2のとおりである．〔矢野晴也〕

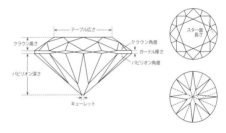

図8　評価基準パラメータ

表2　AGLカット評価基準

評価	excellent	very good	good	fair	poor
テーブル径[*2]	53〜58%	52〜63%	50〜67%	49〜72%	48%以下，73%以上
クラウン角度[*1]	33〜35°	32〜36°	30〜38°	26〜44°	25°以下，45°以上
ガードル厚	薄い〜やや厚い（減点1以内）	極端に薄い〜やや厚い（減点2以内）	極端に薄い〜非常に厚い（減点4以内）	ガードル厚さの呼称には無関係に減点で規定	
				（減点7以内）	（減点8以内）
パビリオン深さ[*1]	42〜44%	42〜45%	41〜47%	フィッシュアイまたはダークセンター[*2]	
全体深き	59.2〜62.4%	58.0〜63.8%	56.8〜65.9%	54.0〜70.1%	53.9%以下，70.2%以上
キューレット	なし〜中程度	なし〜中程度	なし〜やや大きい		
主要シンメトリー	0	0	0	メジャーシンメトリー対象石	
ポリッシュ	ex.〜v. good	ex.〜good	ex.〜good		
シンメトリー	ex.〜v. good	ex.〜good	ex.〜good		

*1 小数点以下第一位を四捨五入した値で判定する．例えば，テーブル径の場合，excellentの範囲は53%〜58%であり，これは52.5〜58.4%までを含んでいる．

*2 ダークセンターの定義：反射像が4/5以上の見え方をした場合，ダークセンターとする．（ガードル厚とキューレットの評価基準の詳細やその他の付帯事項は紙幅の都合で省略した）

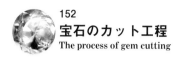

152 宝石のカット工程
The process of gem cutting

指輪やペンダントに留められているカット石は裸石、または、ルースとよばれている。ルースのカット工程は、オリエンテーション（方向どり）→切断→ガードリング→粗摺り→中摺り→仕上げ摺り→艶出しという順に行われる。ガードリングとはカットの最大のサイズを決めることで、通常、クラウンとパビリオンの間にある「ガードル」のサイズと形状を削り出すことである。時代により技術が進歩し、工具や研磨剤の種類は変化しても、工程自体はほとんど変わっていない。彫刻の一種であるカービングの場合はルースのカット工程のうち、ガードリングがアウトラインの成形になる。

■ 研磨剤の種類と使用方法
　研磨加工の基本は被加工物と研磨剤の硬度差を利用した切削と研磨である。現在でこそ鉱物中最も硬いダイヤモンドを利用した工具が用いられるが、ダイヤモンド工具以前は切断せず削ることで目的のサイズと形状を得ていた。歴史的には金剛砂とよばれるガーネット粒（硬度7½）が最も古く、順にコランダム粒（硬度9）、カーボランダム（炭化ケイ素）粒（硬度9½）、ダイヤモンド粒またはペースト（硬度10）と、より硬度の高い研磨剤へと変遷してきた。しかし、研磨方法は今も昔も変わらない。目の粗い研磨剤から徐々に目の細かい研磨剤へと変えることにより、粗摺り→中摺り→仕上げ摺り→艶出しの手順を踏む。対象物によって粗さは異なり、水晶など一般的な加工では、#180→#400→#800→艶出、#180→#400→#800→#1200→艶出、などの例があげられる。ダイヤモンドのカットは例外である［▶151 **ダイヤモンドのカット工程**］。ここでは、ダイヤモンド以外の宝石のカット工程を述べる。

■ 治具・工具類
　山梨県甲府の研磨職人の一部では治具を使用せず、親指、人差し指、中指の3本で

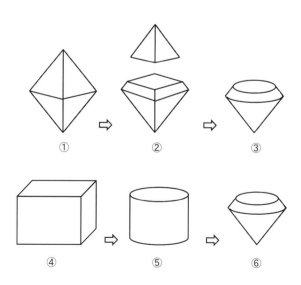

図1　原石のカット工程
①〜③はダイヤモンドなど希少な原石のカット工程で、歩留まりを考慮したカット方法。
④〜⑥は汎用的な原石素材のカット工程。②から③、⑤から⑥への工程は、石をドップに固定するためクラウン側（上側）のカットとパビリオン側（下側）のカットのどちらか一方を仕上げたのち、他方を行うことが多い。

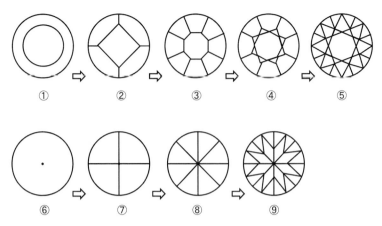

図2 ラウンド・ブリリアント・カットの工程

図1の③,または⑥の工程の後にカットする.①〜⑤はクラウン側の工程.⑥〜⑨はパビリオン側の工程.⑥の中心にある点はキューレットで,便宜上⑥に描かれているが,通常は最後にカットする.最近のカットではキューレットは極小にする.

被加工物の角度を合せ仕上げてしまう"手摺り"が行われている.しかし,この技術はかなりの熟練を要するため,世界的にみても治具を使用することが一般的である.

ファセット・カットの治具にはファセッターを使用する.被加工物と棒状治具長手方向の中心線を合せてセッティングし,加工に必要な次の2種類の角度を固定する機能をもつ.

①中心線に対する回転角度
②研磨板と中心線との成す角度

切断にはダイヤモンド砥粒を円板の周囲に電着させたダイヤモンドカッターを使用する.

切削,成形にはダイヤモンド砥粒を電着させたグラインダーを使用する.表面模様の彫刻などの詳細な作業では,ハンドモーターとダイヤモンドポイントを用いた工具による加工も行われる.

粗摺り〜仕上げ摺りには円盤状の研磨板(以下「皿」とよぶ)を用いる.皿には平面状円板の平皿,または,加工形状に合わせた溝がついた溝皿を用いる.研磨剤は遊離砥粒式すなわち,研磨板上に水と研磨剤を混ぜ合わせたものと,固定砥粒式がある.遊離砥粒式の場合は炭化ケイ素またはコランダムを用いる.固定砥粒式ではダイヤモンド電着の皿を用いる.

彫刻の場合,彫刻機とよばれる工具を使う.モーターに直径約20 mm長さ40 cmほどの棒状回転体を取り付けた簡易な工具で,回転体の先端に用途に応じて形状の異なるコマを付け替え,遊離砥粒式で被加工物表面に任意の形状を整形する.

■加工工程

ラウンド・ブリリアント・カットを例に図解する(**図1,2**).粗摺りの段階でより完成形状に近づけておくと作業効率が向上する.

■オリエンテーション

カット後の仕上がりを想定しながら,原石の上下方向や上下・左右・前後の中心などを決める作業をオリエンテーションとよぶ.目的としては瑕(キズ)を避け,サイズを決め,歩留まりをよくすること.また,特定の光学的効果を引き出し,多色性によ

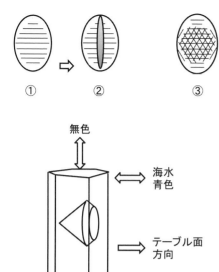

図3 オリエンテーション
①は針状胞有物の方向性とカット時のガードル方向．細線は針状包有物の方向を表す．
②は①の結果生じるキャッツ・アイ効果．
③は針状胞有物の方向性とカット時のガードル方向．細線は針状包有物の方向を表す．
④は③の結果生じるスター効果．
⑤はアクアマリンの多色性を考慮したオリエンテーション．

る方向ごとの色変化を最適にするために行う．研磨加工の工程と原石の性質を熟知してなければ最適なオリエンテーションはできない（図3）．

■歩留まり

原石の重量を100%とした場合，カットして仕上がったときの重量が原石重量の何パーセントになるかを歩留まりとよぶ．研磨加工は切断しただけでも必ず重量が減る．仕上がり重量やサイズを原石段階から想定することは，かなりの経験を要する作業である．ダイヤモンドの多くは正八面体の原石からラウンド・ブリリアント・カットをするため，原石の形状からいえば歩留まりはよいほうである．それでも50%以上残るのはよいほうであり，20～30%程度になることも珍しくない．カットには各種鉱物に最適なカット角度があるため，歩留まりがよいことが品質のよさにはならない．原石の形状と瑕，色ムラや多色性を考慮し，仕上がり時のサイズやカット形状を考慮して折衷案を見いだす作業を行う．

〔高橋　泰〕

● 文献
1) 近山晶（1993）新訂宝石学必携，全国宝石学協会．
2) 近山晶（2007）宝石宝飾大事典　新訂第3版，近山晶宝石研究所．

153 宝石の色
Color of gems

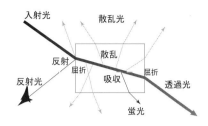

図1 光が物質に入射した際の，さまざまな現象．すべてが重なって宝石の色となる．

■宝石の色

宝石は，さまざまな色調をもっている，色のついた透明な物質の代表であろう．実際，色ガラスが発明されるまで，宝石は人類が手にすることのできる，唯一つの色のついた透明な物質であった．悪名高きローマの皇帝ネロがエメラルドのサングラスをつくらせたという伝承も，それほどまでに贅沢であったというよりも，サングラスをつくるために（そのことは贅沢であったとしても）必要な材料がエメラルドしかなかったという文脈で理解するべきだろう．宝石の色というのは，取り扱いがいささかややこしい．というのは，例えばダイヤモンドのように無色透明の宝石であっても，それが実際に宝石として用いられる場合にはカットがなされ，ダイヤモンドではファイァーとよばれるさまざまな色が目に見える．これはダイヤモンドが高い分散をもつため，ダイヤモンドに入射した白色光が分散され，見る方向によって強めあい，さまざまな色が宝石の上に見える現象である．この色はダイヤモンドそれ自体の色ではない，しかし宝石としてのダイヤモンドにみられる色である．ここでは，このような光学的な現象（干渉，回折，分散）によって生じる色は取り扱わず，そのもの自体の色（地色 body colour）についてのみ述べることにする．さらに，後述のようにルビーは紫外線および青色の可視光線でも赤色の蛍光を生ずる．この蛍光も一緒に観察されるため，同じルビーでも例えば東京で見るよりも，紫外線の多い場所で見る方が赤く見える．これらの色もまた別に考え，宝石という透明な物質を光が透過するときに見せる色について考える（図1）．

■宝石の吸収スペクトル

固体物質に白色光が入射すると，一部は反射し一部は透過してゆく（図1）．

反射ないし透過して物質の外に出てくる光は，入射した白色光の一部が物質に吸収され，もとの白色光を構成する成分とは割合が異なっている．例えば長波長成分が吸収されれば，反射あるいは透過光は短波長成分が増え，物質は緑，青あるいは紫色に見える．透明宝石の場合は原則として，正面（テーブル面とよばれる一番大きな面のある方向）から入った光がなるべく多く正面に戻ってゆくようにカットされているので，透過光を考えればよい，不透明な宝石の場合は反射光を考えればよい．図2aに赤色ガラスを透過した光のスペクトルを模式的に示す．

赤以外の色に相当する光が吸収され，赤く見えていることがわかる．一般に固体物質では，特定の波長のみを吸収するのではなく，幅の広い連続した波長帯を吸収する．ところで，赤い色の宝石の代表ともいえるルビーは，赤いガラスよりも鮮やかな赤い色に見える．図2b ルビーの色のスペクトルの模式図を示す．ルビーでは赤い波長の光だけでなく，青い色に相当する波長の光も透過していることがわかる．もちろん赤い色の光の量が多いのでルビーは赤く見えるが，青い光も混ざっているため例えば赤

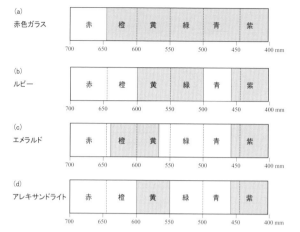

図2 さまざまな宝石の吸収スペクトルの模式図．数字は波長（nm）．プリズムを用いた分光器を想定しているので，長波長側は短波長側にくらべて短く表されている．
a：赤色ガラス（セレン着色），b：ルビー，c：エメラルド，d：アレキサンドライト．

いガラスよりも明るい赤色となる．以上のような説明は，それぞれの宝石によって異なった選択的吸収が行われ，そのことによって宝石の色が決まるという点ではまったく正しいが，それぞれの宝石でなぜそのような光の選択的吸収が行われるかについては何も説明していない．光の選択的吸収が行われる原因を着色機構とよぶことにする．

着色機構にまで踏み込まずとも，宝石の吸収スペクトルの観察だけでも，宝石の色を現象論的に説明することはできる．上記のようにルビーが赤色ガラスより明るい赤色を示すことはスペクトルの観察だけで説明できた．同様に緑色の代表的な宝石であるエメラルドも緑色ガラス（例えば一升びん）よりも明るい緑色を示す．図2cにエメラルドの吸収スペクトルを模式的に示してあるが，ここでも緑色だけでなく，赤色も透過していることがわかる．赤色と緑色光を透過するが，ルビーとはちょうど逆に緑色の光の方が多いのでエメラルドは明るい緑色を示す．この赤色部の透過と緑-青部の透過がバランスしている宝石にクリソベリル（Chrysoberyl）の変種の一つであるアレキサンドライト（Alexandrite）が

ある（図2d）．このためアレキサンドライトは色温度の高い太陽光下では緑色を示し，赤色成分の多い（色温度の低い）ローソクの光や電灯の光りの下では赤色を示す[▶159 アレキサンドライト]．

■自色鉱物・他色鉱物

さて，宝石の圧倒的大多数は鉱物である[▶140 宝石とは]．例外として最も重要なものは，真珠である．真珠のような生物があらわに関与している例外的な宝石を除いて，宝石というのは，鉱物の中で美しいものと考えて差し支えない．鉱物の，したがって宝石の着色機構にはさまざまな種類があり，ほとんど「物質の着色機構」と言い換えてもよいほどである．Nassau[1]は物質の着色機構を15種類に分けて考えている．これに加筆したものを表1に示す．この表の中の例にあげてあるもののうち，宝石は太字で示してある．宝石の色の原因が多彩であることがよくわかるであろう．また，当然のことではあるが，無色の透明な物質に，色の付いた別の物質が多数内包されていると，全体として内包物の色がもとの物質の色であるかのように感じる．宝石にはこのケースもあるので，16番目として加えてある．ここでは，最も重要な遷移元素

（表1の4, 5）による着色について述べてゆこう．

　鉱物学では着色機構の解明が進む以前から，着色機構それ自体は捨象し，着色原因になる元素が，その鉱物の構成元素であるか不純物元素であるかによって鉱物を「自色鉱物（idiochromatic minerals）」と「他色鉱物（allochromatic minerals）」とに分類してきた．これは今日では，表1の4に相当する．この分類法は，宝石にはとても有用である．すなわち，「自色」の宝石はその構成元素によって着色しているため，色のヴァラエティが狭い．例えばトルコ石（Turquoise $CuAl_6(PO_4)_4(OH)_8 \cdot 4H_2O$）は分子式の中にある銅によって着色しているため，基本的に青い色の宝石であり，せい

表1　物質の着色機構（K. Nassau[1]）の表を翻訳，一部加筆）．例にあげてある物質のうち太字は宝石，および宝石の色に関連する現象．太字下線は筆者によって加えられた例．

振動および単純な励起現象
1. 白熱 incandescence
   炎，ランプ，アーク灯，灰光灯
2. 気体励起 gas excitations
   気体ランプ，稲妻，オーロラ，ある種のレーザー
3. 分子振動，回転 vibration and rotations
   水，氷，ヨウ素，ガスの青い炎

配位子場での遷移
4. 遷移金属（構成成分）transition metal compounds
   トルコ石，<u>**一部のガーネット**</u>，多くの顔料，ある種の蛍光，レーザー，燐光
5. 遷移金属（不純物）transition metal impurities
   ルビー，**エメラルド**，赤い鉄鉱石，ある種の蛍光，レーザー

分子軌道間の遷移
6. 有機物質 organic compounds
   さんご，大部分の染料，大部分の生物的着色，ある種の蛍光，レーザー
7. 電荷移動 charge transfer
   ブルー・サファイア，磁鉄鉱，**ラピス・ラズリ**，多くの顔料

エネルギー・バンドでの遷移
8. 金属 metals
   銅，銀，金，鉄，真鍮，"ルビー"ガラス
9. 純粋な半導体 pure semiconductors
   シリコン，方鉛鉱，辰砂（しんしゃ），**ダイヤモンド**
10. 不純物を含む半導体 doped or activated semiconductors
    ブルー・およびイエロー・ダイヤモンド，発光ダイオード，ある種のレーザー，燐光
11. 着色中心 colour centers
    紫水晶，**煙水晶**，砂漠の"アメシスト"ガラス，ある種の蛍光，レーザー

幾何光学および物理光学
12. 分散する屈折，偏光他 dispersive refraction, polarization, etc
    虹，光暈，幻日，日光の緑の閃光，**宝石の"ファイアー"**
13. 散乱 scattering
    青空，夕焼け，青い月，**ムーンストーン**，ラマン散乱，青い目およびある種の生物的色
14. 干渉 interference
    <u>**アイリス・クォーツ**</u>，水の上の油の皮膜，シャボン玉，カメラレンズのコーティング，ある種の生物的色
15. 回折 diffraction
    オーロラ，後光，回折格子，**オパール**，ある種の生物的色，大部分の液晶
16. 内包物 inclusion
    <u>**グリーン・アベンチュリン・クォーツ**</u>

ぜい青色に緑味を帯びる程度で赤いトルコ石というものは存在しえない．一方「他色」の宝石では不純物によって着色されているのであるから，広い色ヴァラエティをもちうる．例えば，赤い宝石として有名なルビーと，青い宝石の代表であるサファイア（より正確にはブルー・サファイア）．サファイアには緑色や黄色など多くの色のものがある）はともに鉱物としてはコランダムで，化学的には酸化アルミニウム（Al_2O_3）とよばれる物質であり，純粋なものは無色透明である．この物質に酸化クロム（Cr_2O_3），別の表現では三価のクロミウム，が不純物として数％程度含まれると赤く着色してルビーになり，また二価の鉄と四価のチタニウムが不純物として入ると青く着色してブルー・サファイアとなる．すなわちルビー，サファイアは他色の宝石であって，さまざまな色をもつ．伝統的に赤いものをルビーとよび，それ以外の色のものを色の名前を付けてサファイアとよぶ．ブルー・サファイア，グリーン・サファイア，イエロー・サファイア，ゴールデン・サファイアなどである［▶142 宝石の種類］．

このように他色鉱物は広い色ヴァラエティをもつだけでなく，現在は発見されていない色が発見される可能性も秘めている．例えば通称「パライバ・トルマリン」とよばれているトルマリンの新しい色ヴァラエティがある．従来トルマリンにはインクのような濃い青，暗い緑のものは知られていたが，明るい青，緑のものは知られていなかった．ところが1987年ブラジルのパライバからこれら明るい色のものが発見され[2]，宝石業界にセンセーションを巻き起こした．

■ **遷移元素による着色機構**

遷移元素による着色機構は，それが不純物であろうとあるいは構成元素であろうと基本的には変わりがない．しかし宝石すなわち鉱物はガラスと異なり，結晶構造をもっている．したがって，ある遷移元素によって色が決まるのではなく，結晶構造と遷移元素の組み合わせによって色が決まる．このことをわかりやすく示しているのが，さきほどから例にあげているルビー，エメラルド，アレキサンドライトである．これらはそれぞれ「赤いコランダム」「緑色のベリル」「変色性をもつクリソベリル」であるが，それぞれの色を着けている原因となる遷移元素はいずれもクロムである．

遷移元素は内殻に不対電子をもつことで

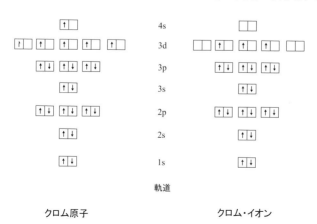

図3 基底状態のクロムの電子配置．a：原子，b：三価のイオン．

特徴づけられる.クロムは6つの不対電子をもっており,そのうちの5つが内殻にある(図3a).コランダム中のように,クロムが三価のイオンとして考えられるときには3つの不対電子をもっていることになる(図3b).

これらの不対電子のとりうるエネルギー状態のうち最も低いエネルギー準位は基底状態である.このクロムイオンがコランダム結晶中に不純物として入るときは,アルミニウムと置換する.図4にコランダムの結晶構造の一部分を示す.アルミニウムは6個の酸素がつくる,ゆがんだ八面体の中央にある.このような陰イオンに囲まれた場所は陰イオンによってつくられる電場の強い影響下にある.これは,配位子場(ligand field)とか結晶場(crystal field)とよばれる.この位置にクロムイオンが入ると,自由イオンのとき縮退していたエネルギー準位が分離し,不対電子の3つの励起準位が可視光線に対応するエネルギーをもつことになる.この3つの励起準位は,^2E,$^4T_1$,$^4T_2$とよばれている(図5a).選択則(selection rule)により状態間の遷移は図4bに示してある矢印に相当するものに限られている.これらのうち,2つの励起状態への遷移に伴うエネルギーが可視光線の紫および黄緑の領域の波長に対応している.そのため白色光がルビーを透過すると,紫と黄緑の成分が吸収され図5cあるいは図2bのような吸収スペクトルを示すことになる.

さて,電子が励起状態から基底状態に戻る際,選択則によって^2Eにいったん遷移し,それから基底状態に戻ることになる(図5b).$^4T_1$および$^4T_2$から^2Eへの遷移では赤外波長に相当する少量のエネルギーを放出するが,^2Eから基底状態への遷移では赤い光に相当するエネルギーを放出する.これは蛍光(fluorescence)とよばれる.

ルビーはこのように赤い蛍光を発するため,緑や紫の光で照明しても,また紫外線で照明しても赤く見える.また天然ルビーにしばしば含まれる鉄の不純物は,蛍光を抑える作用をもっている.このことを利用して,紫外線照明下での赤色の程度を比較して,天然ルビーと合成ルビーの識別を行うということがなされてきた.ただし最近の合成ルビー(宝石用につくられたもの)には意識的に鉄が少量添加されているのでこの方法は確実ではなくなってきている.

エメラルドもまったく同様である.エメラルド中のクロムイオンもまた歪んだ八面体の中央にある.エメラルドの場合,八面体の大きさがルビーとは少し異なり,そのためクロムイオンのまわりの結晶場の強さが少し弱い(図5d).吸収が起きる場所が長波長側にずれ,吸収も弱くなる(図5e).このため図5fのような吸収スペクトルとなり緑色に見える.アレキサンドライトでは結晶場の強さがルビーとエメラルドの中間なので,前述のような吸収を示し変色性をもたらす.^2E準位は結晶場の強さにほとんど影響を受けないので,これら3

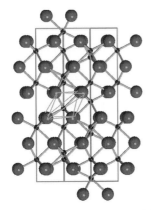

図4 コランダムの結晶構造の一部.酸素は,大球,アルミニウムは小球で表されている.アルミニウムは6個の酸素原子によって囲まれている.酸素原子はゆがんだ8面体をつくっている.

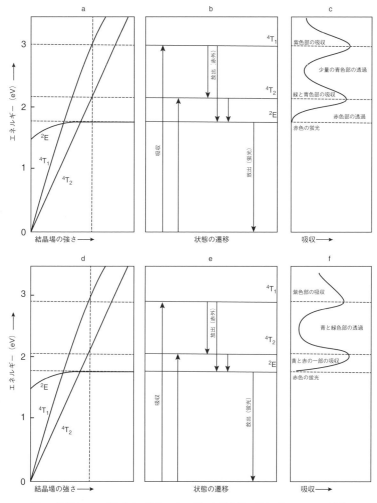

図5 結晶中での不対電子の励起エネルギーと結晶場の強さ（K. Nassau 原図）
a：ルビー中のクロムイオン，b：許される遷移と遷移エネルギー，c：対応する吸収スペクトル，d：エメラルド中のクロムイオン，e：許される遷移と遷移エネルギー，f：対応する吸収スペクトル．

つの宝石は同じ赤色の蛍光を出す．
■電荷移動（表1の7）
　結晶に光が入射する（エネルギーが与えられる）と結晶中の隣接する複数のイオン間相互で最外殻の電子が移動することがあ

る．このときに必要なエネルギーが吸収され，相当する波長が可視領域にあるときに色が着く．

異なる遷移元素イオン間（図6）
　例：ブルー・サファイア．

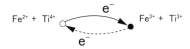

図6　電荷移動の模式図（異なるイオン間）

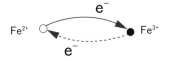

図7　電荷移動の模式図（電荷状態が異なる同種のイオン間）

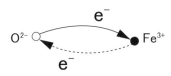

図8　電荷移動の模式図（酸素イオンと遷移元素イオン間）

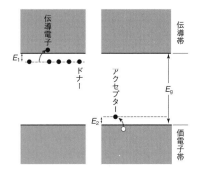

図9　半導体の電子状態の模式図

電荷状態が異なる同種の遷移元素イオン間（図7）

このとき赤外-赤の波長領域を吸収するので青色に着色する．例：アイオライト，アクアマリン．

酸素イオンと遷移元素イオン間（図8）

普通は紫外領域を吸収，吸収のすそが青色にもかかるので，黄色に着色する．例：イエロー・ベリル，イエロー・サファイア，シトリン．

■純粋な半導体，不純物を含む半導体（表1の9, 10）

ダイヤモンドは純粋であれば，半導体である．半導体の電子状態は原子に束縛された電子の準位である荷電子帯と，伝導電子の準位である伝導帯があり，この間隔をバンド・ギャップ（band gap）とよぶ（図9）．バンド・ギャップ E^g が十分大きいと，光が入射しても電子はこの間隔を飛び越えられず，光は吸収されない．純粋なダイヤモンドではこのバンド・ギャップが約 5.5 eV あるので，光は吸収されず無色透明である．不純物として窒素が 20 ppm 以下の量孤立して取り込まれると（Ib型ダイヤモンド）電子が1つ余るので，ドナーとなり p 型半導体になる．このとき，ドナー・レベル E_1 に相当する波長が可視領域にあれば色が着く．ドナー・レベルは約 2 eV であり相当する波長は約 560 nm（だいたい青）であるので，これより短波長を吸収する．したがって黄色に着色する．これは，通常の天然ダイヤモンドにはきわめて少なく，合成ダイヤモンドはこのタイプである．通常みられる黄色のダイヤモンドの着色機構はまた別である．一方，ホウ素を不純物として 20 ppm 以下含むと（IIb型ダイヤモンド），n 型半導体になる．アクセプター・レベル E_2 は約 0.37 eV であり相当する波長は約 4 μm で赤外領域であるが，吸収のすそが可視部まで延びているので赤色を吸収し，青色に着色する．いわゆるブルー・ダイヤモンドである．　〔宮田雄史〕

●文献
1) K. Nassau (1983) The Physics and Chemistry of Color. 23, John Wiley.
2) E. Fritsch *et al.* (1990) *Gems & Gemology*, **26**, 189–205.

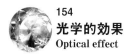

154 光学的効果
Optical effect

宝石に光が当たったとき,光の反射,屈折,散乱,回折,干渉などが単独であるいは複合して生じ,宝石に色や輝きなどを加えることがある.これを宝石における「光学的効果(optical effect)と総称する.宝石の外観はその本来の色(透過光の色,地色 body colour)と光学的効果が相乗して観察される.

■光沢

宝石表面での光の反射率を定性的に表現したもの.いわゆる,つやのことである.表面反射率は,その物質の屈折率と関係しており(式(1)),媒質の屈折率を n_0,反射する面の屈折率を n_1 とすると,光がその面に対して垂直に入射するときの反射率 R は下の式で示される.

$$R = \frac{(n_0 - n_1)^2}{(n_0 + n_1)^2} \quad (1)$$

概ね屈折率の高い物質ほど反射率が高い.もちろん反射率は,表面の平滑さによって異なる.

図1 クリソベリル・キャッツ・アイの変彩.カボション・カットされるとこの効果が発揮される.

■変彩

シャトヤンシー(chatoyancy)ともいう.光が多数の平行で細い組織に入射すると,それが回折格子の働きをし,反射光が平行な組織と直交する方向に太い光条として現われる.これらは宝石がカボション・カットされているときにはっきりと現れる(図1).

平行な組織とは,宝石中の繊維状の組織であったり(タイガー・アイ),細長い針状内包物であったり,中空(あるいは液体を含む)のチューブ状の内包物であったり(クリソベリル・キャッツ・アイ)する.これらは宝石がカボション・カットされているときにはっきりと現れる.変彩効果を示すことがある主な宝石:クリソベリル,クォーツ,ジルコン,コーネルピン,エンスタタイト,シリマナイト,アパタイト,アンダルサイト,トルマリン,ネフライト,スカポライト,タイガー・アイ.

■星彩

1方向に平行な組織である場合は上記の変彩を示すが,異なった方向に平行な複数の組である場合,光条もまた複数現れる.この場合,星彩(アステリズム asterism,スター star)とよぶ.コランダムの場合は,ルチルの針状結晶が{0001}面に平行に3方向に発達しているため6条の光条がみられる(図2).

通常は反射光によって,星彩を示すが(エピアステリズム epiasterism),時に透過光によって星彩を示すことがある(ディアステリズム diasterism).ローズ・クォーツが典型的な例である.この場合,製品化するときには裏面に銀メッキなど光を反射させる工夫が必要となる.主な宝石:ルビー,サファイア(6条),アルマンディン・ガーネット(4条,12条),エンスタタイト(斜交,4条),ダイオプサイド(斜交,4条).変彩と星彩は両方ともペン・ライトまたは太陽のような単一の明るい光源の下で最も

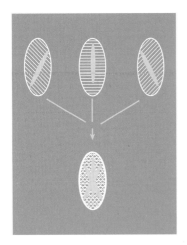

図2 宝石の中に平行な構造があると，その構造と垂直な方向にぼんやりとした光条が観察される．この平行な構造が図のように3種あれば光条は重なりあって6条となる．2種ならば4条となる．これがスターである．

よくみえる．
■閃光
　シラー(schiler)ともよぶ．ムーン・ストーンやアマゾナイトにみられる，内部から青白い光が発するようにみえる．これらはパーサイト組織(perthitic texture)による干渉と微細な内包物による散乱との相乗効果とされている．ラブラドライトの閃光はラブラドレッセンス(labradorescence)，アデュラリアのそれはアデュラレッセンス (adularescence)とよばれることもある．オブシディアンの中には，長く伸びた気泡や針状結晶を内包するものがあり，これらからのシラーがみられ，金色，銀色，ピンク色の輝きをみせる．
■遊色
　プレイ・オブ・カラー(play of colour)．オパールにみられる虹色の色斑を生ずる効果．可視光の波長と同サイズのケイ酸粒子の三次元的配列による光の回折と干渉の結果生まれる．オパールは遊色を示すものをプレシャス・オパール，示さないものをコモン・オパールとよぶ．双方のオパールともに乳白色または真珠色の光を示すこともある，これを蛋白光(opalescence)とよぶ．
■イリデッセンス (iridescence)
　表面の酸化物薄膜(アンモライト)，内部の微細な割れ目(アイリス・クォーツ)などで光の干渉が起きると，虹色を示す．
■その他
　宝石に薄膜状の内包物が多数あると，それに光が反射してキラキラみえる．雲母類を多く内包するクォーツはアベンチュリン・クォーツとよばれる．長石族に属するサンストーンでは小板状や針状のヘマタイトや他の鉱物がこの働きをする．商品名「ゴールドストーン」とよばれるアベンチュリン・ガラス中の銅結晶も同様の効果を生み出す．

〔宮田雄史〕

155 誕生石
Birthstone

生まれた月にちなんで，色と象徴をもって選ばれた12ヵ月に相当する各宝石で，着用者に幸運を与えると信じられている，俗習である．この誕生石の由来については，諸説があって定かではない．

誕生石の由来についてよく信じられているものは聖書由来説である．旧約聖書の出エジプト記にはユダヤ教の大祭司の着けた胸飾りについて以下のように記されている．

『次に，金，青，紫，緋色の毛糸，および亜麻のより糸を使ってエフォドと同じように，意匠家の描いた模様の，裁きの胸当てを織りなさい．それは，縦横それぞれ一ゼレトの真四角なものとし，二重にする．それに宝石を4列に並べて付ける．

第1列　ルビー　トパーズ　エメラルド
第2列　ガーネット　サファイア　ジャスパー
第3列　オパール　めのう　アメシスト
第4列　アクアマリン　ラピスラズリ　碧玉

これらの並べたものを金で縁取りする．これらの宝石はイスラエルの子らの名を表して12個あり，それぞれの宝石には，十二部族に従ってそれぞれの名が印章に彫るように彫りつけられている．』（旧約聖書28章17-21節　新共同訳）

また，新約聖書にはヨハネの黙示録中に，新エルサレムについて，次のように書かれている．

『都の城壁の土台石はあらゆる宝石で飾られていた．第1の土台石は碧玉，第2はサファイア，第3は玉髄，第4は緑玉，第5は赤縞めのう，第6は赤めのう，第7は貴かんらん石，第8は緑柱石，第9は黄玉，第10は緑玉髄，第11は青玉，第12は紫水晶であった．』

（新約聖書ヨハネの黙示録21章19, 20節　新共同訳）

これらについては文献的には正しい．しかし旧約聖書は紀元前4世紀までに書かれたヘブライ語およびアラム語の文書群をもとにしている．新約聖書はギリシャ語で書かれた．いずれにしろ，古い時代の宝石名は現在のものよりも幅が広かったり，まったく別の宝石を指すこともあるので，上記の日本語宝石名が，正しいとは限らない．実際，ヨハネの黙示録中の緑玉，青玉は何を指すのか不明である．

また，由来として占星術をあげる説もある．西洋占星術の起源はバビロニアにあった．バビロニアでは，紀元前2千年紀に天の星々と神々を結びつけることが行われ，天の徴が地上の出来事の前兆を示すという考えも生まれた．元々は暦のために整備された黄道十二宮を占星術と結び付けることも，紀元前1千年紀半ば以降に行われた．この黄道十二宮にそれぞれのシンボルとしての宝石を宛てたというものが誕生石の起源というものである．これもまた，種々の文献中に現れる宝石名が現在のそれと同じであるとはいいがたい．

いずれにしても年代を経ていろいろの迷信や伝説などが，組み合わされ，誕生石の風習が生まれてきたと思われる．誕生石の実際の着用は，18世紀ごろにユダヤ人の間に始まったと考えられているが，確たる証拠はない．同一人がその月に相当する石を月ごとに順次取り替えて着用する方法と，その着用者の誕生月に当たる宝石を常時愛用する方法とがある．現在誕生石に制定されている宝石類は，アメリカの業者によって販売促進のために1912年に定められたものが基準となったが，その後に各国において多少の特殊性が加えられて，各々

表1

	日本の誕生石	象徴	アラビア人	アメリカ	イギリス	オーストラリア	カナダ
1月	ガーネット	貞操, 真実, 友愛, 忠実	ガーネット	ガーネット	ガーネット	ガーネット	ガーネット
2月	アメシスト	誠実, 心の平和	アメシスト	アメシスト	アメシスト	アメシスト	アメシスト
3月	アクアマリン ブラッドストーン サンゴ	沈着, 勇敢, 聡明	ブラッドストーン	アクアマリン ブラッドストーン	アクアマリン ブラッドストーン	アクアマリン ブラッドストーン	アクアマリン
4月	ダイヤモンド	清浄無垢	サファイア	ダイヤモンド	ダイヤモンド 水晶	ダイヤモンド ジルコン	ダイヤモンド
5月	ひすい エメラルド	幸運, 幸福	エメラルド	エメラルド	エメラルド クリソプレーズ	エメラルド グリーン・トルマリン	エメラルド
6月	真珠 ムーンストーン	健康, 長寿, 富	真珠 アゲート, カルセドニー	真珠 ムーンストーン	真珠 ムーンストーン	真珠 ムーンストーン	カメオ 真珠
7月	ルビー	熱情, 仁愛, 威厳	カーネリアン	ルビー アレキサンドライト	ルビー カーネリアン	ルビー カーネリアン	ルビー
8月	サードオニクス ペリドット	夫婦の幸福, 和合	サードオニクス	ペリドット サードオニクス	ペリドット サードオニクス	ペリドット サードオニクス	ペリドット サードオニクス
9月	サファイア	慈愛, 誠実, 徳望	クリソライト	サファイア	サファイア ラピスラズリ	サファイア ラピスラズリ	サファイア
10月	オパール トルマリン	心中の歓喜, 安楽, 忍耐	アクアマリン ベリル	オパール ピンク・トルマリン	オパール	オパール	オパール 虎眼石
11月	トパーズ シトリン	友情, 友愛, 希望, 潔白	トパーズ	トパーズ シトリン	トパーズ	トパーズ	トパーズ
12月	トルコ石 ラピスラズリ	成功	ルビー	トルコ石 ジルコン	トルコ石	トルコ石	オニクス ジルコン

表2

星座	星座石	星座	星座石
おひつじ座 3/21〜4/19	ルビー ガーネット	てんびん座 9/23〜10/23	オパール ダイヤモンド
おうし座 4/20〜5/20	エメラルド トパーズ, サンゴ	さそり座 10/24〜11/22	トパーズ
ふたご座 5/21〜6/21	アクアマリン	いて座 11/23〜12/21	アメシスト
かに座 6/22〜7/22	エメラルド	やぎ座 12/22〜1/19	アクアマリン エメラルド
しし座 7/23〜8/22	ルビー	みずがめ座 1/20〜2/18	サファイア
おとめ座 8/23〜9/22	トルコ石	うお座 2/19〜3/20	ダイヤモンド 翡翠

制定されている．表1に現行の誕生石と，その他の誕生石を比較している．1月1日から12月31日までの各日にちなむ宝石もあるが，こちらは特に誕生日石とよぶ，これはまったく恣意的なものである．

占星術起源説による星座石も提唱されている．これも種々異同があるがその1例を表2に示す．

また，日本人の好む血液型により，血液型石が提唱されている．

A型 ： ダイヤモンド
B型 ： ブルー・サファイア
O型 ： ルビー（真珠）
AB型 ： アレキサンドライト

このように，起源についても不明であり根拠のあるものではない．少なくとも現行のものは業者による販売促進のためのものと位置づけられる．

いずれにしろ，この種の俗習を文字どおり信じている人はいないだろうし，だからといってウソだというのも野暮というものである． 〔宮田雄史〕

カラット

現在では1 ct = 0.2 gという共通の認識ができているカラットだが，その起源が，植物の種子であったことからわかるように，時代と地域によってある程度のバラつきがあった．近世になると取引の地域的な拡大もあって，統一しようという動きが生まれた．1871年にロンドンとパリの大手宝石業者の会合があった際に初めて統一の話が持ち上がった．ロンドンではなお，問題があるとして統一には至らなかったが，パリでは0.205 gを以て1 ctとする合意がなされ，続いてニューヨーク，ライプチヒ，ボルネオのカリマンタンもこれに倣った．当時，各都市の1 ctは表1のようであった．

1905年に国際度量衡会議で1 ct = 0.200 gをメトリック・カラットとする提案がなされ，各国委員は賛同したが，取引上の混乱をおそれてなかなか実施はできなかった．やっと1908年になってスペインで勅令により実施され，翌1909年スイスで実施された．わが国では同年11月11日に農商務省令により布告された．この日を，日本では業界が「ジュエリー・デイ」としている．その後1910年ルーマニア，デンマーク，フランスでは1911年から実施され，最後にイギリスが参加し，世界18か国でメトリック・カラットが採用された．しかし実際の取引においてはなかなか一般化することなく，フランスでは宝石商組合の話し合いによって1911年4月からアメリカは全米宝飾品小売商組合の決議で1913年7月から，またイギリスでは1914年4月から実行されるようになった．制度上の採用の早かった日本では実質的な普及は遅れ，1915年ころからようやく業界で一般的に用いられるようになった．

比較的古い書物や，それを引用した書物では，そこで表示されているカラットが，現在のメトリック・カラットでないことに注意する必要がある．〔宮田雄史〕

表1

アムステルダム：	205.7 mg	リスボン：	205.8 mg
アントワープ：	205.3	ロンドン：	205.3
ベルリン：	192.2	ライプチッヒ：	205.0
ブラジル：	205.0	ニューヨーク：	205.0
ボルネオ：	205.0	パリ：	205.0
フィレンツェ：	197.2	ベネチア：	207.0

156 ダイヤモンド（金剛石）
Diamond

化学組成	C（微量にN,Bを含む）
結晶系	等軸晶系
産状	(1) 火山岩, (2) 超高圧変成岩, (3) 漂砂鉱床
色調	無色, 黄色, 褐色, 青色, ピンク色
透明度	透明
光沢	金剛光沢
硬度	10
劈開	{111} に完全
形態	正八面体, 立方体
比重	3.52
偏光性	単屈折性
屈折率	2.417
複屈折	—
多色性	—
紫外線	長波　青色
	短波　長波より弱い
分光性	415 nm に吸収あるものが多い
カラーフィルター	変化なし
インクルージョン	結晶（緑色の透輝石, 赤色のパイロープ, 青色の藍晶石, 黒色粒状のクロム鉄鉱, その他にかんらん石, エンスタタイト, オンファス輝石, コース石, ルチル, イルメナイト, 黒雲母, 磁硫鉄鉱, ペントランド鉱, 黄銅鉱など）
産地	インド, アフリカ諸国, ロシア, オーストラリア, カナダなど

最も古くから知られている産地であるインドについては，マルコ・ポーロ（1245-1323）が「東方見聞録」で紹介されている．しかし，当時の産出量は少なく，現在のように広く流通していなかった．その後，15世紀半ばに研磨方法が発見され，さらに19世紀後半になると南アフリカで大規模に採掘されるようになり，流通量が急増して，有名宝石としての仲間入りを果たした．

現在の産地は，インド以外に，アフリカ諸国，ロシア，オーストラリア，ブラジル，カナダ，中国などである（図1, 図2）．

わが国では，1965年ごろ，"ダイヤモンドは永遠の輝き" というコマーシャルで人気となり，現在では最も流通量が多い宝石となっている．

分　類

ダイヤモンドは，ほとんどが純粋な炭素であるが，わずかに不純物として窒素（N）やホウ素（B）などが含まれていて，これらにより，次のようなタイプ（型）に分類される．

・I型はN原子を含むもの．さらに次のように分けられる．
　IaA型はN原子2個が隣り合って炭

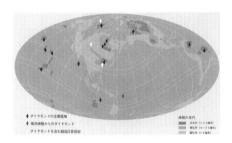

図1　ダイヤモンドの主要産地「ダイヤモンド展」図録（国立科学博物館刊, 2000）より

図2　地中深く掘るため螺旋状になったダイヤモンド鉱山

ラウンド・ブリリアント・カット　　　　ペアー・シェープ・ブリリアント・カット

トリリアント・カット　　　　　　ラディアント・カット

図3　ダイヤモンドの形状（上部からみた図）

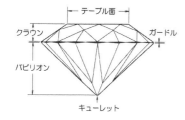

図4　ラウンド・ブリリアント・カットを横からみた図

図5　ダイヤモンド（左）の表面の端（矢印）がGGG（右）（矢印）より鋭くみえる．

図6　モアッサナイトの上部の様子（左）と，斜めから拡大してみると二重にみえる（右，矢印）．

素原子を置換したもの．
IaB型はN原子4個と空孔の集合体が炭素原子を置換したもの．
Ib型はN原子が単独で炭素原子を置換したもの．
・II型はN原子を含まないもの．さらに次のように分けられる．
IIa型はNをほとんど含まない極めて純粋なもの．天然では稀であるが，産出するときは比較的大きな結晶であることが多い．
・IIb型はBを含むもの．有名な青色のホープ・ダイヤモンドもこの型に属す．

形　状
一般的な形状（カット形式）は，**図3，4**のとおり．

類似石
水晶やガラス，キュービックジルコニア，GGG，サファイア，モアッサナイトなど多くの類似石がある（**表4**）．これらとの大きな違いは硬度である．そのため，研磨された面の端を観察すると他のものより鋭くみえる（**図5**）．また，モアッサナイト

のような複屈折性のものは反射した研磨面のエッジが二重にみえる（図6）．

名前の由来

ダイヤモンド（diamond）は，ギリシャ語の「$\alpha\delta\acute{\alpha}\mu\alpha\varsigma$：侵されない（征服できない）」が語源である．鉱物中，最高の硬さをもつことによる．

合成石

1954年，GE社（米）が高温高圧（HPHT：High Pressure High Temperature）法で合成に成功する．その後，科学技術庁無機材質研究所（当時）でも世界最大級の合成ダイヤモンドを製造した．最近では化学気相成長（CVD：Chemical Vapor Deposition）法とよばれる方法でも合成石を製造している．いずれも分光特性などによって，天然ダイヤモンドと区別する．これまでの主な合成石については，▶145 合成宝石・人造宝石を参照．

処理の有無

あり．

処理方法

①放射線処理：中性子線や電子線により緑色や青色などに着色させたもの（図7）．未処理とは分光特性の違いがみられる（図8）．②ガラス充填：割れ目にガラスを含浸させたもの（図9）．③高圧処理：圧力により色調を変化させる．④レーザーにより黒色包有物などを取り除くことが行われる．

頻　度

無色宝石の代表．4月の誕生石としても有名．指輪やペンダントなどに使われている．

評価基準

ダイヤモンドの評価（鑑定）にはある一定の基準がある．それは重さ（Carat）・形

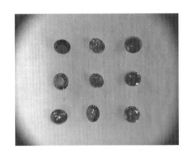

図7　放射線処理ダイヤモンド

図9　ガラス充填（矢印）ダイヤモンド

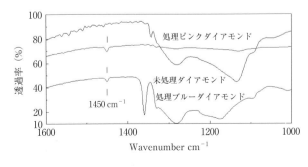

図8　未処理と処理ダイヤモンドの分光特性の違い（$1450\,cm^{-1}$ に処理特有の吸収がみられる．）

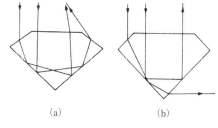

図10 下部（パビリオン）の厚さ（深さ）が適正な場合（a）と厚い（深い）場合（b）

状（Cut）・透明度（Clarity）・色（Color）という4つの要素に分けられる．英語で表記される頭文字がCから始まるので4C評価ともよばれる．

次にそれぞれについて説明する．

重さ（Carat：カラット）の評価 重いほど評価が高い．重さは天秤によって正確に測定する．また，計算式によっても推定することができる[7]．この時に使用する単位は，ct（Carat）で，1 ct は 0.2 g．かつて，乾燥したイナゴマメ（カロブ：carob）の実［▶140 図2］が，重さを量るときの分銅として使われていたことによる．

形状（Cut：カット）の評価 形状の評価は，ラウンド・ブリリアント・カット（図3，4）と同じように正確に研磨されているかどうかを判断する．この形状は，1919年に Tolkowsky が提唱したものが基本形となっていて，ダイヤモンドに入射した光が反射して戻ってくるように設計されている．特に，下部（パビリオンとよばれる）の厚さ（深さ）が大きくかかわっている（**図10**）．

わが国では，2006年より米国の宝石学の教育機関である GIA（Gemological Institute of America）の方法に準じ，形状の評価を，よいものから順に5段階に分類して評価することが広く行われている［▶150 表2］．

透明度（Clarity：クラリティ）の評価

表1

F	Flawless：10倍に拡大しても内部・外部ともに欠陥がみられない	欠陥少ない
IF	Internally Flawless：10倍に拡大しても内部に欠陥がみられない	
VVS$_1$ VVS$_2$	Very Very Slightly Included：10倍に拡大すると発見は難しいが欠陥がみられる	↕
VS$_1$ VS$_2$	Very Slightly Included：10倍に拡大すると発見がやや難しいが欠陥がみられる	
SI$_1$ SI$_2$	Slightly Included：10倍に拡大すると発見が容易な欠陥がみられる	欠陥多い
I$_1$ I$_2$ I$_3$	Imperfect：肉眼でも発見できる欠陥がみられる	

図11 三角形（Trigon）

透明度は，10倍のルーペで観察し，外部や内部の欠陥（疵・傷）の位置，大きさ，数および種類によって11段階に評価することが広く行われている（**表1**）．

外部には，欠陥として表面にみられる引っかき傷や原石の{111}面にみられる模様のトライゴン（trigon：三角形）が残されていることがある（**図11**）．また，内部には，インクルージョン（inclusion）とよばれる割れや結晶などがみられる．

色（Color：カラー）の評価 色は，無色から淡い黄色までを評価し，無色を最高の色調とする．一般にアルファベットのD〜Zという記号によって表される（**表3**）．この評価には，マスター・ストーンあるい

表2

	無色	↔	淡い黄色	
D, E, F	G, H, I, J	K, L, M	N~Z
ほとんど無色	わずかに黄色が認識できる	黄色が認識できる	黄色が明らかに認識できる

はキー・ストーンとよぶ．あらかじめ色の評価が決められたダイヤモンドとの比較によって行われる．

わが国では，日本ジュエリー協会（JJA）と宝石鑑別団体協議会（AGL）が協力してつくった「JJA／AGL認定マスターストーン」が広く使われている．

流通

アフリカ諸国，ロシア，オーストラリア，カナダなどの鉱山から供給されたダイヤモンドは，さまざまなルートに分かれてインド，イスラエル，ベルギーなどに送られ，研磨された後に流通するようになる．

〔林　政彦〕

● 文献

1) Dana's system of Mineralogy 7th ed. (1944), vol. I, 151.
2) 並木正男 (1978) ダイヤモンド，中央宝石研究所，6・29・44.
3) 青木富太郎訳 (1982) マルコ・ポーロ東方見聞録，pp. 190-191, 社会思想社.
4) R. Webster and B.W. Anderson (1990) Gems, 4th ed., pp. 16-73・78.
5) The GIA Diamond Dictionary, 3th ed. (1993) pp. 24, 253-260.
6) ダイヤモンド展図録 (2000) 読売新聞, pp. 118.
7) 林政彦 (1993) 宝石学会誌，**18**(1-4), 40-41.
8) 神田久生 (2016) 宝石学会誌，**32**(1-4), 17.

表4　ダイヤモンドとその類似石

宝石名	光学特性			硬度	比重	鑑別のポイント
	屈折率	複屈折	分散率			
合成ルチル	2.616 | 2.903	0.287	0.330	6~6.5	4.26	強い分散率
合成モアッサナイト	2.654 | 2.697	0.043	0.104	9.5	3.22	二重に見える
天然ダイヤモンド	**2.417**	—	**0.044**	**10**	**3.52**	**表面の端が鋭い**
合成ダイヤモンド	2.417	—	0.044	10	3.52	分光特性
ストロン・チタナイト	2.409	—	0.190	5.5~6	5.13	強い分散率
リチウム・ニオベート	2.210 | 2.300	0.090	0.120	5.5~6	4.64	強い分散率
キュービック・ジルコニア	2.15~2.18	—	0.060	7.5~8.5	6位	比重
天然ジルコン	1.925 | 1.984	0.059	0.038	7.5	4.70	二重に見える
G・G・G	1.95~2.03	—	0.038	6.5~7	7.05	比重
Y・A・G	1.832	—	0.028	8~8.5	4.57~4.60	比重
天然サファイア	1.770 | 1.762	0.008	0.018	9	4.00	内包物
合成サファイア	1.770 | 1.762	0.008	0.018	9	4.00	気泡
合成スピネル	1.730	—	0.020	8	3.65	歪
天然スピネル	1.718	—	0.020	8	3.60	内包物
天然トルマリン	1.644 | 1.624	0.020	0.017	7~7.5	3.00~3.12	二重に見える
天然トパーズ	1.620 | 1.610	0.010	0.014	8	3.53	内包物
天然クォーツ	1.544 | 1.553	0.009	0.013	7	2.65	内包物
合成クォーツ	1.544 | 1.553	0.009	0.013	7	2.65	内包物
ガラス	1.44~1.77	—	—	5	2.3~4.5	気泡

157 ルビー
Ruby

化学組成	Al$_2$O$_3$（微量に Cr を含む）
結晶系	三方晶系
産状	(1) 再結晶炭酸塩岩, (2) 玄武岩, (3) 漂砂鉱床
色調	赤色
透明度	透明, 半透明（スター・ルビー）
光沢	ガラス光沢
硬度	9
劈開	なし
形態	六角柱状, 塊状.
比重	3.98〜4.10
偏光性	複屈折性
屈折率	ε1.759〜1.763, ω1.767〜1.772
複屈折	0.007〜0.010
多色性	二色（赤紫, オレンジ赤）
紫外線	長波　赤色
	短波　赤色あるいは長波より弱い赤色
分光性	660, 670, 690 nm 付近に吸収あり
カラーフィルター	赤色
インクルージョン	結晶（ルチル, ドロマイト, カルサイト, アパタイト, ジルコンなど), 液体
産地	ミャンマー, タイ, インド, スリランカ, アフリカ諸国

図1　ミャンマー産ルビー

図2　タイ産ルビー

ルビー（ruby）は赤色のコランダム（corundum：鋼玉）で，その色調は含まれる数％のクロム（Cr）によるものである．赤色で最も美しい色調は，鳩の血色（ピジョン・ブラッド）といわれている．

代表的な産地であるミャンマー産のルビーは再結晶炭酸塩岩中（図1）に産し，比較的不純物が少ないが，タイ産ルビーは鉄などの不純物を含むため，暗い色調を呈するものがある（図2）．いずれのルビー

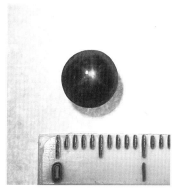

図3　スター・ルビー

も多色性があり，紫色がかった赤色とオレンジ色がかった赤色の二色がみえる．これらの産地のルビーは，風化によって岩石に含まれていたものが分離して，漂砂鉱床としてみられる．

スター・ルビーとよばれる光の反射がみられるものがある（図3）．これはカボション・カットされたルビーで，針状のルチル（rutile）が120°に交差して含まれている．

類似石
ガラスなど．

名前の由来
ルビー（ruby）は，ラテン語の赤色を示すルベウス（rubeus）が語源である．

合成石
①ベルヌイ（火炎溶融）法，合成スター・ルビーは，原料に酸化チタン0.1重量％を加えて生成後，約1300℃で数十時間加熱することで得られる．②引き上げ法，③FZ（浮遊帯域溶融）法，④フラックス法などによる合成石．これまでの主な合成石については，▶146 合成宝石・人造宝石を参照．

処理の有無
あり．

処理方法
①加熱処理：ルビーが溶解する温度よりわずかに低い温度の1600℃程度で数十時間加熱することにより，綺麗な赤色にさせる．現在では，多くのルビーに，このような加熱処理が行われているとされるが，未加熱との区別は困難である．一方，ベリリウム（Be）を使った加熱処理との区別には，レーザーアブレーション誘導結合プラズマ質量分析（LA-ICP-MS）などによる機器分析が有効である．②ガラス充填：ルビーの凹部にガラスを充填させたもの（図4）．落射照明だけで観察すると反射率が低いため暗くみえるのが特徴であるが，ルビーの表面に露出した包有物（inclusion）との区別は困難である．充填物のガラスを除去するため，フッ化水素（HF）で溶解させる

図4　ガラス充填されたルビーの指輪
（中央の細長く暗い部分がガラス）

図5　ルビーの指輪とペンダント

ことが行われている．

頻度
赤色宝石の代表．7月の誕生石としても有名．指輪やペンダントなどに使われている（図5）．

備考
英国のインペリアル・ステート・クラウン（Imperial State Crown）にセットされている"黒太子のルビー"はルビーではなくスピネルである．　　　　　〔林　政彦〕

●文献
1) R. Webster and B.W. Anderson (1990) Gems, 4th ed., pp. 74-98, 380-396.
2) E.J. Gűbelin and J.I. Koivula (1986) Photoatlas of Inclusions in Gemstones, pp. 324-337, 362-364, 367.

158 サファイア
Sapphire

図1 さまざまな色調のサファイアとルビー（右端）

化学組成	Al$_2$O$_3$（青色石はFeとTiを微量含む）
結晶系	三方晶系
産状	(1) 再結晶炭酸塩岩, (2) 玄武岩, (3) 漂砂鉱床
色調	赤色以外の色調．青色，黄色，緑色，ピンク色など
透明度	透明，半透明（スター・サファイア）
光沢	ガラス光沢
硬度	9
劈開	なし
形態	六角結晶，塊状
比重	3.98～4.10
偏光性	複屈折性
屈折率	ε1.759～1.763, ω1.767～1.772
複屈折	0.007～0.010
多色性	二色（青色石は紫青色，緑青色）
紫外線	長波　紫青～紫色石はオレンジ色．青色石は変化なし
	短波　紫青～紫色石は長波より弱いか反応なし．青色石は変化なしか緑濁色
分光性	青色石は 450, 470 nm 付近に吸収あり
カラーフィルター	青色石は変化なし
インクルージョン	結晶（ルチル，カルサイト，ドロマイト，イルメナイトなど），液体，直線の色帯
産地	ミャンマー，タイ，インド，スリランカ，アメリカ，オーストラリア，アフリカ諸国

サファイア（sapphire）の鉱物名はコランダム（corundum：鋼玉，こうぎょく）で，その色調が赤色以外のものをさす（図1）．矢車草のような菫色がかった青色のサファイアが有名である．このサファイアは，多

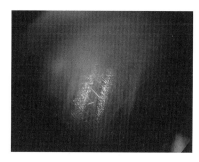

図2　スター・サファイア中の針状ルチル

色性［▶144 宝石鑑別とは］があるため，紫色がかった青色と緑色がかった青色という二色がみえる．また，ピンクとオレンジ色が混ざった色調のサファイアは，その色調が蓮の花に似ていることから，サンスクリッド語で蓮の花を意味するパパラチャ（padparadscha）とよぶ．

これら色調の違いは，含まれる微量元素によるもので，数％の鉄（Fe）とチタン（Ti）が含まれると青色サファイアになる．

さらに，スター効果がみられるものがある．スター・サファイアとよび，カボションカットされたもので，その内部には針状のルチル（rutile）が三方向に密集して含まれている（図2）．これらルチルが交差する角度は 120° である．

類似石

スピネルなど．

名前の由来

サファイアという名は，古代語のひとつであるヘブライ語のサピア（sappir），あるいはサンスクリット語のサニプルヤ

(sanipruja）に関係しているとされる．以前は青色鉱物のラズライト（Lazulite）にも使われていた．

合成石

①ベルヌイ（火炎溶融）法，合成スター・サファイアは，原料に着色剤［▶146 合成石・人造宝石］表1を加えて生成後，約1300度で数十時間加熱することで得られる．②引き上げ法，③FZ（浮遊帯域溶融）法，④フラックス法などによる合成石．

これまでの主な合成石は，▶146 合成石・人造宝石を参照．

処理の有無

あり．

処理方法

加熱処理（外部拡散と内部拡散） 外部拡散あるいはドーピング処理とよばれるものは，表面の色調のみを変化させているため，再研磨などで色調が元に戻る．この区別には，コランダムの屈折率に近い液体（ジョードメタン）の中に浸して観察すればよい．表面の輪郭が浮き出てみえるのが外部拡散である（図3右）．この処理は，加熱しながらコランダム表面に着色成分を浸透させるもので，アメリカのユニオン・カーバイド社から，その方法についての特許が出されている．一方，ベリリウム（Be）を使った外部拡散には，レーザアブレーション誘導結合プラズマ質量分析（LA-ICP-MS）などによる機器分析が有効である．

内部拡散とは，コランダムが溶解する温度よりわずかに低い温度の1600℃程度で数十時間加熱し，コランダムの色調を変化

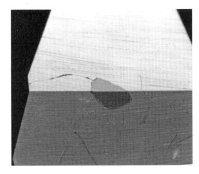

図4 ガラス充填サファイア
（中央の境目にみえる暗い部分がガラス）

させるもの．現在では，ほとんどのサファイアには，このような熱処理が行われているとされるが，未加熱との区別は困難である．

放射線処理 ピンク色のサファイアに放射線を照射させてパパラチャ・サファイアのような外観にさせる．ただし，加熱や太陽光などで元に戻るほど不安定である．未処理との区別には，強力な人工照明で退色テストを実施する．

ガラス充填 サファイアの凹部にガラスを充填させたもの．落射照明だけで観察すると反射率が低いため暗くみえる（図4）のが特徴であるが，サファイアの表面に露出した包有物（inclusion）との区別は困難である．充填物のガラスを除去するため，フッ化水素（HF）で溶解させることが行われている．

頻度

ブルー・サファイアは，9月の誕生石として有名． 〔林 政彦〕

図3 未処理サファイア（左）と表面拡散サファイア（右）（液浸観察）

● 文献
1) R. Webster and B.W. Anderson (1990) Gems, 4th ed., pp. 74-98, 380-396.
1) E.J. Gübelin and J.I. Koivula (1986) Photoatlas of Inclusions in Gemstones, pp. 338-367.

159 アレキサンドライト
Alexandrite

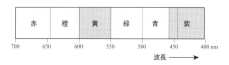

図1 アレキサンドライトの分光模式図.黄色部,青〜紫部を吸収するので,赤-橙部と緑-青部のバランスが適当である.したがって,照明光の特性によってどちらかの色にみえる.これを変色性という.

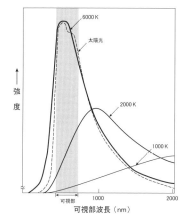

図2 色温度.色温度が高いと青く感じ,低いと長波長の強度が強いので赤く感じる.

鉱物としては,金緑石(クリソベリル chrysoberyl, $BeAl_2O_4$)の1変種.鉄,クロムなどの不純物を含む.金緑石は硬度8.5とダイヤモンド,コランダムに次ぐ硬さをもつ.変色性を示すものをアレキサンドライトとよび,シャトヤンシー(chyatoyancy)[▶154 光学的効果]を示すものをクリソベリル・キャッツアイ(cat's-eye)とよぶ.この両者は宝石として珍重される.これらの現象を示さないものも黄色から緑色の美しい宝石として評価される.

アレキサンドライトは,1830年,ロシア帝国ウラル山脈南部東側のトコワヤ(Takovaya)川流域のエメラルド鉱山で発見された.発見日は不明だが,当時のロシア帝国皇帝ニコライ1世に献上された日である4月29日は皇太子(後,アレクサンドル2世)の12歳の誕生日だったため,この宝石にアレキサンドライトという名前がつけられたという.

変色性(colour change)

不純物のクロムにより黄色系,および藍色系スペクトルを吸収するため赤色と青緑系色のバランスがとれ(図1),照明光のスペクトルによって異なった色を示す.同じ白色光であっても,色温度の高いつまり青緑色系スペクトルの強い太陽光(約5700 K)または蛍光灯の下では緑色を示すが,色温度の低い=赤色系スペクトルの強い白熱灯(約3000 K)やローソクの明かりの下では赤色を示す(図2).

これは,宝石が変化するのではなく,そのようにみえるだけである.変色が鮮明であり,赤色はラズベリー・レッド,緑色はエメラルド・グリーンを示すものが最良質として扱われる.低品質のものでは褐赤色から緑色など,変色があいまいである.

産 地

ロシア(ウラル山脈南部のエカテリンブルク付近,オレンブルク付近,エメラルドとともに),スリランカ(ラトナプラ周辺),ブラジル,インド,タンザニア,マダガスカル.

合成石

FZ法,CZ法,フラックス法によるもの.

類似石

アレキサンドライト:変色性をもつものはすべて.天然および合成サファイア,天

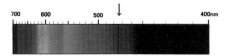

図3 合成コランダムにバナジウムを添加した類似石の吸収スペクトル．↓部分にシャープな吸収が認められる．

図4 クリソベリルの結晶模式図とチューブ状の内包物の方向．図のように楕円状にカボション・カットすると，白い光条が現れる．

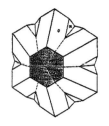

図5 クリソベリルの三連晶の模式図[1]

然ガーネット，天然および合成スピネル，天然トルマリン，天然フローライト．合成サファイアで変色性をもつものはバナジウム添加によるものなので，474 nm付近に強くシャープな吸収線がみられる（図3）．

一方，クリソベリル・キャッツアイは，クリソベリル結晶のc軸方向に平行な多数のチューブ状の内包物が発達することが多い．この内包物に平行に底面をとり，カボション・カットすると頭頂部に白い光の線が現れる．これをシャトヤンシー（あるいは猫目）とよぶ（図4）．

地色は黄色のものが良質とされ，目が白く鮮やかであるものがよいとされる．Honey yellow, Cream yellow, Lemon yellowなどと形容される．褐色味の多いものは低品質とされる．なお，キャッツアイは現象の名称［▶154 光学的効果］なので，頭に宝石名を冠して，「クリソベリル・キャッツアイ」のように標記することが望ましい．したがって，「猫目石」という呼称では宝石名が明瞭でないため望ましくない．

産 地

キャッツアイのみの産地はなく，他のクリソベリルとともに主としてスリランカ，ブラジルなどから産出する．

合成石

なし．合成チタン酸マグネシウム（$MgTiO_3$）やキャセイ・ストーン（ガラス），また別種の宝石の底面に平行な繊維状の組織をもつ別の石を貼り付けたものなどよくできた模造品も多い．

類似石

シャトヤンシーの生じるものすべて．特にクォーツ・キャッツアイ，トルマリン・キャッツアイ，アパタイト・キャッツアイ，アクアマリン・キャッツアイなど．

時に，変色性とシャトヤンシーの双方を示すものもあり，アレキサンドライト・キャッツアイとして，珍重される．また，クリソベリルの結晶は双晶をなすことが多く，三連晶のものは標本として珍重される（図5）．さらに，光学的効果のみられないクリソベリルも黄色〜緑色の宝石として用いられる． 〔宮田雄史〕

●文献

1) Edward Dana, William E. Ford (1932) Textbook Mineralogy, 4th ed., John Wiley & Sons.

160 エメラルド・アクアマリン
Emerald, Aquamarine

この鉱物種に属する宝石として最も有名なものはエメラルド（emerald）である．古くからの宝石で紀元前2000年ごろから使われてきた．この言葉はラテン語のsmaragdus，またギリシャ語のsmaragdosに由来し，またセム語系のshine（輝く）に由来するという．ただ，この言葉が現在のエメラルドを指していたわけではなくく，少なくともプリニウスの「博物誌」の記述をみると現在のエメラルド，マラカイト，あるいはクリソプレースなども同じ言葉でよばれており「緑色の宝石」程度の意味だった．緑柱石という和名もエメラルドに由来する．ベリルは，不純物によりさまざまな色を呈する．各色と宝石名，色に関連する不純物を表1に示す．

同じ鉱物でありながら，エメラルドとアクアマリンを含むその他のベリルには，性質に大きな違いがみられる．これは，両者の産状の違いが反映されている．宝石として用いられるベリルは，花崗岩ペグマタイト中に産出することが多いが，エメラルドは一般的には結晶片岩，片麻岩など変成作用を受けた岩石中に産出する（コロンビアのエメラルドは方解石脈中に産出する）．つまりエメラルド結晶は固体中の空隙の少ないところで成長するため，他のベリルに比して大きな結晶が少なく，内包物など肉眼で観察される「傷気（flow）」が多い．エメラルドは変成作用の条件により，その屈折率，比重に大きな幅がある．このことを用いて産地推定の一助にすることがある．エメラルドは上に述べたようにクロムを不純物として含み緑色である．鉄を不純物として含んでも言葉は同じ緑色になるが，こちらは暗い緑で鮮やかではない．これを区別しグリーン・ベリルという．ベリルは六方晶系に属するので，六角の柱状の結晶として産出する．同じベリルでも鉄を不純物として含むアクアマリンは，錐面が発達することが多い．不純物あるいは内包物が特定の面または方向に取り込まれて，エメラルドに亀の甲あるいは6本の黒い筋

表1 ベリルの各色と宝石名

宝石名		色	着色元素
エメラルド	emerald	緑	$Cr^{3+}, V^{?+}$
アクアマリン	aquamarine	海水青色	Fe^{2+}, Fe^{3+}
レッド・ベリル（ビクスバイト）	red beryl (bixibite)	赤	Mn ?
モルガナイト	Morganite	ピンク	Mn^{4+} ?
ゴールデン・ベリル	golden beryl	黄色	Fe^{3+}
ヘリオドール	Heliodor	帯緑黄色	Fe^{3+} ?
イエロー・ベリル	yellow beryl	黄色	Fe^{3+}
ゴッシェナイト	Goshenite	無色	
グリーン・ベリル	green beryl	緑色	$V^{?+}$
各色キャッツアイ	cats' eye		
ブラウン・スター・ベリル	brown star beryl		

図1 カボション・カットされたトラピッチエメラルド．6本の黒い筋がスターのような外観を与える．

が模様として入ることがある．これはコロンビア特産で，同地で古くサトウキビを搾る際に用いられた器具の名前をとってトラピッチ・エメラルド（trapich emerald）とよばれている．これはその模様が面白いので，原石そのまま，あるいはカボション・カットされて用いられる．

エメラルドは前述のように傷気が多いため，硬度にかかわらず，脆い．そのため，カットの際，予め欠けやすい先端に付加的なファセットを付けること（隅切）が広く行われており，エメラルド・カットとよぶことがある．時にシャトヤンシーを示すものもあり，エメラルド・キャッツアイとよばれる．

クロムによらずに緑色を呈するベリルはヨーロッパ，日本ではグリーン・ベリルと呼称し，評価も低い．現実的にはエメラルドにもクロム以外のバナジウム，鉄も含まれており，グリーン・ベリルにもクロムは含まれている．直視型分光器でクロムが確認できる，またはエメラルド・カラー・フィルターで赤色が確認できるものはエメラルドとされている．

アクアマリンは明るい透明感のある青色が人気の宝石である．通常の海水青色よりも濃色の青を示すマシシ（maxixe）・ベリルがある．ブラジルのミナスジェライス州にあるマシシ鉱山に産したことから名づけられた．美しい色合いであるが，紫外線による退色が著しいため，宝石としては一般的でない．

レッド・ベリル（ビクスバイト bixbite）はUSA（ユタ州）ワーワー山地（Wah Wah Mountains）他数カ所からのみ産出の報告がある稀産の宝石である．従来大きな結晶が発見されなかったため，コレクターの興味を引くのみであったが，最近宝石として使われる程度の大きさの結晶が報告されている．"bixbite"は別の鉱物である"bixbyite"と混同しやすいのでこの呼称は推奨されていない．

処 理

透明材の含浸（エメラルド）　エメラルドの内包物として最も一般的なものは，液体である．液体で満たされているために，原石であればさほど目立たない場合でも，カットと研磨の際に表面に切り出され，液体が流出すると，空気が入り込み目立つようになり，エメラルドの色，透明感を著しく損なう．そこで無色のオイルや樹脂をこの中に含浸させて目立たなくする手法が19世紀半ばごろから行われてきた．屈折率1.52のセダーウッド・オイルは，エメラルドの屈折率に近いのでよく用いられている．今日でも伝統的な処置として容認されており，ほとんどのエメラルドに無色オイル含浸が行われている．しかし，取り扱いによっては流出してしまう可能性があり，洗剤や超音波洗浄などを避けることが必要であり，オイルによっては変色する場合もあることには注意を要する．1980年代からオイルのかわりに無色のエポキシ系樹脂を用いることが行われはじめたが，この処理を容認するか否かについては議論が多い．

アクアマリンの加熱　産出したとき，ほとんどのアクアマリンの色には，第二鉄による黄色が混ざり，緑色味あるいは褐色味が含まれている．これらの余分な色味を取り除くための加熱が一般的である．

エメラルドのその他の処理　淡色のエメラルドは，時に緑色や青色などの着色オイルあるいは樹脂を含浸して，見かけの色を濃くする処理が行われることがある．同じ目的のための簡易な方法としては，緑色色素をパビリオン・ファセットに塗布（コーティング coating，ペインティング painting）することもある．

合 成

今日ではエメラルドの合成もさかんに行われている（フラックス法が一般的，時に

水熱法）が，これらの識別は比較的容易である．その他のベリルは商業的には合成されていない．[▶176 緑色宝石]

模　造
無色透明の水晶をカット・研磨した後，高温に加熱し，急冷してクラックを生じさせるとともに，緑色の染料を注入することにより，一見エメラルドの外見をもつものをつくることができる．これはクラックルド・クォーツとよばれる．その他ガラス製品も多い．これらの識別は容易である．

〔宮田雄史〕

暴君？ネロのサングラス

　ローマ帝国の第5代皇帝であったネロ・クラウディウス・カエサル・アウグストゥス・ゲルマニクスは，キリスト教徒を迫害したとされ，キリスト教国では「暴君」の悪名が与えられているが，プリニウスの博物誌[1]によれば，宝石愛好家で特に蛍石を好んだとされている．また同書にでは「スマラグドゥス（エメラルドのこと）は平らに置くとちょうど鏡のように物の姿を写す．ネロ帝は剣闘士の戦いをスマラグドゥスに映して観覧したものである」という．プリニウスは，皇帝ネロと同時代の人物なので，この記述は本当のことだと思われるが，ネロがどのように使ったのかの詳細はわからない．これが「ネロのサングラス」と伝えられるものである．エメラルドは緑色透明なので，サングラスのように使うことができるとは思われる．この逸話も暴君の贅沢というよりも当時緑色透明な物質はエメラルドくらいしか入手できなかった，ととらえるべきだろう．

〔宮田雄史〕

●文献
1) 中野定雄・中野里美・中野美代訳（1986）プリニウスの博物誌．雄山閣出版．

161 ひすい（翡翠）
Jadeite jade

「ひすい」は20世紀以前ヨーロッパ人にとっては重要な宝石ではなかった．イギリスが1886年にビルマをインドに併合した際，ルビーに関しては，国策会社をつくり採掘を独占したが，ヒスイは放置したことからもその関心の程度がうかがえる．ヒスイの英訳はJadeで正しいが，逆は正しくない［▶142 宝石の種類］．Jadeはもっと幅の広い用語で緑色半透明石すべてを指す．中国では，5000年前からさまざまな玉器がつくられてきた．なかでも翡翠玉と称するものが珍重されてきた．日本では「玉」を省略しているが，本来「翡翠」という語は部首に羽があることからもわかるように鳥の種類を指しカワセミのことである．カワセミは緋と翠（オレンジと緑）の羽色をもち，同様の色をもつ玉を翡翠玉とよんだ．緑色の玉はネフライト（nephrite）であることが多かった．その後18世紀に入って現ミャンマーでジェイダイト（jadeite）が発見されるに至って，これが珍重されるようになった．このような経過から，中国および日本ではジェイダイトとネフライトをそれぞれ硬玉，軟玉と分けるが双方を翡翠（玉）とよぶことが一般的であった．両者は別種の鉱物であり，しかも宝石としての評価が大きく異なるので，現在ではジェイダイトではなくjadeite-jadeとよぶことも多いが，ここではジェイダイトと表記する．

■ジェイダイト

輝石族に属するジェイダイト（ヒスイ輝石）を主とするヒスイ輝石岩（jadeitite）をジェイダイトとよんでいるが，宝石としてはヒスイ輝石の含有率を定めているわけではない．各色を呈するが，これらは他の鉱物の色との組合わせである．粒状あるいは繊維状の結晶の集合体であることが多く，半透明から不透明であり，靭性が高い．1ピースの宝石が単結晶であることはきわめてまれである．現在，日本では深い澄んだ緑色で透明感の高い「玕琅」（ろうかん）とよばれるものを最高とするが，元来中国では，この言葉は最高品質を表すものではなかった．

単独でカボション・カットされることも多いが，ビーズとしてネックレスに，あるいはそのままくりぬいてブレスレットにされる．彫刻した装飾品も多く，特に清朝時代に名品がつくられた．またこの時代の彫刻品が米国，ヨーロッパに輸出され，その一部分がジュエリーの一部として再利用されている（1920年代）．粗粒質のものでは粒状テクスチャーがみえる．結晶の劈開方向が表面にほぼ平行しているときにはぴかぴか光る．研磨剤にダイヤモンド・パウダーが一般的に使用されるようになる以前に研磨されたジェイダイトは，不定方位に配列する結晶の硬度が方向により異なるため，ぶつぶつと窪んだ表面になっていることがある，これをオレンジ・ピール（orange peel）とよび，鑑別の一助とされたこともあった．

産　地

ミャンマー北部カチン州ミットキーナ周辺が，唯一の商業的産地である（図1）．

河床の転石，蛇紋岩からの採掘がなされている．前者を老孔（old mine）後者を新孔（new mine）と中国系の業者がよび，前者のほうが品質がよいとされる．原石の状態で品質によりインペリアル・ジェード，コマーシャル・ジェードと分けられるが，研磨後にこれらの名称を用いるのは適当でない．他に日本（糸魚川ほか），ロシア（西サヤン），グアテマラ，米国（カリフォルニア州ニューイドリア）など．

図1 ミャンマー略図．カチン州ミットキーナを示す．

処　理
各種あり．程度によって以下の分類が提唱されている．

A：表面のみにワックス（蝋など）を含浸・塗布．光沢だけでなく透明感も増す．木蝋など天然素材を用いた含浸は，18世紀から行われていた伝統的手法である．

B：酸などで結晶粒間の酸化鉄などを除去した後，無色の高分子樹脂を含浸．透明感，色も改善される（1990年代以降）．

C：染色．各色に改変可．褪色の恐れがある．

B＋C：BとCの双方，有色高分子樹脂の含浸を含む

D：ダブレット，トリプレット（doublet, triplet）〔▶141 宝石とは〕，日本では模造とされる．

合　成
なし．

類似石
ネフライトを別にして，蛇紋岩（serpentinite），ハイドロ・グロシュラー・ガーネット（hydro grossular garnet），緑色めのうであるクリソプレーズ（chrysoprase）など多数．

■ネフライト
角閃石族に属するアクチノライト‐トレモライト系列の結晶集合体．宝石としては化学組成を厳密に定める必要がないので，ネフライトと総称する．ジェイダイトが多彩な色バラエティを示すのに対して，ネフライトは緑，白，黒程度である．しばしば黒色の内包物が点在する．繊維状アクチノライトが発達すると，シャトヤンシーを示す（ネフライト・キャッツアイ）．台湾産に多い．

カボション・カットされ指輪に用いられることが多い．中国産の彫刻品も多い．清朝以前の工芸品はネフライトあるいは他のジェイダイト類似石でつくられている．

産　地
中国（新疆ウイグル自治区，和田（ホータン）付近の河床，また崑崙山脈中から）．トルキスタン・ジェードまたはホータン・ジェイド．ロシア（イルクーツク南方，河床から，またサヤン山脈中から）．シベリア・ジェード．ニュージーランド南島，先住民マオリ族が石器として用いた．ニュージーランド・ジェード，またマオリ・ストーン，ポーナム（pounamu，マオリ語）．米国（ワイオミング州，カルフォルニア州）．カナダ（ブリティッシュ・コロンビア州）．中国（台湾，海岸山脈中から）

処　理
なし．

合　成
なし．

類似石
ジェイダイトに同じ． 〔宮田雄史〕

162 スピネル
Spinel

化学組成	$MgAl_2O_4$　赤色石は Cr（微量）
結晶系	等軸晶系
産状	(1) 再結晶炭酸塩岩，(2) 広域変成岩，(3) 漂砂鉱床
色調	赤色, ピンク色, オレンジ色, 緑色, 青色, 紫色, 無色
透明度	透明，半透明（スター・スピネル）
光沢	ガラス光沢
硬度	8
劈開	なし
形態	八面体結晶，塊状
比重	3.58〜3.61
偏光性	単屈折性
屈折率	1.714〜1.736
複屈折	—
多色性	—
紫外線	長波　赤〜ピンク色石は赤色，紫青〜紫色石はオレンジ色または緑色
	短波　赤〜ピンク色石は赤色（長波より弱い），紫青〜紫色石は反応なし
分光性	赤色石は 680 nm 付近・青色石は 460 nm 付近に吸収あり
カラーフィルター	赤色石は赤色，青色石は変化なし
インクルージョン	ドロマイト，カルサイト，アパタイト，チタナイト，ジルコン
産地	ミャンマー，タイ，スリランカ

図1　イギリスの王冠（レプリカ）の中心にセットされたスピネル（黒太子のルビー）[2]

図2　天然スピネル（双晶）

図3　天然スタースピネル

スピネル（spinel）は，鉱物名と同じで，和名を尖晶石という．かつて，赤色スピネルとルビーは混同されていて，イギリスの王冠に飾られている"黒太子のルビー"とよばれるものは，スピネルである（図1）．

ルビーより硬度・比重・屈折率ともに低く，単屈折性なので多色性はみられない．

近年，フラックス法でつくられた合成スピネルは，天然のスピネルとの区別が難しい．双晶（図2）やスター効果がみられるものもある（図3）．

類似石
ルビーなどの赤色宝石.

名前の由来
ラテン語で棘(とげ)を意味する spina(スピナ)から,自形が八面体で尖った結晶として産出するから.

合成石
あり.火炎溶融法やフラックス法でつくられる.

処理の有無
なし.

頻度
ルビーに間違えられて流通.

備 考
火炎溶融法でつくられた合成スピネルは,天然スピネルよりアルミニウム(Al)が過剰に含まれていて,屈折率が高くなっている. 〔林 政彦〕

● 文献
1) R. Webster and B.W. Anderson (1990) Gems, 4th ed., pp. 132-137.
2) C. Davenport (1919) The Crown Jewels of England, Cassell.

大きな結晶

鉱物の結晶は自然界でどのくらいまで大きくなることができるのだろうか? これは,とても自然な疑問ではあるが,答えるのは難しい.実験室では,ある結晶を育てる場合様々な工夫をして単一の核から育てることができるので,容器さえ大きければそれだけ大きな結晶を作ることができそうにも思える.

一方,自然界では同時多くの,しかも一般には多種の鉱物が生成するので考えにくい.実際に採取された鉱物の結晶のリストも網羅的なものはない.Peter C. Rickwood が作成したリストから一部を抜き出し,ダイヤモンドを加えたものを以下に示す. 〔宮田雄史〕

鉱物名	産地	大きさ (m)			重さ (kg)
ベリル	Malakialina (マダガスカル)	18	3.5	3.5	379,480
コランダム	Transvall (南アフリカ)	0.65	0.4	0.4	152
ダイヤモンド	Premier Mine, Kimberly (南アフリカ)				0.6212
蛍石	Petaca dist., New Mexico (USA)	2.13	2.13	2.13	16,090
ガーネット	Kristiansand (ノルウェー)	2.3	2.3	2.3	37,500
リシア輝石	Etta Mine, S. Dakota (USA)	12.8	1.83	0.91	66,092
トパーズ	Ribaue-Alto. Ligonha dist. (モザンビーク)	0.91	0.91	0.91	2,677

P.C. Rickwood (1981) *Amer. Min.*, **66**, 885-908 を改変.

163 トルコ石
Turquoise

図1 イランのトルコ石産地

$CuAl_6(PO_4)_4(OH)_8 \cdot 5H_2O$ の化学組成をもつ銅のリン酸塩である．自色鉱物（cf.154）であるので，その色は銅イオンによる青色の濃淡である．時に緑色を示すものもある．このトルコ石の色を一般に「空青色」と表現する．きわめて古くから尊ばれてきた空青色不透明の宝石で，おそらく，紀元前3000年には知られていたらしい．

古代エジプトの初期から，赤めのう，ラピス・ラズリとともに，その色彩の美しさから，人類が最も早くから着用しだした宝石であり，しかも高く評価された石の一つである．

青色の補色であることから，黄色が最も映える．そのため，トルコ石とラピスラズリは，金製の財宝や装身具にあしらわれて，数千年来愛好されてきている．トルコ石は，最愛の人の危険や不貞をその色の変化で知らせると信じられていた．また，この石の着用者に勇気と幸運と，そして繁栄を与える石とも思われていた．ペルシャ騎兵の甲冑，盾の装飾にトルコ石が多用された時代もある．

トルコ石（Turquois）の名称からトルコ産のように思い込みやすいが，トルコあるいは小アジア地域には，昔から今日まで，この石の産出は全くない．古くからイラン（ペルシャ）とシナイ半島（エジプト）で産出した．そしてこれらの石が，トルコを経由し，ヨーロッパに持ち込まれたために生まれた名称である．

トルコ石は，多くの場合，褐鉄鉱中もしくは砂岩中に産出するために，それらを内包物とし，しばしば褐色ないし黒色の網目状を示す．これを一般に「ネット」とよび，このネット模様の美しく現れた石が珍重される．最良のトルコ石を産出しているのはイランであり，同国の北東部のメシュド付近に数多くの鉱山がある．エジプトの産地はシナイ半島といわれるが，詳細は不明である．

アメリカ西部からメキシコにかけて産するトルコ石は，メキシコ原住のアステカ人に用いられたといわれている．現在でもネイティブ・アメリカンの装身具にこの石を多くみることができる．南西部諸州，アリゾナ州，ネバダ州，コロラド州，ニュー・メキシコ州，などの地域に広がる．アメリカのトルコ石の特徴は，一般的に淡色であり，やや多孔質でしかもネットも比較的多いことである．

中国ではトルコ石を「緑松石」（Lu Song Shi）というが，同国産のものは緑色みがやや強いの傾向がある．中国では湖北省鄖県竹山，河南省淅川県，陝西省白河県等で産出する．

前述のイラク産トルコ石はペルシャ産とよばれ，アメリカ産のものに比し緻密であり，最高の評価をされる．

使用

通常はカボション・カットされて，指輪あるいは，ペンダント，ブローチなどに用

いられる．また丸玉としてネックレスにされる．低品質のものは，不定形の小石状に磨かれネックレスとされる．その他彫刻品としても，またカメオにも用いられる．オーストリア，ウイーンの美術史美術館所蔵の，カバの彫刻は名品として名高い．

トルコ石を非常に好む民族は，ネイティブ・アメリカンとチベット族である．ネイティブ・アメリカンは銀製品にトルコ石を用い独自の民族的ジュエリーとする．インディアン・ジュエリーとよばれるものであるが，日本の市場には，これらに似せてつくった各国製の物もこの名称で流通している．一方チベット族はその民族衣装に縫い付ける形で多く用いる．特にペラック (Perak) とよばれる，頭から腰に掛けて覆う独特のジュエリーがある．

図2 ペラック（写真提供　向後紀美代）

類似石
オドントライト（odontolite）古の動物の骨や牙が化石化して，それにリン酸鉄が浸透してトルコ色を示す石となったものである．屈折率：1.57〜1.63，比重：3.0〜3.5の範囲である．骨の化石のために，この石をボーン・トルコ石（bone turquois）と称して天然石として取り扱うが，本来のトルコ石は，これとの区別のため，ロック・トルコ石（Rock turquois）の名称が用いられる．わが国では下記プラスチック含浸トルコ石に対して誤用されることもある．

バリスサイト（variscite）
屈折率：1.58，比重：2.40〜2.60.

処 理
染色処理　染料の中にはアンモニアで漂白されるものもある．
含浸処理（オイルおよびワックス）
プラスチック含浸　現在，市場に多く流通している．これらは多孔質のトルコ石の強度を補強し，表面光沢をよくするために行われ，米国市場では doctored turquoise などとよばれる．

ケイ酸ナトリウム（水ガラス）含浸　現在，市場にはほとんどみられない．

以下は他鉱物に処理を加えたもの
着色カルセドニーと染色ジャスパー (stained chalcedony dyed jasper)
染色ハウライト (dyed howlite)
染色マグネサイト (dyed Magnesite)

模 造
ギルソン製「合成」トルコ石　本来のトルコ石と同組成の粉末を圧縮固化したもの．合成の表現は適当でない．

接着（ボンデッド）トルコ石　天然トルコ石の粉末，破片を接着剤あるいは樹脂で固めたもの．
プラスチック製品
陶製品
ガラス製品　　　　　　　〔宮田雄史〕

164 ガーネット
Garnet

化学組成	(Mg, Fe, Mn)$_3$Al$_2$[SiO$_4$]$_3$ あるいは Ca$_3$(Al, Cr, Fe)$_2$[SiO$_4$]$_3$
結晶系	等軸晶系
産状	パイロープ：(1) 結晶片岩, (2) 超塩基性岩, (3) キンバレー岩, (4) エクロジャイト. アルマンディン：(1) 花崗岩質ペグマタイト, (2) 接触変成岩, (3) 広域変成岩, (4) 漂砂鉱床. グロッシュラー：(1) 超塩基性岩, (2) 接触交代鉱床, (3) 漂砂鉱床. スペッサルティン：(1) 片岩, (2) 花崗岩質ペグマタイト, (3) 漂砂鉱床. デマントイド：(1) 超塩基性岩, (2) 蛇紋岩, (3) 漂砂鉱床
色調	赤褐色, オレンジ色, 黄色, 緑色など
透明度	透明, 半透明（スター・ガーネット）
光沢	ガラス光沢
硬度	6.5〜7.5
劈開	無
形態	塊状
比重	パイロープ：3.62〜3.87 アルマンディン：3.93〜4.17 グロッシュラー：3.45〜3.73 スペッサルティン：4.12〜4.18 デマントイド：3.82〜3.85
偏光性	単屈折性
屈折率	表2参照
複屈折	―
多色性	―
紫外線	長波・短波　反応なし
分光性	パイロープ：575,527,505 nm アルマンディン：576,526,505 nm グロッシュラー：697,630 nm スペッサルティン：495,485,462,432 nm デマントイド：443,701 nm
カラーフィルター	パイロープ, アルマンディン, スペッサルティン：変化なし 緑色グロッシュラー, デマントイド：赤色
インクルージョン	液体, 結晶

産地	パイロープ：アメリカ, タンザニア, 南アフリカ. ロードライト：スリランカ, タンザニア, アメリカ. アルマンディン：スリランカ, ブラジル, インド, タンザニア. 透明なグロッシュラー：タンザニア, スリランカ, ブラジル, アメリカ. 不透明なグロッシュラー：南アフリカ, アメリカ, ミャンマー. スペッサルティン：スリランカ, ミャンマー, ブラジル, アメリカ. デマントイド：ロシア, コンゴ（旧ザイール）, イタリア

ガーネットは一般に下記のような化学組成で表されるグループ名*である.

(Mg, Fe^{2+}, Ca, Mn^{2+})$_3$(Al, Fe^{3+}, Ti, Fe^{2+}, Cr, V, Zr)$_2$[SiO$_4$]$_3$

これらの中で, 外観が赤〜赤褐色あるいは赤紫色, オレンジや緑色などの色調のガーネットが宝石として流通する.

これらのガーネットで, パイロープ (Pyrope) は, ギリシャ語で火 (fire) をあらわす Pyr と, 見ることをあらわす ops との合成語で, 見た目が鮮やかな赤い色を示すことから名づけられた. 中世ヨーロッパでカーバンクル (Carbuncle) とよばれ, ボヘミア・ガーネットとよばれていたガーネットはパイロープである.

赤褐色のガーネットはアルマンディンで, 研磨材にも使われる. 紫色がかったものは, パイロープとの中間の性質をもつもので, ロードライト (rhodolite) と

表1　宝石としてのガーネット

鉱物（種）名	化学組成
パイロープ (pyrope)	Mg$_3$Al$_2$[SiO$_4$]$_3$
アルマンディン (almandine)	Fe$_3$Al$_2$[SiO$_4$]$_3$
スペッサルティン (spessartine)	Mn$_3$Al$_2$[SiO$_4$]$_3$
グロッシュラー (grossular)	Ca$_3$Al$_2$[SiO$_4$]$_3$
アンドラダイト (andradite)	Ca$_3$Fe$_2$[SiO$_4$]$_3$
ウバロバイト (uvarovite)	Ca$_3$Cr$_2$[SiO$_4$]$_3$

※グループ名：結晶構造が同じで, 化学組成がマグネシウム (Mg) と鉄 (Fe) が入れ替わるように変化するものを同じ名称（グループ名）で表現する.

いう宝石名でよばれている．このロード（rhodo）は薔薇（rose）を意味し，ライト（lite）は石を意味するギリシャ語のリソス（lithos）から名づけられている．薔薇色の石という意味である．

緑色，淡い黄色，オレンジ色，無色などさまざまな色調を示すのは，グロッシュラーである．緑色をツァボライト（tsavorite），オレンジ色をヘソナイト（hesonite）とよぶ．不透明緑色あるいはピンク色のグロッシュラーで前者を"トランスバール（南アフリカ）・ヒスイ"とよばれている．

オレンジ色で，かつてマラヤあるいはマンダリン・ガーネットという名称で流通したものが，スペッサルティン成分を主としたガーネットであった．しかし，その化学組成を調べると，さまざまな成分が含まれていることがわかっている．

緑色のガーネットの中でも光沢のよいものは，アンドラダイトでデマントイド（demantoid）とよばれる．これは，高い屈折率をもつため反射率が高く，いわゆるテリ（照り）のよい宝石となるため，ダイヤモンドのような光沢をもつという意味で，デマントイドという名称になった．内部には"馬のしっぽ"状（horse-tail）の内包物が含まれている．さらに，アンドラダイトで黄色をトパーゾライト（topazolite），黒色をメラナイト（melanite）という名称を使うこともある．ウバロバイトは大きな結晶は産しないが，綺麗な緑色宝石として大変魅力的である．最近になって内部の層状組織により光を干渉させて虹色にみえるものがメキシコや日本で発見されている．

ガーネットについては，その種類を特定する場合は，化学組成を調べる必要がある．近年では，非破壊でその検査ができるXRFなどが使われる．現在流通しているガーネットの特徴は，表2のとおり．

天然に産出するガーネット以外に人工的に造られたものがある．前述の化学組成で例えばパイロープ（$Mg_3Al_2[SiO_4]_3$）のMgのかわりにイットリウム（Y），AlとSiのかわりにアルミニウム（Al）で置き換えた $Y_3Al_2[AlO_4]_3$（$=Y_3Al_5O_{12}$）がある．これはイットリウム（Y）とアルミニウム（Al）を含んだガーネット（garnet）ということからヤグ（YAG）とよばれている．他にガドリウム（Gd）やガリウム（Ga）で置き換えたGGG（スリージー）も造られている．これらで無色のものはダイヤモンドの模造石としても使われている．

類似石

着色ガラスなど．

名前の由来

ラテン語のgranatum（ザクロの木を意

表2

宝石名	主な色調	比重	屈折率	特徴
アルマンディン	暗赤，暗紫赤，赤褐	3.95〜4.20	1.75〜1.78	スター効果もつものがある
パイロープ	濃赤，紫赤	3.65〜3.70	1.74〜1.75	ルビーに似る
ロードライト	紫赤	3.70〜3.95	1.74〜1.77	アルマンディンとパイロープの中間物
グロッシュラー	緑，黄緑，オレンジ，黄，無	3.59〜3.65	1.72〜1.75	緑色はツァボライト，オレンジ褐色はヘソナイトとよぶ
アンドラダイト	緑，黄緑，黄，黒	3.81〜3.87	1.85〜1.89	緑色はデマントイド，黄色をトパーゾライト，黒色をメラナイトとよぶ
スペッサルティン	オレンジ褐，黄褐	4.12〜4.20	1.78〜1.82	分光性
ウバロバイト	鮮緑	3.77	1.87	大きなものはない

味する）が由来．

合成石

なし．ただし，天然ガーネットと同じ構造をもつ酸化物は造られていて，ダイヤモンドの模造石として使われる．

処理の有無

なし．

頻　度

ふるくから装身具に使われている．1月の誕生石としてよく知られている．

〔林　政彦〕

●文献
1) R. Webster and B.W. Anderson (1990) Gems, 4th ed., pp. 168-186.

165 ジルコン（風信子石）
Zircon

化学組成

ジルコニウム（Zr）のケイ酸塩 $ZrSiO_4$. 多くの火成岩や変成岩中から産する. 宝石となるものは花崗岩やそのペグマタイト中から, また砂礫中から. ジルコニア ZrO_2 とは異なる鉱物であることに注意. Zr の 0.5〜4% を Hf および微量の U, Th が置換している. これら放射性元素から出るα線により結晶格子が損傷を受け最終的には, 非晶質シリカとジルコニアになる. この過程をメタミクト（metamict）化という. ジルコンは正方晶系であり, その結晶は正方柱状で両錘をもち, 時に偽八面体にみえる. 宝石として採取されるジルコンは磨耗して丸みを帯びたものが多い. 完全にメタミクトが進むと非晶質となるが, 結晶形は維持されることが多い. メタミクト化の進行に連れて, 硬度, 比重, 屈折率などは低下する. そのため, これらの値が低いものをロータイプ（low type）, メタミクト化が少なく, これらの値が高いものをハイタイプ（high type）とよぶ. これは, 連続的な変化なのでその境界は恣意的であるが, 比重 4.7〜4.1 をハイタイプ（4.6〜4.1 を中間タイプとすることもある）, 4.1〜3.9 をロータイプとする. メタミクト化のため硬度 7½ に比較して脆いため, ジルコンのカット石を多く同梱すると互いに擦れ合うことでファセット・エッジが磨耗する. これをペーパー・ウェア（紙擦れ paperware）とよぶ. 宝石の流通段階では, 同種の宝石を, サイズ, 重量などで分類し, 同程度のものをある程度まとめて 1 包み（パーセル parcel）にする. ジルコンは

図1 ジルコンの1包（パーセル）. やわらかい紙に1個ずつ, ひねるように包んでいる.

ペーパー・ウェアを避けるため, 細長い紙に, 1つずつ相互に触れ合わないように包む習慣があった（**図1**）.

また, メタミクトにより体積が増加するので, ジルコン内部に応力割れを生じ, ジルコンの特徴となる. ジルコンが他の鉱物中に内包物して入っていると, そのまわりにクラックを生じる. これは「ジルコン・ハロー・インクルージョン（zircon halo inclusion）」とよばれ, スリランカ産宝石に多いため産地同定の一助となる.

ハイ・タイプ・ジルコンは赤, 褐, 黄の各色を示す. ロー・タイプ・ジルコンは緑色を示す. いずれも色名＋ジルコンと表記される. これらの色は, 多少暗いあるいはくすんだ印象を与える. 無色, 青色のジルコンは, ほとんどが黄, 褐色ジルコンを熱処理したものである.

ホワイト・ジルコンは, 光沢がダイヤモンドに次いで高い（亜金剛光沢）こと, 屈折率が高いこと, 特に分散が大きい（0.039）ことにより, 1980年代にキュービック・ジルコニアが登場するまで, 長い間ダイヤモンドの代用品として用いられてきた. ジルコンは高い複屈折率（0.059）をもつので, テーブル面から石を通してパビリオン側のファセット・エッジを観察するとエッジが2本にみえる（ダブリング doubling）. こ

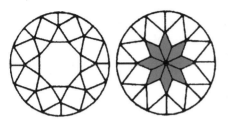

図2　ジルコンカット．ブリリアント・カットに灰色のファセットが付加されている．

れは，ダイヤモンドとの簡便な識別法として用いられてきた．ラウンド・ブリリアント・カットのキュレットの周囲に長菱形のファセットを付加したカット形式をジルコン・カットとよぶ（図2）．これはダブリングを観察しづらくするために考案されたものだが，今日では透明な水晶類にもっぱら用いられている．

和名は風信子石，あるいは風信子鉱と書かれることもある．風信子は，「ヒヤシンス（hyacinth）」と読む．「ヒヤシンス」は花の名前で，花の色からこの名前が付いたとされている．よく見かけるヒヤシンスは明るい黄色や青色，白である．一方，ヒヤシンスの名前でよばれる宝石の色は，褐色味をおびたオレンジ色から赤にかけての色である．19世紀中ごろまでは，鉱物種は問わずこの色をもつ石をヒヤシンスとよんでいた．ジルコンだけではなく，へソナイト・ガーネット，帯赤橙色から赤橙色のサファイア，同色のトパーズ，さらにヘマタイトを多く含むため赤褐色にみえる石英，などもこの名前でよばれ，今日からみるときわめて不明確な名称であった．

一方，ジルコン（zircon）という名称の由来はアラビア語のzarqumであり，またzarqumはペルシャ語のzar（黄金）＋gun（色）の派生である．

処　理

メタミクト化したジルコンは加熱により結晶格子が再構成される．これにより
加熱：褐色などはを300〜600℃で無色，灰色，青色，黄色，赤色へ
逆に放射線照射で：無色，青色，等を褐色，赤色へ（ほとんど行われない）

合　成

市場にはない．

類似石

無色ジルコン：ダイヤモンド，水晶など
黄-橙-褐色系：スペサルティン・ガーネット，アンドラダイト・ガーネット，スフェーン，スファレライト

さまざまな名称

ヒヤシンス hyacinth あるいはジャシンス jacinth：透明なレディッシュ・ブラウン．この用語はヘソナイト・ガーネットにも使われていた．
ジャグーン jargoon あるいはジャーゴン jargon：スリランカ産の明るいイエロー，無色の石．
　ベッカライト beccarite＝グリーン
　メリクリソス melichrysos＝イエロー
　スパークライト sparklite＝無色
　スターライト starlite およびストレムライト stremlite＝ブルー　〔宮田雄史〕

166 トパーズ
Topaz

図1 トパーズ(左)とシトリン(右)

化学組成	Al$_2$[(F, OH)$_2$|SiO$_4$]
結晶系	直方晶系
産状	(1) ペグマタイト, (2) 熱水鉱床, (3) 漂砂鉱床
色調	青色, オレンジ褐色, ピンク色, 無色.
透明度	透明
光沢	ガラス光沢
硬度	8
劈開	{001}に完全.
形態	柱状, 塊状.
比重	3.50〜3.57
偏光性	複屈折性
屈折率	α 1.606〜1.630, β 1.609〜1.631, γ 1.616〜1.638
複屈折	0.008〜0.011
多色性	三色
紫外線	長波 青色石は淡青白色, オレンジ褐・ピンク色石は赤色
	短波 青色石は長波より弱い. オレンジ褐・ピンク色石は黄濁色
分光性	特徴的な吸収なし
カラーフィルター	変化なし
インクルージョン	アルバイト, フローライト, ゲーサイト, 液体
産地	青・無色石:ブラジル, アメリカ, ロシア, ナミビア, 日本 オレンジ褐・ピンク色:ブラジル, スリランカ, パキスタン

色調が青色とオレンジ褐色のトパーズに大別される.青色トパーズで色が濃いものは,中性子線を照射させ,その後に加熱処理することで得られる.オレンジ褐色のトパーズは,シトリン(黄水晶)と同じように見なされることがあったため,インペリアル・トパーズとよび区別することがある.シトリンとの区別には,研磨される前の原石にみられる条線の向きが,結晶の長い方向に平行にみられるのがトパーズで,直交するのがシトリン(黄水晶)である(**図1**).無色のものは,わが国でも人頭大のものが産出した.

類似石
青色はアクアマリン,オレンジ褐色はシトリン(黄水晶)に似る.

名前の由来
ギリシャ語の探し求めるという意味のtopazosが語源で,産地である紅海の島が常に霧深く,その島を探すのが困難だったからその名が付いた.

合成石
なし.

処理の有無
あり.①放射線照射,②加熱処理.オレンジ褐色のトパーズを加熱でピンク色に変えることができる.

頻度
11月の誕生石として有名.

備考
誠実・友情・潔白の象徴とされる.

〔林 政彦〕

● 文献
1) R. Webster and B.W. Anderson (1990) Gems, 4th ed., pp. 138-146.
2) E.J. Gübelin and J.I. Koivula (1986) Photoatlas of Inclusions in Gemstones, pp. 386-394.
3) W.R. Phillips and D.T. Griffen (1981) Optical Mineralogy, pp. 125-127.

167 タンザナイト
Tanzanite

化学組成	$Ca_2Al_3[O|OH|SiO_4|Si_2O_7]$
結晶系	直方晶系
産状	(1) 雲母片岩, (2) 漂砂鉱床
色調	青色
透明度	透明
光沢	ガラス光沢
硬度	6.7～7
劈開	{100}に完全
形態	柱状, 塊状
比重	3.36
偏光性	複屈折性
屈折率	α 1.6925, β 1.6943, γ 1.7015
複屈折	0.0090
多色性	三色性(赤紫色, 濃青色, 黄緑色)
紫外線	長波 反応なし / 短波 反応なし
分光性	595 nm 付近と 528 nm, 455 nm に吸収
カラーフィルター	変化なし
インクルージョン	液体, 結晶, チューブ状
産地	タンザニア

青色透明のゾイサイト (zoisite：灰簾石) を求めて探していた Manuel'd Souza (洋服仕立職人だったが宝石にとりつかれて山師になったという) により, タンザニアの Arusha から Moshi に向かう中間地点 (30 km 付近) から南西へ 40 km 行った灌木地帯の中で, 1967 年 7 月に発見された. その綺麗な青色は大変魅力的でサファイア・ブルーとよべるものである.

この宝石の発見は, ブラジルで発見されたブラジリアナイトに次いで 20 世紀 2 番目の新宝石といわれるほどであった. ブラジリアナイトは 1945 年にブラジルで発見された新鉱物であるが, タンザナイトは既知の鉱物であるゾイサイトであったため, 最初は青色ゾイサイトとして紹介された.

アメリカのティファニー (Tiffany) 社によりタンザイト (tanzanite) という商品名で販売し, いつしかタンザナイトという名称が広く使われるようになってきた.

この青色の着色原因はバナジウムと思われるが, マンガンでピンク色に着色されたチューライト, クロムで着色された緑色のゾイサイトも知られている.

類似石
なし.

名前の由来
タンザニア北部のキリマンジャロ近くの Mererani Hills で発見されたため, その国名にちなむ.

合成石
なし.

処理の有無
有. 褐色あるいは緑色を帯びているものは加熱処理 (約 600 度) により, 美しい青色を呈するようになる.

頻度
12 月の誕生石として有名.

備考
最初は青色のゾイサイト (タンザナイト) が産出されていたが, 現在流通のタンザナイトは, ほとんど加熱処理が行われている. 未処理との区別が困難である. エピドート (epidote) のグループに属するクリノゾイサイト (clinozoisite) とは多形である.

〔林　政彦〕

● 文献
1) C.S. Hunrsur, Jr. (1969) *the American Mineralogist*, **54**, 702-709.
2) 近山晶 (1975) 宝石学会誌, **2**, 4, 151.
3) R. Webster and B.W. Anderson (1990) Gems, 4th ed., pp. 369-371.

168 クンツァイト・ヒデナイト
Kunzite, Hiddenite

化学組成	LiAl[Si$_2$O$_6$] ヒデナイトはCrが微量
結晶系	単斜晶系
産状	(1) リチウム・ペグマタイト, (2) 漂砂鉱床
色調	ピンク色～ライラック・ピンク色（クンツァイト），緑色（ヒデナイト）
透明度	透明
光沢	ガラス光沢
硬度	7
劈開	{110}に良好
形態	四角柱状，塊状
比重	3.17～3.19
偏光性	複屈折性
屈折率	α 1.648～1.663, β 1.655～1.670 γ 1.662～1.679
複屈折	0.014～0.027
多色性	三色（クンツァイト：紫色・濃紫色・無色，ヒデナイト：帯青緑色・緑色・黄緑色）
紫外線	長波 クンツァイト：鮮赤色～オレンジ，ヒデナイト：反応なし～弱オレンジ・イエロー
	短波 クンツァイト：長波より弱い，ヒデナイト：反応なし～長波より弱い
分光性	クンツァイトは特になし．ヒデナイトは690nm付近に2本と620nm付近に幅広い吸収あり．
カラーフィルター	赤色石は赤色，青色石は変化なし
インクルージョン	液体
産地	ブラジル，アメリカ，アフガニスタン

スポジュメン（spodumene：リシア輝石）でピンク色をクンツァイト，緑色をヒデナイトとよぶ．

この鉱物は，ひすい（jadeite：ヒスイ輝石）と同じ輝石族に属す．

類似石
クンツァイトはピンク色，ヒデナイトは緑色の合成スピネルや着色ガラスがそれぞれある．

名前の由来
クンツァイト（kunzite）は，アメリカの宝石学者であるジョージ・フリードリヒ・クンツ（George Frederick Kunz：1856-1932）にちなむ．ヒデナイト（hidenite）は，アメリカの鉱物学者であるウイリアム・アール・ヒデン（William Earl Hidden：1853-1918）にちなむ．

合成石
なし．

処理の有無
あり．放射線を照射させたものがある．

頻度
ピンク色の宝石で比較的大きな天然宝石はモルガナイトよりクンツァイトであることが多い．

備考
太陽光で退色したり加熱により変色したりするものがある．劈開があるため，汚れを除去するための超音波洗浄器の使用には注意が必要である． 〔林　政彦〕

●文献
1) R. Webster and B.W. Anderson (1990) Gems, 4th ed., pp. 164-167.
2) W.R. Phillips and D.T. Griffen (1981) Optical Mineralogy, pp. 206-207.

169 トルマリン（電気石）
Tourmaline

化学組成	$(Ca, Na)(Li, Al, Mg)_3(Al, Mg)_6$ $[(F, OH)|(OH)_3|(BO_3)_3|Si_6O_{18}]$
結晶系	三方晶系
産状	(1) ペグマタイト，(2) 漂砂鉱床
色調	ピンク色，赤色，褐色，黄色，緑色，青色など
透明度	透明
光沢	ガラス光沢
硬度	7～7.5
劈開	なし
形態	柱状，塊状
比重	3.00～3.12
偏光性	複屈折性
屈折率	ω 1.64，ε 1.62（平均値）
複屈折	0.0014～0.021（普通は0.018）
多色性	二色性
紫外線	長波　ほとんど反応なし（緑色石で赤色あるいは緑色をしめすものがある）
	短波　ほとんど反応なし（タンザニア産で鮮やかな黄色を示すものがある）
分光性	特徴的な吸収なし
カラーフィルター	変化なし
内包物	液体，チューブ状
産地	ブラジル，ナイジェリア，モザンビーク，タンザニア，ミャンマー，スリランカ

赤色のトルマリンをルベライト (rubellite)，赤紫色をシベライト (siberite)，青色をインジゴライト (indigolite)，無色をアクロアイト (achroite) とよぶ．

一つの結晶に数種類の色調がみられるトルマリンがある．また，トラピッチ・エメラルドに外観が似ているものを"トラピッチ・トルマリン"とよばれる（図1左下）．

1990年ごろからブラジルのパライバ州で発見された青色や緑色などの鮮やかなものを，パライバ・トリマリンとよぶ．その後，2001年ごろからアフリカのナイジェリア，2005年ごろからモザンビークでも同様な色調のトルマリンがそれぞれ発見され，これらもパライバ・トリマリンとよばれている．これらには着色元素として銅 (Cu) が含まれている．

カボション・カットされたトルマリンでチューブ状の内包物が含まれたトルマリン・キャッツアイがある（図2）．

類似石
特になし．

名前の由来
スリランカのシンハリ語のジルコンの呼

図1　各色トルマリン（左下："トラピッチ・トルマリン"）

図2　トルマリン・キャッツアイ

表1 パライバ・トルマリンの加熱処理（Beckerが行った実験より，1990）[2]

色調（重さ）	加熱温度				
	350℃	400℃	450℃	500℃	550℃
紫青色 (3.997 ct)	変化なし	淡灰	帯緑灰	明青	—
紫青色 (3.008 ct)	変化なし	淡灰	帯緑灰	明青	鮮緑
灰青色 (8.204 ct)	変化なし	灰色がかる	灰緑	明帯緑青	鮮緑
濃青色 (2.774 ct)	帯灰	帯緑	明青	明青	鮮帯青緑
青緑 (2.007 ct)	帯緑	変化なし	明緑	より鮮やか	鮮緑
青灰 (1.507 ct)	変化なし	変化なし	緑	明緑	鮮緑

び名に由来する．これは，1703年にアムステルダムへジルコンとともにトルマリンが運ばれ，そのときに誤って伝えられた．

合成石
なし．
処理の有無
あり．
処理方法
①加熱により一般的に明るくなるとされる（**表1**）．ただし，ピンク色を約700℃に加熱すると無色になる．②放射線を照射させると，ピンク色が濃くなる．
頻　度
ピンク色のトルマリンは10月の誕生石．指輪やペンダントのほか，さまざまな色調のものを集めたネックレスも流通している．　　　　　　　　　　〔林　政彦〕

●文献
1) R. Webster and B.W. Anderson (1990) Gems, 4th ed., pp. 369-371.
2) J.I. Koivula and R.C. Kammerling (1990) Gems & Gemology, 26(2), 164-165.

170 水晶類
Quartz and the variety

化学組成式 SiO₂，比重 2.65，複屈折性，屈折率 1.544〜1.553，複屈折量 0.009，三方晶系，モース硬度 7，蛍光性長波，短波ともに変化なし．

鉱物名としては石英（Quartz）が使用されるが，石英の美しい単結晶を水晶（Rock Crystal）とよぶ．日本においては，古来は水精と書いていた．河原などの水のある場所に見つかるからともいわれているが，ヨーロッパでも水が凍って溶けなくなったものと解釈されていたようで，水を連想する点は世界中で共通の感がある．

鉱物の分類上，酸化鉱物とケイ酸塩鉱物の双方で扱われていることがある．化学組成の式で見ると酸化鉱物のようであるが，鉱物としては結晶構造を考えるべきである．水晶の結晶構造は SiO₄ 正四面体構造を基本としているため，典型的なケイ酸塩鉱物であり，亜類としてはテクトケイ酸塩鉱物に属する．

水晶の種類は色で区別した呼称と，包有物の種類により区別した呼称がある．色による区別は分類上 "変種" に相当するが，包有物の違いによる区別は単にフォールスネームや商品名として扱われている．色や包有物による違いがあっても，物性値はほとんど同じであるが，包有物が多量の場合，若干比重は異なるかもしれない．

■ 色による水晶類の区別

色の種類は天然水晶では，紫色のアメシスト，黄色のシトリン，ピンクのローズクォーツ，褐色〜黒褐色のスモーキークォーツ，黒色のモリオンまたはカンゴーム，白色半透明〜白色不透明のミルキークォーツ，無色透明のロッククリスタルなどが通称として使われてきた．水晶には，単結晶中に 2 色以上の色を見いだすことができる．バイカラークォーツ，パーティーカラードクォーツとよばれ，紫色と黄色の水晶にはアメトリンの通称がある．アメシストとシトリンが混在していることから名づけられた．

合成水晶には天然にはない緑色や青色に着色をしたものがある．青色はコバルト（Co）による着色で，スペクトルに赤色光があるため鮮やかな青色を呈する．

処理による色の改変も行われており，天然アメシストを熱処理して黄色のシトリンにしたリオグランデシトリン，同じく天然アメシストを熱処理して緑色にしたグリーンドアメシストが市場に多く出回っている．また，スモーキークォーツを放射線処理して淡黄色のシトリンにしたものや，黒色のモリオンやカンゴームを人工的に作り出すことも行われている．

■ 包有物による水晶類の区別

ルチルの針状または毛状の結晶を包有した水晶は，ルチレイテッドクォーツとよばれている．トルマリン入りであればトルマリネイテッドクォーツ．樹枝状の緑泥石を包有したものはモスアゲート．レピドクロサイトを包有したものはストロベリークォーツ．アメシストにゲーサイトが包有されたものはカコクセナイトのように宝石名が付けられている．

微小なインクルージョンが多量に包有された場合，外見が特有の色にみえる．緑泥石入のグリーンクォーツ．ラズライトやインジゴライト入のブルークォーツ．オレンジ色の針状包有物入のサンセットクォーツ（オレンジ色），微小な流体包有物入のミルキークォーツがこの例である．

その他の包有物は名称の先頭に包有物名を付けてよび，パイライト入クォーツ，パパゴアイト入クォーツ，ヘマタイト入

クォーツ，フルオライト入クォーツのようになる．

流体包有物が肉眼でも見えるサイズに成長したものは，水入り水晶として扱われる．水入りと確認できるのは，液体の中に気泡が入った二相インクルージョンになっているからである．大きなものでは，気泡が液体中を移動するのが肉眼でも確認できる．

成長途中の錐面や柱面に別の鉱物結晶が沈殿付着し，その後成長が続いたとき付着鉱物を包有しながら成長したものは，主に錐面の軌跡が樹木の年輪のように観察できる水晶は，ファントム水晶とよばれ，錐面の軌跡はゴーストとよばれる．

■外観による水晶の区別

古くから知られている水晶類は，外観による呼称の区別もなされている．両端に錐面をもつ「両錐水晶」，先端が大きく成長し一端に両錐面をもつ「セプタークォーツ」，セプタークォーツの傘部分が複数個成長した「カセドラルクォーツ」，結晶面の周辺部分，稜，頂点のみ成長し，結果的に結晶面中央部分が凹状になった「スケルタルクォーツ」，2つの板状結晶のc軸が直交して成長した「ファーデンクォーツ」，2つの結晶においてc軸が一定の角度をなしているものを双晶とよび，「日本式双晶」や「エステレル式双晶」がある．水晶の結晶構造中には螺旋状構造があり，右螺旋と左螺旋がある．外観では柱面であるm面に対するs面の発生位置が異なる．右螺旋構造をもつ水晶を「右水晶」，左螺旋は「左水晶」とよぶ．この右水晶と左水晶がc軸方向を同じにして一つの結晶になる場合があり，これは「ブラジル式双晶」とよび，右どうし，または左どうしが一つの結晶になった場合は「ドフィーネ式双晶」とよぶ．

■光学的特殊効果による区別

光学的特殊効果とは特定のカットを施すことにより生じる光の効果であり，特殊な反射光により引き起こされる．中に針状またはチューブ状の細長い包有物が一方向にそろって取り込まれている水晶をカボッション・カットにすると，この包有物に当たった光は内部反射を生じ，カボッション・カットの曲面頂部に反射光が集光し，光の筋が現れる．この現象は「キャッツアイ効果」とよばれる．光源の位置が移動すると集光された光の筋も移動するこの効果を生じる水晶を「クォーツ・キャッツアイ」とよぶ．タイガーアイやホークスアイはこの典型的な例である．

針状包有物がa軸の三方向に沿って包有されると，光の筋も三方向になりカボッション・カットの頂点で交差する．この外観はスター効果とよばれ，この効果のみられる水晶をスタークォーツとよぶ．ローズクォーツはルチルの針状結晶を包有しており，反射光にてスター効果を呈する．ロッククリスタルでこの効果があるものは，時に透過光でのみスター効果を生じるものもある．　　　　　　　　　　〔高橋　泰〕

●文献
1) 志田淳子 (1999) 宝石，小宇宙を科学するII，全国宝石学協会．
2) 近山晶 (2007) 宝石宝飾大事典　新訂第3版，近山晶宝石研究所．
3) 砂川一郎 (2009) 水晶，瑪瑙，オパール　ビジュアルガイド，誠文堂新光社．

171
めのう類
Agate and chalcedony

化学組成式 SiO_2, 比重 2.58〜2.62, 潜晶質, 屈折率 1.530〜1.539, モース硬度 7, 蛍光性長波, 短波ともに変化なし. 主に珪酸分の多い流紋岩などの岩石中に結晶し, 球果状流紋岩の空隙に産するものが商品価値を得ている. 球果中のめのうは, 大きなものでは人頭大までみられ, 時に同一晶洞内で水晶と共生する.

めのうは鉱物としては石英に分類される. 美しい単結晶を水晶とよぶのに対し, めのうは石英結晶の微細な集合体である. この結晶の状態は潜晶質とよばれる. 個々の結晶は針状の形態で, 一般的には長さ数 μm 幅数百 nm の結晶が放射状あるいは平行状に集合する. 特に放射状結晶の集合形態は特徴的で, めのうの当て字「瑪瑙」は凹凸状集合体の外観が馬の脳に似るところから付けられている. 他に「腎臓状」とも表現され, 外観は生物の臓器を起想させることがよくある. 性質は水晶に近いが, 多結晶であるゆえの違いは, 靭性, 比重, 屈折率, 偏光性, に現れている.

特に靭性は硬度とともに加工特性に影響する物性である. ガラスとグラスファイバーの違いに似て, 単結晶の水晶よりも多結晶であるめのうの方が靭性つまり衝撃に対する堅牢さは高い. 例えば器状に加工すれば, めのうの方がより薄い形状に加工しても使用に耐えることができる. このことは同時に加工性が悪いことにもなる. つまり切削加工においてめのうの方がより時間や手間が掛かることを意味する.

種　類

めのうの分類は以下の表のようになる.

表1

カルセドニー (色や透明度が均質のもの)	(以下色により名称が異なる.) ホワイト・カルセドニー（白） カーネリアン（赤） クリソプレーズ（緑〜黄緑） ブルー・カルセドニー（青）
アゲート (縞模様がみられるもの)	(以下色により名称が異なる.) サード（赤） サード・オニクス（赤・白） グリーン・アゲート（緑,緑・白） ブラック・オニクス（黒） (以下色と包有物により名称が異なる) モスアゲート（無色・白・赤・緑・緑泥石） レースアゲート（青・白） ファイヤーアゲート（赤褐色・干渉色）
ジャスパー (不純物 20% 以上の石英質堆積岩で, めのうではない)	レッド・ジャスパー（赤） グリーン・ジャスパー（緑） ブラッド・ストーン（緑・赤）

比較参考にジャスパーの欄も設けてある.

処　理

染色, 着色によりさまざまな色や外観が人工的に作り出されている. 潜晶質であるめのうの結晶には水溶液の浸透しやすい部分としにくい部分があり, この違いはめのうの結晶のサイズに起因する. 浸透しやすい部分に対し染色は色のついた染料を含浸させる方法で, 着色は水溶性の薬品類を含浸させ, 化学反応を生じさせることで目的の色を得る.

最も古典的なめのうの着色は砂糖水を使う方法である. 砂糖水が浸透しためのうを熱処理すると, 脱水し炭素のみが残るため黒色になる. 一般には異なる二液を順に浸透させ, めのうの中で化学反応を生じさせことにより目的の色が得られる. 無色のめのうを天然色の近似色に着色することもあるが, 鮮黄色, 鮮ピンク色, 紺色など天然には存在しない色に着色することもある. 例えば, ネオンブルーに着色されたものは,

表2 代表的なめのう着色処理の工程

第一水溶液	濃度	第二水溶液	濃度	焼成温度	着色結果
硝酸コバルト	1 mol/L	アンモニア	1 mol/L	250℃	青色
硫酸コバルト	0.5 mol/L		0.5 mol/L		
硝酸銅	1 mol/L	アンモニア	1 mol/L	250℃	水色
硫酸銅	1 mol/L				
硝酸鉄	2 mol/L	硝酸ナトリウム	1 mol/L	250℃	赤色（弁柄）
塩化鉄	2 mol/L				
塩化クロム	4 mol/L	アンモニア	1 mol/L	250℃	緑色
二クロム酸ナトリウム	2 mol/L	――	――	250℃	黄色

（山梨県工業技術センター研究報告 No.23 望月，佐野，宮川 2009 より一部抜粋）

シーブルーカルセドニーの商品名でよばれる．

めのうの着色には微細な結晶の集合中に空隙がなければならない．空隙のない部分は着色されずに白色縞として残るため，アゲートも人為的につくることができる．ただし，被着色素材はあくまで天然石であるため，目的の色や外観が得られるかどうかは処理の結果次第である． 〔高橋　泰〕

● **文献**

1) 近山晶（1993）新訂宝石学必携，全国宝石学協会．
2) 志田淳子（1999）宝石，小宇宙を科学するII，全国宝石学協会．
3) 近山晶（2007）宝石宝飾大事典　新訂第3版，近山晶宝石研究所．

172 オパール
Opal

表1 オパールの分類

地色	名　称	主な産地
灰～黒色	ブラック・オパール	オーストラリア
白色	ホワイト・オパール	
褐色	ボルダー・オパール	
オレンジ色	ファイアー・オパール	メキシコ
無色	ウォーター・オパール	

化学組成	$SiO_2 \cdot nH_2O$　$n = 6 \sim 10\%$
結晶系	非晶質
産状	(1) 砂岩～珪質泥岩中（オーストラリア），(2) 流紋岩～石英安山岩中（メキシコ，日本）
色調	遊色とよぶ赤色～青色
透明度	透明～不透明
光沢	ガラス光沢
硬度	5.5
劈開	なし
形態	不定形，脈状，塊状
比重	1.98～2.20
偏光性	単屈折
屈折率	1.44～1.46（オーストラリア）
	1.40～1.44（メキシコ）
複屈折	―
多色性	なし
紫外線	長波　青白色（オーストラリア）　　　　変化なし（メキシコ）
	短波　青白色（オーストラリア）　　　　変化なし（メキシコ）
分光性	特になし
カラーフィルター	変化なし
インクルージョン	褐鉄鉱など
産地	オーストラリア，メキシコ，ホンジュラス，日本

斑以外の部分の色を地色とよび，その違いによって表1のように分類される．

これらの中で，斑が明瞭にみえるブラック・オパールは，オーストラリアのシドニーの北西770 kmに位置するライトニング・リッジ産のものが有名である．透明感のあるファイアー・オパールやウォーター・オパールも大変魅力的である．

一方，斑がみられない，すなわち遊色効果を示さないものを，コモン・オパール（common opal）とよび，不純物を含まないものは白色でみられるが，不純物を含むことでさまざまな色調を示す．

不純物として銅イオンを含むことにより青色にみえるオパールやパリゴルスカイト（palygorskite）を含んだピンク・オパールなどが知られている．

オパールには，石英と多形であるクリストバライト（cristobalite）やトリディマイト（trdymite）が含まれていることがあり，それらを含むものを，それぞれオパール-C，オパール-Tとよび区別することがある．一方，ガラス状物質（amorphous：非晶質）である場合は，オパール-Aとよばれる．合成オパールはすべてオパール-Aである．

オパールには，その重さの約1～21%が水として含まれているため，乾燥や熱には十分な注意が必要である．宝石質のものは約6～10%の水を含む．

また，一般に無色透明の球状あるいは塊状でペグマタイトの空隙に最末期に生成した玉滴石（hyalite）とよばれるものがある

虹色のような美しい色（斑（ふ）とよぶ）がみられるのが特徴．遊色とよばれるこの現象は，非晶質の二酸化ケイ素（SiO_2）が，直径200 nm前後の球状粒子で規則正しく配列する（図1・2）ことにより，回折格子[*1)]の役目をはたして，特定の光（可視光線）が強められ，斑がみられるようになることを，Sanders[1)]が示した．

図1 オパール表面をフッ化水素酸でエッチングした後に走査型電子顕微鏡で撮影したもの（撮影：横山隆・山崎淳司，1997）

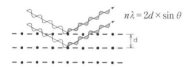

$n\lambda = 2d \times \sin\theta$

図2 図1を平面的に模式したもの

*1：上図のように結晶が格子状に並んだところに，光が入射すると，回折した光が，上式（$n\lambda = 2d \times \sin\theta$）で，$n$ が整数（$n = 1, 2, 3, \cdots$）のときに光が強め合う．強め合った光が460 nm なら青色，700 nm であれば赤色にみえる．このときの光の波長を λ，格子の間隔を d，入射光と格子状とのなす角度を θ で表す．

図3 球状の白色集合体が玉滴石

図4 合成オパールの表面

（図3）．これもオパールに含まれる．

類似石

球状のプラスチックを図1のように並べると同様に綺麗な虹色がみられる．これをプラスチック・オパールとよび日本で製造されたことがある．

名前の由来

サンスクリット語の upala（宝石）から．和名の蛋白石は，その外観から．宝石質のものは貴蛋白石（precious opal）とよび区別する．

合成石

1973年にはギルリン（Gilson）製が市場にみられるようになった．京セラ社でも製造．ただし，天然オパールは水を含むが，これらは水をまったく含まないため，合成オパールとはよべないという意見がある．

合成オパールには，亀甲模様あるいはリザード・スキン（トカゲの皮膚）とよばれる模様がみられる（図4）．

処理の有無

あり．"ブラック・オパール"に似せる処理がある．①ホワイト・オパールを砂糖水に浸し，その後，硫酸によって炭化させて黒色にする．②ある産地のホワイト・オパールを加熱によって黒色にする．

頻度

友情，希望，友愛，潔白の象徴とされ，11月の誕生石としてよく知られている．

〔林　政彦〕

● **文献**

1) R. Webster and B.W. Anderson (1990) Gems, 4th ed., pp. 229-240.
2) J.V. Sanders (1964) *Nature*, **204**(4964), 1151-1153.

173 天然ガラス
Natural glass

宝石として用いられる天然ガラスは，火山性のガラスと隕石由来のガラスがある。

■**黒曜石**（こくようせき，obsidian）

流紋岩質マグマが特殊な条件下で噴出，急冷されることによってできると考えられている。組成は二酸化ケイ素が約 70% で酸化マグネシウムや酸化鉄を含む。少量の斑晶を含むことがある。岩石であるので黒曜岩とよぶべきであろうが，通常は黒曜石と呼び習わしている。黒色不透明で時に酸化鉄により赤褐色の模様がみられることがある。これはマホガニーに似ているためマホガニー・オブシディアン（mahogany obsidian）とよばれる。また白い斑晶（クリストバライト？）が球晶となっているときには，その大きさによって，大きいとフラワー・オブシディアン（flower obsidian 図1），小さいとスノウ・フレイク・オブシディアン（snow flake obsidian）とよばれる。また，微細な気泡を多く含むと表面にシラー（schiler）が生じ，その色によっ

図1 白い模様が花のようにみえることから，フラワー・オブシディアンとよばれる。

て，シルバーシーン・オブシディアン（silver seen obsidian），ゴールドシーン・オブシディアン（gold seen obsidian）とよばれる。

産地は，火山関連地域であるが，日本では長野県霧ヶ峰周辺や和田峠，東京都伊豆諸島の神津島・恩馳島，島根県の隠岐島，大分県の姫島などが知られている。また，アルメニア，カナダ，チリ，ギリシャ，アイスランド，アルゼンチン，イタリア，ケニア，メキシコ，ニュージーランド，ペルー，スコットランド，米国などで知られる。これらの，産地では産地特有の商品名を付けている場合もある。

使 用

通常は，カボション・カットされる。時にビーズに加工される。また，石器時代にはナイフなどとして利用されていた。また，サウジアラビア・メッカにあるカーバ神殿の黒石は，黒曜石もしくはテクタイトといわれている。

類似・模造石

黒色アゲートであるブラック・オニキス（black onyx）。

黒色人造ガラス。これは濃紫色なので，強い光を端に当てると紫色であることがわかる。

■**テクタイト**（tektite）

隕石衝突によってつくられる天然ガラスである。成分は地球の鉱物と同じで，形状は円板状のもの，水滴形状のもの，紡錘状のものが多いが，そのほかさまざまである。大きさは数 cm のものもある。

起源については，高速で衝突した隕石のエネルギーで蒸発気化し吹き上げられた地球物質（地表の石や砂など）が，上空で急冷して固まったものだと考えられている。テクタイトがみられるのは，その起源から衝突クレーターの位置（不明のものもある）に関連し，また広く分布する。

黒色不透明，時に褐色不透明。

産地により，産地名を付けてよばれるこ

とが多い.

米国：テキサス州＝ベティアサイト，ジョージア州＝ジョージアナイト.

東南アジア：インドネシア＝ジャワナイト（javanite），フィリピン＝フィリピナイト（Philippinite），タイ，ベトナム＝インドチャナイト（indochinaite）.

その他：コートジボアール＝アイボライト（ivorite）.

など.

使 用

あまり，カットされることはない．むしろ形態をそのままにしてペンダント・トップなどに用いられる.

■ **モルダバイト（Moldavite）**

チェコ周辺で見つかる緑色の隕石起源の天然ガラス．中欧の大河モルダウ川にちなんで名づけられた．モルダバイトはテクタイトの一種と考えられており，緑色～褐色，透明～半透明でしいため宝石に加工される．約1500万年前に発生した直径1.5 kmの小惑星の衝突で形成され，クレーターから半径450 kmの範囲に放出されたと考えられている．衝突時に2400℃を超える高温で蒸発気化した岩石や砂は上空に舞い上げられ，大気を落下してくる際に特徴的な形状になったとされている．他のテクタイトにはみられない緑色透明を示す.

使 用

透明なものは，通常の緑色透明宝石と同様に，ファセット・カットされる．形態が面白いものは，そのまま用いられる.

■ **リビアン・ガラス（Libyan desert glass）**

砂漠の砂が隕石の衝突によってガラス化したもの．詳細は Vincenzo de Michele[1] 黄色，透明～半透明，不透明

使 用

著名なものとしては，エジプト，カイロのエジプト博物館所蔵の「ツタンカーメンの首飾り」中に使用されている．透明なものはファセット・カット．半透明，不透明はカボション・カット． 〔宮田雄史〕

●文献

1) Vincenzo de Michele ed. (1996) Proceedings of the Silica '96 Meeting on Libyan Desert Glass and related desert events, Bologna, 1997.

174 長石類
Feldspars

　長石類は最も普通に産出する鉱物であり，宝石が希少であるということが条件の一つとすれば該当しないが，その外観が綺麗なものは宝石として流通する．ここでは，次の4種類の宝石を紹介する．

　ムーンストーン（月長石）は，シラー（schiller）効果とよばれる青白い光の反射が一筋みられる宝石である．これは，正長石と曹長石が交互に層状で，しかも一方向にそろっているものをカボション・カットすることによって現れる（**図1左**）．

　サンストーン（日長石）（**図1右**）は，アベンチュリン長石ともよばれ，オレンジ色～赤色でキラキラと輝くオリゴクレース（灰曹長石）であり，その特徴的な外観は針鉄鉱や赤鉄鉱などが含まれているためとされていた．しかし，近年の報告では，ラブラドライト（曹灰長石）に微小結晶として自然銅と赤銅鉱が含まれることでオレンジ色～赤色にみえるとされている．

　アマゾナイト（天河石）は，青緑色～緑色のマイクロクライン（微斜長石）である．緑色のものはアマゾン・ジェードとよばれ，翡翠の模造石となる（**図2**）．劈開があるので彫刻には不向きとされる．

　灰黒色のラブラドライト（曹灰長石）で，みる方向によって青色やオレンジ色が現れるものがある．これは層状に成長したため，その層の境界で光が干渉することによって，特徴的な色調がみられる．

　以上のようなもの以外に，近年では他の種類の長石類が数種類出回っている．しかし，これら長石類は，広範囲な固溶体をもち，相変態もあるため，より詳しい分析が必要である．

産　地
ムーンストーン：スリランカ，インド，マダガスカル，ミャンマー，タンザニア，アメリカ．サーンストーン：インド，ノルウェー，カナダ，アメリカ．アマゾナイト：アメリカ，ブラジル，マダガスカル，インド，ロシア，南アフリカ．ラブラドライト：カナダ，マダガスカル，フィンランド，アメリカ，オーストラリア，メキシコ．

類似石
ガラス，プラスチック．

名前の由来
ムーンストーン：その外観から，サーンストン：その外観から，アマゾナイト：ア

図1　ムーンストーン

図2　アマゾナイト

マゾン河に由来．ただし，アマゾン河では産出しない．ラブラドラート：カナダのラブラドル半島という地名から．

合成石

なし．

処理の有無

なし．

頻　度

鉱物として普通にみられるが，宝石として流通しているのはそれほど多くはない．

〔林　政彦〕

● 文献
1) 秋月瑞彦（1976）宝石学会誌, **3**, 1-2, 3-13, 51-56.
2) R. Webster and B. W. Anderson（1990）Gems, 4th ed., pp. 187-198.
3) 西田憲正, 木股三善（2002）岩石鉱物科学, **31**, 268-274.

175 青色宝石（鉱物/岩石）
Blue gems

青色透明宝石は，サファイアやタンザナイト以外にカイアナイト，アイオライトなどが知られている．一方，青色不透明宝石としては，顔料にも使われているラピス・ラズリのほか，クリソコーラ，アズライトなども市場に流通している．

これら青色宝石の着色には，遷移金属である鉄（Fe）とチタン（Ti）やコバルト（Co）という元素がかかわっている．微量元素としてサファイア（corundum Al_2O_3）中の鉄（Fe）とチタン（Ti），スピネルにはコバルト（Co）が数％含まれている．また，カラーセンターとよばれる，遷移金属とは関係しないで着色する宝石もある．ラピス・ラズリは含まれている硫黄（S）によって生じたカラーセンターが着色原因とされる．

■カイアナイト（藍晶石）

青色透明な宝石である．シリマナイト（珪線石）・アンダリューサイト（紅柱石）と同じ化学組成をもつ多形である．

産 地
ブラジル，ケニア，アメリカ，インド，ミャンマー，スイス，イタリア．

類似石
タンザナイトなどに似る．

合成石
なし．

名前の由来
ギリシャ語の青色を意味するkyanosから名づけられた．

処理の有無
特になし．

頻 度
まれにみられる．

備 考
方向により硬度の差が大きい．変色効果がみられるものがある．

■アイオライト（コーディアライト，菫青石）

青色透明な宝石である．ウォーター・サファイアとよばれ，サファイアに似る．

産 地
スリランカ，ミャンマー，マダガスカル，タンザニア，インド，ナミビア，アメリカ，カナダ，イギリス，ブラジル．

類似石
サファイア．

名前の由来
フランスの鉱山技師・地質学者P. L. A. Cordier（1777〜1861）から命名．

合成石
なし．

処理の有無
特になし．

頻 度
時折みられる．

備 考
化学組成変化が大きく，ベリリウムを含むものは，ベリルを端成分とした固溶体をつくることが知られている．

■ラピス・ラズリ（青金石）

青色不透明の宝石で，ふるくから装飾品や顔料にも使われる．正倉院の宝物にはベルトの装飾として使われている．

産 地
アフガニスタン，イラン，ロシア，チリ．

類似石
ラテン語の石（lapis）とアラビア語の空青色（lazward）から命名．

合成石
Gilsonがラズライト（lazurite）を合成し，その中に黄鉄鉱を混入させたものがある．その黄鉄鉱が破片状にみられる．

処理の有無
青色の染料を含浸させたものがある
頻　度
トルコ石と同じ誕生石．青色不透明石としては人気が高い．
備　考
青色はラズライト（lazurite）で，金色は黄鉄鉱，白色は方解石などの集合体である．顔料として使われている．

■クリソコーラ（珪孔雀石）
淡青色透明の宝石で，石英と共存してみられるものが流通している．
産　地
コンゴ（旧ザイール），ペルー，アメリカ，メキシコ，ロシア，インドネシア．
類似石
アロフェン（allophane）
名前の由来
金を接合させるために使うもの，という意味でギリシャ語の金（chrysos）と接着剤（kolla）から．
合成石
なし．
処理の有無
亀裂に樹脂を含浸させる．

頻　度
時折みられる．
備　考
石英と密接に産出する．

■アズライト
青色不透明な宝石で，マラカイト（malachite）とともに産出した，"アズマラカイト（azumalachite）"とよばれるものがある．
産　地
フランス，モロッコ，ナミビア，ロシア，アメリカ，メキシコ．
類似石
ラズライトなど．
名前の由来
ペルシャ語の青色を意味する lazhward から．
合成石
なし．
処理の有無
樹脂を含浸させる．
頻　度
時折みられる．
備　考
マラカイト（malachite）とともに産出することが多い．塩酸で発現して溶解する．

■**青色宝石の性質**

宝石名・鉱物名・物質名	結晶系	屈折率 ω(γ)	屈折率 ε(α)	複屈折	比重	硬度	多色性	特　徴
合成ルチル	正方	2.616	2.903	0.287	4.26	6〜6.5	弱	二重にみえる
天然ダイヤモンド	等軸		2.417		3.52	10	無	導電性
合成ダイヤモンド	等軸		2.417		3.52	10	無	CL像，分光特性
リチウムニオベート	六方	2.300	2.210	0.090	4.64	5.5〜6	強	分光特性
天然ジルコン	正方	1.925	1.984	0.059	4.70	7.5	弱	分光特性
YAG	等軸		1.832		4.57〜4.60	8〜8.5	無	カラーフィルターで赤色
天然アズライト	単斜	1.838	1.730	0.108	3.77〜3.89	3.5〜4	強	インクルージョン
天然コランダム	三方	1.770	1.762	0.008	4.00	9	強	インクルージョン
合成コランダム	三方	1.770	1.762	0.008	4.00	9	強	気泡，カーブライン
天然カイアナイト	三斜	1.731	1.715	0.016	3.61	4〜7	強	インクルージョン
合成スピネル	等軸		1.730		3.65	8	無	光学的な歪
天然スピネル	等軸		1.718		3.60	8	無	インクルージョン
天然ゾイサイト	直方	1.702	1.693	0.009	3.36	6.5〜7	強	強い三色性
天然トルマリン	三方	1.644	1.624	0.020	3.00〜3.12	7〜7.5	強	強い二色性

宝石名・鉱物名・物質名	結晶系	屈折率			比重	硬度	多色性	特徴
		$\omega(\gamma)$	$\varepsilon(\alpha)$	複屈折				
天然トパーズ	直方	1.620	1.610	0.010	3.53	8	明瞭	二軸性
天然アクアマリン	六方	1.583	1.577	0.006	2.71	7.5〜8	明瞭	処理石に注意
天然クォーツ（処理）	三方	1.544	1.553	0.009	2.65	7	弱	一軸性
合成クォーツ	三方	1.544	1.553	0.009	2.65	7	弱	光学的な歪
天然アイオライト	直方	1.551	1.542	0.009	2.63	7〜7.5	強	強い三色性
天然ラズライト	等軸	1.500〜1.514			2.40	5.5	無	インクルージョン
プラスチック	非晶質	1.49〜1.67			2.00	3	無	温感
ガラス	非晶質	1.44〜1.77			2.3〜4.5	5	無	気泡，脈理
天然オパール	非晶質	1.40〜1.46			1.98〜2.20	5〜6.5	無	遊色
合成オパール	非晶質	1.44〜1.45			2.03〜2.06	4.5〜6	無	亀甲模様

〔林　政彦〕

176 緑色宝石（鉱物/岩石）
Green gems

緑色宝石はエメラルドの他にさまざまな鉱物がある．

その着色原因には，遷移金属であるクロム（Cr），鉄（Fe），バナジウム（V），ニッケル（Ni），銅（Cu）という元素がかかわっている．エメラルドにはクロム（Cr），アンドラダイトには鉄（Fe），クリソベリルにはバナジウム（V），クリソプレーズにはニッケル（Ni）がそれぞれ数％含まれている．マラカイトには主成分として銅（Cu）が含まれている．

■ **ペリドット**（peridote）

苦土かんらん石（forsterite：Mg_2SiO_4）と鉄かんらん石（fayalite：Fe_2SiO_4）のほぼ中間成分のものがペリドットである．

産　地
エジプト，ミャンマー，アメリカ，中国，パキスタン，ノルウェー，オーストラリア，ブラジル，ケニア，ロシア．

類似石
ガラスなど．

名前の由来
アラビア語で宝石を意味する faridat からと思われる．

合成石
なし．

処理の有無
なし．

頻　度
8月の誕生石．

備　考
かんらん石（olivine）という名もある．

■ **孔雀石**（マラカイト）
緑色不透明で顔料にも使われる（図1）．

産　地
ロシア，オーストラリア，アメリカ，ザイール，ナミビア．

類似石
石英やガラスなど．

名前の由来
ギリシャ語のゼニアオイ科の植物を意味する malache から．その植物の葉に似ていることから．

合成石
あり．ロシアでつくられた水熱合成石がある（図2）．

処理の有無
なし．

図1　マラカイト

図2　合成マラカイト

頻 度
ネックレスなどに利用.
備 考
青色の藍銅鉱（azurite）とともに産出することが多く，これをアズール・マラカイト（azurmalachite）とよぶ［▶175］．これを研磨すると青色と緑色の縞模様をもつ宝石となる．塩酸で発現して溶解する．

■**ユナカイト**（unakaite）
緑色の緑簾石（epidote）とピンク色の長石類で特徴づけられるが，他に無色の石英のを含んだ鉱物の集合体でユナカイト（unakite）とよばれる（図3）．

図3 複数の鉱物の集合であるユナカイト

産 地
アメリカ，ジンバブエ，アイルランド．
名前の由来
産地であるアメリカ・ユナカ（unaka）山より．
合成石
なし．

処理の有無
なし．
頻 度
装身具としてみられる．
備 考
複数の鉱物の集合体である岩石で，花崗岩として分類される．

■**緑色宝石の性質**

宝石名・鉱物名・物質名	結晶系	屈折率			比重	硬度	多色性	特徴
		$\omega(\gamma)$	$\varepsilon(\alpha)$	複屈折				
天然ダイヤモンド	等軸		2.417		3.52	10	なし	人工着色に注意
合成ダイヤモンド	等軸		2.417		3.52	10	なし	分光特性
天然アンドラダイト	等軸		1.85～1.89		3.81～3.87	6.5～7	なし	分光特性
天然ジルコン	正方	1.920～1.810	1.962～1.815	0.005～0.042	4.00～4.40	7.5	弱	分光特性
天然マラカイト	単斜	1.909	1.655	0.254	3.9～4.1	3.5～4.5	強	縞模様
YAG	等軸		1.832		4.57～4.60	8～8.5	なし	分光特性
天然エピドート	単斜	1.797～1.734	1.715～1.751	0.012～0.049	3.21～3.49	6.5	強	二軸性
天然コランダム	三方	1.770	1.762	0.008	4.00	9	強	インクルージョン
合成コランダム	三方	1.770	1.762	0.008	4.00	9	強	気泡,カーブライン
天然クリソベリル	直方	1.758～1.741	1.732～1.747	0.008～0.011	3.68～3.75	8.5	強	二軸性
天然グロッシュラー	等軸		1.72～1.75		3.59～3.65	7～7.5	なし	カラーフィルターでピンク色
合成スピネル	等軸		1.730		3.65	8	なし	蛍光
天然スピネル	等軸		1.718		3.60	8	なし	インクルージョン
天然ダイオプサイド	単斜	1.70～1.69	1.67～1.66	0.03	3.2～3.5	5.5～6.5	弱	分光特性
天然ペリドット	直方	1.689	1.654	0.035	3.34	6.5～7	弱	二重にみえる
天然エンスタタイト	直方	1.665	1.654	0.011	3.26～3.28	5.5	弱	分光特性
天然アンダリューサイト	直方	1650～1.638	1.640～1.629	0.009～0.011	3.15～3.17	7～7.5	強	強い三色性
天然トルマリン	三方	1.644	1.642	0.020	3.00～3.12	7～7.5	強	強い二色性
天然トパーズ	直方	1.620	1.610	0.010	3.53～3.56	8	明瞭	二軸性
天然ベリル	六方	1.602～1.568	1.594～1.563	0.004～0.008	2.68～2.90	7.5～8	明瞭	インクルージョン

宝石名・鉱物名・物質名	結晶系	屈折率			比重	硬度	多色性	特徴
		$\omega(\gamma)$	$\varepsilon(\alpha)$	複屈折				
天然エメラルド	六方	1.602～1.568	1.594～1.563	0.004～0.008	2.69～2.76	7.5～8	明瞭	インクルージョン
合成エメラルド（フラックス型）	六方	1.574～1.563	1.568～1.559	0.002～0.005	2.65	7.5～8	明瞭	インクルージョン
合成エメラルド（水熱型）	六方	1.586～1.574	1.579～1.569	0.005～0.007	2.68	7.5～8	明瞭	インクルージョン
合成クォーツ	三方	1.544	1.553	0.009	2.65	7	弱	一軸性
ガラス	非晶質	1.44～1.77			2.3～4.5	5	なし	気泡, 脈理

〔林　政彦〕

177 赤色宝石（鉱物）
Red gems

赤色透明宝石は，ルビー，スピネル，トルマリン以外にロードナイト，ロードクロサイト，アンダリューサイトなどが知られている．

赤色宝石の着色には，遷移金属であるクロム (Cr)，マンガン (Mn) および鉄 (Fe) という元素がかかわっている．

クロム (Cr) は微量元素としてルビー (corundum Al_2O_3) 中にが数％含まれることにより赤色にみえる．

マンガン (Mn) を主成分として含むロードナイト (rhodonite $(Mn, Ca)_5Si_5O_{15}$) やロードクロサイト (rhodochrosite $MnCO_3$) はピンク色〜赤色になる．

鉄 (Fe) の鉱物である褐鉄鉱 (limonite) が翡翠に含まれると赤褐色にみえる．

■ロードクロサイト（菱マンガン鉱）

透明ピンク色〜赤色あるいは半透明で塊状のものは層状でみられることがある．彫刻される（図1）．

産　地
アルゼンチン，アメリカ，メキシコ，南アフリカ，日本．

図1　鳥の彫刻に使われたロードクロサイト

類似石
ロードナイト．
名前の由来
ギリシャ語のバラ（rhode）と色（chrom）から．
合成石
なし．
処理の有無
特になし．
頻　度
彫刻にも使われる．
備　考
ロードナイト（rhodonite）に似るが硬度が低い．インカのバラ（Inca-rose：インカローズ）とよばれ，彫刻品としても使われている．

■ロードナイト（ばら輝石）

透明ピンク色〜赤色で透明なものがある．ロードクロサイトより硬い．

産　地
オーストラリア，ロシア，アメリカ，スウェーデン，イギリス，日本．
類似石
ロードクロサイト．
名前の由来
ギリシャ語のバラ色（rhodos）から．
合成石
なし．
処理の有無
特になし．
頻　度
ネックレスなどにも使われる．
備　考
透明なものはロードクロサイトに酷似する．

■アンダリューサイト（紅柱石）

多色性が顕著で，ピンク色・明るい赤色・黄色の三色がみえる．

産　地
ブラジル，メキシコ，スリランカ，ミャンマー，アメリカ．

類似石
なし.

名前の由来
スペインの産地のアンダルシア（andalusia）から.

合成石
なし.

処理の有無
特になし.

頻度
指輪などに使われる.

備考
青色のカイアナイトとシリマナイト・キャッツアイとは多形.

■赤色～ピンク色透明宝石の性質

宝石名・鉱物名・物質名	結晶系	屈折率 $\omega(\gamma)$	屈折率 $\varepsilon(\alpha)$	複屈折	比重	硬度	多色性	特徴
合成ルチル	正方	2.616	2.903	0.287	4.26	6～6.5	弱	二重に見える
天然ダイヤモンド	等軸		2.417		3.52	10	なし	鋭いエッジ
合成ダイヤモンド	等軸		2.417		3.52	10	なし	CL像, 分光特性
リチウムニオベート	六方	2.300	2.210	0.090	4.64	5.5～6	強	二重に見える
天然ジルコン	正方	1.925	1.984	0.059	4.70	7.5	弱	分光特性
YAG	等軸		1.832		4.57～4.60	8～8.5	なし	比重
天然ロードクロサイト	三方	1.816	1.597	0.219	3.70	3.5～4	弱	インクルージョン
天然アルマンディン	等軸		1.75～1.81		3.95～4.20	7.5	なし	分光特性
天然スペッサルティン	等軸		1.78～1.82		4.12～4.20	7～7.5	なし	分光特性
天然コランダム	三方	1.770	1.762	0.008	4.00	9	強	インクルージョン
合成コランダム	三方	1.770	1.762	0.008	4.00	9	強	気泡, カーブライン
天然クリソベリル	直方	1.741～1.758	1.747～1.732	0.008～0.011	3.68～3.75	8.5	強	二軸性
合成クリソベリル	直方	1.756	1.747	0.009	3.70	8.5	強	インクルージョン
天然ロードナイト	三斜	1.747	1.733	0.014	3.60	6	弱	インクルージョン
天然パイロープ	等軸		1.74～1.75		3.65～3.70	7～7.5	なし	分光特性
合成スピネル	等軸		1.730		3.65	8	なし	分光的な歪
天然スピネル	等軸		1.718		3.60	8	なし	インクルージョン
天然クンツァイト	単斜	1.675	1.660	0.015	3.17～3.19	7	強	蛍光
天然アンダリューサイト	直方	1.638～1.650	1.629～1.640	0.009～0.011	3.15～3.17	7～7.5	強	強い三色性
天然トルマリン	三方	1.644	1.642	0.020	3.00～3.12	7～7.5	強	強い二色性
天然トパーズ	直方	1.620	1.610	0.010	3.53～3.56	8	明瞭	二軸性
天然ベリル	六方	1.568～1.602	1.563～1.594	0.004～0.008	2.68～2.90	7.5～8	明瞭	一軸性
天然クォーツ	三方	1.544	1.553	0.009	2.65	7	弱	一軸性
天然コハク	非晶質		1.540		1.08	2～2.5	なし	圧縮したものあり
ガラス	非晶質		1.44～1.77		2.3～4.5	5	なし	気泡, 脈理
天然オパール	非晶質		1.39～1.45		2.15	5～6.5	なし	遊色
合成オパール	非晶質		1.44～1.45		2.03～2.06	4.5～6	なし	亀甲模様

〔林　政彦〕

178 その他の宝石 キャッツアイなど
Cat's eye, Other gems

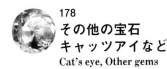

綺麗な色調の他にキャッツアイのように光の効果により宝石として流通しているものがある。これらは、一方向に針状・管状の内包物（inclusion：インクルージョン）をもつものや繊維状の成長をしているものを、カボション・カットすることで、その内包物や成長の方向に直交して光の反射がみられる現象を利用した宝石で、次のようなものがある。

オパール、オプシディアン、**ジプサム**、アイオライト（コーディアライト）、クォーツ、タイガーアイクォーツ、ホークスアイクォーツ、スキャポライト、アクアマリン、エメラルド、ネフライト、ペクトライト、プレーナイト、アクチノライト、トルマリン、**アパタイト**、**シリマナイト**、マラカイト、エンスタタイト、コーネルピン、ダイオプサイド、クリソベリル、アレキサンドライト、ルビー、サファイア、ジルコンなど。

これらの中から3種類紹介する。

■**ジムサム**（石膏）

繊維状のジプサム（gypsum：石膏）は、カボション・カットされ、キャッツアイを示す。サティン・スパー（satin spar）ともよばれる。また、ジムサム（石膏）で、透明なものをセレナイト（selenite）、微細な集合体をアラバスター（alabaster）とよぶ。

産地
エジプト、イギリス、イタリア。

名前の由来
ジプサムは古代のギリシャ語 gypsos、セレナイトはギリシャ語 selene（月という意味）、アラバスターはエジプトの産地名の Alabastro から。

備考
硬度が低いため、さまざまな形に加工される。

■**アパタイト**（燐灰石）

青色透明のブラジル産は大変魅力的な色調である。黄色のものはメキシコ産などがある。キャッツアイを示すものもある。

産地
（青色）：ブラジル、ミャンマー、インド。（黄色）：メキシコ、カナダ、ブラジル。（キャッツアイ）：ブラジル、ミャンマー。

名前の由来
ギリシャ語の apate（惑わす）という意味で、野外で他の鉱物と間違えられやすいため、この名がある。

備考
アパタイトは、グループ名である。

■**シリマナイト**（珪線石）

繊維状（fibrous）の形態からファイブロアイト（fibrolite）ともよばれる。キャッツアイを示すものがある（図1）。

産地
ミャンマー、スリランカ、インド、ケニア、

図1 シリマナイト・キャッツアイ

アメリカ，カナダ，ブラジル，南アフリカ．
名前の由来
化学者で地質学者でもあった Benjamin Silliman (1779-1864) にちなむ．
備　考
多形にカイアナイトとアンダリューサイトがある．これらとは外観がかなり異なる．
〔林　政彦〕

●文献
1) R. Webster and B.W. Anderson (1990) Gems, 4th ed., pp. 297-298, 301-303, 322-323.

179
真　珠
Pearl

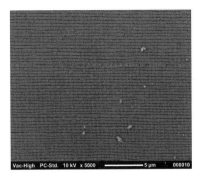

図2　真珠層断面の電子顕微鏡画像（倍率5000倍）

真珠は，貝から偶然見つかる身近でまれな宝石であった．1907年日本で真円真珠の養殖が成功し，その後真珠生産は日本の養殖アコヤ真珠が中心となったが，現在は海水産二枚貝のアコヤガイ Pinctada fucata（図1）のほか，シロチョウガイ Pinctada maxima，クロチョウガイ Pinctada margaritifera，マベ Pteria penguin，淡水産二枚貝のヒレイケチョウガイ Hyriopsis cumingii などを母貝として世界中でさまざまな真珠が養殖されている．

■真珠の構造（主にアコヤ真珠）

ほとんどの養殖真珠は，核と真珠層（nacre）からなっている．核と真珠層の境界部に稜柱層*（prismatic layer）や有機物などが存在する場合もある．また，多くの淡水真珠は核がなく基本的に真珠層のみからなっている．

真珠層は，主に炭酸カルシウム（$CaCO_3$）のアラゴナイト結晶と有機質から構成されており，断面を拡大すると0.2〜0.5 μm程度の厚さの炭酸カルシウムの層とさらに薄い有機質の層が交互に積み重なっている．（図2）これが真珠層構造（nacreous structure）で，この構造が真珠特有の輝きや色を作り出している．

※稜柱層：　真珠を作る貝の貝殻の外側や内側の縁（図1参照）のこと．主に炭酸カルシウムのカルサイト結晶と有機物から成り．柱状構造である．

■真珠の色

真珠には，その発現の仕方で3種の色が存在する．1つは，真珠層を構成する有機質がもっている色である．母貝特有の色素が分泌され，実体色とよばれている．アコヤ真珠の黄色，クロチョウ真珠の赤褐色や緑褐色などが，この実体色である．

次に，核と真珠層の境界部に稜柱層や有機物が存在し，この褐色から黒褐色の異質な層が半透明の真珠層を通してみえる下地色がある．アコヤ真珠のブルー系がこの下地色の典型である．

3つ目には，真珠層構造が作り出す干渉色である．炭酸カルシウムと有機質のきわめて薄い層が積み重なり，光の干渉現象を起こす．この現象の最大の特徴は，輝きを

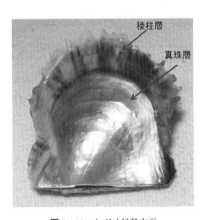

図1　アコヤガイ貝殻内面

図3 さまざまな色の真珠

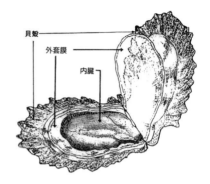

図4 貝の体内概略模式図

伴った色であり，輝きの強さと色の濃さにはある程度の相関があることである．発現する色は一枚一枚の結晶層の厚さが，輝きの強さは層の積み重なりの整然さが影響している．薄膜多層構造である真珠層では，反射による干渉色と透過による干渉色が発現し，それらの色は互いに補色となっている．いわゆる「テリがよい」といわれるアコヤ真珠にみられるピンクやグリーンの色は透過の干渉による色である．また，クロチョウ真珠に現れる干渉色は反射が主となる．

ひとつの真珠にこれらの色が共存しており，色素の濃淡や結晶層の厚さなどの他，真珠の形が，色の見え方を一層複雑にしている（図3）．

真珠の養殖

■真珠の成因

貝殻の内側には，内臓とそれを覆うように外套膜という薄い膜が存在する（図4）．この外套膜が貝殻をつくる器官である．外套膜の貝殻側の外面上皮細胞が貝殻との間に粘液を分泌し，その中で有機質の仕切りと炭酸カルシウムの結晶ができ貝殻の上に蓄積し貝殻は成長する．

真珠養殖では，外套膜切片（ピースとよばれる）と貝殻を削ってつくった核が貝体内に挿入される．外套膜切片の外面上皮細胞のみが核に沿って成長し核を包み込み真珠袋とよばれる袋状の組織をつくる．真珠袋が核の上に貝殻物質を蓄積し，真珠が形成される．（図5）偶然に外套膜片が貝体内に入り真珠袋が形成され，その中にできたものが天然真珠である．

■養殖の手順（主にアコヤガイ）

母貝の確保と育成

かつては自然に生息しているアコヤガイを採取する天然採取であったが，現在は天然採苗と人工採苗の2つの方法で母貝を確保している．天然採苗は，海で天然に育った稚貝を採取する方法である．人工採苗は，水槽内で精子と卵を受精させ育てる方法である．その後の育成は海で行われている．

仕立て

主にアコヤ真珠養殖に行われる工程で，貝の活力を抑制し挿核手術の刺激に対する過剰な反応を抑えるなどの目的で行われている．水が流通しにくい特殊なかごに長期間入れるなどの方法がある．

挿核手術

内臓の表面から生殖巣までメスで導入路をつくり，核とピースを生殖巣に挿入する．

養生および海事作業

体力回復のため，挿核手術後の貝は特殊なかごに入れて陸地付近の筏につって養生する．約1カ月後養生期間が終わると沖合

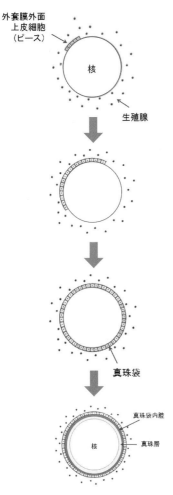

図5　真珠袋の形成過程

の漁場に移動する．これを沖出という．

養殖期間は約半年から2年ほどで，この間に貝掃除や漁場移動などを行う．挿核手術を中心とした作業以外のこれらの貝の管理を海事作業とよんでいる．

浜揚げ

真珠を採取することを浜揚げという．

海産真珠
シロチョウ真珠，クロチョウ真珠など（コンク，メロを含む）

■シロチョウ真珠

　殻長が25 cm以上に成長するシロチョウガイ（貝殻の真珠層外縁部が黄色の貝：gold lipと白色の貝：silver lipがある）から産出される（図6）．1926年にインドネシアで養殖が成功し，現在の主な生産地はオーストラリア，インドネシア，フィリピン，ミャンマーなどである．色は白，銀，黄，金色があるが，まれに紫色のものもみられる．形状はさまざまで，通常の大きさは直径9〜18 mmである．生産量は，1990年は2 t以上，2000年は5.5 t以上，2010年は15.5 t以上（財務省貿易統計より）と生産量は増加している．近年では漂白などの加工がされたり，希少な金色に似せて着色されたものもある．一部では貝殻に半球型の核を張り付けて生産する半形真珠も生産されている．

■クロチョウ真珠

　貝殻の真珠層外縁部が黒色のクロチョウガイから産出される（図7）．1963年に沖縄で養殖に成功し，現在ではその95%以上がフランス領ポリネシアで生産されている．またクック諸島，フィジーなどの南太平洋諸国や沖縄で少量生産されている．色は赤，緑，黄色の混合色であり，緑，黒，黄，

図6　シロチョウ真珠（左：シルバー系シロチョウ真珠，右：ゴールド系シロチョウ真珠）

図7 クロチョウ真珠

図8 アワビ天然真珠

紫，灰色などさまざまである．形状はさまざまで，通常の大きさは直径8〜15 mmである．生産量は，1990年は0.6 t以上，2000年は8 t以上，2010年は12.5 t以上（財務省貿易統計より）であり生産量は増加している．養殖される以前から，他の真珠を黒色に着色したものがあった．現在でも，クロチョウ真珠に似せたものや，クロチョウ真珠自身を漂白したりさまざまな色に着色したものがある．一部では半形真珠も生産されている．

■巻貝真珠

アワビ類から産出されるものは，青味がかった虹色の独特の輝きを放つ真珠層真珠である（図8）．また，大型の巻貝であるカリブ海に生息するピンクガイ Strombus gigas から産出されるコンクパール（図9）の色は主にピンクであり，東南アジアに生息するハルカゼヤシガイ Melomelo から産出されるメロパールの色は主にオレンジである．コンクパール，メロパールは交差板構造（crossed-lamellar structure）をもつ非真珠層真珠であり，表面に浮かび上がる火炎模様が特徴的である．これらの真珠は養殖に成功したという報告があるが，流通品のほとんどは天然真珠である．

■マベ

輝きが特に強い貝殻をもつ，マベを用いて生産される．一部で真円真珠もあるが，非常に養殖が難しいため，半形真珠養殖が

図9 巻貝産出真珠（左：コンクパール，右：メロパール）

中心である．半形真珠が有名なため，半形真珠全般をマベとよぶようになった．

淡水真珠

■養殖技術の開発と生産量

1910年頃から日本の琵琶湖でイケチョウガイ Hyriopsis schlegelii を使用した真珠養殖の研究が行われ，1946年に外套膜に切り込みを入れ，そこにピースのみを直接挿入する"無核真珠方式"が確立された．淡水真珠の養殖でこの方式がとられた背景には，生殖巣が小さく挿核が難しいことや，厚みのある外套膜を有していることがあげられる．また，この方式は生殖巣に挿核する方式と比較して容易であることや，左右の外套膜に多数のピースを入れることが可能なため，一つの貝から数十個の真珠を生

産することができ，大量生産へとつながっていった．

養殖技術の発明後，国内における淡水真珠養殖は琵琶湖や霞ヶ浦で行われ，生産量が増加した．しかし，1971年ごろから輸入されはじめた中国産淡水真珠の量が急激に増加したため，国内での生産量は1980年のピークを境に減少しはじめ，現在ではごくわずかとなっている．

一方，中国では主に江蘇省と浙江省でヒレイケチョウガイを使用した淡水真珠の養殖が行われており，その生産量は急激な勢いで増加しつづけている．現在では1500t以上になると推定されている．

■淡水産真珠の特徴とその判別

この真珠の大きな特徴はその養殖方法から，大半が無核真珠であることである（図9）．そのため，なかにはクロスなど形状が独特なものもみられる．また，海水産の真珠にはみられないオレンジやパープルなどの色素による実体色も特徴のひとつである（図10）．この色素は，温度や紫外線により褪色しやすいこともあり，取扱いには注意が必要である．

淡水産真珠の判別は，元素の含有量を測定することが最も有効である．海水産の真珠とと比較して淡水産のものではマンガン（Mn）の含有量が多くストロンチウム（Sr）

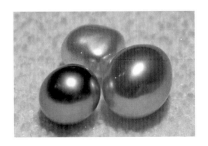

図10 特有の色調をもつ淡水真珠

図11 「フェザー」とよばれる淡水産天然真珠

が少ないという特徴がある．

■淡水産天然真珠

有史以前から北米の湖沼や川では食用として淡水産の貝を採取しており，その中から偶然に発見されたのが淡水産天然真珠の起源と考えられる．また百数十年前には，発見された天然真珠が高値で取引されたことからパール・ラッシュが起こり，人々によって乱獲された歴史がある．現在ではミシシッピー川流域で真珠養殖用の核やボタンをつくるためにカワシンジュガイ科に属する淡水産二枚貝が採取されており，そこから偶然に天然真珠が発見されることがある．貝の蝶番付近にできる天然真珠はその形状が羽のように見えることから「ウィング」や「フェザー」とよばれ（図11），希少価値が高いため高値で取引されている．

〔荻村　亮・山本　亮・矢崎純子〕

図9　淡水真珠（無核）の断面

180 さんご
Coral

■さんごの定義

さんご(coral)とは刺胞動物門に属する生物のうち骨格をもつ種とそれらの骨格の総称である.その中で骨格が宝石として利用されるものを宝石さんご(precious coral)と称し,花虫綱八放サンゴ亜綱ウミトサカ目サンゴ科に属する種を指す.六放サンゴ亜綱に属する黒さんご(black coral)を含める場合もある.造礁さんご(reef coral)は熱帯,亜熱帯の浅海域で珊瑚礁を形成する種を称し,その多くは六放サンゴ亜綱に属しており,宝石さんごとは分類も生態も異なる.

さんごという日本語は,中国語の珊瑚(shān hú)に由来し,佩玉(おびたま)にして腰に下げると快い音がする玉の意味である.

■宝石さんごの種類と生物学的特徴

サンゴ科3属42種のうち[1],宝石として利用されるのは7種である.その他に未記載種が流通している(表1,ウェブ資料写真1～9).現在の主な漁獲海域は,地中海,日本(小笠原,和歌山,高知,五島,鹿児島,沖縄)および台湾近海である.

宝石さんごの形状は一般に扇型をした樹

表1 宝石さんごの種類と特徴(岩崎・鈴木[5],岩崎[6]を改変)

種名	和名(括弧内は市場での名称)	分布海域	分布深度(m)	群体の形状・大きさ	骨軸の色	化学組成[3]		現在の漁獲方法
						Mg/Ca比 ×10⁻² mol/mol	Ba/Ca比 ×10⁻⁶ mol/mol	
Corallium rubrum	ベニサンゴ	地中海,ポルトガル～セネガル大西洋沿岸	10～1000 主に 30～120	樹状,扇状,高さ25 cm 最大50 cm	一様に赤い	12.4±0.8	6.7±1.48	スキューバ潜水
Corallium japonicum	アカサンゴ	相模湾,三重,和歌山,高知,五島,小笠原,鹿児島～台湾,フィリピン	75～300	扇状,高さ30 cm	白に近い桃色から暗赤色,斑がある	12.5±0.7	4.2±0.66	珊瑚網,ROV[*1]
Pleurocorallium elatius	モモイロサンゴ	三重,和歌山,高知,五島,小笠原,鹿児島～北部南シナ海,ベトナム	100～320	扇状,高さ90 cm 最大110 cm	白に近い桃色から暗赤色,斑がある	11.9±1.2	4.6±0.87	珊瑚網,ROV[*1]
Pleurocorallium konojoi	シロサンゴ	三重,和歌山,高知,五島,小笠原,鹿児島～北部南シナ海,ベトナム	76～300	扇状,高さ30 cm	白色	11.3±1.1	4.9±0.97	珊瑚網,ROV[*1]
Hemicorallium sulcatum	シゾサンゴ(ミス)	千葉,台湾	400～450	扇状,高さ24 cm	ピンク色			珊瑚網[*3]
Coralliidae sp.[*2]	(深海サンゴ,ミッド)	ミッドウェー,天皇海山	900～1500	扇状	桃色で,白色と交じり合う	8.8±0.3	11.6±0.32	現在漁獲なし
Hemicorallium regale		ハワイ,ミッドウェー	350～600	扇状	暗いピンク色から赤色			現在漁獲なし
Pleurocorallium secundum	(深海サンゴ)	ハワイ,ミッドウェー	350～475	扇状,高さ75 cm	薄いピンク色			現在漁獲なし

*1 遠隔操作無人探査機
*2 サンゴ科の未記載種
*3 台湾近海で漁獲

状であり，海底の岩などに固着する．それらは内骨格である骨軸（axis）によって支えられている．骨軸の周囲を取り巻く共肉には，ポリプ（polyp）が分布する．ポリプは形態的にまとまった一つの個体であり，その形状は袋状をなし，口の周囲には8本の触手がある（ウェブ資料写真1）．樹状のさんごは，相互に胃水管により連結された複数のポリプが集合したものであり，群体（colony）という．また，共肉には骨片（sclerite）が多数分布している．

群体は雌雄異体であり，有性生殖を行う．受精卵は孵化後，プラヌラ幼生となる．プラヌラ幼生は岩などに付着し，ポリプとなる．ポリプは無性生殖により増殖し，それに伴い骨軸が形成される．そして骨軸が分岐を繰り返し成長する．骨軸はその周囲を覆う骨軸上皮により分泌形成されるが，骨軸の先端部と中心部とは造骨細胞により分泌形成された骨片が集合し形成されたと考えられる[2]．骨軸の肥大成長速度（直径）は，1年間あたりベニサンゴで0.24〜0.35 mm，モモイロサンゴで0.30 mmである[3]．

■ 骨軸の特徴

骨軸には節がなく，表面には微小な骨片様の突起があり，横断面には年輪様の成長線がみられる．モース硬度は3.5, 比重は2.6〜2.7である．骨軸を研磨すると美しい光沢が得られる．

骨軸の主要成分は炭酸カルシウム（$CaCO_3$）の炭酸塩であり，結晶構造は方解石（カルサイト）である．炭酸カルシウムは骨軸重量の9割を占め，海水に溶存するカルシウムイオンと炭酸水素イオンにより形成される．その形成の過程で海水に含まれるマグネシウム，ストロンチウム，バリウムなどの二価陽イオンが炭酸カルシウム結晶中に取り込まれる．その中ではマグネシウムが比較的多く，有機物も骨軸重量の数％程度含まれる[4]．

骨軸の色は種により異なり，また同一種内でも異なる（表1）．市場では血赤（濃い赤色），ボケ（年輪状の模様が目立たない薄い桃色），マガイ（ボケと桃色の中間），スカッチ（桃色に白色が混ざりその境界が明瞭なもの），ガーネ（桃色と白色の境界が不明瞭なもの），ミス（桃色から白色），

表2 宝石さんごの類似品として利用される種類と特徴

流通名	種名	分類的位置	骨格の特徴
アップルコーラル（スポンジコーラル）	Melithaea ochracea（オオイソバナ）	八放サンゴ亜綱ウミサカ目イソバナ科	カルサイト，多孔質で角質の節がある，赤色
ゴールドコーラル	Callogorgia gilberti Calyptrophora sp. Narella sp. Primnoa pacifica	八放サンゴ亜綱ウミサカ目オオキンヤギ科	中心部は炭酸塩，外周部は角質，無節，鱗状の骨片で覆われる
バンブーコーラル（山さんご）	Acanella sp. Lepidisis olapa*	八放サンゴ亜綱ウミサカ目トクササンゴ科	カルサイトで白色，染色して用いる，角質の節がある
ブルーコーラル	Heliopora coerulea（アオサンゴ）	八放サンゴ亜綱アオサンゴ目アオサンゴ科	アラゴナイト，青色（ヘリオポロビリン）
ゴールドコーラル	Savalia (=Gerardia) sp.*	六放サンゴ亜綱スナギンチャク目センナリスナギンチャク科	角質，ベージュ色
ブラックコーラル（黒さんご）	Antipathes cf. curvata (dichotoma)* A. grandis*, Myriopathes ulex* Cirrhipathes anguina*	六放サンゴ亜綱ツノサンゴ目ウミカラマツ科	角質，黒色（ヨウ素を含む）

＊ ハワイ産（Grigg[6]）

シナ（飴色がかった白）など色調によりさまざまな呼称が用いられる（**ウェブ資料**写真10～12）．骨軸の赤色は，カロテノイド色素のカンタキサンチン（canthaxanthin）に由来する[4]．

■**産地および類似品との判別**

日本近海産アカサンゴおよびモモイロサンゴと地中海産ベニサンゴとは，斑の有無により判別できる．斑とは骨軸中心部の白色の部位を示し，日本産2種には斑があるが，ベニサンゴにはない．

骨軸のマグネシウム/カルシウム比とバリウム/カルシウム比は，生息海域の水温や海水中に含まれるバリウムの量に影響される．そのため，これらの値は宝石さんごの生息海域や深度により異なる．これらの値を用いることで地中海産，日本近海産，ミッドウェー産の宝石さんごを判別することが可能である[3]（表1）．

さんごの類似品として刺胞動物門に属する10種あまりの骨格が利用されており，特にトクササンゴ類はバンブーコーラルや山さんごとして広く流通している（**表2**）．それらの骨格の多くはあられ石（アラゴナイト）や角質であるため，カルサイトであるさんご骨軸と区別することができる．

〔岩崎　望〕

●**文献**

1) 野中正法（2018）海洋と生物，**40**(6), 519-527.
2) M.-C. Grillo, W. M. Goldberg and D. Allemand（1993）*Mar. Biol.*, **117**, 119-128.
3) 長谷川浩・山田正俊（2008）宝石サンゴの炭酸塩骨格の化学分析．岩崎望編（2008）：珊瑚の文化誌－宝石サンゴをめぐる科学・文化・歴史．pp.46-68，東海大学出版会，秦野．
4) 長谷川浩・岩崎望（2009）月刊地球，**31**(11), 625-632.
5) 岩崎望・鈴木知彦（2008）宝石サンゴの生物学．岩崎望編：珊瑚の文化誌－宝石サンゴをめぐる科学・文化・歴史．東海大学出版会，pp.3-27，秦野．
6) R. W. Grigg（1993）*Mar. Fish. Rev.*, **55**(2), 50-60.

181
べっこう
Tortoiseshell

べっこう(鼈甲)は,タイマイ(玳瑁)というウミガメの甲羅であり,その甲羅を貼り装飾された献物箱が正倉院に宝物として納められている.18世紀初頭には,江戸時代の鎖国政策で,中国・オランダとの交易が認められていた長崎にべっこうを加工する方法が伝えられる.日本人向けの櫛や笄(こうがい)＊などが製作されて人気が高まった.現在では櫛のほかにメガネのフレームなどに使われている.その他,工芸品や美術品の素材としても使われている.

タイマイ *Eretmochelys imbricata* は,カメ目ウミガメ科に分類される(図1).現在ではワシントン条約(CITES:絶滅のおそれのある野生動物の種の国際取引に関する条約)により,絶滅危惧種として保護されているため,輸入することができなくなっている.日本では,単なる保護だけでなく人為的に増殖させ,タイマイの数を増やすための養殖の研究を積極的に進めている.現在流通しているものは,日本がワシントン条約締結前に輸入されたものが使われている.

べっこうは,甲羅を重ね合わせて加熱することで接着させ,厚みをもたせてから加工している.そのため,製品を横からみると,接着面が確認できることがある(図2).

類似石
カゼイン(casein)と同じ特徴をもつ.人工的につくられたプラスチックとは張り合わせ面の有無で区別ができる.

名前の由来
鼈甲とは,亀の甲のこと.古くは薬用として用いられた.

処理の有無
加熱による張り合わせが行われている.

頻度
他の有機質宝石である象牙や琥珀と同様,古くから親しまれている.実用的なものから美術・工芸品まで幅広い用途がある.

備考
保存する場合は,虫食いに注意すること.虫食いを防ぐためにはナフタリンを使用する.加熱により成形できるので,変形した時に修理が可能である.また,キズつきやすいが適当な研磨材で磨くと光沢を取り戻すことができる. 〔横山照之〕

図1 タイマイの剥製

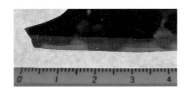

図2 べっこうを横からみると張り合わせの境目がよくわかる.

● 文献
1) R. Webster and B.W. Anderson (1990) Gems, 4th ed., pp. 598-602.

＊笄(こうがい):髪を掻き揚げるための道具.

182 象 牙
Ivory

象牙は正倉院の宝物（琵琶に付属する撥（ばち）や装飾した献物箱など）として収められていて，古くから使われていた．さらに，掛軸の軸，琴の爪および印材として輸入されていたが，現在ではワシントン条約（CITES：絶滅のおそれのある野生動物の種の国際取引に関する条約）により，絶滅危惧種として保護されているため，輸入することができなくなっている．現在流通しているものは，条約締結前に採られたものが使われている．

象牙の特徴の一つは交差した成長模様がみられることにある（図1）．このような模様は象牙椰子（図2）にはみられないが，優白色のマンモスの牙（図3）との区別は困難である．象牙とマンモスの牙は，含まれる元素の量比（Sr/Ca）に違いがあるとされる．

類似石
プラスチック，象牙椰子，他の動物の牙．ただし，マンモスの牙との区別は難しい．

名前の由来
象の牙から．

処理の有無
過酸化水素などで漂白することができる．

頻度
他の有機質宝石である鼈甲や琥珀と同様，ふるくから親しまれている宝石の一つ．

〔間中裕二〕

● 文献
1) R. Webster and B.W. Anderson (1990) Gems, 4th ed., pp. 584-598.
2) 佐藤宗衛ほか (1991) 宝石学会誌, **16**, No. 1-2, 35-43.

図1 象牙の特徴の交差した成長模様

図2 象牙椰子

図3 マンモスの牙

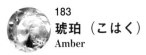

183 琥珀（こはく）
Amber

琥珀は最も有名な有機宝石のひとつであり，木の樹液が地中や海中で長い年月を経て硬くなった化石である．まれに図1のように昆虫や木の表皮が取り込まれているものがあり，それらは当時の形そのままで残っている．有機宝石のため他の宝石に比べてやわらかく，モース硬度で2.5～3しかない．また，火に近づけると簡単に燃えてしまう．琥珀は琥珀色といわれる独特の黄褐色のものが多いが，他にもさまざまな色がある．

琥珀の産地を図2に示す．バルト海沿岸は琥珀の有名な産地で，世界で流通している琥珀の多くがここで産出されている．バルト海沿岸の国は，ロシア，ドイツ，ポーランド，デンマーク，リトアニアなどである．色彩は多岐にわたるが，透明度の高い黄色から黄褐色のものが好まれるようである．ドミニカ共和国も有名な琥珀の産地であり，青い蛍光を発するものが特にブルーアンバーとよばれている．ミャンマーのカチン州，フーコン渓谷で採掘される琥珀はバーマイトとよばれており，赤いものが特に有名で，カルサイトを含むことが多い．イタリアのシチリア島で採掘される琥珀はシメタイトとよばれており，光沢がよいオレンジ色のものが一般的である．メキシコではチャパス州のシモホベル山でのみ産出し，多くのものに平行に走った割れが

図1　虫入り琥珀

図2　世界各地の琥珀とコパル産地

見受けられる．中国では遼寧省撫順市で，石炭の副産物として採掘されていた．最近ではインドネシアのスマトラ島からも採れている．日本では岩手県久慈市で産出し，日本のさまざまな遺跡から加工品が発見されている．琥珀の年代はその産地によって異なり，バルト海沿岸で産出される琥珀は3300万年から5500万年前といわれている．ドミニカ産の琥珀はそれよりも若く，500万年から2300万年といわれており，ミャンマー産の琥珀は8000万年から1億1000万年前といわれている．1億年前というと恐竜がいた白亜紀の頃になるので，ミャンマー産の琥珀に入っている昆虫は恐竜時代の昆虫ということになる．イギリスのワイト島で採掘される琥珀の年代は1億3000万年前といわれており，昆虫が入っている琥珀の中では最も古いもののひとつである．まだ十分に年月を経ていない木の樹脂はコパルとよばれており，琥珀に比べて耐久性が弱く，アルコールで簡単に溶けてしまうので宝石には適さない．年代的には数百年から数千年程度であり，琥珀とは大きな差がある．コパルの主な産地はマダガスカル，東アフリカ沿岸，ニュージーランドなどである．

模造石

ガラスやその他の模造石が多いのも琥珀の特徴である．昆虫をプラスチックに入れて固めたものがよく見受けられるが，これは，現在生きているサソリや蜘蛛が入っていることが多い．他には琥珀の粉末を熱と圧力をかけて固めたアンブロイドとよばれる圧縮琥珀や，最近ではブロック状の琥珀の小片を固めたものも出回っている．

名前の由来

琥珀という名前は中国の古い伝説からきており，虎が死んだ後魂が固まってできたものが虎魄といわれ，それが転じて琥珀になったといわれている．

処理の有無

あり．

処理方法

古くから行われている処理としては，加熱によってサンスパングルといわれる独特の模様を生み出したり，色を濃色にしたりする方法がある．また染料を用いて表面のみを赤くする処理や，最近では若い樹脂であるコパルを熱と圧力を加えることで黄緑色の琥珀に変化させる処理も行われている．

頻　度

ペンダンドやネックレスなどに広く用いられる．他の有機質宝石であるべっこうや象牙と同様，正倉院の宝物として収められていて，古くから親しまれている宝石の一つである．

備　考

無機質の他の宝石とは異なり，温かみのある宝石である． 〔藤田直也〕

●文献
1) R. Webster and B.W. Anderson (1990) Gems, 4th ed., pp. 574-581.
2) Andrew Ross (2010) Amber The Natural Time Capsule, pp. 6-25.

184 ジェット
Jet

化学組成	C を主とする.
結晶系	非晶質
産状	堆積岩（石炭層）
色調	帯褐黒色，黒色
透明度	不透明
光沢	樹脂光沢
硬度	2.5～4
劈開	貝殻状断口
形態	塊状
比重	1.30～1.35
偏光性	単屈折性
屈折率	1.66
複屈折	―
多色性	―
紫外線	長波　なし
	短波　なし
分光性	特徴なし
カラーフィルター	反応なし
インクルージョン	―
産地	イギリス（ウィットビー），スペイン，フランス，ドイツ，ロシア，中国（撫順）

　黒色宝石を代表するものとして，ジェットがあげられる．イギリスのウィットビーでは紀元前1500～1400年に採掘されていたとされる．その後，ローマ時代になるとヨーロッパへ輸出されていた．

　その後，イギリスでは，ビクトリア女王が夫のアルバート公を亡くしたとき，喪に服すためにジェットを身につけたことで大流行した．ジェットは，石炭の一種であり，そのなかでも，十分な研磨に耐えるものが選ばれ，そして，磨かれた後に特有の光沢が生まれものが宝石として扱われる．当時のイギリスの産業革命を支えた石炭の中でもウィットビー産のジェットは，大変人気があった．

　石炭は，かつて地球上に繁茂していた植物が根源であるが，それらから化成（化学的変化により他の物質に変わること）した有機質鉱物であり，その化成の過程を石炭化作用という．その石炭化作用の度合い，いわゆる石炭化度によって，泥炭・褐炭・瀝青炭・無煙炭の4種に大別されている．イギリスのウィットビー産のジェットは瀝青炭といわれている．一方，中国の撫順産ものは褐炭である．

類似石
　黒色ガラス，硬質ゴム（エボナイト），黒曜石，黒色カルセドニーおよび黒色プラスチックなどがある．熱した針で触れると，石炭が燃えるときに発生する香りがするのがジェットで，カルセドニーやガラス・黒曜石などは熱による変化はなく，ゴムの場合は独特な臭いがする．

　黒色不透明のガラスをジェット・ガラス，黒色トルマリをジェット・ストーンとそれぞれよばれる．

名前の由来
　フランス語源とされる．

合成石
　なし．

処理の有無
　なし．

頻度
　黒色宝石としては，黒色トルマリンの方がよくみられる．

備考
　日本の場合，喪服の女性が黒色宝石を身につけるときは，ジェットではなく黒色の真珠の方が圧倒的に多い．　〔林　政彦〕

● 文献
1) R. Webster and B.W. Anderson (1990) Gems, 4th ed., pp. 581-583.

185 放射性宝石
Irradiated gem

宝石には自然放射線と人工放射線を放出しているものがある．

■ **自然放射線を放出する宝石**

透明緑色のエカナイト（Ekanite：$ThCa_2Si_8O_{20}$ 正方晶系）は，主成分に放射性元素のトリウム（Th）が，そしてウラン（U）を含むものがある．そのため，この宝石は自然放射線を放出している．その放射線を放出している元素（放射線核種という）は，トリウム系列のアクチウム228（^{228}Ac），鉛212（^{212}Pb）およびタリウム208（^{208}Tl），ウラン系列のビスマス214（^{214}Bi）や鉛214（^{214}Pb）などが検出されている．いくつかのエカナイトを調べたところ，放射能は最大 2.33 kBq，放射線量は最大 1.02 μSh/h を示した．

■ **人工放射線を放出する宝石**

クリソベリル・キャッツアイで 1997 年にタイで流通していたもので，人工放射線を照射して色調を変化させたものがある．これは，インド・オリッサ産のものに中性子を照射したもの．スカンジウム 46（^{46}Sc）と鉄 59（^{59}Fe）が検出されており，最大 8.8 μSv/h の放射線量を示したことが知られている．これらの半減期は，長いものは 84 日である．現在，この宝石は輸入されていない．

青色トパーズには，人為的に中性子を照射し，その後に加熱処理して得られるものが多い［▶168 トパーズ］．照射後，間もないトパーズからは，スカンジウム 46（^{46}Sc）をはじめ鉄 59（^{59}Fe），マンガン 54（^{54}Mn），タンタル 182（^{182}Ta），セシウム 134（^{134}Cs）が検出されている．これらの半減期で長いものは 2 年程度であるため，照射した当初は 0.2 μSv/h を記録したが，約 10 年後には 0.06 μSv/h まで低下していた．

例えば，0.1 μSv/h の放射線量は，仮に 1 日 12 時間，年間 260 日（週 5 日程度）の間，指輪として身に着けた場合，1 年間で 0.3 mSv の放射線を受けたことに相当し，胃部 X 線集団検診の半分程度である．

〔林　政彦〕

186 顔料・岩絵具
Pigments

図1 流通している顔料

古くから顔料あるいは岩絵具として使用していた鉱物は今でも図1のように販売されている．かつて，7〜8世紀の奈良県高松塚の壁画や12世紀頃の「源氏物語」の絵巻などの彩色にも同様な顔料で描かれている．

これら顔料として使われている代表的な鉱物は以下のとおり．

青 色：ラズライト，藍銅鉱，トルコ石などの粉末が使われる．ただし，その大きさが数μmの微粒になると淡い色調を呈するようになる．

黄 色：雄黄（Orpiment）や黄土とよばれる褐鉄鉱（Goethite）の粉末が使われる．

緑 色：孔雀石（Malachite），ブロシャン銅鉱（Brochantite），アタカマ鉱（Atacamite），パラアタカマ鉱

表1 顔料として使われる主な鉱物あるいは無機物

色	鉱物名あるいは無機物名
黒色	石墨（Graphite）：C
赤色	辰砂（Cinnabar）：HgS 鶏冠石（Realgar）：As_4S_4 鉛丹（Minium）：Pb_3O_4 赤鉄鉱（Hematite）：Fe_2O_3
青色	藍銅鉱（Azurite）：$Cu_3[OH|CO_3]_2$ トルコ石（Turquoise）：$Cu^{2+}Al_6[(OH)_2|PO_4]_4 \cdot 4H_2O$ ラズライト（Lazurite）：$(Na, Ca)_8[(S, SO_4, Cl, OH)_2|(AlSiO_4)_6]$
緑色	孔雀石（Malachite）：$Cu_2[(OH)_2|CO_3])$ セラドン石（Celadonite）：$K(Mg, Fe^{2+})(Fe^{3+}, Al)[(OH)_2|Si_4O_{10}]$ 海緑石（Glauconite）：$K(Fe^{3+}, Mg, Fe^{2+})_2[(OH)_2|(Si, Al)_4O_{10}]$
黄色	雄黄（Orpiment）：As_2S_3 針鉄鉱（Goethite）：α-FeOOH
白色	加水白鉛鉱（Hydrocerussite）：$Pb_3(CO_3)_2(OH)_2$ 硫酸鉛鉱（Anglesite）：$Pb[SO_4]$ ラウリオン石（Laurionite）：$PbCl(OH)$ あられ石（Aragonite）：$Ca[CO_3]$ 方解石（Calcite）：$Ca[CO_3]$ 斜長石（Plagioclase）：$(Na, Ca)Al(Al, Si)Si_2O_8$ 石英（Quartz）：SiO_2 雲母鉱物（Mica minerals） 粘土鉱物（Clay minerals）
金色	金（Gold）：Au
銀色	銀（Silver）：Ag

(Paratacamite),あるいはセラドン石(Celadonite),海緑石(Glauconite)などの粉末が使われる.1μm以下の極微粒になると淡い色調を呈するようになる.

赤～赤褐色:奈良時代には赤褐色あるいは紫色に近い色調の顔料として,紫土あるいはベンガラとよばれる赤鉄鉱(Hematite)や辰砂(Cinnabar),鶏冠石(Realgar)などが使われる.また,人工的に鉛を加熱して得られる四酸化三鉛(Pb_3O_4:鉛丹とよばれる)なども使われる.

黒灰色:主として石墨(Graphite)に,少量のイライト(Illite),カオリナイト(Kaolinite)などのような粘土鉱物を含む.

ピンク色 微量に不純物をふくむドロマイト(苦灰石)などである.

白 色:あられ石(Aragonite),鉛白とよばれる加水白鉛鉱(Hydrocerussite),コトゥン石(Cotunnite),ラウリオン石(Laurionite),ブリクス石(Bixite)などが使われている.

これらをまとめると**表1**のとおり.使用する際に,砒素を含んだ辰砂や鉛などを含んだ顔料を使用する場合は,人体に対する影響を考えると注意が必要である.

〔林 政彦〕

●文献
1) 林政彦ほか (2014) 宝石学会誌, **31**, No.1-4, 7-16.

3
鉱物・宝石
各論

元素鉱物

187 自然金 (しぜんきん) Gold

化学組成はAuだが，自然界では，エレクトラムとよばれるAgとの合金の状態で産出することがほとんどで，CuやHgを含むことがある．金属光沢の強い黄金色で，条痕も同色である．砂金の場合は，一般的に金品位が高くなり，外縁部では純金に近くなることもある．化学的にAgが溶出すると考えられるが，ある種のバクテリアによる作用との説もある．立方晶系で，樹枝状，苔状，粒状の形態で産し，八面体，十二面体の結晶形を示すことがある．硬度は$2\frac{1}{2}$～3，劈開なく，展性，延性に富み，外観の似た黄鉄鉱や黄銅鉱などと区別が容易．純金の場合の比重は19.3であるが，ふつうの自然金はAgを含むためそれより小さく，16前後までとの間になる．熱水性鉱脈の主に石英脈中に，ほぼ単独に，あるいは各種金属の硫化物，方解石，氷長石（正長石の一種）などに伴って産する．熱水性起源の接触交代鉱床，黒鉱鉱床中にもみられる．また，砂礫，礫岩，黒色泥岩などの堆積物中にも残りやすい．

〔松原　聰〕

188 自然銀 (しぜんぎん) Silver

エレクトラムとよばれるAuとの合金の状態で産出することも多いが，ほぼ純粋なAgからなる立方晶系で，樹枝状，苔状，髭状の形態で産し，立方体，八面体，十二面体の結晶形を示すことがある．金属光沢の強い銀白色で，条痕も同色である．空気中では，硫黄酸化物，硫化水素などの成分と反応して黒くなる．硬度は$2\frac{1}{2}$～3，劈開なく，展性，延性に富み，比重は10.5．主に熱水性起源の鉱脈鉱床，黒鉱鉱床中に産するが，含銀鉱物に富む鉱床の酸化帯にもみられる．熱水鉱脈中に産出する銀に富む黒い筋状の部分は銀黒とよばれ，その中のエレクトラムは，モル比でAg＞Auの場合も多い．これは鉱物種としては，自然銀に分類される．針銀鉱，濃紅銀鉱，雑銀鉱，斑銅鉱などと共存．

〔松原　聰〕

189 自然銅 (しぜんどう) Copper

自然界において，ほぼCuの組成で産する．立方晶系で，樹枝状，苔状，箔状，針金状の形態で産し，立方体，八面体，十二面体の結晶形を示すことがある．金属光沢の強い銅赤色で，条痕も同色．硬度は$2\frac{1}{2}$～3，劈開なく，展性，延性に富み，比重は8.93．主に銅鉱床あるいは銅の硫化物を含む鉱石の酸化帯に産し，赤銅鉱，孔雀石，斑銅鉱などと共存．また，超苦鉄質岩やそれから変成してできた蛇紋岩中にペントランド鉱などとともに産する．東京都八丈島でみられるような，玄武岩中の灰長石結晶に存在する赤色部分の一部は箔状の自然銅によるもの．

〔松原　聰〕

190 自然白金 (しぜんはっきん) Platinum

① 自然界において，Ptは純粋な組成で産することはなく，Ir, Rh, Pdという白金族金属やFeと合金をつくっている．立方晶系で，粒状，塊状の形態で産し，ごくまれに立方体の結晶形を示すことがある．金属光沢の強い錫白色で，条痕は鋼灰色．硬度は4～$4\frac{1}{2}$，劈開なく，展性，延性に富み，比重は21.5．しかし，他の金属との合金をつくっているため，実際の比重は14～19程度とされる．比重が14.3で，Feに富み，Pt_3Feの組成をもつものは別種の自然方鉄白金（isoferroplatinum）に分類される．主にかんらん石斑れい岩，輝岩，かんらん岩などといった苦鉄質ないし超苦鉄質岩中に産し，あるいはそれらが源岩となった砂礫中にみられる．

② 広い意味で自然白金といわれるものには，Os, Ir, Ru, Reを主成分とする上記

①の鉱物とは異なるグループの鉱物がある．イリドスミンとよばれ，日本の砂白金の多くがこれにあたる．イリドスミンのうち，最も多いのがOsを主成分とするもので，鉱物種としては自然オスミウムになる．また，Ruを主成分とする自然ルテニウムは北海道幌加内が原産地．六方晶系で，粒状の形態で産し，まれに六角厚板状の結晶形を示す．金属光沢の強い鋼灰色で，条痕も同色．硬度は6〜7，劈開完全，比重はRuが多くなると小さくなり，通常17〜21．産状は①とほぼ同じ．　〔松原　聰〕

191 **自然砒** (しぜんひ) Arsenic
①　狭義の自然砒は，三方晶系に属するもので，ほぼ純粋なAsからなり，わずかなSbを含む．粒状，皮殻状，鍾乳状，金平糖状の形態で産し，まれに菱面体の結晶形を示すことがある．金属光沢の強い錫白色で，条痕も同色だが，空気中ですぐに光沢を失い，灰色〜灰黒褐色となる．硬度は3½，劈開完全，比重は5.7〜5.8．主に熱水性起源の鉱床中に，黄鉄鉱，輝安鉱，鶏冠石などと共存．
②　自然界に存在するAsは，狭義の自然砒のほか，直方晶系に属する輝砒鉱（arsenolamprite）とパラ輝砒鉱（pararsenolamprite）が知られている．パラ輝砒鉱はよりSbを含みやすい性質があり，金属光沢の強い鉛灰色で錆びにくく，条痕は黒色で，微細な板柱状結晶として産する．硬度は2〜2.5，劈開完全，比重は5.9．大分県向野鉱山が原産地．　〔松原　聰〕

192 **自然蒼鉛** (しぜんそうえん) Bismuth
自然ビスマスとも．ほぼ純粋なBiからなり，三方晶系に属するが，粒状，塊状の形態で産し，結晶形を示すことはない．金属光沢の強い錫白色で，条痕も同色だが，長く空気中に曝されたものは，ややピンク色を帯びることがある．硬度は2〜2½，劈開完全，比重は9.81．主に熱水性起源の鉱脈鉱床，接触交代鉱床，ペグマタイト中に，輝蒼鉛鉱，硫砒鉄鉱，ホセ鉱，輝コバルト鉱などと共存．　〔松原　聰〕

193 **自然鉄** (しぜんてつ) Iron
①　地球上の岩石中に産する自然鉄は，体心格子の立方晶系に属するα-Feが多い．粒状，塊状の形態で産し，結晶形を示すことはほとんどない．金属光沢の強い鋼灰色で，条痕も同色．硬度は4，劈開なく，展性があり，比重は7.8〜7.9．Niをある程度固溶できる．しかし，Niを4〜7%程度含んだカマサイト（kamacite）は，隕鉄などにはふつうにみられるが，地球上の岩石中にはきわめてまれ．玄武岩，有機物に富む堆積岩，蛇紋岩中に産する．
②　Niが7%以上48%未満含まれると，面心格子の立方晶系に属するγ-Feのテーナイト（taenite）となり，隕鉄や月の岩石中に産する．テーナイトとカマサイトによる離溶組織はウィドマンシュテッテン構造の一つとして知られる．さらにNiが48〜57%のところでは，正方晶系となり，テトラテーナイト（tetrataenite）とよばれ，隕石中にのみみられる．　〔松原　聰〕

194 **自然ニッケル** (しぜんにっける) Nickel
①　γ-Feのテーナイトと同じ面心格子の立方晶系に属し，顕微鏡的な立方体結晶やフレーク状の形態で蛇紋岩中に産する．ほぼNiで，金属光沢銀白色，硬度は4½，比重は8.90．ニューカレドニアが原産地．
②　Feが約25%固溶したアワルワ鉱（awaruite, Ni_3Fe）は自然ニッケルと同じ結晶構造をもっていて，産状もほぼ同じである．ニュージーランドのアワルア湾近傍が原産地．自然ニッケルの一種とも考えられるが，自然ニッケルとは少し異なる結晶構造をもつという研究結果もあり，その場合には独立した鉱物となる．　〔松原　聰〕

195 自然水銀 (しぜんすいぎん) Mercury

常温常圧で唯一液体の Hg からなる金属鉱物. -38.9℃以下で結晶化（三方晶系）する. 金属光沢の強い錫白色球状の形態で産し, 比重は 13.6. 主に熱水性起源の鉱脈鉱床中に, 石英, 辰砂などと共存.

〔松原　聰〕

196 自然テルル (しぜんてるる) Tellurium

ほぼ純粋な Te からなり, 少量の Se を含むことがある. 三方晶系に属し, 針状結晶の集合体で産し, まれに錐面をもつ六角柱状結晶形を示す. 金属光沢の強い錫白色で, 条痕は灰色. 硬度は $2～2\frac{1}{2}$, 劈開完全, 比重は 6.23. 熱水性鉱脈鉱床中に, 石英, 黄鉄鉱, ヘッス鉱, 硫テルル蒼鉛鉱などと共存. 世界的に産出がまれな鉱物だが, 日本では北海道手稲鉱山や静岡県河津鉱山などで多く産した.

〔松原　聰〕

197 自然硫黄 (しぜんいおう) Sulfur

直方晶系に属し, α-硫黄とも. ほぼ純粋な S からなり, 少量の Se を含むことがある. 粒状, 塊状, 層状などの形態で産し, 厚板状結晶, 両錐面をもつ細長い八面体結晶を示すこともある. 樹脂光沢の黄色で, 条痕はほとんど白色. 硬度は $1\frac{1}{2}～2\frac{1}{2}$, 劈開なく, 比重は 2.08. 空気中で簡単に燃え, 亜硫酸ガスを発生する. 主に火山活動よって形成され, 噴気孔の周囲には昇華物としてよくみられ, 火山湖や温泉の浮遊物, 沈殿物としても産出. また, 岩塩層にも形成されるが, これらはバクテリアの還元作用によって, カルシウム硫酸塩からつくられたと考えられている. 高温でつくられた単斜晶系の多形は, γ-硫黄とよばれるが, 常温では不安定で, ゆっくり α-硫黄に転移する.

〔松原　聰〕

198 石墨 (せきぼく) Graphite

グラファイトともよばれ, 六方晶系 (2H) と三方晶系 (3R) のポリタイプがある. ほぼ純粋な C からなり, 六角板状結晶, 塊状, 土状などの形態で産する. 結晶形が明瞭なものは金属光沢であるが, 塊状, 土状の場合は光沢が鈍い. 黒色で, 条痕も同色. 硬度は $1～1\frac{1}{2}$, 劈開完全, 比重は 2.2 (2H)～2.3 (3R). 主に有機物に富む堆積物の続成作用～変成作用によって形成される. 特に片麻岩中の結晶質石灰岩中には自形結晶がよくみられる. ほかに, 斑れい岩, 玄武岩, 隕石, ダイヤモンド中にも産する. ダイヤモンド, ロンスデール石, チャオ石とは多形をなす.

〔松原　聰〕

199 ダイヤモンド (だいやもんど) Diamond

① 立方晶系に属し, ほぼ純粋な C からなり, 正八面体, 立方体, 正十二面体などの結晶形で産する. しかし, 結晶してから途方もなく時間を経過しているため, 結晶面が溶融し, 結晶の稜が丸みをおびているものが多い. また溶融していくときに現れたと考えられる結晶面的な疑似面もみられる. ダイヤモンド光沢の代表で, 屈折率が高い. 不純物なく構造欠陥が少ない場合は, 無色透明であるが, 不純物など含んでさまざまな色をもつ. 特に多いのが黄から黄褐色. 青, ピンク, 赤, パープル, 緑, オレンジ色はきわめて希少. 硬度は 10, 劈開完全, 比重は 3.51. 石墨, ロンスデール石, チャオ石とは多形をなす.

② ダイヤモンドは C を置換する N の量によって主に 4 種類にタイプ分けされている. 最も N の多い（約 $10～5500$ ppm）ものは, Ia 型に分類され, 産出ダイヤモンドの約 98% がこれにあたる. N が約 $25～50$ ppm で, N の分布の仕方が異なるものは, Ib 型に分類される. 全ダイヤモンドの 0.1% 以下の産出といわれている. N が 10 ppm 以下で B を含まないものは, IIa 型に分類される. 全ダイヤモンドの 2% 以下の産出といわれている. N をほとんど

含まなく，B をわずかに含むものは IIb 型に分類されるが，産出量はきわめて少ない．Ia 型，Ib 型ともふつう黄色，IIa 型は無色，IIb 型は青色．

③ 多くのダイヤモンドは大陸地殻下の 140〜250 km の深さの上部マントルで形成されると考えられ，ごくまれには転移層や 700 km ほどの深さの下部マントルでも形成されるという．ダイヤモンドを含む主な岩石は含ざくろ石ハルツバージャイトや海洋底玄武岩を起源とするエクロジャイトと考えられ，それらがキンバーライトやランプロアイトという火山岩の噴出によって地上に運ばれた．キンバーライトの噴出年代は約 20 億〜2000 万年前で，ダイヤモンドを含む大規模なものは，ほぼ 10 億〜5000 万年前に集中していると推定される．ダイヤモンドの生成時期は，ハルツバージャイト中のものは 30 億年以前，エクロジャイト中のものは 16 億年以前といわれている．ダイヤモンドの主な産地は，始生代（一部原生代）の古い大陸地殻にあり，インド，ブラジル，南アフリカ，ボツワナ，アンゴラ，コンゴ，ナミビア，タンザニア，ロシア，オーストラリア，カナダ，中国などである．微細な（0.1 mm 前後）ダイヤモンドはカザフスタン，中国，ノルウェー，ドイツ，インドネシアなどの超高圧変成岩中から見つかっている．近年，愛媛県四国中央市の火山岩中に，マントルからもたらされた輝石中の炭酸ガス包有物中に 1 μm 程度のダイヤモンドが発見された．隕石中にはナノサイズのダイヤモンドが発見されている．メタンガスの中の炭素が化学的な反応によって，高圧を必要としない条件でできたものと考えられる．

④ 非常に細かい（200 μm 以下）ダイヤモンドがさまざまな包有物といっしょに集合して不定形の黒褐色の塊をつくることがある．これらは，カーボナードやフレームサイトとよばれている．カーボナードの包有物中には地殻に存在する鉱物が入っているので，ふつうのダイヤモンドとは明らかに成因が異なる．また，小さな不完全結晶やそれらが集まった宝石にならないものをボルツあるいはボートとよんでいる．

〔松原　聰〕

硫化鉱物

200 針銀鉱（しんぎんこう）Acanthite

単斜晶系（擬直方晶系）．空間群 $P2_1/n$．格子定数 $a=42.29$, $b=69.31$, $c=7.862$ nm, $\beta=99.61°$．約173℃で立方晶系の高温相（輝銀鉱，argentite ともよばれる）に転移する．高温相の仮晶を示す自形結晶は，立方体と正八面体の集形あるいは [111] に伸張した六角柱状のものが多いが，まれである．低温相は，一般に，針状である．{111}を双晶面とする集片双晶が発達することがある．約586℃で，さらに，別の高温相（立方晶系）に転移する．化学組成式は Ag_2S．$S \Leftrightarrow Se$, Te 置換がある．

暗鉛灰色～鉄黒色，金属光沢．条痕は黒色．劈開は不明瞭でほとんど観察されない．低い硬度（モースの硬度計で 2～2½）のため，粉末にならない．比重は 7.24（計算値）である．可切性や撓性がある．

反射光での色は，やや緑色を帯びた灰白色で，方鉛鉱より暗く，緑色を帯びた灰色であり，雑銀鉱（polybasite）と似る．反射能（反射率ともいう）は 31.2%（540 nm）．弱い異方性がある．ひじょうに低い研磨硬度のため，研磨がむずかしい．

浅熱水性鉱脈鉱床では，石英（-方解石）脈中に方鉛鉱，閃亜鉛鉱，黄鉄鉱，黄銅鉱，四面銅鉱系鉱物，エレクトラム（"electrum"，自然界に産出する金と銀との合金で，鉱物種ではない．），各種銀鉱物などといわゆる銀黒バンドとして，金銀鉱石を構成する．深熱水性鉱脈鉱床中では，Co, Ni, As, Bi などの鉱物を伴う．銀鉱床の酸化帯では，分解して，銀を遊離することがある．

Electrum-tarnish 法[1] が温度や硫黄ガス活動度の推定に利用される．〔清水正明〕

●文献
1) P. B. Barton, Jr. and Toulmin, P., III (1964) *Geochimica et Cosmochimica Acta*, **28**, 619-640.
2) A. J. Frueh, Jr. (1958) *Zeitschrift für Kristallographie*, **110**, 136-144.
3) W. Petruk, J. M. Stewart and E. J. Murray (1974) *Canadian Mineralogist*, **12**, 365-369.

201 濃紅銀鉱（のうこうぎんこう）Pyrargyrite

三方晶系．空間群 $R3c$．格子定数 $a=110.47$, $c=87.19$ nm．自形結晶は [0001] に伸長した六方柱状など．底面が発達しないことが多い．{1014}や{1011}などを双晶面とする双晶が発達することがある．化学組成式は Ag_3SbS_3．火閃銀鉱（pyrostilpnite）とは多形関係にある．As 置換体である淡紅銀鉱（proustite）と連続固溶体を形成する．$S \Leftrightarrow Se$ 置換がある．

暗赤色～深赤色，金剛光沢．半透明で，日光にさらされると，黒づく．条痕は紫色味を帯びた暗赤色～鮮赤色．劈開は{1011}に明瞭であるといわれているが，ほとんど観察されない．低い硬度（モースの硬度計で 2～2½）．比重は 5.86（計算値）である．

一軸性負．屈折率は $\omega=3.084$（Li），$\varepsilon=2.881$（Li）．反射光での色は青色を帯びた灰色．反射能は 29.0～30.9%（540 nm）．多色性があり，異方性も明瞭で，黄白色～灰青色．暗赤色の内部反射がある．淡紅銀鉱とは光学的性質だけでは識別できない．

浅～深熱水性鉱脈鉱床，多金属熱水鉱脈鉱床（いわゆるゼノサーマル鉱床）などから他の銀鉱物，方解石，ドロマイト，石英とともに産出するが，後期や低温で，あるいは二次的に産出することが多い．

〔清水正明〕

●文献
1) P. Engel and W. Nowacki (1966) *Neues Jahrbuch für Mineralogie, Monatshefte*, 181-184.

202 雑銀鉱 (ざつぎんこう) Polybasite

単斜晶系（擬六方晶系）および三方晶系．空間群は，単斜晶系の場合，$C2_1/m$．その場合，格子定数 $a=261.7$, $b=151.1$, $c=238.9$ nm, $\beta=90.0°$．自形結晶は六方板状など．{110}を双晶面とする双晶が発達することがある．化学組成式は，かつては $(Ag, Cu)_{16}Sb_2S_{11}$ と表されたが，最近では，$[Ag_9CuS_4][(Ag, Cu)_6(Sb, As)_2S_7]$ と表される．

かつてピアス鉱（pearceite）とよばれたものは最近ではピアス鉱-Tac (pearceite-Tac)と，かつて安ピアス鉱（antimonpearceite）とよばれたものは雑銀鉱-Tac (polybasite-Tac)と，かつて砒雑銀鉱-221 (arsenpolybasite-221)とよばれたものはピアス鉱-$T2ac$ (pearceite-$T2ac$)と，かつて砒雑銀鉱-222 (arsenpolybasite-222)とよばれたものはピアス鉱-$T2ac$ (pearceite-$M2a2b2c$)と，かつて雑銀鉱-221 (polybasite-221)とよばれたものは雑銀鉱-$T2ac$ (polybasite-$T2ac$)と，かつて雑銀鉱-222 (polybasite-222)とよばれたものは雑銀鉱-$T2ac$ (polybasite-$M2a2b2c$)とよばれる．これらすべては，多形関係にあり，$[(Ag, Cu)_6(Sb, As)_2S_7]^{2-}$ で示される A 層と $[Ag_9CuS_4]^{2+}$ で示される B 層とから構成される．

黒色，金属光沢．条痕は暗褐黒色．劈開は{001}に不明瞭であるが，ほとんど観察されない．モースの硬度計で 2～3．比重は 6.36（計算値）である．

透過光では，半透明であるが，不透明に近く，暗赤色．二軸性負．屈折率＞2.72 (Li)．弱い多色性．明瞭な異方性がある．反射光での色は緑色を帯びた灰色．安四面銅鉱と似る．反射能は 30.8～32.8% (540 nm)．弱い多色性と明瞭な異方性がある．特徴的な深赤色の内部反射がある．

浅～深熱水性鉱脈鉱床などから他の銀鉱物，エレクトラム，石英，方解石，ドロマイト，重晶石などとともに産出する．

〔清水正明〕

● 文献
1) M. Evain, *et al.* (2006) *Acta Crystallographica*, **B62**, 447-456.
2) M. Evain, *et al.* (2006) *Acta Crystallographica*, **B62**, 768-774.
3) L. Bindi, *et al.* (2007) *Canadian Mineralogist*, **45**, 321-333.
4) L. Bindi, *et al.* (2007) *American Mineralogist*, **92**, 918-925.

203 安四面銅鉱 (あんしめんどうこう) Tetrahedrite

① 立方晶系．空間群 $I\bar{4}3m$．格子定数 $a=103.27$ nm．自形結晶は正四面体など．{111}に双晶が発達することがある．化学組成式は $Cu_{10}(Fe, Zn)_2Sb_4S_{13}$．砒四面銅鉱 (tennantite) などの砒四面銅鉱族の鉱物と固溶体を形成する．砒四面銅鉱族に分類される．

鋼灰色～鉄黒色，金属光沢．条痕は黒色，褐色（Fe＞Zn の場合）～暗赤色（Fe＜Zn の場合）で，暗赤色のものには内部反射がある．劈開はない．モースの硬度計で 3½～4．比重は 4.6～5 程度であるが，Ag を含むもの（銀安四面銅鉱）では，5.4 以上となる．

透過光では，チェリー赤色．屈折率は 2.72 以上．反射光での色はわずかに緑色～青色がかった灰色（As が多いと，緑色味を帯びる．Ag 品位があがると，純粋な灰色に近づく）で，方鉛鉱より緑色味を帯びた褐灰色．閃亜鉛鉱より明るい．反射能は 32.4% (540 nm) で，Ag を含むと，減少する．黄錫鉱に似るが，黄錫鉱は異方性がある．インジウム銅鉱はやや青色味がかった灰色で，わずかに異方性がある．雑銀鉱と似る．等方性．Zn＞Fe の場合には，赤色味のある内部反射がある．

浅～深熱水性鉱脈鉱床，多金属熱水鉱脈鉱床（いわゆるゼノサーマル鉱床），スカ

ルン鉱床，黒鉱鉱床，別子型鉱床，斑岩銅鉱床，変成層状マンガン鉱床，噴気性鉱床などから産出するほか，温泉沈殿物として，あるいは海底熱水活動に伴い，産出する．

② 砒四面銅鉱族の鉱物

立方晶系で，空間群が $I\bar{4}3m$. 化学組成式が，一般に，$A_{12}B_4X_{13}$, ただし，A = Cu, Ag, Fe, Hg, Zn, B = As, Sb, Te, Bi, In, X = S, Se.

　安四面銅鉱（tetrahedrite）
　　$Cu_{10}(Fe, Zn)_2Sb_4S_{13}$
　砒四面銅鉱（tennantite）
　　$Cu_{10}(Zn, Fe)_2Sb_4S_{13}$
　銀安四面銅鉱（freibergite）
　　$(Ag, Cu)_{10}(Fe, Zn)_2Sb_4S_{13}$
　ハウ鉱（hakite）
　　$Cu_{10}Hg_2Sb_4(Se, S)_{13}$
　ジロー鉱（giraudite）
　　$Cu_{10}Zn_2(As, Sb)_4(Se, S)_{13}$
　ゴールドフィールド鉱（goldfieldite）
　　$Cu_{<12}(Te, Sb, As)_4S_{13}$
　銀砒四面銅鉱（argentotennantite）
　　$(Ag, Cu)_{10}(Zn, Fe)_2As_4S_{13}$
　関連鉱物として，
　シャメアン鉱（chaméanite）
　　$(Cu, Fe)_4As(Se, S)_4$

がある．　　　　　　　〔清水正明〕

● 文献
1) N.E. Johnson, et al. (1988) *American. Mineralogist*, **73**, 389-397.

204 黄銅鉱 （おうどうこう） Chalcopyrite

① 正方晶系．空間群 $I\bar{4}2d$. 格子定数 $a = 52.89$, $c = 104.23$ nm. 自形結晶は正四面体や正八面体に近い立体，C軸方向に伸長した楔形の四面体など．秋田県荒川鉱山からは長柱状などが知られている．{112}などを双晶面とする双晶が発達することがある．化学組成式は $CuFeS_2$. 少量の Ag, In, Ga などを含むことがある．キンバレー岩中のものでは，Ni を含むものがある．Se 置換体である eskebornite と部分的に固溶体を形成する．黄銅鉱族に分類される．

真鍮黄色，金属光沢．条痕は緑色を帯びた黒色．{011}, {111}に不明瞭な劈開があるが，一般に，劈開は観察されず，貝殻状断口として取り扱われることもある．モースの硬度計で3½～4. 比重は4.28（計算値）．

タルナフ鉱（talnakhite, $Cu_9Fe_8S_{16}$），モオイフーク鉱（mooihoekite, $Cu_9Fe_9S_{16}$），プトラン鉱（putoranite, $Cu_{18}Fe_{18}S_{32}$），ヘイコック鉱（haycockite, $Cu_4Fe_5S_8$）などとの識別はむずかしい．キューバ鉱（cubanite, $CuFe_2S_3$）はやや色が淡く，磁性があり，裂開がみられることがある．

反射光での色は黄色で，キューバ鉱より輝黄色，金より暗く，オリーブ緑色，黄鉄鉱より暗く，黄色．反射能は33.6～45.3%（540 nm）である．多色性はほとんどなく，弱い異方性が観察されることがある．

浅～深熱水性鉱脈鉱床，多金属熱水鉱脈鉱床（いわゆるゼノサーマル鉱床），スカルン鉱床，黒鉱鉱床，別子型鉱床，正マグマ性鉱床（離溶産物として産出することがある），斑岩銅鉱床などから産出する．最も重要な銅鉱石鉱物．

② 黄銅鉱族の鉱物

正方晶系，空間群が $I\bar{4}2d$ で，化学組成が，一般に，$CuBX_2$, ただし，B = Fe, Ga, In, X = S, Se.

　黄銅鉱（chalcopyrite）
　　$CuFeS_2$
　エスケボーナイト（eskebornite）
　　$CuFeSe_2$
　ガリウム銅鉱（gallite）
　　$CuGaS_2$
　インジウム銅鉱（roquesite）
　　$CuInS_2$
　レナ鉱（lenaite）
　　$AgFeS_2$ 同構造
　ラフォーレ鉱（laforétite）

AgInS$_2$　同構造
関連鉱物として
イソキューバ鉱（isocubanite）
CuFe$_2$S$_3$　立方晶系，$Fm3m$
がある．　　　　　　　〔清水正明〕

● 文献
1) S.R. Hall and J.M. Stewart（1973）*Acta Crystallographica*, **B29**, 579-585.

205 斑銅鉱 （はんどうこう）Bornite

直方晶系（擬立方晶系）．空間群 $Pbca$．格子定数 $a=109.50$, $b=218.62$, $c=109.50$ nm．約228℃で等軸晶系の高温相（high borniteともよばれる）に転移する．自形結晶は立方体，斜方十二面体，八面体などの集形であるが，まれである．{111}を双晶面とする双晶が発達することがある．化学組成式は Cu$_5$FeS$_4$．Ag は AgCu$_4$FeS$_4$程度まで Cu を置換する．

新鮮な表面は褐色を帯びた銅赤色だが，錆びて，青紫色になる．条痕は明るい灰黒色．微弱な劈開が{111}に知られているが，ほとんど観察されない．モースの硬度計で3あるいはわずかに3以上．比重は5.07（計算値）である．

反射光での色は，新鮮な場合は，桃褐色．ゲルマン鉱（germanite）に似るが，ゲルマン鉱は錆びると，褐色となる．反射能は21.3%（540 nm）．弱い多色性や異方性があるが，ほとんど観察されない場合もある．

各種銅鉱床の酸化帯中，スカルン鉱床中，黒鉱鉱床の半黒鉱や黒鉱中，別子型鉱床の高品位銅鉱やいわゆるはねこみ（鉱石を含む母岩の変成岩が褶曲などで変形されて，軸部に向かい，硫化鉱物集合体が入り込んでいる部分）中，多金属熱水鉱脈鉱床（いわゆるゼノサーマル鉱床）の高品位銅鉱，斑岩銅鉱床などに産出するほか，ペグマタイトや海底熱水活動周辺の堆積物から産出する．　　　　　　　　　〔清水正明〕

● 文献
1) K. Koto and N. Morimoto（1975）*Acta Crystallographica*, **B31**, 2268-2273.
2) Y. Kanazawa, *et al.*（1978）*Canadian Mineralogist*, **16**, 397-404.
3) L. Pierce and P.B. Buseck（1978）*American Mineralogist* **63**, 1-16.

206 輝銅鉱 （きどうこう）Chalcocite

① 単斜晶系（擬直方晶系）．空間群 $P2_1/c$．格子定数 $a=152.35$, $b=118.85$, $c=134.96$ nm, $\beta=116.26°$．自形結晶は六角板状，斜方柱状．{110}などを双晶面とする双晶が発達することがある．化学組成式は Cu$_2$S．わずかに S⇔Se 置換がある．103℃で高温相（六方晶系）に，約460℃で別の高温相（立方晶系）に転移する．高温型変態相（六方晶系）は転移が完全なため，常温では存在しない．輝銅鉱にはいくつかの類似種があるが，外見上識別がむずかしいので，一括して，輝銅鉱グループの鉱物とよばれることがある．原鉱物（黄銅鉱や砒四面銅鉱族鉱物）が一部残存していることから，その多くは二次的に生成されたものと考えられている．

藍色味を帯びた鉛灰色〜黒色，亜金属光沢．条痕は黒色がかった鉛灰色〜黒色．不明瞭な劈開が{110}にあるが，ほとんど観察されない．モースの硬度計で2½〜3で粉末になりにくい．比重は比較的大きく，5.80（計算値）である．

反射光での色は青色味がかった鉛灰色．反射能は33.5〜33.7%（540 nm）．異方性は弱い．低い研磨硬度．輝銅鉱，デュルレ鉱，方輝銅鉱，銅藍の順に青色味が増す．

浅〜深熱水性鉱脈鉱床をはじめ，各種銅鉱床（スカルン鉱床，黒鉱鉱床，別子型鉱床，正マグマ性鉱床，斑岩銅鉱床など）から産出するほか，超苦鉄質岩石からも産出する．

② 輝銅鉱とその類似鉱物
青色味を帯びた鉛灰色，金属光沢．比較

的大きな比重．粉末になりにくい性質などが共通している．構造は銅藍（covellite, CuS）と関係する．

輝銅鉱（chalcocite）
Cu_2S（<103℃）単斜晶系（擬直方晶系）
デュルレ鉱（djurleite）
$Cu_{1.96}S$　単斜晶系
方輝銅鉱（digenite）
$Cu_{1.80}S$　三方・立方晶系
方輝銅鉱（high digenite）
β-$Cu_{1.80}S$　立方晶系
ロクスビ鉱（roxbyite）
$\sim Cu_{1.80}S$　単斜晶系
阿仁鉱（anilite）
$Cu_{1.75}S$　直方晶系（擬立方晶系）
ジーア鉱（geerite）
$Cu_{1.60}S$　三方晶系？（擬立方晶系）
スピオンコープ鉱（spionkopite）
$Cu_{1.39}S$　三方晶系
ヤロー鉱（yarrowite）
$Cu_{1.12}S$　三方晶系　　　　〔清水正明〕

● 文献
1) H. T. Evans, Jr. (1979) *Zeitschrift für Kristallographie*, **150**, 299-320.
2) H. T. Evans, Jr. (1979) *Science*, **203**, 356-358.

207　方鉛鉱（ほうえんこう）Galena

① 立方晶系（NaCl構造）．空間群 $Fm3m$．格子定数 a = 59.4 nm．自形結晶は立方体，正八面体，これらの集形など．まれに{001}に板状など．{111}に双晶が発達することがある．化学組成式はPbS．AgBi⇔2Pb置換，AgSb⇔2Pb置換などが知られている．Se置換体である方セレン鉛鉱とは固溶体を形成する．方鉛鉱族に分類される．

鉛灰色，金属光沢．条痕は鉛灰色．{001}に完全な劈開がある．低い硬度（モースの硬度計で2½あるいはわずかにそれ以上）．比重は大きく，7.57（計算値）である．

反射光での色は純白色（輝白色）．反射能は43.7%（540 nm）．等方性．研磨硬度が比較的低いため，キズがつきやすい．劈開による三角形の穴が観察されることが多い．

浅～深熱水性鉱脈鉱床，多金属熱水性鉱脈鉱床（いわゆるゼノサーマル鉱床），スカルン鉱床，黒鉱鉱床，別子型鉱床のほか，ペグマタイト，石灰岩，ドロマイト，海底熱水活動などから産出する．

② 方鉛鉱族の鉱物
立方晶系，空間群 $Fm3m$，化学組成式が，一般に，AB，ただし，A = Pb, Mn, Ca, Mg，B = S, Se, Te．

方鉛鉱（galena）
PbS
方セレン鉛鉱（clausthalite）
PbSe
テルル鉛鉱（altaite）
PbTe
アラバンド鉱（alabandite）
α-MnS
オルダム鉱（oldhamite）
CaS
ナイニンガ鉱（niningerite）
(Mg, Fe, Mn)S
関連鉱物として
クレラー鉱（crerarite）
Bi_3(Pt, Pb)(S, Se)$_{4-x}$, x = 0.4～0.8
方硫安銀鉱（cuboargyrite）
$AgSbS_2$
ボロフスキー鉱（borovskite）
Pd_3SbTe_4
がある．　　　　　　　　　　〔清水正明〕

● 文献
1) E.E. Foord and D.R. Shawe (1989) *Canadian Mineralogist*, **27**, 363-382.

208　閃亜鉛鉱（せんあえんこう）Sphalerite

① 立方晶系．空間群 $F\bar{4}3m$．格子定数

$a = 54.06$ nm．自形結晶は正四面体を基調とし，正三角形の面上に条線が発達することがある．ウルツ鉱とは多形関係にある．しばしば{111}を双晶面とする双晶が発達する．化学組成式はα-ZnSであるが，Fe, Mn, Cd, Cu, Hg, In, Ga, As, Seなどが固溶される．閃亜鉛鉱族に分類される．

組成に応じて，色の変化が著しい．Feを含まないものは白色であるが，Feを含むと，色が黄白色，うぐいす色，暗褐色，黒色など，含有量に応じて，濃くなる．Mnを含むと，赤色味が増し，Cdを含むと，黄色味が増す．亜金剛光沢あるいは亜金属光沢．条痕は白色，黄褐色，暗褐色など．劈開は{011}（4方向）に完全であるが，Fe含有量が多くなると，完全さを失う．モースの硬度計で$3\frac{1}{2}\sim 4$．比重は4.10（計算値）．

透過光では，等方性．高い屈折率2.37～2.47で，Fe含有量の増加に伴い，大きくなる．しばしば累帯構造が観察される．反射光では，色は灰色．反射能は16.3～17.5%（540 nm）．等方性で，Feに富む場合は赤色～赤褐色，Feに乏しい場合は黄褐色～黄白色の内部反射がある．

浅～深熱水性鉱脈鉱床，多金属熱水性鉱脈鉱床（いわゆるゼノサーマル鉱床），スカルン鉱床，黒鉱鉱床の黒鉱，別子型鉱床，ミシシッピバレー型鉱床，変成層状マンガン鉱床などに産出するほか，熱水変質岩，広域変成岩，ペグマタイト，石炭層，隕石などに産出したり，海底熱水活動に伴い，産出する．

閃亜鉛鉱地質圧力計（Barton and Toulmin[1]など）が用いられる．

② 閃亜鉛鉱族の鉱物

立方晶系で，空間群，化学組成式がAB．ただし，A = Zn, Fe, Hg, Cd, B = S, Se, Te．

閃亜鉛鉱（sphalerite）
 ZnS

セレン亜鉛鉱（stilleite）
 ZnSe

黒辰砂（metacinnabar）
 HgS

セレン水銀鉱（tiemannite）
 HgSe

コロラド鉱（coloradoite）
 HgTe

方硫カドミウム鉱（hawleyite）
 CdS

鉄閃亜鉛鉱（rudashevskyite）
 (Fe, Zn)S

関連鉱物として，
ポールヘムス鉱（polhemusite）
 (Zn, Hg)S 正方晶系（擬立方晶系）

〔清水正明〕

● 文献

1) P. B. Barton, Jr. and P. Toulmin, III (1966) *Economic Geology*, **61**, 815-849.
2) S. D. Scott and H. L. Barnes (1971) *Economic Geology*, **66**, 653-669.
3) J. Lusk and C. E. Ford (1978) *American Mineralogist*, **63**, 516-519.
4) 清水正明 (1986) 鉱山地質, **36**, 27-36.

209 輝安鉱（きあんこう）Stibnite

① 直方晶系．空間群 *Pbnm*．格子定数 $a = 112.29$, $b = 113.10$, $c = 3.8389$ nm．c軸に伸長した斜方柱状，針状，毛状などやそれらの集合体．伸長方向に条線が発達することがある．よじれることがある．まれに{130}, {120}などを双晶面とする双晶が見られる．化学組成式はSb_2S_3．輝蒼鉛鉱とは同構造．メタ輝安鉱（非晶質）とは多形関係にあるといわれる．

鉛灰色，錆びやすく，青色を帯びた黒色になる．条痕は鉛灰色-暗灰色．金属光沢．{010}に完全な劈開，{100}, {110}に不完全な劈開．低い硬度（モースの硬度計で2）．撓性がある．比重は4.63（計算値）．

反射光での色は，白色～灰白色で，方鉛

鉱より暗く，ややクリーム色を帯びる．輝蒼鉛鉱よりやや暗く，クリーム色味が弱い．白色〜鈍灰色の強い多色性，ひじょうに強い異方性がある．反射能は約 31〜48%（540 nm）．

熱水性鉱脈鉱床やスカルン鉱床のほか，噴気性鉱床や火山噴気孔から産出する．アンチモンの最もふつうで重要な鉱石鉱物．

② 輝安鉱族の鉱物

直方晶系で，空間群 $Pbnm$．化学組成式が，一般に，A_2B_3．ただし，A = Sb, Bi, B = S, Se．

輝安鉱（stibnite）
　Sb_2S_3
セレン輝安鉱（antimonselite）
　Sb_2Se_3
輝蒼鉛鉱（bismuthinite）
　Bi_2S_3
グアナファト鉱（guanajuatite）
　Bi_2Se_3

関連鉱物として，

メタ輝安鉱（metastibnite）
　Sb_2S_3? 非晶質
がある． 〔清水正明〕

● 文献
1) P. Bayliss and W. Nowacki (1972) *Zeitschrift für Kristallographie*, **135**, 308-315.

210 輝水鉛鉱 （きすいえんこう）Molybdenite

六方晶系（$2H_1$ 型に相当）．空間群 $P6_3/mmc$．格子定数 a = 31.604, c = 12.295 nm．drysdallite（$MoSe_2$），tungstenite（WS_2）は同構造．三方晶系（3R 型に相当）の報告もあり，空間群 $R3m$．格子定数 a = 3.16, c = 18.33 Å．自形結晶は，最大 15 cm に達する六方板状．モリブデン（Mo）の最もふつうで重要な鉱石鉱物．Jordisite（低結晶度〜非晶質，塊状，黒色，金属光沢．条痕は灰黒色）も多型（この場合，多形でもある）であるという報告もあるが，水分を含むため，疑わしい．鉛灰色，金属光沢．条痕は青みを帯びた灰色．劈開は{0001}に完全．モースの硬度計で 1〜1½ と低い．比重は 4.6〜4.7（測定値），4.998（計算値）．化学組成式は MoS_2 で，ほぼ純粋に近いが，Se, Re を含む場合がある．

反射光での色は白色で，方鉛鉱に似る．反射能 19.6〜38.6%（540 nm）．多色性（白色〜暗い青みを帯びた灰色），異方性（桃色みを帯びた白色，暗い青色）ともにたいへん強い．内部反射はない．

花崗岩ペグマタイト・花崗岩・アプライト中，高温生成の以下の鉱床：斑岩銅鉱床・いわゆる気成鉱床・スカルン鉱床・中〜深熱水鉱脈鉱床，別子型鉱床，変成マンガン鉱床，堆積岩・超苦鉄質岩中，まれに隕石中に産出する．　　〔清水正明〕

● 文献
1) R. J. Traill (1963) *Canadian Mineralogist*, **7**, 524-526.

211 鶏冠石 （けいかんせき）Realgar

単斜晶系．空間群 $P2_1/n$．格子定数 a = 93.24, b = 135.34, c = 6.585 nm, β = 106.43°．250℃で高温相の β-realgar へ転移する．自形結晶は庇面の発達した短柱状で，[001]に平行に条線が発達する．{100}に双晶が発達することがある．化学組成式は As_4S_4．パラ鶏冠石とは多形関係にある．赤色岩絵具（顔料）として使われる．

鮮赤色〜橙黄色，樹脂光沢〜脂肪光沢．条痕は赤色〜橙色．新鮮な場合は，透過度が高く，火閃銀鉱（pyrostilpnite）やロランド鉱（lorandite）より透過度が高い．多形関係にあるアラクラン石やパラ鶏冠石は，より黄色い．劈開は{010}に良好であり，ほかにも不明瞭な劈開が観察されることがある．低い硬度（モースの硬度計で 1½〜2）のため，条痕板上で粉末にならない．可切性がある．脆い．比重は 3.59（計算値）で

ある．

透過光では，二軸性負．屈折率は $\alpha = 2.538$, $\beta = 2.684$, $\gamma = 2.704$ である．ほとんど無色〜淡黄金黄色の多色性がある．反射光での色は灰色である．反射能は 22.4%（540 nm）．そのままでも赤色〜橙黄色の内部反射が見える．異方性が強い．研磨硬度が低い．

噴気性鉱床，浅熱水性鉱脈鉱床などに産出するほか，ある種の泥岩や炭酸塩岩に産出したり，温泉沈殿物や火山昇華物として産出する． 〔清水正明〕

● 文献
1) H. Ito, N. Morimoto and R. Sadanaga (1952) *Acta Crystallographica*, **5**, 775-782.
2) D.J.E. Mullen and W. Nowacki (1972) *Zeitschrift für Kristallographie*, **136**, 48-65.
3) S.C. Yu and T. Zoltai (1972) *American Mineralogist*, **57**, 1873-1876.
4) A.C. Roberts, *et al.* (1980) *Canadian Mineralogist*, **18**, 525-527.
5) P. Bonazzi, *et al.* (1995) *American Mineralogist*, **80**, 400-403.

212 石黄 (せきおう) Orpiment

① 雄黄あるいは雌黄ともいう．単斜晶系．空間群 $P2_1/n$．格子定数 $a = 114.9$, $b = 95.9$, $c = 4.25$ nm, $\beta = 90.45°$．自形結晶は板状や短柱状など．{001}を双晶面とする双晶が発達することがある．化学組成式は As_2S_3．わずかに Tl（タリウム）を含むことがある．Se 置換体（ラップハム石，laphamite）との中間物は知られていない．ゲッチェル鉱 (getchellite, $AsSbS_3$) の空間群は $P2_1/a$．黄色岩絵具（顔料）として使われる．

レモン黄色〜黄金黄色〜褐黄色，樹脂光沢（劈開面上では，真珠光沢）．半透明．条痕は淡レモン黄色．{010}に完全，{100}に不完全な劈開がある．低い硬度（モースの硬度計で 1½〜2）．可撓性や撓性がある．比重は 3.48（計算値）である．若林鉱 (wakabayashilite, $[(As, Sb)_6S_9][As_4S_5]$) は繊維状である．

透過光では，二軸性負．屈折率は $\alpha = 2.4$ (Li), $\beta = 2.81$ (Li), $\gamma = 3.02$ (Li) である．多色性は Y＝黄色，Z＝黄緑色である．反射光での色は白色〜紅色を帯びた灰白色．反射能 23.8〜27.8%（540 nm）．顕著な多色性（白色〜赤色味を帯びた灰白色）．異方性は，強い内部反射（黄色）のため，観察されないことが多い．

噴気性鉱床，浅熱水性鉱脈鉱床などに産出するほか，温泉沈殿物やスモーカー周辺の堆積物として産出する．鶏冠石などの As 鉱物の変質産物としてもよく産出する．

② 石黄以外の主な As-S 系鉱物として，
デュラヌス石（duranusite）
　As_4S　直方晶系
ダイモルフ石（dimorphite）
　As_4S_3　直方晶系
鶏冠石（realgar）
　As_4S_4　単斜晶系
パラ鶏冠石（pararealgar）
　As_4S_4　単斜晶系
アラクラン石（alacranite）
　As_8S_9　単斜晶系

がある． 〔清水正明〕

● 文献
1) D.J.E. Mullen and W. Nowacki (1972) *Zeitschrift für Kristallographie*, **136**, 48-65.

213 硫カドミウム鉱 (りゅうかどみうむこう)
Greenockite

① 六方晶系．空間群 $P6_3mc$．格子定数 $a = 41.36$, $c = 6.713$ nm．自形結晶は六方錐に近い立体であるが，一般に，土状の皮膜である．まれに{1122}に双晶が発達することがある．化学組成式は β-CdS．Zn などを含むことがある．方硫カドミウム鉱 (hawleyite, α-CdS) と多形関係にある．ウルツ鉱族に分類される．

黄色，橙色，褐色，赤色など，金剛光沢〜樹脂光沢．条痕は橙黄色〜褐赤色．劈開は{1122}に明瞭，{0001}に不完全．モースの硬度計で3~3½．比重は4.82(計算値)である．

透過光では，一軸性正（および負）．屈折率は $\omega=2.506$ (Na)，2.431 (Li)，$\varepsilon=2.529$ (Na)，2.456 (Li)．弱い異方性がある．反射光での色は灰色．反射能19.7% (540 nm)．多色性，異方性はともに観察されない．明るいレモン黄色〜赤褐色などの内部反射がある．

各種亜鉛鉱床の酸化帯，浅熱水性鉱脈鉱床などに閃亜鉛鉱，菱亜鉛鉱，ぶどう石，沸石類などとともに産出する．

② 多形関係にある方硫カドミウム鉱は立方晶系で，空間群 $F\bar{4}3m$．格子定数 $a=58.18$ nm．自形結晶は立方体などであるが，一般に，土状．化学組成式はCdS．

鮮黄色，土状光沢．条痕は鮮黄色．劈開は{1122}に良好，{0001}に不完全．モースの硬度計で3〜3½．比重は4.87(計算値)である．透過光では，屈折率1.78．

各種亜鉛鉱床の酸化帯などに産出する．細粒の閃亜鉛鉱や菱鉄鉱を被覆して産出したり，天水からの沈殿物として産出したりすることが多い． 〔清水正明〕

● **文献**
1) R. J. Traill and R. W. Boyle (1955) *American Mineralogist*, **40**, 555-559.

214 輝コバルト鉱（きこばるとこう）Cobaltite

① 直方晶系（擬立方晶系，低温相）．空間群 $Pca2_1$．格子定数 $a=55.9$，$b=55.8$，$c=55.8$ nm．約800℃以上での高温相は立方晶系．自形結晶は五角十二面体，立方体，正八面体など．まれに{011}や{111}に双晶が発達することがある．化学組成式はCoAsS．Fe, Ni, Ru, Rh, Pd, Pt, Te，などを含むことが知られている．輝コバルト鉱族に分類される．

銀白色〜鋼灰色，金属光沢．空気中で分解し，コバルト華（erythrite）が生成されると，わずかに桃色味を帯びることがある．条痕は灰黒色．劈開は{001}に完全であるが，観察されることはまれ．モースの硬度計で5½．比較的大きな比重6.34(計算値)である．

反射光での色はわずかに桃色味を帯びた白色．比較的高い反射能50.7% (540 nm)．多色性はわずかで，粒間付近で観察できることがある．異方性は微弱．研磨硬度が高い．双晶ラメラがしばしば観察される．ゲルスドルフ鉱は等方性であり，アロクレース鉱は異方性が強く，桃色味がほとんどない．

スカルン鉱床，深熱水性鉱脈鉱床，多金属熱水性鉱脈鉱床（いわゆるゼノサーマル鉱床），正マグマ性鉱床，変成層状マンガン鉱床などから産出する．

② 輝コバルト鉱族の主な鉱物
立方晶系か擬立方晶系（黄鉄鉱構造かそれに近い構造），化学組成式は，一般に，ABX，ただし，A＝Co, Ni, Pt, Ir, Rh, Pd, B＝As, Sb, Bi, X＝S, Se, Te．

輝コバルト鉱（cobaltite）
　CoAsS
ウィリアム鉱（willyamite）
　CoSbS
ゲルスドルフ鉱（gersdorffite）
　NiAsS 立方晶系 $Pa3$, $P2_13$, 直方晶系 $Pca2_1$
ジョリフ鉱（jolliffeite）
　NiAsSe
硫安ニッケル鉱（ullmannite）
　NiSbS
硫砒白金鉱（platarsite）
　(Pt, Rh, Ru)AsS
マスロフ鉱（maslovite）
　PtBiSe
輝イリジウム鉱（irarsite）

IrAsS
トロフカ鉱（tolovkite）
　　IrSbS
チャンチェン鉱（changchengite）
　　IrBiS
マーユイン（mayingite）
　　IrBiTe
輝ロジウム鉱（hollingworthite）
　　(Rh, Pt, Pd)AsS
ミロタ鉱（milotaite）
　　PdSbSe
カルンガ鉱（kalungaite）
　　PdAsSe
パドマ鉱（padmaite）
　　PdBiS
ミチナー鉱（michenerite）
　　PdBiTe　　　　　　〔清水正明〕

● 文献
1) R.F. Giese, Jr. and P.F. Kerr (1965) *American Mineralogist*, **50**, 1002-1014.
2) P. Bayliss (1969) *Mineralogical Magazine*, **37**, 26-33.
3) P. Bayliss (1982) *American Mineralogist*, **67**, 1048-1057.

215　ゲルスドルフ鉱（げるすどるふこう）
Gersdorffite

硫砒ニッケル鉱ともいう．立方晶系．空間群 $Pa3$．格子定数 $a=55.94$ nm（合成物，天然物では，一般に $a=5.6〜5.7$ Å）．輝コバルト鉱などと同構造．$Pa3$ のほか，$P2_13$, $Pca2_1$ も知られている．自形結晶は，最大 4 cm 程度の正八面体，六八面体，五角十二面体など．まれに {011} や {111} に双晶が発達することがある．化学組成式は NiAsS．Fe, Co, Cu, Ni, Ru, Rh, Os, Sb, Se などを含むことが知られている．As/S 比は，0.9〜1.2 程度に変化することが知られている．輝コバルト鉱族に分類される

[▶214 輝コバルト鉱]．

銀白色〜鋼灰色．しばしば錆びて灰〜灰黒色．金属光沢．条痕は灰黒色．劈開は {001} に完全．モースの硬度計で 5½．比重は 5.9（測定値），5.966（計算値）である．

反射光での色は，わずかに桃色味やクリーム色みを帯びた白色．黄鉄鉱よりも黄色みが弱い．比較的高い反射能 45.7%（540 nm）．Sb を含むと，さらに高くなる．等方性で，多色性，異方性ともふつうは観察されない．一般に，累帯構造をもつ自形結晶が多い．双晶ラメラがしばしば観察される．内部反射はない．

正マグマ性鉱床，中〜深熱水性鉱脈鉱床，変成層状マンガン鉱床，変成を受けた超塩基性岩などから産出する．　〔清水正明〕

● 文献
1) P. Bayliss (1982) *American Mineralogist*, **67**, 1058-1064.
2) P. Bayliss (1986) *Canadian Mineralogist*, **24**, 27-33.

216　硫砒鉄鉱（りゅうひてっこう）**Arsenopyrite**

① 単斜晶系（擬直方晶系）．空間群 $P2_1/c$．格子定数 $a=57.44$, $b=56.75$, $c=57.85$ nm, $\beta=112.3°$．自形結晶は菱板状あるいは菱柱状が多い（外形は直方晶系）．{100} や {001} などを双晶面とする双晶が発達する．化学組成式は FeAsS あるいは Fe(As, S)$_2$．As:S = 1.2:0.8〜0.9:1.1 程度変化する．Co, Ni, Sb を含むことがある．Fe/(Fe+Co) = 1〜0.88 程度変化する．共生鉱物と化学組成変化が生成温度の推定に利用される[1]．硫砒鉄鉱族に分類される．

銀白色〜鋼灰色，金属光沢．条痕は暗灰黒色．劈開は {101} に明瞭とされるが，観察されることが少ない．モースの硬度計で 5½〜6．比較的大きな比重（6.18）．砒鉄鉱は酷似するが，比重がはるかに大きく，劈開がより明瞭であり，条痕がより明るく，銀白色である．

反射光での色はわずかに黄色味を帯びた白色で，黄鉄鉱より黄色味が少なく，よ

硫化鉱物　521

り白い．Co含有量の増加により，わずかに桃色味を帯びる．反射能51.7～52.2%（540 nm）．多色性は弱く，白色あるいは青色味やわずかに赤黄色味を帯びるが，ほとんど観察されない．異方性は強く，赤～青～紫と変化する．白鉄鉱とは，この点でも識別可能である．研磨硬度は黄鉄鉱よりやや低い．

中～深熱水性鉱脈鉱床，多金属熱水性鉱脈鉱床（いわゆるゼノサーマル鉱床），いわゆる気成鉱床，スカルン鉱床，別子型鉱床，正マグマ性鉱床などから産出するほか，ペグマタイト，片麻岩や片岩などの変成岩に産出したり，海底熱水活動に伴い，産出する．

② 硫砒鉄鉱族

単斜晶系（偽直方晶系），空間群が$P2_1/c$で，化学組成式が，一般に，ABSあるいはAAs$_2$．ただし，A＝Fe, Co, Cu, Ru, Pd, Os, Ir, Bi，B＝As, Sb, Bi.

硫砒鉄鉱（arsenopyrite）
　FeAsS
硫安鉄鉱（gudmundite）
　FeSbS
硫砒オスミウム鉱（osarsite）
　(Os, Ru)AsS
硫砒ルテニウム鉱（ruarsite）
　RuAsS
パクス鉱（paxite）
　CuAs$_2$
砒イリジウム鉱（iridarsenite）
　IrAs$_2$

関連鉱物として，
グローコドート鉱（glaucodot）
　(Co, Fe)AsS
アロクレース鉱（alloclasite）
　(Co, Fe)AsSがある．
グローコドート鉱（直方晶系，空間群$Cmmm$）とアロクレース鉱（単斜晶系，空間群$P2_1$）とは多形関係にある．
clinosafflorite
　CoAs$_2$
フラッド鉱（froodite）
　PdBi$_2$

〔清水正明〕

● 文献

1) U. Kretschmar and S.D. Scott (1976) *Canadian Mineralogist*, **14**, 364-386.
2) N. Morimoto and L.A. Clark (1961) *American Mineralogist*, **46**, 1448-1469.

217 アラバンド鉱（あらばんどこう）Alabandite

① 閃マンガン鉱ともいう．立方晶系（NaCl構造）．空間群$Fm3m$．格子定数a＝52.2 nm．自形結晶は正八面体や立方体など．ラメラ双晶が{111}に発達することがある．化学組成式はα-MnS．少量のFe, Zn, Mg, Caなどを含むことがある．ランベルグ鉱（rambergite）と多形関係にある．方鉛鉱族に分類される．

緑色味を帯びた鉄黒色．亜金属光沢．空気中で錆びて，暗褐黒色となり，光沢を失う．条痕は緑色．劈開は{001}に沿って完全．モースの硬度計で3½～4．比重は4.05．

透過光では，ほとんど不透明であるが，ときに深緑色～褐色や赤色．屈折率2.70．反射光での色は灰色で，安四面銅鉱より暗く，閃亜鉛鉱より明るい．反射能22.9%（540 nm）．等方性．緑褐色あるいは赤褐色の内部反射がある．

浅～深熱水性鉱脈鉱床，変成層状マンガン鉱床，隕石中から産出する．

〔清水正明〕

● 文献

1) B.J. Skinner and F.D. Luce (1971) *American Mineralogist*, **56**, 1269-1296.
2) R. Tornroos (1982) *Neues Jahrbuch für Mineralogie, Abhandlungen*, **144**, 107-123.

218 黄錫鉱（おうしゃくこう）Stannite

① 正方晶系．空間群$I\bar{4}2m$．格子定数a＝54.53, c＝10.747 nm．自形結晶はまれに正八面体に近い立体など．双晶が発達する

ことがある．黄錫亜鉛鉱は同構造ではない．化学組成式は Cu_2FeSnS_4．Ag, Zn, Cd, In, As, Sb などを含む．黄錫鉱族に分類される．

鋼灰～鉄黒色金属光沢．条痕は暗灰色．{110}や{001}に不明瞭な劈開があるが，ほとんど観察されない．モースの硬度計で4．比重は4.49（計算値）である．

反射光での色はわずかに黄色～緑色味がかった灰色．反射能27.8～28.4％(540 nm)．安四面銅鉱よりやや暗く，褐灰色味を帯びる．閃亜鉛鉱より明るく，黄褐色～オリーブ緑色を帯びる．多色性は明瞭で，明褐色～オリーブ緑色である．強い異方性（紫色，青色～灰オリーブ緑色，黄褐色）がある．集片双晶が観察されることがある．亜鉛黄錫鉱の反射光での色は閃亜鉛鉱と似るが，弱い異方性がある．クラミン鉱の反射光での色は灰色で，亜鉛黄錫鉱と似るが，顕著な異方性がある．

多金属熱水性鉱脈鉱床（いわゆるゼノサーマル鉱床），深熱水性鉱脈鉱床，いわゆる気成鉱床，スカルン鉱床，別子型鉱床から産出するほか，花崗岩質ペグマタイトから産出する．

閃亜鉛鉱-黄錫鉱地質温度計[1] が用いられる．

② 黄錫鉱族の主な鉱物

正方晶系，空間群 $I\bar{4}2m$（あるいは $I\bar{4}$）で，化学組成式が，一般に，A_2BCS_4，ただし，A = Cu, Ag，B = Fe, Cd, Cu, Zn, Hg，C = Sn, Ge, In．

黄錫鉱（stannite）
　Cu_2FeSnS_4
チェルニー鉱（černyite）
　Cu_2CdSnS_4
クラマ鉱（kuramite）
　Cu_3SnS_4
櫻井鉱（sakuraiite）
　$Cu_2(Zn, Fe)(In, Sn)S_4$
黄錫銀鉱（hocartite）
　Ag_2FeSnS_4
ピルキタス鉱（pirquitasite）
　Ag_2ZnSnS_4
水銀黄錫鉱（velikite）
　Cu_2HgSnS_4
黄錫亜鉛鉱（kësterite）
　Cu_2ZnSnS_4　空間群 $I\bar{4}$
鉄黄錫亜鉛鉱（ferrokësterite）
　Cu_2FeSnS_4　空間群 $I\bar{4}$

関連鉱物として，
モースン鉱（mawsonite）
　$Cu_6Fe_2SnS_8$　正方晶系，$P\bar{4}m2$
チャトカ鉱（chatkalite）
　$Cu_6FeSn_2S_8$　正方晶系，$P\bar{4}m2$
褐錫鉱（stannoidite）
　$Cu_8Fe_3Sn_2S_{12}$　直方晶系，$I222$

がある．
〔清水正明〕

● 文献
1) M. Shimizu and N. Shikazono (1985) *Mineralium Deposita*, **20**, 314-320.
2) G. Springer (1968) *Mineralogical Magazine*, **36**, 1045-1051.
3) S. R. Hall, et al. (1978) *Canadian Mineralogist*, **16**, 131-137.
4) S. A. Kissin and D. R. Owens (1979) *Canadian Mineralogist*, **17**, 125-135.
5) S. A. Kissin and D. R. Owens (1989) *Canadian Mineralogist*, **27**, 673-688.

219 黄鉄鉱（おうてっこう）Pyrite

① 立方晶系．空間群 $Pa3$．格子定数 $a = 54.17$ nm．自形結晶は立方体，正八面体，正十二面体，菱面体，これらの集形．[111]方向など1方向に伸張することがある．結晶面上に結晶軸に平行な条線が発達することが多い．{011}などに双晶が発達することがある．化学組成式は FeS_2．黄鉄鉱族の鉱物間で固溶体を形成するため，Ni, Co, Cu, As, Se などを含むことがある．白鉄鉱（marcasite）とは多形関係にある．硫黄は硫酸製造に使われる．

淡真鍮色．金属光沢．条痕はわずかに緑色味を帯びた褐黒色．劈開は{001}に不明

硫化鉱物

瞭のほか，{011}と{111}に不明瞭な裂開があるが，ほとんど観察されない．ふつうに産出する硫化鉱物（PGEを主成分とするものを除く）では，最も硬度が高い（モースの硬度計で6～6½）．比重5.01（計算値）も比較的大きい．常磁性．

反射光での色はクリーム色を帯びた黄白色（クリーム白色）で，硫砒鉄鉱より褐色味がかったクリーム黄色，白鉄鉱より明るく，黄色味が弱い．反射能51.4%（540 nm）．異方性はないが，ときにわずかに観察されることもある．高い研磨硬度で自形～亜自形のことが多い．

浅熱水性鉱脈鉱床，スカルン鉱床，黒鉱鉱床中の黄鉱など，別子型鉱床，キプロス型鉱床，斑岩銅鉱床，変成層状マンガン鉱床，噴気性硫黄鉱床，海底熱水活動などから産出するほか，熱水変質作用を受けた変質岩，低変成度の広域変成岩，石炭，火山噴気孔周辺，泥岩など各種岩石からも産出する．

② 黄鉄鉱族の鉱物

立方晶系，空間群 $Pa3$ で，化学組成式が，一般に，AX_2．ただし，A = Au, Co, Cu, Fe, Mn, Ni, Os, Pd, Pt, Ru，X = As, Bi, S, Sb, Se, Te．

 ハウエル鉱（hauerite）
  MnS_2
 黄鉄鉱（pyrite）
  FeS_2
 方セレン鉄鉱（dzharkenite）
  $FeSe_2$
 方硫コバルト鉱（cattierite）
  CoS_2
 方セレンコバルト鉱（trogtalite）
  $CoSe_2$
 ベス鉱（vaesite）
  NiS_2
 ペンローズ鉱（penroseite）
  $NiSe_2$
 クルトフ鉱（krutovite）
  $NiAs_2$
 ビラマニン鉱（villanínite）
  $(Cu, Ni, Co, Fe)S_2$
 福地鉱（fukuchilite）
  Cu_3FeS_8
 クルーチャ鉱物（krut'aite）
  $CuSe_2$
 ラウラ鉱（laurite）
  RuS_2
 方硫オスミウム鉱（erlichmanite）
  OsS_2
 ガオタイ鉱（gaotaiite）
  $Ir_{<1}Te_2$
 mayingite
  IrBiTe
 砒白金鉱（sperrylite）
  $PtAs_2$
 方安白金鉱（geversite）
  $PtSb_2$
 方蒼鉛白金鉱（insizwaite）
  $Pt(Bi, Sb)_2$
 方安金鉱（aurostibite）
  $AuSb_2$

関連鉱物として，
 バンボラ鉱（bambollaite）
  $Cu(Se, Te)_2$ 正方晶系
がある．〔清水正明〕

● 文献

1) G. Brostigen and A. Kjekshus (1969) *Acta Chemica Scandinavia*, **23**, 2186-2188.

220 辰砂（しんしゃ）Cinnabar

三方晶系．空間群 $P3_121$．格子定数 a = 41.49，c = 9.595 nm．約344℃で黒辰砂に転移する．自形結晶は六角柱状～短柱状，板状など．{0001}に双晶が発達することがある．化学組成式は α-HgS．黒色の黒辰砂（メタ辰砂ともいい，閃亜鉛鉱と同構造，metacinnabar，紫色味を帯びた黒色のハイパー辰砂（hypercinnabar）とは多形関

係にある．赤色岩絵具（顔料）として使われる．

深赤色〜暗赤色〜鉛灰色．金剛光沢〜亜金属光沢．条痕は鮮赤色．劈開は柱面{1010}に完全．硬度（モースの硬度計で2〜2½）が低く，比重8.20（計算値）が大きい．

透過光では，一軸性正．屈折率は ω = 2.905（598.5），ε = 3.256（598.5）．異方性が強い．反射光では，灰色．反射能24.2〜29.9%（540 nm）．異方性は強いが，顕著な鮮赤色〜暗赤色の内部反射のため，異方性の観察は容易でない．

浅〜深熱水性鉱脈鉱床や鉱染鉱床，変成層状マンガン鉱床から産出するほか，ある種の砂岩や緑色岩中などからも産出する．

〔清水正明〕

● 文献
1) P. Auvray and F. Genet (1973) *Bulletin de la société française de Mineralogie*, **96**, 218-219.

221 磁硫鉄鉱 （じりゅうてっこう）Pyrrhotite

① 基本的に単斜晶系（擬六方晶系）．空間群 $A2/a$ など．自形結晶は六角柱状〜短柱状，板状など．{1012}を双晶面とする双晶が発達することがある．5H, 7H, 11H, 4M, 6M, 4C, 5C, 6C の多型が知られている．どれも300℃以上で高温相になる．化学組成式は $Fe_{1-x}S$，$x = 0$〜0.2程度．少量のNiはペントランド鉱の混入と考えられている．

褐色味を帯びた真鍮色．金属光沢．錆びやすく，すぐに光沢を失う．新鮮な面では，Feに富むものはやや赤色味が強く，明るいが，Feに乏しいものは褐色味が強く，暗い．条痕は暗灰黒色．劈開はないが，{001}に裂開が観察されることがある．モースの硬度計で3½〜4½．比重は4.6〜4.7．磁性はFeに富むものほど弱い傾向がある．

反射光での色は紅色味を帯びた真鍮色．反射能34.5〜41.1%（540 nm）．弱い多色性があり，異方性が顕著である．Feに富むものほど，反射能（反射率）が大きい傾向がある．

スカルン鉱床，浅〜深熱水性鉱脈鉱床，多金属熱水性鉱脈鉱床（いわゆるゼノサーマル鉱床），いわゆる気成鉱床，別子型鉱床，正マグマ性鉱床から産出するほか，苦鉄質岩，ペグマタイト，変成岩，海底熱水活動，隕石などからも産出する．

② 磁硫鉄鉱の多型と類似鉱物
トロイリ鉱（＝pyrrhotite-2H)
FeS（＜122℃）　六方晶系
磁硫鉄鉱-4M（pyrrhotite-4M）
Fe_7S_8　単斜晶系
磁硫鉄鉱-5H（pyrrhotite-5H）
Fe_9S_{10}　六方晶系
磁硫鉄鉱-6M（pyrrhotite-6M）
$Fe_{11}S_{12}$　単斜晶系
磁硫鉄鉱-7H（pyrrhotite-7H）
Fe_9S_{10}　六方晶系
磁硫鉄鉱-11H（pyrrhotite-11H）
$Fe_{10}S_{11}$　六方晶系
関連鉱物として，
スマイス鉱（smythite）
$(Fe, Ni)_9S_{11}$　三方晶系
がある．

〔清水正明〕

● 文献
1) N. Morimoto, *et al.* (1975) *Economic Geology*, **70**, 824-833.

222 硫砒銅鉱 （りゅうひどうこう）Enargite

直方晶系．空間群 $Pnm2_1$．格子定数 a = 64.31, b = 74.02, c = 6.149 nm．自形結晶は斜方柱状，板状など．c軸に平行に条線が発達する．しばしば{320}を双晶面とする双晶が発達する．化学組成式は Cu_3AsS_4．ルソン銅鉱（luzonite）とは多形関係にある．Sb置換体であるファマチナ鉱（famatinite）はルソン銅鉱と同構造

であるが，硫砒銅鉱とも部分的に固溶体を形成する（Sb≦6% 程度）．

灰黒色～鉄黒色，金属光沢で，条痕は灰黒色．劈開は$\{110\}$に完全，$\{100\}$, $\{010\}$に明瞭，$\{001\}$に不明瞭．モースの硬度計で3．比重は4.40（計算値）である．

反射光での色はわずかに赤色味を帯びた灰色．反射能24.4～25.2%（540 nm）．弱い多色性がある．暗紫赤色～オリーブ緑色のたいへん強い異方性がある．深赤色の内部反射が観察されることがある．

浅～深熱水性鉱脈鉱床，黒鉱鉱床の半黒鉱や石膏鉱，斑岩銅鉱床などから産出する．

〔清水正明〕

● 文献
1) G. Springer (1969) *Mineralium Deposita*, **4**, 72-74.
2) G. Adiwidjaja and J. Löhn (1970) *Acta Crystallographica*, **B26**, 1878-1879.

223 紅砒ニッケル鉱（こうひにっけるこう）
Nickeline

① nickelite や niccolite ともいう．六方晶系．空間群$P6_3/mmc$．格子定数$a=$36.09, $c=5.019$ nm．自形結晶は六角板状～短柱状であるが，まれで，不定形集合として産出することが多い．$\{10\bar{1}1\}$に双晶が発達することがある．化学組成式はNiAs. Co, Sb, S などを含むことがある．紅砒ニッケル鉱族に分類される．

灰色味を帯びた銅赤色．強い金属光沢．錆びて，灰色～黒色になる．条痕は淡褐黒色．劈開はない．モースの硬度計で5～5½．大きい比重7.83（計算値）は方鉛鉱や砒鉄鉱よりも大きい．変質して，ニッケル華（annabergite, $Ni_3(AsO_4)_2 \cdot 8H_2O$）になる．

反射光での色は桃色味を帯びた黄白色．マウヘル鉱（maucherite）に似る．反射能が高く，45.3～50.7%（540 nm）．多色性が顕著で，白色～黄桃色～明褐桃色．異方性もたいへん強く，明緑黄色～鈍い灰色．Sb 置換体である紅安ニッケル鉱の色は紫色味を帯びている．

深熱水性鉱脈鉱床，正マグマ性鉱床，変成層状マンガン鉱床などから産出する．

② 紅砒ニッケル鉱族の主な鉱物
六方晶系，空間群$P6_3/mmc$で，化学組成式が，一般に，AX，ただし，A = Ni, Co, Fe, Cu, Pt, Pd, Au, X = As, Sb, Bi, S, Se, Te, Sn.

セレン鉄鉱（Achávalite）
　FeSe
（Jaipurite）
　CoS
セレンコバルト鉱（Freboldite）
　CoSe
砒コバルト鉱（Langisite）
　(Co, Ni)As
紅砒ニッケル鉱（nickeline）
　NiAs
紅安ニッケル鉱（breithauptite）
　NiSb
セレンニッケル鉱（sederholmite）
　β-NiSe
サドベリー鉱（sudburyite）
　PdSb
テルルパラジウム鉱（kotulskite）
　Pd(Te, Bi)
蒼鉛パラジウム鉱（sobolevskite）
　PdBi
安白金鉱（stumpflite）
　Pt(Sb, Bi)
関連鉱物として，
ズラトゴーラ鉱（zlatogrite）
　$CuNiSb_2$　三方晶系
がある．

〔清水正明〕

224 銅藍（どうらん）Covellite

① コベリン（covelline）ともいう．六方晶系．空間群$P6_3/mmc$．格子定数$a=$3.7938, $c=16.341$ Å．自形結晶は六角板状．

化学組成式はCuS．クロックマン鉱（CuSe）と同構造で，S⇔Se置換がある．銅藍グループに分類される．

暗青藍色〜青藍色〜黒色．息を吹きかけると紫色になる．亜金属光沢．条痕は藍色味を帯びた黒色〜鉛灰色．劈開は{0001}に完全．低い硬度（モースの硬度計で1½〜2）．比重は4.60（計算値）である．

反射光では，多色性が強く，深青色〜淡青白色の変化が顕著である．反射能6.9〜24.2%（540 nm）．異方性もきわめて強く，青色〜赤色と変化する．ヤロー鉱に酷似するが，橙色味を帯びた異方性がある．スピオンコープ鉱は銅藍やヤロー鉱よりも異方性が弱い．

各種銅鉱床の酸化帯，深熱水性鉱脈鉱床，黒鉱鉱床，斑岩銅鉱床から産出するほか，火山昇華物としても産出する．

かつて blue-remaining covelline (blaubleibender Kovellin) と呼ばれたもの（油浸系での観察で，紫色〜青色味がかった紫赤色を欠き，深青色のままの"銅藍"）はスピオンコープ鉱で，別鉱物である．

② 銅藍と関連鉱物
六方晶系で，空間群 $P6_3/mmc$.
銅藍（covellite）
  CuS
クロックマン鉱（klockmannite）
  CuSe
アイダ鉱（idaite）
  Cu_5FeS_6
ヌクンダム鉱（nukundamite）
  $(Cu, Fe)_4S_4$
スピオンコープ鉱（spionkopite）
  $Cu_{1.39}S$
ヤロー鉱（yarrowite）
  $Cu_{1.12}S$
がある．　　　　　　〔清水正明〕

● 文献
1) L. G. Berry (1954) *American Mineralogist*, **39**, 504-509.
2) H. T. Evans, Jr. and J. A. Konnert (1976) *American Mineralogist*, **61**, 996-1000.
3) M. Ohmasa, *et al.* (1977) *Mineralogical Journal*, **8**, 311-319.

225 車骨鉱（しゃこつこう）Bournonite

① 直方晶系．空間群 $Pn2_1/m$．格子定数 $a = 81.68$, $b = 87.12$, $c = 7.811$ nm．自形結晶は立方体に近い斜方立体で，稜に当たる部分に細い結晶面が発達する．{110}を双晶面とする双晶がよく発達する．双晶軸方向から見ると，十文字になる．化学組成式は $CuPbSbS_3$．As置換体であるセリグマン鉱との間に固溶体を形成する（Asは3%程度まで）ほか，Bi⇔Sb置換（Biは5%程度まで），S⇔Se置換（Seは2%程度まで），Ag⇔Cu置換，Fe, Zn⇔Pb置換が知られている．車骨鉱グループに分類される．

鋼灰色〜鉄黒色．金属光沢．条痕は鋼灰色〜鉄黒色．劈開は{010}に不完全，{100}や{001}に不明瞭．モースの硬度計で2½〜3．比重は5.84（計算値）である．

反射光での色は灰白色．反射能34.3〜36.2%（540 nm）．わずかに多色性がある．異方性は弱い．しばしば集片双晶が観察される．

スカルン鉱床，浅〜深熱水性鉱脈鉱床，別子型鉱床などから産出する．

② 車骨鉱族
直方晶系で，空間群 $Pn2_1/m$ あるいは $Pmmn$.
セリグマン鉱（seligmannite）
  $CuPbAsS_3$　$Pmmn$
車骨鉱（bournonite）
  $CuPbSbS_3$　$Pn2_1/m$
ソウチェク鉱（součekite）
  $CuPbBi(S, Se)_3$　$Pn2_1/m$
〔清水正明〕

硫化鉱物

● 文献
1) A. Edenharter, et al. (1970) Zeitschrift für Kristallographie, **131**, 397-417.

226 ブーランジェ鉱（ぶーらんじぇこう）
Boulangerite

① 単斜晶系．空間群 $P2_1/a$．格子定数 $a=215.6$, $b=235.1$, $c=80.9$ nm, $\beta=100.7°$．自形結晶は針状，毛状，繊維状，柱状など．まれにリング状．柱面に平行な条線が発達することがある．毛状の場合，毛鉱と識別できない．化学組成式は $Pb_5Sb_4S_{11}$．Fe, Ag, Cl を含むことがある．ブーランジェ鉱族に分類される．"ファルクマン鉱" はブーランジェ鉱と同一である可能性がある．

わずかに青色味を帯びた鉛灰色，金属光沢，ときに絹糸光沢．条痕は褐色味を帯びた黒灰色．劈開は{100}に良好である．モースの硬度計で 2½～3．比重は 6.21（計算値）である．

反射光での色は灰白色．反射能 37.6～42.0%（540 nm）．多色性があるが，毛鉱より弱く，車骨鉱より強い．異方性は明瞭である．まれに赤色の内部反射が観察されることがある．

スカルン鉱床，深熱水性鉱脈鉱床，別子型鉱床などから産出する．

② ブーランジェ鉱科の主な鉱物
ブーランジェ鉱（boulangerite）
　$Pb_5Sb_4S_{11}$　直方晶系
ファルクマン鉱（falkmanite）
　$Pb_{5.4}Sb_{3.6}S_{11}$　単斜晶系
ロビンソン鉱（robinsonite）
　$Pb_4Sb_6S_{13}$　単斜晶系
ダドソン鉱（dadsonite）
　～$Pb_5Sb_7S_{16}$　三方晶系

③ 毛状の場合，ブーランジェ鉱と毛鉱とは識別できない．

毛鉱は単斜晶系．空間群 $P2_1/a$．格子定数 $a=15.65$, $b=19.03$, $c=4.03$ Å, $\beta=91.8°$．自形結晶は［001］に伸張した短～長柱状（わが国では，未報告）であるが，一般に，毛状である．{100}を双晶面とする双晶が発達することがある．化学組成式は $Pb_4FeSb_6S_{14}$．Mn, Bi, Sn, Se, Cl を含むことがある．ベナビデス鉱とは連続固溶体を形成する．

鉛灰色～灰黒色，金属光沢．条痕は灰黒色．{001}に良好な劈開がある．モースの硬度計で 2½．比重は 5.76（計算値）である．

反射光での色は灰白色～褐色味を帯びた灰白色．反射能 34.0～39.3%（540 nm）．比較的顕著な多色性がある．異方性は強い．しばしば双晶ラメラが観察される．

深熱水性鉱脈鉱床，スカルン鉱床，別子型鉱床などから産出する．

④ 毛鉱系の鉱物
毛鉱（jamesonite）
　$Pb_4FeSb_6S_{14}$
ベナビデス鉱（benavidesite）
　$Pb_4MnSb_6S_{14}$

〔清水正明〕

● 文献
1) G. Papp, et al. (2008) Swiss Journal Geoscience, (online-DOI 10.1.1007/5000115-007-1233-1).
2) N. Niizeki and M.J. Buerger (1957) Zeitschrift für Kristallographie, **109**, 161-183.
3) E. Oudin, et al. (1982) Bulletin de la Société française de Mineralgie, **105**, 166-169.
4) L.L.Y. Chang, et al. (1987) Canadian Mineralogist, **25**, 667-672.
5) W.G. Mumme (1989) Neues Jahrbuch für Mineralogie, Monatschefte, **1990**, 193-204.
6) P. Léone, et al. (2003) Solid State Sciences, **5**, 771-776.
7) Y. Matsuhisa and Y. Ueda (2003) Inorganic Chemistry, **42**, 7830-7838.

酸化鉱物

227 赤銅鉱 (せきどうこう) Cuprite

立方晶系で純粋な Cu_2O からなり, 粒状, 皮殻状, 土状, 毛状などの形態で産するほか, 立方体, 正八面体, 十二面体の結晶形を示す. ダイヤモンド光沢で透明感があり, 赤～赤黒色. 条痕は褐赤色. 硬度は3½～4, 劈開なく, 比重は6.15. 銅鉱物を含む鉱床の酸化帯に, 自然銅, 孔雀石などと共存. 名称は化学組成から, ラテン語で銅を意味する cuprum に由来. 〔松原 聰〕

228 緑マンガン鉱 (りょくまんがんこう) Manganosite

立方晶系でほぼ純粋な MnO からなり, 粒状, 塊状の形態で産し, 立方体, 正八面体, 十二面体の結晶形を示すことはきわめてまれ. ガラス光沢で結晶粒が大きいものでは透明感がある. 鮮緑色だが, Mn がやや不足する組成をもつ微細な結晶の集合体となっている場合は, 空気中ですぐに褐色となる. 条痕は褐色. 硬度は5½, 劈開完全, 比重は5.4. マンガン鉱床中に, 高品位マンガン鉱石鉱物であるハウスマン鉱, 菱マンガン鉱, テフロ石などと共存. 〔松原 聰〕

229 黒銅鉱 (こくどうこう) Tenorite

単斜晶系で純粋な CuO からなり, 土状, 塊状, 煤状, 樹枝状の形態で産し, まれに薄い板状の結晶形を示す. 結晶形が明瞭なものは金属光沢だが, それ以外では土状光沢. 黒色で, 条痕も同色. 硬度は3½. 劈開なく, 比重は6.4～6.5. 銅鉱床の酸化帯に, ブロシャン銅鉱, 孔雀石, 珪孔雀石などと共存. また, 火山の噴気からの昇華物として産し, イタリアのベスビオ火山が原産地. 名称は, イタリアの植物学者, M. Tenore (1781-1861) に由来. 土状のものは外観からギリシャ語の黒い粉塵を意味する melacon から, メラコナイト (melaconite) といわれた. 〔松原 聰〕

230 コランダム (こらんだむ) Corundum

鋼玉とも. 三方晶系で Al_2O_3 からなるが, Fe, Ti, Cr などを含むことがある. 六角厚板状, 六角柱状, 中心部が太く先端が細くなる六角長柱状などの結晶形を示す. ガラス光沢, 無色をはじめ, 青, 黄, 赤, 紫, 黒色など変化に富む. 条痕は白色. 硬度は9, 劈開はないが, 底面に平行な裂開がある. 比重は4.0. 泥質の接触変成岩, 片麻岩, 再結晶石灰岩, 熱水変質岩, 花崗岩ペグマタイト中に産する. 方解石, 長石, 準長石, 白雲母, 紅柱石, 葉蝋石, チタン鉄鉱などと共存. コランダムの透明で美しい色をもつものは, ルビー, サファイアなどの宝石として使われる. 名称はルビーを意味するサンスクリット語をもとにしたタミール語の kuruntam から由来すると考えられている. コランダムは合成が古くから行われ, 人工ルビーや研磨剤などの素材として使われてきた. 〔松原 聰〕

231 赤鉄鉱 (せきてっこう) Hematite

三方晶系でほぼ Fe_2O_3 からなり, 六角板状, 六角短柱状, 花弁状 (鉄薔薇の愛称) などの結晶形を示す. また, 魚卵状, 腎臓状, 土状など明瞭な結晶形を示さないことも多い. 結晶形を示すものは鋼灰～鉄黒色で金属光沢, そうでないものは血赤～褐赤色で土状光沢. 条痕は血赤～褐赤色. 硬度は5～6, 劈開はないが, 底面に平行な方向と菱面体方向に裂開がある. 比重は5.26. 世界的には, 堆積岩とそれを起源とする層状変成岩に多い. ほかに, 接触交代鉱床, 熱水鉱脈鉱床などに産するが, 花崗岩質岩, 玄武岩中などかなり普遍的にみられる. 鉄を含む鉱物の酸化によっても容易に生成される. 赤鉄鉱は赤色顔料 (ベンガラ) の素

酸化鉱物 529

材にもなるように，粉末は血のような色をしていることから，名称はギリシャ語の血赤色を意味する haimatitis から由来する．赤鉄鉱は鉄の資源として重要である．

〔松原　聰〕

232　ペロブスキー石（ぺろぶすきーせき）
Perovskite

①　ペロブスカイト，ペロフスカイト，灰チタン石とも．直方晶系で $CaTiO_3$ の理想化学組成式をもつが，Nb, Ce を主とする希土類元素，Na などを相当量含むことがある．立方体，それに八面体面を加えた結晶形を示し，ダイヤモンド～金属光沢．黒，褐，黄色．色の薄いものは透明感があるが，黒くなると不透明．条痕は灰～白色．硬度は5½，劈開は不完全．比重は4.01．カーボナタイト，接触交代作用を受けた石灰岩，緑泥石片岩などに産する．ロシア，ウラル山地の緑泥石片岩中に最初に発見．名称はロシアの鉱物学者，L. A. Perovski（1792-1856）に由来．日本では，岡山県高梁市布賀の接触交代作用を受けた石灰岩中に産する．

②　ペロブスキー石型構造をもつ鉱物のグループ名としても使われる．この中にはロパライト（loparite-(Ce), (Ce, Na, Ca)$(Ti,Nb)O_3$），タウソン石（tausonite, $SrTiO_3$）などが含まれる．ロパライトの名称は原産地コラ半島に住むサーミ人をかつてラップ人とよんでいて，そのロシア名に由来．タウソン石はロシア，ムルンスキー山塊から発見され，名称はロシアの地球化学者，L. V. Tauson（1917-1989）に由来．日本では，新潟県糸魚川市産ひすい輝石岩中に産する．

③　下部マントルで，かんらん石が高密度のペロブスキー石型構造をもつマグネシウム鉄ケイ酸塩（$(Mg,Fe)SiO_3$）と岩塩構造をもつ含鉄ペリクレース（$(Mg,Fe)O$）に転移すると考えられている．地球深部の議論のときによく出てくるペロブスカイトはペロブスキー石型構造をもつマグネシウム鉄ケイ酸塩のことであり，鉱物種のペロブスキー石とはまったく別物なので注意が必要．2014年に，隕石中からこの相に相当する鉱物が発見され，ブリッジマン石と命名された．

〔松原　聰〕

233　ブリッジマン石（ぶりっじまんせき）
Bridgmanite

ペロブスキー石と同構造の直方晶系で $(Mg,Fe)SiO_3$ の化学組成をもつ．1997年に，Tenham（テンハム）コンドライトから富岡・藤野[1]によって発見され，後に Tschauner ら[2]によって精査され鉱物種が確立した．名称は高圧発生装置の開発と研究によってノーベル物理学賞を受賞した米国の P. W. Bridgman（1882-1961）に由来．この鉱物は，コンドライトの衝撃溶融脈中から，三方晶系の $(Mg,Fe)SiO_3$ である秋本石（akimotoite）に伴って，50～400 nm の超微細な粒として発見された．推定硬度8～9，計算密度 4.2968 g/cm^3．地球で最も多量に存在する鉱物ではないかと考えられている．

〔松原　聰〕

●文献
1) N. Tomioka and K. Fujino (1997) *Science*, **277**, 1084-1086.
2) O. Tschauner *et al.* (2014) *Science*, **346**, 1110-1112.

234　チタン鉄鉱（ちたんてっこう）Ilmenite

三方晶系で $FeTiO_3$ からなり，Fe を Mn, Mg が連続的に置換する．Mn が卓越するとパイロファン石（pyrophanite），Mg が卓越するとゲイキ石（geikielite）とよばれる．また，チタン鉄鉱の Fe は二価であるが，変質により三価となって相対的に Fe が抜け，擬ルチル（pseudorutile, $Fe_2^{3+}Ti_3O_9$）となる．六角板状あるいは不定形板状の形態を示し，鉄黒色で金属光

沢，条痕は黒色．硬度は5〜6，劈開はなく，比重は4.7〜4.8．特に斑れい岩，閃緑岩，斜長岩など広く火成岩中に産し，その中に集積塊をつくることもある．また，花崗岩ペグマタイト，結晶片岩中にもよくみられる．重鉱物砂中にルチル，磁鉄鉱，ジルコンなどとともに濃集し，重要なチタン原料となる．名称は原産地のロシア，Ilmenskie山地に由来． 〔松原　聰〕

235 錫石（すずいし）Cassiterite

正方晶系でほぼSnO_2からなり，Fe, Nb, Taなど含むことがある．錐面と柱面からなる短柱状結晶形で，柱面がほとんどないものや柱面が発達した細柱状〜針状のものもみられる．また，貫入双晶，繰り返し双晶も珍しくない．黄褐〜褐黒色でダイヤモンド〜亜金属光沢．条痕は淡灰褐色．硬度は6〜7，劈開はほとんどなく，比重は7.00．特に高温生成の熱水鉱脈，花崗岩質ペグマタイト，接触交代鉱床などに産する．また，重鉱物砂中に濃集し（いわゆる砂錫），重要な資源となる．名称は錫を意味するギリシャ語，kassiterosに由来． 〔松原　聰〕

236 ルチル（るちる）Rutile

金紅石（きんこうせき）とも．正方晶系でほぼTiO_2からなり，Fe, Nb, Taなど含むことがある．錐面と柱面からなる短柱状結晶形で，柱面が発達した細柱状〜針状，さらに毛状のものも見られる．また，貫入双晶，繰り返し双晶も珍しくない．赤〜黄褐〜褐黒色でダイヤモンド〜金属光沢，条痕は淡黄褐色．硬度は6〜6½，劈開は二方向に明瞭，比重は4.23．片麻岩や結晶片岩などの変成岩，深成岩，熱水変質岩，ペグマタイトなどに産する．石英，葉蠟石，藍晶石，赤鉄鉱，磁鉄鉱，白雲母などと共存．チタン鉄鉱と同様にチタンの資源として重要．また，黄金色に輝く針状〜毛状のルチルを包有する石英は，ルチル入り石英（rutilated quartz）として人気がある．名称は赤を意味するラテン語，rutilusに由来．鋭錐石（anatase），板チタン石（brookite）とは多形をなすが，それらより産出は多い． 〔松原　聰〕

237 金緑石（きんりょくせき）Chrysoberyl

クリソベリルとも．直方晶系でほぼ$BeAl_2O_4$からなり，少量のFe，微量のCrを含むことがある．板状結晶で，貫入双晶や接触双晶をし，ハート型，六角厚板状の形態を示すこともある．通常は緑〜黄〜緑褐色だが，太陽光下では緑色，白熱灯下で赤色に見える変種（アレキサンドライト）もある．ガラス光沢，条痕は白色．硬度は8½，劈開は二方向に明瞭，比重は3.7〜3.8．花崗岩ペグマタイト，雲母片岩などに産する．緑柱石，電気石，コランダム，長石，白雲母などと共存．名称は金色の緑柱石と誤認されたため，ギリシャ語の金色を意味するchrusosと緑柱石を組み合わせたことに由来．宝石種としてはアレキサンドライトのほかキャッツアイがある． 〔松原　聰〕

238 テルル石（てるるせき）Tellurite

直方晶系でTeO_2からなり，柱状〜針状結晶，また皮膜状集合をなす．無〜黄色で亜ダイヤモンド光沢，条痕は白色．硬度は2，劈開は完全，比重は5.90．自然テルルや他の含テルル鉱物からの分解によって生じる酸化帯の二次鉱物．日本では北海道手稲鉱山，静岡県河津鉱山が主な産地．パラテルル石（正方晶系）と多形をなす． 〔松原　聰〕

239 スピネル（すぴねる）Spinel

①　立方晶系で端成分$MgAl_2O_4$からなる苦土スピネルのこと．MgはMn, Fe^{2+}, Znに，AlはCrなどに置換される．正八面体などの結晶形を示すほか，スピネル式

酸化鉱物　531

双晶に代表される接触双晶も多い．純粋なものは無色だが，副成分元素によって赤，青，緑色などさまざまな色を示す．ガラス光沢，条痕は白色．硬度は7½〜8，劈開はなく，比重は3.56．特に石灰岩や苦灰岩起源の変成岩に多く産するが，泥質接触変成岩，片麻岩にもみられる．また超苦鉄質〜苦鉄質火成岩にも造岩鉱物として含まれる．名称は正八面体の尖った形態から，ラテン語の小さなとげを意味するspinellaに由来．そのため，スピネルを尖晶石（せんしょうせき）とも．

② スピネル族のこと．化学組成式がAB_2O_4で表され，BがAlのなかま（スピネル，マンガンスピネル，鉄スピネル，亜鉛スピネル），BがFe^{3+}のなかま（磁鉄鉱，ヤコブス鉱，フランクリン鉄鉱など），BがCrのなかま（クロム鉄鉱，クロム苦土鉱など），BがVのなかま（ボーレライネン石など），Bの半分がTiのなかま（ウルボスピネルなど）に分けられる．これらの間には中間的な組成のものもあり，分野によって独特な名前でよばれることもある．例えば，かんらん岩などにみられる透過光が褐色のスピネルは，"クロムスピネル"あるいは"クロミアンスピネル"とよばれることがあるが，CrやFeを相当量含むものの，鉱物種としてはスピネルのことがほとんど．

③ 上部マントルの下部条件下で，かんらん石が高圧のため密度を増し，スピネル型構造の$Si(Mg, Fe)_2O_4$をもつようになる．これにはリングウッダイトという鉱物名がつけられている．地球深部の議論の際に出てくる場合のスピネルはこの鉱物を指すこともあるので注意が必要．

④ スピネルは宝石として用いられることがあり，赤色スピネルがルビーと混同されたこともある． 〔松原　聰〕

240 **磁鉄鉱** （じてっこう）**Magnetite**

立方晶系で$Fe^{2+}Fe_2^{3+}O_4$からなり，Fe^{2+}はMn^{2+}, Mgに，Fe^{3+}はAl, Ti, V, Crなどに置換される．正八面体，十二面体などの結晶形を示すほか，粒状，塊状の形態を示し，鉄黒色で金属〜亜金属光沢，条痕も黒色．硬度は5½〜6，劈開はなく，比重は5.20．強い磁性が特徴．ほとんどの岩石中に含まれるが，特に先カンブリア時代の堆積岩の主成分鉱物となっているものは，層状鉄鉱床の鉱石として重要．そのほか正マグマ性鉱床，接触交代鉱床などでもまとまって産する．重鉱物砂中に砂鉄として，ルチル，チタン鉄鉱，ジルコンなどと共に濃集．名称は鉄製の靴釘や杖の石突が岩に引かれたのに気づいたギリシャの羊飼いMagnesに由来するという説などがある．
〔松原　聰〕

241 **クロム鉄鉱** （くろむてっこう）**Chromite**

立方晶系で$Fe^{2+}Cr_2O_4$からなり，Fe^{2+}はMgと連続的に置換（Mg>Fe^{2+}のものは，クロム苦土鉱, magnesiochromite, とよばれる）．CrはAl, Ti, V, Fe^{3+}などに置換される．まれに正八面体の結晶形を示すが，粒状，塊状の形態がふつう．黒色で金属光沢，条痕は濃褐色．硬度は5½，劈開はなく，比重は4.7〜4.8．ズンかんらん岩，かんらん岩，蛇紋岩中に副成分的な造岩鉱物としてふつうにみられ，正マグマ性鉱床の一つとして，それらの岩石中に大きな塊状・層状で産する．重鉱物砂としても集まることがある．また隕石中にもみられる．名称は化学組成に由来．クロム苦土鉱は条痕が褐色に近くなるが，外観でクロム鉄鉱と区別できない． 〔松原　聰〕

242 **ハウスマン鉱** （はうすまんこう）**Hausmannite**

正方晶系でほぼ$Mn^{2+}Mn_2^{3+}O_4$からなり，少量のFe，微量のMg, Al, Ti, Znに置換される．基本結晶構造はスピネル型である

が，Mn^{3+} によるヤーン・テラー効果で対称が低下し，正方晶系に．まれに擬八面体，複錐正方短柱状の結晶形を示すが，ふつう粒状，塊状．結晶形の明瞭なものは黒色金属光沢だが，塊状の場合は褐色土状光沢．条痕は褐色．硬度は5½．劈開はほぼ完全，比重は4.84．主にマンガン鉱床中に産し，菱マンガン鉱，テフロ石，アレガニー石などと共存．塊状鉱の色から"チョコレート鉱"とも称され，マンガン鉱石として重要．名称はドイツ，ゲッティンゲン大学の教授だった，J. F. L. Hausmann（1782-1859）にちなむ． 〔松原　聰〕

243 轟石 (とどろきせき) Todorokite

単斜晶系で化学組成式はほぼ $Mn^{2+}Mn_3^{4+}O_7\cdot(2\pm x)H_2O$ に近いが，結晶構造中に大きなトンネルがあり，Ca, Na, K, H_2O などがそこに入る．また，Cu, Co, Ni なども吸着されやすい．ふつうスポンジ状，層状，土状で，黒褐色，土状～金属光沢．条痕も黒褐色．硬度は1½．劈開は完全，比重は3.7～3.8．主に菱マンガン鉱や含マンガンケイ酸塩鉱物の酸化分解によって生成される．また，マンガンノジュールの主成分の一つとして産する．名称は原産地の北海道赤井川村轟鉱山[1]に由来．
〔松原　聰〕

●文献
1) T. Yoshimura (1934) Journal of Faculty of Science, Hokkaido Imperial University, Series IV, 289-297.

244 針鉄鉱 (しんてっこう) Goethite

ゲーサイトとも．直方晶系の $FeOOH$（α相）からなり，少量のFeやAlを含むことがある．ふつう土状，塊状で産し，まれに針状，板状の結晶形を示すこともある．黄褐色～黒褐色で産出形態により，ダイヤモンド～金属，土状，絹糸光沢．条痕は褐黄色．硬度は5～5½．劈開は完全，比重は4.26．鉄鉱床をはじめ鉄鉱物を含むあらゆる岩石の酸化帯によくみられる"褐鉄鉱"の主要成分として産する．また，温泉沈殿物（木の葉などを置換していることもある），土壌中の草木の根のまわりに沈積（いわゆる高師小僧）など産状は広い．直方晶系 γ 相の鱗鉄鉱，六方晶系 δ 相のフェロキシハイトとは多形をなす．また単斜晶系 β 相の新鉱物として記載された岩手県奥州市赤金鉱山産の赤金鉱[1]は，後の研究によって化学組成にClなどが含まれているため，純粋な $FeOOH$ の多形あつかいではなくなった．名称はナチュラリストでもあった文豪ゲーテ J. W. von Goethe（1749-1832）にちなむ． 〔松原　聰〕

●文献
1) 南部松夫（1968）岩石鉱物鉱床学会誌，**59**，143-151.

245 軟マンガン鉱 (なんまんがんこう) Pyrolusite

パイロリュース鉱とも．正方晶系の MnO_2（β 相）からなる．ふつう土状，塊状で産し，まれに針状，長柱状の結晶形を示すこともある．黒色，金属光沢．条痕も黒色．結晶形の明瞭なものの硬度は6½だが，土状の場合は2に近い．劈開は完全，比重は5.15．マンガン鉱物の酸化分解によって生じる．また熱水鉱脈中に結晶形の明瞭なものが産する．水マンガン鉱（manganite, $MnOOH$）の結晶をすっかり置換することもある（仮晶）．直方晶系 γ 相のラムスデル鉱とは多形をなす．六方晶系 ε 相はアフテンスク鉱とよばれ軟マンガン鉱と多形の一つとされているが，化学組成は MnO_2 からずれている．名称はガラスの褐色と緑色味を消すために用いられていたことから，ギリシャ語の pur（火）と lousis（洗う）に由来． 〔松原　聰〕

246 フェルグソン石（ふぇるぐそんせき）
Fergusonite

希土類元素（RE）のニオブ酸塩で$RENbO_4$の化学式をもつフェルグソン石族鉱物の総称．REとNbの配置が異なる正方晶系と単斜晶系が知られ，前者はフェルグソン石，後者はベータフェルグソン石とよばれる．イオン半径の大小にかかわらずすべてのREでそれぞれの構造が保たれる．卓越するREにより分類され，フェルグソン石-(Y)，フェルグソン石-(Ce)，ベータフェルグソン石-(Y)，ベータフェルグソン石-(Ce)，ベータフェルグソン石-(Nd)の5種が知られている．

ニオブ酸イオンは$(NbO_4)^{3-}$と表記されることが多いが，単斜晶系のベータフェルグソン石の結晶構造では6配位のNbO_6八面体が鎖状構造を構成している．正方晶系のフェルグソン石については未だ構造解析結果に問題が残る．NbはしばしばTaに同形置換される．フェルグソン石でも相当量のTaが含まれることがある．最近，高縄山からベータフェルグソン石のTa置換体（高縄石）が発見された．以前から知られているフォーマン石や岩戸石［$YTaO_4$］はフェルグソン石と構造的に類似性があるが同形ではない．

柱状晶で，時に端面に両錐をなす．メタミクト状態で産することも多い．ガラス光沢から油脂光沢，時に破断面で亜金属光沢．不透明から半透明で，灰色，黄色，褐色，緑灰色，暗赤色，黒色，など組成により多様．条痕は褐色から黄褐色など．硬度は5½〜6½，劈開不全，亜貝殻状断口，比重は5.6から5.9と組成により変動．花崗岩ペグマタイトに加え，花崗岩，苦灰石質石灰岩，カーボナタイトなどに産する．鉱物名は，スコットランドのH. R. Fergusonにちなむ． 〔宮脇律郎〕

247 コルンブ石（こるんぶせき） Columbite

直方晶系のAB_2O_6（A＝Fe, Mn, Mg, B＝Nb, Ta）の組成をもつコロンブ石族鉱物の総称で，卓越する陽イオンにより，鉄コロンブ石，マンガンコロンブ石，苦土コロンブ石，鉄タンタル石，マンガンタンタル石，苦土タンタル石などの種に分類される．BO_6八面体からなる層状のコルンブ石型構造は，ユークセン石など多くの鉱物や化合物でみられ，これらコルンブ石型構造の物質が単にコルンブ石と誤って略称されることもあり，注意を要する．

短柱状から板状をなし，ハート型や貫入型の双晶ないしは擬六方の三連双晶として産することもある．亜金属光沢からガラス光沢で不透明．黒色，黒褐色または赤褐色など組成により多様．条痕は黒色から暗褐色．硬度は6，劈開明瞭，比重は5.2から6.7と組成により変動．主に花崗岩ペグマタイト，まれにカーボナタイト，また漂砂鉱床に産する．

コルンブ石は，アメリカの別称コロンビアにちなみ命名．元素Nb, Taの発見に関与した鉱物．主要成分であるNbにもコロンビアにちなみcolumbiumという名称が使われたことがある． 〔宮脇律郎〕

248 閃ウラン鉱（せんうらんこう） Uraninite

ウランの酸化物，放射性鉱物．理想化学式はUO_2と4価のウランを主体とするが，部分的に6価に．Uを置換したThを含むことが多く，Uが崩壊したPbも含まれる．立方晶系に属し，蛍石型構造をとる．方トリウム石（トリアナイト）［ThO_2］やセル石［CeO_2］と同形．塊状，ぶどう状，葉片状などの集合体として産出．自形結晶は一般的ではないが，八面体，立方体，まれに十二面体の形態をもつ．断口は不規則あるいは貝殻状．硬度5〜6．比重は10.6から10.9程度だが，部分的に変質して6.5程度に実測されることもある．亜金属光沢ま

たは脂肪光沢，不透明で，黒，暗緑，暗褐色から明灰色，緑色を呈し，条痕色は暗灰色から灰緑色．花崗岩，ペグマタイト，熱水性鉱脈中に産する．命名はその化学成分にちなむ．ウランならびにラジウムの鉱石鉱物．

瀝青ウラン鉱（ピッチブレンド）は非晶質の酸化ウランで，Fe, Cu, Pb, Co, Ni, Bi などの硫化物を伴い，比重は 6.5〜8.5 と閃ウラン鉱よりも低いことが特徴．名前は天然アスファルト・ピッチ（瀝青）のような光沢に由来．閃ウラン鉱が非晶質化したものと考えられ，独立の鉱物種としては扱われない． 〔宮脇律郎〕

ハロゲン化鉱物

249 岩塩（がんえん）Halite

ほぼ NaCl の組成で産する．立方晶系で，層状，塊状の形態で産し，立方体の結晶形を示すことがある．ガラス光沢で，無色をはじめ赤，褐，黄，青，紫色など示すが，包有物により色づいていることも多い．青，紫色は格子欠陥による着色と考えられる．条痕は白色，硬度は 2，劈開は三方向に完全，比重は 2.17．主に海水の蒸発によってでき，巨大な岩塩層を形成する．また，それらが地下で変形を受けドーム状の構造となることもある．大陸内部の塩湖でもふつうにみられる．さらに，火山での噴気孔付近での昇華物，石英をはじめ多くの結晶中の包有物として産する．岩塩構造をもつ鉱物には，カリ岩塩（sylvite, KCl），ヴィリオーマイト（villiaumite, NaF），方鉛鉱（galena, PbS），閃マンガン鉱（alabandite, MnS）などがある．名称はギリシャ語の塩を意味する hals に由来． 〔松原 聰〕

250 角銀鉱（かくぎんこう）Chlorargyrite

AgCl の組成で産し，Cl を Br がかなり置換し，臭化銀鉱（bromargyrite）と完全固溶体をなす．また，I でも一部置換される．立方晶系で，皮殻状，樹枝状，角状などの形態で産し，立方体，正八面体の結晶形を示すことがある．樹脂〜ダイヤモンド光沢で，新鮮なものは無色，Br に富む物は黄，黄緑色だが，光を浴びてしだいに紫褐色となる．条痕は白色，硬度は 2½，劈開はなく，比重は 5.6〜6.0．銀鉱床の酸化帯に二次鉱物として産する．名称は化学組成，塩化銀に由来するが，cerargyrite という旧名もあり，これは horn silver（角状の銀）に由来し，和名はこちらを使っている． 〔松原 聰〕

251 アタカマ石 (あたかませき) Atacamite

直方晶系の $Cu_2(OH)_3Cl$ で，パラアタカマ石，ボタラック石，単斜アタカマ石，三斜アタカマ石と多形をなす．粒状，繊維状，塊状などの形態で産し，細柱状，卓状，擬八面体の結晶形を示すことがある．ダイヤモンド～ガラス光沢で，緑色，条痕も同色．硬度は 3～3½，劈開は一方向に完全，比重は 3.77．銅鉱床の酸化帯に二次鉱物として産し，特に乾燥地帯に多い．日本では，海水起源の塩素を取り込むため，海岸沿いの銅鉱床酸化帯にみられる．また，三宅島，伊豆大島などでは火山昇華物として産することもある．名称は原産地のチリ・アタカマ砂漠にちなむ． 〔松原 聰〕

252 蛍石 (ほたるいし) Fluorite

立方晶系で，CaF_2 の組成で産し，Ca は希土類元素，特に Y や Ce に置換されることがある．立方体，正八面体の結晶形を示すことが多い．ガラス光沢で，無色をはじめ灰，緑，紫，黄，ピンク色など変化に富む．条痕は白色，硬度は 4，劈開は四方向に完全．比重は 3.18．加熱により熱発光を示し，紫外線によって蛍光を発する場合がある．イギリス産の蛍石には太陽光に曝すと光るものがあり，その現象から蛍光という言葉が生まれた．熱水鉱脈，ペグマタイト，接触交代鉱床によくみられるほか，閃長岩，花崗岩などの造岩鉱物としても産する．フッ素原料をはじめ，製鉄用フラックス，ガラス・レンズ原料，装飾用などに使われる．名称は他の鉱物より溶けやすいことから，ラテン語の流れるという意味の fluere に由来． 〔松原 聰〕

253 氷晶石 (ひょうしょうせき) Cryolite

単斜晶系の Na_3AlF_6 の化学組成をもち，ふつう塊状で産し，まれに擬立方体の結晶形を示すことがある．ガラス～脂肪光沢で無色だが，褐色味，赤色味など帯びることがある．条痕は白色．硬度は 2½，比重は 2.97．劈開はないが裂開があり立方体的な破片となる．透明な破片を水に入れるとほとんどみえなくなる．また，ろうそくの炎にかざすと溶ける．主にグリーンランドのペグマタイトに菱鉄鉱，微斜長石，石英，蛍石などとともに産する．昔はアルミニウム製錬のために用いられたが，産地が枯渇し，現在では合成のものが使われている．名称は氷のようにみえるため，ギリシャ語の氷，kruos と石，lithos に由来． 〔松原 聰〕

炭酸塩鉱物

254 方解石 (ほうかいせき) Calcite

① 三方晶系で $CaCO_3$ からなり，Ca は Mn^{2+}, Mg, Fe^{2+}, Co などに置換され，微量の Sr, Pb なども含むことがある．犬牙状，菱面体，三方複錐などの結晶形を示すほか，粒状，塊状，鍾乳状をなす．無色透明ないし白色であるが，微量成分によって黄，ピンク，青などさまざまな色を帯びる．ガラス光沢．条痕は白色．硬度は3．比重は2.71．劈開は三方向に完全で，劈開片は菱面体．希塩酸と激しく反応し，炭酸ガスを発泡して溶ける．石灰岩をはじめ石灰質堆積岩の主要な造岩鉱物である．その他熱水性鉱脈中，各種火成岩や変成岩中にふつうに産する．また，無機的な沈殿物として，熱帯域での海水(魚卵状)，温泉(あられ状)，石灰岩洞窟中の地下水(鍾乳石や石筍)などからも生成．石灰質の殻をもつ生物は最初あられ石型の炭酸カルシウム結晶をつくることが多いが，死滅して埋没後それは方解石型に転移する．ほぼ方解石から構成される石灰岩はセメント原料などとして重要である．無色透明な方解石を2枚張合わせて作る偏光板(ニコル板)や複屈折を目視できる材料として用いられる．あられ石とファーテル石が多形関係．名称はギリシャ語やラテン語の焼くと白い粉になる(焼石灰)ことに由来．

② 三方晶系で MCO_3 の化学組成をもつものを方解石族と称する．M には，Mg, Ca, Mn, Fe, Ni, Zn, Cd が入る．方解石以外では，それぞれ菱苦土石 (magnesite)，菱マンガン鉱 (rhodochrosite)，菱鉄鉱 (siderite)，菱ニッケル鉱 (gaspeite)，菱亜鉛鉱 (smithonite)，菱カドミウム鉱 (otavite) という．$MgCO_3$ と $CaCO_3$ の中間成分は方解石と別構造の苦灰石(ドロマイト) (dolomite, $CaMg(CO_3)_2$) となり，同様にクトナホラ石 (kutnohorite, $CaMn(CO_3)_2$)，アンケル石 (ankerite, $CaFe(CO_3)_2$) がある． 〔松原　聰〕

255 菱鉄鉱 (りょうてっこう) Siderite

三方晶系で $FeCO_3$ からなり，Mg, Mn, Ca, Zn などに置換される．菱面体の結晶形を示すほか，ぶどう状などの集合体をなす．黄褐～暗褐色で，条痕は白色．ガラス光沢，硬度は4，比重は3.93．劈開は三方向に完全で，劈開片は菱面体．希塩酸と反応し，炭酸ガスを発泡して溶ける．堆積岩中の鉄鉱層の初期的な原鉱物として考えられている．また，堆積岩中には，団塊(ノジュール)や泥状(泥鉄鉱の俗称あり)をなす場合もある．団塊には，海底での熱水噴出による沈殿物と思われるものがある(房総半島では「へそ石」の俗称あり)．粘土層中の藍鉄鉱団塊中にも微細な菱鉄鉱が含まれる．そのほか熱水性鉱脈，接触交代鉱床，花崗岩やアルカリ深成岩ペグマタイト(グリーンランドで氷晶石と共生するものが特に有名)，玄武岩などでみられる．名称は鉄を意味するギリシャ語に由来．

〔松原　聰〕

256 菱マンガン鉱 (りょうまんがんこう) Rhodochrosite

三方晶系で $MnCO_3$ からなり，Fe^{2+}, Mg, Ca, Zn などに置換される．菱面体，葉片状，犬牙状の結晶形を示すほか，ぶどう状，鍾乳状，球状，層状，塊状などの集合体をなす．ピンク～赤色のほか，灰，ベージュ，褐色などで，条痕は白色．ガラス光沢，硬度は3½～4，比重は3.69．劈開は三方向に完全で，劈開片は菱面体．希塩酸と反応し，炭酸ガスを発泡して溶ける．変成マンガン鉱床中にはきわめて普通に産し，石英，ばら輝石，ハウスマン鉱，テフロ石，閃マンガン鉱などと共存する．熱水性鉱脈では，Pb, Zn, Ag, Cu などを主成分とする硫化鉱

物と共存する．他にペグマタイト中にも産する．マンガン鉱石として重要であるが，色や模様が美しいものは宝石・装飾用として用いられる．特にペルー産のインカローズとよばれるものが有名．名称はばら色から由来． 〔松原　聰〕

257 あられ石 (あられいし) Aragonite

アラゴナイトとも．直方晶系で$CaCO_3$からなり，微量の Mg, Sr, Ba を含むことがある．柱状，針状などの結晶形を示し，それらが放射状集合をすることもある．また，双晶をして擬六角柱状をなすことも多い．無色ないし白色であるが，微量成分によって黄，淡紫，青，緑などさまざまな色を帯びる．ガラス光沢，条痕は白色．硬度は$3\frac{1}{2}$～4，比重は 2.94．劈開は一方向に明瞭．希塩酸と反応し，炭酸ガスを発泡して溶ける．玄武岩など火山岩の空隙，熱水性鉱床，黒鉱鉱床，接触交代鉱床，変成岩などの中にみられる．また，温泉や地下水からの沈殿物としても産する．蛇紋岩の空隙には，マグネシウムを主成分とする含水炭酸塩鉱物などと共存することが多い．方解石と共存する場合は，あられ石により多くのストロンチウムが入っていることがあり，この2つの鉱物の生成には温度圧力条件より微量成分の影響が大きい．ただし，純粋な炭酸カルシウムの場合には，より高圧側であられ石が安定となる．あられ石と同形なものとして，白鉛鉱（cerussite, $PbCO_3$），毒重土石（witherite, $BaCO_3$），ストロンチアン石（strontianite, $SrCO_3$）がある．あられ石型の炭酸カルシウム結晶は生物でつくられることが多い（殻，真珠層など）．名称は原産地，スペインの Aragon に由来． 〔松原　聰〕

258 毒重土石 (どくじゅうどせき) Witherite

直方晶系で$BaCO_3$からなり，微量の Ca, Sr, を含むことがある．ほとんど双晶をして擬六角複錐あるいは柱状をなすこともあり，粒状，ぶどう状などの集合体を作る．無色ないし白色であるが，微量成分によって黄，褐，緑などさまざまな色を帯びる．ガラス光沢，条痕は白色．硬度は3～$3\frac{1}{2}$，比重は 4.30．劈開は一方向に明瞭．希塩酸と反応し，炭酸ガスを発泡して溶ける．低温性熱水鉱脈中に，重晶石，方解石，蛍石などと共存する．また，変成マンガン鉱床中にも産する．名称はこの鉱物に注目した英国の物理学・鉱物学者の William Withering にちなむ． 〔松原　聰〕

259 白鉛鉱 (はくえんこう) Cerussite

直方晶系で$PbCO_3$からなり，微量の Ca, Sr, などを含むことがある．板状の結晶形を示し，それが双晶をして擬六角複錐あるいは雪の結晶のような形態となる．無色ないし白色であるが，まれに硫化鉱物の包有物によって灰～黒色にみえることもある．ダイヤモンド，ガラス，真珠光沢で，条痕は白色．硬度は3～$3\frac{1}{2}$，比重は 6.55．劈開は三方向に明瞭．希硝酸などと反応し，炭酸ガスを発泡して溶ける．鉛鉱床の酸化帯に，主に方鉛鉱から分解して生成．名称は紀元前400年も前にギリシャ人によって書かれた人工炭酸鉛を後にラテン語で cerussa（白い鉛）とよんだことに由来． 〔松原　聰〕

260 苦灰石 (くかいせき) Dolomite

ドロマイトとも．三方晶系で$CaMg(CO_3)_2$からなり，Mn^{2+}, Fe^{2+}, Co, Pb などにわずか置換される．また，Ca が Mg よりやや過剰になることもある．菱面体などの結晶形を示し，結晶面が湾曲しながら馬の鞍のような集合をすることがある．粒状，塊状のことも多い．無色，白～灰色であるが，微量成分によって黄～黄緑，褐などさまざまな色を帯びる．ガラス光沢，条痕は白色．硬度は$3\frac{1}{2}$～4，比重は 2.85．

劈開は三方向に完全．ほぼ苦灰岩からなる岩石もドロマイト（苦灰岩）とよび，石灰岩が化学的変質（マグネシウム交代作用）によって生成されたと考えられている．常温常圧下では苦灰岩は合成できなく，高い炭酸ガス圧力が必要とされる．その他熱水性鉱脈，接触交代鉱床，蛇紋岩や超苦鉄質岩起源の広域変成岩中に産する．名称はフランスの技師で鉱物学者のD. G. S. T. G. de Dolomieu にちなむ． 〔松原　聰〕

261 藍銅鉱 (らんどうこう) Azurite

単斜晶系で $Cu_3(CO_3)_2(OH)_2$ からなる．板状，柱状などさまざまな結晶形を示し，土状，ぶどう状，皮膜状集合をすることも多い．藍青色で，条痕は青色．ガラス〜土状光沢，硬度は $3\frac{1}{2}〜4$，比重は3.77．劈開は一方向に完全．銅鉱床の酸化帯に，孔雀石などと共存する．また，藍銅鉱の結晶表面あるいは内部まですっかり孔雀石に置換されていることもある．希塩酸などの酸や熱湯で溶解する．青色の顔料として用いられることもある．名称は青色を意味するペルシャ語のlazhwardに由来． 〔松原　聰〕

262 孔雀石 (くじゃくせき) Malachite

単斜晶系で $Cu_2(CO_3)(OH)_2$ からなる．柱状結晶形を示すことはまれで，繊維状結晶が集合してぶどう状，皮膜状をすることが多い．緑色で，条痕は淡緑色．ダイヤモンド〜絹糸，土状光沢，硬度は $3\frac{1}{2}〜4$，比重は3.98．劈開は一方向に完全．銅鉱床の酸化帯に，藍銅鉱，白鉛鉱，赤銅鉱，珪孔雀石などと共存する．また，藍銅鉱の結晶を置換することもあり，自形結晶と誤解されることがある．希塩酸で容易に溶解する．磨くと層状あるいは同心円状模様などが美しく浮かび出るため，装飾品として利用される．また，昔から緑色の顔料（日本では緑青）として用いられてきた．名称はこの色を意味するギリシャ語のmallowsに由来． 〔松原　聰〕

263 水亜鉛銅鉱 (すいあえんどうこう) Aurichalcite

単斜晶系で $(Zn,Cu)_5(CO_3)_2(OH)_6$ からなる．微細な針状あるいは葉片状結晶が集合して，粒状，羽毛状をすることが多い．淡緑〜青緑〜天青色で，条痕は帯青緑色．真珠〜絹糸光沢，硬度は1〜2，比重は3.94．劈開は一方向に完全．銅と亜鉛を含む鉱床の酸化帯に，孔雀石，藍銅鉱，異極鉱などと共存する．酸やアンモニア水に溶解する．名称は山の真鍮を意味するギリシャ語に由来． 〔松原　聰〕

264 バストネス石 (ばすとねすせき) Bastnäsite

希土類元素（RE）のフッ素炭酸塩鉱物で，$RE(CO_3)F$ の化学組成をもつ．REとしてはCeが最も卓越したCe種が普遍的．その他にLa種，Nd種やY種が知られている．初期の著名な産地，スウェーデンのBastnäs鉱山にちなむ鉱物名．後述の水酸バストネス石やトルバストネス石と共にバストネス石族を構成する．

六方晶系に属し，REとFからなる六角網目の層状構造をもち，炭酸イオンはこの層間で両側のREに配位している．この構造的特徴により炭酸塩鉱物としては例外的に，イオン半径の大小にかかわらずすべてのREを受容できる．$4H, 6R, 3R$ のポリタイプが知られている．

板状から短柱状結晶で，粒状あるいは塊状の集合体をなすことも多い．劈開は不明瞭で断口は不規則．{0001}に裂開が明瞭なこともあり真珠光沢を示す．硬度 $4〜4\frac{1}{2}$，比重 $4.9〜5.2$．ガラス光沢から脂肪光沢を示し，透明ないしは半透明で，黄色から赤褐色を呈する．強酸に発泡して溶解．

主に熱水作用で結晶化，時に火山岩中に初生鉱物としても産する．ペグマタイトやカーボナタイト中の産出が典型．漂砂鉱床

に濃集することもある．また，二次鉱物として生ずる場合もある．RE，特に軽希土の主要な資源で，中国の白雲鄂博（バヤンオボー）鉱山，米国の Mountain Pass 鉱山が有名な産地．

Fの一部が（OH）で置換され，固溶体を形成する．（OH）がFを上回る種は水酸バストネス石として分類される．Ce種とNd種がバストネス石と同形の（OH）置換体と記載されているが，（OH）によるFの置換により原子配列の対称性の低下が生じ，単純な同形置換に留まらないことが明らかになった．六方晶系の水酸バストネス石に対し，直方晶系の多形として弘三石 [$RE(CO_3)(OH)$] がある．

一方，トルバストネス石はTh(Ca, RE)$(CO_3)_2F_2 \cdot 3H_2O$ として記載されたが，バストネス石型構造ではThとCaは同一の席を占有しなければならず，また結晶水を受け入れる空間がない．トルバストネス石に報告された水分はメタミクト化に伴う水和分解に起因するものと疑われ，さらに電荷補償機構を勘案すると化学式は，$(ThCa)(CO_3)_2F_2$ が妥当と思われる．

バストネス石はしばしば，シンキス石 [$CaCe(CO_3)_2F$]，レントゲン石 [$Ca_2Ce_3(CO_3)_5F_3$]，パリス石 [$CaCe_2(CO_3)_3F_2$]，コーディ石 [$NaBaCe_2(CO_3)_4F$] などと交互積層成長することがある．これらの鉱物はバストネス石の基本構造と同じ要素から構成される層状の結晶構造にもち，バストネス石型のRE層間にCaやBa, Naの層が挿入されている．RE層とCa(Ba)層の積層頻度と順序の相違により独立の鉱物種として定義されている．このバストネス石型のRE層が積層する鉱物の仲間には，REとBaのフッ素炭酸塩である黄河石 [$BaCe(CO_3)_2F$]，セバ石 [$Ba_3Ce_2(CO_3)_5F_2$]，クカレンコ石 [$Ba_2Ce(CO_3)_3F$]，REとNaのフッ素炭酸塩のルークチャン石 [$Na_3Ce_2(CO_3)_4F$] やホルバス石 [$NaY(CO_3)F_2$] などが知られている．透過型高分解能電子顕微鏡での観察により，新たな規則的積層相や既知相の混合層，積層不整などが明らかにされつつあり，さらに新種の発見も見込まれる． 〔宮脇律郎〕

265 水苦土石（すいくどせき）Hydromagnesite

単斜晶系で $Mg_5(CO_3)_4(OH)_2 \cdot 4H_2O$ からなる．やや扁平な柱状結晶形を示し，粒状，チョーク状をすることもある．無色〜白色で，条痕は白色．真珠〜ガラス光沢．硬度は3½．比重は2.24．劈開は一方向に完全．主に蛇紋岩の空隙や再結晶苦灰岩（ドロマイト）中に，マグネシウムを主成分とする苦灰岩，水滑石，アルチニ石などと共存する．酸に溶解する．名称は化学組成に由来． 〔松原 聰〕

ホウ酸塩鉱物

266 小藤石 (ことうせき) Kotoite

直方晶系で $Mg_3(BO_3)_2$ からなる．明瞭な結晶形を示すことはなく，粒状結晶の集合体をつくる．無〜白色で，条痕は白色，ガラス光沢，硬度は $6\frac{1}{2}$，比重は3.06．劈開は二方向に完全．苦灰岩や蛇灰岩がホウ素に富む熱水による接触交代作用を受けて生成．ザイベリー石やスーアン石などと共生．朝鮮民主主義人民共和国のホルコル鉱山が原産地で[1]，日本では岩手県宮古市根市鉱山でも産出．名称は地質学者，小藤文次郎にちなむ．なお，Mg が Mn で置換された鉱物は神保石（jimboite）で，栃木県鹿沼市加蘇鉱山から発見された[2]．名称は鉱物学者，神保小虎にちなむ．

〔松原　聰〕

● 文献
1) T. Watanabe (1939) *Mineralogische und Petrographische Mitteilungen*, **50**, 441-463.
2) T. Watanabe, et al. (1963) *Proceedings of the Japan Academy, Ser. B*, **39**, 170-175.

267 ルードビッヒ石 (る-どびっひせき) Ludwigite

直方晶系で $Mg_2Fe^{3+}O_2(BO_3)_2$ からなるが，Mg は Fe^{2+} などに，Fe^{3+} は Al, Mn^{2+}, Ti, Cr などに置換されることがある．柱状〜繊維状結晶形が放射状集合体をつくる．濃緑褐〜黒色で，条痕は緑黒色．亜金属〜絹糸光沢，硬度は5．劈開はなく，比重は3.78だが，Fe^{2+} を含むことが多いため，実際には 3.8〜4.3．$Fe^{2+}>Mg$ となるものは，フォンセン石（vonsenite）とよばれる．苦灰岩や蛇灰岩がホウ素に富む熱水による接触交代作用を受けて生成．苦土かんらん石やクロム鉄鉱などと共存．名称はオーストリアの化学者，Ernst Ludwig にちなむ．

〔松原　聰〕

268 五水灰硼石 (ごすいかいほうせき) Pentahydroborite

三斜晶系で $CaB_2O(OH)_6\cdot 2H_2O$ からなる．柱状〜厚板状の結晶形を示すほか，塊状集合体をつくる．無色だが，淡紫色を帯びることもある．条痕は白色，ガラス光沢．硬度は $2\frac{1}{2}$，比重は2.03．劈開はない．世界的には非常にまれな鉱物だが，岡山県高梁市布賀鉱山ではかなり多量に産した．石灰岩がホウ素に富む熱水による接触交代作用を受けて生成．方解石やいろいろなカルシウム含水ホウ酸塩鉱物と共存．名称は化学組成にちなむ．

〔松原　聰〕

269 逸見石 (へんみせき) Henmilite

三斜晶系で $Ca_2Cu[B_2O(OH)_4]_2(OH)_4$ からなる．菱形厚板状の結晶形を示すほか，粒状をなす．紫色を帯びた濃青色で，条痕は淡青紫色，ガラス光沢．硬度は2，比重は2.52．劈開はない．岡山県高梁市布賀鉱山で発見され，かなり多量に産した．石灰岩がホウ素や銅などに富む熱水による接触交代作用を受けて生成．方解石，五水灰硼石などいろいろなカルシウム含水ホウ酸塩鉱物と共存．名称は布賀地域の鉱物を研究していた岡山大学教授，逸見吉之助とその次女，逸見千代子にちなむ[1]．

〔松原　聰〕

● 文献
1) I. Nakai, et al. (1986) *American Mineralogist*, **71**, 1234-1239.

270 硼砂 (ほうしゃ) Borax

ボラックスともいい，単斜晶系で $Na_2B_4O_5(OH)_4\cdot 8H_2O$ からなる．短柱状の結晶形を示すほか，塊状集合体をつくる．無色で，条痕は白色，ガラス〜樹脂光沢．硬度は 2〜$2\frac{1}{2}$，比重は1.72．劈開は一方向に完全．水に溶けるが，逆に乾燥したところに放置すると脱水してチョーク状のティ

ンカルコナイト（tincalconite, $Na_2B_4O_5(OH)_4 \cdot 3H_2O$）となる．塩湖の蒸発乾固物として，岩塩やアルカリ硫酸塩，炭酸塩，ホウ酸塩などと共存．ホウ素化合物の重要な原料となる．名称はペルシャ語やアラビア語の白を意味する言葉に由来．

〔松原　聰〕

271 ウレックス石 （うれっくすせき）Ulexite

ウレックサイト，曹灰硼石とも．三斜晶系で $NaCaB_5O_6(OH)_6 \cdot 5H_2O$ からなる．繊維状の結晶が塊状〜脈状集合体をつくる．特に，繊維状結晶が平行に集まったものは光ファイバー効果があり，テレビ石の俗称で知られる．無〜白色で，条痕は白色，ガラス〜絹糸光沢．硬度は $2\frac{1}{2}$，比重は 1.96．劈開は一方向に完全．熱湯に溶ける．塩湖の蒸発乾固物として，いろいろな塩類と共存．ホウ素化合物の重要な原料となる．名称はこの鉱物の化学組成を決めたドイツの化学者，G. L. Ulex にちなむ．〔松原　聰〕

硫酸塩鉱物

272 硫酸鉛鉱 （りゅうさんえんこう）Anglesite

直方晶系で $PbSO_4$ からなり，微量の Ba を含むことがある．板状，柱状の結晶形を示すほか，塊状集合をなす．無色ないし白色であるが，まれに灰，黄，緑，青色を帯びる．ダイヤモンド，樹脂，ガラス光沢で，条痕は白色．硬度は $2\frac{1}{2}\sim 3$，比重は 6.32．劈開は三方向に良好〜明瞭．硝酸にゆっくり溶ける．鉛鉱床の酸化帯に，方鉛鉱から分解して生成する最も普通の二次鉱物で，青鉛鉱，白鉛鉱などと共存．名称は原産地であるイギリス，ウェールズ州の Island of Anglesey に由来．

〔松原　聰〕

273 重晶石 （じゅうしょうせき）Barite

直方晶系で $BaSO_4$ からなり，微量の Sr, Ca, Pb を含むことがある．板状，柱状の結晶形を示すほか，粒状あるいは繊維状結晶が集合していろいろな形態をなす．特に，花弁状になって砂漠に産するものは，「砂漠のばら」ともいわれる（なお，同様の形態で産する石膏も「砂漠のばら」という）．無色ないし白色であるが，灰，黄，褐，青色などを帯びることもある．ガラス光沢で，条痕は白色．硬度は $2\frac{1}{2}\sim 3\frac{1}{2}$，比重は 4.50．劈開は三方向にほぼ完全．熱水鉱脈中に，石英，方解石，蛍石，方鉛鉱，閃亜鉛鉱などと共存．また，温泉沈殿物（台湾の北投温泉から産出し，Pb を含み弱い放射能を帯びたものは北投石の俗称がある．似たものは秋田県玉川温泉からも産出）としてみられる．ほかに，火成岩，変成岩，堆積岩中にもきわめて普通に産する．名称はギリシャ語の「重い」を意味する baroz に由来．

〔松原　聰〕

274 天青石 （てんせいせき）Celestine

直方晶系で $SrSO_4$ からなり，Ba や Ca

を含むことがある．板状，柱状の結晶形を示すほか，繊維状結晶の集合をなす．無色ないし白色であるが，青色を帯びることが多い．ガラス光沢で，条痕は白色．硬度は3〜3½，比重は3.97．劈開は一方向に完全．濃い酸類にゆっくり溶ける．海水あるいは塩湖など沈殿してできた硫酸塩岩や硫黄鉱床中に生成．また，熱水鉱脈，黒鉱鉱床，安山岩，泥岩，石灰岩などの中にも産する．マダガスカル産泥灰岩に含まれるノジュールの空隙にみられる大きな結晶群は世界的に有名．名称は空の色を思わせるため，ラテン語の「空の」を意味する coelestis に由来．　　　　　　　　　　〔松原　聰〕

275 硬石膏（こうせっこう）Anhydrite

直方晶系で $CaSO_4$ からなり，Sr を含むことがある．厚板状の結晶形を示すほか，塊状，粒状，繊維状をなす．無色ないし白色であるが，青，紫，ピンク色を帯びることがある．ガラス光沢で，条痕は白色．硬度は3½，比重は2.96．劈開は三方向に完全〜明瞭．酸類に溶ける．加水作用により石膏になる．海水などから蒸発乾固してできた岩塩などに伴って産する．また，熱水鉱脈，黒鉱鉱床，火山岩などの中にも産する．名称はギリシャ語の「無水」を意味する anudros に由来．　　　〔松原　聰〕

276 石膏（せっこう）Gypsum

単斜晶系で $CaSO_4 \cdot 2H_2O$ からなり，微量の Sr を含むことがある．板状，柱状の結晶形を示し，矢羽型，X字型などの双晶がよくみられる．ほかに，塊状，粒状，繊維状をなすことも多い．砂漠地帯で形成される花弁状の集合体は「砂漠のばら」という俗称で親しまれている．無色ないし白色であるが，微細な包有物で，黄，褐色を帯びることがある．ガラス〜真珠光沢で，条痕は白色．硬度は2，比重は2.32．劈開は一方向に完全．加熱により結晶水をしだいに失い，$0.5H_2O$ の bassanite（焼石膏に相当）を経て，無水の硬石膏になる．焼石膏は水を加えると，再び石膏となって固化する．土に海水などから蒸発乾固してできた鉱物類に伴って産する．また，熱水鉱脈，黒鉱鉱床，接触交代鉱床，火山噴気孔，鉱床酸化帯，堆積岩などの中にもきわめて普通に産する．セメント製造の原料とするほか，石膏ボード，彫刻材料，医療用ギプスなど用途は多い．名称は焼石膏に水を入れて固めた plaster を意味するギリシャ語の gypsos に由来．　　　〔松原　聰〕

277 胆礬（たんばん）Chalcanthite

三斜晶系で $CuSO_4 \cdot 5H_2O$ からなり，Fe^{2+} を含むことがある．短柱状，菱形厚板状の結晶形を示すほか，塊状，鍾乳状，皮殻状をなすことも多い．青色であるが，緑色を帯びることがある．ガラス光沢で，条痕は白色．硬度は2½，比重は2.29．劈開はなし．湿った空気中では潮解し，逆に乾燥した空気中では結晶水を失い白くなる．主に黄銅鉱など銅の硫化鉱物の分解によって生じる．室内でも，硫酸銅溶液から人工的に結晶を簡単につくることができる．名称は「銅の華」を意味する古代語の chalcanthum に由来．　　　〔松原　聰〕

278 コキンボ石（こきんぼせき）Coquimbite

六方晶系で $Fe_2^{3+}(SO_4)_3 \cdot 9H_2O$ からなり，Al を含むことがある．六角柱状，六角錐状の結晶形を示すほか，塊状，粒状をなすことも多い．淡紫〜鮮紫色であるが，緑，黄色を帯びることがある．ガラス光沢で，条痕は白色．硬度は2½，比重は2.11．劈開はなし．冷水に溶ける．主に黄鉄鉱などの分解によって生じ，ボルタ石（voltaite, $K_2Fe_5^{2+}Fe_4^{3+}(SO_4)_{12} \cdot 18H_2O$）やレーメル石（römerite, $Fe^{2+}Fe_2^{3+}(SO_4)_4 \cdot 14H_2O$）などと共存．名称は原産地，チリの Coquimbo にちなむ．　〔松原　聰〕

硫酸塩鉱物

279 ブロシャン銅鉱（ぶろしゃんどうこう）
Brochantite

単斜晶系で $Cu_4(SO_4)(OH)_6$ からなり，針状，柱状の結晶形を示す．双晶して厚板状をなすほか，塊状，粒状，皮殻状をなすことも多い．緑から暗緑色で，条痕は淡緑色．ガラス光沢で，硬度は $3\frac{1}{2}$～4，比重は3.96．劈開は一方向に完全．酸類に溶ける．銅鉱床酸化帯で，主に黄銅鉱の分解によって生じるもっとも普通の二次鉱物．類似組成で外観も似る，アントレル石（antlerite, $Cu_3(SO_4)(OH)_4$），ポスンジャク石（posnjakite, $Cu_4(SO_4)(OH)_6 \cdot H_2O$），ラング石（langite, $Cu_4(SO_4)(OH)_6 \cdot 2H_2O$），ローウォルフ石（wroewolfeite, $Cu_4(SO_4)(OH)_6 \cdot 2H_2O$）とは肉眼での区別は困難．名称はフランスの地質・鉱物学者，A. J. M. Brochant de Villiers にちなむ．

〔松原 聰〕

280 青鉛鉱（せいえんこう）
Linarite

単斜晶系で $CuPb(SO_4)(OH)_2$ からなり，柱状，板柱状をなすほか，粒状，皮殻状をなすことも多い．青色で条痕は淡青色．ガラス～亜ダイヤモンド光沢をもち，硬度は $2\frac{1}{2}$，比重は5.32．劈開は一方向に完全．硝酸に溶ける．銅・鉛鉱床酸化帯で生じるもっとも普通の二次鉱物．セレンも主成分とする類似組成の宗像石（munakataite, $Cu_2Pb_2(SO_4)(SeO_3)(OH)_4$）[1]は外観も似るが，針状結晶の不規則集合体あるいは球状集合体で産することで，青鉛鉱と肉眼での区別が可能．名称は原産地，スペインの Linares にちなむ．

〔松原 聰〕

● 文献
1) S. Matsubara, *et al.* (2008) *Journal of Mineralogical and Petrological Sciences*, **103**, 327-332.

281 明礬石（みょうばんせき） Alunite

① 三方晶系で $KAl_3(SO_4)_2(OH)_6$ からなるが，K は Na や Ca などで置換される．六角板状，菱面体の結晶形を示すほか，緻密な塊状をなす．無〜白，淡黄，淡ピンク，淡青色などで，条痕は白色．ガラス〜真珠光沢．硬度は $3\frac{1}{2}$〜4，比重は約2.8だが，Na と Ca の量比で変化．劈開は一方向に完全．硫酸にゆっくり溶ける．主に火成岩が熱水交代作用を受けることで形成され，ソーダ明礬石（ソーダ明礬石-1c），南石（ソーダ明礬石-2c）などと共存．しかし，この3種は化学組成が連続し，混在して産することが多いので，肉眼での識別は不可能．名称は化学組成に由来．

② 2010年に，明礬石超族の命名規約が国際鉱物学連合の新鉱物・命名・分類委員会で決定された[1]．それによると，一般化学組成式は $DG_3(TX_4)_2X_6$ で表され，主に D には NH_4, Na, K, Ca, Sr, Ba, Pb, Bi, La, Ce, Nd など，G には Al, Fe^{3+}, Cu, Zn, Ga など，T には P, S, As など，X には O, (OH), F などが入る．以下の6つの族に細分される．

1c 型明礬石族（主なものは，明礬石，ソーダ明礬石-1c，尾去沢石[2]，鉄明礬石，亜鉛ビーバー石[3] など硫酸塩）このうち尾去沢石は秋田県尾去沢鉱山が，亜鉛ビーバー石は新潟県三川鉱山がそれぞれ原産地．

1c 型鉛ゴム石族（主なものは，クランダル石，セリウムフローレンス石，鉛ゴム石などリン酸塩）

1c 型デュッセル石族（主なものは，フリップスボーン石，デュッセル石，シグニット石などヒ酸塩）

1c 型ビューダン石族（主なものは，コーク石，イダルゴ石，ビューダン石などリン酸・硫酸塩およびヒ酸・硫酸塩）

2c 型明礬石族（主なものは，鉛鉄明礬石，フーアン石，ソーダ明礬石-2c など c 軸が2倍の硫酸塩）ソーダ明礬石-2c

は，もともと南石[4]という群馬県奥万座の火山噴気変質帯を原産地とする鉱物であるが，今回の命名規約により名称変更となった．

$2c$ 型鉛ゴム石族（キントレ石-$2c$ の一種のみ）　　　　　　　　　　〔松原　聰〕

● 文献
1) P. Bayliss, et al. (2010) *Mineralogical Magazine*, **74**, 919-927.
2) Y. Taguchi (1961) *Mineralogical Journal*, **3**, 181-104.
3) E. Sato, et al. (2008) *Journal of Mineralogical and Petrological Science*, **103**, 141-144.
4) J. Ossaka, et al. (1982) *American Mineralogist*, **67**, 114-119.

282　サーピエリ石（さーぴえりせき）Serpierite

単斜晶系で $Ca(Cu,Zn)_4(SO_4)_2(OH)_6 \cdot 3H_2O$ からなり，針状，短冊状の結晶が集合して，皮殻状，ぶどう状などをなす．天青色で条痕は淡青色．ガラス〜真珠光沢をもち，非常に脆く，硬度は未決定．比重は約3.1．劈開は一方向に完全．酸に溶ける．銅・亜鉛鉱床酸化帯で生じる二次鉱物．類似化学組成で Zn を含まないものは，デビル石（devillite）であるが，結晶構造がサーピエリ石と異なる単斜晶系．名称は原産地，ギリシャの Laurium を開発したイタリアの鉱山起業家，G. B. Serpieri にちなむ．

〔松原　聰〕

リン酸塩・ヒ酸塩鉱物

283　モナズ石（もなずせき）Monazite

単斜晶系で多くは $CePO_4$ からなるが，Ce はいろいろな希土類元素で置換される．特に，La, Nd, Sm は，希土類元素の中でも最も卓越することがある．正式の名称は，最も卓越する希土類元素記号をつけることとなっているので，一般的に産する Ce の多いものは，Monazite-(Ce) となる．以下，Monazite-(La) などと表記される．ほかに，Th, Ca, Si も含み，弱い放射能をもつことがある．板状，柱状の結晶形を示すことが多い．黄から赤褐色で，緑色を帯びることもある．条痕は白色で，ガラス〜脂肪光沢．硬度は5〜5½，比重は約5.1だが，含有元素の種類によって変化．劈開は一方向に良好．主に花崗岩やペグマタイト中に多く産するが，片麻岩やそれを切る脈，カーボナタイトなどにもみられる．類似組成のものには，1分子の H_2O がついた六方晶系のラブドフェン（rabdophane）族があり，モナズ石が風化して形成されると考えられる．名称は最初の産地（ロシア，イルメン山地）では，まれなものだったので，孤独を意味するギリシャ語，monazein にちなんで命名．

〔松原　聰〕

284　ゼノタイム（ぜのたいむ）Xenotime

正方晶系で YPO_4 からなるが，Y は他の希土類元素で置換される．特に，Yb は，希土類元素の中でも最も卓越することがある．一般的に産する Y の多いものの正式の名称は，Xenotime-(Y) となる．ほかに，Th, U, Si なども含み，弱い放射能をもつことがある．柱状，複錐形の結晶形を示すことが多い．黄褐から赤褐色で，緑色を帯びることもある．条痕は淡褐色で，ガラス〜樹脂光沢．硬度は4〜5，比重は約4.7だが，含有元素の種類によって変化．劈開は

一方向に良好．主に花崗岩やペグマタイト中に多く産するが，片麻岩やそれを切る脈，カーボナタイトなどにもみられる．ジルコンと同構造のほか，Pのかわりに V, As が置換したゼノタイム族を形成．名称は構成成分の Y を新元素と誤ったことがわかり，ギリシャ語の無益な（xenos）と名誉（time）に由来． 〔松原 聰〕

285 藍鉄鉱 (らんてっこう) Vivianite

① 単斜晶系で $Fe_3^{2+}(PO_4)_2 \cdot 8H_2O$ からなり，Fe^{2+} は Mn, Mg などで置換される．空気中で容易に酸化され，三斜晶系のメタ藍鉄鉱（metavivianite, $Fe_{3-x}^{2+}Fe_x^{3+}(PO_4)_2(OH)_x \cdot (8-x)H_2O$）になり，さらに最後は非晶質のサンタバーバラ石（santabarbarite）に変質する．石膏に似た板状，柱状の結晶形を示すほか，皮膜状，土状でも産する．新鮮時は無色で，次第に青～青緑～青黒色となる．条痕は新鮮時で白色だが，青～青黒色に変化．ガラス，真珠，土状光沢．硬度は $1\frac{1}{2}$〜2，比重は約 2.0 だが，含有元素や酸化状態によって変化．劈開は一方向に完全．主に淡水性の堆積環境で，骨，歯，貝殻，葉などを置換，また粘土中にノジュールを形成することもある．ほかに，ペグマタイトの鉄を主成分とするリン酸塩鉱物の分解物として，また鉱脈中にも産する．名称はこの鉱物を発見したイギリスの鉱物学者，J. G. Vivian にちなむ．

② $M_3(XO_4)_2 \cdot 8H_2O$（M：Mg, Mn, Fe^{2+}, Co, Ni, Zn. X：P, As）の組成で表される単斜および三斜晶系の鉱物群を藍鉄鉱族とよぶ．これらのうち，$Fe_3^{2+}(AsO_4)_2 \cdot 8H_2O$ は亜砒藍鉄鉱（parasymplesite）[1] は砒鉄鉱や硫砒鉄鉱の分解によって形成された二次鉱物で，大分県木浦鉱山が原産地．

〔松原 聰〕

● 文献
1) Ito, *et al* (1954) *Proceedings of the Japan Academy*, **30**, 318-324.

286 スコロド石 (すころどせき) Scorodite

直方晶系で $Fe^{3+}AsO_4 \cdot 2H_2O$ からなり，少量の Al, P で置換されることもある．八面体に近い複錐形の結晶形を示すほか，皮膜状，土状でも産する．淡緑～灰緑～緑褐色で，条痕は淡灰緑～帯褐緑色．ガラス～亜ダイヤモンド，土状光沢．硬度は $3\frac{1}{2}$〜4，比重は 3.30．劈開はなし．主に，硫砒鉄鉱，砒鉄鉱を含む鉱床の酸化帯によく産する．ほかに，熱水鉱脈，温泉沈殿物中にもみられる．名称は熱するとニンニク臭があるので，それを意味するギリシャ語の scorodion に由来．そのため，葱臭石（そうしゅうせき）という和名もある．

〔松原 聰〕

287 斜開銅鉱 (しゃかいどうこう) Clinoclase

単斜晶系で $Cu_3(AsO_4)(OH)_3$ からなり，少量の P を含むことがある．針状，柱状の結晶形を示すほか，繊維状結晶が集合して皮殻状，花弁状をなすことも多い．緑黒～緑青色で，条痕は帯緑青色．ガラス～亜ダイヤモンド光沢，真珠光沢で，硬度は $2\frac{1}{2}$〜3，比重は 4.39．劈開は一方向に完全．酸，アンモニア水に溶ける．硫砒鉄鉱を含む銅鉱床酸化帯で形成される二次鉱物で，オリーブ銅鉱，コニカルコ石などと共存．名称は傾いた底面劈開があることから，傾斜と割れるを意味するギリシャ語，klinein と klan から命名．

〔松原 聰〕

288 擬孔雀石 (ぎくじゃくせき) Pseudomalachite

単斜晶系で $Cu_5(PO_4)_2(OH)_4$ からなる．柱状の結晶形を示すことはまれで，繊維状結晶が集合して皮殻状，ぶどう状をなすことが多い．緑～黒緑色で，条痕は淡緑色．ガラス光沢で，硬度は $4\frac{1}{2}$〜5，比重は 4.34．劈開は一方向に明瞭．酸に溶ける．銅鉱床酸化帯で形成される二次鉱物で，緑鉛鉱，

ブロシャン銅鉱などと共存．P を As で置換したものはコーンワル石（cornwallite）．名称は孔雀石に似ていることから命名．
〔松原　聰〕

289 コニカルコ石（こにかるこせき）**Conichalcite**
　直方晶系で $CaCu(AsO_4)(OH)$ からなり，少量の Zn, P などを含むことがある．まれに短柱状の結晶形を示すが，ふつう繊維状結晶が集合して皮殻状，ぶどう状，小球状をなす．草緑～緑色で，条痕は緑色．ガラス光沢で，硬度は $4\frac{1}{2}$．比重は 4.33．劈開はない．酸に溶ける．硫砒鉄鉱を含む銅鉱床酸化帯で形成される二次鉱物で，オリーブ銅鉱，斜開銅鉱などと共存．名称は外観などから，粉と石灰を意味するギリシャ語，konia と kalkos から命名．そのため，粉銅鉱（ふんどうこう）という和名もある．
〔松原　聰〕

290 オリーブ銅鉱（おりーぶどうこう）**Olivenite**
　直方晶系で $Cu_2(AsO_4)(OH)$ からなり，少量の Zn, P などを含むことがある．板柱状の結晶形を示すほか，ふつう繊維状結晶が集合して皮殻状，ぶどう状をなす．オリーブ緑～褐緑色で，条痕はオリーブ緑～褐色．ガラス～ダイヤモンド光沢で，硬度は 3．比重は約 4.4 だが，副成分によって変化．劈開はない．酸，アンモニア水に溶ける．硫砒鉄鉱を含む銅鉱床酸化帯で形成される二次鉱物で，コニカルコ石，斜開銅鉱などと共存．名称は色から命名．
〔松原　聰〕

291 燐灰石（りんかいせき）**Apatite**
　① リン灰石，アパタイトともいう．一般的には Ca と F を主成分とするフッ素燐灰石（$Ca_5(PO_4)_3F$）を指すが，同じ結晶構造をもつリン酸塩，ヒ酸塩，バナジン酸塩，硫酸塩，ホウ酸塩，ケイ酸塩鉱物をまとめた超族名としても使われる．Ca は Sr, Ba, Pb，あるいは La, Ce など希土類元素と Na のセットで置換される．また，F は OH, Cl に置換される．(PO_4) の一部は (CO_3) で置換されることもある．基本的に六方晶系であるが，希土類元素が主成分のものは三方晶系，ヒ酸塩が主成分のものの一部は単斜晶系である．以下主にフッ素燐灰石について述べる．自形結晶は，六角柱状ないし六角板状で，柱面と底面がよく発達し，ときに錐面を伴う形態が多い．無色から白色，灰色，黄色，緑色，青色，赤色などさまざまな色味を示す．条痕は白色．紫外線の照射で蛍光を発し，燐光，熱発光などが観察されることが多い．硬度 5，比重 3.1～3.2．劈開はなし．火成岩，変成岩の副成分鉱物としてふつうに産する．ペグマタイト，スカルン，熱水脈中では大きな結晶がみられることがある．海成堆積物中には微細な粒状燐灰石のノジュール状集合体やサンゴ石灰岩などが海鳥の糞からもたらされたリン酸と反応してできた燐灰石などが存在する．また，水酸燐灰石に相当するバイオミネラル（生鉱物）は，生物の硬組織（歯，骨など）の重要な構成要素である．
　② 燐灰石超族の主な鉱物
　　a．リン酸塩
　　　フッ素燐灰石（fluorapatite）
　　　　$Ca_5(PO_4)_3F$
　　　水酸燐灰石（hydroxylapatite）
　　　　$Ca_5(PO_4)_3(OH)$
　　　塩素燐灰（chlorapatite）
　　　　$Ca_5(PO_4)_3Cl$
　　　緑鉛鉱（pyromorphite）
　　　　$Pb_5(PO_4)_3Cl$
　　　セリウムベーロフ石（belovite-(Ce)）
　　　　$Sr_3NaCe(PO_4)_3(F, OH)$
　　b．ヒ酸塩
　　　ジョンバウム石（johnbaumite）
　　　　$Ca_5(AsO_4)_3(OH)$
　　　ミメット鉱（mimetite）

$Pb_5(AsO_4)_3Cl$

　c．バナジン酸塩
　　　褐鉛鉱（vanadinite）
　　　$Pb_5(VO_4)_3Cl$

なお，鉛を主成分とするものについては，緑鉛鉱の項目で詳述する．

　③　燐灰石型構造をもつ他の鉱物には，(PO_4) の一部を (SiO_4)，(SO_4)，(BO_4) で置換されたものが相当するブリソ石族がある．日本から産出する鉱物種は，イットリウムブリソ石（britholite-(Y)）（$(Y,Ca)_5[(Si,P)O_4]_3(OH,F)$）（福島県水晶山のペグマタイトから産し，日本でかつて阿武隈石とよばれたものにあたる）と水酸エレスタド石（hydroxylellestadite）（$Ca_{10}[(SiO_4)_3(SO_4)_3](OH)_2$）（埼玉県秩父鉱山のスカルンから産出し，1971年に新鉱物として記載された）．　　　　　　　　　〔松原　聰〕

292 緑鉛鉱 （りょくえんこう） Pyromorphite

六方晶系で $Pb_5(PO_4)_3Cl$ からなる燐灰石超族の鉱物．Ca, As などを含むことがある．六角柱状の結晶形を示し，中央が膨らんだビヤ樽型になることもある．その他，針状，皮殻状などをする．緑，黄，褐色で，条痕は白色．樹脂光沢で，硬度は $3\frac{1}{2}$．比重は約7.0 だが，副成分によって変化．劈開はない．硝酸に溶ける．鉛鉱床酸化帯で形成されるふつうの二次鉱物で，白鉛鉱，硫酸鉛鉱，孔雀石などと共存．P が As で置換されたものはミメット鉱（mimetite）（黄色味が強いので，黄鉛鉱ともよばれる）で，中間組成のものも存在し，形態は似る．P が V で置換されたものは褐鉛鉱（vanadinite）で，褐橙色六角板状ないし柱状の結晶形を示す．いずれも鉛鉱床酸化帯で形成されるが，一般には，緑鉛鉱，ミメット鉱，褐鉛鉱の順に産出がまれとなる．名称は溶かすと小球となるところから，ギリシャ語の火（pyr）と形（morph）に由来．
〔松原　聰〕

293 天藍石 （てんらんせき） Lazulite

単斜晶系で $MgAl_2(PO_4)_2(OH)_2$ からなり，鉄天藍石（scorzalite, $Fe^{2+}Al_2(PO_4)_2(OH)_2$）と固溶体を形成．尖った八面体の結晶形を示すほか，塊状，粒状をなす．藍青～青緑色で，条痕は白色．ガラス光沢で，硬度は $5\frac{1}{2}$～6．比重は約3.1 だが，Fe が増すと3.4 くらいになる．劈開はない．熱い酸にゆっくり溶ける．主に Al に富む変成岩やペグマタイトで形成される．石英，藍晶石，コランダム，ルチルなどと共存．いわゆるラピス・ラズリとよばれる装飾品の主要構成鉱物は，lazurite というケイ酸塩鉱物で，天藍石とは全く別の鉱物．名称は青い石という意味の古いドイツ語，lazurstein に由来．　　　　〔松原　聰〕

294 ベゼリ石 （べぜりせき） Veszelyite

単斜晶系で $(Cu,Zn)_3(PO_4)(OH)_3 \cdot 2H_2O$ からなる．擬八面体の結晶形を示すほか，粒状をなす．緑青～暗青色で，条痕は緑青色．ガラス光沢で，硬度は $3\frac{1}{2}$～4．比重は約3.4 だが，Cu と Zn の量比で変化．劈開は二方向に明瞭．酸に溶ける．銅・亜鉛鉱床の酸化帯で形成され，擬孔雀石，燐銅鉱などと共存．かつて秋田県荒川鉱山から産出したものに，荒川石という名前が与えられた．また，岐阜県神岡鉱山から産出した Zn が多く青味が強いものに神岡石という名前も与えられた．いずれもベゼリ石の変種名である．名称はこの鉱物を発見したハンガリーの鉱山技術者，A. Veszelyi にちなむ．　　　　　　　　　〔松原　聰〕

295 トルコ石 （とるこいし） Turquoise

三斜晶系で $CuAl_6(PO_4)_4(OH)_8 \cdot 4H_2O$ からなり，Fe^{2+}, Ca, Zn, Fe^{3+} などを含む．石膏に似た微細な結晶形を示すこともあるが，多くは塊状をなす．天青～青緑色で，条痕は白から淡緑色．ガラス光沢で，硬度は5～6，比重は約2.9 だが，副成分の量で

変化．劈開は一方向に明瞭．銅鉱床の酸化帯，熱水交代作用を受けた火山岩，堆積岩中にみられる．石英，燐灰石，ヴァリシア石などと共存．Cu の Fe^{2+} 置換体はアヘイ石（aheyite），Ca 置換体はセリュレオラクタイト（coeruleolactite），Zn 置換体はファウスト石（faustite），Cu 欠損で H_2 置換体はプラネル石（planerite），また Al を Fe^{3+} で置換したカルコシデライト（chalcosiderite）がトルコ石族として知られる．名称は古代にこの鉱物がトルコを経由してヨーロッパに伝わったことに由来．宝石として使われる．　　　〔松原　聰〕

296 銀星石 （ぎんせいせき） Wavellite

直方晶系で $Al_3(PO_4)_2(OH, F)_3 \cdot 5H_2O$ からなり，V^{3+}，Cr^{3+}，Fe^{3+} などを含む．柱状，針状の結晶形を示すこともあるが，多くはそれらが放射状に集合して球塊をなす．純粋なものは無～白色だが，V^{3+} などを含むと黄緑，褐色などに色づく．条痕は白色．ガラス～真珠光沢で，硬度は $3\frac{1}{2}$～4，比重は 2.36．劈開は二方向に完全．熱水交代作用を受けた火山岩，熱水鉱脈，アルミニウムに富む変成岩，堆積岩中にみられる．石英，燐灰石，カコクセン石などと共存．名称はこの鉱物を発見した英国の物理学者，W. Wavell にちなむ．　〔松原　聰〕

タングステン酸塩・モリブデン酸塩

297 灰重石 （かいじゅうせき） Scheelite

正方晶系で $CaWO_4$ からなるが，少量の Mo などを含むことがある．複錐形の結晶形を示すほか，粒状，塊状のことも多い．無色から，白，黄褐，淡褐色で，条痕は白色，ガラス～ダイヤモンド光沢．硬度は $4\frac{1}{2}$～5，比重は 6.10，劈開はなし．短波長の紫外線で強烈な青白い蛍光を発する．主に花崗岩ペグマタイト，熱水鉱脈，接触交代鉱床中に産し，重要なタングステン鉱石となる．Ca が Fe に置換され，結晶形態を残したまま鉄重石になったものがある．特に山梨県乙女鉱山に産出したものは，ライン鉱という変種名で知られる．名称は酸素元素の共同発見者でこの鉱物がタングステン酸化物を含むことを明らかにしたスウェーデンの化学者，K. W. Scheele にちなむ．　　　〔松原　聰〕

298 鉄重石 （てつじゅうせき） Ferberite

単斜晶系で $FeWO_4$ からなるが，マンガン重石（hübnerite, $MnWO_4$）と連続固溶体を形成することがふつう．中間成分のものは鉄マンガン重石（wolframite）とよばれることがある．板形の結晶形を示すことが多い．黒色で，条痕は黒～黒褐色，亜金属～ダイヤモンド光沢．硬度は 4～$4\frac{1}{2}$，比重は約 7.5 だが，マンガンの含有量が増すと小さくなる．劈開は一方向に完全．花崗岩中の石英脈やペグマタイト，高温の熱水鉱脈中で，錫石，灰重石，トパーズ，蛍石などと共存．重要なタングステン鉱石となる．名称はアマチュア鉱物学者で工場オーナーであったドイツ人，M. R. Ferber にちなむ．　　　〔松原　聰〕

299 水鉛鉛鉱 （すいえんえんこう） Wulfenite

モリブデン鉛鉱，黄鉛鉱ともいう．正

タングステン酸塩・モリブデン酸塩　　549

方晶系で$PbMoO_4$からなるが，少量のCa，Wなどを含むことがある．複錐形，四角板状，四角錐台の結晶形を示す．黄色，橙，褐，赤色などで，条痕は淡黄～白色，脂肪～亜ダイヤモンド光沢．硬度は2½～3，比重は約6.8だが，少量成分によって変化．劈開は二方向に明瞭．鉛とモリブデンを含む鉱床の酸化帯に産する．名称はカリンシアの鉛鉱に関するモノグラフを書いたオーストリア・ハンガリーの鉱物学者，F. X. Wulfenにちなむ． 〔松原 聰〕

300 手稲石 (ていねせき) Teineite

直方晶系で$CuTeO_3・2H_2O$からなり，短柱状，針状の結晶形を示し，皮膜状をなすこともある．濃天青色，条痕は青白色．ガラス光沢で，硬度は2½，比重は3.85．劈開は一方向に良好．テル鉱物を含む鉱床の酸化帯にまれに産する．北海道手稲鉱山が原産地で，テル石などと共存[1]．日本では，ほかに静岡県河津鉱山，和歌山県岩出市山崎に産する．名称は産地名にちなむ． 〔松原 聰〕

● 文献
1) T. Yoshimura (1939) *Journal of Faculty of Science, Hokkaido University, Ser. 4*, **4**, 465-470.

亜テルル酸塩鉱物・ネソケイ酸塩鉱物

301 かんらん石 (かんらんせき) Olivine

① オリビン，オリーブ石とも．直方晶系でMg_2SiO_4からなる苦土かんらん石 (forsterite) とFe_2SiO_4からなる鉄かんらん石 (fayalite) の固溶体をさす．中間成分のものには，かつてクリソライト，ハイアロシデライト，ホートノライト，フェロホートノライトという名前が使われたが，現在ではこれらは鉱物名として扱わない．Mg_2SiO_4-Fe_2SiO_4固溶体の50％で区切り，前者を苦土かんらん石，後者を鉄かんらん石の2種とする．また，マンガンかんらん石 (tephroite, Mn_2SiO_4)，ニッケルかんらん石 (liebenbergite, Ni_2SiO_4) と固溶体を形成し，モンチチェリかんらん石 (monticellite, $CaMgSiO_4$) とも部分的に固溶する．鉄かんらん石では鉄の一部が酸化し，ライフン石 (laihunite, $(Fe^{2+}_{0.8}Fe^{3+}_{0.4})SiO_4$) に変質することもある．柱状，短柱状，板状の結晶形を示すほか，粒状，塊状でもみられる．Mgの多いものは白～黄緑～緑色で，Feの多いものは暗緑褐～暗褐色．条痕は白～灰褐色，ガラス～樹脂光沢．硬度は6½～7，比重は約3.2～4.3だが，多成分の含有量によって変化．劈開はない．Mgに富む側のものは，超苦鉄質～苦鉄質火成岩の主要な造岩鉱物であり，ほかに隕石 (Siの一部がPで置換されることがある)，接触交代岩にもみられる．Feに富む側のものは，花崗岩ペグマタイト，流紋岩などの珪長質火山岩に産出．名称はオリーブ色に由来するが，オリーブをかんらん科の植物と誤認されていたため「かんらん石」という和名がつけられた．苦土かんらん石は英国の鉱物収集家，A. J. Forsterに，鉄かんらん石は原産地，アゾレスのFayal島に因む．

② かんらん石はマントルの主要な構成

物と考えられている．地上から約410 km以深では高圧のため変形スピネル構造のワズレー石（ワズレアイト）となり，さらに深部では圧力が増しスピネル構造のリングウッド石（リングウッダイト）となる．

③ 黄緑〜緑色透明なかんらん石は，ペリドットという名前の宝石として用いられる．
〔松原　聰〕

302 リングウッド石（りんぐうっどせき）Ringwoodite

リングウッダイトとも．苦土かんらん石より密な構造（スピネル構造）をとる立方晶系のMg_2SiO_4で，タイプ標本ではかなりのFeを含む（FeO約23重量%）．鉄に富む苦土かんらん石の結晶を置換して微細な粒状集合をなす．紫，青灰，煙灰色，条痕，光沢，硬度とも未報告．比重は3.90．オーストラリアで採集されたTenhamコンドライト中に最初に見つかった．ほかにもカナダやアルゼンチンのコンドライト中にも産する．また，中国の花崗岩に含まれる微細な球状ガラス中にも発見されている．苦土かんらん石がマントル内部においてスピネル構造をとると考えられ，本鉱物と同じものとされる．名称はオーストラリアの岩石学者，A. E. Ringwoodにちなむ．
〔松原　聰〕

303 ワズレー石（わずれーせき）Wadsleyite

ワズレアイトとも．苦土かんらん石より密な構造（変形スピネル構造）をとる直方晶系のMg_2SiO_4で，タイプ標本ではかなりのFeを含む（Mg:Fe=1.5:0.5）．苦土かんらん石の結晶を置換して微細な粒状集合をなす．灰褐色，条痕，光沢，硬度，比重とも未報告．カナダ，アルバータ州で採集された$L6$コンドライト中に見つかった．高圧の衝撃によって形成された．苦土かんらん石がマントル内部において変形スピネル構造をとると考えられ，本鉱物と同じものとされる．名称はオーストラリアの結晶学者，A. D. Wadsleyにちなむ．
〔松原　聰〕

304 ざくろ石（ざくろいし）Garnet

ガーネットともいい，立方晶系の一般化学組成式，$X_3Z_2T_3O_{12}$で表されるざくろ石超族．Xには Mg, Ca, Mn, Fe^{2+}，Yが，Zには Mg, Al, Sc, Ti, V, Cr, Fe^{3+}, Fe^{2+}, Zr, Sn, Sb, U^{6+}が，Tには Si, Fe^{3+}, Fe^{2+}, Al, Hが入る．TにVやAsが入るざくろ石と同構造のものは，ベルゼリウス石族に分類される．ざくろ石は，造岩鉱物として大きく2つの系列が知られる．パイラルスパイト（pyralspite）は，苦礬ざくろ石（pyrope, $Mg_3Al_2Si_3O_{12}$）-鉄礬ざくろ石（almandine, $Fe_3^{2+}Al_2Si_3O_{12}$）-満礬ざくろ石（spessartine, $Mn_3Al_2Si_3O_{12}$）の系で，ウグランダイト（ugrandite）は，灰クロムざくろ石（uvarovite, $Ca_3Cr_2Si_3O_{12}$）-灰礬ざくろ石（grossular, $Ca_3Al_2Si_3O_{12}$）-鉄ざくろ石（andradite, $Ca_3Fe_2^{3+}Si_3O_{12}$）の系である．ほかにTiに富むショーロムざくろ石（schorlomite, $Ca_3(Ti^{4+}, Fe^{3+})_2(Si, Fe^{3+})_3O_{12}$），森本ざくろ石（morimotoite, $Ca_3Ti^{4+}Fe^{2+}Si_3O_{12}$，岡山県高梁市布賀鉱山が原産地で，森本信男にちなむ)[1]が，Vに富む灰バナジンざくろ石（goldmanite, $Ca_3V_2Si_3O_{12}$），桃井ざくろ石（momoiite, $Mn_3V_2Si_3O_{12}$，愛媛県鞍瀬鉱山が原産地で，桃井斉にちなむ)[2]などがある．以下，日本でよくみられる主なざくろ石について記す．

鉄礬ざくろ石：偏菱二十四面体，斜方十二面体の結晶形を示すことが多い．赤〜赤褐〜黒褐色，条痕は白色，ガラス光沢，硬度7〜7½．比重は端成分で約4.3だが，広く固溶体を作るので3.9ほどまで変化．劈開はなく，この性質はすべてのざくろ石に共通する．片麻岩などやや高温で形成された変成岩類，花崗岩ペグマタイト，珪長

質火山岩類など広く産する．名称はガーネットのカットや研磨が行われていた古代トルコ，Alabanda に由来．

満礬ざくろ石：偏菱二十四面体，斜方十二面体の結晶形を示すことが多い．黄～橙～赤褐色，条痕は白色，ガラス光沢，硬度7～7½．比重は端成分で約 4.2 だが，広く固溶体をつくるので 3.9 ほどまで変化．変成マンガン鉱床によくみられるほか，広域変成岩，接触変成岩，花崗岩ペグマタイト，流紋岩などにも産する．名称は原産地のドイツ，Spessart に由来．

灰礬ざくろ石：斜方十二面体，偏菱二十四面体の結晶形を示すことが多い．白～黄～緑～褐色，条痕は白色，ガラス光沢，硬度7．比重は端成分で約 3.6 だが，広く固溶体をつくるので 3.4 から 3.8 ほどまで変化．主に接触交代作用を受けた石灰岩中に多くみられるほか，超苦鉄質岩に伴うロジン岩の構成鉱物としても産する．名称はグーズベリー（セイヨウスグリ）（ラテン語の grossularia）の実に似た黄緑色をしていることに由来．

灰鉄ざくろ石：斜方十二面体，偏菱二十四面体の結晶形を示すことが多い．灰礬ざくろ石成分をある程度含んだものでは明瞭な光学異常を示し，対称が直方～三斜晶系まで低下している場合がある．褐～黄～黄緑～黒色，条痕は白色，ガラス～ダイヤモンド光沢，硬度7．比重は端成分で約 3.9 だが，広く固溶体をつくるので 3.7 から 4.1 ほどまで変化．主に接触交代作用を受けた石灰岩中に多くみられるほか，超苦鉄質岩，アルカリ火山岩や熱水鉱脈中にも産する．名称はブラジルの鉱物学者，J.B. d'Andrada e Silva にちなむ．

灰クロムざくろ石：斜方十二面体の結晶形を示すほか，塊状でも産する．鮮緑～暗緑色，条痕は白色，ガラス光沢，硬度7½．比重は端成分で約 3.8 だが，灰礬ざくろ石と広く固溶体をつくるので 3.4 ほどまで変化．超苦鉄質岩中のクロム鉄鉱に伴って産することが多い．ほかにキンバーライトの捕獲岩，接触変成岩にもみられる．名称はロシアのアカデミー会員，S.S. Uvarov 伯爵にちなむ．

ガーネットは宝石として用いられる．

〔松原　聰〕

●文献
1) C. Henmi, et al. (1995) Mineralogical Magazine, **59**, 115-120.
2) H. Tanaka, et al. (2010) Journal of Mineralogical and Petrological Science, **105**, 92-96.

305　ジルコン（じるこん）Zircon

正方晶系の $ZrSiO_4$ で，Hf, Y, Fe, Nb, Ta, Th, U などを含む．複錐状，短柱状の結晶形を示す．無～黄～橙～緑～青色，条痕は白色，ダイヤモンド光沢．硬度7½だが，メタミクト化したものでは6程度まで下がる．比重は約 4.7 だが，他成分の置換やメタミクト化によってかなり変化．劈開はない．ジルコン族には，ハフノン（Hafnon, $HfSiO_4$），トール石（Thorite, $ThSiO_4$），コフィン石（Coffinite, $U(SiH_4)O_4$）などがあり，ゼノタイム（Xenotime, YPO_4）は同構造である．ジルコンは物理的・化学的にも強く，UやThを含むため，放射性年代測定の重要なターゲットである．地球最古の岩石といわれる場合は，その中に含まれるジルコンの年代である．片麻岩などの変成岩，珪長質火成岩，特に花崗岩やそのペグマタイト，アルカリ深成岩やそのペグマタイトにみられる．砂鉱をつくり，それらはジルコンサンドとよばれる．名称は金色にみえたところから，アラビア語の zargun から命名されたが，この言葉はペルシャ語の zur（金）と gun（色）に由来する．ジルコンは宝石に用いられ，特に宝石質のものには，ヒヤシンス（hyacinth）という名前もある．

〔松原　聰〕

306 珪線石 (けいせんせき) Sillimanite

直方晶系の $Al_2O(SiO_4)$ で表され，Fe^{3+} などが少量含まれる．Alは6配位と4配位．板柱状，針状，繊維状の結晶形を示す．無〜白色が多いが，黄，緑，青色を帯びることもある．条痕は白色．ガラス〜絹糸光沢．硬度7，比重は3.27．劈開は一方向に完全．泥質岩などがやや高温で変成された接触および広域変成岩に産出．特に片岩中の脈，ペグマタイト質の部分にはまとまってみられる．また，火成岩中の捕獲結晶としても産する．名称はアメリカの化学・地質学者，B. Silliman にちなむ．珪線石は，紅柱石，藍晶石と多形関係にあり，これら3種の中では，高温・中〜低圧の領域で形成される．以下，紅柱石と藍晶石について記す．

紅柱石（andalusite）：Fe^{3+} や Mn^{3+} などが少量含まれ，前者は赤系，後者は緑系の着色要因となる．Alは6配位と5配位．直方晶系で，正方形に近い断面の柱状の結晶形を示す．ピンク〜赤褐色が多く，白，灰，黄，緑色を示すこともある．結晶の中心部に炭素質包有物を含むことがあり，これを空晶石（chiastolite）とよぶ．条痕は白色，ガラス光沢．硬度6½〜7½．比重は約3.1だが，Fe^{3+} や Mn^{3+} の含有量によって3.2ほどまで変化．珪線石に比べて低温で形成された広域変成岩や接触変成岩に産し，花崗岩ペグマタイト，熱水交代岩などにも産する．名称は空晶石タイプの原産地，スペインの Andalusia 地方に由来．3種の中では，中〜低温・低圧の領域で形成される．

藍晶石（kyanite）：Ti, Fe, Cr などが少量含まれ Ti と Fe の組み合わせで青系，Cr により緑系の着色要因となる．Alは2つとも6配位．三斜晶系で，長板柱状の結晶形を示すことが多い．青，緑，灰色，条痕は白色，ガラス光沢．硬度は，{100}上でc軸に平行な方向では4〜5，b軸に平行な方向では6〜7，{001}上では5½〜6½，{010}上では7〜7½．比重は約3.7．珪線石や紅柱石に比べて低温高圧の変成作用を受けた広域変成岩中に産する．名称はギリシャ語の青色を意味する kuanos に由来．3種の中では，低温・高圧の領域で形成される．

〔松原　聰〕

307 十字石 (じゅうじせき) Staurolite

単斜晶系で $Fe_2^{2+}Al_9Si_4O_{23}(OH)$ からなり，Li, Mg, Zn, Co などを少量含むことがある．厚板状や柱状の結晶形を示すことが多く，2つの結晶が，ほぼ直交あるいは斜交（約60°）する貫入双晶をして十字型をするのが特徴．赤褐〜黄褐色で，条痕は白から灰色．ガラスないし樹脂光沢で，硬度は7〜7½，比重は約3.7だが，副成分の量で変化．劈開は一方向に明瞭．主に鉄やアルミニウムに富む原岩から形成された広域変成岩中にみられる．白雲母，石英，鉄礬ざくろ石などと共存．同構造のものに，より高圧で形成される Mg の Fe^{2+} 置換体は苦土十字石（magnesiostaurolite）と Zn 置換体である亜鉛十字石（zincostaurolite）がある．名称は十字架を意味するギリシャ語の stauros に由来．

〔松原　聰〕

308 トパーズ (とぱーず) Topaz

トパズあるいは黄玉ともいう．直方晶系で $Al_2SiO_4(F,OH)_2$ からなる．斜方柱状の結晶形を示すことが多く，柱の伸びの方向（c軸）に平行な条線がみられる．無色を基本とするが，黄〜黄橙，青，ピンク〜赤色をすることがあり，条痕は白色．ガラス光沢で，硬度は8，比重は3.55．劈開は一方向に完全．主に花崗岩ペグマタイト，高温熱水交代岩，流紋岩中に産する．花崗岩ペグマタイト中では，石英，白雲母，カリ長石，蛍石などと共生し大きな結晶がみられる．日本では岐阜県中津川市と恵那市にまたがる苗木花崗岩中，滋賀県大津市田上山，山梨県甲府市黒平などが主産地．世界ではブラジル，パキスタン，マダガスカル，

亜テルル酸塩鉱物・ネソケイ酸塩鉱物

ロシア，アメリカなどが主産地．OH>F のものは天然で未知であるが，高圧実験で合成できる．名称の由来は複雑で，紅海にある島のギリシャ語名，Topazion から鉱物名とされた．しかし，そのときの鉱物はかんらん石であったといわれる．その後黄色の宝石類一般に使われ，18世紀半ばから現在のトパーズを特定するようになった．トパーズは宝石としてよく用いられる．

〔松原　聰〕

309　コンドロ石 (こんどろせき) Chondrodite

①　単斜晶系で $Mg_5(SiO_4)_2(F,OH)_2$ からなり，少量の Fe^{2+}, Ti を含む．立方体に近い短柱状の結晶形を示すことがあるが，多くは粒状．黄，黄褐，淡緑色で，条痕は白〜淡黄色．ガラス光沢で，硬度は6〜6½．比重は約3.1だが，Fe^{2+} や Ti の含有量によって3.2ほどにもなる．劈開はない．主に接触交代作用を受けた苦灰岩，キンバレー岩，カーボナタイト，超苦鉄質岩中に産する．苦土かんらん石，金雲母，スピネル，苦灰石などと共存．名称は粒を意味するギリシャ語 chondros に由来．なお，隕石のコンドライトはコンドリュール（球状の鉱物粒集合体）を含むことから命名されたが，由来の起源はコンドロ石と同じ．

②　コンドロ石は苦土かんらん石構造と水滑石構造の組み合わせからできていて，それぞれの割合と Mn 置換体，Ca 置換体を含め単斜晶系と直方晶系からなる16種類のヒューム石族の一員である．Mg を主成分とするものは，ヒューム石，単斜ヒューム石，コンドロ石など6種類．Mn を主成分とするものは，アレガニー石，園石，リッベ石など6種類．園石 (sonolite, $Mn_9(SiO_4)_4(OH,F)_2$) は，京都府和束町園鉱山を原産地とする単斜晶系の鉱物[1]．日本各地，アメリカ，スウェーデン，キルギスなどの変成マンガン鉱床からも発見され，珍しい鉱物ではない．Ca を主成分とするものは，ラインハルトブラウンス石など4種．

〔松原　聰〕

● 文献
1) M. Yoshinaga (1963) *Memoir of Faculty of Science, Kyushu University, Series D*, **14**, 1-21.

310　硬緑泥石 (こうりょくでいせき) Chloritoid

$Fe^{2+}Al_2SiO_5(OH)_2$ からなり，副成分として Mg, Mn, Fe^{3+} などを含む．単斜晶系と三斜晶系のものがある．やや粗い六角板状や葉片状の結晶形を示すことがある．暗緑〜灰緑色で，条痕は白色．ガラスないし真珠光沢で，硬度は6½，比重は約3.6だが，副成分の量で少し変化．劈開は一方向に完全．主に鉄やアルミニウムに富む原岩から形成された広域変成岩，接触変成岩中にみられる．白雲母，石英，鉄礬ざくろ石などと共存．同構造のものに，Mg 置換体の苦土硬緑泥石 (magnesiochloritoid)，Mn 置換体のオットレ石 (ottrélite)，Si の Ge 置換体のカーボア石 (carboirite) がある．名称は見た目が緑泥石に似ているので，「…のような」を意味する接尾語の oid を chlorite に付けた．和名は硬度が緑泥石より高いところを強調したため．

〔松原　聰〕

311　チタン石 (ちたんせき) Titanite

くさび石とも．単斜晶系の $CaTiSiO_5$ で，Y, Al, Fe, V, Nb, Th, U などを含む．くさび形の板状，まれに柱状の結晶形を示す．無〜黄〜褐〜橙〜黒色，条痕は白色，ダイヤモンドないし脂肪光沢．硬度は5〜5½，比重は約3.5だが，他成分の置換によって少し変化．劈開は一方向に明瞭．チタン石族には，他にマラヤ石 (malayaite, $CaSnSiO_5$) とバナジウムマラヤ石 (vanadomalayaite, $CaVSiO_5$) があり，マックスウエル石 (maxwellite, $NaFe^{3+}$

AsO$_4$F）は同構造である．各種火成岩，片麻岩，結晶片岩中の副成分としてふつうに存在．名称は化学組成によるが，一方，結晶の特徴的な形からくさびを意味するギリシャ語の sphen から命名された sphene（くさび石）も併用されてきた．しかし，チタン石の方が先に命名されていたので，国際鉱物学連合によって正式名は Titanite に統一された．　　　　　　〔松原　聰〕

312 ブラウン鉱 （ぶらうんこう） Braunite

正方晶系で Mn^{2+}Mn$_6^{3+}$SiO$_{12}$ からなり，少量の Ca, Fe, Ba などを含むことがある．八面体に近い正方複錐状の結晶形を示すことがあるが，ふつうは粒状，塊状．黒色不透明で，条痕は褐色．亜金属光沢，硬度は 6～6$\frac{1}{2}$，比重は 4.84．劈開は一方向に明瞭．主に変成マンガン鉱床や熱水性マンガン鉱脈中に産する．石英，赤鉄鉱，紅簾石，ばら輝石などと共存．マンガン鉱石となる．名称はドイツの鉱物学者，K. Braun (1790-1872) にちなむ．　〔松原　聰〕

313 ダトー石 （だとーせき） Datolite

単斜晶系で CaBSiO$_4$OH からなる．短柱状の結晶形を示すことがあるが，ふつうは粒状，ぶどう状，塊状．無～白色が多いが，淡ピンク，黄色のことも．条痕は白色．ガラス光沢だが，沸石，石英，曹長石に比べて光沢は強い．硬度は 5～5$\frac{1}{2}$，比重は 3.05．劈開はない．主に火山岩，ペグマタイト，緑色岩，接触交代岩の空隙や脈に，ぶどう石，魚眼石，斧石，沸石類などと共存．名称は粒状になりやすいので，分かれるという意味のギリシャ語に由来．〔松原　聰〕

314 ガドリン石 （がどりんせき） Gadolinite

希土類元素 (RE) のケイ酸塩で RE$_2$Fe^{2+}Be$_2$Si$_2$O$_{10}$ の化学式をもつ．さまざまな希土類元素を含むが，Y が卓越することが多く正式な種名は gadolinite-(Y) である．他に Ce 種 gadolinite-(Ce) や Nd 種が独立種として知られている．希土類元素を特定しない，あるいは特定できない場合は根本名 gadolinite が用いられる．18 世紀末に本鉱物から元素イットリウムを発見したスウェーデンの化学者 J. Gadolin にちなみ命名．柱状晶として，主にペグマタイト中に産出．メタミクト状態で産出することも多い．暗緑色から緑褐色．ガラス光沢または油脂光沢，条痕は緑灰色．硬度は 6$\frac{1}{2}$～7，比重は 4.4．劈開はみられない．塩酸によりゼラチン化．

単斜晶系に属し，ダトー石 [CaBSiO$_4$(OH)]，ホミル石 [Ca$_2$Fe^{2+}B$_2$Si$_2$O$_{10}$]，興安（ヒンガン）石 [REBeSiO$_4$(OH)]，水酸ヘルデル石 [CaBePO$_4$(OH)] などと同形で，共にガドリン石上族に分類される．ガドリン石の結晶構造では，SiO$_4$ 四面体と BeO$_4$ 四面体が連なり 4 員環と 8 員環の網目状骨格を形成する．これらが RE と Fe により連結積層した層状構造である．結晶構造が網目状構造で規定されるので，イオン半径の大小にかかわらずすべての RE でこの構造が保たれる．

ガドリン石から Fe^{2+} を除き倍量の O^{2-} を (OH)$^-$ で置換すると興安石の組成に相当し，両者の間で連続固溶体が形成される．ガドリン石の RE^{3+} と Be^{2+} をそれぞれ Ca^{2+} と B^{3+} で置換したものがホミル石に相当し，両者の間で固溶体を形成する．一方，リン酸塩の水酸ハーデル石は同形構造のケイ酸塩鉱物との同形置換は顕著ではない．希土類元素の半分を Ca で置換し，二価の Fe^{2+} を三価の Fe^{3+} としたカルシオガドリン石が長野県より記載され，また，合成実験によりこの相の存在も証明されている．天然のガドリン石の成す固溶体の端成分の 1 つとして知られているが，模式標本の喪失と不十分な原記載データにより IMA 委員会により独立種としては抹消された．　　　　　　　　〔宮脇律郎〕

ソロケイ酸塩鉱物

315 オケルマン石 (おけるまんせき) Åkermanite

正方晶系で $Ca_2MgSi_2O_7$ からなり，$Ca_2AlAlSiO_7$ 組成のゲーレン石と連続固溶体を形成し，この系列をメリライトとよぶ．天然でオケルマン石端成分をもつものはきわめてまれ．立方体に近い粒状，塊状で産する．無〜灰白色がふつうだが，淡緑，淡褐色のことも．条痕は白色．ガラス光沢で，硬度は 5〜6，比重は約 2.9 だが，ゲーレン石成分が増加すると 3.0 近くになる．劈開は一方向に明瞭．アルカリ火山岩やそのゼノリス，高温生成のスカルン，カーボナタイト，隕石中に産する．最初はスラグ中から記載されたため，名称はスウェーデンの冶金学者，A. R. Åkerman (1837-1922) にちなむ．メリライト族には他に，オケルマン石の Mg を Zn で置換したハーディストン石 (hardystonite) と Be で置換したグジア石 (gugiaite)，ゲーレン石の Al を B で置換した岡山石 (okayamalite) がある．岡山石は岡山県高梁市布賀鉱山が原産地[1]で，高温生成のスカルンとホウ素を多量に含む熱水との反応でできた．

〔松原　聰〕

● 文献
1) S. Matsubara, *et al* (1998) *Mineralogical Magazine*, **62**, 703-706.

316 異極鉱 (いきょくこう) Hemimorphite

直方晶系で $Zn_4Si_2O_7(OH)_2 \cdot H_2O$ からなり，扁平な柱状の結晶形を示し，それらが束状，球状，ぶどう状に集合する．結晶は両端の形態が異なる典型的な異極像 (hemimorphy) を示す．無〜白色がふつうだが，淡黄，淡青色のことも．条痕は白色．ガラス光沢で，硬度は $4\frac{1}{2}$〜5，比重は 3.48．劈開は二方向に完全．亜鉛鉱床の酸化帯に，方解石，菱亜鉛鉱，針鉄鉱などと共存．名称は結晶の形態に由来．

〔松原　聰〕

317 斧石 (おのいし) Axinite

三斜晶系で鉄斧石 (axinite-(Fe)，$Ca_2FeAl_2BSi_4O_{15}(OH)$)，マンガン斧石 (axinite-(Mn)，$Ca_2MnAl_2BSi_4O_{15}(OH)$)，チンツェン斧石 (tinzenite, $CaMn_2Al_2BSi_4O_{15}(OH)$)，苦土斧石 (axinite-(Mg)，$Ca_2MgAl_2BSi_4O_{15}(OH)$) の4つの端成分からなるグループ名として扱われる．斧を連想させる鋭い刃のような薄板状あるいは厚板状の結晶形をとりやすい．褐紫，灰緑，灰青，青，黄橙色で，条痕は白色．ガラス光沢．硬度は $6\frac{1}{2}$〜7，比重は約 3.3 だが，Fe, Mn, Mg の量によって変化．劈開は一方向に明瞭．Fe に富むものは，主にスカルン，緑色岩，石英閃緑岩ペグマタイト中に，Mn に富むものは変成マンガン鉱床，スカルン中に，Mg に富むものは変成岩中に産する．名称は結晶の形態から斧を意味するギリシャ語，axine に由来．チンツェン斧石は原産地，スイスの Tinzen にちなむ．

〔松原　聰〕

318 ローソン石 (ろーそんせき) Lawsonite

化学式 $CaAl_2Si_2O_7(OH)_2 \cdot H_2O$ で表されるソロケイ酸塩鉱物．直方晶系，硬度 6，比重 3.09，劈開 {100} と {010} に完全，{101} に不完全．柱状〜卓状の結晶や粒状，塊状として産する．{101} を双晶面とする双晶が普通にみられる．肉眼では透明，無色，白色，淡青，灰青．条痕色白色．ガラス光沢〜樹脂光沢．化学組成は灰長石 $CaAl_2Si_2O_8$ に2分子の水が加わったものであるが，比重は灰長石の 2.75 に対して，ローソン石は 3.09 となっている．パルテ沸石と同質異像関係．Al の一部を Fe^{3+}，Ca の一部を Sr が置換することがあるが，通常はほとんど端成分の組成で産する．

低温の変成作用，青色片岩相の藍閃石片

岩中にみられるほか，まれにエクロジャイトにも含まれる．パンペリー石，緑簾石，ざくろ石，藍閃石，白雲母，ひすい輝石，石英，方解石などと共生．アメリカ合衆国カリフォルニア州マリン郡ティブロン半島が原産地で，同州メンドチーノ郡コベーロ付近では5cmに達する自形結晶が産する．国内では北海道神居古潭帯，高知県黒瀬川帯などの変成岩中に微細なものが産する．

ローソン石は，1895年にRansomによってカリフォルニア大学のアメリカ人地質学者 Andrew Cowper Lawson (1861-1952) にちなんで命名された．

ローソン石族の鉱物として，以下の4種が知られている．

ローソン石（Lawsonite）
　$CaAl_2Si_2O_7(OH)_2 \cdot H_2O$
糸魚川石（Itoigawaite）
　$SrAl_2Si_2O_7(OH)_2 \cdot H_2O$
ヘンノマーチン石（Hennomartinite）
　$SrMn_2Si_2O_7(OH)_2 \cdot H_2O$
ネールベンソン石（Noelbensonite）
　$BaMn_2Si_2O_7(OH)_2 \cdot H_2O$　〔宮島　宏〕

319 ダンブリ石（だんぶりせき）Danburite

直方晶系で$CaB_2Si_2O_8$からなり，トパーズによく似た斜方柱状の結晶形をとりやすい．無，白，灰，淡褐色で，条痕は白色．ガラス光沢，硬度は7〜7½，比重は3.00．劈開はない．主にスカルン，変成岩を切る脈，熱水鉱脈中に，斧石，ダトー石，石英，方解石などと共存．名称は原産地，アメリカ・コネティカット州のDanburyにちなむ．　〔松原　聰〕

320 ペリエル石（ぺりえるせき）Perrierite-(Ce)

セリウムを主体とした希土類元素と多種の陽イオンからなるソロケイ酸塩鉱物で，$Ce_4MgFe_2^{3+}Ti_2^{4+}(Si_2O_7)_2O_8$という理想組成が提唱されているが，実際はCaを含みFeは少なめでMgに乏しい $(Ce_3Ca)Fe^{2+}(Fe^{3+}Ti_3^{4+})(Si_2O_7)_2O_8$に近い組成を示す．最近Ceに代わりLaが卓越するLa種も発見されている．柱状晶の形態を示すほか，粒状，塊状をなす．不透明ないし半透明，黒色から暗赤褐色で，条痕は褐色．樹脂光沢，硬度は5½，比重は化学組成により4.3から4.8を変動．劈開はなく，不定形あるいは貝殻状の断口．原産地のような風化した凝灰岩由来の堆積砂中や，花崗閃緑岩の晶洞，閃長岩ペグマタイトなどに産する．名称はイタリアの鉱物学者C. Perrierにちなむ．

単斜晶系でMg，Fe^{3+}，Ti^{4+}は八面体配位をとり，Siはソロケイ酸塩特有のSi_2O_7の原子団を形成する．Ceのような大きな陽イオンはこれらの八面体，四面体を連結し3次元の構造を構成している．同形の鉱物に，蓮華石 $[Sr_4ZrTi_4(Si_2O_7)_2O_8]$，松原石 $[Sr_4Ti_5(Si_2O_7)_2O_8]$がある．

ペリエル石に化学組成がきわめて近く類似の結晶構造をもつ鉱物として，チェフキン石 $[Ce_4MgFe_2^{3+}Ti_2^{4+}(Si_2O_7)_2O_8]$がある．これらの鉱物の結晶構造の相違はごくわずかであるため，粉末X線回折パターンも相互に類似しており，化学分析や粉末回折実験で区別することが困難である．原子配列の対称性により，単斜晶系の単位格子の取り方が違うため，相互で10°程度異なるβ角が区別の指標となる．また，ペリエル石とチェフキン石では含有するFeとCaの原子比率に差異がみられる傾向が示されている．チェフキン石と同形の鉱物には，ストロンチウムチェフキン石 $[(Ce_2Sr_2)Fe^{2+}Ti_4^{4+}(Si_2O_7)_2O_8]$，丁道衡（ディンダオヘン）石 $[Ce_4Fe^{2+}(TiFe^{2+})Ti_2(Si_2O_7)_2O_8]$，牦牛坪（マオニュウピン）石 $[Ce_4Fe^{3+}(Fe^{3+}Fe^{2+})Ti_2(Si_2O_7)_2O_8]$，ポリヤコフ石 $[Ce_4MgCr_2^{3+}Ti_2(Si_2O_7)_2O_8]$などが知られる．

ペリエル石と類縁鉱物，チェフキン石と

その類縁鉱物，それぞれで複雑な同形置換を伴う固溶体系列を成すため，席占有率に基づいた鉱物種の再定義が必要な鉱物群である． 〔宮脇律郎〕

321 緑簾石（りょくれんせき）Epidote

① 緑簾石は，理想式が $Ca_2Al_2Fe^{3+}[Si_2O_7][SiO_4]O(OH)$，単斜晶系，空間群 $P2_1/m$ の鉱物で，フランスの結晶学者アウイ（R. J. Haüy）によって1801年に命名された．結晶形態は b 軸方向に伸びた柱状であるが，繊維状あるいは塊状の集合体として産することもある．底面の一つの面が他の面より大きく成長することがあるため，「増大」を意味するギリシャ語の"Epidosis"が epidote の語源となっている．黄緑・暗緑・灰緑色で，ガラス光沢を呈し，条痕色は灰色である．薄片では淡黄色で，多色性がある．硬度は6～7，劈開は{001}に完全である．緑色片岩，緑簾石角閃岩，藍閃石片岩などの広域変成岩に産出するほか，スカルン鉱床にスカルン鉱物として，また熱水変質岩に産する．マグマからの後期生成物としても産する．

② 緑簾石族（epidote group）には直方（斜方）晶系の灰簾石（$Ca_2Al_3Si_3O_{12}$(OH)；ゾイサイト，ゆう簾石）と単斜晶系の単斜灰簾石（クリノゾイサイト）亜族，褐簾石亜族，ドレイス石亜族に属する鉱物がある[1]．単斜晶系の緑簾石族鉱物の結晶構造は9配位の $A1$ 席，10配位の $A2$ 席，3種類の6配位席 $M1$，$M2$，$M3$，および4配位席からなる．単斜灰簾石亜族では $A1$，$A2$ 席が Ca などの2価の陽イオンによって占められ，6配位席には3価の陽イオンが分布する．褐簾石亜族では $A1$ 席が Ca，$A2$ 席が3価の希土類元素イオン，$M1$ と $M2$ 席が3価の陽イオン，$M3$ 席は2価の陽イオンによって占められる．ドレイス石亜族では，$A1$，$A2$ 席は灰簾石亜族と同様だが，$M1$ と $M3$ 席は2価の陽イオン，$M2$ 席は3

価の陽イオンで占められ，OH とともに F が含まれる．各亜族に属する主な鉱物種を以下に示す．

a. 単斜灰簾石亜族
 単斜灰簾石（clinozoisite）
  $Ca_2Al_3Si_3O_{12}(OH)$
 新潟石（niigataite）
  $CaSrAl_3Si_3O_{12}(OH)$
 緑簾石（epidote）
  $Ca_2Al_2Fe^{3+}Si_3O_{12}(OH)$
 ストロンチウム緑簾石（epidote-(Sr)）
  $CaSrAl_2Fe^{3+}Si_3O_{12}(OH)$
 紅簾石（piemontite）
  $Ca_2Al_2Mn^{3+}Si_3O_{12}(OH)$
 ストロンチウム紅簾石
  （strontiopiemontite）
  $CaSrAl_2Mn^{3+}Si_3O_{12}(OH)$

b. 褐簾石亜族
 褐簾石（allanite-(REE)）
  $CaREE^{3+}Al_2Fe^{2+}Si_3O_{12}(OH)$
 ディサキス石（dissakisite-(REE)）
  $CaREE^{3+}Al_2MgSi_3O_{12}(OH)$
 ランタンフェリ赤坂石
  （Ferriakasakaite-(La)）
  $CaLaFe^{3+}AlMn^{2+}Si_3O_{12}(OH)$
 アンドロス石（androsite-(REE)）
  $Mn^{2+}REE^{3+}Al_2Mn^{2+}Si_3O_{12}(OH)$
 上田石（uedaite-(Ce)）
  $Mn^{2+}CeAl_2Fe^{2+}Si_3O_{12}(OH)$

c. ドレイス石亜族
 ドレイス石（dollaseite-(Ce)）
  $CaCe^{3+}Mg_2AlSi_3O_{11}(F, OH)_2$
 クリストフ石（khristovite-(Ce)）
  $CaCe^{3+}MgAlMn^{2+}Si_3O_{11}F(OH)$

③ 単斜灰簾石亜族の鉱物は緑簾石と同様の産状であるが，紅簾石は紅色を呈して低温高圧変成作用を受けた変成岩，マンガン鉱床，含マンガン鉱床に産する．褐簾石は主に片麻岩，花崗岩，閃長岩，流紋岩，安山岩に産し，ディサキス石は大理石，かんらん岩から，ランタン赤坂石は層状鉄マ

ンガン鉱床から，アンドロス石はマンガン鉱床，層状鉱マンガン鉱床から見いだされている．ドレイス石はスカルンから発見された．

④　緑簾石族の鉱物は一般に硬度と色が宝石に適しないが，「タンザナイト(tanzanite)」という名称の宝石はVを含む灰簾石である．　　　　　〔赤坂正秀〕

● 文献
1) T. Armbruster, et al. (2006) European Journal of Mineralogy, 18, 551-567.

322 パンペリー石 (ばんぺりーせき) Pumpellyite

①　パンペリー石は，化学式が$Ca_8(Mg, Fe^{2+}, Mn^{2+}, Fe^{3+}, Mn^{3+}, Cr^{3+}, V^{3+}, Al)_4 Al_8Si_{12}O_{56-n}(OH)_n(Z=1)$，単斜晶系，空間群$A2/m$の鉱物で，結晶形態は$b$軸方向に伸びた柱状であるが，繊維状結晶の集合体としても産する．含まれる遷移元素の量が少ない種は無色であるが，Fe^{2+}を多く含むと暗緑色，Fe^{3+}に富むと褐色，Mn^{2+}とMn^{3+}を含むとオレンジ色，Cr^{3+}に富むと灰赤色，V^{3+}を含むと緑褐色を呈する．ガラス光沢を呈する．肉眼での色が薄い場合は薄片での色は無色であるが，色が濃い場合は薄片での色も肉眼での色と同様で，多色性がある．硬度は5～6，劈開は{001}に完全，{100}に良好．沸石相，ぶどう石-パンペリー石相，藍閃石片岩相の低温高圧広域変成岩に産出するほか，熱水変質岩に普遍的に産する．マグマからの後期生成物としても産する．米国ミシガン州Keweenaw半島の銅鉱床から発見され，本地域の地質を最初に研究したR. PumpellyにちなんでPalache and Vassar[1]によって命名された．

②　パンペリー石族の一般式は$W_8X_4Y_8Z_{12}O_{56-n}(OH)_n(Z=1)$で，7配位のW席には主に$Ca^{2+}$，6配位のX席には$Mg^{2+}, Fe^{2+}, Mn^{2+}, Fe^{3+}, Mn^{3+}, Cr^{3+}, V^{3+}, Al^{3+}$，X席より小さい6配位のY席には$Al^{3+}, Fe^{3+}, Mn^{3+}, Cr^{3+}, V^{3+}$，4配位のZ席には$Si^{4+}$，のイオンが分布する[2]．X席には2価の陽イオンと3価の陽イオンが分布し，その割合によってnの値が異なる．Y席で最も優勢な陽イオンによって鉱物名(root name)が決定され，X席で最も優勢なイオンが接尾語で示される[3]．パンペリー石ではY席で最も優勢な陽イオンはAl^{3+}．ジュルゴルド石(julgoldite : $Ca_2(Fe^{2+}, Mg)(Fe^{3+}, Al)_2(Si_2O_7)(SiO_4)(OH)_2 \cdot H_2O(Z=4)$)では$Fe^{3+}$，オホーツク石(okhotskite : $Ca_8(Mn^{2+}, Mg)_4(Mn^{3+}, Al, Fe^{3+})_8Si_{12}O_{40}(OH)_{16}$)では$Mn^{3+}$，シュイスク石(shuiskite : $Ca_2(Mg,Al,Fe)(Cr,Al)_2(Si_2O_7)(SiO_4)(OH)_2 \cdot H_2O(Z=4)$)では$Cr^{3+}$，ポッピ石(poppiite : $Ca_2(V^{3+}, Fe^{3+}, Mg, Mn^{2+})(V^{3+}, Al)_2(Si, Al)_3(O, OH)_{14}(Z=4)$)では$V^{3+}$，である．これらの名前にX席で優勢なイオンを接尾語で付加した名前が鉱物種名となっている．例えばパンペリー石には，苦土パンペリー石(pumpellyite-(Mg))，マンガンパンペリー石(pumpellyite-(Mn^{2+}))，フェロパンペリー石(pumpellyite-(Fe^{2+}))，フェリパンペリー石(pumpellyite-(Fe^{3+}))，アルミノパンペリー石(pumpellyite-(Al))が属する．

③　ジュルゴルド石はスウェーデンLångban鉱床の赤鉄鉱-磁鉄鉱鉱石から発見されたが，Y席にFe^{3+}を多く含むパンペリー石は，沸石相の緑色岩，熱水変質岩中にも普遍的に産出する．オホーツク石は北海道北見市常呂町国力鉱山の変成マンガン鉄鉱床から発見され，他地域の変成マンガン鉱床にも産出する．シュイスク石はロシアのクロム鉱床から発見されたものだが，クロムをある程度含むパンペリー石はクロム鉄鉱鉱石やクロム鉄鉱を含む超塩基性岩・塩基性岩が変成作用や変質作用を受けたものに産出する．ポッピ石はイタリア

のマンガン鉱床から発見されたが，日本でも埼玉県小松鉱山のマンガン鉱床に産出する． 〔赤坂正秀〕

●文献
1) G. Pallache and H.E. Vassar (1925) *American Mineralogist*, **10**, 412-418.
2) M. Akasaka, Y. Kimura, Y. Omori, M. Sakakibara, I. Shinno and K. Togari (1997) *Mineralogy and Petrology*, **61**, 181-198.
3) E. Passaglia and G. Gottardi (1973) *Canadian Mineralogist*, **12**, 219-223.

323 ベスブ石 (べすぶせき) Vesuvianite

正方晶系で $Ca_{19}(Al, Mg, Fe)_{13}(SiO_4)_{10}(Si_2O_7)_4(O, OH, F)_{10}$ からなり，Mn, B, Fに富むものがある．正方柱状，正方複錐状の結晶形をとるほか，粒状，塊状のことも多い．淡緑〜褐，淡緑〜緑，淡黄色で，条痕は白色．ガラス光沢，硬度は6〜7，比重は約3.4で，成分によって少し変化．劈開はない．主にスカルン中に，灰礬ざくろ石，透輝石，珪灰石，柱石などと共存．また，超苦鉄質岩中に脈状，塊状で産し，ロジン岩の構成鉱物としても産する．黄褐色系の粒状，塊状で産するものは灰礬ざくろ石-灰鉄ざくろ石系に似る．緑色緻密な塊はカリフォルニア翡翠(ひすい)とよばれる．名称はイタリア・ベスビオ火山の火山弾中に最初に発見されたことによる． 〔松原 聰〕

324 吉村石 (よしむらせき) Yoshimuraite

三斜晶系で $(Ba,Sr)_2Mn_2TiO(Si_2O_7)(PO_4)(OH)$ からなる．金雲母に似た鱗片状あるいは板状の結晶形をとる．赤褐〜濃褐色で，条痕は淡褐〜黄褐色．ガラスないし真珠光沢，硬度は $4\frac{1}{2}$，比重は約4.2で，成分によって少し変化．劈開は一方向に完全．変成マンガン鉱床中に，石英，エジリン輝石，ばら輝石，カリ長石などと共存．岩手県野田村野田玉川鉱山が原産地[1]で，名称はマンガン鉱床とその鉱物の研究者であった吉村豊文 (1907-1986) にちなむ． 〔松原 聰〕

●文献
1) T. Watanabe, *et al.* (1961) *Mineralogical Journal*, **3**, 156-167.

325 コーネルップ石 (こーねるっぷせき)
Kornerupine

コーネルピンともいい，直方晶系で $(\square,Mg,Fe)(Al,Mg,Fe)_9(Si,Al,B)_5(O,OH,F)_{22}$ の化学組成をもつ．繊維状〜柱状の結晶形態をとることが多い．暗緑色のほか，灰，青，ピンク，褐，黒などさまざまな色をもつ．条痕はほぼ白色で，ガラス光沢，硬度は $6\frac{1}{2}$〜7，比重は $3\frac{1}{2}$〜3.5．劈開は柱に沿った二方向に明瞭．Siに乏しくMgやAlに富む片麻岩，グラニュライト相に達する広域変成岩，ペグマタイトなどで，電気石のかわりに生成され，菫青石，サフィリン，コランダム，珪線石などと共存．世界の先カンブリア時代の変成岩地帯に産地は多いが，グリーンランドが原産地で，名称はデンマークの地質学者，Andreas Nikolaus Kornerup (1857-1881) にちなむ． 〔松原 聰〕

シクロケイ酸塩鉱物

326 ベニト石 （べにとせき） Benitoite

六方晶系で $BaTiSi_3O_9$ からなり，三角あるいは六角厚板状〜板状の結晶形をとる．青ないし暗青色のほか，白〜無色，ピンク，帯紫青色のこともある．条痕は白色．ガラス光沢，硬度は $6\frac{1}{2}$，比重は 3.64．劈開は不完全．短波長の紫外線で青白色の蛍光を示す．米国カリフォルニア州サン・ベニト郡の熱水変質を受けた蛇紋岩中のソーダ沸石脈中に産するものが有名．他に閃長岩，曹長岩（新潟県糸魚川市青海金山谷），変成マンガン鉱床（東京都奥多摩町白丸鉱山）中などにもみられる．大きな結晶は，宝石に使用されることがある．名称は原産地，San Benito County に由来．〔松原 聰〕

327 ホアキン石 （ほあきんせき） Joaquinite

ジョアキン石ともいう．ホアキン石族の化学式は，$R_6Ti_2Si_8O_{24}(O, OH, F)_2 \cdot H_2O$ と表され，R には Na, Fe, Ba, Ce, Sr, Mn が入る．この族は単斜晶系と直方晶系がある．4 個の SiO_4 四面体がリングをつくり，間を TiO_6 八面体がつなぐシートが {001} に平行になったシクロケイ酸塩鉱物である．卓状結晶．蜜黄色〜橙色〜褐色．透明〜半透明．ガラス光沢．脆い．硬度 $5 \sim 5\frac{1}{2}$．比重 $3.62 \sim 3.98$．原産地のホアキン石は，蛇紋岩メランジュ中の構造岩塊として含まれる藍閃石片岩を切るソーダ沸石の脈中にベニト石，海王石とともに産し，セリウム直方ホアキン石と密接にインターグロースする．

ホアキン石族は以下の 7 種が知られている．

ホアキン石族
〔単斜晶系〕
セリウムホアキン石（Joaquinite-(Ce)）
$R_6 = Ce_2Ba_2NaFe$

ストロンチウムホアキン石（Strontiojoaquinite）
$R_6 = Sr_2Ba_2(Na, Fe)_2$
〔直方晶系〕
セリウム直方ホアキン石（Orthojoaquinite-(Ce)）
$R_6 = Ce_2Ba_2NaFe$
ランタン直方ホアキン石（Orthojoaquinite-(La)）
$R_6 = La_2Ba_2NaFe$
奴奈川石（ストロンチウム直方ホアキン石）（Strontio-orthojoaquinite）
$R_6 = Sr_2Ba_2(Na, Fe)_2$
バリウム直方ホアキン石（Bario-orthojoaquinite）
$R_6 = Ba_2Ba_2(Na, Fe)_2$
ベラルーシ石（Byelorussite-(Ce)）
$R_6 = Ba_2Ba_2NaMn$

このうち日本では，奴奈川石とストロンチウムホアキン石が新潟県糸魚川市青海金山谷から産する．奴奈川石は，1974 年に新潟大学の茅原一也らによって苦土リーベック閃石曹長岩から発見された日本産の新鉱物である．糸魚川のストロンチウムホアキン石，奴奈川石の母岩は蛇紋岩メランジュ中の構造岩塊であり，ベニト石を伴うという点で原産地と類似性がある．

〔宮島 宏〕

328 緑柱石 （りょくちゅうせき） Beryl

六方晶系で $Be_3Al_2Si_6O_{18}$ からなり，少量の Li, Na, Cs などを含むことがある．結晶の伸びの方向（c 軸方向）に条線のある六角柱状結晶になることが多い．また，結晶面が融食され，凹凸が著しい場合もある．色は無色から多岐にわたり，色によって変種名（宝石名）がつけられる．青緑系のアクアマリン，鮮緑系のエメラルド，黄緑系のヘリオドール，ピンク系のモルガナイト，無色のゴッシェナイトなど．条痕は白色．ガラス光沢，硬度は $7\frac{1}{2} \sim 8$，比重は約 2.6

で，成分によって少し大きくなる．劈開はない．主に花崗岩ペグマタイト，変麻岩，黒雲母片岩，千枚岩，熱水脈，流紋岩などの中に産する．緑柱石はふつうの鉱物で世界中に分布しベリリウムの鉱石となるが，美しい結晶は宝石とされる．名称は緑色をした鉱物の多くに使われていたというギリシャ語の beryllos に由来．〔松原 聰〕

329 菫青石 (きんせいせき) Cordierite

直方晶系で $(Mg,Fe)_2Al_4Si_5O_{18}$ からなり，少量の Na, K, H_2O などを含むことがある．Fe>Mg のものはセカニナ石（鉄菫青石とも）(sekaninaite) といい，固溶体を形成する．菫青石の高温型多形（六方晶系）はインド石 (indialite)，セカニナ石の高温型多形（六方晶系）は鉄インド石 (ferroindialite) とよばれる．結晶成長の初期段階でインド石が形成され，温度低下によってその後は菫青石として成長を続けることにより，外形が擬六方晶系の柱状結晶の形態をとる．また，粒状，塊状のことも多い．色は菫色から黄色味を帯びた青色まで結晶方位によって変化．このため二色石という変種名がある．条痕は白色．ガラス光沢，硬度は 7～7½，比重は約 2.5 で，Fe が増加すると少し大きくなる．劈開はないが，底面 (c 面) に平行な裂開が発達することも．菫青石がほぼ白雲母に変質することも多く，結晶柱の断面が花弁状にみえることから，日本では桜石とよばれる．主に泥質岩起源の片麻岩，結晶片岩，ホルンフェルスに産し，安山岩や玄武岩中のゼノリスにもみられる．美しいものは宝石にされる．名称はフランスの鉱山技術者コルディエ P. L. Cordier (1777-1861) にちなむ．〔松原 聰〕

330 電気石 (でんきせき) Tourmaline

トルマリンともいい，三方晶系で $WX_3Y_6(BO_3)_3(Si_6O_{18})(OH,O)_3(OH,F,O)$ の一般式で表される電気石超族．主に W には Na, Ca, □（空席）が，X には Al, Fe, Li, Mg, Cr が，Y には Al, Cr, Fe, V が入る．結晶の伸びの方向 (c 軸方向) に条線の発達する三方長柱状あるいは短柱状結晶になることが多い．電気石超族には 20 種類以上の独立種が知られている．主なものは，鉄電気石-苦土電気石固溶体，リチア電気石，フォイト電気石-苦土フォイト電気石固溶体である．

① 鉄電気石-苦土電気石固溶体 (schorl-dravite, $NaFe_3^{2+}Al_6(BO_3)_3Si_6O_{18}(OH)_4$-$NaMg_3Al_6(BO_3)_3Si_6O_{18}(OH)_4$)．Fe に富むものは黒色で，Mg が増加すると褐～淡褐色．条痕は灰白～帯白青，灰～淡褐色．ガラス光沢，硬度は 7～7½，比重は 3.0～3.3．劈開はない．花崗岩やそのペグマタイト，スカルン，片麻岩，熱水脈などによくみられる．鉄電気石の名称はドイツ語の schörl に由来するが，その語源は定かでない．苦土電気石は原産地のオーストリア，Drave 地方に由来．

② リチア電気石 (elbaite, $Na(Li,Al)_3Al_6(BO_3)_3Si_6O_{18}(OH,F)_4$) 宝石に使われるほど，鮮やかな色の変化があり，宝石名のトルマリンはほぼこの鉱物を指す．主にピンク～赤系（ルベライト），青（インディゴライト），赤（芯）-緑（縁）色のゾーニング（ウォーターメロン）など．条痕は白色．ガラス光沢，硬度は 7½，比重は 3.0～3.1．劈開はない．主に花崗岩ペグマタイトに産する．名称は美しい結晶を産したイタリアのエルバ島に由来．

③ フォイト電気石-苦土フォイト電気石固溶体 (foitite-magnesiofoitite, $(Fe_2^{2+}Al)Al_6(BO_3)_3Si_6O_{18}(OH)_4$-$(Mg_2Al)Al_6(BO_3)_3Si_6O_{18}(OH)_4$)．ふつう針状，毛状で大きな結晶をつくらない．あるいは大きな鉄電気石などの表面を薄く被うことも．Fe に富むものは紫を帯びた青色で，Mg に富むものは白～淡青灰色．条痕は

灰～白色．ガラス光沢．硬度は7，比重は3.0～3.2．劈開はない．主に熱水交代岩中に，石英，デュモルチ石，ルチルなどと共存．名称は鉱物学者のフォイトFranklin F. Foit, Jr.（1942- ）にちなむ．なお，苦土フォイト電気石は山梨県山梨市京ノ沢が原産地[1]． 〔松原　聰〕

● 文献
1) F.C. Hawthorne, et al.（1999）*Canadian Mineralogist*, **37**, 1439-1443.

331 大隅石（おおすみせき）Osumilite

六方晶系で$(K,Na)(Fe^{2+},Mg)_2(Al,Fe^{3+})_3(Si,Al)_{12}O_{30}\cdot H_2O$からなり，少量のCaなどを含むことがある．六角短柱状結晶あるいは粒状で産する．濃青～黒，暗褐色で，条痕は帯淡青白色．ガラス光沢．硬度は7，比重は2.64．劈開はない．主に流紋岩，デイサイトなど珪長質火山岩の空隙や石基中に，石英，鱗珪石，クリストバル石，鉄かんらん石などと共存．また，グラニュライト相の変成岩中にも産する．$Mg>Fe^{2+}$のものは，苦土大隅石（osumilite-(Mg)）という．大隅半島と桜島の接点に位置する鹿児島県垂水市咲花平が原産地[1]で，名称はこの半島名に由来． 〔松原　聰〕

● 文献
1) A. Miyashiro（1956）*American Mineralogist*, **41**, 104-116.

332 長島石（ながしませき）Nagashimalite

直方晶系で$Ba_4(V,Ti)_4Si_8B_2O_{27}Cl(O,OH)_2$からなる．針状～柱状の結晶形をとり，暗黒緑色半透明で，条痕は緑色．ガラス光沢．硬度は6，比重は4.08．劈開はない．変成マンガン鉱床中に，石英，菱マンガン鉱，ばら輝石などと共存．群馬県桐生市茂倉沢鉱山が原産地[1]で，名称はアマチュア鉱物研究家のパイオニアである長島乙吉（1890-1969）にちなむ．岩手県田野畑鉱山からも産出し，タラメッリ石（taramellite）族に属する． 〔松原　聰〕

● 文献
1) S. Matsubara and A. Kato（1980）*Mineralogical Journal*, **10**, 122-130.

イノケイ酸塩鉱物

333 輝石 (きせき) Pyroxene

英名の Pyroxene はギリシャ語で『火』を意味する pyr と,『よそ者』を意味する xenos からなる.『よそ者』とされたのは,近代科学発達する以前,輝石が火成岩の初生鉱物ではないと誤解されていたことによる. 輝石族は SiO_4 四面体が頂点を共有して一列につながった単鎖構造と,その鎖を結びつける金属イオンからなるイノケイ酸塩鉱物で,超苦鉄質岩から珪長質岩, 非アルカリ岩からアルカリ岩まで多種多様な火成岩に含まれる造岩鉱物であり, 広域変成岩や接触変成岩, マンガン鉱床やスカルン鉱床などの鉱床にも含まれることがある.

輝石族の鉱物の一般化学式は $M2M1T_2O_6$ と表される. T席には四面体配位の金属イオン (Si や Al), $M1$ 席には $M2$ 席よりも小さく, 正八面体的に酸素原子で配位される金属イオン, $M2$ 席には歪んだ八面体的に酸素に配位される金属イオンがそれぞれ入る. 以前は約100種類の名称が存在したが, 現在では国際鉱物学連合の新鉱物および鉱物名委員会の輝石委員会によって28種の輝石が大きく6つのサブグループ (Mg-Fe 輝石, Mn-Mg 輝石, Ca 輝石, Ca-Na 輝石, Na 輝石, Li 輝石) に分類されている. また, Mg-Fe 輝石と Mn-Mg 輝石には, 空間群が $Pbca$ と $Pbcn$ の直方輝石と空間群が $P2_1/c$ の単斜輝石があり (表1), 同質異像の関係にある. 直方輝石の格子定数の a は, 同質異像関係にある単斜輝石の格子定数 a の 2 倍に $\sin \beta$ を掛けた値である.

各輝石の産状と理想化学式は以下のようである. 代表的な輝石については, 物性と理想化学式も示す.

頑火輝石:超苦鉄質〜珪長質の深成岩, 苦鉄質〜中間質の火山岩, 広域変成岩と接触変成岩, 隕石中に産する. 色は白, 灰, 淡黄, 緑, 褐色で, 硬度 5〜6. 比重 3.2〜3.9. 化学組成式 $Mg_2Si_2O_6$.

鉄珪輝石:苦鉄質〜苦鉄質の深成岩, 苦鉄質〜珪長質の火山岩, 鉄に富む変成岩に産する. 化学組成式 $(Fe,Mg)_2Si_2O_6$.

単斜頑火輝石:火山岩 (例えば, 小笠原諸島聟島の無人岩の斑晶) や隕石 (コンドライト, エイコンドライト) にまれに含まれる. 化学組成式 $Mg_2Si_2O_6$.

単斜鉄珪輝石:イエローストーン国立公園の黒曜岩中に針状結晶として産する. 化学組成式 $(Fe,Mg)_2Si_2O_6$.

ピジョン輝石:玄武岩, 安山岩, 輝緑岩などの火成岩や隕石に産する. 化学組成式 $(Ca,Mg,Fe)_2Si_2O_6$.

ドンピーコー輝石:アメリカ合衆国ニューヨーク州第4バルマット鉱山のマンガンに富む珪質結晶質石灰岩中から発見された. 化学組成式 $(Mn,Mg)MgSi_2O_6$.

加納輝石:北海道館平鉱山の単斜末野閃石・パイロクスマンガン石からなる岩石を切る脈中から発見された. 化学組成式 $(Mn,Mg)_2Si_2O_6$. ドンピーコー輝石と同質異像.

透輝石:スカルンや接触変成作用を受けた珪質の苦灰岩に純粋〜鉄に富む透輝石が産する. キンバーライト中の捕獲岩や捕獲結晶, アルカリかんらん石玄武岩中の斑晶としてクロムに富む透輝石が産する. 色は無, 白, 黄, 淡緑〜濃緑, 黒色で, 硬度 5½〜6½. 比重 3.22〜3.38. 化学組成式 $CaMgSi_2O_6$.

灰鉄輝石:スカルンや接触変成作用を受けた鉄に富む堆積岩, 交代作用を受けた鉱石, 石英閃長岩, グラノファイアー, 閃緑岩に産する. 色は黒, 濃緑, 濃緑褐色で, 硬度 5½〜6½. 比重 3.56. 化学組成式 $CaFeSi_2O_6$.

普通輝石:斑れい岩, ドレライト, 玄武岩, 安山岩, 超苦鉄質岩などに広く産する.

表1 輝石族の分類

Mg-Fe 輝石			
頑火輝石	Enstatite	$Mg_2Si_2O_6$	$Pbca$
鉄珪輝石	Ferrosilite	$Fe_2Si_2O_6$	$Pbca$
単斜頑火輝石	Clinoenstatite	$Mg_2Si_2O_6$	$P2_1/c$
単斜鉄珪輝石	Clinoferrosilite	$Fe_2Si_2O_6$	$P2_1/c$
ピジョン輝石	Pigeonite	$(Mg, Fe, Ca)_2Si_2O_6$	$P2_1/c$
プロト頑火輝石	Protoenstatite	$Mg_2Si_2O_6$	$Pbcn$
Mn-Mg 輝石			
ドンピーコー輝石	Donpeacorite	$MnMgSi_2O_6$	$Pbca$
加納輝石	Kanoite	$MnMgSi_2O_6$	$P2_1/c$
Ca 輝石			
透輝石	Diopsite	$CaMgSi_2O_6$	$C2/c$
灰鉄輝石	Hedenbergite	$CaFeSi_2O_6$	$C2/c$
普通輝石	Augite	$(Ca, Mg, Fe)_2Si_2O_6$	$C2/c$
ヨハンセン輝石	Johannsenite	$CaMnSi_2O_6$	$C2/c$
ピートダン輝石	Petedunnite	$CaZnSi_2O_6$	$C2/c$
エッシーン輝石	Esseneite	$CaFe^{3+}AlSiO_6$	$C2/c$
久城輝石	Kushiroite	$CaAl_2SiO_6$	$C2/c$
ディビス輝石	Davisite	$CaScAlSiO_6$	$C2/c$
グロスマン輝石	Grossmanite	$CaTi^{3+}AlSiO_6$	$C2/c$
バーネット輝石	Burnettite	$CaVSi_2O_6$	$C2/c$
Ca-Na 輝石			
オンファス輝石	Omphacite	$(Ca, Na)(R^{2+}, Al)Si_2O_6$	$C2/c\ P2/n$
エジリン普通輝石	Aegirine-augite	$(Ca, Na)(R^{2+}, Fe^{3+})Si_2O_6$	$C2/c$
ティサン輝石	Tissintite	$(Ca, Na, \square)AlSiO_6$	$C2/c$
Na 輝石			
ひすい輝石	Jadeite	$NaAlSi_2O_6$	$C2/c$
エジリン輝石(錐輝石)	Aegirine	$NaFe^{3+}Si_2O_6$	$C2/c$
コスモクロア輝石	Kosmochlor	$NaCrSi_2O_6$	$C2/c$
ジェルビス輝石	Jervisite	$NaSc^{3+}Si_2O_6$	$C2/c$
ナマンシ輝石	Namansilite	$NaMn^{3+}Si_2O_6$	$C2/c$
ナタリー輝石	Natalyite	$Na(V^{3+}, Cr^{3+})Si_2O_6$	$C2/c$
Li 輝石			
リチア輝石	Spodumene	$LiAlSi_2O_6$	$C2/c$

キンバーライト中ではイルメナイトとインターグロースする.グラニュライト相の変成岩に産する.色は黒,褐,緑褐,紫褐色で,硬度5½~6.比重3.19~3.56.化学組成式 $(Ca,Mg,Fe)_2Si_2O_6$.

ヨハンセン輝石:交代作用を受けた石灰岩,マンガンに富むスカルン,流紋岩を切る石英や方解石の脈に産する.化学組成式 $Ca,MnSi_2O_6$.

ピートダン輝石:アメリカ合衆国ニュージャージー州フランクリンの変成作用を受けた成層した亜鉛鉱床中から発見された.化学組成式 $CaZnSi_2O_6$.

エッシーン輝石:アメリカ合衆国ワイオミング州ダーハム牧場の自然発火した石炭層によって焼かれた堆積岩中から発見された.化学組成式 $CaFe^{3+}AlSiO_6$.

久城輝石:南極アランヒルズ85085CHコンドライトから発見された輝石で,エッシーン輝石の Fe^{3+} を Al で置換したもの.化学組成式 $CaAl_2SiO_6$.

ディビス輝石:メキシコ,アエンデ隕石

中から発見された輝石で，エッシーン輝石のFe^{3+}をScで置換したもの．化学組成式CaScAlSiO$_6$．

グロスマン輝石：メキシコ，アエンデ隕石中から発見された輝石で，エッシーン輝石のFe^{3+}をTi^{3+}で置換したもの．化学組成式CaTi^{3+}AlSiO$_6$．

オンファス輝石：エクロジャイト，キンバーライト，藍閃石片岩，ひすい輝石岩など高圧で生成した変成岩に産する．色は緑，濃緑色で，硬度5～6．比重3.16～3.43．化学組成式(Ca,Na)(Mg,Fe,Al,Fe^{3+})Si$_2$O$_6$．

エジリン普通輝石：閃長岩などのアルカリ岩，変成作用を受けた鉄に富む堆積岩などに産する．化学組成式(Ca,Na)(Mg,Fe,Fe^{3+},Al)Si$_2$O$_6$．

エジリン輝石：閃長岩，閃長岩質ペグマタイト，アルカリ花崗岩などのアルカリ火成岩に産するほか，変成作用を受けた鉄に富む堆積岩に産する．色は濃緑，緑黒，赤褐，黒色で，硬度6．比重3.50～3.60．化学組成式NaFe^{3+}Si$_2$O$_6$．

コスモクロア輝石：隕鉄，ひすい輝石岩，エッケルマン閃石岩に産する．化学組成式NaCrSi$_2$O$_6$．

ジェルビス輝石：イタリア，カーヴァディヴェリオの花崗岩の晶洞から発見された．化学組成式NaSc^{3+}Si$_2$O$_6$．

ナマンシ輝石：変成作用を受けた高度に酸化されたマンガンとナトリウムに富む堆積岩から産する．化学組成式NaMn^{3+}Si$_2$O$_6$．

ナタリー輝石：ロシア，バイカル湖地域スリュドヤンカ変成岩のクロムとバナジウムに富む部分から発見された．化学組成式Na(V^{3+},Cr^{3+})Si$_2$O$_6$．　〔宮島　宏〕

334 ひすい輝石 (ひすいきせき) Jadeite

化学組成式，NaAlSi$_2$O$_6$の単鎖構造をもつイノケイ酸塩で輝石族の鉱物．Naの席にCa, Alの席にMg, Fe, Ti, Crが入る．

コスモクロア輝石NaCrSi$_2$O$_6$とは連続固溶体をなすが，透輝石CaMgSi$_2$O$_6$との間では連続固溶体ではなく組成間隙が存在する．単斜晶系で，多くの場合，他形～半自形結晶であるが，ひすい輝石岩中で沸石や曹長石に伴う場合や，ひすい輝石岩の脈の中に晶洞中では，まれに錐面をもつc軸方向に伸びた短～長柱状や針状の自形結晶を示す．劈開{110}に良好．(110)と(1$\bar{1}$0)の角度が約87°．肉眼では半透明～不透明．無色，灰白，灰緑，淡緑，淡紫色などの色調を示す．純粋に近いものでは無色から白色であるが，微量のFeやCrによって淡緑，微量のTiによって淡紫を呈する．緑色～濃緑色のひすいはCrを含むひすい輝石からなると考えられていたが，Feを含むオンファス輝石が共存していることで緑色を呈している場合が多い．黒色のひすいは，微細な石墨の存在によるもの．さまざまな色が一つのひすいの標本で不規則に存在することも珍しくない．

硬度6$\frac{1}{2}$～7．比重3.24～3.45．きわめて強靱．薄片では無色．条痕色白．結晶面と劈開面は亜ガラス光沢～真珠光沢．藍閃石片岩相の高圧低温の変成作用で生じた変成岩に産するほか，ほとんどひすい輝石からなる単鉱物岩（ひすい輝石岩）が蛇紋岩メランジ中の構造岩塊として産する．宝石となるひすいは後者のことである．

宝石の一種であるひすい（翡翠）は，ジェイダイトあるいは硬玉ともいわれ，ひすい輝石を主とし，時にはオンファス輝石などを共存する緻密な集合体（ひすい輝石岩，オンファス輝石含有ひすい輝石岩）である．欧米ではjadeをこのようなものだけでなく，白～緑色の緻密な透閃石～透緑閃石の集合体（軟玉nephrite）や時には蛇紋岩に対して用いることがあるが，ひすいは輝石（ひすい輝石，オンファス輝石，コスモクロア輝石）からなるものに対してのみ用い，角閃石である透閃石や透緑閃石からな

るものはひすいとよばずに軟玉あるいはネフライトとよぶべきである.

　美しいひすい輝石岩は宝石として用いられる．ひすいの産地は，日本では新潟県糸魚川地方（富山県朝日町や長野県小谷村，同白馬村を含む），北海道旭川市と幌加内町，群馬県下仁田町，埼玉県寄居町，静岡県浜松市，兵庫県養父市，鳥取県若桜町，岡山県新見市，高知県高知市，長崎県長崎市，熊本県八代市から産する．海外ではミャンマー，グアテマラ，アメリカ（カリフォルニア州），キューバ，ロシア（サヤン，極ウラル），カザフスタンなどから産するが，宝石として流通しているものの大半はミャンマー産である．

　1863年にDamourによって英語でひすいを意味するjadeにちなんで命名．Jadeの名称はスペイン語で『横腹の疼痛を治す石』を意味する*piedra de yjada*に由来する．
〔宮島　宏〕

335 リチア輝石 （りちあきせき） Spodumene

　化学組成式．$LiAlSi_2O_6$の単鎖構造をもつイノケイ酸塩，輝石族の鉱物．ひすい輝石のNaをLiで置き換えたものであるが，両者は産する環境も結晶の大きさも著しく異なる．リチア輝石は端成分に近いほとんど純粋な組成で産することが多い．単斜晶系．錐面をもつ*c*軸方向に伸びた柱状結晶や（100）が発達する板状結晶．巨大な結晶となることがあり，海外では10 m，重さ50 tに達するものが産したという記録がある．透明な結晶ではしばしば顕著な融食や成長丘がみられるが，板状結晶や劈開面にはほとんどみられない．劈開{110}に完全．（110）と（1$\bar{1}$0）の角度は約87°．裂開{100}にあり．肉眼では透明から半透明．基本的には無色ないし灰白だが，微量成分により淡緑（Fe^{2+}とMn^{4+}の電荷移動），鮮緑（Cr），黄（少量のFe），ピンクや紫（Mn）などの色調を持ち，バイカラーを示すこともある．脆い．硬度6½〜7．密度3.03〜3.23．紫外線（短波・長波）で黄，橙，ピンクの蛍光．条痕色白．結晶面はガラス光沢．劈開面は真珠光沢．リチウムに富む花崗岩質ペグマタイト，アプライト，片麻岩に産し，リチア雲母，石英，曹長石を伴う．

　ピンク〜淡紫色をしたリチア輝石であるクンツァイト（kunzite）は，アメリカ人鉱物学者・宝石学者のGeorge F. Kunz (1856-1918)にちなむ名称で，宝石名としてよく使われている．またヒッデナイト（hiddenite）は，アメリカ人鉱物学者William E. Hidden（1853-1932）にちなんで命名されたもので，後にクロムを少量含むために緑色を呈するリチア輝石であることがわかったが，今でもクロムを含まない淡緑色のリチア輝石に対してこの名称が誤用されていることが多い．

　リチウムイオン電池として近年重要となっているリチウムの資源の一つ．世界中に産するが，透明で美しい色のものは宝石となり，アメリカ，カナダ，スウェーデン，インド，中国，ジンバブエ，ブラジル，アフガニスタンなどから宝石質のものが産する．日本では茨城県妙見山から灰白色のものが櫻井ら[1]によって報告されているのみである．

　1800年にd'Andradaによって命名．名称は，通常灰色の外観をもつことから，あるいは熱した後に灰色になることから，ギリシャ語で「灰になる」を意味する*spodumenos*に由来する．
〔宮島　宏〕

●文献
1) 櫻井欽一ほか（1977）岩石鉱物鉱床学会誌，**72**, 13-27.

336 珪灰石 （けいかいせき） Wollastonite

　化学組成式．$CaSiO_3$の単鎖構造をもつイノケイ酸塩鉱物．CaをFe, Mn, Mgが

わずかに置換することがある．

　三斜晶系ないし単斜晶系で，{100}あるいは{001}面が発達する卓状結晶あるいは短〜長柱状結晶．珪灰石にはポリタイプとして三斜晶系に属するもの（$-1A, -3A, -4A, -5A, -7A$）と，単斜晶系に属するもの（$-2M$）があり，$2M$型はPeacock（1935）によってパラ珪灰石（Parawollastonite）と命名されたが，現在ではこの名称は抹消されている．$2M$の構造は$1A$がa軸方向へ繰り返されたものになっている．劈開{100}に完全，{001}と{$\bar{1}$02}に良好．劈開片，平行に束になった繊維状結晶の集合体，緻密な塊状として産する．脆い．硬度4½〜5．比重2.96．肉眼では透明から半透明．白，無色，褐色，赤，黄，淡緑．条痕色白．ガラス光沢〜真珠光沢（劈開面）．濃塩酸で分解する．

　接触変成作用を受けたケイ酸分を含む炭酸塩岩（不純な石灰岩），炭酸塩岩と貫入岩の接触部，スカルン鉱床，火成岩に取り込まれた炭酸塩岩の捕獲岩に産し，まれにアルカリ質火成岩やカーボナタイトなどに産する．これらの産状は，低温の条件下では石英と方解石が安定であるが，600℃以上の高温の条件では珪灰石と二酸化炭素が安定であることによる．国内でも多数の産地が知られている．石綿の代替として絶縁体に用いられるほか，揮発性成分を含まない上に容易に融けないこと，融剤となることからセラミックス工業に広く使われている．1818年にイギリスの鉱物学者であり化学者でもあったWilliam Hyde Wollaston（1766-1828）にちなんでLemanによって命名．

　珪灰石族の鉱物の一般化学式は$R_3Si_3O_{8-9}(OH)_{0-1}$と表される．

　珪灰石族の鉱物には珪灰石の他に以下の鉱物が知られている．バスタム石以下の鉱物はバスタム石サブグループに属し，OHを持たず他とは結晶構造が異なっている．

ペクトライト（Pectolite）
　$NaCa_2Si_3O_8(OH)$
シゾ石（Schizolite）
　$NaCaMnSi_3O_8(OH)$
セラン石（Serandite）
　$NaMn_2^{2+}Si_3O_8(OH)$
村上石（Murakamiite）
　$LiCa_2Si_3O_8(OH)$
田野畑石（Tanohataite）
　$LiMn_2Si_3O_8(OH)$
ビステパ石（Vistepite）
　$SnMn_4B_2Si_4O_{16}(OH)_2$
バリードウソン石
　（Barrydawsonite-(Y)）
　$Na_{1.5}Y_{0.5}CaSi_3O_8(OH)$
バスタム石（Bustamite）
　$Ca_3Mn_3^{2+}(Si_3O_9)_2$
鉄バスタム石（Ferrobustamite）
　$Ca_5Fe^{2+}(Si_3O_9)_2$
メンディヒ石（Mendigite）
　$Mn_5^{2+}Ca(Si_3O_9)_2$
ダルネゴルスク石（Dalnegorskite）
　$Ca_5Mn^{2+}(Si_3O_9)_2$

〔宮島　宏〕

337 ペクトライト（ぺくとらいと）Pectolite

　化学組成式，$NaCa_2Si_3O_8(OH)$で表される単鎖構造をもつイノケイ酸塩鉱物で珪灰石グループの一種．ソーダ珪灰石ともいう．三斜晶系であるが，単斜晶系のポリタイプも知られている．

　まれに卓状結晶もみられるが，多くの場合は針状結晶か針状結晶の放射状〜球顆状集合体や微細な結晶からなる緻密な塊状．粗粒な結晶の場合は脆いが，緻密なものは強靭．劈開{100}，{001}に完全．硬度4½〜5．比重2.84〜2.90．比重はMn含有量の増加に伴って大きくなる（セラン石は3.32）．肉眼では透明から不透明．無色，白，灰白，黄白，淡緑，淡桃，淡青色．微細な針状結晶が一定方向に配列したペクトライ

トではシャトヤンシー（変彩効果）がみられる．条痕色白．絹糸光沢～亜ガラス光沢．希塩酸によって部分的に分解しゼラチン化する．紫外線によりわずかの蛍光を発するほか，熱ルミネッセンスを示す．イギリスのエジンバラ城のドレライト中のペクトライトは暗い中で壊すとトリボルミネッセンス（triboluminescece）とよばれる発光を示す．

微量のFeやMg，Cuが含まれることがある．霞石閃長岩の初生鉱物，熱水生成のものが蛇紋岩，かんらん岩，ひすい輝石岩，ロディン岩，玄武岩，ドレライトの空隙や脈中に産する．玄武岩やドレライト中のものは沸石を伴うことが多い．Caに富む岩石が変成作用を受けた場合やスカルンにも産する．ペクトライトにゾノトラ石を伴う場合，沸石は伴わない．ボイラーの配管内のスケールとして生じることがある．

ドミニカ，バオルコ産ラリマー（larimar）は，Cuによって淡青色になったペクトライトで，宝石として使われる．青色のペクトライトはバハマやチェコでも産する．

国内の産地としては，千葉県南房総市平久里，三重県鳥羽市菅島，愛媛県上島町岩城島，新潟県糸魚川市青海川，山形県鶴岡市五十川などが知られている．

名前はペクトライトが緻密で壊れにくいことから，凝縮したものという意味を持つギリシャ語のにpektos基づいて1828年にKobellにより命名された．　　〔宮島　宏〕

338 原田石 （はらだせき）Haradaite

直方晶系で$Sr_2V_2O_2Si_4O_{12}$からなる．葉片状～板状の結晶形をとり，鮮緑色で，条痕は淡緑色．ガラス光沢，硬度は4½，比重は3.80．劈開は一方向に完全．変成マンガン鉱床中に，ばら輝石，石英，菱マンガン鉱などと共存．岩手県野田村野田玉川鉱山と鹿児島県大和村大和鉱山が原産地[1]で，名称は北海道大学理学部地質学鉱物学科の教授，原田準平（1898-1992）にちなむ．愛知県田口鉱山，高知県松尾鉱山などからも産出．SrをBaで置換したものが鈴木石（suzukiite）[2]．　　〔松原　聰〕

● 文献
1) T. Watanabe, et al. (1982) Proc. Japan Acad., **58**, 21-24.
2) S. Matsubara, et al. (1982) Mineralogial Journal, **10**, 15-20.

339 サフィリン （さふぃりん）Sapphirine

三斜晶系（-1A, -2A, -3A, -5A）と単斜晶系（-2M, -4M）のポリタイプが知られている．サフィリン超族のうちサフィリン族に属し，$Mg_4(Mg_3Al_9)O_4(Si_3Al_9O_{36})$からなる[1]．ふつう粒状で，厚板状の結晶形をとることもある．青，青緑，灰，淡赤色で，条痕は白色ないし淡青色．ガラス光沢，硬度は7½．比重は3.4～3.6で，化学組成によって変化．劈開は一方向にやや良好．主に高温高圧のMgやAlに富む変成岩（例えばグラニュライト）中に産出．ほかには，上部マントルの岩石，キンバーライト，ペグマタイトなどにもみられる．グリーンランドが原産地で，南アフリカ，マダガスカル，インド，南極などゴンドワナ地域には大きな結晶が産する．日本では，北海道幌尻岳の日高変成岩中などに知られる．名称は，ふつう青色であるため，青色を現すsapphireに由来．サフィリン族のうち，Na, Fe, Ti, Siに富むものはエニグマタイト（aenigmatite），Ca, Alに富むものはレーン石（rhönite），Ca, Feに富むものはドーライト（dorrite）という．ほかに，Alを置換してBe, Bが入った種類も知られる．

〔松原　聰〕

● 文献
1) E.S. Grew, et al. (2008) Mineralogical Magazine, **72**, 839-876.

340 ハウィー石 (はうぃーせき) Howieite

　三斜晶系で $Na(Fe,Mg,Mn,Al)_{12}(Si_6O_{17})_2(O,OH)_{10}$ からなる．針状〜柱状の結晶形をとり，暗黒緑色で，条痕は淡緑色．ガラス光沢．硬度は5，比重は約3.4で，Feを置換するMgなどの量によって変化．劈開は一方向に良好．青色片岩相に属する広域変成岩中に，藍閃石-リーベック閃石，ローソン石，石英などと共存．米国カリフォルニア州Laytonville採石場が原産地．日本では，高知県いの市槙の黒瀬川変成帯に属する変成鉄-マンガン鉱石中に産する．名称はイギリスの鉱物・岩石学者，Robert Andrew Howie（1923-2012）にちなむ．FeよりMnに富むものは，種山石（taneyamalite）という別種で，熊本県八代市種山鉱山[1]と埼玉県飯能市岩井沢鉱山[2]が原産地．種山石は青色片岩相より低変成度の変成マンガン鉱床から産出．

〔松原　聰〕

● 文献
1) Y. Aoki, *et al.* (1981) *Mineralogical Journal*, **10**, 385-395.
2) S. Matsubara (1981) *Mineralogical Magazine*, **44**, 51-53.

341 ばら輝石 (ばらきせき) Rhodonite

　ロードン石，ロードナイトとも．三斜晶系で $(Mn,Ca)_5Si_5O_{15}$ からなる準輝石の一種で，少量のFe，Mgを含むことがある．短柱状あるいは斧石のような板状の結晶形をとるほか，粒状，緻密な塊状．ピンク〜赤色で，条痕は白色．ガラス光沢．硬度は $5\frac{1}{2}$〜$6\frac{1}{2}$．比重は約3.8で，Caが増加すると少し小さくなる．劈開は二方向に完全．主に変成マンガン鉱床中に，石英，満礬ざくろ石，菱マンガン鉱，テフロ石などと共存．他に熱水鉱脈，スカルンなどにも産する．準輝石の一種で同じ三斜晶系に属するパイロクスマンガン石（pyroxmangite, $Mn_7Si_7O_{21}$）はこの鉱物に外観や産状も酷似し，肉眼的には識別不能．美しい緻密な塊は装飾品とされる．名称はバラを意味するギリシャ語，rhodonに由来．　〔松原　聰〕

342 直閃石 (ちょくせんせき) Anthophyllite

　Mg-Fe-Mn角閃石に属する角閃石の一種．多くの角閃石は単斜晶系に属するが，直閃石は直方晶系に属する．直閃石端成分 $\square Mg_2Mg_5Si_8O_{22}(OH)_2$ を起点にして，$MgSi \to AlAl$ 置換を2回行うと，礬土直閃石端成分（$\square Mg_2(Mg_3Al_2)(Si_6Al_2)O_{22}(OH)_2$）が得られる．高温では両者の間にほぼ完全な固溶関係がある．一方，直閃石端成分を起点としたMg→Fe^{2+}置換は限定的であり，Alに乏しい直閃石ではMg/(Mg+Fe^{2+})の範囲は0.6〜1.0である．単斜晶系に属するカミングトン閃石とは同質異像の関係にある．

　直閃石は空間群 *Pnma* の結晶構造を有するが，近年，この構造と類似する空間群 *Pnmn* を示すプロト型とよばれる構造を有する直方型角閃石が日本から発見され，それらは新鉱物プロト直閃石，プロト鉄直閃石およびプロトマンガノ鉄直閃石（後にプロト鉄末野閃石に名称変更）として承認された．

　直閃石は柱状〜針状の集合を示し，石綿状となることもある．直閃石綿はクリソタイル石綿と比べると柔軟性が弱く，もろい．

　変成作用または交代作用を被った超苦鉄質岩中にしばしば出現する．

　英名anthophylliteはチョウジに似た褐色を示すことから，ラテン語のanthophyllumに由来する．　〔坂野靖行〕

343 透閃石 (とうせんせき) Tremolite

　Ca角閃石に属する角閃石の一種．Mg→Fe^{2+}置換により鉄緑閃石（ferro-actinolite）端成分（$\square Ca_2Fe_5^{2+}Si_8O_{22}(OH)_2$）

に至る固溶体系列を形成し，$Mg/(Mg+Fe^{2+})$ の範囲が 0.9～1 のものを透閃石，0.5～0.9 のものを緑閃石（actinolite），0～0.5 のものを鉄緑閃石とよぶ．純粋な透閃石は白色であるが，鉄の含有量が増えると緑色味が増加する．天然での産出頻度は $Mg/(Mg+Fe^{2+})=0.5$～1.0 の範囲のものが多い．

透閃石端成分 $\square Ca_2Mg_5Si_8O_{22}(OH)_2$ を起点にして MgSi→AlAl 置換を行うと苦土ホルンブレンド端成分（$\square Ca_2(Mg_4Al)(Si_7Al)O_{22}(OH)_2$）が，$\square Si$→NaAl 置換を行うとエデン閃石端成分（$NaCa_2Mg_5(Si_7Al)O_{22}(OH)_2$）が，MgSi→AlAl 置換および $\square Si$→NaAl 置換を同時に行うとパーガス閃石端成分（$NaCa_2(Mg_4Al)(Si_6Al_2)O_{22}(OH)_2$）が得られる．

普通は長柱状結晶集合体であるが，繊維状，石綿状，皮状（いわゆる山皮）のものもある．石綿状透閃石はかつて石綿として採掘されていた．

透閃石は接触または広域変成作用を被ったドロマイト質石灰岩中にしばしば出現する．緑閃石は変成温度の比較的低い変成作用（緑色片岩相）を被った玄武岩質凝灰岩および溶岩中に普通に産する．

アメリカニューヨーク州からは微量の Mn を含むピンク色の透閃石が産し，hexagonite という通称名でよばれている．

英名 tremolite はスイスの St. Gotthard 山の南側にある Tremola 谷に由来する．

非常に微細な繊維状の透閃石‐鉄緑閃石系列角閃石の集合体で，肉眼的には細粒緻密な塊で宝石質なものは軟玉（nephrite）とよばれ，古代から中国では美術彫刻品の材料などに用いられてきた．軟玉は翡翠（硬玉；ひすい輝石の微細な集合体）とよく似ており，翡翠と混同されやすい．角閃石の硬度は輝石よりもやや低いので，翡翠の硬玉に対して軟玉とよばれる．両者ともハンマーでたたいても割れにくい強靭な性質をもっている．普通は草餅色で，翡翠にもっともよく似た緑色のものは緑閃石の領域に入るものが多い．白色に近いものもあり白玉とよばれ，それは鉱物学的には透閃石の集合体である．

軟玉は翡翠と同様に高圧低温型の広域変成岩に伴われる蛇紋岩の近くで産出する．軟玉は，翡翠に比べて産地も産出量も多い．世界の軟玉の主な産地は中国新疆ウイグル自治区和田，台湾花蓮県豊田，大韓民国江原道春川，ロシア（シベリア），ニュージーランド（南島），米国（アラスカ），米国（ワイオミング），カナダ（ブリティッシュコロンビア）などがある．

日本では高圧低温型変成岩類である三波川変成岩類や三郡蓮華変成岩類が分布する地域などから産出する．埼玉県寄居町樋口や皆野町金崎では三波川変成岩類に伴う蛇紋岩や変斑れい岩の周辺で見いだされた．長野県北安曇郡白馬村猿倉では三郡蓮華変成岩類に伴う蛇紋岩体中の白色破砕粘土中に産出し，鉱物学的には透閃石に相当する．また北海道勇払郡むかわ町鵡川上流では蛇紋岩転石中に淡緑色不規則塊状の軟玉（透閃石または緑閃石）が産出することが知られており，それらは「日高ひすい」とよばれている．　　　　　　　〔坂野靖行〕

344　角閃石（かくせんせき）Amphibole

角閃石は火成岩や変成岩中に幅広く産する重要な造岩鉱物である．広い範囲にわたって原子置換が可能であるため，多様な化学組成を示すことが大きな特徴である．

角閃石の結晶構造の基本単位は c 軸に平行に伸びた $(Si, Al)O_4$ 四面体の二重鎖とこの二重鎖二つに挟まれた八面体層から構成される．八面体は結晶学的に異なった三つの席（八面体配位の席；M1, M2, M3）に分けられる．

一般化学組成式は慣例的に $A_{0-1}B_2C_5T_8O_{22}W_2$ と表される．A, B, C, T は結

晶構造における陽イオン席を，Wは陰イオン席を表す（A：A席，B：M4席，C：M1, M2, M3席，T：T1, T2席，W：O3席）．主要構成陽イオンと通常占める陽イオン席は以下のとおりである．□（空所），K→A；Na→A, B；Ca→B；Mg, Fe^{2+}, Mn^{2+}, Li→C, B；Al→C, T；Fe^{3+}→C；Ti^{4+}→C, T；Si→T．Wは通常OHに占められる．OHはCl, F, Oに置換されることがある．以下，各席を占めるイオンを，例えば^{A}Na（Aを占めるNa）などと表記する．

角閃石の化学組成を複雑にしている原子置換の主要なものには^C(Mg, Fe^{2+})Si→^{C}(Al, Fe^{3+})^{T}Al置換，^{T}Si→^{A}Na^{T}Al置換，Ca^C(Mg, Fe^{2+})→^{B}Na^C(Al, Fe^{3+})置換，Mg→Fe^{2+}置換，Al→Fe^{3+}置換がある．

Hawthorneら[1]の角閃石超族分類に従うと，角閃石はW(O3席)において(OH, F, Cl)が卓越するグループとOが卓越するグループの2グループに大別される．Wにおいて(OH, F, Cl)が卓越するグループはさらにB(M4席)を占めるイオンの種類の割合よって，Mg-Fe-Mn角閃石，Ca角閃石，Na-Ca角閃石，Na角閃石，Li角閃石などのサブグループに分けられる．以下の説明のために用いる$^B\Sigma M^{2+}$は^{B}Mg+^{B}Fe^{2+}+^{B}Mn^{2+}を，ΣBは^{B}Li+^{B}Na+$^B\Sigma M^{2+}$+^{B}Caを意味する．

1) Mg-Fe-Mn角閃石

^{B}(Ca+ΣM^{2+})/$\Sigma B \geq 0.75$, $^B\Sigma M^{2+}/\Sigma B >$ ^{B}Ca/ΣBである角閃石．角閃石は通常単斜晶系に属するが，このサブグループでは直方型と単斜型の両方がある．主要なMg端成分を以下に示す．

1) a 直方型角閃石

直閃石（anthophyllite）
 □$Mg_2Mg_5Si_8O_{22}(OH)_2$
礬土直閃石（gedrite）
 □$Mg_2(Mg_3Al_2)(Si_6Al_2)O_{22}(OH)_2$

1) b 単斜型角閃石

カミングトン閃石（cummingtonite）
 □$Mg_2Mg_5Si_8O_{22}(OH)_2$

2) Ca角閃石

^{B}(Ca+ΣM^{2+})/$\Sigma B \geq 0.75$, ^{B}Ca/$\Sigma B \geq$ $^B\Sigma M^{2+}/\Sigma$Bである角閃石．主要なMg端成分を以下に示す．

透閃石（tremolite）
 □$Ca_2Mg_5Si_8O_{22}(OH)_2$
苦土ホルンブレンド（magnesio-hornblende）
 □$Ca_2(Mg_4Al)(Si_7Al)O_{22}(OH)_2$
チェルマック閃石（tschermakite）
 □$Ca_2(Mg_3Al_2)(Si_6Al_2)O_{22}(OH)_2$
エデン閃石（edenite）
 $NaCa_2Mg_5(Si_7Al)O_{22}(OH)_2$
パーガス閃石（pargasite）
 $NaCa_2(Mg_4Al)(Si_6Al_2)O_{22}(OH)_2$
苦土ヘスチング閃石（magnesio-hastingsite）
 $NaCa_2(Mg_4Fe^{3+})(Si_6Al_2)O_{22}(OH)_2$
定永閃石（sadanagaite）
 $NaCa_2(Mg_3Al_2)(Si_5Al_3)O_{22}(OH)_2$
カンニッロ閃石（cannilloite）
 $CaCa_2(Mg_4Al)(Si_5Al_3)O_{22}(OH)_2$

3) Na-Ca角閃石

$0.75 >$ ^{B}(Ca+ΣM^{2+})/$\Sigma B > 0.25$, ^{B}Ca/$\Sigma B \geq$ $^B\Sigma M^{2+}/\Sigma$B かつ $0.75 >$ ^{B}(Na+Li)/$\Sigma B >$ 0.25, ^{B}Na/$\Sigma B \geq$ ^{B}Li/ΣBである角閃石．主要なMg端成分を以下に示す．

リヒター閃石（richterite）
 Na(NaCa)$Mg_5Si_8O_{22}(OH)_2$
カトフォラ閃石（katophorite）
 Na(NaCa)$(Mg_4Al)(Si_7Al)O_{22}(OH)_2$
ウィンチ閃石（winchite）
 □(NaCa)$(Mg_4Al)Si_8O_{22}(OH)_2$
バロワ閃石（barroisite）
 □(NaCa)$(Mg_3Al_2)(Si_7Al)O_{22}(OH)_2$

4) Na角閃石

^{B}(Na+Li)/$\Sigma B \geq 0.75$, ^{B}Na/$\Sigma B \geq$ ^{B}Li/ΣBである角閃石．主要なMg端成分を以下に示す．

藍閃石（glaucophane）
 □$Na_2(Mg_3Al_2)Si_8O_{22}(OH)_2$
苦土リーベック閃石（magnesio-riebeckite）

□$Na_2(Mg_3Fe^{3+}_2)Si_8O_{22}(OH)_2$
　エッケルマン閃石（eckermannite）
　　$NaNa_2(Mg_4Al)Si_8O_{22}(OH)_2$
　苦土アルベゾン閃石（magnesio-arfvedsonite）
　　$NaNa_2(Mg_4Fe^{3+})Si_8O_{22}(OH)_2$
　ニビョー閃石（nybøite）
　　$NaNa_2(Mg_3Al)(Si_7Al)O_{22}(OH)_2$
　なお，苦土アルベゾン閃石のMn^{2+}置換体（$Mg \rightarrow Mn^{2+}$）が神津閃石（mangano-ferri-eckermannite）である．
　最近では二次イオン質量分析計を用いたLiの微小領域分析により，Liを含むNa角閃石新種が報告されている．例えば
　フェリリーク閃石（ferri-leakeite）
　　$NaNa_2(Mg_2Fe^{3+}_2Li)Si_8O_{22}(OH)_2$
は最近発見されたLiを含むNa角閃石で，苦土アルベゾン閃石において$Mg_2 \rightarrow Fe^{3+}$ Li置換が進行したものに相当する．フェリリーク閃石のMn^{3+}置換体（$Fe^{3+} \rightarrow Mn^{3+}$）がマンガニリーク閃石（mangani-leakeite）である．

　5）Li角閃石
　$^B(Na+Li)/\Sigma B \geq 0.75$，$^BLi/\Sigma B > ^BNa/\Sigma B$である角閃石．このサブグループでは直方型と単斜型の両方がある．主要なMg端成分を以下に示す．
　5）a 直方型角閃石
　ホルムキスト閃石（holmquistite）
　　□$Li_2(Mg_3Al_2)Si_8O_{22}(OH)_2$
　5）b 単斜型角閃石
　単斜ホルムキスト閃石（clino-holmquistite）
　　□$Li_2(Mg_3Al_2)Si_8O_{22}(OH)_2$
　ペドリツァ閃石（pedrizite）
　　$NaLi_2(Mg_2Al_2Li)Si_8O_{22}(OH)_2$
　これまで述べてきたW（O3席）に（OH, F, Cl）が卓越するグループの他にWにOが卓越するグループがある．このグループ（酸化型角閃石）に属する種の例を以下に示す．
　ケルスート閃石（kaersutite）
　　$NaCa_2(Mg_3Ti^{4+}Al)(Si_6Al_2)O_{22}O_2$

　フェリオベルティ閃石（ferri-obertiite）
　　$NaNa_2(Mg_3Fe^{3+}Ti^{4+})Si_8O_{22}O_2$
　フェリオベルティ閃石は苦土アルベゾン閃石において$Mg(OH)_2 \rightarrow Ti^{4+}O_2$置換が進行したものに相当する．
　マンガニデラヴェントゥーラ閃石（mangani-dellaventuraite）
　　$NaNa_2(MgMn^{3+}_2Ti^{4+}Li)Si_8O_{22}O_2$
　マンガニデラヴェントゥーラ閃石は，マンガニリーク閃石において$Mg(OH)_2 \rightarrow Ti^{4+}O_2$置換が進行したものに相当する．
　マンガノマンガニウンガレッティ閃石（mangano-mangani-ungarettiite）
　　$NaNa_2(Mn^{2+}_2Mn^{3+}_3)Si_8O_{22}O_2$
　マンガノマンガニウンガレッティ閃石は神津閃石のMn^{3+}置換体（$Fe^{3+} \rightarrow Mn^{3+}$）において$Mn^{2+}(OH) \rightarrow Mn^{3+}O$置換が2回進行したものに相当する．　〔坂野靖行〕

●文献
1) F.C. Hawthorne, *et al.*（2012）*American Mineralogist*, **97**, 2031-2048.

345 イネス石（いねすせき）Inesite

　三斜晶系で$Ca_2Mn_7Si_{10}O_{28}(OH)_2 \cdot 5H_2O$からなり，少量のMg, Al, Feなどを含むことがある．繊維状，針状，柱状の結晶が並列状，放射状で集合して脈をなすことが多い．ピンク色で，条痕は白色．ガラス光沢，硬度は6，比重は3.03．劈開は一方向に完全，一方向に明瞭．主に熱水鉱脈中に石英，ばら輝石，ヨハンセン輝石，菱マンガン鉱などと共存．また，変成マンガン鉱床中にも産する．名称は色と外観から，ギリシャ語の肉色の繊維を意味する，inesに由来．
　　　　　　　　　　　〔松原　聰〕

フィロケイ酸塩鉱物

346 珪孔雀石 (けいくじゃくせき) Chrysocolla

単斜晶系あるいは潜晶質で$(Cu,Al)_2H_2Si_2O_5(OH,O)_4 \cdot nH_2O$からなり（nは不定量の水分を表すときに使う），少量のFeなどを含むことがある．緻密な塊状をなすことが多いが，まれに微細な針状結晶集合体を形成．青～青緑色で，条痕は白色．ガラス～土状光沢，硬度は2～4，比重は2.0～2.4．劈開はない．銅鉱床の酸化帯に石英，孔雀石，針鉄鉱などと共存．水分を失って脆くなることが多いが，装飾品として用いられる．名称は古代人が金を接着させるためにこの鉱物あるいは似た銅を含む青緑色した鉱物を使っていたため，金と膠を意味するギリシャ語に由来するといわれている．　　　　　　　　　　　〔松原　聰〕

347 蛇紋石 (じゃもんせき) Serpentine

蛇紋石は単一の鉱物名ではなく，類似した化学組成をもった数種の鉱物を総称した名称である．蛇紋石は含水マグネシウムケイ酸塩で，フィロケイ酸塩鉱物に属する．古くは蛇紋石をクリソタイル (chrysotile, 温石綿) と板状のアンチゴライト (antigorite, 板温石) に大別したが，後にリザーダイト (lizardite) が加えられた．現在は主として電子顕微鏡下の形態と電子回折図形により細い管状のクリソタイル，平板状のリザーダイト，板状でX軸方向に波状の超構造をもつアンチゴライトの三種類に分けられる．クリソタイルとリザーダイトは化学組成$Mg_3Si_2O_5(OH)_4$に近いがわずかにAl, Fe^{3+}を含む．一方，アンチゴライトはFe^{2+}を少量含み，また，上記の化学組成よりもSiがやや多く，$Mg(OH)_2$に乏しく，クリソタイル，リザーダイトの多形ではない．基本構造の8倍の超構造をとるアンチゴライトは$Mg_{48}Si_{34}O_{85}(OH)_{62}$の化学組成をもつ．

通常，かんらん岩が変質してできた蛇紋岩の主成分鉱物として産出する．色は緑色，黒緑色，淡緑色，黄，白色などさまざまで，光沢は亜樹脂，真珠，土またはガラス光沢であり，塊状，葉片状，繊維状を示す．肉眼的性質が著しく変化するので多くの変種名がつけられたが，現在ではクリノクリソタイル (chrysotile-$2M_{c1}$)，オルソクリソタイル (chrysotile-$2Or_{c1}$)，パラクリソタイル，アンチゴライト，リザーダイトが種名とされる．

① クリソタイル　繊維状をなす蛇紋石で電子顕微鏡下では管状を示し，断面は同心円状またはらせん状をなしている．アスベスト (石綿) の大部分はクリソタイルからなる．繊維の軸方向がa軸の2層単斜格子をもつクリノクリソタイル，2層斜方格子をもつオルソクリソタイル，また，管の軸方向がb軸のパラクリソタイルの3種がある．肉眼では白色，濃緑色，淡緑色，黄色の繊維状あるいは塊状で，蛇紋岩・かんらん岩中の脈中に単独で産出する．繊維脈をなすもの多くはクリノクリソタイルである．また，未変成あるいは低変成度の蛇紋岩の主成分鉱物としてリザーダイトとともに産出する．オルソクリソタイルは剪断され片状をなす蛇紋岩中にみられる．

② アンチゴライト　板状形態をとりa軸方向に波状の超構造をもち，その長周期は一般に35～45Åである．単斜晶系で，肉眼では濃緑色，淡緑色，黄色，白色の塊状，葉片状あるいは繊維状である．この繊維状のものはピクロライト (picrolite) ともよばれるが，クリソタイル繊維に比べ硬い．蛇紋岩の主成分鉱物として他の蛇紋石とともに産するが，緑色片岩相よりも高い温度の変成作用を受けた蛇紋岩では単独で産出する．

③ リザーダイト　板状の格子をとるもの．一般には積層構造の乱れたものが多い．

まれに微細な六角板状結晶として産するものはポリタイプ1Tや2Hを示す．通常は細粒粒状，無色・緑黄・濃緑・帯青色である．塊状蛇紋岩の主成分鉱物としてクリソタイルとともに広く産出する．

④ Mgを他の陽イオンが置換した類縁鉱物があり，ペコラアイト（pecoraite），ネポーアイト（nepouite）はNiを，グリーナライト（greenalite）はFe^{2+}，カリオピライト（caryopilite）はMn^{2+}を主成分元素とする．アメサイト（amesite）はMgSiを2Alが置換したものである．

〔上原誠一郎〕

348 滑石（かっせき）Talc

タルクともいう．含水マグネシウムケイ酸塩で，化学組成は$Mg_3Si_4O_{10}(OH)_2$であり，少量の鉄，ニッケル，アルミニウムを含む．フィロケイ酸塩鉱物であり，三斜晶系に属す．色は白色，灰色ないし緑色で塊状のものは暗緑色のこともある．真珠光沢ないし脂光沢で，板状の自形結晶をなすことはまれで，多くは葉片状の塊をなす．底面に完全な劈開がある．劈開片は曲げられるが，弾性はない．また，細粒ないし粗粒粒状あるいは微細結晶が緻密に集合し，潜晶質塊状として産する．この塊状集合をなす滑石は凍石（とうせき，ステアタイト），石けん石（ソープストーン）とよばれることもある．結晶性の悪い滑石はケロライト（kerolite）とよばれることもある．

かんらん石，輝石，角閃石などのマグネシウムケイ酸塩鉱物の変質によって生じる．主に蛇紋岩，かんらん岩中に産出し，また，滑石片岩の主成分をなすこともある．苦灰石や菱苦土石などのマグネシウムを含むスカルン，黒鉱鉱床中にも少量産出する．

滑石はモース硬度1の基準となる鉱物で，鉱物の中で最もやわらかく，爪で簡単に傷つけることもできる（爪の硬度は2.5度）．用途としては，粉末にして黒板用のチョーク，玩具，工事現場などのマーキング用，ベビーパウダーなど化粧品類，医薬品や製紙用，農薬用，陶磁器原料に使用する．低品質のものは，アスベスト鉱物を含有することもある．

〔上原誠一郎〕

349 葉蠟石（ようろうせき）Pyrophyllite

葉ろう石，パイロフィライトともいう．含水アルミニウムケイ酸塩で，フィロケイ酸塩鉱物の一種である．化学組成は$Al_2Si_4O_{10}(OH)_2$である．三斜晶系，あるいは単斜晶系に属するが，明らかな結晶形を示すものは知られていない．粗粒の葉片状をなすほか粒状，潜晶質緻密塊状をなす．色は白色，灰色，緑褐色，黄土色などさまざまである．真珠光沢ないし脂光沢で，底面に完全な劈開がある．劈開片は曲げられるが，弾性はない．

一般に熱水変質を受けた岩石中に産し，カオリナイトやセリサイト（絹雲母）など葉蠟石と似た鉱物とともに産することが普通である．これらの鉱物よりなる岩石はろう石とよばれる．わが国では岡山県備前市の三石地区，広島県庄原市の勝光山にろう石鉱床があり，採掘されている．用途としては耐火物や陶磁器などセラミックス関係，また，製紙用，農薬用としても利用されている．

〔上原誠一郎〕

350 雲母（うんも）Mica

マイカともいう．雲母は族名であり，代表的なフィロケイ酸塩鉱物で40を超える鉱物種からなる．一般にはマグネシウム，鉄を含む黒雲母，アルミニウムを含む白雲母が重要な造岩鉱物である．化学組成は黒雲母が$K(Mg, Fe)_3AlSi_3O_{10}(OH)_2$，白雲母が$KAl_2AlSi_3O_{10}(OH)_2$である．

① 黒雲母　基本的に単斜晶系に属し，底面の発達した板状または六角形に結晶する．しかし，自形結晶は比較的まれで，通常は不規則な葉片状，鱗片状集合をなす．

暗緑色，褐色，黒色，淡黄色，白色で，底面に完全な劈開があり，劈開面は真珠光沢を示す．花崗岩，閃緑岩，流紋岩，安山岩などの火成岩の主成分鉱物として産し，花崗岩質ペグマタイトやカーボナタイト中では大きな結晶となる．片麻岩や緑色片岩の成分鉱物であり，熱変成を受けた粘板岩中にも含まれる．雲母グループの中で最も広く産出する．黒雲母が風化あるいは熱水変質してできるバーミキュライトは農業や園芸に使われる土壌改良用の土や建設資材として使用されている．

固溶体鉱物の種名は50%ルールが適応されており，1999年に国際鉱物学連合(IMA)の鉱物名委員会は黒雲母を種名ではなく，金雲母，鉄雲母，イーストナイト，シデロフィライトを端成分とする系列名として再定義した．これに従うと従来の黒雲母は$Mg>Fe$であれば金雲母，$Mg<Fe$であれば鉄雲母とよぶべきであるが，実際には混乱して使用されている．

② 白雲母　単斜晶系に属し，底面の発達した板状または六角形に結晶する．そのほか葉片状，鱗片状または微細な粘土状集合をなす．底面にきわめて完全な劈開があり，薄くはがれる．劈開片は容易に曲げることができ，また弾性に富む．ガラス光沢，絹糸光沢または真珠光沢をもち，薄い劈開片は無色透明，やや厚いものは半透明で少し黄色，緑色，褐色などを帯びる．花崗岩，ペグマタイトなどの珪長質深成岩の主成分鉱物として広く見いだされる．また，結晶片岩，片麻岩の成分鉱物としても含まれる．耐熱性のある絶縁材料として，真空管やアイロンの内部に用いられた．プラスチックや塗料に混ぜて，パール光沢をもたせる顔料としても使われている．

粘土状で脂感のあるものは絹雲母(sericite)とよばれ，熱水鉱床の母岩の変質鉱物として産する．工業原料，化粧品原料，医薬品など幅広い用途で使用されている．

③　雲母族の主な鉱物

雲母族の鉱物は層間陽イオンの半分以上が一価のものを純雲母，そうでないものを脆雲母の二つに分類され，八面体サイトの陽イオンが主に三価の種類を2八面体型，二価の種類を3八面体型と細分される．

 a. 純雲母（true mica）2八面体型
  一般式 $AM_2AlSi_3O_{10}(OH)_2$，□は空席
  白雲母（muscovite）
   $KAl_2 \square AlSi_3O_{10}(OH)_2$
  セラドン石（celadonite）
   $KFe^{3+}(Mg, Fe^{2+}) \square Si_4O_{10}(OH)_2$
  ロスコー雲母（roscoelite）
   $KV_2 \square AlSi_3O_{10}(OH)_2$
  ソーダ雲母（paragonite）
   $NaAl_2 \square AlSi_3O_{10}(OH)_2$
  砥部雲母（tobelite）
   $(NH_4)Al_2 \square AlSi_3O_{10}(OH)_2$，愛媛県砥部町にちなむ
 b. 純雲母（true mica）3八面体型
  一般式 $AM_3AlSi_3O_{10}(OH)_2$
  鉄雲母（annite）
   $KFe^{2+}{}_3AlSi_3O_{10}(OH)_2$
  金雲母（phlogopite）
   $KMg_3AlSi_3O_{10}(OH)_2$
  シデロフィライト（siderophyllite）
   $KFe^{2+}{}_2AlAl_2Si_2O_{10}(OH)_2$
  イーストナイト（eastonite）
   $KMg_2AlAl_2Si_2O_{10}(OH)_2$
  白水雲母（shirozulite）
   $KMn^{2+}{}_3AlSi_3O_{10}(OH)_2$，白水晴雄にちなむ
  ポリリシオ雲母（polylithionite）
   $KLi_2AlSi_4O_{10}F_2$
  トリリシオ雲母（trilithionite）
   $KLi_{1.5}Al_{1.5}AlSi_3O_{10}F_2$
  益富雲母（masutomilite）
   $KLiAlMn^{2+}AlSi_3O_{10}F_2$，益富壽之助にちなむ
  ソーダ金雲母（aspidolite）

NaMg$_3$AlSi$_3$O$_{10}$(OH)$_2$, 岐阜県春日鉱山が模式地
c. 脆雲母（brittle mica）2八面体型
真珠雲母（margarite）
CaAl$_2$□Al$_2$Si$_2$O$_{10}$(OH)$_2$
木下雲母（kinoshitalite）
BaMg$_3$Al$_2$Si$_2$O$_{10}$(OH)$_2$, 木下亀城にちなむ
④ 雲母の系列名
黒雲母（biotite） 金雲母-鉄雲母-イーストナイト-シデロフィライトの系列名
リチア雲母（lepidolite） トリリシオ雲母-ポリリシオ雲母系列
フェンジャイト（phengite） 白雲母-アルミノセラドン石系列，あるいは白雲母-セラドン石系列
チンワルド雲母（zinnwaldite） シデロフィライト-ポリリシオ雲母系列

〔上原誠一郎〕

351 緑泥石 （りょくでいせき）Chlorite

クロライトともいう．緑泥石はグループ名であり，広く分布するフィロケイ酸塩鉱物である．一般にはマグネシウム，鉄，アルミニウムを含むクリノクロア（Clinochlore（Mg, Fe^{2+})$_5$Al(AlSi$_3$O$_{10}$)(OH)$_8$），シャモサイト（Chamosite（Fe^{2+}, Mg)$_5$Al(AlSi$_3$O$_{10}$)(OH)$_8$）である．1978年にAIPEA命名委員会はこのMg-Fe系緑泥石について上記の2種を種名とし，それまでに使用されていたペンニン（苦土緑泥石），ロイヒテンベルガイト（白泥石），リピドーライト，チューリンガイト，ケンメラライト（菫泥石）を種名から除くことを勧告した．緑泥石の化学式は，まれな種類（Liを含む物など）を除くと（R$^{2+}_{6-x-3y}$R$^{3+}_{x+2y}$)(Al$_x$Si$_{4-x}$)O$_{10}$(OH)$_8$と表される．R^{2+}はMg, Fe^{2+}, Mn^{2+}, Niなど，R^{3+}はAl, Fe^{3+}, Cr^{3+}など，xはR^{3+}R^{3+}→SiR^{2+}置換の数を示し，0.8＜x＜1.8，yは2R^{3+}→3R^{2+}置換あるいは八面体陽イオンが

けた位置の数にあたり，yの値によってオーソ緑泥石（$y=0$），レプト緑泥石（$0<y\leq1$），2八面体型緑泥石（$1<y\leq2$）に分けられる．また，オーソ緑泥石とレプト緑泥石は3八面体型緑泥石とよばれる．

主に単斜晶系に属し，底面の発達した板状または六角形に結晶し，その外観は雲母に類似する．しかし，明らかな自形結晶はまれで，葉片状，鱗片状または微細鱗片状集合体をなす．底面に完全な劈開があり薄くはがれる．劈開片は容易に曲げることができるが，弾性はなく雲母と区別される．ガラス光沢または真珠光沢をもち，色は各種の緑色，まれに黄色，白色，紫色で透明～半透明である．

主要造岩鉱物で，火成岩，変成岩，堆積岩など各種の岩石中に広く分布する．産状を考えた場合は上記の種名に変わりFe/(Mg+Fe)が0.3と0.7のところに境界をおいてMg緑泥石，FeMg緑泥石，Fe緑泥石の3種に分けると産状と化学組成変化の関係がわかりやすい．Mg緑泥石はドロマイト，マグネサイト鉱床，蛇紋岩，FeMg緑泥石は広域変成岩（緑色片岩相，ぶどう石-パンペリー石相）や変質岩（プロピライト）の主成分鉱物として広く分布する．その他に堆積岩，鉱脈鉱床中の脈石，熱水変質の産物として産出する．Fe緑泥石は主に熱水性鉱脈に黄鉄鉱などと共に産出する．熱帯地域の浅海堆積物としての産状も知られている．

緑泥石グループには上記の他にリチウムを含むクーク石（Cookeite LiAl$_4$(AlSi$_3$O$_{10}$)(OH)$_8$），アルミニウムの多いドンバサイト（Donbassite, Al$_{4.33}$(AlSi$_3$O$_{10}$)(OH)$_8$），ニッケルを含むニマイト（Nimite, (Ni, Mg, Al)$_6$((Si, Al)$_4$O$_{10}$)(OH)$_8$），マンガンを含むペンナンタイト（Pennantite, Mn$^{2+}_5$Al(AlSi$_3$O$_{10}$)(OH)$_8$），須藤石（Sudoite, (Mg, Fe^{2+})$_2$Al$_3$(AlSi$_3$O$_{10}$)(OH)$_8$）などがある．クーク石はLiペグマタイト，ドンバサイ

トは熱水変質帯，堆積岩などに含まれ，日本ではろう石鉱床から見いだされている．須藤石は主として熱水変質帯の粘土中に産し，変成岩，熱水脈に産し，日本では黒鉱鉱床の変質帯にしばしば産出する．

〔上原誠一郎〕

352 ぶどう石 (ぶどうせき) Prehnite

カルシウムとアルミニウムを主成分とする含水ケイ酸塩鉱物（$Ca_2Al_3Si_3O_{10}(OH)_2$）である．直方（斜方）晶系に属するが，明瞭な単結晶はまれで，多くは底面（001）に平行な板状，時に柱状，鋭い錐形をなす結晶が集合体として産する．通常は板状結晶が底面で接合して，表面に凹凸のある塔状，腎臓状，球状，鍾乳状なす．色は淡緑色ないし白色で半透明，ガラス光沢である．安山岩，玄武岩，輝緑岩中の晶洞に，沸石や方解石などを伴って産するほか，低い温度圧力の変成作用を受けた岩石やカルシウムの多い岩石の低温変質部に産する．

〔上原誠一郎〕

353 魚眼石 (ぎょがんせき) Apophyllite

魚眼石は，一般的にはカルシウム，カリウム，フッ素を主成分とするフッ素魚眼石（$KCa_4Si_8O_{20}F \cdot 8H_2O$, fluorapophyllite-(K)）を指すが，他に水酸基，ナトリウムを含む種があり，族名でもある．正方晶系で多くは{010}，{111}および{001}の集形よりなる．(001)に完全な劈開をしめし，底面は真珠光沢，その他の面はガラス光沢で，無色，白色，時には緑，黄，赤色を帯びる．透明ないし半透明で，安山岩，玄武岩の晶洞中やスカルンに産出する．この族には水酸魚眼石（hydroxyapophyllite-(K)），ソーダ魚眼石（fluoroapophyllite-(Na)）があり，後者は岡山県三宝鉱山で発見された新鉱物である．〔上原誠一郎〕

354 カオリン石 (かおりんせき) Kaolin

カオリン，カオリナイト（kaolinite），高陵石（こうりょうせき）ともいう．また，カオリナイト，ディッカイト（dickite），ナクライト（nacrite），ハロイサイト（halloysite）を含めてカオリンあるいはカオリン鉱物とよぶこともある．これらは含水アルミニウムケイ酸塩で粘土鉱物の一種で，化学組成は$Al_2Si_2O_5(OH)_4$である．カオリナイト，ディッカイト，ナクライトの化学組成はこの理想組成に近いことが多い．ハロイサイトは層間に水分子をふくむ．ディッカイト，ナクライトはカオリナイトと同じ化学組成であるが，積層構造が異なりポリタイプの関係であり，時に大きな板状結晶として産する．歴史的な経緯により別種の鉱物とされている．

これらのカオリン鉱物はフィロケイ酸塩鉱物であり，三斜晶系に属す．純粋なものは白色，不純物のために灰白色，黄色，褐色，青色などを帯びることもある．高熱に耐える陶磁器，耐火煉瓦，製紙などに用いられる．カオリンの名は中国の有名な粘土の産地である江西省の高嶺（カオリン：Kaoling）に由来する．高嶺で産出する粘土は，景徳鎮でつくられる陶磁器の原料として有名である．

カオリン鉱物は長石などの熱水変質作用や陸上風化作用の産物として広く産出する．カオリナイトとハロイサイトは常温・常圧下でも生じるが，ディッカイトとナクライトは中～高温の熱水条件で生成する．

マグマ活動に関連した熱水が，地表付近で酸化して酸性となり長石と反応してカオリン鉱物を生じる．また，火山噴気地帯の珪化帯周辺にカオリン帯をつくる．わが国には各地に大規模な熱水性カオリン鉱床が開発されているが，山形県板谷，栃木県関白，鹿児島県入来などのカオリン鉱床には部分的に含金石英脈を伴う．また，鹿児島県北部の菱刈地域の金鉱床の変質帯にも

578 3. 鉱物・宝石

カオリナイトを産する．ろう石鉱床にはディッカイト，カオリナイト変質帯ができ，岡山県備前市三石，広島県庄原市勝光山が産地として有名である．陶石は一般にセリサイトと石英が主成分であるが，カオリナイトを伴うこともある．わが国最大規模の陶石鉱床として知られる熊本県の天草陶石中にも少量のカオリナイトが含まれる．

花崗岩中に多く含まれる長石は多雨地域の地表風化によりカオリン鉱物に変質する．湿潤熱帯地域ではギブサイトを主成分としカオリナイトを含有するラテライトとよばれる風化残留鉱床をつくるが，温帯および亜熱帯地域ではカオリナイトやハロイサイトを主成分とする厚い風化土壌ができる．この風化生成物が流水によって侵食運搬されて湖や内湾に堆積した粘土層は主にカオリン鉱物から構成される．愛知県瀬戸地方や岐阜県東濃地方の木節粘土や蛙目粘土はこのような堆積性粘土鉱床である．

日本のローム層とよばれる第四紀火山灰層の風化土壌にはハロイサイトが多い．このハロイサイトは球状の形態をとり，この球体からチューブ状のハロイサイトが生成する．十分に水和しているハロイサイトの化学組成式は $Al_2Si_2O_5(OH)_4 \cdot 2H_2O$ で，理想的には Si/Al 原子比は1であるが，実際の分析値では1よりも小さいものが多く，Al が Si を一部置換しており，チューブ状の形態と関係があると考えられている．また，火山灰起源の風化土壌中のハロイサイトは Fe^{3+} の含有量が高い特徴がある．

〔上原誠一郎〕

テクトケイ酸塩鉱物

355 石英 (せきえい) Quartz

晶系は三方晶系．地球上に広く産出し，火成岩，堆積岩，変成岩の主要造岩鉱物である．鉱脈中の脈石としても産する．地殻を構成する鉱物として長石に次ぐ2番目に多い鉱物である．化学組成は SiO_2．不純物として Al，Fe，Ti，H_2O，Li などを含むことがある．硬度7，比重2.65，一軸性正，屈折率 $\omega 1.54418$, $\varepsilon 1.55328$, $a = 0.4913$, $c = 0.5404$ nm

結晶構造は，一つのケイ素のまわりに4つの酸素が配位した SiO_4 四面体から構成されており，酸素は2つの SiO_4 四面体により共有され，3次元的なフレームワーク構造をもつ．分類学的にはテクトケイ酸塩に属する．高温型（β-quartz, $P6_222$ または $P6_422$）と低温型（α-quartz, $P3_121$ または $P3_221$）があり，常圧では573℃で結晶構造が変化（相転移）する．相転移は速やかにおこり，相転移温度を超えて結晶構造を維持できない．

理想的な結晶形は6つの柱面（m）と6つの菱面体面（r, z）からなる．天然の石英の多くは，双晶や平行連晶などが普通である．双晶にはブラジル式双晶［双晶面（$11\bar{2}0$）］，ドフィーネ式双晶［双晶軸（c 軸）］，日本式双晶［双晶面（$11\bar{2}2$）］などがある．光学的な特性から右水晶と左水晶に区分される．偏光を通してみたとき，右に旋光すれば右水晶となる．

アメシスト（紫水晶）にはブリュースターフリンジとよばれる特有の組織が観察される．これはブラジル双晶の細かいラメラが集合してできたものである．

多くは無色透明，ガラス〜脂肪光沢．さまざまな色や集合組織をもつ亜種が存在し，古くから宝石や貴石として使用されている．良質な結晶の亜種としては，アメシ

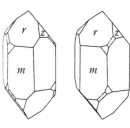

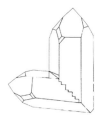

左水晶　　　右水晶　　　ドフィーネ式双晶　　　日本式双晶

図1

スト，ミルキークォーツ，ローズクォーツ，キャッツアイクォーツ，ゴールドクォーツ，スモーキークォーツ，シトリン，モリオン（morion）などがある．また隠微質（cryptocrystalline）の結晶集合体には，カルセドニーやカーネリアン，サード，オニキス，クリソプレーズ，血石，サードニクス，フリント，チャート，プラズマなどがある．塊状のものとしてはジャスパー，アベンチュリン，クォーツァイトなどがある．
〔長瀬敏郎〕

356 オパール（蛋白石）（おぱーる（たんぱくせき））
Opal

鉱物学的には非晶質（アモルファス）シリカ（化学組成：$SiO_2 \cdot nH_2O$）の名称．宝石ではイリデッセンスにより鮮やかな遊色を示す非晶質シリカに対して用いられる．イリデッセンスの原因はオパールを構成する球状粒子が規則正しく並び光回折が生じることによる．通常6〜10%程度の水を含む．

通常は塊状であるが，時に他の鉱物や化石を置換して産することもある．宝石質のオパールは，基質の色や透明度からさまざまな名称が用いられ，基質が黒や濃紺色，灰色からなるブラックオパール，赤色からオレンジの基質のファイアーオパール，真珠光沢のような白みがかった基質をもつホワイトオパール，透明感が強いウォーターオパールなどがある．このほかにもハスドロフェンは真珠光沢が強く，半透明から不透明なものに用いられる．玉滴石（hyalite）は無色透明のガラスのような様相を示し，Mullerのガラスともよばれる．

遊色を示すオパールはまれで，天然に産する多くのオパールは白色ないし無色透明．これは普通オパール（common opal）や蛋白石ともよばれる．

オパール中には結晶粒子が含まれることが多く，その結晶粒子の種類によりオパールCT（lussatine）とオパールC（lussatite）に区別される．また結晶粒子を含まない非晶質物質のみからなるものをオパールAとよぶ．オパールCはクリストバル石を含むものであり，オパールCTはクリストバル石と鱗珪石の共晶が含まれるものである．オパールCTの方が結晶度は低い．
〔長瀬敏郎〕

357 クリストバル石（方珪石）（くりすとばるせき（ほうけいせき））
Cristobalite

石英との多形．化学組成はSiO_2，正方晶系．硬度6½〜7．比重2.28〜2.33．一軸性負．屈折率ω1.487, ε1.484, a=0.497 nm c=0.692 nm．常圧では1470〜1713℃の高温域に安定領域をもつ．鱗珪石や石英への相転移は非常に遅く，結晶構造をそのまま安定領域外に急冷させることができる．結晶構造は高温では等軸晶系（$Fd3m$）で，

200～270℃の間で相転移し，これより低温では正方晶系（$P4_12_1$ あるいは $P4_32_1$）．白色あるいは乳白色，まれに灰色，褐色，青灰色．ガラス光沢．脆い．黒曜岩などシリカに富む火山岩にともなって産出する．また，オパール中やケイ質堆積物中にも隠微質の結晶として産出し，これらはオパールCともよばれる．天然に産するクリストバル石の多くは安定領域よりも低い温度で準安定的に晶出したものである．

〔長瀬敏郎〕

358 鱗珪石 （りんけいせき）Tridymite

化学組成は SiO_2，斜方（直方）晶系．モース硬度 $6\frac{1}{2}$〜7．比重 2.28〜2.33．$a=0.504$，$b=0.874$，$c=0.824$ nm．石英の多形の一つで，常圧では 867〜1470℃ で安定．石英との相転移は非常に遅く，高温型石英は容易に相転移温度を超えても結晶構造を維持し，また鱗珪石も冷却しても容易には石英に相転移しない．通常，微小な，白か無色の疑六方または三斜晶として安山岩や流紋岩などの火山岩に含まれる．ガラス光沢．高温型の鱗珪石は六方晶系に属するが，温度を下げると低温型の構造に相転移する．低温型にはさまざまな構造（多形）が確認されており，天然に産する結晶構造と合成の結晶構造が異なるのも特徴である．

〔長瀬敏郎〕

359 長石 （ちょうせき）Feldspar

① アルミノケイ酸塩鉱物の代表である長石は，いくつかの固溶体系列を含む族名である．SiO_4 四面体が互いに酸素を共有して三次元的につらなるテクトケイ酸塩に属し，Si の 1/4〜1/2 が Al に置換されてその電荷のバランスを保つようにアルカリ元素（主として，K と Na）およびアルカリ土類元素（主として，Ca と Ba）などが入る空間をもつ．一般的な化学組成式は，MTO_8（M = K, Na, Ca, Ba, Sr, Rb, NH_4, T = Si, Al, B, Fe^{3+}）である．代表的な固溶体系列を構成する端成分として，カリ長石（通例，正長石として表記）（$KAlSi_3O_8$ 略号 Or），曹長石（$NaAlSi_3O_8$ 略号 Ab），灰長石（$CaAl_2Si_2O_8$ 略号 An），重土長石（セルシアン）（$BaAl_2Si_2O_8$ 略号 Cn）がある．このうち，カリ長石-曹長石固溶体はアルカリ長石（alkali feldspar），曹長石-灰長石固溶体は斜長石（plagioclase），カリ長石-重土長石固溶体はバリウム長石（barium feldspar）とよばれる．これらの他に，アンモニア長石，リードマーグネライト（ホウ素長石）などが存在する．なお，アデュラリア（氷長石）（adularia）とクリーブランダイト（cleavelandite）などは，それぞれカリ長石（正長石〜微斜長石）と曹長石であるが，特有の形状（菱形面と薄層状）に対して与えられた名前であり，鉱物の種名ではない．

長石族の主な鉱物

(a) アルカリ長石：端成分であるカリ長石の多形には，高温型サニディンから低温型微斜長石まで5種類が区別されている（表1）．そのうち，正長石（orthoclase）は，サニディンと微斜長石の中間的秩序状態の偽単斜晶系カリ長石のことであり，固溶体端成分表記としての Or とは異なる．正長石は，例えばマグマの冷却過程においてサニディンから微斜長石への転移過程で現れる準安定相である．一方，ナトリウム長石は，Al-Si の配位（秩序）状態の違いによる5種類が知られている（表1）．

アルカリ長石は，結晶構造の観点に加えて，光学的（屈折率や光軸角）にも次の4系列が区別されている．1.高温型サニディン〜高温型曹長石，2.サニディン〜アノーソクレース系列［サニディン（玻璃長石 sanidine）は，カリ長石（Or）成分に富むカリ長石〜アルカリ長石であり，アノーソクレース（anorthoclase）は中間組成のアルカリ長石〜曹長石（Ab）成分に富むア

表1 アルカリ長石系列固溶体端成分のAl-Si秩序状態の違いによる多形とその名称

カリ長石	高温型サニディン（high sanidine）	単斜晶系	完全無秩序状態
	低温型サニディン（low sanidine）	単斜晶系	
	正長石（orthoclase）	偽単斜晶系	
	中間微斜長石（intermediate microcline）	三斜晶系	
	低温型微斜長石（low microcline）（最大微斜長石）	三斜晶系	完全秩序状態
ナトリウム長石	モナバイト（monabite）	単斜晶系	完全無秩序状態
	アナルバイト（analbite）	漸移型I	
	高温型曹長石（high albite）	漸移型II	
	中間曹長石（inetrmediate albite）	三斜晶系	
	低温型曹長石（low albite）	三斜晶系	完全秩序状態

	a(nm)	b(nm)	c(nm)	α(°)	β(°)	γ(°)	Z
高温型サニディン	0.860	130.3	0.718	90.0	116.0	90.0	4
低温型微斜長石	0.859	129.7	0.722	90.6	115.95	87.7	4
高温型曹長石	0.816	128.7	0.711	93.5	116.4	90.3	4
低温型曹長石	0.814	127.9	0.716	94.3	116.6	87.7	4

(Deer et al.[1])

ルカリ長石である]，3. 正長石〜低温型曹長石，4. 微斜長石（microcline）〜低温型曹長石．

(b) 斜長石：曹長石（Ab）-灰長石（An）

(c) バリウム長石：カリ長石（Or）-ハイアロフェン（hyalophane）（Cn成分80%以下）-重土長石（Cn），パラ重土長石（paracelsian）（単斜晶系-偽正方晶系で重土長石の多形），バナルシ石（banalsite，$BaNa_2Al_4Si_4O_{16}$ 斜方晶系），ストロナルシ石（stronalsite，$SrNa_2Al_4Si_4O_{16}$，単斜晶系および三斜晶系）

(d) アンモニウム長石（buddingtonite，$NH_4AlSi_3O_8$，単斜晶系）

(e) ルビジウム長石（rubicline，$RbAlSi_3O_8$，微斜長石のルビジウム置換体，微斜長石と固溶体のつくる）．

(f) リードマーグネライト（reed mergnerite，$NaBSi_3O_8$，曹長石構造のAlをBで置換したもの）．

アルカリ長石，斜長石，バリウム長石とともに，前述の温度変化による多形の現象とともに固相下での組成ギャップ（離溶曲線）が存在する（アルカリ長石については図1）．斜長石は組成変化に基づいた細

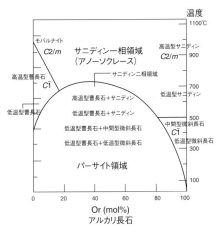

図1 アルカリ-長石系列の可能な平衡相関関係を示す組成-温度図

分名が用いられているが，曹長石と灰長石以外は独立した鉱物種と認められない．アルカリ長石は組成ギャップ（図1）と多形（表1）に起因するパーサイト組織の存在のために，各種の細分化した名称が提起された経緯もあるが，最近統一した細分法とその名称が提起されている（図2）．アルカリ長石と斜長石は密接な成因的関係を有

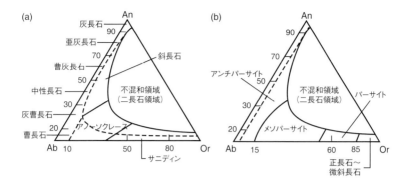

図2 三成分系長石命名法[1]
(a) Al-Si 無秩序長石, (b) 二相分離をおこした Al-Si 秩序長石.

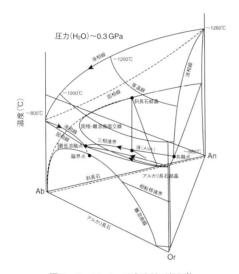

図3 Or-Ab-An 三成分長石相図[1]

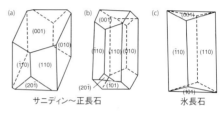

図4 代表的なアルカリ長石の三形態

しているので,特に火成岩類において Or-Ab-An 三成分長石系の相図(温度-組成図)が非常に重要である(**図3**).一方,これらの長石には,圧力変化(高圧)に対応する多形や含水相(重土長石に対応するキュムリ石(cymirite, $BaAl_2Si_2O_8 \cdot H_2O$))も知られている.高圧相では,六方晶系のコクチェタフ石(kokchetavite)がカリ長石の準安定相として UHP 岩の輝石およびざくろ石中の微小包有鉱物として報告されている[3].

② 和名に象徴されているように,一般に b 面 $=(010)$ 面と c 面 $=(001)$ 面が a 軸方向に伸びた柱状ないしは卓状結晶として産する(**図4**a).劈開は上記2面に対応した2方向(完全・良好)に発達する.アルカリ長石:硬度 6〜6½,比重 2.56〜2.63,屈折率 1.514〜1.539,斜長石:硬度 6,比重 2.62〜2.76,屈折率 1.528〜1.588.英名は,野(feld)に輝く(spar)"石"という意味に由来する.ほぼあらゆる岩石に岩まれ,地殻の構成鉱物の約 60% を占める.アルカリ長石と斜長石の組成変化(An-rich→Ab-rich)は,火成岩マグマの組成とその分別結晶作用に支配されている.例えば日本の花崗岩類中の斜長石の多くが累帯構造を示す中性長石〜灰曹長石である.

変成作用，続成作用，熱水変質作用を通して，斜長石の二次的曹長石化が一般的である．花崗岩類中のアルカリ長石の多くはOrに富むが，アルカリ岩には中間組成からAbに富むアルカリ長石が含まれる．火山岩中のアルカリ長石は，前者の場合はほぼサニディンにあたり，後者の場合はサニディンとアノーソクレースにあたる．アノーソクレースは，ある程度（5 mol% An）以上のAn成分を含む三成分系長石の場合が多い．普通の深成岩および片麻岩中のアルカリ長石は，An成分に乏しくほぼ$Or_{65～85}$ mol%程度の組成をもち，一般に生成環境を記録したパーサイト（あるいはメソパーサイト・アンチパーサイト）組織を呈する．火成岩分類上，曹長石の扱いは重要であり，Ab 95 mol%以上の曹長石はアルカリ長石とされている（国際地質科学連合の定義）ので，特にアルカリ長石が主要構成鉱物である閃長岩を定義する際には注意がいる．なお，このような岩石分類においては，カリ長石という呼称は用いられず，アルカリ長石であることにも留意が必要である．アルカリ長石と斜長石の組成組合せは，2長石が共存する等温線（isotherm）に基づいて生成温度を見積もる長石温度計として活用が進められている（図5）．なお，斜長石とアルカリ長石は，連続反応系列の分別結晶作用を行う珪長質鉱物（無色鉱物）として火成岩マグマの分化をになう重要な役割を果たしており，各種の累帯構造がその過程で生まれる（図3）．

アルカリ長石・斜長石の自形結晶は，主にペグマタイトや火山岩などに産する．アルカリ長石の代表的な結晶形は図4に示されている．また，アルカリ長石は，カールスバッド・バベノ・マネバッハなどの単純双晶に従ったいくつかの特徴的な形態を示す．長石類の双晶は，単純双晶のほかに複合双晶や集片双晶を加えて特に顕微鏡下で多様なパターンを示すので，母岩の違いに

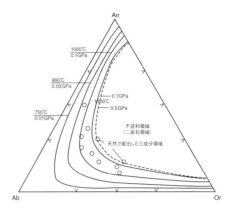

図5 三成分長石系におけるいくつかの等温線と天然で産出した不混和領域に近い三成分系の長石のプロット[1]（based on Fullrnan and Lindsley[2]）

よる変化や岩体内での場所の違いによる変化をはじめ多くの研究が行われてきている．なお，菱形の形状を示すアデュラリア（氷長石）（図4c）は，顕微鏡下では複雑なセクター構造を有し，セクターごとに正長石～微斜長石の範囲でSi-Alの秩序状態が異なっている．熱水脈やペグマタイトに産するように，急速に成長した証拠とされる．

③ 長石の色は一般的には白色であるが，マグマ固化後の熱水変質反応をあまり受けていないマイクロポア（微細な空隙）の少ない長石は透明～半透明であり，主として火山岩中の斑晶に見られるが，花崗岩中にも存在する．花崗岩類中のアルカリ長石は透明～半透明な部分を残している場合があるが，共存する斜長石にはそのような例はほとんどない．長石類の白色化（白濁化）は，熱水反応を受けてできる多数のマイクロポアの存在による散乱現象によると考えられる．微小な多数の包有物を有する長石は，それらの種類によって色変化が起きる．花崗岩類や片麻岩中の長石の赤色化がその例であり，一般には電子顕微鏡サイズの赤鉄鉱によるものである．赤色長石の

中では，斜長石のサンストーン（日長石，sunstone）がよく知られているが，その原因が赤鉄鉱による場合と自然銅による場合がある．花崗岩中には，橙色に近い赤色長石がみられるが，これは風化の産物である針鉄鉱の存在とされている．アマゾナイトは，青～緑色を帯びたアルカリ長石であり，その結晶構造は正長石と微斜長石の場合がある（パーサイト組織を有する場合は，ホスト相として）．アマゾナイトを産する日本のペグマタイトは，甲府市の黒平，中津川市の苗木，大津市の田上が知られる．花崗岩中のアマゾナイトとしては，モンゴルに産する例が知られており，オンゴナイトとよばれている．帯色の要因として，ある程度以上の Pb の存在のほか，構造的な水の存在や放射線の効果が考えられている．Pb の量が多ければ青から緑色になり，その長石の構造状態がより無秩序であれば淡色から濃色に変わる．アマゾナイトに近い斜長石の帯色は，クリーブランダイトとして知られる．同じく Pb の存在が要因とされているが，その色は典型的なアマゾナイトに比べると淡い．

特定の方向（a 軸方向での）で青白い閃光を発するアルカリ長石は月長石とよばれ，火山岩中によくみられるが，深成岩中にも産する．閃光の要因は規則的なラメラ構造による光の干渉とされているが，規則的に配列する包有鉱物に起因するとの考えもある．火山岩中の月長石は，無色～乳白色透明～半透明なものが多い．深成岩中の月長石として，ノルウェー産の石材であるラルビカイトに含まれるものが著名である．この月長石は全体として青色のものが知られているが，かなりの色変化がある．ラルビカイト中のものほど鮮やかな閃光ではないが，中国など他地域の閃長岩中にも産する．日本でも，ペグマタイトやケイ質火山岩中の斑晶として月長石が産する．斜長石も，特定の2つの組成範囲で，閃光を発することが多い．それらの閃光は，それぞれ電子顕微鏡サイズ（可視光の波長程度とほぼ同じ幅の2相）の2相薄膜組織の存在により生じる．曹長石-灰曹長石のペリステライト（A_{n1-25}）による閃光の色は，青～白色がよく知られている．また，曹灰長石（ラブラドライト）のベッジルド組織（A_{n46-60}）による閃光により多様であり，その虹色の閃光はスペクトロライトとして知られる．

アルカリ長石の蛍光として，赤色と青色が知られているが，紫外線光源には可視光領域の輝線が多数含まれているので，それを除かない限り正確な蛍光色を見ていることにならない．発光要因として，カソードルミネセンスの発光要因からの類推で，赤色のアクチベーターとしての Fe，青色が Ti と言及されている場合がある．最近では，微量の希土類元素が多様な発光スペクトルの誘因となっているとの指摘もある．

〔中野聰志〕

● 文献
1) W. A. Deer, et al. (2001) Rock-Forming Minerals, Vol. 4A. (2nd Ed.).
2) M. L. Fuhrman and D. H. Lindsley (1988) try. Amer. Mineral., **73**, 201-215.
3) S.-L. Hwang, P. Shen, H.-T. C. T.-F. Yui, J. G. Liou, N. V. Sobolev, R.-Y. Zhang, V. S. Shatsky and A. A. Zayachkovsky (2004): Contrib. Mineral. Petrolo., **148**, 380-389.

360 ラピス・ラズリ（らぴす・らずり）
Lapis lazuli

① 通称ラピス・ラズリとよばれるが，鉱物名はラズライト，るりあるいは青金石（lazurite）である．化学組成は，$(Na, Ca)_{7\sim8}(AlSiO_4)_6(SO_4, S, Cl)_2$ で，少量の Rb, Cs, Sr, Ba が Na を置換する．$SO_4 \cdot S \cdot Cl$ の量はかなり変化する．

ソーダライト（方ソーダ石 sodalite）とほぼ同構造であり，SiO_4 四面体と AlO_4 四面体の3次元骨組み構造の中のかご状の

大きな空間があり，そこに陰イオンないしは陰イオングループが入る．等軸晶系：$P\bar{4}3m$, $a = 0.905 \sim 0.910$ nm, $Z = 1$ である．

② 青色〜濃青色が特徴であり，宝石として知られている．含水炭酸塩鉱物の藍銅鉱（azurite）の色に似るところからの名前である．不透明，ガラス光沢，硬度5〜5½，比重2.38〜2.46，屈折率＝1.50±．

有名な産地はアフガニスタン，ロシアのバイカル，チリなど数カ所であるが，小規模なものは世界の他のいくつかの地域からも報告されている．ソーダライト亜族のほとんどがネフェリン閃長岩など不飽和なアルカリ岩に産するのと対照的に，交代作用による成因が考えられており，大理石あるいはスカルン中に産する．方解石や黄鉄鉱と共存するが，黄鉄鉱との共存がほとんどの場合認められることが成因的に重要である．アフガニスタン産は透輝石とも共存し，チリ産のもの（コキンボの東のOvalleに近い3500 mの高地）は色がやや薄くまた珪灰石とも共存する．柱石，透角閃石，方ソーダ石，アウインとも共存する場合がある．その他に，先カンブリア時代の変成蒸発岩中（Baffin island）にも産することが知られている． 〔中野聰志〕

● 文献
1) W. A. Deer, *et al.* (2004) Rock-Forming Minerals, Vol. 4A. (2nd Ed).

361 柱石 (ちゅうせき) Scapolite

① 柱石は族名である．化学組成は一般式として$M_4T_{12}O_{24}A$と書ける：M＝Na, Ca, (K)，T＝Si, Al，A＝Cl, CO_3, SO_4．端成分の鉱物名として，次の三つがある．

　曹柱石 marialite（Ma）
　　$Na_4(AlSi_3O_8)_3Cl$
　灰柱石 meionaite（Me）
　　$Ca_4(Al_2Si_2O_8)_3(CO_3)$
　シルビア石 silvialite
　　$Ca_4(Al_2Si_2O_8)_3(SO_4)$

ヴェルナー石（wernerite）が中間成分の名前に使われてきたが，Ma-Me系列の中間組成の柱石に対しては組成区分に基づいた名前（Me20-50：dipyre, Me50-80：mizzonite）や構造変化に基づいた名前（Me15-50：calsian marialite, M50-65：sodian meionite）が提案されている．シルビア石相当の仮想的端成分は古くから想定されてきたが，ようやく近年になって（$Na_{0.6}Ca_{2.86}$）($Al_{4.87}Si_{7.13}$)O_{24}[(SO_4)$_{0.57}$(CO_3)$_{0.41}$]の組成のものがシルビア石の名称で新鉱物として記載された[3]．

② 正方晶系，劈開2方向良好．肉眼的な色として普通は無色，白色，その他に青灰色，淡緑黄色，黄色，桃色，紫色，橙褐色（薄片では無色）の場合がある．曹柱石は塩酸に不溶だが灰柱石は可溶．普通は無色，四角柱の形が特徴であるが劈開の発達のため繊維状の場合もある．新鮮な場合はガラス光沢，屈折率1.54〜1.60．曹柱石：硬度5〜6，比重2.50〜2.62．灰柱石：硬度5〜6，比重〜2.78．$a = 1.205 \sim 1.221$, $c = \sim 0.756$ nm, $I4/m$ $Z = 2$．シルビア石：比重〜2.75，硬度5½，$a = \sim 1.216$, $c = \sim 0.756$．柱石の空間群は基本的に$I4/m$であるが，$P4_2/n$相との転移現象が知られている．

曹柱石の化学組成を$3NaAlSi_3O_8 \cdot NaCl$と書くと曹長石構造に近く，灰柱石の化学組成を$3CaAl_2Si_2O_8 \cdot CaSO_4$（or $CaCO_3$）と書くと灰長石構造に近いことがわかる．結晶構造は長石構造と同様に，SiO_4四面体とAlO_4四面体の3次元骨組み構造の中にNaとCaの陽イオンとともにCl, CO_3, SO_4の陰イオン（グループ）が入る大きな空間を有しているのが特徴である．NaとCaは完全固溶体であり，またCl, CO_2, SO_4も相互に完全に置換し合う．柱石中の陰イオン組成は，その形成場における揮発性成分（塩素，炭酸ガス，亜硫酸ガス，水成分）の活動についての情報源である．

多くの場合斜長石の変成および変質によってできると考えられているが，Shaw (1960) によると，産状は次の6つに分けられる．(a) 広域的に分布する変成岩：特に，大理石，石灰質片麻岩，グラニュライト，緑色片岩，少ないが，泥質および砂質変成岩，(b) 石灰質の堆積岩と隣接する深成貫入岩体との境界部のスカルン，(c) 気成あるいは熱水変質作用を受けた苦鉄質火成岩類，(d) 広域変成岩中の脈，(e) 火山噴出物中のブロック，(f) 変成を受けた塩類堆積物（蒸発岩）[1]．

シルビア石は，グラニュライト相変成岩や地殻下部ないしは上部マントル由来の苦鉄質や超苦鉄質のゼノリスとして産する[3]．

日本産は曹柱石が多く，長野県南佐久郡川上村や三重県鈴鹿郡関町加太は代表的な産地である．〔中野聰志〕

● 文献
1) W. A. Deer, R. A. Howie, W. S. Wise and J. Zussman (2004) Rock-Forming Minerals, Vol. 4B. (2nd Ed). Framework silicates : Silica minerals, felspathods and the zeolites.
2) D. M. Shaw (1960) *Jour. Petrol.*, **1**, 218-260, 251-285.
3) D.K. Teerstra, M. Schindler, B.L. Sherriff and F.C. Hawthorne (1999) *Mineral Mag.*, **63**, 169-180.

362 沸石 (ふっせき) Zeolite

① ゼオライトともいう．1756年に，ギリシャ語の「沸騰する石」という意味で，熱すると水を放出して，沸騰しているようにみえたところから命名された．本来，構造中のトンネルに水分子を含み，交換性陽イオンをもつアルミノケイ酸塩フレームワーク構造の鉱物に対して沸石の名前が用いられてきた．しかし，1997年に，国際鉱物学連合の提案によって，水分子のないものやアルミノケイ酸塩以外の，例えばベリロケイ酸塩，ベリロリン酸塩なども沸石に分類されることとなった．現在，鉱物種として認定されている沸石は90種類ほどである．そのうち日本で産出が確認されているのは42種類で，日本産新鉱物の湯河原沸石[1]とアンモニウム白榴石[2]が含まれる．

沸石の大部分を占めるアルミノケイ酸塩は，$W_m X_n (Al_{m+2n} Si_x O_{2(m+2n+x)}) \cdot y H_2 O$ の一般式で表され．Wには一価のNa, K, NH_4, Csなどが，Xには二価のCa, Mg, Sr, Baなどが入る．AlとSiの秩序配置の程度で，1種類の沸石でもいくつかの結晶系を持ち，さらに1つの結晶中でも方位によって結晶系が変化することもある．

② 沸石の産状は3つに大別される．

A：火山ガラスが埋没変成作用，自身のもつ熱や周囲からの熱源によって沸石に結晶化する．結晶粒は小さいが広範囲に分布し，商業的な沸石鉱床を形成することがある．

B：火山岩の大きな空隙を満たしたり，空隙の壁から結晶成長するもの．火山岩生成末期に，マグマからの残液などから結晶する．大きな結晶粒がみられ，沸石以外の鉱物，例えば方解石，石英，魚眼石，ガイロ石などを伴うことも多い．

C：さまざまな岩石の割れ目を満たして，脈状に沸石が産するもの．他から注入された沸石成分を含む溶液からの沈殿，溶液と母岩中の長石類や火山ガラスとの反応が考えられる．結晶粒はやや大きく，金属鉱脈を伴うこともある．

③ 日本でみられる主な沸石は，方沸石 (analcime, $NaAlSi_2O_6 \cdot H_2O$)，菱沸石系 (chabazite series, $(Ca_{0.5},Na,K)_4Al_4Si_8O_{24} \cdot 12H_2O$)，単斜プチロル沸石系 (clinoptilolite series, $(Ca_{0.5},Na,K)_6Al_6Si_{30}O_{72} \cdot \sim 20H_2O$)，輝沸石系 (heulandite series, $(Ca_{0.5},Na,K)_9Al_9Si_{27}O_{72} \cdot \sim 24H_2O$)，濁沸石 (laumontite, $Ca_4Al_8Si_{16}O_{48} \cdot 18H_2O$)，ソーダ沸石 (natrolite, $Na_2Al_2Si_3O_{10} \cdot 2H_2O$)，十字沸石

系（phillipsite series, $(Ca_{0.5},Na,K,Ba_{0.5})_{4-7}Al_{4-7}Si_{12-9}O_{32}\cdot 12H_2O$），束沸石系（stilbite series, $(Ca_{0.5},Na,K)_9Al_9Si_{27}O_{72}\cdot 28H_2O$），トムソン沸石（thomsonite, $Ca_2NaAl_5Si_5O_{20}\cdot 6H_2O$）である．詳しくは，岩石鉱物科学に掲載された造岩鉱物各論「沸石の種類」[3]を参照されたい．また，沸石は産業用途が広く，沸石相当物が人工的に製造されている． 〔松原 聰〕

● 文献
1) K. Sakurai and A. Hayashi (1952) *Sci. Rep. Yokohama Natl. Univ., Ser. 2*, **1**, 69-77.
2) H. Hori, *et al.* (1986) *Amer. Mineral.*, **71**, 1022-1027.
3) 松原　聰 (2002) 岩石鉱物科学, **31**, 261-267.

有機質鉱物

363 琥珀 （こはく） Amber

　樹脂が化石化してできた有機質鉱物．非晶質で，C, H, O が主成分だが，微量の S も含む．化学組成が一定しないため，鉱物種の定義からはずれるので，一般名としての琥珀という呼称のみが使用される．黄ないし褐色のものが多く，いわゆる「琥珀色」を呈する．透明感の強いものからほとんど不透明なものまである．昆虫をはじめ蜘蛛，葉，木片などを含むことが多い．樹脂光沢，硬度は約 2，比重は約 1.1．劈開はない．摩擦によって帯電する．バルト海沿，ロシアのカリーニングラード周辺，ミャンマーなど世界的に産地は多い．日本では岩手県久慈市，千葉県銚子市などに産出．Amber の名称は，昔マッコウクジラからとれる香料，「竜涎香（りゅうぜんこう）」と同じと思われたため，竜涎香を意味するアラビア語から命名．琥珀は香料，宝飾品などに使われる． 〔松原　聰〕

付　録

鉱物と宝石に関係する研究史

14000-300 BC（縄文時代）	
	ひすいの大珠（山梨県大泉村：現北杜市），勾玉（各地の遺跡）の出土
	真珠（福井県三方町：現若狭町の鳥浜貝塚）の出土
320 BC	ギリシャ時代の著作「石について」の刊行（Theophrastus）
698	荒金（岩見）鉱山（記録上最古の鉱山）の開山（1955年閉山）
13世紀	中世の神学者による「鉱物論」全5巻（Albertus Magnus）
1556	「デ・レ・メタリカ」の刊行（G. Agricola：鉱物学の父）
1601	佐渡金山の発見（1989年閉山）
1661	近代的な元素観の提唱（R. Boyle）
1665	「ミクログラフィア」の刊行（明礬や食塩の結晶について規則正しい球形単位の積み重ねについて言及）（R. Hooke）
1669	面角一定の法則（N. Steno）
1690	結晶の外形の規則性を回転楕円体の積み重ねで説明（C. Huygens）
1725	インド以外でのダイヤモンドの発見（ブラジル）
1773	「雲根誌」前編の刊行（木内石亭）
1774	簡単な物理的性質による最初の鉱物の分類（A. G. Werner）
1801	有理指数の法則の発見（R. J. Haüy：結晶学の父）
1812	モースの硬度計（F. Mohs）
1824	結晶の斜交軸の提唱（F. E. Naumann）
1830	32の晶族（F. C. Hessel）
1834	偏光顕微鏡の実用化（H. F. Talbot）
1837	化学的性質を中心に系統的な鉱物の分類をした「A System of Mineralogy」の刊行（J. D. Dana）
1839	ミラーの指数（W. H. Miller）
1848	フラックス法によるエメラルドの合成（M. Ebrlmen）
1850	ブラベの空間格子（S. A. Baravais）
1855	合成ルビーの登場（スイス・ジュネーブ），製造者不明でジェノヴァルビー（Geneva Ruby）と呼ばれる，天然ルビー粉末を熔融再結晶したもの
1866	南アフリカでダイヤモンド（ユーレカ：10.73 ct）の発見（近代ダイヤモンド産業の端緒）
1869	元素周期表の提唱（D. I. Mendeleev）
1870頃	顕微鏡岩石学の確立（F. Zirkel, K. H. F. Rosenbusch など）
1877	フラックス法によるルビーの合成（E. Frémy & C. Feil）
1881	良質のブルー・サファイアを発見（インド・カシミール）
1885	屈折計の発明（P. Bertrand）
1889	「宝玉誌」（宝石を科学的に紹介した本）の刊行（和田維四郎）
1891	ベルヌイ法によるルビーの合成（A. Verneuil）
	日本セラミックス協会の設立
1891-1894	空間群の発見（Y. Fyodorov, A. M. Schönflies, W. Barlow）

1893	真珠養殖（半形・半円）に成功（御木本幸吉）
1895	X線の発見（W. K. von Röntgen）
1897	電子の発見（J. J. Thomson）
1898	ラジウム（はじめての放射性元素）の発見（P. Curie と M. Curie）
	水熱法による水晶の合成（G. Spezia）
1904	近代的な原子モデルの提唱（J. J. Thomson）
	放射線処理ダイヤモンド（ラジウム塩による）の登場
	「日本鉱物誌」（日本における記載鉱物学の基礎）の刊行（和田維四郎）
1905	この頃から本格的な高圧実験が開始される（P. W. Bridgeman）
1906	U-He の定量による年代測定の指摘（E. Rutherford）
1905	最大のダイヤモンド（カリナン：3106 ct）の発見
1908	National Association of Goldsmiths（英）に宝石部（Gemmological Association of Great Britain：現 Gem-A）発足
1909	地震波解析による地殻-マントル境界面（モホロビチッチ不連続面）の発見（A. Mohorovićić）
	宝石の重さが 1 ct＝0.2 g と決められる（旧農商務省令第 54：この日の 11 月 11 日を宝石の日とした）
1911	原子核の発見（E. Rutherford）
1912	結晶による X 線回折現象の発見（M. von Laue）
	宝石学（Gemmology）の概念が成立（英・National Association of Goldsmiths におけるワークショップ "Mineralogy for Jewellers" で Gemmology という用語が用いられた）
1913	ブラッグ式の提唱（W. H. Bragg と W. L. Bragg）
1913 から	ダイヤモンド他種々の結晶構造の X 線による決定（W. H. Bragg と W. L. Bragg）
1919	陽子の発見（E. Rutherford）
	質量分析器の作成（F. W. Aston）
	ダイヤモンドのラウンド・ブリリアント・カットの提唱（M. Tolkowsky）
1920	変成相の提唱（P. Eskola）
1923	イオン半径，元素の地球化学的分配法則（V. M. Goldschmidt）
1926	地震波解析によるマントル-核境界面（グーテンベルク不連続面）の発見（B. Gutenberg）
1928	反応原理の提唱（火成岩成因論の確立）（N. L. Bowen）
	日本岩石鉱物鉱床学会の設立
	ラマン効果の発見（C. V. Raman）
1929	ポーリングの原理（結晶化学の確立）（L. Pauling）
1931	透過型電子顕微鏡の開発（E. Ruska, M. Knoll）
	米国宝石学会（GIA：日本の「学会」の概念とは異なる）の設立
1934	轟石の発見・記載（日本産の新種鉱物の第一号）
	フラックス法による宝石エメラルドの合成（独・I-G Fraben 社）
1936	地震波解析による外核-内核境界面（レーマン不連続面）の発見（I. Lehmann）
1937	走査型電子顕微鏡の製作（M. von Ardenne）
1945	ブラジリアナイト（宝石鉱物）の発見（ブラジル）
1946 頃	生鉱物 Biomineral, Biomineralization という用語の提唱（大森啓一）

1947	ベルヌイ法によるスター・ルビーの合成（米・Linde 社）
1948?	K-Ar 法による鉱物の年代測定（L. A. Aldrich and A. O. Nier）
1949	結晶成長の渦巻成長機構（F. C. Frank）
1950	X-ray studies on polymorphism の刊行，双晶空間群論の提唱（伊藤貞市）
1951	電子線マイクロアナライザ（EPMA）の製作（R. Castaing）
1952	日本鉱物学会の設立
	第1回 IGC（International Gemmological Conference）の開催
	シンハライト（宝石鉱物）の発見（スリランカ）
1953	アミノ酸の無生物的合成実験（S. L. Miller）
1954	高温高圧法による合成ダイヤモンドの人工合成（米・GE 社）
	アメシストの熱処理による色の改変（ブラジル）
1955	原子吸光分析法の開発（A. Walsh）
1956	宇宙における元素存在度の推定（H. E. Suess and H. C. Urey）
	隕石年代（太陽系形成年代）の測定（C. Patterson）
1958	国際鉱物学連合（IMA）の設立
	マルチアンビル型高圧装置の開発（T. H. Hall）
	スピネル型ケイ酸塩（Ahrensite：Fe_2SiO_4）の確認（A. E. Ringwood）
1959	ダイヤモンドアンビル装置の開発（C. E. Weir ら）
	IMA 新鉱物委員会による鉱物新種審査始まる
	極低温変成相（沸石相・プレーナイト－パンペリー石相）の提唱（D. S. Coombs ら）
1960	ピストン・シリンダ型高圧装置が広く使われ始める（F. R. Boyd and J. L. England）
1960 年代	天然ハイドレート堆積層が永久凍土内で発見（ソ連）
1960 後半	分析機器の進歩により光学顕微鏡で見えなかったアスベスト（微小石綿小体）を検出
1961	宝石輸入自由化（日本）
	クロム・トルマリンの発見（タンザニア）
1963	日本粘土学会の設立
	分子動力学（MD）法による本格的な研究の始まり（A. Rahman）
	ICP 発光分光分析法の開発（V. A. Fassel）
1965	上部マントルの岩石学的モデル（A. E. Ringwood）
1966	プレート・テクトニクスの提唱（D. P. McKenzie）
1967	ブルーゾイサイト（宝石名タンザナイト）の発見（タンザニア）
	透明グリーン・グロシュラー・ガーネットの発見（タンザニア）
1969	人類が月面に到達，月の石が地球に持ち帰られる（アポロ11号：米 NASA）
	Allende 隕石（CAI の発見）の落下
	Murchison 隕石（隕石中の有機物の確認）の落下
	南極隕石の発見（日本南極地域観測隊）
1970	結晶化学的分類をした「Mineralogische Tabelen」の刊行（H. Strunz）
	第10回国際鉱物学連合総会（東京・京都）開催
	初の英文による日本産鉱物総覧，Introduction to Japanese Minerals の刊行
	クロム・ダイオプサイトの発見（米）
	宝石ダイヤモンドの合成（米・GE 社）
	ブルー・クォーツの合成（ソ連）
1970 から	高分解能電子顕微鏡による鉱物研究が盛んになる

	コランダムの熱処理による色の改善始まる
	ダイヤモンドの放射線処理石が流通する
1970 年代	宝石質ダイヤモンドの製造（米・GE 社）
1970-1985	太陽系形成モデル（京都モデル）の提唱（林忠四郎）
1971	散逸構造（複雑系の科学）（P. Glansdorff と I. Prigogine）
	「合成」トルコ石の登場（フランス・Gilson 社）
1972	アレキサンドライトの合成（米・Creative Crystal 社）
	アメシストの合成（ソ連）
1973	X 線 CT 装置（医療用）の実用化（G. N. Hounsfield）
	「合成」オパールの登場（フランス・Gilson 社）
1974	ペロブスカイト型ケイ酸塩（$MgSiO_3$）の発見（L-G. Liu）
	原始太陽系での平衡凝縮モデル（L. Grossman and J. W. Larimer）
	宝石学会（日本）の設立
1975	走磁性バクテリアの発見（R. Blakemore）
1976	酸素同位体異常の発見（R. N. Clayton ら）
	静的高圧実験のメガバール領域への拡大（H. K. Mao, P. M. Bell）
1977	ボイジャー 1, 2 号打ち上げ（太陽系大航海時代の始まり）（米 NASA）
	フラクタル構造の提唱（B. B. Mandelbrot）
1980 頃	鉱物物理（Mineral Physics）研究が盛んに
1982	気相合成（CVD）法によるダイヤモンドの低圧合成（無機材質研究所（現：（独）物質・材料研究機構）
1983	二次質量分析計（SIMS）を用いた年代測定（W. Compston ら）
	ICP 質量分析法の開発（A. Gray ら）
	大型放射光施設フォトンファクトリー（日本）で共同利用実験開始
	赤外天文衛星 IRAS 打ち上げ（これにより星周塵に鉱物が発見される）（米 NASA，オランダ，英）
1984	変成岩中のコース石発見による超高圧変成岩研究の開始（C. Chopin および D. C. Smith）
1985	惑星間塵を成層圏から採取（D. E. Brownlee）
	C60 フラーレンの発見（H. W. Kroto ら）
	菱刈鉱山（日本最大の金鉱山，鹿児島県）の開山（住友金属鉱山）
1986	ILO がアスベストのうち最も毒性の強い青石綿の使用禁止，すべてのアスベストの吹付作業禁止を盛り込んだ 162 号条約採択
	ハレー彗星接近：CHON 粒子の発見など
1988	プレソーラー粒子の発見（E. Anders）
1989	バイオミネラリゼーションの生物制御型と生物誘導型 2 タイプの区分（H. A. Lowenstam と S. Mann）
1991	カーボンナノチューブの発見（飯島澄男）
1994	プリュームテクトニクスの提唱（丸山茂徳）
1995	赤外天文衛星 ISO 打ち上げ（宇宙鉱物学の始まり）（欧州宇宙機関［ESA］）
1996	火星隕石中の生命の痕跡を示唆（D. S. McKay ら）
	CAI とコンドリュールの相対年代測定（S. S. Russell ら）
1997	大型放射光施設スプリング 8（日本）で共同利用実験開始

	隕石中にペロブスカイト型構造をもつ（Mg, Fe）SiO₃ 相を発見（富岡尚敬・藤野清志）
1998	超高温変成作用を定義（S. Harley）
2001	地球最古の鉱物（ジルコン：44.0 億年前）を西オーストラリアの変成岩から発見（S. A. Wilde ら）
2004	高圧実験によりポストペロブスカイト相を発見（村上元彦ら，など）
2006	スターダスト計画により Wild2 彗星の塵が地球に持ち帰られる（米 NASA）
	アスベスト製品の原則全面製造禁止（日本）
	第 19 回国際鉱物学連合総会（神戸）開催
2007	日本鉱物科学会の設立（日本鉱物学会と日本岩石鉱物鉱床学会の統合）
2008	地球最古の岩石（変成岩：42.8 億年前）をカナダの北ケベックから発見（J. O'Neil ら）
	大強度陽子加速器施設 J-PARC 第一期施設完成（日 KEK・JAEA）
	鉱物進化の論文（"Mineral evolution"）の発表（R. M. Hazen ら）
2010	はやぶさ計画により小惑星イトカワの粒子が地球に持ち帰られる（日本・JAXA）
2011	東日本地震による原子力発電所炉心溶融事故で放射能汚染（日本）
	小惑星イトカワサンプルの分析により，コンドライト隕石の小惑星起源を実証（中村智樹ら，土山明ら）
	小惑星イトカワサンプルの分析により，小惑星における宇宙風化を実証（野口高明）
2012	太陽系最古の物質（CAI：45.67 億年前）を隕石中から発見（J. N. Connelly ら）
2014	隕石中の（Mg, Fe）SiO₃ ケイ酸塩ペロブスカイト相が精査されブリッジマナイトと命名（O. Tschauner ら）
	ダイヤモンド包有物中にマントル遷移層由来の含水リングウッダイトを発見（D. G. Pearson ら）
	Orthorhombic の訳語を「直方晶系（斜方晶系）」とする（日本結晶学会）
2016	日本の国石として「ひすい（ひすい輝石およびひすい輝石岩）」が選定される（一般社団法人日本鉱物科学会）
2018	はやぶさ 2 探査機が小惑星リュウグウに到着（日本・JAXA）
	オシリスレックス探査機が小惑星ベンヌに到着（米・NASA）
2018 頃	合成ダイヤモンドが宝石市場に本格的に出回り始める

度量衡換算表

	ギガ (G) 10^9・10億倍	メガ (M) 10^6・100万倍	キロ (k) 10^3・1000倍	ヘクト (h) 10^2・100倍	基本	センチ (c) 10^{-2}・1/100倍	ミリ (m) 10^{-3}・1/1000倍	マイクロ (μ) 10^{-6}・1/100万倍	ナノ (n) 10^{-9}・1/10億倍
長さ									
1メートル (m)					1				
1オングストローム (1Å)									0.1
1フィート (ft)					0.3048				
1インチ (in)						2.54			
1尺					0.30303				
1寸						3.0303			
質量									
1グラム (g)					1				
1ポンド (lb)					453.6				
1オンス(常用) (oz)					28.35				
1トロイオンス (oz) *					31.10				
1カラット (宝石) (ct)					0.2				
1貫					3.750				
1匁					3.75				
圧力									
1パスカル (Pa)					1				
1バール (bar)		0.1							
1気圧 (atm)				1,013.25					

*：貴金属や薬などに用いられる。

周期表・同位体

元素の周期

周期\族	1	2	3	4	5	6	7	8	9
1	1 H 水素 1.00784~ 1.00811								
2	3 Li リチウム 6.938~ 6.997	4 Be ベリリウム 9.0121831							
3	11 Na ナトリウム 22.98976928	12 Mg マグネシウム 24.304~ 24.307							
4	19 K カリウム 39.0983	20 Ca カルシウム 40.078	21 Sc スカンジウム 44.955908	22 Ti チタン 47.867	23 V バナジウム 50.9415	24 Cr クロム 51.9961	25 Mn マンガン 54.938044	26 Fe 鉄 55.845	27 Co コバルト 58.933194
5	37 Rb* ルビジウム 85.4678	38 Sr ストロンチウム 87.62	39 Y イットリウム 88.90584	40 Zr ジルコニウム 91.224	41 Nb ニオブ 92.90637	42 Mo モリブデン 95.95	43 Tc* テクネチウム (99)	44 Ru ルテニウム 101.07	45 Rh ロジウム 102.90550
6	55 Cs セシウム 132.90545196	56 Ba バリウム 137.327	57~71 ランタノイド	72 Hf ハフニウム 178.49	73 Ta タンタル 180.94788	74 W タングステン 183.84	75 Re レニウム 186.207	76 Os オスミウム 190.23	77 Ir イリジウム 192.217
7	87 Fr* フランシウム (223)	88 Ra* ラジウム (226)	89~103 アクチノイド	104 Rf* ラザホージウム (267)	105 Db* ドブニウム (268)	106 Sg* シーボーギウム (271)	107 Bh* ボーリウム (272)	108 Hs* ハッシウム (277)	109 Mt* マイトネリウム (276)

ランタノイド	57 La ランタン 138.90547	58 Ce セリウム 140.116	59 Pr プラセオジム 140.90766	60 Nd ネオジム 144.242	61 Pm* プロメチウム (145)	62 Sm サマリウム 150.36	63 Eu ユウロピウム 151.964
アクチノイド	89 Ac* アクチニウム (227)	90 Th* トリウム 232.0377	91 Pa* プロトアクチニウム 231.03588	92 U* ウラン 238.02891	93 Np* ネプツニウム (237)	94 Pu* プルトニウム (239)	95 Am* アメリシウム (243)

注1：元素記号の右肩の*はその元素には安定同位体が存在しないことを示す。そ
Pa, U については天然で特定の同位体組成を示すので原子量が与えられる。
注2：この周期表には最新の原子量「原子量表（2018）」が示されている。原子量
数の安定同位体が存在し、その組成が天然において大きく変動するため単
数値の最後の桁にある。

備考：原子番号104番以降の超アクチノイドの周期表の位置は暫定的である。

©2018 日本化学会　原子量専門委員会

表(2018)

族／周期	10	11	12	13	14	15	16	17	18
1									2 **He** ヘリウム 4.002602
2				5 **B** ホウ素 10.806~10.821	6 **C** 炭素 12.0096~12.0116	7 **N** 窒素 14.00643~14.00728	8 **O** 酸素 15.99903~15.99977	9 **F** フッ素 18.998403163	10 **Ne** ネオン 20.1797
3				13 **Al** アルミニウム 26.9815385	14 **Si** ケイ素 28.084~28.086	15 **P** リン 30.973761998	16 **S** 硫黄 32.059~32.076	17 **Cl** 塩素 35.446~35.457	18 **Ar** アルゴン 39.948
4	28 **Ni** ニッケル 58.6934	29 **Cu** 銅 63.546	30 **Zn** 亜鉛 65.38	31 **Ga** ガリウム 69.723	32 **Ge** ゲルマニウム 72.630	33 **As** ヒ素 74.921595	34 **Se** セレン 78.971	35 **Br** 臭素 79.901~79.907	36 **Kr** クリプトン 83.798
5	46 **Pd** パラジウム 106.42	47 **Ag** 銀 107.8682	48 **Cd** カドミウム 112.414	49 **In** インジウム 114.818	50 **Sn** スズ 118.710	51 **Sb** アンチモン 121.760	52 **Te** テルル 127.60	53 **I** ヨウ素 126.90447	54 **Xe** キセノン 131.293
6	78 **Pt** 白金 195.084	79 **Au** 金 196.966569	80 **Hg** 水銀 200.592	81 **Tl** タリウム 204.382~204.385	82 **Pb** 鉛 207.2	83 **Bi*** ビスマス 208.98040	84 **Po*** ポロニウム (210)	85 **At*** アスタチン (210)	86 **Rn*** ラドン (222)
7	110 **Ds*** ダームスタチウム (281)	111 **Rg*** レントゲニウム (280)	112 **Cn*** コペルニシウム (285)	113 **Nh*** ニホニウム (278)	114 **Fl*** フレロビウム (289)	115 **Mc*** モスコビウム (289)	116 **Lv*** リバモリウム (293)	117 **Ts*** テネシン (293)	118 **Og*** オガネソン (294)

64 **Gd** ガドリニウム 157.25	65 **Tb** テルビウム 158.92535	66 **Dy** ジスプロシウム 162.500	67 **Ho** ホルミウム 164.93033	68 **Er** エルビウム 167.259	69 **Tm** ツリウム 168.93422	70 **Yb** イッテルビウム 173.045	71 **Lu** ルテチウム 174.9668
96 **Cm*** キュリウム (247)	97 **Bk*** バークリウム (247)	98 **Cf*** カリホルニウム (252)	99 **Es*** アインスタイニウム (252)	100 **Fm*** フェルミウム (257)	101 **Md*** メンデレビウム (258)	102 **No*** ノーベリウム (259)	103 **Lr*** ローレンシウム (262)

のような元素については放射性同位体の質量数の一例を（　）内に示した。ただし，Bi，Th，は単一の数値あるいは変動範囲で示されている。原子量が範囲で示されている12元素には複一の数値で原子量が与えられない。その他の72元素については，原子量の不確かさは示された

付　録

元素の同位体組成表（2018）

　国際純正・応用化学連合（IUPAC）無機化学部門の原子量および同位体存在度委員会（CIAAW）は，原子量の改定の基礎となる同位体存在度の値を検討するため，同位体存在度測定小委員会を設けてデータの収集，評価を行い，必要に応じて改定を行っている。以下に示す 2018 年版の元素の同位体組成は上記小委員会が 2013 年版として発表した値*に基づいており，現時点で最新の値である。

この表を用いるにあたって特に次の点に注意する必要がある。
(1) この表中の同位体存在度は普通の実験室でごく一般的に使われている試薬や物質中の元素の同位体存在度を示す。
(2) これらの値は自然界に最も多く存在する物質に対する同位体存在度を示しているとは限らない。
(3) 原子量が変動範囲で示されている 12 元素では同位体組成も変動範囲で示されている。
　　[a, b] は同位体存在度が a 以上 b 以下の範囲にあることを表す。
(4) （　）内の数字は各同位体存在度の不確かさで，自然に，あるいは人為的に起こりうる変動の幅，および実験誤差を含んでいる。
(5) この不確かさは原論文に記載されている同位体比データ，およびその測定方法を上記委員会が定めた基準を適用して求められたものであり，同位体存在度の有効数字はこの不確かさの程度によって決定されている。
(6) 個々の物質の精密な同位体存在度を得たい場合には，同位体標準試料を入手して比較測定するか，適切な方法を用いて測定をする必要がある。
(7) ヘリウム，窒素，ネオン，アルゴン，クリプトン，キセノンの同位体存在度は空気中に存在するそれぞれの気体の値である。
(8) 半減期が 4×10^8 年以下の核種からなる元素は掲載されていない。ただしプロトアクチニウムについては ^{231}Pa（半減期：3.28×10^4 年）が ^{235}U からの壊変生成物として常に自然界に存在しているので例外的に単核種元素として記載されている。

* J. Meija *et al.*: Isotopic Compositions of the Elements 2013（IUPAC Technical Report），*Pure Appl. Chem.*, **88**, 293 (2016).

原子番号	元素記号	質量数	同位体存在度 [原子百分率]	備考	原子番号	元素記号	質量数	同位体存在度 [原子百分率]	備考
1	H	1	[99.972, 99.999]	M	19	K	39	93.2581(44)	
		2	[0.001, 0.028]				40	0.0117(1)	
2	He	3	0.0002(2)	G R			41	6.7302(44)	
		4	99.9998(2)		20	Ca	40	96.941(156)^c	G
3	Li	6	[1.9, 7.8]^a	M			42	0.647(23)	
		7	[92.2, 98.1]^a				43	0.135(10)	
4	Be	9	100				44	2.086(110)	
5	B	10	[18.9, 20.4]	M			46	0.004(3)	
		11	[79.6, 81.1]				48	0.187(21)	
6	C	12	[98.84, 99.04]		21	Sc	45	100	
		13	[0.96, 1.16]		22	Ti	46	8.25(3)	
7	N	14	[99.578, 99.663]^b				47	7.44(2)	
		15	[0.337, 0.422]				48	73.72(3)	
8	O	16	[99.738, 99.776]	M			49	5.41(2)	
		17	[0.0367, 0.0400]				50	5.18(2)	
		18	[0.187, 0.222]		23	V	50	0.250(10)	
9	F	19	100				51	99.750(10)	
10	Ne	20	90.48(3)	GM	24	Cr	50	4.345(13)	
		21	0.27(1)				52	83.789(18)	
		22	9.25(3)				53	9.501(17)	
11	Na	23	100				54	2.365(7)	
12	Mg	24	[78.88, 79.05]		25	Mn	55	100	
		25	[9.988, 10.034]		26	Fe	54	5.845(105)	
		26	[10.96, 11.09]				56	91.754(106)	
13	Al	27	100				57	2.119(29)	
14	Si	28	[92.191, 92.318]				58	0.282(12)	
		29	[4.645, 4.699]		27	Co	59	100	
		30	[3.037, 3.110]		28	Ni	58	68.0769(190)	R
15	P	31	100				60	26.2231(150)	
16	S	32	[94.41, 95.29]				61	1.1399(13)	
		33	[0.729, 0.797]				62	3.6345(40)	
		34	[3.96, 4.77]				64	0.9256(19)	
		36	[0.0129, 0.0187]		29	Cu	63	69.15(15)	R
17	Cl	35	[75.5, 76.1]	M			65	30.85(15)	
		37	[23.9, 24.5]		30	Zn	64	49.17(75)	R
18	Ar	36	0.3336(210)	G R			66	27.73(98)	
		38	0.0629(70)				67	4.04(16)	
		40	99.6035(250)				68	18.45(63)	

©2018 日本化学会　原子量専門委員会

原子番号	元素記号	質量数	同位体存在度 [原子百分率]	備考	原子番号	元素記号	質量数	同位体存在度 [原子百分率]	備考
		70	0.61(10)		50	Sn	112	0.97(1)	G
31	Ga	69	60.108(50)				114	0.66(1)	
		71	39.892(50)				115	0.34(1)	
32	Ge	70	20.52(19)				116	14.54(9)	
		72	27.45(15)				117	7.68(7)	
		73	7.76(8)				118	24.22(9)	
		74	36.52(12)				119	8.59(4)	
		76	7.75(12)				120	32.58(9)	
33	As	75	100				122	4.63(3)	
34	Se	74	0.86(3)	R			124	5.79(5)	
		76	9.23(7)		51	Sb	121	57.21(5)	G
		77	7.60(7)				123	42.79(5)	
		78	23.69(22)		52	Te	120	0.09(1)	G
		80	49.80(36)				122	2.55(12)	
		82	8.82(15)				123	0.89(3)	
35	Br	79	[50.5, 50.8]				124	4.74(14)	
		81	[49.2, 49.5]				125	7.07(15)	
36	Kr	78	0.355(3)	GM			126	18.84(25)	
		80	2.286(10)				128	31.74(8)	
		82	11.593(31)				130	34.08(62)	
		83	11.500(19)		53	I	127	100	
		84	56.987(15)		54	Xe	124	0.095(5)	GM
		86	17.279(41)				126	0.089(3)	
37	Rb	85	72.17(2)	G			128	1.910(13)	
		87	27.83(2)				129	26.401(138)	
38	Sr	84	0.56(2)	G R			130	4.071(22)	
		86	9.86(20)				131	21.232(51)	
		87	7.00(20) ^{c}				132	26.909(55)	
		88	82.58(35)				134	10.436(35)	
39	Y	89	100				136	8.857(72)	
40	Zr	90	51.45(4)	G	55	Cs	133	100	
		91	11.22(5)		56	Ba	130	0.11(1)	
		92	17.15(3)				132	0.10(1)	
		94	17.38(4)				134	2.42(15)	
		96	2.80(2)				135	6.59(10)	
41	Nb	93	100				136	7.85(24)	
42	Mo	92	14.649(106)	G			137	11.23(23)	
		94	9.187(33)				138	71.70(29)	
		95	15.873(30)		57	La	138	0.08881(71)	G
		96	16.673(8)				139	99.91119(71)	
		97	9.582(15)		58	Ce	136	0.186(2)	G
		98	24.292(80)				138	0.251(2) ^{c}	
		100	9.744(65)				140	88.449(51)	
44	Ru	96	5.54(14)	G			142	11.114(51)	
		98	1.87(3)		59	Pr	141	100	
		99	12.76(14)		60	Nd	142	27.153(40)	G
		100	12.60(7)				143	12.173(26) ^{c}	
		101	17.06(2)				144	23.798(19)	
		102	31.55(14)				145	8.293(12)	
		104	18.62(27)				146	17.189(32)	
45	Rh	103	100				148	5.756(21)	
46	Pd	102	1.02(1)	G			150	5.638(28)	
		104	11.14(8)		62	Sm	144	3.08(4)	G
		105	22.33(8)				147	15.00(14)	
		106	27.33(3)				148	11.25(9)	
		108	26.46(9)				149	13.82(10)	
		110	11.72(9)				150	7.37(9)	
47	Ag	107	51.839(8)	G			152	26.74(9)	
		109	48.161(8)				154	22.74(14)	
48	Cd	106	1.245(22)	G	63	Eu	151	47.81(6)	G
		108	0.888(11)				153	52.19(6)	
		110	12.470(61)		64	Gd	152	0.20(3)	G
		111	12.795(12)				154	2.18(2)	
		112	24.109(7)				155	14.80(12)	
		113	12.227(7)				156	20.47(3)	
		114	28.754(81)				157	15.65(4)	
		116	7.512(54)				158	24.84(8)	
49	In	113	4.281(52)				160	21.86(3)	
		115	95.719(52)		65	Tb	159	100	

原子番号	元素記号	質量数	同位体存在度 [原子百分率]	備考	原子番号	元素記号	質量数	同位体存在度 [原子百分率]	備考
66	Dy	156	0.056(3)	G			187	62.60(5)	
		158	0.095(3)		76	Os	184	0.02(2)	G
		160	2.329(18)				186	1.59(64)	
		161	18.889(42)				187	1.96(17)^c	
		162	25.475(36)				188	13.24(27)	
		163	24.896(42)				189	16.15(23)	
		164	28.260(54)				190	26.26(20)	
67	Ho	165	100				192	40.78(32)	
68	Er	162	0.139(5)	G	77	Ir	191	37.3(2)	
		164	1.601(3)				193	62.7(2)	
		166	33.503(36)		78	Pt	190	0.012(2)	
		167	22.869(9)				192	0.782(2)	
		168	26.978(18)				194	32.864(410)	
		170	14.910(36)				195	33.775(240)	
69	Tm	169	100				196	25.211(340)	
70	Yb	168	0.123(3)	G			198	7.356(130)	
		170	2.982(39)		79	Au	197	100	
		171	14.086(140)		80	Hg	196	0.15(1)	
		172	21.686(130)				198	10.04(3)	
		173	16.103(63)				199	16.94(12)	
		174	32.025(80)				200	23.14(9)	
		176	12.995(83)				201	13.17(9)	
71	Lu	175	97.401(13)	G			202	29.74(13)	
		176	2.599(13)				204	6.82(4)	
72	Hf	174	0.16(12)		81	Tl	203	[29.44, 29.59]	
		176	5.26(7)^c				205	[70.41, 70.56]	
		177	18.60(16)		82	Pb	204	1.4(6)	G R
		178	27.28(28)				206	24.1(30)^c	
		179	13.62(11)				207	22.1(50)^c	
		180	35.08(33)				208	52.4(70)^c	
73	Ta	180	0.01201(32)		83	Bi	209	100	
		181	99.98799(32)		90	Th	230	0.02(2)	
74	W	180	0.12(1)				232	99.98(2)	
		182	26.50(16)		91	Pa	231	100	
		183	14.31(4)		92	U	234	0.0054(5)	GM
		184	30.64(2)				235	0.7204(6)^a	
		186	28.43(19)				238	99.2742(10)	
75	Re	185	37.40(5)						

「元素の同位体組成表 (2018)」における注や備考欄の意味は下記の通りである。なお，大文字は元素全体についての注であり，小文字は各同位体についてのものである。

G：地質学的試料の中には，同位体存在度が示された不確かさの範囲をこえるものが存在する。
M：市販品の中には不詳な，あるいは不適切な同位体分別を受け，ここに示した同位体存在度から大幅にかけ離れた値を示すものが存在する。
R：通常の地球上の物質の同位体存在度に幅があるために，精度の良い同位体存在度が得られない。
a：^{6}Li や ^{235}U が抽出された後のリチウムやウランが試薬として出回っているので注意を要する。リチウムの場合，このような試薬中の ^{6}Li の存在度は 2.007 から 7.672 ％の変動を示すことが知られており，天然に存在する物質中の ^{6}Li の値はこの範囲で最も高い値を示す。ウランの場合，^{235}U の存在度は 0.21～0.7207 ％の範囲の報告があり，天然の値よりはるかに低いものが存在する。
b：測定された $δ^{15}$N 値から ^{15}N の原子百分率を計算する際，空気中の窒素ガスの ^{14}N/^{15}N 比として 272 を用いることが委員会から勧告されている。
c：放射壊変による付加を受ける同位体の存在度は著しく変動する場合がある。

「原子量表」，「4 桁の原子量表」，「元素の周期表」及び「元素の同位体組成表」の 2017 および 2018 年版における主な改定点

・IUPAC による 113, 115, 117, 118 番元素の元素名と元素記号の発表*，及び日本化学会命名法専門委員会によるこれらの元素の日本語名の決定を受け，「原子量表」，「4 桁の原子量表」及び「元素の周期表」に修正を加えた。これら 4 元素の元素名，元素記号及び日本語名は以下の通りである。
113 番元素：nihonium, Nh, ニホニウム
115 番元素：moscovium, Mc, モスコビウム
117 番元素：tennessine, Ts, テネシン
118 番元素：oganesson, Og, オガネソン
これらの元素には安定同位体が存在しないので，これまでの表記法に従って放射性同位体の質量数の一例を（ ）内に示した。

*L. Öhrström and J. Reedijk : Names and symbols of the elements with atomic numbers 113, 115, 117 and 118 (IUPAC Recommendations 2016). *Pure Appl. Chem.*, **88**, 1225 (2016)

元素存在度

元素	太陽系 Si=10^6 とした相対値*1	マントル Kg/Kg*2	マントル Si=10^6 とした相対値（原子比）	地殻 Kg/Kg*3	地殻 Si=10^6 とした相対値（原子比）
1 H	2.79×10^{10}	1.20×10^{-4}	1.58×10^4	1.40×10^{-3}	1.38×10^5
2 He	2.72×10^9			8×10^{-9}	2×10^{-1}
3 Li	5.71×10^1	1.60×10^{-6}	3.05×10^1	2.0×10^{-5}	2.9×10^2
4 Be	0.73×10^0	7.00×10^{-8}	1.03×10^0	2.8×10^{-6}	3.1×10^1
5 B	2.12×10^1	2.60×10^{-7}	3.18×10^0	1.0×10^{-5}	9.2×10^1
6 C	1.01×10^7	1.00×10^{-4}	1.10×10^3	2.00×10^{-4}	1.66×10^3
7 N	3.13×10^6	2.00×10^{-6}	1.89×10^1	1.9×10^{-5}	1.4×10^2
8 O	2.38×10^7	4.43×10^{-1}	3.67×10^6	4.61×10^{-1}	2.87×10^6
9 F	8.43×10^2	2.50×10^{-5}	1.74×10^2	5.85×10^{-4}	3.07×10^3
10 Ne	3.44×10^6			5×10^{-9}	2×10^{-2}
11 Na	5.74×10^4	2.59×10^{-3}	1.49×10^4	2.36×10^{-2}	1.02×10^5
12 Mg	1.074×10^6	2.22×10^{-1}	1.21×10^6	2.33×10^{-2}	9.55×10^4
13 Al	8.49×10^4	2.38×10^{-2}	1.17×10^5	8.23×10^{-2}	3.04×10^5
14 Si	1.00×10^6	2.12×10^{-1}	1.00×10^6	2.82×10^{-1}	1.00×10^6
15 P	1.04×10^4	8.60×10^{-5}	3.68×10^2	1.05×10^{-3}	3.38×10^3
16 S	5.15×10^5	2.00×10^{-4}	8.26×10^2	3.50×10^{-4}	1.09×10^3
17 Cl	5.24×10^3	3.00×10^{-5}	1.12×10^2	1.45×10^{-4}	4.07×10^2
18 Ar	1.01×10^5			3.5×10^{-6}	8.7×10^0
19 K	3.77×10^3	2.60×10^{-4}	8.80×10^2	2.09×10^{-2}	5.32×10^4
20 Ca	6.11×10^4	2.61×10^{-2}	8.62×10^4	4.15×10^{-2}	1.03×10^5
21 Sc	3.42×10^1	1.65×10^{-5}	4.86×10^1	2.2×10^{-5}	4.9×10^1
22 Ti	2.40×10^3	1.28×10^{-3}	3.54×10^3	5.65×10^{-3}	1.18×10^4
23 V	2.93×10^2	8.60×10^{-5}	2.23×10^2	1.20×10^{-4}	2.35×10^2
24 Cr	1.35×10^4	2.52×10^{-3}	6.42×10^3	1.02×10^{-4}	1.95×10^2
25 Mn	9.55×10^3	1.05×10^{-3}	2.53×10^3	9.50×10^{-4}	1.72×10^3
26 Fe	9.00×10^5	6.30×10^{-2}	1.49×10^5	5.63×10^{-2}	1.00×10^5
27 Co	2.25×10^3	1.02×10^{-4}	2.29×10^2	2.5×10^{-5}	4.2×10^1
28 Ni	4.93×10^4	1.86×10^{-3}	4.20×10^3	8.4×10^{-5}	1.4×10^2
29 Cu	5.22×10^2	2.00×10^{-5}	4.17×10^1	6.0×10^{-5}	9.4×10^1
30 Zn	1.26×10^3	5.35×10^{-5}	1.08×10^2	7.0×10^{-5}	1.1×10^2
31 Ga	3.78×10^1	4.40×10^{-6}	8.35×10^0	1.9×10^{-5}	2.7×10^1
32 Ge	1.19×10^2	1.20×10^{-6}	2.19×10^0	1.5×10^{-6}	2.1×10^0
33 As	6.56×10^0	6.60×10^{-8}	1.17×10^{-1}	1.8×10^{-6}	2.4×10^0
34 Se	6.21×10^1	7.90×10^{-8}	1.32×10^{-1}	5×10^{-8}	6×10^{-2}
35 Br	1.18×10^1	7.50×10^{-8}	1.24×10^{-1}	2.4×10^{-6}	3.0×10^0
36 Kr	4.5×10^1			1×10^{-10}	1×10^{-4}

元素	太陽系 Si=10^6 とした相対値[*1]	マントル Kg/Kg[*2]	マントル Si=10^6 とした相対値 (原子比)	地殻 Kg/Kg[*3]	地殻 Si=10^6 とした相対値 (原子比)
37 Rb	7.09×10^0	6.05×10^{-7}	9.37×10^{-1}	9.0×10^{-5}	1.0×10^2
38 Sr	2.35×10^1	2.03×10^{-5}	3.07×10^1	3.70×10^{-4}	4.21×10^2
39 Y	4.64×10^0	4.37×10^{-6}	6.51×10^0	3.3×10^{-5}	3.7×10^1
40 Zr	1.14×10^1	1.08×10^{-5}	1.57×10^1	1.65×10^{-4}	1.80×10^2
41 Nb	6.98×10^{-1}	5.88×10^{-7}	8.38×10^{-1}	2.0×10^{-5}	2.1×10^1
42 Mo	2.55×10^0	3.90×10^{-8}	5.38×10^{-2}	1.2×10^{-6}	1.2×10^0
43 Tc	1.86×10^0				
44 Ru	3.44×10^{-1}	4.55×10^{-9}	5.96×10^{-3}	1×10^{-9}	1×10^{-3}
45 Rh	3.44×10^{-1}	9.30×10^{-10}	1.20×10^{-3}	1×10^{-9}	1×10^{-3}
46 Pd	1.39×10^0	3.27×10^{-9}	4.07×10^{-3}	1.5×10^{-8}	1.4×10^{-2}
47 Ag	4.86×10^{-1}	4.00×10^{-9}	4.91×10^{-3}	7.5×10^{-8}	6.9×10^{-2}
48 Cd	1.61×10^0	6.40×10^{-8}	7.54×10^{-2}	1.5×10^{-7}	1.3×10^{-1}
49 In	1.84×10^{-1}	1.30×10^{-8}	1.50×10^{-2}	2.5×10^{-7}	2.2×10^{-1}
50 Sn	3.82×10^0	1.38×10^{-7}	1.54×10^{-1}	2.3×10^{-6}	1.9×10^0
51 Sb	3.09×10^{-1}	1.20×10^{-8}	1.30×10^{-2}	2×10^{-7}	2×10^{-1}
52 Te	4.81×10^0	8.00×10^{-9}	8.30×10^{-3}	1×10^{-9}	8×10^{-4}
53 I	9.0×10^{-1}	7.00×10^{-9}	7.30×10^{-3}	4.5×10^{-7}	3.5×10^{-1}
54 Xe	4.7×10^0			3×10^{-11}	2×10^{-5}
55 Cs	3.72×10^{-1}	1.80×10^{-8}	1.79×10^{-2}	3×10^{-6}	2×10^0
56 Ba	4.49×10^0	6.75×10^{-6}	6.51×10^0	4.25×10^{-4}	3.08×10^2
57 La	4.460×10^{-1}	6.86×10^{-7}	6.54×10^{-1}	3.9×10^{-5}	2.8×10^1
58 Ce	1.136×10^0	1.79×10^{-6}	1.69×10^0	6.65×10^{-5}	4.73×10^1
59 Pr	1.669×10^{-1}	2.70×10^{-7}	2.54×10^{-1}	9.2×10^{-6}	6.5×10^0
60 Nd	8.279×10^{-1}	1.33×10^{-6}	1.22×10^0	4.15×10^{-5}	2.87×10^1
61 Pm					
62 Sm	2.582×10^{-1}	4.31×10^{-7}	3.79×10^{-1}	7.05×10^{-6}	4.67×10^0
63 Eu	9.73×10^{-2}	1.62×10^{-7}	1.41×10^{-1}	2.0×10^{-6}	1.3×10^0
64 Gd	3.300×10^{-1}	5.71×10^{-7}	4.81×10^{-1}	6.2×10^{-6}	3.9×10^0
65 Tb	6.03×10^{-2}	1.05×10^{-7}	8.75×10^{-2}	1.2×10^{-6}	7.5×10^{-1}
66 Dy	3.942×10^{-1}	7.11×10^{-7}	5.79×10^{-1}	5.2×10^{-6}	3.2×10^0
67 Ho	8.89×10^{-2}	1.59×10^{-7}	1.28×10^{-1}	1.3×10^{-6}	7.9×10^{-1}
68 Er	2.508×10^{-1}	4.65×10^{-7}	3.68×10^{-1}	3.5×10^{-6}	2.1×10^0
69 Tm	3.78×10^{-2}	7.17×10^{-8}	5.62×10^{-2}	5.2×10^{-7}	3.1×10^{-1}
70 Yb	2.479×10^{-1}	4.62×10^{-7}	3.54×10^{-1}	3.2×10^{-6}	1.8×10^0
71 Lu	3.67×10^{-2}	7.11×10^{-8}	5.38×10^{-2}	8×10^{-7}	5×10^{-1}
72 Hf	1.54×10^{-1}	3.00×10^{-7}	2.22×10^{-1}	3.0×10^{-6}	1.7×10^0
73 Ta	2.07×10^{-2}	4.00×10^{-8}	2.93×10^{-2}	2.0×10^{-6}	1.1×10^0
74 W	1.33×10^{-1}	1.60×10^{-8}	1.15×10^{-2}	1.25×10^{-6}	6.77×10^{-1}
75 Re	5.17×10^{-2}	3.20×10^{-10}	2.27×10^{-4}	7×10^{-10}	4×10^{-4}
76 Os	6.75×10^{-1}	3.40×10^{-9}	2.37×10^{-3}	1.5×10^{-9}	7.9×10^{-4}
77 Ir	6.61×10^{-1}	3.20×10^{-9}	2.20×10^{-3}	1×10^{-9}	5×10^{-4}
78 Pt	1.34×10^0	6.60×10^{-9}	4.48×10^{-3}	5×10^{-9}	3×10^{-3}

元素	太陽系 Si=10^6 とした相対値[*1]	マントル Kg/Kg[*2]	マントル Si=10^6 とした相対値（原子比）	地殻 Kg/Kg[*3]	地殻 Si=10^6 とした相対値（原子比）
79 Au	1.87×10^{-1}	8.80×10^{-10}	5.91×10^{-4}	4×10^{-9}	2×10^{-3}
80 Hg	3.4×10^{-1}	6.00×10^{-9}	3.96×10^{-3}	8.5×10^{-8}	4.2×10^{-2}
81 Tl	1.84×10^{-1}	3.00×10^{-9}	1.94×10^{-3}	8.5×10^{-7}	4.1×10^{-1}
82 Pb	3.15×10^{0}	1.85×10^{-7}	1.18×10^{-1}	1.4×10^{-5}	6.7×10^{0}
83 Bi	1.44×10^{-1}	5.00×10^{-9}	3.17×10^{-3}	8.5×10^{-9}	4.1×10^{-3}
84 Po				2×10^{-16}	9×10^{-11}
85 At					
86 Rn				4×10^{-19}	2×10^{-13}
87 Fr					
88 Ra				9×10^{-13}	4×10^{-7}
89 Ac				5.5×10^{-16}	2.4×10^{-10}
90 Th	3.35×10^{-2}	8.34×10^{-8}	4.76×10^{-2}	9.6×10^{-6}	4.1×10^{0}
91 Pa				1.4×10^{-12}	6.0×10^{-7}
92 U	9.0×10^{-3}	2.18×10^{-8}	1.21×10^{-2}	2.7×10^{-6}	1.1×10^{0}
93 Np					
94 Pu					

[*1] Anders, E. and Grevesse, N. (1989) Abundances of the elements: Meteoritic and solar. Geochim. Cosmochim. Acta, 53, 197-214.
[*2] Palme, H. and O'Neil, H. St. C. (2003) Chap. 2.01 in "Treaties on Geochemistry", H. D. Holland and K. K. Turekian (eds.), Elsevier Science.
[*3] CRC Handbook of Chemistry and Physics, 85th Edition, CRC Press.

有効イオン半径

族周期	1	2	3	4	5	6	7	8	9
1	**1 H** Hydrogen 水素 + I −0.38 + II −0.18 **D** Deuterium 重水素 + II −0.10								
2	**3 Li** Lithium リチウム + IV 0.590 + VI 0.76 + VIII 0.92	**4 Be** Beryllium ベリリウム 2+ III 0.16 2+ IV 0.27 2+ VI 0.45							
3	**11 Na** Sodium ナトリウム + IV 0.99 + V 1.00 + VI 1.02 + VII 1.12 + VIII 1.18 + IX 1.24 + XII 1.39	**12 Mg** Magnesium マグネシウム 2+ IV 0.57 2+ V 0.66 2+ VI 0.720 2+ VIII 0.89							
4	**19 K** Potassium カリウム + IV 1.37 + VI 1.38 + VII 1.46 + VIII 1.51 + IX 1.55 + X 1.59 + XII 1.64	**20 Ca** Calcium カルシウム 2+ VI 1.00 2+ VII 1.06 2+ VIII 1.12 2+ IX 1.18 2+ X 1.23 2+ XII 1.34	**21 Sc** Scandium スカンジウム 3+ VI 0.745 3+ VIII 0.870	**22 Ti** Titanium チタン 2+ VI 0.86 3+ VI 0.670 4+ IV 0.42 4+ V 0.51 4+ VI 0.605 4+ VIII 0.74	**23 V** Vanadium バナジウム 2+ VI 0.79 3+ VI 0.640 4+ V 0.53 4+ VI 0.58 4+ VIII 0.72 5+ IV 0.355 5+ V 0.46 5+ VI 0.54	**24 Cr** Chromium クロム 2+ VI LS 0.73 2+ VI HS 0.80 3+ VI 0.615 4+ IV 0.41 4+ VI 0.55 5+ IV 0.345 5+ VI 0.49 5+ VIII 0.57 6+ IV 0.26 6+ VI 0.44	**25 Mn** Manganese マンガン 2+ IV HS 0.66 2+ V HS 0.75 2+ VI LS 0.67 2+ VI HS 0.830 2+ VII HS 0.90 2+ VIII 0.96 3+ V 0.58 3+ VI LS 0.58 3+ VI HS 0.645 4+ IV 0.39 4+ VI 0.530 5+ IV 0.33 6+ IV 0.255 7+ IV 0.25 7+ VI 0.46	**26 Fe** Iron 鉄 2+ IV HS 0.63 2+ IV HS 0.64 2+ VI LS 0.61 2+ VI HS 0.780 2+ VII HS 0.92 2+ VIII HS 0.49 3+ IV 0.49 3+ V 0.58 3+ VI LS 0.55 3+ VI HS 0.645 3+ VIII 0.780 4+ VI 0.585 6+ IV 0.25	**27 Co** Cobalt コバルト 2+ IV HS 0.58 2+ V 0.67 2+ VI LS 0.65 2+ VI HS 0.745 2+ VIII 0.90 3+ VI LS 0.545 3+ VI HS 0.61 3+ VI 0.40 4+ IV 0.40 4+ VI HS 0.53
5	**37 Rb** Rubidium ルビジウム + VI 1.52 + VII 1.56 + VIII 1.61 + IX 1.63 + X 1.66 + XI 1.69 + XII 1.72 + XIV 1.83	**38 Sr** Strontium ストロンチウム 2+ VI 1.18 2+ VII 1.21 2+ VIII 1.26 2+ IX 1.31 2+ X 1.36 2+ XII 1.44	**39 Y** Yttrium イットリウム 3+ VI 0.900 3+ VII 0.96 3+ VIII 1.019 3+ IX 1.075	**40 Zr** Zirconium ジルコニウム 4+ IV 0.59 4+ V 0.66 4+ VI 0.72 4+ VII 0.78 4+ VIII 0.84 4+ IX 0.89	**41 Nb** Niobium ニオブ 3+ VI 0.72 4+ VI 0.68 4+ VIII 0.79 5+ IV 0.48 5+ VI 0.64 5+ VII 0.69 5+ VIII 0.74	**42 Mo** Molybdenum モリブデン 3+ VI 0.69 4+ VI 0.650 5+ IV 0.46 5+ VI 0.61 6+ IV 0.41 6+ V 0.50 6+ VI 0.59 6+ VII 0.73	**43 Tc** Technetium テクネチウム 4+ VI 0.645 5+ VI 0.60 7+ IV 0.37 7+ VI 0.56	**44 Ru** Ruthenium ルテニウム 3+ VI 0.68 4+ VI 0.620 5+ VI 0.565 7+ IV 0.38 8+ IV 0.36	**45 Rh** Rhodium ロジウム 3+ VI 0.665 4+ VI 0.60 5+ VI 0.55
6	**55 Cs** Caesium セシウム + VI 1.67 + VIII 1.74 + IX 1.78 + X 1.81 + XI 1.85 + XII 1.88	**56 Ba** Barium バリウム 2+ VI 1.35 2+ VII 1.38 2+ VIII 1.42 2+ IX 1.47 2+ X 1.52 2+ XI 1.57 2+ XII 1.61		**72 Hf** Hafnium ハフニウム 4+ IV 0.58 4+ VI 0.71 4+ VII 0.76 4+ VIII 0.83	**73 Ta** Tantalum タンタル 3+ VI 0.72 4+ VI 0.68 5+ VI 0.64 5+ VII 0.69 5+ VIII 0.74	**74 W** Tungsten タングステン 4+ VI 0.66 5+ VI 0.62 6+ IV 0.42 6+ V 0.51 6+ VI 0.60	**75 Re** Rhenium レニウム 4+ VI 0.63 5+ VI 0.58 6+ VI 0.55 7+ IV 0.38 7+ VI 0.53	**76 Os** Osmium オスミウム 4+ VI 0.630 5+ VI 0.575 6+ V 0.49 6+ VI 0.545 7+ VI 0.525 8+ IV 0.39	**77 Ir** Iridium イリジウム 3+ VI 0.68 4+ VI 0.625 5+ VI 0.57
7	**87 Fr** Francium* フランシウム + VI 1.80	**88 Ra** Radium* ラジウム 2+ VIII 1.48 2+ XII 1.70		**104 Rf** Rutherfordium ラザホージウム	**105 Db** Dubnium ドブニウム	**106 Sg** Seaborgium シーボーギウム	**107 Bh** Bohrium ボーリウム	**108 Hs** Hassium ハッシウム	**109 Mt** Meitnerium マイトネリウム

| | | | **57 La** Lanthanum ランタン
3+ VI 1.032
3+ VII 1.10
3+ VIII 1.160
3+ IX 1.216
3+ X 1.27
3+ XII 1.36 | **58 Ce** Cerium セリウム
3+ VI 1.01
3+ VII 1.07
3+ VIII 1.143
3+ IX 1.196
3+ X 1.25
3+ XII 1.34
4+ VI 0.87
4+ VIII 0.97
4+ X 1.07
4+ XII 1.14 | **59 Pr** Praseodymium プラセオジム
3+ VI 0.99
3+ VIII 1.126
3+ IX 1.179
4+ VI 0.85
4+ VIII 0.96 | **60 Nd** Neodymium ネオジム
2+ VIII 1.29
2+ IX 1.35
3+ VI 0.983
3+ VIII 1.109
3+ IX 1.163
3+ XII 1.27 | **61 Pm** Promethium* プロメチウム
3+ VI 0.97
3+ VIII 1.093
3+ IX 1.144 | **62 Sm** Samarium サマリウム
2+ VII 1.22
2+ VIII 1.27
2+ IX 1.32
3+ VI 0.958
3+ VII 1.02
3+ VIII 1.079
3+ IX 1.132
3+ XII 1.24 | **63 Eu** Europium ユウロピウム
2+ VI 1.17
2+ VII 1.20
2+ VIII 1.25
2+ IX 1.30
2+ X 1.35
3+ VI 0.947
3+ VII 1.01
3+ VIII 1.066
3+ IX 1.120 |

| | | | **89 Ac** Actinium* アクチニウム
3+ VI 1.12 | **90 Th** Thorium* トリウム
4+ VI 0.94
4+ VIII 1.05
4+ IX 1.09
4+ X 1.13
4+ XII 1.21 | **91 Pa** Protactinium* プロトアクチニウム
3+ VI 1.04
4+ VI 0.90
4+ VIII 1.01
5+ VI 0.78
5+ VIII 0.91
5+ IX 0.95 | **92 U** Uranium* ウラン
3+ VI 1.025
4+ VI 0.89
4+ VII 0.95
4+ VIII 1.00
4+ IX 1.05
4+ XII 1.17
5+ VI 0.76
5+ VII 0.84
6+ II 0.45
6+ IV 0.52
6+ VI 0.73
6+ VII 0.81
6+ VIII 0.86 | **93 Np** Neptunium* ネプツニウム
2+ VI 1.10
3+ VI 1.01
4+ VI 0.87
4+ VIII 0.98
5+ VI 0.75
6+ VI 0.72
7+ VI 0.71 | **94 Pu** Plutonium* プルトニウム
3+ VI 1.00
4+ VI 0.86
4+ VIII 0.96
5+ VI 0.74
6+ VI 0.71 | **95 Am** Americium* アメリシウム
2+ VII 1.21
2+ VIII 1.26
2+ IX 1.31
3+ VI 0.975
3+ VIII 1.09
4+ VI 0.85
4+ VIII 0.95 |

(Shannon, R. D. (1976) Revised effective ionic radii and systematic studies of interatomic distances in halides and chalcogenides. *Acta Cryst.*, **A32**, 751-767.)

鉱物・宝石に関連する学会のウェブサイト

●日本鉱物科学会　http://jams.la.coocan.jp/
1926年創立の日本岩石鉱物鉱床学会と1955年に日本地質学会から独立して設立された日本鉱物学会が，2007年に統合され，「日本鉱物科学会」として再出発した．日本岩石鉱物鉱床学会では，和文・欧文が掲載される学術誌が発行されており，「岩石鉱物鉱床」「日本岩石鉱物鉱床学会誌」「岩鉱」と名称が変更されてきた．日本鉱物学会では，学術誌として和文誌「鉱物学雑誌」と欧文誌「Mineralogical Journal」が発行されてきた．日本鉱物科学会では，学術誌として欧文の「Journal of Mineralogical and Petrological Sciences」（巻号が「岩鉱」を引き継ぐ）と和文誌の「岩鉱科学」（巻号が「Mineralogical Journal」を引き継ぐ）を発行している．学会では，主に鉱物科学関連分野の研究者が国内外の関連学会とも連携しながら活動し，各種学術集会や講演会などを通じてさまざまな情報発信と普及活動を行っている．

●宝石学会（日本）　https://www.gemmology.jp/
1974年に，宝石学の進歩と発展及び知識の普及のため創設された学術団体で，当時の関係学会協会である応用物理学会，日本化学会，日本岩石鉱物鉱床学会，日本結晶学会，日本鉱山地質学会及び日本鉱物学会からの寄稿により，本会に対する期待が高いことが窺える．宝石界の会員も比較的多いが，公共的な立場で宝石学の振興をはかり，その成果を公表するため，定期刊行物として，宝石学会誌（Journal of The Gemmological Society of Japan）を出版し，年に1回の総会・講演会（学会発表）を開催している．さらにシンポジウムを開催し，流通している宝石の現状についての最新情報を提供している．最近では合成ダイヤモンドの国内外での状況についてとりあげている．

●国際鉱物学連合（IMA）［英語サイト］　http://www.ima-mineralogy.org/
1958年に，世界の鉱物学関連学会などが連携して設立された学術団体で，現在38カ国が加盟している．4年に一度，世界のどこかの都市で，学術講演と運営に関わる集会を開催している．通常的には，さまざまな委員会（応用鉱物，宝石鉱物，博物館，新鉱物・命名・分類，鉱石鉱物，鉱物物性）をサポートしている．ホームページ上からは，加盟国の学会活動などを知ることができるだけでなく，「RRUFF」および「新鉱物・命名・分類委員会」のページにいくと，最新の鉱物種の情報を得ることができるようになっている．
▼IMA公式ホームページから鉱物のデータが探せる便利なページ（RRUFF）に入る．
　①International Mineralogical Associationの公式ホームページの右欄にある，RRUFFをクリック．

②IMA Database of Mineral Properties が出る．
③左欄の上にある鉱物名を選択すると，右欄に一部のデータが表示され，さらに詳しいデータが掲載されているいろいろなサイト（右上の欄）に入ることができる．
④左欄の下にある元素周期表から元素を選択すると，その元素が主成分のあらゆる鉱物が検索できる．また，不要な元素を選択すると，鉱物の絞り込みができる．

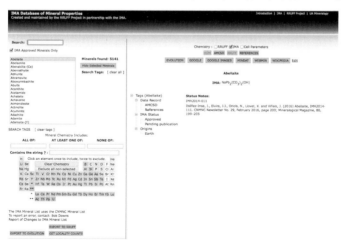

▼IMA 公式ホームページから新鉱物や鉱物グループ命名などの情報を得る.
　①IMA 公式ホームページの左欄にある新鉱物・命名・分類委員会のサイト, Commissions, Working Groups & Committees をクリック.
　②Commissions の欄にある New Minerals, Nomenclature and Classification をクリック.
　③この委員会の説明がある．トップに CNMNC website があるので，これをクリック.
　④詳しい内容が現れ，最新の新鉱物は左欄にある Recent new minerals をクリック.
　⑤鉱物グループの命名などは左欄にある IMA report をクリック.

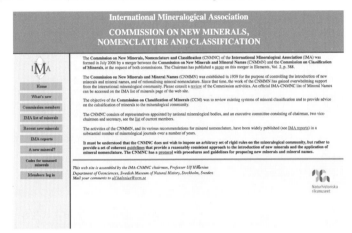

●その他，関連の国内学会には以下のようなものがある.
　公益社団法人 日本地球惑星科学連合 http://www.jpgu.org/
　資源地質学会 https://www.resource-geology.jp/
　一般社団法人 日本地質学会 http://www.geosociety.jp/
　一般社団法人 日本地球化学会 http://www.geochem.jp/
　一般社団法人 日本粘土学会 http://www.cssj2.org/
　地学団体研究会 http://www.chidanken.jp/
　公益社団法人 日本セラミックス協会 http://www.ceramic.or.jp/
　一般社団法人 日本 MRS　https://www1.mrs-j.org/
　日本結晶成長学会 http://www.jacg.jp/jp/
　公益社団法人 応用物理学会 https://www.jsap.or.jp/
また，海外の代表的な関連学会も以下に示す.
　アメリカ鉱物学会（MSA：Mineralogical Society of America）http://www.minsocam.org/
　イギリス鉱物学会（Mineralogical Society of Great Britain and Ireland）https://www.minersoc.org/

カナダ鉱物学会（Mineralogical Association of Canada）http://www.mineralogical-association.ca/
ドイツ鉱物学会（Deutsche Mineralogische Gesellschaft）https://www.dmg-home.org/
フランス鉱物結晶学会(Société Française de Minéralogie et de Cristallographie) https://sfmc-fr.org/
イタリア鉱物岩石学会（Società Italiana di Mineralogia e Petrologia）http://www.socminpet.it/SIMP/
アメリカ地球物理学連合（AGU：American Geophysical Union）https://sites.agu.org/
国際地質学連合（IUGS：International Union of Geological Sciences）http://www.iugs.org/
地球化学会（Geochemical Society）https://www.geochemsoc.org/
アメリカ粘土鉱物学会（The Clay Minerals Society）http://www.clays.org/
国際粘土研究連合（Association International pour L'Etude des Argiles）https://www.aipea.org/
アメリカセラミックス学会（The American Ceramic Society）https://ceramics.org/
アメリカ材料学会（MRS：Materials Research Society）https://www.mrs.org/

フォルスネーム

宝石のフォルスネームとは，その宝石に対応する正しい鉱物名とは異なる，別の鉱物名を宝石に与えられた偽りの名前のこと．

宝石慣用語（フォルスネームなど）	説明（対応する鉱物など）
アイスランド・アゲート（Iceland agate）	黒曜石
アイボリー・トルコ石（Ivory turquoise）	オドントライト
アイリッシュ・ダイヤモンド（Irish diamond）	石英（クォーツ）
アーカンサス・ダイヤモンド（Arkansas diamond）	水晶
アクア・ジェム（Aqua gem）	淡青色合成スピネル
アクアライト（Aqualite）	青色トルマリン
アース・ストーン（Earth stone）	アンバー（琥珀）あるいはアンダリューサイト
アデレード・ルビー（Adelaide ruby）	オーストラリアのアデレード（Adelaide）産ガーネット
アフリカ・エメラルド（African emerald）	トランスバール・エメラルドのこと
アフリカ・エメラルド（African emerald）	ナミビア産緑色フローライト（蛍石）
アフリカ・ジェード（African jade）	緑色グロッシュラー
アマゾン・ジェード（Amazon jade）	アマゾナイト
アメリカン・ジェード（American jade）	緑色アイドクレース（ベスビアナイト）
アメリカン・ルビー（American ruby）	パイロープかアルマンディンもしくは，ローズ・クォーツ
アラスカ・ジェード（Alaska jade）	ペクトライト
アラスカ・ダイヤモンド（Alaska diamond）	水晶
アラスカ・ブラック・ダイヤモンド（Alaska Black diamond）	赤鉄鉱
アラバスター・オニキス（Alabaster onyx）	層状模様の方解石
アラバンディン・ルビー（Alabandine ruby）	アルマンディン・ガーネット
アラビアン・マジック・ダイヤモンド（Arabian magic diamond）	無色あるいは黄色合成コランダム
アリゾナ・スピネル—（Arizona spinel）	赤色あるいは緑色ガーネット
アリゾナ・ルビー（Arizona ruby）	パイロープ
アルパイン・ダイヤモンド（Alpine diamond）	黄鉄鉱
アルマンディン・スピネル（Almandine spinel）	合成スピネル
アレキサンドライト・ガーネット（Alexandrite garnet）	ガーネット（変色型）
アレキサンドリン（Alexandrine）	合成コランダムあるいはスピネル
アレンコン・ダイヤモンド（Alencon diamond）	水晶
アンコナ・ルビー（Ancona ruby）	ローズ・クォーツ
アンティル（諸島）パール（Antilles pearl）	真珠の母貝
アンデシン・ジェード（Andesine jade）	アンデシン（中性長石）
アンバーリン（Amberine）	黄緑色モス・アゲート
イブニング・エメラルド（Evening emerald）	ペリドット
インド・エメラルド（India emerald）	インドのラジカールとカリガマン産緑色ベリル，雲母片岩中に産す

宝石慣用語（フォルスネームなど）	説明（対応する鉱物など）
インド・エメラルド（Indian emerald）	緑色に見える割れた石英
インド・ジェード（Indian jade）	アベンチュリン・クォーツ
インド・スター・ルビー（India star ruby）	紫赤色コランダム，サファイアに分類されることが多い
インド・トパーズ（Indian topaz）	黄色サファイア
インペリアル・ソドン・スノー・ジェード（Imperial sodden snow jade）	白色の変質した蛇紋岩あるいは角閃石
インペリアル・ヒスイ（Imperial jade）	ひすい輝石の類似石から区別するための名
インペリアル・メキシコ・ジェード（Imperial Mexican jade）	緑色に着色した方解石
ヴァナジウム・エメラルド（Vanadium emerald）	クロム着色のエメラルドとの違いを強調するために使われる．緑色ベリルと呼ぶところもある．
ヴァルム・ダイヤモンド（Vallum diamond）	水晶
ヴェスビア・ガーネット（Vesuvian garnet）	白榴石
ウォーター・クリソライト（Water chrysolite）	モルダバイト
ウォーター・サファイア（Water sapphire）	菫青石
ヴーナ・トルコ石（Vienna turquoise）	ガラス
ウラル・エメラルド（Ural emerald）	ロシアのウラル山脈のトコバヤ川付近で産する緑色ベリル
ウラル・エメラルド（Uralian emerald）	デマントイド（緑色アンドラダイト）
ウラル・サファイア（Ural sapphire）	青色トルマリン
ウラル・サファイア（Uralian sapphire）	青色トルマリン
ウンバ・サファイア，ウンバ・ルビー（Umba sapphire, Umba ruby）	タンザニアのウンバ鉱山産コランダム
ウンライプ・ルビー（Unripe ruby）	赤色ジルコン
エメラウルディン（Emerauldine）	ダイオプテーズ
エメラライト（Emeralite）	緑色トルマリン
エメラルダイト（Emeraldite）	緑色トルマリン
エメラルディン（Emeraldine）	染色緑色カルセドニー
エメラルド・マトリックス（Emerald matrix）	緑色フローライト（蛍石）
エメラルド・マラカト（Emerald malachite）	緑色フローライト（蛍石）
エリー・ルビー（Elie ruby）	パイロープ・ガーネット
オイル・パール（真珠）（Oil pearl）	真珠の母貝
オクシデンタル（西方の）ダイヤモンド（Occidental diamond）	水晶
オクシデンタル（西方の）トパーズ（Occidental topaz）	黄水晶
オクシデンタル（西方の）キャッツアイ（Occidental cat's eye）	石英
オーストラリア・アンバー（Australian amber）	カウリマツの樹脂
オーストラリア・サファイア（Australian sapphire）	オーストラリア産帯緑暗青色コランダム
オーストラリア・ジェード（Australian Jade）	クリソプレーズ（緑色玉髄：潜晶質石英）
オーストラリア・ルビー（Australian ruby）	ガーネット

宝石慣用語（フォルスネームなど）	説明（対応する鉱物など）
オリエンタル・アメシスト（Oriental amethyst）	紫色サファイア
オリエンタル・エメラルド（Oriental emerald）	緑色サファイアあるいは緑色クロム・スピネル
オリエンタル・サファイア（Oriental sapphire）	紫～菫色コランダム
オリエンタル・トパーズ（Oriental topaz）	黄色サファイア
オリエンタル・ヒヤシンス（Oriental hyacinth）	ピンク色サファイア
オレゴン・ジェード（Oregon jade）	濃緑色玉髄（潜晶質石英）あるいはジャスパー（碧玉：不純物の多い潜晶質石英）
オレゴン・ムーンストーン（Oregon moonstone）	玉髄（潜晶質石英）
カシミール・サファイア（Cashmere sapphire）	インドのカシミール産，矢車草の花の色（菫色がかった青色）のコランダム
化石トルコ石（Fossil turquoise）	オドントライト
ガチャラ・エメラルド（Gachala emerald）	コロンビアのオリノコ川流域のガチャラ鉱山産緑色ベリル
カッパー・エメラルド（Copper emerald）	ダイオプテーズ
カッパー・マラカイト（Copper malachite）	クリソコーラ（珪孔雀石）
カッパー・ラピス（Copper lapis）	アズーライト（藍銅鉱）
カナデアン・ラピス（Canadian lapis）	ソーダライト
ガーネット・ジェート（Garnet jade）	塊状緑色グロッシュラー
ガラス・アゲート（Glass agate）	オブシディアン（黒曜石）
カリフォルニア・ジェード（California jade）	緑色ヴェスブ石
カルフォルニア・ムーンストーン（California moonstone）	カルセドニー
カルフォルニア・ルビー（Californian ruby）	グロッシュラー（灰礬石榴石）
韓国ジェード（Korean jade）	蛇紋石
カンディ・スピネル（Kandy spinel）	赤紫色ガーネット
カンボジア・サファイア（Cambodia sapphire）	世界最大の産地でもあるカンボジアのパイリン産コランダム
ギブソンビル・エメラルド（Gibsonville emerald）	緑色石英
キャンディ・スピネル（Candy spinel）	アルマンディン（鉄礬石榴石）
キリークランクル・ダイヤモンド（Killiecrankie diamond）	無色トパーズ
キング・トパーズ（Kings topaz）	黄色サファイア
クアシマ・ダイヤモンド（Quasima diamond）	水晶
クォーツ・トパーズ（Quartz topaz）	黄水晶
グリーン・ガーネット（Green garnet）	エンスタタイト（頑火輝石）
クリスタリン・エメラルド（Crystalline emerald）	石英
ケープ・エメラルド（Cape emerald）	プレーナイト（ぶどう石）
ケープ・クリソライト（Cape-chrysolite）	緑色プレーナイト（ぶどう石）
ケープ・メイ・ダイヤモンド（Cape May diamond）	石英
ケープ・ルビー（Cape ruby）	パイロープ（苦礬石榴石）
ケープ・ルビー（Cape-ruby）	パイロープ（苦礬石榴石）
ケベック・ダイヤモンド（Quebec diamond）	水晶
紅海パール（真珠）（Red sea pearls）	サンゴのビーズ

宝石慣用語（フォルスネームなど）	説明（対応する鉱物など）
合成アクアマリン（Synthetic aquamarine）	合成コランダムあるいは合成スピネル
コスクェス・エメラルド（Coscues emerald）	コロンビアのマグダレーナ川流域のコスクェス鉱山産緑色ベリル
ゴールド・サファイア（Gold sapphire）	ラピス
ゴールド・トパーズ（Gold topaz）	シトリン
コロラド・ジェード（Colorado jade）	緑色マイクロクリン（微斜長石）
コロラド・ダイヤモンド（Colorado diamond）	スモーキー・クォーツ（煙水晶）
コロラド・トパーズ（Colorado topaz）	黄水晶
コロラド・ルビー（Colorado ruby）	パイロープ
コロンビア・エメラルド（Colombia emerald）	コロンビア産，最上級品質の緑色ベリルを産することで有名
コーンウォール・ダイヤモンド（Cornish diamond）	水晶
コンゴ・エメラルド（Congo emerald）	ダイオプテーズ
サクソン・クリソライト（Saxon chrysolite）	黄緑色トパーズ
サクソン・ダイヤモンド（Saxon diamond）	無色トパーズ
サクソン・トパーズ（Saxon topaz）	黄水晶
サクレッド・トルコ石（Sacred turquoise）	スミソナイト（菱亜鉛鉱）
サファイア・クォーツ（Sapphire quartz）	青色玉髄あるいは鷹目石（フォークス・アイ・クォーツ）
サファイア・スピネル（Sapphire spinel）	青色スピネル
ザベルチゼン・ダイヤモンド（Zabeltitzen diamond）	水晶
サーペンティン・ジェード（Serpentine jade）	蛇紋岩
サラマンカ・トパーズ（Salamanca topaz）	黄水晶
サンダワナ・エメラルド（Sandawana emerald）	ジンバブエのサンダワナ産緑色ベリル
サンディエゴ・ルビー（San Diego ruby）	赤色トルマリン
ザンビア・エメラルド（Zambia emerald）	ザンビアのミク鉱山産青濃緑色ベリル
ジェディン（Jadine）	緑色玉髄（潜晶質石英）
ジェネバ・ルビー（Geneva ruby）	合成ルビー
シシリー・マーブル（Sicilian marble）	イタリア産大理石
シノパル（Sinopal）	赤色アベンチュリン・クォーツ
シベリア・クリソライト（Siberian chrysolite）	デマンドイト（緑色アンドラダイト）
シベリア・ルビー（Siberian ruby）	赤色トルマリン
シミリ・ダイヤモンド（Simili diamond）	ガラス
ジャスパー・ジェード（Jasper jade）	グリーン・ジャスパー（緑色碧玉）あるいは蛇紋石
ジャーマン・ゴールド（German gold）	アンバー（琥珀）
ジャーマン・ダイヤモンド（German diamond）	水晶
シャム（タイ）アクアマリン（Siam aquamarine）	青色あるいは緑色の熱処理ジルコン
シャム・ルビー（Siam ruby）	タイ産暗赤色コランダム
シャンハイ 上海ジェード（Shanghai jade）	滑石などの柔らかい鉱物を含んだ岩石
ジュエラーズ・トパーズ（Jeweler's topaz）	黄水晶
ジュラド・ダイヤモンド（Jourado diamond）	無色合成スピネル
ショウンバーグ・ダイヤモンド（Schaumberg diamond）	水晶

宝石慣用語（フォルスネームなど）	説明（対応する鉱物など）
ジョージ湖ダイヤモンド（Lake George diamond）	石英
ジルコン・スピネル（Zircon spinel）	青色合成スピネル
シルバーピーク・ジェード（Silver peak jade）	孔雀石
スイス・ジェード（Swiss jade）	ジャスパー（碧玉）
スイス・ジェード（Swiss jade）	玉髄（潜晶質石英）あるいは碧玉（不純物を含む潜晶質石英）
スコッチ・トパーズ（Scotch topaz）	黒水晶，黄水晶あるいは煙水晶
スコテッシュ・トパーズ（Scottish topaz）	石英
スター・トパーズ（Star topaz）	黄色スター・サファイア
スティリア・ジェード（Styrian jade）	クリノクロア石
ストラス・ダイヤモンド（Strass diamond）	ガラス
ストルベルク・ダイヤモンド（Stolberg diamond）	水晶
スピネル・ルビー（Spinel ruby）	赤色スピネル
スペイン・エメラルド（Spanish emerald）	緑色ガラス
スペイン・トパーズ（Spanish Topaz）	黄水晶
スペイン・ラズライト（Spanish lazulite）	菫青石
スモーキー・トパーズ（Smoky topaz）	煙水晶
スレーブ・ダイヤモンド（Slave-diamond）	無色トパーズ
セイロン・オパール（Ceylon opal）	オパールに似たムーンストーン
セイロン・サファイア（Ceylon sapphire）	淡青色コランダム
セイロン・ダイヤモンド（Ceylon diamond）	無色ジルコン
セイロン・ペリドット（Ceylon peridot）	黄緑色トルマリン
ゼブラ・ジャスパー（Zebra jasper）	褐鉄鉱
セラ・トパーズ（Serra topaz）	黄水晶
台湾ジェード（Taiwan jade）	ネフライト
タスマニア・ダイヤモンド（Tasmanian diamond）	水晶
チボール・エメラルド（Chivor emerald）	コロンビアのオリノコ川流域のチボール鉱山産緑色ベリル
チャイニーズ・トルコ石（Chinese turquoise）	青色に染色された岩石（方解石・石英・滑石などを含んだ変成岩）あるいはネフライト
テクラ・エメラルド（Tecla emerald）	トリプレット（張り合わせ）
テクラ・パール（真珠）（Tecla pearls）	イミテーション・パール
デルタ・パール（Delta pearl）	イミテーション・パール
トーカイラックス・サファイア（Tokay lux sapphire）	ハンガリー産黒色黒曜石
トース・トルコ石（Tooth turquoise）	オドントライト
トパーズ・クォーツ（Topaz quartz）	黄褐色石英
トパーズ・サフロナイト（Topaz saffronite）	黄褐色石英
トパーゾライト（Topazolite）	黄色アンドラダイト（灰鉄石榴石）
ドフィーネ・ダイヤモンド（Dauphin diamond）	水晶
トランスバール・エメラルド（Transvaal emerald）	南アフリカ共和国のトランスバール州のグラベロッテ鉱山産黄緑色ベリル

宝石慣用語（フォルスネームなど）	説明（対応する鉱物など）
トランスバール・エメラルド（Transvaal emerald）	蛍石
トランスバール・ジェード（Transvaal jade）	緑色塊状ハイドログロッシュラー
トレントン・ダイヤモンド（Trenton diamond）	水晶
ナイト・エメラルド（Night emerald）	ペリドット
新潟ヒスイ（Niigata jade）	新潟県糸魚川あるいは姫川産のヒスイ輝石
ネバダ・トパーズ（Nevada topaz）	黒曜石
ネバダ・ブラック・ダイヤモンド（Nevada black diamond）	黒曜石
ネルチンスク・アクアマリン（Nerchinsk aquamarine）	青色トパーズ
バーメル（Vermeil）	赤色のジルコン，ガーネットあるいはスピネル
バイア・エメラルド（Bahia emerald）	ブラジルのバイア州産緑色ベリル，カルナイーバ・エメラルド（Carnaiba emerald）とも呼ぶ
パイロエメラルド（Pyroemerald）	緑色蛍石
パキスタン・エメラルド（Pakistan emerald）	パキスタンの北部のスワット地区産緑色ベリル
ハーキマー・ダイヤモンド（Herkimer diamond）	石英
バクストン・ダイヤモンド（Buxton diamond）	水晶
バスタード・エメラルド（Bastard emerald）	ペリドット，緑色クォーツあるいは緑色系の石
バッファ・ダイヤモンド（Baffa diamond）	水晶
バーデライト（Verdelite）	緑色トルマリン
ハバクタル・エメラルド（Habachthal emerald）	オーストリアのハバクタル渓谷産緑色ベリル，オーストリア・エメラルド（Austrian emerald）とも呼ぶ
パパラチャ（padparadscha）	蓮の花の色（ピンク・オレンジ）のコランダム
パフロス・ダイヤモンド（Paphros diamond）	水晶
パライバ・トルマリン（Paraiba tourmaline）	銅で着色された鮮青色・緑色・紫色トルマリン，ブラジルのパライバ州やアフリカなどで産する
バラス・ルビー（Balas ruby）	赤色スピネル
パルミラ・トパーズ（Palmyra topaz）	褐色合成サファイア
パルミラ・トパーズ（Palmyra topaz）	黄色熱処理アメシストあるいは黄水晶
パルメイラ・トパーズ（Palmeira topaz）	褐色合成サファイア
ハワイアン・ダイヤモンド（Hawaiian diamonds）	石英
ハワイ石（Hawaiite）	ペリドット
ピジョン・ブラッド・ルビー（pigeon blood ruby）	最上級品質の色調とされる，鳩の動脈の血の色（紫赤色）のコランダム
ビーチ・ムーンストーン（Beach moonstone）	石英
ヒヤシンス・トパーズ（Hyacinth topaz）	ジルコン
ビルマ・サファイア（Burma sapphire）	青色合成コランダム
ビルマ・ルビー（Burma ruby）	ミャンマー産赤色コランダム
ピンクあるいはローズ・ムーンストーン（Pink or Rose moonstone）	スカポライト（柱石）
ヒンジョサ・トパーズ（Hinjosa topaz）	黄色石英
ファイエンス・ラピス（Faience lapis）	セラミック

宝石慣用語（フォルスネームなど）	説明（対応する鉱物など）
ファインダーズ・ダイヤモンド（Finder's diamond）	無色トパーズ
ファショダ・ルビー（Fashoda ruby）	パイロープ（苦礬石榴石）
フォルス・アメシスト（False amethyst）	紫色フローライト（蛍石）
フォルス・ラピス（False lapis）	染色ジャスパー，ラズライト（天藍石）
フッケン・ジェード（Fukien jade）	滑石など柔らかい鉱物を含んだ岩石
ブライトン・ダイヤモンド（Brighton diamond）	水晶
ブラジリアン・アクアマリン（Brazilian aquamarine）	青緑色トパーズ
ブラジリアン・サファイア（Brazilian sapphire）	青色トリマリン
ブラジリアン・ルビー（Brazilian ruby）	赤色あるいはピンク色トパーズ
ブラジル・エメラルド（Brazil emerald）	ブラジル産緑色ベリルの総称
ブラック・アンバー（Black amber）	ジェット
ブラック・ヒルズ・ルビー（Black Hills ruby）	ガーネット
ブリアンコン・ダイヤモンド（Briancon diamond）	水晶
ブリストル・ダイヤモンド（Bristol diamond）	水晶
ブルー・アレキサンドライト（Blue alexandrite）	サファイア（変色型）
ブルー・オパール（Blue opal）	ラズライト（天藍石）
ブルー・タルク（Blue talc）	カイアナイト（藍晶石）
ブルー・マラカイト（Blue malachite）	アズーライト（藍銅鉱）
ブルー・ムーンストーン（Blue moonstone）	青色着色のカルセドニー
ブロックトン・ダイヤモンド（Broghton emerald）	緑色ガラス
ペクロライト・ジェード（Pectolite jade）	ペクトライト（ソーダ珪灰石）
ペコス・ダイヤモンド（Pecos diamond）	水晶
ベトナム・ルビー（Vietnam ruby）	ベトナムのルック・エンあるいはクイ・チョウ産赤色コランダム
ペドララ・オニキス（Pedrara onyx）	メキシコ産石筍状大理石
ベリロ（Berilo）	緑色アパタイト
ベンガル・アメシスト（Bengal amethyst）	紫色サファイア
ホット・スプリング・ダイヤモンド（Hot Springs diamond）	水晶
ボトルストーン（Bottlestone）	モルダバイトのカット石
ホープ・サファイア（Hope sapphire）	合成青色スピネル
ボヘミアン・エメラルド（Bohemian emerald）	緑色フローライト（蛍石）
ボヘミアン・クリソライト（Bohemian chrysolite）	モルダバイト
ボヘミアン・ダイヤモンド（Bohemian diamond）	水晶
ボヘミアン・トパーズ（Bohemian topaz）	黄水晶
ボヘミアン・ルビー（Bohemian ruby）	パイロープ・ガーネットもしくはローズ・クォーツ
ボルカニック・クリソライト（Volcanic chrysolite）	ヴェスブ石
ホレーシオ・ダイヤモンド（Horatio diamond）	水晶
ホワイト・ガーネット（White garnet）	白榴石
マウンテン・ルビー（Mountain ruby）	赤色ガーネット
マス・アクア（Mass aqua）	アクアマリン様ガラス

宝石慣用語（フォルスネームなど）	説明（対応する鉱物など）
マタラ・ダイヤモンド（Matara diamond）	無色〜薄黄色ジルコン
マデイラ・トパーズ（Madeira topaz）	黄水晶
マトリックス・オパール（Matrix opal）	オーストラリアのアンダムーカ産の褐色の母岩に含まれたオパール，オパール・マトリックスとも呼ぶ．ただし，わが国でマトリックス・オパールというと黒色に染色処理したオパールをさす
マニアラ・エメラルド（Manyara emerald）	タンザニアのマニアラ湖の西地区で産した緑色ベリル
満州ジェード（Manchurian jade）	滑石などの柔らかい鉱物を含んだ岩石
南アフリカ・エメラルド（South African emerald）	蛍石
ミンタビ・オパール（Mintabie opal）	オーストラリアのミンタビ産ブラックあるいはホワイト・オパール
ムソー・エメラルド（Muzo emerald）	コロンビアのマグダレーナ川流域のムソー鉱山産帯黄緑色ベリル
ムッチェン・ダイヤモンド（Mutzschen diamond）	水晶
メキシコ・アゲート，ジェード，オニキス（Mexican agate/jade/onyx）	縞模様塊状方解石
メキシコ・ダイヤモンド（Mexican diamond）	水晶
メディナ・エメラルド（Medina emerald）	緑色ガラス
メル・サファイア（Meru sapphire）	青色ゾイサイト
モゴーク・ダイヤモンド（Mogok diamond）	無色ビルマ産トパーズ
モンタナ・サファイア（Montana sapphire）	アメリカのモンタナ州産淡青色・淡紫色コランダム
モンタナ・ルビー（Montana ruby）	赤色ガーネット
モンブラン・ルビー（Mont Blanc ruby）	ローズ・クォーツ
ヤグイ・オニキス（Yaqui onyx）	大理石
ヤバ・オニキス（Yava onyx）	大理石
ユタ・オニキス（Utah onyx）	石筍状大理石
ユタ・トルコ石（Utah turquoise）	バリス石
ラジウム・ダイヤモンド（Radium diamond）	煙水晶
ラックス・サファイア（Lux sapphire）	菫青石
リシア・アメシスト（Lithia amethyst）	クンツァイト
リシア・エメラルド（Lithia emerald）	ヒデナイト
リン・ダイヤモンド（Rhine diamond）	水晶
リンズ・サファイア（Lynz sapphire）	菫青石
リンデ・スター（Linde star）	アメリカのリンデ社製の合成石
ルビー・スピネル（Ruby spinel）	赤色スピネル
ルビー・バラス（Ruby balas）	赤色スピネル
ルビセル（Rubicelle）	黄橙色スピネル
レインボー・マジック・ダイヤモンド（Rainbow magic diamond）	合成ルチル
ロジルコン（Rozircon）	合成スピネル
ローズ・クンツァイト（Rose kunzite）	ピンク色合成サファイア
ロック・ルビー（Rock ruby）	パイロープ

宝石慣用語（フォルスネームなど）	説明（対応する鉱物など）
ロッキーマウンテン・ルビー（Rocky Mountain ruby）	ガーネット
ワイズ・ルビー（Wyse ruby）	合成ルビー
ワイト島ダイヤモンド（Isle of Wight diamonds）	石英（クォーツ）

参考文献：「宝石ガイドブック」中央宝石研究所およびhttp://www.jewelinfo4u.com/Fake_Gemstone_names.aspx

鉱物名と宝石名の関係

　鉱物名と宝石名の関係は，国際鉱物学連合（IMA）の宝石鉱物委員会（CGM：Commission on Gem Materials）のホームページ（https://www.ima-mineralogy.org/CGM_activities.htm）から，CGM List of Gem Materials（updated July 2018）というpdfファイルがダウンロードできるので，これを参照されたい（1ページ目を以下に示した）．

Mineral Materials

IMA status	Gem material name	Formula	Comments	References
	Achroite		Colorless or almost colorless variety of tourmaline	
Rd	Actinolite	$\square Ca_2(Mg_{4.5-2.5}Fe^{2+}_{0.5-2.5})Si_8O_{22}(OH)_2$	Amphibole	Canadian Mineralogist **17** (1996), 72 Zeitschrift der Deutschen Gemmologischen Gesellschaft **23** (1974), 42
	Adularia		Feldspar	Journal of Gemmology **34** (2014), 190
	Agate		Colour modifier and other descriptive terms after (banded, dendritic, fire, iris, moss)	Australian Gemmologist **25** (2014), 279 Rock & Gem Magazine **38** (2008), 74
A	Albite	$Na(AlSi_3O_8)$	Feldspar	Canadian Mineralogist **13** (1992), 99 Lapidary Journal **47** (1993), 35
	Alexandrite		Color-changing variety of chrysoberyl	Australian Gemmologist **24** (2011), 133 Zeitschrift der Deutschen Gemmologischen Gesellschaft **56** (2007), 29
A	Almandine	$Fe^{2+}_3Al_2(SiO_4)_3$	Garnet	Revue de Gemmologie (1999), 50 Rock & Gem Magazine **35** (2005), 12 Lapidary Journal **37** (1983), 606 Gems & Gemology **27** (1991), 168
	Almandite		Almandine	
	Amazonite		Microcline feldspar	Revue de Gemmologie (1991), 8
G	Amblygonite	$LiAl(PO_4)F$		Gems & Gemology **8** (1955), 208 Gems & Gemology **51** (2015), 98
	Amethyst		Violet variety of quartz	Neues Jahrbuch für Mineralogie Monatshefte **6** (1984), 272. Gems & Gemology **24** (1988), 214. Mineralogical Record **21** (1990), 203. Journal of Egyptian Archaeology **79** (1993), 81. Kostov, R. I. (1992), *Amethyst*. USB, Sofia, 249 p. Lieber, W. (1994), *Amethyst*. Ch. Weise, München, 188 S. Lapis **20** (1995), 35. Mineralogical Record **40** (2009), 121. Gems & Gemology **3** (2011), 196. Journal of Gemmology **33** (2012), 29.
	Ametrine		Violet-yellow variety of quartz	Gems & Gemology **30** (1994), 4
	Ammolite		Pseudomorph after the ammonite shell	
	Amphibole		Group	Revue de Gemmologie (2008) 4

鉱物・宝石を学ぶ

●教育機関
▼北海道教育大学旭川校
　〒070-8621
　旭川市北門町9丁目
▼北海道教育大学札幌校
　〒002-8502
　札幌市北区あいの里5-3-1
▼北海道大学理学部地球惑星科学科
　〒060-0810
　札幌市北区北10条西8丁目
▼北海道大学大学院理学院自然史科学専攻
　〒060-0810
　札幌市北区北10条西8丁目
▼北海道大学大学院環境科学院環境物質科学専攻
　〒060-0810
　札幌市北区北10条西8丁目
▼北海道大学工学部環境社会工学科環境循環システムコース
　〒060-8628
　札幌市北区北13条西8丁目
▼北海道大学大学院工学院環境循環システム専攻
　〒060-8628
　札幌市北区北13条西8丁目
▼北海道大学低温科学研究所
　〒060-0819
　札幌市北区北19条西8丁目
▼室蘭工業大学建設システム工学科
　〒050-8585
　室蘭市水元町27-1
▼秋田大学大学院国際資源学研究科・国際資源学部
　〒010-8502
　秋田市手形学園町1-1
▼秋田大学大学院理工学研究科・理工学部
　〒010-8502
　秋田市手形学園町1-1

▼岩手大学教育学部地学教室
　〒020-8550
　盛岡市上田3-18-33
▼弘前大学理工学部地球環境防災学科
　〒036-8561
　弘前市文京町3
▼弘前大学大学院理工学研究科
　〒036-8561
　弘前市文京町3
▼東北大学東北アジア研究センター
　〒980-8576
　仙台市青葉区川内41番地
▼東北大学理学部地球惑星物質科学科
　〒980-8578
　仙台市青葉区荒巻字青葉6-3
▼東北大学大学院理学研究科地学専攻
　〒980-8578
　仙台市青葉区荒巻字青葉6-3
▼東北大学理学部地圏環境科学科
　〒980-8578
　仙台市青葉区荒巻字青葉6-3
▼東北大学大学院環境科学研究科
　〒980-8579
　仙台市青葉区荒巻字青葉6-6-20
▼山形大学理学部地球環境学科
　〒990-8560
　山形市小白川町1-4-12
▼山形大学大学院理工学研究科地球科学分野
　〒990-8560
　山形市小白川町1-4-12
▼山形大学大学院理工学研究科地球共生圏科学専攻地球科学分野
　〒990-8560
　山形市小白川町1-4-12
▼山形大学地域教育文化学部
　〒990-8560
　山形市小白川町1-4-12

▼福島大学共生システム理工学類
〒960-1296
福島市金谷川1番地
▼茨城大学理学部理学科地球環境科学コース
〒310-8512
水戸市文京2-1-1
▼茨城大学大学院理工学研究科理学専攻地球環境科学コース
〒310-8512
水戸市文京2-1-1
▼筑波大学生命環境学群地球学類
〒305-8577
つくば市天王台1-1-1
▼筑波大学大学院生命環境科学研究科地球進化科学専攻
〒305-8577
つくば市天王台1-1-1
▼筑波大学大学院生命環境科学研究科地球科学専攻
〒305-8577
つくば市天王台1-1-1
▼東京大学理学部地球惑星物理学科
〒113-0033
東京都文京区本郷7-3-1
▼東京大学大学院理学系研究科地球惑星科学専攻
〒113-0033
東京都文京区本郷7-3-1
▼東京大学教養学部学際科学科
〒153-8902
東京都目黒区駒場3-8-1
▼東京大学大学院総合文化研究科広域科学専攻
〒153-8902
東京都目黒区駒場3-8-1
▼東京大学地震研究所
〒113-0032
東京都文京区弥生1-1-1
▼東京大学大学院理学系研究科附属地殻化学実験施設
〒113-0033
東京都文京区本郷7-3-1

▼東京大学宇宙惑星科学機構
〒113-0033
東京都文京区本郷7-3-1
▼東京大学大気海洋研究所
〒277-8564
柏市柏の葉5-1-5
▼東京大学物性研究所
〒277-8581
柏市柏の葉5-1-5
▼日本医科大学付属病院
〒113-8603
東京都文京区千駄木1-1-5
▼東京工業大学理学院地球惑星科学系
〒152-8551
東京都目黒区大岡山2-12-1
▼東京工業大学地球生命研究所ELSI
〒152-8550
東京都大田区大岡山2-12-1
▼国士舘大学理工学部基礎理学系
〒154-8515
東京都世田谷区世田谷4-28-1
▼日本大学文理学部地球科学科
〒156-8550
東京都世田谷区桜上水3-25-40
▼東京理科大学理学部化学科
〒162-8601
東京都新宿区神楽坂1-3
▼東京理科大学理工学部先端化学科
〒278-8510
野田市山崎2641
▼早稲田大学教育学部理学科地球科学専修
〒169-8050
東京都新宿区西早稲田1-6-1
▼早稲田大学創造理工学部環境資源工学科
〒169-8555
東京都新宿区大久保3-4-1
▼早稲田大学創造理工学研究科地球・環境資源理工学専攻
〒169-8555
東京都新宿区大久保3-4-1
▼学習院大学理学部化学科
〒171-8588
東京都豊島区目白1-5-1

▼学習院大学大学院自然科学研究科化学専攻
〒171-8588
東京都豊島区目白1-5-1

▼学習院大学計算機センター
〒171-8588
東京都豊島区目白1-5-1

▼成蹊大学理工学部
〒180-8633
武蔵野市吉祥寺北町3-3-1

▼東京学芸大学自然科学系広域自然科学講座
〒184-8501
小金井市貫井北町4-1-1

▼総合研究大学院大学複合科学研究科極域科学専攻
〒190-8518
立川市緑町10-3

▼横浜国立大学都市科学部環境リスク共生学科
〒240-8501
横浜市保土ケ谷区常盤台79-7

▼横浜国立大学大学院環境情報学府自然環境専攻
〒240-8501
横浜市保土ケ谷区常盤台79-6

▼横浜国立大学理工学部化学・生命系学科
〒240-8501
横浜市保土ケ谷区常盤台79-5

▼横浜国立大学大学院理工学府化学・生命系理工学専攻
〒240-8501
横浜市保土ケ谷区常盤台79-5

▼総合研究大学院大学複合科学研究科極域科学専攻
〒240-0193
神奈川県三浦郡葉山町（湘南国際村）

▼東京工芸大学
〒243-0297
厚木市飯山1583

▼青山学院大学理工学部附置機器分析センター
〒252-5258
相模原市中央区淵野辺5-10-1

▼千葉大学理学部地球科学科
〒263-8522
千葉市稲毛区弥生町1-33

▼千葉大学大学院融合理工学府地球環境科学専攻地球科学コース
〒263-8522
千葉市稲毛区弥生町1-33

▼東邦大学理学部生命圏環境科学科
〒274-8510
船橋市三山2-2-1

▼千葉工業大学惑星探査研究センター
〒275-0016
習志野市津田沼2-17-1

▼獨協大学国際教養学部（地球環境）
〒332-0042
草加市学園町1-1

▼埼玉大学教育学部
〒338-8570
さいたま市桜区下大久保255

▼文教大学
〒343-8511
越谷市南荻島3337

▼立正大学地球環境科学部環境システム学科
〒360-0194
熊谷市万吉1700

▼埼玉工業大学工学部情報システム学科
〒369-0293
深谷市大字普済寺1690

▼信州大学理学部地球学コース
〒390-8621
松本市旭3-1-1

▼信州大学総合理工学研究科理科学分野地球学ユニット
〒390-8621
松本市旭3-1-1

▼信州大学山岳科学総合研究所
〒390-8621
松本市旭3-1-1

▼山梨県立宝石美術専門学校
〒400-0031
甲府市丸の内1丁目16-20 ココリ7・8

階
▼山梨大学大学院総合研究部工学域
〒400-8511
甲府市武田 4-3-11 B1-321
▼帝京科学大学総合教育センター
〒409-0193
上野原市八ツ沢 2525
▼静岡大学理学部地球科学科
〒422-8529
静岡市駿河区大谷 836
▼静岡大学大学院総合科学技術研究科理学専攻地球科学コース
〒422-8529
静岡市駿河区大谷 836
▼静岡大学教育学部・学校教育教員養成課程・理科教育専修
〒422-8529
静岡市駿河区大谷 836
▼静岡大学地域創造学環
〒422-8529
静岡市駿河区大谷 836
▼常葉大学大学院環境防災研究科
〒422-8581
静岡市駿河区弥生町 6-1
▼愛知教育大学地球環境科学
〒448-8542
刈谷市井ケ谷町広沢 1
▼名古屋大学理学部地球惑星科学科
〒464-8602
名古屋市千種区不老町
▼名古屋大学大学院環境学研究科地球環境科学専攻
〒464-8601
名古屋市千種区不老町
▼名古屋大学宇宙地球環境研究所年代測定研究部
〒464-8601
名古屋市千種区不老町
▼名古屋大学未来材料・システム研究所
〒464-8603
名古屋市千種区不老町

▼名古屋市立大学大学院システム自然科学研究科
〒467-8501
名古屋市瑞穂区瑞穂町山の畑 1
▼新潟大学理学部理学科地質科学プログラム
〒950-2181
新潟市西区五十嵐二の町 8050
▼新潟大学大学院自然科学研究科環境科学専攻
〒950-2181
新潟市西区五十嵐二の町 8050
▼長岡技術科学大学物質材料工学専攻
〒940-2188
長岡市上富岡町 1603-1 物質・材料棟 1 号棟 426 号室
▼富山大学都市デザイン学部地球システム学科
〒930-8555
富山市五福 3190
▼富山大学大学院理工学研究部（都市デザイン学）
〒930-8555
富山市五福 3190
▼金沢大学理工学域地球社会基盤学類地球惑星科学コース
〒920-1192
金沢市角間町
▼金沢大学大学院自然科学研究科自然システム学専攻
〒920-1192
金沢市角間町
▼金沢大学環日本海域環境研究センター
〒920-1192
金沢市角間町
▼滋賀県立大学工学部材料科学専攻
〒522-8533
彦根市八坂町 2500
▼滋賀県立大学大学院工学研究科材料科学専攻
〒522-8533
彦根市八坂町 2500

▼滋賀県立大学工学部ガラス工学研究センター
〒522-8533
彦根市八坂町 2500

▼京都大学理学部地球惑星科学系地質学鉱物学分野
〒606-8502
京都市左京区北白川追分町

▼京都大学大学院理学研究科地球惑星科学専攻地質学鉱物学教室
〒606-8502
京都市左京区北白川追分町

▼京都大学総合人間学部自然科学系地球科学
〒606-8501
都市左京区吉田二本松町

▼京都大学大学院人間・環境学研究科相関環境学専攻自然環境動態論講座
〒606-8501
京都市左京区吉田二本松町

▼大阪工業大学工学部一般教育科地学研究室
〒535-8585
大阪市旭区大宮 5-16-1

▼大阪市立大学理学部地球学科
〒558-8585
大阪市住吉区杉本 3-3-138

▼大阪市立大学大学院理学研究科生物地球系専攻
〒558-8585
大阪市住吉区杉本 3-3-138

▼大阪大学理学部物理学科
〒560-0043
豊中市待兼山町 1-1

▼大阪大学大学院理学研究科宇宙地球科学専攻
〒560-0043
豊中市待兼山町 1-1

▼関西大学環境都市工学部エネルギー・環境工学科
〒564-8680
吹田市山手町 3-3-35

▼奈良教育大学地学教室
〒630-8528
奈良市高畑町

▼神戸女子大学文学部教育学科
〒654-8585
神戸市須磨区東須磨青山 2-1

▼神戸大学理学部惑星学科
〒657-8501
神戸市灘区六甲台町 1-1

▼神戸大学大学院理学研究科惑星学専攻
〒657-8501
神戸市灘区六甲台町 1-1

▼兵庫県立大学大学院地域資源マネジメント研究科
〒668-0814
豊岡市祥雲寺字二ヶ谷 128

▼兵庫県立大学理学部物質科学科・生命科学科
〒678-1297
兵庫県赤穂郡上郡町光都 3-2-1[1]

▼兵庫県立大学大学院物質理学研究科・生命理学研究科
〒678-1297
兵庫県赤穂郡上郡町光都 3-2-1[1]

▼関西学院大学理工学部化学科
〒669-1337
三田市学園 2-1

▼兵庫教育大学認識形成系
〒673-1494
加東市下久米 942-1

▼島根大学総合理工学部地球科学科
〒690-8504
松江市西川津町 1060

▼島根大学自然科学研究科環境システム科学専攻地球科学コース
〒690-8504
松江市西川津町 1060

▼島根大学教育学部自然環境教育講座・地学
〒690-8504
松江市西川津町 1060

▼島根大学大学院教育学研究科自然環境教育専攻・地学
〒690-8504
松江市西川津町1060
▼岡山理科大学理学部基礎理学科
〒700-0005
岡山市北区理大町1-1
▼岡山理科大学大学院理学研究科材質理学専攻
〒700-0005
岡山市北区理大町1-1
▼岡山理科大学大学院理学研究科総合理学専攻
〒700-0005
岡山市北区理大町1-1
▼岡山理科大学生物地球学部
〒700-0005
岡山市北区理大町1-1
▼岡山理科大学大学院生物地球科学研究科生物地球科学専攻
〒700-0005
岡山市北区理大町1-1
▼岡山理科大学自然科学研究所
〒700-8530
岡山市北区津島中3-1-1
▼岡山大学理学部地球科学科
〒700-8530
岡山市北区津島中3-1-1
▼岡山大学大学院自然科学研究科地球科学専攻
〒700-8530
岡山市北区津島中3-1-1
▼岡山大学惑星物質研究所
〒682-0193
鳥取県東伯郡三朝町山田827
▼倉敷芸術科学大学危機管理学部
〒712-8505
倉敷市連島町西之浦2640
▼倉敷芸術科学大学生命科学部生命科学科
〒712-8505
倉敷市連島町西之浦2640
▼近畿大学工学部化学生命工学科
〒739-2116
東広島市高屋うめの辺1番
▼広島大学理学部地球惑星システム学科
〒739-8526
東広島市鏡山1-3-1
▼広島大学大学院理学研究科地球惑星システム学専攻
〒739-8526
東広島市鏡山1-3-1
▼広島大学総合科学部環境自然科学講座
〒739-8521
東広島市鏡山1-7-1
▼広島大学大学院総合科学研究科環境自然科学講座
〒739-8521
東広島市鏡山1-7-1
▼広島大学教育学部自然系コース
〒739-8524
東広島市鏡山1-1-1
▼広島大学大学院教育学研究科教科教育学専攻自然システム教育学専修
〒739-8524
東広島市鏡山1-1-1
▼山口大学理学部地球圏システム科学科
〒753-8511
山口市吉田1677-1
▼山口大学大学院創成科学研究科(理学系)地球科学分野
〒753-8511
山口市吉田1677-1
▼山口大学工学部応用化学科
〒755-8611
宇部市常盤台2-16-1
▼山口大学大学院創成科学研究科(工学系)応用化学分野
〒755-8611
宇部市常盤台2-16-1
▼香川大学工学部安全システム建設工学科
〒761-0396
高松市林町2217-20
▼徳島大学理工学部応用理数コース自然科学系
〒770-8506
徳島市南常三島町2-1

▼徳島大学大学院社会産業理工学研究部自然科学コース
〒770-8506
徳島市南常三島町 2-1

▼鳴門教育大学自然系地学教室
〒772-8502
鳴門市鳴門町高島

▼高知大学教育学部理科教育コース
〒780-8520
高知市曙町 2-5-1

▼高知大学理工学部地球環境防災学科
〒780-8520
高知市曙町 2-5-1

▼高知大学海洋コア総合研究センター
〒783-8502
南国市物部乙 200

▼愛媛大学理学部理学科地学コース
〒790-8577
松山市文京町 2-5

▼愛媛大学大学院理工学研究科数理物質科学専攻
〒790-8577
松山市文京町 2-5

▼愛媛大学大学院理工学研究科先端科学特別コース
〒790-8577
松山市文京町 2-5

▼愛媛大学地球深部ダイナミクス研究センター
〒790-8577
松山市文京町 2-5

▼愛媛大学教育学部理科教育専攻
〒790-8577
松山市文京町 3

▼九州大学大学院理学府地球惑星科学専攻・理学部地球惑星科学科
〒819-0395
福岡市西区元岡 744

▼九州大学大学院理学府化学専攻・理学部化学科
〒819-0395
福岡市西区元岡 744

▼九州大学大学院工学府地球資源システム工学専攻・工学部地球環境工学科
〒819-0395
福岡市西区元岡 744

▼九州大学大学院地球社会統合科学府地球社会統合科学専攻
〒819-0395
福岡市西区元岡 744

▼九州大学共創学部共創学科
〒819-0395
福岡市西区元岡 744

▼九州大学基幹教育院自然科学実験系部門
〒819-0395
福岡市西区元岡 744

▼九州大学大学院総合理工学研究院エネルギー物質科学部門
〒816-8580
春日市春日公園 6-1

▼福岡教育大学教育学部理科教育講座地学教室
〒811-4192
宗像市赤間文教町 1-1

▼福岡大学理学部地球圏科学科地球科学分野
〒814-0180
福岡市城南区七隈 8-19-1

▼福岡大学大学院理学研究科地球圏科学専攻
〒814-0180
福岡市城南区七隈 8-19-1

▼福岡大学理学部物理科学科
〒814-0180
福岡市城南区七隈 8-19-1

▼佐賀大学文化教育学部理数教育講座
〒840-8502
佐賀市本庄町 1 番地

▼長崎大学教育学部数理情報講座地学教室
〒852-8521
長崎市文教町 1-14

▼熊本大学理学部理学科地球環境科学コース
〒860-8555
熊本市中央区黒髪 2-39-1

▼熊本大学大学院自然科学教育部理学専攻
地球環境科学コース
〒860-8555
熊本市中央区黒髪2-39-1
▼熊本学園大学経済学部経済学科
〒862-0971
熊本市中央区大江2-5-1
▼京都大学附属地球熱学研究施設
〒874-0903
別府市野口原
▼鹿児島大学理学部地球環境科学科
〒890-0065
鹿児島市郡元1-21-35
▼鹿児島大学大学院理工学研究科地球環境
科学専攻
〒890-0065
鹿児島市郡元1-21-40
▼鹿児島大学教育学部理科
〒890-0065
鹿児島市郡元1-20-6
▼鹿児島大学大学院教育学研究科教育実践
総合専攻
〒890-0065
鹿児島市郡元1-20-6
▼琉球大学理学部物質地球科学科
〒903-0213
沖縄県中頭郡西原町千原1
▼琉球大学理工学研究科物質地球科学専攻
〒903-0213
沖縄県中頭郡西原町千原1
▼琉球大学理工学研究科海洋環境学専攻
〒903-0213
沖縄県中頭郡西原町千原1
▼琉球大学教育学部学校教育教員養成課程
理科教育専修
〒903-0213
沖縄県中頭郡西原町千原1

1) 関連する一部の研究室は姫路工学キャンパス
（〒671-2280 姫路市書写2167）にもあります。
今後組織改編により名称が変更される可能性があ
ります。

●研究機関
▼北海道立総合研究機構環境・地質研究本
部地質研究所
〒060-0819
札幌市北区北19条西12丁目
▼産業技術総合研究所北海道産学官連携セ
ンター（地質連絡室）
〒062-8517
札幌市豊平区月寒東2条17-2-1
▼北海道科学技術総合振興センター幌延地
圏環境研究所
〒098-3221
北海道天塩郡幌延町栄町5-3
▼産業技術総合研究所東北センターコンパ
クト化学システム研究センター
〒983-8551
仙台市宮城野区苦竹4-2-1
▼産業技術総合研究所地質調査総合セン
ター再生可能エネルギー研究センター
〒963-0215
郡山市待池台2-2-9
▼総合科学研究機構中性子科学センター
〒319-1106
茨城県那珂郡東海村白方162-1
▼日本原子力研究開発機構原子力科学研究
部門 J-PARC センター
〒319-1195
茨城県那賀郡東海村白方2-4
▼物質・材料研究機構
〒305-0047
つくば市千現1-2-1[2]
▼高エネルギー加速器研究機構・物質構造
科学研究所
〒305-0801
つくば市大穂1-1
▼国立環境研究所環境計測研究センター
〒305-8506
つくば市小野川16-2
▼産業技術総合研究所地質調査総合セン
ター地質情報研究部門
〒305-8567
つくば市東1-1-1つくば中央第7

▼産業技術総合研究所地質調査総合センター地圏資源環境研究部門
〒305-8567
つくば市東 1-1-1 つくば中央第 7

▼産業技術総合研究所地質調査総合センター活断層・火山研究部門
〒305-8567
つくば市東 1-1-1 つくば中央第 7

▼産業技術総合研究所地質調査総合センター地質情報基盤センター
〒305-8567
つくば市東 1-1-1 つくば中央第 7

▼東京都立産業技術研究センター
〒135-0064
東京都江東区青海 2-4-10

▼環境防災総合政策研究機構
〒160-0011
東京都新宿区若葉 1-22 ローヤル若葉 505

▼国立極地研究所極域科学資源センター南極隕石ラボラトリー
〒190-8518
立川市緑町 10-3

▼国立極地研究所地圏研究グループ
〒190-8518
立川市緑町 10-3

▼海洋研究開発機構海域地震火山部門火山・地球内部研究センター
〒237-0061
横須賀市夏島町 2-15

▼海洋研究開発機構海洋機能利用部門海底資源センター
〒237-0061
横須賀市夏島町 2-15

▼産業技術総合研究所中部センター
〒463-8560
名古屋市守山区下志段味穴が洞 2266-98

▼名古屋産業科学研究所研究部
〒464-0819
名古屋市千種区四谷通 1-13 ノア四谷ビル 2 階

▼日本原子力研究開発機構東濃地科学センター地層科学研究部ネオテクトニクス研究グループ
〒509-5102
土岐市泉町定林寺 959-31

▼日本原子力研究開発機構東濃地科学センター地層科学研究部結晶質岩地質環境研究グループ
〒509-6132
瑞浪市明世町山野内 1-64

▼(財) 高輝度光科学研究センター
〒679-5198
兵庫県佐用郡佐用町光都 1-1-1

▼日本原子力研究開発機構人形峠環境技術センター
〒708-0601
岡山県苫田郡上斎原村 1550

▼海洋研究開発機構高知コア研究所
〒783-8502
南国市物部乙 200

▼長崎県窯業技術センター
〒859-3726
長崎県東彼杵郡波佐見町稗木場郷 605-2

2) 関連する一部の部門は並木地区 (〒305-0044 つくば市並木 1-1) にもあります。

●博物館・科学館
▼北海道博物館
　〒004-0006
　札幌市厚別区厚別町小野幌53-2
　電話：011-898-0466
　http://www.hm.pref.hokkaido.lg.jp/
▼北海道大学総合博物館
　〒060-0810
　札幌市北区北10条西8丁目
　電話：011-706-2658
　https://www.museum.hokudai.ac.jp/
▼日高山脈博物館
　〒055-2301
　北海道沙流郡日高町本町東1丁目297-12
　電話：01457-6-9033
　http://www.town.hidaka.hokkaido.jp/site/hmc/
▼岩手大学ミュージアム
　〒020-8550
　盛岡市上田3丁目18番8号
　電話：019-621-6685
　http://www.museum.iwate-u.ac.jp/
▼八幡平市松尾鉱山資料館
　〒028-7303
　八幡平市柏台2丁目5-6
　電話：0195-78-2598
　http://www.city.hachimantai.lg.jp/cat51/cat61/cat523/post_426.php
▼久慈琥珀博物館
　〒028-0071
　久慈市小久慈町19-156-133
　電話：0194-59-3831
　http://www.kuji.co.jp/museum
▼鹿角市鉱山歴史館
　〒018-5202
　鹿角市尾去沢字獅子沢13-5
　電話：0186-22-0123
　http://www.osarizawa.jp/course/museum.php
▼秋田大学大学院国際資源学研究科附属鉱業博物館
　〒010-8502
　秋田市手形字大沢28番地の2
　電話：018-889-2461
　http://www.mus.akita-u.ac.jp/
▼秋田県立博物館
　〒010-0124
　秋田市金足鳰崎字後山52
　電話：018-873-4121
　https://www.akihaku.jp
▼東北大学総合学術博物館
　〒980-8578
　仙台市青葉区荒巻字青葉6-3
　電話：022-695-6767
　http://www.museum.tohoku.ac.jp/
▼山形県立博物館
　〒990-0826
　山形市霞城町1番8号
　電話：023-645-1111
　http://www.yamagata-museum.jp/
▼山形大学附属博物館
　〒990-8560
　山形市小白川町1丁目4-12
　電話：023-628-4930
　http://www.lib.yamagata-u.ac.jp/museum/
▼石川町歴史民俗資料館
　〒963-7845
　福島県石川郡石川町高田200-2
　電話：0247-26-3768
　http://www.town.ishikawa.fukushima.jp/admin/material/
▼栃木県立博物館
　〒320-0865
　宇都宮市睦町2-2
　電話：028-634-1311
　http://www.muse.pref.tochigi.lg.jp/
▼大谷資料館
　〒321-0345
　宇都宮市大谷町909
　電話：028-652-1232
　http://www.oya909.co.jp/
▼日立市郷土博物館
　〒317-0055
　日立市宮田町5-2-22

電話：0294-23-3231
https://www.city.hitachi.lg.jp/museum/

▼ミュージアムパーク茨城県自然博物館
〒306-0622
坂東市大崎 700
電話：0297-38-2000
https://www.nat.museum.ibk.ed.jp/

▼産業技術総合研究所地質調査総合センター地質標本館
〒305-8567
つくば市東 1-1-1 つくば中央第 7
電話：029-861-3750
https://www.gsj.jp/Muse/

▼千葉県立中央博物館
〒260-8682
千葉市中央区青葉町 955-2
電話：043-265-3111
http://www2.chiba-muse.or.jp/NATURAL/index.html

▼群馬県立自然史博物館
〒370-2345
富岡市上黒岩 1674-1
電話：0274-60-1200
http://www.gmnh.pref.gunma.jp/

▼埼玉県立自然の博物館
〒369-1305
埼玉県秩父郡長瀞町長瀞 1417-1
電話：0494-66-0404
http://www.shizen.spec.ed.jp/

▼国立科学博物館
〒110-8718
東京都台東区上野公園 7-20
電話：03-5777-8600
http://www.kahaku.go.jp/

▼東京大学総合研究博物館本郷本館
〒113-0033
東京都文京区本郷 7-3-1
http://www.um.u-tokyo.ac.jp/

▼小笠原ビジターセンター
〒100-2101
東京都小笠原村父島西町
電話：04998-2-3001
http://www.ogasawaramura.com/visitorcenter/

▼翡翠原石館
〒140-0001
東京都品川区北品川 4-5-12
電話：03-6408-0313
http://hi-su-i.com/

▼多摩六都科学館
〒188-0014
西東京市芝久保町 5-10-64
電話：042-469-6100
https://www.tamarokuto.or.jp/

▼神奈川県立生命の星・地球博物館
〒250-0031
小田原市入生田 499
電話：0465-21-1515
http://nh.kanagawa-museum.jp/

▼相模原市立博物館
〒252-0221
相模原市中央区高根 3-1-15
電話：042-750-8030
http://sagamiharacitymuseum.jp/

▼平塚市博物館
〒254-0041
平塚市浅間町 12-41
電話：0463-33-5111
http://www.hirahaku.jp/

▼石とガラスの博物館
〒400-0065
甲府市貢川 1-1-7
電話：055-228-7003
http://www.tanzawa-net.co.jp/shop/11_museum.html

▼水晶宝石博物館
〒400-1217
甲府市猪狩町 312
電話：055-287-2101
https://crystal-sound.net/水晶宝石博物館/

▼山梨ジュエリーミュージアム
〒400-0031
甲府市丸の内 1-6-1 山梨県防災新館 1 階やまなしプラザ内
電話：055-223-1570

https://www.pref.yamanashi.jp/yjm/
▼山梨宝石博物館
〒401-0301
山梨県南都留郡富士河口湖町船津6713
電話：0555-73-3246
https://www.gemmuseum.jp/
▼ミュージアム鉱研 地球の宝石箱
〒399-0651
塩尻市北小野4668
電話：0263-51-8111
http://www.koken-boring.co.jp/jwlbox/index.html
▼黒曜石石器資料館
〒386-0701
長野県小県郡長和町和田2629-1
電話：0268-88-2794
http://mapbinder.com/Map/Japan/Nagano/NagawaMachi/Kokuyoseki/Kokuyoseki.htm
▼新潟大学理学部サイエンスミュージアム
〒950-2181
新潟市西区五十嵐2の町8050
電話：025-262-6102
https://museum.sc.niigata-u.ac.jp/
▼クレーストーン博士の館
〒959-2822
胎内市夏井1250-30
電話：0254-48-2011
http://www.city.tainai.niigata.jp/kurashi/kyoiku/bunka-sports/claystone/
▼十日町市博物館
〒948-0072
十日町市西本町1丁目382番地1
電話：025-757-5531
http://www.tokamachi-museum.jp/
▼道の駅親不知ピアパーク翡翠ふるさと館
〒949-0308
糸魚川市外波903-1
電話：025-561-7290
http://e-oyasirazu.com/
▼翡翠園（併設：ひすい美術館）
〒941-0055

糸魚川市蓮台寺2-11-1
電話：025-552-9277
http://gyokusuien.jp/
▼小さな糸魚川ヒスイ原石館
〒941-0062
糸魚川市中央2-13-11
電話：025-552-3621
▼フォッサマグナミュージアム
〒941-0056
糸魚川市大字一ノ宮1313
電話：025-553-1880
http://www.city.itoigawa.lg.jp/fmm/
▼富山市科学博物館
〒939-8084
富山市西中野町一丁目8-31
電話：076-491-2123
http://www.tsm.toyama.toyama.jp/
▼金沢大学資料館
〒920-1192
金沢市角間町
電話：076-264-5215
https://museum.kanazawa-u.ac.jp/
▼福井市自然史博物館
〒918-8006
福井市足羽上町147
電話：0776-35-2844
http://www.nature.museum.city.fukui.jp/
▼福井県立恐竜博物館
〒911-8601
勝山市村岡町寺尾51-11
電話：0779-88-0001
https://www.dinosaur.pref.fukui.jp/
▼象牙と石の彫刻美術館～ジュエルピア～
〒413-0231
伊東市富戸1096-1
電話：0557-48-7777
http://jewelpia.com/
▼奇石博物館
〒418-0111
富士宮市山宮3670
電話：0544-58-3830
http://www.kiseki-jp.com/

▼名古屋大学博物館
〒464-8601
名古屋市千種区不老町
電話：052-789-5767
http://www.num.nagoya-u.ac.jp/

▼名古屋市科学館
〒460-0008
名古屋市中区栄2丁目17番1号
電話：052-201-4486
http://www.ncsm.city.nagoya.jp/

▼蒲郡市生命の海科学館
〒443-0034
蒲郡市港町17-17
電話：0533-66-1717
http://www.city.gamagori.lg.jp/site/kagakukan/

▼豊橋市地下資源館
〒441-3147
豊橋市大岩町字火打坂19-16
電話：0532-41-2833
http://www.toyohaku.gr.jp/chika/collection/tmnr/resources/resources.html

▼豊橋市自然史博物館
〒441-3141
豊橋市大岩町字大穴1-238
電話：0532-41-4747
http://www.toyohaku.gr.jp/sizensi/

▼瑞浪鉱物展示館
〒509-6121
瑞浪市寺河戸町1205
電話：0572-67-2140
http://www.geocities.jp/pyrite2140/top.html

▼中津川市鉱物博物館
〒508-0101
中津川市苗木639-15
電話：0573-67-2110
http://mineral.n-muse.jp/

▼博石館
〒509-8301
中津川市蛭川5263-7
電話：0573-45-2110
http://www.hakusekikan.co.jp/

▼岐阜県博物館
〒501-3941
関市小屋名1989
電話：0575-28-3111
http://www.gifu-kenpaku.jp/

▼三重県総合博物館（MieMu：みえむ）
〒514-0061
津市一身田上津部田3060
電話：059-228-2283
http://www.bunka.pref.mie.lg.jp/MieMu/

▼滋賀県立琵琶湖博物館
〒525-0001
草津市下物町1091
電話：077-568-4811
https://www.biwahaku.jp/

▼京都大学総合博物館
〒606-8501
京都市左京区吉田本町
電話：075-753-3272
http://www.museum.kyoto-u.ac.jp/

▼高田クリスタルミュージアム
〒610-1132
京都市西京区大原野灰方町172-1
電話：075-331-0053
http://www7b.biglobe.ne.jp/~takada-crystal/

▼益富地学会館（石ふしぎ博物館）
〒602-8012
京都市上京区出水通り烏丸西入る
電話：075-441-3280
http://www.masutomi.or.jp/

▼大阪大学総合学術博物館
〒560-0043
豊中市待兼山町1-20
電話：06-6850-6284
https://www.museum.osaka-u.ac.jp

▼大阪市立科学館
〒530-0005
大阪市北区中之島4-2-1
電話：06-6444-5656
http://www.sci-museum.jp/

▼大阪市立自然史博物館
〒546-0034
大阪市東住吉区長居公園 1-23
電話：06-6697-6221
http://www.mus-nh.city.osaka.jp

▼和歌山県立自然博物館
〒642-0001
海南市船尾 370-1
電話：073-483-1777
https://www.shizenhaku.wakayama-c.ed.jp/

▼兵庫県立人と自然の博物館
〒669-1546
三田市弥生が丘 6 丁目
電話：079-559-2001
http://www.hitohaku.jp/

▼生野銀山文化ミュージアム
〒679-3324
朝来市生野町小野 33-5
電話：079-679-2010
http://www.ikuno-ginzan.co.jp/index.php

▼新温泉町山陰海岸ジオパーク館
〒669-6701
兵庫県美方郡新温泉町芦屋水尻
電話：0796-82-5222
http://www.sanin-geoparkkan.jp/

▼玄武洞ミュージアム
〒668-0801
豊岡市赤石 1362 番地
電話：0796-23-3821
http://genbudo-museum.jp/

▼鳥取県立博物館
〒680-0011
鳥取市東町 2 丁目 124 番地
電話：0857-26-8042
https://www.pref.tottori.lg.jp/museum/

▼つやま自然のふしぎ館
〒708-0022
津山市山下 98-1
電話：0868-22-3518
http://www.fushigikan.jp/

▼倉敷市立自然史博物館
〒701-0046
倉敷市中央 2-6-1
電話：086-425-6037
http://www2.city.kurashiki.okayama.jp/musnat/

▼島根県立三瓶自然館サヒメル
〒694-0003
大田市三瓶町多根 1121 番地 8
電話：0854-86-0500
http://www.nature-sanbe.jp/sahimel/

▼石見銀山資料館
〒694-0305
大田市大森町
電話：0854-89-0846
http://fish.miracle.ne.jp/silver/

▼山口県立山口博物館
〒753-0073
山口市春日町 8 番 2 号
電話：083-922-0294
http://www.yamahaku.pref.yamaguchi.lg.jp/

▼山口大学工学部学術資料展示館
〒755-8611
宇部市常盤台 2-16-1
電話：0836-85-9630
http://www.msoc.eng.yamaguchi-u.ac.jp/

▼香川県立五色台少年自然センター
〒761-8002
高松市生島町 423 番地
電話：087-881-4428
https://www.pref.kagawa.lg.jp/gosho/

▼愛媛大学ミュージアム
〒790-8577
松山市道後樋又 10 番 13 号
電話：089-927-9000
https://www.ehime-u.ac.jp/overview/facilities/museum

▼愛媛県総合科学博物館
〒792-0060
新居浜市大生院 2133-2
電話：0897-40-4100

http://www.i-kahaku.jp/
▼北九州市立いのちのたび博物館
　〒805-0071
　北九州市八幡東区東田 2-4-1
　電話：093-681-1011
　http://www.kmnh.jp/
▼九州大学総合研究博物館
　〒812-8581
　福岡市東区箱崎 6-10-1
　電話：092-642-4252
　http://www.museum.kyushu-u.ac.jp/
▼日田市立博物館
　〒877-0003
　日田市上城内町 2 番 6 号
　電話：0973-22-5394
　http://www.city.hita.oita.jp/shisetsu/
　　hakubutukan/7596.html
▼宮崎県総合博物館
　〒880-0053
　宮崎市神宮 2 丁目 4 番 4 号
　電話：0985-24-2071
　http://www.miyazaki-archive.jp/
　　museum/
▼鹿児島県立博物館
　〒892-0853
　鹿児島市城山町 1 番 1 号
　電話：099-223-6050
　https://www.pref.kagoshima.jp/
　　hakubutsukan/
▼鹿児島大学総合研究博物館
　〒890-0065
　鹿児島市郡元 1-21-30
　電話：099-285-8141
　https://www.museum.kagoshima-u.
　　ac.jp/
▼沖縄石の文化博物館
　〒905-1422
　沖縄県国頭郡国頭村宜名真 1241
　電話：0980-41-8117
　https://www.sekirinzan.com/museum/
▼沖縄県立博物館・美術館
　〒900-0006
　那覇市おもろまち 3 丁目 1 番 1 号
　電話：098-941-8200
　https://okimu.jp/

（『日本の国石「ひすい」』日本鉱物科学会監修・土山明編著（成山堂書店）2019 を元に追加・改訂）

索　引

■アルファベット
α-β-γ 相転移　111
α-PbO_2 型　117
α-硫黄　510
β 鶏冠石　518
γ-硫黄　510

AGL 基準　424
akimotoite　114
argentite　512
As-S 系鉱物　519

BCM　318
BIM　318
Brownlee 粒子　230

C1 コンドライト　4
Ca 輝石　564
$CaCl_2$ 型構造　116
CAI　242, 274
Ca-Na 輝石　564
CAS 相　121
coesite　116
congruent melting　128
cotunnite 型構造　117
CP IDP　230
Cs　335
CS IDP　230

D'' 層　98, 101, 105
drysdallite　518

electrum-tarnish 法　512
Embedded Atom Model　43
EPMA　8, 26, 28
eskebornite　514

Fe_2P 型構造　117
fire　424
FTIR　32
FZ 法　410

Gibbs アンサンブル　42

HED 隕石　254
hydrous wadsleyite　112

ICP-MS　26, 30
ilmenite　114
incongruent melting　128

Li 輝石　564

majorite garnet　114
matraite　517
Mg-Fe 輝石　564
Mn-Mg 輝石　564

Na 輝石　564
niccolite　526
nickelite　526
NMR　35

Periodic Bond Chain　368
perovskite　115
P-T 経路　177
pyrite 型構造　117

QM/MM 法　41

S 型小惑星　269
seifertite　117
Shewanella 属細菌　324
SIMS　26, 29
stishovite　116

tetragonal garnet　114
tungstenite　518

X 線回折　36
X 線吸収端近傍構造（XANES）　33
X 線吸収微細構造法（XAFS）　33, 34
X 線吸収法　62
X 線非弾性散乱　131
X 線マイクロアナライザー　8
XRF　26

■ア
アイオライト　480
亜鉛　292
亜鉛ビーバー石　544

赤金鉱　533
アカサンゴ　495
アカスタ片麻岩　216
アクアマリン　451, 561
アコヤガイ　491
アコヤ真珠　490
アスペクト比　339
アズライト　481
アタカマ石　536
圧電性　368
圧密　155
圧力誘起相転移　43
圧力溶解　192
アデュラリア　584
アノーソクレース　581
アパタイト　488, 547
亜砒藍鉄鉱　546
阿武隈石　548
アポロ計画　234
アマゾナイト　478, 585
アミツォク片麻岩　216
アモルファス氷　220
荒川石　548
アラバンド鉱　522
あられ石（アラゴナイト）　297, 497, 538
アルカリ岩系　165
アルカリ長石　298, 581
アルキメデス法　138
アルファベット相　123
アルミナ質れんが　354
アルミニウム　291
アルミネート相　350
アルミノケイ酸塩　587
アレキサンドライト　374, 449, 531
アロフェン　90, 172
アワビ　493
アワルワ鉱　509
安山岩　164
安四面銅鉱　513
アンダリューサイト　486
アンチゴライト　574
安定大陸　145
アンブロイド　501
アンモニウム長石　582

アンモニウム白榴石　587

■イ
硫黄　298, 330
硫黄酸化物　302
イオン化エネルギー　17
イオン結合　17
イオン伝導　135
イオン半径　18
異極鉱　556
異極像　556
イケチョウガイ　493
石綿　299, 338
　――のX線回折パターン　339
　――の発がん性　341
イスア表成岩　216
一様成長　76
一致融解　128
一致溶解　155
糸魚川石　557
イネス石　573
イモゴライト　90, 172
医薬品　346
イリデッセンス　436
イリドスミン　509
医療用材料　390
色石　403
色指数　149
陰イオン交換体　365
インカローズ　538
インジウム　295
隕石　67, 222, 226, 229
隕石集積機構　236
隕石探査　236
インタリオ　420

■ウ
ウィドマンシュテッテン構造　509
ウグランダイト　551
渦巻き成長　76
宇宙塵　229, 237
宇宙の元素存在度　4
宇宙風化　227, 269
ウラン　80
ウラン鉱床　304
ウルツ鉱　517
ウレックス石（ウレックサイト）　542
釉薬　344
雲母（マイカ）　299, 575

■エ
映進面　13
永年変化　108
エオジェネシス　156
液相不混和領域　130
エクロジャイト相　176
エコンドライト　229, 250
エジリン輝石　566
エネルギー資源　285
エメラルド　451, 561
エメラルド・カラー・フィルター　407
エーライト　350
エレクトラム　508
エーロゾル　343
塩基性火成岩類　158
塩基性岩　149
エンスタタイト・コンドライト　239
延性変形　192
エンタルピー変化　72
エントロピー変化　72
鉛筆芯　346

■オ
黄鉛鉱　549
黄玉　553
黄錫亜鉛鉱　523
黄錫鉱　522
黄錫鉱族　523
黄鉄鉱　523
黄鉄鉱族　524
黄銅鉱　514
黄銅鉱族　514
大隅石　563
岡山石　556
オケルマン石　556
尾去沢鉱　544
オシリス・レックス計画　234
オストワルドライプニング　207
オッド-ハーキンスの法則　4
斧石　556
オパール　474, 580
オパールC　580, 581
オパールCT　580
オフィオライト　214
オブシディアン　91
親核種　82
オリビン　111, 550
オリビン-スピネル転移　93, 100
オリビン-変形スピネル-スピネル相転移　111
オリーブ石　550

オリーブ銅鉱　547
オンス　405
温泉　329
温泉ストロマトライト　330
温泉堆積物　329
温度圧力一定MD　42
温度圧力履歴　182
オンファス輝石　566

■カ
科　84
カイアナイト　480
外因的性質　63
外核　107
貝殻　320
灰クロムざくろ石　552
灰重石　549
塊状硫化物鉱床　289
回折実験　8
階層分類　84
灰チタン石　530
灰柱石　586
灰鉄輝石　564
灰鉄ざくろ石　552
回転　13
外套膜　491
カイネティクス　134
回反　13
灰礬ざくろ石　552
外面上皮細胞　491
海洋鉱物資源　305
海洋底変成作用　182
海洋地殻　145, 214
外来砕屑性堆積物　154
火炎溶融法　409
カオリン　299, 578
カオリン鉱物　89, 578
カオリン石（カオリナイト）　578
化学気相輸送法　367
化学結合　10, 16
化学組成　9
化学的炭酸塩堆積物　198
化学的風化　155
化学的風化作用　201
化学分析　26
化学ポテンシャル　69
架橋酸素　137
角銀鉱　535
拡散　193
拡散クリープ　133
核磁気共鳴　35
核生成剤　377
角閃岩相　176

角閃石　571
角閃石石綿　340
核の密度欠損　107
角礫岩質隕石　244
可採年数　302
火砕物　171
火砕流堆積物　171
火山岩　86, 143, 148, 157
火山砕屑岩　142, 153
火山砕屑性堆積物　154
火山砕屑堆積物　154
火山砕屑物　171
火山灰　171, 343
可視・近赤外分光　226
過剰エンタルピー　72
過剰エントロピー　72
過剰体積　72
加水分解　155
ガスハイドレート　303
火星　261
火星隕石　261, 262, 263
火成活動　164
火成岩　86, 142, 147, 157, 163
火成鉱床　287
火成作用　46, 147
火星探査機　262
火星表層環境　264
化石燃料　285, 302
火閃銀鉱　510
カタクレーサイト堆積物　154
活性化エネルギー　70
滑石（タルク）　299, 392, 575
褐鉄鉱　533
褐鉄鉱鉱床　310
カット　419, 421, 425
褐簾石亜族　558
ガードリング　423
ガドリン石　555
ガーネット　114, 460, 550
下方ポーラー　56
カボッション・カット　420
カーボナード　511
カーボンナノチューブ　364
神岡石　548
カメオ　420
ガラス　375
　——の結晶化　376
ガラス転移温度　375
カラット　398, 405, 439
軽石　171
カルクアルカリ系列　165
カルサイト　496
カルシウムフェライト　118

カルボナード　141
カレントリップル　152
岩塩　297, 535
岩塩構造　535
頑火輝石　564
環境　326
環境影響　302
環境鉱物学　334
間欠泉　330
還元　66
干渉　53
岩床　165
緩衝材　337
干渉色　58
含水D相　124
含水H相　124
含水鉱物　122, 190, 226, 227
含水デルタ相　124
岩石　142
岩石・鉱石　279
岩石組織　148, 181
カンタキサンチン　497
貫入岩体　163, 183
岩脈　165
かんらん岩類　160
かんらん石　72, 100, 111, 298, 550
顔料　504

■キ
輝安鉱　517
輝安鉱族　518
機器化学分析　26
機器分析　26
貴金属ナノ粒子　324
擬孔雀石　546
輝コバルト鉱　520
輝コバルト鉱族　520
基質　153
輝水鉛鉱　518
貴石　400, 418
輝石　114, 564
輝蒼鉛鉱　517
気相合成（CVD）法　360, 363
規則不規則相転移　78
輝銅鉱　515
機能性結晶　64
機能性建材　345
逆累帯構造　204
キャッツアイ　488, 531
級　84
吸収帯　226, 227
吸着剤　346

休廃止鉱山　334
キューバ鉱　514
共軸連晶　50
共振法　131
鏡面　13
共融関係　190
共融系　129
共有結合　16
共有結合半径　18
魚眼石　578
局所構造　32
局所分析　8
局所変成岩　150
極性結晶　368
玉滴石　580
金　280, 292, 311
銀　292
銀安四面銅鉱　513
銀黒　508
金紅石　531
菫青石　480, 562
銀星石　549
金属イオン還元細菌　324
金属結合　17
金属鉱床　286
金属鉱物資源　286
金属資源　283, 291
キンバーライト　130, 511
金緑石　531

■ク
グアノ　312
空間群　15
空間格子　11
苦灰岩　539
苦灰石　538
くさび石　554
孔雀石　483, 539
薬　392
屈折率　56
苦鉄質火成岩類　157
苦鉄質岩　161
苦鉄質鉱物　86
グーテンベルク不連続面　98, 100, 107
苦土大隅石　563
苦土かんらん石　550
苦土電気石　562
苦土フォイト電気石　562
クラスター結晶　349
クラスレートハイドレート　221
クラックルド・クォーツ　453
グラッドストン-デールの関係式

索引　637

58	欠陥構造　43	356
グラニュライト　151, 188	結晶　48, 457	銅玉　529, 566
グラニュライト相　176	結晶化ガラスプロセス　377	黄砂　342
グラファイト（石墨）　69, 298, 510	結晶系　12, 48	鉱山　292
グラフェン　364	結晶形態　48	格子対称　12
クラペイロン勾配　106, 113	結晶構造　11, 19, 36	格子定数　11
鞍馬石　314	結晶構造クリソタイル　339	鉱床　287, 416
グランドカノニカルアンサンブル　42	結晶図　49	合成水晶　368
クリストバル石　580	結晶点群　15	合成ダイヤモンド　360
クリソコーラ　481	結晶投影法　49	合成宝石　397, 409
クリソタイル　574	結晶内拡散　43	剛性率　99
クリソベリル　531	結晶分化　166	硬石膏　543
クリソベリル・キャッツアイ　449	結晶分化作用　161	硬組織　322
クリノクロア　577	結晶脈　51	後退変成作用　177
クリーブランダイト　585	結晶面　48	光沢　55, 435
クリンカー鉱物　350	ゲッチェル鉱　519	紅柱石　486
グリーンテクノロジー　316, 317	月長石　478	硬度　59
グリーンラスト　365	ケリファイト　208	坑道　416
黒雲母　575	ゲルスドルフ鉱　521	後背地解析　196
黒さんご　495	ゲルマン鉱　515	紅砒ニッケル鉱　526
黒辰砂　524	ゲーレン石　556	紅砒ニッケル鉱族　526
クロチョウガイ　492	原子散乱因子　37	幸福と福祉　280
クロックマン鉱　527	原子半径　18	鉱物　1, 142, 279, 280
クロム鉄鉱　532	原子力　301	——の生成　46
クロライト　577	原子力発電所　304	——の増減反応　71
クンツァイト　467, 567	原始惑星系円盤　222	——の同定　7
群馬鉄山　310	元素の含有量　494	——の分類　84
	元素の交換反応　71	——の和名　3
■ケ	顕微ラマン分光法　32	鉱物エアロゾル　336
系　85	玄武岩　164	鉱物資源　285
珪華　329	玄武岩質マグマ　166	鉱物種　1
珪灰石　567	研磨材料　359	鉱物名　1
ケイ化モリブデン　355		高分解能透過電子顕微鏡　38
鶏冠石　518	■コ	高陵石　578
珪孔雀石　574	高圧実験　93	硬緑泥石　554
蛍光X線分析法　26, 27	高圧相転移　98	固液界面現象　44
蛍光材料　378	高圧発生装置　360	氷　220, 278
蛍光体　378	紅安ニッケル鉱　526	氷衛星　221
蛍光灯　378	広域X線吸収振動構造　34	氷結晶　221
ケイ酸塩の溶融体　163	広域接触変成作用　182	コキンボ石　543
ケイ酸カルシウム保温材　354	広域変成岩　150, 181	黒銅鉱　529
珪砂　297	高温高圧法　410	黒曜岩　91
珪線石　553	高温構造材料　354	黒曜石　476
形態不安定　369	降下火砕物　171	五水灰硼石　541
珪長岩包有物　188	降下火山灰　171	コスモクロア輝石　566
珪長質火成岩類　157	光学顕微鏡　407	固相エピタキシャル成長法　367
珪長質岩　161	光学材料　373	固相包有物　211
珪長質鉱物　86	光学的一軸性　57	固体地球　98
ゲーサイト　533	光学的異方体　57	ゴッシェナイト　561
化粧品　346, 388	光学的弾性軸　58	コーディアライト　480
	光学的等方体　57	古典分子動力学法　40
	光学的二軸性　57	小藤石　541
	工業用非酸化物セラミックス	古土壌　327

コニカルコ石　547
コーネルップ石（コーネルピン）
　　560
コノスコープ　56
琥珀　500, 588
コパル　501
コバルト華　520
520 km 不連続面　98
コベリン　526
コマ　221
コマーシャル・ネーム　401
コマチアイト　130
固溶体　9
コランダム　529
コールドプルーム　102
コルンブ石　534
コロナ　207
コロフォーム組織　51
コンクリート　350
混合作用　161
金剛石　440
混合層鉱物　90
混成　17
混成堆積物　154
コンドライト　229, 232, 239, 241,
　　248, 266
コンドリティックマントル　5
コンドリュール（コンドルール）
　　239, 241, 274
コンドロ石　554
コンラッド面　98

■サ
最下部マントル　105
採掘　294, 416
再生資源　285
砕屑性堆積岩　152
砕屑物　195
砕屑粒子　152
サイト間異種原子交換反応　78
砂岩　143
砂金　311
削剥作用　201
桜石　56
ざくろ石　114, 298, 551
ざくろ石超族　551
砂鉱床　196, 289
雑銀鉱　513
サニディン　581
砂漠のばら　542, 543
サーピエリ石　545
サファイア　374, 447
サフィリン　569

サフィリン族　569
サフィリン超族　569
サブダクションファクトリー
　　167
差分方程式　41
酸化　66
酸化還元　155
酸化物半導体　352
産業革命　280, 301
さんご　495
3次のバーチ-マーナガン状態方
　　程式　61
三斜晶系　12
サンストーン　478, 585
酸性雨　342
酸性火成岩類　158
酸性岩　149
3八面体型　89
サンプルリターン計画　232, 234
三方晶系　12
残留鉱床　290

■シ
シアノバクテリア　328
ジェイダイト　454, 566
ジェット　502
シェールガス　303
磁器　344
磁気的性質　63
自形　164
自形結晶　48, 188, 539
自形性　188
資源　279, 280, 285
資源需要　283
始原的隕石　229
始原的エコンドライト　250
自色鉱物　430
地震波トモグラフィー　101
地震波不連続面　106
試錐　294
シスプラチン　393
沈み込み帯　167
自然硫黄　510
自然金　508
自然銀　508
自然水銀　510
自然蒼鉛　509
自然鉄　509
自然テルル　510
自然銅　508
自然ニッケル　509
自然白金　508
自然砒　509

自然ビスマス　509
自然ルテニウム　500
シーティング　154
磁鉄鉱　532
磁鉄鉱系列　162
縞状鉄鉱　310
ジムサム　488
四面銅鉱グループ　514
斜開銅鉱　546
車骨鉱　527
車骨鉱族　527
シャーゴッタイト　261, 262
斜長石　581
ジャックヒル　216
シャード　172
斜方（直方）輝石　72
斜方（直方）晶系　12
シャモサイト　577
シャモット質れんが　354
蛇紋石　89, 574
自由エネルギー曲線　73
重鉱物　196
十字石　553
重晶石　298, 542
集積回路基板　353
集積岩　157
ジュエリー　396, 403
主要造岩鉱物　86
ジュルゴルド石　559
ジョアキン石　561
昇温変成作用　177
衝撃圧縮法　362
衝撃変成　266
条痕色　55
使用済み原子力燃料　304
晶線　51
晶相　49
正倉院薬物　392
晶帯　48
晶帯軸　49
晶洞　51
鍾乳石　328
蒸発法　367
晶癖　49
上方ポーラー　56
小惑星　226, 227
初期太陽系　270
植物のバイオミネラリゼーション
　　321
初生鉱物　65
ショックステージ　266
シリマナイト　488
磁硫鉄鉱　525

索　引　639

ジルコン　73, 298, 463, 552
ジルコン族　552
シルビア石　586
白雲母　575
シロリンゴ　495
シロチョウガイ　492
針銀鉱　512
シンクロトロン放射光　94
人工鉱物　64
人工水晶　368
人工ダイヤモンド　360
人工ダイヤモンド単結晶　361
辰砂　524
真珠　490
真珠層構造　490
真珠袋　491
侵食作用　201
深成岩　86, 143, 148, 157
深成岩体　163
人造鉱物　64
人造宝石　397, 409
シンチレーション　424
針鉄鉱　533
浸透率　303
振動累帯構造　205
シンプレクタイト　207, 208
神保石　541
人類　279, 280

■ス
水亜鉛銅鉱　539
水圧破砕　303
水鉛鉛鉱　549
水苦土石　540
水酸エレスタド石　548
水酸化鉱物　203
水晶　470
彗星核　220
彗星塵　223, 224
水成デューン　152
彗星物質　224
水素結合　17
水熱法　368, 410
水和　65
スカラベ　420
スカル・メルト法　366, 409
スカルン鉱床　288
スコリア　171
スコロド石　546
錫石　531
鈴木石　569
スターダスト計画　234
ストロナルシ石　582

ストロマトライト　328
ストロンチウムホアキン石　561
ストーン・カメオ　399
スノーライン　221
スピネル　118, 456, 531
スピネル型構造　25
スピネル族　532
スフェルール　230
スペクトル　52
スメクタイト　90

■セ
青鉛鉱　544
星間塵　217
星間分子雲　221
青金石　480, 585
生鉱物　318, 547
星彩　435
製紙　346
星周塵　217
青色片岩相　175
青色宝石　480
生成物　69
脆性変形　192
正則溶液　72
生体アパタイト　323
生体鉱物　318, 323
生体鉱物形成作用　318
正長石　581
青銅　279
生物起源鉱床　309
生物起源の宝石　396
生物源・化学岩　152
生物源炭酸塩堆積物　198
生物－鉱物相互作用　309, 326
生物砕屑物堆積物　154
生物風化　327
生物有機分子　332
正方結晶系　12
正マグマ鉱床　287
精密分析　7
生命起源論　332
正累帯構造　204
ゼオライト　348, 587
石英　74, 116, 373, 470, 472, 579
赤黄　519
赤外吸収分光法　32
赤外スペクトル　217
石化作用　155
石材　313
赤色宝石　486
石炭　301, 309
石鉄隕石　229, 252

赤鉄鉱　529
赤銅鉱　529
石墨　298, 510
石綿　299, 338
　──のX線回折パターン　339
　──の発がん性　341
石油　301, 309
セクター累帯構造　205
石灰華　329
石灰岩　297, 309
石器　279
石基　148
炻器　344
石膏　297, 392, 543
切削工具材料　358
接触変成岩　183
ゼノタイム　545
ゼノタイム族　546
セピオライト　90
セメント　153, 195, 345, 350
セラミックセンサ　353
セラミック半導体　352
セラミックフィルタ　353
セリグマン鉱　527
閃亜鉛鉱　516
閃亜鉛鉱-黄錫鉱地質温度計　523
閃亜鉛鉱族　517
閃亜鉛鉱地質圧力計　517
遷移元素　431
繊維状　339
閃ウラン鉱　534
全岩化学組成　181
全岩年代　83
選鉱　294, 417
閃光　436
尖晶石　532
選択配向　106
浅熱水鉱床　288
閃マンガン鉱　522
戦略的元素　317

■ソ
ソーイング　423
曹灰長石　478
曹灰硼石　542
造岩鉱物　163
相境界の傾き　106
象牙　499
相互拡散　43
造山帯　145
造山変成作用　181
走磁性バクテリア　318
葱臭石　546

双晶　50, 193
層状複水酸化物　90, 365
曹柱石　586
曹長石　581
相転移　105
相律　174
族　84, 85
続成作用　47, 155, 195, 199
組成対流　109
組成の成熟度　195
塑性変形気候　133
ソーダ石灰ガラス　375
園石　554
その場分析　83
粗粒岩　157
ソルバス　73
ソレアイト系列　165, 261, 262

■タ
第一原理的分子動力学法　43
耐火物　345, 354
大気中の鉱物　342
対称性　13
対称中心　13
対称要素　13
体心格子　11
堆積岩　142, 152
堆積鉱床　289
体積弾性率　99
体積変化　72
ダイナモ理論　108
第2臨界点　130
代表的結晶化ガラス　376
ダイヤモンド　69, 248, 358, 360,
　　402, 403, 421, 440, 510
ダイヤモンドアンビルセル　95,
　　116, 140
ダイヤモンド型構造　20
ダイヤモンド焼結体　358
ダイヤモンド薄膜合成　363
太陽系　274
大陸地殻　145
大理石　315
タウソン石　530
他形　164
他色鉱物　430
脱ガス　67
脱色剤　346
脱水　65
縦坑　417
ダトー石　555
種山石　569
玉ねぎ状風化　155

タルク（滑石）　299, 392, 575
タルナフ鉱　514
単位格子　11
団塊（ノジュール）　537
炭化ケイ素　355, 356
炭化タングステン　357
淡紅銀鉱　512
タンザナイト　466
炭酸塩鉱物　197
炭酸塩堆積物　197
炭酸カルシウム　496
単斜広簾石亜族　558
単斜輝石　72
単斜晶系　12
単純格子　11
単純溶解　155
誕生石　437
弾性定数　131
弾性波　131
断層　193
炭素質コンドライト　222, 226,
　　239, 241, 244
断熱温度勾配　99, 109
断熱材料　354
蛋白石　580
胆礬　543
ダンブリ石　557

■チ
チェフキン石　557
地化学調査　293
地殻　145
地殻深部流体　68
地下水汚染　334
地球型惑星内部構造　276
地球史　326
地磁気　108
地磁気逆転　108
地質圧力温度計　179
地震速度計　77, 206
地質調査　293
地層処分　304
チタン酸バリウム　352
チタン石　554
チタン石族　554
チタン鉄鉱　530
チタン鉄鉱系列　162
地中貯留　336
窒化アルミニウム　357
窒化ケイ素　355, 357
窒化物半導体　352
窒化ホウ素　357
窒素酸化物　302

地熱エネルギー　296
中央海嶺玄武岩　5
中間質火成岩類　157
中間質岩　161
中性火成岩類　158
中性岩　149
中性子　96, 97
中性子線　38, 45
柱石　586
中皮腫　341
超塩基性火成岩類　158
超塩基性岩　149
超音波法　131
超苦鉄質火成岩類　157
超苦鉄質岩　160
超高圧変成岩　186, 511
超高温変成岩　185
長周期構造解析　36
長石　478, 581
超電導材料　384
調和融解　128
直閃石　570
直方（斜方）輝石　72
直方（斜方）晶系　12
チョクラルスキ法　366
直交ポーラー　56
沈殿性堆積物　154
沈殿法　410

■ツ
月　256, 275
月隕石　258

■テ
泥岩　143
デイサイト　164
定常的な地温勾配　182
底心格子　11
ディーゼル排気微粒子　343
定置深度　184
手稲石　550
テクタイト　92, 476
鉄　279, 291
鉄-硫黄化合物　126
鉄隕石　251
鉄華　329
鉄かんらん石　550
鉄球　343
鉄-ケイ素化合物　126
鉄鉱石　309
鉄-酸素化合物　126
鉄重石　549
鉄-水素合金　125

索引　641

鉄-炭素化合物　126
鉄電気石　562
鉄-ニッケル合金　125
鉄礬ざくろ石　551
鉄マンガン重石　549
テフラ　171
テルル石　531
テレビ石　542
テロジェネシス　156
転位　193
転位クリープ　133
電荷移動　433
天河石　478
電気陰性度　17
電気石　468, 562
電気的性質　63
電気伝導度　106, 135
点群　14, 48
電子状態計算　40
電子親和力　17
電子線　37
電子線マイクロアナライザー　8
天青石　542
天然ガス　301
天然ガラス　476
天然非晶質物質　91
天然宝石　397
天藍石　548

■ト
樋流し　418
銅　280, 291
同位体　67
同位体年代学　82
同化作用　161
透過電子顕微鏡　37
透過による干渉色　491
陶器　344
透輝石　564
同形　538
統計力学の母集団　41
凍結-解凍風化　154
島弧　145
透閃石　570
動的結晶化作用　78
トゥファ　328
透明結晶化ガラス　376
銅藍　526
等粒状組織　164
土器　279, 344
毒ガス　67
毒重土石　538
特性X線分析法　26

都市鉱山　284
土壌汚染　335
土壌生成作用　201
轟石　533
トパーズ　465, 553
ドフィーネ式双晶　579
トポタクシー関係　208
豊羽鉱床　295
トラバーチン　328, 331
トリウム　80
トルコ石　458, 548
トルコ石族　549
トルコウスキー・カット　422
トルマリン　468, 562
ドレイス石亜族　558
トロイ・オンス　405
ドロマイト　538

■ナ
内因的性質　63
内核　107
内成堆積物　154
長島石　563
ナクライト　261
ナノ花崗岩　188
ナノ多結晶ダイヤモンド　141
鉛　292
軟玉　571
南極隕石　235
南極宇宙塵　237
南極地域観測隊　235
南極微隕石　237
軟玉文化　282
軟マンガン鉱　533

■ニ
肉眼鑑定　7
ニコル　56
二次イオン質量分析法　26
二次元核成長　76
二色鏡　407
2段階熱処理　377
ニッケル華　526
日長石　478
2八面体型　89
ニューガラス　375

■ヌ
奴奈川石　561
ヌブアギトゥック緑色岩帯　216

■ネ
ねこ流し　418

熱エミッション分光計　262
熱水活動　182
熱水鉱床　288
熱水作用　47
熱水性塊状硫化物　308
熱水変質　182
熱的性質　63
熱伝導　183
熱変成岩　183
ネフライト　455
ネールベンソン石　557
年代測定　82
粘土鉱物　89, 202, 332, 344, 346

■ノ
濃紅銀鉱　512
濃淡　55

■ハ
歯　322
パーアルカリ　162
パーアルミナス　162
バイオミネラリゼーション　318, 324
バイオミネラリゼーション跡　310
バイオミネラル　318, 547
肺がん　341
ハイドロタルサイト　365
ハイパー辰砂　524
パイラルスパイト　551
パイロキシン　114
パイロクシナイト　160
パイロクスマンガン石　570
パイロフィライト　90, 299, 575
パイロ変成作用　184
パイロライト　5, 103
パイロライトマントル　5
パイロリュース鉱　533
ハウィー石　569
ハウスマン鉱　532
白鉛鉱　538
爆轟ナノダイヤモンド　363
白色LED　378
白鉄鉱　523
バクテリア　320
薄片　56, 394
バストネス石　539
破断　60
パッキング構造　19
白金族金属　508
発光　54
発色　52

撥水性パーライト保温材　354
発熱材　354
バナルシ石　582
バーミキュライト　90, 299
はやぶさ計画　226, 232, 234
はやぶさ2計画　234
ばら輝石　486, 570
パラ輝砒鉱　509
パラ鶏冠石　518
原田石　569
パリゴルスカイト　90
バルク音速　99
バルク分析　7
ハロイサイト　89, 578
半貴石　400, 418
半自形　164
反射スペクトル　226, 227, 269
反射による干渉色　491
斑晶　148
斑状組織　164
斑銅鉱　515
半導体　380, 434
反応系　129
反応原理　166
反応組織　207
反応物　69
パンペリー石　559
パンペリー石-アクチノ閃石相　175
パンペリー石族　559

■ヒ
ピアス鉱　513
微斜石　231, 237
非架橋酸素　137
非活動的な大陸縁辺域　182
光触媒　382
光通信ファイバー　375
引き上げ法　409
非金属鉱物資源　286
ピークオイル　283
ピクロジャイト　6
微細構造観察　133
非再生資源　285
非在来型天然ガス　303
菱刈鉱床　295
砒四面銅鉱　513
微斜長石　581
非晶質　62
非晶質珪酸塩　217
ひすい（翡翠）　279, 454, 566
ひすい輝石　566
ひすい文化　281

ピストン-シリンダー型装置　93
微生物マット　327
非調和融解　128
ビッカース硬度　59
ヒデナイト　567
ヒデナイト　467
ヒューム石族　554
漂砂鉱床　305
標準状態　72
氷晶石　536
表成堆積物　154
非溶融宇宙塵　238
ビーライト　350
微量元素の分配　71
ヒレイケチョウガイ　494
微惑星　275
ピンクガイ　493

■フ
ファインセラミックス　352
ファセット・カット　419
ファマチナ鉱　525
ファンデルワールス結合　18
不一致融解　128
不一致溶解　155
フィラー　346, 386
風化　154
風化作用　47, 200
風化残留鉱床　203, 290
風化生成物　202
風化速度　201
風信子石　463
フェライト相　350
フェルグソン石　534
フォイト電気石　562
フォルス・ネーム　401
複屈折　57
複合コンドリュール　241
複合材料　386
服用　393
不混和現象　78
浮沈法　62
普通輝石　564
普通コンドライト　239
物質循環　305
沸石　348, 587
沸石相　175
物理探査　293
物理的風化　154
物理的風化作用　201
ぶどう石　578
ぶどう石-パンペリー石相　175
プトラン鉱　514

部分融解　147, 161, 165
不溶化処理　335
ブラウン管テレビ　378
ブラウン鉱　555
ブラジル式双晶　467
フラックス法　367, 410
ブラッグの反射条件　36
ブラベー格子　11
フラーレン　364
フラーレンナノウィスカー　364
ブーランジェ鉱　528
フーリエ変換赤外分光法　32
ブリッジマン石（ブリッジマナイト）　111, 530
ブリッジャナイト　5
ブリリアンシー　424
ブリルアン散乱　131
プルーム　169
プルームテクトニクス　102
プレソーラーグレイン　67
プレソーラー粒子　245, 248
プレートの収束境界　181
プレート発散境界　182
フレームサイト　511
プロシャン銅鉱　544
フローティングゾーン法　366
プロトン伝導　136
分解　65
分解融解　128
分化限界　229, 250
分化エコンドライト　251
分光器　407
分散　53
分子篩　348
噴出岩　157
粉銅鉱　547
粉末X線回折法　36
文明　279

■ヘ
平衡砂　322
平行連晶　50
ヘイコック鉱　514
閉鎖温度　77, 83
劈開　60, 340
ベクトライト　568
ペグマタイト　287
ベスブ石　560
ベゼリ石　548
ベッケ線　56
べっこう　498
別子銅山　295
ベニト石　561

索引　643

ベリエル石　557
ヘリオドール　561
ペリドット　483, 551
ベリル　451
バルヌイ法　366, 409
ヘルマン-モーガンの記号　12
ペレーの毛　172
ペレーの涙　172
ペロブスキー石(ペロブスカイト)
　105, 530
ペロブスキー石(ペロブスカイト)
　型構造　23, 94
ベンガラ　529
片岩　144, 151
変形スピネル構造　550
偏光顕微鏡　56
変彩　435
変質作用　200
変成岩　142, 174
変成経路　176
変成鉱床　290
変成作用　46
変成相　174
変成相系列　182
変成分帯　181
ベントナイト　299, 337
ヘンノマーチン石　557
片麻岩　144, 151
逸見石　541

■ホ
ホアキン石　561
方鉛鉱　516
方鉛鉱族　516
方解石　297, 373, 496, 537
方解石族　537
方珪石　580
硼砂　297, 541
放射光　45
放射光X線その場観察実験　61
放射性核種　80
放射性廃棄物　304
放射性宝石　503
放射線　80
放射能　80
宝石　396
——の色　428
宝石鑑別　406
宝石さんご　495
宝石名　400
方セレン鉛鉱　516
方硫カドミウム鉱　519
捕獲結晶　553

北投石　330, 542
ポストステイショバイト相　124
ポストペロブスカイト相　96,
　105, 113
墓石　313
蛍石　298, 373, 536
ホットスポット　165
ホットプルーム　102
ホッピング伝導　135
骨　322
ポビドンヨード　393
ボラックス　541
ホーランダイト　120
ポリシング　423
ポリタイプ　85
ポルトランドセメント　350
ホルンフェルス　144, 151, 183

■マ
マイカ(雲母)　299, 575
マイクロダイヤモンド　140
マイクロポーラス材料　348
マイロナイト　193
勾玉　420
マーキング　422
マグマ　62, 128, 137, 147, 163,
　167
——の混合　166
マグマオーシャン　5
マグマ鉱床　287
マグマ溜り　164
摩擦　192
マスケリナイト　261
松山基範　108
窓開け　422
マラカイト　483
丸玉　420
マルチアンビル装置　93
マルチスケール解析　44
マルチスケール・マルチフィジッ
　クス手法　40
マンガンクラスト　306
マンガン重石　549
マンガンノジュール　306, 310,
　533
マントル　100, 145
マントルウェッジ　167
マントル-核境界　98, 107
満礬ざくろ石　552

■ミ
御影石　313
ミグマタイト　143, 188

水資源　296
密度不連続面　164
南石　545
未分化隕石　229
ミメット鉱　548
明礬石　544
明礬石超族　544
ミラー指数　48

■ム
無色鉱物　86, 87
娘核種　82
宗像石　544
ムーンストーン　478

■メ
メスバウアー分光法　33
メソジェネシス　156
メソシデライト　254
メソポーラスシリカ　370
メタアルミナス　162
メタ輝安鉱　517
メタミクト　92, 552
メタンハイドレート　296, 303,
　305
メノウ　472
メリライト　556
面指数　48
面心格子　12, 509

■モ
毛鉱　528
モオイフーク鉱　514
木炭　301
モース硬度　59
模造宝石　397, 412
モナズ石　545
モホロビチッチ不連続面　98,
　100, 214
桃井ざくろ石　551
モモイロサンゴ　495
モリブデン鉛鉱　549
森本ざくろ石　551
モルガナイト　561
モルダバイト　477
モルフォロジー　368
モンテカルロ法　42

■ヤ
焼き物　344
夜光塗料　378
やまと山脈　236

■ユ
有機残留物　154
有機質宝石　396
有機ゼオライト　349
有機物　220, 227
有効イオン半径　18
融合結合プラズマ質量分析法　26
遊色　436
有色鉱物　86, 88
誘電的性質　64
釉薬　344
有理指数の法則　48
湯河原沸石　587
ユナカイト　484
ユレイライト　248, 250

■ヨ
溶解　65
溶解度　68
溶岩　163, 165
ヨウ素　296
溶融液包有物　188
葉蝋石　575
吉村石　560
410 km 不連続面　98

■ラ
ライン鉱　549
ラウエ群　15
ラウエの回折条件　36
ラズライト　585
らせん軸　13
落球法　137
ラピス・ラズリ　480, 585
ラブドフェン族　545
ラプラドライト　478
ラマン分光法　8, 32
藍晶石　480
藍閃石片岩相　175
ランタンクロマイト　355
藍鉄鉱　546
藍鉄鉱族　546
藍銅鉱　539
ランプロアイト　511
ランベルグ鉱　522

■リ
陸源砕屑堆積物　154

リサイクル　284, 317
リザーダイト　574
リチア輝石　567
リチア電気石　562
立方晶系　12
立方晶窒化ホウ素　358
リードマーグネライト　582
リードマナイト　121
リビアン・ガラス　477
リモートセンシング　293
粒界　193
硫カドミウム鉱　519
竜骨　392
硫酸鉛鉱　542
流体相（フルイド）　130
流体包有物　212
流体無関与の脱水溶融反応　191
流通経路　403
粒度分析　153
硫砒鉄鉱　521
硫砒鉄鉱族　522
硫砒銅鉱　525
硫砒ニッケル鉱　521
流紋岩　164
菱鉄鉱　537
菱マンガン鉱　537
緑鉛鉱　548
緑色片岩相　176
緑色宝石　483
緑柱石　451, 561
緑泥石　577
緑泥石族　90
緑マンガン鉱　529
緑簾石　558
緑簾石角閃石岩相　176
緑簾石族　558
燐灰石　297, 547
燐灰石超族　547
リングウッド石（リングウッダイト）　101, 111, 123, 532, 551
リングナイト　121
鱗珪石　581
リン鉱石　297
リン酸塩系ゼオライト　349

■ル
累帯構造　78, 204, 207
ルソン銅鉱　525

ルチル　531
ルチル型構造　116
ルードビッヒ石　541
ルナ計画　234
ルビー　374, 445
ルビジウム長石　582
ルミネッセンス　54

■レ
レアアース　316
レアストーン　400
レアメタル　284, 316
冷却速度計　77
レオロジー　133, 194
礫岩　143
瀝青ウラン鉱　535
レゴリス　256
レゴリス角れき岩　232, 263
レーザ用セラミックス　353
レターデーション　58
レーマン面　99
連晶　50
連続固溶体　549

■ロ
ろう石質れんが　354
ローソン石　556
660 km 不連続面　98
六方晶系　12
六方晶系アルミニウム含有相　119
露天掘り　416
ロードクロサイト　486
ロードン石（ロードナイト）　486, 570
ローバー　262
ロパライト　530
ローム　173

■ワ
ワイドギャップ半導体　363
若林鉱　519
惑星間塵　223, 230
ワズレー石（ワズレアイト）　100, 111, 123, 551

索　引　　645

鉱物・宝石の科学事典

2019年9月20日 初版第1刷

編　集　日本鉱物科学会
編集協力　宝石学会（日本）
発行者　朝　倉　誠　造
発行所　株式会社　朝　倉　書　店
　　　　東京都新宿区新小川町6-29
　　　　郵便番号　162-8707
　　　　電　話　03（3260）0141
　　　　ＦＡＸ　03（3260）0180
　　　　http://www.asakura.co.jp

定価はカバーに表示

〈検印省略〉

© 2019〈無断複写・転載を禁ず〉

ISBN 978-4-254-16276-9　C 3544

印刷・製本 東国文化

Printed in Korea

JCOPY ＜出版者著作権管理機構 委託出版物＞

本書の無断複写は著作権法上での例外を除き禁じられています．複写される場合は，そのつど事前に，出版者著作権管理機構（電話 03-5244-5088, FAX 03-5244-5089, e-mail: info@jcopy.or.jp）の許諾を得てください．

前東大 鳥海光弘編

図説 地球科学の事典

16072-7 C3544　　　　B5判 248頁 本体8200円

現代の観測技術，計算手法の進展によって新しい地球の姿を図・写真や動画で理解できるようになった。地球惑星科学の基礎知識108の項目を見開きページでビジュアルに解説した本書は自習から教育現場まで幅広く活用可能。多数のコンテンツもweb上に公開し，内容の充実を図った。〔内容〕地殻・マントル・造山運動／地球史／地球深部の物質科学／地球化学／測地・固体地球変動／プレート境界・巨大地震・津波・火山／地球内部の物理学的構造／シミュレーション／太陽系天体

P.L.ハンコック・B.J.スキナー編
井田喜明・木村龍治・鳥海光弘監訳

地球大百科事典（上）
―地球物理編―

16054-3 C3544　　　　B5判 600頁 本体18000円

地球に関するすべての科学的蓄積を約350項目に細分して詳細に解説した初の書であり，地球の全貌が理解できる待望の50音順中項目大総合事典。多種多様な側面から我々の住む「地球」に迫る画期的百科事典であり，オックスフォード大学出版局の名著を第一線の専門家が翻訳。〔上巻の内容〕大気と大気学／気候と気候変動／地球科学／地球化学／地球物理学（地震・磁場・内部構造）／海洋学／惑星科学と太陽系／プレートテクトニクス，大陸移動説等の分野350項目。

P.L.ハンコック・B.J.スキナー編
井田喜明・木村龍治・鳥海光弘監訳

地球大百科事典（下）
―地質編―

16055-0 C3544　　　　B5判 808頁 本体24000円

地球に関するすべての科学的蓄積を約500項目に細分して詳細に解説した初の書であり，地球の全貌が理解できる待望の50音順中項目の大総合事典。多種多様な側面から我々の住む「地球」に迫る画期的百科事典であり，オックスフォード大学出版局の名著を第一線の専門家が翻訳。〔下巻の内容〕地質年代と層位学／構造地質学／堆積物と堆積学／地形学／氷河学／土壌学／環境地質学／海洋地質学／岩石学／鉱物学／古生物学とパレオバイオロジー等の分野500項目。

東大 本多 了訳者代表

地球の物理学事典

16058-1 C3544　　　　B5判 536頁 本体14000円

Stacey and Davis著"Physics of the Earth 4th"を翻訳。物理学の観点から地球科学を理解する視点で体系的に記述。地球科学分野だけでなく地質学，物理学，化学，海洋学の研究者や学生に有用な1冊。〔内容〕太陽系の起源とその歴史／地球の組成／放射能・同位体・年代測定／地球の回転・形状および重力／地殻の変形／テクトニクス／地震の運動学／地震の動力学／地球構造の地震学的決定／有限歪みと高圧状態方程式／熱特性／地球の熱収支／対流の熱力学／地磁気／他

元筑波大 鈴木淑夫著

岩石学辞典

16246-2 C3544　　　　B5判 916頁 本体38000円

岩石の名称・組織・成分・構造・作用など，堆積岩，変成岩，火成岩の関連語彙を集大成した本邦初の辞典。歴史的名称や参考文献を充実させ，資料にあたる際の便宜も図った。〔内容〕一般名称（科学・学説の名称／地殻・岩石圏／コロイド他）／堆積岩（組織・構造／成分の形式／鉱物／セメント，マトリクス他）／変成岩（変成作用の種類／後退変成作用／面構造／ミグマタイト他）／火成岩（岩石の成分／空洞／石基／ガラス／粒状組織他）／参考文献／付録（粘性率測定値／組織図／相図他）

上記価格（税別）は2019年8月現在